Ong Iok-tek

閩音系研究

王育德 著
何欣泰 初譯
許極燉 監譯

【王育德全集】總序

／黃昭堂（日本昭和大學名譽教授）

　　轉瞬間，王育德博士逝世已經十七年了。現在看到他的全集出版，不禁感到喜悅與興奮。

　　出身台南市的王博士，一生奉獻台灣獨立建國運動。台灣獨立建國聯盟的前身台灣青年社於一九六〇年誕生，他是該社的創始者，也是靈魂人物。當時在蔣政權的白色恐怖威脅下，整個台灣社會陰霾籠罩，學界噤若寒蟬，台灣人淪為二等國民，毫無尊嚴可言。王博士認為，台灣人唯有建立屬於自己的國家，才能出頭天，於是堅決踏入獨立建國的坎坷路。

　　台灣青年社為當時的台灣人社會敲響了希望之鐘。這個以定期發行政論文化雜誌《台灣青年》，希望啟蒙台灣人的靈魂、思想的運動，說起來容易，實踐起來卻是非常艱難的一椿事。

　　當時王博士雖任明治大學商學部的講師，但因為是兼職，薪水寥寥無幾。他的正式「職業」是東京大學大學院博士班學生。而他所帶領的「台灣青年社」，只有五、六位年輕的台灣留學生而已，所有重擔都落在他一人身上。舉凡募款、寫文章、修改投稿者的日文原稿、校正、印刷、郵寄等等雜務，他無不親身參與。

　　《台灣青年》在日本首都東京誕生，最初的支持者是東京一

帶的台僑，後來漸漸擴張到神戶、大阪等地。尤其很快地獲得
日益增加的在美台灣留學生的支持。後來台灣青年社經過改組
爲台灣青年會、台灣青年獨立聯盟，又於一九七〇年與世界各
地的獨立運動團體結合，成立台灣獨立聯盟，以至於台灣獨立
建國聯盟。王博士不愧爲一位先覺者與啓蒙者，在獨立運動的
里程碑上享有不朽的地位。

在教育方面，他後來擔任明治大學專任講師、副教授、教
授。在那個時代，當日本各大學猶尚躊躇採用外國人教授之
際，他算是開了先鋒。他又在國立東京大學、埼玉大學、東京
外國語大學、東京教育大學、東京都立大學開課，講授中國
語、中國研究等課程。尤其令他興奮不已的是台灣話課程。此
是經由他的穿梭努力，首在東京都立大學與東京外國語大學開
設的。前後達二十七年的教育活動，使他在日本眞是桃李滿天
下。他晚年雖罹患心臟病，猶孜孜不倦，不願放棄這項志業。

他對台灣人的疼心，表現在前台籍日本軍人、軍屬的補償
問題上。這群人在日本治台期間，或自願或被迫從軍，在第二
次大戰結束後，台灣落到與日本作戰的蔣介石手中，他們既不
敢奢望得到日本政府的補償，連在台灣的生活也十分尷尬與困
苦。一九七五年，王育德博士號召日本人有志組織了「台灣人元
日本兵士補償問題思考會」，任事務局長，舉辦室內集會、街頭
活動，又向日本政府陳情，甚至將日本政府告到法院，從東京
地方法院、高等法院、到最高法院，歷經十年，最後不支倒
下，但是他奮不顧身的努力，打動了日本政界，於一九八六
年，日本國會超黨派全體一致決議支付每位戰死者及重戰傷者

各兩百萬日圓的弔慰金。這個金額比起日本籍軍人得到的軍人恩給年金顯然微小，但畢竟使日本政府編列了六千億日幣的特別預算。這個運動的過程，以後經由日本人有志編成一本很厚的資料集。這次【王育德全集】沒把它列入，因為這不是他個人的著作，但是厚達近千頁的這本資料集，很多部分都出自他的手筆，並且是經他付印的。

　　王育德博士的著作包含學術專著、政論、文學評論、劇本、書評等，涵蓋面很廣，而他的《閩音系研究》堪稱為此中研究界的巔峰。王博士逝世後，他的恩師、學友、親友想把他的這本博士論文付印，結果發現符號太多，人又去世了，沒有適當的人能夠校正，結果乾脆依照他的手稿原文複印。這次要出版他的全集，我們曾三心兩意是不是又要原封不動加以複印，最後終於發揮我們台灣人的「鐵牛精神」，兢兢業業完成漢譯，並以電腦排版成書。此書的出版，諒是全世界獨一無二的經典「鉅著」。

　　關於這本論文，有令我至今仍痛感心的事，即在一九八〇年左右，他要我讓他有充足的時間改寫他的《閩音系研究》，我回答說：「獨立運動更重要，修改論文的事，利用空閒時間就可以了！」我真的太無知了，這本論文那麼重要，怎能是利用「空閒」時間去修改即可？何況他哪有什麼「空閒」！

　　他是我在台南一中時的老師，以後在獨立運動上，我擔任台灣獨立聯盟日本本部委員長，他雖然身為我的老師，卻得屈身向他的弟子請示，這種場合，與其說我自不量力，倒不如說他具有很多人所欠缺的被領導的雅量與美德。我會對王育德博

士終生尊敬，這也是原因之一。

我深深感謝前衛出版社林文欽社長，長期來不忘敦促【王育德全集】的出版，由於他的熱心，使本全集終得以問世。我也要感謝黃國彥教授擔任編輯召集人，及《台灣─苦悶的歷史》、《台灣話講座》以及台灣語學專著的主譯，才能夠使王博士的作品展現在不懂日文的同胞之前，使他們有機會接觸王育德的思想。最後我由衷讚嘆王育德先生的夫人林雪梅女士，在王博士生前，她做他的得力助理、評論者，王博士逝世後，她變成他著作的整理者，【王育德全集】的促成，她也是功不可沒。

【王育德全集】序

／王雪梅（王育德博士夫人）

育德在一九四九年離開台灣，直到一九八五年去世爲止，不曾再踏過台灣這片土地。

我們在一九四七年一月結婚，不久就爆發二二八事件，育德的哥哥育霖被捕，慘遭殺害。

一九四九年，和育德一起從事戲劇運動的黃昆彬先生被捕，我們兩人直覺，危險已經迫近身邊了。在不知如何是好，又一籌莫展的情況下，等到育德任教的台南一中放暑假之後，育德才表示要赴香港一遊，避人耳目地啓程，然後從香港潛往日本。

一九四九年當時，美國正試圖放棄對蔣介石政權的援助。育德本身也認爲短期內就能再回到台灣。

但就在一九五〇年，韓戰爆發，美國決定繼續援助蔣介石政權，使得蔣介石政權得以在台灣苟延殘喘。

育德因此寫信給我，要我收拾行囊赴日。一九五〇年年底，我帶着才兩歲的大女兒前往日本。

我是合法入境，居留比較沒有問題，育德則因爲是偷渡，無法設籍，一直使用假名，我們夫婦名不正，行不順，當時曾帶給我們極大的困擾。

　　一九五三年，由於二女兒即將於翌年出生，屆時必須報戶籍，育德乃下定決心向日本警方自首，幸好終於取得特別許可，能夠光明正大地在日本居留了，我們歡欣雀躍之餘，在目黑買了一棟小房子。當時年方三十的育德是東京大學研究所碩士班的學生。

　　他從大學部的畢業論文到後來的博士論文，始終埋首鑽研台灣話。

　　一九五七年，育德為了出版《台灣語常用語彙》一書，將位於目黑的房子出售，充當出版費用。

　　育德創立「台灣青年社」，正式展開台灣獨立運動，則是在三年後的一九六〇年，以一間租來的房子為據點。

　　在育德的身上，「台灣話研究」和「台灣獨立運動」是自然而然融為一體的。

　　育德去世時，從以前就一直支援台灣獨立運動的遠山景久先生在悼辭中表示：「即使在你生前，台灣未能獨立建國，但只要台灣人繼續說台灣話，將台灣話傳給你們的子子孫孫，總有一天，台灣必將獨立。民族的原點，既非人種亦非國籍，而是語言和文字。這種認同，最具體的證據就是『獨立』。你是第一個將民族的重要根本，也就是台灣話的辭典編纂出版的台灣人，在台灣史上將留下光輝燦爛的金字塔。」

　　記得當時遠山景久先生的這段話讓我深深感動。由此也可以瞭解，身為學者，並兼台灣獨立運動鬥士的育德的生存方式。

　　育德去世至今，已經過了十七個年頭，我現在之所以能夠

安享餘年，想是因為我對育德之深愛台灣，以及他對台灣所做的志業引以為榮的緣故。

如能有更多的人士閱讀育德的著作，當做他們研究和認知的基礎，並體認育德深愛台灣及台灣人的心情，將三生有幸。

一九九四年東京外國語大學亞非語言文化研究所在所內圖書館設立「王育德文庫」，他生前的藏書全部保管於此。

這次前衛出版社社長林文欽先生向我建議出版【王育德全集】，說實話，我覺得非常惶恐。《台灣─苦悶的歷史》一書自是另當別論，但要出版學術方面的專著，所費不貲，一般讀者大概也興趣缺缺，非常不合算，而且工程浩大。

我對林文欽先生的氣魄及出版信念非常敬佩。另一方面，現任教東吳大學的黃國彥教授，當年曾翻譯《台灣─苦悶的歷史》，此次出任編輯委員會召集人，勞苦功高。同時，就讀京都大學的李明峻先生數度來訪東京敝宅，蒐集、影印散佚的文稿資料，其認真負責的態度，令人甚感安心。乃決定委託他們全權處理。

在編印過程中，給林文欽先生和實際負責編輯工作的邱振瑞先生以及編輯部多位工作人員造成不少負荷，偏勞之處，謹在此表示謝意。

二〇〇二年六月謹識於東京

《閩音系研究》序文

／服部四郎（日本學士院會員）

（東京大學名譽敎授）

　　這裡要公開出版的王育德君的遺著，是昭和 43 年(1968 年)
12 月 12 日，爲申請學位向東京大學大學院提出的論文，於翌 44
年 1 月 24 日，交給審查委員會討論，同年 3 月 18 日經審查決
議，同日獲得頒授文學博士學位。審查委員是主審的我，柴田
武、藤堂明保、松村明三位敎授和三根谷徹副敎授一共五個人。
論文審查的要旨，寫成結論如下。

　　　著者驅使儘可能入手的閩音系各方言的資料，跟以「切
韻」爲中心的 Sina 語音韻史料進行比較研究。並且，一方
面參照語言年代學的研究成果和移民開拓史，努力要解明它
的發達變遷的歷史，審查委員會認定本論文的記述研究極爲
正確，比較研究非常精密，所做的宏觀的判斷也大致切中要
點。特別是文言音的歷史和現狀，由於著者的努力，可以說
好像看到了它的整個容貌。不過，白話音，因爲這個方言從
別的語言分歧出來是在很久遠以前，還有它發達的歷史恐怕
並不單純，上面所說的比較研究非常困難，因而不便說著者
亦在這方面已經算充分成功了。不過，本論文的業績，整個
地看起來，超過了先人在這方面的成果。審查意見認爲論文
裡所提示的一些創見，是對學界有重大的貢獻的。

今天看來，仍然是言簡意賅的評價。但是，有關白話音，也有下面的意見。

> 白話音跟中古音的對應雖然是複雜的，著者想要把它區別成幾個層。他的這種見解要照原案予以肯定是不可能的。然而，精密的比較研究的結果，音韻對應的梗概分明了，這不能不說是很大的貢獻。

亦就是，我給著者忠告的，就是要修正後再出版。我的意見是：對文言音如果要認定幾個層，則姑且不說，如果對白話音又做同樣的認定，而以音韻對應的梗概來滿足的話，將會屈服於現象的複雜，以致比較研究的貫徹進行會中斷的。

爲了這個關係，我做了忠告，希望能夠記述包括基礎詞彙的白話的整個系統，還有，能夠的話，也有必要跟上古漢語(或理想上是別的方言的白話音)進行比較研究。可是，要實施這些研究，必須有大量的精力和長久的歲月。如所周知，王育德君對其他的事業也不得不耗費龐大的精力和時間。

在很久以前，一塊兒乘坐在東方學會的旅行汽車裡，在前往諸如湖來、城之島、或三峯神社等途中，曾經接受跟他商量過的具體的事情。這樣的一道遠足旅行，也不知道是甚麼時候中斷了。

後來，每年大約兩次在電話中，重複勸告他要致力於學問上的研究，以取得精神上的慰藉，這種情形一直繼續了好幾年。

前年(昭和60年，1985)9月10日，接到黃昭堂氏的電話，聽到王育德君的訃報時，震驚之餘愕然發愣。因爲才幾個月前，在電話中還聽他說預定要發表論文的聲音很健朗。

　　昭和 60 年 4 月 24 日寫的王君給我的私函裡，提到有意要積極修改學位論文。

　　要排印出版這部巨著，從各種觀點來看，是不可能的。於是，跟他的遺孀和有關人士商量的結果，決定由第一書房影印出版。有關出版種種，承蒙平山久雄君和黃昭堂氏，以及同書房社長村口一雄氏的好意安排，表示深深的謝意。

　　還有，跟私函一併寄來的論文「台灣語的記述研究進展到甚麼情形」(『明治大學教育論集』創刊三十周年紀念，通卷 184 號，人文科學，1985 年 3 月 1 日)，有一部分簡單明瞭地整理了台灣話的白話音、文言音的整個體系。這是學位論文以後，王君的努力的結晶。現在跟本論文一併公開出版，是很適當的。(編按：此篇論文在台灣版的〔王育德全集〕中，收於第 8 卷《台灣語研究卷》內。)

　　王君這部學位論文的原來題名雖然是「閩音系研究」，惟因為這樣未免太過於專門，乃跟黃氏、平山君商量的結果，決定改題為「台灣語音的歷史研究」。

　　昭和62年(1987年)7月中旬

（許極燉譯）

論　文　要　旨

　　本論文是對閩音系進行共時論與通時論的研究。

　　首要的資料使用了台南、廈門、「十五音」(漳州)、泉州、潮州和福州六種方言。其中，台南因爲是我的 mother tongue (母語)，用慣了的關係，所以做爲基礎資料。

　　次要的資料則採用了海口、莆田、仙游和平陽的四種方言。這些方言因爲做爲資料欠缺完備，所以僅限於做參考。

　　閩音系分爲閩南語和閩北語兩個系統。閩北語以福州號稱唯一的絕對權威，而閩南語則有漳州和泉州兩大中心。被認爲閩南語的標準語的廈門，正如一般所說的「不漳不泉」，其實是漳州和泉州的混淆語。這是由於廈門是清初勃興的新興港埠，人們從它的腹地漳州和泉州聚集過來的結果。

　　台灣比廈門開闢得早，而且，是廈門沒法比的廣大的新開拓地，因爲拓荒的人主要來自漳泉兩州的關係，方言的特徵也同樣是「不漳不泉」，但是，漳泉的比重則因地而異，台北的泉州色彩較濃(廈門也是)，台南則漳州的色彩較強。

　　潮州是從漳州分裂出來的。然而，分裂後卻形成了獨自的方言圈，在行政上也跟福建分離而隸屬於廣東。由於這些狀況，乃深深引人關注。

　　因此，根據作爲首要資料的六種方言齊全了，也就掌握了閩音系的主要重點，滿足了閩音系研究的最低條件。

　　本論文的內容，由三篇十章構成。

　　　Ｉ.序論
　　　　1.分布概況
　　　　2.親疏關係
　　　ＩＩ.本論
　　　　3.音韻體系
　　　　4.「十五音」
　　　　5.文言音與白話音
　　　　6.聲母
　　　　7.韻母
　　　　8.聲調
　　　ＩＩＩ.結論
　　　　9.stratification
　　　　10.閩音系的成立
　　　注
　　　資料

　　Ｉ.序論介紹了閩音系的概要，對各方言的資料做了評價。

　　並且，使用語言年代學的方法，調查台南、廈門、潮州和福州四個方言的親疏關係。用數字證實了按台廈 ＞ 廈潮 ＞ 台潮 ＞ 廈福 ＞ 台福 ＞ 潮福的順序，由親近而疏遠的關係。這項結論跟一般的常識有符合。那將是支持語言年代學的方法論具有妥當性的一項 data(資料)吧。不過，推算分裂年代的公式，不論

Swadesh 式也好，服部敎授式也好，對這種狀況似乎有問題。

II.本論分爲共時論的研究(3.4 章)和通時論的研究(5.6.7.8 章)兩個部分。

共時論研究裏，對於首要資料的六種方言的音韻體系做了探討。主要把重點放在音韻論方面的解釋。中國人的研究人員對音韻不太關心。他們所做成的資料，要拿來利用之前，有必要由我來加以音韻論的解釋。況且，是要同時處理複數的方言，那就有必要本着一貫性的音韻理論，改編全部方言的音韻系統。

「十五音」是 150 年前的漳州的系統，嚴格地說，不能跟其他的方言同列並論。不過，因爲變化並不怎麼大，而且又沒有其他有關漳州的適當資料，這才做了同樣的處理。然而，「十五音」裏頭，還是有「十五音」所附隨的問題。因而特地設立了一章。

通時論的研究構成本論文的主要部分，分量也最多。

首先，設立了「5. 文言音與白話音」的一章，強調問題的出發點和歸結點就在這裡。然後，分成聲母、韻母和聲調的三種要素開始進行探討。

這個音韻的最大特徵，畢竟是白話音廣泛地出現的現象。例如台南的情形，在所調查的 3394 字裡，竟然有相當於 33% 強，約 1127 字出現了白話音。研究的人員背負說明白話音出現的理由，以及它和文言音、還有中古音關係等的最大課題。

然而，從來的中國的方言研究，把單獨的方言跟中古音做比較對照，中古音的甚麼，在這個方言是甚麼，這樣好像是在堆砌表格。最後，則列舉方言的特徵，這樣就算完了。對於這種方法

論，以前我就認爲應該努力去說明到達這種狀態的過程變化。

現在，一次處理複數的方言，一邊各自分別跟中古音比較，一邊更互相比較。採用這樣的方法，雖然記述不得不煩瑣，但是，能夠比較容易掌握音韻變化的過程，即使是一如事先所期待的，也是很快活的。

這種方法的長處之一，是如果以單獨的方言做爲對象的話，以爲已經簡單地解決了的問題，可以知道其實是做了錯誤的解釋。相反地，怎麼也解決不了的問題卻簡單地冰釋了。這樣的情形其實不少。

Ⅲ.結論的部分，首先在「9. stratification」裡，使之帶有總結的意義，以台南爲例，對於聲母和韻母試行把層分開。

聲母比較簡單，文言音和白話音似乎各分成一個基本層和次要的層就夠了，但是，韻母是複雜的。複雜的是因爲白話音的關係，而文言音則跟聲母一樣，有一個整齊的基本層。白話音至少必須設定三個被認爲是基本層的層。雖然複數的基本層是奇怪的說法，但白話音確是這麼複雜的。

關於白話音，最後畢竟沒能達到再建構起一個有系統的體系來。祇用文言音試行重建「閩祖語」，總算是一種安慰了。

文言音終究還是比白話音新。而且，相對於白話音是從一個個的詞彙傳承下來的，文言音則起初即以一個系統被借進來的。因此，當然比較容易掌握。

文言音被借入的時期，亦即，文言音系統的成立，據推斷是在唐末五代。如果有必要把幅度縮小的話，大概是五代、王氏建設閩國的時候吧。

　　要探索白話音的由來的話，終究還是除了探尋福建開拓的沿革以外，似乎沒有別的方法。福建的西北部最先開闢，然後順閩江而下，再插手到沿岸部，廣東邊境則留在最後。

　　在第三世紀前葉，從浙江方面和江西方面來的拓荒的人在西北部碰頭。他們在湧下閩江以前，是有一段時間的。從考量閩音系成立的觀點，第三世紀是可能性最大的時期。

（許極燉譯）

目次

序論

1.分布概況

1.1　區域和人口

閩音系方言的分布區域，大約如下：

中國福建省的東北部……約 700 萬人
代表方言……福州方言

中國福建省的東南部……約 1000 萬人
代表方言……廈門方言

中國廣東省的東部………約 500 萬人
代表方言……潮州方言

廣東省海南島的東部……約 200 萬人
代表方言……海口方言

中國浙江省的東南隅……約 100 萬人
代表方言……平陽方言

台灣 (近乎全域) …………約 1100 萬人
代表方言……台南方言

東南亞華僑居住地………約 500 萬人

代表方言……新加坡華僑語

閩音系方言的使用人口合計約有 4100 萬。這無法與數以億計的官話音系相提並論，但如果與其它音系來比較的話，雖然還不及約有 4600 萬使用人口的吳音系方言，可是卻遠遠超過約 2000 萬到 3000 萬使用人口的客家方言及粵音系方言。❶

它的分布區域具有明顯的特徵：它非但不向大陸內部擴散，反而在東南沿岸呈帶狀延展，最南端甚至遠至東南亞。由此可知，閩音系方言的擴展是藉水路進行的。

1.2　閩南和閩北

福建省內的方言分布❷，根據 1957～1959 年的調查❸，大約如下所示(地名以調查點的縣市名為主)：

「閩方言區」

「閩東區」	福州	長樂	福清	平潭	永泰	閩清
	連江	羅源	古田	寧德	屏南	福安
	周寧	壽寧	霞浦	福鼎		
「莆仙區」	莆田	仙游				
「閩南區」	廈門	同安	金門	泉州	晉江	惠安
	南安	安溪	永春	德化	漳州	龍海
	長泰	華安	南靖	平和	漳甫	雲霄
	詔安	東山	龍岩	漳平	大田	尤溪
「閩中區」	永安	三明市	沙縣			
「閩北區」	建甌	松溪	政和	建陽	崇安	浦城

福建省方言地圖

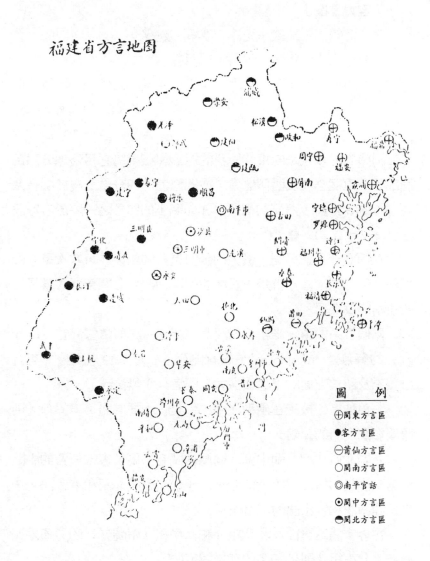

圖　例

⊕閩東方言區

●客方言區

⊖莆仙方言區

○閩南方言區

◎南平官話

⊙閩中方言區

⊜閩北方言區

「客方言區」
　「北組」　邵武　光澤　泰寧　建寧
　「中組」　將樂　順昌　三明縣
　「南組」　長汀　寧化　清流　連城　武平　上杭　永定

（「　」爲原文用語）

　　福建省的形狀是向東北傾斜的矩形。如果將它粗略地分爲四個部分，東側全區及西側北區，亦即全體的四分之三屬於閩音系區（「閩方言區」），西側的南區，亦即剩下的四分之一屬於客家語區（「客方言區」）。❹

　　在兩個音系區裏面，最大的版塊是「閩南區」，其次是「閩東區」。「閩南區」就是一般所說的閩南語，「閩東區」就是一般所稱的閩北語。

　　兩個音系區由兩條粗大的語言境界線，亦即依據濁音聲母 b, g(,z)的有無及 –m, –p; –n, –t 的有無(–ŋ, –k 爲共有)來劃分。其音韻體系及語彙方面的差異相當大，兩者幾乎無法溝通。

　　「莆仙區」被夾在兩者之間，但是依上述的語言境界線，則應屬於閩北語的範疇。

　　「閩北區」和「閩中區」同屬於閩音系區及客家語區的中間地帶。詳細的情形還不太清楚，似乎前者是閩北語和客家語，後者是閩南語和客家語的混合語。

　　在客家語區裏面，「北組」和「中組」跟閩音系的共通點比較多。「南組」則是有名的汀州客家語。

　　另外，本次的調查，發現了以下有趣的事實：亦就是在閩音

系地區裏，有南平(市區)與長樂縣洋嶼(離島)兩地是北方官話的「方言島」。

南平方面，一般稱之爲「土官話」，是 15 世紀中期由北方來的駐軍所留下來的。洋嶼方面，被稱作「旗下話」，是 18 世紀初期由北方來的駐軍所留下來的。

閩音系中，研究最有進展的是廈門與福州。原因是，由上述可知，在福建省境內，閩音系區遠比客家語區廣大，所以普通以閩音系方言來代表福建省的方言。但雖同屬閩音系，因爲閩南語與閩北語的差異仍相當大，所以重點地選出廈門與福州來做研究。

將廈門方言選做閩南語的代表方言，除了因爲廈門是閩南的政治、經濟、文化中心，亦因爲它同時是華僑出入港的關係，對華僑語言具有一定的影響力。

這方面的主要研究成果如下：

羅常培『廈門音系』(科學出版社，1956年再版，初版爲1931年)

董同龢『廈門方言的音韻』(『集刊』29本上冊所收，1958年)

周辨明：The Phonetic Structure And Tone Behaviour In Hagu And Their Relation To Certain Questions In Chinese Linguistics (T'oung Pao vol. 28, 1931)

其中，最具資料價值及利用之便的是羅氏的書。董同龢氏祇就音韻體系做出音韻論的解釋，他的研究還談不上是成功的。周辨明氏的研究把重點放在通時論方面，但是有很多基本上的錯誤❺，不值得我們參考。

清朝將台灣劃入版圖，並指定廈門爲唯一的出入港口，遂使

廈門急速發展成為一個新興都市；換句話說，廈門方言是新興方言。其音韻體系即反映出住民係從它的腹地漳州及泉州聚集來的事實❻，亦即所謂的「不漳不泉」。這在知識分子間評價並不高。周氏(原廈門大學教授)在前述的論文中，有以下的敘述：

　　　　在廈門所通行的特殊音韻型態，祇不過由於廈門為近代的港埠，其發音由內地人傳來，被認為有流行及模倣的價值，而具有其重要性。

　　　　知識分子間反而認為漳州及泉州的發音較為重要而加以重視。事實上，廈門的發音不一定就比較古老。

　　　　例如「君」和「斤」，在漳州發為〔˪kun〕和〔˪kin〕，在泉州則發為〔˪kun〕和〔˪kʊn）〕，是有區別的，但是在廈門則同樣地發成〔˪kun〕。❼

漳州位於廈門西方 40 公里處，梁朝即已建置。其後一直是閩南南部的政治、經濟、文化的中心地區。泉州位於廈門東北方約 100 公里處，三國吳時早已被開墾成為東安縣，之後一直是閩南北部的政治、經濟、文化的中心地區。特別是從唐代到南宋年間，為極其繁榮的著名外國貿易港。

　　在此，令我感到不可思議的是，為什麼明明知道廈門的音韻特徵是「不漳不泉」，但並不曾對漳州及泉州的音韻進行調查及研究？豈是認為對於閩南語只要用『廈門音系』就夠了？

　　如果對漳州及泉州的音韻沒有具備知識，就無法完全理解廈門的音韻。當然，也就不可能對閩音系做廣泛的研究。

　　那麼我們是不能不努力的了。在此，令人慶幸的是，台灣總督府所編纂的『日台大辭典』(1907 年)及『台日大辭典』(1932

年），對這兩個方言除了有簡單的介紹之外，對於音韻也留下了豐富的記錄❽。參考那些資料，並加以分析整理，要捕捉整個音韻體系的大概的情形，並非不可能。

　　尤其是有關漳州，有『十五音』這個好資料，是要加以利用的。

　　『十五音』是 1818 年為漳州方言所編纂的通俗韻書，收錄字數約有 15000 字。從辭典中擷取片斷的發音外別無他法（「方言字彙」中頗多空白部分，就是這個原因）。但是，與泉州相比，就資料來說，完整得多了。

　　只是，從那裏擷取的漳州音韻，正確地說，是 150 年前的發音。雖說與辭典所記載的大致上並無出入，仍必需加以注意。在此，吾人不將它稱為漳州方言，而盡量稱它為「十五音」，就是因為考慮到這點的關係。

　　還有，董同龢『四個閩南方言』（『集刊』30 本所收，1960年），雖然介紹了晉江（泉州）、龍溪（漳州）、廈門、揭陽（屬潮州方言圈）等地的方言，但是所採用的 informant（提供語料的本地人）全都只限於二〇年代左右的年輕人❾，可供參考，卻不便採信。

　　福州是在福建省內最大河川閩江的河口發展起來的都市，閩王國（907～945 年）在此定都以來，從宋朝到現在一直都是福建省的省都。福州方言被視為閩北語的代表乃是理所當然的。

　　這方面的主要研究成果如下：

　　　陶燠民『閩音研究』（科學出版社，1956 年，原『集刊』1 本所
　　　　收，1930 年）

藍亞秀「福州音系」(『台大文史哲學報』5 期所收，1953 年)

高名凱「福州語之語叢聲母同化」(『燕京學報』33 期所收，1947 年)

陶氏主要以音韻體系的記述爲主。福州的音聲非常複雜，特別有必要從音韻論方面來加以解釋，但他並未做此考慮，令人遺憾。

藍氏❿從事通時論方面的研究，但畢竟僅止於膚淺的記述。不過它詳細的「同音字表」具資料上的價值，利用起來非常方便。

高氏則特地將此方言複雜的聲母交替變換做爲題目，加以論述。

「莆仙區」跟明清時期的興化府的行政區域恰好一致。府治莆田，在地圖上的直線距離，分別與福州和泉州相距 75 公里。所轄縣的仙游，距莆田 30 公里，離泉州則有 50 公里。兩地的方言幾乎沒有差異，仙游好像多少受到泉州的影響。

「莆仙區」方言是閩南語轉爲閩北語的中間方言，早就應該開始研究了，但直至最近才有以下幾篇短短的報告出現，至少總算把握住了它的輪廓。

黃景湖「莆田話的兩字連讀音便」(『中國語文』1962 年，11 月號收)

戴慶夏「閩話仙游話的變調規律」(『中國語文』1958 年，10 月號收)

戴慶夏、吳啓祿「仙游話的語音」(『方言與普通話集刊』1 本所收，1958 年)

戴慶夏、吳啓祿「閩話仙游話的文白異讀」(『中國語文』1962 年，8、9 月號所收)

然而音聲記述卻精粗參差不齊，例字不多，不能做爲可信的資料來用，充其量只能參考。

1.3　潮州方言圈

　　廣東省的東部是指潮安、饒平、澄海、揭陽、普寧、潮陽、惠來、南澳等 8 個縣。這個地區東部與福建省相接，南部面臨南中國海，北部和西部則被大埔、豐順、紫金、陸豐等客家縣所包圍。

　　潮安縣治所在的潮州市，位於韓江三角洲的要衝，古代從東晉時就成爲這個地區的政治、經濟、文化中心而繁榮起來。這也是潮州市的方言❶成爲這個地區的代表方言的原因。

　　潮州方言明顯是從漳州方言分離出來，之後，獨自形成了潮州方言圈。演變成具有與閩南不同的音韻變化(-n, -t 的消失是最有力的証據)，並引進了很多官話，保持了特殊語彙。

　　其演變原因之一是它隸屬於廣東，而跟閩南的政治單位不同。面向廣東的西側敞開，而與福建的省界則是南嶺的南端，在沿海一帶只有如走廊似的平地互相連結，這些地理環境使然。

　　這個方言的研究最近才開始，其主要成果如下：

　　　李永明『潮州方言』(中華書局出版，1959 年)

　　　香港綜合書店『國音潮州方音注音綜合新字典』(1958 年)

　　李氏的著書爲「全國方言普查」❷的成果之一，光是這些就可以出版單行本，可見本書的質和量都有出色的水準。此書雖然只限於共時論的研究，但其記述大致上正確可靠。

　　『國音潮州方音注音綜合新字典』可從北京音及潮州音兩方面查閱，具有資料的價值。這不但可與李氏的記述互相對照俾能

正確，並可彌補李氏所缺漏的部分。

1.4　海南島

　　海南島現在稱之為廣東省海南特別行政區。總人口約有 280 萬，包括以黎族、苗族為主的少數民族約有 50 萬人。剩下 230 萬的漢族中，約 200 萬人使用閩南語系的語言。

　　所謂的海南島語就是意謂閩南語系的語言，但是在島內卻被

叫做「客語」，這眞是一種諷刺。

這種情形在暗示：黎族、苗族爲原住民，摻雜古代南越人血統的漢族爲先住者，閩南系的人是後來才移住過來的事實。

他們現在分布在環境比較好的東部平原地帶。本來這個地區開發就比較晚，生活共同體的規模也比較小，所以分成很多地域方言(這跟台灣形成好的對照)。

勢力比較大的是面臨瓊州海峽的海口市方言與位於海口市東南方50公里處的商業都市文昌市的方言。❶特別是海口方言，因爲海口市是海南島門戶，同時也是政治中心的緣故，被視爲代表方言。

關於海南島方言的研究幾乎沒有。戰時，在台灣出版的幾種實用會話讀本之類的書，雖有語彙上的參考價值，但並不能做爲音韻的資料。最近，有：

　　梁猷剛「海南島海口方言中的吸氣音」(『中國語文』1958
　　　年，1月號所收)

　　梁猷剛「海南方言中的喉塞音」(『中國語文』1964年，6期
　　　所收)

等兩篇報告出現，但都只介紹特殊的音聲現象而已。

1.5 「浙南閩語」

浙江省的東南隅是指平陽、泰順(溫州南鄰)、玉環、洞頭(溫州灣上的島嶼)四個縣。普通所謂的「浙南閩語」，是以位於其中心的平陽方言爲代表方言。

因爲住民是泉州的漁民來這裏工作而定居下來的。所以泉州

方言的諸多特徵似乎仍被保存着。但不知是受了吳音系的影響，還是受了閩北語的影響，其韻尾只轉變成–n、–ŋ、–ʔ，令人覺得十分有趣。這方面有：

> 溫端政「浙南閩語裡形容詞程度的表示方法」(『中國語文』1957，12 月號所收)
>
> 溫端政「浙南閩語裡的「仔」「子」和「嫽」」(『中國語文』1958，5 月號所收)

兩篇簡單的報告，但缺乏音韻資料的價值。

1.6　台灣語

台灣的總人口約有 1350 萬人，大概的構成如下。

$$
台灣人\begin{cases}閩南系……1000 萬\\客家系…… 100 萬\\高山族…… 20 萬\end{cases}
$$

中國人 ……………… 230 萬

中國人是指戰後隨國民政府渡海來台，出身中國大陸各省的人。他們的共同語言是北京方言。國民政府將北京方言當「國語」，強迫台灣人學習。

高山族(別稱高砂族)屬馬來玻利尼西亞系種族，是這個島的原住民。其中被台灣人同化的即被同化，而不被同化的就退居中央山脈或東部的離島，過着未開化的生活。

台灣人的主體無論如何❺是 1000 萬的閩南系及 100 萬的客家系。他們原來是從閩南及廣東遷移過來的開拓民的子孫，在這個島上獨自開創命運，過了四個世紀，因此現在擁有跟中國人不

同的意識。

在他們之間，占絕對多數的閩南系語言成了共通語言。一般所稱的台灣語(「台灣話」ˍtai ˍuan ueˊ)就是指這種語言。因而，台灣語不僅從屬於閩南語，從最前面的表中比較得知，它也是閩南語中勢力最大的。

台灣人本身並沒有查覺到，但是日本人卻觀察出台灣語的特徵在於「不漳不泉」。「不漳不泉」(putˍ ˍcioŋ putˍ ˍcuan)意思是說，既非純粹的漳州也非純粹的泉州，而是其混合語的意思。

例如，曾任台灣總督府口譯官的岩崎敬太郎氏，在其著作『新撰日台言語集』(1913)的凡例中說：「……普通所謂的台灣話是指泉、漳二州的語言，但是除了宜蘭地方及一部分的小部落是純粹的漳州音以外，其它大部分則是泉、漳混淆，所謂不漳不泉……。」

渡海來台的開拓民因為地理上的關係，出身漳州府及泉州府的占絕對多數。他們不得不雜居各地共同生活。這種特殊的社會現象沒有理由不反映在語言上面。

這種情形跟廈門有相似的地方。因為從廈門的腹地漳州及泉州來的人聚集在廈門，所以「不漳不泉」也成了廈門的特徵。因此，在日本的研究者中，甚至有人主張用廈門音來表記台灣話⓰，但這是缺乏正確認識的看法。

即使同樣是「不漳不泉」，但台灣話並不是廈門方言直接輸入的翻版，這是必須加以強調的。還有，廈門只不過是「點」而已，然而台灣則是個「面」，所以其「不漳不泉」的複雜程度，絕非廈門所能比擬的。

　　雖然簡單地說是「不漳不泉」，但這並不能將漳州及泉州視為同等同值的混合語。以台灣的情況來說，因其開拓的沿革❼及其後的人口移動等因素，實際上似可分成漳州音較強勢的地方和泉州音較強勢的地方。

　　一般人認爲這是「腔」(⌣kʻioN)。台灣話可分爲「台北腔」及「台南腔」。我們認爲：「台北腔」是泉州音比較強，而「台南腔」則漳州音比較強。

　　「台北腔」之所以泉州音比較強的原因是，開拓舊市街萬華的是三邑(晉江、南安、惠安)人，而開拓新市街大稻埕的是同安人。

　　「台南腔」之所以漳州音比較強的原因就有點複雜了。例如，我出身於台南，所以理應是台南腔，但是我的原籍好像是同安。❽在台南市裏面與我一樣泉州系的人毋寧不少。昭和元年(1926)總督府所調查的「台南市內在籍漢民族鄉貫別」的人口數如下：

　　　　泉州府 ············ 46900 人
　　　　⎧ 安溪人　　 3000
　　　　⎨ 同安人　　12700
　　　　⎩ 三邑人　　31200
　　　　漳州府 ············ 17200

　　但是據「台南縣下移民之沿革」(『台灣慣習記事』2 卷 3 號，1905。『大日本地名辭書續篇第三台灣』由「汎論」轉述《大日本…… · 汎論》)所述，台南市原來漳州系的人占大多數，其後泉州系的人增加，超越了漳州系。

　　結果，這個在漳州系占優勢的時期所確立下來的語言習慣，無關其後住民的勢力消長，一直被保守下來。

　　要說台灣話的代表方言，依常識來看，似乎應該指台灣最大的都市，也是最近 100 年間台灣政治、經濟、文化的中心地台北市的方言才對。

　　但是，我之所以敢指認台南方言，是因爲考慮：第一，它是我的方言，我已經使用習慣了。其次，論實績，台南市是台灣最早開發的都市，在它被台北市奪取地位前的三百年間，一直都是台灣的中心地。

　　主要的資料如下：

　　　　拙著『台灣語常用語彙』(永和語學社，1957)

　　　　台灣總督府『日台大辭典』(1907)

　　　　台灣總督府『台日大辭典』(1932)

1.7　華僑是方言集團

　　東南亞華僑的分布概況，據國民政府的資料──『華僑志』(華僑志編纂委員會，1956)所記載的內容如下：

菲律賓	138817 人
越南	1000000
寮國	3175
柬埔寨	217928
泰國	3690000
新加坡	926000

馬來亞聯邦	2286883
北婆羅洲	82591
印尼	2000000
緬甸	360000

　　合計約有 1000 萬人。

　　他們的出身地主要是福建、廣東兩省，這是人們普遍知道的。但是，他們本身分爲「福建」(「閩南」)、「潮州」、「瓊州」(「海南」)、「廣東」、「客人」五個叫做「幫」(ₚəŋ)或「班」(ₚən)❶❾的鞏固集團的事實卻鮮爲人知。

　　分立集團的原因是方言不同，毋庸贅言。在五個集團中，前三個爲閩音系，由此可見華僑社會中，閩音系勢力之龐大。

　　對於華僑語言並無特別的調查資料。如果依據原籍來推測的話，新加坡和菲律賓是閩南語單獨的天下。在印度支那半島，潮州方言擁有絕大勢力。在馬來亞及印尼，則是閩南語、廣州方言和客家語(梅縣及海陸豐)三者鼎立。海南島語雖然在泰國、馬來亞通行，但其勢力很小。

　　在這裏面將新加坡的華僑語言選爲代表方言，是因爲新加坡是華僑所建設的唯一獨立國家，華僑語言受到比照公用語的待遇。

　　雖然缺乏像樣的研究資料，由手邊的：

　　　蔣克秋『廈語易解』(Hokkien Vernacular Lessons for Be-
　　　　ginners, by Chiag Ker Chiu)(新加坡市布連拾街 73，勤奮書
　　　　局發行，1940¹，1952²)

一書所得到的印象，是要用廈門方言作爲標準方言來教學的態

度。由這樣的教科書在市面上銷售的情形可以察知，實際流通的
語言似乎亦跟廈門方言相差無幾。

1.8　作爲研究對象的方言

如上面所作概觀，研究調查大致完成，可知我們能夠作爲資
料來活用的方言數目其本身已被限定了。

要研究閩音系，兩大次級方言的閩南語及閩北語的資料齊全
是不可或缺的條件。受益於羅常培爲首及李永明、藍亞秀等氏的
業績，這個條件已經具備了。這對我們來說，實在是很幸運的。

因爲閩南語比閩北語分布區域廣，所以無論如何要把重心放
在那上面。爲此，我以 mother tongue(母語)的台南爲中心，湊
齊了廈門、泉州、「十五音」(漳州)等四個方言。

此外，亦加上了閩南語突出的變種之一，形成了獨自方言圈
的潮州方言。

相對於這些「閩南勢」，閩北語只有一個福州方言，雖然有
點孤單，也是沒有辦法的。

我們的研究，以上面的六個方言作爲第一手資料來活用。特別
是，本研究的動機本來在於探尋台南方言的淵源所在，所以它成了
基礎資料。例文中如無特別說明的，就請認爲全都是台南的。

海口、莆田、仙游、平陽四個方言，則作爲第二手資料來利
用。雖然是片斷而不完全的報告，卻也不是沒有珍貴的參考價值。

2.1 調查表

　　屬閩南語，與大陸隔有 200 公里海峽的台南。

　　在閩南 motherland 上的廈門。

　　從閩南分離出來，形成了獨自方言圈的潮州。

　　以及主張自己是閩北語的權威而不讓步的福州。

　　對於這各具特徵的四個方言，爲瞭解其系統的差異與距離遠近究竟是如何互相關連，語言年代學的研究方法是最恰當不過了。

調查項目	台南	廈潮福	廈門	潮福	潮州	福	福州	中古
1. I	꜀gua 我	+++	꜀gua	++	꜀ua	+	꜀guai	我
2. thou	꜀li 汝	+++	꜀li	++	꜀l+	+	꜀ny	汝
3.* we	꜀guan 我n	+O+	꜀gun	O+	꜀+ŋ	O	꜀guai kok꜀ ꜀nœŋ 我 儂	我曹
4.* this	cit꜍ ꜀e 即	+OO	cit꜍ ꜀e	OO	꜀cia ꜀kai 者	+	꜀ci ꜀kai 只?	之
5.* that	hit꜍ ꜀e	+OO	hit꜍ ꜀e	OO	hia ꜀kai	+	꜀hy ꜀kai	夫
6.* who	꜀siaN ꜀laŋ 儂	−−−	ci² cui² 誰?	−−	ti² tiaŋ	−	tei² ꜀nœŋ	誰
7.* what	꜀sim miN² 物	+++	꜀sim miN²	++	miN꜍ ꜀kai	+	siek꜍ no²꜍	何
8.* not	m̩²	+++	m̩²	++	꜀m̩	+	꜀m̩	不
9. all	꜀loŋ ꜀coŋ 攏總	++−	꜀loŋ ꜀coŋ	+−	꜀loŋ ꜀coŋ	−	꜀ce ꜀ce 齊 齊	皆
10. many	ce²	+++	cue²	++	꜀oi²	+	se²	多

調查項目	台南	廈潮福	廈門	潮福	潮州	福	福州	中古
11.* one	cit⊇ □	++○	cit⊇	+○	cek⊇	○	sio2⊇ □	一
12. two	nəŋ⊇ 兩	+++	nəŋ⊇	++	⊆noN	+	noŋ⊇	二
13. big	tua⊇ 大	+++	tua⊇	++	tua⊇	+	tuai⊇	大
14. small	se⊃ 細	+++	sue⊃	++	soi⊃	+	se⊃	小
15. long	⊆təŋ 長	+++	⊆təŋ	++	⊆t⁺ŋ	+	⊆toŋ	長
16. woman	⊆ca ⊆bo 姥　□	+--	⊆ca ⊆bo	--	⊆c⁺ ⊆nieN 娘	+	⊆cy ⊆nioŋ ⊆nœŋ 娘　農	女
17.* man	⊆ca ⊆po 夫　□	+++	⊆ta ⊆po	++	⊆ta ⊆pou	+	⊆toŋ ⊆puo ⊆nœŋ 唐　夫	男
18. person	⊆laŋ 儂	+++	⊆laŋ	++	⊆naŋ	+	⊆nœŋ	人
19. fish	⊆hi 魚	+++	⊆hi	++	⊆h⁺	+	⊆ŋy	魚
20. bird	⊆ciau 鳥	+++	⊆ciau	++	⊆ciau	+	⊆cieu	鳥

調查項目	台南	廈潮福	廈門	潮福	潮州	福	福州	中古
21.* dog	ᶜkau 狗	++−	ᶜkau	—	ᶜkau	—	ᶜkʼeŋ 犬	犬
22.* louse	sat⊃ ᶜbə 虱母	+++	sat⊃ ᶜbə	++	bak⊇ sak⊇ 木虱	+	mɒk⊇ sek⊇ 虱	虱
23. tree	ᶜiu⊇ 樹	+++	ᶜiu⊇	++	ᶜiu⊇	+	ᶜiu⊇	木,樹
24. bark	ᶜiu⊇ ⊆pʼue 樹皮	+++	ᶜiu⊇ ⊆pʼe	++	ᶜiu⊇ ⊆pʼue	+	ᶜiu⊇ ⊆pʼuoi	木皮,樹皮
25. leaf	hio2⊇ □	+++	hio2⊇	++	hie2⊇	+	ᶜiu⊇ nio2⊇	葉
26. root	ᶜkin 根	+++	ᶜkun	++	ᶜk+ŋ	+	ᶜkoŋ	根
27. seed	ᶜci 子	+++	ᶜci	++	ᶜci	+	ᶜcy	種
28. blood	hue2⊃ 血	+++	hui2⊃	++	hue2⊃	+	hek⊃	血
29. meat	ba?⊃ □	+−−	ba?2⊇	−−	nek⊇ 肉	+	nyk⊇	肉
30. skin	⊆pʼue 皮	+++	⊆pʼe	++	⊆pʼue	+	⊆pʼuoi	皮

調查項目	台南	廈潮福	廈門	潮福	潮州	福	福州	中古
31. bone	kut⊃ 骨	+++	kut⊃	++	kuk⊃	+	kok⊃	骨
32. grease	ba2⊃ ⊆iu 油	+−+	ba2⊃ ⊆iu	−+	⊆la □	−	⊆ty ⊆iu 猪	脂
33. egg	⊆neŋ 卵	+++	⊆neŋ	++	⊆n+ŋ	+	⊆loŋ	卵
34. born	kak⊃ 角	+++	kak⊃	++	kak⊃	+	kœk⊃	角
35. tail	⊆bue 尾	+++	⊆be	++	⊆bue	+	⊆muoi	尾
36. feather	⊆meŋ 毛	+++	⊆meŋ	++	⊆mo	+	⊆mo	羽
37. hair	⊆meŋ 毛	++−	⊆meŋ	−	⊆t'au ⊆mo 頭 ⊆t'au k'ak⊃ 殼	−	⊆t'au huak⊃ 髮	髮
38. head	⊆t'au 頭	+++	⊆t'au	++		+	⊆t'au	頭
39. ear	hiN² ⊆a 耳	+++	hi² ⊆a	++	⊆hiN	+	ŋi² 耳	耳
40. eye	bak⊇ ⊆ciu 珠	+++	bak⊇ ⊆ciu	++	mak⊇	+	mœk⊇ ⊆ciu	目

調查項目	台南	廈潮福	廈門	潮福	潮州	福	福州	中古
41. nose	ʰpiN² 鼻	+++	pʰiN²	++	piN²	+	ʰpi²	鼻
42. mouth	cʰui⁻ 喙	+++	cʰui⁻	++	cʰui⁻	+	cʰoi⁻	口
43. tooth	cʰui⁻ ʰkʰi 喙 齒	+++	cʰui⁻ ʰkʰi	++	ʰkʰi	+	ʰŋa ʰkʰi 牙	齒
44. tongue	ci2² 舌	+++	ci2²	++	ci2²	+	cʰui⁻ siek² 舌	舌
45.* claw	ʰcioŋ ka2² □ 甲	+++	ʰceŋ ka2²	++	ʰc+ŋ ka2²	+	ʰcioŋ kak⁻	爪
46. foot	ʰkʰa 跤	+++	ʰkʰa	++	ʰkʰa	+	ʰkʰa	足
47. knee	kʰa² ʰtʰau ʰu 跤 頭 □	++-	kʰa² ʰtʰau ʰu	+-	kʰa² ʰtʰau ʰu	-	kʰa puk⁻ ʰtʰau 腹 頭	脛
48. hand	ʰcʰiu 手	+++	ʰcʰiu	++	ʰcʰiu	+	ʰcʰiu	手
49.* belly	bak⁻ ʰto 腹 肚	+++	pak⁻ ʰto	++	ʰtou	-	puk⁻ ʰlo 腹 □	腹
50. neck	am² ʰkun 領 □	++-	am² ʰkun	+-	ʰam	-	ʰtʰau hoŋ² 頭 項	頸

調查項目	台南	廈潮福	廈門	潮福	潮州	福	福州	中古
51. breast	₋hiəŋ ᶜk'am 胸　坎	＋－－	₋hiəŋ ᶜk'am	－－	₋sim ᵤkuaN 心　肝 ₋sim ᶜt'au 頭	＋	siŋ ᶜk'aŋ 心　坎	胸
52. heart	₋sim coŋ 心　臟	＋＋＋	₋sim coŋ	＋＋	₋sim ₋caŋ 心	＋	siŋ coŋ 心　臟	心
53. liver	₋kuaN 肝	＋＋－	₋kuaN	＋＋	₋kuaN	＋	₋kaŋ	肝
54. to drink	₋lim □	＋＋－	lim	＋－	₋lim	－	c'uok 啜 ?	飲
55. to eat	cia? 食	＋＋＋	cia?	＋＋	cia?	＋	siek	食
56. to bite	ka 咬	＋＋＋	ka	＋＋	ᵤka	＋	ka	咬
57. to see	k'uaN 看	＋－＋	k'uaN	－＋	ᶜt'oiN □	－	k'aŋ	視，見
58. to hear	ᶜt'iaN 聽	＋＋＋	ᶜt'iaN	＋＋	ᵤt'iaN	＋	t'iaŋ	聽，聞
59.* to know	₋cai □	＋＋－	cai □	＋－	₋cai □	－	pek 別	知
60. to sleep	k'un 困	＋－＋	k'un □	－＋	uk □	－	k'oŋ	睡

調查項目	台南	廈潮福	廈門	潮福	潮州	福	福州	中古
61. to die	꜀si 死	+++	꜀si	++	꜀si	+	꜀si	死
62. to kill	t'ai꜄ si꜄ □死	+++	t'ai꜄ si	++	t'ai꜄ si	+	t'ai꜄ si	殺
63. to swim	꜀siu 泅	+++	꜀siu	++	꜀siu	+	꜀siu	游
64. to fly	꜀pue 飛	+++	꜀pe	++	꜀pue	+	꜀puoi	飛
65. to walk	꜀kiaN 行	+++	꜀kiaN	++	꜀kiaN	+	꜀kiaŋ	行
66. to come	꜀lai 來	+++	꜀lai	++	꜀lai	+	꜀li 來	來
67. to lie	꜀te 倒	+++	꜀to	++	꜀to 倒	+	꜀to	臥
68. to sit	ce꜓ 坐	+++	ce꜓	++	꜀co	+	co꜓	坐
69. to stand	k'ia꜓ 徛	+++	k'ia꜓	++	꜀k'ia	+	k'ie꜓	立、起
70.* to give	ho꜓ 互?	+--	ho꜓	--	꜀puŋ 分	-	k'yk꜄ 乞	與

調查項目	台南	廈潮福	廈門	潮福	潮州	福	福州	中古
71. to say	ｃkoŋ 講	+－+	ｃkoŋ	－+	taɴ⊃ □	－	ｃkoŋ	言
72. sun	litₒ ₒtʻau 日頭	+++	litₒ ₒtʻau	++	zikₒ ₒtʻau 日	+	nikₒ ₒtʻau	日
73. moon	gue2ₒ 月	+++	ge2ₒ	++	gue2ₒ	+	ŋuokₒ 月	月
74. star	ₒcʻeN 星	+++	ₒcʻiN	++	ₒcʻeN 日	+	ₒsiŋ	星
75. water	ₒcui 水	+++	ₒcui	++	ₒcui	+	ₒcui	水
76.* river	₅kʻe 溪	－－－	he ₅ 河	++	ho ₅	+	o ₅	川・河
77. stone	cio2ₒ ₒtʻau 石頭	+++	cio2ₒ ₒtʻau	++	cie2ₒ	+	suokₒ	石
78. sand	ₒsua 砂	+++	ₒsua	++	ₒsua	+	ₒsa	砂
79. earth	₅tʻo 塗	+++	tʻo ₅	++	₅tʻou	+	tu ₅	土
80. cloud	₅hun 雲	+++	₅hun	++	₅huŋ	+	₅huŋ	雲

調查項目	台南	廈潮福	廈門	潮福	潮州	福	福州	中古
81. smoke	₌ian 煙	+－+	₌ian	－+	₌huŋ	－	₌ieŋ	煙
82. fire	₌hue 火	＋＋＋	₌he	＋＋	₌hue	＋	₌huoi	火
83. ash	₌hue 灰	＋＋＋	₌he	＋＋	₌hue	＋	₌huoi	灰
84.* to burn	to²⁼ □	＋＋○	to²⁼	○	to²⁼	○	tio²⁼ □	燃
85. path	lo⁼ 路	＋＋－	lo⁼	＋－	lou⁼	－	to⁼ 道	道、路
86. mountain	₌suaN 山	＋＋＋	₌suaN	＋＋	₌suaN	＋	₌saŋ	山
87. red	₌aŋ 紅	＋＋＋	₌aŋ	＋＋	₌aŋ	＋	œŋ	赤
88. green	₌c'eN 青	＋＋＋	₌c'iN	＋＋	₌c'eN	＋	₌c'aŋ	青
89. yellow	₌ŋ 黃	＋＋＋	₌ŋ	＋＋	₌ŋ	＋	₌uoŋ	黃
90. white	pe²⁼ 白	＋＋＋	pe²⁼	＋＋	pe²⁼	＋	pak⁼	白

調查項目	台南	廈潮福	廈門	潮福	潮州	福	福州	中古
91. black	₋o 烏	+++	₋o	++	₋ou	+	₋u	黑
92. night	₋meN si 暝時	+++	₋miN si	++	₋meN kua⸜ 掛?	+	₋maŋ ₋puo 晡	夜
93. hot	lua?₌ 熱	+++	lua?₌	++	zua?₌	+	iek₌	暑
94. cold	₋kuaN 寒	+++	₋kuaN	++	₋kuaN	+	₋kaŋ	寒
95. full	tiN⁼ 墘	+++	tiN⁼	++	tiN⁼	+	tieŋ⁼	滿
96. new	₋sin 新	+++	₋sin	++	₋sin	+	₋siŋ	新
97. good	₋ho 好	+++	₋ho	++	₋ho	+	₋ho	好
98. round	₋iN 圓	+++	₋iN	++	₋iN	+	₋uoŋ	圓
99. dry	₋ta □	+++	₋ta	++	₋ta	+	₋ta	乾
100. name	₋miaN 名	+++	₋miaN	++	₋miaN	+	₋miaN	名

調查項目	台南	廈潮福	廈門	潮福	潮州	福	福州	中古
101. ye	⊂lin 汝n	+++	⊂lin	++	⊂niŋ	+	⊂ny kok⊃ ⊂nœŋ 汝曹	汝 曹
102. he	⊂i 伊	+++	⊂i	++	⊂i	+	⊂i 彼	彼
103. they	⊂in 伊n	+++	⊂in	++	⊂iŋ	+	⊂i kok⊃ ⊂nœŋ 彼曹	彼 曹
104.* how	⊂an ⊂cuaN □	+−○	⊂an ⊂cuaN	−○	miN2⊃ ⊂sieN ieN⊃ □	樣 −	⊂cuoŋ ioŋ⊃	如 何
105.* when	ti⊃ ⊂si 時 □	+−−	ti⊃ ⊂si	−−	⊂tiaŋ ⊂si	−	siek⊃ no2⊃ ⊂si hau⊃ □ 時候	何 時
106.* where	⊂tə ui⊃ □ 位	+−−	⊂tə ui⊃	−−	ti⊃ ko⊃	−	tie⊃ ⊂nœ	何 處
107.* here	⊂cia 者	+−−	⊂cia	−−	⊂ci ko⊃	−	⊂cie ⊂nœ	何
108.* there	⊂hia □	+−−	⊂hia	−−	h+ ko⊃	−	⊂huai ⊂nœ	此，兹
109. other	pat⊃ ⊂e 別	+++	pat⊃ ⊂e	++	pak⊃ ieN⊃	−	pek⊃ ioŋ⊃ 彼地	彼 地
110. three	⊂saN 三	+++	⊂saN	++	⊂saN	+	⊂saŋ	他

調查項目	台南	廈潮福	廈門	潮福	潮州	福	福州	中古
111. four	si⁷ 四	+++	si⁷	++	si⁷	+	si⁷	四
112. five	go⁷ 五	+++	go⁷	++	⊂gou	+	ŋu⁷	五
113. few	⊂cio 少	+++	⊂cio	++	⊂cie	+	⊂cieu	少
114. sky	⊂t'iN 天	+++	⊂t'iN	++	⊂t'iN	+	⊂t'ieŋ	天
115. day	lit⊃ si 日時	+++	lit⊃ si	++	zik⊃ kua⁷ 掛?	+	nik⊃ ⊂toŋ 日中	畫
116. fog	bu⁷ 霧	+++	bu⁷	++	bu⁷	+	muo⁷ u⁷ 墓霧	霧
117. wind	⊂hoŋ 風	+++	⊂hoŋ	++	⊂huaŋ	+	⊂huŋ	風
118. to flow	⊂lau 流	+++	⊂lau	++	⊂lau	+	⊂lau	流
119. sea	⊂hai 海	+++	⊂hai	++	⊂hai	+	⊂hai	海
120. lake	⊂o 湖	+++	⊂o	++	⊂ou	+	⊂u	湖

調查項目	台南	廈潮福	廈門	潮福	潮州	福	福州	中古
121. to rain	ho⊃ 雨	+++	ho⊃	++	⊂hou	+	⊂y	雨
122. wet	⊂tam 澹	++−	⊂tam	−	⊂tam	−	⊂laŋ 瀾	濕
123. to wash	⊂se 洗	+++	⊂sue	++	⊂soi	+	⊂se	洗
124. snake	⊂cua 蛇	+++	⊂cua	++	⊂cua	+	lau⊇ sie	蛇
125. worm	⊂t'aŋ 蟲	+++	⊂t'aŋ	++	⊂t'aŋ	+	⊂t'œŋ	蟲
126. back	⊂k'a cia2⊃ □脊	++−	⊂k'a cia2⊃	+−	⊂ka cia2⊃ 膠?	−	puoi⊃ 背	背
127. leg	⊂k'a 跤	+++	⊂k'a	++	⊂k'a	+	⊂k'a ⊂t'oi	足
128. arm	⊂c'iu 手	+++	⊂c'iu	++	⊂c'iu	+	⊂c'iu	手
129. wing	sit⊇ 翼	+++	sit⊇	++	sek⊇	+	sik⊇	翼
130. lip	c'ui⊃ ⊂tun 唇	++−	c'ui⊃ ⊂tun	+−	c'ui⊃ ⊂tuŋ	−	c'oi⊃ ⊂ui 圇	唇

調查項目	台南	廈潮福	廈門	潮福	潮州	福	福州	中古
131. fur								
132. navel	to² ₅cai 肚臍	+++	to² ₅cai	++	tou² ₅cai	+	puk² ₅sai 腹	臍
133. guts	teŋ ᵃa to² 腸□肚	+++	teŋ ᵃa to²	++	t+ŋ tou²	+	toŋ tu²	內臟
134. to spit	p'ui⁻ 費	+++	p'ui⁻	++	p'ui⁻	+	p'ui⁻	吐
135.* milk	₅ni □	+++	₅lieŋ	++	₅ni	+	₅neŋ	乳
136. fruit	₅kue ᶜci 果子	+++	₅ke ᶜci	++	₅kuaiN ᶜci	+	₅kuo ᶜci	果，實
137. flower	₅hue 花	+++	₅hue	++	₅hue	+	₅hua	花
138. grass	ᶜc'au 草	+++	ᶜc'au	++	ᶜc'au	+	ᶜc'au	草
139. with	ka2⁻ 合	++-	ka2⁻	+-	ka2⁻	-	kœŋ⁻	及
140. in								

調查項目	台南	廈潮福	廈門	潮福	潮州	福	福州	中古
141.* at	tiam⊃ 墊	+－－	tiam⊃	－－	⊂to □	○	ty² 著	在
142. if	na² 那	++－	na²	+－	naN² si² 是	－	iok⊂ ⊂uaŋ 若 還?	若
143. mother	lau² ⊂bu 老 母	+－－	lau² ⊂bu	－－	⊂a ⊂ai 阿 □	+－	⊂ne 奶	母
144.* father	lau² pe² □	+++	lau² pe²	++	⊂a ⊂pe	+	⊂nuoŋ 娘 ⊂loŋ pa²	父
145. husband	⊂aŋ 翁	++－	⊂aŋ	+－	⊂aŋ	－	lau² ⊂kuŋ 老 公	夫
146. wife	⊂bo 姥	++－	⊂bo	+－	⊂bou	－	lau² ⊂ma 老 媽	妻
147. salt	⊂iam 鹽	+++	⊂iam	++	⊂iam	+	⊂sieŋ	鹽
148. ice	⊂piŋ 冰	+++	⊂piŋ	++	⊂piaN	+	⊂piŋ	冰
149. snow	se²⊃ 雪	+++	se²⊃	++	so²⊃	+	suok⊃ 結	雪
150. to freeze	⊂kian ⊂piŋ 堅	+－－	⊂kian ⊂piŋ	－－	kak⊃ ⊂piaN 結	+	kiek⊃ ⊂piŋ 結	凍

調查項目	台南	廈潮福	廈門	潮福	潮州	福	福州	中古
151.* child	ᴄgin ᶜa 　□	+－－	ᴄgin ᶜa	－－－	ᴄnoŋ ᶜkiaN 　囝	+	ᴄnie ᶜkiaŋ 　囝	童
152. dark	amᴖ 暗	＋＋＋	amᴖ	＋＋	amᴖ	+	aŋᴖ	暗
153. to cut	cʻiatᴖ 切	＋－－	cʻiatᴖ	－－－	coiʔᴝ 截	－	suokᴖ 削	切
154. wide	kʻau2ᴝ 闊	＋＋＋	kʻau2ᴝ	＋＋	kʻau2ᴝ	+	kʻuakᴝ 窄	廣
155. narrow	eʔᴝ 狹	＋＋－	ueʔᴝ	＋－	oiʔᴝ	－	cakᴝ 窄	狹
156. far	heŋᴝ 遠	＋＋＋	heŋᴝ	＋＋	ᴄhᵻŋ	+	ᴄuoŋ	遠
157. near	kinᴝ 近	＋＋＋	kunᴝ	＋＋	ᴄkᵻŋ	+	kyŋᴝ	近
158. thick	kauᴝ 厚	＋＋＋	kauᴝ	＋＋	ᴄkau	+	kauᴝ	厚
159. thin	po2ᴝ 薄	＋＋＋	po2ᴝ	＋＋	po2ᴝ	+	po2ᴝ	薄
160. short	ᴄte 底	＋＋＋	ᴄte	＋＋	ᴄto	+	ᴄtoi	短

調查項目	台南	廈潮福	廈門	潮福	潮州	福	福州	中古
161. heavy	₋taŋ⁼ 重	+++	taŋ⁼	++	₋taŋ⁼	+	tœŋ⁼	重
162. dull	₋tun 屯	+++	₋tun	++	₋tuŋ	+	₋tuŋ	鈍
163. sharp	lai⁼ 利	++-	lai⁼	+-	lai⁼	-	li⁼	銳
164. dirty	₋kiaN ₋laŋ 驚儂	+--	kiaN ₋laŋ	--	₋o ₋co □□	-	na ₋c'ia □	污
165. bad	₋p'aiN □	+-+	₋p'aiN	-+	au꜒ □	-	₋p'ai	惡
166. rotten	ᶜc'au 臭	+++	ᶜc'au	++	ᶜc'au	+	ᶜc'au	爛
167. smooth	kut⁼ 滑	+++	kut⁼	++	kuk⁼	+	kut⁼	滑
168. straight	tit⁼ 直	+++	tit⁼	++	tik⁼	+	tik⁼	滑
169. correct	tio2⁼ 着	+++	tio2⁼	++	tie2⁼	+	tiok⁼	直
170. left	ta꜔ ₋c'iu ₋poiN 倒手平	++-	ta꜔ ₋c'iu ₋poiN 倒手平	-+	to꜔ ᶜc'iu ₋poiN 倒手□	-	₋co 左	正

調查項目	台南	虞潮福	廈門	潮福	潮州	福	福州	中古
171. right	ciaN⊃ ᶜc'iu ⊆pieŋ 正 手 丕	++-	ciaN⊃ ᶜc'iu ⊆pieŋ	+-	ciaN⊃ ᶜc'iu ⊆poiN	—	iu⊇ 右	右
172. old	ku⊇ 舊	+++	ku⊇	++	ku⊇	+	ku⊇	舊
173. to rub	lu⊃ 鑢	++-	lu⊃	+-	l+⊃	—	ᶜc'ik 拭	擦
174. to pull	ᶜk'iu 擱	+--	ᶜk'iu	--	ᶜtui	—	pek⊇ 拔	拔
175. to push	sak⊃ □	+--	sak⊃	--	l+	—	ᶜt'iaŋ □	押
176. to throw	hiN⊃ □	+--	hiN⊃	--	kak⊇ □	—	⊆liu □	投
177. to hit	p'a2⊃ 拍	+++	p'a2⊃	++	p'a2⊇	+	p'ak⊇	搏、擊
178. to split	li2⊇ 裂	+++	li2⊇	++	li2⊇	+	liek⊇	裂
179. stick	kun⊃ 棍	+++	kun⊃	++	kuŋ⊃	+	kuŋ⊇	梃
180. to dig	kut⊇ 掘	+++	kut⊇	++	kuk⊇	+	kuk⊇	掘

調查項目	台南	廈潮福	廈門	潮福	潮州	福	福州	中古
181. to tie	kat꜒ 結	+++	kat꜒	++	kak꜒	+	kiek꜒	結
182. to sew	tʻiN꜒ □	+++	tʻiN꜒	++	tʻiN꜒	+	tʻieŋ꜒	縫
183. to fall	꜀ka lau²꜒ 落	+++	꜀ka lau²꜒	++	lo²꜒ 落	+	lok꜒ 落	落
184. to swell	pʻoŋ꜒ 胖	+-+	pʻoŋ꜒	-+	ciaŋ꜒ 脹	-+	pʻoŋ꜒	膨, 脹
185. to think	sioN꜒ 尚	+++	꜀siuN꜒	++	꜁sieN	+	suoŋ꜒	思
186.* to sing	cʻio꜒ 唱	+++	cʻiuN꜒	++	cʻiaŋ꜒	+	cʻioŋ꜒	歌
187. to smell	pʻiN꜒ 鼻	+++	pʻiN꜒	++	pʻiN꜒	+	pʻi꜒	嗅
188. to puke	tʻo꜒ 吐	+++	tʻo꜒	++	tʻou꜒	+	tʻu꜒	吐
189. to suck	so²꜒ 欶	+-+	so²꜒	-+	ku²꜒ □	-	sok꜒	吸
190. to blow	cʻue 吹	+++	꜀cʻe	++	꜀cʻue	+	cʻuoi	吹

調查項目	台南	廈潮福	廈門	潮福	潮州	福	福州	中古
191. to fear	₋kiaN 驚	+++	₋kiaN	++	₋kiaN	+	₋kiaŋ	驚
192. to squeeze	₋c'ui 推?	+－－	₋c'ui	－－	₌cua	－	₋soŋ □	絞
193. to hold	t'e²₌ □	+－－	t'e²₌	－－	k'ie²₌ □	－	₋nieŋ	持，執
194. down	lo²₌ 落	+++	lo²₌	++	lo²₌	+	lok₌	下
195. up	cioN⁼ 上	+++	ciuN⁼	++	₌cieN	+	suoŋ⁼	上
196. ripe	siak₌ 熟	+++	siek₌	++	sek₌	+	syk₌	熟
197. dust	₋t'o ₋hun 塗 粉	++－	₋t'o ₋hun	+－	₋t'ou ₋huŋ	－	₋uŋ ₋tiŋ □ 塵	塵
198. alive	ua²₌ 活	+++	ua²₌	++	ua²₌	+	uak₌	生
199. rope	so²⁼ 索	+++	so²⁼	++	so²⁼	+	so²⁼	繩
200. year	hue⁼ 歲	+++	he⁼	++	₋hue	+	huoi⁼	歲

2.2　關於爭論點的註記

　　一般性的註記，在拙稿「從語言年代學試探中國五大方言的分裂年代」(『言語研究』38 號，1960)裏，曾以廈門為例敘述過，所以，在此的註記限於被認為有特別必要的部分。

　　「中古語」則是只為了提供參考才舉述的。

　　3. 在廈門 ^{c}guan 的主母音 a 在 –u 及 –n 的夾擊下消失，是個稀罕的例子。這個形式是泉州的特徵之一，在台灣也有泉州音較重的地方，例如台北也說 ^{c}gun。

　　把台南和廈門的人稱指示詞整理對照來看：

	單數	複數
第一人稱	1. ^{c}gua	3. ^{c}guan
第二人稱	2. ^{c}li	101. ^{c}lin
第三人稱	102. $_{\text{c}}$i	103. $_{\text{c}}$in

　　為了形成複數形，所用的接尾詞 –n 之存在是一目了然的。這個 –n 的由來是怎麼樣呢？

　　據黃丁華氏的說法❶，它的語源為 $_{\text{c}}$laŋ(儂)〈人〉，先是發生輕聲音節化，然後 –ŋ 消失成為 naN 的形態，最後只剩下 –n，經過了這樣的音韻變化過程。亦即：

　　　　^{c}gua $_{\text{c}}$laŋ→ ^{c}gua naN→ ^{c}guan。

　　在潮州，第二人稱　　第三人稱　　第一人稱

　　　　　　^{c}lɨ ： ^{c}nɨŋ= $_{\text{c}}$i ： $_{\text{c}}$iŋ= ^{c}ua ： X

從這樣的對應關係來看，X 理應為 ^{c}uaŋ。在此，因為 –u– 及 –ŋ

的關係，a 消失了，可推測其變化路徑爲 uaŋ→uŋ→ɨŋ→ŋ̩/ɨŋ/。但爲求愼重起見，其他則標作○。

4.5. 對「指示詞＋量詞」結構的指示詞進行比較。（在台南及廈門有單音節形式的 ꜜce, ꜜhe）

台南及廈門的近稱指示詞 cit꜖ 的語源爲「即」，是毫無疑問的。遠稱指示詞 hit꜖ 的語源則未詳。

潮州及福州同爲陰韻的形式。但是，其聲母近稱爲 c，遠稱爲 h，跟台南、廈門相互對應。107.here, 108.there 的情形亦是如此。

指示詞的使用頻率高，而且用得也比較隨便，語型沒能維持也是很自然的。二者恐怕爲同一語源，但爲求愼重起見，在台南、廈門、潮州、福州標記爲○，潮州跟福州則標記爲＋。

附帶一提，與北京的「個」相對應的量詞，在台南及廈門爲 ꜜe，在潮州及福州爲 ꜜkai，這有可能是「个」（匣齊開四）。

6. 比較主要用於「問姓名」的形式。在廈門也有與台南同樣的形式，但是 ciˀ cuiˀ 的形式較爲普遍。cuiˀ 用「誰」（禪脂合三）字，但是聲母並不對應。

潮州的 tiˀ 與福州的 tieˀ 雖然是對應的，但是 ꜜtiaŋ 與 ꜜnœŋ 的語幹互不對應，所以標記爲－。

另外，跟 tiˀ 與 tieˀ 同一形式的疑問詞，在台南及廈門也有。請參閱 105.when。

7. 比較總括式的疑問詞形式。

福州在音韻上與台南及廈門完全對應不上，但形式很相似，所以標記爲＋。

潮州的詞素 miN2₌ 是共通的，所以也標記爲＋。

8. 比較「意志的否定」的形式。似乎跟中古的「不」是不同系統的否定詞。

11. 語源未詳。但可確定不是「一」(影質開三)it₌ 的白話音形。在聲母方面，影母裡出現 c 類音是奇怪的，聲調亦互不對應。

福州的韻母與其它地方的韵母不對應，這一點令人擔心，故標記爲 ○。

17. 中核詞素「夫」互相對應，當然標記爲＋。₌ca、₌ta 是接頭詞，但語源未詳。

21. 福州的「犬」爲一罕見的形式，不僅在閩音系中，在其它音系裏幾乎也看不到類似的例子。

22. 在台南、廈門爲 bak₌ sat₌「木虱」的形式，是〈南京蟲〉的意思。但是在各方言裏，「虱」的詞素互相對應，所以標記爲＋。

25. 語源未詳，惟不是「葉」(以葉開四)iap。的白話音形則可確定。從韻母來看，有可能是藥韻字。

雖然福州的聲母與其它地方的不對應問題，令人擔心，但是標記為＋似乎比較妥當。

45. 〈指甲〉的複合語。語根之一的 ˹cieŋ、˹ceŋ、˹c✝ŋ、˹cioŋ 韻母雖然完全互不對應，但是聲母及聲調對應得很好，標記為＋應該沒有問題。

49. 在台南及廈門，為「腹」與「肚」的複合語。任一方都有共通的形態素，就標記為＋。潮州及福州，當然標記為－。

59. ˌcai 為〈知道、曉得〉之意，它是指觀念性的知識。另外，也有 bat。(別)〈知道〉的形式。如果採用這個形式，就與福州對應，意指基於經驗的知識。

70. 說它的語源未詳較好。擬定為「互」(匣暮合一)字，只不過是一個試行方案。

雖然音韻方面沒有問題，但是在意義方面可能會招致議論。

76. 本項與 6.who 同樣，為台南與廈門標記為－的兩個 □ 項目中的一個。

採信 informant 的報告原案，從福建省內的河川多稱之為「～溪」來推測，ˌkʻue(溪)的形式是應該存在的，說不定應該

採取這個形式。

84. 比較〈燃燒〉這個自動詞的用法。(如果是屬他動詞式用法的〈使燃燒〉，則是「燒」，對此各方言全標記為＋。)

福州的韻母與其它地方的並不對應，但是外形相似，為求慎重起見，標記為 ○。

104. 在台南和廈門也可以採取 ˉcuaɴ ionˀ(口 樣)的形式。不論採取那一形式，其核心的詞素皆為 ˉcuaɴ。福州的 ₋cuoŋ ioŋˀ 跟這個 ˉcuaɴ ionˀ 相似，但是為求慎重起見，標記為 ○。

105. 台南、廈門與潮州的疑問詞，其聲母互相對應，但是韻母及聲調互不對應，所以標記為－。

106. 潮州與福州的〈處所〉形式互不對應，所以標記為－。

107. 108. 台南、廈門雖然採單音節的形式，但是也有 cit₋ ta2₋(即搭)〈此處〉、hit₋ ta2₋(口 搭)〈彼處〉的形式。單音節的形式肯定是「指示詞＋場所詞」的短縮構造。

在本項，跟各方言的「場所詞」做比較。

135. 〈乳〉與〈乳房〉為同一形式。

各方言的形式均相似，語源亦相同，標記為＋。

141. 潮州與福州的聲母及聲調互相對應(潮州的陽上，在其它方言爲陽去)。但是韻母的形式相差太大，所以標記爲 O。

144. pe² 的語源未詳。認定它爲「父」(奉虞合三)hu² 或「爸」(幫碼開三)pa² 的白話音並不合理。唐朝詩人顧況吟詠閩俗的「哀囝詩」裏作「罷」(並蟹開三)，在音韻上比較可以對應，但是意義上有問題。

151. 比較作爲〈大人〉的反義詞〈小孩〉的形式。

台南及廈門都有 ˉkiaN 的形式，但這是相對於〈父母〉的〈小孩〉，這裏不予採用。

186. 此爲台南 cˈioN² 的鼻音要素 –N 消失的罕見例子。其它的方言則當然是＋。

2.3　語言年代學的考察

總計以上資料，可整理成下表：

	＋	－	○	殘存語率
台、廈	196	2		$\dfrac{196}{198}=0.9899$
台、潮	165	30	3	$\dfrac{165}{195}=0.8462$
台、福	152	41	5	$\dfrac{152}{193}=0.7876$

廈、潮	166	29	3	$\dfrac{166}{195}=0.8513$
廈、福	153	40	5	$\dfrac{153}{193}=0.7927$
潮、福	150	44	4	$\dfrac{150}{194}=0.7732$

殘存語率的高低亦即代表親族關係的親疏情形，從以上數字可以得知其從親近到疏遠的順序如下：

台廈 > 廈潮 > 台潮 > 廈福 > 台福 > 潮福

四個方言的地理位置，如下圖所示：

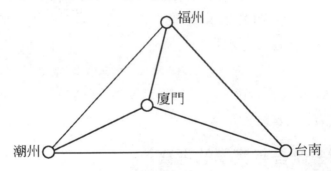

台南與廈門的緊密關係，亦顯示在距離上最接近這個事實。

在對潮州與福州的關係上，廈門都比台南高出約 0.5%，這是因爲同樣在大陸的與隔着海峽的，是有所不同的。

對福州來說，與潮州的關係最爲疏遠。此爲從閩南語分離出去，自己形成一個方言圈的當然結果。

茲再將殘存語率排比如下：

	廈	潮	福
台	98.99	84.62	78.76
廈		85.13	79.27
潮			77.32

　　台南與廈門的關係約爲 99%，比率特別高。由此數字可以証明，世人皆說：在台灣，廈門方言可以直接通用，並非虛言。

　　台南、廈門與潮州之間約爲 85% 的數字，可以視爲閩南語與潮州方言的差異。台廈潮這條線，在我的體驗裏，最初有點徬徨，很快習慣之後，大體上意思能通了。實際狀況怕就是這樣的。

　　可是台南、廈門與福州之間都掉落到 78% 左右。那可以這樣解釋，即潮州在廣義上屬於閩南語，而閩南語與閩北語的差異，顯示在這樣的數字上。如果是這條線(台廈福)，就無法互通了。

　　於是，對於無法互通卻又同屬一個音系的關係，要如何來考量才好，就成了必須面臨的問題了。在此，可做參考的是以前提出過的有關五大音系的數字。這裏再次列出如下：

	蘇　州	廣　州	梅　縣	廈　門
北京	73.47	70.77	65.10	51.56
蘇州		71.05	64.43	54.12
廣州			70.53	56.77
梅縣				59.90

由上可知，從北京與蘇州開始，北京與廣州、蘇州與廣州、

廣州與梅縣之間同爲 70%。但是低了。這跟閩南及閩北的 78% 左右相比，有 5～8%，不算小的差距。

此差距是不可以輕視的。因爲，由這個差距可以說明閩北屬於閩音系，而北京與蘇州則屬於不同音系。

將兩個表對比來看，可以得知，所謂的 70% 是分屬不同的音系或者是一個音系的次方言，亦即方言分類上很重要的一條線。數字低的話就屬於不同的音系，高的話就屬於次方言，這樣的判斷似可成立。不過，必須有更充足的資料。

下面，要套用 Swadesh 的公式　$d = \log C \div 2 \log r$ 及服部教授的修正式　$d = \log C \div 1.4 \log r$ 來試算分裂年代的具體數字，看看會有甚麼情形。

d 是兩個語言分裂後的年數，c 是共通的殘存語率，r 是保有率，亦即 0.81。

S 式與服部式的不同在於各爲 2 與 1.4。如果用 2(亦即 81% 的二次方)，則在考慮到祖語中傳承同一變化傾向的可能性時，豈不失之偏小？所以參照服部教授的這項見解修正爲 1.4。❷

	S　式		服　部　式	
台、廈	24 年前	現代	35 年前	現代
台、潮	396	明中頃	571	明初
廈、潮	382	明末	550	明初
台、福	567	明初	817	南宋初
廈、福	551	明初	795	南宋初

潮、福　　　　610　　　元末　　　　880　　　北宋末

　　S 氏自己事先曾說明過，語言年代學的研究法，對於 2000～4000 年的期間最可信賴，而期間過短或過長的，信賴度便會降低。當然，最早的潮州與福州的情形，說是 610 年，以期間來說，明顯地是過短了。

　　況且，各語言本來不過只是同一個音系的次方言。既然相互之間確實維持密切的接觸，所以可以說要適用這個研究方法是很不合適的案例。結果，推算出的年代全盤地都太新了。

　　服部式雖說確實然呈現了修正的效果，將福州的分裂往上推了 250 年左右、潮州的分裂上推了 170 年左右，然是否充分妥當，似乎還有研討的餘地。

　　實際上，即使分裂在很早的時期就已經發生，分裂後如果還繼續有長期而且緊密的交涉的話，因相互影響，其殘存語率當然會偏高。將其直接套入公式計算後的結果，其年代當然會過於新近。

　　要將分裂後的接觸列入考慮，而檢驗其殘存語率絕非易事，但是台南與廈門的情況，卻忠告我們此作業的重要性。

　　從我們所知道的歷史事實來看，台南從廈門分裂出來的時期，不管怎麼樣，都必須估定為明末。

　　閩南人有組織地移入台灣，建設了一個新社會的年代，是可以徵諸文獻的。『台灣縣志』(康熙六十年撰)載有「顏思齊所部屬多中土人，中土人之入台灣自思齊始」，所說的正是。具體的事實是萬曆、崇禎之交(17 世紀初)，以顏思齊(漳州府海澄出身)與鄭芝龍(泉州府南安出身，1604～1661)為首的海賊，以台南附近一帶

為根據地，招攬福建饑民數萬人，開始在這裡開拓，這種情形從其它資料可以獲知。

如同原籍不同的顏、鄭二人的搭配所象徵的，「不漳不泉」為台灣話的特徵是從這個時候開始形成的，爾後，台灣和閩南的關係就複雜了。

荷蘭時代(1624~1661)一貫獎勵從閩南移民來台。鄭氏時代(1661~1683)清朝發出遷海令封鎖台灣海峽，但是鄭氏卻暗地裏誘進冒險者來台。清朝(1661~1895)初期的 190 年間，採取了隔離政策(所謂的「渡台三禁」)，但是偷渡者並未絕跡。最後的三十年，由於國防上的需要轉向積極的開放政策。日本時代(1895~1945)被嚴重地阻斷。然後戰後有一陣子，與大陸的交流又恢復了，但是與閩南或閩南人的關係並非特別的密切。

我們需先知道，98.99% 的殘存語率是在這樣的歷史關係上出現的。

事實既然如此，殘存語率的差異所意涵的相對性親疏關係，在這裏亦符合常識，所以是足以信賴的。閩音系的分裂過程可以象徵化如下圖，這個圖式諒必誰都可以接受吧。

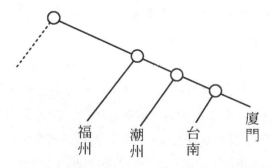

　　但是如欲知閩南與閩北、閩南與潮州的實際分裂過程和年代，除了綜合性地進行通時論的研究與歷史的考察外，別無它法。

本論

3. 音韻體系

3.1　台南、廈門方言

3.1.1　聲母　音素與音價如下表。

方法 ＼ 部位			唇　音	舌　尖　音	舌　面　音	舌根音	喉　音
塞音	無聲	無氣	p〔p〕褒	t〔t〕多		k〔k〕哥	,〔ʔ〕窩
		有氣	p'〔p'〕波	t'〔t'〕拖		k'〔k'〕科	
	有聲	無氣	b〔b〕帽			g〔g〕鵝	
塞擦音	無聲	無氣		c〔ts〕糟	c〔tɕ〕之		
		有氣		c'〔ts'〕操	c〔tɕ'〕痴		
	有聲	無氣		(z〔dz〕如)	(z〔dʑ〕兒)		
鼻音	有聲		m〔m〕磨	n〔n〕挪		ŋ〔ŋ〕俄	
側面音	有聲			l〔l〕羅			
摩擦音	無聲			s〔s〕梭	s〔ɕ〕詩		h〔h〕何

音素(表記音韻符號的／／，只在必要時才附上，一般爲免繁瑣，省略了)連 Z 在內共有 18 種，在閩音系中是最多的。

有發 Z 的人，也有不發 Z 的人(加上括弧即爲此意)。漳州系的人發這個音，泉州系的人不發這個音。不發這個音的人發成 l。在廈門市裏，不發這個音的人較多❶。雖說「不漳不泉」爲廈門的特徵，但是實際上，泉州系統占絕對優勢。例子之一即顯示在這兒。在台南，就這個音素而言亦屬泉州系。

發成 Z 的，有中古音的日母及一部分合口以母的字。

日母	兒	$_⊂zi$	人	$_⊂zin$
	熱	$ziat_⊃$	肉	$ziok_⊃$
以母	楡	$_⊂zi$	銳	$^⊂zue$

l 本來應該是側面音，現在在福州亦是如此。但是在台南、廈門發 l 時，舌頭的姿勢較軟而且不持續，與齒齦間容易造成閉鎖。結果發成似〔l〕與〔d〕中間的音。周辨明氏爲此還建議使用〔ㄌ〕記號。

閩南人不善於分辨英語的 late 和 date 的發音，還有，台灣人區別日語的ラ行與ダ行很費勁❷，都可怪罪於這個 l 的音質。

從體系上來看，發舌尖塞音的有聲音時有空隙，因而把露出形的側面音 l 推進去的話，整體來說，確實是舒暢的。現在，董同龢氏或其它的大陸學者，即採取這樣的解釋，表記爲／d／。

但是筆者認爲，側面音的特徵並非完全消失，而且便於跟中古音及其它音系做比較研究，所以原封不動地使用 l。

記號的事情暫且不管，三組塞音可以理解如下圖，這不論誰

都會贊同吧。

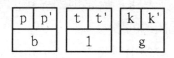

　　不送氣音❸比送氣音較爲柔軟(lenes)，但沒有北京的／p／
〔b̥〕、／t／〔d̥〕、／k／〔g̊〕那麼軟。不可以與 b、l、g 弄
混淆。

　　h 在閩南、潮州同樣地被視爲聲門音，但是在福州、莆田、仙
游、平陽，則爲〔x〕。不論如何，它是在口腔深處被調和發出的
摩擦音，在任一方言裏也都只有一種，所以不具什麼特別的意義。
設立 h 爲音素，將〔h〕或〔x〕看成爲 free variants 即可。

　　把，表記成〔ʔ〕，實際上它只不過是 glottalization。是
中國學者所謂的「零聲母」。只在必要的時候才表記它，通常爲
免煩瑣，皆予省略。

　　舌面音〔tɕ〕〔tɕʻ〕〔ɕ〕(〔dʑ〕)在〔i〕韻母前出現，舌尖音
〔ts〕〔tsʻ〕〔s〕(〔dz〕)在非〔i〕韻母前出現，呈互補分布。
〔tɕ〕組顯然是〔ts〕組的 palatalize(顎化)音。因此，只設立 c、
cʻ、s(、z)一組音素即可。中國人對這點，已有先驗的把握。

　　〔b〕〔l〕〔g〕與〔m〕〔n〕〔ŋ〕的兩組有聲音，實際
上亦呈互補分布。〔m〕組出現於鼻音化韻母(-N)❹前，〔b〕
組出現於非鼻音化韻母前❺。這可以解釋成〔m〕組受到鼻音化

韻母的影響，從〔b〕組轉化來的。

〔b〕組的破裂程度不強。疏忽地聽，難免會與〔m〕組混淆。所以容易受鼻音化韻母的影響。

因此，在音素上，有理由只設立 b 組一組就可以。清朝時代的「十五音」就採取這種解釋。但是，筆者基於下列理由，一併設立了 b 組及 m 組。

第一點，可以減少鼻音化韻母。「十五音」的 45.「糜」(ueN)和 46.「嗃」(iauN)設立的必要性將消失。

第二點，可以遵循一般性的表記習慣。例如：「糜」〔ᴗbi〕和「綿」ᴗmĩ〕：

如只設立 b 組時，可表記成 ᴗbi：ᴗbiN(這就是「十五音」式)

如只設立 m 組時，可表記成 ᴗmi：ᴗmiN

將 ᴗbiN 理解成〔ᴗmĩ〕暫且不提，把 ᴗmi 理解成〔ᴗbĩ〕有點不合理。如果設立二組的話，就可以按照常識，表記成 ᴗbi：ᴗmiN。

第三點，爲了通時論的研究，設立二組較爲方便。亦即，好處是 m 組究竟是從本來的鼻音化聲母發出來的，還是由於鼻音化韻母的同化，用下面的要領(-N 的有無)，就可以一目了然地表示出來。❻

$$
\begin{cases}
麻(ᴗma:) & ᴗmua \\
瞞(ᴗbuan:) & ᴗmuaN
\end{cases}
\qquad
\begin{cases}
媚 & mi^{\unicode{x2}} \\
麵(bian^{\unicode{x2}}:) & miN^{\unicode{x2}}
\end{cases}
$$

$$
\begin{cases}
拿 & {}^{\subset}na \\
藍(ᴗlam:) & ᴗnaN
\end{cases}
\qquad
\begin{cases}
耳 & {}^{\subset}ni \\
染({}^{\subset}liam:) & {}^{\subset}niN
\end{cases}
$$

$$\begin{cases} 雅 & {}^{\subset}\mathrm{ŋa} \\ 硬(\mathrm{kiəŋ}^{\supset}:) & \mathrm{ŋeN}^{\supset} \end{cases}$$

（括弧內屬文言音）

3.1.2　韻母

韻母體系如下。

陰韻(16)

　　　　　　a 阿　ai 哀　au 毆　e 挨　o 烏　ə 窩

i 衣　iu 憂　ia 野　　　　　iau 夭　　　io 腰

u 于　ui 爲　ua 蛙　uai 歪　　　　　ue 花

陰韻入聲

　　　　　　a2 拍　　ai2*□　　au2 餃　　e2 客　　o2 學

i2 滴　　iu2*□　ia2 壁　　　　　iau2*□　　　　io2 約

u2 突　　　　ua2 活　　　　　　ue2 劃

陽韻(16)

　　　am 暗　om*□　　　　an 安　aŋ 江　oŋ 翁　əŋ 秧

im 音　iam 淹　　　　in 因　ian 焉　iaŋ 香　ioŋ 央　iəŋ 英

　　　　　un 溫　uan 冤　uaŋ*□

陽韻入聲

　　　　　ap 盒　　op*□　　　　at 遏　　ak 沃　　ok 惡

ip 邑　iap 葉　　　　it 一　　iat 謁　iak*□　iok 約　iək 益

ut 熨　uat 越　uak*□

鼻音化韻母(10)

aɴ 餡　　aiɴ 宰　　auɴ*□　　　eɴ 嬰　　　oɴ 火

iɴ 圓　iaɴ 營　　　　　　　　　　　　　　ioɴ 鳶

uaɴ 鞍　uaiɴ 關

鼻音化韻母入聲

aɴ2*□　　aiɴ2*□　　　　　　eɴ2 夾　　oɴ2 膜

iɴ2 物　iaɴ2 嚇

uaiɴ2*□

聲化韻(1)

m̩ 姆

聲化韻入聲

m̩2*□

（* 記號為本論文中未出現的韻母。大部分與擬聲語、擬態語有關）

單母音有 6 種，形成體系如右圖所示。在閩音系中，6 種算是最少的。

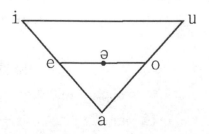

上圖為音韻表記，但是各種音聲跟把音韻表記當做音聲

表記的，相差無幾。只是，以下幾點必需特別加以說明。

(1)o 與 ə 的關係。據筆者的觀察，在台南為〔oɤ〕與〔ɤ〕。據羅常培氏的說法，在廈門同為圓唇舌後母音，較寬的為〔ɔ〕，較窄的為〔oᶜᴛ〕(向前靠，展開嘴唇的變種)。

羅氏好像直接解釋成 /ɔ/：/o/。結果如右圖所示，其母音體系欠缺勻稱。

〔ɔ〕與〔o〕的對立，在歷史中曾有過。與此對應

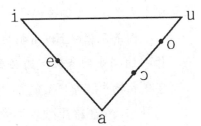

的張唇前舌母音中，也有過〔ε〕與〔e〕的對立。「十五音」即為此體系。

　　　「沽」(ɔ)：「高」(o)
　　＝「嘉」(ε)：「稽」(e)

但是〔ε〕與〔e〕的對立，除了漳州以外，在其它方言裏已經消失了。消失後當然影響到圓唇舌後母音。維持半寬與半窄的對立意義變薄弱了，而且，也難以維持下去了。

廈門的〔oᶜ+〕可看成是半窄的部分逐漸變質。改變的方向正是台南的〔ɤᴛ〕。換言之，台南的〔ɤᴛ〕為廈門的〔oᶜ+〕所「擴張」後的結果。半窄音如果可被中舌母音替代，那麼半寬的部分只變成一個圓唇舌後母音。其寬度成為有相當容許的範圍。台南的〔oɤ〕比廈門的〔ɔ〕較窄，即是這個原因。

雖然有如此的音聲方面的差異，但是筆者認為廈門也可以與台南同樣解釋成 o：ə。

(2)əŋ 與 iəŋ 的關係。əŋ 向來與 m̩ 同被看成聲化韻(syllabic

consonant)〔ŋ̩〕。這裏，筆者積極地設立ə爲主母音，把它解釋爲陽韻之一。兹介紹羅常培氏的觀察與見解，以供參考。

　　聲化的〔ŋ̩〕韻同〔p〕〔t〕〔ts〕等系聲母相拼時，舌的變動較大，往往聽見一種類似〔ə〕的流音。牠的部位比中央〔ə〕音偏後偏高，是一個界乎〔ə〕〔ɤ〕之間音。

　　因爲元音圖上沒有牠的位置，並且不十分重要，所以不分作一個獨立的音位。遇必要時祇用〔ə〕字或高起的小〔ᵊ〕字代表牠。(『厦門音系』pp.12~13)

另外，iəŋ 在羅馬敎會字表記爲 eng。董同龢氏及最近的大陸學者把它理解成 iŋ 音韻❼，筆者將之與 əŋ 賦予關聯，採取齊齒呼的解釋。

　　順便提一下羅氏的處理方法。他的觀察是〔iəŋ〕，見解是〔ə̆〕同樣也只不過是流音(『厦門音系』p.12)。對〔ə〕表記爲〔ə̆〕的意圖，可能在於區別弱流音與強流音。但是羅氏所嘗試使用的羅馬字表記(可視爲間接的音韻表記)中，一面用 ng，一面用 ieng，缺乏一貫性。可能令人誤解 ieng 中的 i 爲介母，而 e 爲主母音。

　　對於所謂的聲化韻〔ŋ̩〕，雖然是微弱，但是〔ə〕的發出，我認爲不加以重視不行。把它看作主母音，反而把〔ŋ〕看成韻尾，解釋成 əŋ，在音韻論上是可行的。此音韻論上的解釋是正確的，那是由於通時論的研究，知道它是從 oŋ 型韻母發展出來的，因而可以得到証實(通時論的研究，請參閱「開口唐韻」一項)。

　　作爲一個陽韻，əŋ 如果可以成立的話，將〔iəŋ〕解釋爲iəŋ，則是自然的結論。曾、梗攝的文言音與通攝三等白話音有

此韻母，如做這樣的解釋的話，要說明各種現象是很方便的。

　　(3)眞的聲化韻只有 m〔m〕一個。結合聲母只限於，與 h 兩種。

梅（꜀mue:）	꜀'m	〈梅〉	
□	'm̄	〈不～〉	
媒（꜀mue:）	꜀hm	媒儂 ꜀hm ꜀laŋ	〈媒人〉
茅（꜀mau:）	꜀hm	茅草 ꜀hm ꜂c'au	〈茅草〉
□	hm2꜖	〈用力由上往下打〉	

　　此可能爲強調聲母〔m〕之餘而音節化的音。，與 h，只不過在於 clear beginning〔ʔm̩〕與 gradual beginning〔m̩m̩〕的不同而已。

　　(4)o2的音價是〔ɤʔ〕，〔ɤʔ〕本來是半狹母音的 ‑ʔ 入聲。開口鐸韻、覺韻的白話音有此韻母。但是，由於並無其他對立的半廣母音的 ‑ʔ 入聲，以及跟io2的對應等，故採用此表記方式。

　　(5)io, io2的音價是〔iɤ〕〔iɤʔ〕。此不過是因〔i〕的關係，〔o〕被前移的結果。解釋成 io, io2應無任何問題。io2成爲o2的齊齒呼。

　　(6)iu 與 ui 是緊密結合的複母音，長短強弱亦是大同小異。要分哪個爲主母音，哪個爲介母音是很困難的。亦不像北京(音)那樣，依聲調不同，隱藏的主母音會顯露出來。

　　(7)台南與廈門間有不同的音韻。其中之一是，台南的 ioN 在廈門則爲 iuN。此爲台南承接漳州系統，而廈門承傳泉州系統

之故。

　　這個音韻是因開口三等陽韻的白話音而來的，跟它對應的入聲藥韻的形態為(3)io2，這是正確的。

	舒聲	入聲
台南、漳州	ioN	io2
廈門、泉州	iuN	io2

　　從這樣的對應關係來考量，可知 iuN 為 ioN 的訛音。〔õ〕受〔ĩ〕的影響，縮狹成〔ũ〕。

　　另外一點，在圖表裏被省略了，在廈門，ue2因訛音而有 ui2 音。

拔	pui2ˬ	在台南為 pue2ˬ
血	hui2ˬ	在台南為 hue2ˬ

　　台南、廈門的韻母體系的最大特徵是完整地具備 -m, -p；-n, -t; -ŋ, -k 三組鼻音韻尾以外，更具備鼻音化韻尾(-N)與 -2這種入聲。

　　完整地具備 -m, -p; -n, -t; -ŋ, -k 三組音，從下表可知，在閩音系中屬於保守派。

台南廈門 漳州泉州	海口	-m, -p	-n, -t	-ŋ, -k

龍溪		–m, –p	–n, –t	–ŋ, –k
龍岩漳平雲霄		–m, –p	–n, –t	
潮州	詔安	–m, –p		–ŋ, –k
福州	澄海			–ŋ, –k
莆田	仙游			–ŋ, –ʔ

　　龍溪爲漳州的別稱，據董同龢氏的調查，–n, –t 只殘留於 un, ut 等韻，諸如 an, at; ian, iat; in, it; uan, uat 之類的韻母，一起變化成 –ŋ, –k(『四個閩南方言』「龍溪方言」p.852)。

　　在此，以小 ₙ, ₜ 來象徵其勢力微弱，如果眞是這樣的話，作爲顯示鼻音韻尾變化過程之一斑是值得注目的。

　　龍岩與漳平位於「閩南區」的最西北，是「客方言區」的「南組」地域鄰縣。雲霄是位於相反方向的「閩南區」南端的縣。據說在這三縣，–ŋ, –k 與–n, –t 合流(「福建漢語方言分區略說」)。

　　潮州方言圈中除澄海外，只有 –m, –p; –ŋ, –k 二組。–n, –t 和 –ŋ, –k 合流(『潮州方言』)。

　　詔安位於「閩南區」的最南端，和潮州方言圈相接境。其受潮州的影響可以想見(『福建漢語方言分區略說』)。

　　福州只具有 –ŋ, –k 一組，較爲人知。

　　澄海雖屬潮州方言圈，但–m, –p 也消失，而演變成與福州同型，令人覺得有趣(『潮州方言』)。

　　莆田、仙游的位置大約在泉州和福州的中間，形成所謂的「莆仙區」，論屬性是接近福州。但是 –k 全部變化成 –ʔ，則是

福州所沒有的特徵(「*莆田話的兩字連讀音便*」「*仙游話的語音*」)。

其次，三組鼻音韻尾在客家語和粵音系裏也健在，但是–ɴ, –ʔ在此二音系中並不存在。另一方面，–ɴ, –ʔ在官話音系和吳音系卻可見到，但是此二音系中，鼻音韻尾並非三組俱全。由此，我們可以知曉台南、廈門(*閩南語*)的韻母體系的複雜程度。爲何會形成如此複雜的韻母體系呢？原因只能認爲是 –m, –p; –n, –t; –ŋ, –k 層和–ɴ, –ʔ層相互重疊的結果。

–ɴ 當然是 –m, –n, –ŋ 變化的形態，–ʔ 當然是 –p, –t, –k 變化的形態。但是，聲母和韻母都無鼻音要素，卻會出現 –ɴ 的字，則需注意。

aɴ	怕	p'aɴ⁻		
	他	꜀t'aɴ		
	詐、炸	caɴ⁻	乍	caɴ⁻
	昨	caɴ⁻		
	酵	kaɴ⁻		
aiɴ	宰、載	꜀caiɴ	指	꜀caiɴ
oɴ	火、夥	꜀hoɴ	貨	hoɴ⁻
	好、耗	hoɴ⁻	好	꜀hoɴ
	惡	oɴ⁻		
iɴ	舐	ciɴ⁻	豉	siɴ⁻
	梔	꜀kiɴ		
	鼻	p'iɴ⁻		

異、易　　iN²

iaN　　且　　「c'iaN

iaN²_ₒ　嚇　　hiaN²_ₒ

uaN　　寡　　「kuaN

uaiN　枴　　「kuaiN

文言音和白話音無區別地出現。潮州的情況尤甚(為免煩瑣，不加例示。可另行參考「方言字彙」)。

這除了因為閩人有對 –N 的癖好之外，無法說明這種現象。若問這種癖好從何而來？那當然是受到來自 –m, –n, –ŋ 變化後的－N 所廣泛分布的影響所致。

3.1.3　聲調

有以下 7 種。

陰平　「₅₅　高平調

上　　﹨₅₁　全降調

陰去　⌟₁₁　低平調

陰入　⌡₂　低平、短調

陽平　∕₂₄　全昇調

陽去　┤₃₃　中平調

陽入　╁₄　高平、短調

閩音系大多是 7 種聲調，只有潮州是 8 種聲調。

陰調　　　$_{c}$□　^{c}□　□$^{?}$　□$_{?}$

陽調　　　$_{=}$□　^{c}□　□$^{?}$　□$_{?}$

採用這種表記方法，是依據中國科學院語言研究所『方言調查表』(1955^1, 1964^2)而來的。此表記法符合傳統，相當合理。

　　此音系的人在練習聲調時，採用下述的方法。亦即想定一個四方格子，依左下角 → 左上角 → 右上角 → 右下角的順序，一面移動手指一面呼唱：

　　　　東 $_{c}$toŋ→ 黨 ^{c}toŋ→ 擋 toŋ$^{?}$→ 督 tok$_{?}$

之後，再回頭呼唱：

　　　　同 $_{=}$toŋ→ 黨 ^{c}toŋ→ 洞 toŋ$^{?}$→ 毒 tok$_{?}$

其稱呼如下：

　　上平(sioŋ$^{?}$ $_{c}$piaN)　　　下平(ha$^{?}$ $_{c}$piaN)

　　上上(sioŋ$^{?}$ sioŋ$^{?}$)　　　下上(ha$^{?}$ sioŋ$^{?}$)

　　上去(sioŋ$^{?}$ k'i$^{?}$)　　　下去(ha$^{?}$ k'i$^{?}$)

　　上入(sioŋ$^{?}$ lip$_{?}$)　　　下入(ha$^{?}$ lip$_{?}$)

這裏並說明，「下上和上上相同」(參照 4.5 韻母與聲調(表部分))。

　　不稱之爲「陰平」……「陽平」……。亦沒像北京那樣用數字「1聲」「2聲」來表示的習慣。

　　如有需要用數字來表示的話，我認爲周辨明氏所嘗試的如下的表記法較爲可行。

　　　　　　　　平　上　去　入

　　陰調　　　1　2　3　4

　　　　陽調　　5　　　7　8

　　先用 1～4 表示陰調，然後用 5～8 來表示陽調，此可說是依循傳統的用法。其次，6 號闕如，正是一語道破沒有陽調的好主意。至於潮州，把 6 號活用即可。

　　7 種聲調以外，尚有輕聲。輕聲短而弱，聽起來大略是位於陰去和陰入的中間音。廈門的輕聲音節比台南更發達，人們把它聽成一種地方口音。

　　複音節語，或是「結構」(單詞結合體)的話，除了末尾音節(如果有輕聲，爲其前一音節)外，會引起聲調替變❽。這是表示用它構成一個文法單位，全體因被一個重音所覆蓋而發生的現象。以閩音系來看，重音的核心因爲機械式地位於末尾音節上，所以替變現象只在其前的音節發生，不在末尾音節發生。

　　聲調替變有一定的法則。首先，「一般性法則」如下。

　　　陰平　　┐　→陽去　　┞
　　　　上　　＼　→陰平　　┌
　　　陰去　　┘　→　上　　　入
　　　陰入　　」　→陽入　　「
　　　陽平　　ⁿ　→陽去❾　├
　　　陽去　　┤　→陰去　　└
　　　陽入　　」　→陰入　　└

　　　　　　　　　　　　　　　　　（右邊表示變調）

　　其次，「–2入聲的法則」如下。

陰入　│　　→　　上　╲

陽入　│　　→　陰去　╰

–2入聲和 –p, –t, –k 不同，因爲 –2有消失的情形。

列舉一、二例來看，比如，「風<u>吹</u>」二字可能有如下的兩種讀法：

hoŋ ┐／ c'ue ┐／

hoŋ ╀　c'ue ┐／　　　　　　　（用／來區分重音）

前者在分成二個文法單位的意識下，用兩個重音——因而，重音核亦有兩個，各在音節上——來讀。是爲〈風，吹〉之意。

後者在一個文法單位的意識下，用一個重音——因而重音核亦只有一個，在末尾音節上——來讀。在這種情況下，前音節的 hoŋ┐依「一般性法則」發生聲調替變。其意爲〈風箏〉。

舉長一點的例子來看，「<u>賊</u> □ <u>有講毛</u>」有以下兩種讀法：

c'at ╫ a ╲／u ┤／koŋ ╲┐ bə ╱／

c'at ╫ a ╲／u ╁ koŋ ╲ bə ·│／

前者依三個重音來讀，在 a╲, u┤, bə╱ 上面有重音核。意思是〈小偷(賊)，有(偷)，卻說沒有(偷)〉。

後者依兩個重音來發音，在 a╲ 和 koŋ╲ 的上面有重音核。bə·│ 發成輕聲(用·│表示輕聲)。其意爲〈小偷(賊)說了沒有？(招認了沒有？)〉。

再者，重音前面的音節，依「一般性法則」發生聲調替變的情況，如例示所述。

3.2　泉州方言❿

3.2.1　聲母

聲母有以下 17 種音素。

p	p'	b	m
t	t'	l	n
c	c'		s
k	k'	g	ŋ
'			h

無 z（〔dz〕〔dʑ〕）爲其特徵。

3.2.2　韻母

韻母體系如下。

陰韻(20)

ɨ		a	ai	au	e	eu	o	ou	ə	əi
i	iu	ia	iau				io			
u	ui	ua	uai		ue					

陰韻入聲

		aʔ		auʔ	eʔ		oʔ		əʔ	əiʔ
iʔ	iaʔ						ioʔ			

uaʔ

陽韻(16)

am	ɨn	an	aŋ	oŋ	əŋ	ɨŋ	
im	iam	in	ian	iaŋ	ioŋ	iəŋ	
		un	uan				

陽韻入聲

ap		at	ak	ok		
ip	iap	it	iat		iok	iək
		ut	uat			

鼻音化韻母(10)

	aN	aiN	eN	oN	ouʔ	əiN
iN	iuN	iaN				
		uaN				

鼻母化韻母入聲

oNʔ　　　əiNʔ　　　əŋʔ❶

聲化韻(1)

m̩

單母音有 7 種，其體系如右圖所示。

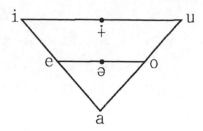

有 2 種中舌母音，且陰韻種類多，是其特徵。

3.2.3 聲調

調類和調值都跟台南、廈門相同。請另行參閱 8. 聲調的註❷。

3.3 潮州方言

3.3.1 聲母

聲母有以下 18 種音素。

p	p'	b	m		
t	t'	l	n		
c	c'			s	z
k	k'	g	ŋ		
'					h

有 z，是因爲承接了漳州的系統。

3.3.2 韻母

韻母體系如下。❷

陰韻(18)

a 阿　ai 靄　au 毆　e 啞　o 窩　oi 鞋　ou 烏　ɨ 與

i 衣　iu 憂　ia 野　　　iau 夭　ie 腰

u 于　ui 爲　ua 蛙　uai 歪　　ue 花

陰韻入聲

a2 拍　　au2 餃　　e2 客　　o2 學　　oi2 八

i2 滴　iu2 □　ia2 壁　　iau2　　ie2 約

u2 □　　ua2 活　　　　ue2 劃

陽韻(15)

am 暗　　　　aŋ 安　eŋ 英　oŋ 翁　ɨŋ 秧

im 音　iam 淹　iŋ 因　iaŋ 央　ieŋ 焉　ioŋ 雍

uam 凡　uŋ 溫　uaŋ 汪　ueŋ 冤

陽韻入聲

ap 盒　　　　ak 惡　ek 液　ok 沃　ɨk 乞

ip 邑　iap 葉　ik 一　iak 藥　iek 潔　iok 育

uap 法　uk 熨　uak 獲　uek 越

鼻音化韻母(14)

aN 餡　aiN 哀　auN 好　eN 庚　oiN 閑　ouN 虎

iN 圓　iuN 幼　iaN 營　　　　ieN 蔫

uiN 慣　uaN 鞍　uaiN 果　　ueN 關

鼻音化韻母入聲
eŋ2 厄

聲化韻(1)
m̩姆

　　單母音有 6 種，其體系如右圖所示。

　　韻母體系的主要特徵如下。

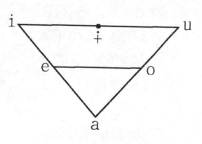

　　(1)有張唇中舌狹母音[ɨ]。閩南地區中，只殘存於泉州。

　　ɨŋ 是把被報告爲〔ɣŋ〕〔ŋ〕的，做以下的解釋。亦即〔ŋ〕跟 h 或，結合，而〔ɣŋ〕則跟 h 或，以外的聲母結合，因爲兩者顯示是互補分布，所以可以解釋成爲一個音韻。那麼，以中舌母音爲主母音的陽韻只有一種，〔ɣŋ〕被視爲因爲〔ŋ〕的關係，〔ɨ〕被後移，所以設立爲ɨŋ亦可。

　　(2)有 –m, –p; –ŋ, –k，無 –n, –t。因爲　n, –t 與 –ŋ, –k 合流了。

　　(3)有 uam, uap。咸攝凡、乏韻有此韻母。「犯」ᶜhuam，「法」huapᴰ。在閩南，因爲異化作用而換成 –n, –t。

　　(4)鼻音化韻母佔優勢。在台南、廈門有 10 種，潮州則有 14 種。⓭

3.3.3　聲調

陰陽調與平上去入俱全，共有 8 種為其特徵。調值如下。

1聲陰平	⌐33	5聲陽平	⌐55
2聲陰上	⌐53	6聲陽上	⌐35
3聲陰去	⌐213	7聲陽去	⌐11
4聲陰入	⌐2	8聲陽入	⌐5

從音韻論上的解釋如下。

1聲陰平　中平調

2聲陰上　全降調

3聲陰去　低昇調

4聲陰入　低平、短調

5聲陽平　高平調

6聲陽上　高昇調

7聲陽去　低平調

8聲陽入　高平、短調

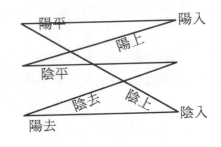

相對於 1 個降調而有 2 個昇調，是引人注目的。這種現象跟閩南的關係，究竟是怎麼樣？根據李永明氏對 3578 字所做的調查，分別是：

陰平 674 字、陰上 572 字、陰去 485 字、陰入 373 字

陽平 710 字、陽上 384 字、陽去 143 字、陽入 239 字

其中，陽去的字最少。

陽去以中古音的去聲(全、次)濁音為條件，去聲濁音的字理應不會那麼少。在我對 3394 字所做的調查中，有 375 字之多。

　　另一方面，陽上以中古音的上聲全濁音爲條件，384 字實在太多。在我對 3394 字所做的調查中，不過只有 145 字。

　　這是本來該是陽去的字，大量摻入陽上之故。相反的 case──本應爲陽上的字而摻入陽去中的，僅有「市」(禪止開三)cʻiᐟ、「淡」(定敢開一)tʻaN˼ 等，很少。

　　由此可知陽去位居劣勢的道理。在「強勢的陽上弱勢的陽去」的潮州也好，「無陽上只有陽去」的閩南也好，上聲全濁音與去聲濁音的條件都變得不分明，從這一點可知二者本質上並無太大差異。

　　如果陽去完全與陽上合流的話，將它稱爲新陽上亦可，或按原來的稱呼，稱陽去亦行。陰去在其空隙降下來(參閱右圖)，於是昇調變成只有一個。昇調只有一個的話，當然採全昇調的型態。如此，便跟閩南同體系。

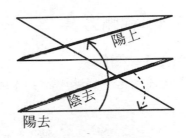

　　聲調替變比台南、廈門複雜。其大概情況如下所示。

第1音節		第2音節		替變調		備　　　註
陰平	˦			陰平	˥˩	不替變
陰上	˩˥	陰上	˩˥	陽上	˩˧	第2音節變成輕聲
		其他		中昇調	V₂₄	
陰去	˨˩	陰上、		陰上	˩˦	第2音節變成輕聲

　　　　　陽平、陽入　　陰上　　　∧
　　　　　其他　　　　　低降調　　╰31
陰入　⌐　陰上　╲　　　陽入　　　⌐　　第2音節變成輕聲
　　　　　其他　　　　　中短調　　⊢
陽平　⌐　　　　　　　　陽去　　　∟
陽上　╱　　　　　　　　低降調　　⊢21
陽去　⌐　　　　　　　　陽去　　　∟　　不替變
陽入　⼁　　　　　　　　陰入　　　⌐

3.4　福州方言

3.4.1　聲母

聲母按『戚林八音』(*參閱 4.1*)所設的 15 音素即可。

p 邊	p' 波	m 蒙	
t 低	t' 他	n 日	l 柳
c 曾	c' 出		s 時
k 求	k' 氣	ŋ 語	
ˀ 鶯			h 喜

無做爲獨立聲母的 b, g, z，爲其特徵。

但是，作爲一種 sandhi (連接音變)現象(*高名凱氏用語*)，被確認是有這些濁音的。人謂福州方言難以學習，此「濁音音便」是首要原因。

　　福州的 2 音節語，或由 2 個單音節語而成的「結構」，在其第一音節可見到聲調替變之處與閩南、潮州相同(詳後)，但是同時在第二音節發生聲母替變，則爲其特徵。

　　濁音之出現係發生在聲母替變，其出現的狀況及條件如下。

　　1.第一音節爲零韻尾時①

　　　　p、p‘──b②

　　　　　　籬笆 ₌lie ₌ba(←₌pa)

　　　　　　禮拜 ꜛle buai꜒(←puai꜒)

　　　　　　十匪 ꜛt‘u ꜛbi(←ꜛp‘i)

　　　　　　大砲 tuai꜒ bau꜒(←p‘au꜒)

　　　　t、t‘、s③──l④

　　　　　　校長 hau꜒ ꜛluoŋ(←ꜛtuoŋ)

　　　　　　戲台 hie꜒ ₌lai(←₌tai)

　　　　　　後廳 au꜒ ₌liaŋ(←₌t‘iaŋ)

　　　　　　交託 ₌kau lok₌(←t‘ok₌)

　　　　　　和尙 ₌huo luoŋ꜒(←suoŋ꜒)

　　　　　　美術 ꜛmi luk₌(←suk₌)

　　　　c、c‘──z⑤

　　　　　　交際 ₌kau zie꜒(←cie꜒)

　　　　　　大字 tuai꜒ zi꜒(←ci꜒)

　　　　　　體操 ꜛt‘e ₌zau(←c‘au)

　　　　　　桃樹 ₌t‘o ziu꜒(c‘iu꜒)

　　　　k、k‘、h──’⑥

　　　　　　米缸 ꜛmi ₌oŋ(←₌koŋ)

手巾 ⁻cʻiu ⸤yŋ(⟵⸤kyŋ)

好看 ⁻ho aŋᵓ(⟵kʻaŋᵓ)

布褲 puoᵓ uᵓ(⟵kʻuᵓ)

大學 taiᵓ okₔ(⟵hokₔ)

豆腐 tauᵓ uᵓ(⟵huᵓ)

2.第1音節爲 -ŋ 時⑦

  p、pʻ⟶m

    粉筆 ⁻huŋ mikₔ(⟵pikₔ)

    鹹餅 ⸤keŋ ⁻miaŋ(⟵⁻piaŋ)

    橡皮 cʻuoŋᵓ ⸤muoi(⟵⸤pʻuoi)

    棉被 ⸤mieŋ muoiᵓ(⟵pʻuoiᵓ)

  t、tʻ、s、l⟶n

    兄弟 ⸤hiaŋ neᵓ(⟵teᵓ)

    軍隊 ⸤kuŋ nuiᵓ(⟵tuiᵓ)

    肩頭 ⸤kieŋ ⸤nau(⟵⸤tʻau)

    身體 ⸤siŋ ⁻ne(⟵⁻tʻe)

    汗衫 haŋᵓ ⸤naŋ(⟵⸤saŋ)

    算數 soŋᵓ nuᵓ(⟵suᵓ)

    便利 pieŋᵓ niᵓ(⟵liᵓ)

    丈六 toŋᵓ nœkₔ(⟵lœkₔ)

  c、cʻ⟶n͡z⑧

    香燭 ⸤hioŋ n͡z uokₔ(⟵cuokₔ)

    送葬 sœŋᵓ n͡z oŋ(⟵coŋᵓ)

    興趣 hiŋᵓ n͡z yᵓ(⟵cʻyᵓ)

吟唱 ﹤ŋiŋ n̂z˙uoŋˀ（←cʻuoŋˀ）

k、kʻ、h、ʼ →ŋ

長江 ﹤toŋ ﹤ŋœŋ（←﹤kœŋ）

戰國 cieŋˀ ŋuok（←kuok﹎）

儂客 ﹤nœŋ ŋak﹎（←kʻak﹎）

金器 ﹤kiŋ ŋiˀ（←kʻiˀ）

政府 ciŋˀ ᶜŋu（←ᶜhu）

商行 ﹤suoŋ ﹤ŋoŋ（←hoŋ）

電影 tieŋˀ ᶜŋiŋ（←ᶜiŋ）

病啞 paŋˀ ᶜŋa（←ᶜa）

3.第1音節爲 –k 時⑨

（不發生聲母替變）

4.第1音節爲 –ʔ，或微弱近於 –ʔ時⑩，比照零韻尾。

桌布 to ∧（toʔ˩）buoˀ（←puoˀ）

作親 co ├（coʔ˩）﹤ziŋ（←﹤cʻiŋ）

客廳 kʻa ⌈（kʻak˩）﹤liaŋ（←﹤tʻiaŋ）

拍劫 pʻa ∧（pʻak˩）iek﹎（←kiek﹎）

注①m、n、l、ŋ，不替變，維持原樣。

　　在1.中，主要說的是替變成有聲音。所以一開始就是有聲音的 m, n,
l, ŋ 不發生替變，是可以理解的。但是，並不是有聲音，不替變是奇
怪的。它有可能替變成微弱的〔ɦ〕吧。因爲是微弱的〔ɦ〕，一般
不容易注意到。又請參閱❻。

②據觀察爲〔β〕，可解釋成 b。

③s 不屬 c, cʻ組，其屬 t, tʻ組的原因，可能緣由於舌尖摩擦音的關係。

④與單獨時的側面音〔l〕不同。依藍亞秀氏所述,是近於〔d〕。據高名凱氏所言,則爲〔r〕。〔l〕理論上亦替變成此音。

⑤據觀察爲〔ʒ〕,可解釋成 z。

⑥對應上,可認爲是微弱的〔ɦ〕。

⑦ m, n, ŋ 不替變,維持原樣。

　在 2. 中,主要說的是替變成鼻音。所以 m, n, ŋ 理所當然地維持原樣。

⑧是 z 的鼻音的意思,只在此處用此變體式的記號。陶氏用〔ȵ〕。藍氏用〔n̬〕。高氏用〔ʒ̃〕來表記。

⑨穩定的 –k 入聲,無論如何也無法避免造成音節的間斷。第二音節被置於另行發音的環境下,所以依理不可能發生聲母替變。

⑩只說到「惟入聲韻母,往往不與任何聲組,發生類化之關係。然偶爾發生時,其類化律一如陰韻也」程度的陶氏自不待言,連說明「上字爲入聲時,下字的聲母通常不變。但如上字失落韻尾,則變化與陰聲字同」的藍氏也不能說已掌握到現象的本質。

　3. 與 4. 是因 –k 與 –ʔ 的不同而來的,絕不是無條件,亦非偶然的。–ʔ和–k 不同,因有整個音節「急速消失」❶的感覺,後面如有音節結合的話,〔ʔ〕不但輕易地會聽不見,而且整個音節會變成短的舒聲的形態。台南、廈門的 –ʔ 已是這樣的情形了❶。那麼,與第二音節連接了零韻尾一樣,即使發生了聲母替變,也沒什麼可奇怪的。

3.4.2　韻母

韻母體系，在『戚林八音』裏以「韻母訣」傳誦如下，很可以參考。

春花香、秋山開，嘉賓歡歌須金杯，孤燈光輝燒銀缸。
之東郊、過西橋，雞聲催初天、奇梅歪遮溝。
內金同賓，梅同杯，遮同音，實只三十三字母。

『珠玉同聲』(參閱 4.1)除此之外還加上了「怀」韻。「怀」是因聲化韻 m 的關係。

與現在的韻母體系對照比較的話，結果如下表所示。(音價乃依據陶燠民的『閩音研究』)

私案	字母	陰平 ㄱ	陽平 √	上 ㄐ	陰去 ㄥ	陽去 ㄨ	陰入 ㄐ	陽入 ㄱ	備考
1.	a	嘉	ɑ 阿	ɑ 牙	ɑ 啞	ɑ 嫁	ɑ 下			
2.	ai	開	ai 哀	ai 孩	ai 藹	ai 愛	ai 礙			
3.	au	郊	au 交	au 巢	au 咬	au 孝	au 後			
4.	aŋ	山	aŋ 安	aŋ 韓	aŋ 簡	aŋ 暗	aŋ 旱	ak 鴨	ak 盒	
5.	e	西	ɛ 溪	ɛ 鞋	ɛ 矮	æ 帝	æ 第	æʔ □	ɛʔ □	藍氏不認為有入聲
6.	eu	溝	eu 漚	eu 侯	eu 嘔	ɛu 購	eu 厚			
7.	eŋ	燈	eiŋ 鶯	eiŋ 閑	eiŋ 犬	aiŋ 更	aiŋ 限	aik 厄	eik 獲	
8.	o	歌	ɔ 歌	ɔ 河	ɔ 襖	ɔ 奧	ɔ 號	ɔʔ 閣	ɔʔ 學	

	韻	例								備註
9.	oi	催	ɸy 衰	ɸy □	ɸy 腿	əy 最	əy 罪			藍氏為 ɔy, ʋ
10.	oŋ	釭	ouŋ 恩	ouŋ 杭	ouŋ 慷	auŋ 困	auŋ 論	auk 骨	ouk 突	
11.	œ	初	œ 梳	œ 驢	œ □	œ̠ □	œ̠ □	œ2 □	œ2 □	
12.	œŋ	東	ɸyŋ 東	ɸyŋ 同	ɸyŋ 桶	əyŋ 送	əyŋ 夢	əyk 竹	ɸyk 木	藍氏為 œyŋ, ʋy
13.	i	之	i 衣	i 夷	i 以	ei 意	ei 異			
14.	ia	奇、遮	ia 遮	ia 耶	ia 野	ia 蔗	ia 夜			
15.	ie	雞	ie 雞	ie 分	ie 啟	ie 計	ie 系			
16.	io	橋	yɔ □	yɔ 橋	yɔ □	yɔ □	yɔ 銳			
17.	iu	秋	iěu 憂	iěu 由	iěu 友	iěu 幼	iěu 又			藍氏為 iu
18.	ieu	燒	ieu 妖	ieu 搖	ieu 夭	ieu 要	ieu 耀			依藍氏，由「秋」分出
19.	iŋ	賓、金	iŋ 音	iŋ 人	iŋ 引	eiŋ 印	eiŋ 泳	eik 一	ik 亦	
20.	iaŋ	聲	iaŋ 兄	iaŋ 營	iaŋ 請	iaŋ 鏡	iaŋ 定	iak 跡	iak □	
21.	ieŋ	天	ieŋ 肩	ieŋ 賢	ieŋ 研	ieŋ 宴	ieŋ 焰	iek 哲	iek 葉	
22.	ioŋ	香	yɔŋ 央	yɔŋ 羊	yɔŋ 養	yɔŋ 向	yɔŋ 樣	yɔk 約	yɔk 藥	
23.	u	孤	u 烏	u 無	u 武	ou 惡	ou 務			
24.	ua	花	wɑ 蛙	wɑ 華	wɑ 寡	wɑ 化	wɑ 話			
25.	uo	過	wɔ 鍋	wɔ 和	wɔ 果	wɔ 過	wɔ 芋			
26.	ui	輝	wěi 威	wěi 圍	wěi 偉	wěi 畏	wěi 位			藍氏為 ui
27.	uai	歪	wai 歪	wai 懷	wai 枴	wai 怪	wai 壞			
28.	uoi	杯、梅	uoi 灰	uoi 回	uoi 每	uoi 歲	uoi 衛			依藍氏，由「輝」分出
29.	uŋ	春	uŋ 溫	uŋ 文	uŋ 穩	ouŋ 棍	ouŋ 問	ouk 屋	ok 勿	

30.	uaŋ 歡	waŋ 彎	waŋ 桓	waŋ 碗	waf喚	waŋ 幻	wak刮	wak日	
31.	uoŋ 光	wɔŋ 汪	wɔŋ 王	wɔŋ 枉	wɔŋ 況	wɔŋ 旺	wɔk 國	wɔk 月	
32.	y 須	y 於	y 余	y 與	ɸy 去	ɸy 預			
33.	yŋ 銀	yŋ 殷	yŋ 銀	yŋ 隱	ɸyŋ 湧	ɸyŋ 共	ɸyk 郁	yk 欲	
34.	ɯ 怀	ɯ	ɯ □	ɯ	ɯ	ɯ			

　　陶氏把 18.「燒」與 17.「秋」、28.「杯、梅」與 26.「輝」合併，所以在他的體系中，為 32 韻母。

　　雖然藍氏確實認為有把 ieu 合流於 iu，把 uoi 合流於 ui 的傾向——原因在於狹而弱的主母音受介母音的同化而益發狹窄，很明顯地，作為一個主母音是不夠顯著的——但是，因還未一般化，所以依照從來的分法。那麼，依據藍氏的分法，便為 34 韻母。可以說福州 300 年來，其韻母體系並無變化。

　　另外，從上表可以注意到以下的事實。除了以 a 為主母音的韻母或一部分的複母音的韻母外，大多數的韻母，在「陰平、陽去、上聲、陽入」群與「陰去、陽去、陰入」群之間，其音價或多或少有差異。

　　其差異，要之，陰平等群中的主母音變狹窄——那原本為它們的音價——陰去群的主母音則顯得寬廣。因而，傳統上的術語稱前者為「小口韻」，後者為「大口韻」。

　　「小口韻」與「大口韻」的祕密在於聲調的形態(調值)上。如將其排列對照來看，就容易明瞭了。

$$
\text{小口韻}\begin{cases} \text{陰平} & \urcorner \\ \text{陽平} & \searrow \\ \text{上} & \dashv \\ \text{陽入} & \rceil \end{cases} \quad \text{大口韻}\begin{cases} \text{陰去} & \lrcorner \\ \text{陽去} & \nearrow \\ \text{陰入} & \rfloor \end{cases}
$$

　　亦即，「大口韻」的共同特徵在於從低音開始。發低聲是需要用力的。要用力，所以氣勢變強。那麼，口亦會調節張開的程度了。大概就是這樣吧。

　　旣是這樣的情況，就算是以 a 爲主母音的韻母或一部分的複母音的韻母，其音價也就不應沒有差異。只不過其差異並沒大到足以喚起觀察者的注意罷了。

　　這裏，把音價的差異特別顯著的韻母挑出來如下。

			小	口	韻		大	口	韻
			陰平	陽平	上	陽入	陰入	陽去	陰入
13.	i	之	i	i	i		ei	ei	
19.	iŋ	賓、金	iŋ	iŋ	iŋ	ik	eiŋ	eiŋ	eik
7.	eŋ	燈	eiŋ	eiŋ	eiŋ	eik	aiŋ	aiŋ	aik
23.	u	孤	u	u	u		ou	ou	
29.	uŋ	春	uŋ	uŋ	uŋ	uk	ouŋ	ouŋ	ouk
10.	oŋ	缸	ouŋ	ouŋ	ouŋ	ouk	auŋ	auŋ	auk

32.	y	須	y	y	y		φy	φy	
9.	oi	催	φy	φy	φy		əy	əy	
33.	yŋ	銀	yŋ	yŋ	yŋ	yk	φyŋ	φyŋ	φyk
12.	œŋ	東	φyŋ	φyŋ	φyŋ	φyk	əyŋ	əyŋ	əyŋ

其中，在 13.「之」、19.「賓、金」；23.「孤」、29.「春」；32.「須」、33.「銀」在大口韻時，變成複母音的極端情形。這是因爲在〔i〕〔u〕〔y〕狹母音中，廣母音被聽成是「入的過渡音」。爲與下面的「出的過渡音」有所區別，可表記爲〔°i〕〔°u〕〔°y〕。

在 7.「燈」、10.「釭」、12.「東」的半狹母音裏，當大口韻時，母音的擴大非常顯著以外，另一方面，一直到韻尾之間，可清楚地聽出狹母音的「出的過渡音」(「出過渡」意指母音不論是狹是廣，皆處在難以發出的狀態)。爲與前面的「入過渡」有所區別，可表記爲〔eⁱ〕〔oᵘ〕〔φʸ〕。

再者，如同把 9.「催」解釋爲 oi 那樣，它本來就是複母音的韻母，在上表中，唯一的情形特別。在〔ɔ〕前後的〔i〕有發成〔y〕的習性(參閱 16.「橋」、22.「香」)。因受〔ɔ〕的同化作用固不待言，但是反被〔y〕同化，〔ɔ〕變成爲〔φ〕了。

爲便於理解，現在將 34 韻母重新整理如下。

陰韻(21)

a   ai   au   e   eu   o   oi   œ

i iu ia   ie ieu io
u ui ua uai   uo uoi
y

陰韻入聲

e̱ʔ* oʔ œ̱ʔ*

陽韻(12)

  aŋ eŋ oŋ œŋ
iŋ iaŋ ieŋ ioŋ
uŋ uaŋ uoŋ
yŋ

陽韻入聲

  ak ek ok œk
ik iak iek iok
uk uak uok
yk

聲化韻(1)

  m̩

（有 * 記號者，表示未在本論文中出現）

單母音有 7 種，其體系如下圖所示。

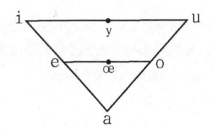

韻母體系的主要特徵如下。

(1)有 y 與 œ 二種中舌母音。

(2)-m: -p, -n: -t 完全消失，只有一組 -ŋ: -k。

但是入聲另外有 -ʔ。雖然推測 ŋ 的一部分亦變成 -N，但這種報告還未看到過。

(3)整個體系相當簡化，與台南、廈門相較，竟然少了 9 個韻母。

3.4.3　聲調

陰調有 4 個——陰平、上、陰去、陰入；陽調有 3 個——陽平、陽去、陽入，此與閩南相同。

聲調替變與閩南、潮州的形態不同。第一音節的聲調替變方式不同，係取決於第二音節的聲調狀況，是較爲複雜的。

理論上有 7×7－49 種的替變，但實際上不會有那麼多。首先，其第一音節分成以下三組，起同樣替變。

　　　　A 陰平 ⌐ 陰去 ⌐ 陽去 ∕ 陰入 (-ʔ) ⌐

　　　　B 陽平 ＼ 陽入 ｜

　　　　C 　　上 ┤ 陰入 ⌐

即使同爲陰入，-k 與 -ʔ 仍不同組。-ʔ 與 -k 不同，因爲在替

變時會脫落(參閱聲母替變項目)。陽入的情況亦可做同樣的看法，但實際上，–2入聲的陽入的字幾乎沒有，所以會被忽視。

其次，其第二音節也分成以下四組。

　　　a　陽平 ＼　陽入 ｜

　　　b　陰去 ｜　陽去 ／　陰入 ｜

　　　c　陰平 ｢

　　　d　　上 ｣

實際上起聲調替變的類型有以下 12 種。

第2音節＼第1音節	a	b	c	d
A	上 ｣	陽平 ＼	陰平 ｢	陽平[①] ＼
B	上 ｣	陰去 ｜	陰平 ｢	上 ｣
C	陰去 ｜	陽入 ｢	陰去 ｜	陽去[②] ∨

注① 爲中降調的＼42的新調值。卻可解釋爲陽平。

　② 爲昇調的／14的新調值。卻可解釋爲陽去。

4.「十五音」

4.1　源流

　　所謂的十五音(sip゚ ˪ŋo ˪im)，是指流傳於福建地方的通俗韻書的總稱。

　　閩音系韻書以明將戚繼光爲福州方言所編纂的『八音字義便覽』爲嚆矢。

　　戚繼光(？～1587)爲四川定遠(另說爲山東濟寧)人，嘉靖 41 年(1562)追擊倭寇至連江(福州市北方約 30km)，翌年昇任福州總兵，鎮守福州。

　　他因爲幕僚中有一位音韻學者陳第(連江人，有『毛詩古音考』『屈宋古音義』等著述)，亦對任職地的方言有所關心，而爲現地徵調的兵士「行營暗傳口令之需」(據謝章鋌『說文閩音通』)，編纂了簡便的韻書。這種說法是有可能的。

　　其後，康熙戊辰(1688)年的進士林碧山予以改訂，編著了『珠玉同聲』。

　　現在所見的『戚林八音』，據說是到了乾隆年間(18 世紀前

半）⑯，由這兩書所合訂的。「戚」與「林」顯然是取自戚繼光與林碧山之姓，「八音」為 8 聲調之意。

　　『戚林八音』是以福州方言為對象，所以不通用於閩南，當然，在閩南也另有編纂韻書的計畫。據說最初是富知園的『閩音必辨』。這是從『彙音妙悟』⑰序中得知的，原書並未流傳下來。

　　『彙音妙悟』為嘉慶 5 年(1800)，泉州人黃謙為泉州方言所編纂的。其編纂的動機，在他的序中有以下的敘述。

　　　　今所謂韻書者，自魏李登之韻書始。嗣是而切韻、集韻、廣韻諸書，不能枚舉。

　　　　然而疆域既分，鄉音各異。山陬海澨，與中州之聲韻迥殊。況閩省喉齶呿唫，加以輕唇、正齒、撮口之音並缺。故臨文撰觚，聲律不諧，應酬失次。

　　　　吾泉富知園先生，少熟等韻之書，壯游燕遼之地，諸任既該，群音悉解。爰輯為閩音必辨一書。於唇、喉、齒、舌，分別釐然。鄉里後生熟復之，可為無方言之所域矣。

　　　　乃客有曰，是編以字而正音，何如因音以識字，使農工商賈，按卷而稽。無事載酒問字之勞乎。

　　　　予喜其見解之闊，輯成一編。以五十字母為經，以十五切音為緯，以四聲為梳櫛，俗字土音，皆載其中。(以下略)

　　據此推測，『閩音必辨』似以文字的音義解說為重點，是有趣的考證學類書籍⑱。依此，這對只知其音韻(發音)而不知其表記(字)，困惑之餘，帶一瓶酒拜託學者先生寫信的無學文盲大眾，並非福音。

　　因而，黃謙的勇氣與構想亦就受到讚揚。『彙音妙悟』的例

言中說：

> 是編欲便末學，故悉用泉音。有音有字者，固不憚搜
> 羅。即有音無字者，亦以土音俗解增入。爲末學計也。

明白地指出這是爲泉州方言所編的字典。「有音無字」——
語源尚未探究出來的，亦不避嫌用「假借字」。亦即說明其用意
完全在於爲大衆而編。

即便已有『戚林八音』的啓發，這對於對方言缺乏關心、堅
信書面語當然爲文言文、口頭語爲官話的一般讀書人，到底是無
法想像的事。

『彙音妙悟』中，有很多的啓示得自『戚林八音』，這是不
容置疑的。此單從聲母的字母的設定方法即可知曉。

『戚林八音』爲：

柳邊求氣低	l p k k‘ t
波他曾日時	p‘ t‘ c n s
鶯蒙語出喜	， m ŋ c‘ h
打掌與君知	（附加的諧音語）

而『彙音妙悟』爲：

柳邊求氣地	l p k k‘ t
普他爭入時	p‘ t‘ c z ⑲ s
英文語出喜	， b g c‘ h
打掌與君知	

兩者幾乎沒甚麼差異。

此類「字母詩」無疑是繼承了『韻略易通』(1442)的「早梅
詩」——東風吹早梅，向暖一枝開，冰雪無人見，春從天上

來──的傳統，那是不難推測的。

聲母即使可依音韻論上的操作，使之跟福州方言的數目一樣，但是韻母就不行。如前所述，福州方言的韻母除了「怀」(m̩)以外，有 33 個，它們被巧妙地編詠入「春花香、秋山開……」一首詞中。

黃謙爲泉州方言所設立的韻母數爲 50，排列如下。❷⁰

春	朝	飛	花	香
歡	高	卿	杯	商
東	郊	開	居	珠
嘉	賓	莪	嵯	恩
西	軒	三	秋	箴
江	關	丹	金	鉤
川	乖	兼	管	生
基	貓	刀	科	梅
京	雞	毛	青	燒
風	箱	三	熊	嘮

這是一首似有意義，又好像不具意義的「五言詩」。它將 50 個韻母編詠入一首詩或詞中，根本是不合理的。如同後來所見的「十五音」，因爲採取了以 k 聲母的字爲準的單調科學方法，固執於詩的體裁，仍然是受了『戚林八音』的影響吧。連字母「春、花、香、秋、開、嘉、賓、歡、金、杯、燒、東、郊、西、鷄、梅」16 字，尚且都可看出是抄襲『戚林八音』的。

因『彙音妙悟』僅適用於泉州方言，1818 年❷¹謝秀嵐❷²爲漳州方言另外編纂了韻書。謝秀嵐所編的書名曰『增註雅俗通十五

音 』。有「 增註 」二字，令人不免懷疑以前是否有刊行過同類書
籍。但是，如果是以『 彙音妙悟 』爲對象才作了這樣的訴說，也
是說得通的。因而，「 雅俗通 」意謂不論文言音或白話音，都可
以作爲入門書，這是巧妙的宣傳文句。

惟毋寧說，由 15 個聲母直截了當命其名爲「 十五音 」，且漳
州方言較泉州方言容易學(泉州方言被認爲「 重 」，因有中舌母音ɨ與ə
的關係)，再加上其流通範圍較廣等原因，不僅比『 彙音妙悟 』有
名，連『 戚林八音 』亦相形失色，終而確保了在福建地方的代表性
韻書的地位。此外，它亦是這類韻書的總稱。

4.2　版本

「 十五音 」有好幾種版本。此不外乎因爲需求很多。但因其
版本不同，韻母數亦不一致，令人困惑。

最少的有 30 個韻母。如：光緒庚子(1900)出版的漳州素位堂
木刻本『 增註十五音彙集 』、民國戊辰(1928)再版的上海大一統
書局石印本『 增補(十五)彙音 』㉓。

也有 40 個韻母的。如：民國 5 年(1916)出版的上海萃英書局
石印本『 彙集雅俗通十五音全本 』。

最多的是 50 個韻母。此爲標準規格，所以版本亦多。如：
同治己巳(1869)出版的漳州顏錦華木刻本『 增註雅俗通十五
音 』、出版年月日未詳的廈門會文堂木刻本『 彙集雅俗通十五音
(增註硃十五音) 』等。

韻母數有 10 個、20 個出入的原因，在於要把多數出現於白
話音的鼻音化韻母網羅到甚麼範圍，此一方針不同所致。

我利用的(能利用的)是，光緒庚子(1900)出版的福州集新堂木刻本『彙集雅俗通十五音(增註硃字十五音)』，與明治 29 年(1896)出版的台灣總督府民政局學務部活字本『台灣十五音及字母詳解』㉔(以下略稱『台灣十五音』)，及民國 44 年(1955)出版的台灣台中市瑞成書局石印本『烏字十五音』三種。

4.3 過去的研究

有關「十五音」的研究，據我的管見，有以下 4 篇。

W. H. Medhurst: A Dictionary of the Hok-këèn Dialect of Chinese Language. Malacca, 1831. pp. xxxii–xxxviii. On the Orthography of Hok–këèn Dialect.

薛澄清「十五音與漳泉讀書音」(『國立中山大學 語言歷史學研究所週刊』方言專號，8 集 85, 86, 87 期合刊，1929)

葉國慶「閩南方音與十五音」(同上)

羅常培『廈門音系』pp.50-54「廈門音與十五音的比較」

其中最為卓越的是 M 氏的著作。它明確評述「十五音」是 1818 年出版的，這一點很貴重。因為 M 氏的辭典在年代上距 1818 年不遠，其評述應可信賴。

M 氏的羅馬字為閩南語最初的 romanization(羅馬字化)。因他是荷蘭人(序文在巴達維亞寫成)，以現行教會羅馬字來看，其荷蘭語式簡直是奇特異常。儘管如此，卻十分正確地把「十五音」的音價描繪出來(參閱 4.5 的附表)，跟我在理論上所歸納的音價完全相符合。

　　薛氏的論文將重點放在版本研究。那當然有很高的價值，是很可以參考的。

　　葉氏的論文只不過簡單地介紹「十五音」的存在而已。薛氏與葉氏基本上都嘗試重新構築「十五音」，但是並不徹底。他們似乎不知道 M 氏的研究業績之存在。

　　羅氏似對「十五音」本身並不抱持太大的關心。只是對「十五音」中所收錄的字現在在廈門如何發音做對照而已。從而，對廈門裏沒有的音韻並無任何評述(4.5 附表的再構值是我所補充的)。

4.4　聲母

　　聲母的字母——也稱「<u>字頭</u>」($zi^=$ ₌t'au) 或「切音」(c'iat₌ ₌im)——如以下的 15 字：

柳邊求氣地	l p k k' t
頗他曾入時	p' t' c z s
英門語出喜	, b g c' h

　　把『彙音妙悟』的「氣」改爲「去」，「普」改爲「頗」，「爭」改爲「曾」，「文」改爲「門」。

　　誠然，這樣令人覺得較有意思。15 個音素並無不同。它們跟音價的關係如下。

字母	邊	頗	門	地	他	柳	曾	出	入	時	求	去	語	英	喜
音素	p	p'	b	t	t'	l	c	c'	z	s	k	k'	g	,	h
音價	p	p'	b　m	t	t'　l	l　n	$\begin{cases}ts\\t\varsigma\end{cases}$	$\begin{cases}ts'\\t\varsigma'\end{cases}$	$\begin{cases}dz\\d\zeta\end{cases}$	$\begin{cases}s\\\varsigma\end{cases}$	k	k'　g	g　ŋ	,	h

　　「十五音」由於活用鼻音化韻母，意圖將聲母體系簡單化。這是爲閩南語而做的獨創性操作。毅然廢掉〔m〕〔n〕〔ŋ〕三個鼻音，爲其重點所在。至於鼻音的表記方法，則依據如下的「反切」。

$$\left\{ \begin{array}{l} 馬〔{}^{\subset}\text{ma}〕 \\ 麻〔{}_{\subset}\text{ba}〕 \end{array} \right. \quad \begin{array}{l} \underline{\text{「門」}+\text{「監」}(\text{aN})={}^{\subset}\text{baN}} \\ \text{「門」}+\text{「膠」}(\text{a})={}_{\subset}\text{ba} \end{array}$$

$$\left\{ \begin{array}{l} 奈〔\text{nai}^{\supset}〕 \\ 利〔\text{lai}^{\supset}〕 \end{array} \right. \quad \begin{array}{l} \underline{\text{「柳」}+\text{「閒」}(\text{aiN})=\text{laiN}^{\supset}} \\ \text{「柳」}+\text{「皆」}(\text{ai})=\text{lai}^{\supset} \end{array}$$

$$\left\{ \begin{array}{l} 午〔{}^{\subset}\text{ŋo}〕 \\ 吳〔{}_{\subset}\text{go}〕 \end{array} \right. \quad \begin{array}{l} \underline{\text{「語」}+\text{「姑」}(\text{ɔN})={}^{\subset}\text{gɔN}} \\ \text{「語」}+\text{「沽」}(\text{ɔ})={}_{\subset}\text{gɔ} \end{array}$$

亦即，所採取的態度是：鼻音是濁音受鼻音化韻母的同化才聽成爲鼻音。

　　從音韻論來解釋的話，因爲鼻音處在鼻音化韻母之前，而濁音處在非鼻音化韻母之前，彼此呈互補分布，所以音素只需設立其中一組就夠了。如此，與其說是鼻音因非鼻音化韻母的同化而轉變成濁音，不如說濁音因鼻音化韻母的同化而轉變成鼻音來得自然多了。「十五音」所採取的態度可說甚爲合理。

4.5　韻母及聲調

　　首先，將其全貌與諸家的再構值，列表如下。

	上平	上上	上去	上入	下平	下上	下去	下入	M氏	薛氏	葉氏	羅氏	私案
1.	君	滾	棍	骨	群		郡	滑	wun	un	un	un	un
2.	堅	蹇	見	結	乾*		健	傑	ëen	ian	ian	ian	ian

3.	金	錦	禁	急	琴*	「	憬	及	im	im	im	im	im
4.	規	鬼	季	/	葵	「	櫃	/	wuy	ui	ui	ui	ui
5.	嘉	假	嫁	骼	枷	全	下	逆	ay	a	ě	e	ɛ
6.	干	柬	澗	葛	韓	韻	旱*	戞*	an	an	an	an	an
7.	公	廣	貢	國	狂	與	狂	咯	ong	oŋ	oŋ	oŋ	oŋ
8.	乖	拐	怪	歪*	懷*	上	壞*	/	wae	uai	uai	uai	uai
9.	經	景	敬	格	凳	上	梗	極	eng	eŋ	eŋ	ieŋ	ieŋ
10.	觀	琯	貫	決	權	同	倦	槃	wan	uan	uan	uan	uan
11.	沽	古	固	/	糊*	」	怙		oe	ɔ	ɔ	ɔ	ɔ
12.	嬌	皎	叫	勸	橋	〕	轎	噭	ëaou	iau	iau	iau	iau
13.	稽	改	計	/	鮭		易		ey	e	e	e	e
14.	恭	拱	供	菊	窮		共	局	ëung	ioŋ	ioŋ	ioŋ	ioŋ
15.	高	果	過	閣	翔		膏	鶴*	o	o	o	o	o
16.	皆	改	介	/	孩*		害*		ae	ai	ai	ai	ai
17.	巾	謹	艮	吉	勤*		近	粳	in	in	in	in	in
18.	姜	襁	向*	腳	強		愀	嬰	ëang	iaŋ	iaŋ	iaŋ	iaŋ
19.	甘	敢	鑑	鴿	銜		鑑	磕*	am	am	am	am	am
20.	瓜	叵	卦	嗝	桍*		話*	跬*	wa	ua	ua	ua	ua
21.	江	港	降	角	杭*		共	磔	ang	aŋ	aŋ	aŋ	aŋ
22.	兼	檢	劍	夾	鹹		鈒	狹*	ëem	iam	iam	iam	iam
23.	交	狡	教	餃	猴		厚	礅*	aou	au	au	au	au
24.	迦	也*	寄	益*	伽		崎	屐	ëa	ia	ia	ia	ia
25.	檜	粿	檜	郭	葵		旰	燴	öey	ue	ue	ue	ue
26.	監	敢	酵	啮*	擔		餡	/	^{n}a	aN	aN	aN	aN
27.	艍	韮	句	攲	䫴		舅	/	oo	u	u	u	u
28.	膠	絞	教	甲	繪*		礤	瘦*	ɑ	a	a	a	a
29.	居	己	暨	築	期		具	臁*	e	i	i	i	i
30.	ㄐ	久	救	/	求		舊		ew	iu	iu	iou	iu
31.	更	枊	徑	咯*	楹*		硬*	嗄*	ai^{ng}	eN	eN	eN	ɛN
32.	楎	捲	卷	/	園*		遠*	/	wui^{ng}	uiN	uiN	uiN	uiN
33.	茄	小*	叫	腳	茄		轎	藥*	ëo	io	io	io	io

34.	梔淺*見囁*塇一硯*物*	ee^ng	iN	iN	iN	iN
35.	薑養*向*/強厂彎）	ëo^ng	ioN	ioN	ioN	ioN
36.	驚囝鏡/行全件/	ë^na	iaN	iaN	iaN	iaN
37.	官寡觀/寒韻汗/	w^na	uaN	uaN	uaN	uaN
38.	鋼影*槓*防*與狀*	e^ng	ŋ̣	ŋ̣	ŋ̣	əŋ
39.	伽矮*脆*莢瘸*上係*狹*	ay	ei	ei		oi
40.	閒礤歡*囟上艾*/	ae^eg	ain	ain	ain	ain
41.	姑五*//奴*同怒*/	^noe	ɔN	ɔN	ɔN	ɔN
42.	姆姆*//梅」不*/	ū^m	ṃ	ṃ	ṃ	ṃ
43.	光釭*呃*/一閱*映*	wang	uiN	uiN	uaŋ	uaŋ
44.	閂/／輾*/樣*閣*	wae^ng	uaiN	uaiN	uaiN	uaiN
45.	糜///糜*妹*/	öey	ain	ain		ueN
46.	嘐鳥*喙*///吸*	^nëaou	iauN	iauN	iauN	iauN
47.	箴怎*譖嗜*丼* //	om	am	am		om
48.	爻惱*/爻*藕*/	^naou	auN	auN	auN	auN
49.	扛我*好*麼*磨*冒*膜*	^no	ɔN	ɔN	ɔN	ɔN
50.	牛肘*//牛//	^new	iuN	iuN	iouN	iuN

〔記號說明〕

符號 ／ 表示無符合的字(詞素)。原本記載「全韻俱空韻」的項目。

符號 ＿ 爲白話音(或「訓讀」)之意。原本爲黑字。因而，無＿符號者，意爲文言音，原本爲紅字。也有用小的「紅字」與黑字註記於右肩上，頂用得宜的。

符號 * 是「求」母(k)沒適當的字，我特地加以補上的。在原本裏作 ○。

依我個人的私案，將之整理如下。

陰韻(18)

　　　　　　　a ai au e з o io o o

　　i iu ia iau io

　　u ui ua uai ue

陰韻入聲

a^2　　au^2　　　　　ε^2　o^2　oi^2

i^2　ia^2　iau^2　　　　　io^2

u^2　ua^2　uai^2　　ue^2

陽韻(16)

am　om　　　an　aŋ　oŋ　əŋ

im　iam　　in　ian　iaŋ　ioŋ　iəŋ

un　uan　uaŋ

陽韻入聲

ap　op　　　at　ak　ok

ip　iap　　it　iat　iak　iok　iək

ut　uat　uak

鼻音化韻母(15)

a_N　ai_N　au_N　ε_N　$ɔ_N$　$ɔ_N$

i_N　iu_N　ia_N　　iau_N　　$iɔ_N$

ui_N　ua_N　uai_N　　ue_N

鼻音化韻母入聲

$a_N{}^2$　　　　　$e_N{}^2$　$o_N{}^2$

$i_N{}^2$　　　$iau_N{}^2$

uaiN?

聲化韻(1)

m̩

單母音有 7 種，其體系如
右圖。

無獨立的中舌母音，在張
唇前舌母音與圓唇後舌母音裏
面，有半狹與半廣的母音的對立
，為其特徵。

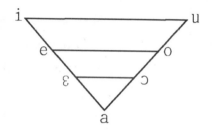

依問題點的順序，說明如下。

5.「嘉」(ε)　此韻母目前或許顯示出與 13.「稽」(e)有合一
的傾向。在董同龢『四個閩南方言』中的『龍溪方言』裏，無相
關之報告。但是，在朱兆祥『台語方音符號』(台灣省國語推行委
員會出版，1951)裏，特別提到作為「漳州的閩音」的〔ε〕，由此
可見，似乎並非已消滅。

關於ε，在『日台大辭典』「緒言」中，小川尚義的記述最
為詳細且富參考價值。亦即，作為「漳州語的特徵」(pp.193～
203)，有以下的敍述。

　　屬麻韻，相對於廈門俗音中有(e)韻，於漳州音中，普
　　通有(ε)〔廣(e)的音〕韻。
有例如下：

	家	牙	下	馬
廈門	ka:ke	ga:ge	ha:he	ma:be
漳州	kɛ	gɛ	hɛ	ma:bɛ

並且，又有以下的敘述：

　　屬佳韻，相對於廈門俗音中有(ə)韻或是(e)韻者，於漳州俗音中為(ɛ)，或偶有(oa)韻。

有例如下：

	佳	差	寨	灑
廈門	ka	ts'a:ts'e	tse	sa
漳州	kɛ	ts'ɛ	tsɛ	soa

小川氏的這些記述，大致上是正確的。

另一方面，13.「稽」(e)主要是蟹攝開口四等齊韻的韻母。此 ɛ 與 e 的對立，在其他方言裏雖然已經消失，但是其過程如下面的對應關係所顯示，並不單純。

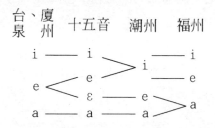

31.「更」(eN) 鼻音化韻母跟入聲–2成對。因而，5.「嘉」(ɛ)會出現–2入聲，但是 13.「稽」(e)並不出現–2入聲，由此看來，似乎再建構爲 ɛN 才好。作爲旁證，如福州與此對應的形式爲 aŋ，母音呈現相當寬廣。

但是 e 類的鼻音化韻母只有一種，而其他方言都爲 eN，加上考慮到記號的簡單化，所以才再建構爲 eN。

32.「禈」(uiN) 漳州方言的特徵之一，在其他方言裏，與 38.「鋼」(əŋ)合流。「禈」的所屬字山、臻、宕攝的合口，和「鋼」的所屬字宕、江攝的開口分得很明顯。

在其他方言合流的，其變化過程大概如下。

〔 uĩ 〕→〔 ỹ 〕→〔 ˚ŋ 〕→〔 ŋ̣ 〕

39.「伽」(oi) 本韻的再建構光擺弄「十五音」是無濟於事的。本來就是所屬字不多的「弱韻」，再加上比較一般性的「賣 (唇音)」、短、代、袋、胎、退、螺、這、坐、脆(以上舌、齒音)；矮、係(以上牙、喉音)」等字，全部暫且在 13.「稽」(e)裏以白話音出現。「伽」似爲這些字的另外的白話音，又音的意思。在「十五音」裏，所能瞭解的只有這些。

欲究明眞相，無論如何非等待「廣域調查」不可。如此，可知這些字出現的形式如下。

	十五音	台南	潮州	泉州	廈門	福州
舌齒音 ⎰	e	e	o	ə	e	oi
⎱	oi					
牙喉音 ⎰	e	e	oi	əi	ue	e

╲ oi

（參閱 7.1 果攝的 {ə} 及 7.4 蟹攝的 {əi}）

從諸方言的形態來酌量，並將體系中之空闕亦列入考慮的話，結果，似再建構爲 oi 才妥當。

現今之漳州無此 oi。繼承漳州系統的台南亦沒有。但是潮州有。因爲潮州是從漳州分離出來的，所以不可不認定以前的漳州是曾經有過的。「十五音」當時怎麼樣呢？也許一部分的人留有此音，但大部分已與 e 合流爲一了吧。

或許此韻是爲了要將韻母數湊足爲「五十」──把「十五」倒過來，即爲「五十」──不得已才採用的一個韻吧！

41.「姑」(ɔN)；49.「扛」(ON) 兩韻的關係，和 11.「沽」(ɔ)與 15.「高」(O)的關係完全平行。「沽」的所屬字以模、侯韻爲主體，而「高」的所屬字則以歌、戈、豪韻爲主體。「姑」「扛」亦同，例如：

> 「姑」　　奴、努、怒；五、午(模韻)
>
> 　　　　　偶、藕(侯韻)
>
> 「扛」　　那、娜；我(歌韻)
>
> 　　　　　摩、魔；糯；米、貨(戈韻)
>
> 　　　　　毛、昌；好、耗(豪韻)

從而，我們將「姑」再建構爲 ɔN，「扛」再建構爲 ON，是正確的。

〔ɔ〕與〔õ〕的區別，比〔ɔ〕與〔o〕的區別較爲困難。但是在泉州或潮州，即使說被置換爲複母音(ou, ouN)與單母音

(o, oɴ)的對立，但觀其被殘留下來的區別，實際上不得不認爲有音韻論上的對立關係。

再者，在對立消失的台南、廈門裏，可見到有被發成寬廣的〔ɔ〕的傾向。

模、侯韻	o	
歌、戈、豪韻	ə	｝: oɴ

50.「牛」(iuɴ)　「十五音」爲了湊齊「五十」個韻母數，令人懷疑它很可能是最後才加上的韻母。

所屬字只有「肘」ᶜliuɴ，「牛、芋」₌giuɴ 三個字（「芋」字是個難字，實際上以「肘」「牛」兩字爲考慮對象）。它們都是尤韻，可知是從 30.「ㄐ」(iu)分出本韻來。

「肘」爲知母的字，現在的閩南系諸方言裏，讀成ᶜtiu。知母讀成〔n〕的例子，在「十五音」裏沒別的了。『集韻』中，「肘」與「䏔」通。由「䏔」爲「女久切」，可知有人讀成〔ᶜniu〕，因而加以採用。

「牛」爲疑母字。濁音之外可能有鼻音的讀法。但是，現在的閩南系諸方言裏，用濁音讀成₌giu。因「十五音」中讀成鼻音，所以設立本韻並非不可能。然而眞相似非如此。一般來說，仍爲濁音。只是在一部分人之間被讀成鼻音，這才加以採用。

4.6　利用法

「十五音」最傳統的利用法是這樣的：假如有一個叫張三的人，要寫ᶜtʻau〈解開〉的漢字時，首先須翻開「交」(au)的地方。其次，翻到「上上聲)(ᶜ□)處。然後找尋到「他」(tʻ)。於

是，有標識爲「白話音」的黑字「解」，其下註有「～開」(有意叫人讀成 ⁻tʻau kʻui)，這就知曉其字爲何了。

在此，利用者的最低條件起碼須具有依序分析音節的韻母、聲調及聲母的能力，和具備一些漢字的知識。如不能判讀註釋，就算好不容易才找到要找的字，結果也會眼睜睜地視而不見。

「解」字在『廣韻』中爲「見蟹開二」的字。在「十五音」中，標識爲文言音的紅字「解」，出現於「求」(κ)、「皆」(ai)的「上上聲」，用文言註釋：「散也，脫也，判也，說也。」

⁻tʻau——「解」⁻kai 的關係，是「假借字」「訓讀」，而不是正確的白話音與文言音的關係。文言音與白話音，本就涉及聲母、韻母、聲調三要素，嚴密而有系統，而且必須對應。

「假借字」「訓讀」與眞正的白話音的不同，編纂者似乎一開始就已知曉。前舉『彙音妙悟』的例言「有音有字者，固不憚搜羅。即有音無字者，亦以土音俗解增入」，即可以理解爲對這個問題所做的間接說明。

但是，實際上兩者皆以黑字印刷，無法區別。這對一般利用的人一點也沒有造成不便。欲論述閩南語的文言音與白話音的學者，將黑字全部當做白話音時，才開始發生問題。當然，此非編纂者的責任(又請參閱 5.4「假借字」與「訓讀」)。

「十五音」的另一個利用法，在於讀書人可依此輕易地查找發音。這就是它謂爲「雅俗通」的緣由。

「十五音」約收錄 15000 字，其中 80% 爲紅字文言音。光是這些，便十分受用了。文言音本來是上書房跟老師學古典時要學習的，但是，不可能老是跟隨老師，當然記住的字亦有其限

度，加上學過的字亦有可能忘記。對於這些人來說，「十五音」堪稱爲寶貴的「秘籍」。

只是，因無索引，除了活用既有的知識，先掌握個大概，再細心去查看，別無他法。有時推測會落空，有時是完全沒法推測，而暗中摸索的情況也是不得已的。

例如「闢」字。其聲符應爲「辟」，因爲有此聲符的字爲「僻、癖、壁、璧」等，都讀成 p'iək˔，所以推測可能在 9.「經」(iəŋ)的入聲處就去查，但一直查不到。實際上，卻出現於 17.「巾」(in)的「下入聲」處，這種情形往往會有。

4.7 讀書人的類型

十五音編纂於明末至淸代，是受此時勃興的考証學影響，跟鄉土語言學者的產生有關係。

這些鄉土語言學者有兩種類型。其中之一，總是對外邊的人嘲笑其爲「鳥音禽呼之語」(杭州人，杭世駿之言)㉓等起反彈，欲必主張閩音系的正統性、純粹性，而立志於對音韻、語彙的考証學研究。另外一種則是，專以大衆爲對象，亦不忘功利，獻身於方言韻書的編纂與出版販賣。

前者如下列，有廣泛層面與系統的人投入，時至現今，業餘語源學者仍絡繹不絕。

梁運昌(長樂人，1771～1827)『方語摭遺』

黃宗彝(侯官人，生卒不詳)『榕城方言古音考』

劉家謀(侯官人，1814～？)『操風瑣錄』

謝章鋌(長樂人，1820～1903)『說文閩音通』(1902 刊)

邱立(？)「閩南方言考」(『中山大學語言歷史學研究所週
刊』方言專號，8 集 85, 86, 87 期合刊，1929)

連雅堂(台南人，1878～1936)『台灣語典』(1957，原題爲
「台灣俗語解」，1930 年連載於『台南三六九小報』)

翁輝東(潮安人，？)『潮汕方言』(1943 刊)

　　後者如前所述，福州有『戚林八音』、泉州有『彙音妙
悟』、漳州有『增註雅俗通十五音』出現後即告一段落。至於新
體裁的韻書，則有待西方宣教師制定教會羅馬字與引進近代編輯
技術。

　　作業方面，前者應較困難。考証學的研究除須具有以訓詁
學、音韻學爲中心的淵博學識外，還須天才的敏銳直覺。韻書的
編纂，則是理念與毅力的問題，毋須多大的學問。

　　但是，伴隨於作業的風險，後者遠比前者大多了。「言文一
致」豈不是對文言傳統的一種謀叛嗎？向大眾推薦言文一致，豈
非讀書人在縛自己的脖子。此類人須覺悟會被讀書人同儕排斥爲
不可佔風頭的傢伙。

　　與此相對的，前者所採取的態度，始終是在堅持做爲一個讀
書人的立場，擺出搞業餘愛好的姿態。他們亦有可能被嘲笑爲
「異想天開」或「土裏土氣」等，但另一面，亦能夠誇示其愛鄉
心與博學多識的樂趣。

　　以我個人來說，願予後者高評價。前者不管怎樣，一開始就
是困難的作業。音韻上的創見卓論並非那麼簡單可以覓得，結果
常常是從古典中尋出語源，得意自滿作罷。即使這樣，因爲牽強
附會之類不少，到底能改變多少局外人的認識，令人懷疑。㉖

後者對大衆的奉獻精神是最須評價的。實際上，方言的「言文一致」，使這個地方獨特的通俗讀物「歌 口 册」㉗(˳kua ˚a c'e2˳)之出版流通成爲可能，亦使方言文學之花綻開。另外，各式各樣的韻書對後世的方言研究帶來了怎樣的恩惠，實令我們言之慚愧。

4.8 『台灣十五音』

『台灣十五音』是日本領有台灣後，立即爲台灣話學習所刊行的一種教材。

台灣話——恐怕是將總督府所在地的台北方言——之音韻體系，用「十五音」的形式來整理，此可眞是一個好主意㉘，同時，我們亦可知道「十五音」的勢力有多大了。

可供我們參考的，是用假名㉙來表記音素，與實際的音韻體系正確無誤地被記錄下來的地方。

聲母有 15 個，如下：

柳 l　邊 p　求 k　去 k'　地 t
波 p'　他 t'　貞 c　入 z　時 s
英 ,　文 b　語 g　出 c'　喜 h

此與「十五音」完全一樣。只是字母的選擇方面有所差異而已。

韻母如下所示。

鴉ㄚ a	哀ㄞ ai	甌ㄠ au	翁ㄤ aŋ
庵ㆰ am	安ㄢ an	伊ㄧ i	野ㄧㄚ ia
憂ㄧㄨ iu	腰ㄧㄛ io	音ㄧㆬ im	因ㄧㄣ in
妖ㄧㄠ iau	狹ㄧㄢ ian	淹ㄧㆰ iam	篤ㄧㄝ iəi
烟ㄧㄢ ian	勇ㄧㆲ ioŋ	汙ㄨ u	威ㄨㄧ ui
溫ㄨㄣ un	挨ㄝ e	烏ㆦ o	倚ㄨㄚ ua
苛ㄜ ə	硬ㄝ ue	翁ㆲ oŋ	口ㆦㆬ om
歪ㄨㄞ uai	口ㄨㄢ uaŋ	彎ㄨㄢ uan	哪ㄢ aN
乃ㄞ aiN	腦ㄠ auN	梁ㄧ iN	領ㄧㄢ iaN
兩ㄧㄨ iuN	猫ㄧㄠ iauN	姆ㆬ m̩	軟ㄨㄧ uiN
嬰ㄝ eN	奴ㆦ oN	爛ㄨㄢ uaN	高ㄨㄞ uaiN

基本上有 44 個。其實此教材有嚴重的脫漏。亦即相當於「十五音」的 38.「鋼」(əŋ)這個韻母未被記載，卻有與 32.「禈」(uiN)相對應的「軟」。

如說 uiN 合流於 əŋ，則可理解，但如說 əŋ 合流於 uiN，則令人不解。經調查同時期刊行的其他教科書❸，相對於：

光 門 捲 荒

另外有：

長乳　算乳　糠乩　央ル

此無疑表示有 əŋ 之存在。所以，在上述的韻母表中加上 əŋ——暫且設立「央」母——變成 45 個韻母，方才正確。

現今之台南方言有 43 個韻母，其差異在於無 uiɴ, iuɴ, iauɴ，而有 ioɴ。

無 uiɴ（「軟」）的原因，如前所述，因其合流於 əŋ。有關這個韻母，可知台北爲漳州系，台南則爲泉州系。

無 iauɴ（「貓」）的原因，只不過是沒設立其韻母的必要。「貓」的所屬字只有「貓」ㄋㄧㄠ6ᴖniau 和「鳥」ㄋㄧㄠ6ᶜniau 兩個字，音節的鼻音化顯然緣於鼻音聲母。與「十五音」不同，對認定聲母中有鼻音的我們來說，iauɴ 這個鼻音化韻母是可以省略的。

雖然無 iuɴ（「兩」），可是卻有 ioɴ。兩者同爲開口三等陽韻的白話音之韻母，iuɴ 爲泉州系，ioɴ 爲漳州系，此事如 3.1.2 處之論述。

如此看來，我們可知 70 年前的台北方言與現今的台南方言之音韻體系並無太大差異。

4.9 『烏字十五音』

『烏字十五音』（台中市瑞成書局出版，1955），與其說是內容重要，不如說它關係到最近出版的，所以會引起人們的興趣。

在強行「國語（北京方言）推行運動」的台灣，出版此類書籍相當冒險，若無相當合算的展望，是做不成的。由背後看來，人

們之間有相當的需求。

說到爲何要購買時，除了爲求方言發音的依據外，別無其他原因。時至目前，我們仍不得不爲「十五音」的權威性及其生命的漫長感到驚嘆。

且說『烏字(ₒo zi²)十五音』這個庸俗的命名，其由來是從廢棄文言音用紅字、白話音用黑字印刷的傳統的體裁，一律改用黑字印刷。管他「價廉質惡」的唯利是圖精神赤裸裸地呈現出來，此點實不便贊同。當然，文言音與白話音也無法識別，其價值也就減半了。

其次，它所反映的音韻體系，聲母如下。

柳邊求去地	l p k kʻ t
頗他曾入時	pʻ tʻ c z s
英門語出喜	﹐ b g cʻ h

與『彙集雅俗通十五音』完全一樣。

韻母有 46 個，如下：

1. 君 un	2. 堅 ian	3. 金 im	4. 規 ui	5. 佳 e
6. 干 an	7. 公 oŋ	8. 乖 uai	9. 經 iəŋ	10. 觀 uan
11. 沽 ɔ	12. 嬌 iau	13. 恭 ioŋ	14. 高 o	15. 皆 ai
16. 巾 in	17. 姜 iaŋ	18. 甘 am	19. 瓜 ua	20. 江 aŋ
21. 兼 iam	22. 交 au	23. 迦 ia	24. 檜 ue	25. 監 aN
26. 龜 u	27. 膠 a	28. 居 i	29. ㄐ iu	30. 更 eN
31. 褌 uiN	32. 茄 io	33. 梔 iN	34. 薑 ioN	35. 京 iaN
36. 官 uaN	37. 扛 əŋ	38. 乃 aiN	39. 沽 ɔN	40. 姆 m̩
41. 閂 uaŋ	42. 閂 uaiN	43. 貓 iauN	44. 箴 om	45. 爻 auN
46. 毛 ɔN				

可知其字母的設立方法，排列順序與『彙集雅俗通十五音』幾乎完全一樣。

其中較大差異在於少了 4 個韻母，分別是：廢除「伽」(oi)、「牛」(iuN)、「糜」(ueN)，而將「嘉」(ɛ)和「稽」(e)統合到新韻「佳」裏面去。

將「佳」暫且再建構為 e，而 ɛ 亦可以。要之，e 類韻母只剩一個。為此，認為似乎有必要設立新字母。

廢除「伽」、「牛」，是很有可能的。因為本來這韻的設立就不合理(參閱 4.5)。

「糜」也因為所屬字只有文言音的「妹、沬、昧」bueN² ❸一三字，和白話音的「糜」₋buen〈稀飯〉一字，亦即不受注目的韻而被廢除，卻不曾做應有的「善後措置」。這是無論如何也無法令人同意的。

最後，仍設立「沽」(ɔN)與「毛」(oN)，可能是沿襲了傳統之故。台中一帶事實上遺留有 ɔN 與 oN 在音韻論上對立的方言，令人無法置信。

難得有統合「嘉」與「稽」的勇氣，對此，也希望能再鼓起勇氣，統合成為一個韻。

5. 文言音與白話音

5.1　兩種的層

　　要說閩音系的通時論研究始於文言音與白話音的問題，亦終於文言音與白話音的問題，實不為過。文言音與白話音的關係是如此地複雜，涉及面亦很廣泛。

　　具有文言音與白話音兩種發音的字，不僅限於閩音系，在中國的任一方言裏，雖程度上有所差別，但一定都可以找到。只是在閩音系中，這樣的字突出地特別多——在我所調查的 3394 字裏，竟有 33% 強❶，亦即 1127 字是這樣的字。另外，請參閱註釋(7)——以至於不得不說是文白兩個層重疊的結果。根據這種情形，可以認為這正是閩音系最大的特徵。

5.2　定義

　　當地人對文言音的稱呼❷，臺南為「讀冊音」tʻak˗ cʻe2˗ ˗im，廈門為「孔子白」ˉkʻoŋ ˉcu pe2˗，仙游為「讀書腔」tʻa2˗ ˗cy ˗kʻiuN。

相對地，白話音的稱呼在臺南爲「土音」⸢tʻo ⸤im(「土」⸢tʻo 爲〈粗野〉之意)或「俗音」siok⸥ ⸤im，在廈門爲「解說」⸢ke se2⸥，在仙游爲「話音」ua² ⸤iŋ。

由這樣的傳統稱呼來看，可知當地的人存有其共通的觀念。亦即，文言音爲解說聖人君子之敎誨，及閱讀古典時的發音，而白話音則爲日常口語會話時所發出的音。所以，認爲文言音較難而尊貴，白話音較易而粗鄙……。

我們當然不可以完全按照此種看法。首先，須得排除價值觀。其次，不論文言音或白話音，因爲確實用情緒性的方式去掌握，有必要從學問上嚴密地重行定義。如果不這樣，則無法進行精密的考察作業。

在我們的定義裏，文言音(文語音、字音)爲文字上所傳承的發音，而白話音(口語音、語音)則爲口語會話的語彙上所傳承的發音。

雖說如此，因爲在中國，文字即爲語彙，而語彙即爲文字，兩者的關係有微妙之處，部分地加以權宜處置，是不得已的。

5.3 書房的任務

人們知道了文言音與白話音的區別，而學習的場所，主要是稱爲書房——在臺南爲「書學 口」 ⸤su ə2⸥ ⸢a，在臺北爲「書房」⸤su ⸤paŋ——的私塾。

書房的老師大致上是在該地長久居住的保守讀書人❸。他們才眞正是肚子裏藏有萬卷書的人，其知識當然是從他們的老師傳授而來的。這對我們當然有其資料上的價值，自不待言。

　　學生上書房的目的，是學習「讀寫」。使用四書五經、唐詩、尺牘文等為教科書。例如，以「人之初，性本善……」開始的初級教科書『三字經』。老師用朱筆的筆尖一字一字地邊指邊讀：

　　　　ₗlin ₗci ₗc'o, siəŋˊ ˋpun sianˊ

給學生聽。學生一面復誦，一面理解到這個字的發音——文言音應該就是這樣吧，而加以記憶。

　　等到能夠「越念」uat₌ liamˊ〈背對着老師背誦〉時，老師會解釋其意為「儂口起頭，性情本底好」：

　　　　ₗlaŋ ₌e ˉk'i ₌t'au, siəŋˊ ₌ciəŋ ˉpun ˉte ˉhə

〈人之初，性本善〉給學生聽。這樣，學生在理解古典的內容同時，也學到了口語會話。

　　老師對文言音擁有絕對的權威與自信。古典應以文言音來讀的這一件事，就是用拳頭也要使學生銘記於心。但是，老師本身也未察覺到，他們對口語的傳授與規範化亦起了相當大的作用。

　　老師是使用方言的一流高手。如果不能自由自在地運用方言，則無法勝任書房老師的工作。但是，他們與說話營生的說書先生，不同之處在於，當口語中找不到適當的譯語時，或者即使找到了，可是為顧及體面而不能使用時，他們會將文言原原本本地堅持到底。

　　一般而言，學生無法當場就理解，要等到以後才能瞭解其意。這種情形的結果，對口語語彙的增加、方言的優雅化及規範化是有貢獻的。

　　但是，老師不是神，也有可能一時忘記，或有時會被惡作劇

的學生強要教授從未使用過的教科書而遇到不懂的字。

在這種情形下，爲顧及體面而不在乎地「猜着讀」是難免的。等學生回去後，再查看『康熙字典』等資料吧！（大概在桌邊或書架上等地方，也擺有已翻髒的『康熙字典』！）

但是，如所周知，『康熙字典』裏有幾種反切。可能因老師選擇其中哪一種，而那個字的發音就這樣永遠錯下去了。

在中級教科書『幼學故事瓊林』「卷一天文」中，有「甘霖甘澍，俱指時雨」一句。「澍」爲難字，我學其音爲 cu²。但是有一位跟隨其他老師學習的朋友讀成 su²，並認爲他自己的發音才正確，不採納他人意見。

我來日本以後，能夠直接接觸到『康熙字典』，試查了一下，發現 cu² 似是根據『集韻』『韻會』的「朱戍切」（˖cu＋su²），而 su² 則根據『唐韻』的「常句切」（˷siŋ＋ku²），令人不禁苦笑：「這樣的話就……」

我想書房的老師們可能是『康熙字典』最大的顧客。但因對於外行人過於煩瑣，如前所敘述過的，「十五音」就代替它而成爲他們的「自學用書」。

隨着基督教的普及，甘爲霖『廈門音新字典』（台南市，台灣教會公報社發行，1913¹, 1955⁶）Rev. W. Campbell: A Dictionary of the Amoy Vernacular spoken throughout the prefectures of Chuan-Chiu, Chiang-Chiu and Formosa 的利用者漸漸增加。因爲附有索引，只要習慣於羅馬字，這樣的字典對使用者確實較爲方便。

書房因政治的壓迫及老師的衰老死亡，現在早已式微了。即

使從前，上書房學習的人並不多，現今，沒有上過書房的人反而多了。此類人如果沒得到經驗者的傳授，是不知道文言音與白話音的區別的。其知識之貧弱，自不待言。

　　且試着讓他們唸一下古典文章，他們鐵定將「人之初」讀成 ₋laŋ ₋ci ₋c'e 而面不改色。他們看到字，即取其意(不知其意時，便成了啞巴)，而把符合字意的口語單詞的音韻當做該字的發音來讀。

　　亦即，看到「人」後，取其意〈人〉，旣爲〈人〉之意，便是 ₋laŋ 了，所以認爲「人」的發音爲 ₋laŋ。看到「初」後，此爲「初一」₋c'e it₋〈一號〉、「初二」₋c'e li²〈二號〉的 ₋c'e，所以認爲「初」的發音爲 ₋c'e。只有「之」讀對了，因爲這是較平易的文言，不知是在甚麼地方學來的，當然，不會讀的人還是有的。

　　若爲形聲文字的話，就依靠其偏旁了。例如：「艦」依靠「監」而讀成 kam²。因爲「監」kam² 爲「太監」t'ai² kam²〈宦官〉(經常於戲劇中出現)、〈陽萎〉的詞素，總算可以勉強知道其發音爲何。但是，「艦」要讀 lam² 才正確(雖與反切不符)❺。如果是象形字或會意字等沒有偏旁的，只好舉手投降了。

　　最近我發現到，有初學者模仿北京音的讀法。我聽到他把臺灣的一家報社『徵信(新聞報)』讀成 ₋ciəŋ sin²，「徵」讀成 ₋ciəŋ，明顯地是模仿北京的〔₋tşəŋ〕。「徵」的正確發音爲 ₋tiəŋ。

　　看來這似乎是將北京方言作爲「國語」學習的年輕一代偶爾想出來的方法。在這種想法的背後，中原標準音對方言音造成變化，這種音韻史上的眞理正在起作用。這是不得不承認的。

當然，我們不能不規勸此種印象式的發音。但是，他們支持此種發音。所以我們必須覺悟的是，不知何時，此種發音難免會變成正確的發音。

5.4 「假借字」與「訓讀」

書房老師只教古典應該用文言音來讀，對文言音與白話音的關係，什麼也沒教。好像本來就不關心。於是，學生雖感到衆多疑問，結果還是不了了之。

例如，老師雖解釋「人」$_\subset$lin 爲 $_\subset$laŋ，$_\subset$lin 與 $_\subset$laŋ 的發音相近。這就等於文言音與白話音的關係嗎？

還有，老師又解釋「之」$_\subset$ci 爲 $_\subset$e，「善」sian$^\supset$ 爲 $^\subset$hə。這裏發音有相當大的差異。大概這不是文言音與白話音的關係，可能是拿別的單語來充當的吧！

那麼，文言音與白話音的關係，在發音上有多少程度的類似才可以成立，又有多少的不同就不能成立呢？

$_\subset$e 如果假借漢字的話，哪個字才好呢？

「起」$^\subset$kʻi、「本」$^\subset$pun 之類，只有一種發音的字很多。因爲以其音來讀古典，所以應該是文言音沒錯。但在口語會話出現時，當做文言音來讀是否也不成問題？等等……

對這些疑問，我們可以綜合成文言音與「訓讀」、語源探究、文言音的種類三個問題。這些問題對於我們來說，是在開始作業前必須解決的問題。

首先，「訓讀」「假借字」(已於 4.6 提過)等用語，我得事先聲明，這是我從日語借來的。

　　日語的訓讀是「用日本語音來讀漢字」之意。這裏是用作「取其字意而讀」的意思。日語中的借用字爲「充當同音之字」的意思，在此，用作「充當同義之字」。

　　姑且不論用語爲何，設立此種概念，對我們作業的進行是必要的。因爲依此概念，我們可以從一般被視之爲白話音者，排除「訓讀」，留下眞正的白話音。對於「訓讀」與眞正的白話音的無所謂態度，將導致何種結果？以下舉羅常培氏與小川尙義氏兩大家的例子來做說明。

　　羅氏在『廈門音系』中特別設有「廈門字音話音的轉變」(pp.41～49)一節，論及文言音與白話音的音韻對應，其結果，僅止於如下的總結：

I　同聲異韻例(17細則)

歌 ₌kə：₌kua　　　　白 piək₌：pe2₌

灰 ₌hue：₌hu*　　　甚 sim⁼：ᶜsiaN*

II　同韻異聲例(2細則)

分 ₌hun：₌pun　　　篩 ₌sai：₌t'ai*

III　聲韻俱異例(2細則)

門 ₌bun：₌məŋ　　　後 ho⁼：au⁼

不 put₌：m̩⁼*　　　　殺 sat⁼：₌t'ai*

（音韻表記爲個人的方案，＊爲「訓讀」）

　　這不能說是法則。羅氏本身亦嘆曰：「牠們轉變的情形十分複雜，很難用單元的理論說明牠們的原故。」並引用章太炎「远

陌紛錯，不可究理」(『新方言』序)的話來爲自己辯解。

　　小川氏在『日台大辭典』「緒言　第三章第二項第二款　讀書音與俗音」中，約有長達 30 頁論及文言音與白話音的音韻對應。不但比羅氏早 24 年，其考察亦較羅氏敏銳，雖是籠統粗疏，但大致上已把音韻法則整理出來了。

　　例如，來母的文言音爲 l，罕爲 n，白話音當然爲 l、n，b、z、g、，也會出現。

　　　　勞 ₌lə：₌bua*　　　臉 ꜛliam：ꜛgiam*
　　　　硫 ₌liu：₌ziu　　　攬 ꜛlam：ꜛaN*

　　另外，相對於蕭韻的文言音 iau，白話音爲 io 之外，亦有可能出現 iuN, a。

　　　　燒 ₌siau：₌sio　　　舀 ꜛiau：ꜛiuN
　　　　焦 ₌ciau：₌ta*

　　他對於聲調，則有以下的見解：文言音在中古音的四聲與聲母的清濁是有對應規則的。相對地，白話音則有可能轉變爲各種聲調。例如：

　　　　孔 ₌kʻoŋ：₌kʻaŋ　　　虹 ₌hoŋ：kʻiəŋ²*
　　　　曲 kʻiok₌：₌kʻiau*　　　限 hanʰ：hat₌*

　　此似有法則，又似無法則。

　　兩大家都在認眞地論述所謂的法則。典型的「訓讀」例子有以下 10 字。

　　　　賭(端姥合一)　ꜛto：ꜛkiau* 〈賭博〉
　　　　在(從海開一)　caiʰ：tiʰ* 〈在〉
　　　　斟(章侵開三)　₌cim：₌tʻin* 〈傾注〉

賢(匣先開四)　ₑhian：ₑgau*〈能手〉

煙(影先開四)　ₑian：ₑhun*〈香煙〉

短(端緩合一)　ᶜtuan：ᶜte*〈短〉

人(日臻開三)　ₑlin：ₑlaŋ*〈人〉

殺(生黠開二)　satᵓ：ₑtʻai*〈切割〉

不(幫沒合一)　putᵓ：m̩ᵓ*〈不要〉

肉(日屋合三)　liokᵓ：ba2ᵓ*〈肉〉

　　如此排列來看，其「假借字」與「訓讀」的關係一目瞭然。不知其語源為何時(也有即使知道，但因其為難字，而故意避開的)，則擇其意義素較近且較平易的文言，認為這個字的發音事實上就是這樣的。提案的人與利用的人之間「約定俗成」就可以了。是則，何來法則之有？

5.5　語源探究

　　這樣的「假借字」被尊崇純粹性的讀書人所輕蔑，亦可以說是促使他們開始語源探究的要因。

　　但一般而言，他們都陷於輕視音韻而偏重意義的通弊。音韻之輕視，歸根究底，緣於對音韻論知識之缺乏。偏重意義，原因在於可利用手邊些許有關訓詁學的知識，發揮牽強附會的本領。只是，好在他們並沒打算論述文言音與白話音的音韻對應關係，所以，沒有恥上加恥。

　　舉一個例子來看，〈「給與」之意〉的hoᵓ通常充用「與」(以語合四)ᶜu，但是依據邱立的說法，「付」(非遇合三)huᵓ才是正確的，『說文』中載有「予也。從寸，持物以對人」，為其根

據。

　　但是依據連雅堂氏的說法，「護」(匣暮合一)ho⁼ 才是正確的，『廣雅』中有「助也」，「引申爲與」。

　　邱氏的說法在意義上沒有問題，但在音韻方面就很難說了。虞韻(提高平韻，使其兼有上、去韻)的唇、牙、喉音的韻母，相對於文言音 u，在白話音裏出現是事實。「斧」ᶜhuː ᶜpo，「傅」ᶜhuː po⁼，「扶」₌huː ₌p'o⁼，「雨」ᶜuː ho⁼，「芋」u⁼ː o⁼ 等，僅就韻母而言，是可以肯定的。但是，像「斧、傅、扶」所啓示的，輕唇音在白話音中有發出重唇音的傾向，但是在〈「給與」〉之類的基本語彙中會出現輕唇音，則令人不解。另外，非母爲全清音，全清音去聲原則上爲陰去聲。然而，ho⁼ 卻是陽去聲，此與音韻法則不符合。在音韻方面，因爲聲母與聲調存有疑慮，所以邱氏的說法令人無法贊同。

　　連氏的說法在音韻上雖然沒有問題，但是意義上則有疑問。有可能是牽強附會，令人無法馬上贊成。

　　我的推測，它可能是「互」(匣暮合一)ho⁼。「互」與「護」同音，所以音韻上同樣沒有問題。而且，意義上正確的或然率更大。

　　『說文』中有「笽、互，可以收繩者也。從竹象形，中象人手推握也。」藤堂教授說明：「互爲相互契合編成的手工藝品的象形字，……後來成爲副詞，訓用爲『互相地』。」(『漢字語源辭典』p.428)於是，從〈輪流〉之意變成指二人之間動作的互動狀態，從而引申出〈給與〉的意義。

　　ho⁼ 除了有動詞〈給與〉的意思外，還有〈被～〉〈使、

讓～〉被動、使役等介詞的意思。

「<u>互汝</u>」ho² ˉli〈給你〉的時候爲動詞，但是「<u>互汝</u>罵」ho² ˉli me²〈被你罵〉、「<u>互汝</u>歡喜」ho² ˉli ˍhuaṅ ˉhi〈讓你高興〉的時候則爲介詞。

ho²具有此介詞使用法之處值得注目。此外，同時具有被動與使役兩種意思，這又與古典的原義相互對照呼應，乃使「互」字的說法愈來愈可信。

傳統用語之「引申義云云」，主要是同時一方面積極，另一方面消極地主張語意變化(Semantic change)的擴張(expansion)與廢用化(obsolescence)。

但不論是擴張也好，廢用化也好，其對條件之設定態度鬆散，容易陷於牽強附會。我們期望盡量用科學的方法，爲此，則須有關語彙論或意義論等一般性的研究做支持。但是，中文在這方面的研究幾乎沒甚麼進展。引申義考察之困難，便在這裏。

我們對於語源要從意義上來追究，然而因爲無法拋開引申義解釋曖昧的糾纏，結果，不得不感到是有限度的。

因此，與其考究意義，我更願將研究重點放在音韻上。

音韻比起心理上的意義，可說更具有科學性。加上我們對於有關音韻方面的一般知識，遠比有關意義方面的一般知識較爲豐富。

我們首先可基於有關音韻方面的一般知識，對該字的或然率大小做大略的判斷。進一步地，根據該方言所累積的文言音與白話音的有系統的研究，以及依照研究所演繹出來的音韻對應法則，可以下更嚴密的判斷。不符合音韻對應法則的形態，則斷定

其爲「訓讀」，大致無誤。

　　爲便於參考，對於 5.4 的 10 個典型的「訓讀」例子，我斷定其爲「訓讀」的論據如下。

　　　　賭(端姥合一)ᶜto：ᶜkiau*〈賭博〉

端母 t 而會出現 k，是奇怪的。模韻 o 裏會出現 iau，也是奇怪的。❻

　　語源爲「繳」(見篠開四)ᶜkiau 的或然率很大。此爲使用「繳納」「繳還」意義時之「繳」，爲交賭金之意。〈賭博〉，普通用 2 音節語的「拔繳」pua2ᵕᶜkiau。這樣，對賭錢的繳交或收回比較有具體的印象。

　　　　在(從海開一)cai²：ti2*〈在〉

從母 c、cʻ中出現 t，是奇怪的。

　　語源爲「著」(澄御合三)tu²：ti² 的或然率很大。「著」與「箸」同音，而「箸」是 ti²。『廣韻』中爲「處也」，意義上亦較適宜。

　　　　斟(章侵開三)ᵕcim：ᵕtʻin*〈傾注〉

章母 c：t, kʻ中出現 tʻ是奇怪的。侵韻中的文言音 im(只限唇音 in，「品」ᵕpʻin)與白話音的 in 對應的例子並沒有。章母爲全清音，全清音平聲被讀成陽平聲，亦是奇怪的。

　　語源爲「陳」(澄臻開三)ᵕtin：ᵕtʻin 的或然率很大。澄母爲全濁音，全濁音平聲在白話音中讀成送氣的例子較多。『廣韻』中爲「陳列也」，把瓶中的液體呈線狀地注入杯與碗內的樣子，無異於「陳列」之意。

　　再者，「陳」另外有白話音ᵕtan〈陳，姓氏〉，是古老的

層。

　　賢(匣先開四)ₑhian：ₑgau*〈能手〉

先韻 ian：iN, iəŋ，an 裏會出現 au，是奇怪的。

語源未詳。但可預測爲豪韻(白話音)、肴韻、侯韻(白話音)的疑母或匣母的字。

　　煙(影先開四)ₑian：ₑhun*〈香烟〉

影母裏會出現 h 是奇怪的。先韻中會出現 un，亦是奇怪的。

語源爲「燻」(曉文合三)ₑhun 的或然率很大。『廣韻』中爲「火氣盛貌」，由形容詞的〈薰氣〉轉變爲名詞的〈香烟〉。

　　短(端緩合一)ᶜtuan：ᶜte*〈短〉

桓韻 uan：uaN, əŋ 中出現 e，是奇怪的。閩南語中沒有文言音 -m, -n, -ŋ(-p, -t, -k)與白話音的零韻尾對應的例子。

語源爲「底」(端薺開四)ᶜti：ᶜte 的或然率很大。『廣韻』中爲「下也，止也」，〈短〉可能爲其引申義。

　　人(日臻開三)ₑlin：ₑlaŋ*〈人〉

臻韻 in：an 中會出現 aŋ，是奇怪的。

語源無疑地爲「儂」(泥冬合一)ₑloŋ：ₑlaŋ。『集韻』中爲「我也，吳語」。『六書故』載有「吳人謂人儂」。

　　殺(生黠開二)satₔ：ₔt'ai*〈切割〉

生母 s 中出現 t'，是奇怪的。黠韻 at：{əi2} 中出現 ai，也是奇怪的。陰入聲的字被讀成陽平聲，更加奇怪。

語源未詳。

　　不(幫沒合一)putₔ：m²*〈不要〉

m̩⁻ 爲伴隨 clear beginning 的聲化韻──〔'm̩⁻〕。此與「不」put₂爲另一系統的否定詞，是一目瞭然的(參閱 7.4)。

語源未詳。

肉(日屋合三)liok₂：ba2₂*〈肉〉

日母 l(漳州系爲 z)：n 裏會出現 b，是奇怪的。屋韻中會出現 a2，更奇怪。

語源未詳。周辨明氏謂其爲「土語」(aboriginal words)，亦即，從古代閩越人來的借用語的可能性很大。

的確，b(明、微母的字)與 a2(主要爲合、盍、洽、狎韻的字)結合的形式，不但可說在音韻體系中爲一特異形式，而且具有此音韻形式所持有的形態素只有一個 ba2₂〈肉〉，令人感到十分奇異。或許正如周氏所推測的吧！

再者，周氏舉有「土語」的另一例：〈如蟹身等肉質疏鬆〉的 p'aN⁻──通常假借「冇」字。但是，此字從音韻形式來判斷的話，可能性很小。

無論如何，我們在探究閩語的語源時，閩語中有來自閩越人等異民族的借用語是有可能的，這一點有必要常放在心上。如果是借用語，再怎麼涉獵古典，也是沒用的。但是，是否可以肯定其爲借用語或不是，其實並不知道。因爲，有關我們必須比較對照的異民族語言的調查研究，幾乎沒有人在做。亦即，我們無法提出足夠的主張從異民族來的借用語的積極根據。

因此，我認爲在議論其爲從異民族來的借用語之前，基本上先在漢語的大前提之下，從意義與音韻兩方面探究所可能探究的，這才合乎研究之程序，且收穫亦較多。

我們現今對於語源探究表示關心的原因在於，將「訓讀」當作「訓讀」加以排除時，為了要提示佐証，如能發現，那是再好不過了。如發現有困難，那就用「囗」來表示未詳，亦未嘗不可。

重要的是，盡量搜集真正的白話音，哪怕多一個字也好。以真正的白話音為對象後，才能推出其與文言音的音韻對應法則。真正的白話音搜集愈多，其音韻法則也就愈精密。

話雖如此，在最初的階段，在當做「訓讀」加以排除的字裏面，夾雜着真正的白話音。相反地，在當做白話音而保留下來的字裏面，會摻雜着「訓讀」，亦在所難免。

我們的法則就還欠缺那麼樣的精確性，但那也是不得已的。透過法則的設立，隨着我們認識的加深，從那些從來就被排除掉的字裏面，把該撿拾的撿拾起來，從那些從來就被保留下來的字裏面，把該剔除的剔除掉。一步步地來修正法則，最後達成精確性。

5.6　特殊的對應關係

文言音也好，白話音也好，對字的發音應該是一樣的，只是傳承的時期與出現的環境不同而已。因而，在論及兩者的對應關係時，以中國音韻史的「原點」，亦即中古音為基準，是理所當然的。以中古音為基準，來考察文言音與白話音的對應關係，正是閩音系的通時論的研究。

程序上，我們可依漢字的「戶籍」，分聲母、韻母及聲調三個要素進行考察。漢字的「戶籍」指的是代表性的韻書『廣韻』

(『切韻』)或『集韻』的反切。爲期能更精密，要採取(聲母＋韻母＋開合＋四等)的分析表示法。除此之外，亦要採用攝(16 或 14)的範疇。中國科學院語言研究所的『方言調查字表』(科學出版社出版，1955¹，1964²)則爲我們的憑據。

因而，如下列「戶籍」中有不同的對應關係者，即使不是「訓讀」，亦有特別處理的必要。

(1)白話音跟『廣韻』的又音有對應的形式者。

「龜」ₗkui：ₗku〈龜〉 在『廣韻』中，有相當於(見脂合三)與(見尤開三)的二個反切。文言音明顯有跟前者對應的形式，白話音則有可能是對應於後者的形式。文言音應該是 ₗkiu。

「貓」ₗbiau：ₗba〈狸〉 『廣韻』中有相當於(明宵開三)與(明肴開二)的兩個反切。文言音明顯有跟前者對應的形式，白話音則有可能是對應於後者的形式。文言音應該是 ˬbau。

「燁」iap₌：sa2₌〈燙煮〉 『廣韻』中有相當於(以葉開四)「燁爐」與(崇洽開二)「湯燁」的兩個反切。文言音明顯有跟前者對應的形式，白話音則有可能是對應於後者的形式。文言音應該是 siap₌。

「辨」pianᵎ：panᵎ〈處理〉 『廣韻』中有相當於(並獮開三)與(並襇開二)的兩個反切。文言音與前者、白話音與後者分別對應的形式很清楚。『廈門音新字典』中都當做文言音看待。

「索」siək₌：so2₌〈繩索〉 『廣韻』中有相當於(生陌開二)「求也」與(心鐸開一)「繩也」的兩個反切。文言音明顯有跟前者對應的形式，白話音則有可能對應於後者的形式。應有的文言音爲 sok₌。

(2) 文言音跟『集韻』等其他韻書的反切對應，而白話音則跟『廣韻』的反切對應者。

「憐」ₗlin：ₗlian、「可憐」ᶜk'ə ₗlian〈可憐〉　『廣韻』只有相當於(來先開四)的反切，『集韻』另外有相當於(來臻開三)的反切。文言音可能是與(來臻開三)對應的形式，而白話音則爲與(來先開四)對應的形式。

「梨」ₗle：ₗlai〈梨〉　『廣韻』只有相當於(來脂開三)的反切，而『集韻』另外有相當於(來齊開四)的反切。文言音明顯有跟『集韻』對應的形式。但是，白話音有可能爲與(來脂開三)、(來齊開四)都對應的形式，在此，不勉強決定爲哪一個。如爲(來脂開三)，則其應有的文言音爲ₗli。

「鳥」ᶜniau：ᶜciau〈鳥〉　「鳥」用 n 發音的方言很多(北京爲其一例)。『廣韻』只有相當於(端篠開四)的反切，而『正韻』有相當於(娘篠開四)的反切。文言音有可能是與後者對應的形式，而白話音則與前者對應。白話音的 c 是端母 t 因 -i- 引起口蓋化的結果。

(3) 文言音跟『廣韻』的反切對應，而白話音跟『集韻』等的反切對應者。

「嚴」ₗgam：ₗgiam、「嚴院」ₗgiam iN²〈山寺〉　『廣韻』只有相當於(疑銜開二)的反切，而『集韻』另外有相當於(疑嚴開三)的反切。文言音明顯有跟前者對應的形式，而白話音則有可能與後者對應的形式。當然也有可能是「嚴」(疑嚴開三)ₗgiam 的類推形。『廈門音新字典』中都當做文言音處理。

(4) 白話音可能跟「未收錄的反切」對應者。

「沙」$_{-}$sa：$_{-}$sua〈沙〉 文言音明顯有跟(生麻開二)對應的形式，白話音則是與(心歌開一)對應的形式的或然率很大。

『廣韻』中歌韻之「蘇禾切」、『集韻』中戈韻之「桑何切」(『集韻』之歌韻只有牙、喉音)所屬的字中，未見有「沙」字。具有「沙」作聲符的字有「俹、娑、楼、挱、蔢、鞣」等。「沙」如有這樣的反切，其實一點也不足爲奇。應有的文言音爲$_{-}$sə。

「麻」$_{-}$ma:$_{-}$mua〈麻〉 文言音明顯地是跟(明麻開二)對應的形式，白話音則是跟(明戈合一)對應的形式的或然率很大。

『廣韻』中戈韻之「莫婆切」、『集韻』中同爲戈韻之「眉波切」所屬的字中，未見「麻」字。具有「麻」作聲符的字有「麼、摩、磨、魔」等。「麻」如有這樣的反切，則一點也不足爲奇。應有的文言音爲$_{-}$mo。

「沙」、「麻」爲上古音歌部 *ăr 的字。儘管在現存的韻書中轉出麻韻，但其白話音仍傳承了遺留在歌韻的形式。

5.7 文言音的種類

只有一種發音的字，實際上佔絕大多數。傳統上視其爲文言音，但內容其實並不單純。

首先，有出現於純粹文言上的純粹文言音。

唾 t'ə$^{=}$　〈吐口液〉費瀾 p'ui$^{=}$ nuaN$^{=}$。

醜 $^{-}$c'iu　〈難看〉□$^{-}$bai$^{=}$，或 □看 p'aiN k'uaN$^{=}$。

鰥 $_{-}$kuan　〈鰥夫〉無跟它相當的單詞。只有死姥

〈妻子死了〉之類的表現。

皿 ⌐biəŋ　〈皿〉□□ pʻiat⌐ ⌐a 的意思。

匿 liək⌐　〈隱匿〉□ bi2⌐。

穴 hiat⌐　〈穴〉空 ⌐kʻaŋ。

　　以上只不過是我們所調查的字裏面，選出來的一小部分的例子。在五萬之多的全體漢字中，這種類的字大約佔 95% 吧。

　　那是很可能的，漢字是因應每個新概念而被創造出來的，且並無死語之淘汰，只有一直地累積下來。概念是爲了使學者先生的思考與表現綿密多彩而被設定的，在大多數的情況下，跟大眾的日常生活無直接關係。被創造出來的漢字(字語)，亦即爲純粹的文言。從純粹的文言發出來的音，爲純粹的文言音。

　　其次，有是文言音，但不得不規定爲白話音的字例。換言之，「字音」與「語音」爲同一時，但只限於重要的、基礎的語彙(漢字)。以第 2 章的 198 個基礎語彙爲例來看的話，合計有 35 詞(剩下的全部讀成白話音)，分別如下。

9.　all　⌐loŋ　⌐coŋ(攏總)

26.　root　⌐kin(根)　　　31.　born　kut⌐(骨)

34.　horn　kak⌐(角)　　　42.　mouth　cʻui⌐(啐)

52.　heart　⌐sim　coŋ⌐(心臟)

60.　to sleep　kʻun⌐(困)　63.　to swim　⌐siu(泅)

66.　to come　⌐lai(來)　　67.　to lie　⌐tə(倒)

80.　cloud　⌐hun(雲)　　　81.　smoke　⌐ian(煙)

85.	path lo²(路)	91.	black ˍo(烏)
96.	new ˍsin(新)	102.	he ˍi(伊)
116.	fog bu²(霧)	117.	wind ˍhoŋ(風)
119.	sea ˉhai(海)	122.	wet ˍtam(澹)
130.	lip c'ui² ˍtun(啐唇)		
141.	at tiam²(墊)	146.	wife ˉbo(姥)
147.	salt ˍiam(塩)	148.	ice ˍpiəŋ(冰)
150.	to freeze ˍkian piəŋ(堅冰)		
152.	dark am²(暗)	153.	to cut c'iat(切)
157.	near kin²(近)	162.	dull ˍtun(屯)
167.	smooth kut˴(滑)	168.	straight tit˴(直)
174.	to pull ˉk'iu(圖)	179.	stick kun²(棍)
180.	to dig kut˴(掘)		

　　若將這些情況的發音叫做文言音，是奇怪的。這正跟：「來」ˍlai、「掘」kut˴、「新」ˍsin、「暗」am²、「路」lo²、「海」ˉhai………的意義素與文言的情況幾乎完全一樣，所以才叫做文言的吧！

　　但是，這些字因爲在讀古典時也讀成這個發音，說是文言音也是事實。

　　因而，雖是文言音，卻只好規定爲白話音，本質上是因爲文言的意義素與白話的意義素、文言音與白話音重疊的緣故。

　　下列有關文言與白話的意義素背離的例子，可供參考。例如：「啐」c'ui²，『說文』爲〈驚恐〉之意，『廣韻』爲

〈吃〉之意，白話則爲〈口〉之意。「姆」ᵓbo，『廣韻』爲「老母，或作姆，女師也」之意，白話則爲〈妻〉之意。

另外再追加幾個例子。

土　ᵓt'o　文言〈土〉

　　　　　白話〈粗野〉

哀　ₗai　文言〈憐憫〉

　　　　　白話〈悲鳴〉

討　ᵓt'ə　文言〈征討〉

　　　　　白話〈索取〉

了　ᵓliau　文言〈完了〉

　　　　　白話〈損失〉〈終了〉

品　ᵓp'in　文言〈物品〉〈品格〉

　　　　　白話〈自滿〉

幹　kanᵓ　文言〈樹幹〉〈能幹〉

　　　　　白話〈性交〉

創　c'oŋᵓ　文言〈開始〉〈造〉

　　　　　白話〈做〉

定　tiəŋᵓ　文言〈決定，停留〉

　　　　　白話〈硬〉

識　siək₌　文言〈知識〉

　　　　　白話〈(小孩子)聰明伶俐〉

　　白話音的意義素雖說肯定是從文言所引申出來的，但是不得不認爲老早已完全變成別的單詞了。

最後，數目雖少，但只有一種發音，從形態上來看是為白話音的字例。

臺南、廈門的例子：

寨 ce⁼ 刺 cʻi⁼ 跤 ₌kʻa

豹 pa⁼ 兜 ₌tau 漚 ₌au

雹 pʻau2₌

潮州的例子：

科 ᒼkʻue 茶 ₌te 蛇 ₌cua

尾 ᒼbue 照 cie⁼ 八 poi2₌

霜 ₌s⁺ŋ 兵 ₌piaN 多 ₌taŋ

福州的例子：

拖 ₌tʻua⁼ 驢 ₌lœ 絲 ₌si

劉 ₌lau 板 ᒼpeŋ 粕 pʻo2₌

双 ₌sœŋ 廳 ₌tʻiaŋ 洞 tœŋ⁼

仙游的例子❼：

餡 o⁼ 件 kiaN⁼ 烘 ₌haŋ

如上所示，在各個方言裏都可看到，所不同的只是數目多寡而已。臺南、廈門最少，潮州似乎最多。

此乃因文言音不知何時被忘掉。從音韻法則來演繹，要復原被忘卻的文言音是極其容易的。上面所舉臺南、廈門的例子之應有的文言音如下：

寨 cai⁼ 刺 cʻu⁼ 跤 ₌kʻau

豹 pau⁼ 兜 ₌to 漚 ₌o

雹　p'ok

但是，此種白話音，在臺南則被視爲文言音。理由很單純，因爲發音只有這一個，用這個古典來讀。

我們認爲，這些事實上是白話音。但是，若認爲傳承傳統比較合適的話(如：「同音字表」等)，那就照舊當做文言音。

6.1 全清音與次清音

中古音的聲母體系依『方言調查字表』所採用的 40 個聲母 ❷。

	全清	次清	全濁	次濁
重唇音	幫 p ❸	滂 p'	並 b	明 m
輕唇音	非 f	敷 f'	奉 v	微 ŋ
舌頭音	端 t	透 t'	定 d	泥 n
半舌音				來 l
齒頭音	精 ts	清 ts'	從 dz	
	心 s		邪 z	
舌上音	知 ṭ	徹 ṭ'	澄 ḍ	
齒上音	莊 tṣ	初 tṣ'	崇 dẓ	
	生 ṣ			
正齒音	章 tʃ	昌 tʃ'	船 dʒ	
	書 ʃ		禪 ʒ	

半齒音				日 ř
牙 音	見 k	溪 k'	群 g	疑 ŋ
喉 音	影 ʔ	曉 h	匣 ɦ	云 ɦ
				以 j

將台南的聲母與此比較，必要時，亦論及其他方言。

幫母讀成 p〔p〕　　　滂母讀成 p'〔p'〕

端母讀成 t〔t〕　　　透母讀成 t'〔t'〕

精母讀成 c $\begin{cases} ts \\ tɕ \end{cases}$　　　清母讀成 c' $\begin{cases} ts' \\ tɕ' \end{cases}$

見母讀成 k〔k〕　　　溪母讀成 k'〔k'〕

影母讀成，〔ʔ〕

這些讀法跟中古音一樣。

　　將無氣讀成有氣、有氣讀成無氣(這種情形較少)的字，雖然很少，但還是有的。鑒於這裏邊既有閩音系獨有的例外，在別的音系也有同樣的形式出現，所以，可能也有根據未被收錄於韻書的反切的字❹。

幫母

臕, 標, 飆 ꜀p'iau

奔 ꜀p'un

博 p'ok꜕

碧 p'iək꜕

波 ﹍p‘ə　坡、頗 ﹍p‘ə 的類推？

編 ﹍p‘ian　篇 ﹍p‘ian 的類推？

擘、檗、璧、壁 p‘iək﹍　癖、劈、霹 p‘iək﹍ 的類推？

譜 ﹁p‘o　鍾祥❺亦是〔﹁p‘u〕。

鄙 ﹁p‘i　鍾祥亦是〔﹁p‘i〕。

滂母

滂 ﹍poŋ　以並母形態出現。合乎『集韻』的「蒲光切」。

玻 ﹍pə　北京、鍾祥亦是〔﹍po〕。

怖 po˩　北京、鍾祥亦是〔pu˩〕。

端母

堤 ﹍t‘e　以定母形式出現。北京、鍾祥亦是〔﹍t‘i〕。

透母

貸 tai˩　以定母形式出現。蘇州亦是〔de˩〕。鍾祥亦是〔tai˩〕。

掏 ﹍tə　以定母形式出現。合乎『集韻』的「徒刀切」。

踏 tap﹍　以定母形式出現。合乎『集韻』的「達合切」。

精母

殲 ﹍c‘iam　籤 c‘iam 的類推？

篡 c‘uan˩　篡 c‘uan˩ 的類推？

挫 c‘ə˩　合乎『韻會』的「千臥切」。

揪 ﹍c‘iu　以從母形式出現。合乎『集韻』的「字秋

　　　　　　　切」。

　　雀 cʻiok＿　北京亦是〔tɕʻyeˀ〕〔ᶜtɕʻiau〕。鍾祥亦

　　　　　　是〔＿tɕʻio〕。

清母

　　竣 cunˀ　俊 cunˀ 的類推？

見母

　　掛 kʻuaˀ

　　拘、駒 ＿kʻu

　　鬮 ＿kʻiu: ＿kʻau

　　襟 ＿kʻim

　　孑 kʻiat＿

　　厥 kʻuat＿

　　虢 kʻiək＿

　　工 ＿kʻaŋ　＿kaŋ 的訛音。

　　箍 ＿kʻo　鍾祥亦有〔＿kʻu〕。

　　溉、概 kʻaiˀ　鍾祥亦是〔kʻaiˀ〕。

　　愧 kʻuiˀ　北京亦是〔kʻueiˀ〕。鍾祥亦是〔kʻuiˀ〕。

　　昆、崑 ＿kʻun　北京、鍾祥亦是〔＿kʻuən〕。

溪母

　　枯 ＿ko　姑 ＿ko 的類推？

　　崎 kiaˀ　以群母形式出現。

　　口 ᶜkau　ᶜkʻau 的訛音。

　　穹 ＿kioŋ　弓, 躬 ＿kioŋ 的類推？

6.2　全濁音

並母、奉母(白話音)、定母、從母、澄母、群母等 7 種全濁音，分成無氣音與有氣音來讀(其他的全濁音，因爲情形不同，所以省略)。讀無氣音的占優勢。讀有氣音的，以陽平的字較多。

再者，舌上音的澄母，形態較爲複雜，容後再述。

6.3　輕唇音

非母、敷母、奉母，文言音皆讀成 h〔h〕，沒有區別。白話音裏，非母讀成 p，敷母讀成 p‘，奉母讀成 p 或 p‘，可區別出來。

非母

飛 ˳hui：˳pue　　傅 hu˃：po˃

分 ˳hun：˳pun

敷母

蜂 ˳hoŋ：˳p‘aŋ　　捧 ˳hoŋ:˳p‘oŋ

拂 hut˳:p‘ut˴

奉母

肥 ˳hui:˳pui　　佛 hut˴:put˴

扶 ˳hu:˳p‘o

文言音的 h，無疑地是模仿輕唇音的 f。非母、敷母、奉母的區別之消失，即在反映出被借入的本來的中原方言，同樣地變成了 f。

　　以 h 來模仿的結果，跟曉母或匣母似乎混同了，其後面接續的韻母只限於 u-, o-(亦即合口)的形式，爲其特徵(成開口形態是因 -u- 已消失)。嚴密地說，應認爲模仿 h͡u 才是。

　　白話音的 p, p'，爲重唇音之殘留。可以說有佐證「古無輕唇音」❻的活資料。另外，客家語裏也有類似的例子，但不如閩音系多。

　　輕唇音的發生，一般認爲在唐代中期，7 世紀末❼。所以，我們可以說白話音傳承唐代中期以前的系統，而文言音則爲其後的系統！

　　值得注目的現象是，在海口，如下所示，文言音出現 f。

　　　　飛　꜀foi：꜀ɓue　　傅　fu꜔：ɓau꜔
　　　　肥　꜕fi：꜕ɓui　　馮　꜀foŋ：꜕ɓaŋ

閩音系中有 f 的，只有海口(文昌)。

　　那是怎麼回事呢？海口的塞音，如下所示，有氣音具有變成摩擦音的傾向。如果是唇音，就變爲 f。亦即，因爲已經有 f 了，所以能簡單地模仿中原音的 f。

　　再者，我們知道，白話音雖是某種吸氣音，卻也保存重唇音的痕跡。

　　　　幫　ɓ　　　　端　ɗ　　　　見　k
　　　　滂　f̱　　　　透　h　　　　溪　h
　　　　並　ɓ ,f̱　　定　ɗ, h　　群　k, h

微母主要讀成 b，一部分的字的白話音則出現 m。

　　　　未　bi꜔: bue꜔　　望　boŋ꜔: baŋ꜔
　　　　問　bun꜔: məŋ꜔

尾 ⁻biː ⁻bue, miᵌ

只看 b, m 的話，則與明母全無區別。但是韻母只限於合口
這一點，仍可視爲微母的特徵。

但是，明母的 b 爲非鼻音化(參閱 6.4)的結果，微母的 b 可否
做同樣的見解？這裏，給予我們重要啓示的是，福州的文言音
是，這個形式。

務 uᵌ   未 iᵌ

問 uŋᵌ   望 uoŋᵌ

此並非只有福州才借用了官話中變成，的形式。其韻母形
態並不一樣。無疑的這是由於閩音系中的音韻變化造成的。

若先說結論，可以說它原來的形式是 v。此與非、敷、奉 3
母變成 f，爲對應的形式。

閩人模仿此 v 爲 b。在閩南、潮州，當然被傳承與明母的 b
合而爲一。

福州在系統上並沒有濁音。微母時，其後跟隨着 u 韻母。受
u 韻母的影響，b 變化成〔w〕。但是，〔w〕在 u 韻母前面
時，其存在並不明顯。結果，解釋成類似，的音韻。

微母的重唇音形式爲 m。但是與非母、敷母、奉母比較的
話，其發出方式較弱。只有前面所例示的「尾」miᵌ 一個例子。
「尾」miᵌ 是計算耳朵、牡蠣、香菇等滑溜柔軟之物的量詞。

像「問」məŋᵌ〈詢問〉的 m，並非它(微母)的重唇音。其原
來的形式是 muiɴᵌ，因受 –ɴ 影響，b 替換成 m 而已。在文言音
中，m 的形式完全沒有出現，是它與明母不同的地方。

6.4　次濁音

次濁音(云母和以母另行考察)的出現方式，首先，表列如下。

	明	泥	疑	日	來
-m -n -ŋ	b	l	g	z	l
-N	m	n	ŋ	n	n
陰韻 {	b m	l n	g ŋ	z, l n	l

(日母的情況，將回復 z 來加以考察)

除了-N 時的鼻音只限於白話音的形式，其他 $\begin{smallmatrix}-m\\-n\\-\mathfrak{y}\end{smallmatrix}\begin{pmatrix}-p\\-t\\-k\end{pmatrix}$ 時的濁音、陰韻時的濁音、鼻音(勢力較弱)，皆有可能出現於文言音與白話音。

$\begin{smallmatrix}-m\\-n\\-\mathfrak{y}\end{smallmatrix}\begin{pmatrix}-p\\-t\\-k\end{pmatrix}$ 之前的濁音，系統上便是如此。但是陰韻時的兩種形式，又是什麼意義呢？

這裏有趣的現象是，在明母、泥母、疑母、日母 4 個傳統上的鼻音聲母中，有一部分的字的文言音爲鼻音，而白話音卻是明顯地與其對應的濁音。例如：

明母

麻 ₌ma: ₌ba　　馬 ᶜma: ᶜbe

買 ᶜmai: ᶜbe　　賣 mai⁼: be⁼

磨 ₌mo: ₌bua　　毛 ₌mo: ₌bə

泥母

尼 ₌ni: ₌li　　　奶 ʳnai: ʳle

疑母

我 ʳŋo: ʳgua　　　五. ʳŋo: goˀ

餓 ŋoˀ: gəˀ

日母

汝 ʳzi: ʳli

此與日本漢字音(前者爲吳音，後者爲漢音)互相對應的情形，何其相似！

麻 マ：バ　　　　　馬 マ：バ

買 マイ：バイ　　　賣 マイ：バイ

磨 マ：バ　　　　　毛 マウ：バウ

尼 ニ：ヂ　　　　　奶 ネ：ダイ

我 ガ：ガ❽　　　　五 ゴ：ゴ

餓 ガ：ガ

汝 ニョ：ジョ

（大矢透『隋唐音圖』）

關於日本漢字音，有以下的說明。漢音反映了起源於唐代長安方言的非鼻音化現象(denasalization)。相對地，吳音則反映了沒變成非鼻音化現象的江東方言❾。

這個說明可作爲我們的參考。我認爲，在這情況下的白話音，與漢音同樣地承受了長安方言系統形式的或然率很大。當然，造成此種情形的，可能是西北系的開拓民吧！

但是，文言音的情形則跟吳音的情況不同。沒變成非鼻音化

的，不只江東方言而已。在現今的諸方言中，除了北京方言以外，讀成鼻音的，毋寧說很多。這與其說是一旦非鼻音化的，又返回鼻音，不如說，非鼻音化現象實際上只是長安一帶局部地方的現象，大部分的地方都保持鼻音的傳統——江東爲其中之一。此說法大概比較合理。這且不說，文言音確實是借入最新的、保持鼻音傳統的中原的形式。

　　拋開上面所述，閩南語似可說是非鼻音化相當進展的方言。但是，此與長安方言沒有關係，而是由於閩南語內部的自律性音韻變化來的。

　　再者，在仙游，可看到下面的例子。

　　　馬 ⌐ma：⌐po　　　　　　買 ⌐mai：⌐pe
　　　牛 ₌niu：₌ku

p, k 的有趣形式，不過是從 b, g 變化而來的。

　　在最初的表裏沒有列出來，其實，疑母另外還出現 h、'和 k。

　　　魚 ₌hu: ₌hi 〈魚〉。文言音在廈門、泉州爲 g。福
　　　　　　州爲 ŋ。
　　　蟻 ⌐gi: hia⌐ 〈螞蟻〉
　　　岸 gan⌐: huaN⌐ 〈岸，畔〉
　　　額 giək₌: gia2₌ 〈額數，人員數〉
　　　　　　hia2₌ 〈前額，天庭〉
　　　硯 hian⌐: hiN⌐ 〈硯台〉。文言音爲「現」hian⌐
　　　　　　的類推吧？

阮 ᶜguan: ᶜəŋ 〈阮，姓氏〉。「十五音」爲ᶜuiN。

瓦 ᶜua 福州爲 ŋuaᵈ

逆 giək͜: ke?͜ 〈違背〉

關於 h, k，Karlgren(高本漢)氏認爲可能是傳承古代語的方言的變種，他有如下的說明：

> 我們還得注意幾個讀成清聲 k, h 的不規則的例子——特別汕頭跟廈門，例如「逆」廈門 kɛ?。在日譯漢音裏我們也發現幾次用 k 代表 g 的。k, h 跟 ŋ 是相差很遠的。假如它們是從 ŋ 變出來的，那就得認爲是經過 g, ɤ 的演變——不過這是不必要的，因爲古代漢語裏也許有方言的歧異。

（『中國音韻學研究』p.263）

K 氏之說，確實可視爲一種看法，但是，我認爲勢力最強的 h，只不過是〔g〕的無聲化形式而已。只有一例的「逆」ke?͜ 確實是例外，但是我總難贊成 K 氏的說法。

而 '，大概是 g 在合口韻母前消失後的形式。佐證的一個例，如「我」ᶜŋo 的白話音，在潮州爲ᶜua。這顯然是閩南的ᶜgua 的 g 消失後的形式。

6.5　日母

日母，在台南、廈門讀成 l。此爲承襲了泉州的系統，但在漳州的系統讀成 z，已如前述。這裏要探究一下 z 的問題。

日母主要讀成 z，此外，亦讀成 n, l。

讀成 n 的情形有以下兩種。

	台南	十五音	潮州
染	^{c}liam	^{c}ziam	^{c}ziam
	^{c}niN	^{c}niN	^{c}niN 〈染〉
軟	^{c}luan	^{c}zuan	
	^{c}nəŋ	^{c}nuiN	^{c}n+ŋ 〈軟〉
讓	lioŋ^{c}	ziaŋ^{c}	^{c}ziaŋ
	nioN^{c}	nioN^{c}	nieN^{c} 〈讓〉
爾	^{c}ni	^{c}zi / ^{c}ziN	^{c}z+
耳	^{c}ni	^{c}zi	^{c}z+
	hiN^{c}	hi^{c}	^{c}hiN 〈耳〉

(上段爲文言音，下段爲白話音，以下同)。

在非鼻音化韻母之前爲濁音，鼻音化韻母之前爲鼻音。亦即前者佔有這種次濁音聲母的特徵表現的一部分。

b: m＝l: n＝g: ŋ＝z: n

只是，跟其他 3 組對應的方式不同雖然有問題，但如果像董同龢氏那樣斷定說：

> 從理論上説，dz(吾人所謂之 z)也可以有一個部位相同而出現不衝突的鼻音配偶如 b 之與 m……，只是實際上作者沒有親身聽到。(「廈門方言的音韻)p.233)

這就錯誤了。

z 普通被觀察爲〔dz〕(非 i 韻母之前)。〔dʑ〕(i 韻母之前)。〔dz〕姑且不論，〔dʑ〕則有被發成鼻音的傾向。

　　據朱兆祥氏的說法，在漳州，除了〔dz〕與〔dʑ〕外，還有〔dʐ〕的「潤音」(variants；異讀之類的意思)、〔nʐ〕音(前揭書『台語方音符號』)。

　　小川尚義氏說「(日母)很少有zⁿ音」(『日台大辭典』「緒言」p.34)，所舉「耳」ᶜzⁿi 的例，大概亦是這個意思。

　　「十五音」裏，對於「爾」字，除了ᶜzi 以外，並舉了ᶜziN (入母＋梔韻)，也正是這個音。

　　〔nʐ〕這個音，只出現於 i 韻母的「爾、耳」之類的字(非白話音)。因爲 i 可成爲〔nʐ〕直接延長的形態，所以比較容易出現。

　　但是，它確實並非簡捷明快的聲音。那麼，倒不如乾脆或是去掉鼻音要素，使其成爲〔dʑi〕，或相反地擷取塞擦成分，使其成爲〔ni〕，兩者擇一。漳州的ᶜzi 成爲本音屬前者的例子，而在台南成爲ᶜni，則屬後者的例。

　　這姑且不談，此〔nʐ〕透露 z 本來是帶有鼻音要素的聲音。

　　由於是具有此類性質的聲音，所以與 –n 結合時，容易替換成 n。因而 z: n 的對應，是合理的。而除了 n 以外，董氏所期待的語音，是不存在的。

　　l 以白話音的形式出現。除了前面已介紹過的「汝」ᶜli 以外，還有以下兩個例子。

　　　　台南　　十五音　　潮州
　　汝　ᶜlu　　　ᶜzi

	ᶜli	ᶜli	ᶜlɨ	〈你〉
忍	ᶜlim	ᶜzim	ᶜzim	
	ᶜlun	ᶜlun	ᶜluŋ	〈忍〉
閏	lun²	zun²	ᶜzuŋ	
	lun²			〈閏〉

泉州的系統因爲文言音與白話音同爲 l，所以爭論點有被忽略之虞。

但是，此 l 具有不能被忽略的重要性。蓋如同前面對於「汝」字已經從跟其他次濁音的對應探討過。可認爲(它)是相對於 z 的濁音而出現的音韻。

亦即，l 承受了非鼻音化的唐代長安方言系統的或然率很大。那麼，z 當然與其他次濁音的文言音一樣，借入了中原的方言。但是，它不是完全的鼻音，這一點，與其他的次濁音以及日本吳音都不一樣。

這個時期——大約是唐末五代——的中原方言，有關日母實際的音價如何，有坂博士在「關於漢字的朝鮮音」中，對 10 世紀左右的開封方言的日母所做的探討，可供參考。

依據博士的說法，當時的日母是鬆緩的口蓋性的〔z〕，鼻音要素的情形如何，他認爲消失的可能性很大(前揭書 pp.317～318)。

果眞如此的話，閩南的 z 還殘留些許鼻音要素，似乎可以認爲是比這個時期稍爲早一點的語音。

　　福州的出現方式令人覺得很有趣。在此，相對於文言音的，而白話音爲 n。

如	₌y	：	汝 ᶜny
而	₌i	：	二 ni²
冉	ᶜieŋ	：	染 ᶜnieŋ
潤	yŋ²	：	閏 nuŋ²
壤	ᶜioŋ	：	瓤 ₌noŋ
人	₌iŋ	：	日 nik₌

　　，與閩南的 z 相對應。此，的本質爲〔j〕。它在齊齒呼或撮口呼之前，因不耀眼，所以被解釋爲，的音韻，與微母的，的本質爲〔w〕情形類似。

　　這並非只是福州方言模仿了諸如山東系諸方言的中原的其他方言造成的。而應該認爲是閩音系中發生了那樣的音韻變化。

　　日母的鬆緩的口蓋性的〔z〕，在中原，一方面引起捲舌音化，成爲如現今的北京或開封的〔ʐ〕。另一方面，其摩擦更加鬆緩，變成如現今山東系諸方言的〔j〕(解釋爲，)。這樣呈現了 2 種不同類型的變化。在與捲舌音無線的閩音系中，後一類型的變化在福州發生。當然，此與福州無濁音體系有所關聯。

　　白話音的 n 的本質並不單純。與閩南的 l 對應的例子有「汝」ᶜni，「閏」nuŋ²。與閩南的 n 對應的例子有「瓤」₌noŋ (潮州爲 ₌nⁱŋ)。此外，沒有變成，的形式(這類很多)，全部以 n 的形式出現。這暫且不管，惟象徵性地傳達日母的濃厚鼻音要素，則意義不小。

再者，在莆田、仙游裏，據報告：與文言音 c〔tɕ〕相對應的白話音爲 t。

如　$_⊆$cy　：　汝　$^⊂$ty

二　ci$^⊃$

人　$_⊆$ciŋ　：　日　ti2$_⊃$

入　ti2$_⊃$

文言音的 c 爲 z 的清音。這個方言也不具濁音，而用清音來與閩南的濁音相對應，這一點(參閱 6.4)，與福州不同。

相反地，從白話音的 t，可以導出相對應的閩南形式〔d〕。但是，〔d〕在閩南的體系裏並不存在。跟它最相近似的音是 l，漳州系的白話音出現了 l，所以可能性最大。這種情況下的 l，我們認爲是承襲了非鼻音化的唐代長安方言系統，所以是合乎邏輯的。

然而，「日」「入」在「十五音」裏，只有 zit$_⊃$, zip$_⊃$ 之文言音記錄。「日」〈日、太陽〉、「入」〈放入〉旣爲基礎語彙，從莆田、仙游的啓示，若有 lit$_⊃$, lip$_⊃$ 的白話音出現，亦不足爲奇。

這恐怕因爲 l(〔d〕)跟鼻音成分不高的 z 的差異並不顯著，所以雖然曾經一度在白話音出現，不久即被文言音吸收淘汰。這種情形不會是很多吧。

	台南	廈門	十五音	泉州	潮州	福州
耳	$^⊂$ni	$^⊂$ni	$^⊂$zi		$^⊂$zɨ	$^⊂$ŋi
	hiN$^⊃$	hi$^⊃$	hi$^⊃$	hi$^⊃$	$^⊂$hiN	ŋi$^⊃$

耳 hiN⁻ 是〈耳〉。

是日母裡，出現牙、喉音的罕見例子。台南、潮州的白話音讀成-N(在廈門、「十五音」、泉州裏已消失)，明顯地是從聲母來的。相反地，雖然說明了此 h 並非普通的 h，但出現於福州的 ŋ，肯定是它的原來形式。而且，吾人認爲 ŋ 是由於 n 的調音部位往裏面移而來的❿。

這種形式很舊。聲調爲陽去，即在示意古老。(參閱 8.2)。在此，令我想起在日本吳音裏「二」的讀音。它有可能承襲了六朝時期的江東音的系統。

6.6　舌上音

知母主要讀 t，一部分爲 c。

晝	tiu⁻ : tau⁻	罩	tau⁻ : ta⁻
桌	tok₌ : toʔ₌	摘	tiək₌ : tiaʔ₌
註	cu⁻	轉	ᶜcuan : ᶜtəŋ

澈母主要讀 tʻ，一部分爲 cʻ。

恥	ᶜtʻi	趁	tʻin⁻ : tʻan⁻
撐	tʻiəŋ : tʻeN⁻	拆	tʻiək₌ : tʻiaʔ₌
癡	ᵪcʻi	蟶	ᵪcʻiəŋ : ᵪtʻan

澄母主要讀 t, tʻ，一部分爲 c, cʻ。

趙	tiau⁻ : tio⁻	長	ᵪtioŋ : ᵪtəŋ
鄭	tiəŋ⁻ : teN	軸	tiok₌ : tiək₌
站	cam⁻	尤	cut₌

$$蟲 \quad _\subset t'ioŋ : _\subset t'aŋ \qquad 宅 \quad t'iək_\subset : t'e2_\subset$$

$$茶 \quad _\subset c'a : _\subset te \qquad 持 \quad _\subset c'i : _\subset ti$$

讀成 t, t'，意爲跟舌頭音沒區別。此爲其他音系所沒有的特徵。

有 c, c'，意爲齒上音與正齒音的區別消失了。不過可認爲這是來自官話的新的借用形式。白話音無 c, c'，即可以証明這個形式是新的。

閩音系裏，舌上音跟舌頭音沒有區別，這是學者常引用的「古無舌上音」⓫的活生生的資料⓬。但是，應以白話音爲限才正確。文言音的層並沒那麼舊。如認爲與白話音同樣爲上古音的繼承者(continuant)，那是危險的。

舌上音在中古音裏，爲捲舌性的齒內音⓭。閩人把它當做普通的齒內音模仿。結果，與舌頭音沒法區別。

前面亦說過，與捲舌音無緣，亦即不擅於捲舌音的閩人，對於捲舌音化程度最深的齒上音尚且用普通的塞擦音來模仿。所以多少偏於捲舌音的舌上音，很快便被模仿成普通的齒內音了。

關於舌上音，邵雍(1011～1077)的『皇極經世聲音唱和圖』裏，出現跟齒上音、正齒音混淆的徵象。因此，我認爲舌上音的塞擦音化，大約在宋代⓮。閩音系的文言音可能是在這以前就已經借入了。

再者，在海口，文言音全以 c〔ts〕, s〔s〕（*體系上無*〔ts'〕，*而成爲*〔s〕）的形式出現。

$$張 \quad _\subset ciaŋ : _\subset ɗio \qquad 桌 \quad ciok_\subset : ɗo2_\subset$$

$$箸 \quad ci^\supset : ɗu^\supset \qquad 重 \quad coŋ^\supset : ɗaŋ^\supset$$

陳 ₌sin : ₌ɗaŋ　　　茶 ₌sa : ₌ɗɛ

關於這種形式，有兩種解釋。其中之一是從完全塞擦音(捲舌音)化的官話來的借用形式。

另外一種是，在閩音系所依據的中原方言裏，並非已經是100% 的塞擦音，而是混雜了一些摩擦音要素❶的語音。在其他方言裏，尚且用〔t〕〔t‘〕來模仿。在海口，相當於〔t〕的音變成吸氣音的〔ɗ〕，而相當於〔t‘〕的音則變成〔h〕。大概由於這種關係，才變成讀〔ts〕〔s〕。

我願意採取後者的解釋。

6.7 齒上音與正齒音

閩音系的齒上音與正齒音，和其他音系一樣，幾乎沒有區別。

首先，從清音與次清音這一組來比較莊母與章母、初母與昌母，前者讀成 c，後者讀成 c‘，大致上並沒有什麼區別。

莊母	齊	₌cai : ₌ce		斬	ᶜcam
	爭	₌ciəŋ : ₌ceɴ		輜	₌cu
章母	照	ciauᵓ : cioᵓ		專	₌cuan
	章	₌cioŋ : ₌cioɴ		朱	₌cu
初母	吵	ᶜc‘au : ᶜc‘a		初	₌c‘o
	瘡	₌c‘oŋ : ₌c‘əŋ		篡	c‘uanᵓ
昌母	赤	c‘iək₌ : c‘ia2₌		春	₌c‘un

秤　c'iəŋ⁻ : c'in⁻　　車　c'ia

但是，仔細觀察的話，還是可以發現有差異。

齒上音主要與非 i 韻母結合，而正齒音主要與 i 韻母結合。
實際之音價，當然為〔ts〕〔ts'〕對〔tɕ〕〔tɕ'〕，是有差異
的。不過，正齒音有時亦與 u 韻母結合，此時讀成〔ts〕〔ts'〕，
與齒上音毫無區別。

正齒音的中古音為〔tʃ〕類的齒齦硬口蓋音。『中原音韻』
(1324)裏，也還沒改變。所以以中原方言為依據的閩音系，大概
亦是那樣的語音。

齒上音在中古音已經是捲舌音了。

閩人以舌面音的〔tɕ〕來模仿正齒音，〔tʃ〕與〔tɕ〕很類
似。本人認為可能已經做了正確的模仿。捨卻齒上音的捲舌要
素，而以普通的塞音來模仿。其結果，便與齒頭音(一等)混淆
了。

正齒音與齒上音最大的不同，在於白話音裏出現 t, t'。

章母

注 cu⁻ : tu⁻　〈梗塞〉

振 ⁻cin : ⁻tin　振動 ⁻tin taŋ⁻　〈移動〉

昌母

觸 c'iok˲ : tak˲　〈牴觸〉

蠢 ⁻c'un : ⁻t'un　〈踐踏〉

船母

唇　　　˳tun　〈唇〉，白話音被當作文言
音處理的例子。

　　此明顯爲『切韻』體系以前之形態，是證實錢大昕有名的命題之一，即「古人多舌音，後代多變爲齒音。獨知、徹、澄三母不然耳」❶❻的貴重資料。

　　而且亦出現以下的形式。

章母

枝 ˎci：ˎki　　〈棵、枝〉數細長且硬之物的量詞。

指 ˊci：ˊki　　〈用指頭指〉

梔 ˎci：ˎkiN　黃梔 ˎəŋ ˎkiN 〈梔子〉

昌母

齒 ˊcʻi：ˊkʻi　　〈牙齒〉

　　在上古音，正齒音有一部分的字讀成 k 類的音。白話音的 k 爲其殘留的或然率很大。亦即，「枝」的聲符爲「支」，「指」的聲符爲「旨」。試調查其諧聲系統，則如下所示，與牙、喉音互相諧和。

支 tʃ-, 枝 tʃ——妓 k-　敊 kʻ-　岐 g-　敁 ŋ-

旨 tʃ-, 指 tʃ——稽 k-　謂 kʻ-　耆 g-　詣 ŋ-

（聲母爲中古音）

　　「梔」的聲符爲「卮」，此字在『莊子』「寓言篇」裏被用做「支」的假借字。

　　「齒」的聲符爲「止」，因爲在止的諧聲系統裏找不到牙、喉音的字，所以對此字還有點疑慮。

6.8　崇母、船母、禪母

濁音的崇母與船母，有其差異之處。

崇母主要讀成 c(仄聲字), c‘(平聲字)，一部分讀 s(幾乎全是之韻的字)。船母則相對於文言音的 s，白話音讀成 c。

崇母	助	co⁼		狀	coŋ⁼ ： cəŋ⁼
	柴	₌c‘ai ： ₌c‘a		牀	₌c‘oŋ ： ₌c‘əŋ
	士	su⁼		事	su⁼ ： sai⁼
	煤		sa2₌		
船母	蛇	₌sia ： ₌cua		順	sun⁼ ： cun⁼
	舌	siat₌ ： ci2₌		實	sit₌ ： cat₌

崇母的情況，在其他音系裏也幾乎一樣。在朝鮮漢字音裏亦然，河野六郎博士曾從資料的新舊推定，大概 s 屬舊層，而 c, c‘ 屬新層❶。

以閩音系來說，平聲字讀有氣音(c‘)，仄聲字讀無氣音(c)，如此截然不同地分開出現，是在其他的全濁音裏看不到的。若要在其間找出類似新層的特徵，也不是不可能。但是實際上，若要追查其較晚才借入的痕跡，則近乎不可能。

此係因中原方言早已累積了新舊兩層，閩音系則照現在的狀態借進來，這樣的想法才妥當❶。

船母的白話音，不問平聲、仄聲，都讀成 c。我認爲這是有聲塞擦音的遺痕。當然，比起變成摩擦音 s 的文言音，其形式更舊。

禪母與船母幾乎沒有區別。相對於文言音讀 s，白話音出現 c, c‘則引人注目。

船母沒出現 c‘。這種 c‘可認爲是 c 的 variants(異音)，並不具任何特別意義。船母的情況亦同，相對於變成摩擦音的文言音，我認爲可能保存了有聲塞擦音的遺痕。

誓　se$^⊇$: cua$^⊇$　十　sip$_⊇$: cap$_⊇$

樹　su$^⊇$: c‘iu$^⊇$　常　$_⊂$sioŋ : $_⊂$c‘iaŋ

上　sioŋ$^⊇$: cioN$^⊇$, c‘ioN$^⊇$

成　$_⊂$siəŋ : $_⊂$sian, $_⊂$cian, $_⊂$c‘ian

禪母與船母，於『切韻』時代，在江東的方言裏已經沒有區別了。這從『顏氏家訓』「音辭篇」有「南人……以「石」(禪母)爲「射」(船母)，以「是」(禪母)爲「舐」(船母)」的記錄可以確認。

唐代以後，兩者的混淆有全國性的傾向。在慧琳的『一切經音義』的反切也好，唐五代西北方音❶裏也好，其區別都完全消失了。因此，閩音系的文言音自不待言，連白話音也傳承了被混淆的狀態。

6.9　生母與書母

生母只讀成 s，而書母除了讀 s 之外，白話音還讀 c, c‘。

生母　　使　$^⊂$su : $^⊂$sai　梳　$_⊂$so : $_⊂$se

　　　　　山　$_⊂$san : $_⊂$suan　霜　$_⊂$soŋ : $_⊂$səŋ

書母　　屎　$^⊂$si : $^⊂$sai　扇　sian$^⊇$: siN$^⊇$

聲　ₗsiəŋ：ₗsiaN　　說　suat₎：sue2₎

少　ᶜsiau：ᶜcio　　嬸　ᶜsim：ᶜcim
升　ₗsiəŋ：ₗcin　　叔　siok₎：ciək₎
手　ᶜsiu　：ᶜcʻiu　舒　ₗsu　：ₗcʻu

書母的白話音 c, cʻ的形式，怎麼說都有問題❷。

但是，在中古音的摩擦音聲母中，塞擦音的形式出現在白話音，事實上不只限於書母。後述的心母與邪母的情形也一樣。

不過，如果對這些白話音加以仔細查驗的話，可以發現到它們幾乎都是與 i 韻母結合的。換言之，都是三等或四等的。

生母裏沒有這種形式的白話音，由此亦可以理解。亦即，因為它是二等的關係。有一例，即「搜」ₗso：cʻiau 為〈翻箱倒篋般地搜查〉之意。其白話音依據『集韻』的「先彫切」的可能性很大。「先」是心母。

s 在 -i- 之前為〔ɕ〕，如果舌的緊張稍微鬆緩下來，則舌尖與齒齦接觸，〔ɕ〕很容易轉變成塞擦音的〔tɕʻ〕、〔tɕ〕。送氣音的形式比不送氣音的多，其原因可能是〔ɕ〕的氣流所使然。

6.10　心母與邪母

心母與邪母，幾乎沒有區別。這一點，喪失了全濁音聲母的諸方言都一樣(只有吳音系相對於心母〔s〕的是邪母的〔z〕)。

主要讀成為 s，一部分的白話音裏出現 c, cʻ。

心母	四	su⌐ : si⌐	小	ᶜsiau : ᶜsio	
	算	suan⌐ : səŋ⌐	錫	siək⌐ : sia2⌐	
	歲	sue⌐ : ce⌐			
	笑	c'iau⌐ : c'io⌐	鮮	ˌsian : ˌc'iN	
邪母	似	su⌐ : sai⌐	邪	ˌsia	
	謝	sia⌐ : cia⌐			
	飼	su⌐ : c'i⌐	象	sioŋ⌐ : c'ioN⌐	

c, c‘出現的條件與理由在前面已敘述過了。

這種形式並非特別舊的層。白話音與文言音同樣，以 s 出現的很多。但似乎也無法區別說：c, c‘的形式屬基礎語彙，而 s 則屬文化性的語彙。結果，不得不認爲是 s 的訛音。

6.11　曉母與匣母

曉母與匣母主要讀成 h，乍看之下並無區別。匣母與曉母同樣讀成無聲摩擦音，這與吳音系(在此，相對於曉母〔h〕的是匣母〔ɦ〕)等各音系有共通現象。

曉母	孝	hau⌐ : ha⌐	兄	ˌhiəŋ : hiaN	
	胸	ˌhioŋ : ˌhiəŋ	血	hiat⌐ : hue2⌐	
匣母	和	ˌhə : ˌhue	蝦	ˌha : ˌhe	
	合	hap⌐ : ha2⌐	鶴	hok⌐ : ho2⌐	

但是，匣母除了 h 以外，有下列的形式是跟曉母不同的地方。首先，如下所示，以白話音爲主體。

廈	ha⌐ : e⌐	紅	ˌhoŋ : ˌaŋ	
活	huat⌐ : ua2⌐	匣	ap⌐	

這可能是傳承〔ɦ〕弱化而消失之後的形式。

其次，如下所示，k, kʿ 的形式亦以白話音爲主體。

　　厚　ho² : kau²　　懸　ₑhian : ₑkuan

　　寒　ₑhan : ₑkuan　行　ₑhiəŋ : ₑkiaN

　　環　ₑhuan : ₑkʿuan

對此，Karlgren 氏懷疑其爲「不見反切之古讀」❷。李榮氏❷解釋是跟『切韻』不同系統的方言，而被讀成群母的字所保存下來的痕跡。

讀陽調的 k, kʿ，確實是群母的字最合適。

6.12　影母與云母與以母

云母與以母都讀成 ’，與影母無所區別。

但是仔細觀察的話，可以知道與影母間的差別，自不待言，連云母與以母之間，亦有些微本質上的差異。

影母讀成陰調，而云母與以母則讀成陽調。這無疑反映了清音與次濁音的不同。

影母		云母	以母
矮 ʿai : ʿe			
阿 ₑə : ₑa			
烏 ₑo		芋 u² : o²	
椅 ʿi		矣 ʿi	以 ʿi
憂 ₑiu		有 ʿiu: u²	由 ₑiu

於 ꜁u　　　羽 ꜂u　　　與 ꜂u

溫 ꜁un　　　云 ꜁un　　　勻 ꜁un

　　只有上聲沒有區別。因爲次濁音上聲與清音合流了。但是白話音裏有像「有」u² 那樣被讀成陽去聲的，所以還是會出現與影母的差異。

　　其次，云母與以母不跟開口(直音)韻母結合，這一點與影母不同。像「芋」o² 之類的形式，雖然也出現一部分，但全都是可以很簡單地追尋出從拗音形式變化而來的形跡。這可以說把只在三、四等韻出現的云母與以母的特徵充分表現出來。

　　云母與以母的差異，首先，可以從緊接後面的韻母的形式來觀察。

　　云母的情況，i 韻母與 u 韻母兩者平分秋色。而以母的情況，則是 i 韻母佔壓倒性的優勢。在以母裏，i 韻母佔壓倒性優勢這一點，我們不可忽視中古音 /j/〔j〕的反映。

　　云母的特徵是，雖然一部分的字以白話音爲主體，卻有 h 出現。

垣 ꜁huan

雨 ꜂u　　：ho²　　〈雨〉

遠 ꜂uan　　：꜂həŋ²　　〈遠〉

園 ꜁uan　　：꜁həŋ　　〈園〉

雲　　　　꜁hun　　〈雲〉

　　云母本來是匣母三等。匣母主要讀成爲 h，此 h 有可能是匣母之殘留。

以母除了ʼ之外，尚有z(泉州系爲l)、s、c的塞擦音，這一點與云母不同。

z與s、c出現的情況不同。

把z出現的字全部列出如下。

	台南	廈門	十五音	泉州	潮州	福州
愉虞	$_=\underline{lu}$	$_=\underline{lu}$	$_=i$		$_=zu$	$_=y$
楡，逾虞	$_=\underline{lu}$	$_=\underline{lu}$	$_=zi$	$_=\underline{lu}$	$_=zu$	$_=y$
愈虞	$^c\underline{lu}$	$^c\underline{lu}$	^czi	$^c\underline{lu}$	^czu	^cy
裕，喻虞	$\underline{lu}^=$	$lu^=$	$zi^=$	$\underline{lu}^=$	^czu	$y^=$
銳祭合	$\underline{lue}^=$	$lue^=$	$\underline{zue}^=$	$lue^=$	^czue	$io^=$
惟，維脂合	$_=i$	$_=i$	$_=ui$	$_=i$	^czui	$_=mi$
遺脂合	$_=ui$	$_=ui$	$_=ui$	$_=ui$	^czui	$_=mi$
唯脂合	$_=i$	$_=ui$	$_=ui$	^cui	^czui	$_=mi$
悅薛合	$iat_=$	$iat_=$	$iat_=$	$iat_=$	$zuek_=$	$iok_=$
閱薛合	$iat_=$	$iat_=$	$iat_=$	$iat_=$	$luek_=$	$iok_=$
允諄	^cun	^cun	^cun	^cɨn	$^czuŋ$	$^cyŋ$

因爲潮州出現的情況最廣，所以如果以潮州爲中心來考察的

話，就可以知道有明顯的條件存在。

亦即，它後面只限於 u 韻母來接續。看不到魚韻或東三、鍾韻等字是跟這有關的。魚韻爲 ɨ，東三、鍾韻則爲 ioŋ 的形式。

這種條件的意義，不外 z 與中古音 /j/〔j〕是完全站在同一位置的音韻，所以是反映了 /j/ 的形式。

位於 -u- 前面的〔j〕，受 -u- 之影響，變化成有聲的摩擦音〔ʑ〕的可能性非常大。而且，此〔ʑ〕因與日母的〔dz〕〔dʑ〕近似，由於音韻的簡化，而與 /z/ 合而爲一。

但是，假定此種音韻變化在潮州發生了的話，則下面的事實就無法圓滿地說明清楚。在閩南，虞韻和「銳」裏亦出現 z。衆所周知，像「銳」這個字，在北京（〔ʐuei⁼〕）等衆多方言中，都是當作日母來讀的❷。

還是認爲：閩音系所借入的，是在中原已變成了日母的形式，這樣才妥當吧！那麼，如何來解釋其它所有的韻裏面，爲何只有潮州有 z 呢？也許是在閩南地方脫落掉的吧❷！而唯獨潮州妥善地保存下來。但是，「悅、閱」兩字則另當別論。在閩南與福州，流傳的是開口的形式（參閱 7.10）。

在福州，脂韻合口時出現 mi 的形式，頗有意思。脂韻合口在其它的聲母時，爲 ui 的形式。例如：「追」ʟtui、「軌」ᒼkui。以母當然亦有可能以此形式出現。也許是按照下面的過程產生了音韻變化。這種形式在蘇州、梅縣是〔ʟvi〕。

〔zui〕→〔wi〕→〔vi〕→〔mi〕

脂韻合口以外，則清晰地是以撮口呼的形態出現。「銳」io⁼、「悅、閱」iok₂ 的實際音價是〔yo⁼〕〔yok₂〕。

s 與 c，出現於下面的字。

　　簷　₋siam
　　蠅　₋siəŋ　：₋sin　□ 蠅 ₋ho ₋sin〈蒼蠅〉

　　翼　iək⁼　：sit⁼　〈翅膀〉
　　癢　ioŋ²　：cioN²〈癢〉

　　「簷」爲純粹的文言。可能是「蟾」(禪鹽開三)₋siam 的類推形。關於「蠅」的文言音，亦有可能是「繩」(船蒸開三)₋siəŋ 的類推形。當然，必須與白話音分開來處理。

　　以母是從上古音的定母 *dĵ 來的。同樣從定母來的，還有船母與禪母㉕。白話音有可能是反映了此船母或禪母系統的形式。

6.13　例外

　　整理例外的形式來加以探討。

　　幫母　別　piat⁼　：bat⁼ 的 b
　　非母　腹　hok⁼　：bak⁼ 的 b
　　「別」bat⁼ 爲〈知道〉之意。「腹」bak⁼ 則以「腹肚」bak⁼ ᶜto〈腹部〉的詞素出現。

　　這是 p〔p〕過於 lenes(「軟音」)而變成〔b〕的罕見例子。

並母　　蓬 ₋hoŋ 的 h

可能爲「逢」(奉鍾合三) ₋hoŋ 的類推形。

明母　　貓 ₋biau：₋niau 的 n

「貓」₋niau，意爲〈貓〉。在潮州爲 ₋ŋiau。可能都是模仿「喵～」的叫聲。

奉母　　範 huan²：guan² 的 g

「範」guan² 以「師範學校」₋su guan² hak₋ hɑk₋ 的詞素出現，似爲台南獨有的訛音。

h〔h〕有聲化後變成了〔ɦ〕，由於音韻簡化而合到 g 去的形式。

定母　　定 tiəŋ²：tiaN²，niaN² 的 n

「定」niaN² 爲〈只有〉之意。t 因 -N 的影響而替換成 n。

定母　　條 ₋tiau：₋liau 的 l

「條」₋liau 爲計算長方形物體的量詞。「紙條」ᶜcua ₋liau〈細長的紙片〉。「三條椅」₋saN ₋liau ᶜi〈三個(把)長椅子〉。

但是在「十五音」、潮州、福州中，並無此白話音的記錄，這點令人不安。說不定只是台南、廈門的訛音罷了。t 有聲化後變成了〔d〕，由於音韻的簡化而合到 l 去了。

亦有可能是「訓讀」。另外，如果從語源來考慮的話，則

「撩」₋liau：₋lio 的或然率很大。

₋liau(為文言音亦為白話音)有以下的意思。〈鋸木材成為木片〉〈將紙折出折痕，用手指沿着折痕撕紙〉〈沿着淺灘徒步渡河〉，₋lio 則為〈把魚身切成三片，將肉切薄〉之意。

「撩」，『說文』載有「理也」，藤堂教授的說明是「把長形物捲(撩)起來」(『漢字語源字典』p.254)。

₋liau, ₋lio 雖然沒有「捲起、撩起」的意思，但是與「撩」所屬的類型 {LôG} 的「基本義：拖拖拉拉地持續，捲起、撩起」(同書 p.253)的「拖拖拉拉地持續」較符合。

定母　　田 ₋tian：₋c'an 的 c'

「田」₋c'an 為〈水田〉的基礎詞彙。an 這個韻母的形式是四等(先韻)直音所保存的遺痕。所以不得不認為此 c' 有其較舊的來歷。

但是，舌頭音從上古音開始，一直是〔t〕〔t'〕〔d〕等的塞音。而會出現塞擦音，則不好解釋。

泥母　　「碾」ᶜtian 的 t

「十五音」的記錄是 ᶜlian。『廈門音新字典』並舉有 ᶜtian, ᶜlian 兩音。我學的是 ᶜtian。可能是「展」(知母)ᶜtian 的類推形吧！

泥母　膩　 li² 的 l

賃　 lim² 的 l

尿　liau²：lio² 的 l

「尿」lio² 爲〈尿〉之意。

在泉州系裏沒被注意到，這三字在漳州系裏被讀成 z，亦即，當做日母的字來讀。不過似乎沒有什麼特別的意義。

「膩」可能只不過是「貳」(日母)li²、「賃」不過是「任」(日母)lim² 的類推形式吧！

「尿」爲會意文字，異體字的「溺」的聲符爲「弱」(日藥開三)liok₌：lio2，此亦爲類推形式。

來母　　賴 nai²：lua² 的 n

「賴」被誤傳爲泥母之字的可能性相當高。大概具有「賴」聲符的字，「懶、癩、籟、藾、襰、鱺……」都讀成 nai²。

另外，白話音的 lua²〈賴，姓氏〉〈把責任推給別人〉，則爲規則的形式。

來母　　龍 ₌lioŋ：₌liəŋ, ₌giəŋ 的 g

「龍」₌giəŋ 以「龍眼」₌giəŋ ˊgiəŋ〈龍眼〉的詞素出現。在已經「疊韻」之上再加以「雙聲」，是一種遠隔同化。

又 ₌liəŋ 爲〈龍〉之意。

精母　　津 ₌tin 的 t

這是只有在台南才看得到的例外形式。在其它方言裏，都正確地讀成 c。

精母　　旌 ˍsiəŋ 的 s

可能為「生」ˍsiəŋ 的類推形。『廈門音新字典』裏，除了 ˍsiəŋ 以外，還認為有 ˍciəŋ 的形式。在「十五音」裏，相對於文言音的 ˍciəŋ，記錄有白話音 ˍsiəŋ。文言音的註釋為「折羽為旌，又表也」。白話的註釋則為「一表，一旍」。由是可知，雖說是白話，實是文言性質的白話。

以「十五音」來說，ˍciəŋ 為正確的發音，但因被聲符的「生」所牽引，而有讀成 ˍsiəŋ 的傾向，這一點亦不能忽視，所以才做這樣的處理。

精母　　子　ᶜcu：ᶜci, ᶜli 的 l

　　　　　跡　ciək˳：cia2˳ lia2˳ 的 l

「子」ᶜli 為〈拿分數或爭勝負時使用的棋子〉之意。ᶜci 則為〈種子〉之意。

「跡」lia2˳ 為〈遺跡、痕跡〉之意。cia2˳ 為「口 跡」ˍkʻa cia2˳〈背部〉之意。以「毛影毛跡」ˍbə ᶜiaɴ ˍbə cia2˳〈胡說八道〉的詞素出現。

l 在漳州系為 z（「十五音」裏沒看到這種形式的記錄，可能是遺漏了）。那麼，針對 z 來考慮的話，它很可能是 c 有聲化的形式。

此外，必須注意音聲變化所引起的有關意義素分化的現象。

從母　　「字」lu²：li² 的 l

「字」li² 為〈字〉之意。不只白話音，連文言音亦讀成 l

（漳州系爲 z）。這一點，我懷疑是根據「未被韻書所收錄的反切」
來的。

　　韻母的形式無疑是止攝開口四等（齒頭音），而聲母的形式則
似爲日母。但是，不可能相當於（口止開四）的反切。

　　說不定讀成日母的原因，是從『說文』的「字，乳也」來的
類推（「乳」爲日母）。

心母　　僧 ˬciəŋ 的 c

可能爲「曾」ˬciəŋ 的類推形。

〈和尙、僧侶〉說成「和尙」ˬhue sioŋˀ。「僧」爲純粹
的文言。

心母　　歲 sueˀ：ceˀ, hueˀ 的 h

「歲」hueˀ 爲〈年紀、年齡〉之意。ceˀ 以「度歲」toˀ ceˀ
〈滿一歲〉的詞素出現。

　　心母不應該出現 h。此爲「戶籍」上的不同。可能有曉母的
反切。詳細請參閱 7.4。

莊母　　爪　ˬliau 的 l

　　　　　　抓　liauˀ 的 l

　　漳州系爲 z。亦即，是被當成日母來讀的。此二字雖是肴韻
的字，但是 iau 的韻母形式並不符合肴韻。可能是「未收錄於韻
書」的日母宵韻的反切。

初母　　釵　ₔcʻai：ₔtʻe 的 tʻ

「釵」ₔtʻe 以「金釵」ₔkim ₔtʻe〈金釵〉的詞素出現。

齒上音有 t 類音的出現，是奇怪的。不能說沒有「訓讀」的危險性。

初母　　鏟　ᶜsan 的 s

可能為「產」ᶜsan 的類推形。

崇母　　柿　kʻiᵓ 的 k

「柿」kʻiᵓ 為〈柿子〉之意。崇母有 k 類音出現，是奇怪的。在潮州，讀成 ᶜsai。此為應有的形式(只限於白話音)。

崇母　　岑　ₔgim 的 g

可能為「吟」(疑侵開三)ₔgim 的類推形。

崇母　　喋　iapₔ：sa2 的 ʼ

「煠」sa2ₔ 為〈燙煮〉之意。

此為「戶籍」上的差錯。文言音為(以葉開四)的形式。

崇母　　鐲　tokₔ 的 t

可能為「獨」(定屋合一)tokₔ 的類推形。

崇母　　鋤　ₔtʻu：ₔti 的 tʻ, t

不管 t' 或 t，都是有問題的形式。上面「釵」_⌐t'e 提到過，齒上音有 t 類音出現，是可疑的。在潮州讀成 _⌐c'o（聲符的「助」，在閩南爲 co[⊐]）。這才是正確的發音。

對 _⌐ti _⌐t'au〈鋤頭〉用「鋤頭」來表記，其中「頭」（_⌐t'o）當然沒有問題，但是「鋤」爲「假借字」的可能性非常大。我認爲正確的語源可能是「除頭」。如果是「除」（澄魚合三）_⌐tu：_⌐ti 的話，音韻方面就沒有問題。意義方面因爲是〈除掉石塊或雜草〉，亦會通順。

「～頭」是代表性的接尾辭，其意象是〈突出的事物〉。這裏是指木柄壺上端柄頭的部分。

章母　　遮　_⌐cia：_⌐lia 的 l

「遮」_⌐lia 爲〈遮陽蔽雨〉之意。

漳州系爲 z。這種情況的 c 亦很可能是有聲化後的形式。

昌母　　臭　hiu[⊐]：c'au[⊐] 的 h

文言音 hiu[⊐] 有與「齅」「許救切」混淆的疑慮。

『廣韻』中記載「齅」爲「以鼻取氣」，亦即，是動詞。但是 hiu[⊐] 爲〈氣味〉之意，是名詞。例如：「如惡惡臭」讀成 _⌐lu ɔN[⊐] ok_⌐ hiu[⊐]。

另一方面，「臭」在『廣韻』中爲「凡氣之總名」，是爲名詞。白話的 c'au[⊐] 爲〈腐臭，有臭味的〉，是動詞或形容詞。

意義上的傳承跟『廣韻』相反。

書母　攝　liap｡

可能爲「聶」(泥葉開三)liap｡的類推形。

書母　餉　hioŋ⁻：hiaŋ⁻之 h

白話音的形式，實際上在漳州系爲文言音(參閱 7.12)。

不管怎樣，h 可能爲「向」(曉母)的類推形。在鍾祥亦讀成曉母〔ᶜɕiaŋ〕。

見母　僥　ᶜhiau 的 h

　　　　憪　hai⁻的 h

「僥」在『廣韻』作「五聊切，僬僥國名……」。把它看作見母的字，是依據『集韻』的「吉了切，僥倖，求利不止皃」。北京的〔ᶜtɕiau ɕiŋ⁻〕讀法，完全跟它符合。

但是台南的形式，除了聲母以外，聲調亦不一致。「僥倖」要讀成 ᶜhiau hiəŋ⁻。

文言爲〈僥倖〉之意，但是白話則爲〈歪打正著、碰巧打中〉〈做惡劣、犯罪的事〉之意。

還有，〈背離〉〈背叛〉亦讀成「僥」ᶜhiau(因而，ᶜhiau 是文言音，也是白話音)。

若先做結論的話，很可能是「僥」與「憢」混淆而傳承下來。「憢」在『廣韻』、『集韻』中皆爲「馨幺切」。亦即(曉蕭開四)的字，如此，聲母與聲調都完全符合。意義上則『廣韻』爲「懼也」，『集韻』爲「僑也」。這與「僥」也相通。

「憪」爲純粹的文言。見母出現 h，已經很奇怪了，至於讀

成陽去，更加奇怪。此爲匣母的形式。

從『康熙字典』的註釋「俗讀匣母非」來看，可以推測讀成匣母的傾向很強(北京讀成〔ɕieˀ〕，爲其一例)。說不定有「未收錄於韻書」的匣母的反切。

見母　訖 gitˌ 的 g

讀法似與「迄」(曉母)gitˌ 混淆。從鍾祥、臨川㉖亦有同樣的報告來看，似是很普通的傾向。

見母　夾　kiapˌ：ŋɛN2ˌ 的 ŋ
　　　　　莢　kiapˌ：ŋɛN2ˌ 的 ŋ

「夾」ŋɛN2ˌ 爲〈用筷子等挾取〉之意。「莢」ŋɛN2ˌ 爲〈豆類的莢〉之意。

ŋ 爲疑母的形式。

見母　臉 ˊliam 的 l

「臉」爲純粹的文言。〈臉〉說成「面」(bianˀ:)binˀ。

在『廣韻』裏，「臉」有「七廉切」與「力減切」。但都是「羹」的意思。『方言調查表』依據『集韻』的「居奄切，頰也」，規定爲(見琰開三)的字。但是，幾乎沒有將此字讀成見母的方言。北京亦讀作〔ˊlian〕。關於台南(閩音系)讀成ˊliam，可能有以下兩個原因。一是「斂」(來琰開三)ˊliam 的類推形。另一則是根據「減」(見豏開二)，讀成ˊkiam，而採取『廣韻』「力減切」的說法。

曉母　　迄 git˲ 的 g

「迄」爲純粹的文言。〈到～止〉說成「夠」kau˴。

曉母出現 g，是奇怪的。可能爲疑母的字「仡、屹」git˲（聲調爲陰入，尚有問題）的類推形。

曉母　　呼　˴ho：˴k‘o 的 k‘

　　　　　許　˥hu：˥k‘o 的 k‘

「呼」˴k‘o 爲〈用鳴叫聲把家畜等叫到跟前〉之意。「許」˥k‘o 爲〈許，姓氏〉之意。都是重要的語彙，所以這個白話音是不可忽視的。

k‘送氣音的 aspiration 確實是 h，而這個形式是 h 的變種。對這一點，Karlgren 氏有如下的說明：曉母的上古音是〔x〕，北方系諸方言傳佈的是〔x〕，而南方系諸方言傳承的是〔h〕。在南方系諸方言中有一部分的字讀成 k‘, k 保留了上古音〔x〕的遺痕——在舌根的發音更加被加強。（『中國音韻學研究』p.273）。

有無必要將〔x〕當做緩衝來考慮，乃問題之所在。

曉母　　吸　k‘ip˲ 的 k‘

「吸」爲純粹的文言。〈吸〉被說成「□」so2˴。

此字在廣州讀作〔k‘ap˲〕，在梅縣讀成〔k‘ip˲〕，都是送氣的舌根音。它是前面 K 氏的解釋所依據的一個字。但是亦很可能有「未收錄於韻書」的溪母的反切。

曉母　　枵　ˌhiau：ˌiau 的，

「枵」ˌiau 爲〈肚子餓〉之意。可能是 h 脫落的形式。

曉母　　歪　ˌuai 的，
　　　　　　薨　ˌiəŋ 的，
　　　　　　轟　ˌiəŋ 的，

「歪」ˌuai 爲〈不正〉之意。此字幾乎所有方言都讀成，。很可能有「未收錄於韻書」的影母的反切。

「薨」、「轟」爲純粹的文言。也許是被誤傳爲影母的字。

匣母　　航　ˌhaŋ：ˌpʻaŋ 的 pʻ

此白話音只出現在台南及潮州。

在潮州，據『國音潮州方音注音新字典』的註釋，「行船」說成爲「航海」ˌpʻaŋ ˉhai，引申之下，「飛行」說成爲「航空」ˌpʻaŋ ˌkʻoŋ。

在台南，「航海」讀成ˌhaŋ ˉhai，而「航空」發成ˌpʻaŋ ˌkʻoŋ 的人較多(最近，作爲文言性的白話常被使用)。因爲潮州與台南幾乎沒交流，有此白話音的誕生，可謂偶然的一致。但說不定亦有可能是出自同樣的想法。從「船航行時須使用『篷』」來看，可能看到了「航」字而把「篷」(並東合一)ˌpʻoŋ：ˌpʻaŋ(在兩方言中皆爲同一形式)的白話音讀了進去。

匣母　　艦　lam² 的 l

臨川亦讀成 lam⁼。可能爲「濫」(來闞開一)lam⁼ 的類推形，或者是「未收錄於韻書」的來母的反切。

匣母　　戇　goŋ⁼：gaŋ⁼ 的 g

　　　　　　肴、淆　₌ŋau 的 ŋ

　　　　　　挾　hiap₌：ŋɛn2₌ 的 ŋ

「戇」goŋ⁼ 爲〈愚笨、傻瓜〉之意(因而，是文言音也是白話音)。「戇」gaŋ⁼ 爲〈迷迷糊糊的樣子〉之意。

「肴、淆」爲純粹的文言。

「挾」ŋɛn2₌ 爲〈挾取〉之意。

g, ŋ 皆爲疑母的形式。

影母　　杳　˪biau 的 b

『說文』載有「冥也，從日在木下」，爲典型的會意字之一。因無聲符，所以依據意思的類推，與「藐、渺」(明小開四) ˪biau 同樣讀法。

另外，在臨川，跟「藐、渺」同樣讀成〔˪mieu〕。

影母　　郁　hiok₌ 的 h

Karlgren(高本漢)氏說，閩音系也跟安南漢字音一樣，影母裏出現很多 h 的字。這種現象類似在英國或瑞典的一部分方言中，母音開始的音節前面，h 較易出現。(參閱『中國音韻學研究』p.277)

但是據我的調查，閩音系中影母出現 h 的例子，不但不多，

毋寧是極其稀少。在台南亦只有「郁」這個字而已。K 氏的解釋，就閩音系而言並不合理。這裏暫且視爲例外，容後再行究明。

云母　　彙　liu² 的 l

「彙」爲純粹的文言。『玉篇』中載有「類也」，有可能把「類」(來至合三)liu² 的音拿來讀進去。

云母　　員　₋uan：₋guan 的 g

「員」₋guan 以「員外」₋guan gue²〈「員外」(地方之有勢力者)之意〉的詞素出現。

這可能是由於「外」gue² 的 g 的遠隔同化。結果變成了「雙聲」。

以母　　捐　₋ian：₋kuan 的 k

「捐」₋kuan 以「募捐」bo² ₋kuan〈「募捐」之意〉的詞素出現。

此形式，與以母全無關係。從幾乎所有的方言都讀成 k(口蓋化爲 C)(北京的〔₋tɕyan〕爲其一例)來看，可能另外有「未收錄於韻書」的見母的反切。

以母　　閻　₋iam：₋giam 的 g

「閻」₋giam 以「閻羅王」₋giam ₋lə ₋oŋ〈「閻王」之意〉的詞素出現。

「閻」ᵍiam 為「嚴」（疑嚴開三）ᵍiam 之類推形的可能性很高。這是從「閻王非常嚴厲可怕」之義的類推，而變成了音的類推。

以母　　融　ₕioŋ 的 h

在「十五音」為ᵢoŋ，合乎音韻的規則。『廈門音新字典』中，並舉了ᵢoŋ 與ₕioŋ 兩個形式。

ₕioŋ 可能為ᵢoŋ 的訛音。

7.1　果攝

開口一等歌韻　a

文言音，在台南、廈門爲 ə(鼻音聲母的後面爲 o❶)。在其他方言都是 o。

白話音，在閩南、潮州爲 ua。福州爲 uai。

	台南	廈門	十五音	泉州	潮州	福州
舵	tə⁼	tə⁼	to⁼	to⁼	₌tʻo	
	tua⁼	tua⁼	tua⁼	tua⁼	₌tʻua	tuai⁼
歌	₌kə	₌kə	₌ko	₌ko	₌ko	₌ko
	₌kua	₌kua	₌kua	₌kua	₌kua	
我	ᶜŋo	ᶜŋo	ᶜŋo	ᶜŋo	ᶜŋo	ᶜŋo
	ᶜgua	ᶜgua	ᶜgua	ᶜgua	ᶜua	ᶜŋuai

「舵」tua⁼ 爲〈舵〉之意。「歌」₌kua 爲〈歌〉之意。

「我」ᶜgua 爲〈我〉之意❷。

文言音以圓唇母音出現，在於與其他音系呼應。

歌、戈韻在中古音爲張唇廣母音。在中世音裏變化爲圓唇母音。記錄其變化軌跡最早的資料，據說是北宋時期(11 世紀末)成書的日本僧人明覺的『悉曇要訣』❸。

在那本書裏，記錄「摩、訶、莎、阿、那、多」等字，當時的中國音讀成モ(mo)、コ(ko)(オ=o)、ソ(so)、オ(o)、ノ(no)、ト(to)。

但是，僅就閩音系而言，比這早一世紀，至遲在 11 世紀初，已經讀成圓唇母音了。對這一點有所提示的，有下面貴重的資料。

『四庫提要』的「附釋文互註禮部韻略五卷附貢舉條式一卷」這一條裏說：

考曾慥『類說』引『古今詩話』曰，眞宗朝(1004～1023)，試「天德清明賦」。有閩士破題云，「天道如何，仰之彌高。」會試官亦閩人，遂中選。

是宋初程試，用韻尚漫無章程。自景祐(仁宗年號)以後，勅選此書，始著爲令，迨南宋之末不改。然收字頗狹……。

此爲景祐 4 年(1037)撰定『禮部韻略』時傳下來的小插曲，沒想到它不但給我們介紹了當時閩音系义言音體系的一隅，而且還是考察閩音系成立年代的重要史料。

宋代的福建，在唐代至五代的急速的經濟開發與文化提升的背景下，有衆多人材進入中央政界。而他們因方言問題，似乎常常成爲笑柄。

　　其中最被盛傳的，似乎是上面那段軼聞插曲。大意說，「何」是歌韻的字，而「高」是豪韻的字，將其押韻的考生，也眞是的，而讓他們合格的考官也未免太那個了。所以說，鄉下人……。❹

　　如果替那閩人考生與考官辯解一下的話，這只不過是人們誰都容易有的錯覺，偶爾碰在一起罷了。閩人並非那麼沒學識。

　　只是事實上，這樣的錯覺並不會發生在其他音系的人身上。問題根源出在歌韻與豪韻的文言音形式，跟現在的體系都是 o(ə)。

　　白話音的話，歌韻爲 ua，豪韻爲 au。所以無論如何，絕對不可能混淆的。但是作詩文時，就不得不依據文言音。很可能這位閩士因對「破題」的榮譽，感激之餘失去了鎭靜，而認爲「何」ₐhə(當時的音可能爲 ₐho)對「高」ₐkə(ₐko)是很好的押韻。那位考官大概亦在同樣的下意識之下，竟茫然地忽略掉了。

　　歌韻與豪韻變成了同形式的「責任」，主要在於豪韻這一邊。豪韻在中古音相對於歌韻的 a，爲 au。就豪韻來說，只要韻尾的 u 還存在，就不可能發生與歌韻押錯韻的。所以必定是因爲變成了沒有 -u 的形式。

　　而在豪韻中，-u 消失的過程，據 Karlgren 氏的說法，因爲「-u 音變」(-u progressif)的關係，會是 au→ou→o(『中國音韻學研究』p.485)。

　　豪韻中，-u 消失的方言有吳音系。官話音系中，有濟南、揚州。例如，「高」在蘇州爲〔ₐkæ〕，在濟南、揚州爲〔ₐkɔ〕❺。

　　但是，消失後變成與歌韻同形式的方言卻意外地少。除了閩音系以外，只有蘭州、大同、鳳台等幾個西北的方言而已。這三

個方言都是：「何」爲〔ˍxo〕，「高」爲〔ˍko〕。❻

　　ua, uai 這種白話音的形式，爲其他音系所沒有，而是閩音系的特徵。主母音 a 更忠實地反映了中古音的 a。當然比文言音的層更古老。 –u– 是 a 因舌後〔ɑ〕的關係而派生出來的，亦即是循着〔ɑ〕→〔°ɑ〕→〔uɑ〕的變化❼產生的。 –u– 的派生與主母音〔ɑ〕有關係。這只要看同爲開口一等的泰韻、寒韻的白話音形式便知道。

　　　　帶　tai˭：tua˭　　　蓋　kəi˭：kua˭
　　　　散　san˭：suaN˭　　寒　ˍhan：ˍkuaN

福州的 uai，是從 ua 派生出 –i 來的❽。

　　其他零星的形式如下。

	台南	廈門	十五音	泉州	潮州	福州
他	ˍt'aN	ˍt'a / t'aN	ˍt'aN	ˍt'aN	ˍt'a	ˍt'a
阿	ˍə	ˍə / ˍa	ˍo	ˍo		
	ˍa		ˍa	ˍa	ˍa	ˍa

　　「他」爲純粹的文言。此字在其他音系也一樣是〔ˍt'a〕的音。這恐怕是閩音系借入了這樣的例外形式。只是，–N 爲眷愛鼻音化韻母的閩南語的附加成分。

　　「阿」ˍa 爲表示親愛的接頭詞，相當於日語的〈お～〉。

例如：「阿母」ˌa ˊbu 爲〈母親〉之意。此接頭詞具有相當長的傳統。可能是保存了上古音 *ar 遺痕的形式。

	台廈	十五音	泉州	潮州	平陽	福州
大	tai⁼	tai⁼	tai⁼	ˊtai	to⁼	tai⁼
	tua⁼	tua⁼	tua⁼	tua⁼	tua⁼	tuai⁼

關於「大」，各方言具有上面的形式。「大」有相當於(定箇開一)與(定泰開一)的兩個反切。除平陽外，各方言的文言音爲 tai⁼ 和ˊtai 的形式，明顯地爲泰韻。可能只有平陽的 to⁼ 是歌韻。

至於白話音，除福州外，無法判斷究竟是歌韻或是泰韻。因爲泰韻的白話音形式亦爲 ua。姑且使與文言音對應，將其放在泰韻。在福州，泰韻並沒出現白話音，uai 的形式無疑地爲歌韻的白話音。故將其放在歌韻。

	台南	廈門	十五音	泉州	潮州	福州
可	ˊkʻə	ˊkʻə	ˊkʻo	ˊkʻo	ˊkʻo	ˊkʻo
	ˊkʻo	ˊkʻo				

「可」ˊkʻo 以「寧可」ˌliəŋ ˊkʻo〈寧可〉，「可惡」ˊkʻo on⁼〈可惡〉的詞素出現。

這種形式是限於台南、廈門所特有的。將變化成現在的中舌母音之前的圓唇母音保存下來，是值得珍惜的。

	台南	廈門	十五音	泉州	潮州	福州
鵝	₌ŋo	⎧ ₌ŋo ⎩ ₌gə	₌go	₌ŋo	₌go	₌ŋo
	₌gə	₌gia			₌gia	₌ŋie

「鵝」₌gə 爲〈鵝〉之意。廈門、泉州爲 ₌gia，福州爲 ₌ŋie。「十五音」和潮州爲 ₌go。此爲文言音，亦爲白話音。

中古音的次濁音如爲陰韻的話，在閩南、潮州，有時爲濁音的 b, l, g，有時爲鼻音的 m, n, ŋ，呈不安定的狀態(參閱 6.4)。

若要詳細地說，是因爲閩南語裏，雖然自律性的非鼻音化有了進展，但濁音並沒有變成完全的濁音，其閉鎖性很弱。另一方面，有一部分的字殘存着鼻音，成爲自由式異讀(free variants)。

就「鵝」來說，台南鼻音的形式是文言音，而濁音的形式是白話音。這從其他方言的形式來看，便知道此兩者本來都是文言音的形式。

這且不說，這裏要面對的問題是，廈門與泉州的 ia 及福州的 ie 這類形式。歌韻有這樣的形式出現，是奇怪的。蓋開口三等支韻才是合適的形式。例如：

	台南	廈門	十五音	泉州	潮州	福州
騎	₌kʻi	₌kʻi	₌kʻi	₌kʻi		₌kʻie
	₌kʻia	₌kʻia	₌kʻia	₌kʻia	₌kʻia	
蟻	ᶜgi	ᶜgi	ᶜgi			
	hia²	hia²	hia²	hia²	hia²	ŋie²

「騎」 ˬk'ia 爲〈騎乘〉之意。「蟻」hia² 爲〈螞蟻〉之意。

支韻的這些字，在上古音屬於歌部。與歌韻的字來源相同。只是不同之處在於，殘留於歌韻的字爲一等 *ar，而分出於支韻的字爲三等 *iăr(較鬆緩的 a)。

具有「我」作聲符的，幾乎都是一等。所以屬於歌韻。因此，「鵝」有伴隨 –i– 形式的白話音出現是奇怪的。但是支韻裏亦不是沒有「義、儀、蟻……」等具有「我」作聲符的字。「蟻」裏尚且有「蛾」的異文(異體字)。

那麼就可以認爲「鵝」有「未收錄於韻書」的支韻的反切。而白話音則爲與其對應的形式。

	台南	廈門	十五音	泉州	潮州	福州
做	cə˪	cə˪	co˪	co˪	co˪	co˪
	cue˪			cəi˪		

「做」cue˪ 爲〈做、造〉之意。除廈門、泉州外，爲文言音亦爲白話音。

白話音只出現於廈門與泉州。只有這一個例子的話，是什麼意思就不太清楚了。其實這是以蟹攝開口二、四等的字爲中心，相當廣泛出現的 {əi} 的形式。詳細說明留待蟹攝開口二等(7.4 蟹攝)。

雖說如此，我內心對此白話音不禁有一絲不安。第一個理由是，{əi} 原則上爲二等與四等，但「做」爲一等。第二，既然是基礎語彙，可是除了廈門與泉州，並不出現於其他的方言。這一

點令人無法理解。

　　更進一步說，廈門的 cue⁻、泉州的 cə⁻ 用「做」來充當。是「假借字」。正確的語源可能是「濟」(精霽開四)ce⁻。如果是「濟」的話，那麼有 {əi} 出現則一點也不奇怪。從意義上來講，『樂記』或『左傳』中有「成也」的用法，大致可以通。

開口三等戈韻　ïa

	台南	廈門	十五音	泉州	潮州	福州
茄	₌ka	₌ka				₌kia
	₌kio	₌kio	₌kio	₌kio	₌kie	

「茄」₌kio 爲〈茄子〉之意。

本韻是所屬字較少的弱韻。這裏只取其中較爲人知的「茄」字來做說明。

其文言音不明顯的方言較多。在台南、廈門，不知是依據『廣韻』又音的「古牙切」，或依靠聲符的「加」(見麻開二)₌ka，讀成陽平的原因，大概是從白話音來的類推吧！在福州，則有可能是從官話(在現在的北京爲口蓋化的〔₌tɕ̇ie〕)來的借用形。

io(潮州爲ie)原則上爲出現於宵、蕭韻的白話音的形式。因而，看到₌kio 的形式時，首先是(群宵開三)──沒有(群蕭開四)──的字浮現於腦海，但是遺憾的是，宵韻裏並無相當於〈茄子〉的字。

於是，換個觀點來考慮，此有可能是從中古音的／ïa／直接變化來的形式。

開口一等歌韻　　　a→o(ə)

開口三等戈韻　　　ïa→io

如上所示，與一等呈平行的關係。

合口一等戈韻　ua

全體來看，文言音出現的方式與歌韻沒有區別。

只是在福州，牙、喉音爲 uo 的形式，與歌韻不同。

	台南	廈門	十五音	泉州	潮州	福州
波	⊂p'ə	⊂p'ə	⊂p'o	⊂p'o	⊂po	⊂p'o
惰	tə⁼	tə⁼	to⁼	to⁼	ᶜto	to⁼
戈	⊂kə	⊂kə	⊂ko	⊂ko	⊂ko	⊂k'uo
貨	hoɴ⁼	hoɴ⁼	hoɴ⁼	hoɴ⁼		huo⁼

福州的唇、牙、喉音，合口性特別強。歌韻時，–u– 並不會出現，戈韻時才會出現。可能還是因爲借入時的原形，由於開口與合口不同而來的。相對於歌韻〔ɔ〕，戈韻爲〔uɔ〕。但是〔u〕在廣母音前面時，會弱化消失。

這就是在閩南、潮州跟歌韻的區別消失的原因。在福州，舌、齒音亦與歌韻同一形式。只是，「朶」ᶜtuo、「妥」ᶜt'uo 等兩、三個字出現 uo。這與其說是脫離形，不如說是從官話借來的可能性較大。

唇音並不跟牙、喉音同一步調的理由是，因爲它出現的方式是開口(歌韻)的字(請參閱下文)。

白話音方面，出現的方式比較複雜。

唇音，在閩南、潮州爲 ua，在福州爲 uai。與歌韻的出現方式相同。

	台、廈	十五音	泉州	潮州	仙游	福州
簸	pə˺	po˺	po˺			po˺
	pua˺	pua˺	pua˺	pua˺		puai˺
破	pʻə˺	pʻo˺	pʻo˺	pʻo˺	pʻo˺	pʻo˺
	pʻua˺	pʻua˺	pʻua˺	pʻua˺	pʻua˺	pʻuai˺
磨	ˍmo	ˍmo	ˍmo	ˍmo		ˍmo
	ˍbua	ˍbua	ˍbua	ˍbua		ˍmuai

　　「簸」pua˺ 為〈簸〉之意。「破」pʻua˺ 為〈破〉之意。「磨」ˍbua 為〈磨〉之意。

　　唇音，在『切韻』體系裏，包括開口和合口只有一組。所謂居於中立(neutral)位置。在閩音系裏，依韻之不同或依文言音、白話音之不同，有時是開口，有時是合口。果攝一等的白話音明顯是以開口來處理。文言音，在閩南、潮州，開口、合口都有可能。但從福州給我們的啟示，可知亦是開口。

　　牙、喉音中，有兩種白話音出現。

　　廣泛出現的是，在台南、「十五音」、潮州為 ue，廈門為 e，泉州為 ə，福州則為 uoi 等不同的形式。

	台南	廈門	十五音	泉州	潮州	福州
科	ˍkʻə	ˍkʻə	ˍkʻo	ˍkʻo		ˍkʻuo
	ˍkʻue	ˍkʻe	ˍkʻue	ˍkʻə	ˍkʻue	
火	˥hoN	˥hoN	˥hoN	˥hoN		˥huo
	˥hue	˥he	˥hue	˥hə	˥hue	˥huoi

窩　꜀ə　　꜀ə　　　꜀o　　꜀o　　꜀o　　꜀uo

　　꜀ue　꜀e　　꜀ue　　꜀ə　　꜀ue

「科」꜀kʻue 以「科年」꜀kʻue ꜀nin〈科舉年〉之意的詞素出現。「火」ꜛhue 爲〈火〉之意。「窩」꜀ue 爲〈鍋〉之意❶。

這些字詞裏面可能有一種本來的形式──暫且稱之爲「共同基本詞」。「共同基本詞」可能是 {uə}。比較忠實於「共同基本詞」形式的是「十五音」(漳州)。ə 變化爲 e，其結果成爲 ue (漳州無 ə)。台南與潮州承襲了漳州的系統。泉州是 –u– 消失了的形式。廈門承襲了泉州的系統，ə 訛化成爲 e。福州則 ə 分裂成 oi，其結果變成了 uoi。

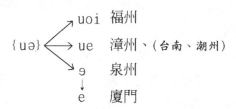

{uə}，其實不只是本韻而已，如註釋的表 II {uə} 所示，亦出現於戈三韻、灰韻、泰合韻、祭合韻、廢合韻、支合韻、微合韻。入聲的 {uə2} 形式，出現於鎋合韻、薛合韻、月合韻、鐸合韻。

其共同點如下。

1. 全部爲合口韻。

2. 主要爲外轉韻(不過，即使是外轉韻，效、咸、宕、梗 4 攝的字

並沒出現)。

　　3. 主要爲一等及三等。

　　4. 幾乎全爲唇、牙、喉音的字。

這樣的形式說不定是經由以下的過程產生的。

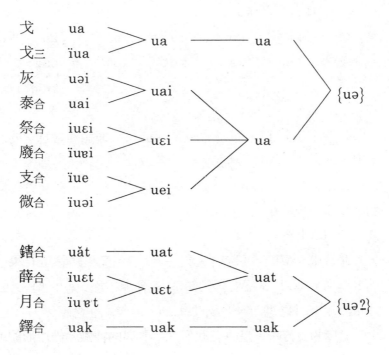

這與後述的：

　　{ə}(參閱 7.1 果攝及表 I)、{əi}(參閱 7.4 蟹攝及表 III)、{ueɴ}
(參閱 7.1 山攝及表 IV)同樣，爲白話音的特徵形式之一。白話音的
韻母體系的簡化已經那麼有進展了。

　　另外一種形式爲 ua，其出現方式零零星星。

	台南	廈門	十五音	泉州	潮州	福州
過	kə˲	kə˲	ko˲	ko˲		kuo˲
	⎧ kue˲	ke˲	kue˲	kə˲	kue˲	
	⎩ kua˲	kua˲				
果	ˊkə	ˊkə	ˊko	ˊko	ˊko	ˊkuo
	ˊkue	ˊke	ˊkue	ˊkə	⎧ ˊkue	
					⎩ ˊkuaɴ	

「過」kua˲ 以「罪過」ce˲ kua˲〈「罪過」之意〉的詞素出現。kue˲ 為〈經過〉之意。

潮州的「果」ˊkuaɴ 為〈果然〉之意。-ɴ 是對鼻音化韻母的嗜愛癖出現的結果。ˊkue 以「果子」ˊkue ˊci〈「果實」之意〉的詞素出現。

在台南、廈門，只有「過」一個字。潮州則除了「果」以外，還有「禾」ˏhua〈「穀類的總稱」之意〉，「和」ˏho：ˏhua〈「和」之意〉，「禍」ˢhua〈「災禍」之意〉。

濃厚的文言味，是具有此形式的詞素的特徵。借用形的或然率較大。本韻在官話為〔uo〕，但這種形式的音韻，在閩南、潮州並不存在。比較接近的音為 o，如果要活用 -u- 的話，則只能以 ua 的形式來傳承。

舌、齒音中，有以下形式的白話音出現。

	台南	廈門	十五音	泉州	潮州	福州
螺	₌lə	₌lə	₌lo		₌lo	₌lo
	₌le	₌le	{ ₌le	₌lə		
			₌loi			
坐	cə²	cə²	co²	co²	꜀co	co²
	{ ce²	ce²	{ ce²	cə²		
	c'e²	c'e²	coi²			
			c'oi²			

「螺」₌le 爲〈螺〉之意。「十五音」中的兩個形式都是同義。

「坐」ce² 爲〈坐〉之意。「十五音」的 ce²、coi² 都是同義。c'e² 爲〈承擔責任、賠償〉之意。「十五音」的 c'oi² 爲此義。

　本韻只有以上兩個例子。所以有不好理解的地方，但是如註釋的表 Ⅰ {ə} 所示，此白話音在台南、廈門爲 e，「十五音」爲 e 或 oi，泉州爲 ə，潮州爲 o，福州則以 oi 的形式出現。由是可以認爲「共同基本詞」爲 {ə}。

　泉州的 ə 是最忠實的繼承者。「十五音」(漳州)的 e 爲前移的發音，潮州的 o 則爲後移的發音。台南的 e 可能是承襲了漳州的系統。廈門的 e 是否承襲了漳州系統，抑或泉州的傳訛，難以判斷。但從其他情況來類推的話，後者的可能性很大。福州的 oi 有可能是 {ə} 分裂成複母音後的形式。

　oi 這個形式也出現於「十五音」。但與福州不同，大概不過是從 {əi}（參閱 7.4）來的類推形。

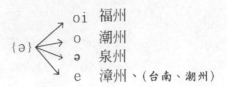

如表Ⅰ{ə}所示，此白話音亦出現於哈韻、齊韻、灰韻、祭合韻。入聲的{ə2}這個形式出現於末合韻和薛合韻。

其共同點如下。

1. 限於外轉韻(不過，雖為外轉韻，效、咸、宕、梗4攝之字並沒出現)。

2. 主要為一等及四等。

3. 全為舌、齒音的字。

此形式恐怕是經由以下的過程產生的。

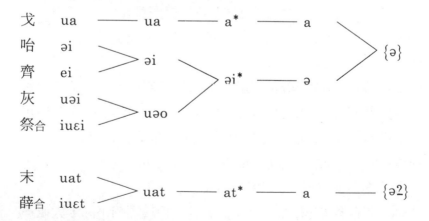

(*舌、齒音使 –u– 弱化)

相對於前面的 {uə} 主要以唇、牙、喉音之字爲主，這裏的 {ə} 只出現於舌、齒音。因此，可以知道兩者看似呈互補分布關係，但可憾的是，其他的條件不夠。例如：{uə} 只限於合口韻。然而，{ə} 的合口字雖說很多，但開口字亦非沒有。另外，相對於 {uə} 以一等及三等爲主，{ə} 則以一等及四等爲主。

回到本韻來繼續探究的話，因爲在閩南的出現呈規則性的方式，沒有什麼好補充的。

在福州，不在本韻出現。整體來看，福州白話音的出現方式較弱。從與閩南、潮州的平衡上來看，當然，可以出現白話音而沒有出現的亦不算少。

此種情況，有兩種可能。其中之一是使用了別的系統的語彙。另外一種是白話音的形式受到淘汰了。前者最好的例子是〈犬〉。在福州，說成ˈkʻeŋ。這可能是「犬」(溪銑開四)的白話音。文言音的形式雖然已被遺忘，如要補充的話，那就是ˈkʻieŋ。關於「犬」，在閩南、潮州只有文言音ˈkʻian、ˈkʻieŋ 的形式。

因爲〈犬〉在閩南、潮州叫做ˈkau，是「狗」(見厚開一)ˈko、ˈkou 的白話音。而「犬」已成爲純粹的文言。相反地，對福州來說，「狗」是純粹的文言。所以雖記錄其文言音ˈkeu，但白話音並沒出現。

不過，這樣的情況應該不多。從語言年代學的觀點來看，它所呈現出來的，不外乎是負面的對應關係。如果那麼多的話，將會變成是別的系統的語言了。所以，還是應該認爲是後者的可能

性較大。

　　福州，自從王氏的閩王國在這裏建置王都以來，一直誇稱爲福建最大的政治、文化中心地。由於這樣的自豪而企圖口頭語言的文雅化，說不定將白話音改讀成文言音。

　　潮州的「螺」﹖lo、「坐」﹖co，如果沒有閩南的啓示，差點兒就把它忽略成文言音。〈螺〉、〈坐〉是基礎的語彙，旣然在閩南已廣泛地以白話音方式出現，當然要期待白話音也會在潮州出現。行將被認爲文言音的﹖lo、﹖co，其實說不定是以白話音的方式出現的。

　　但實際上，究竟是以文言音的方式出現，抑或以白話音的方式出現，並無決定性的証據。這種情況，我認爲是文言音與白話音的重疊(overlap)。

　　如果是重疊(overlap)的話，傳統上以文言音來處理。因爲在那個方言裏，它旣是文言音亦是白話音。但是在其他方言裏，則顯然有跟文言音不同的白話音的形式會出現。我也依照傳統，只寫在文言音欄上面。

合口三等戈韻　ǐua

	台南	廈門	十五音	泉州	潮州	福州
瘸	ˏka	ˏka				ˏkʻuo
	ˏkʻue	ˏkʻe	{ ˏkʻue ˏkʻoi	ˏkʻə	ˏkʻue	
靴	ˏhia	ˏhia	ˏhia	ˏhia	ˏhia	ˏkʻuo

「瘸」ˏkʻuo 爲〈手足萎靡〉之意。

本韻與開口三等戈韻同樣，爲所屬字較少的弱韻。就上面兩字所做的調查，福州似以同一韻的形式出現。而閩南、潮州則簡直是以完全不同韻的方式出現。

台南、廈門的「瘸」，文言音與開口的「茄」同一形式。白話音出現 {uə}。「十五音」的 ˏkʻoi 可能是 ˏkʻue 的訛音。

福州當作合口一等的字讀。

閩南、潮州的「靴」ˏhia 可能是中原的／xya／（現在北京的〔 ˏɕye〕）的借用形。〈長靴〉對住在亞熱帶的閩人來說，是比較無關係的鞋類。

7.2　假攝

開口二等麻韻　ǎ

文言音都是 a。

白話音，在台南、廈門、泉州、潮州為 e。「十五音」為 ε。福州為 a，與文言音重疊(overlap)。

	台、廈	十五音	泉州	潮州	仙游	福州
爬	⊆pa	⊆pa	⊆pa			⊆pa
	⊆pe	⊆pε	⊆pe	⊆pe		
茶	⊆cʻa		⊆cʻa		⊆cʻa	
	⊆te	⊆tε	⊆te	⊆te	⊆to	⊆ta
差	⊆cʻa	⊆cʻa	⊆cʻa	⊆cʻa	⊆cʻai❶	⊆cʻa
	⊆cʻe	⊆cʻε	⊆cʻe	⊆cʻe		⊆cʻe
廈	ha²	ha²	ha²		ha²	ha²
	e²	ε²	e²	he²	o²	a²

「爬」⊆pe 為〈爬〉之意。「茶」⊆te 為〈茶〉之意。「差」⊆cʻe 為〈差遣〉之意。「廈」e² 以「廈門」e² ⊆məŋ〈廈門〉的詞素出現❷。

本韻在其他音系為 a，文言音跟那些音系一模一樣。

閩音系的特徵在於有出現 e 類音的白話音。類似的例子只有在日本吳音才看得到。

麻韻在日本漢音中，反映在ア段，日本吳音亦大致相同，但

有一部分(主要爲牙、喉音)則反映在工段。

> 牙 （疑母） ガ：ゲ＝(ga：ge)
>
> 煆 （曉母） カ：ケ＝(ka：ke)
>
> 下 （匣母） カ：ゲ＝(ka：ge)

（大矢透『隋唐音圖』）

關於這一點，Karlgrean(高本漢)氏說明：「只在閩語跟日譯吳音所根據的方言，有元音前移的變化。」(『中國音韻學研究』p.495)

K 氏因爲將歌韻再建構爲 ɑ，麻韻再建構爲 a，所以才把 e 類音視爲「a 的前移變化」。但是據我們的觀察，文言音的 a 在中世音中，不過只是二等與一等合流的形式。而白話音的 e 類音，則是較忠實傳承了二等本來的淺母音。所以，K 氏的「元音前移的變化」的說明，我們無法照單全收。

其次，我認爲白話音原來的形式，亦即，「共同基本詞」可能爲 {ε}（﹝ε﹞）。

關於這一點，最寶貴的提示該是「十五音」了。

如前所述，「十五音」具有如下圖所示的母音體系。在有廣狹二種類的張唇前舌母音裏，廣母音的 ε(「嘉」韻)被分配於麻韻的字。這跟狹母音的 e(「稽」韻)主要被分配在齊韻的字，形成極明顯的對照。

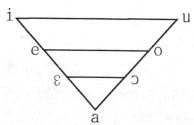

　　這個 ε 在「十五音」裏，有時被當做文言音，有時又被當做白話音，但是從與其他方言的對應關係來看，當做白話音才正確。

　　這個 ε，在張唇前舌母音只有一種的台南、廈門、泉州、潮州中爲 e。在福州則以 a 的形式出現。但是，如下所示，它跟「十五音」的對應關係並不單純(3.4.2 既述)。

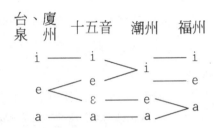

　　福州的情況，興趣特別濃。不是 e，而是用 a 來與「十五音」的提示 ε 對應。這一點可能提示 ε 爲較廣域的母音。

　　但是，a 同時也是文言音的形式。而它之被認爲是白話音的形式，主要是借助於聲母。例如：

　　「荼」 ˍta；如果文言音應爲 ˍcʻa。而 t 的出現，從與其他方言的對應關係來看，知其爲白話音。

　　「廈」 haˀ：aˀ；匣母相對於文言音 h，白話音爲 ’。

情況就是這樣。那麼，依賴聲母也沒法區別，完全跟文言音同形的白話音亦應該不少。

　　另外，在「叉、差」 ˍcʻa：ˍcʻe 裏出現的 e，肯定是因受聲母的影響，韻母的形式變狹了。仙游的 o〔ɔ〕爲特殊的形式，總之，是在暗示廣母音。

與麻(佳)韻爲陰陽對轉關係的庚、耕韻的白話音形式如下，正好與本韻的形式互相符合。

	台南	廈門 泉州	十五音	潮州	福州
舒聲	eN	iN	eN	eN	aŋ
入聲	e2	e2	ɛ2	e2	ak

「十五音」的 eN，如 4.5 一節所述，其實是 ɛN。廈門與泉州的 iN 不過是 eN 所變化的形式而已(詳情請參閱 7.15)。福州拿 a 來與「十五音」的 ɛ 對應的情況很清楚。

相對於這樣的白話音，文言音的情形如何？在閩南爲 iəŋ、iək。潮州爲 eŋ、ek，福州爲 eŋ、e2。要從這些找出跟麻(佳)韻的從前的關係，幾乎是不可能的。

潮州限於牙、喉音的字，在文言音出現 ia 的形式。

加 ˌkia：ˌke　　嘉 ˌkia
蝦 ˌhia：ˌhe　　雅 ˈŋia

這會是潮州內部自律性產生口蓋化嗎？事實好像並非如此。在其他的二等韻中，看不到同樣的現象(佳韻中雖有「佳」ˌkia 一個例子，但那是按照麻韻讀的)。

恐怕是從官話來的借用形。如後面看到的，潮州從官話來的借用形很多。

開口三、四等麻韻　ɿa, ia

文言音都是 ia。

	台、廈	十五音	泉州	潮州	莆田	福州
邪	₌sia	₌sia	₌sia	₌sia		₌sia
奢	₌cʻia	₌cʻia	₌cʻia	₌cʻia		₌cʻia
夜	ia⁼	ia⁼	ia⁼	ia⁼		ia⁼
寫	꜂sia	꜂sia	꜂sia	꜂sia	꜂sia	꜂sia
蔗	cia⁼	cia⁼	cia⁼	cia⁼		cia⁼
車	₌cʻia	₌cʻia	₌cʻia	₌cʻia	₌cʻia	₌cʻia

　　出現的方式實在很整齊一致。但是在這些形式中出現的詞素裏，既有純粹的文言(純粹的文言音)(上段)，也有白話(是文言音亦是白話音)(下段)。

　　「邪」₌sia 為純粹的文言。〈邪惡、不正經〉說成「□」꜂pʻaiɴ、「毛正經」₌bə ciəŋ⁼ ₌kiəŋ。「奢」₌cʻia 亦為純粹的文言。〈奢侈〉說成「討債」꜂tʻe ce⁼。「夜」ia⁼ 亦為純粹的文言。〈夜〉說成「□昏」꜂e ₌həŋ。

　　相對地，「寫」꜂sia 為〈寫〉之意。「蔗」cia⁼ 以「甘蔗」₌kam cia⁼〈甘蔗〉的詞素出現。「車」₌cʻia 為〈車、翻倒〉之意。皆為重要的語彙。

　　情況是這樣的：即新借入的形式也是 ia 的形式(也許有微細的差異)，覆蓋在本來就有 ia 這種形式上面。亦即，舊的層和新的

層重疊了(參照下圖)。這是在一個字裏，新舊兩層重疊的情形可以看得非常清楚的珍貴例子。

	台南	廈門	十五音	泉州	潮州	福州
謝	sia⁼	sia⁼	sia⁼	sia⁼	sia⁼	sia⁼
	cia⁼	cia⁼	cia⁼	cia⁼	cia⁼	

「謝」cia⁼ 為〈謝，姓氏〉之意。一般來說，姓氏所傳承的形式較舊。例如：「許」(曉語合三) ᶜhu：ᶜkʻo，「蔡」(清泰開一)cʻaiᶜ：cʻuaᶜ，「陳」(澄眞開三)ₑtin：ₑtan。

sia⁼ 為〈花凋謝〉之意。另外亦以「謝神」sia⁼ ₌sin〈向神還願所辦的祭祀〉的詞素出現。雖然不是純粹的文言，但卻難以掩飾文言味。

白話音在閩南、潮州，「蛇」字裏有 ua 形式出現。

	台南	廈門	十五音	泉州	潮州	福州
蛇	₌sia	₌sia	₌sia	₌sia		
	₌cua	₌cua	₌cua	₌cua	₌cua	

「蛇」₋cua 為〈蛇〉之意。

「蛇」，『廣韻』中出現「食遮切」(本韻)與「託何切」(歌韻)兩個反切。因為歌韻的白話音形式為 ua，所以 ₋cua 乍見似為與「託何切」相對應(亦即「戶籍」不同)。但是聲母有問題。c 與透母完全無關，另一方面，的確是船母合適。

如果先說結論的話，此為開口三、四等兩屬韻(有時亦包含二等)的齒頭音、正齒音。而且只限於齒上音中出現的白話音形式。

祭韻	逝、誓	se⁼	: cua⁼

祭韻　逝、誓　se⁼　：cua⁼
支韻　徙　　₋su　　：₋sua
　　　紙　　₋ci　　：₋cua
山韻　山　　₋san　：₋suaN
　　　殺　　sat⁼　：sua2̱　⎫ 可使其屬仙韻
仙韻　煎　　₋cian ：₋cuaN ⎭
　　　熱　　liat⁼ ：lua2̱　(z→l)

這是在塞擦音聲母後面的 i 介母產生了〔i〕→〔y〕→〔u〕的變化。另外，從祭韻、支韻可以知道，a 這個主母音是白話音獨有，基本上與文言音沒有關係。

其他零星的形式如下。

	台南	廈門	十五音	泉州	潮州	福州
姐	₋cia	₋cia	₋cia	₋cia	₋cia	₋cia

　　　　　　ᶜce　　　ᶜce　　⎰ᶜce　　ᶜce　　ᶜce
　　　　　　　　　　　　　　⎱ᶜcoi

者　　ᶜcia　　ᶜcia　　ᶜcia　　ᶜcia　　ᶜcia　　ᶜcia

　　　　ᵕce　　　⎰ᵕce
　　　　　　　　　⎱ᶜce　　　ᶜcoi　　ᵕce

　　「姐」ᶜce 爲〈姊姊〉之意，稱呼語。普通爲「大姊」tuaˀ ᶜci。「者」ᵕce 爲〈這、這個〉之意❶。

　　這個形式如果不假定其爲 ia→ie→e 這樣的個別音韻變化的話，是無法解釋的。個別的音韻變化，恐怕是與意義上的特徵有關連才引起的。〈姐姐〉〈這、這個〉的使用頻率很高，而且由於跟對象的親近感，總是容易變成隨便的發音。ia 因「-i- 音變」(i-umlaut progressif——K 氏用語)而變成 ie，更進一步地，因直音化而變成 e。這是十分可能的。

　　本來，應爲上聲 ᵕce 的「者」，在台南、廈門發爲陰平 ᶜce 的傾向較強，也是這種隨便發音的一例！陰平爲高平調，是最自然最好發的音。

　　「十五音」所記錄的 oi 形式令人不解。若認爲是 {ə}，台南、廈門不必說，泉州、潮州的形式並不符合。或許是 e 更加複母音化後的形式。

　　在福州，有一部分的字有 ie 的形式出現。

　　　　扯　ᶜc'ie ❷　蛇　₌sie　爺　₌ie

　　ie 為福州特有的韻母，除本韻外，亦出現於祭韻、齊韻、廢合韻、齊合韻、支韻、脂韻。其範圍相當廣泛，在閩南，有 i, e 或 ia 跟它相對應。本韻則如前所述，在福州，ia 亦為有規則的形式。關於這些字出現這些形式，很可能還是由於「 -i- 音變 」 ia→ie 的變化。

合口二等麻韻　uǎ

文言音都是 ua。

白話音，在閩南、潮州為 ue。

	台南	廈門	十五音	泉州	潮州	福州
瓜	ˍkua	ˍkua	ˍkua	ˍkua		ˍkua
	ˍkue	ˍkue		ˍkue	ˍkue	
花	ˍhua	ˍhua	ˍhua	ˍhua		ˍhua
	ˍhue	ˍhue	ˍhue	ˍhue	ˍhue	

「瓜」ˍkue 為〈瓜〉之意。「花」ˍhue 為〈花〉之意。

在福州，表面上沒出現白話音，此為與文言音 overlap（重疊）關係。福州無 ue 的音韻。從開口來類推，本韻的白話音的音價，推定恐怕是〔uɛ〕。而在福州，卻用 ua 來傳承它。

文言音與白話音的關係，與開口的完全平行。這和日本漢音與日本吳音的關係酷似。

層別＼例字	開　口		合　口	
	家	牙	瓜	花
文言音・漢音	ˍka　カ	ˍga　ガ	ˍkua クワ	ˍhua クワ
白話音・吳音	ˍke　ケ	ˍge　ゲ	ˍkue クヱ	ˍhue クヱ

（大矢透『隋唐音圖』）

齒上音唯一的調查字，出現於「傻」的形式為例外。

	台南	廈門	十五音	泉州	潮州	福州
傻	꜂sa	꜂sa			꜄sa	꜂sua
			꜂sɛ			

「傻」爲純粹的文言，如不查字典的話，不知其意（〈慧直〉說成爲「慧」goŋ²）。在閩南、潮州，以開口的字來讀。在福州，則配合牙、喉音的字來讀。

7.3 遇攝

合口一等模韻   o

文言音，在台南、廈門爲 o。「十五音」爲 ɔ。泉州、潮州
爲 ou。福州爲 u。

各方言中有這樣不同形式存在的，除本韻外是沒有的。這些
形式所具有的意義，從內轉、外轉的範疇，來與本韻有內外轉對
立關係的歌韻做比較對時就會清楚。

		台南	廈門	十五音	泉州	潮州	福州
外	歌文	ə	ə	o	o	o	o
	歌白	ua	ua	ua	ua	ua	uai
內	模	o	o	ɔ	ou	ou	u

關於內外轉的對立，賴惟勤氏❶有以下的類型分類，這項基
準，對我們的探討非常值得參考。

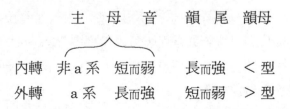

	主母音	韻尾	韻母
內轉	非 a 系	短而弱	長而強　＜型
外轉	a 系	長而強	短而弱　＞型

在歌韻的白話音出現的 a，明白地說明歌韻爲外轉韻。
而文言音，則歌韻變化成圓唇母音的結果，雖然與模韻的對

比並不鮮明，但是要找出內外轉的對立是容易的。相對於泉州、潮州的歌韻 o，模韻為 ou，格外顯著。

－u 可以認為象徵「長而強」的韻尾。主母音 o 比起單獨的時候(歌韻)，其圓唇的程度較強，舌頭的位置亦較高，為〔o2〕❷。這再怎麼說也是「短且弱」的主母音的音價。實際上，聽完全體後的印象，－u 比 o 的聲響更強。

此傾向如果增強的話，o 可能會被 －u 吸收掉。福州的 u 可認為就是這種形式。

在台南、廈門，歌韻因其變化成中舌母音，而與圓唇母音的模韻的對立更加明顯。歌韻會產生非圓唇化的傾向，大概還是因其為外轉的緣故。

「十五音」中，相對於歌韻 o(「高」韻)，模韻為 ɔ(「沽」韻)，可以說內外轉的對立最不清楚。「高」韻與「沽」韻的音價，實際上並不太清楚。只是，據有關廈門的報告來看，推定其為〔Oᵘ₊〕：〔ɔ〕。

關於廈門，由於台南給我們的提示，所做的解釋是：〔Oᵘ₊〕為 ə，〔ɔ〕為 o。亦即，相對於〔Oᵘ₊〕有非圓唇化的傾向，〔ɔ〕始終都維持圓唇母音。這種本質，亦適用於「十五音」。

總之，從模韻保持著圓唇性，可以看到各方言一致的地方。那些肯定是從一個基本形式分離出來的。因為不能認為是分別以不同方式從中原借進來的。

其基本形，恐怕是〔o〕(非〔ɔ〕。又請參閱豪韻)。「十五音」(漳州)為其較忠實的繼承者。台南、廈門承襲了漳州的系統。泉州、潮州則過於強調圓唇性，又派生了 －u。福州所派生

的 –u 發展後，反而把 o 吸收了。

```
                    ┌─→  u    福州
              ou ───┤
        ┌────→      └─→  ou   泉州、潮州
   o ───┤
        └────→  ɔ ───→   ɔ    漳州
                         ↓
                         o    台南、廈門
```

為供參考，請看其他方言出現的情形：

o	日本漢字音	朝鮮漢字音	安南漢字音	
ou	廣州			
u	北京　成都　揚州　南昌　蘇州　梅縣			

閩音系的 o 形式，在中國的其他各方言裏無相同的例子，而外國漢字音中卻有類似的地方。

本韻是所屬的字多的大韻。惟白話音的出現方式卻反而微弱。不過，這只是表面上白話音的主要的層與文言音重疊(overlap)的結果。

overlap 的白話音層，其聲母與聲調的形式，只有與文言音不同的才浮現在表面。

	台、廈	十五音	泉州	潮州	仙游	福州
塗	₌to	₌tɔ	₌tou			₌tu
	₌t'o	₌t'ɔ	₌t'ou	₌t'ou	₌t'ou	
呼	₌ho	₌hɔ	₌hou			₌hu

	₌k'o		₌k'ou		
糊	₌ho	₌hɔ	₌hou		₌hu
	₌ko	₌kɔ	₌kou	₌kou	₌k'u
五	ᶜŋo	ᶜŋɔ		ᶜkou	ᶜŋu
	goꜛ	gɔꜛ	gouꜛ	ᶜŋou	ŋouꜛ ŋuꜛ

「塗」₌t'o 為〈土〉之意。「呼」₌k'o 為〈用呼叫聲招呼家畜至跟前〉之意。「糊」₌ko 為〈塗漿糊〉之意。「五」gouꜛ 為〈五〉❸之意。

聲母與聲調同形者，可能為文言音，亦為白話音。例如：

布　poꜛ　文言〈布帛〉
　　　　白話〈布塊〉
土　ᶜt'o　文言〈土〉
　　　　白話〈粗野〉
蘇　₌so　文言〈紫蘇〉〈甦醒〉
　　　　白話〈奢侈〉
顧　koꜛ　文言〈回顧〉
　　　　白話〈守護〉
烏　₌o　文言〈烏鴉〉〈什麼，何也〉
　　　　白話〈黑〉

本韻與其他韻相比之下，這類字實在很多。

在潮州，所調查的 106 字中，有 36 字出現 u 的形式。這可

能是從官話來的借用形。這類形式的字，全都是純粹的文言。

> 盧　₌lu　〈盧比，印度之通貨〉
> 　　　　借用北京的「盧比」
> 盧　₌lou〈盧，姓氏〉
> 湖　₌hu
> 湖　₌ou　〈湖〉
> 措　c'u⁼
> 醋　c'ou⁼〈醋〉
> 滸　⌐hu
> 虎　⌐hou〈虎〉

....

u 的形態，在潮州似有作爲文言音來處理的習慣。但是，基於剩下的 70 字與其他的方言調和所需，我暫且將其放在白話音欄裏。

海口雖然因爲例字少的關係，但可以看到擁有 ou 與 u 兩種形式。

> 杜　du⁼
> 肚　dou⁼〈腹、肚子〉

由上面的對應關係來推測，u 似乎還是從官話來的借用形。像福州那樣的情況，即使是借用形，亦無法分辨出來。

另外在潮州的文言音，可以看到在鼻音聲母後有配置 o 的形

式。

　　　模，摸　$_⊆$mo

　　　募，墓，慕，暮　$^⊆$mo

　明母 7 個字中，有 6 個字是這種形式。剩下的 1 個字是「姥」$^⊆$bou〈妻〉之意。

　　　努　no$^⊇$

　　　怒　no$^⊇$

　泥母 3 個字中，有 2 個字是這種形式。剩下的 1 個字是「奴」$_⊆$nou，以「奴才」$_⊆$nou $_⊆$cʻai〈僕役〉的詞素出現。

　　　梧　$_⊆$ŋo

　　　悟　$^⊆$ŋo

　疑母 8 個字中，有 2 個字是這種形式。剩下的 6 個字是「伍」$^⊆$ŋou、「隊伍」tui$^⊇$ $^⊆$ŋou〈隊伍〉，「午」$^⊆$ŋou、「中午」$_⊆$toŋ $_⊆$ŋou〈中午〉、「五」$^⊆$ŋou〈五〉、「吳」$_⊆$gou〈吳，姓氏〉，「誤」gou$^⊇$〈錯誤〉，「吾」$_⊆$u，此為官話來的借用形。

　　由上可知，在白話裏，保留了 ou 的形式，然而文言變成 o。這是因為歌與戈韻混淆所引起的。

　　關於鼻音聲母，歌、戈韻與模韻沒區別，台南、廈門就是這種情況。正確地說，台南、廈門的情況，歌、戈韻傾向類似模韻。

　　閩南語有眷顧鼻音化韻母的傾向，而鼻音聲母後的韻母容易受聲母的影響更換成鼻音化韻母。例如：「馬」(文言音)解釋為／$^⊆$ma／，實際的音價為〔$^⊆$mã〕。這要叫人發音成〔$^⊆$ma〕，相當困難。

　　鼻音化韻母有如非鼻音化韻母那般，要設定微妙區別並非易事。台南、廈門的情形：歌、戈韻按理應爲〔ə〕，模韻按理應爲〔ɔ〕。但是因爲〔ə〕的發音困難，所以讀成〔ɔ〕，結果，與模韻混淆不淸。

　　潮州的情況：歌、戈韻按理應爲〔ɔ〕或〔õ〕，模韻按理應爲〔õũ〕，但是因爲〔õũ〕的發音困難，所以讀成〔ɔ〕或〔õ〕，結果，與歌、戈韻混淆了。

　　在福州，主要以唇音出現的 uo，亦爲一問題形式❹。唇音的 24 個調查字中，只有 1 個字——「菩」₌pu 不同，它是從官話來的借用形的可能性很大。

　　這個 uo 跟有規則性形式的 u，是甚麼關係？首先，拿跟它關係較深的戈韻唇音來對比如下。

	幫　母	滂　母	並　母	明　母
模韻	布 puoˀ	鋪 ₌p‘uo	葡 ₌puo	模 ₌muo
戈韻	播 poˀ	坡 ₌p‘o	婆 ₌po	魔 ₌mo

由是可知，依 -u- 之有無，設定了兩韻的區別。這 -u- 無非是內轉韻的圓唇性的象徵。然則，o 又是甚麼？它可能是被 -u 吸收前的主母音本身。亦即，由於依唇音的合口性與圓唇性主母音 o 的相乘作用而派生了 -u-。接着由於異化作用，-u 卻脫落了。例如：

　　　布　pou→pʷou→puo

這樣的音韻變化是可以設想的。

在閩南與潮州的明母的字裏，白話音有 oŋ 出現。

	台南	廈門	十五音	泉州	潮州	福州
摸	꜀bo	꜀bo	꜀bɔ		꜀mo	꜀muo
	꜀boŋ	꜀boŋ	꜀boŋ		꜀moŋ	
墓	bo꜒	bo꜒	bɔ꜒	bou꜒	꜂mo	muo꜒
	boŋ꜒	boŋ꜒				

「摸」꜀boŋ 爲〈摸〉之意。「墓」boŋ꜒ 爲〈墓〉之意。

雖爲陰韻的字，卻採陽韻的形式，是罕有的例。在台南、廈門，除此之外只有「毛」(明豪開一)꜀mo：꜀məŋ〈毛〉而已。꜀məŋ 可能爲 ꜀moŋ 的訛音。潮州比較多。

某　(明厚開一)　꜂moŋ

茂　(明候開一)　꜂moŋ

貿　(明候開一)　moŋ꜒

謀　(明尤開三)　꜀moŋ

如此整理來看的話，我們知道是有其條件存在的。聲母爲 m，韻母爲 o(ou)。這大概是 m 的強鼻音要素(比 n, ŋ 強)對 o(ou) 時特別會有作用，不但使韻母發生鼻音化，而且亦派生了 ŋ。

台南、廈門的 boŋ 的形式亦是從 moŋ 來的。只是，在共時論的音韻體系上，因陽韻之前發不出鼻音聲母，所以 m 被整理成爲 b 了。

在以下 4 個字裏，白話音以和歌韻的文言音同樣的形式出現。

	台南	廈門	十五音	潮州	仙游	福州
葡	₌po	₌po	₌pɔ			₌puo
	₌pʻə	₌pʻu		₌pʻu		
部	po⁻	po⁻	pɔ⁻	₌pou		puo⁻
	pʻə⁻	pʻə⁻				
都	₌to	₌to	₌tɔ	₌tou	₌tou	₌tu
{	₌tə	₌tə			to	
{	₌tu	₌tu				
錯	cʻo⁻	cʻo⁻	cɔ⁻			
	cʻə⁻	cʻə⁻		cʻo⁻		cʻo⁻

「葡」₌pʻə 以「葡萄」₌pʻə ₌tə〈葡萄〉的詞素出現。似乎只有台南為訛音。大概是與「萄」₌tə 成為「重韻」的一種遠隔同化。

廈門謂〈葡萄〉為 ₌pʻu ₌tə。此 ₌pʻu 與潮州一樣，大概同為官話來的借用形。

「部」pʻə⁻ 為量詞〈部、本〉。〈～部〉時，說成 po⁻。

「都」₌tə 為〈全都〉〈連～也…〉之意的副詞。〈都市〉的話，說成 ₌to。在仙游，也同樣分開使用。

　　另外，˗tu「均都」˗kin ˗tu(廈門為˗kun ˗tu)，表〈終歸〉的副詞時出現。

　　官話中無「均都」這個語彙，所以這不太可能是從官話來的借用形。˗to 為訛音的可能性很大。

　　「錯」c'ə˞ 為〈錯誤、不對〉之意。不只在台南、廈門，連在潮州、福州亦為此一形式。這恐怕是為了避免與「醋」c'o˞ 〈醋〉成為同音異義詞！

　　由以上來看，除了「葡」以外，「都」、「部」、「錯」的情形，可認為都跟意義上的特徵有關連所引起的個別的音韻變化。此即圓唇母音的變形，因而容易傾向與歌韻同形，就模韻而言，可以說是當然的事情。

合口二、三、四等魚韻❶　　ïo, ɪo, io
合口二、三、四等虞韻　　ïu, ɪu, iu

　　魚韻與虞韻的差異很微細，甚至在『切韻』的時代，還有沒區別的方言❷。在現代各方音中，其區別差不多都已消失，可以說也是當然的。

　　王力氏根據調查唐代詩人押韻方式的結果，說明其合併最遲到 8 世紀就已經發生了❸。

　　可是，慧琳的『一切經音義』(807 年成書)的反切中❹，卻還有區別(河野六郎博士再建構魚韻為／ïö, iö／，虞韻為／ïü, iü／)。

　　在唐五代西北方音中，虞韻一律移寫成／u／，魚韻則除了／u／以外，還有／i／的形式。這說明了雖有合併的趨勢，卻依然可能遺留了僅有的一點區別！

　　到了『皇極經世聲音唱和圖』、『切韻指掌圖』等宋代音韻資料，則完全合併了，這是眾所周知的。現代的各方言遵循了此中世音的體系，自不待言。

　　閩音系的反映方式如何？先來介紹一下各方言出現的方式，其概略如下。

	魚　韻		虞　　　韻		
	齒上音以外	齒上音	唇音	齒上音	齒上音以外
台南、廈門	{u / əi}	{o / əi}	{u / o}	{o}	{u / iu}

十五音	$\begin{cases} i \\ \{əi\} \end{cases}$	$\begin{cases} ɔ \\ \{əi\} \end{cases}$	$\begin{cases} u \\ ɔ \end{cases}$	$\begin{cases} ɔ \\ \ \end{cases}$	$\begin{cases} i, u \\ iu \end{cases}$
泉州	$\begin{cases} ɨ, u \\ \{əi\} \end{cases}$	$\begin{cases} ou \\ \{əi\} \end{cases}$	$\begin{cases} u \\ ou \end{cases}$	$\begin{cases} ou \\ \ \end{cases}$	$\begin{cases} u, ɨ \\ iu \end{cases}$
潮州	$\begin{cases} ɨ, u \\ \ \end{cases}$	$\begin{cases} o \\ ou \end{cases}$	$\begin{cases} u \\ ou \end{cases}$		$\begin{cases} u \\ \ \end{cases}$
福州	$\begin{cases} y \\ \{əi\} \end{cases}$	$\begin{cases} u \\ \{əi\} \end{cases}$	$\begin{cases} u \\ \ \end{cases}$	$\begin{cases} u \\ \ \end{cases}$	$\begin{cases} y, uo \\ iu \end{cases}$

文言音，在台南、廈門雖然沒區別，但「十五音」、泉州、潮州、福州中，似有些差異存在。白話音則果然很清楚地出現了反映兩韻差異的形式。

先從比較單純的唇音來看。唇音只有虞韻而已。

文言音，非、敷、奉三個聲母爲 hu，微母爲 bu，只有福州爲'u 的形式。這是傳承了輕唇音化的中原方言的形式，自不待言。如果輕唇音化的話，中舌性的／–ɨ–／會消失，所以主母音／u／就會突顯出來。u 爲反映出此／u／的音。

白話音，其重唇音被保存着。韻母的形式爲模韻本身。同樣的形式亦出現於喉音的字，須要注意。

	台、廈	十五音	泉州	潮州	莆仙	福州
夫	꜀hu	꜀hu	꜀hu	꜀hu		꜀hu
	꜀po	꜀po	꜀pou	꜀pou	꜀pou	

斧	ᶜhu	ᶜhu	ᶜhu		ᶜhu	ᶜhu
	ᶜpo	ᶜpu ❺	ᶜpou	ᶜpou	ᶜpou	
扶	₌hu	₌hu	₌hu	₌hu	₌hu	₌hu
	₌p'o	₌p'ɔ				

雨	ᶜu	ᶜi	ᶜɨ			ᶜy
	ho²	hɔ²	hou²	ᶜhou	hou²	
芋	u²	u²				uo²
	o²	ɔ²	ou²	ou²	ou²	

「夫」₌po 以「口夫」ᶜca ₌po〈男〉,「斧」ᶜpo 以「斧頭」ᶜpo ₌t'au〈斧〉的詞素出現。「扶」₌p'o 爲〈用兩手向上扶〉〈阿諛奉承〉之意❻。

「雨」ho² 爲〈雨〉之意。「芋」o² 爲〈芋頭〉之意。關於福州的 uo²,請參閱後文。

虞韻的主要來源爲侯部 *ɪŭg,加上從魚部合口 *ɪuag 合流過來的唇、牙、喉音的字。所以出現在這白話音的字,都是魚部合口的字,頗饒趣味。

關於魚部合口的字向虞韻合流的過程,如下所示,可以推定途中有經過 *ɪuo 的階段。

```
侯部       *ɪug ──────────────────> ɪu  ⎫
魚部合口   *ɪuag ────────> ɪuo ────> ɪu  ⎬ 虞韻
```

魚部開口　＊ıag　———→　ıa　———→ıo　魚韻

魚部一等　＊　ag　———→　a　———→o　模韻

（『漢字語源辭典』pp.878～879）

此 o 與模韻的主母音同一本質，白話音爲其殘留的或然率很大。

在唇音以外，齒上音與其他的音形式不同。

爲便於說明，從齒上音以外的看起。魚韻與虞韻之間，雖然微妙卻可確認有明顯的差異，此爲其他音系所沒有的重大特徵。

魚韻，在台南、廈門爲 u。「十五音」爲 i。泉州原則上爲ɨ，有若干字作爲又音而有 u 的形式。潮州原則上亦爲ɨ，一部分有 u 的形式出現。福州爲 y。

虞韻，在台南、廈門爲 u。「十五音」原則上爲 i，一部分有 u 的形式出現。泉州原則上爲 u，但是作爲又音而有ɨ形式的字較多。潮州爲 u。福州爲 y，但是一部分有 uo 的形式出現。

總之，除台南、廈門外，其他任何方言都可以看出，虞韻比魚韻帶有 u 的色彩濃厚。

在此，想起了在閩南、潮州，虞韻的以母以 z(1)出現，但魚韻則並非如此。因爲潮州的對比最爲鮮明，用潮州作例如下。

魚　余　ₔɨ　與　ᶜɨ　譽　ᶜɨ

虞　楡　ₔzu　愈　ᶜzu　裕　ᶜzu

潮州的情形是，z 出現的條件明顯地爲其後須接 u 韻母。潮

州的這項啓示，非常寶貴。

　　只出現於虞韻而不出現於魚韻的形式，有福州的 uo。這在
「芋」uoᵓ 的例子已經看到過，茲再補充如下。

　　　　廚　ꞔtuo
　　　　朱　ꞔcuo
　　　　珠　ꞔcuo
　　　　輸　ꞔsuo
　　　　注　cyᵓ：cuoᵓ
　　　　鑄　cuoᵓ
　　　　句　kuoᵓ　　　　　　　仙游爲 kyᵓ：kuᵓ

　　uo 爲福州特有的複母音，出現在戈韻與模韻兩者的唇音。
但是，這跟它沒甚麼關係，倒是該來注意一下 u 的存在(o 可能只
是 u 的圓唇化在後段時鬆緩下來的形式)。

　　由以上的情形來考慮，虞韻是因〔u〕被借進來的，大概沒
錯。亦就是與唐五代西北方音同形。

　　那麼，魚韻是以什麼形式被借入的呢？魚韻這一方面，似乎
i 的色彩較濃。可能是〔i〕或〔y〕。如果是〔i〕，則用於說明
「十五音」很合適，但要用於說明其他方言，就不合適了。所
以，決定採用〔y〕。

　　福州的 y 爲其最忠實的繼承者。

　　閩南語不喜撮口，所以並沒有 y。泉州用中舌母音ɨ來傳
佈。台南、廈門承襲了泉州的系統，將ɨ訛傳成 u。潮州亦以ɨ
來流傳。「十五音」中無中舌母音，以 i 來傳承。但是此 i 有可
能是從ɨ變化來的。因爲從漳州分離出來的潮州所傳承的是ɨ。

在台南、廈門，以兩韻同形來出現的理由，即使由上述已經知道了，但是在其他方言中，爲何局部地發生混淆，還是可疑的。

魚韻，在泉州與潮州出現 u，基本上可認爲是從廈門來的借用形。虞韻在「十五音」有 i，而福州有 y 出現，有可能是在兩韻合併成爲〔y〕的形式還相差不大的時期就已借進去了❼。

在白話音裏，虞韻有 iu 的形式出現，是其特徵。

	台、廈	十五音	泉州	潮州	莆田	福州
鬚	₌su	₌si	₌s⁺	₌su		₌sy
	₌c'iu	₌c'iu	₌c'iu	₌c'iu		
珠	₌cu	₌cu	₌cu	₌cu		₌cuo
	₌ciu	₌ciu	₌ciu	₌ciu		
蛀	cu⁼	ci⁼	cu⁼	cu⁼		cy⁼
	ciu⁼	ciu⁼	ciu⁼			
樹	su⁼	su⁼	su⁼	su⁼		sy⁼
	c'iu⁼	c'iu⁼	c'iu⁼	c'iu⁼	c'iu⁼	c'iu⁼

「鬚」c'iu 爲〈鬍鬚〉之意。「珠」₌ciu 以「目珠」bak₌ ₌ciu〈眼睛〉的詞素出現。「蛀」ciu⁼ 爲〈蛀蝕〉之意。「樹」c'iu⁼ 爲〈樹木〉之意。

這種形式眞是酷似中古音。在文言音中毫無踪影的拗音介音，出現得非常明顯。

魚韻中，出現於「許」字的形式引人注意。

	台南	廈門	十五音	泉州	潮州	福州
許	˪hu	˪hu	˪hi	˪hɨ	˪hɨ	˪hy
	˪kˈo	˪kˈo	˪kˈɔ	˪kˈou	˪kˈou	

「許」˪kˈo 為〈許，姓氏〉之意。

關於這種形式，有兩種可能性。一種是中古音／io／的 o 的殘留。另一種是被當做模韻的字認讀了。「許」的聲符為「午」，而「午」為模韻的字。加上模韻中亦有「滸」˪ho 等字出現，也許後者的可能性較高也說不定。

其次探討有關齒上音的問題。

		台南	廈門	十五音	泉州	潮州	福州
魚 韻	初	˪cˈo	˪cˈo	˪cˈɔ	˪cˈou	˪cˈo	˪cˈu
		˪cˈe	˪cˈue	˪cˈe	˪cˈəi	˪cˈiu	˪cˈœ
	梳	˪so	˪so	˪sɔ	˪sou	˪so	˪su
		˪se	˪sue	˪se	˪səi	˪siu	˪sœ
	助	coˀ	coˀ	cɔˀ	couˀ	˪co	cuˀ
虞 韻	芻	˪co	˪co	˪cɔ	˪cou	˪cˈu	
	雛	˪cˈu	˪cˈu	˪cˈi		˪cˈu	
	數	soˀ	soˀ	sɔˀ	souˀ		suˀ

「初」˪cˈe 為〈初～〉之意。「梳」˪se 為〈梳桼頭髮〉之

意。❽

　　虞韻比起魚韻，並不明顯。

　　白話音沒出現。不過關於「數」，在閩南、潮州有 siau゛〈帳簿〉〈算帳〉這種白話音的傳統存在❾。但是 iau 的形式出現於虞韻則是奇怪的。所以當作「訓讀」而予以省略。

　　文言音裏可以放心處理的，也只有「數」一個字而已。「貀」、「雛」爲難字。像「雛」這個字與「雌」（清支開四）ᵕc'u 發生混淆。「貀」在閩南，讀音是正確的，但在潮州則與「雛」同音。結果，只就「數」來印證的話，虞韻與魚韻可以說並沒區別。

　　另外，文言音除潮州外，各方言皆與模韻出現同樣的形式。這正是齒上音的特徵。不過，這是與其他音系完全一樣的，在宋代以前的資料看不到，爲中世音的特徵。其理由，據說明是：捲舌音聲母後的 i 介母消失，固不待言，而韻母亦受影響，再次加強了圓唇化的結果。

　　就閩音系來說，像這樣的音韻變化，在閩音系中沒理由會自律性地發生。無疑是在當初就以模韻的字從中原借入的。

　　潮州本來應該是 ou，而 o 是 ou 的圓唇消失後的形式，亦即，可能是 ou 的訛音。說到圓唇的消失，台南、廈門的「楚」ᵕc'o：ᵕc'ə 亦是這種情形。

　　　　楚國　　ᵕc'o kok̚　　〈楚國〉

　　　　清楚　　ᵕc'iəŋ ᵕc'ə　　〈清楚〉

模韻裏，圓唇有消失的傾向，在前文已經叙述過。

　　白話音就閩南來看的話，無疑地爲 {iə} 的形式。關於 {iə}

的詳細說明，參看例子多的蟹攝開口二等在台南以 e，廈門以 ue，而「十五音」以 e 或 oi，泉州以 əi，潮州以 oi，福州以 e 的方式出現。

如果閩南是那樣的情形，則福州的 œ──本韻以外無出現──亦爲 e 的訛音的或然率很大。

潮州的 iu 完全是例外，沒法解釋。

須要注意的是，此白話音不只出現於齒上音，在其他聲母中也看得到。

	台南	廈門	十五音	泉州	潮州	福州
驢	˳lu	˳lu	˳li	˳lɨ	˳lɨ	
						˳lœ
苧	˪t'u	˪t'u	˪t'i	˪t'ɨ		
	te˧	tue˧	te˧	t'əi˧		to˧
黍	ˊsu	ˊsu	ˊsi	ˊsɨ	ˊsu	ˊsy
	ˊse	ˊsue	ˊse	ˊsəi		

福州的「驢」˳lœ 爲〈驢〉之意。台南以下爲文言音亦爲白話音。「苧」te˧ 爲〈苧麻〉之意。福州的 to˧ 可能是 tœ˧ 的訛音。「黍」ˊse 爲〈黍〉之意。

亦即，在這個層的白話音裏，齒上音的特徵還未出現。但是 {əi} 實際上主要出現於蟹、咸、山攝的開口二、四等，而在這裏出現是難以理解的，儘管如此，僅限於魚韻，由這一點可以看出

它是魚韻開口韻的特徵。

在「十五音」裏：

汝　˚zi：˚lu　〈你〉

去　k'iᐟ：k'uᐟ〈去〉

語　˚gi：˚gu　〈語言〉

遇　giᐟ：guᐟ　〈遇〉

上面若干字讀成白話音的，有 u 的形式出現。而特別加註爲「海腔」，是很有趣的。所謂「海腔」，是靠海之地廈門或泉州的訛音的意思。

相反地，在台南、廈門，作爲白話音的，卻以 i 的形式出現，這肯定是從漳州來的借用形。

猪　˳tu：˳ti　〈豬〉

汝　˚lu：˚li　〈你〉

去　　　k'iᐟ　〈去〉

魚　˳hu：˳hi　〈魚〉

....

其他零星的形式如下。

在潮州，「女」讀成˚nɨŋ。此可能爲˚nɨ的訛音。因 n 的鼻音要素過強而派生了 -ŋ。另外，

虞，愚　˳ŋo　　寓，遇　˚ŋo

與歌韻同形(魚韻的疑母爲 gɨ)。潮州無 mu, nu, ŋu 的形式。爲甚麼這樣，很奇怪。

7.4　蟹攝

開口一等咍韻　əi
開口一等泰韻　ɑi

文言音都是 ai。

重韻的區別並不存在。其他方言也一樣。在慧琳的『一切經音義』的反切裏，也已經看不到區別了。

頗饒趣味的是白話音的出現方式。因為泰韻方面比較單純，所以先從泰韻看起。在閩南、潮州，ua 的出現非常廣泛。

	台、廈	十五音	泉州	潮州	莆田	福州
大	tai⊐	tai⊐	⊏tai	tai⊐	tai⊐	tai⊐
	tua⊐	tua⊐	tua⊐	tua⊐	tua⊐	
賴	nai⊐	nai⊐	nai⊐	⊏nai		lai⊐
	lua⊐	lua⊐	lua⊐	lua⊐		
蔡	cʻai⊐	cʻai⊐	cʻai⊐	cʻai⊐		cʻai⊐
	cʻua⊐	cʻua⊐	cʻua⊐	cʻua⊐		
蓋	kai⊐	kai⊐	kai⊐	kai⊐		kai⊐
	kua⊐	kua⊐	kua⊐			

「大」tai⊐ 為〈大的〉之意。「賴」lua⊐ 為〈賴，姓氏〉〈誣賴〉之意。「蔡」cʻua⊐ 為〈蔡，姓氏〉之意。「蓋」kua⊐ 為〈蓋子〉之意❶。

這種形式可能是在 a〔ɑ〕之前派生出 –u–，而一方面 –i 消

失的結果(參閱 7.1 歌韻項)。-i 之所以消失，起因於本韻屬於 >
型韻母的外轉。

　　一、二等重韻本來是如下面的組合❷，ua 可認爲 *a 系泰韻
的殘留。

　　　　*a 系　泰　談　　夬　佳　銜　刪　庚
　　　　*ə 系　咍　覃　皆　　　咸　山　耕

　　咍韻的白話音與泰韻風格不同。咍韻中，有幾個白話音的形
式出現，其主母音都是狹窄的。

　　出現最廣泛的形式爲 {ə}。

　　如 7.1 一節所述，{ə} 在台南、廈門爲 e，「十五音」爲 e
或 oi，泉州爲 ə，潮州爲 o，福州則採取 oi 的形式。

	台南	廈門	十五音	泉州	潮州	福州
戴	tai⌐	tai⌐	tai⌐	tai⌐	tai⌐	tai⌐
	te⌐	te⌐	te⌐	tə⌐	to⌐	
袋	tai⌐	tai⌐	tai⌐	tai⌐		
	te⌐	te⌐	{te⌐ / toi⌐}	tə⌐	to⌐	toi⌐
賽	sai⌐	sai⌐	sai⌐	sai⌐	sai⌐	sai⌐
	se⌐	se⌐	se⌐	sə⌐		

　　「戴」te⌐ 爲〈戴，姓氏〉之意。「袋」te⌐ 爲〈袋〉〈裝
入袋子〉之意。「賽」se⌐ 爲〈競爭〉之意❸。

其他零星的白話音形式如下。

	台南	廈門	十五音	泉州	潮州	福州
戴	tai⊃	tai⊃	tai⊃	tai⊃	tai⊃	tai⊃
	ti⊃	ti⊃			ti⊃	
苔	⊂tʻai	⊂tʻai	⊂tʻai	⊂tʻai		
	⊂tʻi	⊂tʻi	⊂tʻi			⊂tʻi
來	⊂lai	⊂lai	⊂lai	⊂lai	⊂lai	⊂lai
						⊂li
腮	⊂su	⊂su	⊂sai		⊂sai	⊂sai
	⊂cʻi	⊂cʻi				

「戴」tai⊃ 爲〈戴帽子等〉之意。「苔」⊂tʻi 爲〈青苔〉之意。文言音的聲調爲異例。福州的「來」⊂li 爲〈來〉之意。〈來〉在閩南、潮州說成 ⊂lai（爲文言音亦爲白話音）。「腮」⊂cʻi 爲〈鰓〉之意。台南、廈門的文言音可能爲「思」（心之開四）⊂su 的類推形。

i 才是適合止攝開口的形式。但是，它在本韻出現，並非沒有理由。有的方言將這些字作爲之韻的字來讀。閩音系則很可能繼承了這個傳統。

咍韻的大部分跟之韻，在上古音屬於之部的 *əg, ɪəg。

「戴」的聲符爲「弋」，具有此聲符的字，即屬於之韻。「𢦏」（莊志開二），「載」（清志開四）。

「苔」的本字爲「蓎」，聲符之「治」ti⊃ 無疑是之韻的

字。

「來」的原義爲〈麥〉，爲「芒束」的象形，具有此聲符的字，在之韻有「倈，狹，秾，萊，鰲……」（『集韻』），並不少。值得特別注意的是，關於「倈」，『集韻』載有「至也」，『廣韻』有「來，見楚詞」的註。此不能作爲我們推測的直接證據嗎？

但是，基本上即使有在閩南出現而不在福州出現的白話音❹，卻沒有在福州出現而不在閩南出現的白話音。「來」爲其稀有例子中最具代表性的字。

因爲 i 出現於「戴」、「苔」、「腮」，所以出現於「來」是一點也不奇怪，但是並沒出現。沒出現的原因，可能是 ₌li 這個形式跟較有規則的 ₌lai 這個形式相抗拮而敗退了。其原因也許在於 ₌li 跟「離」（來支開三）〈離緣〉同音，被視爲不吉所致。

「腮」亦可寫成「鰓」或「顋」，明顯地都以「思」₌su：₌si 爲聲符。難怪台南、廈門的文言音讀成 ₌su。止攝開口四等的白話音爲 i，則 ₌cʻi 跟它相符合。

	台南	廈門	十五音	泉州	潮州	福州
開	₌kʻai	₌kʻai	₌kʻai	₌kʻai	₌kʻai	₌kʻai
	₌kʻui	₌kʻui	₌kʻui	₌kʻui	₌kʻui	₌kʻui

「開」₌kʻui 爲〈開、打開〉之意。

此字作爲咍韻的字，似乎並不具白話音。依照這種情形，亦有將「開」當作微韻的字來讀的方言，而閩音系則有可能繼承了

它的傳統。

　　咍韻的牙、喉音的一部分的字，來自於微部 *ər，而微韻亦來自於微部 *iər。調查了諧聲系統，亦可以發現兩者的關係如下所示，非常親近。

　　　　咍韻　　概　闓　哀
　　　　微韻　　旣　豈　衣

　　更甚者，有如「愾」「大息也」這樣在兩韻中甚至都可看到的字。另外，「闓」爲「開」的異體字。

　　因而，即使有將「開」當作微韻的字來讀的方言，也一點不足爲奇。而且 ui 的形式與微韻的白話音的這個(ui)形式有符合。

　　　　幾　 ᶜki：ᶜkui〈幾〉
　　　　氣　 kʻiᶜ：kʻuiᶜ〈氣息〉
　　　　衣　 ₋i ：₋ui 〈生小孩時的副產物〉

	台南	廈門	十五音	泉州	潮州	福州
改	ᶜkai	ᶜkai	ᶜkai	ᶜkai		ᶜkai
	ᶜke	ᶜkue	ᶜke	ᶜkəi	ᶜkoi	

　　「改」ᶜke 爲〈改〉之意。

　　此爲 {əi} 的形式。{əi} 主要是出現於蟹攝開口二、四等的白話音。僅有一個字出現於本韻，那未免不合宜。或許是與「解」(見蟹開二)ᶜkai：ᶜke〈治好中毒症狀〉混淆了。

開口二等皆韻　ɐi

開口二等佳韻　ăi

開口二等夬韻　ăi

文言音在各方言中，大致上皆爲 ai。重韻的區別並不存在。

只是在佳韻，有一部分的字與開口二等麻韻的文言音同形，這可以說是佳韻的特徵。

	台南	廈門	十五音	泉州	潮州	福州
罷	pa²	pa²	pa²	pa²		pa²
柴	₌c'ai	₌c'ai	₌c'ai	₌c'ai		₌c'ai
	₌c'a	₌c'a	₌c'a	₌c'a	₌c'a	₌c'a
灑	᷐sa	᷐sa	᷐sɛ	᷐sa	sai⁻	᷐sa
曬	sa⁻	sa⁻	sai⁻		sai⁻	sai⁻
佳	₌ka	₌ka	₌kɛ	₌ka	₌kia	₌ka

佳韻在『廣韻』中被排列成：祭—泰—佳—皆—夬的順序，列入有 i 韻尾的各韻同類中。但是在王仁昫的『刊謬缺切韻』裏，以：歌—戈—麻—佳的順序排列，被列入零韻尾型的同類中，而且與麻韻相鄰接。其間的情形，藤堂教授有以下的說明。

　　相對於麻 */ɛ/（＝/ã/）而變成了佳 */ɛj/（＝/ãi/），爲六朝某一方言的現象。在其他一部分的方言中，從六朝時代開始，無疑的麻、佳已經都是 */ɛ/了。

　　佳 */ɛj/似與夬 */ɛj/重複，衆所周知，夬韻只是

去聲的韻。於是，『切韻』的編者在夬韻之外另設佳韻，肯定是保存了方言上的細微區別。(『中國語音韻論』p.235)

但是，認爲上面的形式是直接承襲了『刊謬缺切韻』的系統，可能對其過分評價了。這些字在『集韻』中的本韻與麻韻皆可看到。很可能從一開始就作爲麻韻的字來讀。

而且，可以看到夾雜着 ai 的形式，有可能是從其他的字來的類推形，或是從官話來的借用形。以「柴」的情形來說，ai 爲較新的形式，這一點，從被賦與文言音的地位正可顯示出來。「柴」₌cʻa 爲〈薪柴〉〈木料〉之意。

關於「罷」，是提示在 8 世紀中期被讀成 paᵓ 音的有趣資料。

顧況(至德年間，8 世紀中期的進士)作有詠誦當時閩風俗的「哀囝詩」❶。詩裏用了一個土語「郎罷」，他的自註是「閩人呼父爲郎罷」。

此語在福州尙保存着。現在，稱〈父親〉爲 ₌loŋ paᵓ 的即爲此語。「郎」的音韻、意義皆無問題，「罷」字可能是「假借字」。但是，即使是「假借字」(正因爲是假借字)，也得以知道，在當時的中原與閩北被讀成 paᵓ。

白話音亦一樣沒有重韻的區別。居然是一等而不是二等，是因爲即使同爲重韻的合併，但二等比一等較容易，而且可能是由於時期較早的關係。實際上，要保持狹母音之間的區別，比保持廣母音之間的區別，應該更加困難。

整體上，有二種形式出現。

其中一種，在台南爲 e，廈門爲 ue，「十五音」爲 e 或 oi，泉州爲 əi，潮州爲 oi，福州則採 e 的形式。

		台南	廈門	十五音	泉州	潮州	福州
皆韻	階	₌kai	₌kai	₌kai	₌kai	₌kai	₌kai
		₌ke	₌kue	₌ke	₌kəi	₌koi	
	挨	₌ai	₌ai	₌ai	₌ai	₌aiN	₌ai
		₌e	₌ue	₌e / ₌oi	₌əi	₌oiN	₌e
佳韻	買	ꜛmai	ꜛmai	ꜛmai	ꜛmai		
		ꜛbe	ꜛbue	ꜛbe	ꜛbəi	ꜛboi	ꜛme
	奶	ꜛnai	ꜛnai	ꜛnai		ꜛnai	
		ꜛne / ꜛle	ꜛne				ꜛne
	釵	₌cʻai	₌cʻai	₌cʻai	₌cʻai		
		₌tʻe	₌tʻue	₌tʻe	₌tʻəi	₌tʻai ❷	
	矮	ꜛai	ꜛai	ꜛai			
		ꜛe	ꜛue	ꜛe / ꜛoi	ꜛəi	ꜛoi	ꜛe
夬韻	敗	pai⁼	pai⁼	pai⁼	pai⁼	pai⁼	pai⁼

（夬韻無白話音出現）

「階」ₑke 以「砳階」₌gim ₌ke〈屋簷下〉〈石階〉的詞素出現。「挨」₌e 為〈推磨子〉〈推〉之意。「買」ᶜbe 為〈買〉之意。「奶」ᶜne 為〈母親〉的帶有鄉土味的叫法。ᶜle 以「娘奶」₌nion ᶜle〈母親〉的古式風土味叫法的詞素出現。「釵」₌tˈe 以「金釵」₌kim ₌tˈe〈金釵〉的詞素出現。「矮」ᶜe 為〈矮小〉之意❸。

閩音系的「共同基本語」大概是 {əi}。泉州的 əi 為其最忠實的繼承者。潮州的 oi 為其 variants(異音)。廈門承襲了泉州的系統，將 əi 訛成 ue 來傳承。

「十五音」(漳州)，單母音化而變成 e。但是卻還保留有 {əi} 的痕跡。又音的 oi 正是。台南承襲了漳州的系統為 e，福州亦同為 e❹。

如表 III {əi} 所顯示，可以看到這個白話音亦出現於歌韻、魚韻、咍韻、祭開韻、齊韻、泰合韻、脂開韻。鼻音化之後的 {əiN} 這個形式，則出現於覃韻、山韻、刪韻、先韻。另外，入聲的 {əiʔ} 這個形式，出現於洽韻、帖韻、緝韻、點韻、屑韻。

它們的共通點如下。

1. 只限於外轉韻(但是，雖為外轉韻，假、效、宕、梗 4 攝的字並沒出現)。

2. 主要為二等及四等。

3. 都是開口的。

這種形式大概是經由以下的過程出現的。

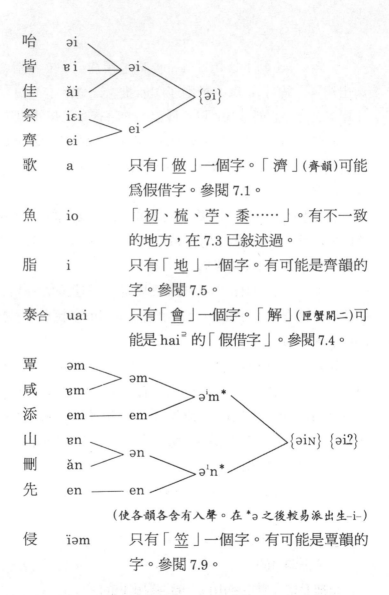

歌　　a　　　只有「做」一個字。「濟」(齊韻)可能
　　　　　　　為假借字。參閱 7.1。

魚　　io　　　「初、梳、芌、黍……」。有不一致
　　　　　　　的地方，在 7.3 已敘述過。

脂　　i　　　只有「地」一個字。有可能是齊韻的
　　　　　　　字。參閱 7.5。

泰合　uai　　只有「會」一個字。「解」(匣蟹開二)可
　　　　　　　能是 hai² 的「假借字」。參閱 7.4。

（使各韻各含有入聲。在 *ə 之後較易派出生-i-）

侵　　ïəm　　只有「笠」一個字。有可能是覃韻的
　　　　　　　字。參閱 7.9。

另外一種為 e 類單母音的形式。

		台南	廈門	十五音	泉州	潮州	福州
皆韻	排	⊆pai	⊆pai	⊆pai	⊆pai	⊆pai	
							⊆pe
	齋	⊆cai	⊆cai	⊆cai	⊆cai		⊆cai
		⊆ce	⊆ce	⊆cɛ	⊆ce	⊆ce	⊆ce
佳韻	牌	⊆pai	⊆pai	⊆pai	⊆pai	⊆pai	
							⊆pe
	債	cai⊃	cai⊃	cai⊃			cai⊃
		ce⊃	ce⊃	cɛ⊃		ce⊃	
	街						
			⊆ke			⊆ke	
夬韻	塞						cai⊃
		ce⊃	ce⊃	cɛ⊃	ce⊃	ce⊃	

　　福州的「排」⊆pe 爲〈排列〉之意。此音在其他方言中，是文言音亦是白話音。「齋」⊆ce 以「齋懺」⊆ce c'am⊃〈齋戒供養，祭祀死者的儀式〉的詞素出現。

　　福州的「牌」⊆pe 爲〈牌子〉之意。此音在其他方言中，爲文言音亦爲白話音。「債」ce⊃ 爲〈債務〉之意。「街」⊆ke 爲〈市街、街路〉之意。

　　「塞」ce⊃ 爲〈要塞〉之意。

　　福州的形式有可疑的部分，惟限於閩南、潮州，則與開口二等麻韻的白話音完全同一形式。不只是佳韻，連皆韻、夬韻亦有出現，這是須要注意的。亦即，與文言音的情形一樣，先有三重韻聯合成一韻的音韻變化，之後，有將它比照麻韻(白話音)來讀的方言，再繼承這個傳統，大概是這樣的。

　　「街」、「寨」的情形，傳統上此形式在閩南一直被認爲是文言音。但是這一點從其他的字或其他音系的出現方式來看，ai 才是文言音的形式，自不待言。特別是「街」，{əi} 重疊地出現，很複雜。

	台南	廈門	十五音	泉州	潮州	福州
街	(‿kai)	(‿kai)	(‿kai)	(‿kai)	(‿kai)	(‿kai)
	(‿ke)	‿ke	(‿kɛ)	‿ke	(‿ke)	(‿ke)
	‿ke	‿kue	‿ke	‿kəi	‿koi	‿ke

　　但是，可以重新構成像上面的情形。括弧中爲消滅了的形式。麻韻的白話音跟 {əi} 兩種形式重疊的狀態，在泉州及廈門常常出現。在「十五音」與潮州，麻韻的白話音消滅後，只剩下 {əi}。台南因爲有兩種白話音以同一形式出現，要決定哪一個消滅、哪一個殘留下來，很麻煩。只是，若從「十五音」與潮州來類推的話，似乎還是 {əi} 殘留下來的可能性較大。至於福州，亦考慮認爲是 {əi} 的形式。

　　兩種白話音，哪一個是比較舊的層？那大概是 {əi}。由以下的情況可以知道。即，{əi} 出現在較基礎又較重要的語彙。而且，兩種形式同時出現的時候，e 類單母音有被當做文言音的傾向(例如「街」的情形)。

開口三、四等祭韻　ıεi, iεi

文言音，在閩南爲 e 或 i。潮州爲 i。福州爲 ie 或 i。

	台南	廈門	十五音	泉州	潮州	福州
敝	pe⁼	pe⁼	pi⁼	pe⁼	ˊpi	pi⁼
例	le⁼	le⁼	li⁼	le⁼	li⁼	lie⁼
祭	ce⁼	ce⁼	ce⁼	ce⁼	ci⁼	cie⁼
滯	ti⁼	ti⁼	ti⁼	ti⁼	t'i⁼	ti⁼
制	ce⁼	ce⁼	ci⁼	ce⁼	ci⁼	cic⁼
芸	ge⁼	ge⁼	ge⁼	ge⁼		ŋie⁼

閩南與福州都有兩種形式，並不固定。只有潮州整齊地以 i
出現，因爲 i 是「十五音」的 i 與 e 合一後的「大幅度」的音韻
（參閱 4.5.13「稽」(e)的對應表）。

後面的齊韻，其出現方式與此完全相同。

在慧琳的『一切經音義』的反切，唐五代西北方音的祭韻與
齊(霽)韻已經沒區別。嚴密地說，在『切韻』體系內，原爲直音
形式的四等韻，到了唐代，派生出 –i–，而合流於三等韻的甲類
❶，形成一大音韻變化的一環。即使在蕭韻與宵韻、添韻與鹽
韻、先韻與仙韻、青韻與清韻裏，文言音反映了合流後的狀態，
亦即以沒區別的狀態出現。

但是，e 與 i 雖有不同，而關於同時出現的兩個近似的形
式，如何解釋才好呢？

Karlgren 認爲，福州的 ie 爲中古音的 –i 消失後的形式，

而廈門的 e 則爲 -i 消失後進一步連 -i- 也消失的形式(中國音韻學研究』p.488)。由 K 氏所得到的啓示，大槪可以說，借入閩音系的原來的形式是 ie。

祭、齊韻在宋代的汴京、洛陽音❷中，與止攝 4 韻合併，成爲 i 類的一大韻。但是在慧琳『一切經音義』的反切或唐五代的西北方音中，則還沒那樣的情況。

止攝 4 韻在閩音系裏亦是 i，並沒 e 的形式出現❸。因而，閩音系所傳承的祭、齊韻的形式，比宋代的汴京、洛陽音早一個時期的，亦即爲慧琳型。那就是 -i 消失後的 ie 形式(半狹母音後面的 -i 容易消失)，其可能性非常大。

但是 ie 的形式並非原封不動地傳入閩南語。而是被發成直音。直音的形式，有的是 -i- 被吸收只剩下 e，相反地，亦有 e 被吸收只剩下 -i- 的。都是因 -i- 與 e 兩者是近似的音所造成的變化。福州方面，亦有很多直音形式出現。

白話音的出現，有以下三種形式。

第一種形式爲 {əi}。

	台南	廈門	十五音	泉州	潮州	福州
藝	ge²	ge²	ge²	ge²		ŋie²
		gue²		gəi²	goi²	

廈門的「藝」gue² 以「工藝」ˍkaŋ gue²〈工作，技藝〉的詞素出現。

{əi} 在台南、「十五音」裏，以 e 出現，與文言音處於重疊 (overlap) 的狀態。如前所述，{əi} 主要爲二等與四等。所以，「藝」在此白話音的上面，它的出現方式可以說相當於四等。

第二種形式爲 ua。

	台南	廈門	十五音	泉州	潮州	福州
逝、誓	se⁼	se⁼	si⁼	se⁼	si⁼	sie⁼
	cua⁼	cua⁼	cua⁼		cua⁼	

「逝」cua⁼ 爲〈行，條、縷〉〈趙〉❹之意。

「誓」cua⁼ 以「咒誓」ciu⁼ cua⁼〈發誓〉的詞素出現。

在這種情況裏，a 可能是反映／ɛ／而出現的。–u– 則爲 i 介母變化後的形式（參閱 7.2）。

在台南、廈門與泉州（台南、廈門肯定是傳承了泉州的系統）中，關於「世，勢」兩個字，相對於文言音 se⁼，白話音爲 si⁼，這是值得重視的。

世間	se⁼ ₌kan	〈世間〉
世事	se⁼ su⁼	〈世事〉
出世	cᶜut₌ si⁼	〈出生〉
即世	cit₌ si⁼	〈這一生〉
勢面	se⁼ bin⁼	〈演變的趨向，樣子〉
勢力	se⁼ liək₌	〈勢力〉

$$\begin{cases} \text{慣勢} \quad \text{kuan}^\supset \text{ si}^\supset & \langle \text{習慣} \rangle \\ \text{手勢} \quad {}^\subset\text{c'iu si}^\supset & \langle \text{治療等技巧} \rangle \end{cases}$$

se$^\supset$ 決不是純粹的文言文，但是 si$^\supset$ 確實爲較白話性的詞素。

「十五音」爲 si$^\supset$ 的形式，此 i 有可能是從漳州來的借用形，因其出現的語彙較通俗，所以還是認爲自古以來的白話音較妥當(在漳州，爲文言音亦爲白話音)。如後面可以看到的，開口三、四等是具有 i, iN, i2的白話音的一般傾向。

本韻雖有重紐出現，但完全看不出有什麼區別。

開口三等廢韻　ïɐi

	台南	廈門	十五音	泉州	潮州	福州
刈	ŋai²	ŋai²	ŋai²		ŋai²	ŋai²

　　本韻是所屬字少的弱韻。僅就「刈」一個字所做的調查，大概是按照聲符「艾」(泰韻)ŋai², ᶜŋai 來讀的。

開口四等齊韻　ei

文言音，在閩南爲 e 或 i。潮州爲 i。福州爲 ie 或 e, i。

本韻在其他音系，除粵音系爲／ai／外，其餘皆爲 i——亦即，與止攝 4 韻合併而無法區別——閩音系 e 類的形式，可說是具有特徵的。

白話音的出現方式較爲複雜。

最廣泛的出現形式爲 {əi}。

	台南	廈門	十五音	泉州	潮州	福州
抵	ᶜti	ᶜti	ᶜti	ᶜti	ᶜti	ᶜti
	ᶜte	ᶜtue	ᶜte	ᶜtəi		ᶜte
犁	₌le	₌le	₌le	₌le		₌le
		₌lue		₌ləi		₌loi
齊	₌ce	₌ce	₌ce	₌ce	₌cʻi	₌ce
		₌cue		₌cəi	₌coi	
雞	₌ke	₌ke	₌ke	₌ke		₌kie
		₌kue		₌kəi	₌koi	

「抵」ᶜte 爲〈抵〉之意。廈門的「犁」₌lue 爲〈犁〉之意。「齊」₌cue 爲〈齊〉之意。「雞」₌kue 爲〈雞〉之意❶。

如前文所述，{əi} 在台南爲 e，廈門爲 ue，「十五音」爲 e 或 oi，泉州爲 əi，潮州爲 oi，福州則以 e 的方式出現。文言音如果爲 e，在台南、「十五音」(oi 出現的話，另當別論)、福州等，白話音則與文言音 overlap，表面上並不出現。但是，如

「抵」之類，文言音爲 i 的話，則白話音出現的情形很淸楚。

{əi}，在所調查的齊韻 56 個字中，有 21 個字，竟然呈現百分之 37 強的廣泛分布。

在「底」字裏，有 {ə} 出現。

	台南	廈門	十五音	泉州	潮州	福州
底	^cti	^cti	^cti	^cti	^cti	^cti
	^c<u>te</u>	^c<u>te</u>	^c<u>te</u> / ^c<u>toi</u>	^c<u>tə</u>	^c<u>to</u>	^c<u>toi</u>
	^cte	^ctue	^cte	^ctəi	^ctoi	^cte

在廈門，「底」^cte 爲〈短〉之意。^ctue 爲〈底〉之意。台南與「十五音」，{ə} 與 {əi} 以 overlap 的形式出現，所以成爲同音異義詞。不過在「十五音」中，^ctoi 只有〈短〉的意思。

白話音中，ai 以最舊層的形式出現。

	台南	廈門	十五音	泉州	潮州	福州
第	te[⊃]	te[⊃]	te[⊃]	te[⊃]	ti[⊃]	te[⊃]
	tai[⊃]	tai[⊃]	tai[⊃]	tai[⊃]		
		tue[⊃]			təi[⊃]	[⊆]toiᴎ
臍	_⊆ce	_⊆ce	_⊆ce	_⊆ce	_⊆ci	_⊆ce
	_⊆cai	_⊆cai	_⊆cai	_⊆cai	_⊆cai	_⊆sai

西　$_{\subset}$se　　$_{\subset}$se　　$_{\subset}$se　　　$_{\subset}$se　　　　$_{\subset}$se

　　　$_{\subset}$sai　$_{\subset}$sai　$_{\subset}$sai　　$_{\subset}$sai　$_{\subset}$sai

「第」tai$^{\supset}$以「第先」tai$^{\supset}$ $_{\subset}$siəŋ〈最初〉的詞素出現。廈門的 tue$^{\supset}$(台南、「十五音」、福州為 te$^{\supset}$,與文言音 overlap),為〈第～〉的接頭辭。「臍」$_{\subset}$cai 以「肚臍」to$^{\supset}$ $_{\subset}$cai〈肚臍〉的詞素出現。「西」$_{\subset}$sai 為〈西〉之意❷。

此形式有廣母音 a 出現,各方言皆以同一形式出現,為其特徵。a 所反映的,為四等直音(參閱「開口先韻」「開口青韻」)。

「第」,罕見地有 ai 與 {əi} 重複出現。從〈最初〉這個副詞遠比〈第～〉這個接頭辭重要來看,知道 ai 是比 {əi} 更舊層的形式。

在閩南,作為文言音有 i 這個形式,已如前文所述。另外,到目前為止也看了幾個例子。但是,如下所示,在傳統上亦有被當成白話音的情形,所以,我們對此亦不能不加以考慮。

	台南	廈門	十五音	泉州	潮州	福州
謎	be$^{\supset}$	be$^{\supset}$			$_{\subset}$mi	
	bi$^{\supset}$	bi$^{\supset}$	⎧bi$^{\supset}$			mi$^{\supset}$
			⎩mi$^{\supset}$			
啼	$_{\subseteq}$t'e	$_{\subseteq}$t'e	$_{\subseteq}$t'e	$_{\subseteq}$t'e	$_{\subseteq}$t'i	$_{\subseteq}$t'e
	$_{\subseteq}$t'i	$_{\subseteq}$t'i	$_{\subseteq}$t'i	$_{\subseteq}$t'i		$_{\subseteq}$t'ie
剃	t'e$^{\supset}$	t'e$^{\supset}$	t'e$^{\supset}$	t'e$^{\supset}$	t'i$^{\supset}$	

	t'iᶜ	t'iᶜ	t'iᶜ	t'iᶜ		t'ieᶜ
弟	teᶜ	teᶜ	teᶜ	teᶜ	tiᶜ	teᶜ
	tiᶜ	tiᶜ	tiᶜ	tiᶜ		tieᶜ
西	₌se	₌se	₌se	₌se		₌se
	₌si	₌si		₌si		
計	keᶜ	keᶜ	keᶜ	keᶜ		kieᶜ
	kiᶜ	kiᶜ				

「謎」biᶜ 爲〈謎〉之意。「十五音」無文言音的記錄，只列舉白話音 biᶜ, miᶜ 的兩個形式。

「啼」₌t'i 爲〈鷄鳴〉之意。「剃」t'iᶜ 爲〈剃〉之意。「弟」tiᶜ 以「小弟」₌sio tiᶜ〈弟弟〉的詞素出現。福州很難得對於這三個字淸楚地記錄了文言音 e 與白話音 ie 的對立。從這種情況的 ie 與閩南的對應來看，它是 i 的複母音化形式，這種看法似乎才正確。

「西」₌si 以「西瓜」₌si ₌kue〈西瓜〉，「計」kiᶜ 以「夥計」₌hue kiᶜ〈伙計〉的詞素出現。

這些字共同的地方是，白話在意義上與文言的相差不太大。也就是說，即使當做文言音來看，也不會是甚麼奇怪的環境。

也許因爲文言音的 i 與白話音的 i 都是止攝的形式，所以其本質是一樣的。只是借入的時期有早晚的不同而已。

文言音的 i，可能是在與止攝合併成的體系之下後來才借入的形式。至於白話音的 i，大概是當初就有將這些字當做止攝的字來讀的方言，後來，這個傳統才被閩音系所繼承。

　　從『集韻』來看，在同一諧聲系統裏，橫跨出現於齊韻與脂韻、支韻的字，實在很多。其中，如「西」、「迷」、「帝」之類，在齊韻與脂韻、支韻兩邊都出現的字並不少❸。那麼，即使有過那樣的方言，也並不足爲奇。

合口一等灰韻　uəi
合口一等泰韻　uɑi

此與開口不同，重韻的區別，文言音不用說，就連白話音裏面也未出現。

文言音，在閩南、潮州為 ue 或 ui。福州因脣、牙、喉音與舌、齒音而形式互異。脣、牙、喉音為 uoi，舌、齒音為 oi 或 ui。

		台南	廈門	十五音	泉州	潮州	福州
灰 韻	杯	₋pue	₋pue	₋puc	₋pue	₋pue	₋puoi
	眛	mue⁼	mui⁼	bue⁼		⁻mue	muoi⁼
	恢	₋kʻue	₋kʻue	₋kʻue	₋kʻue	₋hue	₋kʻuoi
	腿	⁻tʻui	⁻tʻui	⁻tʻui	⁻tʻui	⁻tʻui	⁻tʻoi
	雷	₌lui	₌lui	₌lui	₌lui	₌lui	₌lui
	罪	cue⁼	cue⁼	cue⁼	cue⁼	⁻cue	coi⁼
泰 韻	會	hue⁼	hue⁼	hue⁼	hue⁼	⁻hue	huoi⁼
	兌	tue⁼	tue⁼	₌tue	tue⁼	⁻tue	toi⁼
	最	cue⁼	cue⁼	cue⁼	cue⁼	cue⁼	coi⁼

福州的出現方式最富有啓發性。

舌、齒音，包括二韻所調查的 16 個字中，12 個字為 oi，4 個字為 ui，即 oi 占絕對優勢。這裏來檢討一下以 ui 出現的 4 個字。

「推」₋tʻui 為文言音，另外，₋tʻoi 以白話音出現。₋tʻui 大

概是新借入的形式。(參閱下文)

「隊」tui² 符合『集韻』的「直類切」(與「墜」同音)。

「儡」˘lui 為「壘」(來脂合三)˘lui 之類推形的可能性很大。

「雷」˛lui 因人而異,似有讀成 ˛loi 的情形(『漢語方音字匯』)。

像上面的情形,大可無視。那麼,相對於舌、齒音為 oi,唇、牙、喉音為 uoi,可知兩者呈互補分布。如果呈互補分布的話,只要認定其中一種即可。這種情況,oi 似乎較為適合。但是,oi 的本質為合口韻母。在唇、牙、喉音中,聲母的合口性發生作用,才出現明顯的 –u–。

不過,在傳統上把 oi 與 uoi 看成不同的音韻。『戚林八音』中,設定前者為「催」韻,後者為「杯(梅)」韻,就是這個道理。就僅以本韻來說,廢掉「杯(梅)」韻似乎有道理,但基於下面的理由,還是讓其繼續存在較好。

第一點,止攝合口的若干舌、齒音字,其白話音持有這個形式(參閱 7.5)。

第二點,o 顯示因受 –u 與 –i 的挾擊而有消失的傾向。結果,逐漸與「輝」韻(ui)合而為一。陶燠民氏尚且將「杯(梅)」韻合併於「輝」韻了。為了探索福州的這個有趣的音韻變化的痕跡,是有必要這樣的。

另外,因 oi 使我想起,朝鮮漢字音也是以此形式來描摹本韻。例如:「杯」bɐi ,「推」toi,「最」coi,「恢」goi。

在朝鮮漢字音中,有關本韻,另外零星地出現 wai 的形式

(「兌」dwai,「譏」hwai)。據河野六郎博士的說法，oi 比 wai 舊，而且屬基本的層(博士所謂的「b層」)❶。有坂秀世博士斷定其古老是在『切韻指掌圖』時期以前❶。

福州的 oi 跟朝鮮漢字音的 oi 是屬於同一本質的音韻。

朝鮮漢字音的 oi，是與開口咍、泰韻的 ɐi 相對應的合口形式。而福州的 oi 亦為合口韻母性格，已如前述。

據河野博士的意見，朝鮮漢字音的「b層」酷似慧琳『一切經音義』的反切體系。以慧琳來說，灰韻與泰合韻完全合併成為／uâi／(相當於藤堂教授的／uai／)形式。亦即，重韻的區別已消失。這一點，朝鮮漢字音也好，福州也好，是一樣的。

然而，關於／uâi／，在朝鮮漢字音裏為何被摹寫為 oi 這個問題，博士雖然沒有具體的說明，但就福州來考慮的話，由於 –u– 的關係，主母音〔ɑ〕響成〔ɔ〕，一方面〔ɔ〕前的 –u– 變得微弱不明。亦即，似有可能曾經是像〔ᵘɔi〕這樣的音。

這樣的音被借入閩音系，在福州以 oi 的形式被傳承下來。

但是，在閩南、潮州，有 ue 與 ui 兩種形式出現。ue 是 oi 所轉訛的形式，大致不會有錯。音韻體系上，有以下的解釋。

　　　oi　主母音＋韻尾
　　　ue　介母＋主母音

這種情況的 ue，是將 o 稍加關閉地發音，反而將 i 稍加張開來發音而已。

ui 的形式並不單純。如後所述，止攝合口就是這種形式。止攝開口既是 i，則合口為 ui，可說是理所當然的。

在『切韻指掌圖』(第19圖)中，本韻在與止攝合口合併的狀

態下，以╱uəi╱的形式出現。現代各方言大致上亦是這樣。閩音系中也反映這樣的體系，是很自然的。那種情況的 ui，當然可能是新的層的形式。

但是，ui 與 ue 音聲上非常接近。ue 訛化成 ui 的情況亦須列入考慮。

要區別兩者的不同，是非常困難的。

廈門限於明母的字，讀成 ui——「枚、媒、梅」爲 ˏmui，「每」爲 ˀmui，「妹、昧」爲 mui˒——是爲廈門有趣的特徵。此亦是 ue 容易訛化成 ui 的例証。這種情形的原因，明顯地出在 m。亦即，因受 m 的影響，韻母引起鼻音化，比起〔ũẽ〕來，同爲狹母音的〔ũĩ〕的發音比較輕鬆。

〔u〕〔i〕爲「音聲」較小的母音。連續發音且加上鼻音要素的話，「音聲」更加微小，聲母〔m〕所留下的印象反而較強。結果，〔mũĩ〕整個音節有可能變成聲化韻的〔m̩〕。

具有特徵的白話音的韻母——m̩，大概是這樣發生的。

梅　ˏm̩　〈梅〉

媒　ˏhm̩ 媒儂　ˏhm̩ ˏlaŋ〈媒人〉

白話音的唇、牙、喉音裏出現 {uə}，舌、齒音則出現 {ə}。僅就本韻來說，{uə} 與 {ɔ} 顯示完全的互補分布。

首先從 {uə} 來探討。

	台南	廈門	十五音	泉州	潮州	福州
〔倍	pue˒	pue˒	pue˒		pue˒	ˏpue	puoi˒

		pe²			pə²		
灰	妹	mue²	mui²	mue²	mue²	mue²	muoi²
韻		be²			bə²		
	灰	ˍhue	ˍhue	ˍhue	ˍhue	ˍhue	ˍhuoi
		ˍhe			ˍhə		
泰	會	hue²	hue²	hue²	hue²	hue²	huoi²
韻		he²			hə²		

廈門的「倍」pe²爲〈倍〉之意。「妹」be²以「小妹」ˉsio be²〈妹妹〉的詞素出現。「灰」ˍhe 爲〈灰〉之意。「會」he²爲〈集會〉〈金錢互助會〉之意❸。

如前文所述，{uə} 出現的方式，在台南、「十五音」、潮州爲 ue，廈門爲 e，泉州爲 ə，福州則爲 uoi。現今在台南、「十五音」、潮州、福州似無白話音出現，是因與文言音 overlap 的關係。

此白話音，在所調查的唇、牙、喉音合計 37 字中，占 16 個字，顯示高達 43% 強的百分比。

其次，探討 {ə}。

	台南	廈門	十五音	泉州	潮州	福州
推	ˍtʻui	ˍtʻui	ˍtʻui	ˍtʻui		ˍtʻui
	ˍcʻui	ˍcʻui	ˍcʻui	ˍcʻui	ˍcʻui	
	ˍtʻe	ˍtʻe	ˍtʻe		ˍtʻə	ˍtʻoi

			꜀tʻoi			
退	tʻue꜄	tʻue꜄	tʻue꜄	tʻue꜄		tʻoi꜄
	tʻe꜄	tʻe꜄	tʻe꜄ / tʻoi꜄	tʻə꜄	tʻo꜄	
儡	꜂lui	꜂lui	꜂lui		꜂lui	꜂lui
	꜂le	꜂le				
罪	cue꜅	cue꜅	cue꜅	cue꜅	꜃cue	coi꜅
	ce꜅	ce꜅		cə꜅		

「推」꜀tʻe 爲〈面朝上仰靠狀態〉〈推辭〉之意。文言音的又音꜀cʻui 符合「昌佳切」。「退」tʻe 爲〈後退〉之意。「儡」꜂le 以「口儡」꜀ka ꜂le〈傀儡〉，「罪」ce꜅ 以「罪過」ce꜅ kua꜄〈罪過〉的詞素出現。

如前所述，{ə} 出現的方式，在台南、廈門爲 e，「十五音」爲 e 或 oi，泉州爲 ə，潮州爲 o，福州則爲 oi。

在福州，因爲文言音爲 oi 形式，所以即使白話音出現，結果也是與文言音 overlap。「退」「罪」從閩南、潮州來推測，其可能性較大。「推」꜀tʻoi 本來的文言音，是因爲新借入的꜀tʻui 的形式的關係，究竟是被貶爲白話音的地位，抑或以 {ə} 的白話音出現，無法確定。

出現於「內」(灰韻)與「外」(泰韻)的白話音，明顯屬不同的層，値得重視。

	台南	廈門	十五音	泉州	潮州	福州
內	lue²	lue²	lue²	lue²		noi²
	lai²	lai²	lai²	lai²	lai²	
外	gue²	gue²	gue²	gue²		ŋuoi²
	gua²	gua²	gua²	gua²	gua²	

「內」lai² 爲〈內〉之意。「外」gua² 爲〈外〉之意。

因爲〈內〉〈外〉是成對的觀念，所以被認爲這兩個形式乃在同一時期配成對而被傳承下來。原來的形式大概是 uai。lai 裏邊，-u- 消失了，沒／luai／這種音韻形式。gua 裏邊，-i 消失了，沒／guai／的音韻形式。

如果這樣的想法沒有錯誤的話，不論作爲主母音的廣母音 a 的存在也好，或是 u 介母與 i 韻尾齊全也好，是到目前爲止出現過的形式中，與中古音最爲接近的，當然層次亦可以說是舊的。

關於零星的形式。

潮州的

會會計、劊、檜 kuai²

可能是從官話(北京爲〔k'uai˙〕)來的借用形。再者，把「繪」讀成 kuai²，可能是「會會計、劊、檜」的類推形。

{əi} 的形式只出現於「會」一個字。

台南　廈門　十五音　泉州　潮州　福州

會　hue²　hue²　hue²　　hue²　ˊhue　huoi²

　　e²　　ue²　　e²　　　əi²　　　ˊoi

「會」e² 為〈會、能〉之意。「會」變成有先前的 {uə} 與現在的 {əi} 兩個白話音。

但是對於這種傳統的處理方式，我懷有疑問。誠然，這種形式就聲母與聲調來說，並沒有問題。關於意義、用法，亦與北京的「會」完全相同。

但是，韻母方面卻有問題。{əi} 主要出現於開口二、四等的白話音。在此，孤零零地只有一個字出現，怎麼說也顯得唐突。

出乎意料地，也許是「假借字」「訓讀」也說不定。「解」(匣蟹開二)hai² 有可能是其正確的語源。如為開口佳韻，有 {əi} 出現是自然的。如為上聲匣母，則聲母和聲調都可以是現在的形式。意義方面，為「曉也」(廣韻)，也完全吻合。

合口二等皆韻　uɐi
合口二等佳韻　uǎi
合口二等夬韻　uǎi

文言音，皆韻是一元式地 uai 的形式，最為乾淨俐落了。

就開口來說，跟皆韻完全同形的夬韻，調查了「快」「話」兩個字的結果，前者為 uai，後者為 ua，形式並不一樣。究竟要認為那一個是有規則的形式，當然是 uai 吧。因與皆韻同形，則與開口形成平行關係是當然的。

「話」在中國大部分的方言中，為／ua／的形式。如依『廣韻』的「下快切」，則應不會是這個形式。／ua／為麻合二韻、佳合韻(參閱下文)的形式。果然，在『集韻』中，作為又音「胡化切」出現。『玉篇』中有「胡卦切」。『正韻』裏有「胡挂切」，／ua／依此而來的可能性很大。

佳韻在調查的 5 個字中，「歪、枴」兩字為 uai。「卦、掛、畫」三字為 ua。呈二元式的方式出現。佳韻在開口時，一部分的字與麻韻同形(『刊謬補缺切韻』型)。所以二元式的出現方式並不足為奇。

白話音中，三重韻都有 ue(「十五音」為 ua)的形式出現。這一點引人注意。

		台南	廈門	十五音	泉州	潮州	福州
皆韻	乖	˪kuai	˪kuai	˪kuai	˪kuai	˪kuai	˪kuai
	怪	kuai˥	kuai˥	kuai˥	kuai˥	kuai˥	kuai˥
		kue˥	kue˥	kua˥			

韻	字						
	懷	₋huai	₋huai	₋huai	₋huai	₋huai	₋huai
夬韻	快	kʻuai꜒	kʻuai꜒	kʻuai꜒	kʻuai꜒	kʻuai꜒	kʻuai꜒
	話	hua꜒	hua꜒	hua꜒	hua꜒	hua꜒	ua꜒
		ue꜒	ue꜒	ua꜒	ue꜒	ue꜒	
佳韻	歪	₋uai	₋uai	₋uai	₋uai	₋uai	₋uai
	卦	kua꜒	kua꜒	kua꜒	kua꜒	kʻue꜒	kua꜒
	畫	hua꜒	hua꜒	hua꜒	hua꜒		ua꜒
		ue꜒	ui꜒	ua꜒	ue꜒		

「怪」kue꜒為〈責怪、懷疑〉之意。「話」ue꜒為〈話〉之意。潮州的「卦」kʻue꜒為〈卦〉之意。雖然是見母,卻是 kʻ,是特例。「畫」ue꜒為〈描繪、畫〉之意。廈門的 ui꜒ 確是 ue꜒ 訛音的形式。

這可能與出現於開口的白話音——e 類的單母音,是互相對應的。開口時,只有「十五音」為 ε,其餘皆為 e。這再加上 –u–,就是現在的形式。

福州沒出現白話音,如果出現的話,則應該還是 ue 的形式。

「十五音」中無合口的／uε／音韻。ε 的合口形不是 ua 就是 ue。理由是:如果要抗拒 –u– 而維持寬廣的 ε,則必然不得不發出更寬廣的 ua 音。

合口三、四等祭韻　ιuεi, iuεi

文言音，在閩南、潮州爲 ue。在福州，舌、齒音爲 oi，牙、喉音爲 uoi。

亦即，與灰、泰合韻同一形式。

白話音，在舌、齒音中，有 {ə} 出現。這亦與灰、泰合韻相同。

	台南	廈門	十五音	泉州	潮州	福州
脆	cʻuiᐢ	cʻuiᐢ	cʻuiᐢ	cʻuiᐢ	cʻuiᐢ	cʻoiᐢ
	cʻeᐢ	cʻeᐢ	⎰cʻeᐢ	cʻəᐢ		
			⎱cʻoiᐢ			
歲	sueᐢ	sueᐢ	sueᐢ	sueᐢ	sueᐢ	soiᐢ
	ceᐢ	ceᐢ		cəᐢ		
稅	sueᐢ	sueᐢ	sueᐢ	sueᐢ	sueᐢ	soiᐢ
		seᐢ		səᐢ		
衛	ueᐣ	ueᐣ	ueᐣ	ueᐣ	ueᐣ	uoiᐣ

「脆」cʻeᐢ 爲〈脆〉之意。閩南、潮州的文言音 ui 的形式，與止攝合口相同。惟究竟是 ue 的訛音形，抑或新的借用形，難以斷定。

「歲」ceᐢ 以「度歲」toᐢ ceᐢ〈滿一歲〉的詞素出現。廈門的「稅」seᐢ 爲〈稅金〉之意。

「歲」另外有以下的白話音。

	台南	廈門	十五音	泉州	潮州	福州
歲	sueꜜ	sueꜜ	sueꜜ	sueꜜ	sueꜜ	soiꜜ
	hueꜜ	heꜜ	hueꜜ	həꜜ	hueꜜ	huoiꜜ

「歲」hueꜜ 爲〈歲，年齡〉之意。

此爲 {uə} 的形式。{uə} 主要出現於一等、三等的唇、牙、喉音。出現於心母(四等)的字，那是很奇怪的。而且，心母亦別無用 h 來讀的例子。

我認爲「歲」另外有相當於(曉祭合三)的反切。白話音可能是跟它對應的反切。其應有的文言音，當然可能如下所示。

	台南	廈門	十五音	泉州	潮州	福州
歲	hueꜜ	hueꜜ	hueꜜ	hueꜜ	hueꜜ	huoiꜜ

在台南、「十五音」、潮州、福州，文言音與白話音 overlap。

現存的韻書中，只有心母的反切出現。但是在「歲」的諧聲系統裏(如下)，則有牙、喉音的字。有(曉祭合三)的反切的或然率很大。

劌	*k-
噦、譏、顪	*h-
穢	*,-

福州的「銳」io² 的形式，值得探討。

	台南	廈門	十五音	泉州	潮州	福州
銳	lue²	lue²	zue²	lue²	ˬzue	<u>io²</u>

「銳」爲純粹的文言。〈銳利〉在閩南、潮州說成「<u>利</u>」lai²，福州爲「<u>利</u>」li²。

這個形式看起來確實是與閩南、潮州相差很懸殊。其實是相同的。io 的音價爲〔yo〕(既然沒對立的〔io〕，所以解釋成／io／)。〔y〕可認爲是〔iu〕的單母音化後的音。那麼，就成爲如下的對應關係。因而可以知道跟閩南、潮州的形式並沒差那麼多。

```
i  u  o
z  u  e
:  :  :
以 介 主
      母
母 母 音
```

但是，o 可能是 oi 的 –i 因異化作用而消失的形式。

合口三等廢韻　ïuɐi

在唇音與牙、喉音中形式不同。

牙、喉音方面，問題較爲單純，所以從這裏開始考察。就「穢」這個字所做的探討，其文言音在閩南、潮州爲 ue。福州爲 uoi。白話音則有 {uə} 的形式出現。

亦即，不論其爲文言音或白話音，與祭合韻皆無區別。

	台南	廈門	十五音	泉州	潮州	福州
穢	ue⁼	ue⁼	ue⁼	ue⁼	ue⁼	uoi⁼
		e⁼		ə⁼		

廈門的「穢」e⁼ 爲〈亂撒垃圾〉〈傳染〉之意。

在台南、「十五音」、潮州、福州，與文言音 overlap。

唇音，文言音在閩南、潮州爲 ui。福州爲 ie。白話音則同爲 ui。

	台南	廈門	十五音	泉州	潮州	福州
廢	hue⁼	hue⁼	hui⁼	hue⁼	hui⁼	hie⁼
肺	hui⁼	hui⁼		hui⁼	hui⁼	hie⁼
	hi⁼	hi⁼	hi⁼	hi⁼		
吠	hui⁼	hui⁼	hui⁼			
	pui⁼	pui⁼	pui⁼	pui⁼	pui⁼	pui⁼

「肺」hi⁼ 爲〈肺〉之意。「十五音」只有這個形式，而且是

以文言音來處理。這一點須要注意。「吠」pui² 為〈吠〉之意。

　　本韻的唇音為所謂的輕唇音，文言音的 h 是模倣〔f〕來的，自不待言。此形式與止攝合口——微韻的唇音完全一樣。「飛」ʜui，「費」hui²，「肥」ʜui。

　　這種情形在其他音系亦大體上一樣。『韻鏡』（「內轉第十合」）裏，將本韻「寄託」在微合韻之下，『切韻指掌圖』（第19圖）則如下所示，將其合併於微合韻。

非母	非微	匪尾	廢廢	弗
敷母	霏微	斐尾	肺廢	拂
奉母	肥微	陫尾	吠廢	佛

從這些看來，可以知道其由來有相當古老的部分。

　　福州的文言音 ie 可能是 i break 後的形式。微合韻時以 i 出現。「非」ʜi，「肥」ᴘʻi。這顯然為 u 消失後的情形。其他的輕唇音並不起同樣的變化，只有韻母為 ui 時才發生。不得不認為是福州獨特的音韻變化。

　　閩南的「肺」亦有 i 的形式出現。但是，閩南只有這一個例子。此屬例外。在台南、廈門、泉州，有規則性的 ui 形式。此形式被視為白話音，它並非自古以來就有的白話音。如果是自古以來就有的白話音，則應有保存重唇音的遺痕才是。而且，在「十五音」裏，被當做文言音也是很奇怪的。

　　這是從其他的方言——梅縣與蘇州讀成〔fi²〕——來的借用形的可能性很大。它跟有規則性的 hui² 形式相拮抗而取勝。在「十五音」（漳州）取得勝利而留存下來，既是文言音亦成了白話音。在泉州（台南、廈門承襲了泉州的系統），則共同占有文言音

與白話音的地位，而共存下來。

　　要說傳統上的白話音形式，則「吠」就是 pui²。聲母有重唇音的殘留，而與之結合的 ui 這個韻母的形式，必須認定它的層自有其古老的部分。福州亦出現了同樣的形式，可做為佐證。

　　另外，在台南、廈門與泉州，把「廢」讀成 hue²。這從「十五音」與潮州來推斷，可能是 hui² 訛音後的形式。

合口四等齊韻　uei

在閩南、潮州，有兩種形式出現。

首先是 ui。它與止攝合口同形。其他音系大致上亦是這個形式。『切韻指掌圖』中早已是這個體系(「第19圖」配置於／uəi／的四等)。

其次是 e。在潮州爲 i。但是卻以 e 的特性出現。福州爲 ie，只有這個形式。

	台南	廈門	十五音	泉州	潮州	福州
圭	ˌke	ˌke ˌkui	ˌkui	ˌke	ˌkui	ˌkie
攜	ˌhe	ˌhe	ˌhe	ˌhe	ˀhi	ˌhie
桂	kuiˀ	kuiˀ	kuiˀ	kuiˀ	kuiˀ	kieˀ
惠	huiˀ	huiˀ	huiˀ	huiˀ	ˀhui	hieˀ

e, i, ie 爲開口齊韻的形式。合口四等的牙、喉音而有開口形式的例子，以本韻爲開端，今後亦會出現。此爲與其他音系或外國漢字音共通的現象。舉一個例子來看，「攜」在北京爲〔ˌɕi〕(〔ˌxi〕的(上)顎化)，與開口的「奚」同音。

首先指出此現象的是有坂秀世博士。依博士的說明，在拗音介母三等出現的「中舌的／-ï-／」與四等出現的「上顎性的／-i-／」的區別還保存的時期，合口四等的／-u-／在聽覺上被／-i-／所壓倒，以至於有消失的傾向。其結果的形式，簡直與開口的沒甚麼不同，而被現在的各方言或外國漢字音所傳承

（參閱有坂秀世「關於唇牙喉音四等的合口性的弱化傾向」pp.359～364）。

不過，如同博士所說的，這只承認其傾向本身而已，並非體系上全面發生變化。「攜」雖然變成 $_{\epsilon}$he，然而「惠」卻仍然是原來的 hui$^{=}$。其理由不好說明。

福州整齊地以 ie 出現，這是只是本韻的，福州的特殊現象。合口四等在福州，並非體系上以開口的形式出現。

7.5　止攝

開口二、三、四等支韻　ïe, ɿe, ie
開口二、三、四等脂韻　ï₁, ɿ, i
開口二、三、四等之韻　ïei, ɿei, iei
開口三等微韻　ïəi

本攝為向簡單化變化最顯著的一攝。

『切韻』的時代，在北方一部分的方言中早已出現了支韻與脂韻有混淆的情形❶。唐初，許敬宗所制定的「同用」「獨用」的規定（『廣韻』所見）裏，支、脂、之三韻為「同用」，只有微韻為「獨用」。

在慧琳『一切經音義』的反切，連微韻在內，四韻的區別完全消失。外國漢字音以及現代各方言亦全都是這樣。

在閩音系，文言音也看不出有什麼區別。但是，在無所區別的體系下，齒頭音與齒上音相對於其他聲母，另外形成一類。

其他聲母與各方言同樣為 i。然而齒頭音與齒上音卻不是 i，而且，依方言的不同而有不同的形式。

	台、廈	十五音	泉州	潮州	莆田	福州
碑支	₋pi	₋pi	₋pi	₋pi		₋pi
知支	₋ti	₋ti	₋ti	₋ti	₋ti	₋ti
志之	ci⁼	ci⁼	ci⁼	ci⁼	ci⁼	ci⁼
示脂	si⁼	si⁼	si⁼	₌si	si⁼	si⁼
己之	ᶜki	ᶜki	ᶜki	ᶜki	ᶜki	ᶜki

	伊脂	꜀i	꜀i	꜀i	꜀i	꜀i	꜀i
齒頭	斯支	꜀su	꜀su	꜀sɨ	꜀sɨ		꜀sy
	自脂	cu꜄	cu꜄	cɨ꜄	꜅cɨ	co꜄	cy꜄
	茲之	꜀cu	꜀cu	꜀cɨ	꜀cɨ		꜀cy
齒上	差支	꜀cʻu		cʻɨ			
		꜀cʻi❷	꜀cʻi		꜀cʻi		
	師脂	꜀su	꜀su	꜀sɨ	꜀sɨ		꜀sy
	史之	꜀su	꜀su	꜀sɨ	꜀sɨ	꜀so	꜀sy

　　齒頭音在整個唐代皆爲 i ❸。在唐五代的西北方音，亦仍爲 i。這在『皇極經世聲音唱和圖』、『切韻指掌圖』裏，被提昇爲一等。

　　這在暗示，齒頭音的 -i- 消失，而變成了直音的 ɨ〔ɨ〕。確實被認爲北宋中原音的一大特徵。文言音的形式無疑地反映了這點。

　　被借入閩音系的本來的形式，大概是 ɨ 吧！泉州與潮州的 ɨ 爲其最忠實的繼承者。「十五音」以圓唇母音的 u 來傳承(由從漳州分離出的潮州有 ɨ 來推測，「十五音」的 u 很可能是從 ɨ 變成的形式)。台南、廈門的 u 是承襲「十五音」(漳州)的系統，抑或模倣泉州的 ɨ，難以判斷。

　　福州以撮口的 y 來流傳。莆田的 o 則可能爲 u 的展開形式。

　　齒上音隨同齒頭音以同一形式被傳承下來，是因爲本來在中原音裏，由於受捲舌音影響，i 介母消失而變成直音的形式。不

用說，捲舌音與舌尖音裏，韻母的音價當然不同。正如現在的北京，一般用〔ㄣ〕與〔ㄖ〕的記述來區分那樣的差異。但是，正如音韻論所解釋的都是／ɿ／，在本質上是同一種韻母。況且閩人對捲舌音是用舌尖音來模倣的。所以認爲兩者的韻母在最初就無所區別了。

白話音出現的方式，頗饒興趣。

齒頭音裏，跟其他的聲母同樣，有 i 的發音。

	台、廈	十五音	泉州	潮州	莆田	福州
紫支	ᶜcu	ᶜcu	ᶜc÷			
	ᶜci	ᶜci	ᶜci	ᶜci		ᶜcie
刺支				c'÷ʔ		
	c'iʔ	c'iʔ	c'iʔ	c'iʔ		c'ieʔ
死脂	ᶜsu	ᶜsu	ᶜs÷			ᶜsy
	ᶜsi	ᶜsi	ᶜsi	ᶜsi	ᶜsi	ᶜsi
字之	luˀ	zuˀ			coˀ	
	liˀ	ziˀ	liˀ	ziˀ	ciˀ	ciˀ
飼之	suˀ	suˀ	s÷ˀ	s÷ˀ		syˀ
	c'iˀ	c'iˀ	c'iˀ	c'iˀ		

「紫」ᶜci 爲〈紫色的〉之意。「刺」c'iʔ 爲〈刺〉〈魚骨〉之意。在閩南，傳統上以文言音來處理。「死」ᶜsi 爲〈死〉之意。「字」liˀ 爲〈字〉之意。「飼」c'iˀ 爲〈飼養〉

之意❹。

此爲傳承尙未直音化前的形式。

支韻裏，齒頭音與正齒音有 ua，牙、喉音有 ia 形式的白話音出現。

	台南	廈門	十五音	泉州	潮州	福州
徙	ˊsu	ˊsu	ˊsi	ˊsɨ		
	ˊsua	ˊsua	ˊsua	ˊsua	ˊsua	
紙	ˊci	ˊci	ˊci			ˊci
	ˊcua	ˊcua	ˊcua	ˊcua	ˊcua	
寄	kiˀ	kiˀ	kiˀ	kiˀ		kieˀ
	kiaˀ	kiaˀ	kiaˀ	kiaˀ	kiaˀ	
騎	˷kʻi	˷kʻi	˷kʻi	˷kʻi		˷kʻie
	˷kʻia	˷kʻia	˷kʻia	˷kʻia	˷kʻia	
蟻	ˊgi	ˊgi	ˊgi	ˊgi		
	hiaˀ	hiaˀ	hiaˀ	hiaˀ	hiaˀ	ŋieˀ

「徙」ˊsua 爲〈移動場所〉之意。「紙」ˊcua 爲〈紙〉之意。「寄」kiaˀ〈寄存〉之意。「騎」˷kʻia 爲〈騎乘〉之意。「蟻」hiaˀ 爲〈螞蟻〉之意。❺福州，從聲調的形式，認定其爲白話音。

關於齒頭音與正齒音的 ua 形式，已在 7.2 一節提到過，它 (ua) 跟牙、喉音的 ia 呈互補分布關係。它是 ia 原來的形式。此

形式竟然很像中古音。❻

　　在福州，支韻有 ie 出現，此爲有問題的形式。

　　衆所周知，Karlgren（高本漢）氏將支韻再建構爲 jiĕ 時，以出現於閩音系的形式——其中一個爲現在的白話音 ia，另一個則爲福州的 ie——爲最大的論據。

　　　　既然決定止攝的主要元音是 i，就得解明微、脂、支，之幾韻中間究竟有什麼分明。

　　　　關於支韻，福州話替我們揭破了這個謎。在這個方言，開口呼的「騎，奇，崎，宜，椅，移，池，支，枝，肢，施，匙，兒，璃，離，籬，披，蟻，侈，紫，寄，企，義，議，誼，戲，㗾，刺，荔，臂，避」等字裏，就是說支、紙、寘韻的大多數字，韻母是 –ie，而在別的韻裏只有幾個讀 –ie 的例：如脂韻的「脂，揮」兩字，之韻的「芝，氂」兩字，其餘的完全保持着 –i。

　　　　這不會是偶然的，尤其是汕頭話跟廈門話在支韻的「騎，奇，岐，蟻，寄」幾個字裏用 –ia 音，而別的韻裏決不如此。（『中國音韻學研究』pp.490～491）

　　福州的 ie 可否與閩南、潮州的白話音 ia 相提並論，須詳細加以研討。

　　首先，試加調查了支韻在福州是以怎樣的方式出現。結果，在所調查的 65 個字中，ie 有 30 個字。從與其他方言的對應關係來看，明顯知道其爲白話音形式的，有 3 個字。「紫」ᶜcie，「刺」cʻieᵓ，「蟻」ŋieᵓ。

　　i 有 29 個字。從與其他方言的對應關係來看，明顯知道其爲

白話音形式的有 1 個字。「雌」$_c$c‘i。

y 有 5 個字，皆爲齒頭音的字。

e 有 1 個字。「俾」$_c$p‘e。此明顯地爲例外。

由是知道，不僅只有 ie，連 i 亦有出現。而且其勢力在伯仲之間(K 氏對此似並沒關心)。其分布之一斑，大約如下。

幫母	臂	pie$^⊐$	卑	$_c$pi
並母	避	pie$^⊐$	婢	pi$^⊐$
澄母	池	$_⊆$tie	馳	$_⊆$ti
章母	支	$_c$cie	只	^{c}ci
書母	施	$_c$sie	豕	^{c}c‘i
疑母	誼	ŋie$^⊐$	宜	$_⊆$ŋi
曉母	戲	hie$^⊐$	犧	$_⊆$hi
以母	移	$_⊆$ie	易	i$^⊐$

並沒有聲母的條件，不妨說幾乎都是任意的形式。

只是，以 ie 出現的字裏，爲文言亦爲白話的較多。例如：「池」$_⊆$tie 爲〈水池〉，「施」$_c$sie 爲〈施，姓氏〉，「戲」hie$^⊐$ 爲〈戲劇〉，「移」$_⊆$ie 爲〈移動〉。

與此相反，以 i 出現的字裏，純粹的文言較多。例如：「馳」$_⊆$ti 不換說成「跑馬」$_⊆$p‘au ^{c}ma，「豕」^{c}c‘i 不換說成「豬」$_⊆$ty，「犧」$_⊆$hi 不換說成「牲禮」$_⊆$seŋ ^{c}le，「易」i$^⊐$ 不換說成「快」k‘uai$^⊐$ 的話，就不通。

但是，以 i 出現的字裏，亦不是沒有既是文言又是白話的

字，而以 ie 出現的字裏，亦不是沒有純粹的文言。例如：
「臂」pie⁼，「支」﹎cie，「誼」ŋie⁼ 等等。

　　只是，整體上來看，似可說使用頻度較高的詞素有採用 ie
形式的傾向。而此形式，可能是 i 在 break 之後變成的複母音。
慣用語因為習慣了的關係，所以在發〔i〕音時，唇的緊張總是
很容易鬆弛下來。

　　無論如何，這肯定是在福州內部所發生的音韻變化，而不能
解釋它是直接反映中古音的形式。本來在閩音系中，保守色彩最
淡薄的福州，特別是限於支韻，有近半數的字仍保存舊的形式，
怎麼也令人難以理解。

　　另外，在閩南、潮州，ia 的白話音出現的幾個字，在福州
主要讀 ie。但並不能立刻認為用這個 ie 來作為與 ia 對應的形
式。與閩南、潮州的 ia 對應的形式，在福州亦是 ia(例如：
「囝」在閩南、潮州為﹎kiaɴ，福州為﹎kiaŋ)。但是，ia 也有可能訛
音成 ie 的例子(「蟻」ŋie⁼ 為其一例)，這一點有必要列入考慮。

　　總之，K 氏將福州的 ie 與閩南、潮州的 ia 相提並論這一
點，我們難以苟同。他在再建構中古音之際注意到了 ia，確實
是眼光銳利。但是對 ie 另外加以考慮，可能比較好。即使那
樣，此形式很少出現於其他韻(據我們的調查，只有「脂」﹎cie，
「蠡」﹎lie 二例)，這真是一個令人費解的謎了！

　　脂、之韻裏，有 ai 形式的白話音出現。

		台、廈	十五音	泉州	潮州	仙游	福州
脂韻	眉	⸤bi	⸤bi	⸤bi	⸤mi	⸤pi	⸤mi
		⸤bai	⸤bai	⸤bai	⸤bai		
	師	⸤su	⸤su	⸤s+	⸤s+		⸤sy
		⸤sai		⸤sai	⸤sai		⸤sai
	指	ᶜci	ᶜci	ᶜci	ᶜci		ᶜci
		ᶜcaiN				ᶜcai	
	屎	ᶜsi	ᶜsi	ᶜsi			
		ᶜsai	ᶜsai	ᶜsai	ᶜsai		ᶜsai
之韻	似	su²	su²	s+²	ᶜs+		sy²
		sai²	sai²	sai²			
	使	ᶜsu	ᶜsu	ᶜs+		ᶜso	ᶜsy
		ᶜsai	ᶜsai	ᶜsai	ᶜsai	ᶜsai	

「眉」⸤bi 以「目眉」bak⸥ ⸤bai〈眉毛〉的詞素出現。「師」⸤sai 為〈～師傅〉之意。「指」ᶜcaiN 以「尾指」ᶜbue ᶜcaiN〈小指〉的詞素出現。-N 就是那種鼻音化韻母眷顧癖的顯現。「屎」ᶜsai 為〈糞〉之意。

「似」sai² 以「熟似」siək⸥ sai²〈見過面，知曉其人〉的詞素出現。「使」ᶜsai 為〈差使〉之意❼。

ai 為蟹攝開口一、二等的文言音，且為開口齊韻的白話音形式。它在此出現，顯得有點唐突，事實上肯定是被當成皆韻或齊韻(白話音)的字來讀的❽。

　　止攝與蟹攝的上古音來源相同，兩者的關係非常相近。有將這些字作爲蟹攝的字來讀的方言，而閩音系有可能繼承了這個傳統。咍韻裏有止攝形式的白話音，正好是表裏相反的。

　　這且不說，此形式沒有其他類似的例子，是閩音系所獨有的。

　　齒頭音的字裏，有與前面看過的 i 形式重疊出現的。

	台南	廈門	十五音	泉州	潮州	福州
私脂	₋su	₋su	₋su	₋sɨ	₋sɨ	₋sy
	₋si	₋si				
	₋sai	₋sai				
司之	₋su	₋su	₋su	₋sɨ		
	₋si	₋si		₋si	₋si	₋si
	₋sai	₋sai		₋sai		

　　「私」₋si 以「家私」₋ke ₋si〈道具〉，₋sai 以「私口」₋sai ₋kʻia〈女人的私房錢〉，「司」₋si 以「公司」₋koŋ ₋si〈公司〉，₋sai 以「司公」₋sai ₋koŋ〈道士〉的詞素出現。

　　兩種類的白話音是不同性質的，不便輕率論及所屬層的新舊。

　　微韻裏，有 ui 形式的白話音出現。

	台、廈	十五音	泉州	潮州	仙游	福州
幾	ˋki	ˋki	ˋki	ˋki	ˋki	ˋki
	ˋkui		ˋkui	ˋkui	ˋkui	
氣	kʻiˀ	kʻiˀ	kʻiˀ	kʻiˀ	kʻiˀ	kʻiˀ
	kʻuiˀ	kʻuiˀ	kʻuiˀ	kʻuiˀ	kʻuiˀ	
衣	ˎi	ˎi	ˎi	ˎi		ˎi
	ˎui	ˎui	ˎui	ˎui		

「幾」ˎkui 爲〈多少〉之意,「氣」kʻuiˀ 爲〈氣息〉之意,「衣」ˎui 爲〈胎盤、胞衣〉之意。

ui 爲合口韻母的形式,合口微韻的確正是這個形式。但是,那不過是偶然的一致罷了!Karlgren 氏曾表示過這樣的見解,即 u 作爲 ﹥ 型韻的主母音的象徵而出現(『中國音韻學研究』p.491)。確實是這樣的吧!

另外,支韻的唇音有 {uə} 的白話音出現,這容待「合口支韻」一節再做說明。

有關零星的形式如下。

	台南	廈門	十五音	泉州	潮州	福州
地	teˀ	teˀ	teˀ	teˀ		
	tiˀ	{ tueˀ / tiˀ		{ təiˀ / tiˀ	tiˀ	tiˀ

廈門的「<u>地</u>」tue⊇ 爲〈土地〉之意，ti⊇ 以「土<u>地</u>公」⊂t'o ti⊇ koŋ〈社神、土地神〉的詞素出現。

「地」(定至開四)爲特殊的字❾。止攝的舌頭音的字，可以說是例外的存在。反映了這樣的情況，在閩音系的出現方式有些複雜。

閩南文言音的 e，顯然不是止攝的形式。它是齊韻的形式。

廈門與泉州有二種類的白話音出現。其中一種，無疑地爲 {əi}。{əi} 是廣泛出現於齊韻的白話音。如果是 {əi} 的話，在台南、「十五音」、福州應該是 e，潮州應該是 oi 的形式出現。在潮州與福州，沒出現這種形式，肯定是已經被淘汰了。至於台南與「十五音」，可能是與文言音 overlap。

另外一種 i，可能是止攝的有規則的 i 形式。此形式在潮州與福州亦有出現，被當成文言音(亦爲白話音)。的確，潮州的 i 亦有可能爲齊韻的文言音形式。

茲將以上的敘述，簡明地整理如下。

	台南	廈門	十五音	泉州	潮州	福州
地齊	te⊇	te⊇	te⊇	te⊇	(ti⊇)	(te⊇)
	(te⊇)	tue⊇	(te⌟)	təi⊇	(toi⊇)	(te⊇)
地脂	ti⊇	ti⊇	(ti⊇)	ti⊇	ti⊇	ti⊇

括弧內是補足的意思。亦即，大概可以這麼想：別的脂韻的字用 i 的形式，重疊在齊韻的字所傳承的 e：{əi} 的上面了。

	台南	廈門	十五音	泉州	潮州	福州
璃	꜀li	꜀li	꜀li	꜀li	꜀li	꜀lie
	꜀le	꜀le				
梨	꜀le	꜀le	꜀le	꜀le		꜀li
	꜀lai	꜀lai	꜀lai	꜀lai	꜀lai	

「璃」꜀le 以「玻璃」꜀pə ꜀le〈玻璃〉的詞素出現。「梨」꜀lai 爲〈梨子〉之意。

這是用齊韻的字的讀法來讀的。「梨」在『集韻』裏,被調到齊韻去。「璃」在韻書中,只有支韻的反切。同一聲符的「謧」和「離」(去聲),則出現於支韻與齊韻兩邊。「璃」亦十分可能有齊韻的反切。

	台南	廈門	十五音	泉州	潮州	福州
廁	c'e꜄	c'e꜄	c'ɛ꜄		c'e꜄	c'y꜄

「廁」爲純粹的文言。〈廁所〉說成「屎斛」꜁sai hak꜐。

閩南、潮州的形式很可能是模倣官話的〔ts'ə〕。福州則完全是例外。

支、脂兩韻有重紐出現,卻完全看不出有什麼區別。

合口二、三、四等支韻　ïue, ɪue, iue
合口二、三、四等脂韻　ïui, ɪui, iui

文言音，因齒上音與非齒上音而形式不同。

非齒上音，所有的方言皆爲 ui。

		台南	廈門	十五音	泉州	潮州	福州
支韻	瑞三	sui²	sui²	sui²	sui²	ˢsui	sui'
	麒三	₌k'ui	₌k'ui	₌k'ui	₌k'ui	₌k'ui	₌k'ui
	隨四	₌sui	₌sui	₌sui	₌sui	₌sui	₌sui
	窺四	₌k'ui	₌k'ui	₌k'ui		₌kui	

		台南	廈門	十五音	泉州	潮州	福州
脂韻	追三	₌tui	₌tui	₌tui	₌tui	₌tui	₌tui
	達三	₌kui	₌kui	₌kui	₌kui	₌k'ui	₌k'ui
	雖四	₌sui	₌sui	₌sui	₌sui	₌sui	₌c'ui
	葵四	₌kui	₌kui	₌kui	₌kui	₌k'ui	₌k'ui

齒上音，在閩南、潮州爲 ue。福州爲 oi。

		台南	廈門	十五音	泉州	潮州	福州
支韻	揣	ᶜc'ui	ᶜc'ui	ᶜc'ui	ᶜc'ui	ᶜc'ui	{ ᶜc'oi / ᶜc'uai }
脂	衰	₌sue	₌sue	₌sue	₌sue	₌sue	₌soi
		₌sui					

韻 ╰帥　sue⊃　　sue⊃　　sue⊃　　　　　　sue⊃　　soi⊃

　　支韻的唯一調查字「揣」，是個難字。閩南、潮州的形式與三、四等無異。可能是從「瑞」之類來的類推形。只有福州的 ᶜcᶜoi 爲有規則的出現方式。又音的 ᶜcᶜuai，可能是從北京（〔ᶜtʂ ᶜuai〕）來的新借用形。

　　台南的白話音「衰」ᶜsui 以「落衰」lak˴ ᶜsui〈淪落，潦倒〉的詞素出現(廈門、「十五音」等對這並無記錄，很奇怪)。關於這種形式，有兩種解釋。其中之一是 ᶜsue 的訛音。另一個則爲「蓑」（心灰合一）ᶜsui——「簑蓑」ᶜcaŋ ᶜsui〈蓑衣〉——的類推形。

　　齒上音，福州的 oi 接近原來的形式。oi 具有合口韻母的特性，而且 ue 爲 oi 轉訛的形式，一如在灰韻所做的探討。

　　齒上音以外，則可能借入了那形式。但是在中原方言裏，現在北京所傳承的主母音〔ə〕的或然率很大。閩音系的 ui，是同樣長度與同樣強度的〔u〕與〔i〕緊密結合的複母音。如果硬要分析的話，那就是 u 介母＋零主母音＋i 韻尾構造的韻母。

　　與 ui 相較，oi 是可以確認出主母音的，所以齒上音的特徵在本韻裏亦能確認。

　　白話音，支韻的唇音與齒頭音、正齒音裏，有 {uə} 的形式出現。

	台南	廈門	十五音	泉州	潮州	福州
皮	ᵕpᶜi	ᵕpᶜi	ᵕpᶜi	ᵕpᶜi	ᵕpᶜi	ᵕpᶜi

唇音	被	₌pʻue	₌pʻe	₌pʻue	₌pʻə	₌pʻue	₌pʻuoi
		pi²	pʻi²	pʻi²	pʻi²	ꜗpi	pi²
		pʻue²	pʻe²	pʻue²	pʻə²	ꜗpʻue	pʻuoi²
	糜	₌bi	₌bi	₌bi	₌bi	₌mi	
		₌muai	₌be	₌mue	₌bə	₌mue	

齒頭、正齒音	髓	ꜛcʻui	ꜛcʻui	ꜛcʻui	ꜛcʻui		
		₌cʻue	₌cʻe	₌cʻue	₌cʻə	₌cʻue	₌cʻuoi
	吹，炊	₌cʻui	₌cʻui	₌cʻui	₌cʻui		
		₌cʻue	₌cʻe	₌cʻue	₌cʻə	₌cʻue	₌cʻuoi
	垂	₌sui	₌sui	₌sui	₌sui	₌sui	₌sui
		₌sue	₌se	₌sue	₌sə		
		₌se					

「皮」₌pʻue 爲〈皮〉之意。「被」pʻue² 爲〈棉被〉之意。「糜」₌muai 爲〈粥〉之意，可能爲₌mue 的訛音。

「髓」ꜛcʻue 爲〈髓〉之意。「吹」₌cʻue 爲〈吹〉之意。「炊」₌cʻue 爲〈蒸〉之意。「垂」₌sue 爲〈鬍鬚等下垂〉之意。₌se 以「頜垂」am²₌se〈圍嘴兜〉的詞素出現。可能是從廈門來的借用形。

支韻的唇音的字，傳統上被配置於開口。但是，支韻的唇音字有兩個系統：一是以支部(董同龢氏的佳部)開口 *ieg 爲其來源(主要爲「卑」「辟」的諧聲系統)，一是以歌部合口 *ɪuar 爲其來源(主要爲「皮」「麻」的諧聲系統)。董氏將前者配置於開口，後者配

置於合口(『上古音韻表稿』p.173〜188)。

另一方面,合口支韻的齒音字皆以歌部合口為其來源。

{uə} 只出現於這些以歌部合口為來源的字,這一點值得注意。

其他零星的形式如下。

	台南	廈門	十五音	泉州	潮州	福州
惟、維以	₌i	₌i	₌ui	₌i	ᶜzui	₌mi
唯以	₌i	⎰ ₌i ⎱ ₌ui	₌ui	ᶜui	ᶜzui	₌mi
季見四	kui⁻	kui⁻	kui⁻	kui⁻	kui⁻	kie⁻

這是開口的形式。只限於以母與見母的重紐四等的字。屬於「合口四等以部分開口的形式出現」的例子。

台南、廈門的「維、惟」₌i 承襲自泉州的系統。「唯」₌i 肯定是「維、惟」₌i 的類推形。

福州的「季」kie⁻ 是從官話(北京的〔tɕi⁻〕)來的借用形,抑或古時候傳下來的,無法簡單地下判斷。

另外,福州的以母字的形式,是經歷如下的音聲變化後出現的。(參閱 6.12)

〔zui〕→〔wi〕→〔vi〕→〔mi〕

本韻雖有重紐的出現,但除了福州的「季」的形式外,完全看不出有什麼區別。

合口三等微韻　ïuəi

文言音，牙、喉音皆為 ui。

	台、廈	十五音	泉州	潮州	莆仙	福州
貴	kui⁼	kui⁼	kui⁼	kui⁼	kui⁼	kui⁼
輝	₌hui	₌hui	₌hui	₌hui	₌hui	₌hui
畏	ui⁼	ui⁼	ui⁼	uiᴺ⁼	ui⁼	ui⁼

唇音，在閩南、潮州為 ui，只有微母為 i。福州一律為 i。

		台、廈	十五音	泉州	潮州	莆田	福州
非		₌hui	₌hui	₌hui	₌hui		₌hi
肥		₌hui	₌hui	₌hui	₌hui		₌p'i
		₌pui	₌pui	₌pui	₌pui		₌p'ui
微母	微	₌bi	₌bi	₌bi			
		₌bui			₌mui		₌mi
	味	bi⁼	bi⁼	bi⁼	bi⁼	pi⁼	i⁼

　　「肥」₌pui 為〈發胖〉之意。在福州，文言音有 p'出現是異例。「微」₌bui 為〈眼睛睜不開，惺忪〉之意。

　　ui 這個白話音形式(與文言音一樣)是有安定性的，涵蓋整個閩音系。福州甚至有保存「肥」₌p'ui 的形式。在海口，亦可看到「肥」₌fi：₌6ui，「痱」fui⁼：₌6ui⁼〈痱子〉的例子。

　　在閩南、潮州，微母為 i 的形式，必要認為是異例。當然，

應該是 ui 才對。被認爲白話音的 ⌐bui, ⌐mui，就是它的形式。

微母的話，b, m 後面的 u 消失的例子，在合口元韻裏亦可以看到。「挽」⌐buan：⌐ban，「萬」ban⌐。

不過，其他輕唇音的情況，亦有 h 後面的 u 消失的例子。先前所提到的「肺」hui⌐：hi⌐，即爲其例。

但是微母的情形絕對比較多。此可能因爲 b(b͡u)比 h(h͡u)合口性較強，有使其後面接續的 u 消失的傾向。

福州的 i 形式，明顯是 u 被聲母所吸收了。類似的形式，在廢合韻已經看過，如：「廢、肺」hie⌐。u 消失的傾向，福州可能比閩南、潮州較強。

但是，連微母的字都變成 i 的形式，於理不合。因爲福州用〔w〕來模倣〔v〕，所以像閩南、潮州那樣，u 在 b 的後面會消失是不可能的，當然，ui 的形式應被保存下來才是。

白話音的「微」⌐mi，實際上也許在証明那樣的形式是存在的。這種形式，肯定是經歷 wui→w͡ui→vi→mi 這樣的(音聲)變化才出現的。

i，恐怕是由下面的對應關係所引導出來的形式。

	虞韻	元韻	文韻	陽韻	微韻
微母以外	hu	huaŋ	huŋ	huoŋ	hi
微母	u	uaŋ	uŋ	uoŋ	×

×即是 i 的意思。

　　白話音，與在「肥」「微」所見到的完全不同系統的 {uə}，
出現得很廣泛。

	台南	廈門	十五音	泉州	潮州	福州
飛	꜀hui	꜀hui	꜀hui	꜀hui	꜀hui	꜀hi
	꜀pue	꜀pe	꜀pue	꜀pə	꜀pue	꜀puoi
尾	꜂bi	꜂bi	꜂bi	꜂bi		
	꜂bue	꜂be	꜂bue	꜂bə	꜂bue	꜀muoi
未	bi꜒	bi꜒	bi꜒	bi꜒		i꜒
	bue꜒	be꜒	bue꜒	bə꜒	bue꜒	

　　「飛」꜀pue 爲〈飛〉之意。「尾」꜂bue 爲〈尾〉之意。
「未」bue꜒ 爲〈還沒〉之意。
　　先前的支韻裏，這種形式也出現過。這種形式一貫地出現於
止攝合口。

　　其他零星的形式如下。

	台南	廈門	十五音	泉州	潮州	福州
尾	꜂bi	꜂bi	꜂bi	꜂bi		
	꜂bue	꜂be	꜂bue	꜂bə	꜂bue	꜀muoi
	<u>mi</u>꜒	<u>mi</u>꜒		<u>mi</u>꜒		

「尾」mi² 爲計算耳朵、牡蠣、香菇等滑溜柔軟物的量詞。

此形式亦屬於 u 被聲母所吸收的例子。從聲母與聲調的形式來看，知道它屬舊的形式。亦即，m 爲微母的重唇音的殘留(參閱 6.3)。而且，上聲次濁音讀成陽去，亦比讀成上聲舊(參閱 8.2)。

此形式與 {uə} 重疊出現很有意思。很明顯地，mi² 比 ˻bue 的形式舊。但是，爲何在並不那麼重要的量詞上面殘留了舊的形式，沒法理解。

7.6　效攝

開口一等豪韻　au

乍看之下，任何方言都顯示；相對於文言音 o(台南、廈門為 ə)，白話音則以 au 的形式出現。

	台、廈	十五音	泉州	潮州	莆田	福州
老	˚lə	˚lo			˚lo	˚lo
	lauˉ lauˉ	lauˉ	lauˉ	˚lau	lauˉ	lauˉ
	˚lau					
草	˚cʻə	˚cʻo	˚cʻo			˚cʻo
	˚cʻau	˚cʻau		˚cʻau	˚cʻau	˚cʻau ˚cʻau
高	ˌkə	ˌko	ˌko	ˌko	ˌko	ˌko
	ˌkau			ˌkau		

「老」lauˉ 為〈年老〉之意。˚lau 為〈老練〉之意。「草」˚cʻau 為〈草〉之意。「高」ˌkau 以「高興」ˌkau hiəŋˉ〈快活〉的詞素出現，請參閱下文。

但是，仔細地看的話，本(豪)韻並非那麼單純。

第一，在潮州的出現方式。潮州在所調查的 79 字❶中，au 有 43 字，o 有 27 字，以 o:au 方式出現的有 8 字，a 有 1 字（「早」）。au 占絕對優勢。但是，白話音出現的方式較文言音佔優勢。這是在其他韻及其他方言中看不到類似例子的異常狀態。

第二，在閩南(與福州)，–au 當然是以白話的詞素出現。但

是，以 –o(–ə)爲詞素的白話亦不少。

寶　ˊpə　〈寶〉

刀　ˌtə　〈刀〉

討　ˊtʻə　〈求、要〉

棗　ˊcə　〈棗〉

臊　ˌcʻə　〈腥(臭)〉

嫂　ˊsə　〈嫂〉

膏　ˌkə　〈膏泥狀〉

靠　kʻəˉ　〈靠〉

……………………………………

這樣的事實，令人猶豫是否要一律認爲 o(ə)是作爲文言音被借進來的形式。

加上如下所示，o(ə)明顯地也有作爲白話音而被登錄的例子。

	台、廈	十五音	泉州	潮州	莆田	福州
抱	pʻauˉ	pʻauˉ		ˊpʻo		poˉ
	pʻəˉ	pʻoˊ	pʻoˉ	ˌpʻau		
毛	ˌmo	ˌmo	ˌmo	ˌmo	ˌmo	ˌmo
	ˌbə	ˌbo	ˌbo	ˌbo	ˌpo	
好	ˊhoN	ˊhoN	ˊhoN	ˊho	ˊho	ˊho
	ˊhə	ˊho	ˊho			

「抱」pʻəˉ爲〈抱〉之意。「毛」ˌbə爲〈無〉❷之意。

「好」ᶜhə 爲〈好〉之意。

皆爲基礎語彙，在基礎語彙出現的 o(ə)，不得不視爲有相當長久的來歷。

第三，如果與二等肴韻──相對於文言音 au，白話音爲 a（此幾乎無任何問題）──相對應的話，將豪韻單純地認爲，相對於文言音 o(ə)，白話音爲 au，則不妥當（詳情請參閱「肴韻」一節）。

由這些情形看來，對於 o(ə)與 au 的關係，如下的解釋才是正確的。

在閩南，零星出現的 au 形式，明顯地爲白話音。

這個形式由於有廣母音 a 的出現，與 u 韻尾還健在，可以說比較忠實地在反映中古音。慧琳『一切經音義』等，唐五代的西北方音、宋代的汴京、洛陽音，都是／au／的形式。

閩音系中，有此形式的傳承是非常有可能的（零星出現反而是不可思議），這恐怕是由關內方言圈移入的開拓民所帶進來的。

關於 au 單獨在潮州一地佔異常優勢，可能還夾雜很多從官話來的借用形。

潮州的 au，如果全部都是眞正的白話音的話，那麼廣泛地出現於潮州的，卻沒在閩南出現，委實很奇怪。

潮州從閩南分離出來後，雖被客家縣所包圍，卻形成一個獨立的方言圈。其間，當然會走上自律性的音韻變化。就一個個的漢字來說，以前有可信賴的權威漳州，現在沒有了。代之而向官話求取權威，從官話大量借用進來，則是非常有可能的。

就潮州來說，要分別出哪個是眞正的白話音，哪個是新的借用形，並非難事。與閩南同形式出現的，是眞正的白話音，而並

不出現於閩南的，則是新的借用形。這樣的看法大致上好像不會
有錯。

　　前者的例子，如開頭所舉的例字「 老 」ᶜlau、「 草 」ᶜcʻau
（「 高 」ᶜkau 除外）。爲求愼重起見，再補充如下。

	台南	廈門	十五音	泉州	潮州	福州
腦	ᶜlə	ᶜlə	ᶜlo			ᶜno
	ᶜnau	ᶜnau		ᶜnau	ᶜnau	
灶	cəˀ	cəˀ	coˀ	coˀ		
	cauˀ	cauˀ	cauˀ	cauˀ	cauˀ	cauˀ
操	₌cʻə	₌cʻə	₌cʻo	₌cʻo		
	₌cʻau	₌cʻau	₌cʻau	₌cʻau	₌cʻau	₌cʻau
掃	səˀ	səˀ	soˀ	soˀ		
	sauˀ	sauˀ	sauˀ	sauˀ	sauˀ	sauˀ

　　「 腦 」ᶜnau 以「 頭腦 」₌tʻau ᶜnau〈頭，頭腦〉的詞素出
現。「 灶 」cauˀ 爲〈爐灶〉之意。「 操 」₌cʻau 爲〈操練〉之
意。「 掃 」sauˀ 爲〈打掃〉之意。❸

　　後者的例子如下。

	台南	廈門	十五音	泉州	潮州	福州
滔	₌tʻə	₌tʻə	₌tʻo	₌tʻo		₌tʻo
				₌tʻau		

皂	cə²	cə²	co²	co²	co²
					⊆cau
蒿	⊆hə	⊆hə	⊆ho	⊆ho	
				⊆hau	⊆hau
傲	gə²	gə²	go²	go²	ŋo²
					⊆ŋau

這些都是純粹的文言。意義素方面，不查辭典的話甚至亦有不能明白的。❹

「蒿」（「薅」亦是）在福州讀成 ⊆hau，可能同爲官話來的借用形。

在台南、廈門，像這麼明顯知道是官話來的借用形的例子，也有一個。「高」⊆kə：⊆kau。「高」⊆kau 的詞素只出現於「高興」⊆kau hiəŋ² 〈快活〉這一個單詞。這肯定是從官話「高興」〔⊆kau ɕiŋ²〕來的借用形。❺

如果 au 是白話音的話，就不得不給 o(ə)文言音的地位——結果，與傳統的處理方式同樣——此 o(ə)挾着 au，肯定曾經是新舊兩層的形式合成一個了。

相對於舊層有可能回溯到中古音以前的時代，新層則可清楚地斷定爲唐末五代。因爲中古音以前與唐末五代相隔有三個世紀以上，所以新舊兩個層的形式不可能完全一樣。但是，也不應是完全背離的形式。從音韻的單純化來看，認爲新層的形式使舊層的形式「順應」了。這種看法大概是常識。但是，即使這樣的

「順應」有可能，也因爲是互相近似的形式。

　　關於新層的形式是 ／o／（因爲是一等韻或從其它音系的出現方式來考慮，音價可能爲〔ɔ〕），幾乎沒有什麼可討論的餘地。那是跟歌、戈韻合併的狀態，作爲文言音被借入閩音系的（參閱「歌韻」一節）。

　　與此〔ɔ〕相近似，作爲與 ／o／ 合一的舊層的音，可能是〔ɞ〕或〔ɞᵘ〕。

　　豪韻的來源爲幽部 *ôg 與宵部 *ɔg，兩韻的主母音皆爲廣域的 o 類音。豪韻在中古音被再建構成 ／au／〔ɑu〕。但是上古音與中古音之間有 1000 年以上的間隔，在途中的階段，就算有了〔ɒ〕或〔ɒᵘ〕音，亦決不能說是不合理的。

　　〔ᵘ〕擬定爲上古音 *-g 與中古音 u 韻尾的中間音。但是實際上，大概在 o 類主母音的背後，並不具淸晰的音聲。恐怕是隨着主母音從 o 類音變化成〔ɑ〕，也許〔ᵘ〕發展成明顯的〔-u〕。

　　姑且不論韻尾的問題，我們在解釋閩音系一部分有 o(ə)形式的白話時，不得不認爲豪韻在中古音以前可能擁有 o 類的主母音。❻

　　在此，富有啓示的是「早」ᶜcə：ᶜca 這個字。「早」ᶜca 爲〈早〉之意的基礎語彙。

	台南	廈門	十五音	泉州	潮州	福州
早	ᶜcə	ᶜcə	ᶜco	ᶜco		ᶜco
	ᶜca	ᶜca	ᶜca	ᶜca	ᶜca	ᶜca

由於在福州尚且被保存下來，可見這個白話音由來的長久。

這個 a 儘管已經失去〔ⁿ〕，卻是証明〔ɒ〕眞正存在的貴重殘存形式。a〔ɑ〕爲〔ɒ〕從圓唇替換成張唇的形式。由這一點可說「旱」ᶜca 爲一種脫離的形式。但由於是脫離形的緣故，才被珍重地保存下來。

歸納以上的內容，則成爲如下的圖式。

閩南之場合

中古音以前　ɒ　→　o(ə)　白話

唐代　　　　　　　au　　白話

唐末五代　　ɔ　→　o(ə)　文言

官話之借用　　　　au　　白話

> 文言音
> 白話音

其他零星的形式如下。

	台南	廈門	十五音	泉州	潮州	福州
袍	⊆pau	⊆pau	⊆pau		⊆pʻau	⊆po
	pʻauᵓ	pʻauᵓ			pʻauᵓ	

「袍」pʻauᵓ 以「長袍」⊆təŋ pʻauᵓ〈男子穿的長上衣〉的詞素出現。

前面提到的「抱」pʻauᵓ : pʻəᵓ 也一樣。在閩南，au 的形式被認爲文言音的只有這兩個字。說是例外的存在亦可以。

「袍」、「抱」的聲符爲「包」⊆pau，有這個聲符的字，在豪韻中亦不是沒有。但是其大部分都是比較平易的字——

「包」以外，如「泡，炮，庖，胞，跑，鉋，飽，鮑」等，幾乎皆出現於肴韻。於是，有兩種可能性可以考慮。其一爲從那些字來的類推形。另一個則是依據「未收錄於韻書」肴韻的反切來的。

「抱」的情形，作爲豪韻的有規則的形式 p'ə⁼，因爲這個肴韻的形式的關係，很可惜地被貶至白話音的地位。

另外，「袍」的白話音，聲母與聲調的形式和文言音並不對應，即使同爲肴韻，「戶籍」似乎並不一樣。

	台、廈	十五音	泉州	潮州	莆田	福州
毛	ˍmo	ˍmo	ˍmo	ˍmo	ˍmo	ˍmo
	ˍbə	ˍbo	ˍbo	ˍbo	ˍpo	
	ˍməŋ	ˍmo	ˍməŋ			
				ˍmau		

「毛」除了已介紹過的 ˍbə〈無〉以外，尚有白話音 ˍməŋ。「毛」ˍməŋ 爲〈毛〉之意。

台南、廈門的 ˍməŋ 承襲了泉州的系統，在其他方言裏，以不同的形式出現。「十五音」爲 ˍmo，陰平的形式顯示與文言音不同。亦即，是次濁音被讀成陰調的一例。到目前爲止，亦有「摸」ˍbo : ˍboŋ，「微」ˍbi : ˍbui 等例。關於此種形式，擬在 8. 聲調項內統括來探討。

在潮州與福州並非沒有出現，而是與文言音同形式。

ˍməŋ 是從「十五音」的 ˍmo 與潮州、福州的 ˍmo 出來的

形式，自不待言。此爲 m 的強鼻音要素不只使 o 鼻音化，甚至派生出 -ŋ 來而成 moŋ 的形式（參閱 7.3）。之後，主母音 o 被 m 與 -ŋ 挾擊而消失，結果才變成 məŋ 的形式。

〔 mo 〕→〔 mõ 〕→〔 moŋ 〕→〔 mŋ̩ 〕／məŋ／

另外，潮州的 ˬmau 以「毛重」ˬmau ˉtoŋ〈含包裝器物的重量〉的詞素出現。這在北京將 grossweight 翻譯成「毛重」〔 ˬmau tʂuŋˊ 〕，無疑地是這個〔 ˬmau 〕的借用形。

	台南	廈門	十五音	泉州	潮州	福州
膏	ˬkə	ˬkə	ˬko	ˬko	ˬko	ˬko
	ˬko	ˬko				

「膏」ˬko 以「膏藥」ˬko io2̠〈膏藥〉的詞素出現。

o 爲模韻的形式，在這裏出現是奇怪的。這個疑問因『台日大辭典』有以下的說明而煙消雲散：「ˬko io2̠ 爲泉州音。一般說成 ˬkə io2̠。」

「膏」ˬko，即是從泉州來的借用形。

開口二等肴韻　ɑ̆u

共通處在於，相對於文言音 au，白話音爲 a。

	台、廈	十五音	泉州	潮州	仙游	福州
飽	ᶜpau	ᶜpau	ᶜpau		ᶜpau	ᶜpau
	ᶜpa	ᶜpa	ᶜpa	ᶜpa	ᶜpo	ᶜpa
吵	ᶜcʻau	ᶜcʻau	ᶜcʻau			
	ᶜcʻa	ᶜcʻa	ᶜcʻa	ᶜcʻa		ᶜcʻa
鉸	₋kau	₋kau	₋kau			
	₋ka	₋ka	₋ka	₋ka	₋ko	₋ka
孝	hauˀ	hauˀ	hauˀ	hauˀ		hauˀ
	haˀ	haˀ	haˀ			

　　「 <u>飽</u> 」ᶜpa 爲〈飽〉之意。「 <u>吵</u> 」ᶜcʻa 爲〈吵〉之意。
「 <u>鉸</u> 」₋ka 爲〈用剪刀剪(東西)〉之意。「 <u>孝</u> 」haˀ 以「帶孝」
tuaˀ haˀ〈服喪〉的詞素出現❶

　　本韻出現的方式過於整齊，反而不易探求線索。其中，莆
田、仙游的白話音形式出現的是 o，提供了貴重的關鍵。

　　此 o 可能與出現於開口二等麻韻的白話音同一性質。麻韻
裏，與莆田、仙游相對應的形式，在台南、廈門爲 e，「十五
音」爲 ɛ，潮州爲 e，福州爲 a 或 e。亦即，是張唇前舌的淺廣
母音系統。

　　因而，我們由莆田、仙游的 O 得來的啓示，似可認爲 a 是
有意以淺廣母音出現的。麻韻時，有不同的形式，至於本韻，則

整齊地都是 a。那肯定是零韻尾與 u 韻尾的韻型不同的關係。零韻尾容許主母音改變的餘量，而 u 韻尾則對主母音不能不有所制約。但是莆田、仙游統一以 O 出現，乃因傳承了〔ɒ〕或〔ɔ〕的特殊音價。

在此，有必要提起豪韻中，有被認爲是屬於中古音以前的層的 o(ə)的形式。a 有可能是與此對應的二等的形式。

關於 o(ə)，推定其音價爲〔ɒ〕或〔ɒᵘ〕，如果此音價爲一等，那麼二等則可能爲〔a〕或〔aᵘ〕。如果一等是用(〔ᵘ〕消失的形式)〔ɒ〕傳承，跟它平行地，二等亦有可能用(〔ᵘ〕消失的形式)〔a〕傳承。

文言音的 au，可說比豪韻的 o(ə)形式更忠實於中古音的形式。本來，本韻在『切韻』以後的各種音韻中，皆以／au／出現，即使是唐末五代作爲文言音借入的形式，或是透過唐代承傳的白話音形式，並沒甚麼差異。亦即，au 應該是文言音與一部分白話音 overlap 的形式。

例如：

    包 ₌pau 文言 〈包〉
            白話 〈包〉〈包租〉
    抄 ₌c'au 文言 〈掠奪〉
            白話 〈抄寫〉
    郊 ₌kau 文言 〈郊外〉
            白話 〈批發商〉
    孝 hau⁼ 文言 〈孝順〉

白話　〈供養死者〉

....

一部分有 iau 的形式出現。

	台、廈	十五音	泉州	潮州	仙游	福州
爪	⁻liau	⁻ziau	⁻liau	⁻ziau		{ ⁻cau ⁻cua
抓	liau⁻	ziau⁻		ziau⁻	⁻cua	⁻cua

「爪」⁻liau 以「跤爪」⁻k‘a ⁻liau〈禽獸的爪〉的詞素出現。「抓」liau⁻ 爲〈抓〉之意。都是文言音亦是白話音。

iau 如後所述，爲三、四等宵、蕭韻的形式，與本韻並不相稱，這個形式，聲母早就有問題。在泉州系爲 l，而在漳州系出現 z，爲日母最佳標識。二等裏無日母的字。宵韻就有。所以，這有可能是「未收錄於韻書」的日母宵韻的反切（另外請參閱 7.7）。

福州的「爪」⁻cau，爲唯一有規則性的形式。但是，此與又音的 ⁻cua、|抓」⁻cau 同樣，不過是從北京（「爪」爲〔⁻tʂau〕〔⁻tʂua〕，「抓」爲〔⁻tʂua〕）來的借用形罷了。

	台南	廈門	十五音	泉州	潮州	福州
梢	⁻sau	{ ⁻sau ⁻siau	⁻sau	⁻sau	⁻sau	⁻sau

稍	sau⁻	{ sau⁻
		  siau⁻
			{ sau⁻
			  ⁻sau
					⁻c‘iau	⁻sau

$$_{\subset}\text{c'iau}$$

潲　siau$^{\circ}$ $\begin{cases} _{\subset}\text{sau} \\ \text{siau}^{\circ} \end{cases}$ 　　　　　　$_{\subset}\text{c'iau}$

　　三字皆爲純粹的文言。只有「 梢」，各方言都讀得正確。廈門的又音 $_{\subset}$siau，合乎『 集韻 』的「 思邀切」。閩南的「 稍」 sau$^{\circ}$ 也是有規則的形式。其他的音，不妨說是亂七八糟。

　　iau 形式出現的原因很簡單。這些字皆以「 肖」爲聲符。以「 肖」爲聲符的字中，比較平易的如「 宵、消、銷」等字，皆屬宵韻。無疑是從那些字來的類推形。

	台南	廈門	十五音	泉州	潮州	福州
膠	$_{\subset}$kau	$_{\subset}$kau	$_{\subset}$kau	$_{\subset}$kau		$_{\subset}$keu
	$_{\subset}$ka	$_{\subset}$ka	$_{\subset}$ka	$_{\subset}$ka	$_{\subset}$ka	$_{\subset}$ka
狡	$^{\subset}$kau	$^{\subset}$kau	$^{\subset}$kau	$^{\subset}$kau	$^{\subset}$kau	$^{\subset}$kieu
絞	$^{\subset}$kau	$^{\subset}$kau	$^{\subset}$kau	$^{\subset}$kau		$^{\subset}$kieu
	$^{\subset}$ka	$^{\subset}$ka	$^{\subset}$ka	$^{\subset}$ka	$^{\subset}$ka	
攪	$^{\subset}$kiau	$^{\subset}$kiau	$^{\subset}$kiau	$^{\subset}$kiau	$^{\subset}$kiau	
敲	$_{\subset}$k'au	$_{\subset}$k'au	$_{\subset}$k'au	$_{\subset}$k'au	$_{\subset}$k'iau	$_{\subset}$k'ieu
巧	$^{\subset}$k'au	$^{\subset}$k'au	$^{\subset}$k'au	$^{\subset}$k'au		$^{\subset}$k'ieu
	$\begin{cases} ^{\subset}\text{k'a} \\ ^{\subset}\text{k'iau} \end{cases}$	$\begin{matrix} ^{\subset}\text{k'a} \\ ^{\subset}\text{k'iau} \end{matrix}$	$^{\subset}$k'a	$^{\subset}$k'a	$^{\subset}$k'a	

福州有 eu 與 ieu 兩種類的形式出現，eu 不過是 ieu 的

variants(異音)。福州的 ieu 是跟閩南、潮州的 iau 對應的形式。

關於此形式，有兩種可能性可以考慮。一個是從拗音化的官話來的借用形。另外一個則可能是依據「未收錄於韻書」的宵、蕭韻的反切。

在福州以文言音出現的例子，或潮州的「敲」ₔkʻiau，屬前者的可能性較大。但是像「絞」字，亦合乎『集韻』的「吉了切」。

共同出現於閩南、潮州的「攪」ᶜkiau〈攪拌〉，是文言音亦是白話音。這應該認爲是屬於後者！

「巧」ᶜkʻau，在台南、廈門有兩種白話音出現。ᶜkʻa 爲〈珍貴〉〈巧合〉之意。ᶜkʻau 爲〈手巧〉〈聰明伶俐〉之意。ᶜkʻa 爲傳統的白話音形式，沒有什麼問題。ᶜkʻiau 是依據「未收錄於韻書」的宵、蕭韻的反切的形式，因爲後來借進來的ᶜkʻau 形式的關係，而被逼成了白話音。

其他零星的形式如下。

	台南	廈門	十五音	泉州	潮州	福州
茅	ₔmau	ₔmau	ₔmau	ₔmau	ₔmau	ₔmau
	ₔhm̩	ₔhm̩				

「茅」ₔhm̩爲〈茅草〉之意。

m̩爲聲化韻，到目前爲止，出現於灰韻的「梅」ₔmue：

ₘ、「媒」ₘue：ₕm̩。h 只是 ˈ 的 variants——相對於 clear beginning〔2〕只是 gradual beginning〔m̩〕——沒特別意義。

　　m̩是被特別強調鼻音聲母的 m，將韻母完全同化，音節全體好比變成了補償它而延長的。這種情形下，韻母的形式並不是甚麼都可以。條件似乎是，陰韻的合口，a 類的廣母音不會出現的形狀。

　　然而，「茅」為開口二等，文言音用 ₘau 出現。由 m̩出現的條件來看，不得不說背離得太遠了。關於這一點，是「茅」不過是 ₕm̩的「假借字」呢？抑或屬於適合有 ₕm̩的白話音的合口、非廣母音的韻？必是這兩者之一。不管怎樣，其文言音與白話音的「戶籍」不同。

　　「茅」在現存韻書中，只有本韻的反切。從聲符的「矛」為尤韻的字來看，不能說「茅」沒有可能屬於尤韻。尤韻在中古音被再建構成／iəu／。唇音在閩音系為文言音，與白話音皆為 u 的形式。因此，「茅」有 ₘu 的形式，從而出現了 ₕm̩白話音的可能性非常大。

開口三，四等宵韻　ïɛu, iɛn
開口三，四等蕭韻　eu

文言音，在閩南、潮州爲 iau，福州爲 ieu。

白話音在閩南爲 io，潮州爲 ie。福州則幾乎無任何白話音出現。

		臺、廈	十五音	泉州	潮州	海口	福州
宵韻	表	⊂piau	⊂piau	⊂piau	⊂piau	ᶜɓiau	ᶜpieu
		⊂pio	⊂pio	⊂pio	⊂pie	ᶜɓio	
	蕉	⊆ciau	⊆ciau	⊆ciau	⊆ciau		⊆cieu
		⊆cio	⊆cio	⊆cio	⊆cie		
	橋	⊆kiau	⊆kiau	⊆kiau			
		⊆kio	⊆kio	⊆kio	⊆kie		⊆kio
蕭韻	釣	tiau⊃	tiau⊃	tiau⊃	tiau⊃		tieu⊃
		tio⊃	tio⊃	tio⊃	tieN⊃		
	尿	liau⊐	ziau⊐	liau⊐			nieu⊐
		lio⊐	zio⊐	lio⊐	zie⊐		
	么	⊂iau	⊂iau	⊂iau	⊂iau		⊂ieu
		⊂io	⊂io	⊂io			

「表」⊂pio 爲〈表〉〈鐘錶〉之意。「蕉」⊆cio 以「芎蕉」⊆kin ⊆cio〈香蕉〉的詞素出現。「橋」⊆kio 爲〈橋〉之意。

「釣」tio⁻爲〈釣〉之意。「尿」lio⁻爲〈尿〉之意。「么」爲〈骰子的一〉之意。❶

蕭韻，其文言音不用說，白話音裏，也完全看不到四等韻的特徵，與宵韻已完全合併了。

潮州的文言音音價爲〔ieu〕。〔ieu〕爲〔iau〕的variants。與閩南同樣解釋成 au 也可以。白話音的音價爲〔ie〕。這也不是不可以跟閩南同樣解釋成 io，只是鼻音化韻母有 ieN〔ĩẽ〕(作爲陽韻的白話音出現)，因考慮與其對應的關係而解釋爲 ie。

福州的 ieu 的音價與潮州同爲〔ieu〕。這亦可能解釋成 iau。並非 ieu 與 iau 有所對立。但是在福州，本韻的字有被讀成類似尤韻 iu〔iu〕的字的傾向❷。此不外乎本韻的主母音有變狹的傾向。果眞如此的話，與其解釋爲 ieu，不如解釋爲 iau 比較合理。

文言音，肯定是以／iau／的形式借入閩音系。音價恐怕不是〔iau〕，而是〔iɛu〕吧。❸但是主母音是否爲〔a〕或〔ɛ〕，在此並不重要。只要是符合具有 i 介母、u 韻尾的 ◇ 型韻的主母音那樣的廣域的張唇母音即可。

白話音 io 的 i，一看如同齊齒介母的 i。那麼，o 這個舌後母音的由來如何？這就發現到了，這個形式並非其外觀那麼單純。

這裏想到的是，朝鮮漢字音用 yo 描摹本韻。yo 確實是像 io。關於這個 yo，有坂秀世博士有以下的解釋：

……蕭宵韻，在 '10 世紀左右的開封音尚未變成 iau。

大概保存的是自古以來的 ieu, ïeu 的形式。(中原音韻裏,蕭宵韻亦尚未變成iau形式,而以 ieu 的形式殘留下來。參閱『藝文』第9年第12號所載滿田新造博士的「中原音韻分類概說」。)

而且,這 ieu, ïeu,實際上恐怕是由於音聲接近 ieo, ïeo,所以本來本國語裏並沒有如 eu, eo 的二重母音的朝鮮人,把它訛傳如同 yo 了。這應該是有可能的。(「關於漢字的朝鮮音」p.323)

博士的解釋,對我們很有參考價值。O 在共時論的音韻體系上雖為主母音,但未必是從歷史上的主母音 ɛ 來的變化。從 u 韻尾變化來的可能性也有。因此,即使是 i,並不就是齊齒介母本身,它與主母音 ɛ 有關連的可能性如何,應加考慮。

這樣的考慮才知道,仙游有「小」ᶜsiau:ᶜseu〈地位低〉、「搖」₌eu〈搖〉,平陽有「少」ᶜcieu〈少〉(﹣i﹣恐怕不過是〔tɕ〕的移出過渡音而已,因無其他例子,所以無法下肯定的判斷)之類的白話音形式存在的理由。

eu 是與閩南、海口的 io,潮州的 ie 對應的形式。但是並非 < 型,而是 > 型的複母音,須加以注意。

想來閩音系白話音的原來形式,大概如同這個 eu 吧!eu,是 iɛu 的 i 介母被半廣母音〔ɛ〕吸收消失後的形式。(為了假設〔i〕被吸收消失,推定其主母音為〔ɛ〕較方便。反過來,可以說白話音的形式也在佐証主母音是〔ɛ〕。)

eu 在閩南、海口,e 變窄成為 i,而 u 卻展開成 o 了。結果,變成為 < 型的複母音了。潮州的 ie 乃從這個 io 再變化後的形式,〔io〕→〔iə〕→〔ie〕。

福州則如前文所述，幾乎無任何白話音出現，這並非只侷限於福州無此種白話音出現，因爲 i 介母並非完全被吸收在〔ε〕裏邊，而是因爲如同〔iεu〕的音——如果是〔εu〕，結果將會與下述侯韻的文言音 eu 混淆，這就不妥當了——所以，畢竟是與文言音合而爲一了。

「少」 ⁼sieu：⁼cieu〈少〉，是証明此種白話音亦在福州出現的貴重例子。幸虧此字的聲母形式不同，所以被妥善保存下來了。再者，「橋」 ⸜kio〔⸜kyo〕則明顯是從閩南來的借用形。

其他零星的形式如下。

	臺南	廈門	十五音	泉州	潮州	福州
枵	⸜hiau	⸜hiau	⸜hiau	⸜hiau	⸜hau	
	⸜iau	⸜iau	⸜iau	⸜iau		
囂	⸜hiau	⸜hiau	⸜hiau	⸜hiau	⸜ŋau	⸜hieu
繞	⁼liau	⁼liau ⁼ziau		⁼liau	⁼ziau	⁼nau
		⸜liau				

「枵」 ⸜iau 爲〈肚子餓〉之意。

潮州的「枵」 ⸜hau，可能是「号」hau⁼ 的類推形。「囂」 ⸜ŋau，在『集韻』另外有「牛刀切」的反切出現，有可能是依據這個的。

福州的「繞」 ⁼nau，可能是模倣了北京的〔⁼ʐ̣au〕。

宵韻雖有重紐出現，但完全看不出有區別。

7.7 流攝

開口一等侯韻　əu

文言音，在臺南、廈門爲 o，「十五音」爲 ɔ，泉州爲 eu，潮州爲 ou，福州爲 eu。

白話音都是 au。

	臺南	廈門	十五音	泉州	潮州	福州
投	⊆to	⊆to	⊆tɔ	⊆teu		⊆teu
	⊆tau	⊆tau	⊆tau	⊆tau	⊆tau	⊆tau
走	⊂co	⊂co	⊂cɔ			⊂ceu
	⊂cau	⊂cau	⊂cau	⊂cau	⊂cau	⊂cau
夠	koᵓ	koᵓ	kɔᵓ			
	kauᵓ	kauᵓ	kauᵓ	kauᵓ	kauᵓ	kauᵓ
侯	⊆ho	⊆ho	⊆hɔ	⊆heu	⊆hou	⊆heu
	⊆hau	⊆hau	⊆hau		⊆hau	

「投」⊆tau 爲〈投訴〉之意。「走」⊂cau 爲〈跑〉之意。「夠」kauᵓ 爲〈足夠〉之意。「侯」⊆hau 爲〈侯，姓氏〉之意。❶

　　文言音的出現方式雖是各式各樣，但是借入的原來的形式可能是〔əu〕。

　　潮州的 ou 是 ə 因受 –u 的影響變化成 o 的形式。「十五音」(漳州)的 ɔ，爲 ou 單母音化後的形式。此變化肯定是潮州從

漳州分裂出去後才發生的。臺南、廈門承襲了漳州的系統。

　　臺南、廈門及「十五音」、潮州，雖變成與模韻同一形式，這不過是偶然的結果而已。

　　泉州與福州(莆田、仙游亦然)的 eu，是 ə 反過來前移發音的形式。泉州因人不同而有接近〔iə〕的發音❷。福州的音價爲〔ɛu〕，主母音相當廣。所以，能夠與宵、蕭韻 ieu〔ieu〕避免混淆。

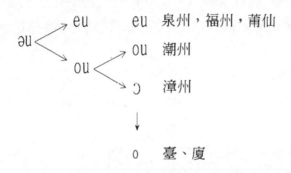

　　白話音 au，與出現於豪韻的形式完全一樣。但那可能不過是偶然的結果。這種情況的 a，可以認爲是以比文言音的 {ə(-u)} 更寬廣的母音出現的。

　　侯韻，不論文言音或白話音，與豪韻相較，有穩定的 u 韻尾，可以說很能顯示內轉韻的特徵。

　　明母的字在慧琳『一切經音義』的反切裏，可以看到轉入模韻明母的痕跡。

　　關於這一點，黃淬伯氏的解釋是：「當時，模侯兩韻音必相近，而唇音字尤難辨。」

　　在河野六郎博士的再建構中❸，當時的模韻為／u／，侯韻為／əu／。侯韻為內轉韻，主母音較弱而韻尾較強。／ə／因 m 的合口要素與 u 韻尾的影響，再變弱的話，依理與模韻明母的區別幾乎會完全消失。

　　確實，在其他音系或外國漢字音中，有出現証明此模韻轉入的形式。但看看在閩音系裏做怎樣的反映，是很有意思的。在此，不厭其煩地將所調查的明母的字全部寫出來，大致如下。

	臺南	廈門	十五音	泉州	潮州	福州
母	ᶜbə	ᶜbo	⎧ ᶜbɔ ⎨ ⎩ <u>ᶜbo</u>	ᶜbeu	<u>ᶜbo</u>	<u>ᶜmu</u>
	ᶜbu	ᶜbu		ᶜbu		<u>ᶜmo</u>
牡	ᶜbo	ᶜbo	ᶜbɔ		ᶜbou	ᶜmu
某	ᶜbo	ᶜbo	ᶜbɔ		<u>ᶜmoŋ</u>	ᶜmu
						<u>ᶜmuo</u>
畝	ᶜbo	ᶜbo	ᶜbɔ	ᶜbeu	ᶜbou	ᶜmeu
						<u>ᶜmuo</u>
茂	mo⁼	bo⁼	bɔ⁼	beu⁼	<u>ᶜmoŋ</u>	meu⁼
戊	bo⁼	bo⁼	bɔ⁼		bou⁼	meu⁼
貿	bo⁼	bo⁼	bɔ⁼	beu⁼	<u>moŋ⁼</u>	meu⁼
	bau⁼	bau⁼				

由是可知，原則上是以侯韻的形式出現的。明顯可以指出是模韻形式的，有劃＿＿＿線的幾個部分。只出現於潮州與福州。此為在以前就有的形式，還是新的借用形？從並無另外有這種詞素的白話來推測，總覺得後者的可能性較大。

那麼，關於侯韻原原本本的形式在閩音系的出現方式，看法如何？『切韻指掌圖』做如下的配置。侯韻明母未必是轉入了模韻明母。

	第4圖／ou／				第3圖／u／			
	平	上	去	入	平	上	去	入
一等	謀	母	茂	墨	模	姥	暮	木
二等	○	○	○	○	○	○	○	○
三等	○	○	○	○	○	○	○	目
四等	繆	○	謬	○	○	○	○	○

要解決『一切經音義』與『切韻指掌圖』之間的矛盾，一方面採行了類似拼字發音（spelling-pronunciation）的「反切讀法」，但不管怎樣，可以說閩音系並非『一切經音義』的類型，而是『切韻指掌圖』的類型。

不只是閩音系，其他音系中亦可看到類似的例子。例如：北京的「某」〔ᶜmou〕，「貿，茂」〔mouᵓ〕。廣州的「某、畝」〔ᶜmɐu〕，「貿、茂」〔mɐuᵓ〕，都是侯韻的有規則的形式。

「母」字另有不同形式出現。＿＿＿＿線的形式即是。在臺南，「母」ᶜbə 為〈雌〉之意（為文言音亦為白話音），ᶜbu 則以「老母」lauᵓ ᶜbu〈母親〉的詞素出現。就各方言中與此相當的語

彙，將＿＿＿線的形式與下面的表對照來看的話，可以瞭解以下的情形。

	臺南	廈門	十五音	泉州	潮州	福州
〈雌〉	ˊbə	ˊbu	ˊbɔ	ˊbu	ˊbo	ˊmo
〈母親〉	{lauˀ ˊbu {lauˀ ˊbə	lauˀ ˊbu	lauˀ ˊbo	lauˀ ˊbu	ˊaˌai (阿□)	ˌnuoŋ ˊne (娘奶)

①廈門的ˊbo，「十五音」的ˊbɔ，泉州的ˊbeu，爲純粹的文言音，與侯韻的規則性形式一致。

在閩南，只未出現於臺南，那是奇怪的。或許書房的老師認爲ˊbo與「姥」ˊbo〈妻〉同音，有亂倫感受而認爲不妥。另外因爲又有ˊbə音，所以就判斷廢掉也說不定。

②臺南的ˊbə，「十五音」的ˊbo，潮州的ˊbo，福州的ˊmo，爲相對應的形式。亦即，是豪韻的文言音形式。它們一致地以〈雌〉的詞素出現。「母」字或許可能是「未收錄於韻書」的豪韻的反切❹！

③閩南的ˊbu與福州的ˊmu，似是而非。前者以白話音的詞素出現。相對地，後者爲純粹的文言。

我認爲福州是從官話來的新借用形，這是無庸置疑的(北京爲〔ˊmu〕)❺。此外，「牡，某」讀成爲ˊmu，亦是同樣的情形。

只出現於泉州與(承襲了泉州系統的)廈門的白話音ˊbu，爲一問題形式(臺南的情況是「又漳又泉」，二種系統共同存在)。其原因在於 bu 爲虞韻微母的形式。明母的「母」有此形式並不合理。所

以，「十五音」、潮州、福州❻才沒那種形式。

　　但是，泉州、廈門與「十五音」之間，^{c}bu 與 ^{c}bo 都以平行的方式出現。所以認為 ^{c}bu 有可能是 ^{c}bo 的訛音。因 b 的合口要素的關係，o 很有可能替換成 u。

開口二、三、四等尤韻　iəu, ɿəu, iəu

文言音，除唇音與齒上音外，都是 iu。

	臺南	廈門	十五音	泉州	潮州	福州
綢	₌tiu	₌tiu	₌tiu	₌tiu	₌tiu	₌tiu
酒	ᶜciu	ᶜciu	ᶜciu	ᶜciu	ᶜciu	ᶜciu
求	₌kiu	₌kiu	₌kiu	₌kiu	₌kiu	₌kiu
又	iu⁼	iu⁼	iu⁼	iu⁼	₌iu	iu⁼

齒上音的「二等直音」的特徵經常出現。

	臺南	廈門	十五音	泉州	潮州	福州
鄒	₌co	₌co	₌cɔ	₌cou	₌cou	₌ceu
			₌ce			
驟	co⁼	co⁼	cɔ⁼	cou⁼	₌cou	ceu⁼
瘦	ᶜso	ᶜso	ᶜsɔ	ᶜsou	sou⁼	sou⁼

「十五音」的「鄒」₌ce 為〈鄒，姓氏〉之意。

福州的 eu 為侯韻的形式。尤韻如失去 i 介母的話，會變成與侯韻同形，是當然的道理。但是在閩南、潮州，出現方式沒按照這個當然的道理，則為問題之所在。

泉州的形式明顯不是侯韻，而是模韻的形式。於是魚、虞的二等變成了模韻的形式。

臺南、廈門、「十五音」、潮州，看來似無問題。但是，不

可以忘記在這些方言裏，模韻變成與侯韻同一形式。在此，可貴的是泉州的啓示。此爲模韻的形式，亦即，似乎應認爲是有意以魚、虞韻的二等出現的。

「十·五音」的「鄒」${}_\subset$ce 可爲佐証。此爲 {əi} 形式的白話音，但廣泛地出現於魚韻。

簡而言之，在閩南、潮州，尤韻二等與魚、虞韻二等產生了混淆。這豈是以那樣的體系被借入閩南、潮州的嗎？那是不可能的。尤韻二等，像福州那樣以侯韻的形式出現是當然的。在其他所有音系都是一樣。那麼，無疑地這是閩南、潮州獨特的音韻變化了。

至於原因，首先想得到的是，由於「鄒、搊」等與虞韻的「芻、雛」等聲符相同而產生的類推形。但是如下所示，有「芻」聲符的字，步調未必一致。另一方面，「搜、蒐、瘦」等別的諧聲系統亦以同一形式出現。所以，要探究其眞相是非常困難的。

下面的形式不得不看做例外。

	台南	廈門	十五音	泉州	潮州	福州
愁	${}_\subset$c'iu	${}_\subset$c'iu		${}_\subset$c'ou	${}_\subset$c'ou	${}_\subset$c'eu
搊	${}_\subset$co	$\begin{cases} {}_\subset co \\ {}_\subset c'iu \end{cases}$				
皺、縐	c'iu${}^\supset$	$\begin{cases} c'iu{}^\supset \\ co{}^\supset \end{cases}$	ziau${}^\supset$		niau${}^\supset$	ceu${}^\supset$
		${}_\subset$ziau				

　　例外的形式，只有 iu 與 iau 兩種，都保留了 –i–，作爲二等的特徵並沒出現。

　　iu，跟三、四等沒有什麼區別。話雖如此，純粹文言的這些字裏，畢竟不可能保存舊層的形式。

　　「愁」應認爲是「秋」 ₌c'iu 的類推形。

　　「搊、皺、縐」，在廈門有兩種讀音的原因，可能在於反映書房的老師們之間，有讀成二等原則性形式的，也有以尤韻的一般性形式來讀的。我的書房老師對於「搊」，是依照二等的原則性形式，而對於「皺、縐」兩字，則依照尤韻的一般性形式。並不是有什麼特別的判斷。

　　「十五音」的「皺、縐」 ziau˺： ₌ziau(潮州的 niau˺ 亦爲同系統的形式)，是有問題的形式。

　　在閩南，〈臉上起皺紋〉說成 liau˺, ziau˺。傳統上寫作「皺」。「十五音」就照原樣認爲是「皺」的文言音。而『廈門音新字典』卻當作「皺」的白話音。另外，〈衣服起皺紋〉說成 ₌liau, ₌ziau。「十五音」視其爲「皺」的白話音，但『廈門音新字典』卻當作另外的「繞」(日小開三)字的文言音。

　　即使聲調有所不同，兩詞畢竟是一詞，不容置疑。「十五音」似乎有考慮到這一點，而『廈門音新字典』的態度卻認爲是不同的單詞。但是，「繞」被「『纏繞。糸＋堯聲』……委婉纏住。派生出圍繞之意」(『漢字語源辭典』p.251)，與皺紋並沒關係，不過是「假借字」罷了。

　　但是「皺」在『漢字語源辭典』裏，附隨於「縐」有以下的說明：「『細葛布。糸＋芻聲』……蜷縮而織的絹布之意。又，

由收縮之意亦代用爲皺。」(p.299)

liau⁻, ₌liau，完全沒有「使縮小」、「縮」的語意──在台南，〈蜷縮〉說成「趒」₌kiu，〈縮短〉說成「究」kiu⁻──首先浮現於腦海的是，原來平坦的東西變成∭的狀態。

藤堂教授將構成「縐，皺」成員之一的單語家族(「基本型」被歸納爲 $\{\begin{smallmatrix}\text{Tsug}\\\text{Tsuk}\\\text{Tsung}\end{smallmatrix}\}$)的基本義規定爲：「使勁縮小，聚集一處」(p. 298)，若符合後者的「聚集一處」，那是可以那麼說的。

問題比較多的是它的形式方面。首先，l, z 爲日母的形式，出現於莊母則無法理解。在此，令人想起肴韻中亦有「爪」⁻liau, ⁻ziau〈禽獸的爪〉、「抓」liau⁻, ziau⁻〈用指甲抓〉兩字出現過。與那時一樣的疑問，現在也出現了。另外，iau 這個韻母形式，不但與肴韻不符合，與尤韻更不契合。

在此，我不禁懷疑它是否爲「訓讀」。但是，一開始就當作「訓讀」來排除掉的話，總覺得耿耿於懷。「十五音」與潮州只有這個形式出現，爲愼重起見，加以記述下來。

無論如何，liau⁻〈臉上起皺紋〉、₌liau〈衣服起皺紋〉與liau⁻〈用指甲抓〉，愈認爲它們是出於同一語源，就愈感覺其形式與意義愈相似。關於形式問題，自不必再談了。

意義方面，前者已經說明過。就後者來說，我是這麼想的。〈用指甲抓〉是說，在皮膚等平坦物上面，將指甲如熊手狀豎起，向自己的方向反覆地扒的動作，而感到有看不見的∭狀的皺紋因此發生。亦即，如果 liau⁻, ₌liau 是指產生皺紋的狀態，那麼，認爲「抓」liau⁻ 是製造皺紋的動作，並非不可。

　　唇音的爭論點很多。這裏不厭其煩地將所檢查的字全部(9字)抄寫如下。

	台南	廈門	十五音	泉州	潮州	福州
富非	hu⊃	hu⊃	hu⊃	hu⊃		hu⊃
	pu⊃	pu⊃	pu⊃	pu⊃	pu⊃	pu⊃
副敷	hu⊃	hu⊃	hu⊃	hu⊃	hu⊃	hu⊃
負奉	hu⊃	hu⊃	hu⊃	hu⊃	⊂hu	hu⊃
婦奉	hu⊃	hu⊃	hu⊃	hu⊃	⊂hu	hu⊃
	pu⊃	pu⊃	pu⊃	pu⊃	⊂pu	
浮奉	⊆hu	⊆ho	⊆hu			⊆p'eu
	⊆p'u	⊆p'u	⊆p'u	⊆p'u	⊆p'u	⊆p'u
否非	⊂ho	⊂ho	⊂hɔ		⊂houŋ	⊂p'eu
復奉	hiu⊃	hiu⊃	hiu⊃			hiu⊃
矛明	⊆mau	⊆mau	⊆mau	⊆mau	⊆mau	⊆mau
謀明	⊆bo	⊆bo	⊆bɔ	⊆beu	⊆moŋ	⊆meu

　　「富」pu⊃爲〈成爲有錢、發財〉之意。「婦」pu⊃以「新婦」⊆sin pu⊃〈媳婦〉的詞素出現。「浮」⊆p'u爲〈浮〉之意。

　　本韻的唇音是所謂的輕唇音。只是，次濁音照舊爲明母。依河野六郎博士的解釋，次濁音一旦也輕唇音化而變成了微母，因爲後續的音爲 u 類的圓唇母音，受其影響而又變回原來的明母。

（「朝鮮漢字音研究」—『朝鮮學報』35 輯，p.184）

　　爲反映出這樣的情況，所以閩音系也以 h（非、敷、奉母）對應
m, b（明母）出現。

　　韻母的形式顯著地不一樣，是因爲有以下各種情況。

　　非、敷、奉母原則上爲 u 形（「浮」以下的例外形式，容後再
述）。這與其說是跟虞韻的輕唇音同樣形式，不如說在被借入之
際，就與虞韻的輕唇音沒有區別了。

　　尤韻的輕唇音與虞韻的輕唇音同形式，在其他音系或外國漢
字音中亦一樣。在慧琳『一切經音義』的反切，已可窺見尤韻的
明母以外的唇音轉入虞韻的情形。

　　當然，這一點與輕唇音化有很深的關係。發生輕唇音化之
後，（中舌的）介母 i 於焉消失。於是，按理會如下變化。

　　　　虞韻　　ïu　　→　u

　　　　尤韻　　ïəu　→　əu

亦即，如果尤韻的弱勢中舌主母音再受到來自後面的強勢 u 韻尾
的影響而將消失的話，則無法避免其與虞韻同形的命運。

　　「浮」在廈門讀作 ₌ho 的理由，令人不解。福州的 ₌pʻeu 也
有可能是依據『集韻』中「普溝切」的侯韻的反切（只是聲調並不
對應）。

　　「否」的形式也找不到理由。在閩南、潮州，開頭就當做模
韻曉母的字了。從書房的老師學到其發音是「與『虎』同音」。
潮州甚至演變成鼻音化，「虎」即是那樣的情形。在福州，與
「浮」同樣是侯韻的形式。『集韻』中有「㕻」（非「否」）「普

后切，相與語唾而不受」的字，符合這個反切。

「復」選取對尤韻最為合適的形式。「復」在『廣韻』中有相當於(奉屋合三)的又音出現，那種形式反而較佔優勢。閩音系的 hiu 形式，很有可能是後來再補上的。對尤韻最為合適的形式本來是可疑的。可能是從尤韻的一般形式來的類推形。

明母，「矛」與「謀」兩字之間形式又各異。「矛」讀作 ₌mau，可能是從「茅」(明肴開二) ₌mau 的類推。或是有「未收錄於韻書」(明肴開二)的反切也說不定。其他的音系，大致上亦讀成同音。

值得檢討的是「謀」₌bo 的形式。在所調查的字裏，省略掉的「牟、眸」等亦為其同形。而且，此形式與侯韻的明母一點也沒有不同的地方。

本來，尤、侯兩韻的明母，如下所示呈互補的出現方式。

河野六郎博士說：「上、去聲的侯韻明母，本來是尤韻的上、去聲吧！」(「朝鮮漢字音研究」—『朝鮮學報』35 輯，p.184)

那是如前所述，在慧琳的『一切經音義』的反切裏，是根據侯韻上、去聲的明母與尤韻平聲的明母搭伴一起轉入模韻這個事實的。

但是，另一方面有如下『切韻指掌圖』(第4圖)的體系，亦爲事實。

	平	上	去	入
一等	謀	母	茂	墨
二等	○	○	○	○
三等	○	○	○	○
四等	繆	○	謬	○

此爲尤、侯韻的明母未轉入模韻，而被侯韻所一體化。閩音系的形式正好與此體系一致。其他體系的情形，大致上亦相同。

白話音，都有 u 與 au 兩種形式出現。

u 只限於唇、牙、喉音。唇、牙、喉音合計在所調查的 47 個字中，出現 14 個字，約占 30％。唇音的例子已經介紹過，茲將牙、喉音的例子介紹如下。

	台、廈	十五音	泉州	潮州	莆、仙	福州
久	ᶜkiu	ᶜkiu	ᶜkiu			ᶜkiu
	ᶜku	ᶜku	ᶜku	ᶜku		
舅	kiu⁼	kiu⁼	kiu⁼			kiu⁼
	ku⁼	ku⁼	ku⁼	ku⁼		ku⁼
牛	₌giu	₌ŋiu			₌niu	₌ŋiu
	₌gu	₌gu	₌gu	₌gu	₌ku	₌ŋu
有	ᶜiu	ᶜiu	ᶜiu	ᶜiu	ᶜiu	ᶜiu
	u⁼	u⁼	u⁼	u⁼	u⁼	u⁼

「久」ˬku 為〈久〉之意。「舅」ku˒ 為〈舅，母之兄弟〉之意。「牛」ˬgu 為〈牛〉之意。「有」u˒ 為〈有〉之意。❷

這可能是在唇、牙、喉音的強勢合口性的後面，i 介母音消失而露出的主母音／ə／再受到來自後面強勢的 u 韻尾的影響而消失的結果所造成的形式。

只有唇音(明母除外)是文言音和白話音同一形式。因為音韻變化的條件幾乎相同，當然可以這麼說，但是其來歷並不一樣。文言音如前所述，是以與虞韻的輕唇音無區別的形式從中原方言借入的。相對地，白話音則與一部分的牙、喉音的字同為早前就傳承下來的形式，在其他音系裏並無類似的例子。

au 除唇音外，在所調查的 101 字中只出現 7 字，才 7% 而已。

	台、廈	十五音	泉州	潮州	仙游	福州
流	ˬliu	ˬliu	ˬliu	ˬliu	ˬliu	
	ˬlau	ˬlau	ˬlau	ˬlau	ˬlau	ˬlau
晝	tiu˒	tiu˒	tiu˒	ˉtiu		tiu˒
	tau˒	tau˒	tau˒	tau˒		
臭	hiu˒	cʻiu˒	hiu˒	hiuN˒		cʻiu˒
	cʻau˒	cʻau˒	cʻau˒	cʻau˒		cʻau˒
九	ˊkiu	ˊkiu	ˊkiu			ˊkiu
	ˊkau	ˊkau	ˊkau	ˊkau		ˊkau

「流」₌lau 爲〈流〉之意。「晝」tau⊃ 爲〈正午〉之意。
「臭」c'au⊃ 爲〈臭〉之意。「九」ᶜkau 爲〈九〉之意。❸

此 a 可解釋爲象徵中古音的 ／ə／ 而出現。那麼，就可能是
–i– 在 a 前面消失掉了。類似的例子也出現在侵、緝韻，眞、質
韻，蒸、職韻裏。

　　　　侵、緝韻

　　　　　　淋　　₌lim　：₌lam　　　十　sip₌　：cap₌

　　　　眞、質韻

　　　　　　閩　　₌bin　：₌ban　　　陳　₌tin　：₌tan

　　　　　　實　sit₌　：cat₌

　　　　蒸、職韻

　　　　　　値　tit₌　：tat₌　　　　力　liək₌：lat₌

其他零星的形式如下。

	台南	廈門	十五音	泉州	潮州	福州
秋	₌c'iu	₌c'iu	₌c'iu	₌c'iu	₌c'iu	₌c'iu
	₌c'io					

「秋」₌c'io 以「秋凊」₌c'io c'in⊃〈涼快〉的詞素出現。
顯然是 ₌c'iu 的訛音。

開口四等幽韻　ieu

文言音皆爲 iu。白話音沒出現。

	台南	廈門	十五音	泉州	潮州	福州
彪	₋piu	₋piu	₋piu	₋piu	₋piu	₋piu
丟	₋tiu	₋tiu	₋tiu	₋tiu	₋tiu	₋tiu
幽	₋iu	{ ₋iu ₋hiu	₋iu	₋iu	₋hiuᴺ	₋hiu
幼	iuᒋ	iuᒋ	iuᒋ	iuᒋ	iuᴺᒋ	iuᒋ

7.8　咸攝

開口一等覃、合韻　əm, əp
開口一等談、盍韻　am, ap

文言音，在閩南、潮州為 am, ap。福州為 aŋ, ak。
白話音，在閩南、潮州為 aN, a2 。在福州並沒出現。
亦即，重韻的區別，文言音自不待言，白話音裏也不存在。

		台、廈	十五音	泉州	潮州	仙游	福州
覃、合	含	₌ham	₌ham	₌ham	₌ham		₌haŋ
		₌kaN		₌kaN	₌kaN		
	搭	tap꜕	tap꜕	tap꜕			tak꜕
		ta2꜕	ta2꜕	ta2꜕	ta2꜕		
	合	hap꜕	hap꜕	hap꜕		ka2꜕	hak꜕
		ha2꜕	ha2꜕		ha2꜕	ha2꜕	
談	三	₌sam	₌sam	₌sam		₌saŋ	₌saŋ
		₌saN	₌saN	₌saN	₌saN	₌saN	
	敢	ᶜkam	ᶜkam	ᶜkam			ᶜkaŋ
		ᶜkaN	ᶜkaN	ᶜkaN	ᶜkaN		
	塔	t'ap꜕	t'ap꜕	t'ap꜕	t'ap꜕		t'ak꜕
		t'a2꜕	t'a2꜕	t'a2꜕	t'a2꜕		

「含」₌kaN 為〈包含〉之意。搭」ta2꜕ 為〈貼〉之意。

「合」haʔ˨ 爲〈適合〉之意。

　　「三」˗saN 爲〈三〉之意。「敢」˖kaN 爲〈有做～的勇氣〉之意。「塔」tʻaʔ˨ 爲〈塔〉之意。❶

　　福州的鼻音韻尾在整個陽韻9攝中，只有一種 ŋ。另一方面，在閩南、潮州等地的鼻音化韻母(-N)並不存在於福州。但是，並非無與此相當的白話音，而是以 -ŋ 形式出現。所以，像本韻這樣，文言音與白話音如果母音相同的話，文言音與白話音的形式就無法區別了。爲甚麼說沒有白話音出現，就是這個意思。

　　關於入聲韻尾 k 的情形也可以說大致相同。相對於文言音 -k，白話音以 -ʔ 出現得很明顯的，只限於開口鐸韻。

　　零星的白話音的形式，在「毯」與「喊」裏，有 -n 出現。

	台南	廈門	十五音	泉州	潮州	福州
毯	˖tʻam	˖tʻam	˖tʻam			˖tʻaŋ
	˖tʻan	˖tʻan	˖tʻan	˖tʻan	˖tʻaŋ	
喊	˖ham	˖ham	˖ham		˖ham	ham˒	˖haŋ
	˖han	˖han				

　　「毯」˖tʻan 爲〈毯子〉之意。潮州無 -n，用 ˖tʻaŋ 來對應。「喊」˖han 爲〈風聲盛傳〉之意。

　　「毯」爲「毛布」(『廣韻』)，亦即毛氈之意。不論是蓋在上面的毯子，還是舖在下面的毛氈，這是從北方帶進亞熱帶的福建地方的文化生活用品。因此，這個形式是 -m 變化成 -n 的北

方方言，大概是由官話來的借用形。❷

「喊」，『廣韻』載有「聲也」，與另一個白話音 ⁻haN〈虛張聲勢來嚇唬人〉(參閱註❶)相比，這個較接近於原義。亦因如此，其文言味也較濃。與「毯」同樣，可能是從北方方言來的借用形。

	台南	廈門	十五音	泉州	潮州	福州
蚕	₌cʻam	₌cʻam	₌cʻam	₌cʻam		₌cʻaŋ
				₌cʻəiN	₌cʻoiN	

泉州的「蚕」₌cʻəiN 為〈蠶〉之意。在台南、廈門及「十五音」，是文言音亦是白話音。

此為在考察蟹攝開口二等時的 {əi} 的鼻音化形式——{əiN}。

開口二等咸、洽韻　　ɐm, ɐp
開口二等衘、狎韻　　ăm, ăp

文言音，在閩南、潮州爲 am, ap。福州爲 aŋ, ak。

白話音，在閩南、潮州爲 aN, a2 。在福州並沒有出現。

亦即，重韻的區別，文言音固不用說，白話音裏也不存在。

		台、廈	十五音	泉州	潮州	仙游	福州
咸、洽	餡	ham²					aŋ²
		aN²	aN²	aN²	aN²	aN²	
	插	cʻap꜔	cʻap꜔	cʻap꜔			cʻak꜔
		cʻa2꜔	cʻa2꜔	cʻa2꜔	cʻa2꜔		
衘、狎	衫	₋sam	₋sam	₋sam			₋saŋ
		₋saN	₋saN	₋saN	₋saN		
	監	₋kam	₋kam	₋kam	₋kam		₋kaŋ
		₋kaN	₋kaN	₋kaN			
	鴨	ap꜔	ap꜔	ap꜔	ap꜔		ak꜔
		a2꜔	a2꜔	a2꜔	a2꜔	a2꜔	

　　「餡」aN²爲〈餡〉之意。「插」cʻa2꜔爲〈插〉之意。「衫」₋saN 爲〈上衣，衣服〉之意。「監」₋kaN 以「監牢」₋kaN ₋lə〈監獄〉的詞素出現。「鴨」a2꜔爲〈鴨〉之意。❸

　　這是文言音的二等與一等合併的狀態。不消說，白話音也是。

咸、洽韻裏，可零星地看到有 –i– 的形式。

	台南	廈門	十五音	泉州	潮州	福州
賺	cam⁼	cam⁼	ˎciam⁼			
減	ˎkiam	ˎkiam	ˎkiam	ˎkiam	ˎkiam	ˎkeŋ
鹹	ˏham	ˏham	ˏham	ˏham		
	ˏkiam	ˏkiam	ˏkiam	ˏkiam	ˏkiam	ˏkeŋ
眨	cʻiap	cʻiap				cap⁼
洽	hiap⁼	hiap⁼	hiap⁼	hiap⁼		

「鹹」ˏkiam 為〈鹹味〉之意。

「賺」ciam⁼、「眨」cʻiap、「洽」hiap⁼，為純粹的文言。大概可以認為是完全的例外。值得檢討的是「減」ˎkiam 與「鹹」ˏkiam。

「減」ˎkiam 為〈欠缺，減少〉之意。為文言音亦為白話音。『廣韻』、『集韻』中載有「古斬切」，ˎkam 為其當然應有的讀音。由「鹹」的出現方式來推測的話，似乎文言音的 ˎkam 被遺忘，而以白話音出現的 ˎkiam 被「昇格」為文言音了。

〈欠缺，減少〉、〈鹹〉為基礎語彙，所以難以考慮為外來的借用形。很可能是依據「未收錄於韻書」的添、帖韻的反切。

另外，福州的 eŋ 可能是 –i– 被 e 吸收掉的。

最後，因為「夾、袂、峽、狹」擁有聲符「夾」的字，而形

成一個群的樣子,所以把它們一起整理來探討。這一群在閩南、潮州,相對於文言音 iap,白話音以 {əi2} 的形式出現。

	台南	廈門	十五音	泉州	潮州	福州
夾洽	kiap	kiap	kiap	kiap	kiap	kak
	ŋɛn2	ŋuen2	ŋɛn2	ŋəin2	koi2	kek
袷洽	kiap	kiap	kiap	kiap	kiap	kak
			koi2		hoi2	
峽洽	kiap	{ kiap	kiap	kiap	kiap	
		hiap				
			hoi2			
狹洽	hiap	hiap	hiap	hiap	hiap	
	e2	ue2	oi2	əi2	oi2	
莢帖	kiap	kiap	kiap	kiap		
	ŋɛn2	ŋuen2	{ ŋɛn2	ŋəin2,	k'oi2	
			koi2			
挾帖	hiap	hiap	hiap	hiap	kiap	
	ŋɛn2	ŋuen2	ŋɛn2	ŋəin2	koi2	kek
俠帖	kiap	kiap	hiap		hiap	hiek

　　「夾」ŋɛn2 爲〈挾〉之意。「十五音」的「袷」koi2 以「袷裘」koi2 ˌhiu〈有裏襯的衣服〉的詞素出現。同樣在「十五音」裏,「峽」hoi2 被註爲「地名」。「狹」e2 爲〈狹窄〉之意。「莢」ŋɛn2 爲〈豆莢〉之意。「挾」ŋɛn2 爲〈使

力挾取〉之意。

　　這些字在『廣韻』中，分屬洽韻及帖韻。兩韻之中，屬帖韻的較多。閩南、潮州的文言音同樣讀作帖韻。只有福州，從「夾，裌」與「俠」的例子來看的話，似分開讀作洽韻與帖韻。

　　白話音的話，則連福州也是無所區別的形式。

　　這一群，在『廣韻』裏出現於見母或匣母。所以 ŋ 出現於白話音的情形是無法理解的。

開口三、四等鹽、葉韻　ïɛm, ïɛp

iɛm, iɛm

文言音，在閩南、潮州為 iam, iap。福州為 ieŋ, iek。

白話音，在閩南、潮州為 iN, i2。在福州並沒有出現。

	台南	廈門	十五音	泉州	潮州	福州
染	ˉliam	ˉliam	ˉziam	ˉliam	ˉziam	
	ˉniN	ˉniN	ˉniN	ˉniN	ˉniN	ˉnieŋ ❶
鉗	ˌkʻiam	ˌkʻiam	ˌkʻiam	ˌkʻiam	ˌkʻiam	ˌkʻieŋ
	ˌkʻiN	ˌkʻiN	ˌkʻiN	ˌkʻiN		
接	ciap˺	ciap˺	ciap˺	ciap˺	ciap˺	ciek˺
	ci2˺	ci2˺	ci2˺	ci2˺	ci2˺	

「 染 」ˉniN 為〈 染 〉之意。「 鉗 」ˌkiN 為〈 鉗 〉之意。「 接 」ci2為〈 迎接 〉之意。❷

福州的文言音與山攝開口三、四等同形。這個形式大概是經由下面的變化而產生的。

咸攝　　iam————iɛm ⟩
山攝　　ian————iɛn ⟩ ieŋ

亦即，若非主母音被強 –i– 同化而變窄，則不應該是這樣的形式。

同樣地，閩南、潮州的白話音 iN, i2的形式，亦出現於山攝開口三、四等。此肯定是主母音更加變窄後被 –i– 所吸收掉了。

咸攝舒聲　　iam—— iɛm ⟩
山攝舒聲　　ian—— iɛn ⟩ iɛN ———iN

咸攝入聲　　iap —— iɛp ⟩
山攝入聲　　iat —— iɛt ⟩ iɛ2 ——i2

唇音的「貶」字除外。

	台南	廈門	十五音	泉州	潮州	福州
貶	⌐pian	⌐pian	⌐pian	⌐pian	⌐pieŋ	⌐pieŋ

　　這與仙韻的唇音形式並無不同，是閩南借入的原來的形式。可能早已在中原方言裏因異化作用，-m 替換成 -n 了。潮州的 ieŋ 爲與閩南 ian 對應的形式。福州看不到構成唇音的特殊形式。其理由如前所述，由於咸攝與山攝是同形的關係。

　　零星的形式如下。

	台南	廈門	十五音	泉州	潮州	福州
捷	ciat꜒	ciat꜒	{ ciat꜒	ciat꜒	ciap꜒	
	ciap꜒	ciap꜒	ciap꜒			

　　「捷」ciap꜒ 是〈敏捷〉〈頻繁〉之意。

　　ciat꜒，是來自 -p 變化成 -t 的方言的借用形。「十五音」並未將從來的形式貶成白話音，同樣認爲是文言音。

	台南	廈門	十五音	泉州	潮州	福州
獵	liap˩	liap˩	lap˩			
	la˧ʔ˩	la˧ʔ˩	la˧ʔ˩	la˧ʔ˩	la˧ʔ˩	

「獵」la˧ʔ˩ 以「拍獵」pʻa˧ʔ˩ la˧ʔ˩〈打獵〉的詞素出現。

有「巤」聲符的字,在『廣韻』中分別出現於盍韻及葉韻。文言音似欲將其分開來讀,但仍免不了有所混淆。「十五音」的 lap˩ 即是一例。

白話音似乎一律讀作盍韻。

開口三等嚴、業韻　ïɐm, ïɐp

文言音，在閩南、潮州為 iam, iap。福州為 ieŋ, iek。
白話音沒出現。

	台南	廈門	十五音	泉州	潮州	福州
劍	kiam⁻	kiam⁻	kiam⁻	kiam⁻	kiam⁻	kieŋ⁻
業	giap⹀	giap⹀	giap⹀	giap⹀	ŋiap⹀	ŋiek⹀
脅	hiap⹀	hiap⹀	hiap⹀	hiap⹀	hiap⹀	hiek⹀

開口四等添、帖韻　em, ep

文言音，在閩南、潮州爲 iam, iap。福州爲 ieŋ, iek。

白話音，在閩南、潮州爲 iN, i2。

	台南	廈門	十五音	泉州	潮州	福州
添	꜀tʻiam	꜀tʻiam	꜀tʻiam	꜀tʻiam	꜀tʻiam	꜀tʻieŋ
	꜀tʻiN	꜀tʻiN	꜀tʻiN	꜀tʻiN	꜀tʻiN	
兼	꜀kiam	꜀kiam	꜀kiam	꜀kiam	꜀kiam	꜀kieŋ
碟	tiap꜒	tiap꜒	tiap꜒	tiap꜒	tiap꜒	tiek꜒
	ti2꜒	ti2꜒	ti2꜒	ti2꜒	ti2꜒	
協	hiap꜒	hiap꜒	hiap꜒	hiap꜒	hiap꜒	hiek꜒

「添」꜀tʻiN 爲〈加添〉之意。「碟」ti2꜒ 爲〈碟(小盤子)〉之意。❶

完全看不到作爲四等韻的特徵，與鹽、葉韻完全合而爲一。

須要探討的是，福州有 eŋ, ek 形式的白話音出現的問題。

點	꜀tieŋ：꜀teŋ	店	teŋ꜒
墊	teŋ꜒	念 niaŋ꜒：naŋ꜒
帖	tʻek	貼	tʻek

初看，很像是在傳承四等直音的形式，但並不是。此形式亦出現於侵、緝韻。

　　從只限於舌、齒音，而且又是使用頻率較高的字(詞素)來看，為 –i– 被聲母所吸收後的韻母形式。換言之，似不過是 ieŋ, iek 的訛音而已。

　　另外，如「點」「念」等另有 ieŋ 形式出現，則可能是欲矯止訛音所做努力的表現。

合口三等凡、乏韻　　iuʌm, iuʌp

文言音，在閩南爲 uan, uat。潮州爲 uam, uap。福州爲 uaŋ, uak。

白話音沒出現。

	台南	廈門	十五音	泉州	潮州	福州
犯	huan²	huan²	huan²	huan²	ᶜhuam	huaŋ²
法	huat˻	huat˻	huat˻	huat˻	huap˻	huak˻

本韻只有唇音，且爲所謂的輕唇音。h 是作輕唇音出現的。

潮州的形式引人注意。在梅縣(客家語)，–m, –p 被保存下來是有名的，但潮州亦是一樣，卻意外地鮮爲人知。此並非潮州模倣梅縣的形式。本韻恐怕亦是以 f–m 的形式借入閩音系裏的。然後潮州將其妥善保留下來了。

在閩南替換成 –n, –t，原因在於所謂的異化作用的結果，自不待言(福州的 –n, –t，更進而變成 –ŋ, –k 形式)。

但是說到異化作用，除了前出的鹽韻「貶」外，其次的侵韻「稟」「品」的形式也是。

	閩南	潮州	梅縣
貶(幫琰開三)	ᶜpian	ᶜpieŋ	〔 ᶜpiɛn 〕
稟(幫寑開三)	ᶜpin	ᶜpiŋ	〔 ᶜpin 〕
品(滂寑開三)	ᶜp'in	ᶜp'iŋ	〔 ᶜp'in 〕

　　亦即，可知 p–m 的情況，異化作用沒例外地發生，然而 f–m 的情況，卻不一定如此。此不外是因為異化作用的條件有緩急的差別。

　　f 雖說是唇音，但亦為唇齒音。與 p, p'兩個唇音相比，它跟 –m, –p 的對立並不厲害。而且，因為〔f(u)am〕的主母音較寬廣的關係，發音亦還輕鬆。

7.9 深攝

開口二、三、四等侵、緝韻　ïəm, ïəp

ɪəm, ɪəp

iəm, iəp

文言音的原則上的形式，在閩南、潮州爲 im, ip。福州爲 iŋ, ik。

二等，至目前爲止的例子來看，雖有直音的形式出現，但除「十五音」以外，那種特徵並沒明顯出現。

爲愼重起見，將所調查的齒上音全部列在下面。

	台南	廈門	十五音	泉州	潮州	福州
簪	⊂cim	⊂cim	⊂com			
	⊂ciam	⊂ciam		⊂ciam	⊂ciam	
岑	⊆gim	⊆gim	⊆gim	⊆gim	⊆ŋim	
森	⊂sim	⊂sim	⊂som	⊂sim		
					⊂siam	⊂seŋ
參	⊂sim	⊂sim	⊂som	⊂sim		
	⊂sam	⊂som			⊂siam	⊂seŋ
滲	sim⊃	sim⊃		sim⊃		
	siam⊃	siam⊃	siam⊃	siam⊃	siam⊃	
澁	sip⊐	sip⊐		sip⊐		
	siap⊐	siap⊐	siap⊐	siap⊐	siap⊐	sek⊐

「簪」ᶜciam 為〈簪〉之意。「參」ᶜsam 以「海參」ᶜhai ᶜsam〈海參〉的詞素出現。「滲」siamˀ 為〈大便或小便稍微流漏出來〉之意。「澀」siapᵎ 為〈澀〉之意。另外，因為｜岑」ᶜgim 顯然是「吟」(疑侵開三)ᶜgim 的類推，不在論列之內。

最為顯著的形式是「十五音」的 om。而且此形式在「十五音」中，被當做文言音。這大概是最忠實反映齒上音被以直音借入閩音系後的形式。

此形式，在廈門的「參」ᶜsom 中，亦有保留其遺痕。只是在廈門，從其他的字來的類推形 sim，因為被認定為文言音，所以被貶成白話音。台南的「參」ᶜsam，是用 am 來模倣 om 的。

在「十五音」以外的方言，從 om 是否完全消滅了，或正瀕臨消滅來看❶，似乎可以說 om 是不受眷顧的音韻。其原因可能是在塞擦音之後較難發音，以及因為沒有 on 這個音韻，以致無法用 om-on-oŋ 這套音韻使其在韻母體系中的地位安定下來。

結果，齒上音似被讀成 im(福州為 iŋ)或 iam(福州為 eŋ，與在添、帖韻以白話音出現的同一形式)了。im，如已提到過的，為從其他字的形式來的類推。那麼，iam 又是怎麼出現的呢？

此形式不只是齒上音，而是廣泛地出現於舌、齒音。例如：

	台、廈	十五音	泉州	潮州	莆田	福州
沉	ᶜtim	ᶜtim	ᶜtim	ᶜtim		ᶜtʻiŋ
	ᶜtiam	ᶜtiam	ᶜtiam			ᶜtʻeŋ

針 $\begin{cases} _c\text{cim} \\ _c\text{ciam} \end{cases}$ $\begin{cases} _c\text{cim} \\ _c\text{ciam} \end{cases}$ $_c\text{ciam}$　　　　$_c\text{ciaŋ}$ ❷　$_c\text{ceŋ}$

$(_c\text{cam})$

粒　$\text{lip}_⊇$　$\begin{cases} \text{lip}_⊇ \\ \text{liap}_⊇ \end{cases}$　$\text{lip}_⊇$　$\text{liap}_⊇$　$\text{liap}_⊇$

$(\text{lak}_⊇)$

「沉」$_c\text{tiam}$ 爲〈下沈〉之意。「針」$_c\text{ciam}$ 爲〈針〉之意。「粒」$\text{liap}_⊇$ 爲〈顆粒〉之意。

此形式在台南、廈門及泉州，大致上以白話音來處理，而在「十五音」、福州，有以文言音(的又音)來處理的傾向，須要注意。

這一點在暗示這個形式並不是那麼舊的層。此形式與鹽、葉韻，添、帖韻的文言音相同。或許是作爲鹽、葉韻，添、帖韻的字來讀也說不定。❸

可以認定爲純粹白話音的形式，在閩南、潮州爲 am, ap，福州爲(aŋ,) ak。

爲在「針」出現的潮州形式，及在「粒」出現的福州形式，已顯示出一小部分來，茲再補充一下，例如：

	台南	廈門	十五音	泉州	潮州	福州
淋	$_c\text{lim}$	$_c\text{lim}$	$_c\text{lim}$	$_c\text{lim}$	$_c\text{lim}$	$_c\text{liŋ}$
	$\begin{cases} _c\text{lam} \\ (_c\text{liam}) \end{cases}$	$_c\text{lam}$ ($_c\text{liam}$)		$_c\text{lam}$	$_c\text{lam}$	

十	sip ‐	sip ‐	sip ‐	sip ‐	
	cap ‐	cap ‐	cap ‐	cap ‐	cap ‐
					(sek ‐)
汁	ciap ‐	ciap ‐	ciap ‐	ciap ‐	cek ‐
					cap ‐

「淋」ₑlam 為〈洶流澆灑〉之意。另外，ₑliam 亦出現於「雨淋漓」hoᵕ ₑliam ₑli〈雨濛濛地下〉的 idiom。與 ₑlam 相比，顯然是文言。「十」cap‐ 為〈十〉之意。潮州的「汁」cap‐ 為〈汁液〉之意。在閩南說成 ciap‐。

此 a 大概與出現於尤韻的相同。亦即，可以解釋為象徵中古音的／ə／而出現的(參閱 7.7)。

唇音，因異化作用，‐m 替換成 ‐n。

	台南	廈門	十五音	泉州	潮州	福州
稟	ₑpin	ₑpin	ₑpin	ₑpin	ₑpiŋ	ₑpiŋ
品	ₑp'in	ₑp'in	ₑp'in	ₑp'in	ₑp'iŋ	ₑp'iŋ

閩南被借入的原來形式。潮州與福州的 ‐ŋ，是從閩南的‐n 再變化來的。

其他零星的形式如下。

	台南	廈門	十五音	泉州	潮州	福州
襲	sip˰	sip˰	<u>sit˰</u>	sip˰	sip˰	sik˰
蟄	cip˰	cip˰	<u>tit˰</u>		<u>tek˰</u>	

這兩字都是純粹的文言，似宜認爲是例外。

	台南	廈門	十五音	泉州	潮州	福州
今	˳kim	˳kim	˳kim	˳kim	˳kim	˳kiŋ
	˳kin	˳kin		˳kin	˳kiŋ	

「今」˳kin 以「今口日」˳kin ꜛa lit˳〈今日〉的詞素出現。

這個單詞原來的形態是「今日」˳kim zit˳(z 在泉州系爲 l)，「口」ꜛa 爲其後被插入的，表示親近感的接辭。實際在潮州讀成「今日」˳kiŋ zik˳。這種情況的 –n，可能是 –m 被後面接續的 z 同化後的形式。潮州的 ˳kiŋ 爲從閩南的 ˳kin 變化來的，自不待言。

另外在福州，〈今日〉說成「今旦」˳kiŋ taŋꜛ。˳kiŋ 是與 ˳kim, ˳kin 都有可能是對應的形式。基本上決定作爲與 kim 對應的形式——文言音。

	台南	廈門	十五音	泉州	潮州	福州
林	˳lim	˳lim	˳lim	˳lim	˳liŋ	˳liŋ
	˳naN	˳naN	˳naN	˳naN		

「 <u>林</u> 」 ₌naN 爲〈樹林〉之意。

內轉韻有 -N 出現是奇怪的。以「 林 」爲聲符的字,如「 婪、啉、啉 」之類,有的亦出現於覃韻。那麼,這個白話音,有可能將「 林 」當作覃韻的字出現。

	台南	廈門	十五音	泉州	潮州	福州
笠	lip₌	lip₌	lip₌	lip₌		lik₌
	le2₌	lue2₌	loi2₌	ləi2₌	loi2₌	

「 <u>笠</u> 」le2₌ 爲〈笠〉之意。

此爲 {əi2} 的形式。-2入聲出現於內轉韻是奇怪的。以「 立 」爲聲符的字,在合韻裏也有「 拉、垃、脸、应、砬 」等字。此白話音有可能將「 笠 」當作合韻的字出現。

7.10 山攝

開口一等寒、曷韻　an, at

文言音，在閩南爲 an, at。潮州、福州爲 aŋ, ak。

海口及莆田、仙游亦變化爲 –ŋ, –k(或 –ʔ)。將 –n, –t 保存下來的，似乎只有閩南。

白話音，在閩南、潮州爲 uaN, uaʔ。在福州並沒出現。

	台、廈	十五音泉　州	海口	潮州	仙游	福州
檀	ˍtan	ˍtʻan	ˍhaŋ	ˍtʻaŋ		ˍtʻaŋ
	ˍtuaN	ˍtuaN	ˍɗua	ˍtuaN		
寒	ˍhan	ˍhan		ˍhaŋ	ˍhaŋ	ˍhaŋ
	ˍkuaN	ˍkuaN		ˍkuaN	ˍkuaN	ˍkaŋ
擦	cʻat˺	cʻat˺		cʻak˺		cʻak˺
	cʻuaʔ˺	cʻuaʔ˺				

「檀」ˍtuaN 以「檀香」ˍtuaN ˍhioN〈旃檀、白檀〉的詞素出現。「寒」ˍkuaN 是〈寒冷〉之意。福州的白話音，只有聲母裏有特徵出現。「擦」cʻuaʔ 爲〈顫抖〉之意。❶

　　白話音 uaN, uaʔ，在所調查的 70 字中有 44 字，實際上呈 63% 弱的廣泛分布。如在歌韻提到過的，此形式乃從舌後主母音〔ɑ〕派生出 –u– 來的。

開口二等山、黠韻　ɐn, ɐt
開口二等刪、鎋韻　ăn, ăt

文言音，在閩南爲 an, at。潮州、福州爲 aŋ, ak。

不但完全看不到重韻的區別，與一等完全合併了。

白話音亦無重韻的區別，但在唇、牙、喉音與齒上音的出現方式有所不同。

齒上音的形式爲 uan, ua2。

	台南	廈門	十五音	泉州	潮州	福州
山	₋san	₋san	₋san	₋san	₋saŋ	₋saŋ
	₋suan	₋suan	₋ᵘuan	₋suan	₋suan	
盞	ᶜcan	ᶜcan	ᶜcan	ᶜcan		
	ᶜcuan	ᶜcuan	ᶜcuan	ᶜcuan	ᶜcuan	
殺	sat₋	sat₋	sat₋	sat₋		sak₋
	sua2₋	sua2₋	sua2₋	sua2₋	sua2₋	

「山」₋suan 爲〈山〉之意。「盞」ᶜcuan 爲〈盞(平坦而淺的酒杯)〉。「殺」sua2₋ 爲〈停止，作罷〉之意。❶

因爲此形式與出現於寒、曷韻的相同，所以僅就此形式而言，白話音看起來似乎也合併於一等了，但事實上卻不是。

唇、牙、喉音裏並出現。而只出現於齒上音，實在很可疑。如果是合併於一等的狀態下出現的話，則沒有必要對唇、牙、喉音有差別。

更擴大視野的話，馬上可以發現隨後的仙、薛韻的齒頭音與正齒音裏亦出現這個形式。總覺得好像跟這個同出一轍。

齒上音在『切韻』的體系中，有時被放在二等韻，有時則被放在三、四等兩屬韻(Karlgren 氏所説的 α 型韻)，並不一致。依董同龢氏的說法，齒上音放在二等韻才是它原來的形態(董同龢「上古音韻表稿」pp.20～28)。無論如何，將此白話音提到仙、薛韻的話，就通順了。

亦即，此白話音的齒上音尚在拗音的階段，因而能夠跟齒頭音或正齒音進行同步調的音韻變化。其具體說明，留待仙、薛韻。

出現於唇、牙、喉音的形式爲 {əiN}{əi2}，可看到二等的特徵。

	台南	廈門	十五音	泉州	潮州	福州
辦	pian⁼	pian⁼	pian⁼	pian⁼		
	pan⁼	pan⁼	pan⁼	pan⁼	pʻoiN⁼	peŋ⁼
板	ꜛpan	ꜛpan	ꜛpan	ꜛpan	ꜛpaŋ	
					ꜛpoiN	ꜛpeŋ
間	꜀kan	꜀kan	꜀kan	꜀kan	꜀kaŋ	꜀kaŋ
	꜀kiəŋ	꜀kiəŋ	꜀kaiN	꜀kəiN	꜀koiN	
閑	꜀han	꜀han	꜀han	꜀han		
	꜀iəŋ	꜀iəŋ	꜀iəŋ	꜀əiN	꜀oiN	꜀eŋ
八	pat꜄	pat꜄	pat꜄	pat꜄		
	pe2꜄	pue2꜄	poi2꜄	pəi2꜄	poi2꜄	pek꜄

拔

    pue2˲   pui2˲   poi2˲   pəi2˲   poi2˲   pek˲

    潮州的「辦」p'oiɴ˭爲〈處理〉之意。閩南讀作 pan˭。pan˭ 原來是本韻的文言音形式，但因爲 pian˭（符合「步免切」）的關係，被貶至白話音的地位。

    潮州的「板」˪poiɴ 爲〈梆子〉之意。閩南讀作˪pan。亦即，爲文言音亦爲白話音。

    「間」˰kiəŋ 爲〈間〉之意，數房間的量詞。「十五音」的 ˰kaiɴ，註釋有「廈腔也」。但是，並沒出現於『廈門音新字典』。據『台日大辭典』的說法，爲同安的形式。

    「閑」˰iəŋ 爲〈閑（空暇無事）〉之意。

    「八」pe2˲ 爲〈八〉之意。

    「拔」pue2˲ 爲〈拔〉之意。台南的 ue2，大概是模倣「十五音」的 oi2形式，廈門的 ui2則大概是 ue2的訛音。文言音，在閩南爲 puat˲，潮州爲 puek˲，福州爲 puak˲ 爲（明末合一）的形式，「戶籍」與白話音不同。❷

    在此，有問題的形式是在台南、廈門及「十五音」裏舒聲時出現的 iəŋ。即使是入聲的 {əi2}，或到目前爲止出現的陰韻 {əi}，台南、廈門及「十五音」都顯示了與泉州、潮州、福州對應的形式。不應只有鼻音化韻母 {əiɴ} 是例外。這裏，試作 diagram（圖表）如下。

	台南	廈門	十五音	泉州	潮州	福州
{əi}	e	ue	$\begin{cases} e \\ oi(又音) \end{cases}$	əi	oi	e
{əiʔ}	eʔ	ueʔ	$\begin{cases} e\underline{ʔ} \\ oi\underline{ʔ}(又音) \end{cases}$	əiʔ	oiʔ	ek ❸
{əiN}	x	y	z	əiN	oiN	eŋ

應該是：x＝eN, y＝ueN, z＝$\begin{cases} eN \\ oiN(又音) \end{cases}$。但實際上，iəŋ 出現於 x, y, z 的位置。

此謎團可以這樣子來解開。三個方言中，「十五音」最值得重視。「十五音」原來肯定爲 eN 沒錯。然後由 -N 派生出 -ŋ 來，而變成 eŋ〔εŋ〕。eŋ 在體系上可以被解釋爲 iəŋ。

台南當然不過是承襲了「十五音」(漳州)系統而已。廈門大概也忌避困難的泉州發音，而模倣了漳州的發音。

開口三、四等仙、薛韻　ïɛn, ïɛt

iɛn, iɛt

文言音，在閩南為 ian, iat。潮州、福州為 ieŋ, iek。福州則與鹽、葉韻，嚴、業韻，添、帖韻沒區別了。

白話音的出現方式很複雜。

顯示分布最廣的是 iN, i2。在所調查的 85 字中出現 18 字，佔 21% 強。

	台南	廈門	十五音	泉州	潮州	福州
綿	₌bian	₌bian	₌bian	₌bian	₌mieŋ	₌mieŋ
	₌miN	₌miN	₌miN	₌miN	₌miN	
錢	₌cʻian	₌cʻian	₌cʻian	₌cʻian		₌cieŋ
	₌ciN	₌ciN	₌ciN	₌ciN	₌ciN	
裂	liat⊇	liat⊇	liat⊇	liat⊇	liek⊇	liek⊇
	li2⊇	li2⊇	li2⊇	li2⊇	li2⊇	
舌	siat⊇	siat⊇	siat⊇	siat⊇		siek⊇
	ci2⊇	ci2⊇	ci2⊇	ci2⊇	ci2⊇	

「綿」₌miN 為〈綿〉之意。「錢」₌ciN 為〈錢〉之意。「裂」li2⊇ 為〈裂開〉之意。「舌」ci2⊇ 為〈舌〉之意。❶

此形式與先前在鹽、葉韻與添、帖韻出現的相同。請參閱 7. 8 的說明。

接着廣泛出現的形式是 uaN, ua2, 及 iaN。為了慎重起見，

將其全部寫出來。

	台南	廈門	十五音	泉州	潮州	福州
煎	₋cian	₋cian	₋cian	₋cian	₋cieŋ	₋cieŋ
	₋cuaɴ	₋cuaɴ	₋cuaɴ	₋cuaɴ		
濺	cianᒧ	cianᒧ	cianᒧ	cianᒧ	₋cieŋ	cieŋᒧ
	cuaɴ²	cuaɴ²	cuaɴ²	cuaɴ²	cuaɴ²	
賤	cian²	cian²	cian²	cian²		cieŋ²
	cuaɴ²	cuaɴ²	cuaɴ²	cuaɴ²	cuaɴ²	
線	sianᒧ	sianᒧ	sianᒧ	sianᒧ		
	suaɴᒧ	suaɴᒧ	suaɴᒧ	suaɴᒧ	suaɴᒧ	siaŋᒧ
熱	liat̠	liat̠	ziat̠	liat̠	ziek	iek̠
	lua2̠	lua2̠	zua2̠	lua2̠	zua2̠	
囝	ᶜkian	ᶜkian	ᶜkian	ᶜkian		
	ᶜkiaɴ	ᶜkiaɴ	ᶜkiaɴ	ᶜkaɴ	ᶜkiaɴ	ᶜkiaŋ
件	kian²	kian²	kian²	kian²		kioŋ²
	kian²	kian²	kian²	kian²	kian²	

「煎」₋cuaɴ 爲〈煎熬〉〈煮沸茶水〉之意。「濺」cuaɴ²
爲〈水等飛濺〉之意。「賤」cuaɴ² 以「爛賤」nuaɴ² cuaɴ²
〈馬虎不檢點,懶散〉的詞素出現。「線」suaɴᒧ 爲〈線〉之
意。「熱」lua2̠ 爲〈暑熱〉之意。

「囝」ᶜkiaɴ〈小孩,子女〉之意,泉州的 –i– 脫落了。

「件」kiaN² 爲〈件〉之意。

相對於 uaN, ua2 專門出現於齒頭音、正齒音及齒上音——如 7.10 所述,將置於山、刪韻的齒上音移至本韻來——iaN 則只限於牙、喉音。兩個形式明顯地呈互補分布。這應當視 iaN, ia2 爲原形。-u- 如前所述,i 介母在塞擦音之後,引起了〔i〕→〔y〕→〔u〕的變化。偶然殘留在福州的「線」siaŋ²,可認爲是傳承了尚未起變化的形式。

「囝」完全是閩音系的方言字。此字並未收錄於『廣韻』。首次以「九件切,閩人呼兒曰囝」出現於『集韻』。它未被收錄在廣韻,可能因爲是方言字的關係。但是在唐代,已可在顧況的「哀囝詩」(*前文已提過*)看得到。

那麼,在當時,〈子女、小孩〉在閩音中是否像『集韻』的反切發音是／ᶜkiɛn／,則實在令人難以置信。實際的發音與現在幾乎相同,肯定是 ᶜkiaN, ᶜkiaŋ(*福州*)才對。

理由是,顧況自己的註:「閩俗呼子爲囝,父爲郎罷。」「囝」與「郎罷」互相對照使用。「郎罷」這個詞,現在的福州旣然亦仿摹了 ᶜloŋ pa² 這個發音,所以「囝」也可能與現在的發音相差不大。

但是,福州的 ᶜkiaŋ 要由閩南的 ᶜkiaN 來類推時,並不是普通的陽韻,本來大概是鼻音化韻母的形式(*參閱 7.15*)。鼻音化韻母用傳統的直音法或反切法,無法完全地表記出來,所以才會如『集韻』做那樣籠統的反切。總之,可以說「囝」是提示 8 世紀中葉,閩音系已經有鼻音化韻母的寶貴的字。

一部分唇音的字，在閩南有 an, at，潮州有(aŋ,) ak，福州有 eŋ, ek 的形式出現。

	台、廈	十五音	泉州	海口	潮州	福州
便	₌pian	pian⁼				₌pʻieŋ
	₌pan		₌pan	₌ɓaŋ		₌peŋ
別分別	piat₌	piat₌	piat₌			
	bat₌	bat₌	bat₌	ɓak₌	pak₌	pek₌
別離別	piat₌	piat₌	piat₌		piek₌	piek₌
	pat₌	pat₌	pat₌		pak₌	pek₌

「便」₌pan 以「便宜」₌pan ₌gi〈價格便宜〉的詞素出現。「別」bat₌ 爲〈知曉〉之意。聲母過於 lenes(軟音)而變成 ɓ。「別」pat₌ 爲〈別的，另外的〉之意。

這個白話音，恰似一、二等文言音，變成直音的形式是其特徵。此可解釋如下。

仙、薛韻的唇音，傳統上被放在開口(事實上文言音就是這樣)。唇音在開合口中只有 1 組，因爲在體系上處於 neutral(中位)的位置，所以將其移到合口來讀的，即使是白話音的形式，也不奇怪。這時候，合口的象徵 –u– 並沒有出現，是因爲被聲母所吸收了。這樣的說明可以成立。

其他零星的形式如下。

福州的下列幾個字，有 ioŋ〔yoŋ〕形式出現。

	台南	廈門	十五音	泉州	潮州	福州
然、燃	ˍlian	ˍlian	ˍzian	ˍlian	ˍzieŋ	ˍioŋ
件	kian²	kian²	kian²	kian²		kioŋ²
焉	ˍian	ˍian / ˍian	ˍian		ˍieŋ	ˍioŋ
延、筵	ˍian	ˍian	ˍian	ˍian	ˉieŋ	ˍioŋ

此可能為 ieŋ 的變種。另外，請參閱「開口元韻」一項。

	台、廈	十五音	泉州	潮州	莆田	福州
面	bian²	bian²	bian²			mieŋ²
	bin²	bin²	bin²	miŋ²	miŋ²	

「面」bin² 為〈臉〉之意。

　此形式，為後述的真韻的文言音形式。但是，「面」與真韻毫無關係，所以無法想像其與真韻有何關連。恐怕是 miN² 的形式，-N 訛化成了 -n，miN²→min²／bin²／。

	台南	廈門	十五音	泉州	潮州	福州
輦	ˉlian	ˉlian	ˉlian		ˉlian	ˉliŋ
滅	biat˳	biat˳	biat˳		biat˳	mik˳ miek˳
浙	ciat˳	ciat˳	ciat˳		ciat˳	cik˳ ciek˳

此亦爲眞、質韻的形式。但是，這種情形大概各不過是
⌐lieŋ, miek⌐, ciek⌐ 的訛音。

本韻雖有重紐出現，但完全看不出有什麼區別。

開口三等元、月韻　ïɐn, ïɐt

文言音，在閩南爲 ian, iat。潮州爲 ieŋ, iek。福州爲 ioŋ, iok 或 ieŋ, iek。

白話音，「健」這個字在閩南、潮州有 iaN 形式出現。

	台南	廈門	十五音	泉州	潮州	福州
健	kian⁼	kian⁼	kian⁼	kian⁼	꜀kieŋ	kioŋ⁼
	kiaN⁼	kiaN⁼	kiaN⁼	kiaN⁼	kiaN⁼	
掀	꜀hian	꜀hian	꜀hian	꜀hian		꜀hieŋ
獻	hian⁼	hian⁼	hian⁼	hian⁼	hieŋ⁼	hioŋ⁼
謁	iat꜖	iat꜖	iat꜖	iat꜖		iok꜖

「健」kian⁼ 以「勇健」꜂ioŋ kian⁼〈健壯的〉的詞素出現。

這個形式跟在仙韻所見到的相同。

文言音，在福州有兩種形式出現，可能是個問題。ioŋ, iok 的實際的音價是〔yoŋ〕〔yok〕。這個形式較另一個形式的 ieŋ, iek 佔優勢。其實那只是它的新變種而已。❶

ieŋ, iek 與出現於仙、薛韻及後述的先、屑韻的形式完全相同。閩南、潮州的出現方式也一樣。此爲規則性的形式。

ioŋ, iok 除本韻外，也出現於仙韻、先韻。

仙開韻　然、然日母	꜀ioŋ	熱 iek꜖
件群母	kioŋ⁼	乾 ꜀kieŋ

	焉云母	ˍioŋ		
	延，筵以母	ˍioŋ	演 ˹ieŋ	
先開韻	煙影母	ˍioŋ	宴 ieŋ˺	
仙合韻*	沿、緣以母	ˍioŋ	院云母 ieŋ˺	
先合韻*	淵影母	ˍioŋ	玄匣母 ˍhieŋ	

（那項「合口四等，一部分爲開口形式」的字，實際上與開口韻同樣）

但是，因爲同時亦有 ieŋ, iek 的形式出現，所以這種情形也可以認爲是 ieŋ, iek 的變種。

只是，此變種是帶有下面性質的變種。只限於舌根音與喉音的聲母。特別廣泛地出現在本韻的原因是，本韻只有牙、喉音的字，這就可以理解了。

變種的發生較爲新近。因爲像「然、燃」等雖是日母的字，但是對於來替代 ／z／ 出現的字，亦起了變化。

福州的牙、喉音合口性較強。由於強的合口性的作用，–i– 被讀成〔y〕。因〔y〕的影響，圓唇的 c（如後述，在合口韻同時替換成 o）替換成 o。這大概就是變種的由來。

其他零星的形式如下。

	台南	廈門	十五音	泉州	潮州	福州
掀	ˍhian	ˍhian	ˍhian	ˍhian	ˍhɨŋ	ˍhieŋ
軒	ˍhian	ˍhian	ˍhian	ˍhian	ˍhɨŋ	ˍhioŋ
腱	kian˺	kian˺	kian˺	kian˺	˹kieŋ	kioŋ˺

$$\underline{kin}^{\,\supset}$$

揭　kiat⊃　kiat⊃　kiat⊃　　kiat⊃　kik⊃　kiek⊃

「腱」kin⊃爲〈鷄等的砂囊〉之意。

此爲眞韻三、四等的形式。本韻在『切韻』體系中與臻韻關係密切❷，不知道可否認爲是它的殘餘。

潮州的「揭」kik⊃出現於「揭陽」kik⊃₋iaŋ〈揭陽〉這個地名，不可輕視。揭陽爲潮州方言圈內的一個縣，開發較早。保留了臻攝形式的殘餘的可能性不能說沒有。但是，熟悉的地名在叫慣了的情形下，主母音的 e 被 –i– 所吸收了。這樣的情形從另一個角度來看，亦有可能。

「掀」₋hɨŋ 肯定是「欣」（曉殷開三）₋hɨŋ 的類推形。「軒」₋hɨŋ 跟「掀」同音。大概是由於這種記憶，才會那樣讀的。

　　　台南　廈門　十五音　泉州　潮州　福州
言　₋gian　₋gian　₋gan　　　　₋ŋaŋ　₋ŋioŋ

「言」爲純粹的文言。｜言」與「岸」（疑翰開一）gan⊃，「顏」（疑刪開二）₋gan 爲同系的字（『漢字語源辭典』pp.590～591）。有可能是「未收錄於韻書」的一等或二等的反切。

開口四等先、屑韻　　en, et

文言音，在閩南爲 ian, iat。潮州、福州爲 ieŋ, iek。

亦即，與仙、薛韻完全合併了❶。

白話音的出現方式比較複雜。

顯示分布最廣的是 iɴ, i2。在所調查的 60 個字中出現 14 個字，佔 23% 強。

	台南	廈門	十五音	泉州	潮州	福州
前	₌cian	₌cian	₌cian			₌cieŋ
	₌ciɴ	₌ciɴ				
見	kian⁻	kian⁻	kian⁻	kian⁻	kieŋ⁻	kieŋ⁻
	kiɴ⁻	kiɴ⁻	kiɴ⁻	kiɴ⁻	kiɴ⁻	
簇	biat₌	biat₌	biat₌	biat₌		miek₌
	bi2₌	bi2₌	bi2₌	bi2₌	bi2₌	
鐵	t'iat₌	t'iat₌	t'iat₌	t'iat₌		t'iek₌
	t'i2₌	t'i2₌	t'i2₌	t'i2₌	t'i2₌	

「前」₌ciɴ 以「簾前」₌niɴ ₌ciɴ〈簷，簷前〉的詞素出現。「見」kiɴ⁻ 爲〈會面〉之意。「簇」bi2₌ 爲〈竹簇〉之意。「鐵」t'i2₌ 爲〈鐵〉之意。❷此形式與仙、薛韻的第一種相同。顯示兩韻合併後所產生的白話音。

其次的有勢力的形式是 {əiɴ}, {əi2}。

	台南	廈門	十五音	泉州	潮州	福州
千	₋cʻian	₋cʻian	₋cʻian	₋cʻian		₋cʻieŋ
	₋cʻiəŋ	₋cʻiəŋ		₋cʻəiN	₋cʻoiN	
				₋cʻiəŋ		
肩	₋kian	₋kian	₋kian	₋kian		₋kieŋ
	₋kiəŋ	₋kiəŋ		₋kəiN	₋koiN	
節	ciat₌	ciat₌	ciat₌	ciat₌	ciek₌	ciek₌
	ce2₌	cue2₌	coi2₌	cəi2₌	coi2₌	
截	ciat₌	ciat₌	ciat₌	ciat₌		
	ce2₌	cue2₌	coi2₌	cəi2₌	coi2₌	cek₌

「千」₋cʻiəŋ 爲〈千〉之意。「肩」₋kiəŋ 以「肩頭」⁻kiəŋ ₋tʻau〈肩膀〉的詞素出現。「節」ce2₌ 以「節日」ce2₌ lit₌〈節日〉的詞素出現。「截」ce2₌ 爲〈截斷〉之意。❸

　　此形式如前所述，主要出現於二等與四等。所以與仙、薛韻的差異在這裏是可以看到的。當然，與 iN, i2 是分屬不同系統的白話音。這種情形就像「前」字那樣，在兩個白話音重複出現的時候，最爲明顯。

	台南	廈門	十五音	泉州	潮州	福州
前	₌cian	₌cian	₌cian	₌cian		₌cieŋ
	₌ciN	₌ciN				
	₌ciəŋ	₌ciəŋ	₌can ❹	₌cəiN	₌cʻoiN	

「<u>前</u>」 ⸜ciəŋ 爲〈前，以前〉之意。

作爲語彙的重要度，不能跟作爲「<u>簾前</u>」⸜niŋ ⸜ciŋ〈簷，
簷前〉的詞素出現的 ⸜ciŋ 相比。

第三重要的形式是 an, at。出現於下面四個字。

	台南	廈門	十五音	泉州	潮州	福州
田	⸜tian	⸜tian	⸜tian	⸜tian		⸜tieŋ
	⸤cʻan	⸤cʻan	⸤cʻan	⸤cʻan	⸤cʻaŋ	⸤cʻeŋ
牽	⸜kʻian	⸜kʻian	⸜kʻian	⸜kʻian		
	⸜kʻan	⸜kʻan	⸜kʻan	⸜kʻan	⸜kʻaŋ	⸜kʻeŋ
節	ciat⸥	ciat⸥	ciat⸥	ciat⸥	ciek⸥	ciek⸥
	cat⸥	cat⸥	cat⸥	cat⸥	cak⸥	
結	kiat⸥	kiat⸥	kiat⸥	kiat⸥		kiek⸥
	kat⸥	kat⸥	kat⸥	kat⸥	kak⸥	

「<u>田</u>」⸤cʻan 爲〈田〉之意。「<u>牽</u>」⸜kʻan 爲〈牽引、拉〉
之意。「<u>節</u>」cat⸥ 爲〈節〉〈節制〉之意。「<u>結</u>」kat⸥ 爲〈結
合〉之意。

這個形式跟出現於齊韻的白話音 ai 是相互呼應的。大概是
反映了四等直音的形態。

其他零星的形式如下。

	台南	廈門	十五音	泉州	潮州	福州
眠	₋bian	₋bian	₋bian	₋bian		₋mieŋ
	₋bin	₋bin		₋bin	₋miŋ	
	₋məŋ	₋məŋ				
先	₋sian	₋sian	₋sian	₋sian		₋sieŋ
	₋sin		₋sin		₋siŋ	

首先，來探討出現於「眠」與「先」兩個字的 in 這個形式。

「眠」₋bin 為〈睡眠〉這個文言式的白話音❺。「眠」用「民」做聲符。大凡用「民」做聲符的字——「岷、泯、悗、罠、閩……」幾乎皆屬於眞韻，而被讀成 in, iŋ(潮州、福州)。所以，要考慮它究竟是「民」裏有「未收錄於韻書」的眞韻的反切，抑或是由來於「民」的類推。

「先」₋sin，以「先生」₋sin ₋sɛN〈老師〉的詞素出現。這是漳州系的特徵，在泉州則說 ₋sian ₋siN。

「先」₋sin 這個詞素只產生於「先生」₋sin ₋sɛN 這個單詞。所以，in 這個形式可能與接續其後的 s 有關係。在此，具有啓示性的是，出現於仙游的白話音 ₋siN。如果在仙游有此形式，則在閩南也可能有。想來，它原來的形式是 ₋siN ₋sɛN，可能因 s 的同化，iN 替換成 in 了。

其次，探討「眠」出現於台南・廈門的另一個白話音 ₋məŋ。此音只有以「眠床」₋məŋ ₋c'əŋ〈臥舖〉的詞素出現而已。

此形式是從 ₋bin 來的。辭典中並列載有 ₋bin ₋c'eŋ, ₋məŋ

ₑcʻəŋ 兩種形態。其原來的形態當然是 ₑbin ₑcʻəŋ。而 ₑməŋ ₑcʻəŋ，則可能是由於以「重韻」為名的一種遠隔同化。

再者，關於 əŋ，打算在「桓、末韻」與「開口唐、鐸韻」項內再詳加探討。

潮州，另外在下列這些字中，有 iŋ 形式出現。

　　區 ʿpiŋ　偏，遍 piŋˀ　攑 ʿliŋ
　　薦 ciŋˀ　現 hiŋˀ　　煙 ₑiŋ

但是這些字與眞韻無任何關係，而 iŋ 可能不過是 ieŋ 的訛音而已(另外，請參閱「眞、質韻」項)。

合口一等桓、末韻　uan, uat

文言音，在閩南爲 uan, uat。潮州爲 ueŋ, uek。福州爲 uaŋ, uak。

白話音有三種形式出現。

第一種爲 uaN, ua2。在福州，則與文言音 overlap。

	台南	廈門	十五音	泉州	潮州	福州
端	₋tuan	₋tuan	₋tuan	₋tuan	₋tueŋ	₋tuaŋ
	₋tuaN	₋tuaN	₋tuaN	₋tuaN		
寬	₋kʻuan	₋kʻuan	₋kʻuan	₋kʻuan	₋kʻueŋ	₋kʻuaŋ
	₋kʻuaN	₋kʻuaN	₋kʻuaN	₋kʻuaN	₋kʻuaN	
抹	buat₋	buat₋	buat₋	buat₋		muak₋
	bua2₋	bua2₋	bua2₋	bua2₋	bua2₋	
活	huat₋	huat₋	huat₋	huat₋		
	ua2₋	ua2₋	ua2₋	ua2₋	ua2₋	uak2₋

「端」₋tuaN 以「因端」₋in ₋tuaN〈原因〉的詞素出現。「寬」₋kʻuaN 爲〈慢慢地〉之意。「抹」bua2₋ 爲〈塗抹〉之意。「活」ua2₋ 爲〈活的〉之意。❶福州乃是從聲母來認定的。

　此形式在所調查的 78 個字中有 34 個字，呈現 43% 強的廣泛分布。寒、曷韻中亦有此形式出現，本韻的-u- 本身可能就是合口介母。

　第二種形式爲 əŋ。

　　只是，此爲台南・廈門、泉州的形式。在「十五音」爲 uiɴ，潮州爲 ɨŋ，福州爲 oŋ，仙游則爲 yɴ〔ỹ〕。

	台、廈	十五音	泉州	潮州	仙游	福州
斷	tuan⁼	tuan⁼	tuan⁼	ꜜtueŋ		tuaŋ⁼
	təŋ⁼	tuiɴ⁼	təŋ⁼	tɨŋ⁼	tyɴ⁼	
卵	luan⁼	luan⁼	luan⁼	ꜜlueŋ		ꜜluaŋ
	nəŋ⁼	nuiɴ⁼	nəŋ⁼	ꜜnɨŋ		loŋ⁼
酸	ꜜsuan	ꜜsuan	ꜜsuan			
	ꜜsəŋ	ꜜsuiɴ	ꜜsəŋ	ꜜsɨŋ	syɴ	ꜜsoŋ
管	ꜛkuan	ꜛkuan	ꜛkuan	ꜛkueŋ		ꜛkuaŋ
	ꜛkəŋ	ꜛkuiɴ	ꜛkəŋ	ꜛkɨŋ		
	ꜛkoŋ					

　　「斷」təŋ⁼ 爲〈切斷，斷絕〉之意。「卵」nəŋ⁼ 爲〈蛋〉之意。「酸」ꜜsəŋ 爲〈酸〉之意。「管」ꜛkəŋ 以「肺管」hi⁼ ꜛkəŋ〈氣管〉的詞素出現❷。另外，ꜛkoŋ 以「竹管」tiək˴ ꜛkoŋ〈竹管〉的詞素出現。可能爲 ꜛkəŋ 的訛音。

　　əŋ 是解釋所謂聲化韻〔ŋ〕的，已如 3.1.2. 所論及的。外觀雖爲陽韻，但其本質爲鼻音化韻母。最能顯示出這種本質的，是它會與 m, n, ŋ 結合，而不與 b, l, g 結合。

	例字				例字		
p	方	榜	飯	c	莊	全	狀
pʻ				cʻ	倉	串	

b	———			s	霜	損	算
m	門	晚	問	k	光	廣	
t	當	轉	丈	k'	糠	勸	
t'	湯	褪		g	———		
l	———			ŋ			
n	郎	軟		h	昏	園	遠
				,	央	黃	量

(ŋ 只是碰巧無詞素)

　　əŋ 由本韻的 8 個字開始，出現於橫跨山、臻、宕、江、梗五攝十二韻共約 91 字，為最具代表性的白話音形式。只是，此乃就台南、廈門及泉州而言，「十五音」則出現的形式不同，合口韻時變成 uiN（「禈」韻），開口韻時則變成 əŋ（「鋼」韻）。

山攝合口桓韻	8字	斷	酸	
合口刪韻	1	悶		
合口仙韻	13	軟	卷	「十五音」為 uiN
合口元韻	7	飯	園	
臻攝合口魂韻	7	門	孫	
合口文韻	3	問	量	
宕攝開口唐韻	28	榜	當	əŋ
開口陽韻	14	霜	長	
合口唐韻	4	光	荒	「十五音」為 uiN
合口陽韻	3	方	防	

$$\left.\begin{array}{lll}\text{江攝開口江韻} & 2 & \underline{扛}\ \underline{撞}\\ \text{梗攝開口庚韻} & 1 & \underline{影}\end{array}\right\}\ \text{əŋ}$$

（詳細請參閱註釋的表 V{əŋ}）

亦即，在閩南成爲如下的對應關係。

$$\left.\begin{array}{l}\text{台、廈}\\ \text{泉\ 州}\end{array}\right.\ \text{十五音}$$

$$\text{əŋ}\ \Big\langle\ \begin{array}{l}\text{uiN}\\ \text{əŋ}\end{array}$$

　　台南、廈門及泉州的 əŋ，是因爲「十五音」的 uiN 與 əŋ 合而爲一的關係，所以要理解 əŋ 的本質的話，可以就「十五音」的出現方式來考察。

　　在「十五音」，相對於 əŋ 只限於開口韻，uiN 則只出現於合口韻。那麼，uiN 的 -u- 本身，肯定是合口介母了。那麼，i 又是甚麼呢？它可能是狹弱化的主母音的象徵。

　　此 uiN 經由何種過程與 əŋ 合而爲一呢？在此，富有啓發價值的是仙游的 yN 形式。yN 是 uiN 的單母音化的形式(另一方面，據報告，「飯」爲〔pũĩᵈ〕、「勸」爲〔kʻũĩᵈ〕。因爲例子不多，無法明確說明，但是唇、牙、喉音的時候，可能是過於意識 -u- 的關係。無論如何，uiN 有單母音化成 yN 的傾向，是不能否定的)。

　　〔ỹ〕，其鼻音要素若再被強調的話，則變成〔ᵊŋ〕。〔ᵊŋ〕亦即爲／əŋ／。

　　另外，關於在開口韻中一開始就出現的 əŋ──姑且讀做 əŋ

proper——的考察，留待「唐、鐸韻」一節。潮州、福州的形式亦在那一節來探討較方便。

第三種形式爲 {ə2}。只出現於下面兩個字。

	台南	廈門	十五音	泉州	潮州	福州
奪	tuat˲	tuat˲	tuat˲	tuat˲		tuak˲
		te2˲	toi2˲	tə2˲	to2˲	
撮	cʻuat˲	cʻuat˲	cʻuat˲	cʻuat˲		cʻuek˲
		cʻe2˲	cʻoi2˲		cʻə2˲	

在廈門，「奪」te2˲ 爲〈奪〉之意。「撮」cʻe2˲ 以「□撮□」cit˲ cʻe2˲ ˻a〈一撮〉的詞素出現。

因爲在台南無法確認，所以不加以記述。

此形式明白地是 {ə} 的入聲形式。後述仙、薛韻中亦有兩例。

「饅、漫、慢」，在閩南被讀成 an 形式。大約具有「曼」聲符的字皆以 an 形式來讀。這與其認爲是 -u- 被 b 吸收後的形式，不如說它很可能是「慢」（明諫開二）ban² 的類推形式。「慢」ban² 是〈速度慢〉的基礎語彙（爲文言音亦爲白話音），其餘都是文言。

合口二等山、黠韻　uɐn, ɪɐt
合口二等刪、鎋韻　uǎn, uǎt

文言音，在閩南為 uan, uat。潮州為 ueŋ, uek。福州為 uaŋ, uak。

開口同樣地不只與重韻無任何區別，與一等完全合為一體。

白話音，在齒上音裏，əŋ 與 {uə2} 形式各有 1 例出現。此與開口韻的情形同樣，可認為出現在相當於後述的仙、薛韻的齒頭音與正齒音的形式。

	台南	廈門	十五音	泉州	潮州	福州
閂	₌suan	₌suan	₌suan	₌suan		
	₌ŋəŋ	₌ŋəŋ	₌suiⁿ	₌ŋəŋ		₌ŋoŋ
刷	suat₌	suat₌	suat₌	suat₌		sok₌
		se2₌			sue2₌	

「閂」₌ŋəŋ 為〈上閂〉之意。

廈門的「刷」se2₌ 以「漆刷」c'at₌ se2₌〈刷漆〉的詞素出現。

台南方面無法確認，若有出現的話，則應是承襲了漳州系統，而為 sue2₌ 才是。另外，福州的文言音 sok₌ 為例外。

牙、喉音有獨特的形式出現。各方言雖有微妙的差異，但明顯地是從一個「共同基本語」分出來的。雖有必要再建構該「共同基本語」，但出現於本韻的只有四個例子，以資料來說，並不充分。其它，合口先、屑韻有四例，梗攝合口二等有兩例出現，

所以藉此機會總括來探討。

	台南	廈門	十五音	泉州	潮州	福州
挖點	uat⌐	uat⌐	uat⌐	uat⌐		
	ue²⌐	ui²⌐	ue²⌐			
關刪	꜀kuan	꜀kuan	꜀kuan	꜀kuan	꜀kueŋ	꜀kuaŋ
	꜀kuaiɴ	{ ꜀kuaiɴ / ꜀kuiɴ	꜀kuaɴ	꜀kəiɴ	꜀kueɴ	
慣刪	kuan⌐	kuan⌐	kuan⌐	kuan⌐	kueŋ⌐	kuaŋ⌐
		kuaiɴ⌐		kəiɴ⌐	kuiɴ⌐	
刮鍇	kuat⌐	kuat⌐	kuat⌐	kuat⌐	kuek⌐	kuak⌐
		kui²⌐	kue²⌐		kue²⌐	
懸先	꜀hian	꜀hian	꜀hian	꜀hian		꜀hieŋ
	꜀kuan	꜀kuaiɴ	꜀kuan	꜀kəiɴ	꜀kuiɴ	꜀keŋ
犬先	ᶜk'ian	ᶜk'ian	ᶜk'ian	ᶜk'ian	ᶜk'ieŋ	
						ᶜk'eŋ
縣先	hian⌐	hian⌐	hian⌐	hian⌐		
	kuan⌐	kuaiɴ⌐	kuan⌐	kəiɴ⌐	kuiɴ⌐	kɔŋ⌐
血屑	hiat⌐	hiat⌐	hiat⌐	hiat⌐		hiek⌐
	hue²⌐	hui²⌐	hue²⌐	həi²⌐	hue²⌐	hek²⌐
橫庚	꜀hiəŋ	꜀hiəŋ	꜀hiəŋ	꜀hiəŋ		
	꜀huaiɴ	꜀huaiɴ	꜀huaɴ	꜀həiɴ	꜀hueɴ	꜀huaŋ

劃麥　iək̠　　　iək̠　　　iək̠　　　iək̠　　　　hek̠

　　　　ue2̠　　　ui2̠　　　ue2̠　　　　　　　　ue2̠

「挖」ue2̠ 爲〈挖、舀取〉之意。「關」̠kuaiN 爲〈關、
關閉〉之意。廈門的「慣」kuaiN˧ 以「慣勢」kuaiN˧ si˧〈習
慣〉的詞素出現。在台南說 kuan˧ si˧。「慣」kuan˧ 爲文言音
亦爲白話音。廈門的「刮」kui2̠ 爲〈用手指或竹(木)刀摩擦〉
之意。在台南則無法確認。

「懸」̠kuan 爲〈高〉之意。福州的「犬」ᶜk'eŋ 爲〈狗〉
之意。「縣」kuan˧ 爲〈縣〉之意。「血」hue2̠ 爲〈血〉之
意。

「橫」̠huaiN 爲〈橫〉〈蠻橫〉之意。「劃」ue2̠ 爲〈字
劃〉之意。

共同以同一形式出現的，只有泉州的 əiN, əi2。此形式則與
{əiN}{əi2}(參閱註釋的表 III {əi})一樣。但是其他的方言無對應的方
式出現。

其次，可看到比較齊整的形式的，爲「十五音」。相對於
uaN, uan 者爲 ue2。而 uan 可能是 uaN 的訛音。-N 逆行成爲
-n。

看起來似乎只有「慣」的白話音未出現的謎底，因此可以揭
開。此字的白話音因爲偶爾爲訛音的 kuan˧ 的形式，所以與文
言音 overlap 了。

台南的這種情況也似承襲了「十五音」(漳州)的系統。只
是，出現於「關」「橫」兩字的 uaiN，是「十五音」所沒有的

形式，恐怕是從廈門來的借用形。

就廈門來說，首先令人注意到的是，入聲一貫用 ui2的形式。此形式，同時可以認爲有可能是模倣泉州的 əi2，也有可能是模倣「十五音」的 ue2。

舒聲的 uaiɴ 形式，與泉州的 əiɴ 不同。若欲模倣 əiɴ 的話，則 uiɴ 最爲合適。所以，認爲有可能承襲了「十五音」的 uaɴ 系統。 –i 大概是後來由 a 派生出來的韻尾。如果舒聲承襲了「十五音」的系統，則對入聲亦做同樣的看法，也許比較妥當。

潮州，相對於 ueɴ, uiɴ，爲 ue2。uiɴ 大概是 ueɴ 的訛音。

福州的 eŋ, ek 以及單獨只出現一個的 uaŋ，到底是何種關係？因爲 eŋ, ek 可認爲是 –u– 被牙、喉音聲母吸收後的形式，所以可認爲是 ueŋ, uek。這麼一來，就知道 uaŋ 不過是 ueŋ 的母音寬廣地出現的訛音罷了。

將各方言如此整理的話，其「共同基本語」似可再建構爲 {ueɴ}{ue2}。

潮州的 ueɴ, ue2爲其最忠實的繼承者。「十五音」的 uaɴ, ue2，舒聲的主母音出現得寬廣。

台南的 uaɴ, ue2雖承襲了漳州系統，但 uaiɴ 是從廈門來的借用形。廈門的 uaiɴ, ui2亦承襲了漳州系統。這種白話音，廈門通常承襲了泉州系統，但只有此形式並非如此。

這是因爲泉州獨特的變化，{əiɴ} 與 {əi2} 合而爲一。只有泉州產生了這樣的變化，可以說是緣於獨特的中舌母音 ə 的融通性質。

　　福州的 eŋ, ek，如果補充了 –u– 的話，則可知是意外的忠實
於「共同基本語」的形式。

　　{ueN}{ue2}，如上面所示，不僅可以全部合理地說明各方言
所出現的形式，而且從整個體系來看，大致上亦可說是妥當的。
{–u–} 本身是合口介母。{e} 則符合二、四等的主母音。而且，
與從來的 {ə}{uə}{əi} 並不矛盾，亦不衝突。

　　此形式恐怕是經由以下的過程出現的。

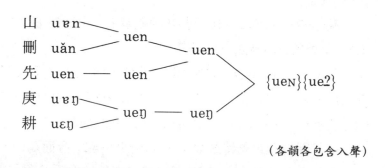

（各韻各包含入聲）

　　其他零星的形式如下。

	台南	廈門	十五音	泉州	潮州	福州
還	₋huan	₋huan	₋huan	₋huan	₋hueŋ	₋huaŋ
	₋hiəŋ	₋hiəŋ	₋hiəŋ	₋həiɴ		

「還」₋hiəŋ 爲〈歸還〉之意。

　　這是 {əiɴ} 的形式。{əiɴ} 是具有開口的字的形式，出現於本韻是奇怪的。所以不得不以例外來處理。

合口三、四等仙、薛韻　ïuɛn, ïuɛt
iuɛn, iuɛt

文言音，在閩南為 uan, uat。潮州為 ueŋ, uek。福州為 uoŋ, uok。

在福州，三、四等的形式與一、二等(uaŋ, uak)不同是其特徵。

合口一、二等與合口三、四等的不同，一般是合口介母與撮口介母的差異。所以認為這種情形的福州，亦因為是反映撮口的關係，而有與一、二等不同的形式出現。

山攝合口，相對於一、二等／uan／，以三、四等／yan／被借入閩音系。閩南語裏無撮口。這種情況下，用 –u– 來讀 –y–。結果，變成與一、二等同一形式。

福州有撮口。它大概被當做 uoŋ 的形式。但是，uoŋ 並不像一般的撮口形式。我的解釋如下。

在福州，–n 變化成 –ŋ。–ŋ 比起 –n 來，其調音部位在裏面，因而，將 a 拉成 o。此 o 使 –y– 同化成 –u–。亦即如下所示的變化：yan→yaŋ→yoŋ→uoŋ。

另外，牙、喉音四等大多數以開口形式出現。

	台南	廈門	十五音	泉州	潮州	福州
緣	꜀ian	꜀ian	꜀ian	꜀ian	꜀ueŋ	꜀ioŋ
沿、鉛	꜀ian	꜀ian	꜀ian	꜀ian	꜀iŋ	꜀ioŋ
捐	꜀ian	꜀ian		꜀ian	꜀kieŋ	꜀kioŋ
	꜀kuan	꜀kuan	꜀kuan	꜀kuan		

袞　　ᶜian　　ᶜian　　ᶜian　　ᶜian　　ᶜieŋ

悅、閱 iat˲　　iat˲　　uat˲　　iat˲　　zuek˲　iok˲

絹　　kuanˀ　kuanˀ　kuanˀ　kuanˀ

　　　kinˀ　　kinˀ　　kinˀ　　kinˀ　　kieŋˀ　kioŋˀ

　　只有「絹」爲見母重紐四等的字，其餘皆爲以母的字。亦即，無非是 7.4 所說的「合口四等，一部分以開口的形式出現」的例子。

　　潮州的「緣」ᵤueŋ、「悅、閱」zuek˲，「十五音」的「悅、閱」uat˲，恐怕是來自其他聲母的字的類推形。

　　「捐」「絹」兩字，其文言音與白話音形式剛好相反，很有趣。

　　「捐」ᵤkuan 以「募捐」boˀ ᵤkuan〈募捐〉的詞素出現。同義語有「題捐」ᵤte ᵤian。不如說此語較爲白話，須要注意。

　　而且，以母裏出現 k 的，只有這一個例子而已，實在奇怪。在此想到的是，北京被讀成〔ᵤtɕyan〕（〔k〕上顎化而變成〔tɕ〕）。ᵤkuan 恐怕是從官話與「募捐」這個單詞一起被借用來的形式。因爲是新的形式，所以被當做白話音。

　　此外，潮州的 ᵤkieŋ、福州的 ᵤkioŋ，大概是「絹」kieŋˀ，kioŋˀ 的類推形。

　　「絹」kinˀ 以「花絹」ᵤhue kinˀ〈有花樣的絹布〉的詞素出現。in 爲開口四等眞韻形式，雖不符合本韻（從潮州與福州的形式來推測的話，說不定淺的主母音被強的 -i- 所吸收）。但無論如何，

肯定是舊的形式。

相對地，kuan⁻ 是重紐的區別消失後出現的形式。這樣才是較有規則性的形式，所以被賦與文言音的地位。

在白話音中最爲廣泛出現的形式是 əŋ。在所調查的 48 字中出現 9 字，佔 19% 弱。

	台南	廈門	十五音	泉州	潮州	福州
軟	⁻luan	⁻luan	⁻zuan	⁻luan		⁻nuoŋ
	⁻nəŋ	⁻nəŋ	⁻nuiɴ	⁻nəŋ	⁻n˙ŋ	⁻noŋ
穿	⊂c'uan	⊂c'uan	⊂c'uan	⊂c'uan	⊂c'ueŋ	⊂c'uoŋ
	⊂c'əŋ	⊂c'əŋ	⊂c'uiɴ	⊂c'əŋ		
捲	⁻kuan	⁻kuan	⁻kuan	⁻kuan	⁻kueŋ	⁻kuoŋ
	⁻kəŋ	⁻kəŋ	⁻kuiɴ	⁻kəŋ	⁻k˙ŋ	

「軟」⁻nəŋ 爲〈柔軟〉之意。「穿」⊂c'əŋ 爲〈穿(針線)〉之意。「捲」⁻kəŋ 爲〈一層層地捲繞〉之意。❶

第二種形式爲 iɴ, i2。出現於下列 3 字。

	台南	廈門	十五音	泉州	潮州	福州
圓	⊆uan	⊆uan	⊆uan	⊆uan	⊆ueŋ	⊆uoŋ
	⊆iɴ	⊆iɴ	⊆iɴ	⊆iɴ	⊆iɴ	
院	ian⁼	ian⁼	ian⁼			ieŋ⁼

iN²　iN²　iN²　　iN²　iN²

缺　k'uat⌐ k'uat⌐ k'uat⌐　k'uat⌐ k'uek⌐ k'uok⌐
　　k'i2⌐　k'i2⌐　k'i2⌐　　k'i2⌐

「圓」₌iN 為〈圓〉之意。「院」iN² 為〈～院〉之意。
「缺」k'i2⌐ 為〈欠缺邊角〉之意。

　iN, i2 原則上出現於開口三、四等。但竟在這裏出現，雖然是奇怪的，或許是有「未收錄於韻書」的開口的反切也說不定。如同「院」那樣，文言音亦為開口的形式。

　第三種形式是入聲 {ə2}{uə2}。

	台南	廈門	十五音	泉州	潮州	福州
絕	cuat⌐	cuat⌐	cuat⌐	cuat⌐		cuok⌐
	ce2⌐	ce2⌐	coi2⌐	cə2⌐	co2⌐	
雪	suat⌐	suat⌐	suat⌐	suat⌐		suok⌐
	se2⌐	se2⌐	soi2⌐	sə2⌐	so2⌐	
說	suat⌐	suat⌐	suat⌐	suat⌐		suok⌐
	⎰sue2⌐	se2⌐	sue2⌐	sə2⌐	sue2⌐	
	⎱se2⌐					
缺	k'uat⌐	k'uat⌐	k'uat⌐	k'uat⌐	k'uek⌐	k'uok⌐
	k'ue2⌐	k'e2⌐	k'ue2⌐	k'ə2⌐	k'ue2⌐	

「絕」ce2̠ 以「絕種」ce2̠ ᶜcieŋ〈絕種，罵話〉的詞素出現。「雪」se2̠ 為〈雪〉之意。

「說」sue2̠ 以「解說」ᶜke sue2̠〈解釋〉，se2̠ 以「說多謝」se2̠ ₌tə siaᶻ〈道謝、致謝〉的詞素出現。就承襲了漳州系統的台南來說，sue2̠ 為規則的形式，而 se2̠ 則大概是從廈門來的借用形。

「缺」kʻue2̠ 為〈缺乏〉之意。此字如上所示，亦有 kʻi2̠〈欠缺邊角〉的白話音。不得不認為是「戶籍」不同。

其他零星的形式如下。

	台南	廈門	十五音	泉州	潮州	福州
喘	ᶜcʻun	ᶜcʻun	ᶜcʻun		ᶜcʻueŋ	
	ᶜcʻuan	ᶜcʻuan	ᶜcʻuan	ᶜcʻuan		ᶜcʻuaŋ
舛	ᶜcʻun	ᶜcʻun	ᶜcʻun	ᶜcʻun	ᶜcʻuŋ	ᶜcʻuaŋ
船	₌suan	₌suan	₌suan	₌suan		
	₌cun	₌cun	₌cun	₌cun	₌cuŋ	₌suŋ
拳	₌kuan	₌kuan	₌kʻuan	₌kuan		₌kuoŋ
	₌kun	₌kun	₌kun	₌kun	₌kʻuŋ	₌kuŋ

「喘」ᶜcʻuan 為〈喘息〉之意。

「船」₌cun 為〈船〉之意。「拳」₌kun 以「拳頭」₌kʻun ₌tʻau〈拳頭〉的詞素出現。

un 爲臻攝合口的形式。惟其出現於本韻的理由不明。其他音系亦無類似的例子。暫且不得不視其爲例外。

關於「喘」，本來 ˊcʻuan 爲文言音亦爲白話音，但因 ˊcʻun 被當成文言音引進來，可能因此被貶至白話音的地位。又，福州的 ˊcʻuaŋ 大槪是 ˊcʻuoŋ 的訛音。

「舛」爲難字。大槪因爲跟「喘」是同音這種記憶的關係，才被讀成那樣。

「船」「拳」的情形，這個形式以白話音出現，這一點必須加以注意。因爲〈船〉❷和〈拳頭〉都是重要的詞彙，所以這個形式有相當久的來歷。

	台南	廈門	十五音	泉州	潮州	福州
泉	₌cuan	₌cuan	₌cuan	₌cuan		₌cuoŋ
	₌cuaɴ	₌cuaN	₌cuaɴ	₌cuaɴ	₌cuaɴ	

「泉」₌cuaɴ 爲〈泉〉之意。

此形式最適合開口仙韻、合口桓韻，卻出現於本韻，是奇怪的。依藤堂敎授的說法，「泉」與「鑽」爲同系的字(『漢字語源辭典』p.576)。「鑽」爲桓韻的字(cuanᒣ)。因此，「泉」亦有可能是桓韻的字。

合口三等元、月韻　ïuɐn, ïuɐt

文言音，在閩南為 uan, uat。潮州為 ueŋ, uek。福州的唇音為 uaŋ, uak。牙、喉音為 uoŋ, uok。❶

	台南	廈門	十五音	泉州	潮州	福州
反非	ˉhuan	ˉhuan	ˉhuan	ˉhuan	ˉhueŋ	ˉhuaŋ
伐奉	huat˰	huat˰	huat˰	huat˰	huek˰	huak˰
元疑	˰guan	˰guan	˰guan	˰guan	˰gueŋ	˰guoŋ
越云	uat˰	uat˰	uat˰	uat˰	uek˰	uok˰

唇音肯定是以 fan 的形式被借入閩音系。至於牙、喉音，則是以其他與山攝合口三、四等無區別的形式被借入的。這種差異很常被反映在福州裏。

如前文所述，閩音系以 h͡u 來模倣 f。而且 an 在福州變化成 aŋ。h͡u ＋aŋ，為福州 huaŋ 的由來。因為牙、喉音照舊為撮口，所以在福州是 uoŋ 的形式。

閩南、潮州的唇音的 –u– 為 h͡u 的 u。但是，牙、喉音的 –u– 是傳承了撮口的。而且不像福州那樣，主母音並不起變化，所以結果變成了同形式。

白話音中最廣泛出現的形式是 əŋ。對舒聲所調查的 39 字中出現 7 字，佔 17% 強。

	台廈	十五音	泉州	潮州	仙游	福州
飯	huan⁼	huan⁼	huan⁼	hueŋ⁼		huaŋ⁼
	pəŋ⁼	puiN⁼	pəŋ⁼	puŋ⁼	puiN⁼	puoŋ⁼
勸	kʻuan⁼	kʻuan⁼	kʻuan⁼		kʻœŋ⁼	kʻuoŋ⁼
	kʻəŋ⁼	kʻuiN⁼	kʻəŋ⁼	kʻɨŋ⁼	kʻuiN⁼	
遠	⸢uan	⸢uan	⸢uan	⸢ieŋ		⸢uoŋ
	həŋ⁼	huiN⁼	həŋ⁼	⸢hɨŋ		

　　「飯」pəŋ⁼ 為〈飯〉之意。潮州的 puŋ⁼，是 pɨŋ⁼ 的訛音。ɨ〔ɤ〕被 p 所拉而變成 u。福州的 puoŋ⁼，亦同為訛音。p 的合口性，在這種情況特別促使 –u– 被派生出來。

　　「勸」kʻəŋ⁼ 為〈勸戒〉之意。仙游文言音 œŋ 的形式，因為例子過少，不好解釋。

　　「遠」həŋ⁼ 為〈遠〉之意。❷潮州文言音 ⸢ieŋ，是開口形式，屬例外。另有「厥」kʻiek₌ 的例子。

　　入聲，有 {uə2} 出現。

	台南	廈門	十五音	泉州	潮州	福州
襪	buat₌	buat₌	buat₌	biat₌		uak₌
	bue2₌	be2₌	bue2₌	bə2₌	bue2₌	
月	guat₌	guat₌	guat₌	guat₌		ŋuok₌
	gue2₌	ge2₌	gue2₌	gə2₌	gue2₌	

　　　噦　uat⌐　　uat⌐

　　　　　e2⌐　　e2⌐　　　　　　　ə2⌐　　ue2⌐

　　「襪」bue2⌐ 爲〈襪子〉之意。「月」gue2⌐ 爲〈月〉之意。「噦」e2⌐ 爲〈打嗝〉之意。對於承襲了漳州系統的台南來說，ue2⌐ 是有規則的形式，而 e2 則大概是從廈門來的借用形。

　　唇音中 –u– 消失後的形式——an, aŋ，在閩南、潮州以白話音出現。

	台南	廈門	十五音	泉州	潮州	福州
番	⌐huan	⌐huan	⌐huan	⌐huan	⌐hueŋ	⌐huaŋ
	⌐han	⌐han				
挽	⌐buan	⌐buan	⌐buan	⌐buan		⌐uaŋ
	⌐ban	⌐ban	⌐ban	⌐ban	⌐maŋ	
万					bueŋ⌐	uaŋ⌐
	ban⌐	ban⌐	ban⌐	ban⌐		

　　「番」⌐han 以「番薯」⌐han ⌐cu〈番薯〉的詞素出現。❸但是，此形式似乎只在台南・廈門才有。「十五音」中無此形式的記錄。〈番薯〉在福州同樣是「番薯」⌐huaŋ ⌐sy，潮州則讀成「番口」⌐hueŋ kua2⌐。–u– 都是存在的。總覺得 ⌐han 好像只是台南、廈門的訛音。在慣用中，–u– 被 h 吸收了。因而，與唇音無直接關係。

「挽」ᶜban 爲〈摘取〉之意。由於出現於潮州的形式，明確可知其爲白話音。

「万」ban⁼ 爲〈萬〉之意。在閩南，傳統上被認爲是文言音，但因與「挽」ᶜban 同形，所以視其爲白話音才是正確的。應有的文言音爲 buan⁼。

這顯然是 -u- 被吸收於唇音聲母中而消失的形式。

其他零星的形式如下。

	台南	廈門	十五音	泉州	潮州	福州
藩	꜀huan	꜀huan	꜀huan	꜀huan	꜀p'ueŋ	꜀huəŋ
	꜀p'uaɴ	꜀p'uaɴ				

「藩」꜀p'uaɴ 以「藩庫」꜀p'uaɴ k'o⁼〈布政司的公庫〉的詞素出現。

「藩」是非母的字，雖說聲母保留了重唇音的遺痕，但有 p'(送氣音)出現，是奇怪的。而且，uaɴ 的形式僅此一例，亦是奇怪的。

這是跟「潘」(滂桓合一)꜀p'uan：꜀p'uaɴ 發生了混淆。潮州的文言音讀成꜀p'ueŋ，亦是同樣的情形。

合口四等先、屑韻　uen, uet

文言音，在閩南爲 ian, iat, uat。潮州爲 ieŋ, ueŋ, uek。福州爲 ioŋ, iok, ieŋ, iek。

	台南	廈門	十五音	泉州	潮州	福州
犬	ˊkʻian	ˊkʻian	ˊkʻian	ˊkʻian		ˊkʻieŋ
玄	₌hian	₌hian	₌hian	₌hian	₌hieŋ	₌hieŋ
淵	₌ian	₌ian	₌ian	₌ian	{ ₌ieŋ ₌ueŋ	₌ioŋ
決	kuatˑ	kuatˑ	kuatˑ	kuatˑ	kuekˑ	kiokˑ

本韻是「合口四等有一部分以開口的形式出現」的最典型的例子。

閩南、潮州，舒聲被開口的形式所佔有，僅僅有些是入聲裏混雜了合口的形式。至於福州，完全是開口的形式。

這跟北京只有「縣」〔ɕianˋ〕、「血」(〔ɕyeˋ〕:)〔ˊɕic〕兩字是開口的形式相比，其優勢很明顯。在『中原音韻』，另有「懸」「穴」是開口的形式。因北京比『中原音韻』時代減少，所以有可能是來自其他的三、四等字的類推，而改讀成撮口呼的吧。「血」〔ɕyeˋ〕被記錄成文言音，是獨一無二的例證。

閩音系比起『中原音韻』，仍佔優勢。因爲閩音系的形式不過是傳承中原方言的形式而已。所以一直到『中原音韻』出現，的確是逐漸地改變了讀音。

白話音有 {ueN}{ue2} 出現。

	台南	廈門	十五音	泉州	潮州	福州
懸	₌hian	₌hian	₌hian	₌hian		₌hieŋ
	₌kuan	₌kuaiᴺ	₌kuan	₌kəiᴺ	₌kuiᴺ	₌keŋ
縣	hian⁼	hian⁼	hian⁼	hian⁼		
	kuan⁼	kuaiᴺ⁼	kuan⁼	kəiᴺ⁼	kuiᴺ⁼	keŋ⁼
犬	ᶜkʻian	ᶜkʻian	ᶜkʻian	ᶜkʻian	ᶜkʻieŋ	
						ᶜkʻeŋ
血	hiat₌	hiat₌	hiat₌	hiat₌		hiek₌
	hueʔ₌	huiʔ₌	hueʔ₌	həiʔ₌	hueʔ₌	hek₌

「懸」₌kuan 爲〈高〉之意。「縣」kuan⁼爲〈縣〉之意。「血」hueʔ₌爲〈血〉之意。

福州的「犬」ᶜkʻeŋ爲〈狗〉之意。〈犬〉在其他方言讀成「狗」ᶜkau。所以，就「犬」字來說，只有被記憶爲文言音而已。

此形式已在合口二等山、黠韻及刪、鎋韻中，整理考察過，請參閱該項。須提醒注意的是，合口形式的問題。

其他零星的形式如下。

	台南	廈門	十五音	泉州	潮州	福州
玄	₌hian	₌hian	₌hian	₌hian	₌hieŋ	₌hieŋ
	₌guan	₌guan				₌ŋuoŋ

「玄」₌guan 以「玄孫」₌guan ₌sun〈玄孫〉的詞素出現。

〈玄孫〉為文言性的白話❶，與其認為 ⌞guan 是白話音，不如將其當作文言音的又音較為合適。從福州的形式來推測的話，它似被當成合口仙韻、元韻的字來唸的。

在此，想起來的是，為了廻避康熙帝的名諱「玄燁」，而以「元」代用了「玄」這個史實。「元」在台南、廈門為 ⌞guan，福州為 ⌞ŋuoŋ，與此「白話音」相符合。

	台南	廈門	十五音	泉州	潮州	福州
眩	⌞hian	⌞hian	⌞hian	⌞hian	⌞hieŋ	
	⌞hin	⌞hin	⌞hin	⌞hin	⌞hiŋ	⌞hiŋ

「眩」⌞hin 為〈目眩〉之意。

這個形式有問題。這個形式是開口四等眞韻(以母與重紐四等)。確實，先韻與眞韻的來源同是上古音的眞部與文部，關係很近。所以，先韻的字裏有可能出現眞韻的形式。事實上，在開口先韻就有「眠」⌞bian：⌞bin 的例子。

但是，在「玄」的諧聲系統以眞韻出現的，一個字也沒有。還有，從匣母字的「眩」不應以四等形式出現等來看，對這個形式不免要懷疑豈非是「訓讀」。

7.11　臻攝

開口一等痕韻　ən

牙、喉音與非牙、喉音，形式不同。

本來，在牙、喉音之外，透母裏只出現「吞」一字而已。在閩南爲 un。潮州爲 uŋ。福州爲 oŋ。

此爲如後文所述的合口一等魂韻的形式。其他的音系亦大致是一樣的讀音。

	閩南	潮州	福州	北京	蘇州	梅縣
吞痕	₌tʻun	₌tʻuŋ	₌tʻoŋ	〔₌tʻuən〕	〔₌tʻφ〕	〔₌tʻun〕
屯魂	₌tun	₌tuŋ	₌toŋ	〔₌tʻuən〕	〔₌dφ〕	〔ᶜtun〕

牙、喉音是複雜的。爲了愼重起見，將所調查的 8 個字，全部寫出來如下。

	台南	廈門	十五音	泉州	潮州	福州
根、跟	₌kin	₌kun	₌kin	₌k+n	₌k+ŋ	₌koŋ
						₌kyŋ
痕	₌hun	₌hun	₌hun	₌h+n	₌huŋ	₌hoŋ
恩	₌in	₌un	₌in	₌+n	₌+ŋ	₌oŋ
墾、懇	ᶜkʻun	ᶜkʻun	ᶜkʻun		ᶜkʻ+ŋ	ᶜkʻoŋ
很	ᶜhun	ᶜhun	ᶜhun		ᶜh+ŋ	ᶜheŋ
恨	hun²	hun²		h+n²	h+ŋ²	hoŋ²

hin⁼ hin⁼

以一定的形式出現的只有廈門與泉州。廈門承襲了泉州的系統，用 u 來模倣ɨ。

台南與「十五音」，步調完全一致，有 un 與 in 兩個形式出現。un 比較佔優勢。此亦祇是於台南承襲了「十五音」(漳州)系統的關係。

潮州只有「痕」1字爲 uŋ，其餘皆爲ɨŋ。可以認爲ɨŋ是有規則的形式。

潮州與泉州同形式(–n 變化成 –ŋ)。泉州的ɨn，只出現於本攝。潮州的ɨŋ，是與聲化韻 əŋ 對應的潮州形式，已經出現過了。因而，與泉州有如下的對應關係。

泉州　　潮州

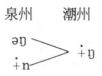

福州，在三種形式中，oŋ 爲有規則的形式。出現於「根、跟」兩字的 yŋ，爲白話音形式，是很貴重的。「很」的 eŋ 是例外。「很」是純粹的文言，⸢heŋ 這個讀音，很有可能新模倣了北京的〔⸢hən〕。

再者，痕韻在中原音裏，從『切韻』系統以來的／ən／〔ən〕差不多被忠實地傳承下來。不論是『皇極經世聲音唱和圖』、

『切韻指掌圖』或是『中原音韻』裏的再構值，都是一樣。所以，無疑的，這個形式也被借入閩音系裏。泉州的ɨn、潮州的ɨŋ，大概是比較忠實地把它反映出來的形式。

特別是在泉州，另有可以主張確實沒錯的材料。那是指，泉州用ɨŋ傳承了中原音／əŋ／〔əŋ〕這個曾、梗攝開口一、二等所留下來的痕跡(參閱 7.14)。如果是用ɨŋ傳承了／əŋ／，那麼用ɨn傳承／ən／，也是當然的。這時候的ɨn是文言音。

那麼，台南與「十五音」裏出現 un 與 in 兩種形式是甚麼意義？

在台南，「恨」hin² 爲〈怨恨〉，而 hun² 明確地被認爲是相對於 hin² 的文言音。

「十五音」裏，hin² 亦被認爲是白話音，卻沒有相對應的文言音記錄。由台南來推測，如果出現的話，當然是 hun² 了。

像「恨」的這種對應，當然會讓我們對於傳統上把「根、跟」「恩」的 in 形式當做文言音，產生疑問。

「根」ᶜkin 爲〈樹根〉之意。「跟」ᶜkin 爲〈跟隨〉之意。「恩」in 爲〈恩〉之意。都是重要的詞彙。❶即使以白話音的形式來傳承，亦不會令人感覺奇怪。恐怕本來是白話音的形式，因爲文言音的形式被遺忘了，而可能依照「如果是 1 字 1 音的話，那就是文言音」的習慣，這才被當成文言音(亦爲白話音)。

白話音的存在，在福州能夠明確地確認。福州的 yŋ 正好跟台南及「十五音」的 in 是對應的形式。

白話音既然這樣地在台南、「十五音」、福州出現的話，那麼，當然也有可能在廈門、泉州、潮州出現才是。然而並沒出現

那樣的形式。沒出現，是因爲與文言音同形(參閱 7.11 之對應表)。因而，關於「根、跟」、「恩」、「恨」幾個字的形式，也許傳承的是白話音也說不定，至少認爲白話音是跟文言音 overlap 的狀態出現的。這種看法大概是正確的。

「墾、懇」、「很」三個字的文言，在台南與「十五音」一樣地被讀成 un，與前面的「恨」hun²：hin² 的對應同樣，表示在台南與「十五音」裏，文言音是用 un 來傳承的。其結果，整個韻都跟魂韻發生混淆了。

福州的 oŋ，是獨特的形式。〔ə〕是用圓唇母音的 o 來傳承的。

開口二、三、四等眞、質韻　iĕn, iĕt

ιĕn, ιĕt

iĕn, iet

唇音及舌、齒音與牙、喉音的出現方式互異。

牙、喉音的三等與四等的區別明顯地出現是其特徵，而且連貫全攝滙整成一個體系。所以，有必要與唇音及舌、齒音分開來探討。

擬從唇音及舌、齒音探討下去。

文言音，在閩南爲 in, it。潮州、福州爲 iŋ, ik。

與牙、喉音不同，沒有三、四等的區別。即使出現於重紐的唇音亦然。一直到目前爲止所看到的三、四等兩屬韻正是這樣。

		台南	廈門	十五音	泉州	潮州	福州
三等	貧	₌pin	₌pin	₌pin	₌pin	₌p'iŋ	₌piŋ
	鎭	tin⁼	tin⁼	tin⁼	tin⁼	tiŋ⁼	tiŋ⁼
	失	sit⌐	sit⌐	sit⌐	sit⌐	sik⌐	sik⌐
四等	頻	₌pin	₌pin	₌pin	₌pin	₌p'iŋ	₌piŋ
	進	cin⁼	cin⁼	cin⁼	cin⁼	ciŋ⁼	ciŋ⁼
	七	c'it⌐	c'it⌐	c'it⌐	c'it⌐	c'ik⌐	c'ik⌐

但是，脫離規則形式的異例，實際上並不少。入聲特別嚴重。茲不厭其煩地列舉如下。

	台南	廈門	十五音	泉州	潮州	福州
栗來	liək	liək	liək	liək	liek	lik
漆清	cʻit	cʻit	cʻip	cʻit		cʻik
疾從	cit	cit	cit	cit	cip	cik
膝心	cʻiək	cʻiək	cʻip	cʻiək	cʻek	cʻik
悉心	siək	siək	sit		sek	sik
瑟生	siək	siək	siək	siək	sek	sek
虱生	siək	siək	siək	siək		sek
室書	siək	siək	sit	siək	sik	sik
窒知	ciək	ciək	cit		tiek	tik
秩澄	tiat	tiat	tiat	tiat	tiek	tiek
吉見四	kiat	kiat	kit	kiat	kik	kik
詰溪四	kʻiat	kʻiat	kʻiat	kʻiat	kʻiek	
逸以	iək	{ iək / iat }	it		ik	ik

　　台南與廈門經常爲同一形式。與「十五音」差異甚大。雖然泉州的形式有未詳的，似承襲了泉州系統。

　　異例的以台南、廈門的形式爲基準，整理成＿＿＿線的 iək，……線的 iat，＿＿＿線的 ip 三種。

　　但是，整個音系中，同形式出現的字，只有「瑟、虱」與「秩」、「詰」(牙、喉音的字亦順便提及)四字。以同形式出現的字，令人懷疑是否最初就以那種形式借進來的。

　　剩下的則各式各樣。所謂各式各樣是指各方言各自任意有本

身的讀音。

先從問題可能較爲單純的 iat 形式來處理。此爲前面已看到過的山攝開口薛、屑韻的形式。亦因如此，很可能被讀成薛、屑韻的字。

潮州的「栗」liek˰，合乎『集韻』的「力蘖切」，「窒」tiek˰則合乎『廣韻』又音的「丁結切」。

台南、廈門及泉州的「吉」kiat˰，韻書中雖看不到符合的反切，但在屑韻裏，有同樣諧聲系統的「結、桔、拮」kiat˰等字出現。要麼就是從那些字的類推，要麼就是依據「未收錄於韻書」的屑韻的反切。

「秩」tiat˰亦在韻書中看不到符合的反切，但在屑韻裏，有同樣的諧聲系統的「佚、跌、迭」tiat˰、「怢」tʻiat˰等字出現。

廈門的「逸」的又音 iat˰，從「逸」與「佚」相通這一點來看，有可能出現屑韻的形式。

「詰」kʽiat˰，合乎『集韻』的「丘傑切」。

閩南、福州似只限於入聲，但在潮州，舒聲裏亦有多數 ieŋ 的形式出現。

憫、敏 ˶mieŋ　　珍 ˰tieŋ　　趁 ˶cieŋ

疹、診 ˶cieŋ　　腎 ˰sieŋ　　釁 hieŋ˶

關於這一點，有兩種可能性可以考慮。與入聲的情況同樣，作爲仙、先韻的字來讀。例如：「珍、趁、疹、診」具有「㐱」

聲符，具有這種聲符的字，在先韻裏亦有「殄、跈」等字。「腎」以「臤」爲聲符，具有這種聲符的字，在先韻裏亦有「堅」「賢」等字。

　　或者祇不過是 iŋ 的訛音罷了。iŋ 與 ieŋ 的音相近似。如此說來的話，仙韻裏亦有「輦」ᶜliŋ、「滅」mik˰、「浙」cik˰，而先韻裏亦有「匾」ᶜpiŋ、「徧、遍」piŋˀ、「撚」ᶜliŋ、「薦」ciŋˀ、「現」hiŋˀ、「煙」˰iŋ 之類，以 iŋ, ik 形式出現的字很多。

　　我個人則認爲後者的可能性較高，無論如何，我們不得不認爲在潮州，開口仙、先韻與眞韻有一部分已發生混淆了。

　　ip 是前面所看過的緝韻的形式。緝韻的形式完全沒有理由在此出現。可以說是例外。純粹是音聲上的問題，只限於塞擦音聲母的兩、三字而已。 –t 在 c, c'之後閉鎖而變成了 –p，是一種訛音。

　　另外，–m 在舒聲出現於下列的字。

	台南	廈門	十五音	泉州	潮州	福州
忍	ᶜlim	ᶜlim	ᶜzim	ᶜlim	ᶜzim	ᶜyŋ
	ᶜlun	ᶜlun	ᶜlun	ᶜlun	ᶜluŋ	
刃	lim²	lim²	zim²	lim²	ᶜzim	iŋ²
靭	lim²	lim²	zim²	lim²		iŋ²
認	lim²	lim²	zim²	lim²		
	lin²	lin²	zin²	lin²	ziŋ²	niŋ²

「忍」 ᵕlun 爲〈忍耐〉之意。福州的文言音ᵕyŋ，是異例。「認」lin² 爲〈承認〉之意。

一看就很清楚，都是有「刃」做聲符的字。日母的字無理由用這種形式出現。例如：「人、仁」ₒlin、「日」lit₌。

寧可說白話音才正確地傳承了 -n。只是，「忍」的 un 爲合口的形式。如後所述，「檳」的白話音亦有此形式出現。in 被訛音成 un，是難以設想的。必須認爲有相當長的來歷。

出現得最廣泛的 iək，如後文所述，爲曾、梗攝(合併在一起)的入聲形式。關於此形式，有兩種可能性可以考慮。

其中一種是，閩音系中 -t 鬆緩而變成 -k 的傾向的出現。眞、質韻與曾、梗攝的實際音聲不同只在韻尾，這麼說亦非過言。所以，如果 -t 變化成 -k 的話，則當然會變成與曾、梗攝的字一樣。

另外，-n 變化成 -ŋ，並沒有同時平行地發生，因爲入聲韻尾的變化遠較鼻音韻尾容易。這是不足爲奇的。中世音裏，入聲韻尾即使 -ʔ化後甚至於消失了， -m, -n, -ŋ 是仍然健在的。

另一種可能是，認爲最初就以曾、梗攝的字被借入閩音系裏。

因爲齒上音的「瑟、虱」兩字，在福州以 ek 的形式出現，這跟職韻的齒上音完全同形。

	台南	廈門	十五音	泉州	潮州	福州
側莊	cʻiək꜕	cʻiək꜕	cʻiək꜕	cʻiək꜕	cʻek꜕	cʻek꜕
	siək꜕	siək꜕	siək꜕	siək꜕	sek꜕	sek꜕

曾、梗攝，在閩南爲 iəŋ, iək，潮州爲 eŋ, ek。因此，齒上音的直音的特徵沒有出現。在福州，有一、二等爲 eŋ, ek，三、四等爲 iŋ, ik 的對立。三、四等，畢竟與本韻同形。關於「瑟、虱」兩字，在福州，ik→ek 這種變化是難以想像的。在借進來的原方言裏，已經被當做職韻的字了，這樣的看法比較合理。

即使「瑟、虱」兩字是這樣的情形，其他的字又是什麼樣的狀況呢？將兩種可能性一併考慮可能較爲妥當。

白話音，在閩南爲 an, at。潮州則以 aŋ, ak 的形式出現。

	台南	廈門	十五音	泉州	潮州	福州
閩	꜀bin	꜀bin		꜀bin		꜀miŋ
	꜀ban	꜀ban	꜀ban	꜀ban	꜀maŋ	
陳	꜀tin	꜀tin	꜀tin	꜀tin	꜀tʻiŋ	꜀tʻiŋ
	꜀tʻin					
	꜀tan	꜀tan	꜀tan	꜀tan	꜀taŋ	
虱	siək꜕	siək꜕	siək꜕	siək꜕		sek꜕
	sat꜕	sat꜕	sat꜕	sat꜕	sak꜕	

「閩」꜀ban 爲〈福建〉之意。「陳」꜀tan 爲〈鳴叫〉之意。꜀tʻin 則爲〈倒酒等〉之意。❶「虱」sat꜕ 爲〈蝨、蚤〉之意。❷

a 可解釋爲象徵中古音／ĕ／而出現的。齊齒介母 i 完全消失不見，這與侵、緝韻的情形一樣。

接下來，考察牙、喉音。

如前所述，牙、喉音的三等與四等的區別出現得很明顯。所謂四等是指以母及重紐的四等。重紐除本韻外，亦出現於諄韻。這裏可看到連貫全攝有一個體系出現。先介紹如下。

		台南	廈門	十五音	泉州	潮州	福州
開口	眞三 殷	in	un	in	ɨn	ɨŋ	yŋ
	眞四	in	in	in	in	iŋ	iŋ
合口	諄三 文	un	un	un	un	uŋ	uŋ
	諄四	in	un	in	ɨn	ɨŋ	yŋ

此以泉州的形式爲基準，可加以圖示如下。

	開口	合口
三等	ɨn	un
四等	-i- ＋ ɨn＝in	-i- ＋ un＝ɨn

眞相當然並非如此單純。中古音的齊齒介母有「中舌性的／-ï-／」與「上顎性的／-i-／」兩種。因爲三等有／-ï-／，四等有／-i-／出現。這種差異的出現，不管是前或後，只有這

一次，雖說是間接性的，但確實反映在閩音系裏。❸

　　亦即，上面圖式的原型，如借用藤堂教授的音韻表記的話，應如下所示。

	開口	合口
三等	／ï＋ĕn／＝ɨn	／ï＋u＋ĕn／＝un
四等	／i＋ĕn／＝in	／i＋u＋ĕn／＝ɨn

　　只是，就閩音系來說（其他音系亦同），齊齒介母只有 i 一種，所以會造成只有在四等才把它加上去的偏向情形。

　　結果，即使開口四等形式姑且可以說明清楚，但開口三等與合口四等變成同形的理由卻沒法說明。如果是原型的話，則「責任」屬於後者。因爲可說明／-i-／與／-u-／中和，變成與／-ï-／相等的音。

　　再說，開口三等眞、殷韻與合口四等諄韻的形式，在各方言中有微妙的差異，如要合理解釋的話，其借入的原來形式應爲 iun。

　　泉州與潮州，iu 單母音化變成 ɨ。廈門承襲了泉州的系統，將 ɨn 訛傳成 un。「十五音」的 in，恐怕是 ɨn 變化後的形式。台南的 in，繼承了「十五音」（漳州）的系統。

　　因爲福州有將口作圓形來發音的癖好，所以 iun 很輕易地就變成 yn。然後，-n 變化成 -ŋ。結果，與東三、鍾韻同形了。底下來看看本韻的實際例子。

		台南	廈門	十五音	泉州	潮州	福州
三	巾	₋kin	₋kun	₋kin	₋k╪n	₋k╪ŋ	kyŋ
	僅	kin⁼	<u>kin⁼</u>	kin⁼		ˊk╪ŋ	kyŋ⁼
等	銀	₌gin	₌gun	₌gin	₌g╪n	₌ŋ╪ŋ	₌ŋyŋ
	乙	<u>it₎</u>	<u>it₎</u>	<u>it₎</u>	<u>it₎</u>	ik₎	<u>ik₎</u>
四	緊	ˊkin	ˊkin	ˊkin	ˊkin	ˊkiŋ	ˊkiŋ
	寅	₌in	₌in	₌in	₌in	₌iŋ	₌iŋ
等	一	it₎	it₎	it₎	it₎	ik₎	ik₎

　　_____線是異例的形式。因爲 i-╪-u 互爲近似的形式，所以在閩南語裏，有可能互相借用。只是，「乙」的情形好像有所不同。連福州，也讀成 ik₎。可能是跟「一」同形被借入的。

　　其他零星的形式如下。

	台南	廈門	十五音	泉州	潮州	福州
矜	₋kʻim	₋kʻim	₋kʻiəŋ		₋keŋ	

　　台南、廈門，與「欽」(溪侵開三) ₋kʻim 同音。因爲「今」(見侵開三) ₋kim 與「金」同音，所以才有邪樣的讀音出現吧！

　　「十五音」與潮州，合乎相當於(見蒸開三)的「居陵切」。

❹

	台南	廈門	十五音	泉州	潮州	福州
身	₋sin	₋sin	₋sin	₋sin	₋siŋ	₋siŋ

$_c$siəŋ $_c$ŋeis

「身」$_c$siəŋ 以「身軀」$_c$siəŋ $_c$kʻu〈身體〉的詞素出現。
這大概是因為 –n 受接在後面的 k 所同化，而替換成 –ŋ。

	台南	廈門	十五音	泉州	潮州	福州
檳	$_c$pin	$_c$pin	$_c$pin	$_c$pin	$_c$piŋ	$_c$piŋ
	$_c$pun		$_c$pun			

「檳」$_c$pun 以「檳榔」$_c$pun $_c$nəŋ〈檳榔〉的詞素出現。
此形式亦出現於「忍」^{c}lun。〈檳榔〉和〈忍〉都是重要的
詞彙。出現於重要詞彙的這個形式，不可等閒視之。
翻開『廣韻』來查看，本韻的字，又音有讀成合口的例子。
例如：

閩　「又音文」
迅　「又私閨切」
....

un 可能是傳承了這個又音的形式。

開口三等殷、迄韻　iən, iət

如前所述，完全合併於眞、質韻三等。

	台南	廈門	十五音	泉州	潮州	福州
斤	꜀kin	꜀kun	꜀kin	꜀kɨŋ	꜀kɨŋ	꜀kyŋ
近	kin²	kun²	kin²	kɨn²	꜅kɨŋ	kyŋ²
欣	꜀him	꜀him	꜀him	꜀him	꜀hɨŋ	꜀hyŋ

　　閩南的「欣」꜀him 是例外。恐怕是誤認「欠」是它的音符，而由「歆」꜀him、「欽」꜀kʻim 等字類推，讀成侵韻的形式。

合口一等魂、沒韻　uən, uət

文言音，在閩南爲 un, ut。潮州爲 uŋ, uk。這如後文所述，與諄、術韻三等及文、物韻同形。

福州有 oŋ, ok; uoŋ, uok; uŋ, uk 三種形式出現。在所調查的 49 個字中，分布的情形是：oŋ 形式 20 個字，uoŋ 形式 7 字，uŋ 形式 22 字。除了 uoŋ 的形式限於唇、牙、喉音，其餘的 oŋ 形式與 uŋ 形式，似乎並沒特定的條件。

> oŋ　勃／屯、嫩、論、尊、村、孫／昆、坤、核……
> uoŋ　奔、本、盆、門／昏、婚、忽。
> uŋ　笨、噴、悶／敦、鈍、崙／滾、綑、混、穩……

uoŋ 是 oŋ 加上 –u– 的形式。–u– 的由來，在於唇、牙、喉音的合口性質。但是，同爲唇、牙、喉音亦有不出現 –u– 的，所以不能勉強地將兩個形式統一起來。但是可以比照 oŋ 處理。

諄、術韻三等與文・物韻裏，這個 oŋ 並不出現。所以只有 uŋ 一個形式而已。另一方面，痕韻的時候是 oŋ。總覺得福州好像是用這樣的方式留下一等與三等的區別。

然而，亦有 uŋ 的形式，這一點在福州也跟閩南、潮州一樣，可以解釋是合口一等與三等有發生混淆的跡象。

白話音，在台南、廈門及泉州爲 əŋ，「十五音」爲 uiN，潮州爲 ɨŋ，仙游則以 uiN 的形式出現。

	台、廈	十五音	泉州	潮州	仙游	福州
門	ˬbun	ˬbun	ˬbun	ˬmuŋ		ˬmouŋ
	ˬɡəŋ	ˬmuiN	ˬɡəŋ		ˬmuiN	
褪	tʻunˀ	tʻunˀ	tʻunˀ			
	tʻəŋˀ	tʻuiN˗	tʻəŋˀ	tʻɨŋˀ		
孫	ˬsun	ˬsun	ˬsun	ˬsuŋ		ˬsoŋ
	ˬsəŋ	ˬsuiN	ˬsəŋ	ˬsɨŋ		
昏	ˬhun	ˬhun	ˬhun	ˬhuŋ		ˬhuoŋ
	ˬɡəŋ	ˬhuiN	ˬhəŋ	ˬhɨŋ		

「門」ˬməŋ 為〈門〉之意。「褪」tʻəŋˀ 為〈脫〉之意。「孫」ˬsəŋ 為〈孫，姓氏〉之意。「昏」ˬhəŋ 以「口昏」ˬe ˬhəŋ〈晚上、夜〉的詞素出現。❶

　關於此形式的白話音，已在桓、末韻裏說明過。福州的對應形式為 oŋ。如前所述，福州近半數的字，文言音具有 oŋ 的形式。在這種情況下，即使白話音出現，亦與文言音 overlap。例如「孫」，鑒於閩南、潮州的情形，雖有以白話音出現的可能，但形式上，跟文言音無法區別。

　其他零星的形式如下。

	台南	廈門	十五音	泉州	潮州	福州
突	tutˍ	tutˍ	tutˍ	tutˍ	tukˍ	tokˍ
	tuʔˍ					

　　「突」tu2˭為〈扎刺〉〈指摘對方的毛病〉之意。

　　想要認定「突」有這種白話音的是我。『廈門音新字典』裏，記為「拄」(知 虞 開 三)ᶜtu。當然是「假借字」。「十五音」並不承認這個詞素的存在，是重大的遺漏。

　　「突」，在意義上並無問題。與藤堂教授所說的「突出」(『漢字語源辭典』p.674)完全一致。至於音韻方面，因無其他例子出現，以及內轉韻有 -2入聲出現等問題，令人有所介意，但是，如說明是 ut 轉弱變成了 u2 ❷的形式，這就沒問題了。

開口二、三、四等諄、術韻　ĭuĕn, ĭuĕt

ĭuĕn, ĭuĕt

iuĕn, iuet

舌、齒音，在閩南爲 un, ut。潮州、福州爲 uŋ, uk。

齒上音，就「率率領」、「蟀」二字調查的結果來看，似無三、四等的區別。

無白話音出現。

	台南	廈門	十五音	泉州	潮州	福州
輪	₌lun	₌lun	₌lun	₌lun	₌luŋ	₌luŋ
春	₌cʻun	₌cʻun	₌cʻun	₌cʻun	₌cʻuŋ	₌cʻuŋ
蟀	sutꜚ	sutꜚ	sutꜚ	sutꜚ	sukꜚ	sukꜚ
卒	cutꜚ	cutꜚ	cutꜚ	cutꜚ	cukꜚ	cukꜚ

牙、喉音如前所述，有三、四等的區別。

		台南	廈門	十五音	泉州	潮州	福州
三等	窘群	ꜛkʻun	ꜛkʻun	ꜛkʻun	ꜛkʻun	kʻuŋꜚ	kʻuŋꜚ
	菌群	ꜛkʻun	ꜛkʻun			ꜛkʻuŋ	
四等	均見	₌kin	₌kun	₌kin	₌k+n	₌k+ŋ	₌kiŋ
	尹以	ꜛun	ꜛun	ꜛin	ꜛ+n	ꜛ+ŋ	ꜛyŋ

台南的「尹」ꜛun 與福州的「均」₌kiŋ 皆爲特例。台南的「尹」ꜛun，大概只是從廈門來的借用形。但是福州的「均」

ᶜkiŋ，則難以考慮它是從「十五音」(漳州)方面來的借用形。

這麼說來，作爲四等，而與開口四等眞韻成爲同形的，在其他地方亦可看得到。

	台南	廈門	十五音	泉州	潮州	福州
允	ᶜun	ᶜun	ᶜun	ᶜ⁺n	ᶜzuŋ	ᶜyŋ
	ᶜ<u>in</u>	ᶜ<u>in</u>				
橘	kiat⌐	kiat⌐	<u>kit⌐</u>	kiat⌐	<u>kik</u>⌐	<u>kik</u>⌐
			kiat⌐			

「允」ᶜin 爲〈承諾〉之意。台南與「十五音」的文言音是特例。

「十五音」的「橘」kiat⌐ 爲〈柳橙、金柑〉之意。台南、廈門只有這個形式，而被當成文言音。這個形式是薛、屑韻的形式(參閱 7.11)。

這明顯地超出了臻攝的牙、喉音體系。因爲似乎是屬於「合口四等，一部分以開口形式出現」的例子。

合口三等文、物韻　ïuən, ïuət

文言音，在閩南爲 un, ut。潮州、福州爲 uŋ, uk。

本韻在其他音系，唇音與牙、喉音的形式互異。

	北京	蘇州	廣州	蘇州
分	〔₋fən〕	〔₋fən〕	〔₋fan〕	〔₋fun〕
文	〔₌uən〕	〔₌vən〕	〔₌man〕	〔₌vun〕
君	〔₋tɕyn〕	〔₋tɕyən〕	〔₋kwan〕	〔₋kiun〕
雲	〔₌yn〕	〔₌yən〕	〔₌wan〕	〔₌jun〕

那是說，本韻的唇音是所謂輕唇音。在輕唇音的後面，／-ï-／會消失。而相對於這種形式的出現，牙、喉音則依照 ／-ï-／ 所反映的。

唯獨閩音系整個韻是同一的形式。但這是從結果來看變成了這種的情形。唇音與其他音系一樣，相對於輕唇音之後起初就是 un, uŋ 的形式，而牙、喉音方面，如前所述，在連貫全攝的體系下，與諄三韻同樣以 un, uŋ 的形式出現。

白話音有 əŋ 出現。

	台南	廈門	十五音	泉州	潮州	福州
問	bun²	bun²	bun²	bun²	muŋ²	uŋ²
	məŋ²	məŋ²	muiⁿ²	məŋ²		
暈	un²	un²	un²	un²		iŋ²
	əŋ²	əŋ²	uiⁿ²	əŋ²		

「問」mən² 爲〈問〉之意。「暈」əŋ² 爲〈眼花、暈眩〉之意。潮州的文言音 iŋ²，爲例外。

出現於「物」的白話音形式，令人感覺有趣。

	台南	廈門	十五音	泉州	潮州	福州
物	but˷	but˷	but˷	but˷		uk˷
	miN2˷	miN2˷	miN2˷		məŋ2˷	mue2˷

「物」miN2˷ 爲〈物品〉之意。

台南、廈門承襲了「十五音」(漳州)的系統。所以將焦點對準「十五音」的形式來考慮的話，只要補上 -u-，就變成 uiN2，可知「舒入」對應得很好。恐怕 uiN2 是原來的形式。-u- 之所以消失，乃是被吸收到 m 裏面去的關係。

在潮州，uiN2 的 -i 發音廣一點而變成了 ueN2。

泉州的形式比較特殊。əŋ2 的實際音價爲〔ŋ̍2〕。與 əŋ proper(參閱 7.10、7.12)的入聲爲 ɔ2〔ə2〕，明顯不同。於是，我們可以知道下面的情形。

	泉州		十五音	
	舒聲	入聲	舒聲	入聲
əŋ	əŋ :	əŋ2	uiN :	uiN2
əŋ proper	əŋ :	ɔ2	əŋ :	ɔ2

上面的對應關係，特別是在泉州，舒聲雖合而爲一了。但入聲仍保留有區別。

　　其他零星的形式如下。

	台南	廈門	十五音	泉州	潮州	福州
熏、勳	₋hun	₋hun	₋hun	₋hun	₋h+ŋ	₋hyŋ
薰	₋hun	₋hun	₋hun	₋hun	₋h+ŋ	₋hoŋ
				₋huŋ		
云	₌un	₌un	₌in	₌i̱n	uŋ⁼	₌huŋ
雲	₌hun	{ ₌hun ₌in / ₌un		₌hun	₌huŋ	₌huŋ
		₌hun				
暈	un⁼	un⁼	un⁼	un⁼	iŋ⁼	

　　＿＿＿＿線部分，料是借用了官話〔yn〕的形式(參閱7.11)。這個形式與 un, uŋ 形式同時出現的話──「十五音」的「雲」₌hun 是〈雲〉。潮州的「薰」₌hun 爲〈煙〉〈香烟〉之意──un, uŋ 被當做白話音，是值得注意的。＿＿＿線的形式，明顯是新的形式。

　　另外，＿＿＿＿線的形式，潮州的「暈」iŋ⁼、福州的「薰」₌hoŋ，則無法說明，而不得不以例外來處理。

7.12 宕攝

開口一等唐、鐸韻 aŋ, ak

文言音，在閩南、福州爲 oŋ, ok。潮州爲 aŋ, ak。

	台南	廈門	十五音	泉州	潮州	福州
莽	ᶜboŋ	ᶜboŋ	ᶜboŋ	ᶜboŋ	ᶜmaŋ	ᶜmoŋ
剛	₋koŋ	₋koŋ	₋koŋ	₋koŋ	₋kaŋ	₋koŋ
鐸	tok₌	tok₌	tok₌	tok₌	tak₌	tok₌

只有潮州爲 aŋ，其他爲 oŋ 是它的特徵。而且如下所示，它是連貫宕攝全體的現象。

	台、廈	十五音	泉州	潮州	福州
磨	oŋ	oŋ	oŋ	<u>aŋ</u>	oŋ
陽開二	oŋ	oŋ	oŋ	<u>uaŋ</u>	oŋ
陽開三	ioŋ	iaŋ	ioŋ	<u>iaŋ</u>	ioŋ
唐合	oŋ	oŋ	oŋ	<u>uaŋ</u>	uoŋ
陽合	oŋ	oŋ	oŋ	<u>uaŋ</u>	uoŋ

潮州的出現方式與北京完全一樣。潮州，以往在模韻及豪韻也有大量借用的「前科」。因而，不能不認爲或許也有從官話借來的，但是，漫然通過大量借用，變成全攝借用的話，其可能性反而較低。

如此，則不得不在閩音系裏進行探討。

借入閩音系裏的原來形式恐怕是〔-ɔŋ〕。❶此〔-ɔŋ〕，當然是／aŋ／〔aŋ〕的 variants。從其他音系來看，唐韻裏，官話音系爲〔aŋ〕、吳音系爲〔ɒŋ〕、粤音系與客家語爲〔ɔŋ〕。像這樣的情形，有張唇母音與圓唇母音兩種系統(吳音系可説是中間型)，閩音系與粤音系、客家語同屬圓唇母音的系統。

〔-ɔŋ〕這個形式，與我們所認爲的豪韻的原來形式〔ɔ〕，互相照應。加上，如後文所述，我們認爲江韻的原來形式是〔aŋ〕，其一、二等的關係，與豪、肴韻完全平行。

$$\text{〔ɔŋ〕：〔aŋ〕} = \text{〔ɔ〕：〔au〕}$$

此〔-ɔŋ〕，在大多數的閩音系裏變成狹窄的〔-oŋ〕流傳下來。但是在潮州，流傳的卻反而大概是展開的〔-aŋ〕。

陽三韻中，只有「十五音」變成爲 iaŋ。明顯地是 -i- 產生作用。本來正是寬廣的〔ɔ〕，所以才在 -i- 後面展開變成了〔a〕。

至於合口，借入的原形是〔uɔŋ〕。潮州成功地把 -u- 保留下來了。在閩南，則被〔o〕所吸收，變成與開口同形了。在福州，〔u〕儘管是在〔o〕的前面，卻也出現，是由於聲母合口性所惠賜。

白話音，在閩南爲 əŋ, ɔ2。潮州爲 ɨŋ, ɔ2。福州爲 ɔ2。

	台南	廈門	十五音	泉州	潮州	福州
湯	₌tʻoŋ	₌tʻoŋ	₌tʻoŋ	₌tʻoŋ	₌tʻaŋ	₌tʻoŋ
	₌tʻəŋ	₌tʻəŋ	₌tʻəŋ	₌tʻəŋ	₌tʻ+ŋ	
糠	₌kʻoŋ	₌kʻoŋ	₌kʻoŋ	₌kʻoŋ	₌kʻaŋ	₌kʻoŋ
	₌kʻəŋ	₌kʻəŋ	₌kʻəŋ	₌kʻəŋ	₌kʻ+ŋ	
粕	pʻok˺	pʻok˺	pʻok˺	pʻok˺		
	pʻo2˺	pʻo2˺	pʻo2˺	pʻo2˺	pʻo2˺	pʻo2˺
作	cok˺	cok˺	cok˺	cok˺	cak˺	cok˺
	co2˺	co2˺	co2˺	co2˺	co2˺	co2˺

「湯」₌tʻəŋ 爲〈湯〉之意。「糠」₌kʻəŋ 以「米糠」ᶜbi ₌kʻəŋ〈米糠〉的詞素出現。「粕」pʻo2˺爲〈(酒)糟〉之意。「作」co2˺ 以「發作」huat˺ co2˺〈發作〉的詞素出現。❷

əŋ(舒聲)在所調查的 60 個字中,出現 23 個字,呈 38% 強。o2 (入聲),在所調查的 33 個字中,出現 14 個字,呈 42% 強。此百分比,與大致上的情況相稱,可做是 o2是與 əŋ 對應的入聲的一個佐証。

在福州,白話音看似沒有出現舒聲,這是因爲白話音亦是 oŋ 的形式——本來爲更狹窄的主母音,而肯定與文言音有所區別——所以,即使出現了,結果也是與文言音 overlap。

爲資參考,茲將在次要資料的各方言裏如何出現的報告列舉如下。在莆田,相對於文言音〔 ɒŋ〕〔 ɒ2〕,白話音是〔 uŋ〕〔 o2〕。

黨〔ᶜtɒŋ〕　　當〔₌tuŋ〕
各〔kɒ2₌〕　　湯〔₌t'uŋ〕
　　　　　　糖〔₌t'uŋ〕
　　　　　　落〔lo2₌〕

在仙游，相對於文言音〔ɔŋ〕，白話音為〔ɯŋ〕〔ŋ̩〕及〔o2〕。

黨〔ᶜtɔŋ〕　　　　湯　〔₌t'ɯ̩ŋ〕
堂〔₌gɔŋ〕:〔₌tŋ̩〕
　　　　　　　　作　〔tso2₌〕

在海口，相對於文言音〔aŋ〕〔ɔk〕，白話音為〔o〕〔ɑ2〕。

幫　　　〔₌paŋ〕
堂、塘〔₌haŋ〕:〔₌ɗo〕
黨　　　〔ᶜɗaŋ〕
博　　　〔ɗɔk₌〕　薄〔ɗo2₌〕

莆田似另有〔ŋ̩〕，但在本韻無例字。而且有這樣的說明：「ŋ̩可以看做是uŋ韻，在零聲母條件下的變體。」(黄景湖「莆田話的兩字連讀音變」)

仙游，有〔ɯŋ〕與〔ŋ̩〕兩種形式，關於這一點，有以下的說明：「韻母ɯŋ的ɯ，只出現於聲母和輔音韻尾 -ŋ 之間，而且很弱，故未列入主音元音。」(戴慶廈、吳啓祿「仙游話的語音」)

莆田類似潮州。在潮州，h與'(所謂的零聲母)之後為

〔ŋ〕，其他聲母之後為〔ɤŋ〕。仙游的〔ɯ〕可能有時聽得到，有時聽不到。可說是閩南型。

再說，本韻的 əŋ 是所謂的 əŋ proper。詳細的說明雖然由桓、末韻拖到這裏，與此對應的各方言形式竟是如此的複雜。

不管怎樣，向來對於被視為聲化韻的，我們積極認定其主母音 ə 是由於與潮州、福州、莆田、海口的對應而知道是正確無誤的。同時，此 ə 不過是閩南特有的形式，也是從與其他方言的對應得知的。如為方言上的變種，則其原來的形式為何是有必要探討的。

在此，最富有啓發性的，是入聲形式一律為 o2。關於 o，當然因方言不同而有些微的音價的差異。概括說來，比舒聲更寬廣是其特徵。恐怕舒聲原來大概亦是這個母音。它之所以狹弱化成〔ə〕或〔u〕或〔ɯ〕的原因，肯定是受到強勢的 -ŋ 的影響。

不只是推測，實際上亦可確認其存在。出現於海口的 o 就是這種情形。海口的 -N 一般都已消失了。這裏，亦是 -N 消失了的形式。但 o 與 o2的對應，是完全無懈可擊的。

海口的這種形式，也在提示 oŋ 實際上是從加 oN 發達而來的，這一點非常寶貴。白話音中，出現 -N 與 -ŋ 逆行變化的只有本韻。可說是非常珍貴的例子。當然，這跟主母音是〔o〕這個狹窄舌後母音有密切的關係，〔õ〕的鼻音要素增強的結果，變成像〔oŋ〕的音是大有可能的。

茲將上面的情形暫且整理如下。

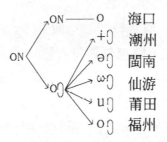

海口
潮州
閩南
仙游
莆田
福州

　　關於 oN，令人想起來的是，在唐五代西北方音的四種資料裏，只有『千字文』一種是鼻音韻尾消失的，用／o／這個母音出現。亦即：

唐開韻	傍 bo	抗 k'o
陽開韻	床 c'o	腸 jo
	糧 lyo	墻 dzyo
唐合韻	煌 ho	曠 k'o
陽合韻	紡 p'o'o	

（『唐五代西北方音』p.36）

　　此形式，根據羅常培氏的說法，可能在後面還是遺留有〔ɤ̃〕的形式(p.39)❸。儘管如此，它跟閩音系的白話音形式是多麼地相似(關於陽開韻以下的閩音系白話音的例子，除表 V 之 əŋ 外，請參閱後文)。

　　於是，本來的宕攝主母音／a／卻變成／o／，是因爲受到〔ɤ̃〕後退同化的影響。這是羅氏的說明(p.41)❹。閩音系 oN 的

o 的由來，亦可由此獲得說明。

　　『千字文』中，看到鼻音韻尾消失的，除了宕攝外還有梗攝。閩音系的 -N 化，跨越外轉攝全體，非『千字文』所能比擬。但是，在『千字文』所見到的，帶頭 -N 化的是宕、梗兩攝。這項啓示是很重要的。

　　另外，關於入聲，『千字文』裏看不到什麼特別的形式，它跟其他三種資料同是／ag／。唐五代西北方音的入聲，是／ -b, -r (-d), -g／這個體系。要查出其正確音價爲何並不容易。但可確定不是〔ʔ〕。

　　亦即，在唐五代西北方音裏，入聲韻尾並沒有呼應鼻音韻尾的消失而開始消失。因而，關於 -ʔ 入聲，並不具參考價值。相反地，從閩音系來推測，假設在宕攝發生入聲韻尾消失的話，可以說母音無法維持／a／的原狀，而會變成／o／的或然率很大。

　　還有一種白話音，在閩南爲 aŋ, ak，福州則出現(œŋ,) œk 的形式。

	台南	廈門	十五音	泉州	潮州	福州
幫					꜀paŋ	꜀poŋ
	꜀paŋ	꜀paŋ	꜀paŋ	꜀paŋ		
	꜀pəŋ	꜀pəŋ		꜀pəŋ		
當	꜀toŋ	꜀toŋ	꜀toŋ	꜀toŋ	꜀taŋ	꜀toŋ
	꜀taŋ	꜀taŋ		꜀taŋ		
	꜀təŋ	꜀təŋ	꜀təŋ	꜀təŋ	꜀t+ŋ	

杭	₍hoŋ			₍haŋ	₍hoŋ
	₍haŋ	₍haŋ	₍haŋ	₍haŋ	
鑿	c'ok₎	c'ok₎	c'ok₎	c'ok₎	c'ak₎
	<u>c'ak₎</u>	<u>c'ak₎</u>	<u>c'ak₎</u>	c'ak₎	$\begin{cases} \text{c'œk}_{\underline{\ }} \\ \text{co2}_{\underline{\ }} \end{cases}$

　　「<u>幫</u>」₍paŋ 以「<u>幫手</u>」₍paŋ ᶜc'iu〈幫忙，援助〉的詞素出現。₍pəŋ 為〈從旁贊助、協助〉之意。「<u>當</u>」ᶜtaŋ 以「□<u>當</u>時」ti⁼ ₍taŋ ₍si〈什麼時侯〉的詞素出現。₍təŋ 為〈充當〉之意。「<u>杭</u>」₍haŋ 以「<u>杭州</u>」₍haŋ ₍ciu〈杭州〉的詞素出現。「<u>鑿</u>」c'ak₎ 為〈以鑿子等來刺插〉之意。❺福州的 co2₎，以「<u>開鑿</u>」₍k'ai co2₎〈開鑿〉的詞素出現。❻

　　因為這個白話音在潮州與文言音同形，所以即使出現了，也不會出現在表面。

　　福州與閩南的 aŋ 對應的是 œŋ 而不是 aŋ，這一點須加以說明。

　　福州的 aŋ，從來一直是以咸攝一、二等與山攝一、二等的韻母的形式出現。而與其對應的閩南形式，分別是 am 與 an。福州的韻尾只有 -ŋ 一種，所以 aŋ 是分別從 am, an 變化來的形式，這是不待言的。

　　其他，如後文所看到的，只有以梗攝二等的白話音形式出現而已。對於這種情況，閩南的對應形式是 eŋ。而 aŋ 則應認為是準鼻音化韻母，其情況並不同。

　　那麼，梗攝除外，將咸攝、山攝、及宕攝對比如下。

	福州	閩南
咸攝一、二等	aŋ(←am)	˙am
山攝一、二等	aŋ(←an)	˙an
宕攝（白話音）	œ̠ŋ	˙aŋ

與閩南的 aŋ 對應的形式，所期待的當然是 aŋ。但實際上並不是，而換成 œŋ 出現了。其原因只能說是由於 -ŋ 與 -m, -n 的不同。-ŋ 的調音部位在最裏邊的地方，因此一般來說，a 有向裏邊移而開廣一點發音的傾向。

但是，福州的 œŋ 的音價，在高聲開始的陰平、陽平、上、陽入──所謂的「小口韻」中，是〔œyŋ〕〔œyk〕，而在低聲開始的陰去、陽去、陰入──所謂的「大口韻」中，是〔ɒyŋ〕〔ɒyk〕，──因〔y〕為移出過渡性的音，可以無視──在「大口韻」中，可以看到與閩南一樣的廣母音。至於變成圓唇母音，是因為將口作圓形發音的癖好的關係。

此白話音的形式當然與 əŋ, o2 是不同的層。「幫」「當」「鑿」，成為兩層出現的情形很清楚。此形式與 əŋ, o2 正好相反，主母音較為寬廣，與 -ŋ, -k 韻尾健全，是其特徵。它的分布如後文所述，不限於只是本韻，如合口陽韻、江韻、登韻唇音及東、多韻之類，是相當廣泛的。

只有「博」「落」兩字，有 au2 形式的白話音出現。

	台南	廈門	十五音	泉州	潮州	福州
博	p'ok˦	p'ok˦	p'ok˦	p'ok˦	p'ak˦	pok˦
		p'au2˦	p'au2˦	p'au2˦		
落	lok˩	lok˩	lok˩	lok˩		lok˩
	lak˩	lak˩				
	lo2˩	lo2˩	lo2˩	lo2˩	lo2˩	
	lau2˩	lau2˩				

「博」p'au2˦ 以「古老博」˗ko ˗lau p'au2˦〈老練的，博識的〉〈與眾不同，奇異的〉的詞素出現。台南的情形無法確認。

「落」lau2˩ 以「□落」˗ka lau2˩〈使落下〉的詞素出現。另外，lak˩ 爲〈脫落〉之意。lo2˩ 爲〈降落〉〈雨等的落下〉之意。

這是從官話來的借用形。「博」，在北京白話音爲〔˗pau〕。「落」則讀成爲〔lau˒〕，借用了〔2〕消失前的形式。

其他零星的形式如下。

	台南	廈門	十五音	泉州	潮州	福州
昨	ca˒	cok˩	cok˩	cok˩	˗ca	cok˩
	caN˒	ca˒				
	co2˩	co2˩				

因爲「昨」的聲符爲「乍」(崇禡開二)ca˒, caN˒，所以有這樣的形式並不足爲奇。這到底是依據「乍」的類推，或是「未收

錄於韻書」的禡韻的反切，沒法判斷。

	台南	廈門	十五音	泉州	潮州	福州
狼	₌loŋ	₌loŋ	₌loŋ	₌loŋ	₌laŋ	₌loŋ
	₌lioŋ	₌lioŋ				

「狼」₌lioŋ 以「狼狽」₌lioŋ pueˀ〈衰敗、落魄〉的詞素出現。

但是在『台日大辭典』中，除了 ₌lioŋ pueˀ，並載有 ₌loŋ pueˀ 的形式。「狼」的聲符為「良」(來陽開三)₌lioŋ，將「狼」讀為 ₌lioŋ 的原因，也有可能是「良」的類推，但是因為〈狼狽〉是使用頻度很高的白話，所以認為 ₌lioŋ 不過是 ₌loŋ 的訛音罷了——從 l 派生出 -i-——似乎比較好。

在潮州，「嗓」讀成為 ᶜsuaŋ、「諾」讀成為 lapₐ，完全是個例外。因「嗓」ᶜsuaŋ，與「爽」同音，所以誤認其為陽韻二等的字吧！

開口二、三、四等陽、藥韻　ïaŋ, ïak

ɩaŋ, ɩak

iaŋ, iak

文言音方面，齒上音與齒上音以外，形式互異。

齒上音，潮州除 uaŋ 外，皆為 oŋ。

齒上音以外，在台南、廈門及泉州為 ioŋ, iok。「十五音」與潮州為 iaŋ, iak。福州則有 uoŋ, uok 與 ioŋ, iok 兩個形式。

		台南	廈門	十五音	泉州	潮州	福州
齒上音	莊	₋coŋ	₋coŋ	₋coŋ	₋coŋ	₋cuaŋ	₋coŋ
	狀	coŋ²	coŋ²	coŋ²	coŋ²	ˋcuaŋ	coŋ²

	良	₋lioŋ	₋lioŋ	₋liaŋ	₋lioŋ	₋liaŋ	₋lioŋ
	祥	₋sioŋ	₋sioŋ	₋siaŋ	₋sioŋ	₋siaŋ	₋suoŋ
	躍	iok₋	iok₋	iak₋	iok₋	iak₋	iok₋

齒上音裏，潮州的形式令人注目。這明顯是合口的形式。其他的方言，則與唐韻同形。但由潮州的啟示，這種情況，不得不認為是當做合口來發音的。在本來的方言裏，中舌性的／-ï-／在捲舌音聲母後面消失。後來，在與廣母音之間派生出了 -u-。其結果的形式，肯定就是被借進去的。另外，江韻的舌、齒音亦為同形，其情況亦完全相同。

齒上音以外的音，「十五音」竟與潮州同樣地出現 iaŋ, iak 的形式，須加以注意。「十五音」會從下層方言的潮州借用，是

難以想像的。在用 –oŋ 傳承〔–ɔŋ〕有強烈傾向的閩南，只有「十五音」，在 –i– 位於前面的時候，〔ɔ〕張開成了〔ɑ〕。

在福州，齒上音以外，有必要再分成舌、齒音與牙、喉音來觀察。牙、喉音只有 ioŋ, iok 形式出現，舌、齒音則有下面兩種形式出現。

	陽韻	養韻	漾韻	藥韻
泥母	娘 {≤nuoŋ / ≤nioŋ}			
來母			輛 luoŋ˲	略 {luok˰ / liok˰}
	良 ≤lioŋ	兩 ᶜlioŋ	亮 lioŋ˲	
精母	將 {≤cuoŋ / ≤cioŋ}	蔣 ᶜcioŋ		雀 c'iok˰
清母				
	槍 ≤c'ioŋ	搶 ᶜc'ioŋ		鵲 c'iok˰
從母			匠 {c'uoŋ˲ / c'ioŋ˲}	嚼 {cuok˰ / ciok˰}
	牆 ≤c'ioŋ			
心母	相 ≤suoŋ	想 {ᶜsuoŋ / ᶜsioŋ}	相 suoŋ˲	削 {suok˰ / siok˰}
邪母	詳 {≤suoŋ / ≤sioŋ}	像 suoŋ˲		
		象 c'ioŋ˲		
知母	張 {ᶜtuoŋ / ᶜtioŋ}	長 {ᶜtuoŋ / ᶜtioŋ}	帳 tuoŋ˲	着 {tuok˰ / tiok˰}
			漲 tioŋ˲	
徹母			暢 t'uoŋ˲	

澄母			着	$\begin{cases} \text{tuok}_{\text{\_}} \\ \text{tiok}_{\text{\_}} \end{cases}$
	長 ₌tioŋ	丈 tioŋ⊃		
章母			障 cuoŋ⊃	
	章 ₌cioŋ	掌 ⊂cioŋ		妁 c'iok₌
昌母			唱 $\begin{cases} \text{c'uoŋ}^{\supset} \\ \text{c'ioŋ}^{\supset} \end{cases}$	
	昌 ₌c'ioŋ	廠 ⊂c'ioŋ		綽 c'iok₌
書母	商 ₌suoŋ	賞 $\begin{cases} \text{⊂suoŋ} \\ \text{⊂sioŋ} \end{cases}$		
禪母	常 ₌suoŋ	上 suoŋ⊃	尙 suoŋ⊃	
日母			讓 luoŋ⊃	
	嚷 ⊂ioŋ			若 iok₌

這兩種形式沒特定的條件，幾乎可以是任意的出現方式。

uoŋ, uok，不僅在閩南系諸方言，在其他音系亦不存在。它是福州獨特的形式。初看，好像是 –i– 替換成 –u– 的形式。但是 –i– 是否可以簡單地替換成 –u– 呢？首先，是 –i– 被上顎性的聲母吸收，然後從圓唇性的母音派生出 –u– 的吧！

牙、喉音無此形式出現的原因，這就可以理解。再三說明過的，福州的牙、喉音合口性很強。如果，–i– 能夠簡單地替換成 –u– 的話，以環境因素來說，牙、喉音比舌、齒音應該更適合。然而沒有變成那樣，原因是，在最初階段，–i– 並沒有被上顎性的聲母所吸收。

對於這兩個形式，傳統上認爲 uoŋ, uok 是文言音，ioŋ, iok

是白話音。確實，在「匠、想、詳、張、長、唱、賞、略、嚼、着」等有兩種形式同時出現的話，具有 uoŋ, uok 形式的是文言音，而具有 ioŋ, iok 形式的，白話音較多。但是，如同「娘奶」˖nuoŋ ˉne〈母親〉、「尙」suoŋ²〈思考〉、「削」suok˲〈切、割〉等基礎詞彙裏，有 uoŋ, uok 形式出現等情況是複雜的。

白話音有三種形式出現。

顯示分布最廣的，在台南、「十五音」爲 ioN, io2。廈門、泉州爲 iuN, io2。潮州則以 ieN, ie2的形式。因爲福州無鼻音化韻母，所以即使出現，亦爲 ioŋ, iok，爲與文言音難以區別的狀態。

	台南	廈門 泉州	十五音	潮州	海口	福州
張	˖tioŋ	˖tioŋ	˖tiaŋ	˖ciaŋ	˖ciaŋ	˖tuoŋ
	˖tioN	˖tiuN	˖tioN	˖tieN	˖d'io	˖tioŋ
尙	sioŋ²	sioŋ²	siaŋ²	ˉsiaŋ		suoŋ²
	sioN²	siuN²	sioN²	ˉsieN		
着	tiok˲	tiok˲	tiak˲		ciok˲	tuok˲
	tio2˲	tio2˲	tio2˲	tie2˲	d'io2˲	tiok˲
卻	k'iok˲	k'iok˲	k'iak˲	k'iak˲		k'iok˲
	k'io2˲	k'io2˲	k'io2˲			

「張」˖tioN 爲〈張，姓氏〉之意。「尙」sioN² 以 和尙 ˖hue sioN²〈和尙〉的詞素出現。「着」tio2˲ 爲〈中了〉〈正

確〉之意。「卻」kio2̗ 為〈拾、撿〉之意。❶

　　我們已經在唐韻裏對於 əŋ proper 做過探討了，要理解這些形式，應不會太困難。海口則依例，-ɴ 消失了。那麼試將 -ɴ 補上的話，則可以知道會跟台南、「十五音」變成同樣的形式(台南當然承襲了漳州的系統。只是文言音承襲的不是漳州，而是泉州的系統)。ioɴ 這個舒聲形式，與入聲的 io2 對應得很好。此為其原來的形式吧！如下面所排列的，可以知道跟唐韻形成完全平行的關係。

　　　　　唐、鐸韻　　　oɴ(əŋ)：o2
　　　　　陽、藥韻　　　ioɴ　　：io2

　　至於 ioɴ 這個形式，與前面介紹過的『千字文』裏的／yo／，何其類似！

　　廈門、泉州，入聲與漳州系是同形的，然而舒聲的形式卻是不同的。不過 iuɴ 肯定是 ioɴ 的訛音，〔õ〕因受〔ĩ〕的影響，變窄而成為〔ũ〕。

　　潮州的形式則相當不一樣。話雖如此，在潮州方言圈中，只有潮州市和以潮州市為縣治的潮安縣是這個形式，據說其餘是 ioɴ, io2(李永明『潮州方言』p.3)。很清楚地，ieɴ, ie2 是從 ioɴ, io? 變化來的形式。

　　另外，莆田與仙游，彼此的差異相當大。

　　　　　莆田　　長〔ᶜtyɒŋ〕娘〔꜀niau〕

羊　〔₌iau〕
着　〔tiau2₌〕
藥　〔iau2₌〕

仙游　涼〔₌lɸŋ〕 ：〔₌nĩũ〕
丈〔tɸŋᵇ〕 ：〔tĩũᵇ〕
樣〔ɸŋᵇ〕 ：〔ĩũᵇ〕

莆田文言音的主母音，相當開廣，似屬 o 的系統。白話音依例，-N 消失了。iau 可能為 io 的 break 後的形式吧！仙游的文言音的〔ɸ〕，反而是 io 單母音化後的形式。白話音則繼承了泉州的系統。

另外，此形式的白話音並不出現於齒上音。完全是只有三、四等的白話音。

第二種形式是 əŋ。主要是齒上音具有此白話音。

	台、廈	十五音	泉州	潮州	仙游	福州
莊	₌cɔŋ	₌cɔŋ	₌cɔŋ	₌cuaŋ		₌cɔŋ
	₌cəŋ	₌cəŋ	₌cəŋ		₌c⁺ŋ	
霜	₌sɔŋ	₌sɔŋ	₌sɔŋ		₌sɔŋ	₌sɔŋ
	₌səŋ	₌səŋ	₌səŋ		₌s⁺ŋ	₌sɯŋ

「莊」₌cəŋ 為〈庄〉〈莊，姓氏〉之意。「霜」₌səŋ 為〈霜〉之意。❷

　　因爲在福州與文言音 overlap，所以即使出現了，也不會出現在表面。

　　這個形式跟第一種形式的關係，與文言音的 ioŋ 相對於 oŋ 的關係是互相平行的。由此可知，此形式的白話音並非屬於那麼舊的層。

　　不過，有一部分的三等字（四等中沒有）裏，有這個形式的字，則要認爲那是 -i- 消失後的形式。

	台南	廈門泉州	十五音	潮州	海口	福州
長	˳tioŋ	˳tioŋ	˳tiaŋ	˳cʻiaŋ	˳siaŋ	˳tioŋ
	˳təŋ	˳təŋ	{˳təŋ / ˳tio	˳t＋ŋ	˳ɗo	˳toŋ
兩	ˊlioŋ	ˊlioŋ	ˊliaŋ	ˊliaŋ		ˊlioŋ
	{nəŋ⁼ / ˊnioN	nəŋ⁼ / ˊniuN	nəŋ⁼ / ˊnioN	ˊnoN / ˊnieN		noŋ⁼
央	˳ioŋ	˳ioŋ	˳iaŋ	˳iaŋ		˳ioŋ
	˳əŋ	˳əŋ	˳əŋ	˳t＋ŋ		

　　「長」˳təŋ 爲〈長〉之意。「十五音」的 ˳tio（-N 消失了），有「長泰」˳tio tʻua⁼〈長泰，縣名〉的註解。「兩」nəŋ⁼ 爲〈二〉之意。ˊnioN 爲〈兩、10 錢 1 兩〉之意。「央」˳əŋ 以「中央」˳tioŋ ˳əŋ〈中央〉的詞素出現。❸

　　「兩」，另有如同「十五音」的「長」那樣，有 ioN 與 əŋ

兩種形式重複出現的情形。這肯定是在已有 əŋ 的地方，另外加上了 ioN。因爲比較基礎性的語彙，具有 əŋ 形式的關係。

例如，就「兩」來說，比較一下 nəŋ²〈二〉與 ⊂nioN〈兩、10 錢 1 兩〉的話，〈二〉是屬較基礎性的語彙，這一點恐怕任何人都無異議吧！而且這種情況，由於聲調形式的關係，可以明白地斷定其新舊的層別。「兩」爲次濁音上聲字，⊂nioN 雖與文言音 ⊂lioŋ 同是上聲的形式，但是 nəŋ² 是陽去，這邊顯然屬較舊的層(參閱 8. 聲調)。

第三種形式爲廣泛出現於台南、廈門的 iaŋ。這跟前兩種形式性質不同。

	台南	廈門	十五音	泉州	潮州	福州
涼	⊆lioŋ	⊆lioŋ	⊆liaŋ	⊆lioŋ	⊆liaŋ	⊆lioŋ
	⎰⊆nioN	⊆niuN	⊆nioN	⊆niuN		
	⎱<u>⊆liaŋ</u>	<u>⊆liaŋ</u>				
像	sioŋ²	sioŋ²	siaŋ²	sioŋ²		suoŋ²
	⎰c'ioN²	c'iuN²	c'ioN²	c'iuN²	⊆c'ieN	
	⎱siaŋ²	<u>siaŋ²</u>				
響	⊂hioŋ	⊂hioŋ	⊂hiaŋ	⊂hioŋ	⊂hiaŋ	⊂hioŋ
		⎰⊂hiuN	⊂hioN			
	⊂hiaŋ	⎱<u>⊂hiaŋ</u>				

「涼」⊆liaŋ 爲〈涼〉之意。⊆nioN 以「涼傘」⊆nioN suaN²〈大官通行或祭拜時所罩的長柄大傘〉的詞素出現。「像」siaŋ²

爲〈像〉之意。c'ioŋ² 爲〈好像～〉之意。另外，sioŋ² 爲文言音亦爲白話音，〈相片〉說成 sioŋ。「響」 ʿhiaŋ 爲〈聲音響亮〉之意。❹廈門的 ʿhiuN，爲〈風鳴〉之意。在台南則無法確認。

在泉州肯定亦有出現，但無確切的資料，所以空缺下來。

此形式爲漳州的文言音(嚴密來說，是文言音亦是白話音)形式。因而可能是借用漳州的文言音，而被貶到白話音的地位。特別是只出現於台南而並不出現於廈門(須要查『方言字彙』)，由這一點來斷定是那樣的情形，似乎大致沒錯。這裏舉二、三個例子來看。

詳　 ₌sioŋ　:　₌siaŋ　參詳 ₌c'am ₌siaŋ，〈商量〉。
　　　　　　　　　　廈門爲 ₌c'am ₌sioŋ。
嚷　 ʿlioŋ　:　ʿliaŋ　〈大聲叫嚷〉。
　　　　　　　　　　廈門爲 ʿlioŋ。
餉　 hioŋ²　:　hiaŋ²　拍餉 p'a2₌ hiaŋ²〈課關稅〉。
　　　　　　　　　　廈門爲 pʿa2₌ hioŋ²。

因爲 iaŋ，在漳州是文言音亦是白話音的形式，而在台南，就白話音來說，是承襲了漳州的系統。

但是，將 iaŋ 的形式全部都當做是從漳州來的借用形，卻令人擔心。❺既然唐韻裏有 aŋ 形式的白話音，那麼陽韻也有與其對應的 iaŋ 形式的白話音出現的可能性是不能否定的。在這種情況下，相對於漳州及潮州的白話音與文言音 overlap，而不出現

在表面，泉州系是泉州系，有跟漳州來的借用形無法區別的遺憾。

其他零星的形式如下。
「娘」和「向」兩字，有 iaN 的形式出現。

	台南	廈門	十五音	泉州	潮州	福州
娘	₌lioŋ	₌lioŋ	₌liaŋ	₌lioŋ		₌nuoŋ
	₌nioN	₌niuN	₌nioN	₌niuN	₌nieN	₌nioŋ
	₌niaN	₌niaN		₌niaN		
向	hioŋ⁻	hioŋ⁻	hiaŋ⁻	hioŋ⁻	hiaŋ⁻	hioŋ⁻
	hioN⁻	hiuN⁻	hioN⁻	hiuN⁻		
	hiaŋ⁻					
	hiaN⁻	hiaN⁻	hiaN⁻	hiaN⁻		

「娘」₌niaN 以「口娘」⁼a ₌niaN〈母親，呼叫語〉的詞素出現。₌nioN 以「姑娘」ko ₌nioN〈姑娘〉的詞素出現。

「向」hiaN⁻ 爲〈向後仰，傾斜〉之意。hioN⁻ 以「向平」hioN⁻ ₌pieŋ〈對面〉，hiaN⁻ 以「向時」hiaN⁻ ₌si〈從前〉的各種詞素出現。只出現於台南的 hiaŋ⁻，是從漳州來的借用形。

儘管已經 -N 化了，可是廣母音依然出現，是這個形式的特徵。其意義素亦不一樣，所以不能跟 ioN 做同類看待。恐怕是 iaŋ 的訛音，而這個 iaŋ，可能是上文所評述的舊層的形式。

齒上音只有一個例子，有 ioŋ 形式出現。

	台南	廈門	十五音	泉州	潮州	福州
狀	coŋ²	coŋ²	coŋ²	coŋ²	꜂cuaŋ	coŋ²
	⎧ cəŋ²	cəŋ²	cəŋ²	cəŋ²	꜂co	
	⎩ cioŋ²	cioŋ²		cioŋ²		

「狀」cioŋ² 以「狀元」cioŋ² ꜀guan〈狀元〉〈最優秀的〉的詞素出現。cəŋ² 為〈書狀〉。另外，潮州的 ꜂co(-ɴ 消失)，與先前的「兩」꜂noɴ 同樣，與出現於海口的白話音同形。

狀元是進士的榜首，對民眾來說可能是最好的話題吧！因此，這個形式可認為有相當長的來歷了。亦即，有傳承齒上音尚未直音化之前的韻母形式的可能。

ɴ 的消失，在台南亦可看到下面兩個例子。

	台南	廈門	十五音	泉州	潮州	福州
相	꜀sioŋ	꜀sioŋ	꜀siaŋ	꜀sioŋ	꜀siaŋ	꜀suoŋ
	⎧ ꜀sioɴ	꜀siuɴ	꜀sioɴ	꜀siuɴ	꜀sieɴ	
	⎩ ꜀sio		꜀sio			
唱	cʻioŋ²	cʻioŋ²	cʻiaŋ²	cʻioŋ²	cʻiaŋ²	cʻuoŋ²
	cʻio²	cʻiuɴ²	cʻioɴ²	cʻiuɴ²		cʻioŋ²

「相」꜀sio，是「相戰」꜀sio cian²〈戰爭〉、「相拍」꜀sio pʻa2〈互毆〉之類所使用的接頭辭。這或者是從漳州來的

借用形。⊂sioɴ 以「相思」⊂sioɴ ⊂si〈相思〉的詞素出現。

「唱」c‘io⊃ 爲〈唱歌〉之意。結果，變成與「笑」c‘io⊃〈笑〉是同音異義語。

台南的「腸」⊂c‘ian 爲 -ŋ 替換成 -n 的特殊例子。

	台南	廈門	十五音	泉州	潮州	福州
腸	⊂tioŋ	⊂tioŋ	⊂c‘iaŋ	⊂tioŋ	⊂c‘iaŋ	⊂tioŋ
	⊂təŋ	⊂təŋ	⊂təŋ		⊂təŋ	⊂t˙ŋ	⊂toŋ
	⊂c‘ian	⊂c‘iaŋ				

「腸」⊂c‘ian 以「煙腸」⊂ian ⊂c‘ian〈香腸〉的詞素出現。而此音只存在於此單詞。⊂təŋ 則爲〈腸子〉之意。

⊂c‘ian 可能是 ⊂c‘iaŋ 的訛音吧！受到了 ⊂ian 的遠隔同化。⊂c‘iaŋ，在「十五音」與潮州，被認爲是文言音。但這明顯地是從官話來的借用形(北京是〔⊂tʂ‘aŋ〕)。

舌上音，在閩音系原則上以 t, t‘來傳承(台南、廈門及泉州、福州的形式即是)，而用 c, c‘來讀肯定是從官話來的借用形，這一點已如前文所述(參閱 6.6)。還有，陽平在閩音系裏，雖說讀成不送氣的較多，然而這裏卻是送氣的，這與北京的形式相符合。

從聲母的形式來看，顯然可知其是從官話借用的例子，另外有「十五音」與潮州的「場」⊂c‘iaŋ 及潮州的「長」ᶜciaŋ、「漲、悵」ciaŋ⊃、「丈、仗、杖」ᶜciaŋ。❻

合口一等唐、鐸韻　uaŋ, uak

文言音，在閩南爲 oŋ, ok。潮州爲 uaŋ, uak。福州爲 uoŋ, uok。

與開口平行，被借入閩音系的原來形式大概是〔uɔŋ〕。它在閩南，因〔ɔ〕變窄而成爲〔o〕，所以 -u- 變得較不顯著。在〔ɔ〕張開成〔a〕的潮州，-u- 出現得很明顯。福州由於聲母合口性的惠賜，所以 -u- 被保存下來了。

白話音有 əŋ 出現。

	台、廈	十五音	泉州	潮州	仙游	福州
光	ˏkoŋ	ˏkoŋ	ˏkoŋ	ˏkuaŋ	ˏkoŋ	ˏkuoŋ
	ˏkəŋ	{ ˏkuiɴ / ˏkuaŋ	ˏkəŋ	ˏk⁺ŋ	ˏkɯŋ	
荒	ˏhoŋ	ˏhoŋ	ˏhoŋ	ˏhuaŋ		ˏhuoŋ
	ˏhəŋ	{ ˏhuiɴ / ˏhəŋ	ˏhəŋ	ˏh⁺ŋ		
黃	ˏhoŋ	ˏhoŋ	ˏhoŋ		ˏhoŋ	ˏuoŋ
	ˏəŋ	ˏuiɴ	ˏəŋ	ˏ⁺ŋ	ˏɯŋ	

「光」ˏkəŋ 爲〈明亮〉之意。在「十五音」讀成 ˏkuiɴ。另外，ˏkuaŋ 有「光光沒有」的註釋。其他方言並無這類的表現。總覺得好像是漳州獨自模倣官話的俏皮話。因而，如果「沒有」也不用文言音讀成 but ˊiu 的話，那就俏皮不起來了。（〈無〉另有「無」❶ ˏbo 字）。

「荒」₋həŋ 以「饑荒」₋ki ₋həŋ〈饑饉〉的詞素出現。「十五音」在這兩個形式之間，並無意義素的不同。

「黃」₋əŋ 為〈黃色〉之意。「十五音」為 ₋uiN。❷其餘的合口陽韻亦是這樣的，「十五音」有 ₋uiN 與 əŋ 兩個形式出現（uiN 比較占優勢），令人注目。這 uiN 是原來的形式，而 əŋ 不過是又音吧！因爲是合口韻，所以可能與山、臻攝的字同樣，有 uiN 出現。如是，則 əŋ 大概是從泉州系來的借用形了。

只是，在山、臻攝裏，與「十五音」同樣，以 uiN 形式出現的仙游，在這種情況，亦沒例外地是 ɯŋ，這也可能是從泉州系來的借用形。

其他零星的形式如下。

	台南	廈門	十五音	泉州	潮州	福州
郭	kok˲	kok˲	kok˲	kok˲	kuak˲	kuok˲
	kue2˲	ke2˲	kue2˲	kə2˲	kue2˲	

「郭」kue2˲ 為〈郭，姓氏〉。
這是在山攝所看到的 {uə2}。

	台南	廈門	十五音	泉州	潮州	福州
汪	₋oŋ	₋oŋ	₋oŋ	₋oŋ	₋uaŋ	₋uoŋ
	ˋaŋ	ˋaŋ	ˋaŋ	ˋaŋ		

「汪」^caŋ 爲〈汪，姓氏〉。

這是開口的形式，出現於本韻的原因令人難以解釋。可能是有「未收錄於韻書」開口的反切。

合口三等陽、藥韻　ïuaŋ, ïuak

文言音，在閩南爲 oŋ, ok。潮州爲 uaŋ(,uak)。福州爲 uoŋ, uok。

亦即，與合口唐、鐸韻完全同形。

白話音方面，有兩種形式出現。

第一種形式是 əŋ。

	台南	廈門	十五音	泉州	潮州	福州
方	₋hoŋ	₋hoŋ	₋hoŋ	₋hoŋ	₋huaŋ	₋huoŋ
	₋pəŋ	₋pəŋ	₋huiN	₋pəŋ	₋p˙ŋ	
	₋həŋ	₋həŋ	₋həŋ	₋həŋ	₋h˙ŋ	
防	₋hoŋ	₋hoŋ	₋hoŋ	₋hoŋ	₋huaŋ	₋huoŋ
			₋həŋ			
王	⁼oŋ	⁼oŋ	⁼oŋ	⁼oŋ	⁼uaŋ	⁼uoŋ
	⁼əŋ				⁼heŋ	

　　「方」₋pəŋ 爲〈方，姓氏〉。「十五音」對這種情況則記述爲 ₋huiN。但是『台日大辭典』卻說漳州音是 ₋puiN。相對於其他各方言遺留有重唇音，然而只有漳州消失掉了，是難以理解的。可能是「十五音」的誤記。₋həŋ 以「藥方」io2 ₋həŋ〈藥方，配藥〉的詞素出現。

　　「十五音」裏，「防」₋həŋ 以「關防」₋kuan ₋həŋ〈預防〉的詞素出現。泉州的形式，則無法確認。在台南・廈門，則以 ₋kuan ₋hoŋ 的文言音來發音。

在廈門，「王」₌əŋ 以「海龍王」˺hai ₌lieŋ ₌ŋeˊ〈海龍王〉的詞素出現。在台南，則沒有聽過這個音。

潮州的「王」₌heŋ 爲〈王，姓氏〉。與第一種的 əŋ，各爲不同層的白話音。遺留在姓氏的白話音，都有相當長的來歷。這一點須特別注意。而云母(原則上爲ɣ)讀成 h，從下面的(台南的)例子來看，明顯而無疑地是舊的形式。

　　　　雨　˹u　：ho˺　〈雨〉
　　　　園　₌uan：₌həŋ　〈田園〉

其他，「筐」也有這種形式的白話音出現。「筐」有「王」做聲符。

	台南	廈門	十五音	泉州	潮州	福州
筐	₌kʻoŋ	₌kʻoŋ	₌kʻoŋ	₌kʻoŋ		₌kʻuoŋ
	₌kʻiəŋ	₌kʻiəŋ	₌kʻiəŋ	₌kʻiəŋ	₌kʻeŋ	

「筐」₌kʻiəŋ 爲〈匾額等的框〉之意。

閩南的 iəŋ、潮州的 eŋ，本來是曾、梗攝的文言音，通攝三等的白話音才有的音韻。卻出現於本韻，總覺得奇怪。在宕攝裏，就無法解釋了。

或許，它是被當成梗攝合口三等庚韻的字來讀的。因爲陽韻與庚韻在上古音是同屬陽部的密切關係❶。合口三等庚韻有「兄」，如依藤堂教授的看法，「王」與「兄」是屬於同類型的

{HUANG}，基本義：擴大(『漢字語源辭典』p.414)。而「兄」在閩南被讀成 ˎhiəŋ，潮州為 ˎheŋ(皆為文言音)。「王」、「筐」的白話音形式，很難說跟這個沒關係。

第三種形式，在閩南、潮州為 aŋ, ak。福州為 œŋ(, œk)。

	台、廈	十五音	泉州	潮州	海口	福州
放	hoŋˎ	hoŋˎ	hoŋˎ	huaŋˎ	faŋˎ	huoŋˎ
	paŋˎ		paŋˎ	paŋˎ	ɓaŋˎ	
網	ˎboŋ	ˎboŋ	ˎboŋ			ˎuoŋ
	baŋˎ	baŋˎ	baŋˎ	ˎmaŋ		mœŋˎ
縛	pok˗	pok˗	pok˗			puok˗
	pak˗	pak˗	pak˗	pak˗		

「放」paŋˎ 為〈放〉之意。「網」baŋˎ 為〈網〉之意。「縛」pak˗ 為〈縛〉之意❷。文言音出現 p，恐怕是由鐸韻的「博」「薄」等來的類推。

本韻的唇音為所謂的輕唇音，白話音把重唇音的遺痕保留得很好。在輕唇音後邊的中舌性的 -ɨ- 介母會消失，這在保留有重唇音遺痕的白話音裏亦一樣。甚至 u 介母也被吸收進聲母中去。結果，變成跟唐韻沒任何差別的 aŋ 形式。

7.13 江攝

開口二等江、覺韻　ʌŋ, ʌk

　　文言音，在閩南、潮州，唇、牙、喉音與舌、齒音的出現形式不同。前者爲 aŋ, ak。後者爲 oŋ, ok;uaŋ, uak（限於潮州）。

　　在福州，無唇、牙、喉音與舌、齒音的區別，一律是 oŋ, ok。

		台南	廈門	十五音	泉州	潮州	福州
唇、牙、喉音	綁	ᶜpaŋ	ᶜpaŋ	ᶜpaŋ	ᶜpaŋ	ᶜpaŋ	ᶜpoŋ
	降	kaŋ⁻	kaŋ⁻	kaŋ⁻	kaŋ⁻	kaŋ⁻	koŋ⁻
	樂	gak₌	gak₌	gak₌	gak₌	ŋak₌	ŋok₌
舌、齒音	窗	₌cʼoŋ	₌cʼoŋ	₌cʼoŋ	₌cʼoŋ	₌cʼoŋ	₌cʼoŋ
	撞	toŋ⁻	toŋ⁻	toŋ⁻	toŋ⁻	ᶜcuaŋ	toŋ⁻
	朔	sok₌	sok₌	sok₌	sok₌	suak₌	sok₌

　　閩南的形式，較能顯示出本韻的特徵。

　　首先是唇、牙、喉音與舌・齒音形式的不同，其次是唇、牙、喉音有 aŋ, ak 形式的出現。在潮州，唇、牙、喉音方面，看不到與一等唐韻的區別。福州，連貫整個韻用一個形式出現，這並不是文言音本來的形態。成爲一個形式的「責任」，在於唇、牙、喉音方面。

　　江韻，依聲母不同而韻母互異的情況，只要看劉鑑的『切韻

指南』已經明確指出「見、幫、曉、喩屬開，知、照、來、日屬合」，可知其由來的長遠。但其跡象則如羅常培氏所指摘的那樣，唐五代西北方音裏已經存在了。❶

江、覺韻的大部分的字，在上古音屬東部 *uŋ、侯部入聲 *uk。一部分的字──「降、雹、覺、學」等──則屬中部 *oŋ、幽部入聲 *ok。在『切韻』體系裏，傳承上古音的傳統，與東韻／uŋ／、多韻／oŋ／較近(所以藤堂教授再建構成／ʌŋ／)，而與陽韻／ïaŋ／、唐韻／aŋ／則相當遠。

然而，進入唐代以後，母音變成前移的廣母音，顯示出近似宕攝的傾向。在王仁昫的『刊謬補缺切韻』裏，江韻被配置於陽韻、唐韻之後。在慧琳的『一切經音義』的反切裏，明顯地是 a 類音(但仍爲獨立的一韻❷)。

可是到了唐五代西北方音，『皇極經世聲音唱和圖』、『切韻指掌圖』時，完全地變成了宕攝的一個韻。宕攝有一等與三等而無二等。另一方面，江攝只有二等而無一等與三等。所以兩攝呈現出所謂的互補分布關係，合併成一攝可說是理所當然的歸結。

現代的各方言，全部沿襲這個中世音的體系。閩音系也不例外。

但是，唇、牙、喉音與舌、齒音的形式不同，「責任」在舌、齒音方面。亦即，因爲舌、齒音爲捲舌音，它跟廣母音之間派生出 -u-，而變成合口的形式。

二等江韻肯定是淺廣母音的〔aŋ〕。如果派生出 -u- 的話，相反地，主母音因受影響，韻母有可能變成如〔uaŋ〕的

音。如果是這樣，將與陽韻二等成爲同一形式。

江韻，唇、牙、喉音可能是〔aŋ〕，舌、齒音可能是比照陽韻二等的形式被借入閩音系。它們在閩南以 aŋ 與 oŋ，在潮州以 aŋ 與 uaŋ，在福州以 oŋ 的形式被傳承下來。

舌、齒音的形式，任一方言都跟陽韻二等沒有不同。因爲借入當時即爲陽韻二等的形式了。所以這是理所當然的。

潮州，一部分的字以 oŋ, ok 的形式出現。除了揭示過的例字「窗」外，另有以下幾個字。

涿 tokɔ　琢 tokɔ

戳 c'okɔ　捉 c'okɔ

鐲 c'okɔ

這些大概是從閩南來的借用形。

福州的唇、牙、喉音也是 oŋ 的形式，跟閩南、潮州的出現方式不同。這不得不認爲是因爲聲母的合口性，〔aŋ〕變成了〔oŋ〕。

還有，在閩南與潮州，將「爆、朴、樸」三字讀成 ok，則屬於例外。

	台南	廈門	十五音	泉州	潮州	福州
爆	pokɔ	p'okɔ	p'okɔ	p'okɔ		
朴	p'okɔ	p'okɔ	p'okɔ	p'okɔ	p'okɔ	
樸	p'okɔ	p'okɔ	p'okɔ	p'okɔ	p'okɔ	

　　這大概是被作爲合口一等屋韻(閩南、潮州爲 ok，福州爲 uk)的字來讀的。合口一等屋韻裏，同一諧聲系統出現頗多如下的字。

曝　p'ok˭　　瀑　p'ok˭
卜　pok˭
撲　p'ok˭　　僕　pok˭

可能是從這些字來的類推。

　　「握」，在潮州讀成 ok˭，福州讀成 uk˭ 的，同是「屋」ok˭, uk˭ 的類推。

　　白話音，有四種形式出現。

　　第一種形式爲 əŋ, o2。

	台、廈	十五音	泉州	潮州	海口	福州
撞	toŋ⁼	toŋ⁼	toŋ⁼	˪cuaŋ		toŋ⁼
	təŋ⁼	təŋ⁼	təŋ⁼			
扛	˪kaŋ	˪kaŋ	˪kaŋ			˪koŋ
	˪kəŋ	˪kəŋ	˪kəŋ	˪k+ŋ		
桌	tok˭	tok˭	tok˭			tok˭
	to2˭	to2˭	to2˭	to2˭	do2˭	to2˭
學	hak˭	hak˭	hak˭	hak˭		hok˭
	o2˭	o2˭	o2˭	o2˭		o2˭

「撞」təŋ˨為〈碰見〉之意。「扛」ˉkəŋ為〈兩人用肩膀抬〉之意。「桌」to2˨為〈桌〉之意。「學」o2˨為〈學〉之意。❸

此白話音的舒聲，因為在福州與文言音同形，所以即使出現了，也不會顯現在表面。

遍及各方言，聲母無區別地出現這一點，與開口唐、鐸韻，開口陽、藥韻並沒甚麼不同。江韻的特殊性，無法從這個白話音來窺知。相反地卻可以知道，這個白話音就所的層米說，並不是特別舊的——在江攝與宕攝合併之後。

第二種形式，在閩南、潮州為 aŋ, ak。福州為 œŋ, œk。

	台南	廈門	十五音	泉州	潮州	福州
胖	pʻoŋ˨	pʻoŋ˨	pʻoŋ˨	pʻoŋ˨	pʻueŋ˨	pʻuaŋ˨
	pʻaŋ˨	pʻaŋ˨	pʻaŋ˨	pʻaŋ˨		
双	ˉsoŋ	ˉsoŋ	ˉsoŋ	ˉsoŋ		
	ˉsiaŋ	ˉsiaŋ	ˉsaŋ	ˉsiaŋ	ˉsaŋ	ˉsœŋ
濁	cok˨	{cok˨ cok˨			cuak˨	cok˨
		{tok˨				
	tak˨	tak˨	tak˨	tak˨		

「胖」pʻaŋ˨為〈胖嘟嘟〉之意。潮州與福州的文言音與「胖」(滂換合一)混淆。

　　相對於文言音 p'oŋˀ，白話音爲 p'aŋˀ 的處理方式，係依閩南的傳統；但我對這種處理方式有一個疑問。就是 oŋ 的形式作爲文言音是異例，p'oŋˀ 實際上是文言音亦是白話音。因爲作爲白話的意義素是〈膨脹〉。這比〈胖嘟嘟〉更屬於基礎詞彙。

　　本韻的白話音裏，如後文可見到的，有比 aŋ, ak 更舊層形式的 oŋ, ok。p'oŋˀ 有可能屬於這個舊層。

　　「双」ˬsiaŋ 爲〈雙、兩個成對的〉之意。台南、廈門及泉州是從 s 派生出 –i– 來的形式。

　　「濁」takˬ 以「油濁」ˬiu takˬ〈油的污濁〉的詞素出現。廈門的文言音有兩個形式。t 比較適合作舌上音的讀法。

　　這個白話音的形式，在閩南、潮州，與文言音(唇、牙、喉音)雖然沒有區別，但來歷不同而重疊成爲一個形式。這一點徵諸福州的 œŋ, œk 便分明了。唇、牙、喉音與舌、齒音同樣地出現，就「濁」字來說，與 t 結合而出現，這是比文言音較舊的証據。

　　因爲以上三個例子，文言音爲 oŋ, ok 的形式。所以能夠明確地看到白話音的出現。唇、牙、喉音的字，與文言音重疊出現的可能性較強的字如下。

江	ˬkaŋ	〈～江〉	福州爲 ˬkœŋ
港	ˉkaŋ	〈港〉	福州爲 ˉkœŋ
項	haŋˀ	〈項目〉〈種類〉	
巷	haŋˀ	〈巷、小路〉	福州爲 hœŋˀ
剝	pakˬ	〈剝〉	
角	kakˬ	〈角〉〈角落〉	福州爲 kœkˬ

殼　k'ak˥〈殼〉　　　　　　福州爲 k'œk˥

第三種形式爲 au2。

	台南	廈門	十五音	泉州	潮州	福州
雹					p'ak˩	
	p'au2˩	p'au2˩	p'au2˩	p'au2˩		
啄	tok˥	tok˥	tok˥	tok˥		tok˥
	tau2˩	tau2˩				
餃		kau˥				
	kau2˩	kau2˩	kau2˩		kau2,	kau2˩

「雹」p'au2˩ 爲〈雹〉之意。在閩南，傳統上認爲它是文言音。「琢」tau2˩ 爲〈子母扣或捕鼠器之類的東西〉之意。「餃」kau2˩ 爲〈像做捲壽司夾進東西後捲起來〉之意。廈門的文言音符合『集韻』的「居效切」。❹

此形式已在開口唐韻出現過。所以我們判斷它大概是從官話來的借用形。在閩南，關於「雹」，將 -2 入聲的形式做文言音看待，完全是破格的處理方式，正是這個形式不是舊層的證據。它應有的文言音形式，事實上出現於潮州的 p'ak˩。恐怕是它跟來自官話的借用形 p'au2˩ ❺相拮抗而敗退的。

第四種形式爲 oŋ, ok。

	台南	廈門	十五音	泉州	潮州	福州
駁		pakˀ	pakˀ	pakˀ		pokˀ
	pokˀ	pokˀ				
					poˀ2ˀ	
講	ˋkaŋ	ˋkaŋ	ˋkaŋ	ˋkaŋ	ˋkaŋ	ˋkoŋ
	ˋkoŋ	ˋkoŋ	ˋkoŋ	ˋkoŋ		

「駁」pokˀ 爲〈辯駁〉〈將書類等退還〉之意。在台南，可以出現的文言音 pakˀ 並未出現。於是 pokˀ 變成是文言音亦是白話音。

「講」ˋkoŋ 爲〈講，說〉之意。ˋkaŋ 不能說是純粹的文言音。它出現於「講堂」ˋkaŋ ₌təŋ〈講堂〉、「講究」ˋkaŋ kiuˀ〈講究，研究〉等文言屬性的白話的詞素。

潮州之所以只有文言音，是因爲〈講，說〉另有 taNˀ（普通充用「呾」字）這個單詞在使用。❻因爲福州的文言音形式是 oŋ，所以，只是白話音不出現在表面。

〈辯駁〉〈將書類等退還〉姑且不論，〈講，說〉是基礎詞彙。所以，不可不重視這個白話音的形式。這個形式的特徵是狹窄的主母音。江韻有可能仍保留近似東、多韻那種舊時期的殘餘。

其他零星的形式如下。

	台南	廈門	十五音	泉州	潮州	福州
腔	₋kˈioŋ	₋kˈioŋ	₋kˈiaŋ	₋kˈioŋ		₋kˈioŋ
	₋kˈioɴ	₋kˈiuɴ	₋kˈioɴ	₋kˈiuɴ	₋kˈieɴ	

「腔」₋kˈioɴ 為〈口音〉之意。

文言音、白話音皆為開口陽韻的形式。此字在其他音系亦幾乎被讀成陽韻的字。北京、蘇州為〔₋tʂˈiaŋ〕，梅縣為〔₋kˈioŋ〕。可能有「未收錄於韻書」的陽韻的反切。

7.14 曾攝

開口一等登、德韻　əŋ, ək

文言音，在閩南爲 iəŋ, iək。潮州、福州爲 eŋ, ek。

閩南的 iəŋ, iək，潮州的 eŋ, ek，不僅在本韻，連貫整個曾、梗攝，不分等別全部出現的形式。福州的 eŋ, ek，亦同樣地，不僅在本韻，連貫整個曾、梗攝，出現於一等與二等的形式，但是與三、四等的 iŋ, ik 有所區別。亦即，可以說，曾攝與梗攝在文言音裏合併成一攝的狀態。

曾攝與梗攝在六朝時代似乎就已有發生混淆的方言了。❶但在『切韻』體系裏，有內轉與外轉的明顯對立，經過唐代並維持了這種對立❷。兩攝合併是在宋代以後❸。『皇極經世聲音唱和圖』『切韻指掌圖』首先提供啓示❸。現代各方言幾乎都依循這個中世音的體系，閩音系亦不例外。

閩南、潮州，各等之間的區別雖然已消失了，但如同福州所顯示的，一、二等與三、四等有區別，大概是原則。一、二等與三、四等的對立是原則性的。在其他攝裏確實存在的，只有曾、梗攝兩攝不存在，是沒道理的。

果然，這裏有關於泉州的一、二等的字具有直音形式的報告。『日台大辭典』所載下面的說明正是。

> 　　屬「蒸」、「庚」，或與此相當的上聲、去聲的韻，在廈門讀書音裏有(ieng)韻的，在泉州讀書音裏常有(ŏng)的韻。(「緒言」p.209)

ieng 是我們所謂的 iəŋ，而 ŏng 則是〔əŋ〕，我的解釋是 ɨŋ。

『日台大辭典』所提示的例字有六字，將其介紹如下。

	台、廈	十五音	泉州	潮州	海口	福州
登曾	₌tiəŋ	₌tiəŋ	₌ṫŋ	₌teŋ	₌ɗɔŋ	₌teŋ
等曾	ᶜtiəŋ	ᶜtiəŋ	ᶜṫŋ	ᶜteŋ		ᶜteŋ
謄曾	₌tʻiəŋ	₌tʻiəŋ	₌ṫŋ	₌tʻeŋ		₌teŋ
曾曾	₌ciəŋ	₌ciəŋ	₌ċŋ	₌ceŋ		₌ceŋ
生庚二	₌siəŋ	₌siəŋ	₌ṡŋ	₌seŋ		₌seŋ
爭耕二	₌ciəŋ	₌ciəŋ	₌ċŋ			₌ceŋ

　　泉州的這個形式，肯定是傳承了中原方言的／əŋ／。它是有中舌母音的泉州最初形成的。在沒有中舌母音的其他方言，所傳承的可能是〔eŋ〕。因為比較接近〔əŋ〕的音是〔eŋ〕。

　　海口的「登」₌ɗɔŋ〔₌ɗɔŋ〕，恐怕是意圖模倣北京的[₌təŋ]的新借用形。海口，不用說是三、四等，就連一、二等，普通也是 eŋ〔eŋ〕的形式。

　　不應以 oŋ 來傳承的原因，是 oŋ 已經是宕攝(在閩南、潮州，連通攝也是)的形式。

　　另一方面，三、四等大概是原原本本地傳承了中原方言的／iŋ／〔iŋ〕。

　　然而，有可能〔e〕在 break 成〔ie〕的同時，〔i〕與〔ŋ〕之間產生過渡音〔ə〕，其結果，如下的兩個音韻──從一、二等向三、四等──合而為一了。

$$〔 e\eta 〕 → 〔 ie\eta 〕 \searrow$$
$$〔 i\eta 〕 → 〔 iə\eta 〕 \longrightarrow 〔 iə\eta 〕$$

潮州及海口的 eŋ，乃是將合一後的結果的〔iəŋ〕聽成了〔eŋ〕。❹

在泉州，除 ɨŋ 外，有 iəŋ 形式的理由不太清楚，或許是從漳州來的借用形。

在白話音裏，曾攝與梗攝固不必說，各等間的差異比較容易出現。今後我們的探討，自然地會把重點放在這個白話音上面吧！

本韻的白話音有三種形式出現。

第一種形式是 an, at。

	台南	廈門	十五音	泉州	潮州	福州
等	ꜛtiəŋ	ꜛtiəŋ	ꜛtiəŋ	ꜛtɨŋ	ꜛteŋ	ꜛteŋ
	ꜛtʻiəŋ ꜛtʻiəŋ					
	ꜛtan	ꜛtan		ꜛtan	ꜛtaŋ	
曾	ꜜciəŋ	ꜜciəŋ	ꜜciəŋ	ꜜcɨŋ	ꜜceŋ	ꜜceŋ
	ꜜcan	ꜜcan	ꜜcan	ꜜcan	ꜜcaŋ	
賊	ciək꜍	ciək꜍	ciək꜍	ciək꜍		cek꜍
	cʻat꜍	cʻat꜍	cʻat꜍	cʻat꜍	cʻak꜍	
克	kʻiək꜍	kʻiək꜍	kʻiək꜍	kʻiək꜍	kʻiok꜍	kʻek꜍
	kʻat꜍	kʻat꜍	kʻat꜍	kʻat꜍		

「等」⁻tan 爲〈等待〉之意。⁻tʻiəŋ 以「等候」⁻tʻiəŋ hau⁼〈等候〉(較⁻tan 具有文言性)的詞素出現。

「曾」₌can〈曾，姓氏〉。「賊」cʻatー 爲〈賊〉之意。「克」kʻatー 以「克苦」kʻatー ⁻kʻo〈刻苦〉的詞素出現。❺另外，潮州的 kʻiokー 爲異例。

這個形式，在潮州，由於 –n→ –ŋ 的音韻變化，而變成 aŋ, ak。

曾攝的白話音的最大特徵是出現 –n, –t 的韻尾。這跟梗攝變成了 –N, –ʔ形成鮮明的對比。曾攝爲內轉攝，內轉的主母音短且弱，然而韻尾則強而長，可以說是 < 型韻母。 –n, –t 可解釋是象徵這種強且長的韻尾。

a 是象徵一等韻(狹窄的 /ə/)的主母音而出現的。這與從來所看到的下面的情形同出一轍。

咍韻	/əi/	在	cai⁼	: cʻai⁼
侯韻	/əu/	頭	₌tʻo	: ₌tʻau
覃韻	/əm/	含	₌ham	: ₌kaN

第二種形式是 in, it。只出現於「藤」「得」兩字。

	台、廈	十五音	泉州	潮州	海口	福州
藤	₌tiəŋ	⎰₌tiəŋ				₌heŋ
	₌tin	⎱₌tin	₌tin	₌tʻiŋ	₌dⁱin	₌tiŋ
得	tiəkー	tiəkー	tiəkー			tekー

$$tit_{\supset} \qquad tit_{\supset} \qquad tit_{\supset} \qquad tik_{\supset}$$

「<u>藤</u>」$_{\subset}$tin 為〈藤〉之意。「十五音」則同樣當做文言音。「十五音」的這個態度，等到蒸韻再來研討。「<u>得</u>」tit$_{\supset}$為〈取得〉之意。

這應說是三等的形式，廣泛地出現於蒸韻。出現於本韻，則令人無法理解。

第三種形式，在閩南、潮州為 aŋ, ak。福州為 œŋ, œk。

	台南	廈門	十五音	泉州	潮州	福州
崩	$_{\subset}$piəŋ	$_{\subset}$piəŋ	$_{\subset}$piəŋ	$_{\subset}$piəŋ		$_{\subset}$peŋ
	$_{\subset}$paŋ	$_{\subset}$paŋ	$_{\subset}$paŋ	$_{\subset}$paŋ	$_{\subset}$paŋ	
北	pok$_{\supset}$	pok$_{\supset}$	pok$_{\supset}$	pok$_{\supset}$		
	pak$_{\supset}$	pak$_{\supset}$	pak$_{\supset}$	pak$_{\supset}$	pak$_{\supset}$	pœk$_{\supset}$
墨	biək$_{\supset}$	biək$_{\supset}$	biək$_{\supset}$	biək$_{\supset}$		
	bak$_{\supset}$	bak$_{\supset}$	bak$_{\supset}$	bak$_{\supset}$	bak$_{\supset}$	mœk$_{\supset}$

「<u>崩</u>」$_{\subset}$paŋ 為〈山或崖崩落〉之意。「<u>北</u>」pak$_{\supset}$為〈北〉之意。「<u>墨</u>」bak$_{\supset}$為〈墨〉之意。

此形式只出現於唇音。出現於「北」的 ok 這個形式的文言音，開口只有這一例(潮州，有「<u>鵬</u>」$_{\subset}$p'oŋ 的例子)，而在合口卻可以看到。所以打算在合口總合來探討。

其他零星的形式如下。

	台南	廈門	十五音	泉州	潮州	福州
騰	₌tʻiəŋ	₌tʻiəŋ	₌tʻiəŋ	₌tʻiəŋ	₌tʻeŋ	₌tʻeŋ
	₌tʻeɴ					

「騰」₌tʻeɴ 爲〈昇高〉之意。

eɴ 爲出現於梗攝(主要爲二等)的形式，出現於本韻是奇怪的。在其他方言亦看不到。另外，請參閱 7.15。

開口二、三、四等蒸、職韻　　ïəŋ, ïək

ɿəŋ, ɿək

ïəŋ, ïək

文言音，在閩南爲 ïəŋ, ïək。潮州爲 eŋ, ek。只福州有齒上音(入聲)與齒上音以外的區別，前者爲 ek，後者爲 iŋ, ik。

		台南	廈門	十五音	泉州	潮州	福州
齒上音 {	側	cʻiək˵	cʻiək˵	cʻiək˵	cʻiək˵	cʻek˵	cʻek˵
	色	siək˵	siək˵	siək˵	siək˵	sek˵	sek˵
	陵	ˎliəŋ	ˎliəŋ	ˎliəŋ	ˎliəŋ	ˎleŋ	ˎliŋ
	應	ˎiəŋ˴	ˎŋei˴	ˎiəŋ˴	ˎŋei˴	ˎŋa˴	ˎŋi˴
	飾	siək˵	siək˵	siək˵	siək˵	sek˵	sik˵

福州的齒上音 ek，是切合在捲舌音聲母的後面爲直音的形式這種文言音體系的。當然，在閩南、潮州亦可能有過區別的。但一、二等與三、四等形式同一的話，區別是不會出現的。

白話音有四種形式出現。
第一種形式是 in, it。

	台南	廈門	十五音	泉州	潮州	福州
升	ˎsiəŋ	ˎsiəŋ	ˎsiəŋ	ˎsiəŋ	ˎseŋ	ˎsiŋ
	ˎcin	ˎcin	ˎcin	ˎcin		ˎciŋ

應	iəŋ˥	iəŋ˥	iəŋ˥	iəŋ˥	eŋ˥	iŋ˥
	in˥	in˥	in˥	in˥		
直						tik˩
	tit˩	tit˩	tit˩	tit˩	tik˩	

　　「升」cin 爲〈升、十合〉之意。「應」in˥ 爲〈應答〉之意。「直」tit˩ 爲〈直〉之意。

　　由「升」的例子，我們可以知道這個形式的白話音在福州亦有出現。但是這種情形，碰巧聲母的形式成了線索，如果聲母與文言音同形的話，例如：「應」、「直」，到底是文言音或白話音，是沒有辦法決定的。

　　這個形式在台南所調查的 67 個字中，出現 26 個字，佔 38.8% 強，顯示了廣泛的分布。但是在 26 個字當中，只出現這個形式的有 11 個字，是它的特徵(「直」爲其一例)。這 11 個字，按「一字一音的話，是文言音」的習慣，被認爲是文言音。

　　在「十五音」裏的分布更廣泛。在所調查的 66 個字中，出現了 33 字，達全體的 50%(因爲亦有明顯地知其爲記錄上漏掉的字——後揭，所以百分比會再昇高)。而 33 個字中，有 28 個字只有這個形式(沒別的形式)，作爲貨眞價實的文言音來看待。

　　這樣的出現方式、處理方式，明顯地是不正常的。想來，在前一個時期，用文言音(一部分爲文言音亦爲白話音)來彌補本韻的那種形式，與以文言音被借入的 iəŋ, iək 發生激烈的抗衡，而毫不退讓，大概是這樣的情形。

　　爲了愼重起見，就「十五音」裏的 33 個字一個字一個字的

音義素來研討如下。

徵△	ˍtin	蒸△	ˍcin	勝△勝任	ˍsin
丞△	ˍsin	拯	ˊcin	勝△勝敗	sin˒
剩△	sin˒	孕△	in˒	興△興旺	ˍhin
媳△	sit˒	飭△	t'it˒	式△	sit˒
識△	sit˒	值	tit˒	植	sit˒
殖△	sit˒	食	sit˒		

(△ 在台南以 iəŋ, iək 形式出現。以下同)

這 17 字無疑是文言。

憑	ˍpin	憑據	ˍpin ki˒	〈證據〉
症△	cin˒	症頭	cin˒ ˍt'au	〈病症〉
證△	cin˒	證儂	cin˒ ˍlaŋ	〈證人〉
職	cit˒	宣職	ˍkuaɴ cit˒	〈官職〉
織	cit˒	織布	cit˒ pɔ˒	〈織布〉
息△	sit˒	消息	ˍsiau sit˒	〈消息〉
蝕	sit˒	蝕月	sit˒ gue?˒	〈月蝕〉

這 7 字是文言性的白話 (的詞素)，但能被認爲是純白話的，不過只有下面 9 字。

繩△	ˍcin	〈墨線〉〈凝視〉

升　　꜀cin　　〈升、十合〉

秤　　cʻin꜒　　〈秤〉

承△　　꜀sin　　〈用兩手接受〉

應　　in꜒　　〈應答〉

直　　tit꜓　　〈直〉

熄△　　sit꜓　　〈燈火失明、熄〉

翼　　sit꜔　　〈翼〉

憶　　it꜓　　〈想要，思慕〉

不過，「十五音」，只限於有＿＿＿線的 5 個字，相對於文言音的 iəŋ, iək 的形式，看成白話音。

另外，出現於台南、廈門或泉州，而未出現於「十五音」，明顯地被記錄漏掉的，有下面 5 個字。

蠅　　꜀siəŋ　：꜀sin　　□蠅　꜀ho ꜀sin　〈蒼蠅〉

凝　　꜀giəŋ　：꜀gin　　〈瞪眼〉

即　　ciək꜓　：cit꜓　　〈這〉

鯽　　ciək꜓　：cit꜓　　鯽魚　cit꜓ ꜀hi　〈鯽魚〉

稿　　siək꜓　：sit꜓　　做稿　cə꜒ sit꜓　〈種田〉

但是，可以發現即使是純粹的白話，意義素並未跟文言相差太遠。

此形式與眞・質韻同形，但這只是結果變成那樣，原來的形式可認爲是〔iŋ〕〔ik〕──與後來被借入的文言音相比，i 較

強是其特徵。-ŋ, -k 因 i 的同化，變成了 -n, -t。

第二種形式是 at。出現於「力」「值」兩字。

	台南	廈門	十五音	泉州	潮州	福州
力	liək˪	liək˪	liək˪	liək˪		lik˪
	lat˪	lat˪	lat˪	lat˪	lak˪	
值					tek˪	tik˪
	tit˪	tit˪	tit˪	tit˪		
	tat˪	tat˪	tat˪	tat˪	tak˪	

「力」lat˪ 爲〈力〉之意。「值」tat˪ 爲〈有～的價值、值得～〉之意。

就「值」來說，在閩南，傳統上被視爲文言音的 tit˪，如上面的情形，事實上是第一種的白話音。相對於這個 it，從 at 被當做白話音這一點來看，at 屬於較舊的層，是很明顯的。

因而，說是齊齒介母 i 消失也好，或認爲 a 看似象徵／ə／而出現的也好，無疑地是跟在侵、緝韻或眞、質韻裏已經看過的白話音形式是同一性質的。

第三種形式爲 ia2。出現於「即」「食」兩字。

	台、廈	十五音	泉州	潮州	莆田	福州
即	ciək˪	ciək˪	ciək˪	ciek˪		cik˪

$$\begin{cases} \text{cia}\underline{2}_\lrcorner & \text{cia}\underline{2}_\lrcorner & \text{cia}\underline{2}_\lrcorner \\ \text{cit}_\lrcorner & & \text{cit}_\lrcorner \end{cases}$$

食　sit$_\lrcorner$　sit$_\lrcorner$　sit$_\lrcorner$　　　　si$\underline{2}_\lrcorner$　sik$_\lrcorner$

　　cia$\underline{2}_\lrcorner$　cia$\underline{2}_\lrcorner$　　cia$\underline{2}_\lrcorner$　cia$\underline{2}_\lrcorner$　sia$\underline{2}_\lrcorner$　siek$_\lrcorner$

「即」cia$\underline{2}_\lrcorner$ 為〈亦即〉之意。cit$_\lrcorner$ 為〈這〉之意。潮州的文言音是異例。「食」cia$\underline{2}_\lrcorner$ 為〈吃〉之意。福州的 siek$_\lrcorner$ 可能是 siak$_\lrcorner$ 的訛音。因受了 –i– 的影響，a 變窄成了 e。

只出現於潮州的「冰」$_\lrcorner$piaN，是這個形式的舒聲的形式。

　　　　台南　廈門　十五音　泉州　潮州　福州

冰　$_\lrcorner$pieŋ　$_\lrcorner$pieŋ　$_\lrcorner$pieŋ　　$_\lrcorner$pieŋ　　　$_\lrcorner$piŋ

　　　　　　　　　　　　　　　$_\lrcorner$piaN

「冰」$_\lrcorner$piaN 為〈冰〉之意。

第四種形式為 e2。只出現於「仄」一字。

　　　　台南　廈門　十五音　泉州　潮州　福州

仄　ciək$_\lrcorner$　ciək$_\lrcorner$　ciək$_\lrcorner$　　ciək$_\lrcorner$

　　cə$\underline{2}_\lrcorner$　cə$\underline{2}_\lrcorner$　cɛ$\underline{2}_\lrcorner$　　　ce2$_\lrcorner$　cia$\underline{2}_\lrcorner$　cak$_\lrcorner$

「仄」ce$\underline{2}_\lrcorner$ 為〈仄〉之意。

曾攝為內轉的攝，出現–N, –2，應認為是例外。不過，在

「十五音」裏，登韻亦有像「騰」$_\subset$t'en 的例子，這或許應認爲是曾攝漸漸與梗攝發生混淆的跡象。

這裏有並未被認定爲文言音(存在於福州)的二等與三、四等的差異，出現在「仄莊母」ce2$_\subset$ 與「食船母」cia2$_\subset$、「即精母」cia2$_\subset$ 的形式，是非常寶貴的(但是，潮州並沒有區別)。

「仍、扔」兩字，在「十五音」讀成$_\subset$zioŋ，在潮州讀成$_\subset$zoŋ的，是例外。這是通攝三等的形式，有可能被誤認爲通攝三等的字。

合口一等登、德韻　uəŋ, uək
合口三等職韻　ïuək

閩南爲 oŋ, ok 或 iəŋ, iək。潮州爲 oŋ, ok。福州最複雜，有四種形式出現。

		台、廈	十五音	泉州	潮州	莆田	福州
登、德	薨	₋iəŋ	₋iəŋ	₋iəŋ			
	弘	₋hoŋ	₋hoŋ	₋hoŋ	₋hoŋ		₋heŋ
	國	kok₌	kok₌	kok₌	kok₌	ko2₌	kuok₌
	或	hiək₌	hiək₌	hiək₌	hok₌	he2₌	hœk₌
職	域	hiək₌	hiək₌	hiək₌	hok₌	he2₌	mik₌

看似幾乎沒規則的這種出現方式，卻可以整理如下。

閩南的 iəŋ, iək、福州的 eŋ, ik、莆田的 e2，總而言之，大概是被讀成曾攝的開口。如後面可看到的例子，潮州也不是沒有這樣的讀法的。

閩南、潮州的 oŋ, ok、福州的 uok, œk、莆田的 o2，總之，料是被當做東、屋韻來讀的。

因爲曾攝的開口形式已經看過，不再提了。這裏不得不介紹一下東、屋韻的形式。亦即，在閩南、潮州，相對於文言音 oŋ, ok，白話音爲 aŋ, ak。在福州，相對於文言音 uŋ, uk，白話音爲 œŋ, œk。在莆田，相對於文言音 oŋ, o2，白話音爲 aŋ, a2。

實際例子如下。

	台、廈	十五音	泉州	潮州	莆田	福州
公	ˏkoŋ	ˏkoŋ	ˏkoŋ	ˏkoŋ	ˏkoŋ	ˏkuŋ
	ˏkaŋ	ˏkaŋ	ˏkaŋ		ˏkaŋ	ˏkœŋ
木	bok˳	bok˳	bok˳			muk˳
	bak˳	bak˳	bak˳	bak˳		mœk˳

　　「公」ˏkaŋ 為〈雄〉之意。「木」bak˳ 以「做木」cəˀ bak˳〈做木工〉的詞素出現。

　　在閩南、潮州出現於「弘」的 oŋ、出現於「國」的 ok，在莆田出現於「國」的 o2 及潮州出現於「或、域」的 ok，肯定是這東、屋韻的文言音形式。在福州出現於「或」的 œk，肯定是這屋韻的白話音的形式。

　　不過，「域」只在潮州被讀成 hok˳，大概是從「或」hok˳ 來的類推。還有，此字為云母，但在福州卻有 m 出現，這一點是奇怪的。

　　福州的「國」kuok˳ 不符合屋韻的形式。❶或許它是借用官話的〔kuo2˳〕這個形式(事實上太原便是這個形式)也說不定。

　　曾攝的合口，獨立性較弱，可以看到有被別的吸收的傾向。大致可分為，像官話那樣被通攝所吸收的，與像粵音系那樣被開口所吸收❷的兩個傾向。閩音系看起來好比是處在中間狀態。雖然如此，但是比較難的文言(「甍」「域」)是開口的形式，有文言傾向的白話(「國」)是東韻的形式，比較容易的文言(「弘」

「或」）則在兩者間動搖。像這樣，大體上的傾向是可以掌握的。

被通攝所吸收的傾向，能夠從下面這些情況追尋出來。在唐五代西北方音，「或、惑」「國」與屋、沃、燭韻的字同樣被讀成／og／。「默」「北」與屋三、燭韻的字同樣被讀成／ug／❸。南宋、浚儀（開封）人趙彥衛的『雲麓漫鈔』（1206）卷 14 的記述：「「國」「墨」「北」「惑」字，北人呼作「穀」「木」「卜」「斛」（這四字都是屋韻）。」

然而，「默」「北」「墨」三字，是開口而不是合口。但是按照合口字的出現方式，或是被論述的方式，這些作法對於解明前面開口登、德韻裏懸案的閩音系唇音的幾個形式，將提供啟發。為了慎重起見，再次列舉如下。

	台、廈	十五音	泉州	潮州	仙游	福州
崩	₋piəŋ	₋piəŋ	₋piəŋ			₋peŋ
	₋paŋ	₋paŋ	₋paŋ	₋paŋ		
朋	piəŋ⁼	piəŋ⁼	piəŋ⁼	p'eŋ⁼		
						pœŋ⁼
鵬	p'iəŋ⁼	p'iəŋ⁼	p'iəŋ⁼	p'oŋ⁼		
北	pok⁼	pok⁼	pok⁼			
	pak⁼	pak⁼	pak⁼	pak⁼	pa2	pœk⁼
墨	biək⁼	biək⁼	biək⁼			
	bak⁼	bak⁼	bak⁼	bak⁼	pa2	mœk⁼

登、德韻的唇音，傳統上雖然被放在開口，但就閩音系來

說，將其拿到合口，來與合口韻的牙、喉音一起探討，至少在說明＿＿線形式的時候，比較方便。

曾攝和梗攝的唇音，跟合口的牙、喉音結合成套轉入通攝的傾向，到了『中原音韻』更加顯著。例如：

曾攝	開口登韻唇音	崩
	合口登韻牙、喉音	薨、弘
梗攝	開口庚、耕韻唇音	烹、盲、棚
	合口庚、耕韻牙、喉音	橫、轟、宏
	合口庚、清韻牙、喉音	兄、永

上面這些字以外，大約有 20 字同時出現於「庚青」韻／əŋ／❺與「東鍾」韻／oŋ／兩方。

王力氏解釋此現象說❻，它顯示曾、梗攝（已合併）的合口、撮口的字正在轉入通攝過程中。❼

不過王力氏似將唇音與牙、喉音分開來考慮。他說明：唇音的字轉入通攝，是因爲同化作用——由於聲母的合口性，母音發生了圓唇化。❽一方面，對牙、喉音並沒有說明等等，態度上有曖昧的地方。

我認爲這裏唇音應考慮是與牙、喉音結成套的關係。如果對於唇音，說明因爲聲母的合口性，使母音發生圓唇化的話，那麼，同樣的說明在道理上不也可以適用於牙、喉音嗎？

梗攝的例子，在閩音系裏，並不如曾攝多，但仍可看到下面幾個。

	台南	廈門	十五音	泉州	潮州	福州
迫	piək˩	piək˩	piək˩	piək˩	pek˩	
						pœk˩
魄	pʻiək	pʻiək	pʻiək	pʻiək	pʻek	
						pœk˩
棚	₌pⁱiəŋ	₌pⁱiəŋ	₌pⁱiəŋ	₌pⁱiəŋ		
						₌pœŋ
轟	₌iəŋ	₌iəŋ	₌iəŋ	₌iəŋ	₌hoŋ	₌eŋ
宏	₌hoŋ	₌hoŋ	₌hoŋ	₌hoŋ	₌hoŋ	₌heŋ

最後要附帶說明的是，即使同是東、屋韻的形式，由於有文言音與白話音這個事實，文言音雖不過是把中原方言的形式借進來的，但白話音則在更舊的層裏已經出現了那種傾向。這點啓示是很重要的。

7.15 梗攝

開口二等庚、陌韻 ɐŋ, ɐk
開口二等耕、麥韻 ɛŋ, ɛk

文言音，在閩南爲 iəŋ, iək。潮州、福州爲 eŋ, ek。

不認爲重韻有區別。看不出有區別，即白話音也是一樣。

閩南、潮州的這個形式，雖出現於整個三、四等，但是福州的三、四等是 iŋ, ik，是有區別的。

白話音有兩種形式出現。

第一種形式，在台南、「十五音」、潮州(亦即漳州系)爲 eɴ, e2 (「十五音」爲 ɛ2)。廈門、泉州(亦即泉州系)爲 iɴ, i2。福州爲 aŋ, ak。

		台南	廈門	十五音	泉州	潮州	福州
庚、陌	更	˪kiəŋ	˪kiəŋ	˪kiəŋ	˪kiəŋ	˪keŋ	˪keŋ
		˪keɴ	˪kiɴ	˪keɴ	˪kiɴ	˪keɴ	˪kaŋ
	宅	t'iək˲	t'iək˲	t'iək˲	t'iək˲		t'ek˲
		t'e2˲	t'e2˲	t'ɛ2˲	t'e2˲	t'e2˲	
耕、麥	爭	˪ciəŋ	˪ciəŋ	˪ciəŋ	˪c+ŋ		˪ceŋ
		˪ceɴ	˪ciɴ	˪ceɴ	˪ciɴ	˪ceɴ	˪caŋ
	麥	biək˲	biək˲	biək˲	biək˲		mek˲
		be2˲	be2˲	bɛ2˲	be2˲	be2˲	mak˲

「更」˪keɴ 爲〈更、夜間時刻〉之意。「宅」t'e2˲ 以「處

宅」cᵘ⁻ tᵉ2₌〈住宅〉的詞素出現。「爭」₌cen 為〈爭〉之意。「麥」be2₌ 為〈麥〉之意。❶

關於白話音的形式，有幾個爭論點。

首先，對於「十五音」的 eɴ, ɛ2，有加以說明的必要。如前所述，「十五音」，有「稽」(e)與「嘉」(ɛ)的對立。–2 入聲不出現於「稽」(「全韻空音」)，而出現於「嘉」。雖然 e 類的 –2 入聲只有一種，卻被配屬在「嘉」裏邊。這可說是母音相當寬廣的証據。

舒聲的「更韻」即相當於那個形式。而 e 類的鼻音化韻母只有「更」韻一種。雖然基本上再建構成 eɴ，即使再建構成 ɛɴ 亦沒有什麼問題。再建構成 ɛɴ，也許與 ɛ2 相稱比較好。但考慮到與其他方言的對應，且為求記號的簡明，所以再建構為 eɴ。

潮州的 e，與「十五音」的 ɛ 對應(參閱 4.5)。因而，可以知道 eɴ, e2 與「十五音」的 eɴ(ɛɴ), ɛ2 完全為同一形式。

台南明顯地繼承了漳州的系統。只是在台南，e 類的音只有一種，所以無廣狹的問題。

其次，泉州系的舒聲與入聲的形式不同，也不無予人以奇異的感覺。從結果來看，iɴ 與咸、山攝的白話音的形式變成沒有區別了。

	添	錢	見	撐	爭	更
台	₌tⁱiɴ	₌ciɴ	kiɴ⁻	tᵉeɴ⁻	₌ceɴ	₌keɴ
廈	₌tⁱiɴ	₌ciɴ	kiɴ⁻	tⁱiɴ⁻	₌ciɴ	₌kiɴ

這些，入聲保持了本來的形式 e2，而舒聲由 eɴ 變化成 iɴ 的樣子。原因除了-ɴ(鼻音化)本身沒別的。因爲 -2入聲，母音很快地就會消失。所以 -2對母音的音色原則上不可能有影響。但是舒聲的話，因 -ɴ 的關係，母音的音色是有可能改變的。如果是這樣，則母音大概是不會變廣而是會變狹的。

在福州，不論是 a 這個廣母音、或是-ŋ, -k 這個韻尾，形式都跟閩南大不相同。aŋ, ak 這個形式，還有咸、山攝一、二等的字，限於文言音才有。因爲這不過是福州無 -m, -p;-n, -t 所導致的形式，所以不予考慮。

aŋ, ak 的形式，在閩南雖然作爲宕、江攝或登、德韻的白話音(此後，在通攝應也可看到)出現──「網」ᶜboŋ：baŋ²、「墨」biǝk₌：bak₌──與這對應的福州形式是 œŋ, œk──「網」mœŋ²、「墨」mœk₌──而不是 aŋ, ak。

其理由，看下面的對應關係，可以很清楚。

aŋ：œŋ＝eɴ：aɴ。

同時，福州的 a 的本質──不可能爲圓唇母音，倒不如說是狹窄的張唇廣母音──亦在這個對應關係裏，有充分的說明。

還有，莆田、仙游亦以 a 來與閩南的 e 對應。

	生	坑	册
莆田	ᴄseɴ：ᴄsa		cʻa2₌
仙游	ᴄseŋ：ᴄsaɴ	ᴄkʻeŋ：ᴄkʻaɴ	cʻa2

(莆田的-ɴ消失)

　　這個 a 大概也是與福州同樣本質的。

　　福州的 –ŋ, –k，本來是 –N, –ʔ，但是，可能由於音韻體系的單純化，與 –ŋ, –k 合而為一了。

　　第二種形式，在閩南、潮州為 iaN, iaʔ。福州為 iaŋ, iak。

		台·廈	十五音	泉州	潮州	海口	福州
庚、陌	行	₋hieŋ	₋hiəŋ	₋hieŋ			₋heŋ
		₋kiaN	₋kiaN	₋kiaN	₋kiaN		₋kiaŋ
	拆	t'iək₋	t'əik₋	t'iək₋			
		t'iaʔ₋	t'iaʔ₋	t'iaʔ₋	t'iaʔ₋		t'iek₋
	額	giək₋	giək₋	giək₋			
		hiaʔ₋	hiaʔ₋	hiaʔ₋	hiaʔ₋		
		giaʔ₋		giaʔ₋			ŋiek₋
麥	摘	tiək₋	tiək₋	tiək₋			
		tiaʔ₋	tiaʔ₋	tiaʔ₋	tiaʔ₋	ɗiaʔ₋	tiak₋

　　「行」₋kiaN 為〈走〉〈下象棋〉之意。「拆」t'iaʔ₋ 為〈剝下、揭下〉之意。「額」hiaʔ₋ 為〈天庭、前額〉之意。giaʔ₋ 為〈額數，應得的份〉之意。「摘」tiaʔ₋ 為〈指名後選出〉之意❷。

　　福州入聲的另一個形式 iek，大概只是 iak 的訛音。a 因受 –i– 的同化而變成了 e。

　　iaN, ia2本來是三、四等的形式，而出現於一部分二等的字。但是，我們在後面可以看到 eN, e2 反而出現在一部分的三、四等的字。

　　其他零星的形式如下。

	台南	廈門	十五音	泉州	潮州	福州
打	ᶜtaN	ᶜtaN	ᶜtaN	ᶜtaN	ᶜta	ᶜta
			ᶜteN			

　　文言音符合宋人戴侗『六書故』的「都假切」。其他音系也大致上是共同的形式。北京、廣州、梅縣都是〔ᶜta〕。只有閩南有 -N 出現，這一點與潮州、福州不同。這 -N 究竟只是鼻音化韻母的眷顧癖出現了，或是 -ŋ 的殘留，很難說。潮州、福州也有可能是從官話來的借用形。

　　在蘇州讀成〔ᶜtaŋ〕。這是白話音形式，而且符合梗攝二等白話音的有規則的形式(「更」〔˳kən〕：〔˳kaŋ〕，「爭」〔˳tsən〕：〔˳tsaŋ〕)。所以才一直被珍視。閩音系裏，出現於「十五音」的白話音的形式，還是適合於梗攝二等的有規則的形式。但在註釋只記載「打也」，沒出現用例，頗有美中不足的感覺。

　　在閩南、潮州，a2 的形式只出現於「百」「拍」兩個字。

	台、廈		十五音	泉州	潮州	仙游	福州
百	piək₌		piək₌	piək₌		pe2₌	pek₌
	〔pe2₌		pe2₌		pe2₌	pa2₌	pak₌

　　　　　ˋpa2˰

拍　　pʼiək˰　　pʼiək˰　pʼiək˰　　　　　pʼek˰
　　　p̒aʔ˰　　　p̒aʔ˰　　p̒aʔ˰　p̒aʔ˰　p̒aʔ˰　p̒ak˰

　「百」pa2˰ 爲〈百〉之意。pe2˰ 以「百姓」pe2˰ seN˥〈百姓、人民〉的詞素出現。「拍」爲〈打〉之意。

　「百」有 pe2˰ 與 pa2˰ 兩種白話音出現，就我所調查的範圍裏，似只有台南、廈門。另外，「拍」pʼaʔ˰ 則出現於整個閩南、潮州。可能都不過是 e2 的訛音。

　在廈門、泉州，只有「哽」一字有 eN 出現。

　　　　台南　　廈門　　十五音　　泉州　　潮州　　福州
哽　ˊkiəŋ　ˊkiəŋ　ˊkiəŋ　　ˊkiəŋ　　　　ˊkeŋ
　　ˊkeN　ˊkeN　ˊkeN　　ˊkeN　ˊkeN　ˊkaŋ

　「哽」ˊkeN 爲〈魚骨等卡位喉嚨〉之意。

　這究竟是 eN→iN 變化時脫漏的逸脫形，或是從漳州系來的借用形，必是兩者之一。

　在福州，œk 的形式出現於「迫」「魄」兩個字。

　　　　台南　　廈門　　十五音　　泉州　　潮州　　福州
迫　　piək˰　piək˰　piək˰　　piək˰　pek˰
　　　　　　　pe2˰

　　　　　　　　　　　　　　　　　　　pœk˰

魄　p'iək˺ p'iək˺ p'iək˺　p'iək˺ p'ek˺

p'œk˺

　　這是依據在 7.14 所就叙述過的道理而來的形式。當然跟第一種、第二種的性質都不同。

開口三等庚、陌韻　ïɐŋ, ïɐk
開口三、四等清、昔韻　ïɛŋ, ïɛk
ïɛŋ, ïɛk
開口四等青、錫韻　eŋ, ek

文言音，在閩南爲 iəŋ, iək。潮州爲 eŋ, ek。福州爲 iŋ, ik，沒有區別。

白話音，各韻共同地有下面兩種形式出現。

第一種形式，在閩南、潮州爲 iaN, ia2。福州爲 iaŋ, iak。

		台、廈	十五音	泉州	潮州	仙游	福州
庚、陌	命	biəŋ²	biəŋ²	biəŋ²	meŋ²	miŋ²	miŋ²
		miaN²	miaN²	miaN²	miaN²	miaN²	miaŋ²
	鏡	kiəŋ²	kiəŋ²	kiəŋ²			kiŋ²
		kiaN²	kiaN²	kiaN²	kiaN²		kiaŋ²
清、昔	名	₌biəŋ	₌biəŋ	₌biəŋ			₌miŋ
		₌miaN	₌miaN	₌miaN	₌miaN	₌miaN	₌miaŋ
	赤	cʻiək₋	cʻiək₋	cʻiək₋			cʻik₋
		cʻia2₋	cʻia2₋	cʻia2₋	cʻia2₋		cʻiak₋
	益	iək₋	iək₋	iək₋		i2₋	ik₋
		ia2₋	ia2₋	ia2₋	ia2₋		iak₋
青	聽	₌tʻiəŋ	₌tʻiəŋ	₌tʻiəŋ			₌tʻiŋ
		₌tʻiaN	₌tʻiaN	₌tʻiaN	₌tʻiaN		₌tʻiaŋ

、 錫	壁	p'iək,	p'iək,	p'iək,			p'ik,
		pia2,	pia2,	pia2,	pia2,	pia2,	piak,
	錫	siək,	siək,	siək,			sik,
		sia2,	sia2,	sia2,	sia2,		

「命」mianˀ 是〈生命〉之意。「鏡」kianˀ 爲〈鏡〉之意。「名」ˌmian 爲〈名字〉之意。「赤」cˊia2, 爲〈貧乏〉〈潑辣的婦女〉之意。「益」ia2, 以「進益」cinˀ ia2,〈進展〉的詞素出現。「聽」ˌtˊian 是〈聽〉之意。「壁」pia2, 是〈壁〉之意。「錫」sia2, 是〈錫〉之意。❶

　　這個形式，已經看過出現在一部分的二等的字裏。它本來是三、四等的形式。–i– 本身就是齊齒介母音，而 a 則可解釋是象徵張唇前舌母音出現的。

　　第二種形式，在台南、「十五音」、潮州爲 eN, e2。廈門、泉州爲 iN, e2。福州爲 aŋ, ak。

		台南	廈門 泉州	十五音	潮州	仙游	福州
庚 、 陌	柄	piəŋˀ	piəŋˀ	piəŋˀ			piŋˀ
		peNˀ	piNˀ	peNˀ	peNˀ		paŋˀ
	逆	giək,	giək,	giək,	ŋek,		
		ke2,	ke2,	kɛ2,			
							ŋiek,

		台南	廈門泉州	十五音		潮州	海口
清、昔	姓	siəŋ⁻	siəŋ⁻	siəŋ⁻		siŋ⁻	siŋ⁻
		seN⁻	siN⁻	seN⁻	seN⁻	saN⁻	saŋ⁻
	嬰	˻iəŋ	˻iəŋ	˻iəŋ	˻eŋ		˻eŋ
		˻eN	˻eN　˻eN				
			˻iN				

清、錫	冥	˻biəŋ	˻biəŋ	˻biəŋ	˻beŋ		˻miŋ
		˻meN	˻miN	˻meN			
	青	˻c'iəŋ	˻c'iəŋ	˻c'iəŋ		˻c'iŋ	˻c'iŋ
		˻c'eN	˻c'iN	˻c'eN	˻c'eN	˻c'aN	˻c'aŋ

「柄」peN⁻ 爲〈柄〉之意。「逆」ke2˻ 爲〈違反〉之意。福州的 ŋiek˻ 爲 ŋiak˻ 的訛音，屬於第一種。

「姓」seN⁻ 爲〈姓〉之意。「嬰」˻eN 爲〈嬰兒〉之意。廈門、泉州，iN 是有規則的形式。˻eN 則可能是從漳州系來的借用形。

「冥」˻meN 爲〈夜〉之意。「青」˻c'eN 爲〈青〉之意。❷

第二種本來是二等的形式，而出現在一部分三、四等的字。這些字看起來不像具有什麼條件。將這種情形直率地顯示出來的，是第一種與第二種的形式也有同時出現的情形。

	台南	廈門泉州	十五音	潮州	海口	福州
平	˻piəŋ	˻piəŋ	˻piəŋ	˻p'eŋ	˻feŋ	˻piŋ

$$\begin{cases} {}_{\subset}\text{pen} & {}_{\subset}\text{pin} & {}_{\subset}\text{pen} & {}_{\subset}\text{pen} & {}_{\subset}\text{ɜɣ} & {}_{\subset}\text{paŋ} \\ {}_{\subset}\text{p`en} & {}_{\subset}\text{p`in} \\ {}_{\subset}\text{pian} & {}_{\subset}\text{pian} & {}_{\subset}\text{pian} \end{cases}$$

坪　　${}_{\subset}\text{piəŋ}$　${}_{\subset}\text{piəŋ}$　${}_{\subset}\text{piəŋ}$　${}_{\subset}\text{p`eŋ}$

$$\begin{cases} {}_{\subset}\text{p`en} & {}_{\subset}\text{p`in} \\ {}_{\subset}\text{p`ian} & {}_{\subset}\text{p`ian} & & {}_{\subset}\text{p`ian} \end{cases}$$

精　　${}_{\subset}\text{ciəŋ}$　${}_{\subset}\text{ciəŋ}$　${}_{\subset}\text{ciəŋ}$　${}_{\subset}\text{ceŋ}$　　　${}_{\subset}\text{ciŋ}$

$$\begin{cases} {}_{\subset}\text{cin} & {}_{\subset}\text{cin} \\ {}_{\subset}\text{cian} & {}_{\subset}\text{cian} & {}_{\subset}\text{cian} & {}_{\subset}\text{cian} & {}_{\subset}\text{ciaŋ} \end{cases}$$

「平」${}_{\subset}\text{pen}$ 爲〈平坦的〉之意。${}_{\subset}\text{p`en}$ 爲〈弄成平坦〉〈取回原來輸掉的部分〉之意。${}_{\subset}\text{pian}$ 爲〈平仄的平〉之意。海口的形式，-n 消失了。

「坪」${}_{\subset}\text{p`en}$ 爲〈坪〉之意。${}_{\subset}\text{p`ian}$ 以「海坪」${}^{\subset}\text{hai}\ {}_{\subset}\text{p`ian}$〈海邊的平地〉的詞素出現。

「精」${}_{\subset}\text{cin}$ 爲〈妖精〉之意。台南的這個形式可能是從泉州系來的借用形。❸它應有的形式是 ${}_{\subset}\text{cen}$。${}_{\subset}\text{cian}$ 爲〈豬肉等的瘦肉部分〉之意。

本來是二等形式的第二種形式(en, e2)，卻出現於三、四等。反過來，本來是三、四等形式的第一種形式(ian, ia2)則出現於二等，這種現象，大概在顯示二等與三、四等即將發生混淆。

梗攝在唐五代西北方音的『千字文』裏，與宕攝同是出現了 -ŋ 消失的攝。這一點已在開口唐、鐸韻裏說過了。

梗攝在其他三種資料中，原則上為／eꞑ／——二等與三、四等的區別已消失。然而，『千字文』卻以下面的形式出現。

開口二等庚韻　　烹　p‘e　　笙　çe
　　三等庚韻　　兵　pe　　　京　ke
　　三等清韻　　情　dze　　纓　˙e
　　四等青韻　　銘　me　　　庭　de

開口三等庚韻　　秉　pye
　　三等清韻　　精　tsye　　輕　k‘ye
　　四等青韻　　星　sye　　　刑　hye

合口三等庚韻　　橫　hwe˙e
　　　　　　　　傾　k‘we　　營　’we

這種情況，依羅常培氏的說法，可能是還有〔γ̃〕殘留的狀態。但即使如此，開口的形式與閩南的 eꞑ, iaꞑ 有非常相似的地方。二等似只有／e／。三、四等則是／e／與／ye／兩種形式混合，這一點亦與閩音系同樣，是頗饒趣味的。

如所周知，日本漢字音在本攝裏顯示了很突出的差異。

庚二	彭 ハウ／ビヤウ	生 サウ／シヤウ	庚 カウ／キヤウ	宅 タク／チヤク
耕	迸 ハウ／ビヤウ	爭 サウ／シヤウ	耕 カウ／キヤウ	策 サク／シヤク

庚三	兵	ヘイ ヒャウ			驚	ケイ キャウ	逆	ゲキ ギャク
清	名	メイ ミャウ	貞	テイ チャウ	輕	ケイ キャウ	石	セキ シャク
青	瓶	ヘイ ビャウ	青	セイ シャウ	經	ケイ キャウ	錫	セキ シャク

（據大矢透『隋唐音圖』）

　　相對於漢音(上段)將二等迻寫成ア段，將三、四等迻寫成エ段，這樣來確立直音與拗音的區別，而吳音(下段)則一律特異地迻寫成ヤウ。

　　這吳音的ヤウ，肯定是迻寫閩音系中以白話音殘留下來的 iaN, ia2(iaŋ, iak)之類的形式。❹此事實雖早就引起學者們的注意，但是在這裏要促請注意的是：閩音系的白話音，原則上二等──eN, e2與三、四等──iaN, ia2是有區別的。然而關於吳音一律以ヤウ來迻譯，這一點依然是個不可解的謎。

　　第三種以下的白話音與第一種、第二種具有不同的性質。

　　第三種形式，在閩南為 io2，潮州為 ie2，福州為 uok。莆田為 iau2。

	台、廈	十五音	泉州	潮州	莆田	福州
借						
	cio2˼	cio2˼	cio2˼	cie2˼		cuok˼
惜	siək˼	siək˼	siək˼			sik˼
	sio2˼	sio2˼	sio2˼	sie2˼		
席	siək˼	siək˼	siək˼			sik˼

$$\begin{cases} \text{sia2} & \text{sia2} & \text{sia2} \\ \text{c'io2} & \text{c'io2} & \text{c'io2} & \text{c'ie2} & \text{c'iau2} & \text{c'uok} \end{cases}$$

尺　c'iək　c'iək　c'iək　　　　　　c'ik

　　c'io2　c'io2　c'io2　c'ie2　　　　c'uok

石　siək　siək　siək　　　　　　sik

　　cio2　cio2　cio2　cie2　siau2　suok

　　「借」cio2 爲〈借、貸〉之意。沒有相對應的文言音形式，原因在於(精禡開四)裏有以 cia 出現的形式，而這形式被認爲是文言音。

　　「惜」sio2 爲〈惜〉之意。

　　「席」c'io2 爲〈蓆子〉之意。sia2 爲〈(辦一桌酒席的)場、席〉之意。在台南則無法確定(說成 siək)。

　　有 io2 與 ia2 兩種形式重複出現的這個字，富有很大的啓發意義。〈蓆子〉明顯比〈場，席〉更是基礎詞彙。這一點亦在暗示 io2 比 ia2 是更舊層的形式。

　　「尺」c'io2 爲〈尺〉〈標準〉之意。「石」cio2 爲〈石頭〉〈石(容積、體積單位)〉之意。

　　這些字全是昔韻的字。而且這個白話音的形式，就是在前面看到過的開口藥韻的那個形式。

　　昔韻的來源有兩種——魚部入聲 *ıak 與佳部入聲 *iek。這些字全屬於魚部入聲，這一點值得注意。魚部入聲的主流爲(鐸韻，)藥韻，這些字可能是作爲藥韻字，而擁有了這類白話音。

❺

	台南	廈門	十五音	泉州	潮州	福州
射			siək˲			
	<u>co2˲</u>	<u>co2˲</u>	<u>co2˲</u>	<u>co2˲</u>		

「<u>射</u>」co2˲ 爲〈拋出扔下〉之意。

「射」亦同爲昔韻(魚部入聲)的字，所以應視爲 io2 的訛音吧！ -i- 被 c 所吸收了。

這個字的文言音，普通讀作(船禡開三)sia²，所以是「戶籍」錯誤的字。殘留於「十五音」的 siək˲ 才是正確的。

	台南	廈門	十五音	泉州	潮州	福州
影	˪iəŋ	˪iəŋ	˪iəŋ	˪iəŋ		˪iŋ
{	˪iaN	˪iaN	˪iaN	˪iaN		
{	˪<u>ŋ̍</u>	˪<u>ŋ̍</u>	˪<u>ŋ̍</u>	˪<u>əŋ</u>		˪<u>oŋ</u>

「影」˪ŋ̍ 爲〈樹蔭〉之意。˪iaN 爲〈影子〉之意。

「影」是庚三韻的字，在其兩類的白話音中，ŋ̍ 可能是以陽韻的字出現的。庚韻(二、三等)的來源有兩種——陽部 *aŋ, ĭaŋ 與耕部 *ěŋ, ĭeŋ，「影」屬於陽部。陽部的主流是(唐韻，)陽韻，「影」可能是作爲陽韻的字而擁有這類白話音。

文言音裏，有陽、藥韻的形式出現。

	台南	廈門	十五音	泉州	潮州	福州
映庚三	ioŋ˚	ioŋ˚	iaŋ˚	ioŋ˚	iaŋ˚	
劇陌三	kiok₌	kiok₌	kiak₌	kiok₌		kʻiok₌

但是這裏的情況是不同的。「映」恐怕不過是「央、秧」（影陽開三）₌ioŋ 或「快、映、訣」（影漾開三）ioŋ˚ 的類推吧！「劇」在藥韻群母的字裏有「噱、臄、醵」等字。究竟是那些字的類推，或是「未收錄於韻書」的藥韻的反切，大概是兩者之一。

第四種形式，在閩南爲 an, at。潮州爲 aŋ, ak。似沒出現於福州。

	台南	廈門	十五音	泉州	潮州	福州
瓶	₌pin	₌pin	₌pin	₌pin	₌pʻeŋ	₌pʻiŋ
	₌pan	₌pan	₌pan	₌pan	₌paŋ	
零	₌liəŋ	₌liəŋ	₌liəŋ	₌liəŋ	₌leŋ	₌liŋ
	₌lan	₌lan	₌lan	₌lan	₌laŋ	
星	₌siəŋ	₌siəŋ	₌siəŋ	₌siəŋ		₌siŋ
	₌cʻeN	₌cʻiN	₌cʻeN	₌cʻiN	₌cʻeN	
	₌san	₌san				
踢	tʻiək₌	tʻiək₌	tʻiək₌	tʻiək₌		tʻik₌
	tʻat₌	tʻat₌	tʻat₌	tʻat₌	tʻak₌	
笛	tiək₌	tiək₌	tiək₌	tiək₌	tek₌	tik₌

tat˧ tat˧ tat˧   tat˧

「瓶」₋pan 為〈帶耳(提手)的瓶子〉之意。而關於文言音的 in 的形式，容後再述。

「零」₋lan 與「星」₋san 各以「零星」₋lan ₋san〈零星〉的詞素出現。「星」₋c'eɴ 是〈星〉之意。

「踢」t'at˧ 為〈踢〉之意。「笛」tat˧ 為〈笛〉之意。❻

這些全都是青、錫韻的字。所以這個 a 被認為是反映了四等直音的形態。從來亦有下面的例子。

開口四等齊韻
第 te˧ ：tai˧   西 ₋se ：₋sai
臍 ₋ce ：₋cai
開口四等先、屑韻
田 ₋tian ：₋c'an   牽 ₋k'ian：₋k'an
節 ciat˧ ：cat˧   結 kiat˧ ：kat˧

只是韻尾變成 -n, -t，這一點與梗攝不合。不過，-n, -t 出現的例子，如後文可看到，並不是沒有其他的。惟梗攝有那種傾向，宜加以注意。

	台南	廈門	十五音	泉州	潮州	福州
剔	t'iək˧	t'iək˧	t'iək˧	t'iək˧	t'ek˧	t'ik˧
	t'ak˧	t'ak˧	t'ak˧	t'ak˧		

「剔」t'ak˞ 爲〈挑剔〉〈彈〉之意。

	台南	廈門	十五音	泉州	潮州	福州
曆	liək˞	liək˞	liək˞	liək˞		lik˞
	la2˞	la2˞				
						le2˞

「曆」la2˞ 以「曆日」la2˞ lit˞〈日曆〉的詞素出現。

這兩個字亦是錫韻的字。可能都只是 at 的訛音吧！不過，–k, –2比較適合於梗攝。

因而，屬於清韻的字「蟶」出現 an，不得不認爲是例外。

	台南	廈門	十五音	泉州	潮州	福州
蟶	˪c'iəŋ	˪c'iəŋ	˪c'iəŋ	˪c'iəŋ		
	˪t'an	˪t'an	˪t'an		˪t'an	˪t'aŋ	˪t'eŋ

「蟶」˪t'an 爲〈竹蟶〉之意。❼

第五種形式，在閩南爲 in，潮州爲 iŋ。

	台南	廈門	十五音	泉州	潮州	福州
明	ˢbiəŋ	ˢbiəŋ	ˢbiəŋ	ˢbiəŋ	ˢmeŋ	ˢmiŋ
	ˢmeɴ	ˢmeɴ	ˢmeɴ			
		ˢmiaɴ			ˢmiaɴ	

	ˋ‿bin	‿bin			
輕	‿kʻiəŋ	‿kʻiəŋ ‿kʻiəŋ	‿kʻiəŋ		‿kʻiŋ
	‿kʻin	{ ‿kʻiaN { ‿kʻin ‿kʻin	‿kʻin	‿kʻiŋ
屏	‿piəŋ	‿piəŋ			‿piŋ
	‿pin	‿pin ‿pin	‿pin	‿pʻiŋ

「明」‿bin 以「明口再」‿bin ˚a caiˋ〈明日〉的詞素出現。‿meN 以「明年」‿meN ‿niN〈明年〉、廈門的 ‿miaN 以「清明」‿cʻiN ‿miaN〈清明節〉的詞素出現。

「輕」‿kʻin 為〈輕〉之意。廈門的 ‿kʻiaN 以「輕薄」‿kʻiaN po2〈瘦而虛弱〉的詞素出現。

「屏」‿pin 為〈屏風、隔離板〉之意。「十五音」當作文言音處理。

閩南、潮州的文言音，現在已無二等與三、四等的區別，一律是 iəŋ, eŋ。本來，如同現今的福州，二等為 eŋ，三、四等為 iŋ（參閱 7.14）。這個白話音的形式，可能是那個三、四等的形式 iŋ 的殘餘。在閩南，變成 –n 的原因，肯定是因為 –ŋ 被強勢的 i（齊齒介母較為發達的音）所同化了。

這個形式因情況不同，亦有被當成文言音的。前面「十五音」對「屏」‿pin 的處理方式就是這樣的。

	台南	廈門	十五音	泉州	潮州	福州
闢	‿pit	‿pit	‿pit	‿pit	pʻek	pʻik

瓶　₋pin　₋pin　₋pin　₋pin　₋pʻeŋ　₋pʻiŋ
　　₋pan　₋pan　₋pan　₋pan　₋paŋ

「關」pit˨、「瓶」₋pin 都是純粹的文言。

第六種形式爲 i2。出現於「滴」這一個字。

	台南	廈門	十五音	泉州	潮州	福州
滴	tiək˨	tiək˨	tiək˨	tiək˨		tik˨
	ti2˨	ti2˨	ti2˨	ti2˨	ti2˨	

「滴」ti2˨ 爲〈水滴〉〈滴落〉之意。

　　這是到目前爲止，如同在外轉各攝的開口三、四等韻裏出現的衆多例子那樣，大概是強勢的齊齒介母被強調後出現的形式。

合口二等庚、陌韻　uɐŋ, uɐk
合口二等耕、麥韻　uɛŋ, uɛk

		台南	廈門	十五音	泉州	潮州	福州
庚、陌	橫	₌hiəŋ	₌hiəŋ	₌hiəŋ	₌hiəŋ		
		₌huaiᴺ	₌huaiᴺ	₌huaᴺ	₌həiᴺ	₌huɛᴺ	₌huaŋ
	虢	k'iək₌	k'iək₌	k'iək₌	k'iək₌	k'iek₌	
耕、麥	轟	₌iəŋ	₌iəŋ	₌iəŋ	₌iəŋ	₌hoŋ	₌eŋ
	宏	₌hoŋ	₌hoŋ	₌hoŋ	₌hoŋ	₌hoŋ	₌heŋ
	獲	hiək₌	hiək₌	hiək₌	hiək₌	uak₌	hek₌
	劃	iək₌	iək₌	iək₌	iək₌		hek₌
		ue2₌	ui2₌	ue2₌			ue2₌

「橫」₌huaiᴺ 為〈橫〉〈蠻橫的〉之意。「劃」ue2₌ 為〈字的筆劃〉之意。

以上是把所調查的字全寫出來的情形。

文言音，在閩南除「宏」以外，都有 iəŋ, iək 出現，跟開口沒區別。

福州無例外地是 eŋ, ek 與開口的形式。但是說它沒例外，才是問題所在(理由請參閱後文)。此不外乎是類推強力地生效的結果。

潮州值得研討的只有「轟」「宏」兩個字。「獲」uak₌ 大概是依據『集韻』的「黃郭切」。「虢」k'iek₌ 是薛、屑韻的形

式。韻書裏看不到那樣的反切，所以不知道根據是甚麼。

但是，「轟」「宏」如同在 7.14 已提及的，在『中原音韻』裏，同時出現於「庚靑」韻和「東鍾」韻兩邊。現在的各方言，大致上讀成東韻❶的字（北京爲〔 ˍxuŋ〕〔 ˍxuŋ〕，蘇州爲〔 ˍhoŋ〕〔 ˍhoŋ〕，梅縣爲〔 ˍfuŋ〕〔 ˍfuŋ〕）。

潮州這兩個字讀成 oŋ（oŋ 在閩南、潮州是東韻的形式，在福州則是 uŋ），乃是按照這個大多數的。

閩南的「宏」亦一樣。但是爲何「轟」不讀成 ˍhoŋ，而讀成 ˍiəŋ 呢？這恐怕是最初的音 ˍhoŋ 被忘記了。而大概由梗攝的字來類推，所以變成了 ˍiəŋ 的音（福州，這樣子的類推相當起作用）。「宏」，筆劃少且意義簡單，再加上與「弘」（匣登合一）ˍhoŋ 組合來記憶很方便。相對地，「轟」是較難的會意字，且無發音的線索，因而便決定了這兩個字的「命運」了！

白話音是在合口二等山、黠韻及刪、鎋韻裏總括地探討過的 {ueN}{ueʔ} 的形式。–u– 出現的這一點，較具意義。

合口三等庚韻❶　ĭuɐŋ

合口四等清、昔韻　ĭuŋ, ĭuɛk

合口四等青韻❶　ueŋ

文言音，在閩南是 iəŋ, iək。福州是 iŋ, ik，與開口沒區別。

潮州是 ioŋ, uaŋ, eŋ，比較複雜。

白話音，在閩南、潮州是 ian, ia2。福州則出現 iaŋ。

		台南	廈門	十五音	泉州	潮州	福州
庚	兄	₌hiəŋ	₌hiəŋ	₌hiəŋ	₌hiəŋ		₌hiŋ
		₌hiaɴ	₌hiaɴ	₌hiaɴ	₌hiaɴ	₌hiaɴ	₌hiaŋ
	永	⁼iəŋ	⁼iəŋ	⁼iəŋ	⁼iəŋ	⁼ioŋ	⁼iŋ
清、昔	傾	₌kʻiəŋ	₌kʻiəŋ	₌kʻiəŋ	₌kʻiəŋ	₌kʻuaŋ	₌kʻiŋ
	營	₌iəŋ	₌iəŋ	₌iəŋ	₌iəŋ		₌iŋ
		₌iaɴ	₌iaɴ	₌iaɴ	₌iaɴ	₌iaɴ	₌iaŋ
	穎	⁼iəŋ	⁼iəŋ	⁼iəŋ	⁼iəŋ	⁼eŋ	⁼iŋ
	役	iək₌	iək₌	iək₌	iək₌		ik₌
		ia2₌	ia2₌	ia2₌	ia2₌	ia2₌	
青	螢	₌iəŋ	₌iəŋ	₌iəŋ	₌iəŋ	₌ioŋ	₌iŋ
	迴	⁼kiəŋ	⁼kiəŋ			⁼kuaŋ	

「兄」₌hiaɴ 爲〈兄〉之意。「營」₌iaɴ 爲〈軍營〉之

意。「役」ia2̠以「衙役」 ̠ge ia2̠〈衙役〉的詞素出現。❷

本韻與前面的二等同樣，並不具獨立性質，各音系共同地，不是變成與開口韻同一形式，就是轉入東三韻裏。

出現於潮州的 ioŋ，是前面的 oŋ 的齊齒呼，亦就是閩南、潮州的東三韻❸的形式。這些字，大部分在『中原音韻』裏同時出現於「庚青」韻與「東鍾」韻兩邊。而在現今的大部分方言裏，跟東三韻的字同樣的讀法。例如：

	北京	蘇州	梅縣
榮	̠ʐuŋ	̠zoŋ	̠juŋ
戎東三	̠ʐuŋ	̠zoŋ	̠juŋ
永	ᶜyŋ	ᶜioŋ	ᶜjuŋ
勇鍾三	ᶜyŋ	ᶜioŋ	ᶜjuŋ

（據北京大學『漢語方音字滙』）

潮州是按照這個大多數的。與其這麼說，不如說只是單純地模倣官話的吧！

另一方面，將「螢」「塋」讀成 ̠ioŋ，恐怕只是潮州內部隨便地從「榮」 ̠ioŋ 類推出來的。因為這兩個字在『中原音韻』裏，明顯地屬於「庚青」韻。在現今大部分的方言裏，跟開口韻的字同樣的讀法(北京為〔 ̠iŋ〕，蘇州為〔 ̠in〕，梅縣為〔 ̠jin〕)。

潮州還有 uaŋ 的形式出現。這是宕攝合口的形式，在這裏出現的理由不可解。

另外，「穎」ᶜeŋ，大概是從閩南來的借用形。

閩南、福州，很清楚地貫徹了讀成開口韻的原則。

連貫整個音系裏，有 iaɴ(iaŋ), ia$_2$ 的白話音出現，這說明在 -ɴ, -$_2$的層裏，本韻已經與開口韻合併了。

7.16　通攝

合口一等東、屋韻　uŋ, uk

合口一等冬、沃韻　oŋ, ok

文言音，在閩南、潮州爲 oŋ, ok。福州爲 uŋ, uk。

白話音，在閩南、潮州爲 aŋ, ak。福州爲 œŋ, œk。

文言音、白話音，都完全看不到兩韻的區別。

		台南	廈門	十五音	泉州	潮州	福州
東	同	₌toŋ	₌toŋ	₌toŋ	₌toŋ	₌t'oŋ	₌tuŋ
		₌taŋ	₌taŋ	₌taŋ	₌taŋ	₌taŋ	₌tœŋ
	送	soŋˀ	soŋˀ	soŋˀ	soŋˀ		suŋˀ
		saŋˀ	saŋˀ	saŋˀ	saŋˀ	saŋˀ	sœŋˀ
屋	木	bok₌	bok₌	bok₌	bok₌		muk₌
		bak₌	bak₌	bak₌	bak₌	bak₌	mœk₌
冬	冬	₌toŋ	₌toŋ	₌toŋ	₌toŋ		₌tuŋ
		₌taŋ	₌taŋ	₌taŋ	₌taŋ	₌taŋ	₌tœŋ
	鬆	₌soŋ	₌soŋ	₌soŋ	₌soŋ	₌soŋ	
		₌saŋ	₌saŋ	₌saŋ	₌saŋ	₌saŋ	₌sœŋ
沃	沃					ok₌	uk₌
		ak₌	ak₌	ak₌	ak₌		

「同」₌taŋ 爲〈同樣〉之意。「送」saŋˀ 爲〈送〉之意。「木」bak₌ 以「樹木」c'iuˀ bak₌〈樹木〉的詞素出現。

　　「冬」ₑtaŋ 爲〈年〉之意。「鬆」ₑsaŋ 爲〈鬆〉之意。「沃」akₒ 爲〈給花澆(水)〉之意。在閩南，傳統上視其爲文言音。❶

　　在『廣韻』裏，東、屋韻爲「獨用」，冬、沃韻與鍾、燭韻爲「同用」。但實際上，在唐代，東韻與冬韻似乎已經合併爲一韻了。這一點從李涪的『刊誤』指責『切韻』將東韻與冬韻分開是不合理的❷，以及慧琳的『一切經音義』的反切將東韻與冬韻合併在一起等就可以知道。

　　現今的各方言，接受了這個唐代中原音的傳統，而確立出東韻與冬韻區別的，一個也沒有。

　　在閩音系裏亦然，文言音好像是應會有區別的，白話音也看不到這種區別，顯示這兩個韻的合併，可能從相當早的時期就已發生了(另外，請參閱後文)。

　　關於文言音，在閩南、潮州與福州的形式不同，從結果來看，閩南方面與開口唐韻的區別消失掉，這一點可能被認爲會成問題，但這並不是困難的問題。

　　相對於唐韻是〔oŋ〕，借入於東韻的原來形式恐怕是〔uŋ〕。總之，唐韻是寬廣的，東韻是狹窄的，應該有這樣的對立體系。這種情形徵諸各種的歷史資料也好，或者從其他音系的出現方式來看，並無議論的餘地。

　　相對於福州用較狹窄的〔uŋ〕來傳承〔uŋ〕，閩南、潮州則用較寬廣的〔oŋ〕來傳承〔uŋ〕。結果，福州保留了與唐韻 oŋ 的區別，而閩南則發生了混淆。潮州因爲了將唐韻開展成 aŋ，也得以保住了區別。

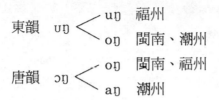

順便看一下其他的方言，則有以下的報告：海口為〔oŋ〕或〔ɔŋ〕，莆田為〔ɒŋ〕，仙游為〔ɔŋ〕——都可以解釋為 /oŋ/——可以說閩音系大多數用 o 類的音來傳承。

在閩南、潮州為 a，福州為 œ 等廣母音出現的白話音的形式，極具特徵。

不過，這個形式不只是在東韻，即在唐韻、江韻裏亦出現過。❸這樣的分布方式，對於探討這個形式，是重要的線索。aŋ, œŋ 雖然怎麼看也不是合口的形式，但如下排列後來看，

唐韻開口——江韻開口——東韻

則可以清楚地知道，在東韻裏出現了這個形式的意義，是把東韻看成開口。❹

唐韻與江韻屬於宕攝(將江攝包含於宕攝)，東韻屬於通攝，雖然宕攝與通攝處於外轉與內轉的對立關係，但這個白話音則跟外轉與內轉的對立並無關係。將它跟只出現於外轉，而不出現於內轉的 -n, -2形式的白話音相較，可以清楚地知道所屬的層並不一樣。

總之，這個白話音在暗示：唐、江韻與東韻並沒區別的方言是存在的。在現今的方言中，亦不是沒有像湖南雙峰方言那樣的

例子。

當	〔ᵓtaŋ〕	東	〔˪taŋ〕〔˪tən〕
		冬	〔˪taŋ〕〔˪tən〕
倉	〔˪tsʻaŋ〕	聰	〔˪tsʻaŋ〕〔˪tsʻən〕
港	〔ᵓkaŋ〕	公	〔˪kaŋ〕〔˪kən〕

（據北京大學『漢語方音字匯』）

　　唐韻與東韻，在中古音以後，雖有截然不同的廣狹的區別，但在上古音，唐韻所屬的陽部與東韻所屬的東部是通用的，這是如所周知的。

　　也就是說，因爲東部的主母音，並非中古音那樣的狹窄❺，所以即使既存與現存的衆多方言裏，就算有汲取上古音傳統——廣主母音的東韻——的方言，亦不足爲奇。

　　其他零星的形式如下。

	台南	廈門	十五音	泉州	潮州	福州
鹿	lok˲	lok˲	lok˲	lok˲	lok˲	<u>lyk˲</u>
						lœk˲
祿	lok˲	lok˲	lok˲	lok˲	lok˲	<u>lyk˲</u>

「鹿」lœk˲ 爲〈鹿〉之意。

福州的 yk 是三、四等文言音的形式。「祿」在『集韻』裏

另有相當於(來燭合三)的「龍玉切」。究竟是根據這個來的，或是從「錄、綠」lyk。來的類推，大概是兩者之一。因爲「鹿」與「祿」是同音的記憶，所以讀成那樣的吧！

	台南	廈門	十五音	泉州	潮州	福州
禿	t'ut。	t'ut。	t'ut。	t'ut。	t'et。	t'uk。

閩南是臻攝合口的形式。梅縣、臨川亦是同樣的出現方式。另外，潮州是曾、梗攝的形式，難以理解。

	台南	廈門	十五音	泉州	潮州	福州
卜	pok。	pok。	pok。	pok。	pok。	puk。
	po?。	po?。	po?。	po?。		po?。

「卜」po?。爲〈不管三七二十一，做一下試試看〉之意。

「卜」的諧聲系統在上古音裏屬侯部入聲 *uk, ŭk，在中古音則分離成下列情形。

屋韻　　卜、扑

覺韻　　朴、卦，玨、眪

這個白話音作爲覺韻的字的出現方式(例如：「朴」p'ok。：p'ɑ?。，「桌」tok。：tɑ?。，「學」hak。：ɑ?。)，跟屋韻不相稱。

	台南	廈門	十五音	泉州	潮州	福州
速	sok˳	sok˳	sok˳	sok˳	sok˳	suk˳
	su˲˳	su˲˳				

「速」su˲˳ 出現於「緊速速」 ˹kin su˲˳ su˲˳ 〈如風般地快速〉的「歇後語」。

但是它並沒出現其他的例子，還有，雖是內轉韻，卻有 –˲ 出現，以及未被「十五音」所承認等來看，也有可能是「假借字」或「訓讀」。

合口二、三、四等東、屋韻　ïuŋ, ïuk

<u>ɪuŋ, ɪuk</u>

<u>iuŋ, iuk</u>

合口三、四等鍾、燭韻　ïoŋ, ïuk

<u>ɪoŋ, ɪok</u>

與一等的情況同樣，文言音、白話音都看不到有區別。其區別毋寧說是在脣音與脣音以外的音之間。脣音採直音的形式，而脣音以外則採拗音的形式。

從較為單純的脣音來考察。

脣音，在閩南、潮州，相對於文言音 oŋ, ok，白話音為 aŋ, ak。在福州，相對於文言音 uŋ, uk，白話音為 œŋ, œk。亦即，文言音、白話音均為一等的形式。

		台南	廈門	十五音	泉州	潮州	福州
東	豐	₋hoŋ	₋hoŋ	₋hoŋ	₋hoŋ	₋hoŋ	₋huŋ
、	目	bok˗	bok˗	bok˗	bok˗	mok˗	muk˗
屋		bak˗	bak˗	bak˗	bak˗	mak˗	mœk˗
鍾	蜂	₋hoŋ	₋hoŋ	₋hoŋ	₋hoŋ	₋hoŋ	
、		₋pʻaŋ	₋pʻaŋ	₋pʻaŋ	₋pʻaŋ	₋pʻaŋ	₋pʻuŋ
燭	奉	hoŋ⁼	hoŋ⁼	hoŋ⁼	hoŋ⁼	ˊhoŋ	huŋ⁼

「目」bak˗ 為〈目〉之意。「蜂」₋pʻaŋ 為〈蜂〉之意。❶

本韻的脣音是所謂的輕脣音。輕脣音之後，–ï– 會消失。–ï– 如消失的話，當然變成與一等同一形式。次濁音是明母的原樣不

變，這跟尤韻是同樣的情形。可能一旦輕唇音化之後，因受接在後面的圓唇母音影響，又返回明母去了。❷在中原經過了這種變化的形式，被借進了閩音系。

白話音雖然把重唇音的殘餘保留得很好，但是韻母是一等的形式。

在上面的例字中，關於福州的「蜂」ˍpʻuŋ 的形式，有略加說明的必要。它的聲母是白話音，而韻母是文言音的奇妙形式。類似的例子如下。

	台廈	十五音	泉州	潮州	海口	福州
馮	ˍpoŋ	ˍpoŋ	ˍpoŋ		ˍfoŋ	ˍhuŋ
	ˍpaŋ	ˍpaŋ	ˍpaŋ	ˍpaŋ	ˍ6aŋ	
腹	hok˺	hok˺	hok˺	hok˺		huk˺
	pak˺	pak˺	pak˺	pak˺		puk˺
捧	ˈhoŋ	ˈhoŋ	ˈhoŋ			
	ˈpʻoŋ	ˈpʻoŋ	ˈpʻoŋ	ˈpʻoŋ		ˈpʻuŋ

「馮」ˍpaŋ〈馮，姓氏〉。「腹」pak˺ 為〈肚子〉之意。「捧」ˈpʻoŋ 為〈用兩手掌掬取〉之意。

將文言音讀成 p, pʻ的，是特殊的例子。同樣地，白話音的韻母與文言音同形，亦是特殊的例子。這大概是，有由白話音的類推而讀成 p, pʻ的文言音。另一方面，亦有由文言音的類推而讀成 oŋ, uŋ 的白話音。

　　將福州的「蜂」ˏpʻuŋ 和「捧」ˊpʻuŋ 認定爲白話音的原因，在於重視其聲母——pʻ符合於敷母(滂母)。當然，以及「腹」的 hukˏ：pukˏ 的出現方式，是參考了其他方言的形式之後才這樣做的。

　　關於「風、楓、瘋」三個字，在台南無法確認，但是出現於閩南與潮州的形式，是非常有趣的。

	台南	廈門	十五音	泉州	潮州	福州
風	ˏhoŋ	ˏhoŋ	ˏhoŋ	ˏhoŋ	ˏhuaŋ	ˏhuŋ
			ˏpuiN			
楓	ˏhoŋ	ˏhoŋ	ˏhoŋ	ˏhoŋ	ˏhuaŋ	ˏhuŋ
		ˏŋəŋ	ˏpuiN		ˏpəŋ	
瘋	ˏhoŋ	ˏhoŋ	ˏhoŋ	ˏhoŋ	ˏhuaŋ	ˏhuŋ

　　「十五音」裏，「風」ˏpuiN 雖有「風時雨」的註釋，但具體的意義不明。〈風〉說成爲 ˏhoŋ。

　　廈門的「楓」ˏpəŋ 以「楓樹」ˏpəŋ cʻiuˀ〈楓樹〉的詞素出現。

　　如果綜合潮州的文言音與廈門、泉州、「十五音」的白話音形式來下判斷的話，這是合口三等陽韻，肯定是如下面的出現方式。

	台南	廈門	十五音	泉州	潮州	福州
方	ˏhoŋ	ˏhoŋ	ˏhoŋ	ˏhoŋ	ˏhuaŋ	ˏhuoŋ

$$\begin{cases} \text{₋həŋ} \quad \text{₋ŋeh} \quad \text{₋həŋ} \qquad \text{₋həŋ} \quad \text{₋ŋ+ŋ} \\ \text{₋pəŋ} \quad \text{₋ŋed} \quad \underline{\text{₋ŋed}} \quad \underline{\text{huiN}} \quad \text{₋ŋed} \quad \text{₋p+ŋ} \end{cases}$$

這大概是 uiN(əŋ) 的白話音形式，在尚未彌補山、臻、宕攝的合口之前，「風」等一部分的東韻的唇音轉入了陽韻。如此一來，符合於東韻有規則的形式的閩南文言音，其實，亦有可能以準陽韻出現。

唇音以外的音，首先由文言音來看，在閩南爲 ioŋ, iok。福州爲 yŋ, yk。只有潮州的舌、齒音爲 oŋ, ok。牙、喉音則與 ioŋ, iok 的形式不同。

		台南	廈門	十五音	泉州	潮州	福州
舌、齒音	忠東	₋tioŋ	₋tioŋ	₋tioŋ	₋tioŋ	₋toŋ	₋tyŋ
	衝鍾	₋cʻioŋ	₋cʻioŋ	₋cʻioŋ	₋cʻioŋ	₋cʻoŋ	₋cʻyŋ
	宿屋	siok˳	siok˳	siok˳	siok˳	sok˳	syk˳
牙、喉音	躬	₋kioŋ	₋kioŋ	₋kioŋ	₋kioŋ	₋kioŋ	₋kyŋ
	欲	iok˳	iok˳	iok˳	iok˳	iok˳	yk˳

因爲閩南的一等是 oŋ, ok，所以三、四等是 ioŋ, iok，這是合理的。與泉州系的開口三、四等陽、藥韻同形，但這只不過是偶然的結果。因爲開口三、四等陽、藥韻，在漳州系是 iaŋ, iak，所以與本韻間的區別出現得很明顯。

因爲在福州一等是 uŋ, uk，所以三、四等是 yŋ, yk，也是

合理的。yŋ, yk 的原來形式肯定是 iuŋ, iuk 沒錯。iu 因爲單母音化而變成了 y。

　　潮州因爲舌、齒音是 –i– 消失後的形式，所以出現了與牙、喉音的區別。關於舌、齒音裏，–i– 爲何消失，可能的理由，如同陽韻的福州的形式那樣，–i– 被吸收到上顎的舌、齒音聲母裏，但亦無法斷言不是借用官話的形式。

　　例如，同樣是舌上音，「忠」$_{\subset}$toŋ、「仲」$^{\backprime}$toŋ 與「重」$_{\subset}$cʻoŋ 的出現方式並不同，後者從聲母的形式，可以知道是模倣官話的〔$_{\subset}$tṣʻuŋ〕。

　　東、屋韻有齒上音出現。但所調查的字只有兩個字，而且各爲不同的形式，所以作爲判斷的材料來說，是不夠的。

	台南	廈門	十五音	泉州	潮州	福州
崇	$_{\subset}$coŋ	$_{\subset}$coŋ	$_{\subset}$coŋ	$_{\subset}$coŋ	$_{\subset}$cʻoŋ	$_{\subset}$cuŋ
縮	siok$_{\supset}$	siok$_{\supset}$	siok$_{\supset}$	siok$_{\supset}$	sok$_{\supset}$	sok$_{\supset}$

在潮州，這兩個字都跟其他的舌、齒音的形式無異。

　　閩南的「縮」，形式亦與其他完全無異。不過，亦有可能是從「宿」(心母) siok$_{\supset}$ 來的類推。

　　閩南、福州的「崇」，也許是比擬二等直音出現的。但亦有可能是從「宗」(一等)$_{\subset}$coŋ, $_{\subset}$cuŋ 來的類推。

　　福州的「縮」爲開口鐸韻的形式，屬於例外。

　　白話音有兩種形式出現(但是，福州只有一種)。

第一種形式，在閩南、潮州是 aŋ, ak。福州是 œŋ, œk。

		台南	廈門	十五音	泉州	潮州	福州
東、屋	蟲	⊆t'ioŋ	⊆t'ioŋ	⊆t'ioŋ	⊆t'ioŋ		⊆t'yŋ
		⊆t'aŋ	⊆t'aŋ	⊆t'aŋ	⊆t'aŋ	⊆t'aŋ	⊆t'œŋ
	六	liok⊇	liok⊇	liok⊇	liok⊇		lyk⊇
		lak⊇	lak⊇	lak⊇	lak⊇	lak⊇	lœk⊇
鍾、燭	重	tioŋ⊇	tioŋ⊇	tioŋ⊇	tioŋ⊇	⊆toŋ	tyŋ⊇
		taŋ⊇	taŋ⊇	taŋ⊇	taŋ⊇	⊆taŋ	tœŋ⊇
	共	kioŋ⊇	kioŋ⊇	kioŋ⊇	kioŋ⊇		kyŋ⊇
		kaŋ⊇	kaŋ⊇	kaŋ⊇	kaŋ⊇	kaŋ⊇	

「蟲」⊆t'aŋ 爲〈蟲〉之意。「六」lak⊇ 爲〈六〉之意。「重」taŋ⊇ 爲〈重〉之意。「共」kaŋ⊇ 爲〈協力〉〈多管閒事〉之意。❸

　　這個形式是在唇音出現過的那個形式。換言之，關於這個形式，並無唇音與唇音以外之區別。而且與一等(因而，唐韻、江韻)亦無差異。這是在這個白話音裏，通攝大概因 -i- 消失，而變成了只是直音的形式。因爲在現存的方言中，如同粵音系那樣，三等有變成與一等同形的。所以即使曾經有過那樣的方言存在，亦不足爲奇。

　　這裏，有與「六」字關聯的有趣資料，可証明這個形式的白話音最遲在 11 世紀末時就已經存在(當然，在更早以前應已經存

在)。

俞樾的『茶香室叢鈔』卷七的 p.12「閩音中選」一項，有以下的叙述。

> 宋，陳鵠『耆舊續聞』云，「閩人以『高』爲『歌』。眞宗朝，試『天德清明賦』。有閩士破題云，『天道如何，仰之彌高』。考官閩人，遂中選。」

> 按此當是戲言，未必有實事。豈考官不檢韻書邪？

> 按岳珂(岳飛之孫)『桯史』載，「元祐間(1086)，黃、秦諸君子在館，觀李龍眠賢已圖：博者六七人，方據一局投迸，盆中五皆六❹，而一猶旋轉。一人俯盆疾呼。東坡曰，『李龍眠天下士，乃效閩人語邪。』衆請其故。坡曰，『四海語音，言「六」皆合口，惟閩音則張口。今盆中皆六，一猶未定。法當呼六，而疾呼者乃張口，何也？』。龍眠聞之，亦笑而服。」

> 此亦以閩音爲戲也。

前段爲上次所提的歌韻與豪韻押錯韻的故事。這已在歌韻一節介紹過。只是，俞樾認爲其並非眞實的事情，而判斷可能是爲嘲笑閩人而虛構的故事。

後段才是問題的資料。李龍眠(公麟，元祐年間進士)所畫的「賢已圖」，以賭骰子爲題。爲了打發無聊，與同僚觀賞之際，蘇東坡所說的內容値得參考。

確實，「六」，在北京爲〔liou˧˥〕，蘇州爲〔lo2˨〕，廣州爲〔luk˨〕，梅縣爲〔liuk˨〕，像這樣，如果有齊齒介母的話就更不用說了。即使沒有，也跟用圓唇母音張大嘴巴呼叫的人

物圖是不符合的。如果是閩音系的白話音的話，就一致了。❺

　　被蘇東坡所指摘，李龍眠聽了笑而心服，然而是否果眞起初就打算要嘲笑閩人而繪的畫，似乎可疑。怕是沒有想到那裏吧！

　　第二種形式，在閩南爲 iəŋ, iək。潮州以 eŋ, ek 出現於整個舌、齒音、牙、喉音。而並沒出現於福州。

		台南	廈門	十五音	泉州	潮州	福州
東屋	宮	ˍkioŋ	ˍkioŋ	ˍkioŋ	ˍkioŋ		ˍkyŋ
		ˍkiəŋ	ˍkiəŋ	ˍkiəŋ	ˍkiəŋ	ˍkeŋ	
	軸	tiok˳	tiok˳	tiok˳	tiok˳	cok˳	tyk˳
		tiək˳	tiək˳	tiək˳	tiək˳	tek˳	
鍾、燭	腫	ˋcioŋ	ˋcioŋ	ˋcioŋ	ˋcioŋ		ˋcyŋ
		ˋciəŋ	ˋciəŋ	ˋciəŋ	ˋciəŋ	ˋceŋ	
	曲	kʻiok˳	kʻiok˳	kʻiok˳	kʻiok˳	kʻiok˳	kʻyk˳
		kʻiək˳	kʻiək˳	kʻiək˳	kʻiək˳	kʻek˳	

　　「宮」ˍkiəŋ 爲〈～宮〉之意。「軸」tiək˳ 爲〈於弔旗或長布帛寫上弔唁，在葬禮時使用〉之意。「腫」ˋciəŋ 爲〈腫〉之意。「曲」kʻiək˳ 爲〈歌，旋律〉之意。❻

　　這是很不可思議的形式。Karlgren 氏對於本韻的衆多方言的形式，在依例做了一番解釋之後，不高興地說「最奇怪的是閩語的 -ɛŋ」（『中國音韻學研究』p.524）。K 氏所說的閩語，是指汕

頭與廈門。汕頭屬潮州方言圈，因爲這裏的 ɛŋ 無非是相當於潮州的 eŋ 音韻，所以不成問題。廈門的 ɛŋ 不過是依從教會羅馬式的拼字方式而已。依我們的解釋，則是 iəŋ。

直音形式的 eŋ 也許沒什麼線索可尋，如果是 iəŋ 的話，當然可以分析成 -i- 與 əŋ。只要抓住這個線索，剩下的就只有 K 氏的問題了。好歹總算能夠加以解釋了。只是替 K 氏感到遺憾。

依我個人淺見，-i- 與文言音的情況同樣，肯定是三、四等的齊齒介母。而 ə，雖然比第一種的 a 狹窄，大概是象徵比文言音的 o 寬廣的母音而出現的。在共時論的音韻體系上，曾、梗攝的文言音的字，雖然亦有這個形式，但是原來的形式既不同（〔iəŋ〕：〔iˀŋ〕），其來歷亦不一樣。通攝與曾、梗攝的關係本來就很少。

至於沒出現於福州，並非起初在福州就沒有(很難想像傳承至閩南、潮州，而未傳承至福州)。可能是合併於 yŋ(iuŋ)了。

第一種的形式不論聲母，而且共同出現於唐韻、江韻，跟它比起來，這可以說是本韻(不出現於脣母的，只有三、四等)的特殊形式。下面是兩種白話音形式很明顯地重複出現的寶貴例子。

	台南	廈門	十五音	泉州	潮州	福州
共	kioŋ²	kioŋ²	kioŋ²	kioŋ²		kyŋ²
⎰	kaŋ²	kaŋ²	kaŋ²	kaŋ²	kaŋ²	
⎱	kiəŋ²					
觸	cˈiok⊐	cˈiok⊐	cˈiok⊐	cˈiok⊐	cˈok⊐	cˈyk⊐
⎰	tak⊐	tak⊐	tak⊐	tˈak⊐		

$\underset{\llcorner}{}$c'iək　c'iək

「共」kaŋ⁻ 爲〈協力〉〈多管閒事〉之意。kiəŋ⁻ 爲〈匯集，拼湊〉之意。

「觸」tak₋ 爲〈牛等以角牴觸〉〈絆倒〉之意。c'iək₋ 爲「觸惡」c'iək₋ o⁻〈骯髒〉之意。

具有第一種形式的詞素，作爲白話來說，相當圓熟了。而具有第二種形式的詞素，則可明顯地看出仍然殘留若干與白話不同的文言味。這不外乎是因爲第二種形式的層是新的。

其他零星的形式如下。

	台南	廈門	十五音	泉州	潮州	福州
嵩心	₋sioŋ	₋sioŋ	₋sioŋ	₋sioŋ	₋soŋ	₋suŋ
蹤精	₋coŋ	₋coŋ	₋coŋ	₋coŋ	₋coŋ	₋cuŋ
縱精	₋cioŋ	₋cioŋ	₋coŋ	₋cioŋ	₋coŋ	
束書	sok₋	sok₋	sok₋	sok₋	sok₋	suk₋

這些是一等的形式。除了「束」以外，都是純粹的文言。「束」sok₋ 爲〈束，捆〉〈捆紮〉之意，是文言音亦是白話音。宜認爲是例外吧?!

	台南	廈門	十五音	泉州	潮州	福州
燭	ciok₋	ciok₋	ciok₋	ciok₋		cuok₋

這是藥韻的形式。亦應認爲是例外吧！

	台南	廈門	十五音	泉州	潮州	福州
熊	ˬhioŋ	ˬhioŋ	ˬhioŋ	ˬhioŋ	ˬhioŋ	ˬhyŋ
	ˬhim	ˬhim	ˬhim	ˬhim	ˬhim	

「熊」ˬhim 是〈熊〉之意。

「熊」以「灬」亦即「炎」爲聲符（『說文』載有「從能，炎省聲」）。「炎」屬談部 *ɪam，現今亦讀成 iam²。因而 –m 大致可認爲是保留了上古音的殘餘。

8.1 8聲調 →7聲調

閩南❷與福州爲陰調4──陰平、上、陰去、陰入，陽調3──陽平、陽去、陽入的7種，只有潮州爲湊足了陰陽調及平上去入的8種。這一點已在3.音韻體系裏提到過。

其與中古音的對應關係如下。

方言＼古調 清濁	平		上			去		入	
	清	濁	清	次濁	全濁	清	濁	清	濁
閩南 福州	陰平	陽平	上		陽去	陰去	陽去	陰入	陽入
潮州	陰平	陽平	陰上		陽上	陰去	陽上 陽去	陰入	陽入

潮州的對應反而不甚明朗。

閩南與福州，只有上聲無陰陽調的對立。到目前爲止，單純地叫做上聲，本來是陰上。因爲中古音的上聲淸音進入這裏邊。

事實上，潮州的陰上是以中古音的上聲清音爲主體。

上聲全濁音進入陽去，乃中國各方言的一般傾向。這種變化從較早的時期就已發生。

李涪(9世紀的人)的『刊誤』裏，全濁音未分上去聲，反而說將其分開的『切韻』是吳音而加以非難，這個傳說非常有名。從王力氏對中唐詩人的押韻所作的調查來看，推定此變化最遲在 8 世紀以前就已經結束。❸

因而，閩南與福州的體系，大體上看起來好像是傳承了經此變化後的中原方言的體系。但如果是這樣的話，那麼它跟潮州的關係怎麼樣呢？

潮州的上聲全濁音與去聲濁音的一半左右爲陽上。認爲那是跟漳州分裂後獨自發生的形式，總覺得不自然。因爲一旦變成陽去之後，再分開爲陽去 proper 與陽上的新聲調，這種音韻條件是沒法說明的。

於是，我們不得不認爲：潮州所擁有的調類，是傳承了本來在閩音系就有的。當然，閩南與福州的調類，爲那以後所發生的變化。

現在，我們從潮州得來的啓示，可以認爲閩音系原來的體系大體如下。❹

古調 方言清濁	平		上			去		入	
	清	濁	清	次濁	全濁	清	濁	清	濁
閩祖語	陰平	陽平	陰上		陽上	陰去	陽去	陰入	陽入

　　閩南與福州，陽上與陽去合流了。其結果，變成了與「李涪型」一樣。

　　在潮州，對於去聲濁音各半出現於陽上、陽去，將如何解釋呢？

　　將陽上的字與陽去的字仔細研討的話，大致上，似乎前者是文言的，而後者是白話的差異。例如：

　　　賴　（來母）　ᶜnai　：luaᵓ
　　　爛　（來母）　ᶜlaŋ　：nuaɴᵓ
　　　舊　（群母）　ᶜkiu　：kuᵓ
　　　健　（群母）　ᶜkieŋ　：kiaɴᵓ
　　　···

　　　⎰　昧　（明母）　ᶜmue
　　　⎱　妹　　　　　　mueᵓ
　　　⎰　陋　（來母）　ᶜlou
　　　⎱　漏　　　　　　lauᵓ
　　　⎰　悟　（疑母）　ᶜŋo
　　　⎱　誤　　　　　　gouᵓ
　　　⎰　援　（云母）　ᶜueŋ
　　　⎱　院　　　　　　iɴ
　　　⎰　捕　（並母）　ᶜpu
　　　⎱　步　　　　　　pouᵓ
　　　⎰　錠　（定母）　ᶜteŋ
　　　⎱　定　　　　　　tiaɴᵓ

恃　(禪母)　꜀cʻi
市　　　　　cʻi꜄

校　(匣母)　꜀hau
效　　　　　hau꜄

⋯⋯⋯⋯⋯⋯⋯⋯⋯⋯⋯⋯⋯⋯⋯⋯⋯⋯

　　這樣的事實，在暗示有作爲陽去來傳承的舊層與作爲陽上來傳承的新層重複的情形。舊層的體系裏，上聲全濁音是陽上，去聲濁音是陽去。而在這上面，覆蓋了上聲全濁音跟去聲濁音共同變成爲陽上後的新層。

舊	層		
	清	次濁	全濁
上	陰	上	陽上
去	陰去	陽去	

新	層		
	清	次濁	全濁
上	陰	上	上
去	陰去	陽	

　　新層陽上的本質，與「李涪型」沒有什麼不同。7 聲調型的特徵是，主要是上聲與去聲合起來成爲 3 個聲調。上聲只有一個，去聲分爲陰陽是一般傾向。即使有上聲分爲陰陽，去聲只有一個的方言存在，亦不足爲奇。

　　再說，新層的陽上與舊層的陽上的調值，肯定是類似的。所以即使重疊，陽上亦只出現一個。但是，新層的陽上與舊層的陽去，調值有相當大的差異。所以，重疊後的結果，陽上與陽去各有一半出現。

　　潮州的「強的陽上、弱的陽去」(參閱 3.3.3)，充分說明這種

新舊兩層重疊的情形。

　　但是，「強的陽上」對「弱的陽去」，在體系上總覺得不平衡，並不好。所以自然地產生了從「弱的陽去」往「強的陽上」合流的傾向。海南島的萬寧方言❺，有下面的體系的報告。

　　　　陰平 ⌐　陰上 ⊣　去 ╱　　陰入 ⌐
　　　　陽平 ⌐　陽上 ╲　　　　　陽入 ⌐

這不外乎是「弱的陽去」往「強的陽上」合流的結果。在這個萬寧體系裏，如果把陽上改叫陽去的話，那就變成閩南與福州的體系了。

8.2　特殊形式

　　在白話音體系裏，次濁音的出現方式較爲特殊。

　　①　上聲次濁音，在文言音裏，與清音同被讀成上聲。而在白話音裏，則比照全濁音，進入陽去裏邊。

尾	﹂bi	：mi²	量詞
網	﹂boŋ	：baŋ²	〈網〉
呂		lu²	〈呂，姓氏〉，傳統上當做文言音處理。
老	﹂lə	：lau²	〈老〉
懶	﹂lan	：nuaɴ²	〈懶散、不檢點〉

卵　luan^ˀ：uəŋ^ˀ　〈蛋〉，文言音爲特例。可能是從白話來的類推。

兩　ᶜlioŋ：nəŋ^ˀ　〈二〉

耳　ᶜni：hiN^ˀ　〈耳〉

五　ᶜŋo：go^ˀ　〈五〉

午　ᶜŋo：go^ˀ　〈午〉

蟻　ᶜgi：hia^ˀ　〈螞蟻〉

藕　ᶜŋo：ŋau^ˀ　蓮藕 ₌lian ŋau^ˀ〈蓮藕〉

雨　ᶜu：ho^ˀ　〈雨〉

有　ᶜiu：u^ˀ　〈有〉

遠　ᶜuan：həŋ^ˀ　〈遠〉

癢　ᶜioŋ：cioN^ˀ　〈癢〉

這些白話音，在潮州爲陽上。另外，如在註釋❷所看到的，晉江亦以陽上出現。

這顯示上聲次濁音與上聲全濁音一同，亦即濁音合成一體後，另外有一個被讀成陽上的舊層。

在閩南與福州的體系裏，上聲全濁音變成陽去的時候，大概是一道走的。

② 平聲次濁音，在文言音裏，與全濁音一同被讀成陽平。而在白話音裏，則比照清音，進入陰平裏邊。

貓　₌biau：₌niau　〈貓〉

摸　₌bo：₌boŋ　〈摸〉

微　_‿bi　　：_‿bui　　〈(眼睛)睜不開，惺忪〉

拈　_‿liam　：_‿niɴ　　_‿liam 是文言音亦是白話音，

〈用母指與食指挾取米粒等物〉。

_‿niɴ 為〈用食指與中指來挾取

瓶內的東西〉之意。

　　入聲次濁音，在文言音裏，與全濁音同被讀成陽入，而在白話音裏，則比照清音，進入陰入裏邊。

抹　buat_‿　：bua2_‿　〈塗抹〉，文言音為特例。可

能從是白話音來的類推。

落　lok_‿　　：lak_‿　　〈掉落(下)〉

　　❷是北京為首，在其他方言亦可廣泛見到的現象。例如在北京：貓〔_‿mau〕、撈〔_‿lau〕、扔〔_‿zəŋ〕；抹〔_‿ma〕、捏〔_‿nie〕、勒〔_‿lə〕(就次濁音入聲來說，去聲為其原則)。

　　次濁音裏，除了普通的濁音性調音外，可能還有清音性的調音變種存在。❻這後者的系統，在閩音系裏亦被作為白話音流傳的吧！

8.3　例外

將平聲清音讀成陽平的字

堤　_‿tʻe　　　　提(定齊開四)_‿tʻe 的類推嗎？另外，在

鍾祥亦讀成像定母。

掏　$_\subset$tə　　　合乎『集韻』的「徒刀切」。

揪　$_\subset$c'iu　　合乎『集韻』的「字秋切」。

攙　$_\subset$c'am　　讒、饞(崇咸開二)$_\subset$c'am 的類推吧?!

鼾　$_\subset$huaN　　〈打鼾〉

灣　$_\subset$uan　　臺灣$_\subset$tai $_\subset$uan〈臺灣〉

圈　$_\subset$k'uan　符合『集韻』的「逵員切」。

荀　$_\subset$sun　　旬(邪諄合四)$_\subset$sun 的類推吧?!

詢　$_\subset$sun　　同上。

滂　$_\subset$poŋ　　符合『集韻』的「蒲光切」。

妨　$_\subset$hoŋ　　防(奉陽合三)$_\subset$hoŋ 的類推吧?!

將平聲清音讀成上聲的字

葰　$^\subset$ui　　　符合『集韻』的「鄔毀切」。

鼾　$^\subset$han

蝙　$^\subset$pian　　扁，匾(幫銑開四)$^\subset$pian 的類推吧?!

將平聲清音讀成陰去的字

嵌　k'am$^\supset$　合乎『集韻』的「苦濫切」。

竣　cun$^\supset$　　俊(精稕合四)cun$^\supset$ 的類推吧?!

鋼　kəŋ$^\supset$　　符合『集韻』的「古浪切」。

將平聲清音讀成陽去的字

俱　ku$^\supset$　　『集韻』載有「一曰具也」。具(群遇

合三)爲 ku꜇。

崎　kia꜇　〈坂〉〈坡度大〉

暹　siam꜇

將平聲濁音讀成陰平的字

于　꜀u　符合『集韻』的「邕俱切」。

雛　꜀c'u　與雌(清支開四)꜀c'u 混淆。

苔　꜀t'ai　胎(透咍開一)꜀t'ai 的類推吧?!

酣　꜀ham　從『韻會』載有「俗作呼甘切者非」來看，似有讀成曉母的傾向。

甜　꜀tiɴ　〈甜〉。

捐　꜀kuan　從官話(北京〔꜀tɕyan〕)來的借用形。

矜　꜀k'im

蹲　꜀cun　尊(精魂合一)꜀cun 的類推吧?!

莖　꜀kiəŋ　經(見青開四)꜀kiəŋ 的類推吧?!

鯨　꜀kiəŋ　京(見庚開三)꜀kiəŋ 的類推吧?!

將平聲濁音讀成上聲的字

媽　꜂ma　馬(明馬開二)꜂ma 的類推吧?!

拿　꜂na

跑　꜂p'au　〈疾驅〉，文言味較濃。從官話(北京〔꜂p'au〕)來的借用形的可能性很大。

撓　˪lau　　　　符合『集韻』的「女巧切」。

研　˪gian：˪giəŋ

將平聲濁音讀成陰去的字

袍　p'au˥　　　　〈男性穿的長上衣，袍〉

將平聲濁音讀成陽去的字

炎　iam˥　　　　與焰(以豔開四)iam˥ 混淆。

凡　huan˥

便便宜　pian˥　與便方便(並線開四)pian˥ 混淆。

將上聲清音讀成陰平的字

者　˪cia　　　　〈這裡〉，˪cia 的訛音。參閱7.2

組　˪co

僥　˪hiau　　　　與憢(曉蕭開四)˪hiau 混淆。

將上聲清音讀成陰去的字

頦　k'ə˥　　　　與堁(溪過合一)k'ə˥ 混淆？

企　k'i˥　　　　符合『集韻』的「去智切」。

癸　kui˥　　　　去聲有悸、俟、睽等字，有從類推讀
　　　　　　　　成去聲的可能性。

叩　k'o˥：k'au˥ 符合『集韻』的「丘候切」。

纂　c'uan˥　　　纂(切諫開二)c'uan˥ 的類推吧?!

將上聲清音讀成陽去的字

俾　pi²　　　婢(並紙開四)pi² 的類推吧?!

儘　cin²　　　與盡(從軫開四)cin² 混淆。

頸　kiəŋ²

將上聲濁音讀成陰平的字

妓　ₒki　　　符合『廣韻』的又音「居宜切」。

將上聲濁音讀成陽平的字

唯　₌i　　　符合『廣韻』的又音「以追切」。

鮑　₌pau

將上聲濁音讀成上聲的字

苧　ᶜtʻu

釜　ᶜhu　　　在北京、鍾祥都讀像非(、敷)母。

駭　ᶜhai　　　在臨川亦不屬陽去，讀爲上聲。

薺　ᶜce　　　擠、霽(精薺開四)ᶜce 的類推？

皖　ᶜuan　　　在鍾祥亦讀如影母(上聲)。

很　ᶜhun　　　在鍾祥亦讀像曉母(上聲)。

窘　ᶜkʻun

菌　ᶜkʻun

盾　ᶜtun

囤　ᶜtun

憤　ᶜhun　　　在臨川亦不屬陽去，讀成上聲。

上上山　^{c}sioŋ　　為與去聲的「上上面」sioŋ^{ɔ}有所區別，而讀成上聲的。

強勉強　^{c}kioŋ　　在北京亦不屬去聲，讀成上聲。

晃　　　^{c}hoŋ　　在北京除了去聲以外，還有上聲的讀法。

挺　　　^{c}t'iəŋ　　符合『集韻』的「他頂切」。

艇　　　^{c}t'iəŋ　　挺的類推。

將去聲清音讀成上聲的字

悔　　　^{c}hue　　符合『廣韻』的「呼罪切」。

藹　　　^{c}ai　　　符合『韻會』的「倚亥切」。

瘦　　　^{c}so　　　叟(心厚開一)^{c}so 的類推？

腕　　　^{c}uan　　宛、碗(影緩合一)^{c}uan 的類推吧?!

振　　　^{c}cin：^{c}tin　符合『集韻』的「止忍切」。

訪　　　^{c}hoŋ　　符合『正字通』的「妃罔切」。

統　　　^{c}t'oŋ　　符合『韻會』的「吐孔切」，『正韻』的「他總切」。

諷　　　^{c}hoŋ

將去聲清音讀成陽去的字

貸　　tai^{ɔ}　　　代(定代開一)tai^{ɔ} 的類推吧?!在蘇州，鍾祥，臨川亦讀成陽去。

傶　　hai^{ɔ}　　　似乎有未收錄於韻書匣母的反切。參閱6.13

潲　siau$^{}$

伺　su$^{}$　　　　飼，嗣(邪志開四)su$^{}$ 的類推吧?!

扮　pan$^{}$　　　　與辨(並襉開二)pan$^{}$ 混淆?!

濺　cuaN$^{}$　　　〈水等噴出〉，符合『集韻』的「才
　　　　　　　　　線切」。

將去聲濁音讀成陰平的字

劑　$_{⊂}$ce

將去聲濁音讀成陽平的字

鮑　$_{⊂}$pau　　　符合『廣韻』的又音的「薄交切」。

售　$_{⊂}$siu　　　符合『韻會』的「時流切」。
　　　　　　　　　在臨川亦讀成陽平。

療　$_{⊂}$liau　　　燎(來宵開三)$_{⊂}$liau，遼，撩(來蕭開四)
　　　　　　　　　$_{⊂}$liau 的類推吧?!

釅　$_{⊂}$giam　　　嚴(疑嚴開三)$_{⊂}$giam 的類推吧?!

梵　$_{⊂}$huan　　　帆(奉凡合三)$_{⊂}$huan 的類推吧?!

戀　$_{⊂}$luan　　　鸞(來桓合一)$_{⊂}$luan 的類推吧?!

殉　$_{⊂}$sun　　　符合『集韻』的「松倫切」。

將去聲濁音讀成上聲的字

署　$^{⊂}$su　　　　在鍾祥亦不屬去聲，讀成上聲。

屢　$^{⊂}$lu　　　　在北京亦不屬去聲，讀成上聲。

餞　$^{⊂}$cian

玩　〇guan　　阮(疑阮合三)〇guan 的類推吧?!

傍　〇poŋ　　榜(幫蕩開一)〇poŋ 的類推吧?!

將去聲濁音讀成陰去的字

鑢　luˀ　　　〈擦、搓〉

敝　peˀ　　　符合『集韻』的「必袂切」。

幣　peˀ　　　同上

翡　huiˀ

召　tiauˀ

漏　lauˀ　　　〈洩漏、卸下〉。另有規則性的形式
　　　　　　　 lauˀ〈屋頂漏(雨)〉。

復　hiuˀ

鴆　tˈimˀ

蛋　tanˀ　　　作爲「 皮蛋」ₔpˈi tanˀ〈皮蛋〉的詞
　　　　　　　 素出現。

棧　cianˀ：canˀ

將入聲清音讀成陽入的字

踏　tapₔ：taˀₔ　符合『集韻』的「達合切」。

脅　hiapₔ　　 在臨川亦不屬陰入，讀成陽入。

爆　pokₔ　　　符合『集韻』的「弼角切」。

的　tiəkˀ

將入聲濁音讀成陽去的字

昨　ca², caN²　　乍(崇禡開二)ca², caN² 的類推吧?!

幕　mo²　　　　符合『廣韻』的又音「莫故切」。

將入聲濁音讀成陰入的字

峽　kiap˲　　　夾，袷(見洽開二)kiap˲，莢(見帖開四) kiap˲ 等的類推吧?!

俠　kiap˲　　　同上。

聶　liap˲　　　以聶為聲符的字，皆讀成 liap˲。

蟄　cip˲　　　符合『集韻』的「質入切」。

捋　lat˲

曷　at˲　　　　符合『集韻』的「阿葛切」。

轄　hat˲　　　瞎(曉鎋開二)hat˲ 的類推吧?!

嚼　ciok˲　　　爵(精藥開四)ciok˲ 的類推吧?!

芍　ciok˲　　　勺、妁、酌(章藥開三)ciok˲ 的類推 吧?!

栗　liək˲

淑　siok˲　　　叔(書屋合三)siok˲ 的類推吧?!

結論

9. stratification

9.1 基本層與次要層

前面所述將重點放在文言音與白話音的對應關係，主要以臺南、廈門、「十五音」(漳州)、泉州、潮州、福州的六個方言，進行了比較與探討。

閩音系是由文言音與白話音這兩個大的層所構成的，當初這種推斷並沒有差錯。但在詳細考察後，便知道比想像的要複雜多了。

不論文言音與白話音，除了明顯可見到的基本層以外，另有小的次要層。實際上，將這個層試加分開來看，是留給我們的最後的課題。

關於聲調方面，在 8. 聲調裏大概已經詳盡探討過了，擬予以省略。焦點無論怎麼說也是在聲母與韻母方面。而且毋寧是聲母不如韻母，文言音不如白話音較有問題。

以下的表，是就臺南的情形整理出來的。為求單純化，將特例的形式予以捨棄。文言音與白話音重疊為一個形式的話(亦即，是文言音亦是白話音)，作為文言音處理乃是傳統的處理方法。我們亦依照這種處理方法。否則的話，記述將變得煩瑣。

9.2 聲母

	A	B	C	D	備　　　　考
幫 滂 並 明		 b*	p p' p, p' b, m		 *馬　非鼻音化的形式
非 敷 奉 微		p* p'* p, p'* m*	h h h b		*重唇音的保存為白話音的一大特 　徵 *尾 mi²
端 透 定 泥		 l*	t t' t, t' l, n		 *奶　非鼻音化的形式
來		n*	l		*-N 之前
精 清 從 心 邪		 c'* c, c'*	c c' c, c' s s		 *s 的訛音吧！ *同上
知 徹 澄			t t' t, t'	c c' c, c'	
莊 初 崇 生			c c' c, c', s s		
章 昌	k*, t** k'*, t'**		c c'		*枝　齒 ** 在上古音是舌音的殘餘

				備考
船	t**	c	s	
書		c, c'	s	
禪		c, c'*	s	* 與船母的 c，同爲有聲塞擦音的殘留
日		l*, n**	l(z)	* 汝 非鼻音的形式 ** -N 之前
見			k	
溪			k'	
群			k, k'	
疑		h, '	g, ŋ	
曉			h	
匣		k,k',*'	h	* 作爲群母字的讀法
影			'	
云		h*	'	* 匣母的殘餘
以	s, c		', l(z)*	* 主要是虞韻的字

　　設立了 A, B, C, D 四個層，這是象徵性的。將白話音的基本層拿到 B 層，而爲了看起來比它更舊的形式，另設了個 A 層。用同樣的要領，將文言音的基本層移到 C 層，而爲了看起來比它更新的形式，另設了個 D 層。關於聲母方面，這樣大致上應是妥當的吧！

9.3　韻母

	A	B	C	D	E	F	備　　考
歌	a 阿		ua		ə		
戈合一			ua 唇音	{ə} 舌齒	ə		
	io 茄			{uə} 牙喉			
戈開三					a		
戈合三				{uə}	a	ia 靴	

	A	B	C	D	E	F	備　　考
麻			e		a		
麻三		ua 舌齒			ia		
麻合二			ue		ua		
模					o	ə 部	
魚				{əi} 舌齒	o 齒上		
					u 其他		
虞		iu 舌齒			u 唇音		
					o 齒上		
	o 唇牙喉				u 其他		
咍				{ə}	ai		
泰			ua		ai		
皆			e	{əi}	ai		
佳			e	{əi}	ai, a*		*麻韻的形式
夬			e		ai		
祭		ua 舌齒	i 世	{əi}	e, i		
廢					ai		
齊		ai	i	{əi}	e, i		
灰		ai 內		{ə} 舌齒	ue		
				{uə} 唇牙喉			
泰合		ua 外		{uə} 唇牙喉	ue		
皆合			ue		uai		
佳合			ue		uai, ua		
夬合			ue		uai, ua		
祭合				{ə} 舌齒	ue		
				{uə} 唇牙喉			
廢合					ui 唇音	i 肺	
				{uə}	ue 牙喉		
齊合					ui		
					e*		*開口的形式

	A	B	C	D	E	F	備　　考
支		ua 舌齒 ia 牙喉	i 齒頭		齒頭齒上 i 其他		
脂		ai	i 齒頭		u 齒頭齒上 i 其他		
之		ai	i 齒頭		u 齒頭齒上 i 其他		
微					i		
支合				{uə}	ue 齒上 ui 其他		
脂合					ue 齒上 ui 其他		
微合				{uə}	ui		
豪		ə	au		ə	au 高	
肴			a		au		
宵			io		iau		
蕭			io		iau		
侯			au		o		
尤		au 舌齒牙喉	u 唇牙喉		u 唇音 o 齒上 iu 其他		
幽					iu		
覃·合			aN, aʔ	{əiN}	am, ap		
談·盍			aN, aʔ		am, ap	an 毯	
咸·洽			aN, aʔ	{əiʔ} 夾	am, ap		
銜·狎			aN, aʔ		am, ap		
塩·葉			iN, iʔ		ian 唇音 iam, iap		
嚴·業					iam, iap		
添·帖			iN, iʔ	{əiʔ} 挾	iam, iap		
凡·乏					uan, uat		

	A	B	C	D	E	F	備　　考
侵·緝			am, ap		in 唇音 im, ip iam, iap		
寒·曷			uaN, ua?		an, at		
山·黠		uaN, ua?		{əiN}{əi?}	an, at		
刪·鎋			iN, i?	{əiN}{əi?}	an, at		
仙·薛		uaN,舌齒 uɑ? iaN 牙喉			ian, iat		
元·月		iaN			ian, iat		
先·屑		an, at	iN, i?	{əiN}{əi?}	ian, iat		
桓·末		əŋ(uiN)	uaN, ua?	{ə?}	uan, uat		
山·黠合					uan, uat		
刪·鎋合		əŋ(uiN)		{ueN} {uə?}	uan, uat		
仙·薛合		əŋ(uiN)	iN, i?	{ə?} 舌齒 {uə?} 牙喉	uan, uat ian,牙喉 (iat 四等)		
元·月合		əŋ(uiN)		{uə?}	uan, uat		
先·屑合				{ueN}{ue?}	ian, iat uat 決		
痕		in			un		
眞·質		un 檳	an, at		iək 齒上 in, it		
殷·迄					in, it		
魂·沒		əŋ(uiN)			un, ut		
諄·術					un, ut		
		əŋ(uiN)			in 四等		
文·物					un, ut		

	A	B	C	D	E	F	備考
唐·鐸		aŋ, ak	əŋ, oʔ		oŋ, ok	auʔ	*漳州的借
陽·藥		iaN 娘	ioN, ioʔ		oŋ 齒上	aŋ,* ak	用形
			əŋ		ioŋ,其他 iok		
唐·鐸合		əŋ(uiN)		{uaʔ} 郭	oŋ, ok		
陽·藥合		əŋ, ak			oŋ, ok		
		əŋ(uiN)					
江·覺	oŋ, ok	əŋ, ak	əŋ, oʔ		oŋ, ok 舌齒	auʔ	
					aŋ, ak 唇牙喉		
登·德		əŋ, ak 唇音	an, at		iəŋ, iək		
蒸·職			at 力		iəŋ, iək		
					in, it*		*一部分白
登·德合					oŋ, ok		話音
					iək		
職合					iək		
庚·陌			eN, eʔ		iəŋ, iək		
			iaN, iaʔ				
耕·麥			eN, eʔ		iəŋ, iək		
			iaN, iaʔ				
庚·陌三			iaN, iaʔ		iəŋ, iək		
			eN, eʔ				
清·昔		ioʔ	iaN, iaʔ		iəŋ, iək		
			eN, eʔ				
青·錫		an, at	iaN, iaʔ		iəŋ, iək		
			eN, eʔ		in 屏		
庚·陌合				{ueN}	iəŋ, iək		
耕·麥合				{ueʔ}	iəŋ, iək		
					oŋ		
庚合三					iəŋ		
清·昔合					iəŋ, iək		
青合四					iəŋ		

	A	B	C	D	E	F	備　考
東‧屋			aŋ, ak		oŋ, ok		
冬‧沃			aŋ, ak		oŋ, ok		
東‧屋三	im 熊	aŋ, ak	iəŋ, iək		oŋ, ok 唇音 ioŋ, iok 其他		
鍾‧燭		aŋ, ak	iəŋ, iək		oŋ, ok 唇音 ioŋ, iok 其他		

　　E 層，相當於文言音的基本層。

　　F 層，主要是爲了後來被認爲是從官話來的借用形式而設置的。但是，此形式通常以白話音來處理。

　　以 B 層、C 層、D 層來構成白話音的基本層。沒有必要勉強地限定基本層爲一個。而且那也是不可能的。將不屬任何形式的置於 A 層，這表示在基本的三層以外，還有次要層的存在。

　　在基本的三層裏，D 層最簡潔。只由 {ə}{uə}{ie}{uɐN} 四種形式所構成。依方言之不同而出現方式互異，分布狀況超越攝的範疇。這個種類的形式，極具特徵，所以不便與 B 層、C 層做同樣的處理。

　　分布狀況超越攝的範疇，是因體系的簡單化顯著地進展，進展的情形被認爲是新的形式。但是另一面，依方言的不同而出現的方式互異，花在音韻變化的時間十分長久，所以亦可見在時間上是舊的。大體上依 B、C、D……的順序排列，但未必是 B 層較 C 層是新層。

　　B 層與 C 層的分配較爲困難。C 層，大致以呈現出較佔優勢的出現形式爲基準來構成。如果以桓、末韻爲例的話，在所謂

查的 78 個字中，出現 uaN, ua2形式的有 34 字，佔 43% 強。另外，亦有 əŋ (uiN)的形式。但是，這一形式只有 8 字，只不過佔 11% 強。uaN 的主母音寬廣，而 əŋ (uiN)的主母音狹窄。從形式上來看也會覺得不是屬同一層的。但依據出現方式的強弱，更可以知道它們明顯地屬於不同的層。

但是，例如，像通攝被認爲是同性質的 aŋ, ak 形式，一等的出現方式強，所以置於 C 層。三等另有 iəŋ, iək 的形式，因爲這部分較爲優勢，所以不得不轉移 B 層。因爲有如此的狀況發生，所以前面所定的基準一貫是較爲粗略的，希望能夠同意。

即使如此，關於 C 層，大致上可以指出以下的特徵。第一，一等重韻、二等重韻、三、四等複韻與四等韻是合併的。這跟文言音的體系是一樣的。第二，形成一等是 a，二等是 e，三、四等是 i 的對應關係。

B 層跟 C 層間，也有曖昧的地方，所以有積極地設立另一層的必要。例如，四等韻開口有 a- 與 i 兩種形式出現，但是，層則明顯地不同。i 是跟三、四等複韻合併後的形式，而 a- 則被認爲是直音形式的殘餘。只就這一點來講，可說 B 層較 C 層舊。但是，在對應上，也有不得不擺在 B 層的形式，例如 əŋ (uiN)。這個形式未必是那麼舊的。

文言音層與白話音層之間，最醒目的形式，畢竟是白話音裏出現於陽韻的 -N, -2形式吧！而從其分布情形，可看到下列的特徵。

$$\begin{cases} 咸攝（外轉） & aN：a2；iN：i2；\{əiN\}：\{əi2\} \\ 深攝（內轉） & 無 \end{cases}$$

$$\begin{cases} 山攝（外轉） & iaN：ia2；uaN；iN：i2；əŋ(uiN)；\{əiN\}： \\ & \{əi2\}；\{ueN2\}：\{uə2\}；\{ə2\}；\{uə2\} \end{cases}$$

臻（內轉）　　əŋ(uiN)弱

$$\begin{cases} 宕攝（外轉） & əŋ：o2；ioN：io2；iaN；əŋ(uiN)含江攝 \\ 通攝（內轉） & 無 \end{cases}$$

$$\begin{cases} 梗攝（外轉） & eN：e2；iaN：ia2；io2 \\ 曾攝（內轉） & 無 \end{cases}$$

　　如前所述，相對於外轉爲「主母音長且強，韻尾短且弱」的＞型韻母，而內轉爲「主母音短且弱，韻尾長且強」的＜型韻母。

　　由於 –N 爲 –m, –n, –ŋ，而 –2爲 –p, –t, –k 的弱化形式，所以出現於外轉，而幾乎不出現於內轉，乃是很合理的。內外轉對比這麼鮮明，值得珍視。

　　鼻音化韻母在官話音系的內部，如：蘭州、西安、大原、濟南、昆明等亦可看到其廣泛地出現。這裏介紹一個西安形式的例子。

$$\begin{cases} 旦咸 & t\tilde{a}^{\urcorner} \\ 金潔 & {}_{\subset}t\varphi i\tilde{e} \end{cases} \begin{cases} 扇山 & \S\tilde{a}^{\urcorner} \\ 陳臻 & {}_{\subset}t\S\grave{\tilde{e}} \end{cases} \begin{cases} 旁宕 & {}_{\subset}p'aŋ \\ 公通 & {}_{\subset}koŋ \end{cases} \begin{cases} 耕梗 & {}_{\subset}kəŋ \\ 曾曾 & {}_{\subset}ts'əŋ \end{cases}$$

（據『漢語方音字滙』）

在這些方言裏，中古音的 –m 合流於 –n，一旦形成 –n 對 –ŋ 的體系後，由–n 開始 –N 化(如蘭州，-ŋ 亦發生 -N 化)，所以跟內外轉沒關係。因而，與閩音系的鼻音化韻母，情況並不同。

順便提一下，在與閩音系同列為保守音系的客家語及粵音系裏，除 –m, –n, –ŋ 外，無所謂的鼻音化韻母。只是，僅有閩音系在具有 –m, –n, –ŋ 的同時，另一方面又有鼻音化韻母。這可以說是閩音系韻母體系的最大特徵。❶

10.閩音系的成立

10.1 「閩祖語」的再建構

我認為閩音系裏，似乎有過可稱之為「閩祖語」的。把它再建構起來，並試加推定其成立年代，是我原來的目標。到目前所做的探討，乃是依照這個目標進行的，但是遺憾的是，卻還有很多未完全研究清楚的地方。

話雖如此，關於文言音，我想可以提出大概的成果。那是因為文言音大致上是 synchronic(共時性的)。其具體的年代，從一開始就預測是唐末五代，因為如果是這個年代的話，可參考的音韻資料也很多。另外，又可以跟外國漢字音或其他音系做比較，得助於豐富的 information(資訊)。

首先，試就聲母體系再建構的話，唇音有重唇音與輕唇音兩個系列。

幫母為〔p〕

滂母為〔p‘〕

並母為〔p〕〔p‘〕　中古音的全濁音聲母，並不像吳音系

那樣以濁音來傳承。讀成無氣音的較佔優勢。陽平的字，讀成有氣音的爲數眾多，但並不像北京那樣地有規則。

在閩南爲無氣音，但在潮州讀成有氣音的字，並不少。

	旁	貧	談	慈	群
閩南	₌poŋ	₌pin	₌tam	₌cai	₌kun
潮州	₌p'aŋ	₌p'iŋ	₌t'am	₌c'ai	₌k'uŋ

這雖然也有可能是潮州受到官話或客家話的影響，或是「閩祖語」像北京那樣，陽平的字原則上是次清音，卻在閩南等地大大地瓦解了。

明母爲〔m〕 在閩南、潮州，有 m 與 b 兩種形式。b 佔壓倒性的優勢，b 是在閩音系裏非鼻音化進展的結果（參閱6.3）。非鼻音化，就泥母、疑母來說，亦同。

非母、敷母、奉母爲〔h͡u〕 爲模倣輕唇音化後的〔f〕。輕唇音的發生，普通認爲是在唐代中期、七世紀末。由此事實來看，可以確切地說文言音乃是反映 7 世紀以後的中原音體系的。

微母爲〔b͡u〕 在閩南、潮州裏，與明母的 b 合而爲一。在福州，受到後續的 u 韻母影響而變化成〔w〕，似變成可解釋爲／，／的音韻。

端母爲〔t〕

透母爲〔t'〕

定母爲〔t〕〔t'〕

泥母爲〔n〕

來母爲〔l〕

精母爲〔ts〕〔tɕ〕

清母爲〔ts'〕〔tɕ'〕

從母爲〔ts〕〔tɕ〕，〔ts'〕〔tɕ'〕

心母爲〔s〕〔ɕ〕　用聲調跟邪母區別。

邪母爲〔s〕〔ɕ〕

知母爲〔t〕　舌上音在中原音爲捲舌的齒內音。它卻變成普通的齒內音，而與舌尖音無所區別。舌上音在中原，被認爲進入宋代後變成了塞擦音。由此事實，可以確切地說文言音並不是反映了北宋以後的中原音體系。

徹母爲〔t'〕

澄母爲〔t〕〔t'〕

莊母爲〔ts〕　齒上音在中古音時已經是捲舌音了。但是閩人不喜捲舌音，而以普通的塞擦音來模倣。結果，與齒頭音無所區別。

各方言均有一小部分出現〔tɕ〕類的舌面音。此爲受到 i 韻母的同化。齒上音與 i 韻母結合，本來是沒有的。這是閩音系裏特殊的變化。

初母爲〔ts'〕

崇母的平聲是〔ts'〕，仄聲是〔ts〕，只有之韻的字是〔s〕

生母爲〔s〕

章母爲〔tɕ〕　正齒音在中原音爲〔tʃ〕類的齒莖硬口蓋（顎）音。〔tɕ〕與〔tʃ〕的差異非常微細，閩人可能以爲做了正確的模倣。

昌母爲〔tɕ'〕

船母、禪母爲〔ɕ〕　中原音裏已無區別存在。

書母為〔ɕ〕　以聲調來與船母、禪母作區別。

日母為〔ⁿz〕　在閩南，變化成〔dz〕。在泉州系，更變化成〔l〕而似與來母混淆。在福州，可探索出〔ⁿz〕→〔z〕→〔j〕／，／的變化。任一方言裏都可以看到 n 的脫離形式，這一點須加以注意。

見母為〔k〕

溪母為〔k'〕

群母為〔k〕〔k'〕

疑母為〔ŋ〕

曉母為〔h〕

匣母為〔h〕　用聲調跟曉母區別。

影母為〔ʔ〕

云母為〔ʔ〕　嚴格地說，可能是 gradual beginning 吧！實際上，以不跟開口韻母結合，來跟影母區別。

以母為〔j〕　實際上，以只與 i 韻母結合，來跟云母區別。合口韻的場合則可能是〔z〕。從結果來看，〔z〕與日母的〔ⁿz〕合一而被傳佈下來。

韻母將假攝包攝於果攝，江攝包攝於宕攝，為 14 攝的體系。

果攝

歌	韻			
戈	韻唇音	} 〔ɔ〕❶		
戈	韻其他	〔uɔ〕		

遇攝

模	韻	〔o〕
魚	韻齒上❷	〔o〕
魚	韻其他	〔y〕

戈開三韻

戈合三韻

麻　韻　〔a〕

麻三韻　〔ia〕

麻合二韻　〔ua〕

蟹攝

哈　韻 ┐
泰　韻 │
皆　韻 ├〔ai〕❹
佳　韻一部分 │
夬　韻 ┘

佳　韻一部分　〔a〕

祭　韻 ┐〔ie〕❺
齊　韻 ┘

廢　韻　〔ai〕

灰　韻 ┐〔ᵘɔi〕❻
泰合韻 ┘

皆合韻 ┐
佳合韻一部分 ├〔uai〕
夬合韻一部分 ┘

佳合韻一部分 ┐〔ua〕
夬合韻一部分 ┘

祭合韻 ┐〔ⁿɔi〕
廢合韻牙喉 ┘

虞　韻齒上　〔o〕

虞　韻其他　〔u〕

虞　韻唇音　〔u〕

止攝

支　韻齒頭❸齒上 ┐
脂　韻齒頭齒上 ├〔ɨ〕
之　韻齒頭齒上 ┘

支　韻其他 ┐
脂　韻其他 │
之　韻其他 ├〔i〕
微　韻 ┘

支合韻齒上 ┐〔ᵘɔi〕
脂合韻齒上 ┘

支合韻其他 ┐〔ui〕
脂合韻其他 ┘

微合韻　〔ui〕

廢合　韻唇音　　〔ui〕

齊合　韻一部分　〔ui〕

齊合　韻一部分　〔ie〕❼

效攝

豪　　韻　　　〔ɔ〕

肴　　韻　　　〔au〕

宵　　韻　╮
　　　　　　├〔iɛu〕
蕭　　韻　╯

咸攝

覃、合韻　╮
　　　　　│
談、盍韻　│
　　　　　├〔am／ap〕❽
咸、洽韻　│
　　　　　│
銜、狎韻　╯

鹽、葉韻唇音　〔ian〕

鹽、葉韻　╮
　　　　　│
添、帖韻　├〔iam／iap〕
　　　　　│
嚴、業韻　╯

凡、乏韻　　〔uam／uap〕

山攝

寒、曷韻　╮
　　　　　├〔an／at〕
山、黠韻　╮│
　　　　　││
刪、鎋韻　╯

仙、薛韻　╮
　　　　　│
先、屑韻　╯

流攝

侯　　韻　　　〔əu〕

尤　韻唇音　　〔u〕

尤　韻齒上　　〔əu〕

尤　韻其他　╮
　　　　　　├〔iu〕
幽　　韻　　╯

深攝

侵、緝韻唇音　〔in〕

侵、緝韻齒上　〔əm／əp〕

侵、緝韻其他　〔im／ip〕

臻攝

痕　　韻　　　〔ən〕

眞、質韻齒上　〔ək〕

眞、質韻其他　〔in／it〕

魂、沒韻　　　〔un／ut〕

諄、術韻舌齒　〔un／ut〕

元、月韻　　　｝[ian / iat]

恒、末韻　　｝
山、黠合韻　　｝[uan / uat]
删、鎋合韻　｝

元、月合韻唇音　[uan / uat]

元、月合韻牙喉　｝[yan / yat]
仙、薛合韻　　　｝

仙、薛合牙喉四等　｝[ian / iat]
先、屑合韻　　　　｝

文、物韻唇音　　[un / ut]

眞、質韻牙喉三等❾　｝[iun / iut]
殷、迄韻　　　　　　｝

眞、質韻牙喉四等❿　｝[in / it]
諄、術韻四等的一部分　｝

諄、術韻牙喉四等　[iun / iut]

諄、術韻牙喉三等　｝[un / ut]
文、物韻牙喉　　　｝

宕攝

唐、鐸韻　　　[ɔŋ / ɔk]

陽、藥韻齒上　　｝[uɔŋ / uɔk]
江、覺韻舌齒　　｝

江、覺韻唇牙喉　[aŋ / ak]

陽、藥韻其他　[iɔŋ / iɔk]

唐、鐸合韻　｝[uɔŋ / uɔk]
陽、藥合韻　｝

通攝

東、屋韻　　｝[uŋ / uk]
冬、沃韻　　｝

東、屋三韻唇音　｝[uŋ / uk]
鍾、燭三韻唇音　｝

東、屋三韻其他　｝[iuŋ / iuk]
鍾、燭三韻其他　｝

梗攝

庚、陌韻　　｝[əŋ / ək]
耕、麥韻　　｝

清、昔韻　　｝
青、錫韻　　｝[iŋ / ik]
庚、陌三韻　｝

庚、陌合韻一部分　｝[əŋ / ək]
耕、麥合韻一部分　｝

曾攝

登、德韻　　　[əŋ / ək]

蒸、職韻齒上　[ək]

蒸、職韻其他　[iŋ / ik]

登、德合韻一部分　[uŋ / uk]

登、德合韻一部分　｝[iŋ / ik]
職合韻　　　　　　｝

庚、陌合韻—部分 ⎫
耕、麥合韻—部 ⎬ 〔 ʊŋ 〕
　　　　　　　　 ⎭ 　 ʊk

庚、陌合三韻 ⎫
清、昔合韻 　 ⎬ 〔 iŋ 〕
青、錫合韻 　 ⎭ 　 ik

　　註① 最遲在北宋初期，這個形式與豪韻沒有區別的狀態，可由「閩音中選」的詩話得到佐証(參閱 7.1)。

　　在慧琳『一切經音義』的反切，唐五代西北方音，『皇極經世聲音唱和圖』等，相對於歌韻／a／，豪韻爲／au／，並沒發生混淆。令人懷疑文言音所依據的中原音並非標準音。

　　註② 三、四等複韻的二等齒上音，原則上以直音形式出現。這可說是文言音體系的最大特徵。

　　註③ 齒頭音爲〔ɨ〕，亦即，變成直音的只有止攝而已。

　　註②與③在宋代以前的資料看不到，它們被認爲是中世音的特徵。對於將文言音的借入推定爲唐末五代的我們來說，有必要做些解釋。這有兩種可能的解釋。

　　第一種，正如河野六郎博士對朝鮮漢字音所做的嘗試那樣(「朝鮮字音研究」，『朝鮮學報』35 輯，p.204)，認爲這些形式是新的借用形而將層錯開。另一種，從已存在的資料來看，也許確是那樣的情形，但實際上，那樣的特徵並未顯現於資料上，而認爲是在更早的時期就已出現了。

　　就我來說，願擇用後者的解釋。這些形式乃有機性地被編入整個體系裏邊，很難想像它們是新層。如果只有一、二字的話姑且可以不管，但是系統性地做局部的借用，有點難以想像。

　　即使在音韻資料看不到，事實上亦有像註1的現象存在。我認爲不必太拘泥已存在的音韻資料。

　　註④ 一等重韻、二等重韻各行合併後，又再次互相合併。

　　慧琳『一切經音義』的體系裏，一等重韻、二等重韻雖各行合併，但並未再次相互合併。文言音的體系，較慧琳的進行更簡單化了。

　　註⑤ 三、四等複韻與四等韻，及三等單韻，原則上合併了。

註⑥　關於此項表記，請參閱 7.4。

註⑦　合口四等的牙、喉音，是以開口形式出現的字，北京不用說，也比『中原音韻』多得多。

註⑧　-m：-p, -n：-t, -ŋ：-k 的三組韻尾齊全。

『皇極經世聲音唱和圖』裏，將入聲字配置於無尾韻。這在暗示 -p, -t, -k 變化成 -ʔ。由此事實來看，可以確切地說文言音不是反映北宋以後的中原音體系。

註⑨　牙、喉音在整個臻攝中似有一個體系存在。

註⑩　重紐的區別，只在這種情況裏出現。（參閱 7.11）

雖說齒上音與止攝齒頭音的形式有問題，但文言音的體系比『皇極經世聲音唱和圖』裏所象徵的北宋初期的中原音較舊，幾乎是無可置疑的。

問題在於能夠將上限推展至何時。有關這方面，反映 9 世紀初期長安方言的慧琳『一切經音義』的體系，可作為一個標準。與慧琳的相比，文言音體系的簡化非常顯著。此事實，對於我們將上限向上推到 9 世紀以前（唐代中期），具有消極性的限制。

不過，由於方言是有差異的，所以即使比慧琳簡化，也不一定能說其時代就較新。只是，我們並不擁有能夠積極主張有可能比慧琳更舊的資料，而且也沒有那個必要。

從慧琳至『皇極經世聲音唱和圖』之間，在中國政治史上具有重大意義的唐末五代介在其間。在這個時期，唐朝從衰微走向滅亡的道路，天下處於群雄割據的局面。

從文化史來看，此時期具有劃時代的意義，文化、語言的中心地從長安漸次東移至洛陽、開封（汴京）。同時，在地方上，文化亦突然興起，構築了北宋的廣域庶民文化的基礎。

　　就福建來說，杜佑(8世紀末~9世紀初的人)的『通典』卷282載有：「閩越阻僻在一隅，憑山負海，難以德撫。」這樣落後的地域，在『宋史』「地理志」裏卻如下面所描寫的，已達到相當的高度成長了。

　　　　福建路蓋古閩越之地。其地東南際海，西北多峻嶺抵江。王氏竊據垂五十年，三分其地。宋初盡復之。

　　　　有銀銅葛越之產，茶鹽海物之饒。民安土樂業。川源浸灌，田疇膏沃。無凶年之憂。而土地迫隘，生籍繁夥。雖磽确之地，耕耨殆盡。歐直寖貴。故多田訟。

　　　　其俗信鬼尚祀。重浮屠之教。與江南二浙略同。然多鄉學。喜講誦，好為文辭。登科第尤多。

至於成就為高度起飛(take off)的契機，則是王氏的閩國建設，自不待言。

　　王氏是光州固始(河南省南部)有勢力的富農。黃巢之亂時，這個地方遭受了兵害。當時，潮、審知、審邽三個優秀的兄弟出現，誠然是俗諺所謂的「亂世出英雄」。

　　三個兄弟為了自衛，全家族組織了一支軍隊，既被黃巢的軍隊所追趕，又是乘勢進軍，渡過了揚子江。沿贛水繼續南下，從南康(江西省南部)進入臨汀(汀州)。爾後，席捲漳州、泉州，攻陷福州，最後掌握了福建全域。

　　王氏入福建為光啓元年(885)，潮掌握福建實權的地位受到認定，而被唐朝任命為福建觀察使，是乾寧3年(896)。但是，史家則將審知在909年受後梁封為閩王起，到他的孫子延政被南唐包圍而投降的945年這36年作為閩國的壽數。

　　閩國的中心人物，畢竟是第二代統治者的審知(897~925 在位)。從『福建通志』(清人金鑛撰)所記載的情形，可知其政績的大概。

　　　　審知，起隴畝以至富貴，奉身甚儉，好禮下士。王淡，唐相傅之子，楊沂，唐相之從弟，徐寅，唐時知名之進士，此等唐之衣冠舊族皆依審知從仕。又建學四門以教閩士之秀者，選任良吏，省刑輕賦，修睦鄰封，四境安寧，民生不見兵革殆三十年。又招來海中蠻夷商賈海上。……審知崇奉釋教，盛建寺觀。同光 3 年(925)卒。年六十有四。

　　五代十國時期政治方面的特徵，是武人獲得政權之下，以往中原諸國的門閥貴族被驅逐，文人官僚開始得勢。而地方各國則為逃避中央災難而以移住進來的貴族名士從事政治指導。審知的治績，具體地傳佈這類地方國家的政治生態，令人深感興趣。

　　亦即，我們知道，審知厚待唐的衣冠舊族，獲得他們的助力，開始建設國家。英名君主的老套是知道在文教政策方面獎勵學問，廣佈佛教，選任良吏等。不過，那種情況雖然史料未曾提到，但當然同時設定標準語，實施科舉考試。

　　至於被選為標準語的是什麼語言？則王氏一族出身地的光州固始的方言，可能性最大。因為要支配者放棄掉自己的方言總是不可能的❶。這對說長安方言的唐的衣冠舊族可能會感到不方便。但寄人籬下的身份，況且又不是差異很大，被逼之下，不得不妥協。

　　我認為文言音的體系，肯定是在這種歷史背景下借進來的。

　　這種文言音是怎樣普及開來的呢？最初在官立學校裏，由固

始人的老師直接教授閩人的學生。然後，畢業生回到地方開設私塾，傳授閩人子弟。

學生當中，應該有成功地學好中原音的音聲特徵的人。但是，大多數的人厭惡兩重的筋肉調整，而以母語的調音方法來敷衍。亦即進行所謂的音聲代用(phonetic substitution)。在閩人的師生間，不如說這樣的情形較爲普遍吧！於是，輕唇音的〔f〕用 hu，而捲舌音單用塞擦音，靠這樣的做法來傳承的。

關於白話音，要像文言音那樣再建構成一套完整的體系，在現階段的研究來說，還有困難。因爲白話音並非由單一的層形成的，而是基本層至少有三個，它們是怎樣重疊在一起的？亦即，要設定有系統地區分新舊層的基準很困難。白話音的出現方式有很多空隙，畢竟會阻礙作業的進行。

白話音原則上是以個別的語彙傳承下來的。那些語彙是在漫長的歷史上，好幾次如浪潮般蜂擁而來的開拓民所遺留下來的。浪潮有大的，也有小的。基本層的形式，可認爲是對開拓扮演重要角色的集團的音韻體系之一端。

那些是哪個時代哪個地方的方言？具體資料完全沒有。只能藉由調查這個地方的開拓沿革，間接地推測一下而已。

10.2 福建開拓的沿革

福建是閩越族❷的故地。漢族進入這裏，以秦始皇時期設置閩中郡爲開端。但是，閩中郡的設置只不過是個空名而已。

到了漢武帝時，實際上曾經兩度征服這個地區。然後據說將閩越族遷移至江淮間，而把這裏變成廢墟之地。

這實在令人難以置信。即使漢的勢力再怎麼強大，也很難令人想像，能將威令施行到廣大疆域的各個角落。

從東漢末到三國，在江南一帶，「山越」猖獗聞名。既然被稱爲「越」，就不得不認爲有以前的越族的子孫。不過，在被叫做「山越」裏邊，亦有爲了免於大族的徵兵或賦役而逃入山中的漢族下層階級。

漢武帝把這個地方化成廢墟，應可理解爲並沒有考慮要經營這個地域的意思。而武帝之後，並沒有用武力征服。於是，福建便任其步調緩慢的和平式殖民了。

福建的開發，比中國本部的任何地區都要晚。那得歸咎於福建的地理位置與地形。

中國的西北，因爲正當前往中亞的路上，所以從很早的時期就一再地發生過征服。廣東與海南島因爲正當前往南海的路上，所以很早就被置於支配下。福建地處東南隅，而且因爲面臨內陸的三個方位被南嶺所包圍，所以一直被置之不理。

福建的領土化，並非由於中央政府的軍事力、政治力，而是開拓民漸次滲透後的結果。這從語言方面來看的話，是跟中央的影響沒關係，但，它的特性是，一旦被引進的特徵，便容易原封不動地被繼承下去。

至東漢末期，福建尙未見到開拓民的足跡。只是在閩江附近，從很早以前，似乎建設了一個被稱之爲冶或東侯官之類的移民聚落。這並非正式的開拓地，它只是作爲江南與廣州間航路的中繼基地，而且好像是被乘船的人們開設出來的。

　　開拓民的第一波❸，於第 3 世紀湧過來。第一陣從浙江方面而來。他們回溯錢塘江，沿支流之一的江山溪前進，越過仙霞嶺的山頂，從北進入福建(參閱地圖)。

　　建安(196～219)初期，同時設置了以下三縣：南浦溪源頭附近的漢興(今之浦城)，南浦溪與東溪合流點的建安(今之建甌)，建溪與富屯溪與沙溪的合流點的南平。開拓民從那以後，回到南浦溪，進入崇溪而開拓了建平(今之建陽)。

　　在探索漢族發展的足跡時，不管是在發祥地的黃河流域也好，進入華中、華南也好，可知在可能的狀況下，他們儘量利用河川作爲交通路徑。往福建的滲透，亦不過是活用了這項智慧而已。

　　新縣全都隸屬於會稽郡(郡治爲今之紹興)。這表示開拓民是從浙江方面而來的最有力証據。那麼，可以認爲他們的語言便是被稱之爲 proto「吳音」之類的了。

　　當然，關於當時此地的語言的情形並沒任何資料。只是，『顏氏家訓』「音辭篇」裏明載，在六朝末的江南，有上流階級所使用的優雅中原系方言與土著所使用的鄙俗吳音(吳語)的對立。這是我們唯一的線索，話雖如此，如同「移民即棄民」的比喩那樣，前往邊境的開拓民大致上是下層階級較多。

　　開拓民的第二波，是從江西方面來的。他們回溯撫水，沿支流之一的東江往東前進，越過杉關(1500m)之險，從西邊進入福建。

　　他們開闢了富屯溪的上流，進而更開拓了支流金溪的下游。吳永安 3 年(260)，在這兩溪流域設置了昭武與將樂兩縣。

這樣，雖有半世紀的差距，從浙江方面來的開拓民與從江西方面來的開拓民，不期然地集中在福建的西北部。

從江西方面來的開拓民是使用哪一種語言呢？很遺憾地，完全沒有可供作參考的資料。只是從現在的方言分布狀態來推測的話，恐怕是像浙江的「吳音」那樣，或有可稱之為「贛音」的吧！❹

如果是這樣的話，我們可以想像「吳音」與「贛音」在這個地區，起初是互相排斥，但漸漸地混淆起來的過程。結果所形成的，不就可以認為是閩音系的萌芽嗎？

這個地區氣候涼爽，適宜居住❺。所以，在越過仙霞嶺與杉關的路徑被開拓出來後，流入這個地區的各地難民不少。當然，語言方面的情況大概也是複雜的吧！

『甌寧縣志』(1694 年編撰)「卷之七風俗禮文」所載下面的內容，即在說明此間的情形。

建(指建甌)備五方之俗 宋張叔椿記

> 按閩自漢武帝虛其地後，漸實以中土之民。晉永嘉末，中原喪亂，士大夫多攜家避難入閩。建為閩上游，大率流寓者每多建。……今坊市之間窮荒僻壞之處，兩浙西江編十得五。風移俗易，又與中原之氣異矣。

流寓者中有一人是『玉篇』的著者顧野王(519～581)。他在12 歲時隨父親來到建安，而對此地的風光留下深刻的印象，所以晚年可能在此定居以至於歿。

沿岸地方的開發很晚。

浙江方面的開拓民，除回溯錢塘江外，亦有從錢塘江河口涉海灣南下的動向，但並未成爲主流。

沿岸地方的開發，似經由閩江來進行的。其出發點被擬定爲上游各溪的大合流點南平。他們一口氣順閩江而下，到了河口。蓋至唐代初期，閩江中游流域連一個縣治也沒有。於是，以閩江口爲新的出發點，依靠到南部沿岸。此時，可能有以前就從閩江口來的住民，或從浙江南下的一部分開拓民也合流在一起，但主要勢力還是順閩江而下的人們。

南部沿岸中最早被開發的，是晉江口的東安(現在的南安)。在吳(228～280)的時期，已設了縣，隸屬建安郡管轄。

所謂建安郡(郡治在建安)，是吳永安 3 年(260)，專爲管轄向來屬會稽郡所轄的福建領內的新縣而新設立的。

到了晉太康 3 年(282)，從建安郡裏邊分出晉安郡來。

新的建安郡的管轄區域，是建安、吳興(舊漢興)、延平(舊南平)、邵武、將樂、建陽(舊建平)、東平(位置不明)等七縣，相當於建安郡 proper。

晉安郡的管轄區域，是侯官(以前的東侯官)、東安(既出)、原豐(現在的閩侯縣內)、同安(現在的同安)、溫麻(現在的連江)、新羅(現在的長汀西南)、宛平(位置不明)、羅江(位置不明)等八縣，郡治設在原豐。

這個情形在暗示：開發的焦點在 3 世紀末時移至沿岸與西南部了。

在遠離沿岸的西南內陸設置了新羅，靠從江西回溯貢水來的開拓民之手的可能性較大。至於與沿岸各縣同樣屬晉安郡的理由，並不太淸楚。晉安郡恐怕是總管建安郡管轄以外的縣，是個雜亂機構的新郡吧！

現在，這裏是「客方言區南組」的中心。但是，客家是特殊的集團，其存在爲人所知是在更晚的後世，新羅的建置大概跟客家根本沒有關係。

從東晉到南朝(318～559)，福建無疑地是被大加開發，這是一般的常識。但是，就記錄上所看得到的，似乎沒有那樣的情形。

廣東沿岸比浙江或福建的開發似更加進展。從 4 世紀中期至 5 世紀初期(從東晉中期至後期)，特別壯觀。以珠江三角洲爲中心，亦擴及韓江三角洲。

晉義熙 9 年(413)，在韓江三角洲設義安郡，爲廣州所屬。義安郡管轄的縣，是海陽(現在的潮安)、義招(現在的大埔縣西 70 華里)、海寧(現在的惠來縣西部)、潮陽(現在的潮陽縣北西 35 華里)、綏安(現在的漳浦縣西南)等五縣，郡治設在海陽。

其中，綏安位於福建省內。此爲有史以來，開拓民首次從南邊進入福建。福建南部與廣東東部關係很深，如後來所看到的，唐代中期，開拓民從福建方面大舉蜂擁而出，這樣便知道最初是從廣東方面移進來的。

浙江的開發意外地並沒有進展。4 世紀後半，不過只設兩個縣——樂安(現在的仙居縣西部)與樂成(現在的樂清)，而且反而往北

遠離省境。

福建的內陸地區，東晉隆安 3 年(399)，在金溪的更上游設置綏成(現在的建寧)。另外，開拓民首次回溯沙溪，還停滯在下游。405～416 年之間，不過只開拓了沙村(現在的沙縣)。

沿岸的開發步調亦不快速。梁大同 4 年(540)，同時設置了九龍江口的龍溪與其上游的蘭水(現在的南靖縣內)。龍溪因其地理位置的重要性，發展迅速，在隋代所進行的大改革時，得以繼續存在。

陳惠帝年間(566～568)，在閩江與晉江中間的興化灣內部，設置莆田。龍溪與莆田的建置，在暗示南朝末期，沿岸的開發依然很盛行。

另外，如上所述開拓民的活動，基本上，應該認為是東漢時代的漢族往揚子江南岸發展的餘波。而其催化劑，則是晉室的南遷。

移民潮在幾個世紀後便沈靜下來了。在動盪中，開拓民分成幾個梯次，分別將浙江、江西、廣東、福建的真空地帶漸次填滿。因為開拓民的農耕技術或狩獵技術較為幼稚，所以總要擴散到廣大的地域去。

往華南的移民，並非無所限制。據東漢永壽 2 年(156)的統計，中國的總人口約有 5650 萬人，這不至於是揚子江以北的廣大地區所無法容納的。

不管怎樣，往華南的移民只要沒有從華北、華中重新大量流入的話，應該有一定水平的安定狀態才是。當然，開拓民的增加

或閩越族的同化亦必須計算進去。從整體來看，並不是什麼大問題。

依據隋大業 2 年(606)的戶口調查❻，福建全域的戶數僅有 12420。經過四世紀的開拓民的滲透是這樣的結果，難免令人有一絲幻滅的感覺。

南朝為了跟北朝對抗，有必要誇示其支配下的郡縣數目。這是在那樣少的人口比率下，在福建設置了不少縣的理由。

隋統一天下時，曾經是南朝領域的華南，在政治上的比重大大地減少了。其具體的現象，是設在華南的郡縣進行了大規模的合併與改廢。浙江 43%，廣東 24%，至於福建則多達 64% 的縣都被廢掉了。亦即，因大業 3 年(607)的改制，福建變成為一郡四縣。一郡為建安郡，郡治設於閩(現在的閩侯)。四縣為閩、建安、南安、龍溪。

即使隋廢掉了南朝各縣，但那些地方並非就此歸於荒廢。只是被新縣所吸收，成為衛星鄉鎮罷了。

從新制的郡縣來看，可以看出到隋代初期為止，政治、經濟的中心從內陸往閩江河口移動，福建的主要部分有延伸至東南沿岸的情形。因而亦知道，閩音系的三大中心——福州(閩侯)、泉州(南安)、漳州(龍溪)，到了這時期已經確立了穩固的地位。(參閱 10.3)

往華南移民的第二波浪潮，在唐代時蜂擁而來。福建這一次可不只是受到餘潮波及的程度，而是正面地蒙受了此浪潮的襲擊。這祇要看戶數的增加狀況便可瞭解。依據唐元寶元年(742)

的調查❼是 90706 戶。從隋之後的 136 年間，竟然增加了將近 7.
5 倍。在宋元豐元年(1078)的調查❽是 1044226 戶。從中唐經五
代至北宋中期的 336 年間，更增加了 11 倍以上。這個增加率與
當時的其他地方相比，簡直是超群出衆、劃時代的數字。

　　開發的步調，當然亦相當驚人。至 7 世紀末爲止，沿岸的開
發大致上已結束。至 8 世紀中期爲止，內陸的空白地區亦被塡
滿。從新縣的設置來看，可以尋出開發的步調。

　　　　　　武德 6 年(623)　　侯官(現在的閩侯縣西)

　　　　　　　　　　　　　　　長樂(現在的長樂)

　　　　　　　　　　　　　　　長溪(現在的霞浦)

　　　　　　嗣聖 3 年(686)　　懷恩(現在的詔安與漳浦中間)

　　　　　　　　　　　　　　　漳浦(現在的漳浦)

　　　　　　聖曆元年(698)　　清源(現在的仙游)

　　　　　　聖曆 2 年(699)　　萬安(現在的福淸縣東南)

　　　　　　開元 8 年(720)　　晉安(現在的晉江)　　　　以上是沿岸地帶

　　　　　　開元 24 年(736)　新羅(現在的龍巖)

　　　　　　　　　　　　　　　長汀(現在的長汀)

　　　　　　　　　　　　　　　黃連(現在的寧化)

　　　　　　開元 29 年(741)　尤溪(現在的尤溪)

　　　　　　　　　　　　　　　古田(現在的古田)

　　　　　　大曆元年(766)　　永泰(現在的永泰)

　　　　　　貞元元年(785)　　梅溪(現在的閩淸)　　　　以上是內陸地帶

　　以晉室的東遷爲契機，中國的產業經濟重心開始出現向華南
傾斜的傾向❾。到了唐代盛世，形勢更趨確定，作爲它的一環的

是，顯現人口開始向華南集中，而且集中的情形格外地蜂擁到以往過疏地區的福建。

在這個時期，潮州地方的情勢又是如何呢？潮州的名稱開始出現於歷史，是在隋開皇 9 年(589)，以廢掉原先的義安郡而設置潮州。大業 6 年(610)，煬帝進行有名的遠征流求(臺灣)，遠征軍是從義安(現在的潮安)出發的。這麼看來，在隋代似乎已相當開發了。

須加以注意的是進入唐代以後的變動。開元 21 年(733)，這個地方被編入福建經略使的管轄之下，這表示歷史上第一次行政權是從福建過來的。

但是翌年改隸於嶺南道，回歸到原來的狀態(福建屬江南東道)。天寶元年(742)雖然再度隸屬於福建，但天寶 9 年(750)又回到嶺南道。潮州隸屬廣東方面的體制固定下來是在五代以後。

唐代中期，潮州朝令夕改地一會兒屬廣東一會兒屬福建，那是因為在這個時期，從閩南有大批的開拓民進來的結果，官員之間為之爭奪勢力地盤，是可以想像的。這個想法如果正確無誤的話，在考慮此一時期對潮州方言的成立上，是一個重要的指標。

有關從閩南來的開拓民進來的問題，我必須提到的是，與廣東接境的漳州的建置過程。❿

唐初，此地屬嶺南道的管轄。總章 2 年(669)，泉州(州治為現在的福州，當時為江南東道最偏遠的一州)與潮州的州境地帶的開拓民，苦於「蠻獠」之亂，而向政府請求派遣討伐軍。為此，左郎將陳政帶領軍隊到綏安(漳浦)。

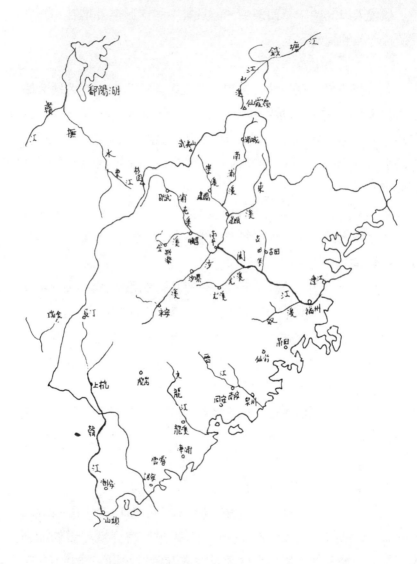

儀鳳 2 年(677)政死，其子元光繼位。就在這個時候，潮汕地方的盜賊陳兼等勸誘諸蠻進攻潮州。元光輕騎奇襲，大破賊敵，在漳江的北邊配置屯田兵守備。

他並且上奏朝廷說：要鎮定這個地方，必須建置新的州。此案爲朝廷所接受。即於嗣聖 3 年(686)，從泉州分出龍溪縣，新置漳浦與懷恩兩縣，設立了領轄三縣的漳州，州治設在龍溪。元光的功勞受到肯定而被任命爲刺史。他的兒子 珦、孫酆、曾孫謨，都當了漳州刺史，在這裏培植勢力。

陳元光以閩南，特別是漳州地方的開發功臣而備受尊崇❶，他的出身與王氏同樣是光州固始縣，這一點我們須加以注意。

10.3 年代的推定

儘管開發的步調是快速的，但是文化的程度還是很低。

從前面的『通典』的記述，可窺見其一端。例如，嗣聖 2 年(685)，陳元光懇請設置漳州的上奏文❷裏，記述此地是「況茲鎮極七閩，境連百粵。左衽居椎髻之半，可耕乃火田之餘」。又經過一世紀以後，據劉禹錫(772～842)寫的是：「閩雖有負海之饒，其民悍而俗鬼。居洞砦，以桴筏爲家，不通華語。」❸

正因潮州爲瘴癘之地，所以才被選爲韓愈的貶謫之地。韓愈於元和 14 年(819)被流放於此，在其到任的報告書❹裏有一段是這樣寫的：「臣所領之州，在廣府極東界上，去廣府雖纔二千里，然稍往來皆經時歷月。過海口下惡水，濤瀧壯猛，難計程期，颶風鱷魚之禍患不測。州南近界漲海連天，毒露瘴氣日夕發作。」

下面的史料顯示文化的曙光好不容易在 8 世紀末才投射進

來。

獨孤及的「福州都督府新學碑銘」(『昆陵集』卷9)裏，載有：「閩中無儒家流。至成公(李椅)易俗」。『新唐書』「常袞傳」裏載有：「始閩人未知學。袞至爲設鄉校，課爲文章，親加講導。與爲客主，鈞禮觀遊，燕饗與焉。由是俗一變，貢士與內州等。」

李椅於大曆7年(772)，常袞於建中元年(780)任福建觀察使。

另外，收錄於『潮州府志』的「李士淳書院記」裏，有下面一段：「潮州自唐以前，聲敎罕通，文物未著，山川靈異之氣半湮於荊榛瘴癘山林海市之中。自昌黎(韓愈)謫潮，以趙德爲師，士始知學。山川之色，亦遂燦然一新。」

趙德是被韓愈任命爲海陽縣尉的海陽(潮安)人，專心致力於創設鄉校振興文敎。韓愈撰「請置鄉校牒」，慨嘆潮州文風不盛。趙德非常受到韓愈的欣賞，在韓被調回中央時，甚至想要把趙德帶走。但是趙德加以拒絕，而贈以一首惜別詩。

蘇軾推重韓愈在潮州興學的功績，甚至寫了：「始潮人未知學，公令進士趙德以爲師。」(「潮州韓文公廟碑」)

以上的史料，我們該如何解釋才好呢？

8世紀末至9世紀初的福建地方，大約有超過一百萬的人口。這些人的文化程度之低，的確如同史料所記載的。

由長安來赴任的幾位大官，因爲看不下去，呼籲提高文化。實際的措施除了開設學校令習詩文外，亦敎禮儀規矩。那麼，當然要強制學習使用長安的標準語。如果這種作法被制度化下來，

擴及廣大地區且維持相當長的一段期間的話，則將與文言音體系的成立有所關聯。

但是，這些大官卻與漳州陳氏那種開拓者的首領立場不同，他們的任期都不長。繼任者未必會沿襲前任者的方針。唐朝已經出現衰亡徵象，天下開始騷動的時候，文教政策能收到多大的實際效果，不免令人懷疑。

有關文教政策要收到實效的結果是成立文言音體系，則是否要設想還是由於王氏閩國的建設而出現了特定的封閉社會，並且持續了相當期間的和平，這樣的環境。

但是，上面的史料自有值得重視之處。考慮到這些，所以我把文言音體系的成立不限定在五代，而擴大範圍爲唐末五代。

再說，要問處於低文化狀態的閩人的語言是什麼，我們只能認爲，是我們所謂的白話。上面的史料已間接告訴我們，白話音的體系，最遲在這個時氣候以前已經成立了。

但是，這一件事情引不起我們的任何興趣。我們對於白話音的關心，在於要把上限往上推到什麼時候。

在拙稿「從語言年代學試論中國五大方言的分裂年代」裏，將廈門與各方言的分裂年代試算如下。

依據 Swadesh 的公式，如下。

廈門與北京	1,699〜1,572 年前	魏東晉間
廈門與蘇州	1,579〜1,457	東晉梁間
廈門與廣州	1,405〜1,344	梁隋間

厦門與客家　1,270〜1,216　　　　唐初

依據服部教授的修正式，則如下。

厦門與北京　2,446〜2,264　春秋戰國時代
厦門與蘇州　2,273〜2,098　戰國西漢時代
厦門與廣州　2,025〜1,935　東漢初期
厦門與客家　1,829〜1,744　東漢末期

Swadesh 的公式一般來說有出現得過新的缺點，這是要加以注意的。而服部教授的修正式因爲跟開拓沿革不相符合，從這一點可以指摘它不無出現得過舊之嫌。

即使依照 Swadesh 的公式，也可以知道至唐初爲止，厦門與各方言的分裂已經完成。這一點是很有意義的。眞相可能在於 Swadesh 的公式與服部教授的修正式的中間吧！從歷史事實來看，從浙江進入的開拓民，與從江西方面進入的開拓民在西北部接觸，然後成爲一體湧向閩江而來的 3 世紀左右的可能性很大。

其次，重要的時期是往福建的第一波移民潮在 6 世紀中期沈靜下來。到了隋代被改編爲一郡(建安)四縣(閩、建安、南安、龍溪)的程度，可見境內的重點開發已經完成。到了這個時期，閩南與閩北分裂，閩南內部產生了泉州與漳州的對立。這樣來看，亦不覺奇怪。

這裏，有必要提一下跟『切韻』的關係。

　　我們所考察的文言音體系固不必說，就拿白話音體系跟『切韻』相比，都相當簡化了。但是這一點對探討閩音系的成立，一點也不構成阻礙。

　　『切韻』對語音的記述期望精密，能夠區別的地方全部確立了區別。它所根據的是南朝士大夫所操的雅言，這種雅言以西晉的洛陽方言爲基礎，所以還是可以看出時代的變化。

　　撰者的意圖，在於編撰折衷南北的「正音」的韻書，使它成爲南北都可通用。至於區別的分或合，則委諸利用者去採用。因而，不能把它看成是單純的一個地方話的音韻體系❶。當時，正如『切韻』的序或『顏氏家訓』「音辭篇」所說，已經有比『切韻』體系更簡化的的方言存在。

　　如前面所述，前往邊境的開拓民大多是下層階級。他們的語言比較土氣，所以很容易發覺比較「散漫」。跟『切韻』不符合，毋寧說是當然的。

　　最後，簡單地來看一下閩音系內部的分裂過程。如果作成「系統圖」，則如下。

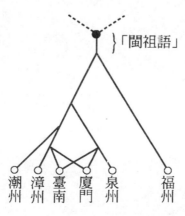

「閩祖語」在第一階段就分裂爲「閩南語」與「閩北語」。今日，閩南語與閩北語到了互相不通的程度，這是因爲很早就發生分裂的緣故，自不待言。

在第二階段，「閩南語」分裂成漳州與泉州兩個系統。因爲泉州的開發比漳州早，所以應該認爲大概是從泉州分裂出漳州。

但因爲地理位置接近，交涉頻繁，所以雖然對抗意識較強，差異卻出乎意料的並不大。

第三階段，從漳州分裂出潮州。此後潮州獨自形成一個方言圈，行政上亦從福建分離出去，所以潮州分裂的意義很重大。

第四階段，形成「不漳不泉」的臺南、廈門。但雖同是「不漳不泉」，臺南的漳州色彩較濃，廈門則泉州的色彩較強。

順便也來提一下作爲次要資料的方言。莆田、仙游似可以說是「不福不泉」。莆田因爲地理上接近福州，所以福州色彩較濃。仙游則因爲接近泉州，所以泉州色系較強。

海口究竟是從潮州分裂出來，或從閩南直接分裂出來，因爲資料不充分，所以很難說。

1.分布概況

❶袁家驊『漢語方言概要』(文字改革出版社，1960)p.22 裏，揭載了以下的數字。

「北方話」		38,700 萬
「吳方言」		4,600
「湘方言」		2,600
「贛方言」		1,300
「客家方言」		2,000
「粵方言」		2,700
「閩方言」	閩南	1,500
	閩北	700

同時並說明：「以上數字是不很精確的。粵、閩、客三個方言的人口不包括海外華僑。」

「閩南1500 萬」的說法，好像是由福建省內約1000 萬(同書 p.241)加上潮州方言圈約500 萬(李永明『潮州方言』p.1)得來的數字。

另外，閩音系的分布區域裏，臺灣和東南亞華僑居住地的人口數字，是筆者所估計的。

❷從前據說有 100 種以上。例如：陳達『南洋華僑與福建、廣東社會』(滿鐵東亞經濟調查局刊，1939，p.10)。

❸參閱潘茂鼎、李如龍、梁玉璋、張盛裕、陳章太「福建漢語方言分區略說」(參照『中國語文』1963，第 6 期)。

❹葉國慶氏在「閩南方音與十五音」(『國立中山大學語言歷史學研究所週刊』方言專號，8 集 85、86、87 期合刊，1929)登載了自己調查

的「福建方言分支表」。

這已經在拙著『臺灣語常用語彙』介紹過，這裏再次提出來跟這回的調查做個比較。

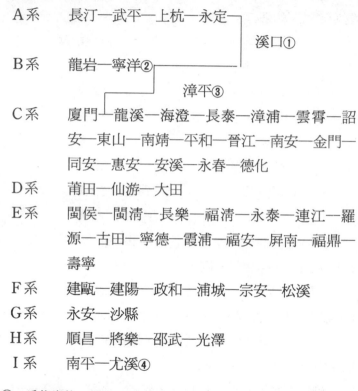

A系　　長汀—武平—上杭—永定—

　　　　　　　　　　　　　　　溪口①

B系　　龍岩—寧洋②

　　　　　　　　　　　漳平③

C系　　廈門—龍溪—海澄—長泰—漳浦—雲霄—詔安—東山—南靖—平和—晉江—南安—金門—同安—惠安—安溪—永春—德化

D系　　莆田—仙游—大田

E系　　閩侯—閩清—長樂—福清—永泰—連江—羅源—古田—寧德—霞浦—福安—屏南—福鼎—壽寧

F系　　建甌—建陽—政和—浦城—宗安—松溪

G系　　永安—沙縣

H系　　順昌—將樂—邵武—光澤

I系　　南平—尤溪④

附註①　爲龍岩的一個地方，旣非永定語，亦非龍岩語，是兩者的混合語。可說是A系與B系的「中和點」。

附註②　大部分說龍岩語，一部分說永安語。

附註③　說不帶土音的龍溪語，一部分說龍岩語。可說是B系到C系的「過渡點」。

附註④　一部分說福州語，一部分說南平語。

雖然有細微的出入，但是大體上兩者相符合。當時未調查的清流、寧化、連城等縣，這次的調查知道是屬於客家語區的「南組」。

❺例如，「並」「定」「從」「群」各聲母只不過是「幫」「端」「精」「見」各聲母的低處開始的音，而把它們看成濁音是錯誤的；又如說二等和三等的區別在於聲母。再例如說咸韻與銜韻的不同在 am 與 aᵐ，而 aᵐ是 am 變化成 aⁿ(吾人所謂的 aN)的過程中的形態等等。都跟中國音韻論的常識悖離，老王賣瓜的論證太多了。

❻在道光 12 年(1832)成書的周凱『廈門志』卷 15「風俗記」，有「廈門居泉漳之交，五方雜處，其風俗泉漳相間」的叙述。

❼提出了臻攝的牙、喉音三、四等形式不同的問題。參閱譯本本論 pp.405-406。

❽日本人在研究臺灣話時，因其天生嚴謹的性格，對周圍的方言也一併加以考察了。

❾董氏本身在「引論」裏，表示了以下的憂慮：「有把握說純粹家鄉話的發音人，已經一天一天的不容易找到。」

❿驅使福州方言作爲資料之一，並把它的存在價值讓有識之士見識的有分量人士是 Karlgren 氏(高本漢)。在他的大著『中國音韻學研究』裏，到處出現有關福州的記述。

K 氏主要使用的是：

Maclay and Boldwin： Dictionary of the Foochow Dialect, 1870。

對於他的利用方法，介紹一下藍氏的批判如下。

據他說，他是根據 Maclay 等的字典，而加以精密校正

過的。不過,我發現,那裏面比 Maclay 等的字典好的地方,只在把羅馬字改成音標。如果他真的是細心校正過,以他的語言學造詣,應該會發現很多 Maclay 等看不出的現象。同時有些 Maclay 等犯的錯誤,他也不致於再犯了。

他在方言字典中,做了不少福州音與廣韻比較的工作,頗有貢獻。不過,在我看來,也還有些可以商酌和增訂的地方。而且更遺憾的是,他沒有講到調。這是他那部大著整個的缺陷。

⑪在西歐人之間,勿寧說汕頭方言的名氣較響。汕頭市屬澄海縣,是這個地區最大的港埠,為潮州系華僑的出入口。潮州方言與汕頭方言的關係恰似漳州或泉州方言與廈門方言的關係。但是,差異好像相當大。

⑫意思是全國方言一齊調查。

1956 年 2 月 6 日的「中華人民共和國高等教育部、中華人民共和國教育部關於漢語方言普查的聯合指示」裏,對其目的與方法有如下的說明。

　　各省、自治區、直轄市教育廳。局、各地綜合大學、各高等師範學校:

　　1955 年 10 月的全國文字改革會議和現代漢語規範問題學術會議的決議,和 1956 年 2 月 6 日國務院關於推廣普通話的指示,都要求各綜合大學和高等師範學校負責在 1956 年至 1957 年完成全國每一個縣漢語方言的初步調查工作。

　　高等教育部、教育部和中國科學院語言研究所協議合作,務期方言普查工作勝利完成,並與推廣普通語工作緊密

結合，首先在各級學校的北京語音教育中發生作用。(下略)

(引自李榮『漢語方言調查手冊』科學出版社，1957 年 12 月)

❸參閱牧野巽「廣東原住民考」(『民族學研究』17 卷，3、4號，1952)p.23。

❹對於文昌方言，有：

橋本萬太郎：The Bon-shio(文昌)Dialect of Hainan——A Historical and Comparative Study of Its Phonological Structure First Part, The Initials(『言語研究』38 號所收，1960)

的珍貴報告。只是令人惋惜的是，續篇的韻母及聲調部分還未發表。因此，不但無法知道其整個體系，聲母部分似乎亦難謂完整。

再者，對於文昌南方 100 公里的萬寧方言，有：

詹伯慧「萬寧方音概述」(『武漢大學人文科學學報』1958，1 期所收)。

最近才獲得閱讀這書的機會(感謝平山久雄氏的好意)。但做為一份資料來活用的時間並不充裕，實在很可惜。

❺臺灣的客家是從舊嘉應州(梅縣、五華、蕉嶺、平遠、興寧)與海豐、陸豐兩縣來的。主要住在北部丘陵地帶及南部下淡水溪下游流域。

客家成為少數派的原因，除了原來就是絕對的少數以外，也由於對臺渡航的長期禁令所致。

❻『台日大辭典』的凡例中，下面的說法即為一例。

本書所採用的語音主要以廈門音為標準。蓋因廈門音位於漳州音及泉州音之間，兼俱兩者的特質。……

⓱其典型的例子爲宜蘭地方。這個地方正如岩崎敬太郎所詳述的，是漳州系在台灣留存最強的地方。那是因爲 18 世紀末，漳州府漳浦縣出身的叫吳沙的人，聚集以同鄉爲主的流民在這裏開拓的緣故。

⓲說是「好像」，是因爲筆者本身並不清楚(也沒興趣)。只是先祖各代的墓碑上，都刻有「銀同」兩字。這「銀同」似爲「同安」的美稱。

⓳各「幫」或「班」都建有美觀堂皇的會館，作爲團結的象徵。這是戰前的一般狀況。各會館直接經營華僑學校，教育子弟。教育所使用的語言是他們的方言。

2.親疏關係

❶參閱黃丁華「閩南方言裏的人稱代名詞」(『中國語文』1959，12 月所收)。

❷參閱服部四郎「關於『言語年代學』即『語彙統計學』」的方法──日本祖語的年代」(『言語研究』26、27 號，1954)p.69。

3.音韻體系

4.「十五音」

❶在『廈門音系』p.8 中，有羅常培氏的報告和解釋。

據林先生(林蔡光，informant)說：「這個聲母，多數廈

門人都讀成〔l〕音，一部分廈門人跟漳州人讀成〔dʑ〕音。」這便是漳泉音不同的一端。

　　從理論上講，廈門的〔l〕音讀的本來不甚清晰，所以往往可以拿它替代〔d〕音，這在前面已經說過。邊音跟破裂摩擦音的發音方法比純粹的破裂音尤爲接近，那末由〔dʑ〕→〔l〕在音理上是可能的。

❷臺灣人有將ダ行讀成ラ行的傾向。筆者在中學校入學考試的口試朗讀以下的短文時，有過出冷汗的經驗。

　　「ジドウシャガ　ドロドロノ　ドロミチヲ　ハシル」

❸作爲 variants 的一種，在海南島的海口、文昌有〔ɓ〕〔ɗ〕（無〔k〕），萬寧有〔²b〕〔²d〕音。

此爲橋本萬太郎所說明的 voiced pre–glottalized bilabial (alveolar)implosive 音。發〔b〕〔d〕音時，glottalization 會先發出來(萬寧)。此時，空氣強勢地流入口腔內，就變成海口、文昌那樣的音。

再者，在聲母體系裏，塞音成爲以下的對應。

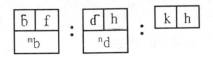

❹教會羅馬字採取在右上方加以小 n——□ⁿ的表記法。

我的表記法，乃借用了服部敎授表記日語撥音的記號所使用的方法。

❺在潮州有下面這樣的對立，但下欄是異例。

$$
\begin{cases} 文 & {}_{\subset}buŋ \\ 門 & {}_{\subset}muŋ \end{cases} \quad \begin{cases} 木 & bak_{\supset} \\ 目 & mak_{\supset} \end{cases}
$$

$$
\begin{cases} 輦 & {}^{\subset}liŋ \\ 恁 & niŋ \end{cases} \quad \begin{cases} 陸 & lek_{\supset} \\ 弱 & nek_{\supset} \end{cases}
$$

$$
\begin{cases} 玉 & gek_{\supset} \\ 逆 & ŋek_{\supset} \end{cases}
$$

❻羅常培氏亦採取了類似的表記法,但首尾並沒一致。例如在「第二表廈門單字音表(甲)」裏,「麻、馬、罵」重複出現爲 ma 和 mañ(-ñ 相當於吾人的 -N)。「買、賣」本以爲要作 maiñ,「貿」則變成 mo 等,竟而不知其方針爲何?

❼我在『臺灣語常用語彙』裏亦解釋成 iŋ。藉此機會修正舊說。

❽因在『臺灣語常用語彙』(日文版 pp.29-31)有詳細的記述,所以在此只做了簡略的敘述。

❾日本研究者對臺北的觀察是陰去。參閱岩崎敬太郎『新撰日台言語集』p.31,『台日大辭典』凡例 p.8 等。不過『台日大辭典』並沒忘記做註釋說:「但是漳州音轉爲下去。」臺南即是這個漳州的形式。

❿只限於出現於本論文的音韻。

⓫音價爲〔ŋ̩²〕。「物」but_{⊃}:məŋ²_{⊃} 出現於〈物、東西〉。

⓬潮州與次位方言間有相當的差異。

1. 止攝開口的齒頭音、齒上音的一部分的字,以潮州爲首,在潮安、澄海、饒平、揭陽、普寧、南澳是 ɿ,在潮陽、惠來爲

u。潮陽、惠來沒有ɨ。

2. 宵、蕭韻

潮安	〔ieu〕	〔ie〕
澄海、饒平	〔iou〕	〔iɔ〕
其他	〔iau〕	〔iɔ〕

文言音都可以解釋爲 iau 不成問題。白話音除潮安外，與閩南一樣。

3. 咸攝一、二等

潮安及其他	am, ap
澄海	aŋ, ak

鹽、葉韻

潮安及其他	iam, iap
澄海	iaŋ, iak

深攝(侵韻)

潮安及其他	im, ip
澄海	iŋ, ik

亦即，澄海連 –m、–p 也沒有，只有一組–ŋ、–k(參閱 3.1.2)。

4. 山攝開口三、四等

潮安	ieŋ, iek
其他	iaŋ, iak

山攝合口

潮安	ueŋ, uek
其他	uaŋ, uak

5. 眞、質韻

| 潮安及其他 | iŋ, ik |
| 揭陽、普寧 | eŋ, ek |

6. 痕韻、殷、迄韻

潮安、澄海、饒平	ɨŋ, ɨk
潮陽、南澳、惠來	iŋ, ik
揭陽、普寧	eŋ, ek

7. 開口陽、藥韻

| 潮安 | ieN, ie2 | （文言音爲 iaŋ） |
| 其他 | ioN, io2 | （文言音爲 iaŋ） |

ioN, io2比較忠實於漳州。

⑬年輕人毋寧是讀成鼻音化韻母的傾向比較強。（『潮州方言』p.18）

⑭有坂秀世博士的表現法。參閱有坂秀世「入聲韻尾消失的過程」（『國語音韻史的研究 增補新版』三省堂發行，1957）p.603。

⑮吳音系的 –2亦在和後面音節結合時會脫落，而使音節變短。參閱趙元任『現代吳語的研究』p.68。

⑯我從以前的老師前嶋信次博士借來了一本光緒 2 年(1876)「重雕」的『戚林八音合訂』（很可惜是殘缺本，所以無法充分地活用）。從它的序的末了所記載的「乾隆十四年(1749)季春，正院晉安，題於嵩山書屋」來判斷，雖說是乾隆年間，但肯定是初期。

⑰我很遺憾沒有看過『彙音妙悟』的原書。這種地方性的通俗韻書，好像很少傳到日本來。以下全部是從：

　　羅常培『廈門音系』

　　李榮「從理念方言論古群母有一、二、四等」（『中國語

文 』1965, 5 期）

葉國慶「閩南方音與十五音」

薛澄清「十五音與漳泉讀書音」

等著作裏片斷介紹的部分輾轉引用的。

⑱參閱 4.7。

⑲泉州應該沒有 z。「十四音」不成體裁，所以只將字母確立下來吧！

⑳光看字母的話，將有不知道怎樣再建構的韻母。

㉑依據 W. H. Medhurst：A Dictionary of the Hok-Keen Dialect of the Chinese Language(後出)。

㉒不論謝秀嵐或黃謙的經歷都不詳。我懷疑可能是讀書人爲顧體面而使用的假名。

㉓因爲碰巧手邊有，才能知道它的內容。

1. 君	un	2. 堅	ian	3. 金	im	4. 歸	ui	5. 家	ɛ
6. 干	an	7. 光	oŋ	8. 乖	uai	9. 京	iəŋ	10. 官	uan
11. 姑	ɔ	12. 嬌	iau	13. 稽	e	14. 宮	ioŋ	15. 高	o
16. 皆	ai	17. 根	in	18. 姜	iaŋ	19. 甘	am	20. 瓜	ua
21. 江	aŋ	22. 薕	iam	23. 交	au	24. 伽	ia	25. 藪	ue
26. 葩	a	27. 龜	u	28. 箴	om	29. 機	i	30. 趖	iu

與 50 韻母相比，陰韻方面少了 oi 與 io 兩個韻母，陽韻方面少了 əŋ 與 uaŋ 兩個韻母。15 個鼻音化韻母、1 個聲化韻母全部沒有。主要是堅決把出現於白話音的韻母廢掉了。

㉔這兩本是從倉石武四郎老師借來的，內心不勝感謝。

㉕依據謝章鋌『說文閩音通』，杭世駿爲清朝的大儒。

㉖周法高氏對臺灣的業餘語源學者所發的忠告，等於指摘了

這些人的缺陷。

　　我願意對有興趣探究閩南話的語源的人提供一點意見：首先把閩南話的語音系統搞清楚了，然後再把他和中古音(隋唐的切韻音)的系統「相當」的關係知道一個大概，能夠再了解上古音的系統，以及其他方言的語言系統，那是更好了。不過我們所謂「了解」是要根據合乎現代水準的方言記錄及古音研究，加上對普通語言學的基本知識而逐步了解的。(周法高「從『查晡』『查某』說到探究語源的方法」『中國語文論叢』正中書局發行，1963¹, 1964² 所收)

㉗參閱拙稿「談歌仔冊」(副論文「台灣語講座」17、18、19 回)。

㉘明治時代偉大的教育者伊澤修二，任當時(初代)的學務部長。也許反映了伊澤的意見也說不定。

㉙使用假名的表記法，在那以後被合理地改良了。例如，ə 從オウ改成ヲヲ，–n 從ン改成ヌ。–ŋ 從グ改成ン。最後決定下來的表記法，在『台灣語常用語彙』(日文版 p.23、27)有介紹。

㉚同為學務部(課)參與編纂的有：1896 發行的『台灣適用小學讀法作文掛圖教授指針』，和 1907 發行的『台灣適用會話入門』等。

㉛十五音」雖記為「上入」，但這是明顯的錯誤，「下去」才是正確的。

5. 文言音與白話音

❶此百分比當然並不是經常不變的。帶有白話音的字，限於

與生活有密切關係的常用字。調查愈多,百分比就愈降低。

❷調查各方言如何進行稱呼是很有趣的。山西省太原似只把文言音稱爲「官子腔」(王立達「太原人學習普通話該注意的幾個問題」『中國語文』1956,8月號所收)。這是官話式發音的意思,與閩音系的想法不同。

❸我從 6 歲至 21 歲,斷續有去書房學習的經驗。其間跟隨的老師有二人。一人名叫趙雲石,是淸末的秀才,也是臺南市詩壇的泰斗。另一人名叫王棄人,相當於我的叔父。詳情請參閱拙稿「談書房」(副論文「台灣語講座」第 10 回)。

❹我於昭和 19 年夏天回臺時,曾經故意把『莊子』當教科書硬要王棄人老師接受。因爲他是我的叔父,所以能夠這樣惡作劇。教科書原則上是老師要準備好的。

『莊子』對王棄人老師來說,似爲第一次使用的教材,搞得非常辛苦,常常說到中途便說不下去了。

❺請參閱 6.13 的說明。

❻有關它的聲母、韻母可能出現的形式,詳細在第 6、7 章進行探討,請參閱各有關章節。

❼戴慶廈、吳啓祿「閩語仙游話的文白異讀」,將文白異讀的出現方式分爲下面四種類型。

①文言音與白話音都有的字

大 $tai^⊃$:$tua^⊃$ 三 $_⊂san$:$_⊂son$

②只具有文言音的字

小 $^⊂seu$ 他 $_⊂t'a$

③只具有白話音的字

　　餡 oN² 　　件 kiaN²

④文言音與白話音爲同一字

　　金 ⸜kiŋ 　　貴 kui²

　　而丁樹聲、李榮『漢語方言調查簡表』（中國科學院語言研究所 出版，1956）裏，對 2,610 字所調查的結果，出現了下列的數字。

① 609 字　　23,41%　　② 1,306 字　　50.38%

③ 62 字　　2.38%　　④　633 字　　24.25%

　　我們的方針，將②與④一併當文言音來處理。另外，③在我 的經驗裏，以文言音看待。調查臺南，有下面 27 個字。

　　　蛇、去、街、寨、刺、姊、媚、柿、寺、跤、豹、兜、 　　　漚、歐、毆、萬、唇、幫、行、杭、航、囥、駁、雹、 　　　餃、斛、沃。

6. 聲母

❶請參閱所附資料的「聲母對照表」。

❷在這個體系裏，娘母被合併於泥母。這是根據李榮氏的立 論而來的。他說：「無論就切韻系統或者方言演變說，娘母都是 沒有地位的。」（李榮『切韻音系』p.126）

　　對於李榮的說法，日本學界似持否定的態度，但我個人則鑑 於最近中國的方言調查都是根據『方言調查表』做的這種情況， 爲便於比較研究，所以採用了 40 聲母的體系。

❸音韻表記依據藤堂明保『漢字語源辭典』(學燈社出版，1965)。

輕唇音用的不是藤堂教授的體系。所以依據王力『漢語音韻』(中華書局出版，1963)來補充。

❹平山久雄氏「中古漢語的音韻」(『中國文化叢書1語言』大修館發行，1967)在 p.145 叫做「特字」。

❺依據趙元任『鍾祥方言記』(1936¹, 1956²)的「例外字」。以下同。

❻錢大昕『十駕齋養新錄』卷五所述的有名命題之一。錢大昕主要以異文來証明。

❼依據水谷眞成「上中古之間音韻史上的諸問題」(『中國文化叢書1語言』所收)p.110。

梁顧野王的『玉篇』(543)，陳陸德明的『經典釋文』(582)的反切上字裏，將重唇音與輕唇音開始分開使用，這有必要順便記下來。

❽日語裏因爲沒有相當於〔ŋ〕的鼻音，不得不把傳佈於江東方言的〔ŋ〕與漢音同樣描寫在ガ行。

❾參閱有坂秀世「關於漢字的朝鮮音」p.312。

❿參閱『中國音韻學研究』pp.343-344。

⓫錢大昕『十駕齋養新錄』卷五所述的有名命題之一。

⓬例如，董同龢『中國語音史』(中華文化出版事業委員會出版，1954¹, 1955²)p.94、王力『漢語史稿 修訂本』上册(科學出版社出版，1958)p.116。

⓭藤堂教授推定「舌上音在唐代確爲捲舌音吧！」(『中國語音韻論』p.169)。

⓮依據有坂博士的見解(參閱「關於漢字的朝鮮音」p.318)。

⓯有坂博士因爲朝鮮字音的初期資料用 t、t'摹寫舌上音，及推定「第十世紀左右的開封音裏，舌上音還是單純的塞音狀態」(『關於漢字的朝鮮音』p.318)。

這樣的推定，正適合說明海口以外的閩音系形式，但在說明海口的形式時，不會有點不方便嗎？

⓰見錢大昕『十駕齊養新錄』卷五。

⓱參閱河野六郎「朝鮮漢字音的研究」(『朝鮮學報』32 輯，1964)p.99。

⓲有坂博士推定 10 世紀左右的開封音裏，崇母(與船母同樣)爲「半無聲的 zh(可能相當於〔ʒ〕)類的摩擦音」。並大意說止攝開口(之韻)時的 s 是它的殘餘。c、c'則與後來的變化有關(『關於漢字的朝鮮音』p.315-316)。

如果事實果眞像博士所說的，對閩音系來說則有點不太妙。因爲我們不得不認爲 c、c'是相當晚的時期的借用形。

實際上，博士做了這樣的推定，乃因爲朝鮮漢字音的崇母「除了極少數的例外，全都是 s」，因而似乎有必要跟它所依據的本來的 10 世紀的開封音相配合。

但是，在河野博士的資料裏，c、c'反而較佔優勢，有坂博士似乎有誤認事實的地方。依據河野博士的資料，10 世紀左右的開封音裏，s 與 c、c'已經是新舊兩層重疊的狀態了。這種看

法是全然不成問題的。

⑲指羅常培在『唐五代西北方音』(歷史語言研究所單刊甲種之十二，1933)所介紹的吐蕃人的轉譯音。以下同。

⑳Karlgren 氏曾表明了這樣的見解。他說因爲書母裏出現塞擦音的狀況是不穩定的，所以不得不認爲是純粹的例外(『中國音韻學研究』p.331)。

㉑參閱『中國音韻學研究』p.268。

㉒李榮氏在「從現代方言論古群母有一、二、四等」(『中國語文』1965, 5 期)的論文主要內容說：『切韻』體系裏的群母只限於三等，其他方言群中(江蘇、浙江、福建的沿岸)有群母的範圍更加廣泛，在一、二、四等也有出現，閩音系的這些字實際上是作爲群母的字讀的。

㉓關於北京的音韻變化，Karlgren 氏的說明是按照〔j〕→〔z〕→〔ʐ〕的過程。(『中國音韻學研究』p.319)

㉔安南漢字音裏，有「惟」〔zui〕、「允」〔zuaŋ〕的例子(出自『中國音韻學研究』)，是中原的方言可能有這樣讀法的傍證。

㉕參閱藤堂明保『中國語音韻論』pp.289-290。

㉖據羅常培『臨川音系』(1936¹, 1958²)。以下同。

7. 韻母

開口一等歌韻

❶因爲這樣，附在鼻音聲母即與模韻失去區別。參閱本書4.5。

❷補充例子。拖 ₋t'ə： ₋t'ua〈拉〉。籮 ₌lə： ₌lua, 米籮 ᶜbi ₌lua〈裝米用的竹籠〉。何 ₌hə： ₌ua, 毛 □ 何 ₌bə ₋ta ₌ua〈無可奈何〉。

❸據有坂秀世「關於漢字的朝鮮音」p.308。

又在唐五代西北方音裏，歌、戈韻還是像 a 類的音。因爲『大乘中宗見解』裏的「可、我」兩字被讀成 o 類的音，所以羅常培氏說明：「那就漸漸跟近代西北方音接近了。」(同書 p.34, 151)

❹這個插曲以「閩音中選」,「閩士詩賦」等爲題，在宋人的詩話類裏常常出現。如劉攽的『詩話』，陸遊的『老學庵筆記』等。

❺據北京大學中國語言文學系語言學教研室『漢語方音字匯』(文字改革出版社出版，1962)。

又本書對於約 2,700 字收錄了以下 17 個方言的發音，爲 1956-1958「全國方言普查」的成果之一。

「北方話」	北京	濟南	西安	太原	漢口
	成都	揚州			
「吳方言」	蘇州	溫州			
「湘方言」	長沙	雙峰			
「贛方言」	南昌				
「客家方言」	梅縣				
「粵方言」	廣州				
「閩南方言」	廈門	潮州			
「閩北方言」	福州				

這確是貴重的資料，對我們來說亦是難得的至寶。但是我對廈門、潮州、福州做了查考，結果似乎有不少謬誤。這樣的話，對於其他方言的記述也不知能信賴到甚麼程度，說真的，我是不安的。

❻據『中國音韻學研究』「方言字彙」。

❼關於汕頭也出現這種白話音形式，Karlgren 氏作了間接的說明：「關於官話中的 o, ə, 注意它們非常容易分裂成 oǒ, oǎ 等等的傾向。」(「『中國音韻學研究』」p.548)不過我認為情況不同。

❽在潮州，「果」(見果合一) ᶜko 擁有 ᶜkuaɴ 的白話音。李永明氏認為它的發音是 ᶜkuaiɴ(『潮州方言』p.135)。又「月」(疑月合三)，在莆田是 kue2˷，在仙遊則為 kuei2˷。這些在其他方言裏，也是會派生 -i 的傾向的實例。福建的這種傾向很強吧。

合口一等戈韻

❶補充例。和 ˷hə：˷hue，和尚 ˷hue sioŋᐟ〈和尚〉。果 ᶜkə：ᶜkue，果子 ᶜkue ᶜci〈水果〉。夥 ᶜhoɴ：ᶜhue，做夥 cəᐟ ᶜhue〈在一起〉。禍 həᐟ：eᐟ，〈災禍〉。課 kʻəᐟ：kʻueᐟ，工課 ˷kʻaŋ kʻueᐟ〈工作〉。貨 hoɴᐟ：hueᐟ，〈貨物〉。

開口二等麻韻

❶「差」出現在本韻與佳韻的兩方。『方言調查字表』裏，本韻為「差別」(北京為〔˷tʂʻa〕)，佳韻為「出差」(北京為〔˷tʂʻai〕)。雖確立了這樣的區別，但這是以北京為本位確立區別的方法。

　　ai 的形式除仙遊以外，閩音系裏並不出現。所以仙遊有可能是來自官話的借用形。

　　在臺南、廈門，〈有差別〉是 ⌐cʻa，〈派遣〉是 ⌐cʻe。被調換爲文言音(在這種情況，是文言音亦是白話音)和白話音的區別。

　　⌐cʻa：⌐cʻe 也是出現於佳韻的形式，但基本上被認爲是本韻的形式。

　　❷補充例。把 ⌐pa：⌐pe，〈把〉計算青菜等成束的東西的量詞。琶 ⌐pa：⌐pe，琵琶 ⌐pi ⌐pe〈琵琶〉。馬 ⌐ma：⌐be，〈馬〉。罵 maᒕ：meᒕ，〈責罵〉。蛇tʻeᒕ，〈海蜇〉。渣 ⌐ca：⌐ce，藥渣 io2ᒕ ⌐ce〈草藥的渣滓〉。叉 ⌐cʻa：⌐cʻe，〈分岔、叉〉。紗 ⌐sa：⌐se，〈紗〉。家 ⌐ka：⌐ka，〈家戶〉。加 ⌐ka：⌐ke，〈增加〉〈多餘〉。假 ⌐ka：⌐ke，〈假的〉。假 kaᒕ：keᒕ，放假 paŋᒕ keᒕ〈放假〉。架 kaᒕ：keᒕ，〈踏板，架子〉。嫁 kaᒕ：keᒕ，〈出嫁〉。價 kaᒕ：keᒕ，〈價格〉。牙 ⌐ga：⌐ge，〈牙〉。芽 ⌐ga：⌐ge，〈芽〉。衙 ⌐ga：⌐ge，衙門 ⌐ge ⌐məŋ〈衙門〉。蝦 ⌐ha：⌐he，〈蝦〉。下 haᒕ：heᒕ，〈放〉〈許願〉。keᒕ〈低〉。eᒕ〈下面〉。暇 haᒕ：heᒕ，放暇 paŋᒕ heᒕ〈放假〉。啞 ⌐a：⌐e，啞口 ⌐e ⌐kau〈啞吧〉。

開口三、四等麻韻

　　❶爲供參考，將台南的指示詞的體系介紹如下。

近稱	₋ce	這	₋cia	這裡	cit₋	這個	cia2₋	這些
遠稱	₋he	那	₋hia	那裡	hit₋	那個	hia2₋	那些

例如：

者是冊　₋ce si² ʿe2₋　〈這是書〉

冊著者　ʿe2₋ ti² ₋ʿia　〈書在這裡〉

即本冊　cit₋ ˆpun ʿe2₋〈這本書〉

即 □ 冊　cia2₋ cc² ʿe2₋〈這麼多的書〉

指示詞的語源還有一部分是哪個音系也不知道。台南的遠稱指示詞語源未詳。

跟它比起來，近稱指示詞已被究明，例如：cit₋, cia2₋ 的語源是「即」（精職開四）ciək₋，是無可置疑的。如果字義切實地在指示事物，只作為形容詞或副詞性的使用法。

₋ce, ₋cia 是名詞性的使用方法，跟這屬於不同的系統，源自『說文』的「別事詞也」。

❷在閩南、潮州的 ˆʿe〈重複連接，重疊排列〉，例如，魚鱗 □□ ₋hi ₋lan ₋saN ˆʿe〈魚鱗互相重疊〉裏，有借用「扯」ˆʿia 字的傳統。

但是，這是訓讀的可能性比較大。「扯」是「撦」的俗字，至於「撦」的原意，『廣韻』載有「裂開」，意義上很難聯結一致。音韻方面，亦很難想像不是重要語彙的「扯」會跟「姐」或「者」有同樣的變化。

合口一等模韻

❶參閱賴惟勤「關於中古中國語的內‧外」(『御茶水女子大學 人文科學紀要』11卷，1958)。

❷據李永明『潮州方言』p.13。

❸補充例。胡 ₋o：₋ho, 胡椒 ₋ho ₋cio〈胡椒〉。湖 ₋ho：₋o，〈湖〉。壺 ₋ho：₋o，〈壺〉。午 ᶜŋo：go²，午時 go² ₋si〈中午〉。惡 oɴ²：o²，觸惡 cʻiək₋ o²〈顯得骯髒〉。

❹唇音以外有「悟、誤」ŋuo² 兩字。因爲福州的戈韻，在唇音以外是 uo 的形式，所以這是跟戈韻相同的形式了。例如「臥」ŋuo²。因而，這與唇音的情況稍有不同。

合口二、三、四等魚韻
合口二、三、四等虞韻

❶『方言調查字表』認爲是合口，但是魚韻原是開口。

❷在『切韻』的序裏，有「魚切語居 虞切偶具 共爲一韻」這一條，『顏氏家訓』「音詞篇」有「北人以庶(御韻)爲戍(遇韻)，以如(魚韻)爲儒(虞韻)」這一條等，是相當有名的。

❸參閱王力『漢語史稿 修訂本』上冊，p.173。

❹指黃淬伯『慧琳一切經音義反切攷』(歷史語言研究所單刊六，1937)。以下同。

❺是例外，台南、廈門也有「芙」₋hu：₋pʻu，芙蓉 ₋pʻu ₋ioŋ〈芙蓉〉的例子。

❻補充例。脯 ᶜhu：ᶜpo，〈曬乾物，切後曬乾〉。傅 hu²：

po⁼，〈傅，姓氏〉。

❼根據周祖謨的說法，宋初的汴京、洛陽音裏將兩韻合併，音價爲〔y〕。(周祖謨「宋代汴洛語音考」『問學集』下卷所收)

❽補充例。疏 ₌so：₌se，〈疏遠〉。蔬 ₌so：₌se，茱蔬 c'ai⁼ ₌se〈副食物〉。另外，所 ᶜso 在「十五音」裏，有白話音 ᶜse 出現。

❾這以外，也認定「柱」cu⁼ 有 t'iau⁼〈柱〉的白話音傳統。這種情形的聲母和聲調也沒有問題，但韻母還是過不了關。那麼，如果問起正確的語源是甚麼，很遺憾，探究還未成功。

開口一等咍韻

開口一等泰韻

❶補充例。帶 tai⁼：tua⁼，〈帶子〉〈攜帶〉。

❷參閱藤堂明保『中國語音韻論』p.230。

❸補充例。胎 ₌t'ai：₌t'e，〈胎內〉，爲計算懷孕次數的量詞。代 tai⁼：te⁼，〈世代〉。

❹推測在福州可能被調換用文言音的讀法。參閱 7.1.。

開口二等皆韻

開口二等佳韻

開口二等夬韻

❶全首如下。

囝生閩方　閩吏得之　乃絕其陽　爲臧爲獲
致金滿屋　爲髡爲鉗　如視草木　天道無知

我罹其毒　神道無知　彼受其福　郎罷別囝
吾悔生汝　及汝旣生　人勸不舉　不從人言
果獲是苦　囝別郎罷　心推血下　隔天絕地
及至黃泉　不得在朗罷前

（何喬遠『閩書』卷百五十二）

這是詠唱父親把兒子提供給官吏培養作宦官的悲嘆詩句。福建當時是供應宦官有勢力的地方。

又，「囝」也是閩地的土語，關於這一點，請參閱「開口仙韻」一項。

❷爲一例外。

❸補充例。疥 kai⁼：ke⁼，〈疥癬〉。界 kai⁼：kue⁼，四界 si⁼ kue⁼〈到處〉。ke⁼ 是應有的形式。kue⁼ 可能是廈門來的借用形。鞋 ₌hai：₌e，〈鞋子〉。解 ᶜkai：ᶜke，〈治癒中毒症狀〉。蟹 hai⁼：he⁼，毛蟹 ₌mo he⁼〈河川螃蟹的一種〉。稗 pai⁼：p'e⁼，〈稗子〉。賣 mai⁼：be⁼，〈賣〉。

❹莆田、仙遊原則上亦爲 e。鞋 ₌e，買 ᶜmai：ᶜpe。

開口三、四等祭韻

❶依據河野六郎博士的用語。參閱河野六郎「朝鮮漢字音的研究」（「朝鮮學報」33 輯，1964)p.154。

❷參閱周祖謨「宋代汴洛方音考」（『問學集』下集，p.611）。

❸福州的支韻有 ie 的形式出現。但與本韻的情況不同。

❹向來寫成「行」（匣庚開三）₌hiəŋ、「遭」（精豪開一）₌cə

等，當然是「假借字」。把「逝」擬定爲語源的是我。『說文』作「往也」，無論音韻還是意義方面都沒有問題。

開口四等齊韻

❶補充例。批 ₌pʻi：₌pʻue，〈書信〉。台南的 ₌pʻe 爲規則的形式。₌pʻue 可能是從廈門來的借用形。潮州的堤 ₌toi，堤防 ₌toi ₌huaŋ〈堤〉〈防備〉。廈門的蹄 ₌te：₌tue，馬蹄 ꞔbe ₌tue〈馬蹄〉。題 ₌te：₌tue，〈題字〉。底 ꞔti：ꞔte，〈短〉〈底〉。廈門的體 ꞔtʻe：ꞔtʻue，身體 ₌sin ꞔtʻue〈身体〉。替 tʻeᵓ：tʻueᵓ，〈交替〉。第 teᵓ：tueᵓ，〈第～〉。遞 teᵓ：tueᵓ，傳遞 ₌tʻuan tueᵓ〈傳遞〉。細 seᵓ：sueᵓ，〈小〉。潮州的計 koiᵓ，計較 koiᵓ kaᵓ〈分毫必爭〉。廈門的溪 ₌kʻe：₌kʻue，〈河〉。契 kʻeᵓ：kʻueᵓ，契約 kʻueᵓ iok₌〈合同〉。倪 ₌ge：₌gue，〈倪，姓氏〉。「十五音」的係 heᵓ：hoiᵓ，有「某物」的註釋，其意義不太清楚。

❷補充例。犀 ₌se：₌sai，犀角 ₌sai kak₌〈犀牛的角，中藥的材料〉。婿 seᵓ：saiᵓ，囝婿 ꞔkiaɴ saiᵓ〈女婿〉。

❸其關係如下圖所示。

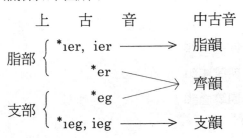

合口一等灰韻

合口一等泰韻

❶參閱河野六郎「朝鮮漢字音的研究」(『朝鮮學報』33 輯，pp.152–153, 35 輯 p.203)。

❷參閱有坂秀世「關於漢字的朝鮮音」p.307。

如所周知，河野博士與有坂博士對朝鮮漢字音基本層的年代認定上有分歧，但至少不可能是『切韻指掌圖』以後的，所以跟河野博士說並不矛盾。

❸補充例。廈門的背 pueᒆ：peᒆ，椅背ᒆi peᒆ〈椅子的靠背部分〉。泉州的輩 pueᒆ：pəᒆ，〈輩，排行〉。廈門的胚 ₌pʻi：₌pʻe，胚模₌pʻe ₌bo〈模型，型〉。文言音爲丕(滂脂開三)₌pʻi 的類推形。坯ᒆpʻue：₌pʻe，粗坯 ₌cʻo ₌pʻe〈底子，基礎〉。配 pʻueᒆ：pʻeᒆ，〈分配〉。培₌pue：₌pe，栽培₌cai ₌pe〈照顧、提拔〉。陪₌pue：₌pe，〈陪伴〉。賠₌pue：₌pe，〈賠償〉。佩 pueᒆ：peᒆ，〈佩帶〉。背 pueᒆ：peᒆ，背帶 peᒆ tuaᒆ〈背負用的帶子〉。焙 pueᒆ peᒆ，〈攪拌地炒〉。回₌hue：₌he，〈次〉〈回答〉。

開口二、三、四等支韻

開口二、三、四等脂韻

開口二、三、四等之韻

開口三等微韻

❶由『切韻』序裏的「支^{章移切}脂^{旨夷切}……共爲一韻」這一條，以及『顏氏家訓』「音辭篇」裏有「北人……以『紫』(支韻)爲『姊』(脂韻)」這一條而知道。

❷齒上音裏成爲 i 的形式者僅此一例。在臺南，廈門作爲 ₋cʻu 的又音出現，「十五音」和潮州只有這個形式，都作爲文言音看待。亦即，「參差」讀成 ₋cʻam ₋cʻi，但是齒上音裏，文言音有 i 出現，令人不解。應認爲是例外。

❸慧琳的『一切經音義』的反切裏，齒頭音的字還被用跟一般的 i 韻的字同系的反切下字來註釋。九世紀時，被借進來的天臺漢音，其齒頭音依然還是 i。

❹補充例。撕 ₋su：₋si，〈按纖維撕裂〉。

私 ₋su：₋si，家私 ₋ke ₋si〈工具〉。四 suˑ：siˑ，〈四〉。

司 ₋su：₋si，公司 ₋koɴ ₋si〈共同管理的〉〈公司〉。思 ₋su：₋si，病相思 peɴˑ ₋sioɴ ₋si〈患相思病〉。絲 ₋su：₋si，〈纖維〉。辭 ₋su：₋si，〈辭卻〉〈辭職〉。子 ᶜcu：ᶜci，ᶜli，ᶜci 爲〈種子〉，ᶜli 爲〈爲取得分數或決勝負所使用的小石子或木片〉。寺 siˑ，〈寺〉。

❺補充例。崎 ₋ki：kiaˑ，〈斜坡〉。文言音與白話音的「戶籍」似有出入。畸 ₋kʻi：₋kʻia, ₋kʻa，₋kʻia 爲〈奇數的〉，₋kʻa 是〈個，兩個成一組的其中的一個〉。後者爲 -i- 脫落後的形式。徛 kiˑ：kʻiaˑ，〈站立〉。

❻羅常培氏把 ua 的形式和 ia 的形式作爲兩個不同的音。他注意到不論牙、喉音的字都是有「可」、「我」作聲符的字這一

點，並提出了「這一點同上古音『支』『歌』是互通的甚合」的
見解。(參閱『廈門音系』p.58)

從來我也認為 ia 是上古音歌部的字被合併於支韻，而保留
了它的殘餘，這個形式似乎並不那麼古老。應該跟出現於
「 徙 」、「 紙 」的 ua 一併來考察。而且「 徙 」、「 紙 」不是歌
部，而是支部的字。

❼補充例。梨 ₋le：₋lai，〈梨子〉。利 li²：lai²，〈銳利〉
〈好切〉。私 ₋su：₋sai，私 □₋sai ₋kʻia〈女人的私房錢〉。獅
₋su：₋sai，〈獅子〉。

司 ₋su：₋sai，司公 ₋sai ₋koŋ〈主持祈佛保佑或葬禮的人，
道士〉。祀 su²：sai²，五祀 ˋŋo sai²，〈五種祭祀〉。事 su²：
sai²，服事 hok₋ sai²〈供奉在神龕祭祀〉。駛 ˋsu：ˋsai，
〈駕駛〉。使 su²：sai²，大使 tai² sai²〈大使〉。

❽這個形式出現的字，以二等──「師、獅、使、史、駛、
事」──和四等──「私、司、似、祀」──為多，但也混雜了
三等──「眉、梨、利、指、屎」。這並不是完全在照應上古音
和中古音的對應。

❾藤堂教授說：「『 地 』*dieg→di……，這個詞語產生了
不規則變化，一般應該是 dieg→dʒie。」(『漢字語源辭典』p.457)

開口一等豪韻

❶豪韻全部調查的字有 80 個，其中「 到 」kau² 一字是「 訓
讀 」，因此除外。「 到 」的正確發音為 tau²。

❷一般相信是「無」(微虞合三) ₋bu 的白話音。但是虞韻的字，會出現 o(ə)，難以理解。這正如連雅堂氏(『臺灣語典』p.4)裏所主張的，「毛」字才是正確的。

可靠的根據有『後漢書』「馮衍傳」的「飢者毛食，寒者毛衣」或宋人郭忠恕『佩觿集』的「河朔謂無曰毛」等。

❸補充例。倒 ᶜtə：ᶜtau，〈次數〉，計算勝負的量詞。到 təᶜ：tauᶜ，到底 tauᶜᶜte〈到底、究竟〉。惱 ᶜlə：ᶜnau，懊惱 auᶜᶜnau〈心煩意亂〉。糟 ₋cə：₋cau，糟粕 ₋cau p'o2〈渣滓〉。蚤 ᶜcə：ᶜcau，家蚤 ₋ka ᶜcau，〈跳蚤〉。懊 əᶜ：auᶜ，懊惱 auᶜᶜnau，〈心煩意亂〉。

❹純粹的文言，有的能譯成白話，有的則不能。

「滔、皂、傲」三字的翻譯就很困難。「蒿」〈艾〉在閩南為「□」hiaɴᶜ。

下面若干補充的例子可供參考。

  稻 təᶜ 〈稻子〉說成籼□ tiuᶜᶜa
  遭 ₋cə 〈遭遇〉說成遇 guᶜ
  浩 həᶜ 〈浩大〉說成大 tua

❺高興 ₋kau hiəŋᶜ 的高 ₋kau 令人聯想到猴 ₋kau，語感不很好。因此普通使用歡喜 ₋huaɴ ᶜhi〈愉悅〉，或者爽快 ᶜsoŋ k'uaiᶜ〈心情好〉等。

❻眾所周知，萬葉假名裏豪韻的字被讀成オ段的音，「刀」ト、「高」コ、「毛」モ。還有，古代朝鮮音，「老、刀、毛、寶」等字有讀作 o 類音的事實。(參照有坂秀世「關於『帽子』等的

假名用法」p.281)這些都可以佐證我們的論證。

開口二等肴韻

❶補充例。豹 pa⊃，〈豹〉。貓 ⊂ba，〈狸〉。罩 tau⊃：ta⊃，〈罩〉。鐃 ⊂lau：⊂na，鐃鈸 ⊂na pua2⊇〈鐃鈸〉。炒 ⊂c'au：⊂c'a，〈炒〉。交 ⊂kau：⊂ka，交易 ⊂ka ia2⊇〈繁榮〉。膠 ⊂kau：⊂ka〈膠〉。絞 ⊂kau：⊂ka，〈捲着扭轉〉。教 kau⊃：ka⊃，〈教〉。窖 kau⊃：ka⊃，窖地 ka⊃ te⊇〈四角形的坑倉〉。酵 kau⊃：kaN⊃，酵母 kaN⊃ ⊂bə〈酵母〉。出現 –N 的眷顧癖。咬 ⊂ŋau：ka⊃，〈咬〉。跤 ⊂k'a 是〈腳〉。巧 ⊂k'au：⊂k'a，〈稀奇〉〈碰巧〉。

開口三、四等宵韻
開口四等蕭韻

❶補充例。標 ⊂p'iau：⊂pio，〈標槍〉〈投標〉。票 p'iau⊃：p'io⊃，〈票〉。漂 p'iau⊃：p'io⊃，〈漂白〉。瓢 ⊂p'iau：⊂p'io，〈杓子〉。鰾 piau⊃：pio⊃，〈魚的浮囊〉。描 ⊂biau：⊂bio，〈描摹〉。廟 biau⊃：bio⊃，〈廟〉。潮 ⊂tiau：⊂tio，潮州 ⊂tio ⊂ciu〈潮州〉。趙 tiau⊃：tio⊃，〈趙，姓氏〉。椒 ⊂ciau：⊂cio，胡椒 ⊂ho ⊂cio〈胡椒〉。醮 ciau⊃：cio⊃，〈祭禮〉。霄 ⊂siau：⊂sio，雲霄 ⊂hun ⊂sio〈雲霄，地名〉。小 ⊂siau：⊂sio，〈地位低〉。笑 c'iau⊃：c'io⊃，〈笑〉。另外，siau⊃，見笑 kian⊃ siau⊃〈羞恥〉。招 ⊂ciau：⊂cio，〈招呼，邀請〉。照 ciau⊃：

cioᵓ，〈照〉。燒 ₌siau：₌sio，〈燒〉〈溫暖〉。少 ᶜsiau：
ᶜcio，〈少〉。腰 ₌iau：₌io，〈腰〉。轎 kiauᵓ：kioᵓ，
〈轎〉。搖 ₌iau：₌io，〈搖幌〉。窰 ₌iau：₌io，〈燒窰〉。
姚

₌iau：₌io，〈姚，姓氏〉。糶 t'iauᵓ：t'ioᵓ，〈賣穀物〉。挑
₌t'iau：₌t'io，〈用細尖形的東西挖出來〉。撩 ₌liau：₌lio，
〈切削成細長的薄片〉。叫 kiauᵓ：kioᵓ，〈呼叫〉。

❷廣州本韻讀作「iu」。例如，標〔₌piu〕、料〔liuᵓ〕、
轎〔kiuᵓ〕。但是，尤韻爲〔ɐu〕，有區別。

❸參閱有坂博士後面的說明。又關於北京的 iau 形式，
Karlgren 氏說明那是比較新時代的變化，韻母有簡化的傾向(三
等的主母音與一等相同)所使然。(參閱『中國音韻學研究』p.485)

開口一等侯韻

❶補充例。貿 boᵓ：bauᵓ，〈承包工程等〉〈整批購買〉。兜
₌tau，〈處所〉〈家〉。斗 ᶜto：ᶜtau，〈斗〉〈升〉。抖 ᶜto：
ᶜtau，車糞抖 ₌c'ia punᵓ ᶜtau〈翻筋斗〉。鬥 toᵓ：tauᵓ，〈套進
去〉〈比賽〉。偷 ₌t'o：₌t'au，〈偷〉。透 t'oᵓ：t'auᵓ，〈貫
通〉〈颳強風〉。頭 ₌t'o：₌t'au，〈頭〉。豆 toᵓ：tauᵓ，
〈豆〉。樓 ₌lo：₌lau，〈樓〉。漏 loᵓ：lauᵓ，〈屋頂漏水〉；
lauᵓ 爲〈洩漏，瀉掉〉，主要爲及物動詞的使用方法。奏 coᵓ：
cauᵓ，〈上奏〉。湊 c'oᵓ：c'auᵓ，湊口 坎 c'auᵓ ᶜtu ₌k'am〈不
巧，不湊巧〉。嗽 soᵓ：sauᵓ，〈咳嗽〉。勾 ₌ko：₌kau，〈勾，

姓氏〉。鉤ˍkoːˍkau，〈鎖匙〉〈用鎖匙鉤〉。溝ˍkoːˍkau，〈水溝〉。狗ˊkoːˊkau，〈狗〉。口ˊk'oːˊk'au，〈口〉，量詞；ˊkau 爲啞口ˊeˊkau〈啞巴〉。叩 k'oˀːk'auˀ，叩頭 k'auˀ ˍt'au〈叩頭〉。扣 k'oˀːk'auˀ，〈扣除〉。藕ˊŋoːŋauˀ，蓮藕 ˍlian ŋauˀ〈蓮藕〉。吼ˊhoːˊhau，〈哭〉。喉ˍhoːˍau，〈咽喉〉。猴ˍhoːˍkau，〈猴子〉。後 hoˀːhauˀ，後生 hauˀ ˍseN〈兒子〉；auˀ 爲〈後面〉。厚 hoˀːkauˀ，〈厚〉。候 hoˀːhauˀ，〈等待〉。漚ˍau，〈浸透，長久泡在水裏〉。歐 ˍau，〈歐，姓氏〉。甌ˍau，〈甌，姓氏〉。嘔ˊoːˊau，〈嘔吐〉。

❷幾年前，在築地的中華料理店，聽到了坐在旁邊宴席的泉州系臺灣人旅客有這樣的發音。

如將侯韻的文言音 eu 這樣發音的話，跟宵、蕭的白話音 io〔iə〕的差異便幾乎不存在了。其實，『台日大辭典』的日文假名表記法的表記好像是同音。「畝」、「描」都是ビヲ，「口」爲キヲ(・是送氣音符號)，「轎」爲キヲ。董同龢氏所記述的晉江(泉州)方言裏，侯韻的文言音的字是／io／(參閱『四個閩南方言』)。

如按照這樣的觀察，泉州的韻母體系裏並沒有 eu。

然而我對 informant 的張淸港氏(臺北市大稻埕出身，82 歲)觀察的結果，侯韻的文言音的字–u 的發音極爲牢固，反而因爲受韻尾的強勢影響，主母音接近〔ə〕了。

張氏的發音在現今看來，屬於保守的類型。不能否認 eu 有

向 io 變化的傾向。前面我們設想了宵、蕭韻的白話音 io 的由來
是〔iεu〕→〔εu〕→〔io〕，那亦就是幾乎在相同的條件下，
發生了相同的音韻變化。

❸參閱河野六郎「朝鮮漢字音的研究」(『朝鮮學報』35 輯，
p.181，187)。

❹具有「母」聲符的「莓」字，除了在『集韻』裏是賄韻
(「母」的諧聲系統可分為灰韻和侯韻)之外，有皓韻的反切──「武
道切」，說不定是一個旁證。

❺侯韻明母的字在北京有幾種形式出現。為提供參考，做了
研討如下表(表音據『漢語辭典』1937[1], 1957[2])。

> 母　〔ᶜmu〕
>
> 畝、牡　〔ᶜmu, ᶜmou〕
>
> 某　〔ᶜmou〕
>
> 茂、貿　〔mauˀ, mouˀ〕
>
> 戊　〔uˀ〕

「畝、牡」和「茂、貿」各有兩個形式，並沒加註「讀音」
(文言音)、「語音」(白話音)，後者是前者的「又讀」，只註明
㊀㊁ 的位次。

同時，要注意 mou(侯韻形)被排在 ㊁ 的地方。我認為它是
新的形式，本質上與文言音沒有什麼不同。

先從「畝、牡」來看，㊀ 的 ᶜmu 是模韻形式，可以說是
『一切經音義』的類型。可能與農民生活有密切關係的田地面積
單位的〈畝〉是 ᶜmu，像「饁彼南畝」(『詩經』「豳風」)的詩文

時是 ⁻mou；花的〈牡丹〉是 ⁻mu，而〈牡〉是 ⁻mou（白話裏有公〔⌐kuŋ〕）。過去也許有過這樣分開來讀的時代。

「母」的情形也可能有過 ⁻mou 的形式。只是因白話的 ⁻mu 的形式並沒太普及，所以新的形式沒有固定下來。

與此相反的是「某」，只在文言裏使用（白話則用不特定指示詞的「有」），只傳承了 ⁻mou 的形式。

「茂、貿」的 ⊖mauᵓ 是肴韻或豪韻的形式。董同龢氏在「上古音韻表稿」中，指出除這兩個字之外，「戊、牡」也屬上古音的幽部，所以看作是豪韻的字，而註釋說「廣韻入侯韻」（p.135，138）。看了北京的這種出現方式，至少對於「茂、貿」兩字，好像是有「未收錄於韻書」的豪韻的反切。

最後的「戊」則是個例外。「戊」爲「茂」的聲符，應該跟「茂」同樣讀法，卻不然，據說那是根據下列史實而來的。

『舊五代史』的記錄說，梁開平元年(907)，太祖爲避曾祖茂琳的諱，將「戊」改讀成「武」（微虞合三）⁻u。但「武」是上聲，與 uᵓ 聲調並不對應。

順便提一下，在閩音系裏，這個避諱並沒被反映出來。

❻並沒出現於潮州和福州，是因爲完全是別的語彙。即使如此，〈雌性〉在閩南、潮州、福州之間是＋(對應)，但「母親」則各是－(不對應)，這一點令人深感興趣。

潮州的 ⌐a ⌐ai 與梅縣的〔ɜ ic ɛ〕相對應，另一方面，福州的 ⌐nuoŋ ⁻ne 與蘇州的〔⌐ȵiaŋ〕相對應。潮州被客家縣所包圍，與福州的吳音系相鄰接，因此有借用的可能性。

開口二、三、四等尤韻

❶董同龢氏主張，「鄒、搊」等與「敠、雛」等在上古音同屬侯部 *ug，本來應該列入虞韻二等。(參照「上古音韻表稿」p.87)

❷補充例。龜 ₌ku，〈龜〉。韭 ᶜkiu：ᶜku 韭菜 ᶜku cʻai〈韭菜〉。灸 kiuᵓ：kuᵓ，〈針灸〉〈吸烟〉。丘 ₌kʻiu：₌kʻu，〈丘，姓氏〉。舊 kiuᵓ：kuᵓ，〈舊〉。臼 kʻiuᵓ：kʻuᵓ，〈臼〉。柩 kiuᵓ：kʻuᵓ，數棺木的量詞。

❸留 ₌liu：₌lau，〈挽留、制止〉。劉 ₌liu：₌lau，〈劉，姓氏〉。鬮 ₌kʻiu：₌kʻau，〈籤〉。

開口一等覃、合韻
開口一等談、盍韻

❶補充例。答 tap₌：ta2₌，答應 ta2₌ iəŋˉ〈承諾〉。踏 tap₌：ta2₌，〈踏、踩〉。鴿 kap₌：ka2₌，斑鴿 ₌pan ka2₌〈斑鳩〉。合 kap₌：ka2₌，〈～與～〉。盒 ap₌：a2₌，〈盒子〉。擔 ₌tam：₌taɴ，〈擔、挑〉。膽 ᶜtam：ᶜtaɴ，〈膽子〉。擔 tamᵓ：taɴᵓ，〈擔子〉。籃 ₌lam：₌naɴ，〈手提籠子〉。藍 ₌lam：₌naɴ，〈藍，姓氏〉。橄 ᶜkam：ᶜkaɴ，欖 ᶜlam：ᶜnaɴ，橄欖 ᶜkaɴ ᶜnaɴ〈橄欖〉。喊 ᶜham：ᶜhaɴ，〈虛張聲勢，嚇人〉。

蠟 liap₌：la2₌，〈蠟〉。臘 lap₌：la2₌，臘梅 la2₌ ₌mue〈臘梅，庭園樹的一種〉。

❷在臨川也不是 –m，而是像〔ᶜtʻan〕那樣讀成 –n。

開口二等咸、洽韻
開口二等銜、狎韻

❶補充例。煠 iap˳：sa2˳，〈光用水煮一下〉；iap˳ 符合「與涉切」(以葉開四)。

甲 kap˳：ka2˳〈甲〉〈蓋被子等東西〉。胛 kap˳：ka2˳，肩胛頭 ₌kiəŋ ka2˳ ₌tʻau〈肩膀〉。匣 ap˳：a2˳，〈小盒子〉。押 ap˳：a2˳，〈押送〉。

開口三，四等鹽、葉韻

❶與閩南，潮州不同，因爲聲母是白話音的形式(文言音爲’)，所以只不過在這裏提出而已。

❷補充例。簾 ₌liam：₌li, ₌niɴ，簾前 ₌niɴ ₌ciɴ〈屋簷，簷下〉；₌li 爲 –ɴ 消失後的形式。門簾 ²məŋ ²li〈門簾〉。摺 ciap˳：ci2˳，〈折疊〉。

開口四等添、帖韻

❶補充例。甜 ₌tiam：₌tiɴ，〈甜〉。拈 ₌liam：₌niɴ，〈用中指和食指輕輕地挾取東西〉。

開口三等凡、乏韻

❶例外則有「梵」₌hueŋ，「乏」huek2˳ 兩字。任一都是純粹的文言。有可能是從閩南來的借用形。

開口二、三、四等侵、緝韻

❶現在的龍溪方言裏，om 似已消滅了（參閱『四個閩南方言』pp.849–896）。又在臺南，只有〈玩具大鼓的聲音，咚咚〉的 ₌tom，〈貪吃東西時發出的聲音〉的 sop2₌ 出現而已。即使如此，也是擬聲詞，與本韻無關。

❷莆田（仙遊亦然）的形式與閩南相近。

❸像「鍼」「巨鹽切，又音針」（『廣韻』），「褶」「徒協切，又似入切」（同）那樣，在鹽、葉韻，添、帖韻與侵、緝韻兩邊都可看到。其諧聲系統有下面的例子。

鹽、葉	添、帖	侵、緝
潛	僭	簪
熠、摺		習
	墊、褻	執
撏、鐔		尋
	念	今
	欠	飲
稽		音

開口一等山、曷韻

❶補充例。單 ₌tan：₌tuaN，〈單獨〉〈傳單、招貼〉。且 tan⌐：tuaN⌐，〈旦角〉。攤 ₌t'an：₌t'uaN，〈分攤〉。灘 ₌t'an：₌t'uaN，〈灘〉。坦 ⌐t'an：⌐t'uaN，〈使瑣細，解開〉。炭 t'an⌐：t'uaN⌐，〈炭〉。彈 ₌tan：₌tuaN，〈彈鋼琴等〉。壇

ₑtan：ₑtauɴ，〈祭壇〉。彈 tanᵓ：tuaɴᵓ，〈打回，排斥〉。憚 tanᵓ：tuaɴᵓ，〈懶惰〉。欄ₑlan：ₑnuaɴ，〈圍柵、柵欄〉。攔 ₑlan：ₑnuaɴ，〈攔阻〉。懶ᶜlan：ᶜnuaɴ，〈懶散，散漫〉。爛 lanᵓ：nuaɴᵓ，〈柔軟〉〈腐爛〉。瀾 lanᵓ：nuaɴᵓ，〈口液〉。 贊 canᵓ：cuaɴ，〈用火把脂肪熔解掉〉。殘 ₑcan, ₑc'an：ₑcuaɴ，啐殘 c'uiᵓ ₑcuaɴ〈留在碟子等上面的口舌痕〉。散 ᶜsan：ᶜsuaɴ，胃散 uiᵓ ᶜsuaɴ〈胃散〉。散 sanᵓ：suaɴᵓ，〈分散，散亂、渙散〉。傘 sanᵓ：suaɴᵓ，〈傘〉。肝ₑkan：ₑkuaɴ，〈肝臟〉。竿ₑkan：ₑkuaɴ，〈竿〉。乾ₑkan：ₑkuaɴ，〈曬乾的東西〉。趕ᶜkan：ᶜkuaɴ，〈趕〉。看 k'anᵓ：k'uaɴᵓ，〈看〉。岸 ganᵓ：huaɴᵓ，〈岸〉。鼾ₑhan：ₑhuaɴ，〈打鼾〉。旱 hanᵓ：uaɴᵓ，洘呈ᶜk'ə uaɴᵓ，〈乾旱〉。汗 hanᵓ：kuaɴᵓ，〈汗〉。安ₑan：ₑuaɴ，同安ₑtaŋ ₑuaɴ〈同安，地名〉。鞍ₑan：ₑuaɴ，〈鞍〉。案 anᵓ：uaɴᵓ，香案ₑhioɴ uaɴᵓ〈擺有香爐的桌子〉。晏 anᵓ：uaɴᵓ，〈遲，晚〉。獺 t'atₐ：t'ua?ₐ，海獺ᶜhai t'ua?ₐ〈海獺〉。辣 latₐ：lua?ₐ，〈辣〉。撒 satₐ：sua?ₐ，〈撒調味料〉。割 katₐ：kua?ₐ，〈切、割〉。葛 katₐ：kua?ₐ，〈葛，姓氏〉。渴 k'atₐ：k'au?ₐ，〈口渴〉。喝 hatₐ：hua?ₐ，〈大聲呼喊〉。

開口二等山、黠韻
開口二等刪、鎋韻
❶補充例。產ᶜsan：ᶜsauɴ，產內ᶜsuaɴ laiᵓ〈產後一個月內〉。

❷補充例。揀 ᶜkan：ᶜkiəŋ，〈挑選，揀選〉。裍 ᶜkan：ᶜkiəŋ，〈褶〉。潮州的「間」kaŋᵓ：koiNᵓ 以間斷 koiNᵓ ᶜtueŋ〈空隙〉的詞素出現。眼 ᶜgan：ᶜgiəŋ，龍眼 ᶜgiəŋ ᶜgiəŋ，〈龍眼〉。莧 hianᵓ：hiəŋᵓ，莧茱 hiəŋᵓ cᶜai〈莧茱，蔬茱的一種〉。福州的「瓣」peŋᵓ是〈瓣〉。福州的「版」ᶜpaŋ：ᶜpeŋ，〈版〉。潮州的「斑」ₔpaŋ：ₔpoiN，〈斑紋〉。

❸福州本來應該是 e2, eN。

開口三、四等仙、薛韻

❶補充例。鞭 ₔpian：ₔpiN，〈鞭〉。變 pianᵓ：piNᵓ，〈變〉。篇 ₔpᶜian：ₔpᶜiN，〈篇〉。偏 ₔpᶜian：ₔpᶜeN，〈得好處〉，ₔpᶜeN 爲 ₔpᶜiN 的訛音。連 ₔlian：ₔniN，黃連 ₔəŋ ₔniN〈黃連〉。箭 cianᵓ：ciNᵓ，〈箭〉。淺 ᶜcᶜian：ᶜcᶜiN，〈淺藍色〉。鮮 ₔsian：ₔcᶜiN，〈新鮮〉。纏 ₔtian：ₔtiN，〈纏繞〉〈纏住〉。氈 ₔcian：ₔciN，〈厚的呢絨〉。扇 sianᵓ：siNᵓ，〈扇〉。鼈 piat₌：pi2₌，〈鱉〉。薛 siat₌：si2₌，〈薛，姓氏〉。折 ciat₌：ci2₌，〈折斷〉。

開口三等元、月韻

❶大島正健博士在『漢音吳音的研究』（第一書房發行，1931）裏，認爲那是與日本吳音對應的舊形式。

在漢魏時代，應該成爲元韻的與應該成爲先韻之類合併來用。

然而到了六朝時代，其南音發生變化，「建」爲コン，

「言」爲ゴン，「元」爲グワン(グヲン)，「翻」爲ホン，「煩」爲ボン，「怨」爲ヲン，「月」爲グワッ(グヲチ)，「發」爲ホチ，「越」爲ヲチ，變成像這種讀音。

　　把它們照樣摹寫出來的是吳音。這些現在還殘存在福州音裏。(p.96)

　　福州、漳州(廈門之誤？)，鄰接其境，顯著地顯示出吳音漢音兩系差異的是元韻。

　　「建」爲 kiong(キオング，我們的調查是 kioŋ˗，以下同)，「言」爲 ngiong(ギオング，˗ŋioŋ)，「遠」爲 wong(ヲング，˗uoŋ)，「元」爲 ngwong(グオング，˗ŋouŋ)，這些讀音是福州音。

　　「建」爲 kian(キヤン，kian˗)，「言」爲 gian(ギヤン，˗gian)，「遠」爲 oan(オアン，˗uan)，「元」爲 goan(ゴアン，˗guan)，這樣的讀音是廈門音。

　　「月」的福州音説成 ngwok(グヲツク，ŋuok˗)，廈門音爲 goat(ゴアト，guat˗)。在廈門的口頭音裏，「月」的發音是 get(ゲツ，ge˗)，跟漢音相似得驚人。(p.157)

確實，元韻出現了吳音用オ段摹寫，而漢音則用エ段摹寫的不同。它的眞相是，相對於吳音把再建的主母音／ɐ／用オ段摹寫，而漢音在慧琳的『一切經音義』的反切裏，就像跟仙韻、先韻合併了那樣，在唐代的長安方言裏，將元韻的主母音變化成張唇母音的形式，用エ段來摹寫。(參閱藤堂明保『中國語音韻論』p.147)

　　元韻處在與仙韻、先韻合併的狀態，現代各方言全都是一

樣。閩音系裏，閩南、潮州亦都是同樣的出現方式。福州不應是單獨的例外，所以不得不判斷大島博士的見解是膚淺的。

❷在『廣韻』(上平聲)裏，被排列成如下的順序。

20 文　21 殷(欣)　22 元^{魂痕同用}　23 魂　24 痕

在『切韻』的體系裏，與臻攝有密切的關係。那是由於主母音近似。

開口四等先、屑韻

❶『切韻』的序裏有「先^{蘇前切}仙^{相然切}……俱論是切」這一條，提示在『切韻』時代，就已經有發生混淆的方言存在了。這是非常有名的。

❷補充例。邊 ₌pian：₌piN，〈旁邊，側〉。扁 ᶜpian：ᶜpiN，〈扁平〉。片 p'ian：p'iN²，〈碎片〉。辮 pian²：piN²，〈編繩索等〉。麵 bian²：miN²，〈麵，麵條〉。天 ₌t'ian：₌t'iN，〈天，天空〉。塡 tian²：tiN²，〈盛滿容器〉。年 ₌lian：₌niN，〈年〉。硯 hian²：hiN²，〈硯台〉。燕 ian²：iN²，〈燕子〉。

❸補充例。先 ₌sian：₌siəŋ，〈先〉。研 ᶜgian：ᶜgiəŋ，〈磨，咯咻咯咻地擦〉。繭 ᶜkian：ᶜkiəŋ，〈繭〉。

❹與第三種白話音不同。與臺南、廈門同樣應該是 iəŋ 的形式，卻以此形式出現，令人不解(或許是想用這個形式來表現又音的 OiN(參閱本文 7.10))。還有「研」ᶜgan、「繭」ᶜkan 的例子。而且，在山韻的「閑」裏，這個形式亦以又音出現。

❺〈睡〉說成「困」kun²。「眠」₌bin 的用法如下。

毛眠 ₌bə ₌bin〈睡眠不足〉。□眠ˉkʻin ₌bin〈淺睡，容易醒〉。重眠 tioŋˀ ₌bin〈好睡、嗜睡〉等。

合口一等桓、末韻

❶補充例。般 ₌puan：₌puaN，一般 it₌ ₌puaN〈一般〉。搬 ₌puan：₌puaN〈搬家、遷徙〉。半 puanˀ：puaNˀ，□半 cit₌ puaNˀ〈一半〉。絆 puanˀ：puaNˀ，〈絆到繩索等〉。潘 ₌pʻuan：₌pʻuaN，〈潘，姓氏〉。判 ₌pʻuanˀ：pʻuaNˀ，〈裁判〉。盤 ₌puan, ₌pʻuan：₌puaN，〈盤，盤子〉。伴 pʻuanˀ：pʻuaNˀ，〈伴侶，友伴〉。拌 puanˀ：puaNˀ，〈用拂手揮除〉。瞞 ₌buan：₌muaN，〈瞞騙〉。滿ˉbuan：ˉmuaN，〈滿，充滿〉；另外，ˉmaN 爲 -u- 被 m 所吸收後的形式。團 ₌tʻuan：₌tuaN，團團圓 ₌tuaN ₌tuaN ₌iN〈大團圓〉。段 tuanˀ：tuaNˀ，〈象棋等的段數〉。官 ₌kuan：₌kuaN，〈官，官吏〉。棺 ₌kuan：₌kuaN，棺柴 ₌kuaN ₌cʻa〈棺木〉。冠 ₌kuan：₌kuaN，鳳冠 hoŋˀ ₌kuaN〈新娘戴的冠〉。觀 kuanˀ：kuaNˀ，道觀 təˀ kuaNˀ〈道觀〉。歡 ₌huan：₌huaN，歡喜 ₌huaN ˉhi，〈高興〉。碗ˉuan：ˉuaN，〈碗〉。腕ˉuan：ˉuaN，跤頭腕 ₌kʻa ₌tʻau ˉuaN〈膝蓋〉。換 huanˀ：uaNˀ，〈換〉。

鉢 puat₌：pua2₌，擂鉢 ₌lui pau2₌〈擂鉢〉。撥 puat₌：pua2₌，〈挪開〉〈分開〉。潑 pʻuat₌：pʻua2₌，〈潑水等〉。拔 puat₌：pua2₌，〈賭博〉。鈸 puat₌：pua2₌，〈鐃鈸〉。末 buat₌：bua2₌，〈粉末〉。脫 tʻuat₌：tʻua2₌，〈離脫〉。捋 luat₌：lua2₌，〈撫摩，摩挲〉。濶 kʻuat₌：kʻua2₌，〈寬廣〉。

❷補充例。鑽cuan⁼：cəŋ⁼，〈鑽，穿過狹窄的地方〉。算suan⁼：səŋ⁼，〈計算〉。蒜suan⁼：səŋ⁼，蒜 □səŋ⁼ ͨa〈蒜莖〉。貫kuan⁼：kəŋ⁼，〈貫穿〉。

合口三、四等仙、薛韻

❶補充例。全 ⌐cuan：⌐cəŋ，十全 cap⌐ ⌐cəŋ〈十全十美〉。磚 ⌐cuan：⌐cəŋ，〈磚〉。轉 ͨcuan：ͨcəŋ，〈旋轉〉〈回歸〉。旋suan⁼：cəŋ⁼，〈髮旋〉。串c'uan⁼：c'əŋ⁼，〈串〉，計數串連東西的量詞。卷kuan⁼：kəŋ⁼，考卷 ͨk'ə：kəŋ⁼〈考卷〉。

❷『釋名』裏「船，循也。循水而行」的記述，很有趣。衆所皆知，『釋名』是音義說的辭典。對於音義說有很多的批評，但是，在這種情況，「循」是(邪諄合四)的字，⌐sun 的音，跟用白話音來讀「船」完全符合，也許是偶然的。

合口三等元、月韻

❶牙、喉音裏，uaŋ, uak 的形式亦出現得相當多。

垣 ⌐huaŋ、阮 ͨŋuaŋ、宛、菀 ͨuaŋ、曰 uak⌐。

但是，這些應看成例外。

❷補充例。晚 ͨbuan：ͨməŋ，晚晡 ͨməŋ ⌐po〈傍晚〉。阮 ͨguan：ͨəŋ，〈阮，姓氏〉。菀 ͨuan：ͨəŋ，手菀 ͨc'iu ͨəŋ〈袖口〉。園 ⌐uan：⌐həŋ，〈旱地〉。

❸〈地瓜〉說成「番薯」，當然是因爲從外國傳來的關係。有關夷狄的事物(在臺灣，番人亦包含在內)，「番婆」⌐huan ⌐pə

〈夷狄的女性〉,「番麥」﹦huan be2﹦〈玉蜀黍〉,「番口火」﹦huan ⸂a ⸂hue〈火柴〉……像這樣,普通都帶有「番」字。但是,-u- 消失的例子,在別的地方看不到。

順便提一下,〈地瓜〉是 1584 年從呂宋島傳至福建的(據平凡社『世界大百科辭典』)。

合口四等先、屑韻

❶具有「玄」﹦guan 詞素的語彙,另外有「玄參」﹦guan﹦sim〈玄參,治療腫瘍、瘰癧的藥草〉,「玄武」﹦guan ⸂bu〈玄武,道教所奉祀的六神之一〉。這些都是文言或文言性的白話。又,「玄武」在辭典裏亦作「元武」。

開口一等痕韻

❶「痕」﹦hun 也是〈線,紋〉的重要詞彙。從其他的例子來推測,可以期待出現 ﹦hin 的形式,卻並非如此。這麼說的話,這個字潮州也是 uŋ 的形式,與其他的不同。只好存疑了。

開口二、三、四等眞、質韻

❶﹦t'in 一般充用「斟」(章侵開三)﹦cim 字,當然是「假借字」。將這個語源擬定爲「陳」的是我。這在音韻方面並無問題。至於意義方面,有「將物品擺列在平面來看」(『漢字語源辭典』p.758)和「從高處注入酒或水」,本質上是相同的,我想沒問題。

❷補充例。鱗﹦lin:﹦lan,〈鱗〉。屛lin²:lan²,屛鳥

lan⁼ ⁼ciau〈陰莖〉。趁 t'in⁼：t'an⁼，〈賺〉。

密 bit₌：bat₌，〈沒空隙〉。栗 liək₌：lat₌。栗子 lat₌ ⁼ci〈栗子〉。漆 c'it₌：c'at₌，〈漆〉。實 sit₌：cat₌，〈充塞，稠密〉。

❸反映在閩音系的三等與四等的差異，果然引起了學者的注意。Karlgren 氏在『中國音韻學研究』p.506 介紹廈門的形式之同時，利用它作爲再建臻攝主母音的資料之一。

另外，有坂秀世博士在「評高本漢氏的拗音說」裏，首倡現已成學界定說的「中舌性的／-ï-／與上顎性的／-i-／」的對立時，將福州與汕頭(潮州)作爲一項資料加以利用。

❹『說文通訓定聲』指出「從矛，令聲。作今者誤」。

合口一等魂、沒韻

❶補充例。頓 tun⁼：təŋ⁼，〈吃飯的次數〉。村 ₌c'un：₌c'əŋ，鄉村 ₌hioŋ：₌c'əŋ〈鄉下〉。損 ⁼sun：⁼səŋ，〈受損失〉〈小孩玩耍〉。

❷uʔ爲有特徵的白話音形式。具有這個形式的詞素，似共有「突出，推出去」的意義上的特徵。而且其語源幾乎都未詳。

puʔ₌ □ 〈噗哧地伸出來〉

　puʔ₌ ⁼iN □□〈噗哧地出芽〉

tuʔ₌ □ 〈輕輕地杵了一下〉

　tuʔ₌ ₌t'au □頭〈輕輕地點頭〉

luʔ₌ □ 〈蹭着走，拖摩前進〉

　luʔ₌ cut₌ □ 卒〈玩象棋時的進卒〉

cu˥˩ □ 〈吐出微量〉

cu˥˩ ꞈsai □ 屎〈洩出微量的大便〉

cʻu˥˩ □ 〈輕輕碰觸〉

cʻu˥˩ ꞈhua □ 花〈輕觸滅火(如香烟的火)〉

「突」tu˥˩ 被認爲屬於這個系列。而且是語源比較確定的唯一的字。由「突」tu˥˩ 的啓發,我認爲語源是臻攝合口入聲的可能性較高,但是過去一直不能確定下來。

另外,作爲擬聲語,有 kʻu˥˩ kʻu˥˩ sauꞋ「□□嗽」〈咶咶地咳嗽〉。作爲「歇後語」,有 ꞈcian pʻu˥˩ pʻu˥˩「□□□」〈鹹味太淡〉,ꞈkin su˥˩ su˥˩「緊速速」〈如風般快速〉,但不屬此系列。

開口一等唐、鐸韻

❶用圓唇母音傳佈宕攝的跡象,早在唐五代西北方音就出現了。四種資料裏,『千字文』因傾向我們所說的 -N 化,除外不談,相對於『阿彌陀經』『金剛經』按照中古音摹寫成 ╱aṅ╱ ╱yaṅ╱,『大乘中宗見解』則摹寫成 ╱oṅ╱ ╱yoṅ╱。

「謗」boṅ

「長」çoṅ 「相」 syoṅ 「陽」 yoṅ

結果,與通攝造成混淆,這種情形在閩南可以說也一樣。

❷補充例。榜 ꞈpoŋ：ꞈpəŋ,〈榜文,布告〉。傍 ꞈpoŋ：pəŋꞋ,〈依靠別人的幸運或勢力而分享好處〉。當 toŋꞋ：təŋꞋ,〈典當〉。燙 tʻoŋꞋ：tʻəŋꞋ,〈用開水焯菜〉〈被熱水燙傷〉。堂 ˳toŋ：˳təŋ,〈廳堂〉。唐 ˳toŋ：˳təŋ,唐山 ˳təŋ˳suaN〈中

國本土〉，糖 $_<$t'oŋ：$_<$t'əŋ，〈砂糖〉。塘$_<$toŋ：$_<$təŋ，池塘$_<$ti $_<$təŋ〈池塘〉。郎 $_<$loŋ：$_<$nəŋ，牛郎 $_<$gu $_<$nəŋ〈牛郎星〉。浪 loŋ$^⊃$：nəŋ$^⊃$，波浪 $_<$p'ə nəŋ$^⊃$〈波浪〉。贓 $_<$coŋ：$_<$cəŋ，賊贓 c'at$_<$ $_<$cəŋ〈贓物〉。倉 $_<$c'oŋ：$_<$c'əŋ，倉庫 $_<$c'əŋ k'o$^⊃$〈倉庫〉。藏 coŋ$^⊃$：cəŋ$^⊃$，西藏 $_<$se cəŋ〈西藏〉。臟 coŋ$^⊃$：cəŋ$^⊃$，五臟 $^⌐$ŋo cəŋ〈五臟〉。桑 $_<$soŋ：$_<$səŋ，〈桑〉。喪$_<$soŋ：$_<$səŋ，喪孝 $_<$səŋ ha$^⊃$〈喪，忌〉。缸$_<$koŋ：$_<$kəŋ，〈水缸〉。鋼 $_<$koŋ：kəŋ$^⊃$，〈鋼珠〉。康 $_<$k'oŋ：$_<$k'oŋ，〈康，姓氏〉。囥 k'əŋ$^⊃$，〈擺放〉。

一般把 k'əŋ$^⊃$ 寫成「藏」，當然是「假借字」。我把這個語源擬定爲「囥」。『集韻』中載有「口浪切，藏也」，音韻、意義上都沒問題。

薄 pok$_<$：po2$_<$，〈薄〉。莫 bok$_<$：bo2$_<$，莫應 bo2$_<$ iəŋ$^⌐$〈～不該〉。膜 mok$_<$：moN2$_<$，〈膜〉。索 siək$_<$：so2$_<$，〈繩子〉。各 kok$_<$：ko2$_<$，各樣 ko2$_<$ ioN$^⊃$〈樣子怪異〉。閣 kok$_<$：ko2$_<$，〈閣〉。擱 kok$_<$：ko2$_<$，耽擱 $_<$tam ko2$_<$〈耽誤〉。胳 kok$_<$：ko2$_<$，胳下空 ko2$_<$ e$^⊃$ $_<$k'aŋ〈腋下〉。鶴 hok$_<$：ho2$_<$，〈鶴〉。惡 ok$_<$：o2$_<$，〈不容易、難〉。

一般把 o2$_<$ 寫成「難」(泥寒開一)$_<$lan，當然是「假借字」。我把這個語源擬定爲「惡」，音韻上雖無問題，但意義上則有點不安。但是，「惡」的原義如依藤堂教授的看法，是〈抑止，堵塞〉的意思(『漢字語源辭典』p.404)。所以即使從「阻塞不通」派生出〈不容易〉〈困難〉的意義，亦並不奇怪。

還有，〈不善〉(『廣韻』)，在閩南說成$^⌐$p'iaN。語源未

詳。

❸關於這個形式，P. Pe'liot 認爲跟陰韻的形式並沒有不同，R. Gauthiot 認爲是母音發生鼻母音化，H. Maspero 則認爲 –n 變化成〔ɤ〕的形式而留下來的。

羅氏贊成 H. Maspero 的說法，趙元任氏引用對南京方言所觀察的形式作例子，試行自己的解釋。

❹原文如下。

陽唐的 –n 收聲消變以後，他們前面的元音，不管是開口的〔ɑ〕〔a〕或是合口的〔wɑ〕〔wa〕，都受這種影響變成了〔o〕，這是〔ŋ〕的後退同化所致，〔ɐ〕〔æ〕〔e〕等元音(即梗攝)因爲部位靠前就不受影響。

❺補充例。忙 ₋boŋ：₋baŋ，幫忙 ₋paŋ ₋baŋ〈幫忙〉。岡 ₋koŋ：₋kaŋ，岡山 ₋kaŋ ₋suan〈岡山，台南南部的地名〉。炕 k'oŋ⁼：k'aŋ⁼，炕牀 k'aŋ⁼ ₋c'əŋ〈土炕〉。行 ₋haŋ，銀行 ₋gin ₋haŋ〈銀行〉。航 ₋haŋ，航海 ₋haŋ ᶜhai〈航海〉。

❻這可能是 cok₋ 的訛音。

開口二、三、四等陽、藥韻

❶補充例。量 ₋lioŋ：₋nioɴ，〈計測長度〉。糧 ₋lioŋ：₋nioɴ，糧食 ₋nioɴ sit₋〈糧食〉。梁 ₋lioŋ：₋nioɴ，〈梁，姓氏〉。量 lioŋ⁼：nioɴ⁼，〈大桿秤〉〈用大桿秤量重量〉。漿 ₋cioŋ：₋cioɴ，〈澱粉質溶解後的液漿狀東西〉〈上漿、塗漿〉。蔣 ᶜcioŋ：ᶜcioɴ，〈蔣，姓氏〉。槳 ᶜcioŋ：ᶜcioɴ，〈槳〉。醬 cioŋ⁼：cioɴ⁼，〈醬〉。槍 ₋c'ioŋ：₋c'ioɴ，

〈槍〉。搶 ⌐c'ioŋ：⌐c'ioN，〈搶奪〉。牆 ⌐c'ioŋ：⌐c'ioN，
〈牆壁〉。匠 c'ioŋ²：c'ioN²，<u>桶匠</u> ⌐t'aŋ² c'ioN²〈做桶的工
匠〉。相 ⌐sioŋ：⌐sioN，<u>相思</u> ⌐sioN ⌐si〈相思〉。廂 ⌐sioŋ：
⌐sioN，西<u>廂</u> ⌐se ⌐sioN〈西廂記〉。箱 ⌐sioŋ：⌐sioN，〈箱
子〉。鑲 ⌐sioŋ：⌐sioN，〈鑲嵌金屬品〉。想 ⌐sioŋ：⌐sioN，思
<u>想</u> ⌐su ⌐sioN〈思想〉〈想念〉。相 sioŋ²：sioN²，〈生年〉
〈樣子〉。象 sioŋ²：c'ioN²，〈象〉。像 sioŋ²：c'ioN²，〈好
像〉。長 ⌐tioŋ：⌐tioN，〈長〉。漲 tioŋ²：tioN²，〈膨脹〉
〈肚子鼓漲〉。帳 tioŋ²：tioN²，〈帳〉。場 ⌐tioŋ：⌐tioN，
〈場，場面〉。丈 tioŋ²：tioN²，<u>丈儂</u> tioN² ⌐laŋ〈岳父〉。章
⌐cioŋ：⌐cioN，〈章〉。樟 ⌐cioŋ：⌐cioN，<u>樟腦</u> ⌐cioN ⌐lə〈樟
腦〉。掌 ⌐cioŋ：⌐cioN，<u>手掌</u> ⌐c'iu ⌐cioN〈手掌〉。菖
⌐c'ioŋ：⌐c'iuN，<u>石菖蒲</u> cio2 ⌐c'ioN ⌐po〈石菖〉。廠 ⌐c'ioŋ：
⌐c'ioN，<u>工廠</u> ⌐kaŋ ⌐c'ioN〈工廠〉。傷 ⌐sioŋ：⌐sioN，〈傷〉
〈太～，過於～〉。賞 ⌐sioŋ：⌐sioN，〈賞賜、獎〉。常 ⌐sioŋ：
⌐sioN，<u>平常</u> ⌐peN ⌐sioN〈平常〉。裳 ⌐sioŋ：⌐cioN，衣裳
⌐i ⌐cioN〈衣裳〉。上 ⌐sioŋ：cioN²，〈上、登〉。c'ioN²〈長
霉、冒出粉粒〉。讓 lioŋ²：nioN²，〈讓〉。薑 ⌐kioŋ：⌐kioN，
〈羌〉。香 ⌐hioŋ：⌐hioN，〈香〉。鄉 ⌐hioŋ：⌐hioN，<u>鄉里</u>
⌐hioN ⌐li〈鄉里〉。向 hioŋ²：hioN²，<u>向平</u> hioN² ⌐piəŋ〈對
面、那邊〉。鴦 ⌐ioŋ：⌐ioN，<u>鴛鴦</u> ⌐uan ⌐ioN〈鴛鴦〉。羊
⌐ioŋ：⌐ioN，〈羊〉。洋 ⌐ioŋ：⌐ioN，〈大海〉。烊 ⌐ioŋ：⌐ioN，
〈溶解，溶化〉。楊 ⌐ioŋ：⌐ioN，〈楊，姓氏〉。陽 ⌐ioŋ：⌐ioN，
<u>坐男陽</u> puaN² ⌐lam ⌐ioN〈半陰陽〉。養 ⌐ioŋ：⌐ioN，<u>養</u> □⌐ioN

pe⁼〈養父〉。樣ioŋ⁼：ioN⁼，〈樣子，姿態〉。癢⊂ioŋ：cioN⁼，〈癢〉。

略 liok₌：lio2₌，略略 □lio2₌ lio2₌ ⊂a〈一點點〉。着 tiok₌：tio2₌，〈輕拉裙子的下擺或褲腳〉。弱 liok₌：lio2₌，〈筋疲力竭〉。腳 kiok₌：kio2₌，〈傢伙，夥伴〉。約 iok₌：io2₌，〈猜謎等〉。藥 iok₌：io2₌，〈藥〉。鑰 iok₌：io2₌，門鑰₌məŋ io2₌〈門的鎖匙〉。

❷補充例。裝⊂coŋ：⊂cəŋ，〈化裝〉。瘡⊂c'oŋ：⊂c'əŋ，〈瘡〉。牀⊂c'oŋ：⊂c'əŋ，〈床舖〉。狀coŋ⁼：cəŋ⁼，〈書狀〉。

❸補充例。腸₌tioŋ：₌təŋ，〈腸〉。丈 tioŋ⁼：təŋ⁼，〈丈〉。秧⊂ioŋ：⊂əŋ，〈稻苗〉。

❹補充例。亮lioŋ⁼：liaŋ⁼，光亮₌kəŋ liaŋ⁼〈明亮〉。量 lioŋ⁼：liaŋ⁼，〈度量〉。相 sioŋ⁼：siaŋ⁼，宰相⊂caiN siaŋ⁼〈宰相〉。詳₌sioŋ：₌siaŋ，參詳₌c'am ₌siaŋ〈商量〉。掌⊂cioŋ：⊂ciaŋ，車掌₌c'ia ⊂ciaŋ〈車長〉。障cioŋ⁼：ciaŋ⁼，白內障 pe2₌ lai⁼ ciaŋ⁼〈白內障〉。倡c'ioŋ⁼：c'iaŋ⁼，〈賭前言明，約定好〉。傷₌sioŋ：₌siaŋ，肺癆傷 hi⁼ ₌lə ₌siaŋ〈肺病〉。餉 hioŋ⁼：hiaŋ⁼，拍餉 p'a2₌ hiaŋ⁼〈課關稅〉。常₌sioŋ：₌c'iaŋ，常在₌c'iaŋ cai⁼〈常常〉。嚷⊂lioŋ：⊂liaŋ，〈大聲罵〉。香₌hioŋ：₌hiaŋ，香油₌hiaŋ ₌iu〈白胡麻油〉。向 hioŋ⁼：hiaŋ⁼，向時 hiaŋ⁼ ₌si〈從前〉。揚₌ioŋ：₌iaŋ，揚氣₌iaŋ k'i⁼〈得意〉。

❺反過來，調查了漳州從泉州借來用的情形，發現出乎意料

地少。「十五音」裏，只有「暢」tʻiaŋꜛ：tʻioŋꜛ，〈痛快的〉一個例子。

❻『台日大辭典』除了「腸」₌cʻiaŋ 以外，對於泉州系把「槍」作 ₌cʻiaŋ(無法確認)、「唱」作 cʻiaŋꜛ、「常」作 ₌cʻiaŋ 的發音，註釋說：「語源必是從官話轉進來的。」

但是，齒頭音或正齒音的情形與舌上音不同，缺乏來自聲母形式的證據。而且，韻母的形式，因為漳州系與官話相同，所以究竟是從漳州來的借用形，抑或是從官話來的借用形，很難判斷。

合口一等唐、鐸韻

❶是「假借字」。

❷補充例。「廣」ꜛkoŋ：ꜛkəŋ，「廣東」ꜛkəŋ ₌taŋ〈廣東〉。

合口三等陽、藥韻

❶包括「兄」字，「京、明、英、兵、庚、橫、永、丙、更」等一部分庚韻的字，在東漢時代轉入耕部，與原來耕部的字共同構成中古音的梗攝。(參閱『漢魏晉南北朝韻部演變研究』第 1 分冊 p.34，『漢語史稿 修訂本』上冊 pp.92-93)

❷補充例。枋 ₌hoŋ：₌paŋ，〈木板〉。芳 ₌hoŋ：₌pʻaŋ，〈香味〉。房 ₌poŋ：₌paŋ，〈房間〉。紡 ꜛhoŋ：ꜛpʻaŋ，〈轉動〉。望 boŋꜛ：baŋꜛ，〈望〉。

開口二等江、覺韻

❶參閱『唐五代西北方音』p.56。

❷參閱三根谷徹「中古漢語的韻母體系──切韻的性質──」(『語言研究』31 號，1957)。

❸補充例。朴 pʻok˳：pʻo2˳，<u>朴 □ 跤</u> pʻo2˳ ˻a ˻kʻa〈台灣的地名〉。卓 tok˳：to2˳，〈卓，姓氏〉。

❹臺南的文言音則沒自信。究竟是模倣廈門讀成 kauˀ，或是「雹」的類推而認爲 kau2˳ 是文言音？可能是其中之一。

❺在北京，「雹」除了〔˻po〕以外，還有〔˻pau〕的音。「琢」爲〔˻tʂuo〕，「餃」爲〔ˉtɕiau〕。像這樣，au2的殘餘被保留下來了。

❻這個 taNˀ 在臺南，出現在 beˀ ˻koŋ beˀ taNˀ tit˳「□講 □ 呾得」〈全不聽話，說了也沒用〉的 idiom(成語)。

開口一等登、德韻

❶從『顏氏家訓』「音辭篇」所述的「韻集以成、仍、宏、登合成兩韻」可以知道。『韻集』爲呂靜所撰。「成」是清韻的字，「仍」是蒸韻的字，「宏」是耕韻的字，「登」是登韻的字。把這些「合成兩韻」了。這等於證明在呂靜所依據的方言裏，曾、梗攝的區別消失了。

❷在慧琳的『一切經音義』的反切裏，依然堅持曾攝與梗攝的對立。唐五代西北方音亦然。

❸周祖謨氏明白地斷定說：「惟曾攝蒸，登兩韻轉入梗攝，此爲宋以後之變音，與四聲等子，切韻指掌圖合。」(參閱「宋代汴洛語音考」，『問學集』下册，p.622)

❹基本上相信李永明氏（潮州），梁猷剛氏（海口）的報告。〔iəŋ〕與〔eŋ〕的差異很微妙，閩南的〔iəŋ〕，就有西方的傳教士聽成〔eŋ〕，而用教會羅馬字拼成 eng 的例子。

❺補充例。「層」˳ciəŋ：˳can，〈件〉，計數事件的量詞。「十五音」裏，「肯」ˉkʻiəŋ：ˉkʻan，〈同意、答應〉。「塞」siək˳：sat˳，〈堵塞〉。

合口一等登、德韻
合口三等職韻

❶ uok 爲合口鐸韻、藥韻的形式。與「郭」（見鐸合一）kuok˳同形。也許是偶然吧，在廣州也是「國」＝「郭」gwɔk˳。

❷例如：

薨	˳gwɐŋ	＝亨（曉庚開二）˳hɐŋ
弘	˳wɐŋ	＝恒（匣登開一）˳hɐŋ
國	gwɔk˳	例外
或	wak˳	＝嚇（曉陌開二）hak˳
域	wik˳	＝翼（以職開三）jik˳

（據黃錫凌『粵音韻彙』）

像這樣，被開口所吸收是粵音系的特徵。

❸參閱『唐五代西北方音』p.65。

❹依據周祖謨「宋代方音」（『問學集』下冊，p.661）。

❺音韻表記依據藤堂明保『中國語音韻論』p.93。

❻參閱『漢語史稿修訂本』上冊，p.190。

❼這些字，在現今的北京，除了「橫」〔˳xəŋ〕以外，只

有通攝一個形式。另外，在『中原音韻』裏屬「庚青」韻的「扃」「肱」「瓊」「炯」等字，現在也變成通攝的形式了。

❽參閱『漢語史稿修訂本』上冊，p.191。亦即，／-u-／＋／əŋ／＝／uŋ／(東韻)。

開口二等庚、陌韻
開口二等耕、麥韻

❶補充例。彭 ₌pʻiəŋ：₌pʻeN，〈彭，姓氏〉。盲 ₌biəŋ：₌meN，青盲 ₌cʻeN ₌meN〈瞎眼〉。猛 ᶜbiəŋ：ᶜmeN，緊猛 ᶜkin ᶜmeN〈迅速〉。「十五音」的撐 ₌tʻiəŋ：₌tʻeN，〈划船〉。掌 tʻiəŋᵓ：tʻeNᵓ，〈用棍棒支住〉。生 ₌siəŋ：₌seN，〈出生〉。牲 ₌siəŋ：₌seN，口牲 ₌ciəŋ ₌seN〈禽獸〉。「十五音」的省 ᶜsiəŋ：ᶜseN，省城 ᶜseN：₌siaN，〈省城〉。庚 ₌kiəŋ：₌keN，〈庚，十天干之一〉。羹 ₌kiəŋ:₌keN，〈羹〉。哽 ᶜkiəŋ：ᶜkeN，〈魚骨等哽在喉頭〉。坑 ₌kʻiəŋ：₌kʻeN，〈谷〉。硬 kiəŋᵓ：ŋeNᵓ，〈硬〉。

百 piək₌：pe2₌，百姓 pe2₌ seNᵓ〈人民〉。伯 piək₌：pe2₌，〈伯父〉。柏 piək₌：pe2₌，松柏 ₌cʻiəŋ pe2₌〈松柏〉。白 piək₌：pe2₌，〈白色〉。帛 piək₌：pe2₌，跤帛 ₌kʻa pe2₌〈纏腳布〉。格 kiək₌：ke2₌，〈隔開，格子〉。客 kʻiək₌：kʻe2₌，儂客 ₌laŋ kʻe2₌〈客人〉。

棚 ₌piəŋ：₌peN，〈架設的高台，棚架〉。

擘 pʻiək₌：pe2₌，〈用兩手擘開〉。脈 biək₌：meN2₌，〈脈〉。冊 cʻiək₌：cʻe2₌，〈書籍〉。隔 kiək₌：ke2₌，〈隔

開〉。厄 iək₋：e2₋，災厄 ₋cai e2₋〈災厄〉。

❷補充例。嚇 hiək₋：hiaN2₋，〈嚇了一跳〉。–N 是鼻音化韻母眷顧癖的出現。

開口三等庚、陌韻
開口三、四等清、昔韻
開口四等青、錫韻

❶補充例。丙 ᶜpiəŋ：ᶜpiaN，〈丙〉。京 ₋kiəŋ：₋kiaN，〈京〉。驚 ₋kiəŋ：₋kiaN，〈害怕〉。迎 ₋giəŋ：₋gia，迎媽祖 ₋gia ᶜma ᶜco〈媽祖的廟會〉。只有台南–N 消失。影 ᶜiəŋ：ᶜiaN，〈影子〉。映 ioŋᵓ：iaNᵓ，光映映 ₋kəŋ iaNᵓ iaNᵓ〈光亮耀眼〉。文言音爲漾韻的形式。

隙 kʻiək₋：kʻia2₋，空隙 ₋kʻaŋ kʻia2₋〈間隙〉〈別人的缺點〉。屐 kiək₋：kia2₋，木屐 bak₋ kia2₋〈木屐〉。

餅 ᶜpiəŋ：ᶜpiaN，〈餅〉。併 piəŋᵓ：piaNᵓ，〈競爭、爭奪〉〈清掃〉。領 ᶜliəŋ：ᶜniaN，〈領子〉〈收領〉。嶺 ᶜliəŋ：ᶜniaN，〈山頂，山嶺〉。廈門的清 ₋cʻiəŋ：₋cʻiaN，福清 hok₋ ₋cʻiaN〈福清，縣名〉。請 ᶜcʻiəŋ：ᶜcʻiaN，〈邀請〉。情 ₋ciəŋ：₋ciaN，親情 ₋cin ₋ciaN〈婚事〉。呈 ₋tiəŋ：₋tiaN，公呈 ₋koŋ ₋tiaN〈聯名的訴願書或陳情書〉。程 ₋tiəŋ, ₋tʻiəŋ：₋tʻiaN，〈程，姓氏〉；「十五音」的 ₋tiaN，下程 e ᵓ₋tiaN〈餞別〉。正 ₋ciəŋ：₋ciaN，正月 ₋ciaN gue2₋〈新年頭〉。正 ciəŋᵓ：ciaNᵓ，〈正〉。聲 ₋siəŋ：₋siaN，〈聲〉。聖 siəŋᵓ：siaNᵓ，〈靈驗顯著〉。成 ₋siəŋ：₋siaN，〈10%，成〉；₋ciaN，〈成

為〉；ᴄcᶜiaN，〈完成〉。城 ᴄsiəŋ：ᴄsiaN，〈城〉。盛 siəŋ⁼：
siaN⁼，〈盛，姓氏〉。廈門的輕 ᴄkᶜiəŋ：ᴄkᶜiaN，<u>輕薄</u>
ᴄkᶜian poʔ⁼〈瘦而虛弱〉。纓 ᴄiəŋ：ᴄiaN，帽纓 bəʔ⁼ ᴄiaN〈帽
子上面的垂穗子〉。贏 ᴄiəŋ：ᴄiaN，〈贏〉。

僻 pᶜiək⊇：pᶜiaʔ⊇，偏僻 ᴄpᶜian pᶜiaʔ⊇〈遍僻〉。癖 pᶜiək⊇：
pᶜiaʔ⊇，〈癖性〉。跡 ciək⊇：ciaʔ⊇，<u>毛影毛跡</u> ᴄbə ᶜiaN ᴄbə ciaʔ⊇
〈全沒事實，一派謊言〉；liaʔ⊇，〈痕跡〉。脊 ciək⊇：ciaʔ⊇，□
<u>脊</u> ᴄkᶜa ciaʔ⊇〈背部〉。廈門的席 siək⊇：siaʔ⊇，酒<u>席</u> ᶜciu siaʔ⊇
〈酒席，酒宴〉。隻 ciək⊇：ciaʔ⊇，〈只，隻〉。亦 iək⊇：iaʔ⊇，
〈又、還〉。易 iək⊇：iaʔ⊇，<u>易</u>經 iaʔ⊇ ᴄkiəŋ〈易經〉。

鼎 ᶜtiəŋ：ᶜtiaN，〈鼎〉。廳 ᴄtᶜiəŋ：ᴄtᶜiaN，〈廳堂〉。
庭 ᴄtiəŋ：ᴄtiaN，〈院子〉。定 tiəŋ⁼：tiaN⁼，〈靜止〉；niaN⁼，
〈衹、只有〉。

niaN⁼ 一般寫成「耳」（日止開三）ᶜni，當然是「假借字」。
我把這個語源擬定爲「定」。在音韻方面，-N 的影響波及聲
母，用 n 代替了 t。意義方面，則是由〈靜止〉派生出〈就只有
那樣〉〈再也沒了〉的意義。

錠 tiəŋ⁼：tiaN⁼，<u>銀錠</u> ᴄgin tiaN⁼〈饅頭形銀塊〉。「十五
音」的馨 ᴄhiəŋ：ᴄhiaN，馨味 ᴄhian biʔ⁼〈芳香味〉。

糴 tiək⊇：tiaʔ⊇，〈買米〉。

「析」siək⊇：siaʔ⊇，〈削〉。傳統上，被認爲是「削」（心
藥開四）siok⊇ 的白話音，但 iaʔ 的形式不應出現於藥韻。「析」
才是它正確的語源，意義上也沒有問題（『廣韻』有「分也，破木
也」）。

❷補充例。病 piəŋ⁼：peɴ⁼，〈疾病〉〈生病〉。明 ₌biəŋ：₌meɴ，明年 ₌meɴ ₌niɴ〈明年〉。英 ₌iəŋ：₌eɴ，〈英，人名〉。

井 ˊciəŋ：ˊceɴ，〈井〉。廈門的凊 ₌c'iəŋ：₌c'iɴ，清明 ₌c'iɴ ₌miaɴ〈清明節〉。「十五音」的靜 ciəŋ⁼：ceɴ⁼，暗靜 am⁼ ceɴ⁼〈悄悄地〉。姓 siəŋ⁼：seɴ⁼，〈姓〉。性 siəŋ⁼：seɴ⁼，心性 ₌sim：seɴ⁼〈心地〉。「十五音」的省 ˊsiəŋ：ˊseɴ，〈節約〉。鄭 tiəŋ⁼：teɴ⁼，〈鄭，姓氏〉。

星 ₌siəŋ：₌c'eɴ，〈星〉。腥 ₌siəŋ：₌c'eɴ，腥臊 ₌c'eɴ ₌c'ə〈腥味〉。醒 ˊsiəŋ：ˊc'eɴ，〈醒〉。經 ₌kiəŋ：₌keɴ，〈繩線纏住、掛住〉。徑 kiəŋ⁼：keɴ⁼，算盤徑 səŋ⁼ ₌puaɴ keɴ⁼〈算盤的立柱〉。

廈門的績 ciək₌：ce?₌，紡績 ˊp'aŋ ce?₌〈紡績〉。

❸另有下面的例子。

	台南	廈門	十五音	泉州	潮州	福州
晶	₌ciəŋ	₌ciəŋ	₌ciəŋ	₌ciəŋ		₌ciŋ
	₌ciɴ	₌ciɴ		₌ciɴ		
					₌ciaɴ	
晴	₌ciəŋ	₌ciəŋ	₌ciəŋ	₌ciəŋ		₌ciŋ
	₌ciɴ	₌ciɴ	₌ceɴ	₌ciɴ	₌c'eɴ	
						₌ciaŋ

「晶」₌ciɴ 以「水晶」ˊcui ₌ciɴ〈水晶〉的詞素出現。潮州的 ₌ciaɴ 亦為同義。

「晴」₌ciɴ〈晴〉。福州的 ₌c'iaŋ 亦同義。

❹不只是閩音系，江南一部分方言的白話音裏，亦有留下這樣的形式。

	梅縣	南昌	双峯	溫州
餅		ᶜpin	ᶜpin	ᶜpeŋ
	ᶜpiaŋ	ᶜpiaŋ		
名		min⁻	₋min	₋meŋ
	₋miaŋ	miaŋ⁻	₋miõ	
晴	₋tsʻin	₋tɕʻin	₋dʑin	₋zeŋ
	₋tsʻiaŋ	₋tɕiaŋ		
輕	₌kʻin	₌tɕʻin	₌tɕʻin	
	₌kʻiaŋ	₌tɕʻiaŋ		₌tɕʻiaŋ
贏			₋in	
	₋jaŋ	iaŋ⁻	₋iõ	₋ɦiaŋ

（據北京大學『漢語方音字滙』）

❺呂靜的『韻集』，將「益」與「石」分開的情形，出現於『顏氏家訓』「音辭篇」。「益」爲佳部入聲字，因爲跟「石」在上古音所屬不同，所以可能有留下區別的方言存在。但並沒有關於如何區別的資料。現在在閩音系裏，「益」ia$\underline{2}$₌：「石」cio$\underline{2}$₌ 有區別，或可供作參考。

❻補充例。廈門的亭 ₋tiəŋ：₋tan，毛嗣亭 ₋bə ₋su ₋tan〈合祀無人祭祀的死者的小祠〉。

❼『正字通』裏有饒有趣味的註釋：「閩粵人以田種之，謂之蟶田。」由此可知，閩粵人並不滿足只在海邊捕捉竹蟶，好像還在水田養殖。所以甚至出現了「蟶田」一詞。「田」說成

(˰tian：)˰c'an，˰t'an ˰c'an 成爲「重韻」。

合口二等庚、陌韻
合口二等耕、麥韻

❶正確地說，是東、多韻。但是多韻與東韻合併在一起是事實，所以用東韻來代表。

合口三等庚韻
合口三、四等清、昔韻
合口四等青韻

❶在『切韻』體系裏，雖被分配在入聲，但全都是很少看過的難字，所以從調查字省略掉了。

❷補充例。廈門的疫 iək˰：ia2˰，疫病 ia2˰ piɴᐟ〈疫病〉。

❸正確地說是東三、鍾韻。但是鍾韻與東三韻合併在一起是事實，所以用東三韻來代表。

合口一等東、屋韻
合口一等冬、沃韻

❶補充例。篷˰p'oɴ：˰p'aɴ，〈帆〉。蠓ˉboɴ：ˉbaɴ，〈蚊子〉。東˰toɴ：˰taɴ，〈東〉。董ˉtoɴ：ˉtaɴ，〈董，姓氏〉。凍toɴᐟ：taɴᐟ，〈凍僵〉〈肉凍、魚凍〉。廈門的棟toɴᐟ：taɴᐟ，家棟˰ka taɴᐟ〈身世，資產〉。通˰t'oɴ：˰t'aɴ，〈可以～〉。桶ˉt'oɴ：ˉt'aɴ，〈桶〉。痛t'oɴᐟ：t'aɴᐟ，□痛t'iaɴᐟ

t‘aŋᵓ〈疼愛〉。桐₌toŋ：₌t‘aŋ，桐油₌t‘aŋ ₌iu〈桐油〉。銅 ₌toŋ：₌taŋ，〈銅〉。筒₌toŋ：₌taŋ，〈筒〉。童₌toŋ：₌taŋ，童 □₌taŋ ₌ki〈乩童〉。動 toŋᵓ：taŋᵓ，振動ᶜtin taŋᵓ〈移動〉。「十五音」的洞 toŋᵓ：taŋᵓ，石洞 cioʔ₌ taŋᵓ〈窰洞〉。籠₌loŋ：₌laŋ，鳥籠ᶜciau ₌laŋ〈鳥籠〉。聾₌loŋ：₌laŋ，臭耳聾 c‘auhiNᵓ₌laŋ〈聾子〉。攏ᶜloŋ：ᶜlaŋ，〈把散漫的東西整合起來〉。弄 loŋᵓ：laŋᵓ，〈賣弄，折騰〉〈逗弄，嘲弄〉。椶₌coŋ：₌caŋ，椶樹₌caŋ c‘iuᵓ〈棕櫚樹〉。鬃₌coŋ：₌caŋ，頭鬃₌t‘au ₌caŋ〈頭髮，髮髻〉。總ᶜcoŋ：ᶜcaŋ，〈總結、掌管〉。粽 coŋᵓ：caŋᵓ，〈粽子〉。廈門等的聰₌c‘oŋ：₌c‘aŋ，聰明₌c‘aŋ ₌miaN〈伶俐，聰明〉。葱₌c‘oŋ：₌c‘aŋ，〈葱〉。叢₌coŋ：₌caŋ，〈棵〉，數樹木的量詞。公₌koŋ：₌kaŋ，〈雄性動物〉。蚣₌koŋ：₌kaŋ，□蚣₌gia ₌kaŋ〈蜈蚣〉。工₌koŋ：₌kaŋ〈工夫，工作〉。₌k‘aŋ，工課₌k‘aŋ k‘ueᵓ〈工作〉。空₌k‘oŋ：₌k‘aŋ，〈空洞〉〈空虛〉。烘₌hoŋ：₌haŋ，〈烤火〉。洪₌hoŋ：₌aŋ，〈洪，姓氏〉。紅₌hoŋ：₌aŋ，〈紅色〉。戇 goŋᵓ：gaŋᵓ，〈發呆〉。翁₌oŋ：₌aŋ，〈丈夫〉。甕 oŋᵓ：aŋᵓ，〈甕〉。

曝 p‘okₔ：p‘akₔ，〈曬太陽〉。獨 tokₔ：takₔ，孤獨₌ko takₔ〈極端自私自利的人〉。讀 t‘okₔ：t‘akₔ，〈讀〉。斛 hakₔ，屎斛ᶜsai hakₔ〈廁所〉。

儂₌loŋ：₌laŋ，〈人〉。膿₌loŋ：₌laŋ，〈膿〉。毒 tokₔ：takₔ，〈毒〉。

❷李涪貶斥『切韻』說「然吳音乖舛，不亦甚乎」，其中一例是舉出東韻與多韻的區別。

❸亦出現於曾攝的唇音(福州則更廣泛，曾攝的牙・喉音、梗攝的唇音)。這些以作爲東韻的字，而有了這個白話音，所以不予考慮。

❹「方言字彙」認爲通攝是合口，是依照『方言調查字表』的作法。然而『方言調查字表』若依據丁聲樹編錄、李榮參訂『古今字音對照手册』(科學出版社，1958)的「例言6.」，則是依照『康熙字典』卷首的「等韻切音指南」的作法。

實際上，『切韻』體系裏，通攝各韻並沒有對立的合口。而是『切韻指掌圖』所謂的「獨韻」。只是，在唐代以後的中原音中，土母音是 u，幾乎無可置疑。這是跟合口介母 u 同音的，所以自然地形成了認爲是合口韻的習慣。

『切韻』的東、多韻，是藤堂教授再建構的／uŋ／／oŋ／那樣，大致成爲一般的說法。但也有像三根谷徹氏(「中古漢語的韻母體系」)、平山久雄氏(「中古漢語的韻」『中國文化叢書1言語』所收)再建構爲／ʌuŋ／／ɑuŋ／的想法。

這明顯是開口韻的形式。是閩音系的東韻有開口形式的白話音出現的重要証據。

❺參閱註❹。

合口二、三、四等東、屋韻
合口三、四等鍾、燭韻

❶補充例。夢 boŋ²：baŋ²，〈夢〉。幅 hok˰：pak˰，〈幅〉。覆 hok˰：pʻak˰，〈臉朝下趴，伏臥〉。縫 ˰hoŋ：˰paŋ，〈縫〉。縫 hoŋ²：pʻaŋ²，〈間隙〉。

❷參閱本書7.7。

❸補充例。逐 tiok˰：tak˰，〈每～〉。廈門的麴 k'iok˰：k'ak˰，紅麴 ˰aŋ k'ak˰，〈紅麴子〉。觸 c'iok˰：tak˰，〈牛用角抵突〉〈絆倒〉。

❹骰子的 6 是黑點。

❺文言音不可能讀成 liok˰, lyk˰。

❻補充例。中 tioŋᵓ：tiəŋᵓ，中意 tiəŋᵓ iᵓ〈中意，喜歡〉。衆 cioŋᵓ：ciəŋᵓ，衆儂 ciəŋᵓ ˰laŋ〈大家〉。銃 c'ioŋᵓ：c'iəŋᵓ，〈鎗〉。弓 ˰kioŋ：˰kiəŋ，〈弓〉〈勢力範圍〉。窮 ˰kioŋ：˰kiəŋ，〈貧窮〉。雄 ˰hioŋ：˰hiəŋ，鴨雄 □ 聲 a2˰ ˰hiəŋ ᶜa ˰siaN〈成人前變聲時期的聲音〉。

廈門的陸 liok˰：liək˰，陸路提督 liək˰ loᵓ ˰t'e tok˰〈陸路提督〉。竹 tiok˰：tiək˰，〈竹〉。廈門的畜 t'iok˰：t'iək˰，畜生 t'iək˰ ˰siN〈畜生，禽獸，罵話〉。叔 siok˰：ciək˰，〈叔父〉。熟 siok˰：siək˰，〈煮好，成熟〉。菊 kiok˰：kiək˰，〈菊〉。

龍 ˰lioŋ：˰liəŋ，〈龍〉；˰giəŋ，龍眼 ˰giəŋ ᶜgiəŋ〈龍眼〉。縱 c'ioŋᵓ：c'iəŋᵓ，〈噴出〉〈擤鼻涕〉。

c'iəŋᵓ，一般寫成「蒸」˰ciəŋ，當然是「假借字」。我將這個語源擬定爲「縱」，在音韻方面並無問題(韻書中只有精母的反切，文言音在閩南、潮州亦讀成 c'，可能是「未被收錄於韻書」清母的反切)。從意義方面來看，亦離「(從壓縮狀態)放開」的慣用義不遠。

從 ˰cioŋ：˰ciəŋ，〈從～，自～以來〉。松 ˰sioŋ：˰c'iəŋ，〈榕樹〉。另外〈松樹〉則說成松柏 ˰c'iəŋ pe2˰。重 ˰tioŋ：˰tiəŋ，〈重〉〈重複〉。鍾 ˰cioŋ：˰ciəŋ，酒鍾 ᶜciu ˰ciəŋ

〈小酒盃〉。鐘 ˍcioŋ：ˍciəŋ，〈鐘〉。種 ˉcioŋ：ˉciəŋ，〈種類〉。種 cioŋˉ：ciəŋˉ，〈種植〉。舂 ˍcioŋ：ˍciəŋ，〈舂米、搗米〉。供 ˍkioŋ：ˍkiəŋ，口供 ˉkʻau ˍkiəŋ〈招供〉。「十五音」的拱 ˉkioŋ：ˉkiəŋ，拱手 ˉkiəŋ ˉcʻiu〈行禮，拱手〉。供 kioŋˉ：kiəŋˉ，〈供奉神佛〉。共 kioŋˀ：kiəŋˀ，〈聚集〉。

　　kiəŋˀ 在『台日大辭典』裏被寫成「勁」(見勁開三)kiəŋˉ，當然是「假借字」。『廈門音新字典』卻罕見地並不借用漢字。

　　我將此語源擬定爲「共」，音韻、意義都沒問題。

　　胸 ˍhioŋ：ˍhiəŋ，胸坎 ˍhiəŋ ˉkʻam〈胸〉。壅 ioŋˉ：iəŋˉ，壅田 iəŋˉ ˍcʻan〈給田施肥〉。甕 ioŋˀ：iəŋˀ，甕菜 iəŋˀ cʻaiˀ〈空心菜〉。湧 ˉioŋ：ˉiəŋ，〈波浪〉。用 ioŋˀ：iəŋˀ，〈使，用〉。

　　綠 liokˀ：liəkˀ，〈綠色〉。錄 liokˀ：liəkˀ，〈記錄〉。粟 siokˀ：cʻiəkˀ，〈粟〉。燭 ciokˀ：ciəkˀ，燭台 ciəkˀ ˍtai〈燭台〉。觸 cʻiokˀ：cʻiəkˀ，觸惡 cʻiəkˀ oˀ〈污穢、骯髒〉。局 kiokˀ：kiəkˀ，總局 ˉcoŋ kiəkˀ〈總局〉。玉 giokˀ：giəkˀ，〈翡翠〉。獄 giokˀ：giəkˀ，地獄 teˀ giəkˀ〈地獄〉。浴 iokˀ：iəkˀ，〈洗澡〉。

8. 聲調

　　❶參閱資料的「聲調對照表」。

　　＋記號表示規則性的讀法，並不舉出例字。因而，出現於＋以外的字全部是破例。異例將在本文逐一加以研討。

❷『四個閩南方言』的「晉江（泉州）方言」裏，是有陽上的。從該書資料的「語彙」(pp.818-849)裏，挑出我們所調查的字，則約有如下的 41 字，其他的字都屬陽去。

<table>
<tr><td colspan="2">上聲次濁音</td><td colspan="2">上聲全濁音</td></tr>
<tr><td>微母</td><td>網</td><td>並母</td><td>簿、被、笨</td></tr>
<tr><td>來母</td><td>老</td><td>奉母</td><td>婦</td></tr>
<tr><td>日母</td><td>耳</td><td>定母</td><td>待、動</td></tr>
<tr><td>疑母</td><td>五、蟻、咬</td><td>從母</td><td>坐、在、靜</td></tr>
<tr><td>云母</td><td>雨、有</td><td>崇母</td><td>柿</td></tr>
<tr><td>以母</td><td>癢</td><td>澄母</td><td>丈、重</td></tr>
<tr><td></td><td></td><td>船母</td><td>舐</td></tr>
<tr><td></td><td></td><td>禪母</td><td>是、上</td></tr>
<tr><td></td><td></td><td>群母</td><td>徛、舅、儉、近</td></tr>
<tr><td></td><td></td><td>匣母</td><td>厚、後、項</td></tr>
</table>

<table>
<tr><td colspan="2">去聲次濁音</td><td colspan="2">去聲全濁音</td></tr>
<tr><td>泥母</td><td>內</td><td>並母</td><td>病</td></tr>
<tr><td>來母</td><td>利、瀾</td><td>定母</td><td>鈍</td></tr>
<tr><td>日母</td><td>二</td><td>禪母</td><td>尚</td></tr>
<tr><td>云母</td><td>胃</td><td>群母</td><td>妗</td></tr>
<tr><td></td><td></td><td>匣母</td><td>汗</td></tr>
</table>

❸參閱『漢語史稿 修訂本』上冊 p.194。王力氏舉出了韓愈(768~824)的「諱辯」裏認爲「杜」(定姥合一)與「度」(定暮合一)同音做例子。

❹跟這完全一樣或類似體系的方言事實上存在。例如：

古調清濁 方言	平		上			去		入	
	清	濁	清	次濁	全濁	清	濁	清	濁
黃巖	陰平	陽平	陰上		陽上	陰去	陽去	陰入	陽入
永嘉	陰平	陽平	陰上	陽上		陰去	陽去	陰入	陽入
廣州	陰平	陽平	陰上	文言陽去 陽上		陰去	陽去	上陰入 中陰入	陽入

（黃巖，永嘉依據趙元任『現代吳語的研究』，廣州依據李榮『切韻音系』p.157)

　　黃巖與永嘉在吳音系裏，是最靠近福建省的。廣州則不用說，位於福建省的南邊。似乎不能說是偶然的。

　　❺依據詹伯慧「萬寧方音概述」（參閱❶的(14)）。詹氏的報告是：

　　　陰平 ┤ 33　陰上 ↘ 21　去 ↗ 13　陰入 ┤ 44
　　　陽平 ┘ 11　陽上 ↘ 53　　　　　　陽入 ↓ 21
我加以解釋了。

　　❻依據平山久雄氏的指教。如果以 m 爲例的話，可以認爲普通的濁音性調音是〔m⁶〕，清音性調音是〔m²〕。

　　次濁音大多數已被前者所統一，但後者仍殘存在白話層。這些可能被各方言所傳承了吧。

9.stratification（分層）

　　❶這個形式一般被認爲是文言音「變形」後的形式。羅常培

氏甚至有以下的見解：「話音……自然要比字音較早。但是像半鼻音(亦即-N)的變成，入聲韻尾的丟掉(亦即-ʔ)，話音又在在有變古之徵。」(『廈門音系』p.48)

確實，-N 與 -ʔ 是從 -m, -n, -ŋ 與 -p, -t, -k 變化而來的形式。但若認為是從文言音形式來的，就不對了。因為這些是比文言音更早的層的形式。

10. 閩音系的成立

❶福建從很久以前就有「八姓從王」的傳說。八姓的具體情況並不太清楚。總之，可以想像有很多的大姓跟隨王氏從中原進入福建。由他們構成支配階層確是事實，因而，訂定固始的方言──非中原標準音的意思──為標準語。根據它來推進文教政策，料是並沒受到抵抗。

❷『說文』載有「閩」「東南越，它種，從虫門聲」。跟它近似的字是「蠻」，同『說文』有「南蠻，它種，從虫䜌聲」。

關於「它種」的解釋，廈門大學教授林惠祥氏創立的說法是：時至今日，還有很多以動物為圖騰的未開化種族，從這個啟示，可以推測閩越族可能是崇拜蛇做祖先的種族。甚至於必定是廣義的馬來系的民族(林惠祥「南洋馬來族與華南古民族的關係」『廈門大學學報社會科學版』1958 年 1 期所收)。

雖然不是直接以閩越族為對象，牧野巽博士有論文推定：盤據在廣東地方的南越族為泰語系民族。(「廣東原住民族考」，『季刊民族學研究』17 卷 3-4 號，1952)

關於「閩」的語源，市村瓚次郎博士在「唐以前的福建與台

灣」(『東洋學報』8卷1號)裏,根據鳥居龍三氏在苗族調查報告中所說,苗族稱呼人爲 mon 或 mun,他們自稱時亦使用同樣的語彙。而認爲這原本是種族的名稱,爾後變成被認爲是該民族所棲息的地方。市村博士這樣間接提出苗語語源說。馬來族、泰語系民族、苗族,各系統不同。我們要依據何種說法比較好,不得不感到困惑。現在,只能說還沒法做確切的說法。

❸以下至 10.2 的叙述,主要參考了 Hans Bielenstein: The Chinese Colonization of Fukien(『高本漢先生慶祝論文集』所收)。

❹江西地方在春秋時代相當於吳、越、楚三國交界地帶。在漢代,則相當於荊、揚兩州的州界。語言的情形肯定是比較複雜。「贛音」便是這種象徵所創立的。

❺『建安縣志』(1713 編撰)載有:「按七閩居東南溫燥之地,大抵多熱少寒。建安處東偏地氣高栗。故視他邑較寒。然寒不裂膚,故人多服單夾之衣,遇隆多霜雪,亦不免擁爐。入春即和。」

❻『隋書』「地理志」。

❼『舊唐書』「地理志」。

❽『元豐九域志』。

❾參閱桑原隲藏「晉室的南渡與南方的開發」「從歷史上看南方的開發」(『東洋史說苑』弘文堂書房,1927)。

❿依據『增刊漳州府志』(1877 編撰)。

⓫臺南的陳姓宗親會的祖廟,奉祀陳元光爲「開漳聖王」。順便一提,王姓宗親會的祖廟奉祀王審知爲祖神。

⓬依據『全唐文』所收的「請建州縣表」。

⑬依據『劉夢得文集』卷 29 的「福州團練薛謇神道碑」。

⑭依據『潮州府志』(1761 重修)所收的「潮州刺史謝表」。

⑮參閱周祖謨「切韻的性質和它的音系基礎」(『問學集』上冊所收)。

表 I　　　　　　　{ə}{ə2}

例字	螺	坐		胎	戴	代	袋	賽	
中古音	果合一 平戈來 lua	果合一 上果從 dzua		蟹開一 平咍透 t'əi	蟹開一 去代端 təi	蟹開一 去代定 dəi	蟹開一 去代定 dəi	蟹開一 去代心 səi	
台南	⊆lə ⊆le	cə² {ce² c'e²		⊆t'ai ⊆t'e	tai⊃ te⊃	tai² te²	tai² te²	sai⊃ se⊃	
廈門	⊆lə ⊆le	cə² {ce² c'e²		⊆t'ai ⊆t'e	tai⊃ te⊃	tai² te²	tai² te²	sai⊃ se⊃	
十五音	⊆lo ⊆le ⊆loi	co² {ce² coi² c'oi²		⊆t'ai {⊆t'e ⊆t'oi	tai⊃ te⊃	tai² {te² toi²	tai² {te² toi²	sai⊃ se⊃	
泉州	⊆lə	co² cə²		⊆t'ai ⊆t'ə	tai⊃ tə⊃	tai² tə²	tai² tə²	sai⊃ se⊃	
潮州	⊆lo	⊆co		⊆t'o	tai⊃ to⊃	t'oi² to²	to²	sai⊃	
福州	⊆lo ⊆loi	co² coi²		⊆t'ai	tai⊃	tai² toi²	toi²	sai⊃ soi⊃	
備考				仙 tœ⊃	潮的文言音為例外				

底_{短也}		推	儡	罪	退		脆	歲_{滿一歲也}	稅
蟹開四 上薺端		蟹合一 平灰透	蟹合一 上賄來	蟹合一 上賄從	蟹合一 去隊透		蟹合四 去祭清	蟹合四 去祭心	蟹合三 去祭書
tei		t'uəi	luəi	dzuəi	t'uəi		ts'iuɛi	siuɛi	ʃiuɛi
⁻ti ⁻te		{⁻t'ui ⁻c'ui ⁻t'e	⁻lui ⁻le	cue⁻ ce⁻	t'ue⁻ t'e⁻		c'ui⁻ c'e⁻	sue⁻ ce⁻	sue⁻
⁻ti ⁻te		{⁻t'ui ⁻c'ui ⁻t'e	⁻lui ⁻le	cue⁻ ce⁻	t'ue⁻ t'e⁻		c'ui⁻ c'e⁻	sue⁻ ce⁻	sue⁻ se⁻
⁻ti {⁻te ⁻toi		{⁻t'ui ⁻c'ui ⁻t'e ⁻t'oi	⁻lui	cue⁻	t'ue⁻ {t'e⁻ t'oi⁻		c'ui⁻ {c'e⁻ c'oi⁻	sue⁻	sue⁻
⁻ti ⁻tə		⁻t'ui ⁻t'ə		cue⁻ cə⁻	t'ue⁻ t'ə⁻		c'ui⁻ c'ə⁻	sue⁻ cə⁻	sue⁻ sə⁻
⁻ti ⁻to		⁻c'ui	⁻lui	₌cue	t'o⁻		c'ui⁻	sue⁻	sue⁻
⁻ti ⁻toi		⁻t'ui ⁻t'oi	⁻lui	coi⁻	t'oi⁻		c'oi⁻	soi⁻	soi⁻
仙 ⁻tœ									

奪	撮		絕	雪			
山合一 入末定	山合一 入末清		山合四 入薛從	山合四 入薛心			
duat	tsʻuat		dziuɛt	siuɛt			
tuat꜖	cʻuat꜖		cuat꜖	suat꜖			
			ce̱ʔ꜖	se̱ʔ꜖			
tuat꜖	cʻuat꜖		cuat꜖	suat꜖			
te̱ʔ꜖	cʻe̱ʔ꜖		ce̱ʔ꜖	se̱ʔ꜖			
tuat꜖	cʻuat꜖		cuat꜖	suat꜖			
toi̱ʔ꜖	cʻoi̱ʔ꜖		coi̱ʔ꜖	soi̱ʔ꜖			
tuat꜖	cʻuat꜖		cuat꜖	suat꜖			
tə̱ʔ꜖	cʻə̱ʔ꜖		cə̱ʔ꜖	sə̱ʔ꜖			
	cʻuek꜖						
to̱ʔ꜖			co̱ʔ꜖	so̱ʔ꜖			
tuak꜖			cuok꜖	suok꜖			

表 Ⅱ {uə}{uə2}

例字	科	禾	和	窩	果	火	夥	禍	過
中古音	果合一 平戈溪	果合一 平戈匣	果合一 平戈匣	果合一 平戈影	果合一 上果見	果合一 上果曉	果合一 上果曉	果合一 上果匣	果合一 去過見
	k'ua	ɦua	ɦua	'ua	kua	hua	hua	ɦua	kua
台南	₋k'ə ₋k'ue	₌hə	₌hə ₌hue	₋ə ₋ue	ꜛkə ꜛkue	ꜛhoN ꜛhue	ꜛhoN ꜛhue	hə⁼ e⁼	kə⁼ kue⁼
廈門	₋k'ə ₋k'e	₌hə	₌hə ₌he	₋ə ₋e	ꜛkə ꜛke	ꜛhoN ꜛhe	ꜛhoN ꜛhe	hə⁼ e⁼	kə⁼ ke⁼
十五音	₋k'o ₋k'ue	₌ho ₌ue	₌ho ₌hue	₋o ₋ue	ꜛko ꜛkue	ꜛhoN ꜛhue	ꜛhoN ꜛhue	ho⁼	ko⁼ kue⁼
泉州	₋k'o ₋k'ə	₌ho	₌ho ₌hə	₋o ₋ə	ꜛko ꜛkə	ꜛhoN ꜛhə	ꜛhoN ꜛhə	ho⁼ ə⁼	ko⁼ kə⁼
潮州	₋k'ue		₌ho	₋o ₋ue	ꜛko ꜛkue	ꜛhue	ꜛhue		kue⁼
福州	₋k'uo	₌huo	₌huo	₋uo	ꜛkuo	ꜛhuo ꜛhuoi	ꜛhuo	huo⁼	kuo⁼
備考					仙 ꜛko			台的白 話音是 來自廈 門的借 用？	仙 ko⁼

課	貨		瘸		胚	坯	培	陪	賠
果合一 去過溪	果合一 去過曉		果合三 平戈群		蟹合一 平灰滂	蟹合一 平灰滂	蟹合一 平灰並	蟹合一 平灰並	蟹合一 平灰並
kʻua	hua		gïua		pʻuəi	pʻuəi	buəi	buəi	buəi
kʻə⌐ kʻue⌐	hoɴ⌐ hue⌐		⊆ka ⊆kʻue		⊆pʻue	⊆pʻue	⊆pue	⊆pue	⊆pue
kʻə⌐ kʻe⌐	hoɴ⌐ he⌐		{⊆ka ⊆ka ⊆kʻe}		⊆pʻi ⊆pʻe	⊆pʻue ⊆pʻe	⊆pue ⊆pe	⊆pue ⊆pe	⊆pue ⊆pe
kʻo⌐ kʻue⌐	hoɴ⌐ hue⌐		{⊆kʻue ⊆kʻoi}			{⊆pʻue ⊆pʻi}	⊆pue	⊆pue	⊆pue
kʻo⌐ kʻə⌐	hoɴ⌐ hə⌐		⊆kʻə		⊆pʻə	⊆pʻə	⊆pue ⊆pə	⊆pə	⊆pə
kʻue⌐	hue⌐		⊆kʻue		⊆pʻue	⊆pʻue	⊆pue	⊆pue	⊆pue
kʻuo⌐	huo⌐		⊆kʻuo			⊆pʻuoi	⊆puoi	⊆puoi	⊆puoi
	莆 ho⌐								海 ⊆fue : ⊆6ue

灰	回	倍	背	輩	配	佩	背背誦	焙	妹
蟹合一	蟹合一	蟹合一	蟹合一	蟹合一	蟹合一	蟹合一	蟹合一	蟹合一	蟹合一
平灰曉	平灰匣	上賄並	去隊幫	去隊幫	去隊滂	去隊並	去隊並	去隊並	去隊明
huəi	ɦiuəi	buəi	puəi	puəi	pʻuəi	buəi	buəi	buəi	muəi
₋hue	₌hue	pue⁼	pue⁼	pue⁼	pʻue⁼	pue⁼	pue⁼	pue⁼	mue⁼
₋hue	₌hue	pue⁼	pue⁼	pue⁼	pʻue⁼	pue⁼	pue⁼	pue⁼	mui⁼
₋he	₌he	pe⁼	pe⁼		pʻe⁼	pe⁼	pe⁼	pe⁼	be⁼
₋hue	₌hue	pue⁼	pue⁼	pue⁼	pʻue⁼	pue⁼	pue⁼	pue⁼	mue⁼
₋hue	₌hue	pue⁼	pue⁼	pue⁼	pʻue⁼		pue⁼	pue⁼	
₋hə	₌hə	pə⁼	pə⁼	pə⁼	pʻə⁼	pə⁼	pə⁼	pə⁼	bə⁼
₋hue	₌hue	ꞌpue	pue⁼	pue⁼	pʻue⁼			pue⁼	mue⁼
₋huoi	₌huoi	puoi⁼	puoi⁼	puoi⁼	pʻuoi⁼	puoi⁼	puoi⁼	puoi⁼	muoi⁼
				莆 pue⁼	莆 pʻue⁼				仙 mui⁼
									平 mui⁼

	會		歲		穢		皮	糜	被
	蟹合一 去泰匣		蟹合四 去祭心		蟹合三 去廢影		止開三 平支並	止開三 平支明	止開三 上紙並
	ɦuai		siuɛi		ˇiuɐi		bïe	mïe	bïe
	hue⌐				ue⌐		⊆p'i	⊆bi	pi⌐
			hue⌐				⊆p'ue	⊆muai	p'ue⌐
	hue⌐				ue⌐		⊆p'i	⊆bi	p'i⌐
	he⌐		he⌐		e⌐		⊆p'e	⊆be	p'e⌐
	hue⌐				ue⌐		⊆p'i	⊆bi	p'i⌐
			hue⌐				⊆p'ue	⊆mue	p'ue⌐
	hue⌐				ue⌐		⊆p'i	⊆bi	p'i⌐
	hə⌐		hə⌐		ə⌐		⊆p'ə	⊆bə	p'ə⌐
	hue⌐				ue⌐		⊆p'i	⊆mi	⊆pi
			hue⌐				⊆p'ue	⊆mue	⊆p'ue
	huoi⌐				uoi⌐		⊆p'i		pi⌐
			huoi⌐				⊆p'uoi		p'uoi⌐
	仙 hoi⌐		仙 hoi⌐				仙 ⊆p'i ：⊆p'oi	台的白 話音是 ⊆mue 的訛音	莆 p'ue⌐

吹	炊	垂	髓		飛	尾	未	
止合三 平支昌	止合三 平支昌	止合三 平支禪	止合四 上紙心		止合三 平微非	止合三 上尾微	止合三 去未微	
tʃʻɪue	tʃʻɪue	ʒɪue	siue		pïuəi	mïuəi	mïuəi	
₌cʻui ₌cʻue	₌cʻui ₌cʻue	≦sui {≦sue ≦se}	ᶜcʻui ᶜcʻue		₋hui ₋pue	ᶜbi ᶜbue	biᵓ bueᵓ	
₌cʻui ₌cʻe	₌cʻui ₌cʻe	≦sui ≦se	ᶜcʻui ᶜcʻe		₋hui ₋pe	ᶜbi ᶜbe	biᵓ beᵓ	
₌cʻui ₌cʻue	₌cʻui ₌cʻue	≦sui ≦sue	ᶜcʻui ᶜcʻue		₋hui ₋pue	ᶜbi ᶜbue	biᵓ bueᵓ	
₌cʻui ₌cʻə	₌cʻui ₌cʻə	≦sui ≦sə	ᶜcʻui ᶜcʻə		₋hui ₋pə	ᶜbi ᶜbə	biᵓ bəᵓ	
₌cʻue	₌cʻue	≦sui	ᶜcʻue		₋hui ₋pue	ᶜbue	bueᵓ	
₌cʻui ₌cʻuoi	₌cʻui ₌cʻuoi	≦sui	ᶜcʻuoi		₋hi ₋puoi	ᶜmuoi	iᵓ	
		台的 ≦se 來自廈 的借用?			仙 ₋hi ：₋poi 海 ₋cɔi ：₋ɓue	莆 ᶜpue		

刷		說	缺		襪	月	喊		郭
山合二入錯生		山合三入薛書	山合三入薛溪		山合三入月微	山合三入月疑	山合三入月影		宕合一入鐸見
suăt		ʃiuɛt	kʻiuɛt		miuɐt	ŋiuɐt	ʔiuɐt		kuak
suatᴐ		suatᴐ {sueʔᴐ / seʔᴐ}	kʻuatᴐ / kʻueʔᴐ		buatᴐ / bueʔᴐ	guatᴐ / gueʔᴐ	uatᴐ / eʔᴐ		kokᴐ / kueʔᴐ
suatᴐ / seʔᴐ		suatᴐ / seʔᴐ	kʻuatᴐ / kʻeʔᴐ		buatᴐ / beʔᴐ	guatᴐ / geʔᴐ	uatᴐ / eʔᴐ		kokᴐ / keʔᴐ
suatᴐ / sueʔᴐ		suatᴐ / sueʔᴐ	kʻuatᴐ / kʻueʔᴐ		buatᴐ / bueʔᴐ	guatᴐ / gueʔᴐ			kokᴐ / kueʔᴐ
suatᴐ / səʔᴐ		suatᴐ / səʔᴐ	kʻuatᴐ / kʻəʔᴐ		biatᴐ / bəʔᴐ	guatᴐ / gəʔᴐ	əʔᴐ		kokᴐ / kəʔᴐ
sueʔᴐ		sueʔᴐ	kʻuekᴐ / kʻueʔᴐ		bueʔᴐ	gueʔᴐ	ueʔᴐ		kuakᴐ / kueʔᴐ
sokᴐ		suokᴐ	kʻuokᴐ		uakᴐ	ŋuokᴐ			kuokᴐ
		台的 seʔᴐ 來自廈的借用				莆 kueʔᴐ 仙 kueiʔᴐ	台的 eʔᴐ 來自廈的借用		

表 Ⅲ {əi}{əiN}{əi2}

例字	做		驢	初	梳	疏	蔬	苧	所
中古音	果開一 去箇精		遇合三 平魚來	遇合二 平魚初	遇合二 平魚生	遇合二 平魚生	遇合二 平魚生	遇合三 上語澄	遇合二 上語生
	tsa		lïo	tṣʻio	ṣio	ṣio	ṣio	ḍio	ṣio
台南	cə²		⊆lu	⊂cʻo ⊂cʻe	⊂so ⊂se	⊂so ⊂se	⊂so ⊂se	⊂tʻu te²	⊂so
廈門	cə² cue²		⊆lu	⊂cʻo ⊂cʻue	⊂so ⊂sue	⊂so ⊂sue	⊂so ⊂sue	⊂tʻu tue²	⊂so
十五音	co²		⊆li	⊂cʻɔ ⊂cʻe	⊂sɔ ⊂se	⊂sɔ ⊂se	⊂sɔ ⊂se	⊂tʻi te²	⊂se
泉州	co² cəi²		⊆lɨ	⊂cʻou ⊂cʻəi	⊂sou ⊂səi	⊂sou ⊂səi	⊂sou ⊂səi	⊂tʻɨ təi²	⊂sou
潮州	co²			⊂cʻo	⊂so	⊂so	⊂so		⊂so
福州	co²		⊆lœ	⊂cʻu ⊂cʻœ	⊂su ⊂sœ	⊂su ⊂sœ	⊂su ⊂sœ	tœ²	⊂su ⊂sœ
備考	有可能是「濟」的「假借字」			莆 ⊂cʻœ					仙 ⊂sœ

黍	鑢	改		階	挨	疥	界		釵
遇合三 上語書	遇合三 去御來	蟹開一 上海見		蟹開二 平皆見	蟹開二 平皆影	蟹開二 去怪見	蟹開二 去怪見		蟹開二 平佳初
ʃio	lïo	kəi		kɐi	'ɐi	kʻɐi	kɐi		tsʻăi
꜀su	lu꜒	꜀kai		꜀kai	꜀ai	kai꜒	kai꜒		꜀cʻai
꜀se	le꜒	꜀ke		꜀ke	꜀e	ke꜒	kue꜒		꜀tʻe
꜀su	lu꜒	꜀kai		꜀kai	꜀ai	kai꜒	kai꜒		꜀cʻai
꜀sue	lue꜒	꜀kue		꜀kue	꜀ue	kue꜒	kue꜒		꜀tʻue
꜀si	li꜒	꜀kai		꜀kai	꜀ai	kai꜒	kai꜒		꜀cʻai
꜀se	le꜒	꜀ke		꜀ke	{ ꜀e / ꜀oi }	ke꜒			꜀tʻe
꜀sɨ	lɨ꜒	꜀kai		꜀kai	꜀ai	kai꜒	kai꜒		꜀cʻai
꜀səi	ləi꜒	꜀kəi		꜀kəi	꜀əi	kəi꜒	kəi꜒		꜀tʻəi
꜀su	꜀lə			꜀kai	꜀aiɴ	kai꜒	kai꜒		
	꜀liu	꜀koi		꜀koi	꜀oiɴ	koi꜒			꜀tʻai
꜀sy	ly꜒	꜀kai		꜀kai	꜀ai	kai꜒			꜀cʻai
	lœ꜒				꜀e				
		仙 ꜀kai ： ꜀kœ					台的白話音是泉州系		

街	鞋	買	奶	解	蟹	矮	秤	賣	
蟹開二 平佳見	蟹開二 平佳匣	蟹開二 上蟹明	蟹開二 上蟹泥	蟹開二 上蟹見	蟹開二 上蟹匣	蟹開二 上蟹影	蟹開二 去卦並	蟹開二 去卦明	
kǎi	hǎi	mǎi	nǎi	kǎi	ɦǎi	ʔǎi	bǎi	mǎi	
꜀ke	꜁hai	꜂mai	꜂nai {꜂ne ꜂le}	꜂kai ꜂ke	hai⁼ he⁼	꜂ai ꜂e	pai⁼ pʻe⁼	mai⁼ be⁼	
{꜀ke ꜀kue}	꜁hai ꜁ue	꜂mai ꜂bue	꜂nai ꜂ne	꜂kai ꜂kue	hai⁼ hue⁼	꜂ai ꜂ue	pai⁼ pʻue⁼	mai⁼ bue⁼	
꜀ke	꜁hai ꜁e	꜂mai ꜂be	꜂nai	꜂kai ꜂ke	hai⁼ he⁼	꜂ai {꜂e ꜁oi}	pai⁼ pʻe⁼	mai⁼ {be⁼ boi⁼}	
{꜀ke ꜀kəi}	꜁hai ꜁əi	꜂mai ꜂bəi		꜂kai ꜂kəi	hai⁼ həi⁼	꜂ai ꜂əi	pai⁼ pəi⁼	mai⁼ bəi⁼	
꜀koi	꜁oi	꜂boi	꜂nai	꜂koi	꜁hoi	꜂oi	pai⁼ pʻoi⁼	boi⁼	
꜀ke	꜁e	꜂me	꜂ne	꜂kai ꜂ke	he⁼	꜂e	pʻe⁼	me⁼	
		仙꜂mai : ꜂pe						莆pe⁼	

藝		批	堤	蹄	題	犁		齊	雞
蟹開四 去祭疑		蟹開四 平齊滂	蟹開四 平齊端	蟹開四 平齊定	蟹開四 平齊定	蟹開四 平齊來		蟹開四 平齊從	蟹開四 平齊見
ŋiɛi		p'ei	tei	dei	dei	lei		dzei	kei
ge²		꜀p'i ꜀p'ue	꜁t'e	꜁te	꜁te	꜁le		꜁ce	꜁ke
ge² gue²		꜀p'i ꜀p'ue	꜁t'e	꜁te ꜁tue	꜁te ꜁tue	꜁le ꜁lue		꜁ce ꜁cue	꜁ke ꜁kue
ge²		꜀p'e	꜁te	꜁te	꜁te	꜁le		꜁ce	꜁ke
gəi²		꜀p'əi	꜁t'e	꜁te ꜁təi	꜁te ꜁təi	꜁le ꜁ləi		꜁ce ꜁cəi	꜁ke ꜁kəi
goi² ŋie²		꜀p'i ꜀p'oi	꜀toi	꜁t'i ꜁toi	꜁t'i ꜁toi	꜁loi		꜁c'i ꜁coi	꜀koi
ŋie²		꜀p'ie	꜁te	꜁te	꜁te	꜁le		꜁ce	꜀kie
		莆꜁p'e 台的白 話音是 來自廈 門的借 用?		海꜁ɗoi	海꜁hoi ：꜁ɗoi				仙꜀ke

溪	倪	底	抵	體	禮	洗	替	第	遞
蟹開四	蟹開四	蟹開四	蟹開四	蟹開四	蟹開四	蟹開四	蟹開四	蟹開四	蟹開四
平齊溪	平齊疑	上薺端	上薺端	上薺透	上薺來	上薺心	去霽透	去霽定	去霽定
kʻei	ŋei	tei	tei	tʻei	lei	sei	tʻei	dei	dei
꜀kʻe	ꜙge	ꜛti	ꜛti	ꜛtʻe	ꜛle	ꜛse	tʻeꜘ	teꜘ	teꜘ
		ꜛte	ꜛte						
꜀kʻe	ꜙge	ꜛti	ꜛti	ꜛtʻe	ꜛle	ꜛse	tʻeꜘ	teꜘ	teꜘ
꜀kʻue	ꜙgue	ꜛtue	ꜛtue	ꜛtʻue	ꜛlue	ꜛsue	tʻueꜘ	tueꜘ	tueꜘ
꜀kʻe	ꜙge	ꜛti	ꜛti	ꜛtʻe	ꜛle		tʻeꜘ	teꜘ	teꜘ
		ꜛte	ꜛte			ꜛse			toiꜘ
꜀kʻe	ꜙge	ꜛti	ꜛti	ꜛtʻe	ꜛle	ꜛse	tʻeꜘ	teꜘ	
꜀kʻəi	ꜙgəi	ꜛtəi	ꜛtəi	ꜛtʻəi		ꜛsəi	tʻəiꜘ	təiꜘ	
		ꜛti	ꜛti	ꜛtʻi	ꜛli		tʻiꜘ	tiꜘ	ꜙtiN
꜀kʻoi	ꜙgoi	ꜛtoiN		ꜛtʻoi	ꜛloi	ꜛsoi	tʻoiꜘ	ꜙtoiN	
				ꜛtʻe	ꜛle	ꜛse	tʻeꜘ	teꜘ	teꜘ
꜀kʻe		ꜛte	ꜛte						
							仙tʻeꜘ		海ɗoiꜘ

細	計	契	係		會		地		鬵
蟹開四 去霽心	蟹開四 去霽見	蟹開四 去霽溪	蟹開四 去霽匣		蟹合一 去泰匣		止開四 去至定		咸開一 平覃從
sei	kei	k'ei	ɦei		ɦuai		di		dzəm
se˺	ke˺	k'e˺	he˺		hue˺ e˺		te˺		꜀c'am
se˺ sue˺	ke˺	k'e˺ k'ue˺	he˺		hue˺ ue˺		te˺ tue˺		꜀c'am
se˺	ke˺	k'e˺	he˺ hoi˺		hue˺ e˺		te˺		꜀c'am
se˺ səi˺	ke˺	k'e˺ k'əi˺	he˺		hue˺ əi˺		te˺ təi˺		꜀c'am ꜀c'əiN
soi˺	koi˺	k'oi˺	꜀hi		꜀hue ꜀oi				꜀c'oiN
se˺	kie˺	k'ie˺	hie˺		huoi˺				꜀caŋ
莆se˺ 平se˺ ：sue˺	莆ke˺	莆k'e˺			有可能是「解」（匣母）的「假借字」		有可能是齊韻的字		

	夾	袷	峽	狹	店	莢	挾		笠
	咸開二 入洽見	咸開二 入洽見	咸開二 入洽匣	咸開二 入洽匣	咸開四 去掭端	咸開四 入帖見	咸開四 入帖匣		深開三 入緝來
	kɐp	kɐp	ɦiɐp	ɦiɐp	tem	kep	ɦep		liəp
	kiap⊃ ŋeN2⊃	kiap⊃	kiap⊃	hiap⊃ e2⊃		kiap⊃ ŋeN2⊃	hiap⊃ ŋeN2⊃		lip⊃ le2⊃
	kiap⊃ ŋuen2⊃	kiap⊃	{ kiap⊃ { hiap	hiap⊃ ue2⊃		kiap⊃ ŋuen2⊃	hiap⊃ ŋuen2⊃		lip⊃ lue2⊃
	kiap⊃ ŋeN2⊃	kiap⊃ koi2⊃	kiap⊃ hoi2⊃	hiap⊃ oi2⊃		kiap⊃ { ŋeN2⊃ { koi2⊃	hiap⊃ ŋeN2⊃		lip⊃ loi2⊃
	kiap⊃ ŋəiN2⊃	kiap⊃		hiap⊃ əi2⊃	təiN⊃	kiap⊃ ŋəiN2⊃	hiap⊃ ŋəiN2⊃		lip⊃ ləi2⊃
	kiap⊃ koi2⊃	kiap⊃ koi2⊃	kiap⊃	hiap⊃ oi2⊃		k'oi2⊃	kiap⊃ koi2⊃		loi2⊃
	kak⊃ kek⊃	kak⊃			teŋ⊃		kek⊃		lik⊃
									有可能 是合韻 的字

	間空間	閑	揀	襇	眼	辦	瓣	間間斷	莧
	山開二 平山見	山開二 平山匣	山開二 上產見	山開二 上產見	山開二 上產疑	山開二 去襇並	山開二 去襇並	山開二 去襇見	山開二 去襇匣
	kɐn	ɦɐn	kɐn	kɐn	ŋɐn	bɐn	bɐn	kɐn	ɦɐn
	꜀kan / ꜀kiəŋ	꜁han / ꜁iəŋ	꜂kan / ꜂kiəŋ	꜂kan / ꜂kiəŋ	꜂gan / ꜂giəŋ	pian꜄	pan꜄	kan꜄	hian꜄ / hiəŋ꜄
	꜀kan / ꜀kiəŋ	꜁han / ꜁iəŋ	꜂kan / ꜂kiəŋ	꜂kan / ꜂kiəŋ	꜂gan / ꜂giəŋ	pian꜄	pan꜄	kan꜄	hian꜄ / hiəŋ꜄
	꜀kan / ꜀kaiɴ	꜁han / {꜁an / ꜁iəŋ}	꜂kan	꜂kan / ꜂kiəŋ	꜂gan	pian꜄	pian꜄	kan꜄	hian꜄ / hiəŋ꜄
	꜀kan / ꜀kəiɴ	꜁han / ꜁əiɴ	꜂kan / ꜂kəiɴ	꜂kan / ꜂kəiŋ	꜂gan / ꜂ŋəiɴ	pian꜄		kan꜄	hian꜄
	꜀kaŋ / ꜀koiɴ	꜁oiɴ	꜂kaŋ / ꜂koiɴ	꜂koiɴ	꜂ŋaŋ	pʻoiɴ꜄		kaŋ꜄ / koiɴ꜄	hoiɴ꜄
	꜀kaŋ	꜁haŋ / ꜁eŋ	꜂kaŋ		꜂ŋaŋ	peŋ꜄	peŋ꜄	kaŋ꜄	

八	拔		斑	板	版	盼	蓮	千	前
山開二	山開二		山開二	山開二	山開二	山開二	山開四	山開四	山開四
入黠幫	入黠並		平刪幫	上潸幫	上潸幫	平刪並	平先來	平先清	平先從
pɐt	bɐt		pǎn	pǎn	pǎn	bǎn	len	tsʻen	dzen
pat꜕			꜀pan	ꜛpan	ꜛpan		꜕lian	ꜛcʻian	꜕cian
peʔ꜕	pueʔ꜖					꜀piəŋ		꜕cʻiəŋ	꜕ciəŋ
pat꜕			꜀pan	ꜛpan	ꜛpan		꜕lian	ꜛcʻian	꜕cian
pueʔ꜖	puiʔ꜖					꜕pʻiəŋ		꜕cʻiəŋ	꜕ciəŋ
pat꜕			꜀pan	ꜛpan	ꜛpan		꜕lian	ꜛcʻian	꜕cian
poiʔ꜕	poiʔ꜖					꜀piəŋ			꜕can
pat꜕			꜀pan	ꜛpan	ꜛpan		꜕lian	{ꜛcʻian / ꜕cʻəiɴ / ꜕cʻiəŋ}	꜕cian
pəiʔ꜖	pəiʔ꜖					꜀pəiɴ	꜕nəiɴ		꜕cəiɴ
			꜀paŋ	ꜛpaŋ	ꜛpaŋ				
poiʔ꜖	poiʔ꜖		꜀poiɴ	ꜛpoiɴ		꜀pʻoiɴ	꜕noiɴ	cʻoiɴ	꜕cʻoiɴ
			꜀paŋ		ꜛpaŋ		꜕lieŋ	ꜛcʻieŋ	꜕cieŋ
pek꜕	pek꜖			ꜛpeŋ	ꜛpeŋ				

先	肩	研	繭	殿	佃	薦	節	截	
山開四	山開四	山開四	山開四	山開四	山開四	山開四	山開四	山開四	
平先心	平先見	平先疑	上銑見	去霰定	上霰定	去霰精	入屑精	入屑從	
sen	ken	ŋen	ken	den	den	tsen	tset	dzet	
₌sian	₌kian	ᶜgian	ᶜkian	tian⁼	tian⁼	cian⁼	ciat˺	ciat₌	
₌siəŋ	₌kiəŋ	ᶜgiəŋ	ᶜkiəŋ				ceʔ˺	ceʔ₌	
₌sian	₌kian	ᶜgian	ᶜkian	tian⁼	tian⁼	cian⁼	ciat˺	ciat₌	
₌siəŋ	₌kiəŋ	ᶜgiəŋ	ᶜkiəŋ			ciəŋ⁼	cueʔ˺	cueʔ₌	
₌sian	₌kian	ᶜgian		tian⁼	tian⁼	cian⁼	ciat˺	ciat₌	
		ᶜgan	ᶜkan			ciəŋ⁼	coiʔ˺	coiʔ₌	
₌sian	₌kian	ᶜgian	ᶜkian	tian⁼	tian⁼	cian⁼	ciat˺	ciat₌	
₌səiɴ	₌kəiɴ	ᶜŋəiɴ		təiɴ⁼	təiɴ⁼	cəiɴ⁼	cəiʔ˺	cəiʔ₌	
		ᶜŋieŋ					ciek˺		
₌soiɴ	₌koiɴ	ᶜŋoiɴ	ᶜkoiɴ	toiɴ⁼	ᶜtoiɴ		coiʔ˺	coiʔ₌	
₌sieŋ	₌kieŋ	ᶜŋieŋ	ᶜkieŋ		tieŋ⁼	cieŋ⁼	ciek˺		
				teŋ⁼				cek₌	

還								
山合二 平刪匣								
ɦuǎn								
⊆huan ⊆hiəŋ								
⊆huan ⊆hiəŋ								
⊆huan ⊆hiəŋ								
⊆huan ⊆həiɴ								
⊆hueŋ								
⊆huaŋ								

表 Ⅳ {ueN}{ue?}

例字	挖		關	慣	刮		懸	犬	縣
中古音	山合二 入黠影		山合二 平刪見	山合二 去諫見	山合二 入鎋見		山合四 平先匣	山合四 上銑溪	山合四 去霰匣
	'uet		kuăn	kuăn	kuăt		ɦuen	k'uen	ɦuen
台南	uat˩ ue?˩		₌kuan	kuan˒	kuat˩		₌hian ₌kuan	ᶜk'ian	hian˒ kuan˒
廈門	uat˩ ui?˩		₌kuan ₌kuaiN ₌kuiN	kuan˒ kuaiN˒	kuat˩ kui?˩		₌hian ₌kuaiN	ᶜk'ian	hian˒ kuaiN˒
十五音	uat˩ ue?˩		₌kuan ₌kuaN	kuan˒	kuat˩ kue?˩		₌hian ₌kuan	ᶜk'ian	hian˒ kuan˒
泉州	uat˩		₌kuan ₌kəiN	kuan˒ kəiN˒	kuat˩		₌hian ₌kəiN	ᶜk'ian	hiən˒ kəiN˒
潮州			₌kueŋ ₌kueN	kueŋ˒ kuiN˒	kuek˩ kue?˩		₌kuiN	ᶜk'ieŋ	kuiN˒
福州			₌kuaŋ	kuaŋ˒	kuak˩		₌hieŋ ₌keŋ	ᶜk'eŋ	keŋ˒
備考			仙₌k(u)oŋ ：₌kuiN						

血		橫		劃				
山合四 入屑曉		梗合二 平庚匣		梗合二 入麥匣				
huet		ɦueŋ		ɦuɛk				
hiat꜒ hue2꜒		꜌hiəŋ ꜌huaiN		iək꜒ ue2꜒				
hiat꜒ hui2꜒		꜌hiəŋ ꜌huaiN		iək꜒ ui2꜒				
hiat꜒ hue2꜒		꜌hiəŋ ꜌huaN		iək꜒ ue2꜒				
hiat꜒ həi2꜒		꜌hiəŋ ꜌həiN		iək꜒				
hue2꜒		꜌hueN		ue2꜒				
hiek꜒ hek꜒		꜌huaŋ		hek꜒				
仙 he2꜒		仙꜌heŋ ：꜌huaN						

表 V　　　　əŋ

例字	酸	斷(斷續)	卵	管	鑽(名詞)	算	蒜	貫	
中古音	山合一 平桓心	山合一 上緩定	山合一 上緩來	山合一 上緩見	山合一 去換精	山合一 去換心	山合一 去換心	山合一 去換見	
	suan	duan	luan	kuan	tsuan	suan	suan	kuan	
台南	₋suan ₋səŋ	tuan⊃ təŋ⊃	luan⊃ nəŋ⊃	ᶜkuan {ᶜkəŋ ᶜkoŋ}	cuan⊃ cəŋ⊃	suan⊃ səŋ⊃	suan⊃ səŋ⊃	kuan⊃ kəŋ⊃	
廈門	₋suan ₋səŋ	tuan⊃ təŋ⊃	luan⊃ nəŋ⊃	ᶜkuan {ᶜkəŋ ᶜkoŋ}	cuan⊃ ceŋ⊃	suan⊃ səŋ⊃	suan⊃ səŋ⊃	kuan⊃ kəŋ⊃	
十五音	₋suan ₋suiɴ	tuan⊃ tuiɴ⊃	luan⊃ nuiɴ⊃	ᶜkuan ᶜkuiɴ	cuan⊃ cuiɴ⊃	suan⊃ suiɴ⊃	suan⊃	kuan⊃ kuiɴ⊃	
泉州	₋suan ₋səŋ	tuan⊃ təŋ⊃	luan⊃ nəŋ⊃	ᶜkuan ᶜkəŋ	cuan⊃ cəŋ⊃	suan⊃ səŋ⊃	suan⊃ səŋ⊃	kuan⊃ kəŋ⊃	
潮州	 ⊆sɨŋ	⊆tueŋ tɨŋ⊃	ᶜlueŋ ⊆n̩ŋ	ᶜkueŋ ᶜk̩ŋ	 c̩ŋ⊃	sueŋ⊃ s̩ŋ⊃	 s̩ŋ⊃	kueŋ⊃ 	
福州	 ₋soŋ	tuaŋ⊃ 	⊆luaŋ loŋ⊃	ᶜkuaŋ 	 coŋ⊃	 soŋ⊃	 soŋ⊃	kuaŋ⊃ 	
備考	仙 ₋syn	仙 toŋ⊃ ： tyɴ⊃	莆 nœ⊃	莆 kuaŋ⊃ 仙 ᶜkoŋ		莆 suaᵓ 仙 suaɴᵓ 平 s̩ŋᵓ			

閂		全	傳傳達	磚	川	穿	選	轉轉送	軟
山合二平刪生		山合四平仙從	山合三平仙澄	山合三平仙章	山合三平仙昌	山合三平仙昌	山合四上獮心	山合三上獮知	山合三上獮日
ṣuǎn		dziuɛn	ḍiuɛn	tʃiuɛn	tʃʻiuɛn	tʃʻiuɛn	siuɛn	ṭiuɛn	řiuɛn
꜀suan ꜀səŋ		꜁cuan ꜁cəŋ	꜁tʻuan	꜀cuan ꜁cəŋ	꜀cʻuan	꜀cʻuan ꜁cʻəŋ	ꜛsuan	ꜛcuan ꜛtəŋ	ꜛluan ꜛnəŋ
꜀suan ꜀səŋ		꜁cuan ꜁cəŋ	꜁tʻuan	꜀cuan ꜁cəŋ	꜀cʻuan	꜀cʻuan ꜁cʻəŋ	ꜛsuan	ꜛcuan ꜛtəŋ	ꜛluan ꜛnəŋ
꜀suan ꜀suiN		꜁cuan ꜁cuiN	꜁tʻuan ꜁tʻuiN	꜀cuan ꜀cuiN	꜀cʻuan ꜀cʻuiN	꜀cʻuan ꜀cʻuiN	ꜛsuan	ꜛcuan ꜛtuiN	꜁zuan ꜛnuiN
꜀suan ꜀səŋ		꜁cuan ꜁cəŋ	꜁tʻuan	꜀cuan ꜁cəŋ	꜀cʻuan	꜀cʻuan ꜁cʻəŋ	ꜛsuan	ꜛcuan ꜛtəŋ	ꜛluan ꜛnəŋ
		꜁cʻueŋ ꜁c꞉ŋ	꜁tʻueŋ	꜁c꞉ŋ	꜁cʻueŋ	꜁cʻueŋ	꜁sueŋ	ꜛcueŋ ꜛt꞉ŋ	꜁n꞉ŋ
꜀soŋ		꜁cuoŋ	꜁tuoŋ	꜀cuoŋ	꜁cʻuoŋ	꜁cʻuoŋ	꜁soŋ	ꜛtuoŋ	꜁nuoŋ ꜁noŋ
		仙꜁cœŋ ꞉ ꜁cyN							

捲	旋旋毛	傳傳記	串	卷		園	晚	阮	畹
山合三上獮見	山合四去線邪	山合三去線澄	山合三去線昌	山合三去線見		山合三平元云	山合三上阮微	山合三上阮疑	山合三上阮影
kïuɛn	zïuɛn	ɖïuɛn	tʃʻıuɛn	kïuɛn		ɦïuen	mïuɐn	ŋïuɐn	ʾïuɐn
ᶜkuan / ᶜkəŋ	suanᵓ / cəŋᵓ	tuanᵓ	cʻuanᵓ / cʻəŋᵓ	kuanᵓ / kəŋᵓ		⊆uan / ⊆həŋ	ᶜbuan / ᶜmeŋ	ᶜguan / ᶜŋeŋ	ᶜuan / ᶜŋeŋ
ᶜkuan / ᶜkəŋ	suanᵓ / cəŋᵓ	tuanᵓ	cʻuanᵓ / cʻəŋᵓ	kuanᵓ / kəŋᵓ		⊆uan / ⊆həŋ	ᶜbuan / ᶜmeŋ	ᶜguan / ᶜŋeŋ	ᶜuan / ᶜŋeŋ
ᶜkuan / ᶜkuiɴ	suanᵓ / cuiɴᵓ	tuanᵓ	cʻuanᵓ / cʻuiɴᵓ	kuanᵓ / kuiɴᵓ		⊆uan / ⊆huiɴ	ᶜbuan / ᶜmuiɴ	ᶜguan / ᶜuiɴ	ᶜuan
ᶜkuan / ᶜkəŋ	suanᵓ / cəŋᵓ	tuanᵓ	cʻuanᵓ / cʻəŋᵓ	kuanᵓ / kəŋᵓ		⊆uan / ⊆həŋ	ᶜbuan / ᶜmeŋ	ᶜguan	ᶜuan
ᶜkueŋ / ᶜkɨŋ	/ tɨŋᵓ		cʻueŋᵓ / cʻɨŋᵓ	/ ᶜkɨŋ		/ ⊆hɨŋ	/ ᶜmoŋ	ᶜŋueŋ	ᶜueŋ
ᶜkuoŋ		tuoŋᵓ	cʻuoŋᵓ	kuoŋᵓ		⊆huoŋ	ᶜuaŋ	ᶜŋuaŋ / ᶜuoŋ	ᶜuaŋ

遠	飯	勸		門	村	孫	昏	損	頓
山合三上阮去	山合三去願奉	山合三上願溪		臻合一平魂明	臻合一平魂清	臻合一平魂心	臻合一平魂曉	臻合一上混心	臻合一去慁端
ɦiʮ ɐn	biʮ ɐn	kʻiʮ ɐn		muən	tsʻuən	suən	huən	suən	tuən
ᶜuan həŋ꞊	huanꟼ pəŋ꞊	kʻuanꟼ kʻeŋꟼ		₌bun ₌məŋ	₌cʻun ₌cʻəŋ	₌sun ₌səŋ	₌hun ₌həŋ	ᶜsun ᶜsəŋ	tunꟼ təŋ꞊

ᶜuan
həŋ꞊
	huanꟼ
	pəŋ꞊
		kʻuanꟼ
		kʻeŋꟼ
				₌bun
				₌məŋ
					{ ₌cʻun
					  ₌cʻuan
					  ₌cʻəŋ
						₌sun
						₌səŋ
							₌hun
							₌həŋ
								ᶜsun
								ᶜsəŋ
									tunꟼ
									təŋ꞊

ᶜuan huiɴꟼ	huanꟼ puiɴꟼ	kʻuanꟼ kʻuiɴꟼ		₌bun ₌muiɴ	₌cʻun ₌cʻuiɴ	₌sun ₌suiɴ	₌hun ₌huiɴ	ᶜsun ᶜsuiɴ	tunꟼ tuiɴꟼ
ᶜuan həŋ꞊	huanꟼ pəŋ꞊	kʻuanꟼ kʻəŋꟼ		₌bun ₌məŋ	₌cʻun ₌cʻəŋ	₌sun ₌səŋ	₌hun ₌həŋ	ᶜsun ᶜsəŋ	tunꟼ təŋ꞊
ᶜieŋ ꞊hᵻŋ	hueŋꟼ puŋ꞊	kʻᵻŋꟼ		₌muŋ	₌cʻᵻŋ	ᶜsuŋ ₌sᵻŋ	ᶜhuŋ ₌hᵻŋ	ᶜsuŋ	꞊tuŋ
ᶜuoŋ	huaŋꟼ puoŋꟼ	kʻuoŋꟼ		₌muoŋ	₌cʻoŋ	₌soŋ	₌huoŋ	ᶜsoŋ	toŋꟼ
莆 oŋꟼ	莆 pueꟼ 仙 puiɴꟼ	仙 kʻœŋꟼ : kʻuiɴꟼ	仙 ₌muiɴ						

裼		問	量	物		幫	旁	當當時	湯
臻合一 去慁透		臻合三 去問微	臻合三 去問云	臻合三 入物微		宕開一 平唐幫	宕開一 平唐並	宕開一 平唐端	宕開一 平唐透
tʻuən		mïuən	ɦïuən	mïuət		paŋ	baŋ	taŋ	tʻaŋ
tʻun² tʻəŋ²		bun² məŋ²	un² əŋ²	but₌ minʔ₌		₌paŋ ₌pəŋ	₌poŋ	₌toŋ ₌taŋ ₌təŋ	₌tʻoŋ ₌tʻəŋ
tʻun² tʻəŋ²		bun² məŋ²	un² əŋ²	but₌ minʔ₌		₌paŋ ₌pəŋ	₌poŋ	₌toŋ ₌taŋ ₌təŋ	₌tʻoŋ ₌tʻəŋ
tʻun² tʻuiɴ²		bun² muiɴ²	un² uiɴ²	but₌ minʔ₌		₌paŋ	₌poŋ ₌pəŋ	₌toŋ ₌təŋ	₌tʻoŋ ₌tʻəŋ
tʻun² tʻəŋ²		bun² məŋ²	un² əŋ²	but₌ məŋʔ₌		₌paŋ ₌pəŋ	₌poŋ	₌toŋ ₌taŋ ₌təŋ	₌tʻoŋ ₌tʻəŋ
tʻɨŋ²		muŋ²	iŋ²	muenɴʔ₌		₌paŋ	₌pʻaŋ	₌taŋ ₌tɨŋ	₌tʻaŋ ₌tʻɨŋ
		uŋ²	uŋ²	uk₌		₌poŋ	₌poŋ	₌toŋ	₌tʻoŋ
				仙 poʔ₌				莆 ₌tuŋ	莆 ₌tʻuŋ 仙 ₌tʻɯŋ

堂	唐	糖	塘	郎	廊	臧	倉	桑	喪(婚喪)
宕開一平唐定	宕開一平唐定	宕開一平唐定	宕開一平唐定	宕開一平唐來	宕開一平唐來	宕開一平唐精	宕開一平唐清	宕開一平唐心	宕開一平唐心
daŋ	daŋ	daŋ	daŋ	laŋ	laŋ	tsaŋ	tsʻaŋ	saŋ	saŋ
ˍtoŋ	ˍtoŋ	ˍtʻoŋ	ˍtoŋ	ˍloŋ	ˍloŋ	ˍcoŋ	ˍcʻoŋ	ˍsoŋ	ˍsoŋ
ˍtəŋ	ˍtəŋ	ˍtʻəŋ	ˍtəŋ	ˍnəŋ		ˍcəŋ	ˍcʻəŋ	ˍsəŋ	ˍsəŋ
ˍtoŋ	ˍtoŋ	ˍtʻoŋ	ˍtoŋ	ˍloŋ	ˍloŋ	ˍcoŋ	ˍcʻoŋ	ˍsoŋ	ˍsoŋ
ˍtəŋ	ˍtəŋ	ˍtʻəŋ	ˍtəŋ	ˍnəŋ		ˍcəŋ	ˍcʻəŋ	ˍsəŋ	ˍsəŋ
ˍtoŋ	ˍtoŋ	ˍtʻoŋ	ˍtoŋ	ˍloŋ	ˍloŋ	ˍcoŋ	ˍcʻoŋ	ˍsoŋ	ˍsoŋ
ˍtəŋ	ˍtəŋ	ˍtʻəŋ	ˍtəŋ	ˍnəŋ	ˍnəŋ	ˍcəŋ	ˍcʻəŋ	ˍsəŋ	ˍsəŋ
ˍtoŋ	ˍtoŋ	ˍtʻoŋ	ˍtoŋ	ˍloŋ	ˍloŋ	ˍcoŋ	ˍcʻoŋ	ˍsoŋ	ˍsoŋ
ˍtəŋ	ˍtəŋ	ˍtʻəŋ	ˍtəŋ	ˍnəŋ		ˍcəŋ	ˍcʻəŋ	ˍsəŋ	ˍsəŋ
ˍtaŋ	ˍtʻaŋ		ˍtʻaŋ	ˍlaŋ	ˍlaŋ	ˍcaŋ	ˍcʻaŋ	ˍsaŋ	ˍsaŋ
ˍtɨŋ	ˍtɨŋ	ˍtʻɨŋ		ˍnɨŋ			ˍcʻɨŋ	ˍsɨŋ	ˍsɨŋ
ˍtoŋ	ˍtoŋ	ˍtoŋ	ˍtoŋ	ˍloŋ	ˍloŋ	ˍcoŋ	ˍcʻoŋ	ˍsoŋ	ˍsoŋ
海 ˍhaŋ : ɗo 仙 ˍtɔŋ ˍŋ		莆 ˍtʻuŋ 仙 ˍtʻŋ	海 haŋ : ɗo						

岡	缸	鋼	康	糠	榜	傍	當典當	燙	浪
宕開一	宕開一	宕開一	宕開一	宕開一	宕開一	宕開一	宕開一	宕開一	宕開一
平唐見	平唐見	平唐見	平唐溪	平唐溪	上蕩幫	去宕並	去宕端	去宕透	去宕來
kaŋ	kaŋ	kaŋ	kʻaŋ	kʻaŋ	paŋ	baŋ	taŋ	tʻaŋ	laŋ
꜀koŋ	꜀koŋ	꜀koŋ	꜀kʻoŋ	꜀kʻoŋ	꜁poŋ	꜁poŋ	toŋ꜄	tʻoŋ꜄	loŋ꜄
꜀kaŋ	꜀kəŋ	kəŋ꜄	꜀kʻəŋ	꜀kʻəŋ	꜁pəŋ	pəŋ꜄	təŋ꜄	tʻəŋ꜄	nəŋ꜄
꜀koŋ	꜀koŋ	꜀koŋ	꜀kʻoŋ	꜀kʻoŋ	꜁poŋ	꜁poŋ	toŋ꜄	tʻoŋ꜄	loŋ꜄
꜀kəŋ	꜀kəŋ	kəŋ꜄	꜀kʻəŋ	꜀kʻəŋ	꜁pəŋ	pəŋ꜄	təŋ꜄	tʻəŋ꜄	nəŋ꜄
꜀koŋ	꜀koŋ	꜀koŋ	꜀kʻoŋ	꜀kʻoŋ	꜁poŋ		toŋ꜄		loŋ꜄
꜀kəŋ		kəŋ꜄	꜀kʻəŋ	꜀kʻəŋ	꜁pəŋ	pəŋ꜄	təŋ꜄	tʻəŋ꜄	nəŋ꜄
꜀koŋ	꜀koŋ	꜀koŋ	꜀kʻoŋ	꜀kʻoŋ	꜁poŋ		toŋ꜄	tʻoŋ꜄	loŋ꜄
꜀kəŋ	꜀kəŋ	kəŋ꜄	꜀kʻəŋ	꜀kʻəŋ		pəŋ꜄	təŋ꜄	tʻəŋ꜄	nəŋ꜄
꜀kaŋ		꜀kaŋ	꜀kʻaŋ	꜀kʻaŋ	꜁paŋ	꜁pʻaŋ	taŋ꜄		꜁la꜅
	꜀kɿŋ	kɿŋ꜄		꜀kʻɿŋ			tɿŋ꜄	tʻɿŋ꜄	
꜀koŋ	꜀koŋ	koŋ꜄	꜀kʻoŋ	꜀kʻoŋ	꜁poŋ	꜁poŋ	toŋ꜄	tʻoŋ꜄	loŋ꜄
		去聲符合「集韻」的「古浪切」							

葬	藏西藏	臟	囥		長長短	腸	莊	裝	瘡
宕開一	宕開一	宕開一	宕開一		宕開三	宕開三	宕開二	宕開二	宕開二
去宕精	去宕從	去宕從	去宕溪		平陽澄	平陽澄	平陽莊	平陽莊	平陽初
tsaŋ	dzaŋ	dzaŋ	kʻaŋ		ȡïaŋ	ȡïaŋ	ʈṣïaŋ	ʈṣïaŋ	ʈṣïaŋ
coŋ⁼ cəŋ⁼	coŋ⁼ cəŋ⁼	coŋ⁼ cəŋ⁼	 kʻəŋ⁼		⊆tioŋ ⊆təŋ	⊆tioŋ ⊆təŋ	⊂coŋ ⊂cəŋ	⊂coŋ ⊂cəŋ	⊂cʻoŋ ⊂cʻəŋ
coŋ⁼ cəŋ⁼	coŋ⁼ cəŋ⁼	coŋ⁼ cəŋ⁼	 kʻəŋ⁼		⊆tioŋ ⊆təŋ	⊆tioŋ ⊆təŋ	⊂coŋ ⊂cəŋ	⊂coŋ ⊂cəŋ	⊂cʻoŋ ⊂cʻəŋ
coŋ⁼ cəŋ⁼	coŋ⁼ cəŋ⁼	coŋ⁼ cəŋ⁼	 kʻəŋ⁼		⊆tiaŋ {⊆təŋ ⊆tio	⊆cʻiaŋ ⊆təŋ	⊂coŋ ⊂cəŋ	⊂coŋ ⊂cəŋ	⊂cʻoŋ ⊂cʻəŋ
coŋ⁼ cəŋ⁼	coŋ⁼ cəŋ⁼	coŋ⁼ cəŋ⁼	 kʻəŋ⁼		⊆tioŋ ⊆təŋ	⊆tioŋ ⊆təŋ	⊂coŋ ⊂cəŋ	⊂coŋ ⊂cəŋ	⊂cʻoŋ ⊂cʻəŋ
 cɨŋ⁼	⊆caŋ	⊆caŋ			⊆cʻiaŋ ⊆tɨŋ	⊆cʻiaŋ ⊆tɨŋ	⊂cuaŋ ⊂cɨŋ	⊂cuaŋ ⊂cɨŋ	 ⊂cʻɨŋ
coŋ⁼	coŋ⁼	coŋ⁼			⊆tioŋ ⊆toŋ	⊆tioŋ ⊆toŋ	⊂coŋ	⊂coŋ	⊂cʻoŋ
					海 ⊆siaŋ ∶ ⊆ʤo	海 ⊆siaŋ ∶ ⊆ʤo			

牀	霜	孀	瓤	央	秧	兩	丈	狀	
宕開二	宕開二	宕開二	宕開三	宕開三	宕開三	宕開三	宕開三	宕開二	
平陽崇	平陽生	平陽生	平陽日	平陽影	平陽影	上養來	上養澄	去漾崇	
dẓïaŋ	ʂiaŋ	ʂiaŋ	řiaŋ	ˀiaŋ	ˀiaŋ	liaŋ	ḍiaŋ	dẓïaŋ	
₌cʻoŋ	₌soŋ	₌soŋ	₌lioŋ	₌ioŋ	₌ioŋ	⁻lioŋ	tioŋ⁼	coŋ⁼	
₌cʻəŋ	₌səŋ			₌əŋ	₌əŋ	nəŋ⁼	təŋ⁼	cəŋ⁼	
₌cʻoŋ	₌soŋ	₌soŋ	₌lioŋ	₌ioŋ	₌ioŋ	⁻lioŋ	tioŋ⁼	coŋ⁼	
₌cʻəŋ	₌səŋ			₌əŋ	₌əŋ	nəŋ⁼	təŋ⁼	cəŋ⁼	
₌cʻoŋ	₌soŋ	₌soŋ	₌ziaŋ	₌iaŋ	₌iaŋ	⁻liaŋ	tiaŋ⁼	coŋ⁼	
₌cʻəŋ	₌səŋ			₌əŋ	₌əŋ	nəŋ⁼	təŋ⁼	cəŋ⁼	
₌cʻoŋ	₌soŋ	₌soŋ	₌lioŋ	₌ioŋ	₌ioŋ	⁻lioŋ	tioŋ⁼	coŋ⁼	
₌cʻəŋ	₌səŋ			₌əŋ	₌əŋ	nəŋ⁼	təŋ⁼	cəŋ⁼	
			₌siaŋ	₌iaŋ	₌iəŋ	⁻liaŋ	₌ciaŋ	₌cuaŋ	
₌cʻɨŋ	₌sɨŋ	₌sɨŋ	₌nɨŋ	₌ɨŋ	₌ɨŋ	₌noN	₌tɨŋ	₌co	
₌cʻoŋ	₌soŋ	₌soŋ		₌ioŋ	₌ioŋ	⁻lioŋ	tioŋ⁼	coŋ⁼	
			₌noŋ		₌oŋ	noŋ⁼	toŋ⁼		
	仙 ₌soŋ			仙 ₌œŋ		仙 ⁻lœŋ	仙 tœŋ⁼		
	: ₌sŋ,			: ₌ŋ		: nŋ⁼	: tŋ⁼		
	₌suŋ								

光	荒	黃	廣		方	防	王		扛
宕合一	宕合一	宕合一	宕合一		宕合三	宕合三	宕合三		江開二
平唐見	平唐曉	平唐匣	上蕩見		平陽非	平陽奉	平陽云		平江見
kuaŋ	huaŋ	ɦuaŋ	kuaŋ		pïuaŋ	bïuaŋ	ɦïuaŋ		kʌŋ
₋koŋ / ₋kəŋ	₋hoŋ / ₋həŋ	₌hoŋ / ₌əŋ	ᶜkoŋ / ᶜkəŋ		₋hoŋ / {₋həŋ / ₋pəŋ}	₌hoŋ	₌oŋ		₋kaŋ / ₋kəŋ
₋koŋ / ₋kəŋ	₋hoŋ / ₋həŋ	₌hoŋ / ₌əŋ	ᶜkoŋ / ᶜkəŋ		₋hoŋ / {₋həŋ / ₋pəŋ}	₌hoŋ	₌oŋ / ₌əŋ		₋kaŋ / ₋kəŋ
₋koŋ / ₋kuiN	₋hoŋ / {₋həŋ / ₋huiN}	₌hoŋ / ₌uiN	ᶜkoŋ / ᶜkuiN		₋hoŋ / {₋həŋ / ₋huiN}	₌hoŋ / ₌həŋ	₌oŋ		₋kaŋ / ₋kəŋ
₋koŋ / ₋kəŋ	₋hoŋ / ₋həŋ	₌hoŋ / ₌əŋ	ᶜkoŋ / ᶜkəŋ		₋hoŋ / {₋həŋ / ₋pəŋ}	₌hoŋ	₌oŋ		₋kaŋ / ₋kəŋ
₋kuaŋ / ₋kɨŋ	₋huaŋ / ₋hɨŋ	₌ɨŋ	ᶜkuaŋ / ᶜkɨŋ		₋huaŋ / {₋hɨŋ / ₋pɨŋ}	₌huaŋ	₌uaŋ / ₌heŋ		₋kɨŋ
₋kuoŋ	₋huoŋ	₌uoŋ	ᶜkuoŋ		₋huoŋ	₌huoŋ	₌uoŋ		₋koŋ
仙 ₋kɔŋ ： ₋kŋ		仙 ₌hɔŋ ： ₌ŋ							

撞		影
江開二		梗開三
去講澄		上梗影
ꞈtuŋ		ꞈiɐŋ
ꞇtoŋ		ꞇieŋ
ꞇtəŋ		ꞇeŋ
ꞇtoŋ		ꞇieŋ
ꞇtəŋ		ꞇeŋ
ꞇtoŋ		ꞇieŋ
ꞇtəŋ		ꞇeŋ
ꞇtoŋ		ꞇieŋ
ꞇtəŋ		ꞇeŋ
ꞇcuaŋ		
ꞇtoŋ		ꞇiŋ
		ꞇoŋ
仙 ꞇcɔŋ		
： tʼɔŋꞇ		

1

例字	多	拖	他	駝	挪	羅	籮	搓	哥
中古音	果開一 平歌端 ta	果開一 平歌透 t'a	果開一 平歌透 t'a	果開一 平歌定 da	果開一 平歌泥 na	果開一 平歌來 la	果開一 平歌來 la	果開一 平歌清 ts'a	果開一 平歌見 ka
台南	˪ta	˪t'a / t'ua	˪t'aN	˪ta	˪no	˪la	˪la / ˪lua	˪c'a	˪ka
廈門	˪ta	˪t'a / t'ua	{˪t'aN / ˪t'a}	˪ta	{˪no / ˪la}	˪la	˪la / ˪lua	˪c'a	˪ka
十五音	˪to	˪t'o / t'ua	˪t'aN	˪to	˪no	˪lo	˪lo / ˪lua	˪c'o	˪ko
泉州	˪to / ˪tɔ	˪t'o / t'ua	˪t'aN / ˪t'ɔ	˪to / ˪tɔ		˪lo / ˪lɔ	˪lo / ˪lɔ / ˪lua	˪c'o / ˪c'ɔ	˪ko / ˪kɔ
潮州	˪to	˪t'o / t'ua	˪t'a		˪no	˪lo	˪lo / ˪lua	˪so	˪ko
福州	˪to		˪t'a	˪to	˪lo	˪lo	˪lo	˪c'o	˪ko
備考	莆 ˪to	莆 ˪t'ua	仙 ˪ta			莆 ˪lo			
考									

2

歌	俄	鵝	何	河	荷	阿	駝	左	可
果開一	果開一	果開一	果開一	果開一	果開一	果開一	果開一	果開一	果開一
平歌見	平歌疑	平歌疑	平歌匣	平歌匣	平歌匣	平歌影	上哿定	上哿精	上哿溪
ka	ŋa	ŋa	ha	ha	ha	'a	da	tsa	kʰa
ˬkə	ˬŋɔ	ˬŋɔ	ˬhɛ	ˬhɛ	ˬhɛ	ˬə	taˀ	ˬca	ˬkʰa
ˬkua		ˬgə	ˬua			ˬa	tuaˀ		ˬkʰo
ˬkə {ˬŋɔ ˬgə} {ˬŋɔ ˬgə}			ˬhɛ	ˬhɛ	ˬhɛ	{ˬə ˬa}	taˀ	ˬca	ˬkʰa
ˬkua		ˬgia	ˬua			ˬə	tuaˀ		ˬkʰo
ˬko	ˬgo	ˬgo	ˬho	ˬho	ˬho	ˬo	toˀ	ˬco	ˬkʰo
ˬkua						ˬa	tuaˀ		
ˬko	ˬŋɔ	ˬŋɔ	ˬho	ˬho	ˬho	ˬo	toˀ	ˬco	ˬkʰo
ˬkua		ˬgia				ˬa	tuaˀ		
ˬko	ˬŋɔ	ˬgo	ˬho	ˬho	ˬo		ˬtʰo	ˬco	ˬkʰo
ˬkua						ˬa	ˬtʰua		
ˬko	ˬŋɔ	ˬŋɔ	ˬho	ˬho	ˬho			ˬco	ˬkʰo
		ˬŋie				ˬa	tuaiˀ		
		仙ˬho ːˬua	仙ˬho ːˬua			莆ˬa		莆ˬco ˬkʰo	莆ˬ平

3

我	大	佐	做	個	餓	賀	茄	波	坡
果開一	果開一	果開一	果開一	果開一	果開一	果開一	果開三	果合一	果合一
上哿疑	去箇定	去箇精	去箇精	去箇見	去箇疑	去箇匣	平戈群	平戈幫	平戈滂
ŋa	da	tsa	tsa	ka	ŋa	ha	gia	pua	pʻua
ˋŋo ˋgua		caˋ	caˋ	kaˋ	ŋo² gə²	ha²	ˍka ˍkio	ˏpʻa	ˏpʻa
ˋŋo ˋgua		caˋ	caˋ cueˋ	kaˋ	ŋo² gə²	ha²	ˍka ˍkio	ˏpʻa	ˏpʻa
ˋŋo ˋgua		coˋ	coˋ	koˋ	go²	ho²	ˍkio	ˏpʻo	ˏpʻo
ˋŋo ˋgua		coˋ	coˋ cəiˋ	koˋ	ŋo²	ho²	ˍkio	ˏpʻo	ˏpʻo
ˋŋo ˋua		{ˋco / ˍco}	coˋ	ˋko	go²	ho²	ˍkie	ˏpo	ˏpo
ˋŋo ˋŋuai	tuai²	coˋ	coˋ	koˋ	ŋo²	ho²	ˍkia	ˏpʻo	ˏpʻo
莆 ˋŋo	平 to² 泰韻을參 照.		莆 coˋ		仙 ko²			海 ˏbo	

4

玻	頗	婆	磨磨庸刀	魔	螺	梭	戈	鍋	科
果合一	果合一	果合一	果合一	果合一	果合一	果合一	果合一	果合一	果合一
平戈滂	平戈滂	平戈並	平戈明	平戈明	平戈來	平戈心	平戈見	平戈見	平戈溪
p'ua	p'ua	bua	mua	mua	lua	sua	kua	kua	k'ua
₍p'ə	₍p'ə	₍pə	₍mo ₍bua	₍mo	₍lə ₍le	₍sə	₍kə	₍kə	₍k'ə ₍k'ue
₍p'ə	₍p'ə	₍pə	₍mo ₍bua	₍mo	₍lə ₍le	₍sə	₍kə	₍kə	₍k'ə ₍k'e
₍p'o	₍p'o	₍po	₍mo ₍bua	₍mo	₍lo {₍le ₍loi}	₍so	₍ko		₍k'o ₍k'ue
₍p'o	₍p'o	₍po	₍mo ₍bua	₍mo	₍lə	₍so	₍ko		₍k'o ₍k'ə
₍p'o ₍p'ua	'p'o ₍p'ua	₍po ₍bua	₍mo	₍mo	₍lo	₍so	₍ko		₍k'ue
₍p'o	'p'o	₍po	₍mo ₍muai	₍mo	₍lo	₍so	₍k'uo	₍kuo	₍kuo
潮の文言音と福は「普火切」にかなう。									

5

訛	禾	和	窩	朵	妥	惰	生	鎖	果
果合一	果合一	果合一	果合一	果合一	果合一	果合一	果合一	果合一	果合一
平戈疑	平戈匣	平戈匣	平戈影	上果端	上果透	上果定	上果從	上果心	上果見
ŋua	hua	hua	'ua	tua	t'ua	dua	dzua	sua	kua
ˌŋo	ˌha	ˌha	ˌə	'ta	't'a	ta²	cə²	ˌsa	ka
		hue	ˌue				{ce²/c'e²		'kue
ˌŋo	ˌha	ˌha	ˌə	'ta	't'a	ta²	cə²	ˌsa	kə
		he	ˌe				{ce²/c'e²		'ke
ˌgo	ˌho	ˌho	ˌo	'to	't'o	to²	co²	ˌso	'ko
	ˌue	ˌhue	ˌue				{coi²/c'oi²		'kue
ˌŋo	ˌho	ˌho	ˌo	'to	't'o	to²	co²	ˌso	'ko
		ˌhə	ˌə				cə²		kə
ho'		ˌho	ˌo	ˌto	't'o	ˉt'o	ˉco	'so	'ko
	ˌhua	ˌhua	ˌue						{'kue/'kuaN}
ŋuo	huo	ˌhuo	ˌuo	'tuo	't'uo	to²	co²	'so	'kuo
									仙'ko

顆	火	夥	禍	播	簸	破	磨磑	唾	糯
果合一	果合一	果合一	果合一	果合一	果合一	果合一	果合一	果合一	果合一
上果溪	上果曉	上果曉	上果匣	去過幫	去過幫	去過滂	去過明	去過透	去過泥
kʻua	hua	hua	hua	pua	pua	pʻua	mua	tʻua	nua
kʻə,	ˈhoN	ˈhoN	hə²	pə,	pə,	pʻə,	bə²	tʻə,	lə²
	ˈhue	ˈhue	e²		pua,	pʻua,			
kʻə,	ˈhoN	ˈhoN	hə²	pə,	pə,	pʻə,	bə²	tʻə,	lə²
	ˈhe	ˈhe	e²		pua,	pʻua,			
ˈko	ˈhoN	ˈhoN	ho²	po,	po,	pʻo,	bo²	tʻo,	ˈno
	ˈhue	ˈhue			pua,	pʻua,			
ˈko	ˈhoN	ˈhoN	ho²	po,	po,	pʻo,	bo²	tʻo,	
	ˈhə	ˈhə	ə²		pua,	pʻua,			
ˈkʻo				po,		pʻo,	bo²	ˈtʻo	no,
	ˈhue	ˈhue	ˈhua	pua,	ˈpua,	pʻua,			
kʻuo	ˈhuo	ˈhuo	huo²	po,	po,	pʻo,	mo²		no²
	ˈhuoi				puai,	pʻuai,			
	莆ˈhue					莆pʻo,	莆po²		
						仙pʻo,			
						:pʻua,			

7

挫	座	過	課	臥	貨	瘸	靴	巴	爬
果合一	果合一	果合一	果合一	果合一	果合一	果合三	果合三	假開二	假開二
去過精	去過從	去過見	去過溪	去過疑	去過曉	平戈群	平戈曉	平麻幫	平麻並
tsua	dzua	kua	kʻua	ŋua	hua	giua	hiua	pǎ	bǎ
꜊caˀ	꜊caˀ	kaˀ {꜖kueˀ {꜖kuaˀ	kʻaˀ kʻueˀ	ŋoˀ²	honˋ hueˀ	꜀ka ꜊kue.	꜀hia	꜀pa	꜀pa ꜀pe
꜊caˀ	꜊caˀ	kaˀ {꜖keˀ {꜖kuaˀ	kʻaˀ kʻeˀ	ŋoˀ²	honˋ heˀ	꜀ka ꜊ke	꜀hia	꜀pa	꜀pa ꜀pe
꜊coˀ	꜊coˀ	koˀ kueˀ	kʻoˀ kʻueˀ	goˀ²	honˋ hueˀ	꜊kue {꜊koi	꜀hia	꜀pa	꜀pa ꜀pɛ
꜊coˀ	꜊coˀ	kɔˀ kaˀ	kʻoˀ kʻaˀ	ŋoˀ²	honˋ haˀ	꜊kə	꜀hia	꜀pa	꜀pa ꜀pe
ç꜊o	꜊coˀ	kueˀ	kʻueˀ	꜊o	hueˀ	꜊kue	꜀hia	꜀pa	꜀pe
	꜊coˀ	kuoˀ	kʻuoˀ	ŋuoˀ²	huoˀ	꜊kuo	kʻuo	꜀pa	꜀pa
閩南は『彙音妙悟』の「千臥切」にかなう。 莆꜊coˀ	仙koˀ				莆hoˀ			海꜊fa ꜍ɓa	

琶	麻	麻	媽	拿	茶	查山査	渣	叉	差
假開二	假開二	假開二	假開二	假開二	假開二	假開二	假開二	假開二	假開二
平麻並	平麻明	平麻明	平麻明	平麻泥	平麻澄	平麻莊	平麻莊	平麻初	平麻初
bǎ	mǎ	mǎ	mǎ	nǎ	dǎ	tṣǎ	tṣǎ	tṣ'ǎ	tṣ'ǎ
‿pa ‿pe	‿ma ‿mua	‿ma ‿ba	‘ma	‘na	‿c'a ‿te	‿ca	‿ca ‿ce	‿c'a ‿c'e	‿c'a ‿c'e
‿pa ‿pe	‿ma ‿mua	{‿ma ‿ba}	‘ma	‘na	‿c'a ‿te	‿ca	‿ca ‿ce	‿c'a ‿c'e	‿c'a ‿c'e
‿pa ‿pɛ	‿ma ‿mua	‿ba	‘ma	‘na	‿tɛ	‿ca ‿cɛ	‿ca ‿cɛ	‿c'a ‿c'ɛ	‿cɛ
‿pa	‿ma ‿mua	‿ma	‘ma	‘na	‿c'a ‿te	‿ca	‿ca	‿c'a	‿c'a ‿c'e
‿pe	‿ma ‿mua	‿mua	{‘ma ‘ma}	‘na	‿te	‿c'e		‿c'a ‿c'e	‿c'a ‿c'e
‿pa	‿ma muai	‿ma	‘ma	‘na	‿ta	‿c'a	‿ca	‿c'a ‿c'e	‿c'a ‿c'e
	白話音は戈韻としての出が た。	潮は麻‘の類推	平‘ma		仙‿c'a ：to 海‿sa ：ʒɛ				仙‿c'ai

9

查	沙	紗	加	家	嘉	牙	芽	衙	蝦蝦煉
假開二	假開二	假開二	假開二	假開二	假開二	假開二	假開二	假開二	假開二
平麻崇	平麻生	平麻生	平麻見	平麻見	平麻見	平麻疑	平麻疑	平麻疑	平麻匣
dzǎ	sǎ	sǎ	kǎ	kǎ	kǎ	ŋǎ	ŋǎ	ŋǎ	hǎ
ᶜca	‿sa	‿sa	‿ka	‿ka	‿ka	‿ga	‿ga	‿ga	‿ha
	‿sua	‿se	‿ke	‿ke		‿ge	‿ge	‿ge	‿he
ᶜca	‿sa	‿sa	‿ka	‿ka	‿ka	‿ga	‿ga	‿ga	‿ha
	‿sua	‿se	‿ke	‿ke		‿ge	‿ge	‿ge	‿he
ᶜca			‿ka			‿ga	‿ga		
ᶜcɔ { ᶾsɛ ‿sua	‿sɛ	‿kɛ	‿kɛ	‿kɛ	‿gɛ	‿gɛ	‿gɛ	‿he
ᶜca	‿sa	‿sa	‿ka	‿ka	‿ka	‿ga	‿ga	‿ga	‿ha
	‿sua		‿ke	‿ke		‿gᵉ	‿gᵉ	‿gᵉ	‿hᶜ
	‿sa		‿kia		‿kia				‿hia
ᶜce	‿sua	‿se	‿ke	‿kc		‿gᵉ	‿gᵉ	‿gᶜ	‿he
‿ca	‿sa	‿sa	‿ka	‿ka	‿ka	‿ŋa	‿ŋa	‿ŋa	‿ha
	仙‿sa ：‿sua 白話音は『集韻』の「蘇和切」にかなる。		蒲·仙 ‿ka ‿ka	蒲 ‿ka					蒲 ‿ho

10

霞	鴉	把	馬	假飯版	賣	稚	下	廈	啞
假開二	假用二	假用二	假開二	假用二	假開二	假開二	假開二	假開二	假開二
平麻匣	平麻影	上馬幫	上馬明	上馬見	上馬見	上馬疑	上馬匣	上馬匣	上馬影
hǎ	'ǎ	pǎ	mǎ	kǎ	kǎ	ŋǎ	hǎ	hǎ	'ǎ
ˏha	˳a	ˊpa	ˊma	ˊka	ˊka	ˊŋa	ha² he² {ke² e²	ha²	'a 'e
ˏha	˳a	ˊpa	ˊma	ˊka	ˊka	ˊŋa	ha² he² {ke² e²	ha²	'a 'e
		ˊpe	ˊbe	ˊke					
ˏha ˏhɛ	˳a	ˊpa ˊpɛ	ˊma ˊbɛ	ˊkɛ	ˊkɛ	ˊŋɛ	hɛ² {kɛ² ɛ²	hɛ² {ɛ²	'ɛ
ˏha	˳a	ˊpa	ˊma	ˊka	ˊka	ˊŋa	ha² {ke² e²	ha²	'a 'e
		ˊpe	ˊbe	ˊke					
ˏhia	˳a	ˊpa		ˊkia	ˊkia	ˊŋia	{ke² ˏe	he²	'e
		ˊpe	ˊbe	ˊke					
ˏha	˳a	ˊpa	ˊma	ˊka	ˊka	ˊŋa	ha² a²	ha² a²	'a
		海ˊba ˊbe	仙ˊma :ˊpo				仙 ha² :o²	仙 hɔ² :o²	

11.

霸	爸	伯	薴	炠	詐	炸	乍	假放版	架
假開二	假開二	假開二	假開二	假開二	假開二	假開二	假開二	假開二	假開二
去禡幫	去禡幫	去禡滂	去禡明	去禡澄	去禡莊	去禡莊	去禡崇	去禡見	去禡見
pǎ	pǎ	pʻǎ	mǎ	dǎ	tsǎ	tsǎ	dzǎ	kǎ	kǎ
paʼ	paʼ	pʻaNʼ	maʼ		{caʼ caNʼ	{caʼ caNʼ	{ca² caN²	kaʼ	kaʼ
			me²	tʻeʼ			.	keʼ	keʼ
paʼ	paʼ	pʻaNʼ	maʼ	tʻaʼ	{caʼ caNʼ	{caʼ caNʼ	ca² caN²	kaʼ	kaʼ
			me²	tʻe²				keʼ	keʼ
paʼ	paʼ	pʻaNʼ	ma²						
			me²	tʻɛ²	cɛ³	cɛ³	cɛ²	kɛʼ	kɛʼ
paʼ	paʼ	pʻaNʼ	maʼ		caʼ	caʼ	ca²	kaʼ	kaʼ
			me²	tʻcʼ				keʼ	keʼ
paʼ	ˌpa	pʻaNʼ			caʼ	caʼ	caʼ	ˈkia	
			me²	tʻe²				ˈkc	kcʼ
paʼ	ˌpa	pʻaʼ	maʼ	tʻaʼ	caʼ	caʼ	caʼ	kaʼ	kaʼ
						莆 caʼ		潮は馬額と区別な し。	

12

駕	嫁	稼	價	夏	暇	亞	些	邪	斜
假開二	假開二	假開二	假開二	假開二	假開二	假開二	假開四	假開四	假開四
去禡見	去禡見	去禡見	去禡見	去禡匣	去禡匣	去禡影	平麻心	平麻邪	平麻邪
kǎ	kǎ	kǎ	kǎ	hǎ	hǎ	ˈǎ	siǎ	ziǎ	ziǎ
kɔˀ	kɔˀ	kɔˀ	kɔˀ	ha²	ha²	aˀ	ˌsia	ˌsia	ˌsia
keˀ		keˀ		he²					
kaˀ	kaˀ	kaˀ	kaˀ	ha²	ha²	aˀ	ˌsia	ˌsia	ˌsia
keˀ		keˀ		he²	he²				
		kɔˀ				aˀ	ˌsa	ˌsia	ˌsia
kɛˀ	kɛˀ	kɛˀ	kɛˀ	hɛ²	hɛ²				
kaˀ	kaˀ	kaˀ	kaˀ	ha²	ha²	aˀ	ˌsia	ˌsia	ˌsia
keˀ		keˀ		he²					
				hia²	a	ˌa	ˌsia	ˌsia	ˌsia
keˀ	keˀ	keˀ	keˀ	he²					
kaˀ	kaˀ	kaˀ	kaˀ	ha²	ha²	ˌa		ˌsia	ˌsia
				ə²					

13

爹	遮	車硨	蛇	奢	賒	耶	爺	姐	且
假開三	假開三	假開三	假開三	假開三	假開三	假開四	假開四	假開四	假開四
平麻知	平麻章	平麻昌	平麻船	平麻書	平麻書	平麻以	平麻以	上馬精	上馬清
ţiă	tʃiă	tʃʻiă	dʒiă	ʃiă	ʃiă	jiă	jiă	tsiă	tsʻiă
₌tia	ꭎcia ₌lia	cʻia	ꭎsia ₌cua	ꭎcia	ꭎsia	₌ia	₌ia	ˋcia ˋce	ˋciaN
₌tia	ꭎcia ₌lia	cʻia	ꭎsia ₌cua	ꭎcia	ꭎsia	₌ia	₌ia	ˋcia ˋce	ˋciaN
₌tia	ꭎcia ꭎzia ₌coi	cʻia	ꭎsia	ꭎcia	ꭎsia	₌ia	₌ia	ˋcia ˋce ˋcoi	ˋciaN
₌tia	ꭎcia	cʻia	ꭎsia ₌cua	ꭎcia	ꭎsia	₌ia	₌ia	ˋcia ˋce	ˋciaN
₌tia	ꭎcia	cʻia	₌cua	ꭎcia	ꭎcia	₌ia	₌ia	ˋcia ˋce	ˋciaN
₌tia	ꭎcia	cʻia ₌sie		ꭎcia	ꭎsia	₌ia ₌ie		ˋcia	ˋcʻia
	莆 ꭎcʻia								

寫	者	扯	捨	社	惹	也	野	借	藉
假開四	假開三	假開三	假開三	假開三	假開三	假開四	假開四	假開四	假開四
上馬心	上馬章	上馬昌	上馬書	上馬禪	上馬日	上馬以	上馬以	去禡精	去禡從
siă	tʃiă	tʃʻiă	ʃiă	ʒiă	ɣiă	jiă	jiă	tsiă	dziă
ʻsia	ʻcia / ʻce	ʻcʻia	ʻsia	sia²	ʻlia	ʻia	ʻia	cia'	cia²
ʻsia	ʻcia / ʻce	ʻcʻia	ʻsia	sia²	ʻlia	ʻia	ʻia	cia'	cia²
ʻsia	ʻcia / ʻcoi		ʻsia	sia²	zia	ʻia / ia²	ʻia	cia'	cia²
ʻsia	ʻcia / ʻce		ʻsia	sia²	ʻlia	ʻia	ʻia	cia'	cia²
ʻsia	ʻcia / ʻcia		ʻsia	sia²	zia	ia²	ʻia		˴cia
ʻsia	ʻcia	ʻcʻie	ʻsia	sia²	ʻnia	ʻia' / ia²	ʻia		
莆 ʻsia	仙 ʻcia		莆 sia²				海 ʻia	昔韻℮參照.	昔韻℮參照.

15

卸	瀉	謝	炙	蔗	射	舍	赦	夜	瓜
假開四	假開四	假開四	假開三	假開三	假開三	假開三	假開三	假開四	假合二
去禡心	去禡心	去禡邪	去禡章	去禡章	去禡船	去禡書	去禡書	去禡以	平麻見
siă	siă	ziă	tʃiă	tʃiă	dʒiă	ʃiă	ʃiă	jiă	kuă
siaˀ	siaˀ	siaˀ ciaˀ	ciaˀ	ciaˀ	siaˀ	siaˀ	siaˀ	ia²	˳kua ˳kue
siaˀ	siaˀ	siaˀ ciaˀ	ciaˀ	ciaˀ	siaˀ	siaˀ	siaˀ	ia²	˳kua ˳kue
siaˀ	siaˀ	siaˀ ciaˀ	ciaˀ	ciaˀ	siaˀ	siaˀ	siaˀ	ia²	˳kua
siaˀ	siaˀ	siaˀ ciaˀ	ciaˀ	ciaˀ	siaˀ	siaˀ	siaˀ	ia²	˳kua ˳kue
siaˀ	siaˀ	siaˀ ciaˀ	ciaˀ	ciaˀ	siaˀ	siaˀ	siaˀ	ia²	˳kue
siaˀ	siaˀ	siaˀ		ciaˀ	siaˀ	siaˀ	siaˀ	ia²	˳kua

昔韻ㄔㄥ
照阳三七

16

誇	花	華	蛙	傻	寡	瓦	跨	化	鋪鋪設
假合二	假合二	假合二	假合二	假合二	假合二	假合二	假合二	假合二	遇合一
平麻溪	平麻曉	平麻匣	平麻影	上馬生	上馬見	上馬疑	去禡溪	去禡曉	平模滂
kʻuǎ	huǎ	huǎ	'uǎ	ʂuǎ	kuǎ	ŋuǎ	kʻuǎ	huǎ	pʻo
꜀kʻua	꜀hua ꜀hue	꜁hua	꜀ua	꜂sa	꜂kuaɴ	꜂ua	kʻua꜄	hua꜄	꜀pʻo
꜀kʻua	꜀hua ꜀hue	꜁hua	꜀ua	꜂sa	꜂kuaɴ	꜂ua	kʻua꜄	hua꜄	꜀pʻo
꜀kʻua	꜀hua ꜀hue	꜁hua	꜀ua	꜂sɛ	꜂kuaɴ	{꜂ua, ua꜅}	kʻua꜄	hua꜄	꜀pʻɔ
꜀kʻua	꜀hua ꜀hue	꜁hua	꜀ua		꜂kuaɴ	꜂ua	kʻua꜄	hua꜄	꜀pʻou
꜀kʻua	꜀hue	꜁hua	꜀ua	꜃sa	꜂kua	꜀ua	kʻua꜄	hue꜄	꜀pʻou
꜀kʻua	꜀hua	꜁hua	꜀ua	꜂sua	꜂kua	ŋua꜅		hua꜄	꜀pʻuo
	莆꜀hua							莆hua꜄	莆꜀pʻou

17

菩	蒲	葡	模	摸	都	徒	途	塗	屠
遇合一	遇合一	遇合一	遇合一	遇合一	遇合一	遇合一	遇合一	遇合一	遇合一
平模並	平模並	平模並	平模明	平模明	平模端	平模定	平模定	平模定	平模定
bo	bo	bo	mo	mo	to	do	do	do	do
ˬpʻo	ˬpo	ˬpo / ˬpʻə	ˬbo	ˬbo / ˬboŋ	ˬto / ˬta / ˬtu	ˬto	ˬto	ˬto / ˬtʻo	ˬto
ˬpʻo	ˬpo	ˬpo / ˬpʻu	ˬbo	ˬbo / ˬboŋ	ˬto / ˬta / ˬtu	ˬto	ˬto	ˬto / ˬtʻo	ˬto
ˬpʻɔ	ˬpɔ	ˬpʻɔ	ˬbɔ	ˬbɔ / ˬboŋ	ˬtʻɔ	ˬtɔ	ˬtɔ	ˬtʻɔ / ˬtɔ	ˬtɔ
ˬpʻou	ˬpou		ˬbou		ˬtou	ˬtou	ˬtou	ˬtou / ˬtʻou	ˬtou
ˬpʻu	ˬpʻu	ˬpʻu	ˬmo / ˬmoŋ	ˬmo	ˬtou	ˬtʻu	ˬtʻu	ˬtʻou / ˬtʻu	ˬtou
ˬpu	ˬpuo	ˬpuo	ˬmuo	ˬmuo	ˬtu	ˬtu	ˬtu	ˬtu	ˬtuo
				仙ˬto / 海ˬdu				仙ˬtʻou	海ˬdu

18

図	奴	盧	爐	蘆	租	粗	酥	蘇	姑
遇合一	遇合一	遇合一	遇合一	遇合一	遇合一	遇合一	遇合一	遇合一	遇合一
平模定	平模泥	平模来	平模来	平模来	平模精	平模清	平模心	平模心	平模見
do	no	lo	lo	lo	tso	ts'o	so	so	ko
ˌto	ˌlo	ˌlo	ˌlo	ˌlo	ˌco	ˌc'o	ˌso	ˌso	ˌko
ˌto	ˌlo	ˌlo	ˌlo	ˌlo	ˌco	ˌc'o	ˌso	ˌso	ˌko
ˌtɔ ˌcɔ	ˌnɔ	ˌlɔ	ˌlɔ	ˌlɔ	ˌcɔ	ˌc'ɔ	ˌsɔ	ˌsɔ	ˌkɔ
ˌtou		ˌlou	ˌlou	ˌlou	ˌcou	ˌc'ou	ˌsou	ˌsou	ˌkou
ˌtou ˌt'u	ˌnou ˌlu	ˌlou	ˌlou	ˌlou	ˌcou	ˌc'ou	ˌsou	ˌsou	ˌkou
ˌtu	ˌnu	ˌlu	ˌlu	ˌlu	ˌcu	ˌc'u	ˌsu	ˌsu	ˌku
莆ˌtou						莆ˌc'ou			

19

孤	辜	箍	枯	吳	吾	梧	呼	乎	胡
遇合一 平模見	遇合一 平模見	遇合一 平模見	遇合一 平模溪	遇合一 平模疑	遇合一 平模疑	遇合一 平模疑	遇合一 平模曉	遇合一 平模匣	遇合一 平模匣
ko	ko	ko	k'o	ŋo	ŋo	ŋo	ho	ho	ho
ˏko	ˏko	ˏk'o	ˏko	{ˏŋo / ˏgo}	ˏŋo	{ˏŋo / ˏgo / ˏk'o}	ˏho	ˏho	ˏo / ˏho
ˏko	ˏko	ˏk'o	ˏko	{ˏŋo / ˏgo}	ˏŋo	{ˏŋo / ˏgo / ˏk'o}	ˏho	ˏho	{ˏo / ˏho}
ˏkɔ	ˏkɔ	ˏk'ɔ	ˏkɔ	{ˏŋɔ / ˏgɔ}	ˏgɔ	ˏgɔ	ˏhɔ	ˏhɔ	ˏhɔ / ˏ
ˏkou	ˏkou	ˏk'ou	ˏkou				ˏhou / ˏk'ou	ˏhou	ˏou / ˏhou
ˏkou / ˏku	ˏkou	ˏk'ou	ˏkou	ˏgou	ˏu	ˏŋo	ˏhu	ˏhu	{ˏou / ˏhu}
ˏku	ˏku	ˏk'u	ˏku	ˏŋu	ˏŋu	ˏŋu	ˏhu	ˏhu	ˏhu
莆ˏkou									

20

湖	糊	鶘	狐	壺	汙	烏	補	譜	普
遇合一	遇合一	遇合一	遇合一	遇合一	遇合一	遇合一	遇合一	遇合一	遇合一
平模匣	平模匣	平模匣	平模匣	平模匣	平模影	平模影	上姥幫	上姥幫	上姥滂
ho	ho	ho	ho	ho	'o	'o	po	po	pʻo
ˌho ˌo	ˌho ˌko	ˌho	ˌho	ˌho ˌo	ˌu	ˌo	ˋpo	ˋpʻo	ˋpʻo
ˌho ˌo	ˌho ˌko	ˌho	ˌho	{ ˌho ˌo	ˌu	ˌo	ˋo	ˋpʻo	ˋpʻo
ˌhɔ ˌɔ	ˌhɔ ˌkɔ	ˌhɔ	ˌhɔ	ˌhɔ	ˌu	ˌɔ	ˋɔ	ˋpʻɔ	ˋpʻɔ
ˌhou ˌou	ˌhou ˌkou	ˌhou	ˌhou	ˌhou	ˌu	ˌou	ˋpou	ˋpʻou	ˋpʻou
ˌou ˌhu	ˌkou ˌhu	ˌhou ˌhu	ˌhu	ˌhu	ˌu	ˌou	ˋpou	ˋpʻou	ˋpʻou
ˌhu ˌu	ˌhu ˌkʻu	ˌhu	ˌhu	ˌhu	ˌu	ˌu	ˋpuo	ˋpʻuo	ˋpʻuo
					閩南ほ	莆ˌou	莆ˋpou		

21

浦	部	簿	姆	肚膃肚	堵	賭	土	吐吐哽	杜
遇合一	遇合一	遇合一	遇合一	遇合一	遇合一	遇合一	遇合一	遇合一	遇合一
上姥滂	上姥並	上姥並	上姥明	上姥端	上姥端	上姥端	上姥透	上姥透	上姥定
p'o	bo	bo	mo	to	to	ʻto	t'o	t'o	do
ʻp'o	po²	p'o² p'ə²	ʻbo	ʻto	ʻto	ʻto	ʻt'o	ʻt'o	to²
ʻp'o	po²	p'o² p'ə²	ʻbo	ʻto	ʻto	ʻto	ʻt'o	ʻt'o	to²
ʻp'ɔ	pɔ²	p'ɔ²	ʻbɔ		ʻtɔ	ʻtɔ	ʻt'ɔ		tɔ²
ʻp'ou	pou²	p'ou²	ʻbou	ʻtou	ʻtou	ʻtou	ʻt'ou	ʻt'ou	tou²
ʻp'ou	ʻpou	ʻp'ou	bou	ʻtou	ʻtu	ʻtu	ʻt'ou		ʻtou
ʻp'uo	puo²	puo²	ʻmuo	ʻtu	ʻtu	ʻtu	ʻt'u		tu²
	海bu² 莆p'ou			海ʻdu		仙ʻtou			海ʻdu²

22

肚膽肚	努	魯	滷	虜	祖	組	古	估	股
遇合一 上姥定	遇合一 上姥泥	遇合一 上姥来	遇合一 上姥来	遇合一 上姥来	遇合一 上姥精	遇合一 上姥精	遇合一 上姥見	遇合一 上姥見	遇合一 上姥見
do	no	lo	lo	lo	tso	tso	ko	ko	ko
to²	ˈlo	ˈlo	ˈlo	ˈlo	ˈco	ço	ˈko	ˈko	ˈko
to²	ˈlo	ˈlo	ˈlo	ˈlo	ˈco	ço	ˈko	ˈko	ˈko
tɔ²	ˈnɔ	ˈlɔ	ˈlɔ	ˈlɔ	ˈcɔ	ˈcɔ	ˈkɔ	ˈkɔ	ˈkɔ
tou²	ˈnou	ˈlou	ˈlou	ˈlou	ˈcou	ˈcou	ˈkou	ˈkou	ˈkou
ˈtou	noˈ		ˈlou		ˈcou		ˈkou	ˈkou	ˈkou
		ˈlu		ˈlu		ˈcu			
tu²	ˈnu	ˈlu	ˈlu	ˈlu	ˈcu	ˈcu	ˈku	ˈku	ˈku
海dou²									

23

鼓	苦	五	伍	午	虎	許	戶	布	佈
遇合一	遇合一	遇合一	遇合一	遇合一	遇合一	遇合一	遇合一	遇合一	遇合一
上姥見	上姥溪	上姥疑	上姥疑	上姥疑	上姥曉	上姥曉	上姥匣	去暮幫	去暮幫
ko	k'o	ŋo	ŋo	ŋo	ho	ho	ho	po	po
'ko	'k'o	'ŋo / go²	'ŋo	'ŋo / go²	'ho	'ho	ho²	po²	po²
'ko	'k'o	'ŋo / go²	'ŋo	'ŋo / go²	'ho	'ho	ho²	po²	po²
'kɔ	'k'ɔ	'ŋɔ / gɔ²	'ŋɔ	'ŋɔ	'hɔ	'hɔ	hɔ²	pɔ²	pɔ²
'kou	'k'ou	'ŋou / gou²	'ŋou	'ŋou	'hou	'hou	hou²	pou²	pou²
'kou	'k'ou	'ŋou / 'ŋou	'ŋou	'ŋou	houN	'hu	'hou	pou²	pu²
'ku	'k'u	'ŋu / ŋu²	'ŋu	'ŋu	'hu	'hu	hu²	puo²	puo²
莆'kou		仙'kou : ŋou²		莆'hou				莆pou² 海bu²	

24

怖	鋪舗	步	怖	埠	募	慕	墓	暮	妒
遇合一	遇合一	遇合一	遇合一	遇合一	遇合一	遇合一	遇合一	遇合一	遇合一
去聲滂	去聲滂	去聲並	去聲並	去聲並	去聲明	去聲明	去聲明	去聲明	去聲端
pʰo	pʰo	bo	bo	bo	mo	mo	mo	mo	to
poˀ	pʰoˀ	poˀ²	poˀ²	poˀ²	boˀ²	boˀ² boŋ²	boˀ²	boˀ²	toˀ
poˀ	pʰoˀ	poˀ²	poˀ²	poˀ²	boˀ²	boˀ² boŋ²	boˀ²	boˀ²	toˀ
pɔˀ	pʰɔˀ	poˀ²	poˀ²	poˀ²	boˀ²	boˀ²	boˀ²	boˀ²	
pouˀ	pʰouˀ	pouˀ	pouˀ	pouˀ	bouˀ	bouˀ	bouˀ	bouˀ	touˀ
pu'	pʰou' 	pou²	₂pu	₍pou² 	ꜛmo ·	ꜛmo	ꜛmo	ꜛmo	
puoˀ	pʰuoˀ	puoˀ²	puoˀ	puoˀ	muoˀ²	muoˀ²	muoˀ²	muoˀ²	tuˀ
日本現正 韻書の「 博故切」 にかなう 。	莆 pouˀ								

15

吐唾吐	兔	度	渡	怒	路	賂	露	措措置	錯錯誤
遇合一	遇合一	遇合一	遇合一	遇合一	遇合一	遇合一	遇合一	遇合一	遇合一
去模透	去模透	去模定	去模定	去模泥	去模來	去模來	去模來	去模清	去模清
t'o	t'o	do	do	no	lo	lo	lo	ts'o	ts'o
t'o²	t'o²	to²	to²	lo²	lo²	lo²	lo²	c'o²	c'o²
									c'ə²
t'o²	t'o²	to²	to²	lo²	lo²	lo²	lo²	c'o²	c'o²
									c'ə²
t'ɔ²	t'ɔ²	tɔ²	tɔ²	nɔ²	lɔ²	lɔ²	lɔ²	c'ɔ²	c'ɔ²
t'ou²	t'ou²	tou²	tou²	nou²	lou²	lou²	lou²	c'ou²	c'ou²
t'ou²	t'ou²	tou²	tou²	no²	lou²		lou²		
					²lu			c'u²	c'o²
t'u²	t'u²	tu²	tu²	nu²	lu²	lu²	lu²	c'u²	
									c'o²
				莆 tou²					
				平 lou²					

醋	素	訴	塑	故	固	雇	顧	庫	褲
遇合一	遇合一	遇合一	遇合一	遇合一	遇合一	遇合一	遇合一	遇合一	遇合一
去暮清	去暮心	去暮心	去暮心	去暮見	去暮見	去暮見	去暮見	去暮溪	去暮溪
tsʻo	so	so	so	ko	ko	ko	ko	kʻo	kʻo
cʻoʼ	soʼ	soʼ	soʼ	koʼ	koʼ	koʼ	koʼ	kʻoʼ	kʻoʼ
cʻoʼ	soʼ (suʼ)	soʼ	soʼ	koʼ	koʼ	koʼ	koʼ	kʻoʼ	kʻoʼ
cʻɔʼ	sɔʼ	sɔʼ	sɔʼ	kɔʼ	kɔʼ	kɔʼ	kɔʼ	kʻɔʼ	kʻɔʼ
cʻouʼ	souʼ	souʼ	souʼ	kouʼ	kouʼ	kouʼ	kouʼ	kʻouʼ	kʻouʼ
cʻouʼ						kouʼ		kʻouʼ	kʻouʼ
	suʼ	suʼ	suʼ	kuʼ	˙kuʼ		kuʼ		
cʻuʼ	suʼ	suʼ	suʼ	kuʼ	kuʼ	kuʼ	kuʼ	kʻuʼ	kʻuʼ
莆cʻouʼ									平kʻouʼ

悟	誤	互	護	惡可惡	艫	蛆	胥	徐	猪
遇合一	遇合一	遇合一	遇合一	遇合一	遇合三	遇合四	遇合四	遇合四	遇合三
去暮疑	去暮疑	去暮匣	去暮匣	去暮影	平魚来	平魚精	平魚心	平魚邪	平魚知
ŋo	ŋo	ho	ho	'o	ḷio	tsʻio	sio	ẕio	ṭio
{ŋo²/go²}	go²	ho²	ho²	oN⁰ / o⁰	ḻu	ꞔʻu	su	ẕsu / ꞔi	ṭu / ṭi
{ŋo²/go²}	{ŋo²/go²}	ho²	ho²	o⁰	ḻu	ꞔʻu	su	ẕsu / ꞔʻi	ṭu / ṭi
go²	go²	ho²	ho²	o⁰	ḻi	ꞔʻi	ẕi	/ ẕꞔʻi	ṭi
		hou²	hou²	ouN⁰ / {ḻɨ / ḻu}	ꞔʻɨ	ẕsu	ẕsɨ	ṭɨ
ꞌŋo				ḻɨ	ꞔu	su	ꞔʻɨ	ṭɨ
	gou²	ꞌhu	ꞌhu	u⁰				
		hu²	hu²	u⁰	ꞔʻy	ẕsy	ẕsy	ṭy
ŋuo²	ŋuo²			ḻœ				
			平 ou⁰					

除	儲	初	鋤	梳	疏	蔬	諸	舒	書
遇合三	遇合三	遇合二	遇合二	遇合二	遇合二	遇合二	遇合三	遇合三	遇合三
平魚澄	平魚澄	平魚初	平魚崇	平魚生	平魚生	平魚生	平魚章	平魚書	平魚書
꜀dio	꜀dio	꜀tsʰio	꜀dzio	꜀sio	꜀sio	꜀sio	꜀tʃio	꜀ʃio	꜀ʃio
꜀tu	꜀tʰu	꜀cʰo / ꜀cʰe	꜀tʰu / ꜀ti	꜀so / ꜀se	꜀so / ꜀se	꜀so / ꜀se	꜀cu	꜀su / ꜀cʰu	꜀sú / ꜀cu
꜀tu	꜀tʰu / ꜀tʰu	꜀cʰo / ꜀cʰue	꜀tʰu / ꜀ti	꜀so / ꜀sue	꜀so / ꜀sue	꜀so / ꜀sue	꜀cu	꜀su / ꜀cʰu	꜀su / ꜀cu
꜀ti	꜀ti	꜀cɔ / ꜀cʰe	꜀tʰi	꜀sɔ / ꜀se	꜀sɔ / ꜀se	꜀sɔ / ꜀se	꜀ci	꜀si	꜀si
꜀tɨ	꜁tʰɨ	꜀cʰou / ꜀cʰai	꜀tʰɨ	꜀sou / ꜀sai	꜀sou / ꜀səi	꜀sou / ꜀səi	꜀cɨ	꜀sɨ	꜀sɨ
꜀tɨ	꜀tʰu	꜀cʰo / ꜀cʰiu	꜀cʰo	꜀so / ꜀siu	꜀so	꜀so	꜀cu	꜀su	꜀cɨ
꜀ty		꜀cʰu / ꜀cʰœ	꜀tʰy	꜀su / ꜀sœ	꜀su / ꜀sœ	꜀su / ꜀sœ	꜀cy	꜀cʰy	꜀cy
	仙 ꜀tʰy	蕭 ꜀cʰœ	蕭 ꜀tʰy / 平 ꜀ti						蒲 ꜀sy / 仙 ꜀sy / ꜁cy

29

如	居	車(馬砲)	渠	魚	虛	於	余	餘	女
遇合三	遇合三	遇合三	遇合三	遇合三	遇合三	遇合三	遇合四	遇合四	遇合三
平魚日	平魚見	平魚見	平魚群	平魚疑	平魚曉	平魚影	平魚以	平魚以	上語泥
ř̩io	k̩io	k̩io	g̩io	ŋ̩io	h̩io	'io	j̩io	j̩io	n̩io
̩lu	̩ku	̩ku / ̩ki	̩ku	̩hu / ̩hi	̩hu / ̩hi	̩u	̩u / ̩i	̩u	'lu
̩lu	̩ku	̩ku / ̩ki	̩ku	̩gu / ̩hi	̩hu / ̩hi	̩u	̩u	̩u	ᶜlu
̩zi	̩ki	̩ki	̩ki	̩hi	̩hi	̩i	̩i	̩i	ᶜzi
̩lɨ	̩kɨ	̩kɨ	̩kɨ	̩gɨ / ̩hɨ	̩hɨ	̩ɨ	̩ɨ	̩ɨ	ᶜlɨ
̩zu	̩kɨ	̩kɨ	̩kʻɨ	̩hɨ	̩hɨ		̩ɨ	̩ɨ	ᶜnɨŋ
						̩i			
̩y	̩ky	̩ky	̩ky	̩ŋy	̩hy	̩y	̩y	̩y	ᶜny
仙 ̩cy				莆 ̩hy / 平 ̩hɨ	莆 ̩hy				

30

呂	旅	序	敍	緒	苧	阻	楚	礎	所
遇合三	遇合三	遇合四	遇合四	遇合四	遇合三	遇合二	遇合二	遇合二	遇合二
上語来	上語来	上語邪	上語邪	上語邪	上語澄	上語莊	上語初	上語初	上語生
liö	lïö	ziö	ziö	ziö	dïo	tʂïo	tʂʻïo	tʂʻïo	ʂïo
ˈlu²	ˈlu	su²	su²	su²	ˈtʻu / te²	ˈco	ˈcʻo / ˈcʻə	ˈcʻo	ˈso
ˈlu²	ˈlu	su²	su²	su²	ˈtʻu / tʻue²	ˈco	ˈcʻo / ˈcʻə	ˈcʻo	ˈso
ˈlï²	ˈli	si²	si²	si²	ˈtʻi / te²	ˈcɔ	ˈcʻɔ	ˈcʻɔ	ˈse
ˈlɨ²	ˈlɨ	sɨ²	sɨ²	sɨ²	ˈtʻɨ / tʻai²	ˈcou	ˈcʻou	ˈcʻou	ˈsou
ˈlɨ	ˈli	ˈsu	ˈsu	ˈsu	ˈtiu	ˈco	ˈcʻo	ˈcʻo	ˈso
ˈly	ˈly	sy²	sy²	sy²	to²	ˈcu	ˈcʻu	ˈcʻu	ˈsu
									仙 ˈsœ

31

煮	处 (相处)	杵	暑	黍	鼠	汝	举	巨	拒
遇合三	遇合三	遇合三	遇合三	遇合三	遇合三	遇合三	遇合三	遇合三	遇合三
上語章	上語昌	上語昌	上語書	上語書	上語書	上語日	上語見	上語群	上語群
tʃ'10	tʃ'10	tʃ'10	ʃ10	ʃ10	ʃ10	ř10	kio	gio	gio
꜀cu	꜀c'u	꜀c'u	꜀su	꜀su ꜀se	꜀c'u	꜀lu ꜀li	꜀ku ꜀ki	ku²	ku²
꜀cu	꜀c'u	{ ꜀c'u ꜀t'u	꜀su	꜀su ꜀sue	꜀c'u	꜀lu ꜀li	꜀ku	ku²	ku²
꜀ci	꜀ci	꜀ci	꜀si	꜀si ꜀se	꜀ci	꜀zi { ꜀lu ꜀li	꜀ki	ki²	ki²
{ ꜀cɨ ꜀cu	꜀cɨ		꜀sɨ	꜀sɨ ꜀sai	꜀cɨ	꜀lɨ	꜀kɨ	kɨ²	kɨ²
꜀cɨ	꜀c'u	꜀su	꜀su	꜀su	꜀c'ɨ	꜀lɨ	꜀kɨ	꜀kɨ	꜀kɨ
꜀cy	꜀c'y		꜀sy	꜀sy	꜀cy		꜀ky	ky²	ky²
						꜀ny 莆꜀ty	莆꜀ky		

距	語	許	与及	慮	鑢	絮	著顯著	筯	助
遇合三	遇合三	遇合三	遇合四	遇合三	遇合三	遇合四	遇合三	遇合三	遇合二
上語群	上語疑	上語曉	上語以	去御来	去御来	去御心	去御知	去御澄	去御崇
gio	ŋio	hio	jio	lio	lio	sio	tio	dio	dzio
ku²	˙gu	˘hu / ˘k'o	˙u	lu²	lu² / lu'	su'	tu'	tu² / ti²	co²
ku²	˙gu	˘hu / ˘k'o	˙u	lu²	lu² / lu'	su'	tu'	tu² / ti²	co²
ki²	˙gi / ˙gu	˘hi / ˘k'ɔ	˙i	li²	li²	si'	ti'	ti²	cɔ²
kɨ²	˙gɨ	˘hɨ / ˘k'ou	˙ɨ	{lɨ² / luɨ²}	lɨ²	sɨ'	{tɨ' / tu'}	{tɨ² / tu²}	cou²
˘kɨ	˙gɨ	˘hɨ / ˘k'ou	˙ɨ	˘lɨ	˘lɨ	su'	tu'	tɨ²	˘cɔ
ky²	˙ŋy	˘hy	˙y	ly²	ly²	sy'	ty'	ty²	cu²
			海 ˙zi					海 ci² / :du²	

疏 注疏	処 処所	怨	庶	署	薯	拠	鋸	去	御
遇合二	遇合三	遇合三	遇合三	遇合三	遇合三	遇合三	遇合三	遇合三	遇合三
去御生	去御昌	去御書	去御書	去御禪	去御禪	去御見	去御見	去御溪	去御疑
šio	tʃ'io	ʃio	ʃio	ʒio	ʒio	kio	kio	k'io	ŋio
so'	c'u'	su'	su'	su² / 'su	‹cu	ku'	ku'	k'i'	gu²
so'	c'u'	su'	su'	su²	‹cu	ku'	ku'	k'u' / k'i'	gu²
so'	c'i'	si'	si'	si²	‹ci	ki'	ki'	k'i' / k'u'	gi²
sou	c't'	s't'	s't'	'su	‹c't	k't'	k't'	{k't' / k'u'}	gt²
so'	c'u'	su'	su'	'su	‹c't	'kt	kt'	k't'	‹gt
	c'y'	sy'	sy'	'sy	‹sy	ky'	ky'	k'y'	ŋy²
	仙 c'y'							莆 k'y'	

禦	与	誉	預	像	夫	虞	數	俘	伏
遇合三	遇合四	遇合四	遇合四	遇合四	遇合三	遇合三	遇合三	遇合三	遇合三
去御疑	去御以	去御以	去御以	去御以	平虞非	平虞非	平虞敷	平虞敷	平虞奉
ŋïo	jio	jio	jio	jio	pïu	pïu	pʻïu	pʻïu	bïu
gu²	u²	u²	u²	u²	ˍhu ˍpo	ˍhu	ˍhu	ˍhu	ˍhu ˍpʻo
gu²	u²	u²	u²	u²	ˍhu ˍpo	ˍhu	ˍhu	ˍhu	ˍhu ˍpo
gi²	i²	i²	i²	i²	ˍhu ˍpɔ	ˍhu	ˍhu	ˍhu	ˍhu ˍpɔ
ɣɨ²	ɨ²	ɨ²	ɨ²	ɨ²	ˍhu ˍpou	ˍhu	ˍhu	ˍhu	ˍhu
ˮgɨ	ˮɨ	ˮɨ	ˮɨ	ˮɨ	ˍhu ˍpou	ˍhu	ˍhu	ˍhu	ˍhu
ŋy²	y²	y²	y²	y²	ˍhu	ˍhu	ˍhu	ˍhu	ˍhu
			莆 y²		莆 ˍpou				

芙	符	毋	無	巫	誣	趨	須	鬚	需
遇合三	遇合三	遇合三	遇合三	遇合三	遇合三	遇合四	遇合四	遇合四	遇合四
平虞奉	平虞奉	平虞微	平虞微	平虞微	平虞微	平虞清	平虞心	平虞心	平虞心
bïu	bïu	mïu	mïu	mïu	mïu	tsʻiu	siu	siu	siu
ˌhu ˌpʻu	ˌhu	ˌbu	ˌbu	ˌbu	ˌbu	ˌcʻu	ˌsu	ˌsu ˌcʻiu	ˌsu
ˌhu ˌpʻu	ˌhu	ˌbu	ˌbu	ˌbu	ˌbu	ˌcʻu	ˌsu	ˌsu ˌcʻiu	ˌsu
ˌhu	ˌhu	ˌbu	ˌbu	ˌbu	ˌbu	ˌcʻi	ˌsi	ˌsi ˌcʻiu	ˌsi
ˌhu ˌpʻu	ˌhu	ˌbu	ˌbu	ˌbu	ˌbu	ˌcʻu	ˌsu	ˌsu ˌcʻiu	ˌsu
ˌhu	ˌhu	(ˌbo)	(ˌbo)	ˌbu	ˌbu	ˌcʻu	ˌsu	ˌsu ˌcʻiu	ˌsu
ˌhu	ˌhu	ˌu	ˌu	ˌu	ˌu	ˌcʻy	ˌsy	ˌsy	ˌsy
	海 ˌfu :ˌɓau	甫 ˌpu							

株	蛛	誅	厨	芻	雛	朱	珠	枢	輸
遇合三	遇合三	遇合三	遇合三	遇合二	遇合二	遇合三	遇合三	遇合三	遇合三
平虞知	平虞知	平虞知	平虞澄	平虞初	平虞崇	平虞章	平虞章	平虞昌	平虞書
ţǐu	ţǐu	ţǐu	dǐu	tʂʼǐu	dʐǐu	tʃǐu	tʃǐu	tʃʼǐu	ʃǐu
˳tu	˳tu	˳tu	˳tu	˳ɔ	˳cʼu	˳cu	˳cu / ˳ciu	˳cʼu	˳su
˳tu	˳tu	˳tu	˳tu	˳ɔ	˳cʼu	˳cu	˳cu / ˳ciu	˳cʼu	˳su
˳ti	˳tu	˳ti	˳tu	˳ɔ	˳cʼi	˳cu	˳cu / ˳ciu	˳kʼi	˳si / ˳su
{˳tu / ˳tɨ	˳tu	{˳tu / ˳tɨ	{˳tu / ˳tɨ	˳cou		˳cu	˳cu / ˳ciu		
˳tu	˳tu	˳tu	˳tu	˳cʼu	˳cʼu	˳cu	˳cu / ˳ciu	˳kʼu	˳su
˳ty	˳ty	˳ty							
			˳tuo			˳cuo	˳cuo		˳suo
								「十五音」,潮は '区'の類推。	

殊	儒	拘	駒	倶	区	駈	娯	虞	愚
遇合三	遇合三	遇合三	遇合三	遇合三	遇合三	遇合三	遇合三	遇合三	遇合三
平虞禪	平虞日	平虞見	平虞見	平虞見	平虞溪	平虞溪	平虞疑	平虞疑	平虞疑
ʒiu	řiu	kïu	kïu	kïu	kʻïu	kʻïu	ŋïu	ŋïu	ŋïu
ˌsu	ˌlu	ˌkʻu	ˌkʻu	ku²	ˌkʻu	ˌkʻu	ˌgu	ˌgu	ˌgu
ˌsu	ˌlu	ˌkʻu	ˌkʻu	ku²	ˌkʻu	ˌkʻu	ˌgu	ˌgu	ˌgu
ˌsu	ˌzi	ˌkʻi	ˌkʻi	ki²	ˌkʻi	ˌkʻi	ˌgi	ˌgi	ˌgi
ˌsu	ˌlu	ˌkʻɿ {ˌkʻu / ˌkʻɿ}			ˌkʻu	ˌkʻu	ˌgu	ˌgu	ˌgu
ˌsu	ˌzu	ˌkʻu	ˌkʻu	ˈku	ˌkʻu	ˌkʻu	ˌu	ˌŋo	ˌŋo
ˌsʏ	ˌʏ	ˌkʏ	ˌkʻʏ	kʏ²	ˌkʻʏ	ˌkʻʏ	ˌŋʏ	ˌŋʏ	ˌŋʏ
			『集韻』の「一曰具也」にかなう。						

迂	于	盂	愉	楡	逾	府	俯	腑	甫
遇合三	遇合三	遇合三	遇合四	遇合四	遇合四	遇合三	遇合三	遇合三	遇合三
平虞影	平虞云	平虞云	平虞以	平虞以	平虞以	上虞非	上虞非	上虞非	上虞非
'iu	hiu	hiu	jiu	jiu	jiu	piu	piu	piu	piu
˳u	˳u	˳u	˳lu	˳lu	˳lu	ʿhu	ʿhu	ʿhu	ʿhu
˳u	˳u	˳u	˳lu	˳lu	˳lu	ʿhu	ʿhu	ʿhu	ʿhu
˳u	˳i	˳u	˳i	˳zi	˳zi	ʿhu	ʿhu	ʿhu	ʿhu
˳u	˳t	˳u	{˳lu / ˳t}	˳lu		ʿhu	ʿhu	ʿhu	ʿhu
˳u	˳u	˳u	˳zu	˳zu	˳zu	ʿhu	ʿhu	ʿhu	ʿp'ou
˳y	˳y	˳y	˳y	˳y	˳y	ʿhu	ʿhu	ʿhu	ʿhu
	陰平は『集韻』の「邕倶切」にかなる。					甫 ʿhu			潮は「浦'」と混同

脯	爺	撫	父	釜	腐	輔	武	侮	舞
遇合三	遇合三	遇合三	遇合三	遇合三	遇合三	遇合三	遇合三	遇合三	遇合三
上麌非	上麌非	上麌敷	上麌奉	上麌奉	上麌奉	上麌奉	上麌微	上麌微	上麌微
pïu	pïu	p'ïu	bïu	bïu	bïu	bïu	mïu	mïu	mïu
ʿhu ʿpo	ʿhu ʿpo	ʿhu	hu²	ʿhu	hu²	hu²	ʿbu	ʿbu	ʿbu
ʿhu ʿpo	ʿhu ʿpo	ʿhu	hu²	ʿhu	hu²	hu²	ʿbu	ʿbu	ʿbu
ʿhu	ʿhu ʿpu	ʿhu	ʿhu	ʿhu	hu²	hu²	ʿbu	ʿbu	ʿbu
ʿhu ʿpou	ʿhu ʿpou	ʿhu	hu²	ʿhu	hu²	hu²	ʿbu	ʿbu	ʿbu
ʿpou ʿp'ou	ʿpou	ʿbu	ʿhu	ʿhu	ˉhu	ˉhu	ʿbu	ʿbu	ʿbu
ʿhu	ʿhu	ʿu	hu²	ʿhu	hu²	hu²	ʿu	ʿu	ʿu
	仙ʿhu :ʿpou 海ʿfu :ʿbau	十五音と潮はr方矩切にかなう。							莆ʿpu

縷	取	聚	柱	主	豎	乳	矩	宇	羽
遇合三	遇合四	遇合四	遇合三	遇合三	遇合三	遇合三	遇合三	遇合三	遇合三
上虞來	上虞清	上虞從	上虞澄	上虞章	上虞禪	上虞日	上虞見	上虞云	上虞云
liu	tsʻiu	dziu	diu	tʃiu	ʒiu	řiu	kiu	hiu	hiu
ʻlu	ʻcʻu	cu²	cu²	ʻcu	su²	ʻlu	ʻku	ʻu	ʻu
							ʻki		
ʻlu	ʻcʻu	cu²	cu²	ʻcu	su²	ʻlu	ʻku	ʻu	ʻu
ʻli	ʻcʻi	ci²	ci²	ʻci	si²	{ʻzi / ziN	ʻki	ʻi	ʻi
				ʻcu		ʻzu			
ʻlɨ	ʻcʻu	cʻu²	cu²	ʻcu	su²	ʻlu	ʻkɨ	ʻu	ʻu
ʻlu	ʻcʻu	ʻcu		ʻcu	ʻsu	ʻzu		ʻu	ʻu
			(tʻiau)						
ʻly	ʻcʻy	cy²	cy²	ʻcy	sy²	ʻy	ʻky	ʻy	ʻy
	莆 ʻcʻy								

41

禹	雨	愈	付	賦	傅	赴	訃	附	務
遇合三 上麌云	遇合三 上麌云	遇合四 上麌以	遇合三 去遇非	遇合三 去遇非	遇合三 去遇非	遇合三 去遇敷	遇合三 去遇敷	遇合三 去遇奉	遇合三 去遇微
hiu	hiu	jiu	piu	piu	piu	pʻiu	pʻiu	biu	miu
ʻu	ʻu ho²	ʻlu	huʼ	huʼ	huʼ poʼ	huʼ	huʼ	hu²	buʼ
ʻu	ʻu ho²	ʻlu	huʼ	huʼ	huʼ poʼ	huʼ	huʼ	hu²	buʼ
ʻi	ʻi hɔ²	ʻzi	huʼ	huʼ	pɔʼ	huʼ	huʼ	hu²	buʼ
ʻu	ʻu hou²	ʻlu	huʼ	huʼ	huʼ pouʼ	huʼ	huʼ	hu²	buʼ
ʻu ʻhou		ʻzu	huʼ	huʼ	huʼ	huʼ	huʼ	huʼ	ʻbu
ʻy	ʻy	ʻy	huʼ	huʼ	huʼ	huʼ	huʼ	hu²	u²
	莆,平 hou²				海 fuʼ : bauʼ				

42

霧	屢	趣	娶	註	駐	住	數	注	蛀
遇合三	遇合三	遇合四	遇合四	遇合三	遇合三	遇合三	遇合二	遇合三	遇合三
去遇微	去遇來	去遇清	去遇清	去遇知	去遇知	去遇澄	去遇生	去遇章	去遇章
mïu	lïu	tsʻïu	tsʻïu	tïu	tïu	dïu	sïu	tɕïu	tɕïu
bu²	ʻlu	cʻuʼ	cʻuʼ	cuʼ	cuʼ	cu² tu²	soʼ	cuʼ tuʼ	cuʼ ciuʼ
bu²	ʻlu	cʻuʼ	cʻuʼ	cuʼ	cuʼ	cu²	soʼ	cuʼ tuʼ	cuʼ ciuʼ
bu²	ʻli	cʻiʼ	cʻiʼ	cuʼ	ci²	ci²	sɔʼ	cuʼ tuʼ	cuʼ ciuʼ
bu²	ʻlu	cʻuʼ	cʻuʼ	cuʼ	cuʼ	cu²	souʼ	cuʼ	cuʼ ciuʼ
bu²	ʻlu	cʻuʼ	ʻcʻu	cuʼ	ʻcu	ʻcu	(siauʼ)	cuʼ	cuʼ
u²	ʻly	cʻyʼ	ʻcʻy	cyʼ	cy²	cy²	suʼ	cyʼ cuoʼ	cyʼ
			潮と福は『集韻』の又音、上声にかなう。		「十五音」と潮,福は『集韻』の「廚遇切」にかなう。		仙souʼ		

鑄	戍	輸運輸	樹	句	具	懼	寓	遇	芋
遇合三	遇合三	遇合三	遇合三	遇合三	遇合三	遇合三	遇合三	遇合三	遇合三
去遇章	去遇書	去遇書	去遇禪	去遇見	去遇群	去遇群	去遇疑	去遇疑	去遇云
tʃiu	ʃiu	ʃiu	ʒiu	kiu	giu	giu	ŋiu	ŋiu	hiu
cu'	su'	su²	su² / c'iu²	ku'	ku²	k'u²	qu²	qu²	u² / o²
cu'	su'	ᶜsu	su² / c'iu²	ku'	ku²	k'u²	qu²	qu²	u² / o²
cu'		ᶜsi	si² / c'iu²	ki' / ku'	ki²	ki²	qi²	qi² / gu²	i² / ɔ
cu²			su² / c'iu²	ku'	ku²	k'u²	qu²	qu²	ou²
cu'	(sue')	ᶜsu	su² / c'iu²	ku'	ᶜku	ᶜku	ᶜŋo	ᶜŋo	ou²
cuo'		ᶜsy	sy² / c'iu²	kuo'	ky²	ky²	ŋy²	ŋy²	uo'
		台以外は莆平声'輸贏'の場合と混同	c'iu²	仙 ky' : ku'					

裕	喻	猷	眙	台	苔	来	災	栽	猜
遇合四	遇合四	蟹開一	蟹開一	蟹開一	蟹開一	蟹開一	蟹開一	蟹開一	蟹開一
去遇以	去遇以	平咍端	平咍透	平咍定	平咍定	平咍来	平咍精	平咍精	平咍清
jiu	jiu	tai	tʻai	dai	dai	lai	tsai	tsai	tsʻai
lu²	lu²	ˬtai	ˬtʻai ˬtʻe	ˬtai	ˬtʻai ˬtʻi	ˬlai	ˬçai	ˬçai	ˬçʻai
lu²	lu²	ˬtai	ˬtʻai ˬtʻe	ˬtai	ˬtʻai ˬtʻi	ˬlai	ˬçai	ˬçai	ˬçʻai
zi²	zi²	ˬtai	ˬtʻai { ˬtʻe ˬtʻoi	ˬtai	ˬtʻai ˬtʻi	ˬlai	ˬçai	ˬçai	ˬçʻai
lu²	lu²	ˬtai	ˬtʻai ˬtʻə	ˬtai	ˬtʻai ˬtʻi	ˬlai	ˬçai	ˬçai	ˬçʻai
˭zu	˭zu	ˬtai	ˬtʻo	ˬtʻai	ˬtʻai	ˬlai	ˬçai	ˬçʻai	ˬçʻai
y²	y²	ˬtai	ˬtʻai	ˬtai	ˬtʻi	ˬlai ˬli	ˬçai	ˬçai	ˬçʻai
		海 ˬdai		莆 ˬtai		仙 ˬlai :li		潮は'栽' と混同	

才	材	財	裁	腮	該	開	孩	哀	埃
蟹開一	蟹開一	蟹開一	蟹開一	蟹開一	蟹開一	蟹開一	蟹開一	蟹開一	蟹開一
平咍從	平咍從	平咍從	平咍從	平咍心	平咍見	平咍溪	平咍匣	平咍影	平咍影
dzai	dzai	dzai	dzəi	sai	kai	k'ai	hai	'ai	'ai
˻cai ˻c'ai	˻cai	˻cai	˻cai ˻c'ai	˻su ˻c'i	˻kai	˻k'ai ˻k'ui	˻hai	˻ai	˻ai
{˻cai ˻c'ai}	{˻cai ˻c'ai}	˻cai	{˻cai ˻c'ai}	˻su ˻c'i	˻kai	˻k'ai ˻k'ui	˻hai	˻ai	˻ai
˻cai	˻cai	˻cai	˻cai	˻sai	˻kai	˻k'ai ˻k'ui	˻hai	˻ai	˻ai
˻cai	˻cai	˻cai	˻c'ai		˻kai	˻k'ai ˻k'ui	˻hai	˻ai	˻ai
˻c'ai	˻c'ai	˻c'ai	˻c'ai	˻sai	˻kai	˻k'ai ˻k'ui	˻hai	˻aiN	˻aiN
˻cai	˻cai	˻cai	˻c'ai	˻sai	˻kai	˻k'ai ˻k'ui	˻hai	˻ai	˻ai
			台廈の文言音は'恩'の類推か。	菁˻kai :˻k'ui	仙˻k'ai				

待	怠	殆	乃	宰	載	彩	採	在	改
蟹開一	蟹開一	蟹開一	蟹開一	蟹開一	蟹開一	蟹開一	蟹開一	蟹開一	蟹開一
上海定	上海定	上海定	上海泥	上海精	上海精	上海清	上海清	上海從	上海見
dəi	dəi	dəi	nai	tsai	tsai	tsʻai	tsʻai	dzəi	kai
tʻai²	tai²	tai²	ʿnai	ʿcaiN	ʿcaiN	ʿcʻai	ʿcʻai	cai²	ʿkai ; cai² ʿke
tʻai²	tai²	tai²	ʿnai	ʿcaiN	ʿcaiN	ʿcʻai	ʿcʻai	cai²	ʿkai ; cai² ʿkue
tʻai²	tai²	tai²	ʿnai	ʿcai		ʿcʻai	ʿcʻai	cai²	ʿkai ; ʿke
tʻai²	tai²	tai²	ʿnai	ʿcaiN	ʿcaiN	ʿcʻai	ʿcʻai	cai²	ʿkai ; ʿkai
˪tʻai	˪tai	tai²	ʿnai	ʿcai	ʿcai	ʿcʻai	ʿcʻai	˪cai	ʿkoi
tai²	tai²	tai²	ʿnai	ʿcai	ʿcai	ʿcʻai	ʿcʻai	cai²	ʿkai
		海dai²							仙ʿkai ; ːʿkœ

凱	海	亥	戴	貸	態	代	袋	耐	再
蟹開一 上海溪	蟹開一 上海曉	蟹開一 上海匣	蟹開一 去代端	蟹開一 去代透	蟹開一 去代透	蟹開一 去代定	蟹開一 去代定	蟹開一 去代泥	蟹開一 去代精
k'ai	hai	hai	tai	t'ai	t'ai	dai	dai	nai	tsai
'k'ai	'hai	hai²	tai' {te' ti'}	tai'	t'ai'	tai' tc²	tai' .tc²	nai²	cai'
'k'ai	'hai	hai²	tai' {te' ti'}	tai²	t'ai'	tai' tc²	tai' tc²	nai²	cai'
'k'ai	'hai	hai²	tai' te'	tai²	t'ai'	tai' {te² toi'}	tai' {tc² toi²}	nai²	cai'
'k'ai	'hai	hai²	tai' ta'	tai²	t'ai'	tai' ta²	tai' ta²	nai²	cai'
'k'ai	'hai	'hai	tai' {to' ti'}	'tai	t'ai'	t'oi' to²	to²	'nai	cai'
'k'ai	'hai	hai²	tai' toi'		t'ai'	tai' toi²	toi²	nai²	cai'
	莆 'hai		仙 tœ'	台·髮· 十五音は '代'の 類推か。		潮の文言 音は例外			

載(軭重)	菜	賽	塞(辺塞)	漑	概	慨	咳	礙	愛
蟹開一去代精	蟹開一去代清	蟹開一去代心	蟹開一去代心	蟹開一去代見	蟹開一去代見	蟹開一去代溪	蟹開一去代溪	蟹開一去代疑	蟹開一去代影
tsai	ts'ai	sai	sai	kai	kai	k'ai	k'ai	ŋai	'ai
cai'	c'ai'	sai'／se'	sai'	k'ai'	k'ai'	k'ai'	k'ai'	gai²	·ai'
cai'	c'ai'	sai'／se'	sai'	k'ai'	k'ai'	kai'	k'ai'	gai²	ai'
cai'	c'ai'	sai'／se'	sai'	k'ai'	k'ai'	k'ai'	k'ai'	gai²	ai'
cai'	c'ai'	sai'／sə'	sai'	k'ai'	k'ai'	k'ai'	k'ai'	gai²	ai'
cai	c'ai	sai	sai	k'ai	k'ai	k'ai'／⁻hai		gai²	aiN
cai'	c'ai'	sai'	sai'	k'ai'	k'ai'	k'ai'		ŋai²	ai'
	莆c'ai'						潮は'亥'の類推		莆ai'

49

貝	沛	帶	太	泰	大	奈	賴	蔡	蓋
蟹開一	蟹開一	蟹開一	蟹開一	蟹開一	蟹開一	蟹開一	蟹開一	蟹開一	蟹開一
去泰幫	去泰滂	去泰端	去泰透	去泰透	去泰定	去泰泥	去泰來	去泰清	去泰見
pai	p'ai	tai	t'ai	t'ai	dai	nai	lai	ts'ai	kai
pue'	p'ai'	tai'	t'ai'	t'ai'	tai'	nai'	nai'	c'ai'	kai'
		tua'			tua'		lua'	c'ua'	kua'
pue'	p'ai'	tai'	t'ai'	t'ai'	tai'	nai'	nai'	c'ai'	kai'
pua'		tua'		t'ua'	tua'		lua'	c'ua'	kua'
pue'	p'ai'	tai'	t'ai'	t'ai'	tai'	nai'	nai'	c'ai'	kai'
		tua'		t'ua'	tua'		lua'	c'ua'	kua'
pue'	p'ai'	tai'	t'ai'	t'ai'	tai'	nai'	nai'	c'ai'	kai'
		tua'			tua'		lua'	c'ua'	kua'
'pue	p'ai'	tai'	t'ai'	t'ai'	'tai	'nai	'nai	c'ai'	kai'
		tua'			·tua		lua'	c'ua'	
puoi'	p'ai'	tai'	t'ai'	t'ai'	tai'	lai'	lai'	c'ai'	kai'
『正韻』の「邦妹切」にかなう。 海bue'		莆 tua'			莆tai' ：tua' 平tua'				

50

丐	艾	害	藹	排	埋	齋	豺	皆	階
蟹開一	蟹開一	蟹開一	蟹開一	蟹開二	蟹開二	蟹開二	蟹開二	蟹開二	蟹開二
去泰見	去泰疑	去泰匣	去泰影	平皆並	平皆明	平皆莊	平皆崇	平皆見	平皆見
kai	ŋai	hai	ˀai	bɛi	mɐi	tʂɿ	dʐɿ	kɐi	kɐi
kaiˀ	{gaiˀ / ŋaiˀ}	haiˀ	ˀai	ˬpai	ˬbai	ˬcai ˬce	ˬcʻai	ˬkai	ˬkai ˬke
kaiˀ	{gaiˀ / ŋaiˀ}	haiˀ	ˀai	ˬpai	ˬbai	ˬcai ˬce	ˬcʻai	ˬkai	ˬkai ˬkue
kaiˀ	ŋaiˀ	haiˀ	ˀai	ˬpai	ˬbai	ˬcai ˬcɛ	ˬcʻai	ˬkai	ˬkai ˬke
kɔiˀ		haiˀ	ˀai	ˬpai	ˬbai	ˬcai ˬce	ˬcʻai	ˬkai	ˬkai ˬkai
kaiˀ ˬŋɔi	haiˀ	ˀai	ˬpai	ˬmai		ˬce	ˬcʻai	ˬkai	ˬkai ˬkoi
kaiˀ ŋaiˀ ŋieˀ	haiˀ	ˀai	ˬpe	ˬmai	ˬcai ˬce	ˬcʻai	ˬkai	ˬkai
	福の白語音は日正韻切の「倪制切」にかなう。		上声は日顔会切の「侍亥切」にかなう。	蒲 ˬpe 海 ˬfai ˬɓai					

51

揩	諧	埃	楷	駭	拜	介	疥	界	戒
蟹開二	蟹開二	蟹開二	蟹開二	蟹開二	蟹開二	蟹開二	蟹開二	蟹開二	蟹開二
平皆溪	平皆匣	平皆影	上駭溪	上駭匣	去怪幫	去怪見	去怪見	去怪見	去怪見
kʰɐi	hɐi	ʔɐi	kʰɐi	hɐi	pɐi	kɐi	kɐi	kɐi	kɐi
₍kʰai	₍hai	₍ai ₍e	ˋkʰai	ˋhai	pai'	kai'	kai' ke'	kai' kue'	kai'
₍kʰai	₍hai	₍ai ₍ue	ˋkʰai	ˋhai	pai'	kai'	kai' kue'	kai' kue'	kai'
₍kʰai	₍hai	₍ai ₍e ₍oi	ˋkʰai	ˋhai	pai'	kai'	kai' ke'	kai'	kai'
₍kʰai	₍hai	₍ai ₍əi	ˋkʰai		pai'	kai'	kai' kəi'	kai' kəi'	kai'
₍kʰai	₍hai	₍aiN ₍oiN	ˋkʰai	₍hai	pai'	kai'	kai' koi'	kai'	kai'
₍kʰai	₍hai	₍ai ₍e	ˋkʰai		{ pai' / puai' }	kai'	kai'	kai'	kai'
					海 ɓai'			台の白話音は廈門からの借用か。	

52

屆	械	牌	筏	差(出差)	釵	柴	篩	佳	街
蟹開二	蟹開二	蟹開二	蟹開二	蟹開二	蟹開二	蟹開二	蟹開二	蟹開二	蟹開二
去怪見	去怪匣	平佳並	平佳並	平佳初	平佳初	平佳崇	平佳生	平佳見	平佳見
kɐi	hɐi	băi	băi	tʂăi	tʂʅ̆ăi	dʐăi	săi	kăi	kăi
kai'	hai²	ˏpai	ˏpai	ˏcʻa ／ ˏcʻe	ˏcʻai ／ tʻe	ˏcʻai ／ ˏcʻa	ˏsai	ˏka	ˏke
kai'	hai²	ˏpai	ˏpai	ˏcʻa ／ ˏcʻe	ˏcʻai ／ tʻue	ˏcʻai ／ ˏcʻa	ˏsai	ˏka	{ ˏke / ˏkue }
kai'	hai²	ˏpai	ˏpai	ˏcʻa ／ ˏcʻɛ	ˏcʻai ／ tʻe	ˏcʻai ／ ˏcʻa	ˏsai	ˏkɛ	ˏke
kai'	hai²	ˏpai	ˏpai	ˏcʻe	ˏcʻai ／ tʻai	ˏcʻai ／ ˏcʻa		ˏka	{ ˏke / ˏkai }
kai'	ʻhai	ˏpai	huek˳	ˏcʻe	tʻai	ˏcʻa		ˏkia	ˏkoi
kai'	hai²		ˏpe	ˏcʻe	ˏcʻai ／ ˏcʻa	ˏcʻai ／ ˏcʻa	ˏsai	ˏka	ˏke
			潮は月韻仙としての読みかた ˏcʻai			仙 ˏcʻai ： ˏcʻo 平 ˏcʻa			

崖	涯	鞋	擺	罷	買	奶	灑	解	蟹
蟹用二 平佳疑	蟹用二 平佳疑	蟹用二 平佳匣	蟹用二 上蟹幫	蟹用二 上蟹並	蟹用二 上蟹明	蟹用二 上蟹泥	蟹用二 上蟹生	蟹用二 上蟹見	蟹用二 上蟹匣
ŋǎi	ŋǎi	hǎi	pǎi	bǎi	mǎi	nǎi	sǎi	kǎi	hǎi
ˍgai	ˍgai	ˍhai ˍe	ˊpai ˊpaiN	paˀ	ˊmai ˊbe	ˊnai ˊne ˡˊle	ˊsa	ˊkai ˊke	haiˋ heˀ
ˍgai	ˍgai	ˍhai ˍue	ˊpai	paˀ	ˊmai ˊbue	ˊnai ˊne	ˊsa	ˊkai ˊkue	haiˋ hueˋ
ˍgai	ˍgai	ˍhai ˍe	ˊpai	paˀ	ˊmai ˊbe	ˊnai	sɛˀ	ˊkai ˊke	haiˋ heˀ
		ˍhai ˍai	ˊpai	paˀ	ˊmai ˊbai		ˊsa	ˊkai ˊkai	haiˋ haiˋ
ˍŋai	ˍŋai	ˍoi	ˊpai	ˍpa		ˊnai ˊboi	saiˀ	ˊkoi	ˍhoi
ˍŋai	ˍŋai	ˊpai ˍe ˊpe	ˊpai	paˀ	ˊme	ˊne	ˊsa	ˊkai ˊke	heˀ
		萚 ˍe			仙ˊmai :ˊpe				

54

矮	派	稗	賣	債	曬	懈	隘	敗	邁
蟹開二 上蟹影	蟹開二 去卦滂	蟹開二 去卦並	蟹開二 去卦明	蟹開二 去卦莊	蟹開二 去卦生	蟹開二 去卦見	蟹開二 去卦影	蟹開二 去夬並	蟹開二 去夬明
'ăi	p'ăi	băi	măi	tʂăi	ʂăi	kăi	'ăi	băi	măi
'ai 'e	p'ai'	pai² p'e²	mai² be²	cai' ce'	sa'	hai²	ai'	pai²	mai²
'ai 'ue	p'ăi	pai² p'ue	mai² bue²	cai' ce'	sa'	hai²	ai'	pai²	mai²
'ai 'e 'oi	p'ăi	pai² p'e²	mai² {be² boi²	cai' cɛ'	sai'	hai²	ai'	pai²	mai²
'ai 'əi	p'ăi	pai² pai²	mai² bai'	ce'		hai'	ai'	pai²	mai²
'oi	p'ăi'	pai² boi²		ce'⸲	sai'⸲	hai⸲	ai'	pai²⸲	mai⸲
'e	p'ai'	p'e'	me²	cai'	sai'	hai²	ai'	pai²	mai²
	萧p'ai'		萧pe²			画卌の反切によるものごとくである。		海bai²	

寨	蔽	敝	幣	弊	斃	例	厲	勵	祭
蟹開二	蟹開四	蟹開四	蟹開四	蟹開四	蟹開四	蟹開三	蟹開三	蟹開三	蟹開四
去夬崇	去祭幫	去祭並	去祭並	去祭並	去祭並	去祭來	去祭來	去祭來	去祭精
dẓăi	piɛi	biɛi	biɛi	biɛi	biɛi	liɛi	lïɛi	lïɛi	tsiɛi
ce²	pe'	pe'	pe'	pe²	pe²	le²	le²	le²	ce'
ce²	pe'	pe'	pe'	pe²	pe²	le²	le²	le²	ce'
cɛ²	pe'	pi²	pi²	pi²	pi²	li²	le²	le²	cc'
ce²	pe'	pe'	pe'	pe'	pe'	le²	le²	le²	cc'
ce²	ᶜpi	ᶜpi	ᶜpi	ᶜpi	ᶜpi	li²	ᶜli	ᶜli	ci'
cai²	pi²	pi²	pi²	pi²	pi²	lie²	le²	le²	cie'
		台・厦は『集韻』の「必袂切」にかなう。	海 bi²　台厦は『集韻』の「必袂切」にかなう。						

56

際	滯	制	製	世	勢	逝	誓	芸	刈
蟹開四	蟹開三	蟹開三	蟹開三	蟹開三	蟹開三	蟹開三	蟹開三	蟹開四	蟹開三
去祭精	去祭澄	去祭章	去祭章	去祭書	去祭書	去祭禪	去祭禪	去祭疑	去祭疑
tsiɛi	diɛi	tʃiɛi	tʃiɛi	ʃiɛi	ʃiɛi	ʒiɛi	ʒiɛi	ŋiɛi	ŋiɐi
ce'	ti²	ce'	ce'	se' / si'	se' / si'	se² / cua²	se² / cua²	ge²	ŋai²
ce'	ti²	ce'	ce'	se' / si'	se' / si'	se² / cua²	se² / cua²	ge² / que²	ŋai²
ce'	ti²	ci'	ci'	si'	si'	si² / cua²	si² / cua²	ge²	ŋai²
ce'	ti²	ce'	ce'	sc' / si'	se' / si'	se² / cua²	se² / cua²	ge² / gəi²	ŋai²
ci'	t'i'	ci'	ci'	si'	si'	si²	si²	goi²	'ŋai
cie'	ti²	cie'	cie'	sie'	sie'	sie²	sie²	ŋie²	

批	迷	低	堤	梯	提	啼	蹄	題	泥
蟹開四	蟹開四	蟹開四	蟹開四	蟹開四	蟹開四	蟹開四	蟹開四	蟹開四	蟹開四
平齊滂	平齊明	平齊端	平齊端	平齊透	平齊定	平齊定	平齊定	平齊定	平齊泥
pʰei	mei	tei	tei	tʰei	dei	dei	dei	dei	nei
₋pʰi / ₋pʰue	₋be	₋te	₋tʰe	₋tʰe	₋tʰe	₋tʰe, ₋tʰi	₋te	₋te	{ ₋le / ₋ni
₋pʰi / pʰue	₋be	₋te	₋tʰe	₋tʰe	₋tʰe	₋tʰe, ₋tʰi	₋te, tue	₋te, tue	{ ₋le / ₋ni
₋pʰe	₋be	₋te	₋tʰe	₋tʰe	₋tʰe	₋tʰe, ₋tʰi	₋te	₋te	{ ₋le / ₋ni
₋pʰəi	₋be	₋te	₋te	₋tʰe	₋tʰe	₋tʰe, ₋tʰi	₋te, ₋tai	₋te, ₋tai	₋le
₋pʰi / ₋pʰoi	₋mi	₋ti		₋toi (tʰui)	₋tʰi	₋tʰi	₋tʰi, ₋toi	₋tʰi, ₋toi	₋ni
₋pʰie	₋mi	₋te	₋te	₋tʰe	₋tʰi, ₋tʰəi	₋tʰe, ₋tʰic	₋te	₋te	₋ne
莆 ₋pʰe / 台の白話音は厦門からの借用か。		海 ₋doi			莆 ₋te		海 ₋doi	海 ₋hoi :doi	

犁	黎	妻	齊	臍	西	棲	犀	雞	稽
蟹開四	蟹開四	蟹開四	蟹開四	蟹開四	蟹開四	蟹開四	蟹開四	蟹開四	蟹開四
平齊來	平齊來	平齊清	平齊從	平齊從	平齊心	平齊心	平齊心	平齊見	平齊見
lei	lei	tsʰei	dzei	dzei	sei	sei	sei	kei	kei
ˌle	ˌle	ˌcʰe	ˌce	ˌce	{ ˌse / ˌsi ˌcai / ˌsai }	se	ˌse ˌsai	ˌke	ke
ˌle ˌlue	ˌle	ˌcʰe	ˌce ˌcue	ˌce ˌcai	{ ˌse / ˌsi ˌsai }	se	ˌse ˌsai	ˌke ˌkue	ke
ˌle	ˌli	ˌcʰe	ˌce	ˌce ˌcai	ˌse ˌsai	se	ˌse ˌsai	ˌke	ke
ˌle ˌlai	ˌle	ˌcʰe	ˌce ˌcai	ˌce ˌcai	{ ˌse / ˌsi ˌsai }	se	ˌse ˌsai	ˌke ˌkai	ke
ˌloi	ˌli	ˌcʰi	ˌcʰi ˌcoi	ˌci ˌcai	ˌsai	ˌcʰi	ˌsai	ˌkoi	ˌki
ˌle	ˌle	ˌcʰe	ˌce	ˌce ˌsai	se	ˌcʰe	ˌse	ˌkie	ˌkie
		仙 ˌcʰe		仙 ˌce ˌcai				仙 ˌke	

59

溪	倪	兮	奚	陛	米	底	抵	体	弟
蟹開四	蟹開四	蟹開四	蟹開四	蟹開四	蟹開四	蟹開四	蟹開四	蟹開四	蟹開四
平齊溪	平齊疑	平齊匣	平齊匣	上薺並	上薺明	上薺端	上薺端	上薺透	上薺定
k'ei	ŋei	hei	hei	bei	mei	tei	tei	t'ei	dei
₍k'e	₍ge	₍he	₍he	pe²	ˬbi	ˤti / ˤte	ˤti / ˤte	ˤt'e / ˤt'ai	te² / ti²
		₍ˤse							
₍k'e / k'ue	₍ge / ₍gue	₍he	₍he	pe²	ˬbi	ˤti / ˤte / ˤtue	ˤti / ˤtue	ˤt'e / ˤt'ue	te² / ti²
₍k'e	₍ge	₍he	₍he	pi²	ˬbi	ˤti / ˤte / ˤtoi	ˤti / ˤte	ˤt'e	te² / ti²
₍k'e / k'ai	₍ge / ₍gəi	₍he	₍he		ˬbi	ˤti / ˤta / ˤtai	ˤti / ˤtai	ˤt'e / ˤt'ai	te² / ti²
₍k'oi / ₍goi		₍hi	₍hi	ˬpi	ˬbi	ˤti / ˤto / ˤtoiŋ	ˤti	ˤt'i / ˤt'oi	ˤti
₍k'e		₍hie	₍hie		ˬmi	ˤti / ˤte / ˤtoi	ˤti / ˤte	ˤt'e	te² / tie²
莆₍k'e					莆ˬpi / 平ˬbi	仙tœ / 海ˬdoi	海ˤdi		平ti²

礼	擠	薺	洗	啓	阰	謎	帝	替	剃
蟹開四	蟹開四	蟹開四	蟹開四	蟹開四	蟹開四	蟹開四	蟹開四	蟹開四	蟹開四
上薺来	上薺精	上薺從	上薺心	上薺溪	去霽幫	去霽明	去霽端	去霽透	去霽透
lei	tsei	dzei	sei	kʻei	pei	mei	tei	tʻei	tʻci
ꞌle	ꞌce	ꞌce	ꞌse / ꞌsian	kʻe	piꞌ	beˀ² / biˀ²	teꞌ	tʻeꞌ	tʻeꞌ / tʻiꞌ
ꞌle / ꞌlue	ꞌcc	ꞌce	ꞌse / ꞌsue	kʻe	piꞌ	beˀ² / biˀ²	teꞌ	tʻeꞌ / tʻueꞌ	tʻeꞌ / tʻiꞌ
ꞌle	ꞌcc	ꞌce	ꞌsian / ꞌse	kʻe	ꞌpi	biˀ² / miˀ²	teꞌ	tʻeꞌ	tʻeꞌ / tʻiꞌ
ꞌlc			ꞌse / ꞌsai	kʻe	piꞌ	biˀ²	teꞌ	tʻeꞌ / tʻaiꞌ	tʻeꞌ / tʻiꞌ
ꞌli / ꞌloi		ꞌci / (ciN)	ꞌsoi	kʻi	ꞌpi	ꞌmi	tiꞌ	tʻiꞌ / tʻoi	tʻiꞌ
ꞌle	ꞌcc		ꞌse	kʻie	pieˀ² / miˀ²		teꞌ	tʻeꞌ	tʻieꞌ
			ꞌsian		海biꞌ			仙tʻeꞌ	

ꞌsian は『集韻』の「蘇典切」にかなう。

第	遞	儷	隸	濟	切-切	劑	細	婿	計
蟹開四	蟹開四	蟹開四	蟹開四	蟹開四	蟹開四	蟹開四	蟹開四	蟹開四	蟹開四
去霽定	去霽定	去霽來	去霽來	去霽精	去霽清	去霽從	去霽心	去霽心	去霽見
dei	dei	lei	lei	tsei	ts'ei	dzei	sei	sei	kei
te² tai²	te²	le²	le²	ce'	c'e'	ςe	se'	se' sai'	ke' ki'
te² {tue {tai²	te² tue	le²	le²	ce'	c'e'	ςe	se' sue'	se' sai'	ke' ki'
te² tai²	te² toi²	le²	le²	ce'		ςe	se'	se' sai'	ke'
te² {tai² {tai		le²	le²	ce'	c'e'	ςe	se' sai'	se' sai'	ke'
ti² ‚toiN	‚tiN	⁺li	⁺li	ci'		ci'	soi'	sai'	koi'
te²	te²	le²	le²	ce'		ce²	se'	se'	kie'
	海 doi²					平 se' : sue'			莆 ke'

継	契	系	傒	繋	繐	杯	胚	坯	培
蟹開四	蟹開四	蟹開四	蟹開四	蟹開四	蟹開四	蟹合一	蟹合一	蟹合一	蟹合一
去霽見	去霽溪	去霽匣	去霽匣	去霽匣	去霽影	平灰邦	平灰滂	平灰滂	平灰並
kʻei	kʻei	ɦei	ɦei	ɦei	ʼei	ˏpuəi	pʻuəi	pʻuəi	ˏbuəi
keʼ	keʼ	heˊ	heˊ	heˊ	eʼ	ˏpue	ˏpʻue	ˏpʻue	ˏpue
keʼ	kʻeʼ kʻueˊ	heˊ	heˊ	heˊ	eʼ	ˏpue	pʻi ˏpʻe	ˏpue ˏpʻe	ˏpue ˏpe
keʼ	kʻeʼ	heˊ	heˊ hoiˊ	heˊ		ˏpue		{ pʻue pʻi	ˏpue
keʼ kʻaiʼ	kʻeʼ	heˊ	heˊ	heˊ		ˏpue	pʻue ˏpʻə	ˏpʻə	ˏpə
kiʼ kʻoiʼ		ˊhi	ˊhi	ˊhi	iʼ	ˏpue	pʻue	ˏpʻue	ˏpue
kieʼ	kʻieʼ	hieˊ	hieˊ	hieˊ	ieʼ	ˏpuoi		ˏpʻuoi	ˏpuoi
	莆 kʻeʼ					莆 ˏpue 海 ˏɓoi			

63

陪	賠	枚	媒	梅	堆	推	雷	崔	催
蟹合一	蟹合一	蟹合一	蟹合一	蟹合一	蟹合一	蟹合一	蟹合一	蟹合一	蟹合一
平灰並	平灰並	平灰明	平灰明	平灰明	平灰端	平灰透	平灰來	平灰清	平灰清
buəi	buəi	muəi	muəi	muəi	tuəi	t'uəi	luəi	ts'uəi	ts'uəi
ˬpue	ˬpue	ˬmue	ˬmue / ˬhm	ˬmue / ˬm	ˬtui	{ ˬt'ui / ˬc'ui / ˬt'e }	˭lui	ˬc'ui	ˬc'ui
ˬpue / ˬpe	ˬpue / ˬpe	ˬmui / ˬhm	ˬmui / ˬm	ˬmui / ˬm	ˬtui	{ ˬt'ui / ˬc'ui / ˬt'e }	˭lui	ˬc'ui	ˬc'ui
ˬpue	ˬpue	ˬbue / ˬhm	ˬbue / ˬm	ˬbue / ˬm	ˬtui	{ ˬt'ui / ˬc'ui / ˬt'e / ˬt'oi }	˭lui	ˬc'ui	ˬc'ui
ˬpue / ˬpə	ˬpue / ˬpə	ˬmue	ˬmue	ˬmue / ˬm	tui	ˬt'ui / ˬt'ə	˭lui	ˬc'ui	ˬc'ui
ˬpue	ˬpue	ˬbue	ˬbue	ˬbue	ˬtui	ˬc'ui	˭lui	ˬc'ui	ˬc'ui
puoi	puoi	muoi	muoi	muoi	ˬtoi	ˬt'ui / ˬt'oi	˭lui	ˬc'oi	ˬc'oi
	海ˬfue ：ˬbue					c'uiは又音「昌隹切」にかなう。	莆˭lui		

64

恢	盔	魁	灰	回	煨	倍	每	腿	儡
蟹合一	蟹合一	蟹合一	蟹合一	蟹合一	蟹合一	蟹合一	蟹合一	蟹合一	蟹合一
平灰溪	平灰溪	平灰溪	平灰曉	平灰匣	平灰影	上賄並	上賄明	上賄透	上賄来
kʻuəi	kʻuəi	kʻuəi	huəi	huəi	ˈuəi	buəi	muəi	tʻuəi	luəi
ˌkʻue	ˌkʻue	ˌkʻue	ˌhue	ˌhue	ˌue	puė²	ˈmue	ˈtʻui	ˈlui / ˈle
ˌkʻue	ˌkʻue	ˌkʻue	ˌhue / ˌhe	ˌhue / ˌhe	ˌue	puė² / pė²	ˈmui	ˈtʻui	ˈlui / ˈle
ˌkʻue	ˌkʻue	ˌkʻue	ˌhue	ˌhue	ˌue	puė²	ˈbue	ˈtʻui	ˈlui
ˌkʻue	ˌkʻue	ˌkʻue	ˌhue / ˌhə	ˌhue / ˌhə	ˌue	puė² / pə²	ˈmue	ˈtʻui	ˈlui
ˌhue	ˌkʻue	ˌkʻue	ˌhue	ˌhue	ˌui	ˈpue²	ˈmue	ˈtʻui	ˈlui
kʻuoi	kʻuoi	kʻuoi	ˌhuoi	ˌhuoi	ˌuoi	puoi²	ˈmuoi	ˈtʻoi	ˈlui

罪	賄	匯	背	輩	配	佩	背背誦	焙	妹
蟹合一	蟹合一	蟹合一	蟹合一	蟹合一	蟹合一	蟹合一	蟹合一	蟹合一	蟹合一
上賄從	上賄曉	上賄匣	去隊幫	去隊幫	去隊滂	去隊並	去隊並	去隊並	去隊明
dzuəi ʔenzp	ʾhuəi	ʾhuəi	puəi	puəi	pʻuəi	buəi	buəi	buəi	muəi
cue² ce²	ʾhue	hue²	pue²	pue²	pʻue²	pue²	pue²	pue²	mue²
cue² ce²	ʾhue	hue² pe²	pue²	pue²	pʻue² pʻe²	pue² pe²	pue² pe²	pue² pe²	mui² be²
cue²		hue²	pue²	pue²	pʻue²	pue²	pue²	pue²	mue²
cue² ca²		hue² pə²	pue² pə²	pue² pə²	pʻue² pʻə²	pue² pə²	pue² pə²	pue² pə²	mue² bə²
ʿcue	ʿhui	ʿhue	pue²	pue²	pʻue²			pue²	mue²
coi²	ʾuoi	huoi²	puoi²	puoi²	pʻuoi²	puoi²	puoi²	puoi²	muoi²
				莆 pue²	莆 pʻue²				仙 mui² 平 mui²

66

昧	对	退	隊	內	晬	碎	悔	晦	海
蟹合一	蟹合一	蟹合一	蟹合一	蟹合一	蟹合一	蟹合一	蟹合一	蟹合一	蟹合一
去隊明	去隊端	去隊透	去隊定	去隊泥	去隊清	去隊心	去隊曉	去隊曉	去隊曉
muəi	tuəi	tʻuəi	duəi	nuəi	tsʻuəi	suəi	huəi	huəi	huəi
muɛʔ	tuiˊ	tʻueˊ	tuiˊ	luɛˊ²	cʻuiˊ	cʻuiˋ	ˆhue	hueˊ	hueˊ
		tʻeˊ		laiˊ²					
muiˊ²	tuiˊ	tʻueˊ	tuiˊ²	luɛˊ²	ʃcʻuiˊ	ʃcʻuiˊ	ˆhue	hueˊ	hueˊ
		tʻeˊ		laiˊ²	lsuiˊ	lsuiˊ			
muɛˊ²	tuiˊ	tʻueˊ	tuiˊ²	luɛˊ²	cʻuiˊ	cʻuiˊ	hueˊ	hueˊ	hueˊ
	tueˊ	{tʻeˊ / ltʻoiˊ		laiˊ²					
	tuiˊ	tʻueˊ	tuiˊ²	luɛˊ²	cʻuiˊ	cʻuiˊ	ˆhue	hueˊ	hueˊ
		tʻəˊ		laiˊ²					
ˆmue	tuiˊ		tuiˊ		cʻuiˊ	cʻuiˊ	hueˊ	hueˊ	hueˊ
		tʻoˊ		ˆlaiˊ					
muoiˊ	toiˊ	tʻoiˊ	tuiˊ	noiˊ²	cʻoiˊ	cʻoiˊ	huoiˊ	huoiˊ	ˆhuoiˊ
	海 duiˊ		仙 tuiˊ / 海 duiˊ 『集韻』 の「直類切」にかなう。	平 laiˊ²	莆 cʻuiˊ	仙 suiˊ / 台・厦は：cʻuiˊ 「呼罪切」にかなう。			

潰	兌	最	会計	刽	桧	外	会	絵	乖
蟹合一	蟹合一	蟹合一	蟹合一	蟹合一	蟹合一	蟹合一	蟹合一	蟹合一	蟹合二
去隊匣	去泰定	去泰精	去泰見	去泰見	去泰見	去泰疑	去泰匣	去泰匣	平皆見
huai	duai	tsuai	kuai	kuai	kuai	ŋuai	huai	huai	kuɐi
hue²	tue²	cue²	kue²	kue²	kue²	que² qua²	hue² .e²	hue²	˪kuai
{hue² {hue²	tue²	cue²	kue²	kue²	kue²	que² qua²{	hue² he²{ue²	hue²	˪kuai
hue²	˳tue	cue²	kue²	kue²	kue²	que² qua²	hue² e²	hue²	˪kuai
hue²	tue²	cue²	kue²		kue²	que² qua²{	hue² ha²{əi²	hue²	˪kuai
˪kʻui	˪tue	cue²	kuai²	kuai²	kuai²	˪hue qua²	kuai² ˪oi	˪kuai	
kʻuoi²	toi²	coi²	kuoi²	kuoi²	kuoi²	ŋuoi²	huoi²	huoi²	˪kuai
					仙 koi² : kua²	仙 hoi² : e²			

槐	淮	懷	怪	塊	壞	歪	拐	卦	掛
蟹合二	蟹合二	蟹合二	蟹合二	蟹合二	蟹合二	蟹合二	蟹合二	蟹合二	蟹合二
平皆匣	平皆匣	平皆匣	去怪見	去怪溪	去怪匣	平佳曉	上蟹見	去卦見	去卦見
huei	huei	huei	kuei	k'uei	huei	huǎi	kuǎi	kuǎi	kuǎi
huai	huai	huai	kuai' kue'	k'uai' kuai'	huai'	,uai	kuai kuain	kua'	kua' k'ua'
huai	huai	huai	kuai' kue'	k'uai' kuai'	huai'	,uai	kuai kuain	kua'	kua' k'ua'
huai	huai	huai	kuai' kua'	k'uai'	huai'	,uai	kuai	kua'	k'ua'
huai	huai	huai	kuai'	k'uai'	huai'	,uai	kuai	kua'	k'ua' k'ua'
huai	huai	huai	kuai' (ko')		huai	,uai	kuai	kua' k'ue'	k'ua' kua'
huai	huai	huai	kuai'	k'uai'	huai'	,uai	kuai	kua'	kua'

画	快	話	脆	歲	綴	贅	稅	苪	劌
蟹合二	蟹合二	蟹合二	蟹合四	蟹合四	蟹合三	蟹合三	蟹合三	蟹合三	蟹合三
去卦匣	去夬溪	去夬匣	去祭清	去祭心	去祭知	去祭章	去祭書	去祭日	去祭見
huǎi	kʼuǎi	huǎi	tsʼiuɛi	siuɛi	tiuɛi	tʃiuɛi	ʃiuɛi	ʝiuɛi	kiuɛi
huǎ² ue²	kʼuai³	huǎ² ue²	cʼui³ cʼe³	{sue³ ce³ hue³	cue³	cue³	sue³	luě²	kue³
huǎ² ui²	kʼuai³	huǎ² ue²	cʼui³ cʼe³	{sue³ ce³ he³	cue³	cue³	sue³ sc³	luě²	kue³
huǎ² uǎ²	kʼuai³	huǎ² uǎ²	cʼui³ {cʼe³ cʼoi³	suc³ hue³	cue³	cue³	sue³	zuě²	kue²
huǎ²	kʼuai³	huǎ² ue²	cʼui³ cʼə³	{sue³ cə³ ha³	cue³	cue³	sue³ sə³	luě²	kue³
ue²	kʼuai³	uǎ² ue²	cʼui³	sue³ hue³	tue³		sue³	zuě²	kui³
uǎ²	kʼuai³	uǎ²	cʼoi³	soi³ huoi³		coi³	soi³		
	平 kʼuai³ 莆 uǎ²			仙 soi³ :hoi³					

衛	銳	廢	肺	吠	穢	圭	邽	奎	攜
蟹合三	蟹合四	蟹合三	蟹合三	蟹合三	蟹合三	蟹合四	蟹合四	蟹合四	蟹合四
去祭云	去祭以	去廢非	去廢敷	去廢奉	去廢影	平齊見	平齊見	平齊溪	平齊匣
hiuɛi	jiuɛi	piuɐi	p'iuɐi	biuɐi	'iuɐi	kuei	kuei	k'uei	huei
ue²	luɛ²	huɛ²	hui¹ / hi¹	hui² / pui²	ue²	꜀ke	꜀ke	꜀k'e	꜀he
ue²	luɛ²	huɛ²	hui¹ / hi¹	hui² / pui²	ue² / e²	{꜀ke / ꜀kui	{꜀ke / ꜀kui	꜀kui	꜀he
ue²	zuɛ²	hui¹	/ hi¹	hui² / pui²	ue²	꜀kui	꜀kui	꜀kui	꜀he
uɛ²	luɛ²	huɛ²	hui¹ / hi¹	hui² / pui²	uɛ² / ə²	꜀ke	{꜀ke / ꜀kui	꜀ke	꜀he
꜀uɛ	꜀zuɛ	hui¹	hui¹	/ pui¹	ue²	꜀kui	꜀kui	꜀kui	꜀hi
uoi¹	io²	hiɛ²	hiɛ²	/ pui²	uoi¹	꜀kie	꜀kie		꜀hiɛ
仙 ui²			仙 hi¹ / :pui² / 海 fui¹ / :6ui¹						

71

桂	惠	慧	碑	卑	披	皮	疲	脾	糜
蟹合四	蟹合四	蟹合四	止開三	止開四	止開三	止開三	止開三	止開四	止開三
去霽見	去霽匣	去霽匣	平支幫	平支幫	平支滂	平支並	平支並	平支並	平支明
kuei	huei	huei	pïe	pie	pʻïe	bïe	bïe	bïe	mʻïe
kui˧	hui˧	hui˨	ˌpi	ˌpi	ˌpʻi	ˌpʻi	ˌpʻi	ˌpi	ˌbi
						ˌpʻue			ˌmuai
kui˧	hui˧	hui˨	ˌpi	ˌpi	ˌpʻi	ˌpʻi	ˌpʻi	ˌpi	ˌbi
						ˌpʻe			ˌbe
kui˧	hui˨	hui˨	ˌpi	ˌpi	ˌpʻi	ˌpʻi	ˌpʻi	ˌpi	ˌbi
						ˌpʻue			ˌmue
kui˧	hui˨	hui˨	ˌpi	ˌpi	ˌpʻi	ˌpʻi	ˌpʻi	ˌpi	ˌbi
						ˌpʻə			ˌbə
kui˦	ˇhui	hui˨	ˌpi	{ˌpʻi / ˌpui	ˌpʻi	ˌpʻi	ˌpʻi	{ˌpʻi / ˌpi	ˌmi
				.		ˌpʻue			ˌmue
kie˧	hie˨	hie˨	ˌpi	ˌpi	ˌpie	ˌpʻi	ˌpʻi	ˌpi	
						ˌpuoi			
						仙ˌpʻi		海ˌfi	
						:ˌpʻoi		:ˌbi	

72

弥	離	離劗	籬	璃	雌	疵	斯	撕	知	蜘
止開四	止開三	止開三	止開三	止開四	止開四	止開四	止開四	止開三	止開三	
平支明	平支来	平支来	平支来	平支清	平支從	平支心	平支心	平支知	平支知	
mie	lïe	lïe	lïe	tsʻie	dzie	sie	sie	tʻïe	tʻïe	
ˌbi ˌmi	ˌli	ˌli	ˌli ˌle	ˌcʻu	ˌcʻu	ˌsu	ˌsu ˌsi	ˌti	ˌti	
ˌbi ˌmi	ˌli	ˌli	ˌli ˌle	ˌcʻu	ˌcʻu	ˌsu	ˌsu ˌsi	ˌti	ˌti	
ˌbi	ˌli	ˌli	ˌli ˌcʻi		ˌcʻu	ˌsu ˌsi		ˌti	ˌti	
	ˌli	ˌli	ˌli	ˌcʻɨ	ˌcʻɨ	ˌsɨ	ˌsɨ	ˌti	ˌti	
ˈni	ˌli	ˌli	ˌli	ˌcʻɨ	ˌcʻɨ	ˌsɨ	ˌsɨ	ˌti	ˌti	
	ˌlie	ˌlie	ˌlie	ˌcʻy ˌcʻi		ˌsy	ˌsy	ˌti	ˌti	
		平ˌli							萧ˌti	

池	馳	差 參差	支	枝	肢	梔	施	匙	兒
止開三	止開三	止開二	止開三	止開三	止開三	止開三	止開三	止開三	止開三
平支澄	平支澄	平支初	平支章	平支章	平支章	平支章	平支書	平支襌	平支日
ḍie	ḍie	tsʻie	tʃie	tʃie	tʃie	tʃie	ɕie	ʒie	ȓie
ˌti	ˌti	{cʻu / cʻi	ˌci	ˌci ˌki	ˌci	ˌci ˌkiN	ˌsi	ˌsi	ˌli
ˌti	ˌti	{cʻu / cʻi	ˌci	ˌci ˌki	ˌci	ˌci ˌkiN	ˌsi	ˌsi	ˌli
ˌti	ˌti	cʻi	ˌci	ˌci ˌki	ˌci	ˌci ˌkiN	ˌsi	ˌsi	ˌzi
ˌti	ˌti	cʻɨ	ˌci	ˌci ˌki	ˌci	ˌci ˌki	ˌsi	ˌsi	ˌli
ˌti	ˌcʻi	cʻi	ˌciN	ˌki	ˌciN	ˌki	ˌsi	ˌsi	ˌzi
ˌtie	ˌti		ˌcie	ˌcie	ˌcie	ˌcie	ˌsie	ˌsie	ˌi

羈	崎	畸	敧	奇	騎	岐	宜	儀	犧
止開三	止開三	止開三	止開三	止開三	支開三	止開四	止開三	止開三	止開三
平支見	平支溪	平支溪	平支溪	平支群	平支群	平支群	平支疑	平支疑	平支曉
kïe	kïe	kïe	kïe	gïe	gïe	gie	ŋie	ŋïe	hïe
₌ki	₌kʻi	₌kʻi {₌kʻia ₌kʻa} kia²	₌kʻi	₌ki	₌kʻi ₌kʻia	₌ki	₌gi	₌gi	₌hi
₌ki	₌kʻi	₌kʻi kia² ₌kʻia	₌kʻi	₌ki	₌kʻi ₌kʻia	₌ki	₌gi	₌gi	₌hi
ki'² kia²	₌kʻi ₌kʻia		₌kʻi	₌ki	₌kʻi ₌kʻia	₌ki	₌gi	₌gi	₌hi
	₌kʻi kia² ₌kʻa		₌ki	₌kʻi ₌kʻia		₌gi	₌gi	₌hi	
⁼ki ⁼kia	₌kʻi		₌kʻi	₌ki	₌kʻia	₌ki	₌ŋi	₌ŋi	₌hi
	₌kʻi		₌ki	₌kʻie	₌ki	₌ŋi	₌ŋi	₌hi	

移	彼	俾	被	婢	靡	紫	此	徙	璽
止開四	止開三	止開四	止開三	止開四	止開三	止開四	止開四	止開四	止開四
平支以	上紙幫	上紙幫	上紙並	上紙並	上紙明	上紙精	上紙清	上紙心	上紙心
jie	pïe	pie	bïe	bie	mïe	tsie	ts'ie	sie	sie
˳i	꜀pi	pi²	pi² (p'ue²)	pi²	꜀bi	꜀cu	꜀c'u	꜀su	꜀su
						꜀ci		꜀sua	
˳i	꜀pi	pi²	p'i² (p'e²)	pi²	꜀bi	꜀cu	꜀c'u	꜀su	꜀su
						꜀ci		꜀sua	
˳i	꜀pi	pi²	p'i² (p'ue²)	pi²	꜀bi	꜀cu	꜀c'u	꜀si	꜀zi
						꜀ci		꜀sua	
˳i	꜀pi		p'i² (p'ə²)	pi²	꜀bi	꜀cɨ	꜀c'ɨ	꜀sɨ	꜀sɨ
						꜀ci		꜀sua	
˳i	꜀pi	꜀pi	꜀pi (꜀p'ue)	꜀pi	꜀mi		꜀c'ɨ		꜀zɨ
						꜀ci		꜀sua	
˳ie	꜀pi	p'e	pi² (p'uoi²) (莆 p'ue²)	pi²			꜀c'y		「十五音」、潮は'尔'と混同。
						꜀cie			

只	紙	侈	舐	豕	氏	是	尔	企	徛
止開三	止開三	止開三	止開三	止開三	止開三	止開三	止開三	止開四	止開三
上紙章	上紙章	上紙昌	上紙船	上紙書	上紙禪	上紙禪	上紙日	上紙溪	上紙群
tʃie	tʃie	tʃʻie	dʒie	ʃie	ʒie	ʒie	řie	kʻie	gʻie
꜀ci	꜀ci	꜀cʻi	ci²	꜀si	si²	si²	꜀ni	kʻi꜄	kʻi²
	꜀cua		ciN꜄						kʻia꜄
꜀ci	꜀ci	꜀cʻi	ci²	꜀si	si²	si²	꜀ni	kʻi꜄	kʻi꜄
	꜀cua								kʻia²
꜀ci	꜀ci	꜀cʻi	ci²	꜀si	si²	si²	{꜀zi / ꜀ziN}	꜀kʻi	
	꜀cua								kʻia²
꜀ci		꜀cʻi	ci²	꜀si	si²	si²		kʻi꜄	
	꜀cua								kʻia²
꜀ci		꜀ciN	꜀ci	꜀si	꜀si	꜀si	꜀zɨ	꜀kʻi	
	꜀cua								꜀kʻia
꜀ci	꜀ci	꜀cie		꜀cʻi	si²	si²	꜀i	꜀kʻie	kʻie²
					莆 si²	仙 ꜀ni	莆 kʻi꜄		

去声は『集韻』の「去智切」にかなる。

77

妓	技	蟻	倚	椅	臂	譬	避	離遠	刺
止開三	止開三	止開三	止開三	止開三	止開四	止開四	止開四	止開三	止開四
上紙群	上紙群	上紙疑	上紙影	上紙影	去寘帮	去寘滂	去寘並	去寘来	去寘清
giе	giе	ŋiе	'iе	'iе	pie	pie	bie	liе	tsiе
ki²	ki²	ˊgi	ˊi	ˊi	pi'	pˊi'	pi²	li²	
ˏki		hia²							cˊi'
ki²	ki²	ˊgi	ˊi	ˊi	pi'	pˊi'	pi²	li²	
ˏki		hia²							cˊi'
ki²	ki²	ˊgi	ˊi	ˊi	pi'	pˊi'	pi²	li²	ciN'
		hia²							cˊi'
ki²	ki²	ˊgi	ˊi	ˊi	pi'	pˊi'	pi²	li²	
ˏki		hia²							cˊi'
ˊki	ˊki		ˊiN	ˊiN	pi'	pˊi'	pi²		cˊʉ'
		hia²							cˊi'
ki²	ki²		ˊie	ˊie	pie'	pˊi'	pie²	lie²	
		ŋie²							cˊie'
台·厦の 白話音は 又音「居 宜切」に かなう。			海ˊi						

賜	智	翅	跂	寄	誼	義	議	戲	易難易
止開四	止開三	止開三	止開三	止開三	止開三	止開三	止開三	止開三	止開四
去寘心	去寘知	去寘書	去寘禪	去寘見	去寘疑	去寘疑	去寘疑	去寘曉	去寘以
sie	tie	ʃie	ʒie	kïe	ŋïe	ŋïe	ŋïe	hïe	jie
suʔ	tiʔ	cʻiʔ	siˀ / siNˀ	kiʔ / kiaˀ	giˀ	giˀ	giˀ	hiʔ	iN
suʔ	tiʔ	cʻiʔ	siˀ / siNˀ	kiʔ / kiaˀ	giˀ	giˀ	giˀ	hiʔ	iN
suʔ	tiʔ	cʻiʔ	siNˀ	kiʔ / kiaˀ	giˀ	giˀ	giˀ	hiʔ	iˀ
sɨʔ	tiʔ	cʻiʔ		kiʔ / kiaˀ	giˀ	giˀ		hiʔ	iˀ
sɨʔ	tiʔ	tʻiʔ / cʻiʔ	siˀ	kiaˀ·	ŋiʔ	ᶜŋi	ᶜŋi	hiʔ	ᶜi
syʔ	tiʔ			sieˀ	kieˀ	ŋieˀ	ŋieˀ	ŋieˀ	hieˀ	iˀ
				仙kiˀ : kiaˀ					

悲	丕	琵	枇	眉	徽	尼	梨	姿	姕
止開三	止開三	止開四	止開四	止開三	止開三	止開三	止開三	止開四	止開四
平脂幫	平脂滂	平脂並	平脂並	平脂明	平脂明	平脂泥	平脂來	平脂精	平脂精
pïi	p'ïi	bi	bi	mïi	mïi	nïi	li	tsïi	ts'ïi
ˌpi	ˌp'i	ˌpi	ˌpi	ˌbi / ˌbai	ˌbi	ˌni / ˌli	ˌle	ˌcu	ˌcu
ˌpi	ˌp'i	ˌpi	ˌpi	ˌbi / ˌbai	ˌbi	ˌni / ˌli	ˌle / ˌlai	ˌcu	ˌcu
ˌpi	ˌp'i	ˌpi	ˌpi	ˌbi / ˌbai		ˌni	ˌle { ˌlai	ˌcu	ˌcu
ˌpi	ˌp'i	ˌpi	ˌpi	ˌbi / ˌbai			ˌle / ˌlai	ˌcɨ	ˌcɨ
ˌpui	ˌp'i	ˌpi	ˌpi	ˌmi / ˌbai		ˌni	ˌlai	ˌcɨ	ˌcɨ
ˌpi	ˌp'i	ˌpi	ˌpi	ˌmi		ˌne	ˌli	ˌcy	ˌcy
			仙 ˌpi			閩南の文言音は『集韻』の「憐題切」にかなう。			

資	資	私	遲	師	獅	脂	尸	飢	机
止開四	止開四	止開四	止開三	止開二	止用二	止開三	止開三	止開三	止開三
平脂精	平脂從	平脂心	平脂澄	平脂生	平脂生	平脂章	平脂書	平脂見	平脂見
tsi	dzi	si	dii	sii	sii	tʃi	ʃi	kii	kii
ˌcu	ˌcu	ˌsu / ˌsi / ˌsai	ˌti	ˌsu	ˌsu / ˌsai	ˌci	ˌsi	ˌki	ˌki
ˌcu	ˌcu	ˌsu / ˌsi / ˌsai	ˌti	ˌsu	ˌsu / ˌsai	ˌci	ˌsi	ˌki	ˌki
ˌcu	ˌcu	ˌsu	ˌti	ˌsu	ˌsu / ˌsai	ˌci	ˌsi	ˌki	ˌki
ˌcɨ	ˌcɨ	ˌsɨ	ˌti	ˌsɨ / ˌsai	ˌsɨ / ˌsəi	ˌci	ˌsi	ˌki	ˌki
ˌcɨ	ˌcɨ	ˌsɨ	ˌci	ˌsɨ / ˌsai	ˌsai / ˌsəi	ˌciN	ˌsi	ˌki	ˌki
ˌcy	ˌcy	ˌsy	ˌti	ˌsy / ˌsai	ˌsy / ˌsəi	ˌcie	ˌsi	ˌki	ˌki
			海 ˌsi / ːdʑi						

祁	伊	夷	姨	鄙	比	美	履	姊	死
止開三	止開四	止開四	止開四	止開三	止開四	止開三	止開三	止開四	止開四
平脂群	平脂影	平脂以	平脂以	上旨幫	上旨幫	上旨明	上旨來	上旨精	上旨心
gii	'i	ji	ji	pii	pi	mii	lii	tsi	si
ˌki	ˌi	ˌi	ˌi	ˋpi	ˋpi	ˋbi	ˋli		ˋsu
								ˋci	ˋsi
ˌki	ˌi	ˌi	ˌi	ˋpi	ˋpi	ˋbi	ˋli		ˋsu
								ˋci	ˋsi
ˌki	ˌi	ˌi	ˌi	ˋpi	ˋpi	ˋbi	ˋli		ˋsu
								ˋci	ˋsi
ˌki	ˌi	ˌi	ˌi	ˋpi	ˋpi	ˋbi	ˋli		ˋsɿ
								ˋci	ˋsi
ˌki	ˌi	ˌi	ˌi	ˋpi	ˋpi	ˋmui	ˋli		
								ˋci	ˋsi
ˌki	ˌi	ˌi	ˌi	ˋpi	ˋpi	ˋmi	ˋli		ˋsy
								ˋci	ˋsi
	萧ˌi					平ˋbi		平ˋci	萧ˋsi
									平ˋsi

雉	旨	指	矢	屎	几	泌	祕	庇	痺
止開三	止開三	止開三	止開三	止開三	止開三	止開三	止開三	止開四	止開四
上旨澄	上旨章	上旨章	上旨書	上旨書	上旨見	去至幫	去至幫	去至幫	去至幫
ḍïi	tʃɿ	tʃɿ	ʃɿ	ʃɿ	kïi	pïi	pïi	pi	pi
ti²	ꞌci	ꞌci / ꞌcaiN / ꞌki	ꞌsi	ꞌsi / ꞌsai	ꞌki	piꞌ	piꞌ	piꞌ	piꞌ
ti²	ꞌci	ꞌci / ꞌcaiN / ꞌki	ꞌsi	ꞌsi / ꞌsai	ꞌki	piꞌ	piꞌ	piꞌ	piꞌ
ti²	ꞌci	ꞌci	ꞌsi	ꞌsi / ꞌsai	ꞌki	piꞌ	piꞌ	piꞌ	piꞌ
ti²	ꞌci	ꞌci / ꞌki	ꞌsi	ꞌsi / ꞌsai	ꞌki	piꞌ	piꞌ	piꞌ	piꞌ
²ti	ꞌci	ꞌci	ꞌsi	ꞌsai	ꞌki	piꞌ	piꞌ	piꞌ	piꞌ
ti²	ꞌci	ꞌci	ꞌci	ꞌsai	ꞌki	piꞌ	piꞌ	pʰi²	
		莆 ꞌcai		平 ꞌsai				仙 piꞌ	

庇	備	鼻	媚	寐	地	膩	利	痢	次
止開四	止開三	止開四	止開三	止開四	止開四	止開三	止開三	止開三	止開四
去至滂	去至並	去至並	去至明	去至明	去至定	去至泥	去至來	去至來	去至清
pi	bii	bi	mii	mi	di	nii	lii	lii	tsi
p'i²	pi²	pi²		bi²	te²	li²	li²	li²	c'u'
p'ui		p'iN	mi²		ti²		lai²		
p'i²	pi²	pi²	bi²	bi²	te² / ti² / tue²	li²	li²	li²	c'u'
p'ui'		p'iN²	mi²				lai²		
p'i²	pi²	pit₂		bi²	te²	zi²	li²	li²	c'u'
		p'iN²	mi²				lai²		
	pi²	p'i²	bi²	bi²	te² / ti² / tai²	li²	li²	li²	c'+'
p'ui'		p'iN²					lai²		
p'i²	²pi	²mi	²mue		²z+	²li	²li	²li	²c'+
p'ui'		p'iN²			ti²		lai²		
p'i²	pi²	p'i²	mi²	mi²		ni²	li²	li²	c'y'
					ti²				
		蒲 pi'			海 di²		仙 li²		
		「十五音」の陽入は北京の〔pi〕(陽平)に対応。							

自	四	肆	致	稚	至	示	視	嗜	二
止開四	止開四	止開四	止開三	止開三	止開三	止開三	止開三	止開三	止開三
去至從	去至心	去至心	去至知	去至澄	去至章	去至船	去至禪	去至禪	去至日
dzi	si	si	$ṭii$	$ḍii$	$tʃɿ$	$dʑɿ$	$ʒɿ$	$ʒɿ$	$řɿ$
cu^2	su' si'	su'	ti'	ti^2	ci'	si^2	si^2	si^2	li^2
cu^2	su' si'	su'	ti'	ti^2	ci'	si^2	si^2	si^2	li^2
cu^2	su' si'	su'	ti'	ti^2	ci'	si^2	si^2	si^2	zi^2
ct^2	st' si'	st'	ti'	ti^2	ci'	si^2	si^2	si^2	li^2
$'ct$	st' si'	st' si'	ti' ('ciN)		ci'	si^2	$'si$	$ç'i$	zi^2
cy^2	sy' si'	sy'	ti'		ci'	si^2	si^2	si^2	ni^2
莆co^2	莆si'					莆si^2			莆ci^2

85

冀	器	棄	肆	狸	釐	茲	滋	慈	司
止開三	止開三	止開四	止開四	止開三	止開三	止開四	止開四	止開四	止開四
去至見	去至溪	去至溪	去至以	平之來	平之來	平之精	平之精	平之從	平之心
kⁱi	k'ⁱi	k'i	ji	lⁱei	lⁱei	tsiei	tsiei	dziei	siei
ki'	k'i'	k'i'	i²	ˌli	ˌli	ˌcu	ˌcu	ˌcu	ˌsu / ˌsi / ˌsai
ki'	k'i'	k'i'	i²	ˌli	ˌli	ˌcu / ˌsiN	ˌcu	ˌcu	ˌsu / ˌsi / ˌsai
ki'	k'i'	k'i'	i²	ˌli	ˌli	ˌcu	ˌcu	ˌcu	ˌsu
ki'	k'i'	k'i'	i²	ˌli	ˌli	ˌct	ˌct	ˌct	ˌst / ˌsi / ˌsai
˹ki	k'i'	k'i'	i²	ˌli	ˌli	ˌct	ˌct	ˌct	ˌsi
ki'	k'i'	k'i'	i²	ˌli	ˌlie	ˌcy	ˌcy	ˌcy	ˌsi

86

思	絲	祠	詞	辭	癡	持	輜	之	芝
止開四	止開四	止開四	止開四	止開四	止開三	止開三	止開二	止開三	止開三
平之心	平之心	平之邪	平之邪	平之邪	平之徹	平之澄	平之莊	平之章	平之章
siei	siei	ziei	ziei	ziei	tʻïei	dïei	tʂïei	tʃiei	tʃiei
₌su ₌si	₌su ₌si	₌su	₌su	₌su ₌si	₌cʻi	₌cʻi ₌ti	₌cu	₌ci	₌ci
₌su ₌si	₌su ₌si	₌su	₌su	₌su ₌si	₌cʻi	₌cʻi ₌ti	₌cu	₌ci	₌ci
₌su ₌si	₌si	₌su	₌su	₌su ₌si	₌cʻi	₌cʻi ₌ti	₌cu	₌ci	₌ci
₌sɨ ₌si	₌sɨ ₌si	₌sɨ	₌sɨ	₌sɨ ₌si	₌cʻi	₌cʻi ₌ti	₌cɨ	₌ci	₌ci
₌sɨ ₌si	₌si	₌sɨ	₌sɨ	₌sɨ ₌si	₌cʻi	ˉsi ₌tʻi	₌cɨ	₌cɨ	₌cɨ
₌sy ₌si		₌sy	₌sy	₌sy	₌cʻi	₌tʻi		₌ci	₌ci

嗤	詩	時	而	基	欺	其	棋	期	旗
止開三	止開三	止開三	止開三	止開三	止開三	止開三	止開三	止開三	止開三
平之昌	平之書	平之禪	平之日	平之見	平之溪	平之群	平之群	平之群	平之群
$t\!\!\!'^{\mathtt{c}}iei$	$ʃiei$	$ʒiei$	$řiei$	$k^{\mathtt{c}}iei$	$k'^{\mathtt{c}}iei$	$g^{\mathtt{c}}iei$	$g^{\mathtt{c}}iei$	$g^{\mathtt{c}}iei$	$g^{\mathtt{c}}iei$
$c'i$	si	si	li	ki	$k'i$	ki	ki	ki	ki
$c'i$	si	si	li	ki	$k'i$	ki	ki	ki	ki
$c'i$	si	si	zi	ki	$k'i$	ki	ki	ki	ki
$c'i$	si	si	li	ki	$k'i$	ki	ki	ki	ki
$c'i$	si	si	$zï$	ki	$k'i$	ki	ki	ki	ki
	si	si	i	ki	$k'i$	ki	ki	ki	ki
	莆si	莆si							莆ki

88

疑	嬉	熙	医	飴	你	李	里	理	裏
止開三	止開三	止開三	止開三	止開四	止開三	止開三	止開三	止開三	止同三
平之疑	平之曉	平之曉	平之影	平之以	上止泥	上止來	上止來	上止來	上止來
ŋïei	hïei	hïei	'ïei	jiei	nïei	lïei	lïei	lïei	lïei
$_\subseteq$gi	$_\subset$hi	$_\subset$hi	$_\subset$i	$_\subset$i	'ni	'li	'li	'li	'li
$_\subseteq$gi	$_\subset$hi	$_\subset$hi	$_\subset$i	$_\subset$i	'ni	'li	'li	'li	'li
$_\subseteq$gi	$_\subset$hi	$_\subset$hi	$_\subset$i	$_\subset$i	{zi / ziN}	'li	'li	'li	'li
$_\subseteq$gi	$_\subset$hi	$_\subset$hi	$_\subset$i	$_\subset$i		'li	'li	'li	'li
$_\subseteq$ŋi	$_\subset$hi	$_\subset$hi	$_\subset$ui	$_\subseteq$i	zɨ	'li	'li	'li	'li
$_\subseteq$ŋi	$_\subset$hi	$_\subset$hi	$_\subset$i	$_\subseteq$i	'ni	'li	'li	'li	'li
			蕭 $_\subset$i						

89

鯉	子	梓	巴	似	祀	恥	庤	滓	士
止開三	止開四	止開四	止開四	止開四	止開三	止開三	止開二	止開二	
上止來	上止精	上止精	上止邪	上止邪	上止邪	上止徹	上止澄	上止莊	上止崇
lʻiei	tsʻiei	tsʻici	ziei	ziei	ziei	tʻiei	dʻici	tsʻiei	dziei
ʻli	{ʻcu ʻci ʻli}	ʻcu	su² sai²	su² sai²	su²	ʻtʻi	tʻi²	ʻcai	su²
ʻli	{ʻcu ʻci ʻli}	ʻcu	su² sai²	su² sai²	su²	ʻtʻi	tʻi²	ʻcai	su²
ʻli	ʻcu	ʻcu		su² sai²	su² sai²	ʻtʻi	tʻi²	ʻcai	su²
ʻli	ʻcɿ ʻci	ʻcɿ	sɿ² sai²	sɿ² sai²	sɿ²	ʻtʻi	tʻi²	ʻcai	sɿ²
ʻli	ʻcɿ ʻci	ʻcɿ ʻci	ʻsɿ	ʻsɿ	ʻciɴ ·	ʻtʻi	ʻcai	ʻsɿ	
ʻli	ʻcy	ʻcy	sy²	sy²	sy²	ʻtʻi	tʻi²	ʻcai	sy²
	海ʻci 平ʻcɿ ：ʻci					仙tʻi		ʻ牢ʼの 類推か	

仕	柿	俟	史	使便毀	駛	止	址	趾	齒
止開二	止開二	止開二	止開二	止開二	止開二	止開三	止開三	止開三	止開三
上止崇	上止崇	上止崇	上止生	上止生	上止生	上止章	上止章	上止章	上止昌
dʑïei	dʑïei	dʑïei	ʂïei	ʂïei	ʂïei	tʃɿei	tʃɿei	tʃɿei	tʃɿei
su²	k'i²	su²	ˈsu ˈsəi	ˈsu ˈsai	ˈsu ˈsai	ˈci	ˈci	ˈci	ˈc'i ˈk'i
su²	k'i²	su²	ˈsu ˈsəi	ˈsu ˈsai	ˈsu ˈsai	ˈci	ˈci	ˈci	ˈc'i ˈk'i
su²	k'i²	su²	ˈsu	ˈsu ˈsai	ˈsu ˈsai	ˈci	ˈci	ˈci	ˈc'i ˈk'i
sɿ²	k'i²	sɿ²	ˈsɿ	ˈsɿ ˈsai	ˈsɿ ˈsai	ˈci	ˈci	ˈci	ˈc'i ˈk'i
ˈsɿ ˈsai		ˈsɿ	ˈsɿ	ˈsai	ˈˈsai	ˈci	ˈci	ˈci	ˈc'i ˈk'i
sy² k'i²			ˈsy	ˈsy	ˈsy	ˈci	ˈci	ˈci	ˈc'i ˈk'i
	莆 k'i²		莆 ˈso	仙 ˈso ：ˈsai					莆 ˈk'i

始	市	恃	耳	己	紀	起	擬	喜	矣
止開三	止開三	止開三	止開三	止開三	止開三	止開三	止開三	止開三	止開三
上止書	上止禪	上止禪	上止日	上止見	上止見	上止溪	上止疑	上止曉	上止云
ʃiei	ʒiei	ʒiei	ȵiei	kiei	kiei	kʻiei	ŋiei	hiei	hiei
ʻsi	cʻi²	si²	ʻni hiN²	ʻki	ʻki	ʻkʼi	ʻgi	ʻhi	ʻi
ʻsi	cʻi²	si²	ʻni hi²	ʻki	ʻki	ʻkʼi	ʻgi	ʻhi	ʻi
ʻsi	cʻi²	si²	ʻzi hi²	ʻki	ʻki	ʻkʼi	ʻgi	ʻhi	ʻi
ʻsi	cʻi²	si²	hi²	ʻki	ʻki	ʻkʼi	ʻgi	ʻhi	ʻi
ʻsi	cʻi²	ʻcʼi	ʻzɨ ʻhiN	ʻki	ʻki	ʻkʼi	ʻŋi	ʻhi	iN²
ʻsy	cʻi²	si²	ʻgi gi²	ʻki	ʻki	ʻkʼi	ʻŋi	ʻhi	i'
				莆ʻki	仙ʻki	莆ʻkʼi		莆ʻhi	

已	以	吏	字	伺	思	寺	飼	嗣	置
止開四	止開四	止開三	止開四	止開四	止開四	止開四	止開四	止開四	止開三
上止以	上止以	去志來	去志從	去志心	去志心	去志邪	去志邪	去志邪	去志知
ʝiei	ʝiei	lïei	dziei	sjei	siei	ziei	ziei	ziei	tïei
ʻi	ʻi	li²	lu² li²	su²	suʼ	si²	su²	su² cʻi²	tiʼ
ʻi	ʻi	li²	lu² li²	su²	suʼ	si²	su²	su² cʻi²	tiʼ
ʻi	ʻi	li²	zu² zi²	su²	suʼ	si²	su²	su² cʻi²	tiʼ
ʻi	ʻi	li² li²		sɨ²	sɨʼ	sɨ²	sɨ² cʻi²	sɨ²	tiʼ
ʻiN	ʻiN	li²	zi²	ʻsɨ		zi²	sɨ² cʻi²	sɨʻ	tiʼ
ʻi	ʻi	li²	cï²	sy²	syʼ	si²	sy²	sy²	tiʼ
莆ʻi	仙ʻi		仙 cO² :ci²						

93

治	廁	事	使 大使	志	痣	誌	試	侍	餌
止用三	止用二	止用二	止用二	止用三	止用三	止用三	止用三	止用三	止用三
去志澄	去志初	去志崇	去志生	去志章	去志章	去志章	去志書	去志禪	去志日
$\underset{\cdot}{d}$ïei	tṣïei	$\underset{\cdot}{d}$ẓïei	ṣïei	tʃïei	tʃïei	tʃïei	ʃïei	ʒïei	ȓïei
ti²	c'e'	su² sai²	su' sai'	ci'	ci'	ci'	si' c'i'	si²	li²
ti²	c'e'	su² sai²	su' sai'	ci'	ci'	ci'	si' c'i'	si²	li²
ti²	c'ε'	su² sai²	su' sai'	ci'	ci'	ci'	si' c'i'	si²	zi²
ti²		si² sai'	su'	ci'	ci'	ci'	si' c'i'	si²	li²
ti²	c'e'	st² sai'		ci'	ci'	ci'	'si c'i'	zi²	
ti²	c'y²	sy²		ci'	ci'	ci'	si'	si²	ni'
莆 ti²		仙 so²		莆 ci'		莆 ci'	莆 si'		

記	忌	意	異	幾幾乎	機	譏	饑	祈	希
止開三	止開三	止開三	止開四	止開三	止開三	止開三	止開三	止開三	止開三
去志見	去志群	去志影	去志以	平微見	平微見	平微見	平微見	平微群	平微曉
kïei	gïei	'ïei	jiei	kïəi	kïəi	kïəi	kïəi	gïəi	hïəi
ki'	ki²	i'	iN²	ˌki	ˌki	ˌki	ˌki	ˌki	ˌhi
ki'	ki²	i'	{i² / iN²}	ˌki	ˌki	ˌki	ˌki	ˌki	ˌhi
ki'	ki²	i'	i²	ˌki	ˌki	ˌki	ˌki	ˌki	ˌhi
ki'	ki²	i'	i²	ˌki	ˌki	ˌki	ˌki	ˌki	ˌhi
ki'	ˌki	i'	ˌi	ˌki	ˌki	ˌki	ˌki	ˌk'i	ˌhi
ki'	ki²	i'	i²	ˌki	ˌki	ˌki	ˌki	ˌki	ˌhi
莆 ki'			仙 i²		莆 ˌki				

稀	衣	依	幾 幾個	豈	既	气	毅	隨	吹
止開三	止開三	止開三	止開三	止開三	止開三	止開三	止開三	止合四	止合三
平微曉	平微影	平微影	上尾見	上尾溪	去未見	去未溪	去未疑	平支邪	平支昌
hïəi	ʾïəi	ʾïəi	kïəi	kʻïəi	kïəi	kʻïəi	ŋïəi	ziue	tʃʻiue
ˍhi	ˍi / ui	ˍi	ˈki / ˍkui	ˈkʻi	kiʾ	kʻiʾ / kʻuiʾ	ge²	ˍsui	ˍcʻui / ˍcʻue
ˍhi	ˍi / ui	ˍi	ˈki / ˍkui	ˈkʻi	kiʾ	kʻiʾ / kʻuiʾ	ge²	ˍsui	ˍcʻui / ˍcʻc
ˍhi	ˍi / ui	ˍi	ˈki / ˍkui	ˈkʻi	kiʾ	kʻiʾ / kʻuiʾ	gi²	ˍsui	ˍcʻui / ˍcʻuc
ˍhi	ˍi / ui	ˍi	ˈki / ˈkui	ˈkʻi	kiʾ	kʻiʾ / kʻuiʾ	gi²	ˍsui	ˍcʻə
ˍhi	ˍi / ui	ˍi	ˈki / ˈkui(ˈka)		kiʾ	kʻiʾ / kʻuiʾ	ˍŋi	ˍsui	ˍcʻue
ˍhi	ˍi	ˍi	ˈki	ˈkʻi	kiʾ	kʻiʾ		ˍsui	ˍcʻuoi
	莆 ˍi		仙 ˈki / ˈkui			莆 kʻiʾ / 平 kʻiʾ / 海 kʻuiʾ			

96

炊	垂	規	虧	窺	危	麾	萎	為作為	累纇
止合三	止合三	止合四	止合三	止合四	止合三	止合三	止合三	止合三	止合三
平支昌	平支禪	平支見	平支溪	平支溪	平支疑	平支曉	平支影	平支云	上紙來
tʃʼiue	ʒiue	kiue	kʼiue	kʼiue	ŋiue	hiue	ʼiue	hiue	liue
˭cʼui ˭cʼue	ˬsui ˬsue ˬse	ˬkui	ˬkʼui	ˬkʼui	ˬgui	ˬhui	˭ʼui	ˬʼui	ˊlui
˭cʼui ˭cʼe	ˬsui ˬse	ˬkui	ˬkʼui	ˬkʼui	ˬgui	ˬhui	˭ʼui	ˬʼui	ˊlui
˭cʼui ˭cʼue	ˬsui ˬsue	ˬkui	ˬkʼui	ˬkui	ˬgui	ˬhui	˭ʼui	ˬʼui	ˊlui
˭cʼui ˭cʼə	ˬsui ˬsə	ˬkui	ˬkʼui	ˬkui	ˬgui	ˬhui		ˬʼui	ˊlui
˭cʼue	ˬsui	ˬkui	ˬkʼui	ˬkui	ˬŋui	ˬhui	˭ʼui	ˬʼui	ˊlui
˭cʼuoi	ˬsui	ˬkui	ˬkʼui		ˬŋui	ˬhui		ˬʼui	ˊlui
	台の ˬse は廈から の借用か							『集韻』 の「郎毀 切」にか なう。 韴 ˬui	

97

嘴	髓	揣	蕊	跪	毀	委	累連累	睡	瑞
止合四	止合四	止合二	止合三	止合三	止合三	止合三	止合三	止合三	止合三
上紙精	上紙心	上紙初	上紙日	上紙群	上紙曉	上紙影	去寘来	去寘祥	去寘禪
tsiue	siue	tsʰiue	riue	giue	hiue	ʔiue	liue	ʒiue	ʒiue
ꜛcui	ꜛcui	ꜛcʰui ꜛcue	ꜛlui	kuiꜘ	ꜛhui	ꜛui	luiꜘ	suiꜘ	suiꜘ
ꜛcui	ꜛcui	ꜛcʰui ꜛce	ꜛlui	kuiꜘ	ꜛhui	ꜛui	luiꜘ	suiꜘ	suiꜘ
ꜛcui	ꜛcʰui	ꜛcui ꜛcue	ꜛlui	kuiꜘ	ꜛhui	ꜛui	luiꜘ	suiꜘ	suiꜘ
ꜛcui	ꜛcʰui	ꜛcui ꜛcə	ꜛlui	kuiꜘ	ꜛhui	ꜛui	luiꜘ	suiꜘ	suiꜘ
(ꜛcui)	ꜛcue	ꜛcʰui	ꜛlui	kuinꜘ	huinꜘ	ꜛui	luiꜘ	ꜗsui	ꜗsui
(ꜛcui)	ꜛcuoi	ꜛcʰoi ꜛcuai	ꜛlui	kuiꜘ	ꜛhui	ꜛui	luiꜘ	suiꜘ	suiꜘ

偽	為海何	雖	綏	追	槌	衰	錐	誰	龜
止合三	止合三	止合四	止合四	止合三	止合三	止合二	止合三	止合三	止合三
去寘疑	去寘云	平脂心	平脂心	平脂知	平脂澄	平脂生	平脂章	平脂禪	平脂見
ŋïue	hïue	siui	siui	tïui	dïui	ʂïui	tʃïui	ʒïui	kïui
guiˑ	uiˑ	ˌsui	ˌsui	ˌtui	ˌtui / ˌt'ui	ˌsue / ˌsui	ˌcui	ˌsui	ˌkui
guiˑ	uiˑ	ˌsui	ˌsui	ˌtui	ˌtui / ˌt'ui	ˌsue	ˌcui / cuiˑ	ˌsui	ˌkui
guiˑ	uiˑ	ˌsui	ˌsui	ˌtui	ˌtui / ˌt'ui	ˌsue	ˌcui / cuiˑ	ˌsui	ˌkui
guiˑ	uiˑ	ˌsui	ˌsui	ˌtui	ˌt'ui	ˌsue	ˌcui	ˌsui	ˌkui
ˌŋui	ˌui	ˌsui	ˌsui	ˌtui	ˌt'ui	ˌsue	ˌcui	ˌsui	
ŋuiˑ	uiˑ	ˌcui	ˌsui	ˌtui	ˌtui	ˌsoi	ˌcui	ˌsui	ˌkui
	仙 uiˑ				海 ˌsui / :dui				尤韻ㄛ參照

逵	葵	惟	維	遺	壘	水	軌	癸	唯
止合三	止合四	止合四	止合四	止合四	止合三	止合三	止合三	止合四	止合四
平脂群	平脂群	平脂以	平脂以	平脂以	上旨來	上旨書	上旨見	上旨見	上旨以
giui	giui	jiui	jiui	jiui	liui	ʃiui	kiui	kiui	jiui
˳kui	˳kui	ˌi	ˌi	ˌui	ˡui	ˢui / ˊcui	ˋkui	kuiˈ	ˌi
˳kui	˳kui	ˌi	ˌi	ˌui	ˡui	ˢui / ˊcui	ˋkui	kuiˈ	{ ˌi / ˌui / ˌui }
˳kui	˳kui	ˌui	ˌui	ˌui	ˡui	ˢui / ˳suiN / ˊcui	ˋkui	kuiˈ	{ ˌui / ˌui }
˳kui	˳kui	ˌi	ˌi	ˌui	ˡui	ˢui / ˊcui	ˋkui	kuiˈ	ˌui
ˈkui	ˈkui	ˊzui	ˊzui	ˊzui	ˡui	/ ˊcui	ˋkui	kuiˈ	ˊzui
ˈkui	ˈkui	ˌmi	ˌmi	ˌmi	ˡui	ˢui / ˊcui	ˋkui		ˌmi
						仙 ˢui / :ˊcui / 平 ˊcui			陽米は「以追切」にかなう。

淚	類	醉	翠	粹	遂	穟	墜	帥	愧
止合三	止合三	止合四	止合四	止合四	止合四	止合四	止合三	止合二	止合三
去至来	去至来	去至精	去至清	去至心	去至邪	去至邪	去至澄	去至生	去至見
liui	liui	tsiui	tsʻiui	siui	ziui	ziui	diui	ʂiui	kiui
le²	lui²	cui²	cʻui²	cʻui²	sui²	sui²	tui²	sue²	kʻui²
{le²/lui}	lui²	cui²	cʻui²	cʻui²	sui²	sui²	tui²	sue²	kʻui²
lui²	lui²	cui²	cʻui²	sui²	sui²	sui²	tui²	sue²	kʻui²
lui²	lui²	cui²	cʻui²		sui²	sui²	tui²		kʻui²
ˬlui	lui²	cui²	cʻui²	cʻui²	ˬsui	sui²	ˬtui	sue²	ˬkʻui
lui²	lui²	cui²	cʻui²		sui²	sui²	tui²	soi²	kʻui²
le²はB集韻の「郎計切」にかなう。									

季	櫃	位	非	飛	妃	肥	微	歸	揮
止合四	止合三	止合三	止合三	止合三	止合三	止合三	止合三	止合三	止合三
去至見	去至群	去至云	平微非	平微非	平微敷	平微奉	平微微	平微見	平微曉
kiui	giui	hiui	piuəi	piuəi	piuəi	biuəi	miuəi	kiuəi	hiuəi
kui˙	kui²	ui˙	꜀hui	꜀hui ꜀pue	꜀hui	꜀hui ꜀pui	꜀bi bui	꜀kui	꜀hui
kui˙	kui²	ui˙	꜀hui	꜀hui ꜀pe	꜀hui	꜀hui ꜀pui	꜀bi bui	꜀kui	꜀hui
kui˙	kui²	ui˙	꜀hui	꜀hui ꜀puɛ	꜀hui	꜀hui ꜀pui	꜀bi	꜀kui	꜀hui
kui˙	kui²	ui˙	꜀hui	꜀hui ꜀pə	꜀hui	꜀hui ꜀pui	꜀bi	꜀kui	꜀hui
kui˙	kuiN²	ui˙	꜀hui	꜀hui ꜀puɛ	꜀hui	꜀hui ꜀pui	꜀mui	꜀kui	꜀hui
kie˙	kui²	ui˙	hi	꜀hi ꜀puoi	꜀hi	꜀p'i ꜀p'ui	mi ꜀mi	꜀kui	꜀hui
				仙꜀hi : ꜀poi 海foi : ꜀bue		海꜀fi : ꜀bui			

輝	徽	威	違	圍	誹	尾	鬼	偉	葦
止合三	止合三	止合三	止合三	止合三	止合三	止合三	止合三	止合三	止合三
平微曉	平微曉	平微影	平微云	平微云	上尾非	上尾微	上尾見	上尾云	上尾云
hⁱiuəi	hⁱiuəi	ˀiuəi	hiuəi	hiuəi	pⁱiuəi	miuəi	kⁱiuəi	hⁱiuəi	hiuəi
₋hui	₋hui	ˀui	₋ui	₋ui	ˋhui	ˋbi / bue / miˀ	ˋkui	ˋui	ˋui
₋hui	₋hui	ˀui	₋ui	₋ui	ˋhui	ˋbi / be / miˀ	ˋkui	ˋui	ˋui
₋hui	₋hui	ˀui	₋ui	₋ui	ˋhui	ˋbi / bue	ˋkui	ˋui	ˋui
₋hui	₋hui	ˀui	₋ui	₋ui	ˋhui	ˋbi / bə / miˀ	ˋkui	ˋui	ˋui
₋hui	₋hui	ˀui	₋ui	ui	ˋhuiN / bue		ˋkui	ˋui	ˋui
₋hui	₋hui	ˀui	₋ui	ui	ˋpʰi / muoi		ˋkui	ˋui	ˋui
仙₋hui					蒲 ˋpue				

103

沸	貴	翡	未	味	貴	魏	諱	畏	慰
止合三	止合三	止合三	止合三	止合三	止合三	止合三	止合三	止合三	止合三
去未非	去未敷	去未奉	去未微	去未微	去未見	去未疑	去未曉	去未影	去未影
pʰĭuɐi	pĭuɐi	bĭuɐi	mĭuɐi	mĭuɐi	kĭuɐi	ŋĭuɐi	hĭuɐi	ˑĭuɐi	ˑĭuɐi
hui˸ pui˸	hui˸ pʻui˸	hui˸	bi² buə²	bi²	kui˸	ŋui˸	hui˸	ui˸	ui˸
hui˸ pui˸	hui˸ pʻui˸	hui˸	bi² be²	bi²	kui˸	ŋui˸	hui˸	ui˸	ui˸
pui˸	hui˸ pʻui˸	ˌhui	bi² buə²	bi²	kui˸	ŋui˸	hui˸	ui˸	ui˸
hui˸ pui˸	hui˸ pʻui˸	ˌhui	bi² bə²	bi²	kui˸	ŋui˸	hui˸	ui˸	ui˸
pui˸	hui˸ pʻui˸	ˌhui	buə²	bi²	kui˸	ŋui˸	hui˸	uiN˸	ue˸
pui˸	hie˸ pʻui˸		i²	i²	kui˸	ŋui˸	hui˸	ui˸	ui˸
海 fui˸ ∶bui˸				莆 pi²	仙 kui			莆 ui˸	

胃	蜎	謂	緯	彙	襃	袍	毛	刀	滔
止合三	止合三	止合三	止合三	止合三	效開一	效開一	效開一	效開一	效開一
去未云	去未云	去未云	去未云	去未云	平豪幫	平豪並	平豪明	平豪端	平豪透
hiuəi	hiuəi	hiuəi	hiuəi	hiuəi	pau	bau	mau	tau	t'au
ui²	ui²	ui²	ui²	₋lui²	₋pə	₋pau	₋mo / ₋bə / ₋maṇ pau'ₗ	₋tə	₋t'ə
ui²	ui²	ui²	ui²	₋lui²	₋pə	₋pau	₋mo / ₋ba / ₋maṇ pau'ₗ	₋tə	₋t'ə
ui²	ui²	ui²	ui²	₋lui²	₋po	₋pau	₋mo / ₋bo / ₋mo	₋to	₋t'o
ui²	ui²	ui²	ui²	₋lui²	₋po		₋mo / ₋bo / ₋maṇ pau'ₗ	₋to	₋t'o
ui²	'ui	ui²	ui²	'lui	₋p'au / ₋p'au	₋p'au	₋mo / ₋bo / ₋mau	to	₋t'au
ui²	ui²	ui²	'ui	₋hui	₋po	₋po	₋mo	₋to	₋t'o
							莆₋mo / ₋po	仙₋to	

105

掏	桃	逃	淘	萄	陶	濤	勞	牢	遭
效用一 平豪透	效用一 平豪定	效用一 平豪定	效用一 平豪定	效用一 平豪定	效用一 平豪定	效用一 平豪定	效用一 平豪來	效用一 平豪來	效用一 平豪精
t'au	dau	dau	dau	dau	dau	dau	lau	lau	tsau
ˌta	ˌt'a	ˌta	ˌta	ˌta	ˌta	ˌta	ˌla	ˌla	ˌça
ˌta	ˌt'a	ˌta	ˌta	ˌta	ˌta	ˌta	ˌla	ˌla	ˌça
ˌto	ˌt'o	ˌto	ˌto	ˌto	ˌto	ˌto	ˌlo	ˌlo	ˌço
ˌto	ˌt'o	ˌto	ˌto	ˌto	ˌto	ˌto	ˌlo	ˌlo	ˌço
ˌt'au	ˌt'o	ˌto ˌt'au		ˌt'o ˌt'au		ˌt'iu ˌt'au	ˌt'au	ˌlo	ˌcau
ˌto	ˌt'o	ˌto	ˌto	ˌto	ˌto	ˌto	ˌlo	ˌlo	ˌço
『集韻』の「徒刀切」にかなう。	萠 ˌt'o					海ˌhau ：ˌdau 潮の文言音は'等'の類惟か。			

糟	操	曹	槽	騷	臊	高	膏	篙	羔
效開一	效開一	效開一	效開一	效開一	效開一	效開一	效開一	效開一	效開一
平豪精	平豪清	平豪從	平豪從	平豪心	平豪心	平豪見	平豪見	平豪見	平豪見
tsau	tsʻau	dzau	dzau	sau	sau	kau	kau	kau	kau
₌tsə ₌tsau	₌tsʻə ₌tsʻau	₌tsə	₌tsə	₌sə	₌tsʻə	₌kə ₌kau	₌kə ₌ko	₌kə	₌kə
₌tsə ₌tsau	₌tsʻə ₌tsʻau	₌tsə	₌tsə	₌sə	{₌tsʻə ₌sə	₌kə ₌kau	₌kə ₌ko	₌kə	₌kə
₌tso ₌tsau	₌tsʻo ₌tsʻau	₌tso	₌tso	₌so	{₌tsʻo ₌so	₌ko	₌ko	₌ko	₌ko
₌tso ₌tsau	₌tsʻo ₌tsʻau	₌tso	₌tso	₌so		₌ko	₌ko	₌ko	₌ko
₌tsau	₌tsʻau	₌tsʻau	₌tso		·sau·₌tsʻau	₌ko ₌kau	₌ko	₌ko	₌ko
₌tsau	₌tsʻau	₌tso	₌so	₌so	₌tsʻo	₌ko	₌ko	₌ko	₌ko
						莆 ₌ko			

糕	熬	蒿	薅	豪	壕	毫	保	堡	宝
效用一	效用一	效用一	效用一	效用一	效用一	效用一	效用一	效用一	效用一
平豪見	平豪疑	平豪曉	平豪曉	平豪匣	平豪匣	平豪匣	上晧帮	上晧帮	上晧帮
kau	ŋau	hau	hau	hau	hau	hau	pau	pau	pau
ka	ŋa	ha	ha	ha	ha	ha	pa	pa	pa
ka	ŋa	ha	ha	ha	ha	ha	pa	pa	pa
ko	ŋo	ho	ho	ho	ho	ho	po	po	po
ko	ŋo	ho	ho	ho	ho	ho	po	po	po
ko							po	po	po
	ŋau	hau	hau	hau	hau		pau	pau	
ko	ŋo			ho	ho	ho	po	po	po
		hau	hau						
		莆 hau					仙 po	海 bau	仙 po
							海 bo		海 bo

108

抱	島	倒	倒(打倒)	擣	討	道	稻	惱	腦	老
效用一	效用一	效用一	效用一	效用一	效用一	效用一	效用一	效用一	效用一	效用一
上皓並	上皓端	上皓端	上皓端	上皓端	上皓透	上皓定	上皓定	上皓泥	上皓泥	上皓來
bau	tau	tau	tau	t'au	dau	dau	nau	nau	lau	
p'auˊ	ˊtə	ˊtə	ˊtə	ˊt'ə	təˊ	təˊ	ˊlə	ˊlə	ˊlə	
p'əˊ		ˊtau					ˊnau	ˊnau	{ ˊlau ˊlau }	
p'auˊ	ˊtə	ˊtə	ˊtə	ˊt'ə	təˊ	təˊ	ˊlə	ˊlə	ˊlə	
p'əˊ		ˊtau					ˊnau	ˊnau	{ ˊlau ˊlau }	
p'auˊ	ˊto	ˊto	ˊto	ˊt'o	toˊ	toˊ	{ ˊlo ˊnau }	ˊlo	ˊlo	
p'oˊ									lauˊ	
	ˊto	ˊto	ˊto	ˊt'o	toˊ	toˊ				
p'oˊ							ˊnau	ˊnau	lauˊ	
ˊp'o		ˊto		ˊt'o						
ˊp'au	ˊtau		ˊtau		ˊt'au	ˊt'au	ˊnau	ˊnau	ˊlauˊ	
p'oˊ	ˊto	ˊto	ˊto	ˊt'o	toˊ	toˊ	ˊno	ˊno	ˊlo	
									lauˊ	
	海 ˊdau		平 ˊt'o	海 dauˊ					莆 ˊlo 沚 lauˊ 平 lauˊ	

早	蚤	棗	草	皂	造	嫂	稿	考	敲
效用一	效用一	效用一	效用一	效用一	效用一	效用一	效用一	效用一	效用一
上晧精	上晧精	上晧精	上晧清	上晧從	上晧從	上晧心	上晧見	上晧溪	上晧溪
tsau	tsau	tsau	tsʻau	dzau	dzau	sau	kau	kʻau	kʻau
ˊca	ˊcə	ˊcə	ˊcə	ca²	ca²	ˋsə	ˋka	ˋkʻa	ˋkʻa
ˊca	ˊcau		ˊcau						
ˊca	ˊcə	ˊcə	ˊcə	ca²	ca²	ˋsə	ˋka	ˋkʻa	ˋkʻa
ˊca	ˊcau		ˊcau						
ˊco	ˊco	ˊco	ˊco	co²	co²	ˋso	ˋko	ˋkʻo	ˋkʻo
ˊca	ˊcau		ˊcau						
ˊco	ˊco	ˊco	ˊco	co²	co²	ˋso	ˋko	ˋkʻo	ˋkʻo
ˊca	ˊcau		ˊcau						
		ˊco				ˋso	ˋko		
ˊca	ˊcau		ˊcau	ˊcau	ˊcau			ˋkʻau	ˋkʻau
ˊco		ˊco	ˊcʻo	co²	co²	ˋso	ˋko	ˋkʻo	ˋkʻo
ˊca			ˊcau						
莆ˊco		莆ˊcau		平ˋso			莆ˋko		

好 好壞	浩	襖	報	暴	冒	帽	到	倒 倒水	套
效用一 上晧曉	效用一 上晧匣	效用一 上晧影	效用一 去号帮	效用一 去号並	效用一 去号明	效用一 去号明	效用一 去号端	效用一 去号端	效用一 去号透
hau	hau	'au	pau	bau	mau	mau	tau	tau	t'au
'hoN 'hə	hə²	'ə	pə'	pə²	mo²	bə²	tə' tau'	tə'	t'ə'
'hoN 'hə	hə²	'ə	pə'	pə²	mo² mau²	bə²	tə' tau'	tə'	t'ə'
'hoN 'ho	ho²	'o	po'	po²	mo²	bo²	to'	to'	t'o'
'hoN 'ho	ho²	'o	po'	po²	mo²	bo²	to'	to'	t'o'
'ho	hau'	'o	po'	'pau	'mau	bo²	(kau')	to'	t'au'
'ho	ho²	'o	po'	po²	mo²	mo²	to'	to'	t'o'
海'ho 莆'ho 平'ho			莆po'	海bau²					仙t'o' :t'au'

盜	導	灶	糙	掃	告	靠	犒	傲	好 譹
效用一	效用一	效用一	效用一	效用一	效用一	效用一	效用一	效用一	效用一
去号定	去号定	去号精	去号清	去号心	去号見	去号溪	去号溪	去号疑	去号曉
dau	dau	tsau	ts'au	sau	kau	k'au	k'au	ŋau	hau
ta²	ta²	ca²	c'a²	sa²	ka²	k'a²	k'a²	ga²	hoN
		cau²		sau²					
ta²	ta²	ca²	c'a²	sa²	ka²	k'a²	k'a²	ga²	hoN
		cau²		sau²					
to²	to²	co²	c'o²	so²	ko²	k'o²	k'o²	go²	hoN
		cau²		sau²					
to²	to²	co²	c'o²	so²	ko²	k'o²	k'o²	go²	hoN
		cau²		sau²					
			c'o²		ko²	k'ou² ko			
ˊtau	ˊtau	cau²		sau²	kau			ˊŋau	hauN
to²	to²		c'o²		ko²	k'o²		ŋo²	ho²
		cau²		sau²					
		莆 c'o²		莆 c'o²					

112

耗	号	奥	懊	澳	包	胞	泡	抛	跑
效開一	效開一	效開一	效開一	效開一	效開二	効開二	效開二	效開二	效開二
去号曉	去号匣	去号影	去号影	去号影	平肴帮	平肴帮	平肴滂	平肴滂	平肴並
hau	hau	ʼau	ʼau	ʼau	pǎu	pǎu	pʻǎu	pʻǎu	bǎu
honˋ	haˊ	əˋ	əˋ / auˋ	əˋ	˪pau	˪pau	˪pʻau	˪pʻau / ˪pʻa	˪pau / ˪pʻau
honˋ	haˊ	əˋ	əˋ / auˋ	əˋ	˪pau	˪pau	˪pʻau	˪pʻau / ˪pʻa	˪pau / ˪pʻau
honˋ	hoˊ	oˋ	oˋ	oˋ	˪pau	˪pau	˪pʻau	˪pʻau / pʻaˊ	˪pau
honˋ	hoˊ	oˋ	oˋ / auˋ	oˋ	˪pau	˪pau	˪pʻau	˪pʻau / pʻaˊ	˪pau
hoˋ	hoˊ / hauˊ	oˋ / auˋ	oˋ	oˋ	˪pau	˪pau		˪pʻau	˪pʻau
hoˋ	hoˊ	oˋ	oˋ	oˋ	˪pau	˪pau / ˪pau		˪pʻau	˪pʻau
					莆 ˪pau / 海 ˪bau	福の白話音は「集韻」の「浦交切」にかなう。			

茅	貓	撓	鐃	抄	鈔	巢	梢	交	郊
效用二 平肴明	效用二 平肴明	效用二 平肴泥	效用二 平肴泥	效用二 平肴初	效用二 平肴初	效用二 平肴崇	效用二 平肴生	效用二 平肴見	效用二 平肴見
mǎu	mǎu	nǎu	nǎu	tṣʻǎu	tṣʻǎu	dẓǎu	ṣǎu	kǎu	kǎu
ˍmau ˍhm̥	ˍba	ʻlau ˍna	ˌlau ˍna	ˍcʻau	ˍcʻau	ˍcau	ˍsau ˍka	ˍkau	ˍkau
ˍmau ˍhm̥	ˍba	ʻlau	{ˌlau ˌnau} ˍna	ˍcʻau	ˍcʻau	ˍcau	{ˍsau ˌsiau} ˍka	ˍkau	ˍkau
ˍmau	ˍba	ˌnau	ˌnau ˌlau	ˍcʻau	ˍcʻau	ˍcau	ˍsau	ˍkau ˍka	ˍkau
ˍmau	ˍba			ˍcʻau	ˍcʻau	ˍcau	ˍsau	ˍkau ˍka	ˍkau
ˍmau		ˌnau	ˌnau	ˍcʻau	ˍcʻau	ˍcau	ˍsau	ˍkau	ˍkau
ˍmau	ˍma	ʻnau		ˍcʻau	ˍcʻau	ˍcau	ˍsau	ˍkau	ˍkau
	宵韻を参照。	上声は『集韻』の「女巧切」にかなう。							

114

鈫	膠	敲	𧼨	肴	淆	飽	鮑	卯	爪
效開二	效開二	效開二	效開二	效開二	效開二	效開二	效開二	效開二	效開二
平肴見	平肴見	平肴溪	平肴溪	平肴匣	平肴匣	上巧幫	上巧並	上巧明	上巧莊
kău	kău	kʻău	kʻău	hău	hău	pău	bău	mău	tṣău
ˏkau ˏka	ˏkau ˏka	ˏkʻau	ˏkʻa	ŋau²	ŋau²	ˊpau ˊpa	₌pau	ˋbau	ˏuai
ˏkau ˏka	ˏkau ˏka	ˏkʻau	ˏkʻa	ŋau²	ŋau²	ˊpau ˊpa	₌pau	ˋbau	ˏuai
ˏkau ˏka	ˏkau ˏka	ˏkʻau	ˏkʻa	ˏŋau	ˏŋau	ˊpau ˊpa		ˋbau	ˊuai
ˏkau ˏka	ˏkau ˏka	ˏkʻau	ˏkʻa	ŋau²	ŋau²	ˊpau ˊpa		ˋbau	ˏiau
ˏka	ˏka	kʻiau ˏka	ˏka	ˏŋau	ˏŋau	ˊpa	ˊpau	ˋbau	ˊuai
ˊka	ˏka	ˏka	ˏkʻa	ŋau²	ŋau²	ˊpau ˊpa	₌pau	ˋmau	ˊcau ˊcua
福は「古巧功」にかなう。		仙kʻeu :kʻoʼ				仙ˊpau :ˊpo 海ˋba			

吵	炒	狡	絞	攪	巧	咬	豹	爆	炮
效開二	效開二	效開二	效開二	效開二	效開二	效開二	效開二	效開二	效開二
上巧初	上巧初	上巧見	上巧見	上巧見	上巧溪	上巧疑	去效幫	去效幫	去效滂
tsʰău	tsʰău	kău	kău	kău	kʰău	ŋău	pău	pău	pʰău
ʿcʰau	ʿcʰau	ʿkau	ʿkau	ʿkiau	ʿkʰau	ʿŋau			pʰauʾ
ʿcʰa	ʿcʰa		ʿka	{ʿkʰa ʿkʰiau	kaʾ	paʾ			
ʿcʰau	ʿcʰau	ʿkau	ʿkau	ʿkiau	ʿkʰau	ʿŋau			pʰauʾ
ʿcʰa	ʿcʰa		ʿka	{ʿkʰa ʿkʰiau	kaʾ	paʾ			
ʿcʰau	ʿcʰau	ʿkau	ʿkau	ʿkiau	ʿkʰau				pʰauʾ
ʿcʰa	ʿcʰa		ʿka		ʿkʰa	kaʾ	paʾ		
ʿcʰau	ʿcʰau	ʿkau	ʿkau	ʿkiau	ʿkʰau				pʰauʾ
ʿcʰa	ʿcʰa		ʿka		ʿkʰa	kaʾ	paʾ		
ʿcʰau		ʿkau		ʿkiau				ʿpau	pʰauʾ
	ʿcʰa		ʿka		ʿkʰa	ʿka	paʾ		
		ʿkieu	ʿkieu		ʿkʰieu	ʿŋau	pauʾ	pauʾ	pʰauʾ
ʿcʰa	ʿcʰa					kaʾ			
	莆ćʰo					白話音は 日集韻 の「下巧 切」にか なう。		覺韻も 參照。	

116

泡(泡沫)	鉋	貌	鬧	罩	抓	稍	潲	教	校(校對)
效用二	效用二	效用二	效用二	效用二	效用二	效用二	效用二	效用二	效用二
去效滂	去效並	去效明	去效泥	去效知	去效莊	去效生	去效生	去效見	去效見
pʰău	bău	mău	nău	tău	tsău	său	său	kău	kău
pʰau˧	˩pau	mau˧	nau˧	tau˧ ta˧	liau˧	sau˧	siau˧	kau˧ ka˧	kau˧
pʰau˧	˩pau	mau˧	nau˧	tau˧ ta˧	liau˧ˈsiau˧	ˈsau ˈsau	ˈsau siau˧	kau˧ ka˧	kau˧
pʰau˧	pau˧	mau˧	lau˧	ta˧	ziau˧	ˈsau ˈsau ˈcʰiau		kau˧ ka˧	kau˧
pʰau˧		mau˧		tau˧ ta˧				kau˧ ka˧	kau˧
pʰau˧	˩pʰau	ˈmau	nau˧	ˈcau	ziau˧	cʰiau˧	cʰiau˧		
								ka˧	ka˧
pʰau˧		mau˧	nau˧	tau˧	˩cua	˩sau		kau˧	kau˧

| | 台·廈は「薄交切」にかなう。 | | | | 莆 mo 仙 cua 上声は「側絞切」にかなう。 | | | | |

較	窖	酵	孝	效	校斆	膘	標	颮	飄
效用二	效用二	效用二	效用二	效用二	效用二	效用三	效用四	效用四	效用四
去效見	去效見	去效見	去效曉	去效匣	去效匣	平宵幫	平宵幫	平宵幫	平宵滂
kău	kău	kău	hău	hău	hău	piεu	piεu	piεu	p'iεu
kau⊃	kau⊃	kau⊃	hau²	hau²	hau²	p'iau	p'iau	p'iau	p'iau
	ka⊃	kan⊃	ha⊃					⸜pio	
kau⊃	kau⊃	kau⊃	hau²	hau²	hau²	p'iau	p'iau	p'iau	p'iau
	ka⊃	kan⊃	ha⊃					⸜pio	
kau⊃	kau⊃		hau²	hau²	hau²	p'iau	p'iau	p'iau	p'iau
	ka⊃	kan⊃	ha⊃					⸜pio	
kau⊃	kau⊃		hau²	hau²	hau²	p'iau	p'iau	p'iau	p'iau
	ka⊃	kan⊃	ha⊃					⸜pio	
			hau²	hau²	hau	p'iau	p'iau	p'iau	
ka⊃	ka⊃	kan⊃				⸜p'ie	⸜pie		
kau⊃	kau⊃	kau⊃	hau⊃	hau²	hau²	⸜pieu	⸜pieu	⸜pieu	⸜p'ieu
						海 ⸜biau			

瓢	嫖	苗	描	貓	燎	焦	蕉	椒	鍬
效開四	效開四	效開三	效開三	效開三	效開三	效開四	效開四	效開四	效開四
平宵並	平宵並	平宵明	平宵明	平宵明	平宵来	平宵精	平宵精	平宵精	平宵清
biɛu	biɛu	miɛu	miɛu	miɛu	liɛu	tsiɛu	tsiɛu	tsiɛu	tsʰiɛu
pʰiau	pʰiau	biau	biau	biau	liau	ciau	ciau	ciau	cʰiau
pio				bio	niau			cio	cio
pʰiau	pʰiau	biau	biau	biau	liau	ciau	ciau	ciau	cʰiau
pio				bio	niau			cio	cio
pʰiau	pʰiau	biau	biau	biau	liau	ciau	ciau	ciau	cʰiau
pio				bio	niau			cio	cio
pʰiau	pʰiau	biau	biau	biau	liau	ciau	ciau	ciau	cʰiau
pio				bio	niau			cio	cio
pʰiau	pʰiau	miau			liau	ciau	ciau	ciau	cʰiu
			bie	niau				cie	cie
pʰieu	pʰieu	mieu	mieu	mieu	lieu	cieu	cieu	cieu	cʰieu
			肴韻を参照。						潮は'秋'の類推か。

119

樵	瞧	宵	消	銷	硝	霄	朝(今朝)	超	朝(朝代)
效開四	效開四	效開四	效開四	效開四	效開四	效開四	效開三	效開三	效開三
平宵從	平宵從	平宵心	平宵心	平宵心	平宵心	平宵心	平宵知	平宵徹	平宵澄
dziɛu	dziɛu	siɛu	siɛu	siɛu	siɛu	siɛu	ţiɛu	ţʻiɛu	ḑiɛu
˳ciau	˳ciau	˳siau	˳siau	˳siau	˳siau	˳siau / ˳sio	˳tiau	˳cʻiau	˳tiau
˳ciau	˳ciau	˳siau	˳siau	˳siau	˳siau	˳siau / ˳sio	˳tiau	˳cʻiau	˳tiau
˳ciau	˳ciau	˳siau	˳siau	˳siau	˳siau	˳siau / ˳cʻio	˳tiau	˳tʻiau	˳tiau
˳ciau	˳ciau	˳siau	˳siau	˳siau	˳siau	˳siau	˳tiau	˳cʻiau	˳tiau
˳ciau	˳ciau	˳siau	˳siau	˳siau	˳siau	˳siau	˳ciau	˳tʻiau	˳cʻiau / ˳tie
˳cieu	˳cieu	˳sieu	˳sieu	˳sieu	˳sieu	˳sieu	˳tieu	˳cʻieu	˳tieu
		莆 ˳siau							莆 ˳tiau

潮	昭	招	燒	韶	饒	嬌	驕	喬	僑
效開三	效開三	效開三	效開三	效開三	效開三	效開三	效開三	效開三	效開三
平宵澄	平宵章	平宵章	平宵書	平宵禪	平宵日	平宵見	平宵見	平宵群	平宵群
ᵈïëu	tʃiɛu	tʃiɛu	ʃiɛu	ʒiɛu	̌ïɛu	kïɛu	kïɛu	gïɛu	gïɛu
ˍtiau ˍtio	ˍciau ˍcio	ˍciau ˍcio	ˍsiau ˍsio	ˍsiau	ˍliau	ˍkiau	ˍkiau	ˍkiau	ˍkiau
ˍtiau ˍtio	ˍciau ˍcio	ˍciau ˍcio	ˍsiau ˍsio	ˍsiau	ˍliau	ˍkiau	ˍkiau	ˍkiau	ˍkiau
ˍtiau ˍtio	ˍciau ˍcio	ˍciau ˍcio	ˍsiau ˍsio	ˍsiau	ˍziau	ˍkiau	ˍkiau	ˍkiau	ˍkiau
ˍtiau ˍtio	ˍciau ˍcio	ˍciau ˍcio	ˍsiau ˍsio	ˍsiau	ˍliau	ˍkiau	ˍkiau	ˍkiau	ˍkiau
{ ˍtie { tieɴ	ˍciau	ˍciau ˍcie	ˍsie	ˍsiau	ˍziau	ˍkiau	ˍkiau	ˍkiau	ˍkiau
ˍtieu	ˍcieu	ˍcieu	ˍsieu	ˍsieu ŋieu		ˍkieu	ˍkieu	ˍkieu	ˍkieu

橋	桷	嬈	妖	要 覅	腰	邀	搖	窰	遙
效開三	效開三	效開三	效開三	效開四	效開四	效開四	效開四	效開四	效開四
平宵羣	平宵曉	平宵曉	平宵影	平宵影	平宵影	平宵影	平宵以	平宵以	平宵以
giɛu,uɔi	hiɛu	hiɛu	'iɛu,uɔi	'iɛu,i,uɔi	'iɛu	'iɛu	jiɛu	jiɛu	jiɛu
ₔkiau / ₔkio	ₔhiau / ᶜiau,uɔi	ₔhiau	ᶜiau	ᶜiau	ᶜiau / ᶜio	ᶜiau	ᶜiau / ᶜio	ᶜiau / ᶜio	ᶜiau
ₔkiau / ₔkio	ₔhiau / ᶜiau	ₔhiau	ᶜiau	ᶜiau	ᶜiau / ᶜio	ᶜiau	ᶜiau / ᶜio	ᶜiau / ᶜio	ᶜiau
ₔkiau / ₔkio	ₔhiau / ᶜiau	ₔhiau	ᶜiau	ᶜiau	ᶜiau / ᶜio	hiau	ᶜiau / ᶜio	ᶜiau / ᶜio	ᶜiau
ₔkiau / ₔkio	ₔhiau / ᶜiau	ₔhiau	ᶜiau	ᶜiau	ᶜiau / ᶜio	ᶜiau	ᶜiau / ᶜio	ᶜiau / ᶜio	ᶜiau
ₔkie	ₔhau	ᶜŋau	ᶜiau	ᶜiau	ᶜiau / ᶜie	ᶜiau	ᶜiau / ᶜie	ᶜie	ᶜiau
ₔkio	hiɛu	ᶜiɛu	ᶜiɛu	ᶜiɛu	ᶜiɛu	ᶜiɛu	ᶜiɛu	ᶜiɛu	ᶜiɛu
				莆 ᶜiau		莆 ᶜiau / 仙 ᶜeu			

謠	姚	表	鰾	秒	渺	藐	悄	小	兆
效開四	效開四	效開三	效開四	效開四	效開四	效開四	效開四	效開四	效開三
平宵以	平宵以	上小幫	上小並	上小明	上小明	上小明	上小清	上小心	上小澄
jiɛu	jiɛu	piɛu	biɛu	miɛu	miɛu	miɛu	tsʻiɛu	siɛu	diɛu
ˌiau	ˌiau	ᶜpiau	piauᶻ	biau	biau	biau	ᶜiau	ᶜsiau	tiauᶻ
		ˌio	ᶜpio	pioᶻ					ᶜsio
ˌiau	ˌiau	ᶜpiau	piauᶻ	biau	biau	biau	ᶜiau	ᶜsiau	tiauᶻ
		ˌio	ᶜpio	pioᶻ					ᶜsio
ˌiau	ˌiau	ᶜpiau	piauᶻ	biau	biau	biau	ᶜiau	ᶜsiau	tiauᶻ
		ˌio	ᶜpio						ᶜsio
ˌiau	ˌiau	ᶜpiau	piauᶻ	biau	biau	biau	ᶜiau	ᶜsiau	tiauᶻ
		ˌio	ᶜpio	pioᶻ					ᶜsio
ˌiau		ᶜpiau		ᶜmiau	miau	ᶜmiau	ᶜiau	ᶜsiau	tiauᶻ
	ˌie	ᶜpie	ᶜpie						ᶜsie
ˌieu	ˌieu	ᶜpieu		ᶜmieu	mieu	ᶜmieu		ᶜsieu	tieuᶻ
		海 ᶜbiau : ᶜbio						仙 ᶜsiau : ᶜseu	

趙	沼	少夥	紹	擾	繞	矯	夭	窅	票
效用三	效用三	效用三	效用三	效用三	效用三	效用三	效用三	效用四	效用三
上小澄	上小章	上小書	上小禪	上小日	上小日	上小見	上小影	上小以	去笑滂
dįɛu	tɕiɛu	ʃiɛu	ʒiɛu	řiɛu	řiɛu	kïɛu	ˈiɛu	jiɛu	pïɛu
˴tiau / ˴tio	˴ciau	˴siau / ˴cio	siau	˴liau	liau	˴kiau	ˈiau	ˈiau	˴piau / ˴pio
˴tiau / ˴tio	˴ciau	˴siau / ˴cio	siau	˴liau	˴liau / ˴liau	˴kiau	ˈiau	ˈiau	˴piau / ˴pio
˴tiau / ˴tio	˴ciau	˴siau / ˴cio	siau	˴ziau	˴ziau	˴kiau	ˈiau	ˈiau	˴piau / ˴pio
˴tiau / ˴tio	˴ciau	˴siau / ˴cio	siau	˴liau	˴liau	˴kiau	ˈiau	ˈiau	˴piau / ˴pio
˴tiɛN	˴ziau	˴siau / ˴cie		˴siau	˴ziau	˴kiau	˴iau	ˈie	pie
tieu		˴sieu / ˴cieu	sieu		˴nau	˴kieu	ˈieu	ˈieu	pieu
		平 ˴cieu							莆 piau

漂	庙	妙	疗	醮	俏	笑	召	照	詔
效開三	效開三	效開四	效開三	效開四	效開四	效開四	效開三	效開三	效開三
去笑滂	去笑明	去笑明	去笑来	去笑精	去笑清	去笑心	去笑澄	去笑章	去笑章
p'ïɛu	mïɛu	mïɛu	lïɛu	tsïɛu	ts'ïɛu	sïɛu	dïɛu	tļɛu	tļɛu
p'iau p'io	biau bio	biau	liau	ciau cio	siau	{c'iau {siau c'io	tiau	ciau cio	ciau cio
p'iau p'io	biau bio	biau	liau	ciau cio	siau	{c'iau {siau c'io	tiau	ciau cio	ciau cio
p'iau² p'io²	biau² bio²	biau²	liau²			siau² c'io	{c'iau c'io	tiau²	ciau² cio²	ciau² cio²
p'iau² p'io²	biau² bio²	biau²		ciau² cio²	siau²	{c'iau {siau c'io	tiau²	ciau² cio²	ciau² cio²
p'iau² pie²	bie²	miau²	liau²			c'iau² cie²		tiau² cie²	ciau² cie²
p'ieu	mieu	mieu²	lieu			c'ieu²		cieu²	cicu

少	邵	轎	要覅	光耀	刁	貂	雕	挑	條
效用三	效前三	效用三	效前四	效用四	效用四	效用四	效用四	效用四	效前四
去笑書	去笑禪	去笑群	去笑影	去笑以	平蕭端	平蕭端	平蕭端	平蕭透	平蕭定
ʃıɛu	ʒıɛu	gıɛu	'ıɛu	jıɛu	̗teu	̗teu	̗teu	t'eu	̗deu
siau᷄	siau᷄	kiau᷄	iau᷄	iau᷄ ̗tiau	̗tiau	̗tiau	̗t'iau	̗tiau	
		kio²						̗t'io	̗liau
siau᷄	siau᷄	kiau᷄	iau᷄	iau᷄ ̗tiau	̗tiau	̗tiau	̗t'iau	̗tiau	
		kio²						̗t'io	̗liau
siau᷄	siau᷄	kiau᷄	iau᷄	iau᷄ t'iau	̗tiau	̗tiau	̗t'iau	̗tiau	
		kio²			̗tiau			̗t'io	
siau᷄	siau᷄	kiau᷄	iau᷄	iau᷄ ̗tiau	̗tiau	̗tiau	̗t'iau	̗tiau	
		kio²						̗t'io	
siau᷄	siau᷄		iau᷄	'iau ̗tiau	̗tiau	̗tiau	̗t'iau	̗tiau	
		kie²						̗t'ie	
sieu᷄	sieu᷄	kieu᷄	ieu᷄	ieu᷄ ̗tieu	̗tieu	̗tieu	̗t'ieu	̗tieu	
								海 ̗diau	

126

調調和	聊	撩	遼	寥	蕭	簫	堯	幺	鳥
效開四	效開四	效開四	效開四	效開四	效開四	效開四	效開四	效開四	效開四
平蕭定	平蕭来	平蕭来	平蕭来	平蕭来	平蕭心	平蕭心	平蕭疑	平蕭影	上篠端
deu	leu	leu	leu	leu	seu	seu	ŋeu	'eu	teu
˳tiau	˪liau	˪liau	˪liau	˪liau	siau	siau	˳giau	˳iau	˪niau
		˪lio						˳io	˪ciau
˳tiau	˪liau	˪liau	˪liau	˪liau	siau	siau	˳giau	˳iau	˪niau
								˳io	˪ciau
˳tiau	˪liau	˪liau	˪liau	˪liau	siau	siau	˳giau	˳iau	˪niau
								˳io	˪ciau
˳tiau	˪liau	˪liau	˪liau	˪liau	siau	siau	˳giau	˳iau	˪niau
								˳io	˪ciau
˳t'iau	˪liau	˪liau	˪liau	˪liau	siau	siau	˳ŋiau	˳iau	
									˪ciau
˳tieu	˪lieu	˪lieu	˪lieu	˪lieu	sieu	sieu	˳ŋieu	˳ieu	
									˪cieu
									文言音は『正韻』の「尼幺切」にかなう。

了	瞭	繳	僥	曉	杳	弔	釣	跳	糶
效開四	效開四	效開四	效開四	效開四	效開四	效開四	效開四	效開四	效開四
上篠來	上篠來	上篠見	上篠見	上篠曉	上篠影	去嘯端	去嘯端	去嘯透	去嘯透
leu	leu	kɔu	kɔu	heu	'eu	teu	teu	t'eu	t'eu
'liau	'liau	kiau	̗hiau	hiau	̗biau	tiau	tiau	t'iau	t'iau
						tio'		t'io'	
'liau	'liau	kiau	̗hiau	hiau	̗biau	tiau	tiau	t'iau	t'iau
						tio'			t'io'
'liau	'liau	kiau	giau	hiau	biau	tiau	tiau	t'iau	t'iau
						tio'		t'io'	
'liau	'liau	kiau		hiau	biau	tiau	tiau	t'iau	t'iau
						tio'		t'io'	
'liau	̗liau	kiau	hiau	hiau	̗biau	tiau	tiau	t'iau	
						tieŋ		t'ie	
'lieu	̗lieu	kieu	̗hieu	hieu	mieu	tieu	tieu	t'ieu	t'ieu
		「十五音」は日広韻きの「五聊切」にかなう。							

掉	調音調	尿	料	叫	竅	兜	偷	投	頭
效開四	效開四	效開四	效開四	效開四	效開四	流開一	流開一	流開一	流開一
去嘯定	去嘯定	去嘯泥	去嘯来	去嘯見	去嘯溪	平侯端	平侯透	平侯定	平侯定
deu	deu	neu	leu	keu	kʰeu	tau	tʰau	dau	dau
tiau²	tiau²	liau²	liau²	kiau'	kʰiau'		tʰo'	to'	tʰo'
			lio²	kio'			tau	tau	tau
tiau²	tiau²	liau²	liau²	kiau'	kʰiau'		tʰo'	to'	tʰo'
			lio²	kio'			tau	tau	tau
tiau²	tiau²	ziau²	liau²	kiau'	kʰiau'	tɔ'	tɔ'	tɔ'	tʰɔ'
		zio²		kio'		tau	tʰau	tau	tʰau
tiau²	tiau²	liau²	liau²	kiau'	kʰiau'			teu'	tʰeu'
			lio²	kio'		tau	tʰau	tau	tʰau
tiau²	tiau²		liau²		kiau'				tʰiu'
			zie²		kie'	tau	tʰau	tau	tʰau
tieu²	tieu²	njeu²	lieu²	kieu'	kʰieu'			teu'	
						tau	tʰau	tau	tʰau
	海 diau²								仙 tʰeu'
									:tau
									平 tʰau

楼	勾	鉤	溝	侯	喉	猴	漚	欧	瓯
流開一	流開一	流開一	流開一	流開一	流開一	流開一	流開一	流開一	流開一
平侯来	平侯見	平侯見	平侯見	平侯匣	平侯匣	平侯匣	平侯影	平侯影	平侯影
ˌləu	ˌkəu	ˌkəu	ˌkəu	ˌɦəu	ˌɦəu	ˌɦəu	ˈˌəu	ˈˌəu	ˈˌəu
ˌlo	ˌko	ˌko	ˌko	ˌho	ˌho	ˌho			
ˌlau	ˌkau	ˌkau	ˌkau	ˌhau	ˌau	ˌkau	ˌau	ˌau	ˌau
ˌlo	ˌko	ˌko	ˌko	ˌho ˌhau	ˌho	ˌho		ˌo	
ˌlau	ˌkau	ˌkau	ˌkau	ˌkau	ˌau	ˌkau	ˌau	ˌau	ˌau
ˌlɔ	ˌkɔ	ˌkɔ	ˌkɔ	ˌchɔ	ˌchɔ	ˌchɔ	{ˌɔ}		
ˌlau	ˌkau	ˌkau	ˌkau	ˌhau	ˌau	ˌkau		ˌau	ˌau
				ˌheu					
ˌlau	ˌkau	ˌkau	ˌkau	ˌhau	ˌau	ˌkau		ˌau	ˌau
				ˌhou					
ˌlau	ˌkau	ˌkau	ˌkau	ˌhau	ˈˌau	ˌkau	ˌau	ˌau	ˌau
	ˌkeu	ˌkeu	ˌkeu	ˌheu	ˌheu	ˌheu	ˌeu	ˌeu	
ˌlau	ˌkau	ˌkau	ˌkau			ˌkau			

剖	母	牡	某	畝	斗	抖	走	叟	狗
流開一	流開一	流開一	流開一	流開一	流開一	流開一	流開一	流開一	流開一
上厚滂	上厚明	上厚明	上厚明	上厚明	上厚端	上厚端	上厚精	上厚心	上厚見
pʻau	mau	mau	mau	mau	tau	tau	tsau	sau	kau
ʻpʻo	ʻbə / ʻbu	ʻbo	ʻbo	ʻbo	ʻto / ʻtau	ʻto / ʻtau	ʻco / ʻcau	ʻso	ʻko / ʻkau
ʻpʻo	ʻbo / ʻbu	ʻbo	ʻbo	ʻbo	ʻto / ʻtau	ʻto / ʻtau	ʻco / ʻcau	ʻso	ʻko / ʻkau
ʻpʻɔ	{ʻcɔ / ʻbo}	ʻcɔ	ʻcɔ	ʻcɔ	ʻtɔ / ʻtau	ʻtɔ / ʻtau	ʻco / ʻcau	ʻsɔ	ʻkɔ / ʻkau
	ʻbeu / ʻbu			ʻbeu	ʻteu / ʻtau	ʻtau	ʻcau		ʻkeu / ʻkau
ʻpʻou	ʻbo	ʻbou	ʻmoŋ	ʻbou	·ʻtau	ʻtau	ʻcau	ʻsou	ʻkau
ʻpʻeu	ʻmu / ʻmo	ʻmu	ʻmu / ʻmuo	ʻmeu / ʻmuo	ʻteu / ʻtau	ʻteu / ʻtau	ʻceu / ʻcau		ʻkeu
	莆ʻpo / 平ʻbu								平ʻkau

苟	口	叩	偶	藕	吼	後	后	厚	呕
流用一	流用一	流用一	流用一	流用一	流用一	流用一	流用一	流用一	流用一
上厚見	上厚溪	上厚溪	上厚疑	上厚疑	上厚曉	上厚匣	上厚匣	上厚匣	上厚影
kau	k‘au	k‘au	ŋau	ŋau	hau	hau	hau	hau	ʼau
‘ko	‘k‘o / ‘k‘au / kau’	k‘o’ / k‘au’	‘ŋo / ŋau’	‘ŋo / ŋau’	‘ho / hau’	ho² { hau / au’ }	ho²	ho² / kau’	‘o / ‘au
‘ko	‘k‘o / ‘k‘au / kau’	k‘o’ / k‘au’	‘ŋo / ŋau’	‘ŋo / ŋau’	‘ho / hau’	ho² { hau / au’ }	ho²	ho² / kau’	‘o / ‘au
‘kɔ	‘k‘ɔ / ‘k‘au / kau	k‘ɔ’ / k‘ɔ’	‘ŋɔ		‘hɔ / ŋau’ hau	hɔ’ / au’	hɔ’	hɔ’ / kau’	‘ɔ / ‘au
‘keu	‘k‘eu / ‘k‘au / kau’	k‘eu’ / k‘au’	‘geu	ŋau’	hau’	heu’ { hau / au’ }	heu’	kau’	‘au
‘kou		‘kau’ kau’	‘ŋou	‘ŋou	‘hau	au’	‘hou	‘kau	‘au
‘keu	‘k‘eu / ‘k‘au	k‘eu’	‘ŋeu	ŋau’	‘hau	heu’ / au’	heu’	heu’ / kau’	‘eu / ‘au
	仙‘k‘eu	『集韻』の「丘候切」にかなう。				莆 au² 仙 hau²			

132

	毆	戊	茂	貿	鬥	透	豆	逗	陋	漏
	流用一	流用一	流用一	流用一	流用一	流用一	流用一	流用一	流用一	流用一
	上厚影	去候明	去候明	去候明	去候端	去候透	去候定	去候定	去候来	去候来
'əu	mau	mau	mau	tau	t'au	dau	dau	lau	lau
'o	bo²	mo²	bo²	to'	t'o'	to²	to²	lo²	lo² {lau² lau'}
			bau²	tau'	t'au'	tau²			
'o	bo²	bo²	bo²	to'	t'o'	to²	to²	lo²	lo² {lau² lau'}
			bau²	tau'	t'au'	tau²			
'au	bɔ²	bɔ²	bɔ²	tɔ'	t'ɔ'	tɔ²	tɔ²	lɔ²	lɔ² {lau² lau'}
				tau'	t'au'	tau²			
	beu²	beu²							
			tau'	t'au'	tau²				lau'
'au	bou'	'moŋ	moŋ	tou'	t'ou'			'lou	
			tau'	t'au'	tau²	tau			lau'
	meu²	meu²	meu²	teu'	t'eu'				
				tau²	tau²				lau'
				海dou'		莆tau²			

奏	湊	嗽	構	購	句	扣	寇	候	浮
流用一	流用一	流用一	流用一	流用一	流用一	流用一	流用一	流用一	流用三
去候精	去候清	去候心	去候見	去候見	去候見	去候溪	去候溪	去候匣	平尤奉
tsəu⁻	tsʻəu⁻	səu⁻	kəu⁻	kəu⁻	kəu⁻	kʻəu⁻	kʻəu⁻	həu⁻	ˌbiəu
co²	cʻo²	so²	ko²	ko²	ko²	kʻo²	kʻo²	ho²	ˌhu
cau²	cʻau²	sau²			kau²	kʻau²		hau²	ˏpʻu
co²	cʻo²	so²	ko²	ko²	ko²	kʻo²	kʻo²	ho²	ˌho
cau²	cʻau²	sau²			kau²	kʻau²		hau²	ˏpʻu
cɔ²	cʻɔ²	sɔ²	kɔ²	kɔ²	kɔ²	kʻɔ²	kʻɔ²	hɔ²	ˌhu
cau²	cʻau²	sau²			kau²	kʻau²		hau²	ˏpʻu
ceu²									ˌheu
cau²	cʻau²	sau²			kau²	kʻau²		hau²	ˏpʻu
	cʻou²		kou²	kou²			kʻou²		
cau²		sau²	kau²	kau²	kʻau²			hau²	ˏpʻu
			keu²				kʻeu²	heu²	ˏpʻeu
cau²	cʻau²	sau²	kau²		kau²	kʻau²		hau²	ˏpʻu
			仙 keu²		仙 kʻau²				

矛	謀	流	琉	留	榴	劉	揪	秋	修
流開三	流開三	流開三	流開三	流開三	流開三	流開三	流開四	流開四	流開四
平尤明	平尤明	平尤來	平尤來	平尤來	平尤來	平尤來	平尤精	平尤清	平尤心
mïau	mïau	lïau	lïau	lïau	lïau	lïau	tsïau	ts'ïau	sïau
ˌmau	ˌbo	ˌliu	ˌliu	ˌliu	ˌliu	ˌliu	ˌc'iu	ˌc'iu	ˌsiu
		ˌlau		ˌlau		ˌlau		ˌc'o	
ˌmau	ˌbo	ˌliu	ˌliu	ˌliu	ˌliu	ˌliu	ˌc'iu	ˌc'iu	ˌsiu
		ˌlau		ˌlau		ˌlau			
ˌmau	ˌbɔ	ˌliu	ˌliu	ˌliu	ˌliu	ˌliu		ˌc'iu	ˌsiu
		ˌlau		ˌlau		ˌlau			
ˌmau	ˌbeu	ˌliu	ˌliu	ˌliu	ˌliu	ˌliu		ˌc'iu	ˌsiu
		ˌlau		ˌlau		ˌlau			
ˌmau		ˌliu	ˌliu	ˌliu	ˌliu			ˌc'iu	ˌsiu
	ˌmoŋ	ˌlau		ˌlau		ˌlau			
ˌmau	ˌmeu		ˌliu	ˌliu	ˌliu			ˌc'iu	ˌsiu
		ˌlau		ˌlau		ˌlau			
		仙ˌliu					台・廈は『集韻』の「字秋切」にかなう。	蕭ˌc'iu	
		:ˌlau							

蓋	囚	泅	抽	稠	綢	籌	鄒	搊	愁
流開四	流開四	流開四	流開三	流開三	流開三	流開三	流開二	流開二	流開二
平尤心	平尤邪	平尤邪	平尤徹	平尤澄	平尤澄	平尤澄	平尤莊	平尤初	平尤崇
siəu	ziəu	ziəu	tʂʰiəu	diəu	diəu	diəu	tʂiəu	tʂʰiəu	dziəu
ˏsiu	ˏsiu	ˏsiu	ˏtʰiu	ˏtiu	ˏtiu	ˏtiu	ˏco	ˏco	ˏcʰiu
ˏsiu	ˏsiu	ˏsiu	ˏtʰiu	ˏtiu	ˏtiu	ˏtiu	ˏco	{ ˏco ˏcʰiu	ˏcʰiu
ˏsiu	ˏsiu	ˏsiu	ˏtʰiu	ˏtiu	ˏtiu	ˏtiu	ˏcɔ ˏce		
ˏsiu	ˏsiu	ˏsiu	ˏtʰiu	ˏtiu	ˏtiu	ˏtiu	ˏcou		ˏcʰou
ˏsiu	ˏcʰiu	ˏsiu	ˏtʰiu	ˏciu	ˏtiu	ˏtiu	ˏcou		ˏcʰou
ˏsiu	ˏcʰiu	ˏsiu	ˏtʰiu	ˏtiu	ˏtiu	ˏtiu	ˏceu		ˏcʰeu
仙 ˏsiu					海 ˏsiu :ɕiu 蕭 ˏtiu				

搜	蒐	州	洲	舟	周	收	仇	酬	柔
流開二	流開二	流開三	流開三	流開三	流開三	流開三	流開三	流開三	流開三
平尤生	平尤生	平尤章	平尤章	平尤章	平尤章	平尤書	平尤禪	平尤禪	平尤日
ʂiau	ʂiau	tʃiɪu	tʃiɪu	tʃiɪu	tʃiɪu	ʃiɪu	ʒiɪu	ʒiɪu	ʒ̃iɪu
ˌsoˀ ˌcʻiau	ˌsoˀ	ˌçiu	ˌçiu	ˌçiu	ˌçiu	ˌsiu	ˌsiu	ˌsiu	ˌliu
ˌsoˀ ˌcʻiau	ˌsoˀ	ˌçiu	ˌçiu	ˌçiu	ˌçiu	ˌsiu	ˌsiu	ˌsiu	ˌniu
ˌsɔˀ ˌcʻiau	ˌsɔˀ	ˌciu	ˌciu	ˌciu	ˌciu	ˌsiu	ˌsiu	ˌsiu	ˌziu
ˌsouˀ	ˌsouˀ	ˌciu	ˌciu	ˌciu	ˌciu	ˌsiu	ˌsiu	ˌsiu	ˌliu
ˌsiau	ˌsiau	ˌciu	ˌciu	ˌciu	ˌciu	ˌsiu	ˌcʻiu	ˌcʻiu	ˌziu
ˌseu		ˌciu	ˌciu	ˌciu	ˌciu	ˌsiu	ˌsiu	ˌsiu	ˌiu
白話音は潮は「搜日集韻山」の類推の「先彫か。切」にかなう。						莆 ˌsiu			

丩	鳩	龜	鬮	丘	求	球	牛	休	憂
流甬三	流甬三	流甬三	流甬三	流甬三	流甬三	流甬三	流甬三	流甬三	流甬三
平尤見	平尤見	平尤見	平尤見	平尤溪	平尤群	平尤群	平尤疑	平尤曉	平尤影
kïəu	kïəu	kïəu	kïəu	kïəu	gïəu	gïəu	ŋïəu	hïəu	ʼïəu
ˌkiu	ˌkiu		ˌkˈiu ˌku	ˌkiu ˌkˈau	ˌkiu ˌkˈu	ˌkiu	ˌgiu ˌkˈiu	ˌhiu ˌgu	ˌiu
ˌkiu	ˌkiu		ˌkˈiu ˌku	ˌkiu ˌkˈau	ˌkiu ˌkˈu	ˌkiu	ˌgiu ˌkˈiu	ˌhiu ˌgu	ˌiu ˌhu
ˌkiu	ˌkiu		ˌkˈiu ˌku	ˌkiu ˌkˈau	ˌkiu ˌkˈu	ˌkiu	ˌŋiu ˌkˈiu	ˌhiu ˌgu	ˌiu ˌhu
ˌkiu	ˌkˈiu		ˌkˈiu ˌku	ˌkiu ˌkˈau	ˌkiu ˌkˈu	ˌkiu	ˌgiu ˌkˈiu	ˌhiu ˌgu	ˌiu ˌhu
ˌkiu	ˌkˈiu		ˌkˈiu ˌku	ˌkˈiu ˌkˈau	ˌkˈiu ˌkˈu	ˌkiu ·	ˌkiu	hiuN ˌgu	ˌiu
ˌkiu	ˌkˈiu			ˌkˈiu ˌku	ˌkˈiu ˌkˈu	ˌkiu	ˌŋiu ˌŋu	ˌhiu	ˌiu
					仙ˌkiu	萧ˌkiu	仙ˌniu :ˌku		

138

優	尤	郵	由	油	游	悠	猶	否	負
流開三	流開三	流開三	流開四	流開四	流開四	流開四	流開四	流開三	流開三
平尤影	平尤云	平尤云	平尤以	平尤以	平尤以	平尤以	平尤以	上有非	上有奉
ʼiəuh	ïəuh	ïəu	jiəu	uei	jiəu	jiəu	jiəu	pïəu	bïəu
₎iu	₎iu	₎iu	₎iu	₎iu	₎iu	₎iu	₎iu	ʻho	hu²
₎iu	₎iu	₎iu	₎iu	₎iu	₎iu	₎iu	₎iu	ʻho	hu²
₎iu	₎iu	₎iu	₎iu	₎iu	₎iu	₎iu	₎iu	ʻch,iu	hu²
₎iu	₎iu	₎iu	₎iu	₎iu	₎iu	₎iu	₎iu		hu²
₎iu	₎iu	₎iu	₎iu	₎iu	₎iu,h,iuN	₎iu	₎iu,houN	ꜛhu	
₎iu	₎iu	₎iu	₎iu	₎iu	₎iu	₎iu	₎iu	ʻpʻeu	hu²
			蕭₎iu						

婦	扭	紐	柳	洒	肘	丑	紂	帚	醜
流開三	流開三	流開三	流開三	流開四	流開三	流開三	流開三	流開三	流開三
上有奉	上有泥	上有泥	上有來	上有精	上有知	上有徹	上有澄	上有章	上有昌
bïəu	nïəu	nïəu	lïəu	tsïəu	tïəu	t'ïəu	dïəu	tɕïəu	tɕ'ïəu
hu² pu²	ʻliu	ʻliu	ʻliu	ʻciu	ʻtiu	ʻt'iu	tiu²	ʻciu	ʻc'iu
hu² pu²	ʻliu	ʻliu	ʻliu	ʻciu	ʻtiu	ʻt'iu	tiu²	ʻciu	ʻc'iu
hu² pu²	ʻliu	ʻliu	ʻliu	ʻciu	ʻniu	ʻt'iu	tiu²	ʻciu	ʻc'iu
hu² pu²	ʻliu	ʻliu	ʻliu	ʻciu	ʻtiu	ʻt'iu	tiu²	ʻciu	ʻc'iu
ʻhu ʻpu	ʻniu	ʻniu	ʻliu	ʻciu	ʻtiu	ʻt'iu	²tiu	ʻsiu	ʻc'iu
hu² pu²	ʻniu	ʻniu	ʻliu	ʻciu	ʻtiu	ʻt'iu	tiu²	ʻciu	ʻc'iu
仙hu² 平pu²		仙ʻniu ：ʻliu		莆ʻciu					

守	手	首	受	九	久	韮	臼	舅	咎
流開三	流開三	流開三	流開三	流開三	流開三	流開三	流開三	流開三	流開三
上有書	上有書	上有書	上有禪	上有見	上有見	上有見	上有群	上有群	上有群
ʃiəu	ʃiəu	ʃiəu	ʒiəu	kïəu	kïəu	kïəu	gïəu	gïəu	gïəu
ꞌsiu	ꞌsiu	ꞌsiu	siu²	ꞌkiu	ꞌkiu	ꞌkiu	kiu²	kiu²	kiu²
ꞌciu	ꞌciu	ꞌciu		ꞌkau	ꞌku	ꞌku	kʰu²	ku²	
ꞌsiu	ꞌsiu	ꞌsiu	siu²	ꞌkiu	ꞌkiu	ꞌkiu	kʰiu²	kiu²	kiu²
ꞌciu	cʰiu	cʰiu		ꞌkau	ꞌku	ꞌku	kʰu²	ku²	
ꞌsiu	ꞌsiu	ꞌsiu	siu²	ꞌkiu	ꞌkiu	ꞌkiu	kʰiu²	kiu²	kiu²
ꞌciu	cʰiu	cʰiu		ꞌkau	ꞌku	ꞌku	kʰu²	ku²	
ꞌsiu	ꞌsiu	ꞌsiu	siu²	ꞌkiu	ꞌkiu	ꞌkiu	kiu²	kiu²	kiu²
ꞌciu	cʰiu	cʰiu		ꞌkau	ꞌku	ꞌku	kʰu²	ku²	
ꞌsiu		ꞌsiu	ꞌsiu						ꞌkiu
	cʰiu			ꞌkau	·ku	ꞌku	kʰu	ꞌku	
ꞌsiu		ꞌsiu	siu²	ꞌkiu	ꞌkiu	ꞌkiu	kʰiu²	kiu²	kʰiu²
	cʰiu			ꞌkau				ku²	
仙ꞌsiu	仙ꞌsiu								
	:cʰiu								

朽	有	友	酉	誘	富	副	復馳	餾	廖
流開三	流開三	流開三	流開四	流開四	流開三	流開三	流開三	流開三	流開三
上有曉	上有云	上有云	上有以	上有以	去宥非	去宥敷	去宥奉	去宥来	去宥来
hïau	hïau	hïau	jïeu	jïeu	pïau	pïau	bïau	lïau	lïau
ʿhiu	ʿiu	ʿiu	ʿiu	ʿiu	huʾ	huʾ	hiuʾ	liuʾ	liauʾ
	uʾ				puʾ				
ʿhiu	ʿiu	ʿiu	ʿiu	ʿiu	huʾ	huʾ	hiuʾ	ˌliu	liauʾ
	uʾ				puʾ				
ʿhiu	ʿiu	ʿiu	ʿiu	ʿiu	huʾ	huʾ	hiuʾ	liuʾ	liauʾ
	uʾ				puʾ				
ʿhiu	ʿiu	ʿiu	ʿiu	ʿiu	huʾ	huʾ	hiuʾ		iauʾ
	uʾ				puʾ				
ʿhiuN	ʿiu	ʿiu	ʿiu	ʿiu		huʾ	hiuʾ	liuʾ	ˌliau
	uʾ				ˑpuʾ				
ʿhiu	ʿiu	ʿiu	ʿiu	ʿiu	huʾ	huʾ			
	uʾ				puʾ				
	仙ʿiu :uʾ	莆ʿiu							閩南は「集韻」の「力弔切」にかなう。

就	秀	繡	宿𪍝宿	袖	晝	宙	皺	縐	驟
流開四	流開四	流開四	流開四	流開四	流開三	流開三	流開二	流開二	流開二
去宥從	去宥心	去宥心	去宥心	去宥邪	去宥知	去宥澄	去宥莊	去宥莊	去宥崇
dzïəu	sïəu	sïəu	sïəu	zïəu	tïəu	dïəu	tʂïəu	tʂïəu	dʐïəu
ciu⁷	siu⁷	siu⁷	siu⁷	siu⁷	tiu⁷ / tau⁷	tiu⁷	c'iu⁷	c'iu⁷	co⁷
ciu⁷	siu⁷	siu⁷	siu⁷	siu⁷	tiu⁷ / tau⁷	tiu⁷	{c'iu⁷ / co'	{c'iu⁷ / co'	co⁷
ciu⁷	siu⁷	siu⁷	siu⁷	siu⁷	tiu⁷ / tau⁷	tiu⁷	ziau⁷ / ziau	ziau⁷ / ziau	co⁷
ciu⁷	siu⁷	siu⁷	siu⁷	siu⁷	tiu⁷ / tau⁷	tiu⁷			cou⁷
'ciu	siu⁷	siu⁷	siu⁷	siu⁷	'tiu / 'tau	'tiu	niau⁷	ziau⁷	'cou
ciu⁷	siu⁷	siu⁷	siu⁷	siu⁷	tiu⁷	tiu⁷	ceu⁷		ceu⁷
仙ciu⁷									

瘦	漱	咒	臭馥	獸	授	售	寿	究	救
流開二	流開二	流開三	流開三	流開三	流開三	流開三	流開三	流開三	流開三
去宥生	去宥生	去宥章	去宥昌	去宥書	去宥禪	去宥禪	去宥禪	去宥見	去宥見
ʂi̯əu	ʂi̯əu	tɕʼi̯əu	tɕʼi̯əu	ɕi̯əu	ʑi̯əu	ʑi̯əu	ʑi̯əu	ki̯əu	ki̯əu
ˋso	soˊ	ciuˋ / cʼauˊ	hiuˊ	siuˋ	siuˊ²	ˍsiu	siuˊ²	kiuˋ	kiuˊ
ˋso	soˊ	ciuˋ / cʼauˊ	hiuˊ	siuˋ	siuˊ² (siuN²)	ˍsiu	siuˊ²	kiuˋ	kiuˊ
ˋso	{ˋsɔ / sɔˊ}	ciuˋ / cʼauˊ	cʼiuˊ	siuˋ	siuˊ²	ˍsiu	siuˊ²	kiuˋ	kiuˊ
ˋsou	souˋ	ciuˋ / cʼauˊ	hiuˊ	siuˋ	siuˊ²	ˍsiu	siuˊ²	kiuˋ	kiuˊ
souˋ	souˋ	ciuˋ / cʼauˊ	hiuN ˊ	siuˋ	siuˊ²	ˍsiu	siuˊ²	kiuˋ	kiuˊ
		ciuˋ / cʼauˊ	cʼiuˊ	siuˋ	siuˊ²	ˍsiu	siuˊ²	kiuˋ	kiuˊ
		台・廈, 潮の文言音は'嗅'(曉母)と混同			『韻会』の「時流切」にかなり。 蕭 siuˊ 海 kiuˊ 仙 kiuˊ				

灸	旧	枢	又	右	祐	宥	柚	釉	彪
流開三	流開三	流開三	流開三	流開三	流開三	流開三	流開四	流開四	流開四
去宥見	去宥群	去宥群	去宥云	去宥云	去宥云	去宥云	去宥以	去宥以	平幽幫
kiəu	giəu	giəu	hïəu	hïəu	hïəu	hïəu	jiəu	jiəu	pieu
kiu' ku'	kiu' ku²	kiu² k'u²	iu²	iu²	iu²	iu²	iu²	iu²	ₑpiu
kiu' ku'	kiu² ku²	kiu' k'u²	iu²	iu²	iu²	iu²	iu²	iu²	ₑpiu
kiu' ku'	kiu² ku²	kiu² k'u²	iu²	iu²	iu²	iu²	iu²	iu²	ₑpiu
kiu' ku'	kiu² ku²	kiu² k'u²	iu²	iu²	iu²	iu²	iu²	iu²	ₑpiu
ku'	ᶜkiu ku²	ᶜkiu	ᶜiu	ᶜiu	ᶜiu	ᶜiu	iu²	ᶜiu	ₑpiu
	kiu²	k'u²	iu²	iu²	iu²	iu²	iu²	iu²	ₑpiu
	莆 ku²			莆 iu²					

丢	幽	糾	謬	幼
流開四	流開四	流開四	流開四	流開四
平幽端	平幽影	上黝見	去幼明	去幼影
tieu	'ieu	kieu	mieu	'ieu
˷tiu	˷iu	ˋkiu	biuˊ	iuˊ
˷tiu	{ ˷iu / ˷hiu }	ˋkiu	biuˊ	iuˊ
˷tiu	˷iu	ˋkiu	biuˊ	iuˊ
˷tiu	˷iu	ˋkiu	biuˊ	iuˊ
˷tiu	˷hiuN	ˋkiu	ˋniu	iuN
˷tiu	˷hiu	ˋkiu		iuˊ

146

例字	耽	貪	潭	譚	南	男	簪	參	蚕
中古音	咸開一平覃端 t‹am	咸開一平覃透 t‘‹am	咸開一平覃定 ‹dam	咸開一平覃定 ‹dam	咸開一平覃泥 ‹nam	咸開一平覃泥 ‹nam	咸開一平覃精 ts‹am	咸開一平覃清 ts‘‹am	咸開一平覃從 ‹dzam
台南	‹tam	‹t‘am	‹t‘am	‹tam	‹lam	‹lam	‹cam	‹c‘am	‹c‘am
廈門	‹tam	‹t‘am	‹t‘am	‹tam	‹lam	‹lam	‹cam	‹c‘am	‹c‘am
十五音	‹tam	‹t‘am	‹t‘am	‹tam	‹lam	‹lam	‹cam	‹c‘am	‹c‘am
泉州	‹tam	‹t‘am	‹t‘am	‹tam	‹lam	‹lam	‹cam	‹c‘am	‹c‘am / ‹c‘əiN
潮州	‹tam	‹t‘am	‹t‘am	‹t‘am	‹lam	‹lam	‹cam	‹c‘am	‹c‘oiN
福州	‹taŋ	‹t‘aŋ	‹t‘aŋ	‹taŋ	‹naŋ	‹naŋ		‹c‘aŋ	‹caŋ
備考	海 ‹dam				莆 ‹naŋ		侵韻簪參照。		

堪	含	函	庵	傪	感	坎	頷	探	勘
咸開一	咸開一	咸開一	咸開一	咸開一	咸開一	咸開一	咸開一	咸開一	咸開一
平覃溪	平覃匣	平覃匣	平覃影	上感清	上感見	上感溪	上感匣	去勘透	去勘溪
k'am	həm	həm	'əm	ts'əm	kəm	k'əm	həm	t'am	k'am
ˬk'am	ˬham ˬkaɴ	ˬham	ˬam	ˆc'am	ˆkam	ˆk'am	am˧	t'am˧	k'am˧
ˬk'am	ˬham ˬkaɴ	ˬham	ˬam	ˆc'am	ˆkam	ˆk'am	ˬham am˧	t'am˧	k'am˧
ˬk'am	ˬham	ˬham	ˬam	ˆc'am	ˆkam	ˆk'am	am˧	t'am˧	ˏk'am
ˬk'am	ˬham ˬkaɴ	ˬham	ˬam	ˆc'am	ˆkam	ˆk'am	am˧	t'am˧	k'am˧
ˬk'am	ˬham ˬkaɴ	ˬham	ˬam	ˆc'am	ˆkam	ˆk'am	ˆam	t'am˧	k'am˧
ˬk'aŋ	ˬhaŋ	ˬhaŋ	ˬaŋ	ˆc'aŋ	ˆkaŋ	ˆk'aŋ		t'aŋ˧	k'aŋ˧
							厦の文言音は'含'の類推か。		

憾	暗	答	搭	踏	納	拉	雜	蛤	鴿
咸開一 去勘匣	咸開一 去勘影	咸開一 入合端	咸開一 入合端	咸開一 入合透	咸開一 入合泥	咸開一 入合来	咸開一 入合從	咸開一 入合見	咸開一 入合見
həm	'am	tap	tap	t'ap	nap	lap	dzap	kap	kəp
ham^2	am^2	tap$_2$ / ta$?_2$	tap$_2$ / ta$?_2$	tap$_2$ / ta$?_2$	lap$_2$	$\{$lap$_2$ / liap$_2\}$	cap$_2$	kap$_2$	kap$_2$ / ka$?_2$
ham^2	am^2	tap$_2$ / ta$?_2$	tap$_2$ / ta$?_2$	tap$_2$ / ta$?_2$	lap$_2$	$\{$lap$_2$ / liap$_2\}$	cap$_2$	kap$_2$	kap$_2$ / ka$?_2$
ham^2	am^2	tap$_2$ / ta$?_2$	tap$_2$ / ta$?_2$	tap$_2$	lap$_2$	liap$_2$	cap$_2$	kap$_2$	kap$_2$
ham^2	am^2	tap$_2$ / ta$?_2$	tap$_2$ / ta$?_2$	tap$_2$	lap$_2$	liap$_2$	cap$_2$	kap$_2$	kap$_2$
ham^2	am^2	tap$_2$ / ta$?_2$	ta$?_2$	ta$?_2$	nap$_2$	˪la	cap$_2$	kap$_2$	kap$_2$
haŋ^2	aŋ^2	tak$_2$	tak$_2$	tak$_2$	nak$_2$	˪la	cak$_2$	kak$_2$	kak$_2$
		莆 ta$?_2$ 海 da$?_2$	莆 ta$?_2$	『集韻』の「達合切」にかなう。	仙 na$?_2$	潮、福は官話からの借用か。	莆 ca$?_2$		

閣	合	合	盒	担	痰	談	藍	籃	慚
咸開一	咸開一	咸開一	咸開一	咸開一	咸開一	咸開一	咸開一	咸開一	咸開一
入合見	入合見	入合匣	入合匣	平談端	平談定	平談定	平談来	平談来	平談從
kəp	kəp	həp	həp	tam	dam	dam	lam	lam	dzam
kap, ka?,	kap, ha?,	hap, a?,	ap, ṭaN	ṭam	t'am	ṭam	ḷam naN	ḷam naN	c'am
kap, ka?,	kap, ha?,	hap, a?,	ap, ṭaN	ṭam	t'am	ṭam	ḷam naN	ḷam naN	c'am
kap, ka?,	kap,	hap, a?,	ap, ṭaN	ṭam	t'am	ṭam	ḷam naN	ḷam naN	c'am
kap, ka?,	kap, ha?,	hap, a?,	ap, ṭaN	ṭam	t'am	ṭam	ḷam naN	ḷam naN	c'am
kap,	kap, ha?,		ap, ṭaN	ṭam	t'am	ṭam	ḷam	ḷam naN	c'am
kak,		hak,	ak, ṭaŋ	t'aŋ	ṭaŋ	ḷaŋ	ḷaŋ	c'aŋ	
		仙ka? :ha?,				蕭ṭ'aŋ			

三	甘	柑	蚶	酣	胆	毯	淡	覽	攬
咸開一	咸開一	咸開一	咸開一	咸開一	咸開一	咸開一	咸開一	咸開一	咸開一
平談心	平談見	平談見	平談曉	平談匣	上敢端	上敢透	上敢定	上敢來	上敢來
sam	kam	kam	ham	ham	ˈtam	ˈt'am	damˎ	lam	lam
ˬsam	ˬkam	ˬkam	ˬham	ˬham	ˈtam	ˈt'am	tamˎ	ˈlam	ˈlam
ˬsaN					ˈtaN	ˈt'aN			
ˬsam	ˬkam	ˬkam	ˬham	ˬham	ˈtam	ˈt'am	tamˎ	ˈlam	ˈlam
ˬsaN					ˈtaN	ˈt'aN			
ˬsam	ˬkam	ˬkam	ˬham	ˬham	ˈtam	ˈt'am	tamˎ	ˈlam	ˈlam
ˬsaN					ˈtaN	ˈt'aN			
ˬsam	ˬkam	ˬkam	ˬham	ˬham	ˈtam		tamˎ	ˈlam	ˈlam
ˬsaN					ˈtaN	ˈt'aN			
	ˬkam		ˬham	ˬham				ˈlam	ˈlam
ˬsaN		ˬkaN			ˈtaN	ˈt'aN	t'aNˎ		
ˬsaŋ	ˬkaŋ	ˬkaŋ	ˬhaŋ		ˈtaŋ	ˈt'aŋ	taŋˎ	ˈlaŋ	ˈlaŋ
仙ˬsaŋ						海ˈda	海damˎ		
:ˬsaN									

欖	敢	橄	喊	担挑担	濫	暫	塔	塌	蠟
咸開一	咸開一	咸開一	咸開一	咸開一	咸開一	咸開一	咸開一	咸開一	咸開一
上敢来	上敢見	上敢見	上敢曉	去闞端	去闞来	去闞從	入盍透	入盍透	入盍来
lam	kam	kam	ham	tam	lam	dzam	t'ap	t'ap	lap
ʻlam	ʻkam	ʻkam	ʻham ʻhan	tam⊃	lam²	ciam²	t'ap₂	t'ap₂	liap₂
ʻnan	ʻkan	ʻkan	ʻhan	tan⊃			t'aʔ₂		laʔ₂
ʻlam	ʻkam	ʻkam	ʻham ʻhan	tam⊃	lam²	ciam²	t'ap₂	t'ap₂	liap₂
ʻnan	ʻkan	ʻkan	ʻhan	tan⊃			t'aʔ₂		laʔ₂
ʻlam	ʻkam	ʻkam	ʻham	tam⊃	lam²	ciam²	t'ap₂	t'ap₂	lap₂
ʻnan	ʻkan	ʻkan		tan⊃			t'aʔ₂		laʔ₂
ʻlam	ʻkam	ʻkam	ʻham	tam⊃	lam²	ciam²	t'ap₂	t'ap₂	
ʻnan	ʻkan	ʻkan		tan⊃			t'aʔ₂		laʔ₂
ʻlam			ham⊃		ʻlam²	ciam²	t'ap₂	t'ap₂	
	ʻkan	ʻkan		tan⊃			t'aʔ₂		laʔ₂
ʻlaŋ	ʻkaŋ	ʻkaŋ	ʻhaŋ	taŋ⊃	laŋ²	caŋ²	t'ak₂	t'ak₂	lak₂
					閩南,潮 は'漸'の類推か			台·厦の文言音は'獵'の類推か	

臘	磕	盍	讒	饞	杉	咸	鹹	斬	減
咸開一	咸開一	咸開一	咸開二	咸開二	咸開二	咸開二	咸開二	咸開二	咸開二
入盍来	入盍溪	入盍匣	平咸崇	平咸崇	平咸生	平咸匣	平咸匣	上豏莊	上豏見
lap	kʼap	ɦap	dʐɐm	dʐɐm	sɐm	ɦɐm	ɦɐm	tʂɐm	kɐm
lap̣ la?̣	kʼap̣	ap̣	ˍcʼam	ˍcʼam	ˍsam	ˍham	ˍham ˍkiam	ˊcam	ˊkiam
{ lap̣ / liap̣ la?̣	kʼap̣ kʼap̣	ap̣	ˍcʼam	ˍcʼam	ˍsam	ˍham	ˍham ˍkiam	ˊcam	ˊkiam
lap̣ la?̣	kʼap̣	ap̣	ˍcʼam	ˍcʼam	ˍsam	ˍham	ˍham ˍkiam	ˊcam	ˊkiam
la?̣	kʼap̣	ap̣	ˍcʼam	ˍcʼam	ˍsam	ˍham	ˍham ˍkiam	ˊcam	ˊkiam
la?̣	kʼap̣	kap̣	ˍcʼam	ˍcʼam	ˍsam	ˍham	ˍkiam	ˊcam	ˊkiam
laḳ		haḳ	ˍcʼaŋ	ˍcʼaŋ	ˍsaŋ	ˍhaŋ	ˍkeŋ	ˊcaŋ	ˊkeŋ
厦の liap̣ は'獵'の類推か							莆 ˍkiaŋ		莆 ˊkiaŋ

153

賺	站車站	蘸	陷	餡	眨	插	煠	夾	裌
咸開二	咸開二	咸開二	咸開二	咸開二	咸開二	咸開二	咸開二	咸開二	咸開二
去陷澄	去陷澄	去陷莊	去陷匣	去陷匣	入洽莊	入洽初	入洽崇	入洽見	入洽見
dɐm	dɐm	tʂɐm	hɐm	hɐm	tʂɐp	tsʻɐp	dzɐp	kɐp	kɐp
cam²	cam²	cam²	ham²	ham²	cʻiap.	cʻap.	iap.	kiap.	kiap.
				aN²		cʻaʔ.	saʔ.	ɳeNʔ.	
cam²	cam²	cam²	ham²	ham²	cʻiap.	cʻap.	iap.	kiap.	kiap.
				aN²		cʻaʔ.	saʔ.	ɳueNʔ.	
ciam²	cam²	cam²	ham²			cʻap.		kiap.	kiap.
				aN²		cʻaʔ.	saʔ.	ɳeNʔ.	koiʔ.
	cam²	cam²	ham²			cʻap.		kiap.	kiap.
				aN²		cʻaʔ.	saʔ.	ɳainʔ.	
	ᶜcam²	cam²	ham²		cap.			kiap.	kiap.
(cueɳ)				aN²		cʻaʔ.	saʔ.	koiʔ.	koiʔ.
	caɳ²		haɳ²	aɳ²		cʻak.		kak.	kak.
								kek.	
潮は官話 の〔tʂuaní 〕からの 借用形。				仙 aN²			文言音は 「与渉切 」にかな う。		

恰	招	峽	狹	洽	擾	衫	監 監察	嵌	巖
咸開二	咸開二	咸開二	咸開二	咸開二	咸開二	咸開二	咸開二	咸開二	咸開二
入洽溪	入洽溪	入洽匣	入洽匣	入洽匣	平銜初	平銜生	平銜見	平銜溪	平銜疑
kʻɐp	kʻɐp	hɐp	hɐp	hɐp	tsăm	săm	kăm	kăm	ŋăm
ｋʻap₂	ｋʻap₂	kiap₂	hiap₂ e?₂	hiap₂	ˏcam	ˏsam ˏsaN	ˏkam ˏkan	{ˏkʻam ˏkʻam₂	ˏgam ˏgiam
ｋʻap₂	ｋʻap₂	{kiap₂ hiap₂ ue?₂	hiap₂	hiap₂	ˏcam	ˏsam ˏsaN	ˏkam ˏkan	{ˏkʻam ˏkʻam₂	{ˏgam ˏgiam
ｋʻap₂		kiap₂ hoi?₂	hiap₂ oi?₂	hiap₂	ˏcam	ˏsam ˏsaN	ˏkam ˏkan	ˏkʻam ˏkʻam₂	ˏgam ˏgiam
ｋʻap₂		kiap₂	hiap₂ ai?₂	hiap₂		ˏsam ˏsaN	ˏkam ˏkan	ˏkʻam	ˏgam
ｋʻap₂	ｋʻap₂	kiap₂	hiap₂ oi?₂		ˏcam	ˏsaN		ˏkam ˏkʻam₂	ˏŋam
ｋʻak₂				hak₂		ˏsaŋ	ˏkaŋ		ŋieŋ
				台.厦は`讒.饞 `の類推か。				陰去は『集韻』の `苦濫切」にかなう。	giam ŋieŋ は『集韻』の「魚 枕切」にかなう。

衒	艦	懺	監	鑑	甲	胛	匣	押	鴨
咸開二	咸開二	咸開二	咸開二	咸開二	咸開二	咸開二	咸開二	咸開二	咸開二
平衒匣	上檻匣	去鑑初	去鑑初	去鑑見	入狎見	入狎見	入狎匣	入狎影	入狎影
hăm	hăm	tsăm	kăm	kăm	kăp	kăp	hăp	ʼăp	ʼăp
˳ham	lamˋ	cˊamˋ	kamˋ	kamˋ	kap˴	kap˴	əp˴	əp˴	əp˴
˳kam					kaʔ˴	kaʔ˴	aʔ˴	aʔ˴	aʔ˴
˳ham	lamˋ	cˊamˋ	kamˋ	kamˋ	kap˴	kap˴	əp˴	əp˴	əp˴
˳kam					kaʔ˴	kaʔ˴	aʔ˴	aʔ˴	aʔ˴
˳ham	lamˋ	cˊamˋ	kamˋ	kamˋ	kap˴		əp˴	əp˴	əp˴
˳kam					kaʔ˴	kaʔ˴	aʔ˴	aʔ˴	aʔ˴
˳ham		cˊamˋ	kɑmˋ	kɑmˋ	kɑp˴	kɑp˴	əp˴	əp˴	əp˴
˳kam					kaʔ˴	kaʔ˴	aʔ˴	aʔ˴	aʔ˴
˳ham	lamˋ	cˊamˋ	kɑmˋ	kɑmˋ			əp˴	əp˴	əp˴
					kaʔ˴	kaʔ˴		aʔ˴	aʔ˴
		kaŋˋ	kaŋˋ	kak˴	kak˴	ak˴	ak˴	ak˴	
˳kaŋ									
							莆 aʔ˴		

156

压	黏	廉	簾	尖	殲	籤	韱	潛	暹
咸開二	咸開三	咸開三	咸開三	咸開四	咸開四	咸開四	咸開四	咸開四	咸開四
入狎影	平鹽泥	平鹽來	平鹽來	平鹽精	平鹽精	平鹽清	平鹽清	平鹽從	平鹽心
ʼăp	niɛm	liɛm	liɛm	tsiɛm	tsiɛm	tsʻiɛm	tsʻiɛm	dziɛm	siɛm
ap,	₌liam	₌liam	₌liam / ₌niN / ₌li	₌ciam	₌cʻiam	₌cʻiam	₌cʻiam	₌ciam	siam
ap,	₌liam	₌liam	₌liam / ₌niN / ₌li	₌ciam	₌cʻiam	₌cʻiam	₌cʻiam	₌ciam	siam
ap,	₌liam	₌liam	₌liam / ₌li	₌ciam	₌cʻiam	₌cʻiam	₌cʻiam	₌ciam	siam
ap,	₌liam	₌liam	₌liam	₌ciam	₌cʻiam	₌cʻiam	₌cʻiam	₌ciam	₌siam
ap,	₌liam	₌liam	₌liam	₌ciam	₌cʻiam	₌cʻiam	₌cʻiam	₌ciam	₌siam
ak,	₌niɛŋ	₌liɛŋ	₌liɛŋ	₌ciɛŋ	₌cʻiɛŋ	₌cʻiɛŋ	₌cʻiɛŋ		₌siɛŋ

157

纖	霑	占	詹	瞻	蟾	鉗	淹	閹	炎
咸開四	咸開三	咸開三	咸開三	咸開三	咸開三	咸開三	咸開三	咸開三	咸開三
平塩心	平塩知	平塩章	平塩章	平塩章	平塩禪	平塩群	平塩影	平塩影	平塩云
siɛm	ţïɛm	tɕiɛm	tɕiɛm	tɕiɛm	ʒiɛm	gïɛm	·ïɛm	·ïɛm	hïɛm
c'iam	tiam	ciam	ciam	ciam	siam	k'iam ˏk'iN	ˏiam	ˏiam	iam
c'iam	tiam	ciam	ciam	ciam	siam	k'iam ˏk'iN	ˏiam	ˏiam	ˏiam
siam	tiam	ciam	ciam	ciam	siam	k'iam ˏk'iN	ˏiam	ˏiam	ˏiam
siam	tiam	ciam	ciam	ciam	siam	k'iam ˏk'iN	ˏiam	ˏiam	iam
c'iam	tiam	ciam	ciam	ciam	siam	k'iam	ˏiam	ˏiam	iam
		ˏcieŋ	ˏcieŋ	ˏcieŋ	sieŋ	k'ieŋ	ˏieŋ	ˏieŋ	ˏieŋ
									台·泉·潮は焰と澗同。

塩	圅	簷	眨	斂	漸	陝	閃	冄	枏
咸開四	咸開四	咸開四	咸開三	咸開三	咸開四	咸開三	咸開三	咸開三	咸開三
平塩以	平塩以	平塩以	上琰幫	上琰来	上琰從	上琰書	上琰書	上琰日	上琰日
ˌjiɛm	ˌjiɛm	ˌjiɛm	ˈpiɛm	ˈliïɛm	dziɛm	ʃiɛm	ʃiɛm	řiɛm	řiɛm
ˌiam	ˌiam ˌgiam	ˏsiam	ˈpian	ˈliam	ciam⊃	ˈsiam	ˈsiam	ˈliam	ˈliam ˈniN
ˌiam	ˌiam ˌgiam	{ ˏsiam / ˌliam }	ˈpian	ˈliam	ciam⊃	ˈsiam	ˈsiam	ˈliam	ˈliam ˈniN
ˌiam	ˌiam	ˌliam	ˈpian	ˈliam	ciam	ˈsiam	ˈsiam	ˈziam	ˈziam ˈniN
ˌiam	ˌiam	{ ˏsiam / ˌliam }	ˈpian	ˈliam	ciam⊃	ˈsiam	ˈsiam	ˈliam	ˈliam ˈniN
ˌiam	ˌŋiam	ˏsiam	ˈpieŋ	ˈliam	ˈciam	ˈsiam	ˈsiam	ˈziam	ˈziam ˈniN
ˌsieŋ	ˌŋieŋ	ˏsieŋ	ˈpieŋ	ˈlieŋ	cieŋ	ˈsieŋ	ˈsieŋ	ˈieŋ	ˈnieŋ
			海 ˈɓien						

檢	臉	儉	險	掩	殮	佔	驗	厭	焰
咸開三	咸開三	咸開三	咸開三	咸開三	咸開三	咸開三	咸開三	咸開四	咸開四
上琰見	上琰見	上琰群	上琰曉	上琰影	去豔來	去豔章	去豔疑	去豔影	去豔以
kiɛm	kiɛm	giɛm	hiɛm	ˈiɛm	liɛm	ʮiɛm	ŋiɛm	ˈiɛm	jiɛm
ˈkiam	ˈliam	kʰiam	hiam	ˈiam	liam	ciam	giam	iam	iam
ˈkiam	ˈliam	kʰiam	hiam	ˈiam	liam	ciam	giam	iam	iam
ˈkiam	ˈliam	kʰiam	hiam	ˈiam	liam	ciam	giam	iam	iam
ˈkiam	ˈliam	kʰiam	hiam	ˈiam	liam	ciam	ŋiam	iam	iam
ˈkiam	ˈlien	kʰiam	hiam	ˈiam	liam	ciam	ŋiam	iam	iam
kieŋ	lieŋ	kieŋ	hieŋ	ˈieŋ		cieŋ	ŋieŋ	ieŋ	ieŋ

豔	聶	獵	接	妾	捷	摺	攝	涉	葉
咸開四	咸開三	咸開三	咸開四	咸開四	咸開四	咸開三	咸開三	咸開三	咸開四
去豔以	入葉泥	入葉來	入葉精	入葉清	入葉從	入葉章	入葉書	入葉禪	入葉以
jiɛm	niɛp	liɛp	tsiɛp	ts'iɛp	dziɛp	tʃiɛp	ʃiɛp	ʒiɛp	jiɛp
iam²	liap₁	liap₂ la?₂	ciap₁ ci?₁	c'iap₁	ciat₂ ciap₂	ciap₁ ci?₁	liap₁	siap₂	iap₂
{iam² lau²	liap₁	liap₂ la?₂	ciap₁ ci?₁	c'iap₁	ciat₂ ciap₂	ciap₁ ci?₁	liap₁	siap₂	iap₂
iam²	liap₁	lap₂ la?₂	ciap₁ ci?₁	c'iap₁	{ciat₂ ciap₂	liap₁	{liap₂ siap₂ ci?₁	siap₂	iap₂
iam²	liap₁	la?₂	ciap₁ ci?₁	c'iap₁	ciat₂		liap₁ ci?₁	siap₂	iap₂
iam²	niap₁	la?₂	ciap₁ ci?₁	c'iap₁	ciap₂		niap₁ ci?₁	siap₂	iap₂
ieŋ²	niek₂		ciek₁	c'ick₁				siek₂	iek₂

頁	嚴	醃	儼	劍	欠	釅	劫	怯	業
咸開四 入葉以	咸開三 平嚴疑	咸開三 平嚴影	咸開三 上儼疑	咸開三 去釅見	咸開三 去釅溪	咸開三 去釅疑	咸開三 入業見	咸開三 入業溪	咸開三 入業疑
jiɛp	ŋiɛm	ˈiɛm	ŋiɛm	kiɛm	kʻiɛm	ŋiɛm	kiɛp	kʻiɛp	ŋiɛp
iap	giam	iam	giam	kiam	kʻiam	giam	kiap	kʻiap	giap
iap	giam	iam	giam	kiam	kʻiam	giam	kiap	kʻiap	giap
iap	giam	iam	giam	kiam	kʻiam	giam	kiap	kʻiap	giap
(hie?)	ŋiam	iam	ŋiam	kiam	kʻiam	ŋiam	kiap	kʻiap	ŋiap
iek	ŋieŋ	ieŋ		kieŋ	kʻieŋ		kiek	kʻiek	ŋiek
									莆 kia?

脅	添	甜	鮎	拈	兼	謙	馦	嫌	点
咸開三	咸開四	咸開四	咸開四	咸開四	咸開四	咸開四	咸開四	咸開四	咸開四
入業曉	平添透	平添定	平添泥	平添泥	平添見	平添溪	平添曉	平添匣	上忝端
hiɛp	t'em	dem	nem	nem	kem	k'em	hem	hem	tem
hiap	ˬt'iam	ˬtiam	ˬliam	ˬliam	ˬkiam	ˬk'iam	ˬhiam	ˬhiam	˩tiam
	ˬt'iN	ˬtiN		ˬniN					
hiap	ˬt'iam	ˬtiam	ˬliam	{ˬliam / ˬliam}	ˬkiam	ˬk'iam	ˬhiam	ˬhiam	˩tiam
	ˬt'iN	ˬtiN		ˬniN					
hiap	ˬt'iam	ˬtiam	ˬciam	{ˬliam / ˬliam}	ˬkiam	ˬk'iam	ˬhiam	ˬhiam	˩tiam
	ˬt'iN	ˬtiN		ˬniN					
hiap	ˬt'iam	ˬtiam	ˬliam	ˬliam	ˬkiam	ˬk'iam	ˬhiam	ˬhiam	˩tiam
	ˬt'iN	ˬtiN		ˬniN					
hiap	ˬt'iam	ˬtiam	ˬliam	ˬliam	ˬkiam	ˬk'iam		ˬhiam	˩tiam
	ˬt'iN								
hiek	ˬtieŋ	ˬtieŋ			ˬkieŋ	ˬk'ieŋ		ˬhieŋ	˩tieŋ
									ˬteŋ
	海 ˬdiam				莆 ˬk'iaŋ				海 ˬdiam

忝	簟	店	墊	念	僭	帖	貼	置	碟
咸開四	咸開四	咸開四	咸開四	咸開四	咸開四	咸開四	咸開四	咸開四	咸開四
上忝透	上忝定	去桼端	去桼端	去桼泥	去桼精	入帖透	入帖透	入帖定	入帖定
t'em	dem	tem	tem	nem	tsem	t'ep	t'ep	dep	dep
t'iam	tiam	tiam	tiam	liam	c'iam	t'iap,	t'iap,	tiap,	tiap,
								t'iap,	ti?,
t'iam	tiam	tiam	tiam	liam	c'iam	t'iap,	t'iap,	tiap,	tiap,
								t'iap,	ti?,
t'iam	tiam	tiam	tiam	liam	c'iam	t'iap,	t'iap,	tiap,	tiap,
								t'iap,	ti?,
t'iam	tiam	tiam	tiam	liam	c'iam	t'iap,	t'iap,	tiap,	tiap,
								t'iap,	ti?,
t'iam		tiam		liam	c'iam	t'iap,	t'iap,	t'iap,	tiap,
									ti?,
				nien				tiek,	tiek,
		teŋ	teŋ	neŋ		t'ek,	t'ek,		
		海 diam,						海 diap,	

牒	蝶	諜	莢	挾	俠	協	凡	帆	犯
咸開四	咸開四	咸開四	咸開四	咸開四	咸開四	咸開四	咸合三	咸合三	咸合三
入帖定	入帖定	入帖定	入帖見	入帖匣	入帖匣	入帖匣	平凡奉	平凡奉	上范奉
dep	dep	dep	kep	hep	hep	hep	biuʌm	biuʌm	biuʌm
tiap₂	tiap₂	tiap₂	kiap₂ ŋen?₂	hiap₂ ŋen?₂	kiap₂	hiap₂	huan²₂	huan²	huan²
tiap₂	tiap₂	tiap₂	kiap₂ ŋuen?₂	hiap₂ ŋuen?₂ hiap₂	kiap₂	hiap₂	huan²₂	huan²	huan²
tiap₂	tiap₂	tiap₂	kiap₂ koi?₂ ŋen?₂	hiap₂ ŋen?₂	hiap₂	hiap₂	huan²₂	huan²	huan²
tiap₂	tiap₂	tiap₃	kiap₂ ŋain?₂	hiap₂ ŋain?₂		hiap₂	huan²₂		huan²
tiap₂	tiap₂	tiap₂	k'oi?₂	kiap₂ k'oi?₂	hiap₂	hiap₂	huam²₂	huam²	huam²
tiek₂	tiek₂	tiek₂	kek₂		hiek₂	hiek₂	huaŋ²₂	huaŋ²	huaŋ²

范	範	泛	梵	法	乏	林	淋	臨	侵
咸合三	咸合三	咸合三	咸合三	咸合三	咸合三	深開三	深開三	深開三	深開四
上范奉	上范奉	去梵敷	去梵奉	入乏非	入乏奉	平侵来	平侵来	平侵来	平侵清
bǐuʌm	bǐuʌm	pǐuʌm	bǐuʌm	pǐuʌp	bǐuʌp	lǐəm	lǐəm	lǐəm	tsʼǐəm
huan²	huan²	huan²	huan	huat,	huat₂	₋lim	₋lim / ₋liam / ₋lam / ₋naN	₋lim / liam	₋cʼim
	quan²								
huan²	huan²	huan²	huan	huat,	huat₂	₋lim	₋lim / ₋liam / ₋lam / ₋naN	₋lim / liam	₋cʼim
huan²	huan²	huan²	huan²	huat,	huat₂	₋lim	₋lim / ₋naN	₋lim / liam	₋cʼim
huan²	huan²	huan²	huan²	huat,	huat₂	₋lim	₋lim / ₋naN	₋lim / ₋lam / liam	₋cʼim
₋huam	₋huam	huam²	huəŋ	huap,	huek₂	₋lim	₋lim	₋lim / ₋lam	₋cʼim
huaŋ²	huaŋ²	huaŋ²		huak,	huak₂	₋liŋ	₋liŋ	₋liŋ	₋cʼiŋ

心	尋	沉	簪	岑	森	參	針	斟	深
深開四	深開四	深開三	深開二	深開二	深開二	深開二	深開三	深開三	深開三
平侵心	平侵邪	平侵澄	平侵莊	平侵崇	平侵生	平侵生	平侵章	平侵章	平侵書
₋siam	₋ziam	₋dˇiam	₋tṣiam	₋dẓiam	₋ṣiam	₋ṣiam	₋tʃiam	₋tʃiam	₋ʃiam
₋sim	₋sim	₋tim ₋tiam	₋cim ₋ciam	₋gim	₋sim	₋sim { ₋cim / ₋ciam / ₋sam }		₋cim	₋cim
₋sim	₋sim	₋tim ₋tiam	₋cim ₋ciam	₋gim	₋sim	₋sim { ₋cim / ₋ciam / ₋som }		₋cim	₋cim
₋sim	₋sim	₋tim ₋tiam	₋com	₋gim	₋som	₋som { ₋cim / ₋ciam }		₋cim	₋cim
₋sim	₋sim	₋tim ₋tiam ₋ciam		₋gim	₋sim	₋sim	₋ciam	₋cim	₋cim
₋sim	₋cim	₋tim ₋ciam		₋ŋim	₋siam	₋siam ₋cam		₋cim	₋cim
₋siŋ	₋siŋ	₋tiŋ ₋tʼeŋ			₋seŋ	₋seŋ ₋ceŋ		₋ciŋ	₋siŋ
莆₋siŋ			覃韻t參 照。				莆₋ciaŋ	仙₋ciŋ

167

壬	今	金	襟	欽	琴	禽	擒	吟	音
深開三	深開三	深開三	深開三	深開三	深開三	深開三	深開三	深開三	深開三
平侵日	平侵見	平侵見	平侵見	平侵溪	平侵群	平侵群	平侵群	平侵疑	平侵影
řiam	k̈iam	k̈iam	k̈iam	k'iam	g̈iam	g̈iam	g̈iam	ŋiam	'iam
₌lim	₌kim ₌kin	₌kim	₌kim	₌k'im	₌k'im	₌k'im	₌k'im	₌gim	₌im
₌lim	₌kim ₌kin	₌kim	{₌k'im ₌kim}	₌k'im	₌k'im	₌k'im	₌kim	₌gim	₌im
₌zim	₌kim	₌kim	₌k'im	₌k'im	₌k'im	₌k'im	₌k'im	₌gim	₌im
₌lim	₌kim ₌kin	₌kim	₌k'im	₌k'im	₌k'im	₌k'im	₌k'im	₌gim	₌im
₌zim	₌kim ₌kiŋ	₌kim	₌k'im	₌k'im	₌k'im	₌k'im	₌k'im	₌ŋim	₌im
	₌kiŋ	₌kiŋ		₌k'iŋ	₌k'iŋ	₌k'iŋ	₌k'iŋ	₌ŋiŋ	₌iŋ
		莆₌kiŋ		仙₌k'iŋ					莆₌iŋ

168

陰	淫	稟	品	寢	朕	枕	沈	審	嬸
深開三	深開四	深開三	深開三	深開四	深開三	深開三	深開三	深開三	深開三
平侵影	平侵以	上寢幫	上寢滂	上寢清	上寢澄	上寢章	上寢書	上寢書	上寢書
ˈiəm	jiəm	pˈiəm	pʻiəm	tsʻiəm	diəm	tʃiəm	ʃiəm	ʃiəm	ʃiəm
ˍim	ˍim	ˈpin	ˈpʻin	ˈcim	tim	ˈcim	ˈsim	ˈsim	ˈsim / ˈcim
ˍim	ˍim	ˈpin	ˈpʻin	ˈcim	tim	ˈcim	ˈsim	ˈsim	ˈsim / ˈcim
ˍim	ˍim	ˈpin	ˈpʻin	ˈcim	tim	ˈcim	ˈsim	ˈsim	ˈsim / ˈcim
ˍim	ˍim	ˈpin	ˈpʻin	ˈcim	tim	ˈcim	ˈsim	ˈsim	ˈcim
ˍim	ˍim	ˈpiŋ	ˈpʻiŋ	ˈcim	ˈtim	ˈcim	ˈsim	ˈsim	ˈsim
ˍiŋ	ˍiŋ	ˈpiŋ	ˈpʻiŋ	ˈciŋ		ˈciŋ	ˈsiŋ	ˈsiŋ	ˈsiŋ
									嬸ˈsiŋ

甚	錦	飲	賃	浸	鴆	參	枕鋤詞	任	妊
深用三	深用三	深用三	深用三	深用四	深用三	深用二	深用三	深用三	深用三
上寢禪	上寢見	上寢影	去沁泥	去沁精	去沁澄	去沁生	去沁章	去沁日	去沁日
ʒiam	kiam	ˈiam	niam	tsiam	diam	siam	tʃiam	ȵiam	ȵiam
sim²	ˈkim	ˈim	lim²	cim³	t'im³	sim³ / siam³	cim³	lim²	lim²
sim²	ˈkim	ˈim	lim²	cim³	t'im³	sim³ / siam³	cim²	lim²	lim²
sim²	ˈkim	ˈim	zim²	cim³	t'im³	/ siam³		zim²	zim²
sim²	ˈkim	ˈim	lim²	cim³	t'im³	sim³ / siam³		lim²	lim²
ˈsim	ˈkim	ˈim	²zim	cim³	ˌtim	/ siam³		²zim	²zim
siŋ²	ˈkiŋ	ˈiŋ	iŋ²	ciŋ³				iŋ²	iŋ²

禁	妗	蔭	立	笠	粒	緝	集	輯	習
深開三	深開三	深開三	深開三	深開三	深開三	深開四	深開四	深開四	深開四
去沁見	去沁群	去沁影	入緝來	入緝來	入緝來	入緝清	入緝從	入緝從	入緝邪
kïəm	gïəm	˙ïəm	lïəp	lïəp	lïəp	tsʻïəp	dzïəp	dzïəp	zïəp
kim³	kim⁵	im³	lip₈	lip₈ leʔ₈	lip₈ liap₈	cʻip₇	cip₈	cip₈	sip₈
kim³	kim⁵	im³	lip₈	lip₈ lueʔ₈	lip₈ liap₈	cʻip₇	cip₈	cip₈	sip₈
kim³	kim⁵	im³	lip₈	lip₈ loiʔ₈	{ lip₈ liap₈	cʻip₇	cip₈	cʻip₈	sip₈
kim³	kim⁵	im³	lip₈	lip₈ ləiʔ₈	lip₈ liap₈	cʻip₇	cip₈	cip₈	sip₈
kim³	kim⁵	im³	lip₈	loiʔ₈	liap₈	cʻip₇	cip₈	cʻip₈	sip₈
kiŋ³	kiŋ⁵	iŋ³	lik₈	lik₈ lak₈			cik₈		sik₈
		莆 liʔ₈							仙 siʔ₈

襲	蟄	澀	汁	執	溼	十	拾	入	急
深開三	深開三	深開二	深開三	深開三	深開三	深開三	深開三	深開三	深開三
入緝邪	入緝澄	入緝生	入緝章	入緝章	入緝書	入緝禪	入緝禪	入緝日	入緝見
ziap	diap	siap	tʃiap	tʃiap	siap	ʒiap	ʒiap	řiap	kiap
sip	cip	sip, siap	ciap	cip	sip	sip, cap	sip	lip	kip
sip	cip	sip, siap	ciap	cip	sip	sip, cap	sip	lip	kip
sit	tit	siap	ciap	cip	sip	sip, cap	sip	zip	kip
sip		sip, siap	ciap	cip	sip	sip, cap	sip	lip	kip
sip	tek	siap	cap	cip	sip	sip, cap	sip	zip	kip
sik		sek	cek	cik	sik	sik, sek	sik	ik	kik
	台・厦は『集韻』の「質入切」にかなう。	莆 siaʔ						莆 tiʔ	仙 kiʔ

172

級	給	泣	及	吸	邑	揖	丹	單軃	攤
深開三	深開三	深開三	深開三	深開三	深開三	深開四	山開一	山開一	山開一
入緝見	入緝見	入緝溪	入緝群	入緝曉	入緝影	入緝影	平寒端	平寒端	平寒透
kïəp	kïəp	k'ïəp	gïəp	hïəp	'ïəp	'ïəp	tan	tan	t'an
kip̣	kip̣	k'ip̣	kip̣	k'ip̣	ip̣	ip̣	ˌtan	ˌtan	ˌt'an
								ˌtuaN	ˌt'uaN
kip̣	kip̣	k'ip̣	kip̣	k'ip̣	ip̣	ip̣	ˌtan	ˌtan	ˌt'an
								ˌtuaN	ˌt'uaN
kip̣	kip̣	k'ip̣	kip̣	k'ip̣	ip̣	ip̣	ˌtan	ˌtan	ˌt'an
								ˌtuaN	ˌt'uaN
kip̣	kip̣	k'ip̣	kip̣	k'ip̣	ip̣	ip̣	ˌtan	ˌtan	ˌt'an
								ˌtuaN	ˌt'uaN
k'ip̣	kip̣	k'ip̣	kip̣	k'ip̣	ip̣	ip̣	ˌtaŋ	ˌtaŋ	ˌt'aŋ
								ˌtuaN	ˌt'uaN
kiḳ	kiḳ	k'iḳ	kiḳ	ŋiḳ	iḳ	iḳ	ˌtaŋ	ˌtaŋ	ˌt'aŋ
							海ˌdaŋ	莆ˌtua	

173

灘	彈彈彈	壇	檀	難難易	欄	攔	蘭	餐	殘
山開一	山開一	山開一	山開一	山開一	山開一	山開一	山開一	山開一	山開一
平寒透	平寒定	平寒定	平寒定	平寒泥	平寒來	平寒來	平寒來	平寒清	平寒從
tʻan	dan	dan	dan	nan	lan	lan	lan	tsʻan	dzan
˳tʻan / tʻuaN	˳tan / tuaN	˳tan / tuaN	˳tan / tuaN	˳lan	˳lan / nuan	˳lan / nuan	˳lan	cʻan	{ ˳can / ˳can / cuan }
˳tʻan / tʻuaN	˳tan / tuaN	˳tan / tuaN	˳tan / tuaN	˳lan	˳lan / nuan	˳lan / nuan	˳lan	cʻan	{ ˳can / ˳can / cuan }
˳tʻan / tʻuaN	tʻan / tuaN	tʻan / tuaN	tʻan / tuaN	˳lan	˳lan	˳lan / nuaN	˳lan	cʻan	˳can / cuaN
tʻan / tʻuaN	˳tan / tuaN	˳tan / tuaN	˳tan / tuaN	˳lan	˳lan	˳lan / nuaN	˳lan	cʻan	˳can / cuaN
˳tʻaŋ	˳tʻaŋ / tuaN	tuaN	˳tʻaŋ / tuaN	˳laŋ	˳laŋ	˳laŋ	˳laŋ	cʻaŋ	˳caŋ
˳tʻaŋ	˳tʻaŋ	˳tʻaŋ	˳tʻaŋ	˳naŋ	˳laŋ	˳laŋ	˳laŋ	cʻuaŋ	˳caŋ
		海˳haŋ :ðua	海˳haŋ :ðua	仙˳naŋ					

174

珊	干	肝	竿	乾乾溫看看守	看	刊	罕	寒	韓
山開一	山開一	山開一	山開一	山開一	山開一	山開一	山開一	山開一	山開一
平寒心	平寒見	平寒見	平寒見	平寒見	平寒溪	平寒溪	平寒曉	平寒匣	平寒匣
san	kan	kan	kan	kan	kʻan	kʻan	han	han	han
ˌsan	ˌkan	ˌkan	ˌkan	ˌkan	ˌkʻan	ˌkʻan	ʻhan	ˌhan	ˌhan
		ˌkuan	kuan	kuan			huan	ˌkuan	
ˌsan	ˌkan	ˌkan	ˌkan	ˌkan	ˌkʻan	ˌkʻan	ʻhan	ˌhan	ˌhan
		kuan	kuan	ˌkuan			huan	ˌkuan	
ˌsan	ˌkan	ˌkan	ˌkan	ˌkan	ˌkʻan	ʻhan	ˌhan	ˌhan	
		kuan						ˌkuan	
ˌsan	ˌkan	ˌkan	ˌkan	ˌkan	ˌkʻan	ˌkʻan		ˌhan	ˌhan
		kuan					huan	ˌkuan	
ˌsaŋ	ˌkaŋ	ˌkaŋ	ˌkaŋ	ˌkaŋ	ˌkʻaŋ	ˌkʻaŋ	ˌhaŋ	ˌhaŋ	ˌhaŋ
	kuaŋ	kuaŋ						ˌkuaŋ	
ˌsaŋ	ˌkaŋ	ˌkaŋ	ˌkaŋ	ˌkaŋ	ˌkʻaŋ	ˌkʻaŋ	ˌhaŋ	ˌhaŋ	ˌhaŋ
								ˌkaŋ	
	仙 ˌkuaŋ						仙 ˌhaŋ ːkuaŋ		

175

安	鞍	坦	誕	懶	散	傘	桿	趕	罕
山開一	山開一	山開一	山開一	山開一	山開一	山開一	山開一	山開一	山開一
平寒影	平寒影	上旱透	上旱定	上旱來	上旱心	上旱心	上旱見	上旱見	上旱曉
ʾan	ʾan	tʾan	dan	lan	san	san	kan	kan	han
ˌan	ˌan	ˊtʾan	tan²	ˊlan	ˊsan		ˊkan	ˊkan	ˊhan
ˌuan	ˌuan	ˊtʾuan		nuan²	ˊsuan			ˊkuan	
ˌan	ˌan	ˊtʾan	tan²	ˊlan	ˊsan		ˊkan	ˊkan	ˊhan
ˌuan	ˌuan			nuan²	ˊsuan			ˊkuan	
ˌan	ˌan	ˊtʾan	tan²	ˊlan	ˊsan	ˊsan	ˊkan	ˊkan	ˊhan
ˌuan	ˌuan	ˊtʾuan						ˊkuan	
ˌan	ˌan	ˊtʾan	tan²	ˊlan	ˊsan		ˊkan	ˊkan	ˊhan
ˌuan	ˌuan				ˊsuan			ˊkuan	
ˌaŋ	ˌaŋ	ˊtʾaŋ	taŋ²	ˊlaŋ			ˊhaŋ		ˊhaŋ
ˌuan	ˌuan						ˊkuan		
ˌaŋ	ˌaŋ	ˊtʾaŋ		ˊlaŋ	ˊsaŋ	ˊsaŋ	ˊkaŋ	ˊkaŋ	ˌaŋ
仙 ˌaŋ					翰韓散參照。				

旱	旦	炭	歎	但	蛋	彈	憚	難	爛
山開一	山開一	山開一	山開一	山開一	山開一	山開一	山開一	山開一	山開一
上旱匣	去翰端	去翰透	去翰透	去翰定	去翰定	去翰定	去翰定	去翰泥	去翰來
han	taN	tʰaN	tʰaN	daN	daN	daN	daN	naN	laN
han²	taN²	tʰaN²	tʰaN²	taN²	taN²	taN²	taN²	laN²	laN²
uaN²	tuaN²	tʰuaN²			taN²	tuaN²	tuaN²		nuaN²
han²	taN²	tʰaN²	tʰaN²	taN²	taN²	taN²	taN²	laN²	laN²
uaN²	tuaN²	tʰuaN²				tuaN²	tuaN²		nuaN²
han²	taN²	tʰaN²	tʰaN²	taN²	taN²	taN²	taN²	laN²	laN
uaN²	tuaN²	tʰuaN²				tuaN²	tuaN²		nuaN²
han²	taN²	tʰaN²	tʰaN²	taN²	taN²	taN²	taN²	laN²	laN
uaN²	tuaN²	tʰuaN²				tuaN²	tuaN²		nuaN²
	taŋ²		tʰaŋ²	taŋ²	taŋ²		ˈtaŋ	laŋ²	ˈlaŋ
ˈuaN	tuaN	tʰuaN					ˈtuaN		nuaN
dŋ²	taŋ²	tʰaŋ²	tʰaŋ²	taŋ²	taŋ²	taŋ²	taŋ²	naŋ²	laŋ²
				海 daŋ²				莆 naŋ²	

瀾	贊	瓚	燦	散(分)	散	傘	幹	看(靚)	屵	漢
山開一	山開一	山開一	山開一	山開一	山開一	山開一	山開一	山開一	山開一	山開一
去翰來	去翰精	去翰精	去翰清	去翰心	去翰心	去翰心	去翰見	去翰溪	去翰疑	去翰曉
lan	tsan	tsan	tsʻan	san	san		kan	kʻan	ŋan	han
lan²	can²	can²	cʻan²	san²	san²		kan²	kʻan²	gan²	han²
nuan²		cuan²			suan'	suan²			kʻuan'	huan²
lan²	can²	can²	cʻan²	san²	san²		kan²	kʻan²	gan²	han²
nuan²		cuan²			suan'	suan²			kʻuan'	huan²
lan²	can²		cʻan²	san²	san²		kan²	kʻan²	gan²	han²
nuan²					suan'	suan²			kʻuan'	huan²
lan²	can²		cʻan²	san²	san²		kan²	kʻan²	gan²	hɔn²
nuaN²					suan'	suan²			kʻuan'	huan³
	caŋ'		cʻaŋ'				kaŋ'			haŋ'
nuan					suaŋ'			(tʻoiN)	ŋaiN	
laŋ²	caŋ'	caŋ'	cʻaŋ'	saŋ'			kaŋ'	kʻaŋ'	ŋaŋ²	haŋ'
							仙 kaŋ' kʻuaN 莆 kʻuaˊ		莆 ŋaŋ²	

汗	翰	案	按	晏	獺	達	捺	辣	擦
山開一	山開一	山開一	山開一	山開一	山開一	山開一	山開一	山開一	山開一
去翰匣	去翰匣	去翰影	去翰影	去翰影	入曷透	入曷定	入曷泥	入曷来	入曷清
han	han	'an	'an	'an	t'at	dat	nat	lat	ts'at
han² kuan²	han²	an⁷ uan⁷	an⁷	an⁷ uan⁷	t'at, t'ua?,	tat,	lat,	lat, lua?,	c'at, c'ua?,
han² kuan³	han²	an⁷ uan⁷	an⁷	an⁷ uan⁷	t'at, t'ua?,	tat,	lat,	lat, lua?,	c'at, c'ua?,
han² kuan³	han²	an⁷ uan⁷	an⁷	an⁷ uan⁷	t'at, t'ua?,	tat,	lat,	lat, lua?,	c'at, c'ua?,
han² kuan³	han²	an⁷ uan⁷	an⁷	an⁷ uan⁷	t'at, t'ua?,	tat,		lat, lua?,	c'at, c'ua?,
haŋ² kuan²	haŋ²	aŋ⁷ uan⁷	aŋ⁷	aŋ⁷ uan⁷	t'ua?,	tak,	lak,	lua?,	c'ak,
haŋ² kaŋ²	haŋ²	aŋ⁷	aŋ⁷	aŋ⁷		tak,		lak,	c'ak,
仙 haŋ² :kuan²									

撒	薩	割	葛	渴	喝	曷	山	間(空間)	艱
山開一 入曷心	山開一 入曷心	山開一 入曷見	山開一 入曷見	山開一 入曷溪	山開一 入曷曉	山開一 入曷匣	山開二 平山生	山開二 平山見	山開二 平山見
sat	sat	kat	kat	kʼat	hat	hat	sɛn	kɛn	kɛn
sat, sua ʔ,	sat,	kat, kua ʔ,	kat, kua ʔ,	kʼat, kʼua ʔ,	hat, hua ʔ,	at,	ˌsɔn ˌsuan	ˌkan ˌkiaŋ	ˌkan
sat, sua ʔ,	sat,	kat, kua ʔ,	kat, kua ʔ,	kʼat, kʼua ʔ,	hat, hua ʔ,	at,	ˌsan ˌsuan	ˌkan ˌkiaŋ	ˌkan
sat,	sat, kua ʔ,	kat, kua ʔ,	kat, kua ʔ,	kʼat, kʼua ʔ,	hat, hua ʔ,	hat,	ˌsan ˌsuan	ˌkan ˌkaiN	ˌkan
sat,	sat, kua ʔ,	kat, kua ʔ,	kat, kua ʔ,	kʼat, kʼua ʔ,	hat, hua ʔ,		ˌsan ˌsuan	ˌkan ˌkaiN	ˌkan
sak,	sak, kua ʔ,	kua ʔ,	kua ʔ,	kʼua ʔ,	hak, hua ʔ,	hak,	ˌsaŋ ˌsuan	ˌkaŋ ˌkoiN	ˌkaŋ
sak,	sak,	kak,	kak,	kʼak,	hak,		ˌsaŋ	ˌkaŋ	ˌkaŋ

台・厦は『集韻』の「阿葛切」に、「十五音」;潮は「許葛切」にかよう。

閑	盞	鏟	產	揀	簡	襇	眼	限	扮
山開二	山開二	山開二	山開二	山開二	山開二	山開二	山開二	山開二	山開二
平山匣	上產莊	上產初	上產生	上產見	上產見	上產見	上產疑	上產匣	去襇幫
hɛn	tsɛn	tsʰɛn	sɛn	kɛn	kɛn	kɛn	ŋɛn	hɛn	pɛn
ˌhan	ˈcan	ˈsan	ˈsan	ˈkan	ˈkan	ˈkan	ˈgan	han	pan
ˌiaŋ	ˈcuaN		ˈsuaN	ˈkiaŋ		ˈkiaŋ	ˈgiaŋ	an	
ˌhan	ˈcan	ˈsan	ˈsan	ˈkan	ˈkan	ˈkan	ˈgan	han	pan
ˌiaŋ	ˈcuaN		ˈsuaN	ˈkiaŋ		ˈkiaŋ	ˈgiaŋ	an	
ˌhan / ˌan	ˈcan	ˈsan	ˈsan	ˈkan	ˈkan	ˈkan	ˈgan		pan
ˌiaŋ	ˈcuaN		ˈsuaN			ˈkiaŋ		an	
ˌhan	ˈcan	ˈsan	ˈsan	ˈkan	ˈkan	ˈkan	ˈgan	han	pan
ˌaiN	ˈcuaN		ˈsuaN	ˈkaiN		ˈkiaŋ	ˈŋaiN	an	
		ˈcaŋ		ˈkaŋ	ˈkaŋ		ˈŋaŋ	ˈhaŋ	paŋ
ˌoiN	ˈcuaN		ˈsuaN	ˈkoiN		ˈkoiN			
ˌhaŋ			ˈsaŋ	ˈkaŋ	ˈkaŋ				pʰuaŋ
ˌeŋ								eŋ	
						仙ŋaŋ			閩南は'辨'と混同か。

眅	辨	辦	間問斷	莧	八	拔	札	紮	察
山開二	山開二	山開二	山開二	山開二	山開二	山開二	山開二	山開二	山開二
去襉滂	去襉並	去襉並	去襉見	去襉匣	入黠幫	入黠並	入黠莊	入黠莊	入黠初
p'en	ben	ben	ken	hen	pet	bet	tset	tset	tset
p'an² pian²	pan²	kan² hian²	pat		cat	cat	c'at		
pan²			hian²	pe?, pue?					
p'an² ʃpian²	pan²	kan² hian²	pat		cat	cat	c'at		
⌊pan²			hian²	puc?, pui?					
p'an² pian²	pian²	kan² hian²	pat		cat	cat	c'at		
pan² pan²		hian²	poi?, poi?						
p'an² pian²	pan²	kan² hian²	pat		cat	cat	c'at		
pan²			pai?, pai?						
p'aŋ²		kaŋ²		cak	cak	c'ak			
p'oin²	koin² hoin²	poi?, poi?							
p'uaŋ²		kaŋ²		cak	cak	c'ak			
peŋ² peŋ²		pek, pek							
莆 paŋ² 海 baŋ² 閩南の文言音は「步莧切」にかなう。			莆 he² 文言音は『韻会』の「形旬切」にかなう。	莆 pe? 未韻を参照。				仙 c'a?	

殺	軋	班	斑	頒	扳	攀	蠻	刪	奸
山開二	山開二	山開二	山開二	山開二	山開二	山開二	山開二	山開二	山開二
入黠生	入黠影	平刪幫	平刪幫	平刪幫	平刪滂	平刪滂	平刪明	平刪生	平刪見
set	'et	pǎn	pǎn	pǎn	pʰǎn	pʰǎn	mǎn	sǎn	kǎn
sat, sua?	at,	⊂pan	⊂pan	⊂pan	⊂pʰan	⊂pʰan	⊂ban	⊂san	⊂kan
sat, sua?	at,	⊂pan	⊂pan	⊂pan	⊂pʰan	⊂pʰan	⊂ban	⊂san	⊂kan
sat, sua?	at,	⊂pan	⊂pan	⊂pan	⊂pʰan	⊂pʰan	⊂ban	⊂san	⊂kan
sat, sua?	at,	⊂pan	⊂pan	pan	⊂pʰan	⊂pʰan	⊂ban	⊂san	⊂kan
sua?,	cap,	⊂paŋ	⊂paŋ poiN	⊂paŋ	⊂pʰaŋ	⊂pʰaŋ	⊂maŋ	⊂saŋ	⊂kaŋ
sak,	cak,	⊂paŋ	⊂paŋ	⊂paŋ	⊂paŋ	⊂pʰaŋ	⊂maŋ	⊂saŋ	⊂kaŋ
		海⊂baŋ							

姦	顏	板	版	慢	棧	疝	諫	雁	瞎
山開二	山開二	山開二	山開二	山開二	山開二	山開二	山開二	山開二	山開二
平刪見	平刪疑	上潸幫	上潸幫	去諫明	去諫崇	去諫生	去諫見	去諫疑	入鎋曉
kăn	ŋăn	păn	păn	măn	dʐăn	săn	kăn	ŋăn	hăt
ₖan	₌ŋan	˒pan	˒pan	ban˒	cian˒ / can˒	san˒	kan˒	ŋan˒	hat̚
ₖan	₌ŋan	˒pan	˒pan	ban˒ / can˒	san˒	kan˒	ŋan˒	hat̚	
ₖan	₌ŋan	˒pan	˒pan	ban˒ / can˒		san˒	kan˒	ŋan˒	hat̚
ₖan	₌ŋan	˒pan	˒pan	ban˒ / cian˒	san˒	kan˒	ŋan˒	hat̚	
ₖaŋ	{ ₌ŋaŋ / ₌ŋuen } poin	˒paŋ	˒paŋ	maŋ˒ / ˒muen	caŋ˒	saŋ˒	kaŋ˒	₌ŋaŋ	hak̚
ₖaŋ	₌ŋaŋ	˒paŋ / ˒peŋ	˒paŋ / ˒peŋ	maŋ˒	caŋ˒	saŋ˒	kaŋ˒	ŋaŋ˒	hak̚
		海 ˒ban	仙 maŋ˒	莆 ˒caŋ					

辖	鞭	編	篇	偏	便偏	綿	連	聯	煎
山開二	山開四	山開四	山開四	山開四	山開四	山開四	山開三	山開三	山開四
入鎋匣	平仙幫	平仙幫	平仙滂	平仙滂	平仙並	平仙明	平仙来	平仙来	平仙精
hăt	piɛn	piɛn	pʻiɛn	pʻiɛn	biɛn	miɛn	liɛn	liɛn	tsiɛn
hat / pin	pian	pʻian	pʻian / pʻin	pʻian / pʻen	pianˀ / pan	bian / min	lian / nin	lian	cian / cuan
hat / pin	pian	pʻian	pʻian / pʻin	pʻian / pʻin	pianˀ / pan	bian / min	lian / nin	lian	cian / cuan
hat / pin	pian	pian	pʻian	pʻian / pʻin	pianˀ	bian / min	lian / nin	lian	cian / cuan
hat / pin	pian	pʻian	pʻian / pʻin	pʻian / pʻin	pan	bian / min	lian / nin	lian	cian / cuan
hak / pin	piɛŋ	pʻiɛŋ	pʻiɛŋ	pʻiɛŋ / pʻin	pʻiɛŋ / min	miɛŋ	liɛŋ	liɛŋ	ciɛŋ
hak	piɛŋ	piɛŋ	pʻiɛŋ	pʻiɛŋ	peŋ	miɛŋ	liɛŋ	liɛŋ	ciɛŋ
		台・厦・潮は`篇´の類推か。		台はpⁱN台と十五音」の訛音。文言音は線韻の`便´と混同。海ban					

遷	錢	鮮 新鮮	仙	㳂	纏	甂	羶	蟬	禪襌禪
山開四	山開四	山開四	山開四	山開四	山開三	山開三	山開三	山開三	山開三
平仙清	平仙從	平仙心	平仙心	平仙邪	平仙澄	平仙章	平仙書	平仙禪	平仙禪
ts'iɛn	dziɛn	siɛn	siɛn	ziɛn	diɛn	tʃiɛn	ʃiɛn	ʒiɛn	ʒiɛn
c'ian	c'ian / cin	sian / c'in	sian	sian	tian / tin	cian / cin	cian	sian	sian
c'ian	c'ian / cin	sian / c'in	sian	{ sian / ian	tian / tin	cian / cin	cian	sian	sian
c'ian	c'ian / cin	sian / c'in	sian	ian	tian / tin	cian / cin	cian	sian	sian
c'ian	c'ian / cin	sian / c'in	sian		tian / tin	cian / cin	cian	sian	sian
c'ieŋ	c'in	sieŋ / c'in	sieŋ	ieŋ	tin	cieŋ / cin	cieŋ	sieŋ	sieŋ
c'ieŋ	cieŋ	sieŋ	sieŋ		tieŋ	cieŋ	sieŋ	sieŋ	sieŋ
				ian は 延 の 類推か。					

然	燃	乾乾坤	虔	焉	延	筵	辡	辯	免
山開三	山開三	山開三	山開三	山開三	山開四	山開四	山開三	山開三	山開三
平仙日	平仙日	平仙群	平仙群	平仙影	平仙以	平仙以	上獮並	上獮並	上獮明
ǐɛn	ǐɛn	giɛn	giɛn	ʾiɛn	jiɛn	jiɛn	biɛn	biɛn	miɛn
lian	lian	kʻian	kʻian	ian	ian	ian	pian²	pian²	bian
lian	lian	kʻian	kʻian	ian / ian	ian	ian	pian²	pian²	bian
zian	zian	kʻian	kʻian	ian	ian	ian	pian²	pian²	bian
lian	lian	kʻian	kʻian		ian	ian	pian²	pian²	bian
ziɛŋ	ziɛŋ	kʻiɛŋ	kʻiɛŋ	iɛŋ	iɛŋ	iɛŋ	piɛŋ²	piɛŋ²	miɛŋ
ioŋ	ioŋ	kʻiɛŋ	kʻiɛŋ	ioŋ	ioŋ	ioŋ	pieŋ²	pieŋ²	mieŋ
			陽平は「有乾切」にかなう。						

勉	娩	緬	碾	輦	剪	淺	踐	鮮鯹	癬
山開三	山開三	山開四	山開三	山開三	山開四	山開四	山開四	山開四	山開四
上狝明	上狝明	上狝明	上狝泥	上狝來	上狝精	上狝清	上狝從	上狝心	上狝心
miɛn	miɛn	miɛn	niɛn	liɛn	tsiɛn	tsʻiɛn	dziɛn	siɛn	siɛn
ᶜbian	ᶜbian	ᶜbian	ᶜtian	ᶜlian	ᶜcian	ᶜcʻian	cian²	ᶜsian	ᶜsian
						ᶜcʻin			
ᶜbian	ᶜbian	ᶜbian	ᶜtian / ᶜlian	ᶜlian	ᶜcian	ᶜcʻian	cian²	ᶜsian	ᶜsian
						ᶜcʻin			
ᶜbian	ᶜbian	ᶜbian	ᶜlian	ᶜlian	ᶜcian	ᶜcʻian	cian²	ᶜsian	ᶜsian
						ᶜcʻin			
ᶜbian	ᶜbian	ᶜbian		ᶜlian	ᶜcian	ᶜcʻian	ᶜcian / cian²	ᶜsian	ᶜsian
						ᶜcʻin			
ᶜmieŋ	ᶜmieŋ	ᶜmieŋ	ᶜtieŋ	ᶜliŋ	ᶜcieŋ	ᶜcʻieŋ	ᶜcieŋ	ᶜsieŋ	ᶜsieŋ
ᶜmieŋ	ᶜmieŋ	ᶜmieŋ			ᶜcieŋ	ᶜcʻieŋ	ᶜcieŋ	ᶜsieŋ	ᶜsieŋ
									ᶜcieŋ
			t-は'展'の類推。						

展	善	団	遣	件	演	変	騙	汴	便方便
山開三	山開三	山開三	山開四	山開三	山開四	山開三	山開三	山開三	山開四
上狝知	上狝禪	上狝見	上狝見	上狝羣	上狝以	去線幫	去線滂	去線並	去線並
tiɛn	ʒiɛn	kiɛn	kʼiɛn	giɛn	jiɛn	pⁱɛn	pʼiɛn	biɛn	biɛn
ˈtian	sianˊ	ˈkian	kʼian	kianˊ	ˈian	pianˊ	pʼianˊ	pianˊ	pianˊ
		ˈkiaN		kiaNˊ	piNˊ				
ˈtian	sianˊ	ˈkian	kʼian	kianˊ	ˈian	pianˊ	pʼianˊ	pianˊ	pianˊ
		ˈkiaN		kiaNˊ	piNˊ				
ˈtian	sianˊ	ˈkian	kʼian	kianˊ	ˈian	pianˊ	pʼianˊ	pianˊ	pianˊ
		ˈkiaN		kiaNˊ	piNˊ				
ˈtian	sianˊ	kianˊ	kʼian	kianˊ	ˈian	pianˊ	pʼianˊ	pianˊ	pianˊ
		ˈkaN		kiaNˊ	piNˊ				
ˈtieŋ	ˈsieŋ	·	ˈkʼieŋ		ˈiŋ	pieŋˊ	pʼieŋˊ	ˈpieŋ	ˈpieŋ
		ˈkiaN		ˈkiaN	piNˊ				
ˈtieŋ	sieŋˊ		kʼieŋ	kioŋˊ	ˈieŋ	pieŋˊ	pʼieŋˊ	pieŋˊ	pieŋˊ
		ˈkiaŋ							
		莆ˈkia		仙 kiaNˊ	潮は'寅'の類推				

189

面	箭	濺	賤	餞	線	羨	戰	顫	扇
山開四 去線明	山開四 去線精	山開四 去線精	山開四 去線從	山開四 去線從	山開四 去線心	山開四 去線邪	山開三 去線章	山開三 去線章	山開三 去線書
miɛn	tsiɛn	tsiɛn	dziɛn	dziɛn	siɛn	ziɛn	tʃiɛn	tʃiɛn	ʃiɛn
bian' / bin²	cian'	cian' / cuan²	cian' / cuan²	ᶜcian'	sian' / suan²	sian²	cian²	cian'	sian' / sin²
bian² / bin²	cian²	cian² / cuan²	cian² / cuan²	ᶜcian²	sian² / suan²	sian²	cian²	cian²	sian² / sin²
bian² / bin²	cian²	cian² / cuan²	cian² / cuan²	ᶜcian²	sian² / suan²	ian²	cian²	cian²	sian² / sin²
bian² / bin²	cian²	cuan²	cian² / cuan²	ᶜcian²	sian' / suan²		cian²	cian²	sian' / sin²
/ miŋ²	ᶜcieŋ / cin	cuan²	ᶜcieŋ / cuan²		sieŋ² / suan²	cieŋ²	ᶜcieŋ	cieŋ²	sieŋ² / sin²
mieŋ²	cieŋ'	cieŋ'	cieŋ²	ᶜcieŋ	sian³	sieŋ²	cieŋ²	cieŋ'	sieŋ²
萌 miŋ	白話音は『集韻』の「才線切」にかなう。				「十五音」は『集韻』の「止面切」にかなう。				

單姓	禪禪讓	壇	諺	別分別	竉	別離別	滅	列	烈
山開三	山開三	山開三	山開三	山開三	山開四	山開三	山開四	山開三	山開三
去線禪	去線禪	去線禪	去線疑	入薛幫	入薛幫	入薛並	入薛明	入薛來	入薛來
ʒiɛn	ʒiɛn	ʒiɛn	ŋiɛn	piɛt	piɛt	biɛt	miɛt	liɛt	liɛt
sian²	sian²	sian²	gan²	piat̚, bat̚	piat̚, piʔ	piat̚, pat̚	biat̚	liat̚	liat̚
sian²	sian²	sian²	gan²	piat̚, bat̚	piat̚, piʔ	piat̚, pat̚	biat̚	liat̚	liat̚
sian²	sian²	sian²	gan²	piat̚, bat̚	piat̚, piʔ	piat̚, pat̚	biat̚	liat̚	liat̚
sian²		sian²	gan²	piat̚, bat̚	piat̚, piʔ	piat̚, pat̚	biat̚	liat̚	liat̚
sieŋ		sieŋ	ŋaŋ	pak̚	piʔ, pak̚	pak̚	piek̚	mik̚, liek̚	liek̚
sieŋ²	sieŋ²	sieŋ²	ŋieŋ²	pek̚	piek̚, pek̚	piek̚	miek̚	liek̚	liek̚
		福以外は海 bak̚『集韻』の「魚肝切」にかなう。							

裂	薛	泄	哲	徹	撤	轍	折 扴折	浙	舌
山開三	山開四	山開四	山開三	山開三	山開三	山開三	山開三	山開三	山開三
入薛來	入薛心	入薛心	入薛知	入薛徹	入薛徹	入薛澄	入薛章	入薛章	入薛船
liɛt	siɛt	siɛt	tiɛt	tʰiɛt	tʰiɛt	diɛt	tʃiɛt	tʃiɛt	dʒiɛt
liat$_2$ li?$_2$	siat$_2$ si?$_2$	siat$_2$	tiat$_2$	tʰiat$_2$	tʰiat$_2$	tiat$_2$	ciat$_2$	ciat$_2$	siat$_2$ ci?$_2$
liat$_2$ li?$_2$	siat$_2$ si?$_2$	siat$_2$	tiat$_2$	tʰiat$_2$	tʰiat$_2$	tiat$_2$	ciat$_2$	ciat$_2$	siat$_2$ ci?$_2$
liat$_2$ li?$_2$	siat$_2$ si?$_2$	siat$_2$	tiat$_2$	tʰiat$_2$	tʰiat$_2$	tiat$_2$	ciat$_2$	ciat$_2$	siat$_2$ ci?$_2$
liat$_2$ li?$_2$	siat$_2$ si?$_2$	siat$_2$	tiat$_2$	tʰiat$_2$	tʰiat$_2$	tiat$_2$	ciat$_2$	ciat$_2$	siat$_2$ ci?$_2$
liek$_2$ li?$_2$	si?$_2$	siap$_2$	tiek$_2$	tʰick$_2$	tʰiek$_2$	tʰiek$_2$		cik$_2$	ci?$_2$
liek$_2$	siek$_2$	siek$_2$	tiek$_2$	tʰiek$_2$	tʰiek$_2$	tʰiek$_2$	ciek$_2$	ciek$_2$	siek$_2$

設	折 新	熱	子	傑	藥	言	掀	軒	鍵
山開三	山開三	山開三	山開四	山開三	山開三	山開三	山開三	山開三	山開三
入薛書	入薛禪	入薛日	入薛見	入薛群	入薛疑	平元疑	平元曉	平元曉	上阮群
ʃiɛt	ȝiɛt	řiɛt	kiɛt	giɛt	ŋiɛt	ŋiɐn	hiɐn	hiɐn	giɐn
siat,	ciat, ciʔ	liat, luaʔ	kʼiat,	kiat,	giat,	gian	hian	hian	kian
siat,	ciat, ciʔ	liat, luaʔ	kʼiat,	kiat,	giat,	gian	hian	hian	kian
siat, ciʔ		ziat, zuaʔ	kʼiat,	kiat,	giat,	gan	hian	hian	kian
siat, ciʔ	ciat,	liat, luaʔ	kʼiat,	kiat,	giat,	gian	hian	hian	kian
siek, ciʔ		ziek, zuaʔ	kʼiek,	kiek,	ŋiek,	ŋaŋ / hɨŋ	hɨŋ		kieŋ
sick	cick	iek		kiek	ŋiek	ŋioŋ	hieŋ	hioŋ	kioŋ

建	健	腱	献	憲	堰	揭	歇	謁	辺
山開三	山開三	山開三	山開三	山開三	山開三	山開三	山開三	山開三	山開四
去願見	去願群	去願群	去願曉	去願曉	去願影	入月見	入月曉	入月影	平先帮
kiɐn	giɐn	giɐn	hiɐn	hiɐn	'iɐn	kiɐt	hiɐt	'iɐt	pen
kian² kiaN²	kian²	kian²	hian²	hian²	ian²	kiat₅	hiat₅	iat₅	pian ₅pin
kian² kiaN²	kian²	kian²	hian²	hian²	ian²	kiat₅	hiat₅	iat₅	pian ₅pin
kian² kiaN²	kian² kin²	kian²	hian²	hian²	'ian²	kiat₅	hiat₅	iat₅	pian ₅pin
kian² kiaN²	kian²	kian²	hian²	hian²	ian²	kiat₅	hiat₅	iat₅	pian ₅pin
'kieŋ² kian²	'kieŋ²	'kieŋ²	hieŋ²	hieŋ²	₅ieŋ	kik₅		hak₅	pieŋ ₅pin
kioŋ²	kioŋ²	kioŋ²	hioŋ²	hioŋ²		kiek₅	hiok₅	iok₅	pieŋ
								潮は'曷'の類推か。	

蝙	骿	眠	顛	天	田	塡塞也	年	憐	蓮
山開四	山開四	山開四	山開四	山開四	山開四	山開四	山開四	山開四	山開四
平先幫	平先並	平先明	平先端	平先透	平先定	平先定	平先泥	平先來	平先來
pen	ben	men	ten	t'en	den	den	nen	len	len
˘pian	ˌpian	bian / ˌbin / maŋ	ˌtian	t'ian	ˌtian	t'ian	ˌlian	ˌlin	lian
				t'iN	c'an		niN	lian	
˘pian	ˌpian	bian / ˌbin / maŋ	ˌtian	t'ian	ˌtian	t'ian	ˌlian	ˌlin	lian
				t'iN	c'an		niN	lian	
˘pian	ˌpian	ˌbian	ˌtian	t'ian	ˌtian	t'ian	ˌlian	ˌlin	lian
				t'iN	c'an		niN		
˘pian	ˌpian	bian / ˌbin	ˌtian	t'ian	ˌtian	t'ian	ˌlian		lian
				t'iN	c'an		niN		nain
˘p'ieŋ	˘pieŋ		ˌtieŋ	t'ieŋ		t'ieŋ		ˌlieŋ	
		ˌmiŋ		t'iN	c'aŋ		niN		noiN
˘pieŋ		ˌmieŋ	ˌtieŋ	t'ieŋ	ˌtieŋ	ˌteŋ	nieŋ	ˌlieŋ	lieŋ
					c'eŋ				
			平 t'iN					ˌlinは『集韻』の「離珍切」にかなう。	

箋	千	前	先	肩	堅	牽	研	賢	弦
山開四	山開四	山開四	山開四	山開四	山開四	山開四	山開四	山開四	山開四
平先精	平先清	平先從	平先心	平先見	平先見	平先溪	平先疑	平先匣	平先匣
tsen	tsʻen	dzen	sen	ken	ken	kʻen	ŋen	hen	hen
᷅cian	᷅cʻian	᷅cian ᷅ciəŋ ᷅ciəŋ	sian siaŋ ᷅cin	᷅kian ᷅kiaŋ	᷅kian	kʻian ᷅kʻaŋ	᷅giaŋ ᷅giəŋ	᷅hian	᷅hian
᷅cian	᷅cʻian	᷅cian ᷅ciəŋ ᷅cin	sian ᷅siəŋ	᷅kian ᷅kiəŋ	᷅kian	kʻian ᷅kʻaŋ	᷅giaŋ ᷅giəŋ	᷅hian	᷅hian ᷅h‥‥
᷅cian	᷅cʻian ᷅can	᷅cian sin	sian	᷅kian	᷅kian	kʻian ᷅kan	᷅giaŋ ᷅gan	᷅hian	᷅hian ᷅h‥‥
᷅cian ᷅cʻian ᷅ciəŋ ᷅cʻain	᷅cʻian ᷅cʻain	᷅cian ᷅cəin	sian ᷅səin	᷅kian ᷅kain	᷅kian	kʻian ᷅kʻan	᷅giaŋ ᷅ŋain	᷅hian	᷅hian
᷅cien ᷅cʻoin	᷅cʻoin	᷅soin ᷅sin	᷅koin	᷅kien		᷅kʻaŋ	᷅ŋien ᷅ŋoin	᷅hien	᷅hien ᷅hin
᷅cien	᷅cʻien	᷅cien	sien	᷅kien	᷅kien	᷅kʻeŋ	᷅ŋien	᷅hien	᷅hien
	仙 ᷅sin	仙 ᷅sin							

煙	扁	匾	辮	典	撚	攆	繭	筧	顯
山開四	山開四	山開四	山開四	山開四	山開四	山開四	山開四	山開四	山開四
平先影	上銑幫	上銑幫	上銑並	上銑端	上銑泥	上銑泥	上銑見	上銑見	上銑曉
ˈen	pen	pen	ben	ten	nen	nen	ken	ken	hen
ˌian	ˈpian	ˈpian	pianˊ	ˈtian	ˈlian	ˈlian	ˈkian	ˈkian	ˈhian
	ˈpiŋ		piŋˊ					ˈkiəŋ	
ˌian	ˈpian	ˈpian	pianˊ	ˈtian	ˈlian	ˈlian	ˈkian	ˈkian	ˈhian
	ˈpiŋ		piŋˊ					ˈkiəŋ	
ˌian	ˈpian	ˈpian	pianˊ	ˈtian	ˈlian	ˈlian		ˈkian	ˈhian
	ˈpiŋ		piŋˊ				ˈkan		
ˌian	ˈpian	ˈpian	pianˊ	ˈtian	ˈlian	ˈlian	ˈkian	ˈkian	ˈhian
	ˈpiŋ								
ˌiŋ	ˈpieŋ	ˈpiŋ		ˈtieŋ	ˈzieŋ	ˈliŋ		ˈkaŋ	ˈhieŋ
	ˈpiŋ		ˌpiŋ				ˈkoin		
ˌiaŋ	ˈpieŋ	ˈpieŋ	pieŋˊ	ˈtieŋ		ˈlieŋ	ˈkieŋ	ˈkieŋ	ˈhieŋ

徧	遍	片	麵	電	殿	奠	佃	塡(水邊)	煉
山開四	山開四	山開四	山開四	山開四	山開四	山開四	山開四	山開四	山開四
去霰幫	去霰幫	去霰滂	去霰明	去霰定	去霰定	去霰定	去霰定	去霰定	去霰来
pen	pen	pʻen	men	den	den	den	den	den	len
pian	pian	pʻian / pʻiN	bian / miN	tian	tian	tian	tian	tian / tiN	lian
pian	pian	pʻian / pʻiN	bian / miN	tian	tian	tian	tian	tian / tiN	lian
pian	pian	pʻian / pʻiN	bian / miN	tian	tian	tian	tian	/ tiN	lian
pian	pian	pʻian / pʻiN	bian / miN	tian / taiN	tian	tian	tian / taiN	/ tiN	lian
piŋ	piŋ	pʻieŋ / pʻiN	/ miN	tieŋ / toiN	tieŋ	tieŋ / toiN	tʻieŋ / tiN	lieŋ	
pieŋ	pieŋ	pʻieŋ	mieŋ	tieŋ / teŋ		tieŋ	tieŋ	tieŋ	lieŋ

198

練	鍊	薦	見	硯	現	燕	宴	撒	篾
山開四	山開四	山開四	山開四	山開四	山開四	山開四	山開四	山開四	山開四
去霰来	去霰来	去霰精	去霰見	去霰疑	去霰匣	去霰影	去霰影	入屑湾	入屑明
len	len	tsen	ken	ŋen	hen	'en	'en	pet	met
lian²	lian²	cian²	kian²	hian²	hian²	ian²	ian²	p'iat,	biat,
			kin²	hin²		iN²			bi?,
lian²	lian²	cian²	kian²	hian²	hian²	ian²	ian²	p'iat,	biat,
		ciaŋ²	kin²	hin²		iN²			bi?,
lian²	lian²	cian²	kian²	hian²	hian²	ian²	ian²	p'iat,	biat,
		ciaŋ²	kin²			iN²			bi?,
lian²	lian²	cian²	kian²	hian²	hian²	ian²	ian²	p'iat,	biat,
		cain²	kin²	hin²		iN²			bi?,
lieŋ²	lieŋ²	ciŋ²	kieŋ²		hiŋ²	ieŋ²	aŋ²	p'iak,	
			kin²	iN²		iN²			bi?,
lieŋ²	lieŋ²	cieŋ²	kieŋ²	ŋieŋ²	hien²	ieŋ²	ieŋ²	p'iek,	miek,
									莆 pi?,

鉄	迭	跌	捏	節	切 切用	截	屑	結	潔
山開四	山開四	山開四	山開四	山開四	山開四	山開四	山開四	山開四	山開四
入屑透	入屑定	入屑定	入屑泥	入屑精	入屑清	入屑從	入屑心	入屑見	入屑見
t'et	det	det	net	tset	ts'et	dzet	set	ket	ket
t'iat, t'i?,	tiat,	tiat,	liap,	ciat, cat, ce?,	c'iat,	ciat, ce?,	siat,	kiat, kat,	kiat,
t'iat, t'i?,	tiat,	tiat,	liap, liap,	ciat, cat, cue?,	c'iat,	ciat, cue?,	siat,	kiat, kat,	kiat,
t'iat, t'i?,	tiat,	tiat,	liap,	ciat, cat, coi?,	c'iat,	ciat, coi?,	siat,	kiat, kat,	kiat,
t'iat, t'i?,	tiat,	tiat,		ciat, cat, cai?,	c'iat,	ciat, cai?,	siat,	kiat, kat,	kiat,
t'i?,	tiek,	tiek,	nap,	ciek, cak, coi?,	c'iek,	coi?,	siak,	kak,	kiek,
t'iek,	tiek,	tiek,	niek,	ciek,	c'iek,	cek,	siek,	kiek,	kiek,
仙 t'i?,						潮は'剴' 'と混同			

200

噓	般	搬	潘	盤	瞞	饅	端	団	鸞
山開四	山合一	山合一	山合一	山合一	山合一	山合一	山合一	山合一	山合一
入屑影	平桓帮	平桓帮	平桓滂	平桓並	平桓明	平桓明	平桓端	平桓定	平桓来
ˈet	puan	puan	pʻuan	buan	muan	muan	tuan	duan	luan
it̚	ˌpuan	ˌpuan	ˌpʻuan	ˌpuan / ˌpʻuan	ˌbuan	ˌban	ˌtuan	ˌtʻuan	ˌluan
eʔ	ˌpuaN	ˌpuaN	ˌpʻuaN	ˌpʻuaN	ˌmuaN		ˌtuaN	ˌtuaN	
it̚	ˌpuan	ˌpuan	ˌpʻuan	ˌpuan / pʻuan	ˌbuan	ˌban	ˌtuan	ˌtʻuan	ˌluan
eʔ	ˌpuaN	ˌpuaN	ˌpʻuaN	ˌpuaN	ˌmuaN		ˌtuaN	ˌtuaN	
iat̚	ˌpuan	ˌpuan	ˌpʻuan	ˌpuan	ˌbuan	ˌban	ˌtuan	ˌtuan	ˌluan
	ˌpuaN	ˌpuaN	ˌpʻuaN	ˌpuaN	ˌmuaN	ˌbuŋ	ˌtuaN	ˌtuaN	
	puan	puan	pʻuan		buan	ban²	tuan	tʻuan	luan
	ˌpuaN	ˌpuaN	ˌpʻuaN	ˌpuaN	ˌmuaN		ˌtuaN		
iˈ	ˌpaŋ					buəŋ	tuəŋ	tʻuəŋ	luəŋ
	ˌpuan	ˌpuan	ˌpʻuan	ˌpuan	ˌmuan				
ˈek	ˌpuaŋ	ˌpuaŋ	ˌpʻaŋ	ˌpuaŋ	ˌmuaŋ		ˌtuaŋ	ˌtʻuaŋ	ˌluaŋ
	潮は曤韻』の「通遠切」にかなう。		仙 ˌpʻuan	海 ˌfuaŋ · bua					

鑽動詞	酸	官	棺	觀參觀	冠衣冠	寬	歡	丸	完
山合一	山合一	山合一	山合一	山合一	山合一	山合一	山合一	山合一	山合一
平桓精	平桓心	平桓見	平桓見	平桓見	平桓見	平桓溪	平桓曉	平桓匣	平桓匣
tsuan	suan	kuan	kuan	kuan	kuan	kʻuan	huan	huan	huan
₍cuan	₍suan	₍kuan	₍kuan	₍kuan	₍kuan	₍kʻuan	₍huan	ᵕuan	ᵕuan
	.səŋ	₍kuaN	₍kuaN		₍kuaN	₍kʻuaN	₍huaN		
₍cuan	₍suan	₍kuan	₍kuan	₍kuan	₍kuan	₍kʻuan	₍huan	ᵕuan	ᵕuan
	.səŋ	₍kuaN	₍kuaN		₍kuaN	₍kʻuaN	₍huaN		
	₍suan	₍kuan	₍kuan	₍kuan	₍kuan	₍kʻuan	₍huan	ᵕuan	ᵕuan
	₍suiN	₍kuaN	₍kuaN		₍kuaN	₍kʻuaN	₍huaN		
	₍suan	₍kuan	₍kuan	₍kuan	₍kuan	₍kʻuan	₍huan	ᵕuan	ᵕuan
	.səŋ	₍kuaN	₍kuaN		₍kuaN	₍kʻuaN	₍huaN		
				₍kueŋ	₍kʻueŋ	₍kʻueŋ	₍hueŋ		ᵕueŋ
	.sɨŋ	₍kuaN	₍kuaN			₍kʻuaN	₍huaN	(ⱼN)	
		₍kuaŋ	₍kuaŋ	₍kuaŋ	₍kuaŋ	₍kʻuaŋ	₍huaŋ	ᵕuoŋ	ᵕuaŋ
	.soŋ								
	仙.sʏN	仙₍kuaN	仙₍k(u)oŋ				仙 h(u)oŋ ₍huaN		

桓	豌	剜	伴	拌	滿	短	斷 斷續	暖	卵
山合一	山合一	山合一	山合一	山合一	山合一	山合一	山合一	山合一	山合一
平桓匣	平桓影	平桓影	上緩並	上緩並	上緩明	上緩端	上緩定	上緩泥	上緩來
ˌhuan	ˈuan	ˈuan	buan˫	buan˫	muan˫	ˈtuan	duan˫	nuan˫	luan˫
ˌhuan	ˌuan	ˌuan	pʰuan˫	puan˫	ˈbuan	ˈtuan	tuan˫	ˈluan	luan˥
			pʰuan˥	puan˥	ˈmuan / ˈmaN		taŋ˥		naŋ˥
ˌhuan	ˌuan	ˌuan	pʰuan˥	puan˥	ˈbuan	ˈtuan	tuan˥	ˈluan	luan˥
			pʰuan˥	puan˥	ˈmuan		taŋ˥		naŋ˥
ˌhuan	ˌuan	ˌuan	pʰuan˥ / puan˥	pʰuan˥	ˈbuan	ˈtuan	tuan˥	ˈluan	luan˥
			pʰuan˥		ˈmuan		tuiN˥		nuiN˥
ˌhuan	ˌuan	ˌuan			ˈbuan	ˈtuan	tuan˥	ˈluan	luan˥
			pʰuan˥	puan˥	ˈmuan		taŋ˥		naŋ˥
ˌhueŋ	ˈueŋ	ˈueŋ		pʰueŋ˥			ˈtueŋ	nueŋ˥	lueŋ˥
			pʰuaN˥		muaN (ˈto)	tˇŋ	nˇŋ	
ˌhuaŋ	ˈuaŋ	ˈuaŋ		pʰuaŋ˥	ˈmuaŋ	ˈtuaŋ	tuaŋ˥	ˈnuaŋ	luaŋ˥ / loŋ˥
					莆 ˈmuaŋ˥ 仙 m(u)oŋ˥		海 duaŋ˥ 仙 tyN˥		

203

纂	管	館	款	緩	皖	碗	半	絆	判
山合一	山合一	山合一	山合一	山合一	山合一	山合一	山合一	山合一	山合一
上綫精	上綫見	上綫見	上綫溪	上綫匣	上綫匣	上綫影	去換帮	去換帮	去換滂
tsuan	kuan	kuan	k'uan	huan	huan	'uan	puan	puan	p'uan
c'uan	'kuan {'kaŋ 'koŋ}	kuan	k'uan	uan²	'uan	'uan	puan²	puan²	p'uan²
						'uaN	puaN	puaN²	p'uaN²
c'uan	'kuan {'kaŋ 'koŋ}	kuan	k'uan	uan²	'uan	'uan	puan²	puan²	p'uan²
						'uaN	puaN	puaN²	p'uaN²
c'uan	'kuan 'kuiN	kuan	k'uan	uan²	'uan	'uan	puan²	puaN²	p'uan²
						'uaN	puaN	puaN²	p'uaN²
c'uan	'kuan 'kaŋ	kuan	k'uan	uan²	'uan	'uan	puan²	puan²	p'uan²
						'uaN	puaN	puaN²	p'uaN²
c'ueŋ	'kueŋ 'kɨŋ	kueŋ	k'ueŋ	(maŋ²)	'ueŋ	'uaN	puan	pueŋ²	p'ueŋ²
{cuaŋ c'uaŋ}	'kuaŋ	kuaŋ	k'uaŋ	huaŋ²		'uaŋ	puaŋ²	puaŋ²	p'uaŋ²
'纂'の類推か。	仙 'k(u)oŋ					海 'ua 莆 'ua 平 'uaN			

204

叛	漫	慢	斷 决斷	鍛	段	緞	乱	鑽 名詞	竄
山合一	山合一	山合一	山合一	山合一	山合一	山合一	山合一	山合一	山合一
去換並	去換明	去換明	去換端	去換端	去換定	去換定	去換来	去換精	去換清
buan	muan	muan	tuan	tuan	duan	duan	luan	tsuan	tsʻuan
puanˇ	banˇ	banˇ	tuanˇ	tʻuanˇ	tuanˇ tuan²	tuanˇ	luanˇ	cuanˇ cəŋˇ	cʻuanˇ
puanˋ	banˋ	banˋ	tuanˋ	tʻuanˋ	tuanˋ tuanˋ	tuanˋ	luanˋ	cuanˋ cəŋˋ	cʻuanˋ
puanˊ	banˊ	banˊ	tuanˊ	tʻuanˊ	tuanˊ tuanˊ	tuanˊ	luanˊ	cuanˊ cuinˊ	cʻuanˊ
puanˊ	banˊ		tuanˊ	tʻuanˊ	tuanˊ tuanˊ	tuanˊ	luanˊ	cuanˊ cəŋˊ	cʻuanˊ
ˋpueŋ	mueŋˋ	mueŋˋ	tueŋˋ	tueŋˋ			ˋlueŋ		ˋcʻueŋ
					tɨŋˋ	tɨŋˋ		cɨŋˋ	
ˋpuaŋ	maŋˋ	maŋˋ	tuaŋˋ	tuaŋˋ			luaŋˋ		cʻuaŋˋ
					toŋˋ	toŋˋ		coŋˋ	
					仙 tuaŋˋ				

算	蒜	貫	灌	罐	觀觀	冠鰥單	玩	喚	煥
山合一	山合一	山合一	山合一	山合一	山合一	山合一	山合一	山合一	山合一
去換心	去換心	去換見	去換見	去換見	去換見	去換見	去換疑	去換曉	去換曉
suan	suan	kuan	kuan	kuan	kuan	kuan	ŋuan	huan	huan
suan' / saŋ'	suan' / saŋ'	kuan' / kaŋ'	kuan'	kuan' / kuaN	kuan'	kuan'	ŋuan	huan'	huan'
suan' / saŋ'	suan' / saŋ'	kuan' / kaŋ'	kuan'	kuan' / kuaN	kuan'	kuan'	ŋuan	huan'	huan'
suan' / suiN'	suan' / kuiN'	kuan' / kuaN	kuan' / kuaN	kuaN	kuan' / kuaN	kuan'	ŋuan	huan'	huan'
suan' / saŋ'	suan' / saŋ'	kuan' / kaŋ'	kuan'	kuan' / kuaN	kuan'	kuan'	ŋuan	huan'	huan'
suen' / sɨŋ'	sɨŋ'	kueŋ'	kueŋ'	kueŋ'	kueŋ'	kueŋ'	ŋueŋ'	hueŋ'	hueŋ'
soŋ'	soŋ'	kuaŋ'	kuaŋ'	kuaŋ'	kuaŋ'	kuaŋ'	ŋuaŋ'	huaŋ'	huaŋ'
仙 suaŋ' 平 saŋ'									

換	腕	鉢	撥	潑	拔	鈸	末	沫	抹
山合一	山合一	山合一	山合一	山合一	山合一	山合一	山合一	山合一	山合一
去換匣	去換影	入末幫	入末幫	入末滂	入末並	入末並	入末明	入末明	入末明
huan'	'uan	puat	puat	p'uat	buat	buat	muat	muat	muat
huan$_2$	'uan	puat$_7$	puat$_7$	p'uat$_7$	puat$_2$	puat$_2$	buat$_2$	buat$_2$	buat$_2$
uaN$_2$	'uaN	pua?$_7$	pua?$_7$	p'ua?$_7$	pua?$_2$	pua?$_2$	bua?$_2$		bua?$_2$
huan$_2$	'uan	puat$_7$	puat$_7$ / p'uat$_7$	p'uat$_7$	puat$_2$	puat$_2$	buat$_2$	buat$_2$	buat$_2$
uaN'	'uaN	pua?$_7$	pua?$_7$	p'ua?$_7$	pua?$_2$	pua?$_2$	bua?$_2$		bua?$_2$
huan$_2$	'uan	puat$_7$	puat$_7$	p'uat$_7$	puat$_2$	puat$_2$	buat$_2$	buat$_2$	buat$_2$
uaN'		pua?$_7$	pua?$_7$	p'ua?$_7$	pua?$_2$	pua?$_2$	bua?$_2$		bua?$_2$
huan$_2$	'uan	puat$_7$	puat$_7$	p'uat$_7$	puat$_2$	puat$_2$	buat$_2$	buat$_2$	buat$_2$
uaN'		pua?$_7$	pua?$_7$	p'ua?$_7$	pua?$_2$	pua?$_2$	bua?$_2$		bua?$_2$
hueŋ$_2$	'ueŋ				puek$_2$	puek$_2$	muek$_2$	muek$_2$	
uaN'		pua?$_7$	p'ua?$_7$	p'ua?$_7$				bua?$_2$	bua?$_2$
uaŋ$_2$	'uaŋ	puak$_7$	puak$_7$	p'uak$_7$	puak$_2$	puak$_2$	muak$_2$	muak$_2$	muak$_2$
仙 h(u)oŋ			海 buak$_2$	海 buak$_2$					

掇	脫	奪	捋	撮	挘	闊	豁	活	鰥
山合一 入末端	山合一 入末透	山合一 入末定	山合一 入末來	山合一 入末清	山合一 入末見	山合一 入末溪	山合一 入末曉	山合一 入末匣	山合二 平山見
tuat	t'uat	duat	luat	tsuat	kuat	k'uat	huat	huat	kuɛn
tuat, 	t'uat, t'ua?,	tuat₂ 	luat₂ lua?₂	c'uat, 	kuat, 	k'uat, k'ua?,	hat, 	huat, ua?₂	kuan
tuat, tua?,	t'uat, t'ua?,	tuat₂ te?₂	luat₂ lua?₂	c'uat, c'e?,	kuat, 	k'uat, k'ua?,	hat, 	huat, ua?₂	kuan
tuat, 	t'uat, 	tuat₂ toi?₂	luat₂ lua?₂	c'uat, c'oi?,	kuat, 	k'uat, k'ua?,	hat, 	huat₂ ua?₂	kuan
tuat, 	t'uat, 	tuat₂ ta?₂	luat₂ lua?₂	c'uat, c'a?,	kuat, 	k'uat, k'ua?,	hat, 	huat₂ ua?₂	kuan
c'uek,	t'uk, to?₂		luek,	c'uek,	kuek,	k'ua?,	hak,	ua?₂	kuɛŋ
tuok,	t'uak,	tuak₂				kuak,	k'uak,		kuaŋ uak,

208

頑	幻	滑	猾	挖	閂	関	還	環	弯
山合二	山合二	山合二	山合二	山合二	山合二	山合二	山合二	山合二	山合二
平山疑	去襉匣	入黠匣	入黠匣	入黠影	平刪生	平刪見	平刪匣	平刪匣	平刪影
ŋuən	huən	huət̚	huət̚	'uət̚	suán	kuán	huăn	huán	'uăn
guan	huan	kut̚	kut̚	uat̚ / ue?	suan / saŋ	kuan	huan / hiaŋ	huan	uan / k'uan
guan	huan	kut̚	kut̚	uat̚ / ui?	suan / saŋ	kuan / kuin	huan / hian	huan	uan / k'uan
guan	huan / huan	kut̚	kut̚	uat̚ / ue?	suan / suin	kuan	huan / han	huan / hian	uan / k'uan
guan	huan	kut̚	kut̚	uat̚	suan / saŋ	kuan / kain	huan / hain	huan	uan / k'uan
ŋuəŋ	huəŋ	kuk̚	kuk̚	ua / (c'uan)	kuen	kuen	huen	huen	uen
ŋuaŋ	huaŋ	huak̚	huak̚	ua / soŋ	kuan	kuan	huan	k'uan	uan
		閩南,潮 は は没韻のは‘滑’ と 混同。	閩南,潮 は ‘滑’ の類推。	潮,福は 官話から の借用か。		仙 k(u)oŋ / kuin			莆 uaŋ / 仙 (u)oŋ

灣	撰	篡	慣	患	宦	刷	刮	詮	全
山合二	山合二	山合二	山合二	山合二	山合二	山合二	山合二	山合四	山合四
平刪影	上潸崇	去諫初	去諫見	去諫匣	去諫匣	入鎋生	入鎋見	平仙清	平仙從
ʼuǎn	dzuǎn	tṣʻuǎn	kuǎn	huǎn	huǎn	ṣuǎt	kuǎt	tsʻiuɐn	dziuɐn
ˎuan ˎuan	cuan˺	cʻuan˺	kuan˺	huan˺	huan˺	suat˳	kuat˳	ˎcʻuan	ˎcuan ˎcaŋ
ˎuan ˎuan	cuan˺	cʻuan˺	kuan˺ kuain˺	huan˺	huan˺	suat˳ seʔ˳	kuat˳ kuiʔ˳	ˎcʻuan	ˎcuan ˎcaŋ
ˎuan	cuan˺	cʻuan˺	kuan˺	huan˺	huan˺	suat˳	kuat˳ kueʔ˳	ˎcʻuan	ˎcuan ˎcuiN
ˎuan	cuan˺	cʻuan˺	kuan˺ kain˺	huan˺	huan˺	suat˳	kuat˳	ˎcʻuan	ˎcuan ˎcaŋ
ˎueŋ	ˎcueŋ	cʻueŋ˺	kueŋ˺ kuiN˺	huam˺	hueŋ˺	sueʔ˳	kuek˳ kueʔ˳	ˎcʻueŋ	ˎcʻueŋ ˎciŋ
ˎuaŋ	cuaŋ˺	cʻuaŋ˺	kuaŋ˺	huaŋ˺	huaŋ˺	sok˳	kuak˳	ˎcʻuaŋ	ˎcuoŋ
									仙 ˎcyN

210

泉	宣	旋	伝伝連	椽	專	磚	川	穿	船
山合四	山合四	山合四	山合三	山合三	山合三	山合三	山合三	山合三	山合三
平仙從	平仙心	平仙邪	平仙澄	平仙澄	平仙章	平仙章	平仙昌	平仙昌	平仙船
dziuɛn	siuɛn	ziuɛn	diuɛn	diuɛn	tʃiuɛn	tʃiuɛn	tʃʻiuɛn	tʃʻiuɛn	djiuɛn
ˌcuan ˌcuaN	suan	suan	tʻuan	tʻuan	ˌcuan	ˌcuan ˌcəŋ	ˌcʻuan	ˌcʻuan ˌcʻəŋ	suan ˌcun
ˌcuan ˌcuaN	suan	suan	tʻuan	tʻuan	ˌcuan	ˌcuan ˌcəŋ	ˌcʻuan	ˌcʻuan ˌcʻəŋ	suan ˌcun
ˌcuan ˌcuaN	suan	suan tʻuin	tʻuan	tʻuan	ˌcuan	ˌcuan cuin	ˌcʻuan cʻuin	ˌcʻuan cʻuin	suan ˌcun
ˌcuan ˌcuaN	suan	suan	tʻuan	tʻuan	ˌcuan	ˌcuan ˌcəŋ	ˌcʻuan	ˌcʻuan ˌcʻəŋ	suan ˌcun
ˌcuaN	ˌsuaŋ	suaŋ	tʻuaŋ	ˌuaŋ	ˌcuaŋ	ˌcʻ+ŋ		ˌcʻuaŋ	ˌcʻuaŋ ˌcun
ˌcuoŋ ˌsoŋ		ˌsuoŋ	tʻuoŋ	ˌtuoŋ	ˌcuoŋ	ˌcuoŋ	ˌcʻuoŋ	ˌcʻuoŋ	ˌsuŋ

圈	拳	權	顴	員	円	沿	鉛	捐	緣
山合三	山合三	山合三	山合三	山合三	山合三	山合四	山合四	山合四	山合四
平仙溪	平仙群	平仙群	平仙群	平仙云	平仙云	平仙以	平仙以	平仙以	平仙以
k'iuɛŋ	giuɛŋ	giuɛŋ	giuɛŋ	hiuɛn	hiuɛn	jiuɛn	jiuɛn	jiuɛn	jiuɛn
k'uan ˌkun	kuan ˌkun	kuan	kuan	ˌuan guan	ˌuan ˌiN	ˌian	ˌian ˌkuan	ˌian	ˌian
k'uan ˌkun	kuan ˌkun	kuan	kuan	ˌuan guan	ˌuan ˌiN	ˌian	ˌian ˌkuan	ˌian	ˌian
k'uan ˌkun	k'uan	kuan		ˌuan	ˌuan ˌiN	ˌian	ˌian ˌkuan	ˌian	ˌian
k'uan ˌkun	kuan	kuan		ˌuan	ˌuan ˌiN	ˌian	ˌian ˌkuan	ˌian	ˌian
(ˌk'ou)	ˌk'uŋ	k'uɛŋ	kuɛŋˈ	ˌuɛn	ˌuɛn ˌiN	ˌiŋ	ˌiŋ	ˌkiɛŋ	ˌuɛn
	kuoŋ ˌkuŋ	ˌkuoŋ		ˌuoŋ	ˌuoŋ	ˌioŋ	ˌioŋ	ˌkioŋ	ˌioŋ
「集韻」の「逵員切」にかなう。				仙 ˌœŋ ˌiN			白話は官話からの借用か		

212

選	轉轉送	篆	喘	舛	軟	捲	衮	恋	旋旋毛
山合四	山合三	山合三	山合三	山合三	山合三	山合三	山合四	山合三	山合四
上狝心	上狝知	上狝澄	上狝昌	上狝昌	上狝日	上狝見	上狝以	去線来	去線邪
siuɛn	tïuɛn	dïuɛn	tʃïuɛn	tʃïuɛn	r̃ïuɛn	kiuɛn	jiuɛn	liuɛn	ziuɛn
ˋsuan	ˊcuaŋ / ˊtaŋ	tuan²	ˊcˋun / ˊcˋuan	ˊcˋun	ˊluan / ˋnaŋ	ˋkuan / ˋkaŋ	ˋian	ˌluan	suan² / caŋˊ
ˋsuan	ˊcuaŋ / ˊtaŋ	tˋuan²	ˊcˋun / ˊcˋuan	ˊcˋun	ˊluan / ˋnaŋ	ˋkuan / ˋkaŋ	ˋian	ˌluan	suan² / caŋˊ
ˋsuan	ˊcuaŋ / ˊtuin	tuan²	ˊcˋun / ˊcˋuan	ˊcˋun	ˊzuan / ˋnuin	ˋkuan / ˋkuin	ˊian	luan²	suan² / cuin²
ˋsuan	ˊcuaŋ / ˊtaŋ	tuan²	ˊcˋuan	ˊcˋun	ˊluan / ˋnaŋ	ˋkuan / ˋkaŋ	ˋian	ˌluan	suan² / caŋ²
ˋsueŋ	ˊcueŋ / ˊtɨŋ	²tueŋ	ˊcˋueŋ	ˊcˋuŋ	ˋnɨŋ	ˋkueŋ / ˋkɨŋ	⁼ieŋ	lueŋ²	
ˋsoŋ	ˊtuoŋ	tuoŋ²	ˊcˋuaŋ	ˊcˋuaŋ	ˋnuoŋ / ˋnoŋ	ˋkuoŋ		luoŋ²	

鏇	伝伝記	串	眷	卷	絹	倦	院	援	劣
山合四 去線邪	山合三 去線澄	山合三 去線昌	山合三 去線見	山合三 去線見	山合四 去線見	山合三 去線群	山合三 去線云	山合三 去線云	山合三 入薛来
ziuɛn	dïuɛn	tʃʼiuɛn	kïuɛn	kïuɛn	kiuɛn	gïuɛn	hïuɛn	hïuɛn	liuɛt
suan² cuan²	tuan²	cʼuan² cʼaŋ²	kuan²	kuan² kaŋ²	kuan² kin²	kuan²	ian² iN²	uan²	luat
suan² cuan²	tuan²	cʼuan² cʼaŋ²	kuan²	kuan² kaŋ²	kuan² kin²	kuan²	ian² iN²	uan²	luat
suan² cuan²	tuan²	cʼuan² cʼuiN²	kuan²	kuan² kuiN²	kuan² kin²	kuan²	ian² iN²	uan²	luat
suan² cuan²	tuan²	cʼuan² cʼaŋ²	kuan²	kuan² kaŋ²	kuan² kin²	kuan²	ian² iN²	uan²	luat
suen²	t+ŋ²	cʼueŋ²	kueŋ²	ˈk+ŋ	kieŋ²	ˈkueŋ	iN²	ˈueŋ	luek
	tuoŋ²	cʼuoŋ²	kuoŋ²	kuoŋ² kioŋ²		kuoŋ²	ieŋ²	uoŋ²	luok

214

絕	雪	拙	說	缺	悅	閱	藩	番	翻
山合四	山合四	山合三	山合三	山合三	山合四	山合四	山合三	山合三	山合三
入薛從	入薛心	入薛章	入薛書	入薛溪	入薛以	入薛以	平元非	平元敷	平元敷
dziuɛt	siuɛt	tʃiuɛt	ʃiuɛt	kʰiuɛt	jiuɛt	jiuɛt	piuɐn	pʰiuɐn	pʰiuɐn
cuat₂ ceˀ₂	suat₂ seˀ₂	cuat₂	suat₂ {sueˀ₂ seˀ₂}	kʰuat₂ {kʰiˀ₂ kʰueˀ₂}	iat₂	iat₂	꜀huan ꜀pʰuan	꜀huan ꜀han	꜀huan
cuat₂ ceˀ₂	suat₂ seˀ₂	cuat₂	suat₂ seˀ₂	kʰuat₂ {kʰiˀ₂ kʰeˀ₂}	iat₂	iat₂	꜀huan ꜀pʰuan	꜀huan ꜀han	꜀huan
cuat₂ coiˀ₂	suat₂ soiˀ₂	cuat₂	suat₂ sueˀ₂	kʰuat₂ {kʰiˀ₂ kʰueˀ₂}	uat₂	uat₂	꜀huan	꜀huan	꜀huan
cuat₂ cəˀ₂	suat₂ səˀ₂	cuat₂	suat₂ səˀ₂	kʰuat₂ {kʰiˀ₂ kʰəˀ₂}	iat₂	iat₂	꜀huan	꜀huàn	꜀huan
col₂	sol₂	cuek₂	sueˀ₂	kʰuek₂ kʰueˀ₂	zuek₂	luek₂	꜀pʰuen	꜀huen	꜀huen
cuok₂	suok₂	cuok₂	suok₂	kʰuok₂	iok₂	iok₂	꜀huaŋ	꜀huaŋ	꜀huaŋ

煩	礬	繁	元	原	源	冤	袁	猿	轅
山合三	山合三	山合三	山合三	山合三	山合三	山合三	山合三	山合三	山合三
平元奉	平元奉	平元奉	平元疑	平元疑	平元疑	平元影	平元云	平元云	平元云
biuɐn	biuɐn	biuɐn	ŋiuɐn	ŋiuɐn	ŋiuɐn	ʼiuɐn	hiuɐn	hiuɐn	hiuɐn
huan	huan	huan	guan	guan	guan	uan	uan	uan	uan
huan	huan	huan	guan	guan	guan	uan	uan	uan	uan
huan	huan	huan	guan	guan	guan	uan	uan	uan	uan
huan	huan	huan	guan	guan	guan	uan	uan	uan	uan
hueŋ	hueŋ	hueŋ	ŋueŋ	ŋueŋ	ŋueŋ	ueŋ	ueŋ	ueŋ	ueŋ
huaŋ	huaŋ	huaŋ	ŋuoŋ	ŋuoŋ	ŋuoŋ	uoŋ	uoŋ	uoŋ	uoŋ
		仙 ŋuiN							

216

園	垣	反	晚	挽	阮	宛	婉	遠	販
山合三	山合三	山合三	山合三	山合三	山合三	山合三	山合三	山合三	山合三
平元云	平元云	上阮非	上阮微	上阮微	上阮疑	上阮影	上阮影	上阮云	去願非
hiuɐn	hiuɐn	piuɐn	miuɐn	miuɐn	ŋiuɐn	ʔiuɐn	ʔiuɐn	hiuɐn	piuɐn
ꞈuan / ꞈhəŋ	ꞈhuan	ᶜhuan	ᶜbuan / ᶜməŋ	ᶜbuan / ᶜban	ᶜŋuan / ᶜꞟ	ꞈuan	ꞈuan / ᶜꞟ	ꞈuan / hhəŋ	huan꞉
ꞈuan / ꞈhəŋ	ꞈhuan	ᶜhuan	ᶜbuan / ᶜməŋ	ᶜbuan / ᶜban	ᶜŋuan / ᶜꞟ	ꞈuan	ꞈuan / ᶜꞟ	ꞈuan / hhəŋ	huan꞉
ꞈuan / huiN	ꞈhuan	ᶜhuan	ᶜbuan / ᶜmuiN	ᶜbuan / ᶜban	ᶜŋuan / ᶜuiN	ꞈuan	ꞈuan	ꞈuan / huiN	huan꞉
ꞈuan / ꞈhəŋ	ꞈhuan	ᶜhuan	ᶜbuan / ᶜməŋ	ᶜbuan / ᶜban	ᶜŋuan	ꞈuan	ꞈuan	ꞈuan / həŋ	huan꞉
ꞈh+ŋ	ꞈhueŋ	ᶜhueŋ	ᶜmoŋ	ᶜmaŋ	ᶜŋueŋ	ꞈueŋ	ꞈueŋ	ꞈieŋ / ꞈh+ŋ	hueŋ꞉
huoŋ	ꞈhuaŋ	ᶜhuaŋ	ᶜuan	ᶜuan	ᶜŋuaŋ / ᶜuoŋ	ꞈuaŋ	ꞈuaŋ	ꞈuoŋ	huaŋ꞉

飯	万	勸	券	願	怨	發	髮	伐	罰
山合三	山合三	山合三	山合三	山合三	山合三	山合三	山合三	山合三	山合三
去願奉	去願微	去願溪	去願溪	去願疑	去願影	入月非	入月非	入月奉	入月奉
biuɐn	miuɐn	kʻiuɐn	kʻiuɐn	ŋiuɐn	ʔiuɐn	piuɐt	piuɐt	biuɐt	biuɐt
huan² pəŋ²	ban²	kʻuan² kʻəŋ²	kʻuan²	quan²	uan²	huat,	huat,	huat,	huat,
huan² pəŋ²	ban²	kʻuan² kʻəŋ²	kʻuan²	quan²	uan²	huat,	huat,	huat,	huat,
huan² puiN²	ban²	kʻuan² kʻuiN²	kʻuan²	quan²	uan²	huat,	huat,	huat,	huat,
huan² pəŋ²	ban²	kʻuan² kʻəŋ²	kʻuan²	quan²	uan²	huat,	huat,	huat,	huat,
hueŋ² puŋ²	bueŋ²	kʻɨŋ²	kueŋ²	ŋueŋ²	ueŋ²	huek,	huek,	huek,	huek,
huaŋ² puoŋ²	uaŋ²	kʻuoŋ²	kuoŋ²	ŋuoŋ²	uoŋ²	huak,	huak,	huak,	huak,
仙 puiN² 莆 pue²		仙 kʻœŋ² : kʻuiN²							

襪	厥	闕	月	曦	曰	越	粵	玄	眩
山合三	山合三	山合三	山合三	山合三	山合三	山合三	山合三	山合四	山合四
入月微	入月見	入月溪	入月疑	入月影	入月云	入月云	入月云	平先匣	平先匣
miuɐt	kiuɐt	k'iuɐt	ŋiuɐt	˙iuɐt	hiuɐt	hiuɐt	hiuɐt	huen	huen
buat˳ bue?˳	k'uat˳	k'uat˳	quat˳ que?˳	uat˳ e?˳	uat˳	uat˳	uat˳	hian˳ guan˳	hian ˳hin
buat˳ be?˳	k'uat˳	k'uat˳	quat˳ ge?˳	uat˳ e?˳	uat˳	uat˳	uat˳	hian˳ guan˳	hian ˳hin
buat˳ bue?˳	k'uat˳	k'uat˳	quat˳ que?˳		uat˳	uat˳	uat˳	hian˳	hian ˳hin
biat˳ ba?˳	k'uat˳	k'uat˳	quat˳ gə?˳	ə?˳	uat˳	uat˳	uat˳	hian˳	hian ˳hin
bue?˳	k'iek˳	k'uek˳	que?˳	ue?˳	uek˳	uek˳	uek˳	hieŋ˳	hieŋ ˳hiŋ
uak˳	k'uok˳	k'uok˳	ŋuok˳		uak˳	uok˳	uok˳	hieŋ˳ ŋuoŋ˳	hieŋ ˳hiŋ
泉の文言音は`䲯'の類推			莆 kue?˳ 仙 kuei?˳					白話音については本文P595を参照。	

懸	淵	犬	縣	決	訣	血	穴	吞	根
山合四	山合四	山合四	山合四	山合四	山合四	山合四	山合四	臻用一	臻用一
平先匣	平先影	上銑溪	去霰匣	入屑見	入屑見	入屑曉	入屑匣	平痕透	平痕見
huen	'uen	k'uen	huen	kuet	kuet	huet	huet	t'an	kan
ˬhian ˬkuan	ˬian	ˬk'ian	hianˋ kuanˋ	kuat˰	kuat˰	hiat˰ hue?˰	hiat˲	ˬt'un	ˬkin
ˬhian ˬkuaiN	ˬian	k'ian	hianˋ kuaiNˋ	kuat˰	kuat˰	hiat˰ hui?˰	hiat˲	ˬt'un	ˬkun
ˬhian ˬkuan	ˬian	k'ian	hianˋ kuanˋ	kuat˰	kuat˰	hiat˰ hue?˰	hiat˲	ˬt'un	ˬkin
ˬhian ˬkəiN	ˬian	k'ian	hianˋ kəiNˋ	kuat˰	kuat˰	hiat˰ həi?˰	hiat˲	ˬt'un	ˬk+n
ˬkuiN	{ˬieŋ ˬueŋ}	ˬk'ieŋ	ˬkuiNˋ	kuek˰	kuek˰	hue?˰	huek˰	ˬt'uŋ	ˬk+ŋ
ˬhieŋ ˬkeŋ	ˬioŋ	ˬk'eŋ	keŋˋ	kiok˰	kiok˰	hiek˰ hek˰	hiek˲	ˬt'oŋ	ˬkoŋ ˬkɣŋ
仙ˬkiN									

220

跟	痕	恩	墾	懇	很	恨	彬	賓	檳
臻開一	臻開一	臻開一	臻開一	臻開一	臻開一	臻開一	臻開三	臻開四	臻開四
平痕見	平痕匣	平痕影	上很溪	上很溪	上很匣	去恨匣	平眞幫	平眞幫	平眞幫
kan	han	ʾan	kʿan	kʿan	han	han	piĕn	piĕn	piĕn
₍kin	₍hun	₍in	ʿkʿun	ʿkʿun	ʿhun	hun² hin²	₍pin	₍pin	₍pin ₍pun
₍kun	₍hun	₍un	ʿkʿun	ʿkʿun	ʿhun	hun²	₍pin	₍pin	₍pin
₍kin	₍hun	₍in	ʿkʿun	ʿkʿun	ʿhun	hin²	₍pin	₍pin	₍pin ₍pun
₍kɨn	₍hɨn	₍ɨn				hɨn²	₍pin	₍pin	₍pin
₍kɨŋ	₍huŋ	₍ɨŋ	ʿkʿɨŋ	ʿkʿɨŋ	ʿhɨŋ	hɨŋ²	₍piŋ	₍piŋ	₍piŋ
₍koŋ ₍kyŋ	₍hoŋ	₍oŋ	ʿkʿoŋ	ʿkʿoŋ	ʿheŋ	hoŋ² hyŋ²	₍piŋ	₍piŋ	₍piŋ
								海₍bin	

貧	頻	閩	民	燐	鄰	鱗	津	親	秦
臻開三	臻開四	臻開三	臻開四	臻開三	臻開三	臻開三	臻開四	臻開四	臻開四
平眞並	平眞並	平眞明	平眞明	平眞来	平眞来	平眞来	平眞精	平眞清	平眞從
bʰiĕn	bʰiĕn	miĕn	miĕn	liĕn	liĕn	liĕn	tsiĕn	tsʰiĕn	dziĕn
ˌpin	ˌpin	ˌbin ˌban	ˌbin	ˌlin	ˌlin	ˌlin ˌlan	ˌtin	ˌcin	ˌcin
ˌpin	ˌpin	ˌbin ˌban	ˌbin	ˌlin	ˌlin	ˌlin ˌlan	ˌcin	ˌcin	ˌcin
ˌpin	ˌpin	ˌban	ˌbin	ˌlin	ˌlin	ˌlin ˌlan	ˌcin	ˌcin	ˌcin
ˌpin	ˌpin	ˌbin ˌban	ˌbin	ˌlin	ˌlin	ˌlin ˌlan	ˌcin	ˌcin	ˌcin
ˌpʰiŋ	ˌpʰiŋ	ˌmaŋ	ˌmiŋ	ˌliŋ	ˌliŋ	ˌliŋ ˌlaŋ	ˌciŋ	ˌciŋ	ˌciŋ
ˌpiŋ	ˌpiŋ	ˌmiŋ	ˌmiŋ	ˌliŋ	ˌliŋ	ˌliŋ	ˌciŋ	ˌciŋ	ˌciŋ
莆ˌpiŋ			莆ˌmiŋ						

222

辛	新	薪	珍	陳	塵	榛	眞	神	身
臻開四	臻開四	臻開四	臻開三	臻開三	臻開三	臻開二	臻開三	臻開三	臻開三
平眞心	平眞心	平眞心	平眞知	平眞澄	平眞澄	平眞莊	平眞章	平眞船	平眞書
₌siĕn	₌siĕn	₌siĕn	₌tïĕn	₌dïĕn	₌dïĕn	tṣïĕn	tʃïĕn	₌dʒïĕn	₌ʃiĕn
₌sin	₌sin	₌sin	₌tin	⎰₌tin ⎨₌t'in ⎱₌tan	₌tin	₌cin	₌cin	₌sin	₌sin ₌sian
₌sin	₌sin	₌sin	₌tin	₌tin ₌tan	₌tin	₌cin	₌cin	₌sin	₌sin ₌sian
₌sin	₌sin	₌sin	⎰₌tin ⎱₌cin	₌tin ₌tan	₌tin	₌cin	₌cin	₌sin	₌sin
₌sin	₌sin	₌sin	₌tin	₌tin ₌tan	₌tin	₌cin	₌cin	₌sin	₌sin
₌siŋ	₌siŋ	₌siŋ	₌tieŋ	₌tiŋ ₌taŋ	₌tiŋ	₌ciŋ	₌ciŋ	₌siŋ	₌siŋ
₌siŋ	₌siŋ	₌siŋ	₌tiŋ	₌tiŋ	₌tiŋ	₌ciŋ	₌ciŋ	₌siŋ	₌siŋ
				海₌sin :₌din			萧₌ciŋ		

223

申	伸	娠	辰	晨	臣	人	仁	巾	矜
臻開三 平真書	臻開三 平真書	臻開三 平真書	臻開三 平真禪	臻開三 平真禪	臻開三 平真禪	臻開三 平真日	臻開三 平真日	臻開三 平真見	臻開三 平真群
ʃiĕn	ʃiĕn	ʃiĕn	ʒiĕn	ʒiĕn	ʒiĕn	řiĕn	řiĕn	kiĕn	giĕn
sin	sin	sin	sin	sin	sin	lin	lin	kin	kʻim
sin	sin	sin	sin	sin	sin	lin	lin	kun	kʻim
sin	sin	sin	sin	sin	sin	zin	zin	kin	kiaŋ
sin	sin	sin	sin	sin	sin	lin	lin	kɨn	
siŋ	siŋ	ciŋ	siŋ	siŋ	cʻiŋ	ziŋ	ziŋ	kɨŋ	keŋ
siŋ	siŋ	siŋ	siŋ	siŋ	siŋ	iŋ	iŋ	kɯŋ	
				仙 ciŋ	肅 ciŋ				「十五音」・潮は「居陵切」にかなう。

銀	因	姻	寅	牝	憫	敏	抿	儘	盡
臻開三	臻開四	臻開四	臻開四	臻開四	臻開三	臻開三	臻開三	臻開四	臻開四
平真疑	平真影	平真影	平真以	上軫並	上軫明	上軫明	上軫明	上軫精	上軫從
ɡǐěn	ˋiěn	ˋiěn	jiěn	biěn	mǐěn	mǐěn	mǐěn	tsǐěn	dzǐěn
꜀ɡin	꜁in	꜁in	꜁in	pin²	꜂bin	꜂bin	꜂bin	cin²	cin²
꜀gun	꜁in	꜁in	꜁in	{pin²/pin}	꜂bin	꜂bin	꜂bin	꜂cin	cin²
꜀gin	꜁in	꜁in	꜁in	pin²	꜂bin	꜂bin	꜂bin	꜂cin	cin²
꜀gɨn	꜁in	꜁in	꜁in	pin²	꜂bin	꜂bin	꜂bin		cin²
꜀ŋɨŋ	꜁iŋ	꜁iŋ	꜁iŋ	꜂p'iŋ	꜂mieŋ	꜂mieŋ	꜁miŋ	꜂ciŋ	꜂ciŋ
꜀ŋɣŋ	꜁iŋ	꜁iŋ	꜁iŋ		꜂miŋ	꜂miŋ	꜂miŋ	ciŋ²	ciŋ²
	仙 ꜁iŋ							厦:十五音以外は'尽' ˋと混同	

225

疹	診	腎	忍	緊	引	殯	鬢	吝	屏
臻開三	臻開三	臻開三	臻開三	臻開四	臻開四	臻開四	臻開四	臻開三	臻開三
上軫章	上軫章	上軫禪	上軫日	上軫見	上軫以	去震幫	去震幫	去震來	去震來
tɕǐĕn	tɕǐĕn	ʑǐĕn	ȵǐĕn	kiĕn	jiĕn	piĕn	piĕn	lǐĕn	lǐĕn
ʿcin	ʿcin	sin²	ʿlim / ʿlun	ʿkin	ʿin	pin³	pin³	lin²	lin² / lan²
ʿcin	ʿcin	sin²	ʿlim / ʿlun	ʿkin	ʿin	pin³	pin³	lin²	lin² / lan²
ʿcin	ʿcin	sin²	ʿzim / ʿlun	ʿkin	ʿin	pin³	pin³	lin²	lin² / lan²
ʿcin	ʿcin	sin²	ʿlim / ʿlun	ʿkin	ʿin	pin³	pin³	lin²	lin² / lan²
ʿcieŋ	ʿcieŋ	ʿsieŋ	ʿzim / ʿluŋ	ʿkiŋ	ʿiŋ	piŋ³	piŋ³	liŋ²	
ʿciŋ	ʿciŋ	siŋ²	ʿyŋ	ʿkiŋ	ʿiŋ	piŋ³	piŋ³	liŋ²	
				平ʿkin 海ʿin					平lan²

進	晉	信	訊	迅	鎮	趁	陣	襯	振
臻開四 去震精	臻開四 去震精	臻開四 去震心	臻開四 去震心	臻開四 去震心	臻開三 去震知	臻開三 去震徹	臻開三 去震澄	臻開二 去震初	臻開三 去震章
tsiĕn	tsiĕn	siĕn	siĕn	siĕn	ţiĕn	ţʻiĕn	diĕn	tṣʻiĕn	tʃiĕn
cinˊ	cinˊ	sinˊ	sinˊ	sin˙	tinˊ	tʻinˊ tʻanˊ	tin˨	cʻinˊ	ˊcin ˊtin
cinˊ	cinˊ	sinˊ	sinˊ	sinˊ	tinˊ	tʻinˊ tʻanˊ	tin˨	cʻinˊ	ˊcin ˊtin
cinˊ	cinˊ	sinˊ siànˊ	sinˊ	sinˊ	tinˊ	tʻinˊ tʻanˊ	tin˨	cʻinˊ	ˊcin
cinˊ	cinˊ	sinˊ	sinˊ	sinˊ	tinˊ	tʻinˊ tʻanˊ	tin˨	cʻinˊ	ˊcin
ciŋˊ	ciŋˊ	siŋˊ	siŋˊ	siŋˊ	tiŋˊ	ˊcieŋ	tiŋˊ	cʻiŋˊ	ˊciŋ
ciŋˊ	ciŋˊ	siŋˊ	siŋˊ	s.iŋˊ	tiŋˊ	tʻiŋˊ	tiŋ˨	cʻiŋˊ	ˊciŋ
萧ciŋˊ		仙siŋˊ							『集韻』の「止忍切」にかなう。

227

震	慎	刃	軔	認	僅	釁	印	筆	必
臻開三	臻開三	臻開三	臻開三	臻開三	臻開三	臻開三	臻開四	臻開三	臻開四
去震章	去震禪	去震日	去震日	去震日	去震群	去震曉	去震影	入質幫	入質幫
tɕǐĕn	ʑǐĕn	řǐĕn	řǐĕn	řǐĕn	gǐĕn	hǐĕn	'iĕn	pǐĕt	piet
cin⁷	sin²	lim²	lim²	lim² / lin²	kin²	hin⁷	in⁷	pit₇	pit₇
cin⁷	sin²	lim²	lim²	lim² / lin²	kin²	hun⁷	in⁷	pit₇	pit₇
cin⁷	sin²	zim²	zim² / zin²		kin²	hin⁷	in⁷	pit₇	pit₇
cin⁷	sin²	lim²	lim²	lim² / lin²			in⁷	pit₇	pit₇
'ciŋ	'sim	'zim		zin²	'kɨŋ	hieŋ⁷	iŋ⁷	pik₇	pik₇
'ciŋ	siŋ²	iŋ²	iŋ²	niŋ²	kɣŋ²	k'ɣŋ⁷	iŋ⁷	pik₇	pik₇
							莆 iŋ⁷		海 bit₇

228

畢	匹	弼	密	蜜	栗	七	漆	疾	悉
臻開四	臻開四	臻開三	臻開三	臻開四	臻開三	臻開四	臻開四	臻開四	臻開四
入質幫	入質滂	入質並	入質明	入質明	入質來	入質清	入質清	入質從	入質心
piět	pʻiět	bʻiět	miět	miět	liět	tsiět	tsʻiět	dzʻiět	siět
pit,	pʻit,	pit,	bit, bat,	bit,	liak, lat,	cʻit,	cʻit, cʻat,	cit,	siak,
pit,	pʻit,	pit,	bit, bat,	bit,	liak, lat,	cʻit,	cʻit, cʻat,	cit,	siak,
pit,	pʻit,	pit,	bit, bat,	bit,	liak, lat,	cʻit,	cʻip, cʻat,	cit,	sit,
pit,	pʻit,	pit,	bit, bat,	bit,	liak, lat,	cʻit,	cʻit, cʻat,	cit,	
pik,	pʻik,	pik,	mik, bak,	bik,	liek,	cʻik,	cʻak	cip,	sek,
pik,	pʻik,	pik,	mik,	mik,	lik,	cʻik,	cʻik,	cik,	sik,

潮は「集韻」の「力蘖切」にかなう

229

膝	窒	姪	秩	瑟	虱	質	実	失	室
臻開四	臻開三	臻開三	臻開三	臻開二	臻開二	臻開三	臻開三	臻開三	臻開三
入質心	入質知	入質澄	入質澄	入質生	入質生	入質章	入質船	入質書	入質書
siĕt	tĭĕt	dĭĕt	dĭĕt	ṣïĕt	ṣïĕt	tɕĭĕt	dʑĭĕt	ɕiĕt	ɕiĕt
cʻiak₂	ciak₂	tit₂	tiat₂	siak₂	siak₂ sat₂	cit₂	sit₂ cat₂	sit₂	siak₂
cʻiak₂	ciak₂	tit₂	tiat₂	siak₂	siak₂ sat₂	cit₂	sit₂ cat₂	sit₂	siak₂
cʻip₂	cit₂	tit₂	tiat₂	siak₂	siak₂ sat₂	cit₂	sit₂	sit₂	sit₂
cʻiak₂		tit₂	tiat₂	siak₂	siak₂ sat₂	cit₂	sit₂	sit₂	siak₂
cʻek₂	tiek₂	tiek₂	tiek₂	sek₂	sek₂ sak₂	cieʔ₂	sik₂	sik₂	sik₂
cik₂	tik₂	tik₂	tiek₂	sek₂	sek₂	cik₂	sik₂	sik₂	sik₂
	潮は「丁結切」にかなう。	潮は「喋韻」の「徒結切」にかなう。							

日	吉	詰	乙	一	逸	斤	筋	勤	芹
臻開三 入質日	臻開四 入質見	臻開四 入質溪	臻開三 入質影	臻開四 入質影	臻開四 入質以	臻開三 平殷見	臻開三 平殷見	臻開三 平殷群	臻開三 平殷群
řiět	kiět	k'iět	ʼiět	ʼiět	jiět	kïən	kïən	gïən	gïən
lit˒	kiat˒	k'iat˒	it˒	it˒	iək˒	⊂kin	⊂kin	⊂k'in	⊂k'in
lit˒	kiat˒	k'iat˒	it˒	it˒	{iək˒ / iat˒}	⊂kun	⊂kun	⊂k'un	⊂k'un
zit˒	kit˒	k'iat˒	it˒	it˒	it˒	⊂kin	⊂kin	⊂k'in	⊂k'in
lit˒	kiat˒	k'iat˒	it˒	it˒		⊂kɨn	⊂kɨn	⊂k'ɨn	⊂k'ɨn
zik˒	kik˒	k'iek˒	ik˒	ik˒	ik˒	⊂kɨŋ	⊂kɨŋ	⊂k'ɨŋ	⊂k'ɨŋ
	kik˒		ik˒	ik˒	ik˒	⊂kʏŋ	⊂kʏŋ	⊂k'ʏŋ	⊂k'ʏŋ
nik˒									
莆ti?˒			莆i?˒						

欣	殷	謹	近	隱	訖	乞	迄	奔	盆
臻開三	臻開三	臻開三	臻開三	臻開三	臻開三	臻開三	臻開三	臻合一	臻合一
平殷曉	平殷影	上隱見	上隱群	上隱影	入迄見	入迄溪	入迄曉	平魂幫	平魂並
hïən	'ïən	kïən	qïən	'ïən	kïat	kʻïat	hïat	puan	buan
₌him	₌un	ꞌkin	kin²	ꞌun	git₎	kʻit₎	git₎	₌pʻun	₌pʻun
₌him	₌un	ꞌkin	kun²	ꞌun	gut₎	kʻit₎	{gut₎ / git₎}	₌pʻun	₌pʻun
₌him	₌in	ꞌkin	kin²	ꞌin	git₎	kʻit₎	git₎	₌pʻun	₌pʻun
₌him	₌ɨn		kɨn²	ꞌɨn				₌pʻun	₌pʻun
₌hɨŋ	₌hɨŋ	ꞌkɨŋ	ꞌkɨŋ	ꞌɨŋ	ŋɨk₎	kʻɨk₎	ŋɨk₎	₌puŋ	₌pʻuŋ
₌hɣŋ	ꞌɣŋ	ꞌkɣŋ	kɣŋ²	ꞌɣŋ		kʻɣk₎	kʻik₎	₌puoŋ	₌puoŋ

232

门	敦	墩	屯	豚	臀	崙	尊	村	存
臻合一 平魂明	臻合一 平魂端	臻合一 平魂端	臻合一 平魂定	臻合一 平魂定	臻合一 平魂定	臻合一 平魂來	臻合一 平魂精	臻合一 平魂清	臻合一 平魂從
muan	tuan	tuan	duan	duan	duan	luan	tsuan	tsʻuan	dzuan
ˏbun ˏmaŋ	ˏtun	ˏtun	ˏtun	ˏtun ˏtʻun	ˏtun	ˏlun	˛cun	˛cʻun ˛cʻaŋ	ˏcun
ˏbun ˏmaŋ	ˏtun	ˏtun	ˏtun	ˏtun ˏtʻun	ˏtun	ˏlun	˛cun	˛cʻun ˛cʻaŋ	ˏcun
ˏbun ˏmuiN	ˏtun	ˏtun	ˏtun	ˏtun ˏtʻun	ˏtun	ˏlun	˛cun	˛cʻun ˛cʻuiN	ˏcun
ˏbun ˏmaŋ	ˏtun	ˏtun	ˏtun	ˏtun ˏtʻun	ˏtun	ˏlun	˛cun	˛cʻun ˛cʻaŋ	ˏcun
ˏmuŋ	˛tuŋ	ˏtuŋ	ˏtuŋ	ˏtʻuŋ	ˏtʻuŋ	ˏluŋ	˛cuŋ	˛cʻɨŋ	ˏcʻuŋ
ˏmuoŋ	ˏtuŋ	ˏtuŋ	ˏtoŋ	ˏtoŋ		ˏluŋ	˛coŋ	ˏcʻoŋ	ˏcoŋ
仙 muiN	海 ˏdun		海 hun ˏdun						

233

蹲	孫	昆	崑	坤	昏	婚	魂	渾	溫
臻合一	臻合一	臻合一	臻合一	臻合一	臻合一	臻合一	臻合一	臻合一	臻合一
平魂從	平魂心	平魂見	平魂見	平魂溪	平魂曉	平魂曉	平魂匣	平魂匣	平魂影
dzuən	suən	kuən	kuən	kʻuən	huən	huən	huən	huən	ʼuən
˪cun	˪sun	˪kʻun	˪kʻun	˪kʻun	˪hun	˪hun	˪hun	˪hun	˪un
	˪səŋ				˪həŋ				
˪cun	˪sun	˪kʻun	˪kʻun	˪kʻun	˪hun	˪hun	˪hun	˪hun	˪un
	˪səŋ				˪həŋ				
˪cun	˪sun	˪kʻun	˪kʻun	˪kʻun	˪hun	˪hun	˪hun	˪hun	˪un
	˪suiN				˪huiN				
˪cun	˪sun	˪kʻun	˪kʻun	˪kʻun	˪hun	˪hun	˪hun	˪hun	˪un
	˪səŋ				˪həŋ				
˪cuŋ	˪suŋ	˪kʻuŋ	˪kʻuŋ	˪kʻuŋ	˪huŋ	˪huŋ	˪huŋ	ʼhuŋ	˪uŋ
	˪s+ŋ				˪h+ŋ				
	˪soŋ	˪kʻoŋ	˪kʻoŋ	˪kʻoŋ	huoŋ	huoŋ	˪huŋ	˪huŋ	˪uŋ

234

瘟	本	笨	盾	囤	沌	忖	損	滾	綑
臻合一	臻合一	臻合一	臻合一	臻合一	臻合一	臻合一	臻合一	臻合一	臻合一
平魂影	上混幫	上混並	上混定	上混定	上混定	上混清	上混心	上混見	上混溪
'uən	puən	buən	duən	duən	duən	tsʰuən	suən	kuən	kʰuən
ˌun	ˈpun	pun˦	ˈtun	ˈtun	tun˦	ˈcʰun	ˈsun	ˈkun	ˈkʰun
							ˈsəŋ		
ˌun	ˈpun	pun˦	ˈtun	ˈtun	tun˦	ˈcʰun	ˈsun	ˈkun	ˈkʰun
							ˈsəŋ		
ˌun	ˈpun	pun˦	ˈtun	tun˦	tun˦	ˈcʰun	ˈsun	ˈkun	ˈkʰun
							ˈsuiN		
ˌun	ˈpun	pun˦	ˈtun	ˈtun	tun˦	ˈcʰun	ˈsun	ˈkun	ˈkʰun
							ˈsəŋ		
ˌuŋ	ˈpuŋ	ˈpuŋ	ˈtuŋ	ˌtuŋ	ˈtuŋ	ˈcʰuŋ	ˈsuŋ	ˈkuŋ	ˈkʰuŋ
ˌuŋ	ˈpuoŋ	puŋ˦	ˈtoŋ				ˈsoŋ	ˈkuŋ	ˈkʰuŋ
	海 ˈbun 莆 ˈpoŋ	海 ˈbun 潮は喉 韻ㅁの「 補袞切」 にかなう。							

混	渾	穩	噴	悶	頓	褪	鈍	遁	嫩
臻合一	臻合一	臻合一	臻合一	臻合一	臻合一	臻合一	臻合一	臻合一	臻合一
上混匣	上混匣	上混影	去慁滂	去慁明	去慁端	去慁透	去慁定	去慁定	去慁泥
huən	huən	'uən	pʻuən	muən	tuən	tʻuən	duən	duən	nuən
hun˨	hun˨	'un˨	pʻun˨	bun˨	tun˨ tan˨	tʻun˨ tʻan˨	tun˨	tun˨	lun˨
hun˨	hun˨	'un˨	pʻun˨	bun˨	tun˨ tan˨	tʻun˨ tʻan˨	tun˨	tun˨	lun˨
hun˨	hun˨	'un˨	pʻun˨	bun˨	tun˨ tuiN˨	tʻun˨ tʻuiN˨	tun˨	tun˨	lun˨
hun˨	hun˨	'un˨	pʻun˨	bun˨	tun˨ tan˨	tʻun˨ tʻan˨	tun˨	tun˨	lun˨
ʻhuŋ	ʻhuŋ	ʻuŋ	pʻuŋ	buŋ˨	ʻtuŋ tʻ+ŋ		ʻtuŋ	ʻtuŋ	ʻluŋ
huŋ˨		ʻuŋ	pʻuŋ˨	muŋ˨	tuŋ˨		tuŋ˨	tuŋ˨	loŋ˨
		海ʻun							

236

論	寸	遜	棍	困	不	勃	沒	突	卒
臻合一 去恩来	臻合一 去恩清	臻合一 去恩心	臻合一 去恩見	臻合一 去恩溪	臻合一 入沒帮	臻合一 入沒並	臻合一 入沒明	臻合一 入沒定	臻合一 入沒精
luən	tsʻuən	suən	kuən	kʻuən	puat	buat	muat	duat	tsuat
luən²	cʻun²	sun²	kun²	kʻun²	put˷	put˷	but˷	tut˷ tuʔ˷	cut˷
luən²	cʻun²	sun²	kun²	kʻun²	put˷	put˷	but˷	tut˷	cut˷
luən²	cʻun²	sun²	kun²	kʻun²	put˷	put˷	but˷	tut˷	cut˷
luən²	cʻun²	sun²	kun²	kʻun²	put˷	put˷	but˷	tut˷	cut˷
ˊluŋ²	cʻuŋ²	suŋ²	kuŋ²	kʻuŋ²	puk˷	puek˷	mok˷	tuk˷	cuk˷
loŋ²	cʻoŋ²		kuŋ²	kʻoŋ²	puk˷	pok˷	muk˷	tok˷	cuk˷
			莆 kʻoŋ²					莆 toʔ˷	

237

骨	窟	忽	核	滑	倫	淪	輪	遵	竣
臻合一	臻合一	臻合一	臻合一	臻合一	臻合三	臻合三	臻合三	臻合四	臻合四
入沒見	入沒溪	入沒曉	入沒匣	入沒匣	平諄來	平諄來	平諄來	平諄精	平諄清
kuət	kʻuət	huət	huət	huət	liuĕn	ïuĕn	tsiuĕn	tsiuĕn	tsʻiuĕn
kut	kʻut	hut	hut	kut	lun	lun	lun	cun	cun
kut	kʻut	hut	hut	kut	lun	lun	lun	cun	cun
kut	kʻut	hut	hut	kut	lun	lun	lun	cun	cun
kut	kʻut	hut	hut	kut	lun	lun	lun	cun	cun
kuk	kʻuk	huk	huk	kuk	luŋ	luŋ	luŋ	cuŋ	cuŋ
kok	kʻok	huok	hok	kuk	luŋ	luŋ	luŋ	coŋ	cuŋ
		莆˙hoʔ	仙 hoʔ					福は'尊'の'の類推。	'俊'の類推か。

238

荀	詢	旬	循	巡	屯	椿	諄	春	脣
臻合四	臻合四	臻合四	臻合四	臻合四	臻合三	臻合三	臻合三	臻合三	臻合三
平諄心	平諄心	平諄邪	平諄邪	平諄邪	平諄知	平諄徹	平諄章	平諄昌	平諄船
siuĕn	siuĕn	ziuĕn	ziuĕn	ziuĕn	ţiuĕn	ţʼiuĕn	tɕiuĕn	tɕʼiuĕn	dʑiuĕn
ˌsun	ˌsun	ˌsun	ˌsun	ˌsuŋ	ˌtun	ˌtʼun	ˌtun	ˌcʼun	ˌtun
ˌsun	ˌsun	ˌsun	ˌsun	ˌsun	ˌtun	{ˌtʼun / ˌcʼun}	ˌtun	ˌcʼun	ˌtun
ˌsun	ˌsun	ˌsun	ˌsun	ˌsun	ˌtun	ˌtʼun	ˌcun	ˌcʼun	ˌtun
ˌsun	ˌsun	ˌsun	ˌsun	ˌsun	ˌtun	ˌtʼun	ˌtun	ˌcʼun	ˌtun
ˌsuŋ	ˌsuŋ	ˌsuŋ	ˌsuŋ	ˌsuŋ	ˌtuŋ	ˌcʼuŋ	ˌsuŋ	ˌcʼuŋ	ˌtuŋ
ˌsuŋ	ˌsuŋ	ˌsuŋ	ˌsuŋ	ˌsuŋ	ˌtuŋ	ˌcʼuŋ	ˌtuŋ	ˌcʼuŋ	ˌsuŋ
						潮は'醇'の類推か。	莆 ˌcʼoŋ	仙 ˌcʼoŋ	

239

純	醇	均	鈞	勻	筍	桦	准	準	蠢
臻合三	臻合三	臻合四	臻合四	臻合四	臻合四	臻合四	臻合三	臻合三	臻合三
平諄禪	平諄禪	平諄見	平諄見	平諄以	上準心	上準心	上準章	上準章	上準昌
ʐɪuĕn	ʐɪuĕn	kiuĕn	kiuĕn	jiuĕn	siuĕn	siuĕn	tʃɪuĕn	tʃɪuĕn	tʃɪuĕn
ˌsun	ˌsun	ˌkin	ˌkin	ˌun	ꞌsun	ꞌsun	ꞌcun	ꞌcun	ꞌcun ꞌtun
ˌsun	ˌsun	ˌkun	ˌkun	ˌun	ꞌsun	ꞌsun	ꞌcun	ꞌcun	ꞌcun ꞌtun
ˌsun	ˌsun	ˌkin	ˌkin	ˌin	ꞌsun	ꞌsun	ꞌcun	ꞌcun	ꞌcun ꞌtun
ˌsun	ˌsun	ˌkɨn	ˌkɨn	ˌɨn	ꞌsun	ꞌsun	ꞌcun	ꞌcun	ꞌcun ꞌtun
ˌsuŋ	ˌsuŋ	ˌkɨŋ	ˌkɨŋ	ˌuŋ	ꞌsuŋ	ꞌsuŋ	ꞌcuŋ	ꞌcuŋ	ꞌcuŋ
ˌsuŋ	ˌsuŋ	ˌkiŋ	ˌkiŋ	ˌɤŋ	ꞌsuŋ	ꞌsuŋ	ꞌcuŋ	ꞌcuŋ	ꞌcuŋ

窘	菌	允	尹	俊	殉	順	舜	瞬	閏
臻合三	臻合三	臻合四	臻合四	臻合四	臻合四	臻合三	臻合三	臻合三	臻合三
上準群	上準群	上準以	上準以	去稕精	去稕邪	去稕船	去稕書	去稕書	去稕日
gïuĕn	gïuĕn	jiuĕn	jiuĕn	tsiuĕn	ziuĕn	dʑiuĕn	ɕiuĕn	ɕiuĕn	ȵiuĕn
ˋkʻun	ˋkʻun	ˋun	ˋun	cunˊ	ˏsun	sunˊ	sunˊ	sunˊ	lunˊ
		ˋin					cunˊ		
ˋkʻun	ˋkʻun	ˋun	ˋun	cunˊ	ˏsun	sunˊ	sunˊ	sunˊ	lunˊ
		ˋin							
ˋkʻun		ˋun	ˋin	cunˊ	ˏsun	sunˊ	sunˊ	sunˊ	zun
									lun
ˋkʻun		ˋɤn	ˋɤn	cunˊ	ˏsun	sunˊ	sunˊ	sunˊ	lun
kʻuŋˊ	ˋkʻuŋ	ˋzuŋ	ˋɤŋ	cuŋˊ	ˏsuŋ	ˋsuŋ	suŋˊ	suŋˊ	ˋzuŋ
kʻuŋˊ		ˋɤŋ	ˋɤŋ	cuŋˊ	ˏsuŋ	suŋˊ	suŋˊ	suŋˊ	
									nuŋˊ
				『集韻』の「松倫切」にかなう。					

潤	律	率 效率	戌	恤	术	率 統率	蟀	出	述
臻合三	臻合三	臻合三	臻合四	臻合四	臻合三	臻合二	臻合二	臻合三	臻合三
去稕日	入術来	入術来	入術心	入術心	入術澄	入術生	入術生	入術昌	入術船
ĭuĕn	liuĕt	ĭiuĕt	siuĕt	siuĕt	dʑiuĕt	ʂiuĕt	ʂiuĕt	tʂʰiuĕt	dʑiuĕt
lun²	lut	lut	sut	sut	cut	sut	sut	c'ut	sut
lun²	lut	lut	sut	sut	cut	sut	sut	c'ut	sut
zun²	lut	lut	sut	sut	cut	sut	sut	c'ut	sut
lun²	lut	lut	sut	sut	cut	sut	sut	c'ut	sut
²zuŋ	luk	luk	suk	suk	cuk	suk	suk	c'uk	suk
yŋ²	luk	luk	suk	suk	suk	suk	suk	c'uk	suk
							莆 c'o?		

術	橘	分	芬	紛	焚	墳	文	紋	聞
臻合三 入術船	臻合四 入術見	臻合三 平文非	臻合三 平文敷	臻合三 平文敷	臻合三 平文奉	臻合三 平文奉	臻合三 平文微	臻合三 平文微	臻合三 平文微
dʑïuĕt	kiuĕt	pïuən	pʰïuən	pʰïuən	bïuən	bïuən	mïuən	mïuən	mïuən
sut̚	kiat̚	˪hun ˪pun	˪hun	˪hun	˪hun	˪hun	˪bun	˪bun	˪bun
sut̚	kiat̚	˪hun ˪pun	˪hun	˪hun	˪hun	˪hun	˪bun	˪bun	˪bun
sut̚	kit̚ kiat̚	˪hun ˪pun	˪hun	˪hun	˪hun	˪hun	˪bun	˪bun	˪bun
sut̚	kiat̚	˪hun ˪pun	˪hun	˪hun	˪hun	˪hun	˪bun	˪bun	˪bun
suk̚	kik̚	˪huŋ ˪puŋ	˪huŋ	˪huŋ	˪huŋ	pʰuŋ	˪buŋ	˪buŋ	˪buŋ
suk̚	kik̚	˪huŋ ˪puɔŋ	˪huŋ	˪huŋ	˪huŋ	˪huŋ	˪uŋ	˪uŋ	˪uŋ
	平 kieʔ	海fun :˪bun 仙hoŋ :˪poŋ				蒲moŋ			

243

君	軍	裙	群	熏	勳	薰	葷	云	雲
臻合三	臻合三	臻合三	臻合三	臻合三	臻合三	臻合三	臻合三	臻合三	臻合三
平文見	平文見	平文群	平文群	平文曉	平文曉	平文曉	平文曉	平文云	平文云
kiuən	kiuən	giuən	giuən	hïuən	hïuən	hïuən	hïuən	hïuən	hïuən
˳kun	˳kun	˳kun	˳kun	˳hun	˳hun	˳hun	˳hun	˳un	˳hun
˳kun	˳kun	˳kun	˳kun	hun	hun	hun	hun	˳un	{ ˳hun / ˳un
˳kun	˳kun	˳kun	˳kun	hun	hun	hun	hun	˳in	˳in / ˳hun
˳kun	˳kun	˳kun	˳kun	hun	hun	hun	hun	˳ɨn	˳hun
˳kuŋ	˳kuŋ	˳kuŋ	˳kuŋ	hɨŋ	hɨŋ	hɨŋ / huŋ	huŋ	uŋ²	˳huŋ
˳kuŋ	˳kuŋ	˳kuŋ	˳kuŋ	hʏŋ	hʏŋ	hoŋ		˳huŋ	˳huŋ
莆 ˳koŋ						仙 hoŋ			莆 ˳oŋ

244

粉	忿	憤	吻	刎	奮	糞	份	問	郡
臻合三	臻合三	臻合三	臻合三	臻合三	臻合三	臻合三	臻合三	臻合三	臻合三
上吻非	上吻敷	上吻奉	上吻微	上吻微	去問非	去問非	去問奉	去問微	去問群
piuən	pʰiuən	biuən	miuən	miuən	piuən	piuən	biuən	miuən	giuən
ʻhun	ʻhun	ʻhun	ʻbun	ʻbun	hun²	hun² / pun²	hun²	bun² / mən²	kun²
ʻhun	ʻhun	ʻhun	ʻbun	ʻbun	hun²	hun² / pun²	hun²	bun² / mən²	kun²
ʻhun	ʻhun	ʻhun	ʻbun	ʻbun	hun²	hun² / pun²	hun²	bun² / muiɴ²	kun²
ʻhun	ʻhun	ʻhun	ʻbun	ʻbun	hun²	hun² / pun²	hun²	bun² / mən²	kun²
ʻhuŋ	huŋ²	ʻhuŋ	ʻmuŋ	huk̚	huŋ² / puŋ²			huŋ²	muŋ² / ʻkuŋ
ʻhuŋ	ʻhuŋ	ʻhuŋ	ʻuŋ	ʻuŋ	huŋ² / puŋ²			huŋ²	uŋ² / kuŋ²
莆 ʻhoŋ						海 fun² : bun²			

245

訓	運	韻	彙	弗	拂	彿	仏	勿	物
臻合三	臻合三	臻合三	臻合三	臻合三	臻合三	臻合三	臻合三	臻合三	臻合三
去問曉	去問云	去問云	去問云	入物非	入物敷	入物敷	入物奉	入物微	入物微
hiuən	hiuən	hiuən	hiuən	piuat	p'iuat	p'iuat	biuat	miuat	miuat
hun²	un²	un²	un² ən²	hut˙	hut˙ p'ut˙	hut˙	hut˨ put˙	but˨	but˨ miN?
hun²	un²	un²	un² ən²	hut˙	hut˙	hut˙	hut˨ put˙	but˨	but˨ miN?
hun²	un²	un²	un² uiN²	hut˙	hut˙	hut˙	hut˨	but˨	but˨ miN?
hun²	un²	un²	un² əŋ²	hut˙	hut˙	hut˙	hut˨ put˙	but˨	but˨ mən?
huŋ²	uŋ²	uŋ²	iŋ²	huk˙	huk˙	huk˙	huk˙		(mai)muen?
huŋ²	uŋ²	uŋ²		huk˙	huk˙	huk˙	huk˙	uk˙	uk˙
							海but˨		仙po?

屈	掘	倔	熨	鬱
臻合三	臻合三	臻合三	臻合三	臻合三
入物溪	入物群	入物群	入物影	入物影
kʼiuat	giuat	giuat	·iuat	·iuat
kʼut˲	kut˲	kut˲	ut˲	ut˲
kʼut˲	kut˲	kut˲	ut˲	ut˲
kʼut˲	kut˲	kut˲	ut˲	ut˲
kʼut˲	kut˲	kut˲	ut˲	ut˲
kʼuk˲	kuk˲	kʼuk˲	uk˲	uk˲
kʼuk˲	kuk˲	kuk˲	uk˲	uk˲

247

例字	帮	滂	旁	忙	芒	洣	当(当時)	湯	堂
中古音	宕開一 平唐幫 paŋ	宕開一 平唐滂 pʰaŋ	宕開一 平唐並 baŋ	宕開一 平唐明 maŋ	宕開一 平唐明 maŋ	宕開一 平唐明 maŋ	宕開一 平唐端 taŋ	宕開一 平唐透 tʰaŋ	宕開一 平唐定 daŋ
台南	{꜀paŋ / ꜀pãⁿ}	꜀pɔŋ	꜀pɔŋ / ꜀baŋ	꜀bɔŋ	꜀bɔŋ	꜀bɔŋ	{꜀tɔŋ / ꜀taŋ}	꜀tʰɔŋ / tʰaŋ	꜀tɔŋ / ꜀taŋ
廈門	{꜀paŋ / ꜀pãⁿ}	꜀pɔŋ	꜀pɔŋ / ꜀baŋ	꜀bɔŋ / ꜀baŋ	꜀bɔŋ / ꜀baŋ	꜀bɔŋ / ꜀baŋ	{꜀tɔŋ / ꜀taŋ}	꜀tʰɔŋ / tʰaŋ	꜀tɔŋ / ꜀taŋ
十五音	꜀paŋ	꜀pɔŋ	꜀pɔŋ / ꜀paŋ	꜀bɔŋ	꜀bɔŋ	꜀bɔŋ	꜀tɔŋ / ꜀taŋ	꜀tʰɔŋ / tʰaŋ	꜀tɔŋ / ꜀taŋ
泉州	{꜀paŋ / ꜀pãⁿ}	꜀pɔŋ	꜀pɔŋ	꜀bɔŋ	꜀bɔŋ	꜀bɔŋ	{꜀tɔŋ / ꜀taŋ}	꜀tʰɔŋ / tʰaŋ	꜀tɔŋ / ꜀taŋ
潮州	꜀paŋ	꜀pʰaŋ	꜀pʰaŋ	꜀maŋ	꜀maŋ	꜀maŋ	꜀taŋ / ꜀tɨŋ	꜀tʰaŋ / tʰɨŋ	꜀taŋ / ꜀tɨŋ
福州	꜀pɔŋ	꜀pʰɔŋ	꜀pɔŋ	꜀mɔŋ	꜀mɔŋ	꜀mɔŋ	꜀tɔŋ	꜀tʰɔŋ	꜀tɔŋ
備考	海꜀baŋ	『集韻』の「鋪光切」にかなう。					莆꜀tuŋ	莆꜀tʰuŋ 仙꜀tʰuŋ	海꜀han ꜁do 仙꜀tɔŋ ꜁tŋ

248

棠	唐	糖	塘	囊	郎	狼	廊	贜	藏
宕開一	宕開一	宕開一	宕開一	宕開一	宕開一	宕開一	宕開一	宕開一	宕開一
平唐定	平唐定	平唐定	平唐定	平唐泥	平唐來	平唐來	平唐來	平唐精	平唐精
daŋ	daŋ	daŋ	daŋ	naŋ	laŋ	laŋ	laŋ	tsaŋ	tsaŋ
ˌtoŋ / ˌtaŋ	ˌtoŋ / ˌt'aŋ	ˌt'oŋ / ˌtaŋ	ˌtoŋ	ˌloŋ / ˌnaŋ	ˌloŋ / ˌlioŋ	ˌloŋ / .	ˌloŋ	ˌcoŋ / ˌcaŋ	ˌcoŋ
ˌtoŋ / ˌtaŋ	ˌtoŋ / ˌt'aŋ	ˌt'oŋ / ˌtaŋ	ˌtoŋ	ˌloŋ / ˌnaŋ	ˌloŋ / ˌlioŋ	ˌloŋ	ˌloŋ	ˌcoŋ / ˌcaŋ	ˌcoŋ
ˌtoŋ	ˌtoŋ / ˌtaŋ	ˌt'oŋ / ˌt'aŋ	ˌtoŋ / ˌtaŋ	ˌloŋ / ˌnaŋ	ˌloŋ	ˌloŋ	ˌloŋ / ˌnaŋ	ˌcoŋ / ˌcaŋ	ˌcoŋ
ˌtoŋ	ˌtoŋ / ˌtaŋ	ˌt'oŋ / ˌt'aŋ	ˌtoŋ / ˌtaŋ	ˌloŋ / ˌnaŋ	ˌloŋ	ˌloŋ	ˌloŋ	ˌcoŋ / ˌcaŋ	ˌcoŋ
ˌt'aŋ / ˌt'ɨŋ	ˌt'aŋ / ˌt'ɨŋ		ˌt'aŋ	ˌlaŋ / ˌnɨŋ	ˌlaŋ	ˌlaŋ	ˌlaŋ	ˌcaŋ	ˌcaŋ
ˌtoŋ	ˌtoŋ	ˌtoŋ	ˌtoŋ	ˌnoŋ	ˌloŋ	ˌloŋ	ˌloŋ	ˌcoŋ	ˌcoŋ
		莆 ˌtuŋ / 仙 ˌt'ŋ	海 ˌhaŋ / ˌdo						

249

倉	蒼	藏	隱藏	桑	喪殯葬	岡	崗	剛	綱	缸
宕開一	宕開一	宕開一	宕開一	宕開一	宕開一	宕開一	宕開一	宕開一	宕開一	宕開一
平唐清	平唐清	平唐從	平唐心	平唐心	平唐心	平唐見	平唐見	平唐見	平唐見	平唐見
ts'aŋ	ts'aŋ	dzaŋ		saŋ	saŋ	kaŋ	kaŋ	kaŋ	kaŋ	kaŋ
꜀ts'oŋ	꜀ts'oŋ	꜀tsoŋ		꜀soŋ	꜀soŋ	꜀koŋ	꜀koŋ	꜀koŋ	꜀koŋ	꜀koŋ
꜀ts'əŋ				꜀səŋ	꜀səŋ	꜀kaŋ				꜀kaŋ
꜀ts'oŋ	꜀ts'oŋ	꜀tsoŋ		꜀soŋ	꜀soŋ	꜀koŋ	꜀koŋ	꜀koŋ	꜀koŋ	꜀koŋ
꜀ts'əŋ				꜀səŋ	꜀səŋ	꜀kaŋ				꜀kaŋ
꜀ts'oŋ	꜀ts'oŋ	꜀tsoŋ		꜀soŋ	꜀soŋ	꜀koŋ	꜀koŋ	꜀koŋ	꜀koŋ	꜀koŋ
꜀ts'əŋ				꜀səŋ	꜀səŋ	꜀kaŋ				꜀kaŋ
꜀ts'oŋ	꜀ts'oŋ	꜀tsoŋ		꜀soŋ	꜀soŋ	꜀koŋ	꜀koŋ	꜀koŋ	꜀koŋ	꜀koŋ
꜀ts'əŋ				꜀səŋ	꜀səŋ	꜀kaŋ				꜀kaŋ
꜀ts'aŋ	꜀ts'aŋ	꜀tsaŋ		꜀saŋ	꜀saŋ	꜀kaŋ	꜀kaŋ	꜀kaŋ	꜀kaŋ	
꜀ts'ɨŋ				꜀sɨŋ	꜀sɨŋ					꜀kɨŋ
꜀ts'oŋ	꜀ts'oŋ	꜀tsoŋ		꜀soŋ	꜀soŋ	꜀koŋ	꜀koŋ	꜀koŋ	꜀koŋ	꜀koŋ

250

鋼	康	糠	昂	行例	杭	航	榜	莽	党
宅開一	宅開一	宅開一	宅開一	宅開一	宅開一	宅開一	宅開一	宅開一	宅開一
平唐見	平唐溪	平唐溪	平唐疑	平唐匣	平唐匣	平唐匣	上蕩幫	上蕩明	上蕩端
kaŋ	kʻaŋ	kʻaŋ	ŋaŋ	haŋ	haŋ	haŋ	paŋ	maŋ	taŋ
ˬkoŋ kaŋˈ	ˬkʻoŋ ˬkʻaŋ	ˬkʻoŋ ˬkʻaŋ	˰goŋ	˰haŋ	˰haŋ	˰haŋ [ˬpʻaŋ]	ˬpoŋ ˬpaŋ	ˬboŋ	ˬtoŋ
ˬkoŋ kaŋˈ	ˬkʻoŋ ˬkʻaŋ	ˬkʻoŋ ˬkʻaŋ	˰goŋ	˰haŋ	˰haŋ ˰hoŋ	˰hoŋ	ˬpoŋ ˬpaŋ	ˬboŋ	ˬtoŋ
ˬkoŋ kaŋˈ	ˬkʻoŋ ˬkʻaŋ	ˬkʻoŋ ˬkʻaŋ	˰goŋ ˰gaŋ	˰haŋ	˰haŋ	˰hoŋ	ˬpoŋ ˬpaŋ	ˬboŋ	ˬtoŋ
ˬkoŋ kaŋˈ	ˬkʻoŋ ˬkʻaŋ	ˬkʻoŋ ˬkʻaŋ	˰goŋ	˰haŋ	˰haŋ		ˬpoŋ ˬpaŋ	ˬboŋ	ˬtoŋ
ˬkaŋ kɨŋˈ	ˬkʻaŋ	ˬkʻaŋ ˬkɨŋ	˰ŋaŋ	˰haŋ	˰haŋ	˰haŋ ˰pʻaŋ	ˬpaŋ	ˬmaŋ	ˬtaŋ
koŋˈ	ˬkʻoŋ	ˬkʻoŋ	˰ŋoŋ	˰hoŋ	˰hoŋ	˰hoŋ	ˬpoŋ	ˬmoŋ	ˬtoŋ
去声は 集韻の 「古浪切 」にかち る。								海ˬdaŋ	

倘	躺	蕩	曩	朗	嗓	慷	謗	傍	当〔典当〕
宕用一 上蕩透	宕用一 上蕩透	宕用一 上蕩定	宕用一 上蕩泥	宕用一 上蕩来	宕用一 上蕩心	宕用一 上蕩溪	宕用一 去宕帮	宕用一 去宕並	宕用一 去宕端
tʻaŋ	tʻaŋ	daŋ	naŋ	laŋ	saŋ	kʻaŋ	paŋ	baŋ	taŋ
ʻtʻoŋ	ʻtʻoŋ	toŋ²	ʻloŋ	ʻloŋ	ʻsoŋ	ʻkʻoŋ	poŋ'	ʻpoŋ paŋ²	toŋ' taŋ'
ʻtʻoŋ	ʻtʻoŋ	toŋ²	ʻloŋ	ʻloŋ	ʻsoŋ	ʻkʻoŋ	poŋ'	ʻpoŋ paŋ²	toŋ' taŋ'
ʻtʻoŋ	ʻtʻoŋ	toŋ²	ʻloŋ	ʻloŋ	ʻsoŋ	ʻkʻoŋ	poŋ'	poŋ² paŋ²	toŋ' taŋ'
ʻtʻoŋ	ʻtʻoŋ	toŋ²	ʻloŋ	ʻloŋ	ʻsoŋ	ʻkʻoŋ	poŋ'	paŋ²	toŋ' taŋ'
ʻtʻaŋ	ʻtʻaŋ	ʻtaŋ	ʻlaŋ	ʻlaŋ	ʻsuaŋ	ʻkʻaŋ	ʻpaŋ	ˌpʻaŋ	taŋ' tɨŋ'
ʻtʻoŋ	ʻtʻoŋ	toŋ²		ʻloŋ	ʻsoŋ	ʻkʻoŋ	poŋ'	ˌpoŋ	toŋ'
		海daŋ²						台・厦は '榜'の 類推か。 潮・福は '旁'の 類推か。	

252

擋(搰搉)	燙	宕	浪	葬	藏(西藏)	臟	喪(喪失)	抗	炕
宕開一	宕開一	宕開一	宕開一	宕開一	宕開一	宕開一	宕開一	宕開一	宕開一
去宕端	去宕透	去宕定	去宕来	去宕精	去宕從	去宕從	去宕心	去宕溪	去宕溪
taŋ	t'aŋ	daŋ	laŋ	tsaŋ	dzaŋ	dzaŋ	saŋ	k'aŋ	k'aŋ
toŋ²	t'oŋ²	toŋ²	loŋ²	coŋ²	coŋ²	coŋ²	soŋ²	k'oŋ²	k'oŋ²
	t'aŋ²		naŋ²		caŋ²	caŋ²			k'aŋ²
toŋ²	t'oŋ²	toŋ²	loŋ²	coŋ²	coŋ²	coŋ²	soŋ²	k'oŋ²	k'oŋ²
	t'aŋ²		naŋ²		caŋ²	caŋ²			k'aŋ²
toŋ²		toŋ²	loŋ²	coŋ²	coŋ²	coŋ²	soŋ²	k'oŋ²	k'oŋ²
	t'aŋ²		naŋ²		caŋ²	caŋ²			k'aŋ²
toŋ²	t'oŋ²	toŋ²	loŋ²	coŋ²	coŋ²	coŋ²	soŋ²	koŋ²	k'oŋ²
	t'aŋ²		naŋ²		caŋ²	caŋ²			k'aŋ²
taŋ²	ˊtaŋ	ˊlaŋ		ˊcaŋ	ˊcaŋ		saŋ²	k'aŋ²	k'aŋ²
	t'ɨŋ²			cɨŋ²					
toŋ²	t'oŋ²	toŋ²	loŋ²	coŋ²	coŋ²	coŋ²	soŋ²	k'oŋ²	k'oŋ²

253

园	博	粕	泊	薄	莫	寞	膜	幕	托
宅用一	宅用一	宅用一	宅用一	宅用一	宅用一	宅用一	宅用一	宅用一	宅用一
去宅溪	入鐸帮	入鐸滂	入鐸並	入鐸並	入鐸明	入鐸明	入鐸明	入鐸明	入鐸透
k'aŋ	pak	p'ak	bak	bak	mak	mak	mak	mak	t'ak
k'aŋˋ	p'ok˪	p'ok˪ po'ʔ˪	pok˪	pok˪ po'ʔ˪	bok˪ bo'ʔ˪	bok˪	bok˪ moNʔ˪	bo'ʔ	t'ok˪
k'aŋˋ p'auʔ˪	p'ok˪ p'o'ʔ˪	p'ok˪	pok˪	pok˪ po'ʔ˪	bok˪ bo'ʔ˪	bok˪	bok˪ moNʔ˪	bo'ʔ	t'ok˪
k'aŋˋ p'auʔ˪	p'ok˪ p'o'ʔ˪	p'ok˪ p'o'ʔ˪	pok˪ po'ʔ˪	pok˪ po'ʔ˪	bok˪ bo'ʔ˪	bok˪	bok˪ moNʔ˪	bɔ'ʔ	t'ok˪
k'aŋˋ p'auʔ˪	p'ok˪ p'o'ʔ˪	p'ok˪	pok˪	pok˪ po'ʔ˪	bok˪ bo'ʔ˪	bok˪	bok˪ moNʔ˪	bou	t'ok˪
	p'ak˪ p'oʔ˪	p'oʔ˪	poʔ˪		mok˪ moʔ˪	mok˪	moNʔ˪	'mo	t'oʔ˪
	pok˪ p'oʔ˪	poʔ˪	poʔ˪	moʔ˪	mok˪ moʔ˪	mok˪	moNʔ˪	mok˪	t'ok˪
	海bɔk		海boʔ					閩南・潮は「莫故切」にかなう。	

託	鐸	諾	烙	洛	絡	略	駱	落	樂 快樂
宕開一	宕開一	宕開一	宕開一	宕開一	宕開一	宕開一	宕開一	宕開一	宕用一
入鐸透	入鐸定	入鐸泥	入鐸来	入鐸来	入鐸来	入鐸来	入鐸来	入鐸来	入鐸来
t'ak	dak	nak	lak	lak	lak	lak	lak	lak	lak
t'ok˼	tok˼	lok˼	lok˼	lok˼	lok˼	lok˼	lok˼	{ lok˼ / lak˼ / lo?˼ / lau?˼ }	lok˼
t'ok˼	tok˼	lok˼	lok˼	lok˼	lok˼	lok˼	lok˼	{ lok˼ / lak˼ / lo?˼ / lau?˼ }	lok˼
t'ok˼	tok˼	lok˼	lok˼	lok˼	lok˼	lok˼	lok˼	lok˼ / lo?˼	lok˼
t'ok˼	tok˼	lok˼	lok˼	lok˼	lok˼	lok˼	lok˼	lok˼ / lo?˼	lok˼
t'o?˼	tak˼	lap˼	lok˼	lok˼	lok˼	lok˼	lok˼	lo?˼	lak˼
t'ok˼	tok˼	nok˼	lok˼	lok˼	lok˼	lok˼	lok˼	lok˼	lok˼
								萧 lo?˼	

255

作	錯錯雅	昨	齰	索	各	閣	擱	胳	崿
宅用一	宅用一	宅用一	宅用一	宅用一	宅用一	宅用一	宅用一	宅用一	宅用一
入鐸精	入鐸清	入鐸從	入鐸從	入鐸心	入鐸見	入鐸見	入鐸見	入鐸見	入鐸疑
tsak₁	ts'ak₁	dzak₂	dzak₂	sak₁	kak₁	kak₁	kak₁	kak₁	ŋak₂
cok₁ co?₁	c'ok₂	{ca²/caʌ co?₁	c'ok₂ c'ak₂	siak₁ so?₁	kok₁ ko?₁	kok₁ ko?₁	kok₁ ko?₁	kok₁ ko?₁	gok₂
cok₁ co?₁	c'ok₂	{ca²/cok₂ co?₁	c'ok₂ c'ak₂	siak₁ so?₁	kok₁ ko?₁	kok₁ ko?₁	kok₁ ko?₁	kok₁ ko?₁	gok₂
cok₁ co?₁	c'ok₂	cok₂	c'ok₂ c'ak₂	siak₁ so?₁	kok₁ ko?₁	kok₁ ko?₁	kok₁ ko?₁		gok₂
cok₁ co?₁	c'ok₂	cok₂ co?₁	c'ok₂ c'ak₂	so?₁	kok₁ ko?₁	kok₁ ko?₁	kok₁ ko?₁	kok₁ ko?₁	gok₂
cak₁ co?₁	c'ak₂	ʻca	c'ak₂	sok₂ so?₁	kak₁ ko?₁	ko?₁			ŋak₂
cok₁ co?₁		cok₁	{c'oek₁ co?₁	so?₁	kok₁ ko?₁	ko?₁		kok₁	ŋok₂
仙 co?₁			閩南の文言音は「所戟切」にかなう。						

256

鱷	鷽	鶴	惡噁	娘	良	涼	量輛	糧	梁
宕開一	宕開一	宕開一	宕開一	宕開三	宕開三	宕開三	宕開三	宕開三	宕開三
入鐸疑	入鐸曉	入鐸匣	入鐸影	平陽泥	平陽來	平陽來	平陽來	平陽來	平陽來
ŋak	hak	hak	ˀak	niaŋ	₌liaŋ	₌liaŋ	₌liaŋ	₌liaŋ	₌liaŋ
gok₂	hok₂	hok₂ ho ʔ₂	ok₂ oʔ₂	₌lioŋ (₌niaN) ₌nioN	₌lioŋ	₌lioŋ (₌liaŋ) ₌nioN	₌lioŋ ₌nioN	₌lioŋ ₌nioN	₌lioŋ ₌nioN
gok₂	hok₂	hok₂ hoʔ₂	ok₂	₌lioŋ (₌niaN) ₌niuN	₌lioŋ	₌lioŋ (₌liaŋ) ₌niuN	₌lioŋ ₌niuN	₌lioŋ ₌niuN	₌lioŋ ₌niuN
gok₂	hok₂	hok₂ hoʔ₂	ok₂ ₌nioN	₌liaŋ	₌liaŋ	₌liaŋ ₌nioN	₌liaŋ ₌nioN	₌liaŋ ₌nioN	₌liaŋ ₌nioN
gok₂	hok₂	hok₂ hoʔ₂	ok₂	₌lioŋ (₌niaN) ₌niuN	₌lioŋ	₌lioŋ ₌niuN	₌lioŋ ₌niuN	₌lioŋ ₌niuN	₌lioŋ ₌niuN
ŋak₂	hak₂	hoʔ₂	ak₂ ₌nieN	₌liaŋ	₌liaŋ	₌liaŋ	₌nieN	₌nieN	₌liaŋ ₌nieN
ŋok₂	k'ok₂	hok₂	ok₂ ₌nuoŋ ₌nioŋ	₌lioŋ	₌lioŋ	₌lioŋ	₌lioŋ	₌lioŋ	
			甫 ₌niau 平 ₌niuN	仙 ₌œŋ :niuN					

梁	將(將来)	漿	槍	牆	相(互相)	廂	湘	箱	襄
宕開三	宕開四	宕開四	宕開四	宕開四	宕開四	宕開四	宕開四	宕開四	宕開四
平陽来	平陽精	平陽精	平陽清	平陽從	平陽心	平陽心	平陽心	平陽心	平陽心
ˌliaŋ	tsiaŋ	tsiaŋ	tsʰiaŋ	dziaŋ	siaŋ	siaŋ	siaŋ	siaŋ	siaŋ
ˌlioŋ	ˌcioŋ	ˌcioŋ / cioN	ˌcʰioŋ / cʰioN	ˌcioŋ / cioN	sioŋ / SION / ˌsio / SIO	sioŋ / SION	sioŋ	sioŋ / SION	sioŋ
ˌlioŋ	ˌcioŋ	ˌcioŋ / ciuN	ˌcʰioŋ / cʰiuN	ˌcʰioŋ / ciuN	sioŋ / siuN	sioŋ / siuN	sioŋ	sioŋ / siuN	sioŋ
ˌliaŋ	ˌciaŋ	ˌciaŋ / cioN	ˌcʰiaŋ / cʰioN	ˌcʰiaŋ / cʰioN	siaŋ / SION / ˌsio / SIO	siaŋ / SION	siaŋ	siaŋ / SION	siaŋ
ˌlioŋ	ˌcioŋ	ˌcioŋ / ciuN	ˌcʰioŋ / cʰiuN	ˌcʰioŋ / cʰiuN	sioŋ / siuN	sioŋ / siuN	sioŋ	sioŋ / siuN	sioŋ
ˌliaŋ	ˌciaŋ	ˌcieN	cʰieN	cʰieN	siaŋ / sieN	sieN	ˌsiaŋ	sieN	ˌsiaŋ
ˌlioŋ	ˌcuoŋ / ˌcioŋ	ˌcioŋ	ˌcʰioŋ	ˌcʰioŋ	suoŋ	suoŋ	suoŋ	suoŋ	suoŋ
					蕭 ˌso			仙 ˌsiuN	

258

鑲	祥	詳	張	長	場	腸	莊	裝	瘡
宕開四	宕開四	宕開四	宕開三	宕開三	宕開三	宕開三	宕開二	宕開二	宕開二
平陽心	平陽邪	平陽邪	平陽知	平陽澄	平陽澄	平陽澄	平陽莊	平陽莊	平陽初
siaŋ	ziaŋ	ziaŋ	tïaŋ	dïaŋ	dïaŋ	dïaŋ	tṣïaŋ	tṣïaŋ	tṣïaŋ
sioŋ	₋sioŋ	₋sioŋ	₋tioŋ	₋tioŋ	₋tioŋ	{₋tioŋ ₋taŋ	₋coŋ	₋coŋ	₋cʰoŋ
sioN		₋siaŋ	₋tioN	₋taŋ	₋tioN	₋ciaŋ	₋caŋ	₋caŋ	₋cʰaŋ
sioŋ	₋sioŋ	₋sioŋ	₋tioŋ	₋tioŋ	₋tioŋ	{₋tioŋ ₋taŋ	₋coŋ	₋coŋ	₋cʰoŋ
siuN		(₋iaŋ)	₋tiuN	₋taŋ	₋tiuN	₋ciaŋ	₋caŋ	₋caŋ	₋cʰaŋ
siaŋ	₋siaŋ	₋siaŋ	tiaŋ	{₋tiaŋ ₋taŋ	₋ciaŋ	₋ciaŋ	₋coŋ	₋coŋ	₋cʰoŋ
sioN			₋tioN	{₋tio	₋tioN	₋taŋ	₋caŋ	₋caŋ	₋cʰaŋ
sioŋ	₋sioŋ	₋sioŋ	₋tioŋ	₋tioŋ	₋tioŋ	₋tioŋ	₋coŋ	₋coŋ	₋cʰoŋ
siuN			₋tiuN	₋taŋ	₋tiuN	₋taŋ	₋caŋ	₋caŋ	₋cʰaŋ
₋siaŋ	₋siaŋ	₋siaŋ	₋ciaŋ	₋ciaŋ	₋ciaŋ	₋ciaŋ	cuaŋ	cuaŋ	
₋sieN			₋tieN	₋tɤŋ	₋tieN	₋tɤŋ	₋cɤŋ	₋cɤŋ	₋cʰɤŋ
₋suoŋ	₋suoŋ	₋suoŋ	₋tuoŋ	₋tioŋ	₋tioŋ	₋tioŋ	₋coŋ	₋coŋ	₋cʰoŋ
		₋sioŋ	₋tioŋ	₋toŋ		₋toŋ			
			海	海	海	海			
			₋ciaŋ	₋siaŋ	₋siaŋ	₋siaŋ			
			:dio	:do	:dio	:do			
			仙						
			₋tiuN						

牀	霜	孀	章	樟	昌	菖	倡（優倡）	商	傷
宕開二	宕開二	宕開二	宕開三	宕開三	宕開三	宕開三	宕開三	宕開三	宕開三
平陽崇	平陽生	平陽生	平陽章	平陽章	平陽昌	平陽昌	平陽昌	平陽書	平陽書
dzʰiaŋ	siaŋ	siaŋ	tʃiaŋ	tʃiaŋ	tʃʰiaŋ	tʃʰiaŋ	tʃʰiaŋ	ʃiaŋ	ʃiaŋ
ˍcʰoŋ	ˍsoŋ	ˍsoŋ	ˍcioŋ	ˍcioŋ	ˍcʰioŋ	ˍcʰioŋ	ˍcʰioŋ	ˍsioŋ	ˍsioŋ ˍsiaŋ
ˍcʰaŋ	ˍsaŋ		ˍcioN	ˍcioN		ˍcʰioN			ˍsioN
ˍcʰoŋ	ˍsoŋ	ˍsoŋ	ˍcioŋ	ˍcioŋ	ˍcʰioŋ	ˍcʰioŋ	ˍcʰioŋ	ˍsioŋ	ˍsioŋ
ˍcʰaŋ	ˍsaŋ		ˍciuN	ˍciuN		ˍcʰiuN			ˍsiuN
ˍcʰoŋ	ˍsoŋ	ˍsoŋ	ˍciaŋ	ˍciaŋ	ˍcʰiaŋ	ˍcʰiaŋ	ˍcʰiaŋ	ˍsiaŋ	ˍsiaŋ
ˍcʰaŋ	ˍsaŋ		ˍcioN	ˍcioN		ˍcʰioN			ˍsioN
ˍcʰoŋ	ˍsoŋ	ˍsoŋ	ˍcioŋ	ˍcioŋ	ˍcʰioŋ	ˍcʰioŋ	ˍcʰioŋ	ˍsioŋ	ˍsioŋ
ˍcʰaŋ	ˍsaŋ		ˍciuN	ˍciuN		ˍcʰiuN			ˍsiuN
			ˍciaŋ	ˍciaŋ	ˍcʰiaŋ	ˍcʰiaŋ	ˍcʰiaŋ	ˍsiaŋ	ˍsiaŋ
ˍcʰɨŋ	ˍsɨŋ	ˍsɨŋ	ˍcieN						ˍsieN
ˍcʰoŋ	ˍsoŋ	ˍsoŋ	ˍcioŋ	ˍcioŋ	ˍcʰioŋ	ˍcʰioŋ	ˍcʰioŋ	ˍsuoŋ	ˍsuoŋ
	仙 ˍsoŋ								
	: ˍsɯŋ								

260

常	裳	嘗	償	瓤	僵	薑	疆	姜	羌
宕開三	宕開三	宕開三	宕開三	宕開三	宕開三	宕開三	宕開三	宕開三	宕開三
平陽禪	平陽禪	平陽禪	平陽禪	平陽日	平陽見	平陽見	平陽見	平陽見	平陽溪
ʒiaŋ	ʒiaŋ	ʒiaŋ	ʒiaŋ	řiaŋ	kïaŋ	kïaŋ	kïaŋ	kïaŋ	kʼïaŋ
sioŋ / cʼiaŋ / sioN	sioŋ	sioŋ	sioŋ	lioŋ	kioŋ	kioŋ / kioN	kioŋ	kioŋ	kʼioŋ
sioŋ / cʼiaŋ / siuN	sioŋ	sioŋ	sioŋ	lioŋ	kioŋ	kioŋ / kiuN	kioŋ	kioŋ	kʼioŋ
siaŋ / sioN	siaŋ / cioN	siaŋ	cʼiaŋ	ziaŋ	kiaŋ	kiaŋ / kioN	kiaŋ	kiaŋ	kiaŋ
sioŋ / siuN	sioŋ / ciuN	sioŋ	sioŋ	lioŋ	kioŋ	kioŋ / kiuN	kioŋ	kioŋ	kʼioŋ
sieN	siaŋ	siaŋ / sieN	sieN	siaŋ / n+ŋ	kiaŋ	kiaŋ / kieN	kiaŋ	kiaŋ	kiaŋ
suoŋ	suoŋ	suoŋ	suoŋ	noŋ	kioŋ	kioŋ	kioŋ	kioŋ	kioŋ

強	香	鄉	央	秧	殃	鴦	羊	洋	烊
宕開三	宕開三	宕開三	宕開三	宕開三	宕開三	宕開三	宕開四	宕開四	宕開四
平陽群	平陽曉	平陽曉	平陽影	平陽影	平陽影	平陽影	平陽以	平陽以	平陽以
g̈iaŋ	hiaŋ	hiaŋ	ˈiaŋ	ˈiaŋ	ˈiaŋ	ˈiaŋ	ˌiaŋ	ˌiaŋ	ˌiaŋ
ˌkioŋ	hioŋ / ˌhiaŋ	hioŋ	ˌioŋ	ˌioŋ	ˌioŋ	ˌioŋ	ˌioŋ	ˌioŋ	ˌioŋ
	ˌhioN	hioN	ˌəŋ	ˌəŋ		ˌioN	ˌioN	ˌioN	ˌioN
ˌkioŋ / ˌkiuŋ	hioŋ / ˌhiaŋ / ˌhiuN	hioŋ / hiuN	ˌioŋ / ˌəŋ	ˌioŋ / ˌəŋ	ˌioŋ	ˌioŋ / ˌiuN	ˌioŋ / ˌiuN	ˌioŋ / ˌiuN	ˌioŋ / ˌiuN
ˌkiaŋ / ˌkioN	hiaŋ / hioN	hiaŋ / hioN	ˌiaŋ / ˌəŋ	ˌiaɨ / ˌəŋ	ˌiaŋ	ˌiaŋ / ˌioN	ˌiaŋ / ˌioN	ˌiaŋ / ˌioN	ˌiaŋ / ˌioN
ˌkioŋ	hioŋ / hiuN	hioŋ / hiuN	ˌioŋ / ˌəŋ	ˌioŋ / ˌəŋ	ˌioŋ	ˌioŋ / ˌiuN	ˌioŋ / ˌiuN	ˌioŋ / ˌiuN	ˌioŋ / ˌiuN
ˌkiaŋ	ˌhiaŋ / hieN	hieN	ˌiaŋ / ˌiŋ	ˌiaŋ / ˌiŋ	ˌiaŋ	ˌiaŋ / ˌieN	ˌieN	ˌieN	ˌiaŋ / ˌieN
ˌkioŋ	hioŋ / ˌioŋ	hioŋ	ˌioŋ / ˌoŋ		ˌioŋ	ˌioŋ	ˌioŋ	ˌioŋ	ˌioŋ
	莆 ˌhiau	仙 ˌhiuN	仙 ˌœŋ				莆 ˌiau		

262

楊	揚	陽	瘍	兩	蔣	獎	槳	搶	想
宕開四	宕開四	宕開四	宕開四	宕開三	宕開四	宕開四	宕開四	宕開四	宕開四
平陽以	平陽以	平陽以	平陽以	上養來	上養精	上養精	上養精	上養清	上養心
jiaŋ	jiaŋ	jiaŋ	jiaŋ	ˊliaŋ	ˊtsiaŋ	ˊtsiaŋ	ˊtsiaŋ	ˊtsʰiaŋ	ˊsiaŋ
˴ioŋ	˴ioŋ	˴ioŋ	˴ioŋ	ˊlioŋ / naŋ	ˊcioŋ	ˊcioŋ	ˊcioŋ	ˊcʰioŋ	ˊsioŋ
˴ioN	˴iaŋ	˴ioN		ˊnioN	ˊcioN		ˊcioN	ˊcʰioN	ˊsioN
˴ioŋ	˴ioŋ	˴ioŋ	˴ioŋ	ˊlioŋ / naŋ	ˊcioŋ	ˊcioŋ	ˊcioŋ	ˊcʰioŋ	ˊsioŋ
˴iuN		˴iuN		ˊniuN	ˊciuN		ˊciuN	ˊcʰiuN	ˊsiuN
˴iaŋ	˴iaŋ	˴iaŋ	˴iaŋ	ˊliaŋ / naŋ	ˊciaŋ	ˊciaŋ	ˊciaŋ	ˊcʰiaŋ	ˊsiaŋ
˴ioN		˴ioN		ˊnioN	ˊcioN		ˊcioN	ˊcʰioN	ˊsioN
˴ioŋ	˴ioŋ	˴ioŋ	˴ioŋ	ˊlioŋ / naŋ	ˊcioŋ	ˊcioŋ	ˊcioŋ	ˊcʰioŋ	ˊsioŋ
˴iuN		˴iuN		ˊniuN	ˊciuN		ˊciuN	ˊcʰiuN	ˊsiuN
	˴iaŋ	˴iaŋ	˴iaŋ	ˊliaŋ / NON		ˊciaŋ	ˊciaŋ		
˴ien		˴ien		ˊnien	ˊcien			ˊcʰien	(ˊsien)
˴ioŋ	˴ioŋ	˴ioŋ	˴ioŋ	ˊlioŋ / noŋ	ˊcioŋ	ˊcioŋ	ˊcioŋ	ˊcʰioŋ	ˊsuoŋ / ˊsioŋ
				仙 ˊloeŋ / nuŋ					

象	像	樣	長(張)	丈	仗	杖	爽	掌	廠
宕開四	宕開四	宕開四	宕開三	宕開三	宕開三	宕開三	宕開二	宕開三	宕開三
上養邪	上養邪	上養邪	上養知	上養澄	上養澄	上養澄	上養生	上養章	上養昌
ziaŋ	ziaŋ	ziaŋ	tiaŋ	diaŋ	diaŋ	diaŋ	siaŋ	tʃiaŋ	tʃiaŋ
sioŋ² ᶜioN	sioŋ² {siaŋ ᶜioN	sioŋ²	ᶜtioŋ tioN	tioŋ² {taŋ tioN	tioŋ²	tioŋ²	ᶜsoŋ	ᶜioŋ ᶜiaŋ ᶜioN	ᶜioŋ ᶜioN
sioŋ² ᶜiuN	sioŋ² {siaŋ ᶜiuN	sioŋ²	ᶜtioŋ tiuN	tioŋ² {taŋ tiuN	tioŋ²	tioŋ²	ᶜsoŋ	ᶜioŋ ᶜiaŋ ᶜiuN	ᶜioŋ ᶜiuN
siaŋ² ᶜioN	siaŋ² ᶜioN	siaŋ²	ᶜtiaŋ tioN	tiaŋ² {taŋ tioN	tiaŋ²	tiaŋ²	ᶜsoŋ	ᶜiaŋ ᶜioN	ᶜiaŋ ᶜioN
sioŋ² ᶜiuN	sioŋ² ᶜiuN	sioŋ²	ᶜtioŋ tiuN	tioŋ² {taŋ tiuN	tioŋ²	tioŋ²	ᶜsoŋ	ᶜioŋ ᶜiuN	ᶜioŋ ᶜiuN
ᶜsiaŋ ᶜieN	ᶜieN	ᶜieN	ᶜciaŋ	{ᶜtᵻŋ tieN	ᶜciaŋ	ᶜciaŋ	ᶜsuaŋ	ᶜieN	ᶜciaŋ
ᶜc'ioŋ²	suoŋ²	ᶜc'uoŋ²	ᶜtuoŋ ᶜtioŋ	tioŋ² toŋ	tioŋ²	tioŋ²	ᶜsoŋ	ᶜioŋ	ᶜc'ioŋ
			仙 tuŋ² tiuN²						

賞	上(上山)	嚷	壤	壤	强(勉强)	仰	享	響	養
宕開三 上養書	宕開三 上養禪	宕開三 上養日	宕開三 上養日	宕開三 上養日	宕開三 上養群	宕開三 上養疑	宕開三 上養疑	宕開三 上養曉	宕開四 上養以
ɕiaŋ	ʑiaŋ	˘riaŋ	˘riaŋ	˘riaŋ	giaŋ	ŋiaŋ	hɨaŋ	hɨaŋ	jiaŋ
ˋsioŋ ˋsioN	ˋsioŋ ˋcioN	ˋlioŋ ˋliaŋ	ˋlioŋ	ˋlioŋ	ˋkioŋ	ˋgioŋ	hioŋ	ˋhioŋ ˋhiaŋ	ˋioŋ ˋioN
ˋsioŋ ˋsiuN	ˋsioŋ ˋciuN	ˋlioŋ	ˋlioŋ	ˋlioŋ	ˋkioŋ	ˋgioŋ	hioŋ	ˋhioŋ ˋhiaŋ ˋhiuN	ˋioŋ ˋiuN
ˋsiaŋ ˋsioN	ˋsiaŋ ˋcioN	ˋziaŋ	ˋziaŋ	ˋziaŋ	ˋkiaŋ	ˋgiaŋ	hiaŋ	ˋhiaŋ	ˋiaŋ ˋioN
ˋsioŋ ˋsiuN	ˋsioŋ ˋciuN	ˋlioŋ	ˋlioŋ	ˋlioŋ		ˋgioŋ	hioŋ	ˋhioŋ	ˋioŋ ˋiuN
ˋsieN	ˋcieN ˋcieN	ˋziaŋ	ˋziaŋ	ˋziaŋ	ˋkiaŋ	ˋŋiaŋ	hiaŋ	ˋhiaŋ	ˋiaŋ
ˋsuoŋ ˋsioŋ	ˋsuoŋ	ˋioŋ	ˋioŋ	ˋioŋ	ˋkioŋ	ˋŋioŋ	hioŋ	ˋhioŋ	ˋioŋ

癢	釀	亮	諒	輛	量 數量	將 大將	醬	匠	相 相貌
宕開四	宕開三	宕開三	宕開三	宕開三	宕開三	宕開四	宕開四	宕開四	宕開四
上養以	去漾泥	去漾來	去漾來	去漾來	去漾來	去漾精	去漾精	去漾從	去漾心
jiaŋ	niaŋ	liaŋ	liaŋ	liaŋ	liaŋ	tsiaŋ	tsiaŋ	dziaŋ	siaŋ
ioŋ² cioN	lioŋ² liaŋ²	lioŋ²	lioŋ²	lioŋ²	lioŋ² (liaŋ²) nioN²	cioŋ² ciaŋ²	cioŋ² cioN²	cioŋ² cioN²	sioŋ² siaŋ² sioN²
ioŋ² ciuN	lioŋ² liaŋ²	lioŋ²	lioŋ²	lioŋ²	lioŋ² niuN²	cioŋ² ciaŋ²	cioŋ² ciuN²	cioŋ² ciuN²	sioŋ² siuN²
iaŋ² cioN²	ziaŋ²	liaŋ²	liaŋ²	liaŋ²	liaŋ² nioN²	ciaŋ²	ciaŋ² cioN²	ciaŋ² cioN²	siaŋ² sioN²
ioŋ² ciuN²	lioŋ²	lioŋ²	lioŋ²	lioŋ²	lioŋ² niuN²	cioŋ²	cioŋ² ciuN²	cioŋ² ciuN²	sioŋ² siuN²
ᶜiaŋ	ᶜziaŋ	liaŋ²	liaŋ²	ᶜliaŋ	ᶜliaŋ	ᶜciaŋ		ᶜciaŋ cieN	siaŋ² sieN
ᶜioŋ	noŋ²	lioŋ²	lioŋ²	luoŋ²		cuoŋ²	cuoŋ²	cuoŋ² cioŋ²	suoŋ²

帳	漲	賬	暢	悵	壯	創	狀	障	瘴
宕開三	宕開三	宕開三	宕開三	宕開三	宕開二	宕開二	宕開二	宕開三	宕開三
去漾知	去漾知	去漾知	去漾徹	去漾徹	去漾莊	去漾初	去漾崇	去漾章	去漾章
tïaŋ	tïaŋ	tïaŋ	t'ïaŋ	t'ïaŋ	tṣïaŋ	tṣ'ïaŋ	dẓïaŋ	tɕïaŋ	tɕïaŋ
tioŋ' tioŋ	tioŋ' tioŋ	tioŋ'	t'ioŋ'	tioŋ'	coŋ'	c'oŋ'	coŋ² { caŋ² { cioŋ²	cioŋ'	cioŋ'
tioŋ' tiuN	tioŋ' tiuN	tioŋ'	t'ioŋ'	tioŋ'	coŋ'	c'oŋ'	coŋ { caŋ { cioŋ	cioŋ'	cioŋ'
tiaŋ' tioN	tiaŋ' tioN	tiaŋ'	t'iaŋ' t'ioŋ	tiaŋ'	coŋ'	c'oŋ'	coŋ² caŋ²	ciaŋ' cioN	ciaŋ'
tioŋ' tiuN	tioŋ' tiuN	tioŋ'	t'ioŋ'	tioŋ'	coŋ'	c'oŋ'	coŋ² { caŋ² { cioŋ	cioŋ'	cioŋ'
 tien'	ciaŋ' tien'	 tien'	t'iaŋ'	ciaŋ'	caŋ'	c'aŋ²	cuaŋ' ²co	ciaŋ'	ciaŋ'
tuoŋ'	tioŋ'	tioŋ'	t'uoŋ'		coŋ'	c'oŋ'	coŋ'	cuoŋ'	cuoŋ'
海 ciaŋ' :dio'	海 ciaŋ' :dio'			潮は-u-の脱落した形。					

267

唱	倡提唱	飼	尚	上上面	讓	向	樣	羨	略
宕開三	宕開三	宕開三	宕開三	宕開三	宕開三	宕開三	宕開四	宕開四	宕開三
去漾昌	去漾昌	去漾書	去漾禪	去漾禪	去漾日	去漾曉	去漾以	去漾以	入藥來
tʃʰiaŋ	tʃʰiaŋ	ʃiaŋ	ʒiaŋ	ʒiaŋ	ʒiaŋ	hiaŋ	jiaŋ	jiaŋ	liak
cʰioŋ cʰio	cʰioŋ cʰiaŋ	hioŋ hiaŋ	sioŋ² sioN	sioŋ²	lioŋ² nioN	hioŋ hiaŋ hiaN hioŋ	ioŋ² ioN	ioŋ²	liok lioʔ
cʰioŋ cʰiuN	cʰioŋ cʰiaŋ	hioŋ	sioŋ² siuN	sioŋ²	lioŋ² niuN	hioŋ hiaŋ hiaN hiuN	ioŋ² iuN	ioŋ²	liok lioʔ
cʰiaŋ cʰioN	cʰiaŋ	hiaŋ	siaŋ² sioN	siaŋ²	ziaŋ² nioN	hiaŋ hiaN hiaN hioN	iaŋ² ioN	iaŋ²	liak lioʔ
cʰioŋ cʰiuN	cʰioŋ	hioŋ	sioŋ² siuN	sioŋ²	lioŋ² niuN	hioŋ hiaŋ hiaN hiuN	ioŋ² iuN	ioŋ²	liok lioʔ
cʰiaŋ	cʰiaŋ	hiaŋ	ˈsiaŋ ˈsieN		ˈziaŋ nieN	hiaŋ	iaŋ² ieN	ˈiaŋ	liak
cʰuoŋ cʰioŋ	cʰuoŋ	hioŋ	suoŋ²	suoŋ² nuoŋ²		hioŋ	ioŋ²	ioŋ²	luok liok
台は-N が消失。						仙 œŋ² :iuN² 蕭 iau²			

掠	雀	爵	鵲	嚼	削	着 着衣	着 附着	勺	杓
宕開三	宕開四	宕開四	宕開四	宕開四	宕開四	宕開三	宕開三	宕開三	宕開三
入藥來	入藥精	入藥精	入藥清	入藥從	入藥心	入藥知	入藥澄	入藥章	入藥章
l̈iak	tsiak	tsiak	tsʰiak	dziak	siak	ẗiak	d̈iak	tʃiak	tʃiak
liok$_2$	cʰiok$_2$	ciok$_2$	cʰiok$_2$	ciok$_2$	siok$_2$	tiok$_2$ tioʔ$_2$	tiok$_2$ tioʔ$_2$	ciok$_2$	ciok$_2$
liok$_2$	cʰiok$_2$	ciok$_2$	cʰiok$_2$	ciok$_2$	siok$_2$	tiok$_2$ tioʔ$_2$	tiok$_2$ tioʔ$_2$	ciok$_2$	ciok$_2$
liak$_2$	cʰiak$_2$	ciak$_2$	cʰiak$_2$	ciak$_2$	siak$_2$	tiak$_2$ tioʔ$_2$	tiak$_2$ tioʔ$_2$	ciak$_2$	ciak$_2$
liok$_2$	cʰiok$_2$	ciok$_2$	cʰiok$_2$	ciok$_2$	siok$_2$	tiok$_2$ tioʔ$_2$	tiok$_2$ tioʔ$_2$	ciok$_2$	ciok$_2$
(liaʔ$_2$)	cʰiak$_2$	ciak$_2$	cʰiak$_2$	ciak$_2$	siak$_2$	tieʔ$_2$	tieʔ$_2$	ciak$_2$	ciak$_2$
liok$_2$	cʰiok$_2$	ciok$_2$	cʰiok$_2$	cuok$_2$ ciok$_2$	suok$_2$ siok$_2$	tuok$_2$ tiok$_2$	tuok$_2$ tiok$_2$		cʰiok$_2$

269

酌	綽	芍	若	弱	脚	却	虐	瘧	約
宕開三	宕開三	宕開三	宕開三	宕開三	宕開三	宕開三	宕開三	宕開三	宕開三
入藥章	入藥昌	入藥禪	入藥日	入藥日	入藥見	入藥溪	入藥疑	入藥疑	入藥影
tɕiak	tɕʻiak	ʑiak	r̃iak	r̃iak	kiak	kʻiak	ŋiak	ŋiak	ˀiak
ciok$_2$	cʻiok$_2$	ciok$_2$	liok$_2$	liok$_2$ / lioʔ$_2$	kiok$_2$ / kioʔ$_2$	kʻiok$_2$ / kʻioʔ$_2$	qiok$_2$	qiok$_2$	iok$_2$ / ioʔ$_2$
ciok$_2$	cʻiok$_2$	ciok$_2$	liok$_2$	liok$_2$ / lioʔ$_2$	kiok$_2$ / kioʔ$_2$	kʻiok$_2$ / kʻioʔ$_2$	qiok$_2$	qiok$_2$	iok$_2$ / ioʔ$_2$
ciak$_2$	cʻiak$_2$	ciak$_2$	ziak$_2$	ziak$_2$ / zioʔ$_2$	kiak$_2$ / kioʔ$_2$	kʻiak$_2$ / kʻioʔ$_2$	qiak$_2$	qiak$_2$	iak$_2$ / ioʔ$_2$
ciok$_2$	cʻiok$_2$	ciok$_2$	liok$_2$	liok$_2$ / lioʔ$_2$	kiok$_2$ / kioʔ$_2$	kʻiok$_2$ / kʻioʔ$_2$	qiok$_2$	qiok$_2$	iok$_2$ / ioʔ$_2$
ciak$_2$	cʻiak$_2$	cʻiak$_2$	ziak$_2$	ziak$_2$	kiok$_2$?	kʻiak$_2$	ŋiak$_2$	ŋiak$_2$	iak$_2$ / ieʔ$_2$
ciok$_2$	cʻiok$_2$		iok$_2$	iok$_2$	kiok$_2$	kʻiok$_2$	ŋiok$_2$	ŋiok$_2$	iok$_2$
		潮は「韻会」の「七約切」にかなう。	仙[coeʔ$_2$]		潮は泉州系からの借用。				

藥	躍	鑰	光	荒	慌	黃	皇	蝗	汪
宕開四	宕開四	宕開四	宕合一	宕合一	宕合一	宕合一	宕合一	宕合一	宕合一
入藥以	入藥以	入藥以	平唐見	平唐曉	平唐曉	平唐匣	平唐匣	平唐匣	平唐影
jiak	jiak	jiak	kuaŋ	huaŋ	huaŋ	huaŋ	huaŋ	huaŋ	ʼuaŋ
iok̚	iok̚	iok̚	₌koŋ	₌hoŋ	₌hoŋ	₌hoŋ	₌hoŋ	₌hoŋ	₌oŋ
ioʔ̚		ioʔ̚	₌kaŋ	₌haŋ		₌aŋ			₌aŋ
iok̚	iok̚	iok̚	₌koŋ	₌hoŋ	₌hoŋ	₌hoŋ	₌hoŋ	₌hoŋ	₌oŋ
ioʔ̚		ioʔ̚	₌kaŋ	₌haŋ		ʼaŋ			₌aŋ
iak̚	iak̚	iak̚	₌koŋ / ₌kuiN	₌hoŋ / ₌haŋ	₌hoŋ	₌hoŋ	₌hoŋ	₌hoŋ	₌oŋ
ioʔ̚		ioʔ̚	₌kuaŋ	₌huiN		₌uiN			₌aŋ
iok̚	iok̚	iok̚	₌koŋ	₌hoŋ	₌hoŋ	₌hoŋ	₌hoŋ	₌hoŋ	₌oŋ
ioʔ̚		ioʔ̚	₌kaŋ	₌haŋ		ʼaŋ			₌aŋ
iak̚	iak̚	iak̚	₌kuaŋ	₌huaŋ	₌huaŋ		₌huaŋ	₌huaŋ	₌uaŋ
ieʔ̚			₌kɨŋ	₌hɨŋ		₌ɨŋ			
iok̚	iok̚	iok̚	₌kuoŋ	₌huoŋ	₌huoŋ	₌uoŋ	₌huoŋ	₌huoŋ	₌uoŋ
莆 iauʔ̚			仙 ₌koŋ ꞉ ₌kɯŋ						

広	謊	怳	晃	曠	壙	郭	廓	拡	霍
宕合一	宕合一	宕合一	宕合一	宕合一	宕合一	宕合一	宕合一	宕合一	宕合一
上蕩見	上蕩曉	上蕩曉	上蕩匣	去宕溪	去宕溪	入鐸見	入鐸溪	入鐸溪	入鐸曉
kuaŋ	huaŋ	huaŋ	huaŋ	kʻuaŋ	kʻuaŋ	kuak˛	kʻuak˛	kʻuak˛	huak˛
ˊkoŋ ˊkaŋ	ˋhoŋ	ˊhoŋ	ˊhoŋ	kʻoŋˋ	kʻoŋˋ	kok˛ kueʔ˛	kʻok˛	kʻok˛	hok˛
ˊkoŋ ˊkaŋ	ˋhoŋ	ˊhoŋ	ˊhoŋ	kʻoŋˋ	kʻoŋˋ	kok˛ keʔ˛	kʻok˛	kʻok˛	hok˛
ˊkoŋ ˋkuiN	ˋhoŋ	ˊhoŋ	ˊhoŋ	kʻoŋˋ	kʻoŋˋ	kok˛ kueʔ˛	kok˛	kʻok˛	hok˛
ˊkoŋ ˋkaŋ	ˋhoŋ	ˊhoŋ	ˊhoŋ	kʻoŋˋ	kʻoŋˋ	kok˛ kaʔ˛		kʻok˛	hok˛
ˊkuaŋ ˋkɨŋ	ˋhuaŋ	ˊhuaŋ	ˊhuaŋ	kʻuaŋˋ	kʻuaŋˋ	kuak˛ kueʔ˛	kuak˛	kʻuak˛	kʻak˛
ˊkuoŋ	ˋhuoŋ			kʻuoŋˋ	ˊkʻuoŋ	kuok˛	kuok˛		huok˛

272

方	枋	肪	芳	妨	防	房	亡	忘	匡
宕合三	宕合三	宕合三	宕合三	宕合三	宕合三	宕合三	宕合三	宕合三	宕合三
平陽非	平陽非	平陽非	平陽敷	平陽敷	平陽奉	平陽奉	平陽微	平陽微	平陽溪
pȋuaŋ	pȋuaŋ	pȋuaŋ	pʰȋuaŋ	pʰȋuaŋ	bȋuaŋ	bȋuaŋ	mȋuaŋ	mȋuaŋ	kʰȋuaŋ
₌hoŋ / ₌haŋ / ₌paŋ	₌hoŋ	₌hoŋ	₌hoŋ / ₌paŋ	₌hoŋ	₌hoŋ	₌poŋ / ₌paŋ	₌boŋ	₌boŋ	₌kʰoŋ
₌hoŋ / ₌haŋ / ₌paŋ	₌hoŋ	₌hoŋ	₌hoŋ / ₌paŋ	₌hoŋ	₌hoŋ	₌poŋ / ₌paŋ	₌boŋ	₌boŋ	₌kʰoŋ
₌hoŋ / ₌huiN / ₌haŋ	₌hoŋ / ₌paŋ	₌hoŋ	₌paŋ	₌hoŋ	₌hoŋ / ₌haŋ	₌poŋ / ₌paŋ	₌boŋ	₌boŋ	₌kʰoŋ
₌hoŋ / ₌haŋ / ₌paŋ	₌hoŋ / ₌paŋ	₌hoŋ	₌paŋ	₌hoŋ	₌hoŋ	₌poŋ / ₌paŋ	₌boŋ	₌boŋ	₌kʰoŋ
₌huaŋ / ₌h+ŋ / ₌p+ŋ	₌huaŋ / ₌paŋ	₌huaŋ	₌huaŋ / ₌paŋ	₌huaŋ	₌huaŋ	₌paŋ	₌buaŋ	₌buaŋ	₌kʰuaŋ
₌huoŋ	₌huoŋ	₌huoŋ	₌huoŋ	₌huoŋ	₌huoŋ	₌puŋ	₌uoŋ	₌uoŋ	₌kʰuoŋ
海 ₌faŋ / ﹕₌baŋ			仙 ₌hoŋ / ﹕₌paŋ			莆 ₌paŋ			

筐	狂	王	倣	仿	彷	紡	圍	網	枉
宕合三	宕合三	宕合三	宕合三	宕合三	宕合三	宕合三	宕合三	宕合三	宕合三
平陽溪	平陽群	平陽云	上養非	上養敷	上養敷	上養敷	上養微	上養微	上養影
kʻïuaŋ	gïuaŋ	hïuaŋ	pïuaŋ	pʻïuaŋ	pʻïuaŋ	pʻïuaŋ	mïuaŋ	mïuaŋ	ʻïuaŋ
₍kʻoŋ ₍kʻiəŋ	₍koŋ	₍oŋ	ʻhoŋ	ʻhoŋ	ʻhoŋ	ʻhoŋ ʻpʻaŋ	ʻboŋ	ʻboŋ baŋ	ʻoŋ
₍kʻoŋ ₍kʻiəŋ	₍koŋ	₍oŋ ₍əŋ	ʻhoŋ	ʻhoŋ	ʻhoŋ	ʻhoŋ ʻpʻaŋ	ʻboŋ	ʻboŋ baŋ	ʻoŋ
₍kʻoŋ ₍kʻiaŋ	₍koŋ	₍oŋ	ʻhoŋ	ʻhoŋ	ʻhoŋ	ʻhoŋ	ʻboŋ	ʻboŋ baŋ	ʻoŋ
₍kʻoŋ ₍kʻiaŋ	₍koŋ	₍oŋ	ʻhoŋ	ʻhoŋ	ʻhoŋ	ʻhoŋ ʻpʻaŋ	ʻboŋ	ʻboŋ baŋ	ʻoŋ
₍kʻeŋ	₍kʻuaŋ	₍uaŋ ₍heŋ	ʻhuaŋ	ʻhuaŋ	ʻhuaŋ	ʻhuaŋ ʻpʻaŋ	ʻbuaŋ	ʻmaŋ	ʻuaŋ
₍kʻuoŋ	₍kuoŋ	₍uoŋ	ʻhuoŋ	ʻhuoŋ	ʻhuoŋ	ʻhuoŋ	ʻuoŋ	ʻuoŋ mœŋ	ʻuoŋ

274

往	放	訪	妄	望	逛	況	旺	縛	邦
宅合三	宅合三	宅合三	宅合三	宅合三	宅合三	宅合三	宅合三	宅合三	江用二
上養云	去漾非	去漾敷	去漾微	去漾微	去漾見	去漾曉	去漾云	入藥奉	平江幫
hǐuaŋ	pǐuaŋ	p'ǐuaŋ	mǐuaŋ	mǐuaŋ	kǐuaŋ	hǐuaŋ	hǐuaŋ	bǐuak	pʌŋ
'oŋ	hoŋ'	'hoŋ	boŋ	boŋ / baŋ	koŋ	hoŋ	oŋ	pok / pak	paŋ
'oŋ	hoŋ'	'hoŋ	boŋ	boŋ / baŋ	koŋ	hoŋ	oŋ	pok / pak	paŋ
'oŋ	hoŋ'	'hoŋ	boŋ	boŋ	koŋ	hoŋ	oŋ	pok / pak	paŋ
'oŋ	hoŋ'	'hoŋ	boŋ	boŋ / baŋ	koŋ	hoŋ	oŋ	pok / pak	paŋ
'uaŋ	huaŋ / paŋ	'huaŋ	buaŋ	buaŋ / moN	kuaŋ	kuaŋ	uaŋ	pak	paŋ
'uoŋ	huoŋ	'huoŋ	uoŋ	uoŋ	kuoŋ	huoŋ	uoŋ	puok	
	海 faŋ : baŋ 莆 paŋ	『正字通』の「妃罔切」にかなう。							paŋ 福は官話からの借用か。

龐	椿	窗	双	江	扛	腔	降絳狀	綁	蚌
江開二	江開二	江開二	江開二	江開二	江開二	江開二	江開二	江開二	江開二
平江並	平江知	平江初	平江生	平江見	平江見	平江溪	平江匣	上講幫	上講並
bʌŋ	tʌŋ	tsʼʌŋ	sʌŋ	kʌŋ	kʌŋ	kʼʌŋ	hʌŋ	pʌŋ	bʌŋ
ˌpaŋ	ˌcoŋ	ˌcʼoŋ	ˌsoŋ	ˌkaŋ	ˌkaŋ	kioŋ	ˌhaŋ	ˊpaŋ	paŋꞌ
			ˌsiaŋ		ˌkaŋ	kʼioN			
ˌpaŋ	ˌcoŋ	ˌcʼoŋ	ˌsoŋ	ˌkaŋ	ˌkaŋ	kioŋ	ˌhaŋ	ˊpaŋ	paŋꞌ
			ˌsiaŋ		ˌkaŋ	kʼiuN			
ˌpaŋ	ˌcoŋ	ˌcʼoŋ	ˌsoŋ	ˌkaŋ	ˌkaŋ	kʼiaŋ	ˌhaŋ	ˊpaŋ	paŋꞌ
			ˌsaŋ		ˌkaŋ	kʼioN			
	ˌcoŋ	ˌcʼoŋ	ˌsoŋ	ˌkaŋ	ˌkaŋ	kʼioŋ	ˌhaŋ	ˊpaŋ	paŋꞌ
			ˌsiaŋ		ˌkaŋ	kʼiuN			
ˌpaŋ	ˌcuaŋ	ˌcʼoŋ		ˌkaŋ			ˌhaŋ	ˊpaŋ	
			ˌsaŋ		ˌk+ŋ	kʼieN			ˊhoŋ
	ˌcoŋ	ˌcʼoŋ		ˌkoŋ	ˌkoŋ	kʼioŋ	ˌhoŋ	ˊpoŋ	poŋꞌ
ˌpaŋ			ˌsœŋ	ˌkœŋ					
福は官話からの借用か。		仙ˌcʼoŋ		茳ˌkaŋ					

棒	講	港	項	胖	撞	降下降	巷	剝	駁
江開二	江開二	江開二	江開二	江開二	江開二	江開二	江開二	江開二	江開二
上講並	上講見	上講見	上講匣	去絳滂	去絳澄	去絳見	去絳匣	入覺幫	入覺幫
bʌŋ	kʌŋ	kʌŋ	hʌŋ	pʼʌŋ	dʌŋ	kʌŋ	hʌŋ	pʌk	pʌk
paŋ²	ˊkaŋ ˊkoŋ	ˊkaŋ	haŋ²	pʼoŋ² pʼaŋ²	toŋ² taŋ²	kaŋ²	haŋ²	pak,	pak, pok,
paŋ²	ˊkaŋ ˊkoŋ	ˊkaŋ	haŋ²	pʼoŋ² pʼaŋ²	toŋ² taŋ²	kaŋ²	haŋ²	pak,	pak, pok,
paŋ²	ˊkaŋ ˊkoŋ	ˊkaŋ	haŋ²	pʼoŋ² pʼaŋ²	toŋ² taŋ²	kaŋ²	haŋ²	pak,	pak,
paŋ²	ˊkaŋ ˊkoŋ	ˊkaŋ	haŋ²	pʼoŋ² pʼaŋ²	toŋ² taŋ²	kaŋ²	haŋ²	pak,	
ˋpaŋ	ˊkaŋ	ˊkaŋ	ˋhaŋ	pʼueŋ²	ˊcuaŋ	kaŋ²	haŋ²	pak, poʔ,	
poŋ²	ˊkoŋ ˊkœŋ		hoŋ²	pʼuaŋ²	toŋ²	koŋ²	hœŋ²	puok,	pok,
			潮·福は '手'(半)の類推。					仙paʔ,	海boʔ,

爆	朴	樸	雹	卓	桌	啄	涿	琢	斲
江開二	江開二	江開二	江開二	江開二	江開二	江開二	江開二	江開二	江開二
入覺幫	入覺滂	入覺滂	入覺並	入覺知	入覺知	入覺知	入覺知	入覺知	入覺徹
pʌk	p'ʌk	p'ʌk	bʌk	tʌk	tʌk	tʌk	tʌk	tʌk	t'ʌk
p'ok	p'ok / p'oʔ	p'ok	p'auʔ	tok	tok / toʔ	tok / toʔ	tok / tauʔ	tok	c'ok
p'ok	p'ok / p'oʔ	p'ok	p'auʔ	tok	tok / toʔ	tok / toʔ	tok / tauʔ	tok	c'ok
p'ok	p'ok	p'ok	p'auʔ	tok	tok / toʔ	tok / toʔ	tok	tok	
p'ok	p'ok	p'ok	p'auʔ	tok	tok / toʔ	tok / toʔ	tok	tok	
	p'ok	p'ok	p'ak	toʔ	toʔ	toʔ	tok	tok	c'ok
				tok / toʔ	tok / toʔ	tok		tok	
『集韻』の「弼角切」にかなう。效韻を参照のこと。				海doʔ	仙toʔ				

濁	捉	鐲	朔	角	覺	餃	確	殼	岳
江用二	江用二	江用二	江用二	江用二	江用二	江用二	江用二	江用二	江用二
入覺登	入覺莊	入覺崇	入覺生	入覺見	入覺見	入覺見	入覺溪	入覺溪	入覺疑
dʌk	tsʌk	dzʌk	sʌk	kʌk	kʌk	kʌk	kʼʌk	kʼʌk	ŋʌk
cok, tak₂	cʼiok	tok₂	sok₂	kak,	kak,	kauʔ,		kʼak,	kʼak,	gak₂
{cok₂ tok₂ tak₂	cʼiok	tok₂	sok₂	kak,	kak,	kau' kauʔ,	kʼak,	kʼak,	gak₂
cok, tak₂	cʼiok	tok₂	sok₂	kak,	kak,	kauʔ,		kʼak,	kʼak,	gak₂
tak₂	cʼiok	tok₂	sok₂	kak,	kak,	kauʔ,		kʼak,	kʼak,	gak₂
cuak₂	cʼok	cʼok,	suak₂	kak,	kak,	kauʔ,		kʼak,	kʼak,	ŋak₂
cok₂	cyk,	sok₂	sok₂	koek,	koek,		kʼok,	kʼoek,	ŋok₂
潮以外は '促'の類推。					廈の文言音は [8集韻] の「居效切」にかなう。				莆 kaʔ₂

嶽	樂(音樂)	学	堰	崩	朋	鵬	登	灯	騰
江開二	江開二	江開二	江開二	曽開一	曽開一	曽開一	曽開一	曽開一	曽開一
入覚疑	入覚疑	入覚匣	入覚影	平登帮	平登並	平登並	平登端	平登端	平登定
ŋʌk	ŋʌk	hʌk	ˀʌk	paŋ	baŋ	baŋ	taŋ	taŋ	daŋ
gak˨	gak˨	hak˨ oʔ˨	ˌak ˌpiaŋ ˌpaŋ	ˌpiaŋ	ˌpiaŋ	ˌpʰiaŋ	ˌtiaŋ	ˌtiaŋ	ˌtʰiaŋ
gak˨	gak˨	hak˨ oʔ˨	ˌak ˌpiaŋ ˌpaŋ	ˌpiaŋ	ˌpiaŋ	ˌpʰiaŋ	ˌtiaŋ	ˌtiaŋ	ˌtʰiaŋ
gak˨	gak˨	hak˨ oʔ˨	ˌak ˌpiaŋ ˌpaŋ	ˌpiaŋ	ˌpiaŋ	ˌpʰiaŋ	ˌtiaŋ	ˌtiaŋ	ˌtʰiaŋ / ˌtʰeN
gak˨	gak˨	hak˨ oʔ˨	ˌak ˌpiaŋ ˌpaŋ	ˌpiaŋ	ˌpiaŋ	ˌpʰiaŋ	ˌtiŋ	ˌtiaŋ	ˌtʰiaŋ
ŋak˨	ŋak˨	hak˨ oʔ˨	ok˨ ˌpaŋ		ˌpʰeŋ	ˌpʰoŋ	ˌteŋ	ˌteŋ	ˌtʰeŋ
ŋok˨	ŋok˨	hok˨ oʔ˨	uk˨ ˌpeŋ	ˌpœŋ			ˌteŋ	ˌteŋ	ˌtʰeŋ
	莆 kak˨	莆 haʔ˨ : oʔ˨	潮·福は'屋'の類推。	海 ˌboŋ			海 ˌdoŋ		

騰	藤	能	楞	曾(姓)	增	憎	曾(經)	層	僧
曾開一	曾開一	曾開一	曾開一	曾開一	曾開一	曾開一	曾開一	曾開一	曾開一
平登定	平登定	平登泥	平登來	平登精	平登精	平登精	平登從	平登從	平登心
dəŋ	dəŋ	nəŋ	ləŋ	tsəŋ	tsəŋ	tsəŋ	dzəŋ	dzəŋ	səŋ
t'iaŋ	tiaŋ / tin	liaŋ	liaŋ	ciaŋ / can	ciaŋ	ciaŋ	ciaŋ	ciaŋ / can	ciaŋ
t'iaŋ	tiaŋ / tin	liaŋ	liaŋ	ciaŋ / can	ciaŋ	ciaŋ	ciaŋ	ciaŋ / can	ciaŋ
t'iaŋ	tiaŋ / tin	liaŋ	liaŋ	ciaŋ / can	ciaŋ	ciaŋ	ciaŋ	ciaŋ	ciaŋ
t'iŋ	/ tin	liaŋ	liaŋ	ciŋ / can	ciaŋ	ciaŋ	ciaŋ	ciaŋ / can	ciaŋ
t'eŋ	/ tin	leŋ	leŋ	ceŋ / can	ceŋ	ceŋ	ceŋ	ceŋ / can	cieŋ
teŋ	/ tin	neŋ		ceŋ	ceŋ	ceŋ	ceŋ	ceŋ	seŋ
	海 heŋ / :din								

恒	等	肯	凳	鐙	贈	亘	北	默	墨
曾開一	曾開一	曾開一	曾開一	曾開一	曾開一	曾開一	曾開一	曾開一	曾開一
平登匣	上等端	上等溪	去嶝端	去嶝定	去嶝從	去嶝見	入德幫	入德明	入德明
ˏhaŋ	ˊtaŋ	ˊk'aŋ	taŋˋ	daŋˊ	dẕaŋˊ	kaŋˋ	pak,	mak,	mak,
ˏhiaŋ	{ˊtiaŋ / ˏtiaŋ / ˊtan}	ˊk'iaŋ	tiaŋˊ	tiaŋˋ	ciaŋˋ	kiaŋˋ	pok, pak,	biak,	biak, bak,
ˏhiaŋ	{ˊtiaŋ / ˏtiaŋ / ˊtan}	ˊk'iaŋ	tiaŋˊ	tiaŋˋ	ciaŋˋ	kiaŋˋ	pok, pak,	biak,	biak, bak,
ˏhiaŋ	ˊtiaŋ	{ˊk'iaŋ / ˊk'an}	tiaŋˊ	tiaŋˋ	ciaŋˋ	kiaŋˋ	pok, pak,	biak,	biak, bak,
ˏhiaŋ	{ˊtɨŋ / ˊtan}	ˊk'iaŋ	tiaŋˊ	tiaŋˋ	ciaŋˋ	kiaŋˋ	pok, pak,	biak,	biak, bak,
ˏheŋ	ˊteŋ	ˊk'eŋ	teŋˊ	ˊteŋ	caŋˋ	ˊken	pak,	ˊmik,	bak,
ˏheŋ	ˊteŋ	ˊk'eŋ	teŋˊ	teŋˊ	ceŋˋ	ˊken	pœk,	mek,	mek, mœk,
							仙 paʔ,		仙 paʔ,

得	德	特	肋	勒	則	賊	塞	克	刻
曾用一	曾用一	曾用一	曾用一	曾用一	曾用一	曾用一	曾用一	曾用一	曾用一
入德端	入德端	入德定	入德来	入德来	入德精	入德從	入德心	入德溪	入德溪
tək	tak	dak	lak	lak	tsak	dzak	sak	kʻak	kʻak
tiak$_2$	tiak$_2$	tiak$_2$	liak$_2$	liak$_2$	ciak$_2$	ciak$_2$	siak$_2$	kʻiak$_2$	kʻiak$_2$
tit$_2$						cʻat$_2$	sat$_2$	kʻat$_2$	
tiak$_2$	tiak$_2$	tiak$_2$	liak$_2$	liak$_2$	ciak$_2$	ciak$_2$	siak$_2$	kʻiak$_2$	kʻiak$_2$
tit$_2$						cʻat$_2$		kʻat$_2$	
tiak$_2$	tiak$_2$	tiak$_2$	liak$_2$	liak$_2$	ciak$_2$	ciak$_2$	siak$_2$	kʻiak$_2$	kʻiak$_2$
tit$_2$						cʻat$_2$		kʻat$_2$	
tiak$_2$	tiak$_2$	tiak$_2$	liak$_2$	liak$_2$	ciak$_2$	ciak$_2$	siak$_2$	kʻiak$_2$	kʻiak$_2$
tit						cʻat$_2$		kʻat$_2$	
	tek$_2$	tek$_2$	lek$_2$	lek$_2$	cek$_2$			kʻiok$_2$	kʻek$_2$
tik$_2$						cʻak$_2$	sak$_2$		
tek$_2$	tek$_2$	tek$_2$	lek$_2$	lek$_2$	cek$_2$	cek$_2$	sek$_2$	kʻek$_2$	kʻek$_2$
海 dit$_2$						萧 ceʔ$_2$			

黑	冰	憑	凌	陵	菱	徵	澄	橙	懲
曾用一	曾用三	曾用三	曾用三	曾用三	曾用三	曾用三	曾用三	曾用三	曾用三
入德曉	平蒸幫	平蒸並	平蒸来	平蒸来	平蒸来	平蒸知	平蒸澄	平蒸澄	平蒸澄
hak	piaŋ	biaŋ	liaŋ	liaŋ	liaŋ	tiaŋ	diaŋ	diaŋ	diaŋ
hiak	piaŋ	pin	liaŋ	liaŋ	liaŋ	tiaŋ	tiaŋ	tiaŋ	tiaŋ
hiak	piaŋ	pin	liaŋ	liaŋ	liaŋ	tiaŋ	tiaŋ	tiaŋ	tiaŋ
hiak	piaŋ	pin	liaŋ	liaŋ	liaŋ	tin	tiaŋ	tiaŋ	tiaŋ
hiak	piaŋ	pin	liaŋ	liaŋ	liaŋ	tiaŋ	tiaŋ	tiaŋ	tiaŋ
hek	piaN	peŋ	leŋ	leŋ	leŋ	teŋ	tʻeŋ	cʻeŋ	tʻeŋ
hek	piŋ	piŋ	liŋ	liŋ	liŋ	tiŋ	teŋ	teŋ	teŋ
							福は「直庚切」にかなう。	福は「宅耕切」にかなう。	

蒸	称（称呼）	乗	繩	升	勝（勝任）	丞	承	仍	扔
曾用三	曾用三	曾用三	曾用三	曾用三	曾用三	曾用三	曾用三	曾用三	曾用三
平蒸章	平蒸昌	平蒸船	平蒸船	平蒸書	平蒸書	平蒸禪	平蒸禪	平蒸日	平蒸日
₌tʃiəŋ	₌tʃʰiəŋ	₌dʒiəŋ	₌dʒiəŋ	₌ʃiəŋ	₌ʃiəŋ	₌ʒiəŋ	₌ʒiəŋ	₌řiəŋ	₌řiəŋ
₌ciəŋ	₌cʰiəŋ	₌siəŋ	₌siəŋ ₌cin	₌siəŋ ₌cin	₌siəŋ	₌siəŋ	₌siəŋ ₌sin	₌liəŋ	₌liəŋ
₌ciəŋ	₌cʰiəŋ	₌siəŋ	₌siəŋ ₌cin	₌siəŋ ₌cin	₌siəŋ	₌siəŋ	₌siəŋ ₌sin	₌liəŋ	₌liəŋ
₌cin	₌cʰiəŋ	₌siəŋ ₌cin		₌siəŋ ₌cin	₌siəŋ ₌sin	₌sin	₌sin	₌ziəŋ	₌ziəŋ
₌ciəŋ	₌cʰiəŋ	₌siəŋ	₌siəŋ ₌cin	₌siəŋ ₌cin	₌siəŋ	₌siəŋ	₌siəŋ ₌sin	₌liəŋ	₌liəŋ
₌ceŋ	₌cʰeŋ	₌seŋ ₌sin		₌seŋ	₌seŋ	₌seŋ	₌seŋ	₌zoŋ	₌zoŋ
₌cin	₌cʰin	₌sin	₌sin	₌sin ₌cin		₌sin	₌sin	₌in	₌in

兢	凝	興(興旺)	應(应当)	鷹	蠅	拯	症	証	称(相称)
曾用三	曾用三	曾用三	曾用三	曾用三	曾用四	曾用三	曾用三	曾用三	曾用三
平蒸見	平蒸疑	平蒸曉	平蒸影	平蒸影	平蒸以	上拯章	去証章	去証章	去証昌
ꞈkïəŋ	ŋiəŋ ꞈŋeiŋ	hïəŋ	˙iəŋ ˙ʮei	˙eiˀ	jiəˀ ꞈjeiˀ	ꞈtʃïəŋ	tʃïəŋˀ	tʃïəŋˀ	tʃïəŋˀ
ꞈkiəŋ	ꞈŋiəŋ ꞈŋeiŋ ꞈŋin	hiəŋ ꞈʮeiˀ hin	˙iəŋ ˙ʮeiˀ	˙iəŋ ꞈʮeiˀ ꞈsin	siəˀ ꞈsin	ꞈcin	ciəŋˀ	ciəŋˀ	cꞈiəŋˀ
ꞈkiəŋ	ꞈŋiəŋ ꞈŋeiŋ ꞈŋin	hiəŋ ꞈʮeiˀ	˙iəŋ ˙ʮeiˀ	˙iəŋ ꞈʮeiˀ ꞈsin	siəˀ ꞈsin	ꞈcin	ciəŋˀ	ciəŋˀ	cꞈiəŋˀ
ꞈkiəŋ	ꞈŋiəŋ ꞈŋeiŋ	hin ꞈʮeiˀ	˙iəŋ ˙ʮeiˀ	˙iəŋ ꞈʮeiˀ		ꞈcin	cinˀ	cinˀ	cꞈiəŋˀ
ꞈkiəŋ	ꞈŋiəŋ ꞈŋeiŋ	hiəŋ ꞈʮeiˀ	˙iəŋ ꞈʮeiˀ	˙iəŋ ꞈʮeiˀ ꞈsin	siəˀ ꞈsin	ꞈcin	ciəŋˀ	ciəŋˀ	cꞈiəŋˀ
ꞈkʻeŋ	ꞈŋeŋ ꞈŋaʮ	heŋ ꞈʮaʮ	˙eŋ ꞈʮaˀ	˙eŋ ꞈʮaˀ	ꞈsiŋ	ꞈceŋ	ceŋˀ	ceŋˀ	cꞈeŋˀ
	ꞈŋiŋ		˙iŋ ꞈʮiˀ	˙iŋ ꞈʮiˀ	ꞈsiŋ	ꞈciŋ	ciŋˀ	ciŋˀ	cꞈiŋˀ

286

秤	剩	勝勝敗	興諷	応応対	孕	逼	匿	力	即
曾甬三 去証昌	曾甬三 去証船	曾甬三 去証書	曾甬三 去証曉	曾甬三 去証影	曾甬四 去証以	曾甬三 入職帮	曾甬三 入職泥	曾甬三 入職来	曾甬山 入職精
tɕʰiaŋ	dʑiaŋ	ɕiaŋ	hiaŋ	˙iaŋ	jiaŋ	piak	n̠iak	liak	tsiak
cʰiaŋ˒ cʰin˒	siaŋ²	siaŋ˒ceis	hiaŋ˒	iaŋ˒ in˒	in²	piak˒	liak˒	liak˒ lat˒	ciak˒ {cit˒ {cia?˒
cʰiaŋ˒ cʰin˒	siaŋ²	siaŋ˒ceis	hiaŋ˒	iaŋ˒ in˒	in²	piak˒	liak˒	liak˒ lat˒	ciak˒ {cit˒ {cia?˒
cʰiaŋ˒ cʰin˒	sin²	sin˒	hiaŋ˒	iaŋ˒ in˒	in²	piak˒	liak˒	liak˒ lat˒	ciak˒ cia?˒
cʰiaŋ˒ cʰin˒	siaŋ²	siaŋ˒	hiaŋ˒	iaŋ˒ in˒	in²	piak˒	liak˒	liak˒ lat˒	ciak˒ {cit˒ {cia?˒
cʰiŋ˒ ʟ	siŋ²	seŋ˒	heŋ˒	eŋ˒	˙eŋ²	pek˒	nek˒ lak˒		ciek˒
cʰiŋ˒ciʔ²	siŋ²	siŋ˒	hiŋ˒	iŋ˒	iŋ²	pik˒	nik˒	lik˒	cik˒
				莆 iŋ˒				莆 liʔ˒	

鯽	息	熄	媳	飭	直	值	仄	側	測
曾開四	曾開四	曾開四	曾開四	曾開三	曾開三	曾開三	曾開二	曾開二	曾開二
入職精	入職心	入職心	入職心	入職徹	入職澄	入職澄	入職莊	入職莊	入職初
tsiak	siak	siak	siak	t'iak	dïak	dïak	tsïak	tsïak	tsïak
ciak, cit,	siak, sit,	siak, sit,	siak,	t'iak,	tit,	tit, tat,	ciak, ce?,	c'iak	c'iak
ciak, cit,	siak, sit,	siak, sit,	siak,	t'iak,	tit,	tit, tat,	ciak, ce?,	c'iak	c'iak
ciak,	sit,	sit,	sit,	t'it,	tit,	tit, tat,	ciak, cε?,	c'iak	c'iak
ciak,	siak,	siak,	siak,	t'iak,	tit,	tit, tat,	ciak, ce?,	c'iak	c'iak
cik,	sek,	sek,	sek,	t'ek,	tik,	tek, tak,	cia?,	c'ek,	c'ek,
cik,	sik,	sik,	sik,	t'ik,	tik,	tik,	cak,	c'ek,	c'ek,
				蒲 ti?					

色	書	橋	職	織	食	蝕	式	識	飾
曾用二	曾用二	曾用二	曾用三	曾用三	曾用三	曾用三	曾用三	曾用三	曾用三
入職生	入職生	入職生	入職章	入職章	入職船	入職船	入職書	入職書	入職書
sïak	sïak	sïak	tʃɪak	tʃɪak	dʒɪak	dʒɪak	ʃɪak	ʃɪak	ʃɪak
siak₂	siak₂	siak₂ sit₂	cit₂	cit₂	sit₂ cia?₂	sit₂	siak₂	siak₂	siak₂
siak₂	siak₂	siak₂ sit₂	cit₂	cit₂	sit₂ cia?₂	sit₂	siak₂	siak₂	siak₂
siak₂	siak₂	siak₂	cit₂	cit₂	sit₂ cia?₂	sit₂	sit₂	sit₂	siak₂
siak₂	siak₂	siak₂ sit₂	cit₂	cit₂	sit₂ cia?₂	sit₂	siak₂	siak₂	siak₂
sek₂	sek₂	sek₂	cik₂	cik₂	cia?₂ (si?₂)		sek₂	sek₂	sek₂
sek₂	sek₂	sek₂	cik₂	cik₂	sik₂ siek₂	sik₂	sik₂	sik₂	sik₂
					莆 si?₂ :sia?₂				

289

植	殖	棘	极	億	憶	抑	翼	薨	弘
曾用三	曾用三	曾用三	曾用三	曾用三	曾用三	曾用三	曾用四	曾合一	曾合一
入職襌	入職襌	入職見	入職群	入職影	入職影	入職影	入職以	平登曉	平登匣
ʒɪak	ʒɪak	kiak	giak	'iak	'iak	'iak	jiak	huaŋ	huaŋ
sit₂	sit₂	kiak₂	kiak₂	iak₂	iak₂ it₂	iak₂	iak₂ sit₂	ˎiaŋ	ˍhoŋ
sit₂	sit₂	kiak₂	kiak₂	iak₂	iak₂ it₂	iak₂	iak₂ sit₂	ˎiaŋ	ˍhoŋ
sit₂	sit₂	kiak₂	kiak₂	iak₂	iak₂ it₂	iak₂	iak₂ sit₂	ˎiaŋ	ˍhoŋ
sit₂	sit₂	kiak₂	kiak₂	iak₂	iak₂ it₂	iak₂	iak₂ sit₂	ˎiaŋ	ˍhoŋ
sek₂	sek₂	kek₂	kek₂	ek₂	ek₂	ek₂ (ak₂)	ek₂ sek₂		ˍhoŋ
sik₂	sik₂	kik₂	kik₂	ik₂	ik₂	ik₂	ik₂ sik₂		ˍheŋ

国	或	惑	域	烹	彭	膨	盲	撐	生
曾合一	曾合一	曾合一	曾合三	梗開二	梗開二	梗開二	梗開二	梗開二	梗開二
入德見	入德匣	入德匣	入職云	平庚滂	平庚並	平庚並	平庚明	平庚微	平庚生
kuək	huək	⸰huək	⸰hiuək	⸰pʻəŋ	⸰bəŋ	⸰bəŋ	⸰məŋ	⸰tʻəŋ	⸰səŋ
⸜kok	⸜hiək	⸜hiək	⸜hiək	⸜pʻiəŋ / ⸰pʻəN	⸰pʻiəŋ	⸰pʻiəŋ	⸰biəŋ	⸰tʻiəŋ	⸰siəŋ / ⸰seN
⸜kok	⸜hiək	⸜hiək	⸜hiək	⸜pʻiəŋ / ⸰pʻiN	⸰pʻiəŋ	⸰pʻiəŋ / ⸰miN	⸰biəŋ	⸰tʻiəŋ	⸰siəŋ / ⸰siN
⸜kok	⸜hiək	⸜hiək	⸜hiək	⸜pʻiəŋ / ⸰pʻəN	⸰pʻiəŋ	⸰pʻiəŋ / ⸰məN	⸰biəŋ	⸰tʻiəŋ / ⸰tʻəN	⸰siəŋ / ⸰seN
⸜kok	⸜hiək	⸜hiək	⸜hiək	⸜pʻiəŋ / ⸰pʻiN	⸰pʻiəŋ	⸰pʻiəŋ / ⸰miN	⸰biəŋ	⸰tʻiəŋ	⸰sɯŋ / ⸰siN
⸜kok	hok⸜	hok⸜	⸜hok⸜	⸜pʻəŋ / ⸰pʻeN	⸰pʻeN	⸰məŋ / ⸰meN	⸰məŋ	⸰tʻeN	⸰seŋ / ⸰seN
kuok⸜ / hœk⸜		hœk⸜	mik⸜	⸜pʻəŋ / ⸰pʻaŋ	⸰pʻaŋ	⸰maŋ		⸜cʻeŋ / ⸰tʻaŋ	⸰seŋ / ⸰saŋ
莆 ⸜koʔ	仙 ⸜heʔ	仙 ⸜heʔ	仙 ⸜heʔ						莆 ⸜seŋ ; sa 平 ⸰siŋ

牲	甥	更（五更）	庚	羹	坑	亨	行（行為）	衡	猛
梗開二	梗開二	梗開二	梗開二	梗開二	梗開二	梗開二	梗開二	梗開二	梗開二
平庚生	平庚生	平庚見	平庚見	平庚見	平庚溪	平庚曉	平庚匣	平庚匣	上梗明
seŋ	seŋ	keŋ	keŋ	keŋ	k'eŋ	heŋ	heŋ	heŋ	meŋ
siaŋ / seN	siaŋ	kiaŋ / keN	kiaŋ / keN	kiaŋ / keN	k'iaŋ / k'eN	hiaŋ	hiaŋ / kiaN	hiaŋ	biaŋ / meN
siaŋ / siN	siaŋ	kiaŋ / kiN	kiaŋ / kiN	kiaŋ / kiN	k'iaŋ / k'iN	hiaŋ	hiaŋ / kiaN	hiaŋ	biaŋ { miN / meN }
siaŋ / seN	siaŋ	kiaŋ / keN	kiaŋ / keN	kiaŋ / keN	k'iaŋ / k'eN	hiaŋ	hiaŋ / kiaN	hiaŋ	biaŋ / meN
siaŋ / siN	siaŋ	kiaŋ / kiN	kiaŋ / kiN	kiaŋ / kiN	k'iaŋ / k'iN	hiaŋ	hiaŋ / kiaN	hiaŋ	biaŋ / miN
seŋ / seN	seŋ	keŋ / keN	keN	keN	k'eN	heŋ	kiaN	heŋ	meN
seŋ / kaŋ	seŋ	keŋ	keŋ	keŋ	k'aŋ 仙 k'eŋ : k'aN	heŋ / kiaŋ	heŋ	heŋ	meŋ

打	冷	省	哽	梗	杏	孟	掌	更動	硬
梗開二	梗開二	梗開二	梗開二	梗開二	梗開二	梗開二	梗開二	梗開二	梗開二
上梗端	上梗來	上梗生	上梗見	上梗見	上梗匣	去映明	去映徹	去映見	去映疑
teŋ	leŋ	seŋ	keŋ	keŋ	heŋ	meŋ	teŋ	keŋ	ŋeŋ
ˈtaŋ	ˈliaŋ	ˈsiaŋ	ˈkiaŋ / ˈkeŋ	ˈkiaŋ	hiaŋˀ	biaŋˀ	tʰiaŋˀ / teŋˀ	kiaŋˀ	ˈkiaŋ / ŋeŋ
ˈtaŋ	ˈliaŋ	ˈsiaŋ	ˈkiaŋ / ˈkeŋ	ˈkiaŋ	hiaŋˀ	biaŋˀ	tʰiaŋˀ / tʰinˀ	kiaŋˀ	ˈkiaŋ / ŋiN
ˈtaŋ / ˈteŋ	ˈliaŋ	ˈsiaŋ / ˈseŋ	ˈkiaŋ / ˈkeŋ		hiaŋˀ	biaŋˀ	tʰiaŋˀ / teŋˀ	kiaŋˀ	ˈkiaŋ / ŋeŋ
ˈtaŋ	ˈliaŋ	ˈsiaŋ	ˈkiaŋ / ˈkeŋ		hiaŋˀ	biaŋˀ	tʰiaŋˀ / tʰinˀ	kiaŋˀ	ˈkiaŋ / ŋiN
ˈta	ˈneN	ˈseN	ˈkeN	ˈkeN	ˈheŋ	ˈmeŋ		keŋˀ	ˈŋeN
ˈta	ˈleŋ	ˈseŋ	ˈkeŋ / ˈkaŋ	ˈkeŋ	heŋˀ	meŋˀ		keŋˀ	ŋeŋˀ / ŋaŋˀ
文言音は『六書故』の「都假切」にかなう。 仙 ˈleŋ									

行品行	百	伯	柏	迫	拍	魄	白	帛	陌
梗開二 去映匣	梗開二 入陌幫	梗開二 入陌幫	梗開二 入陌幫	梗開二 入陌幫	梗開二 入陌滂	梗開二 入陌滂	梗開二 入陌並	梗開二 入陌並	梗開二 入陌明
heŋ	pɒk	pɒk	pɒk	pɒk	p'ɒk	p'ek	bɒk	bɒk	mɒk
hiaŋ²	piak, {paʔ, {peʔ,	piak, peʔ,	piak, peʔ,	piak,	p'iak, paʔ,	p'iak,	piak₂ peʔ,	piak₂ peʔ,	biak₂
hiaŋ²	piak, {paʔ, {peʔ,	piak, peʔ,	piak, peʔ,	piak,	p'iak, p'aʔ,	p'iak,	piak₂ peʔ,	piak peʔ,	biak₂
hiaŋ²	piak, peʔ₂	piak, peʔ,	piak, peʔ,	piak,	p'iak, p'aʔ,	p'iak,	piak₂ pɛʔ₂	piak₂ pɛʔ₂	biak₂
hiaŋ²	piak, peʔ,	piak, peʔ,	piak, peʔ,	piak,	p'iak, p'aʔ,	p'iak,	piak₂ peʔ,	piak₂ peʔ,	biak₂
ˊheŋ	peʔ,	pek₂ peʔ,	pek₂	pek₂	p'aʔ,	p'ek₂	peʔ₂	peʔ₂	mek₂
heŋ²	pek₂ pak₂	pek₂ pak₂	pek₂ pak₂	pœk₂	p'ek₂ p'ak₂	p'œk₂	pek₂ pak₂	pek₂	
	仙 peʔ₂ : paʔ₂	海 beʔ₂			莆 p'aʔ₂		莆 paʔ₂ 海 beʔ₂		

拆	澤	擇	宅	窄	格	客	額	赫	嚇
梗開二	梗開二	梗開二	梗開二	梗開二	梗開二	梗開二	梗開二	梗開二	梗開二
入陌徹	入陌澄	入陌澄	入陌澄	入陌莊	入陌見	入陌溪	入陌疑	入陌曉	入陌曉
t'ɛk	dɛk	dɛk	dɛk	tʂɛk	kɛk	k'ɛk	ŋɛk	hɛk	hɛk
t'iak, / t'ia?,	tiak,	tiak,	t'iak, / t'e?,	ciak,	kiak, / ke?,	k'iak, / k'e?,	giak, / hia?, / gia?,	hiak,	hiak, / hian?,
t'iak, / t'ia?,	tiak,	tiak,	t'iak, / t'e?,	ciak,	kiak, / ke?,	k'iak, / k'e?,	giak, / hia?, / gia?,	hiak,	hiak, / hian?,
t'iak, / t'ia?,	tiak,	tiak,	t'iak, / t'ɛ?,	ciak,	kiak, / kɛ?,	k'iak, / k'ɛ?,	giak, / hia?,	hiak,	hiak,
t'iak, / t'ia?,	tiak,	tiak,	t'iak, / t'e?,	ciak,	kiak, / ke?,	k'iak, / k'e?,	giak, / hia?, / gia?,	hiak,	hiak,
t'ia?,	cek,	(to?,)	t'e?,	(ca')	ke?,	k'e?,	hia?,	hen?,	hen?,
t'iek,	tek,	tek,	tek,	cak,	kek, / cak,	k'ek, / kak,	ŋiek, / k'ak,	hek,	hek, / hiak,
	潮は鐸韻の白話音の形。		仙ca?, 潮は'乍'の類推		莆k'a?,				

棚	萌	爭	睜	箏	耕	莖	鶯	鸚	櫻
梗開二	梗開二	梗開二	梗開二	梗開二	梗開二	梗開二	梗開二	梗開二	梗開二
平耕並	平耕明	平耕莊	平耕莊	平耕莊	平耕見	平耕匣	平耕影	平耕影	平耕影
ˏpɛŋ	mɛŋ	tsɛŋ(35)	tsɛŋ(35)	tsɛŋ(35)	kɛŋ(35)	ɦɛŋ	ˊɛŋ3ˋ	ˊɛŋ3ˋ	ˊɛŋ3ˋ
ˏpiaŋ ˏpɛN	biaŋ	ˏciaŋ ˏcEN	ˏciaŋ	ˏciaŋ	ˏkiaŋ	ˏkiaŋ	ˏɛi	ˏɛi	ˏɛi
ˏpiaŋ ˏpiN	biaŋ	ˏciaŋ ˏciN	ˏciaŋ	ˏciaŋ	ˏkiaŋ	ˏkiaŋ	ˏɛi	ˏɛi	ˏɛi
ˏpiaŋ ˏpɛN	biaŋ	ˏciaŋ ˏcEN	ˏciaŋ	ˏciaŋ	ˏkiaŋ	ˏkiaŋ	ˏɛi	ˏɛi	ˏɛi
ˏpiaŋ ˏpiN	biaŋ	ˏ(iŋ) ˏciN		ˏciaŋ	ˏkiaŋ	ˏkiaŋ	ˏɛi	ˏɛi	ˏɛi
ˏpɛN	mɛŋ	ˏCEN	ˏcɛŋ	ˏcɛŋ	ˏkEN	ˏkˊɛŋ	ˏɛŋ	ˏɛŋ	ˏɛŋ
ˏpœŋ	mɛŋ ˏcɛŋ ˏcœŋ	ˏcɛŋ	ˏcɛŋ	ˏkɛŋ	ˏkɛŋ	ˏɛŋ	ˏɛŋ	ˏɛŋ
							莆ˏɛŋ		

耿	幸	迸	礕	壁	麥	脈	摘	責	冊
梗開二	梗開二	梗開二	梗開二	梗開二	梗開二	梗開二	梗開二	梗開二	梗開二
上耿見	上耿匣	去諍幫	入麥幫	入麥幫	入麥明	入麥明	入麥知	入麥莊	入麥初
ˈkɛŋ	hɛŋ	pɛŋ	pɛk	pɛk	mɛk	mɛk	tɛk	tʂɛk	tʂʰɛk
ˈkiaŋ	hiaŋ	piaŋ	pʰiak, peʔ	pʰiak	biak, beʔ	biak, meŋʔ	tiak, tiaʔ	ciak	cʰiak, cʰeʔ
ˈkiaŋ	hiaŋ	piaŋ	pʰiak, peʔ	pʰiak	biak, beʔ	biak, meŋʔ	tiak, tiaʔ	ciak	cʰiak, cʰeʔ
ˈkiaŋ	hiaŋ	piaŋ	piak, pɛʔ	piak	biak, bɛʔ	biak, meŋʔ	tiak, tiaʔ	ciak	cʰiak, cʰɛʔ
ˈkiaŋ	hiaŋ	piaŋ	piak, peʔ	piak	biak, beʔ	biak, meŋʔ	tiak, tiaʔ	ciak	cʰiak, cʰeʔ
ˈkuaŋ	ˈheŋ	ˈpeŋ	pʰek,	pʰek, beʔ	menʔ	tiaʔ	ceʔ	cʰeʔ	
ˈkeŋ	heŋ	peŋ			mek, mak	mek, mak	tiak,	cek	cʰek, cʰak
					莆 paʔ	海 liaʔ			莆 cʰaʔ 仙 cʰaʔ

策	革	隔	核審核	厄	坄	軶	兵	平	坪
梗開二	梗開二	梗開二	梗開二	梗開二	梗開二	梗開二	梗開三	梗開三	梗開三
入麥初	入麥見	入麥見	入麥匣	入麥影	入麥影	入麥影	平庚幫	平庚並	平庚並
tsʰek˧	kɛk˧	kɛk˧	hɤk˧	'ɛ˧	'ɛk˧	'ɛk˧	pïəŋ	bïəŋ	bïəŋ
cʰiak˧	kiak˧	kiak˧ keʔ˧	hiak˧	iak˧ eʔ˧	iak˧	iak˧	ˌpïəŋ	pïəŋ ˌpʰeN ˌpʰeN pʰiəN	pïəŋ ˌpʰeN pʰiaN
cʰiak˧	kiak˧	kiak˧ keʔ˧	hiak˧	iak˧ eʔ˧	iak˧	iak˧ ˌpiaŋ ˌpiaN	pïəŋ ˌpïŋ pïaN	pïəŋ ˌpïN pʰiaN
cʰiak˧	kiak˧	kiak˧ keʔ˧	hiak˧	iak˧ eʔ˧	iak˧	iak˧ ˌpiaŋ ˌpiaN	pïəŋ ˌpeN pïaN	pïəŋ
cʰiak˧	kiak˧	kiak˧ keʔ˧	hiak˧	iak˧ eʔ˧	iak˧	iak˧ ˌpiaŋ ˌpiaN	pïəŋ ˌpïŋ pïaN	pïəŋ ˌpïN pïaN
cʰeʔ˧	kek˧ keʔ˧		hek˧ keʔ˧	eNʔ˧	eNʔ˧	eNʔ˧ ˌpiaN	pïəŋ ˌpeN	ˌpʰeŋ ˌpeN pʰiaN
cʰek˧ kak˧	kek˧ kak˧	kek˧		ek˧	ek˧	ek˧ ˌpïŋ	ˌpïŋ ˌpïŋ ˌpaŋ	
	莆 keʔ˧	仙 kaʔ˧						海ˌfeŋ :ŋɛ	

298

評	明	鳴	盟	京	荆	驚	卿	擎	鯨
梗開三	梗開三	梗開三	梗開三	梗開三	梗開三	梗開三	梗開三	梗開三	梗開三
平庚並	平庚明	平庚明	平庚明	平庚見	平庚見	平庚見	平庚溪	平庚群	平庚群
biəŋ	miəŋ	miəŋ	miəŋ	kiəŋ	kiəŋ	kiəŋ	kʰiəŋ	giəŋ	giəŋ
pʰiəŋ	biəŋ ₋meN bin	biəŋ	biəŋ	kiəŋ kiaN	kiəŋ	kiəŋ kiaN	kʰiəŋ	kʰiəŋ	kiəŋ
pʰiəŋ	biəŋ ₋meN miaN bin	biəŋ	biəŋ	kiəŋ kiaN	kiəŋ	kiəŋ kiaN	kʰiəŋ	kʰiəŋ	kiəŋ
pʰiəŋ	biəŋ meN	biəŋ	biəŋ	kiəŋ kiaN	kiəŋ	kiəŋ kiaN	kʰiəŋ	kʰiəŋ	
pʰiəŋ	biəŋ miaN	biəŋ	biəŋ	kiəŋ kiaN	kiəŋ	kiəŋ kiaN	kʰiəŋ	kʰiəŋ	
pʰeŋ	meŋ	meŋ	meŋ	kiaN	keŋ	keŋ kiaN	kʰeŋ	kʰeŋ	kʰeŋ
pʰiŋ pʰaŋ	miŋ	miŋ	meŋ	kiŋ	kiŋ	kiŋ kiaŋ	kʰiŋ		
	仙 miŋ					仙 kiaN			

迎	英	丙	秉	皿	境	景	警	影	柄
梗開三	梗開三	梗開三	梗開三	梗開三	梗開三	梗開三	梗開三	梗開三	梗開三
平庚疑	平庚影	上梗帮	上梗帮	上梗明	上梗見	上梗見	上梗見	上梗影	去映帮
ˈŋiaŋ	ˈiaŋ	ˈpiaŋ	ˈpiaŋ	miaŋ	kiaŋ	kiaŋ	kiaŋ	ˈiaŋ	piaŋ
giaŋ / gia	ˈieˀ / ˈeN	ˈpiaŋ / ˈpiaN	ˈpiaŋ	biaŋ	kiaŋ	kiaŋ	kiaŋ	{ieŋ, iaN, eŋ}	piaŋ / peN
giaŋ / ŋiaŋ	ˈieŋ(nei) / ˈiŋ	ˈpiaŋ / ˈpiaN	ˈpiaŋ	biaŋ	kiaŋ	kiaŋ	kiaŋ	{ieŋ, iaN, eŋ}	piaŋ / piŋ
giaŋ / ŋiaŋ	ˈiaŋ / ˈeN	ˈpiaŋ / ˈpiaN	ˈpiaŋ	biaŋ	ˈkiaŋ	ˈkiaŋ	ˈkiaŋ	{ieŋ, iaN, ue}	piaŋ / peN
giaŋ / ŋiaŋ	ˈiaŋ / ˈiN	ˈpiaŋ / ˈpiaN	ˈpiaŋ	ˈbiaŋ	ˈkiaŋ	ˈkiaŋ	ˈkiaŋ	{ieŋ, iaN, ue}	piaŋ / piŋ
ˈŋeŋ	ˈeˀ	ˈpiaN	ˈpeŋ	ˈmeŋ	ˈkeŋ	ˈkeŋ	ˈkeŋ	ˈiaN	peŋ
ˈŋiŋ / ŋiaŋ	ˈiŋ	ˈpiŋ	ˈpiŋ		ˈkiŋ	ˈkiŋ	ˈkiŋ	ˈiŋ / ˈoŋ	piŋ / paŋ
台は-Nが消失。		海 ˈbeŋ						海 ˈeŋ / 仙 ˈiŋ / ˈiaN	

病	命	敬	竟	鏡	慶	競	映	碧	戟
梗開三 去映並	梗開三 去映明	梗開三 去映見	梗開三 去映見	梗開三 去映見	梗開三 去映溪	梗開三 去映群	梗開三 去映影	梗開三 入陌幫	梗開三 入陌見
biɛŋ˩	miɛŋ˩	kiɛŋ˩	kiɛŋ˩	kiɛŋ˩	k'iɛŋ˩	giɛŋˊ	ˊiɛŋˊ	p'iɛk̚	k'iɛk̚
piaŋˊ / peNˊ	biaŋˊ / miaN˩	kiaŋˊ	kiaŋˊ	kiaŋˊ / kiaN˩	k'iaŋˊ	kiaŋˊ	ioŋˊ / ian˩	p'iak̚	kiak̚
piaŋˊ / piN˩	biaŋˊ / miaN˩	kiaŋˊ	kiaŋˊ	kiaŋˊ / kiaN˩	k'iaŋˊ	kiaŋˊ	ioŋˊ / ian˩	p'iak̚	kiak̚
piaŋˊ / peNˊ	biaŋˊ / miaN˩	kiaŋˊ	kiaŋˊ	kiaŋˊ / kiaN˩ k'iaN˩	k'iaŋˊ	kiaŋˊ	iaŋˊ / ian˩	p'iak̚	kiak̚
piaŋˊ / piN˩	biaŋˊ / miaN˩	kiaŋˊ	kiaŋˊ	kiaŋˊ / kiaN˩	k'iaŋˊ	kiaŋˊ	ioŋˊ / ian˩	p'iak̚	kiak̚
peNˊ	meŋˊ / miaN˩	keŋˊ	keŋˊ	kiaN˩	k'eŋˊ	ˊkeŋ	iaŋˊ	p'ek̚	kek̚
piŋˊ / paŋˊ	miŋˊ / miaŋˊ	kiŋˊ	kiŋˊ	kiŋˊ / kiaN˩	k'iŋˊ	kiŋˊ		p'ik̚	
仙piŋˊ : paN˩	仙miŋˊ : miaN				莆kiŋ			海bek̚	

隙	劇	屐	逆	名	精	晴	晶	旌	清
梗開三	梗開三	梗開三	梗開三	梗開四	梗開四	梗開四	梗開四	梗開四	梗開四
入陌溪	入陌群	入陌群	入陌疑	平清明	平清精	平清精	平清精	平清精	平清清
kʰiɐk	giɐk	giɐk	ŋiɐk	miɛŋ	tsiɛŋ	tsiɛŋ	tsiɛŋ	tsiɛŋ	tsʰiɛŋ
kʰiak₂ kʰia?₂	kiok₂	kiak₂ kia?₂	giak₂ ke?₂	biaŋ miaN	ciaŋ ciaN cin	ciaŋ	ciaŋ cin	siaŋ	ciaŋ
kʰiɐk₂ kʰia?₂	kiok₂	kiak₂ kia?₂	giak₂ ke?₂	biaŋ miaN	ciaŋ ciaN cin	ciaŋ	ciaŋ cin	ciɐŋ siaŋ	ciaŋ ciaN cin
kʰiak₂ kʰia?₂	kiak₂	kiak₂ kia?₂	giak₂ ke?₂	biaŋ miaN	ciaŋ ciaN	ciaŋ	ciaŋ	ciaŋ siaŋ	ciaŋ
kʰiak₂ kʰia?₂	kiok₂	kiak₂ kia?₂	giak₂ ke?₂	biaŋ miaN	ciaŋ cin	ciaŋ	ciaŋ cin		ciaŋ
kʰia?₂	kia?₂	kia?₂	ŋek₂ miaN	ccŋ ciaN	ceŋ		ciaN	seŋ	ceŋ
kʰik₂	kʰiok₂			miŋ	ciŋ	ciŋ	ciŋ		ciŋ
			ŋiek₂	miaN ciaŋ					
				仙 miaN					

情	晴	貞	偵	蝗	呈	程	正	征	声
梗開四	梗開四	梗開三	梗開三	梗開三	梗開三	梗開三	梗開三	梗開三	梗開三
平清從	平清從	平清知	平清徹	平清徹	平清澄	平清澄	平清章	平清章	平清書
dzieŋ	dzieŋ	tïeŋ	tʰïeŋ	tʰïeŋ	dïeŋ	dïeŋ	tɕïeŋ	tɕïeŋ	ɕïeŋ
₌ciaŋ	₌ciaŋ	₌ciaŋ	₌ciaŋ	₌cʰiaŋ	₌tian	₌tian / tian	₌ciaŋ	₌ciaŋ	siaŋ
₌ciaN	₌ciN			₌tʰan	₌tian	₌tʰiaN	₌ciaN		siaN
₌ciaŋ	₌ciaŋ	₌ciaŋ	₌ciaŋ	₌cʰiaŋ	₌tian	₌tian / tian	₌ciaŋ	₌ciaŋ	siaŋ
₌ciaN	₌ciN			₌tʰan	₌tian	₌tʰiaN	₌ciaN		siaN
₌ciaŋ	₌ciaŋ	₌ciaŋ	₌ciaŋ	₌cʰiaŋ	₌tian	₌tian / tian	₌ciaŋ	₌ciaŋ	siaŋ
₌ciaN	₌cen			₌tʰan	₌tian	₌tʰen	₌ciaN		siaN
₌ciaŋ	₌ciaŋ	₌ciaŋ	₌ciaŋ	₌ciaŋ			₌ciaŋ	₌ciaŋ	siaŋ
₌ciaN	₌ciN			₌tan			₌ciaN		siaN
₌cen		₌cen	₌cen		₌tiaN	₌ten			₌cen
	₌ceN			₌tan	₌tian	₌tian	₌ciaN		siaN
₌ciŋ	₌ciŋ	₌tiŋ	₌tiŋ				₌ciŋ	₌ciŋ	siŋ
₌ciaŋ			₌tian	₌tʰen	₌tian	₌tian	₌ciaŋ		siaŋ
									萧 ₌siaə

成	城	誠	盛	盛滿	輕	嬰	纓	盈	贏	餅
梗開三	梗開三	梗開三	梗開三	梗開三	梗開三	梗開三	梗開三	梗開四	梗開四	梗開三
平清禪	平清禪	平清禪	平清禪	平清禪	平清溪	平清影	平清影	平清以	平清以	上靜幫
₃ɪɛŋ ₍ʑiaŋ {₍siaŋ {₍ciaŋ {₍c'iaŋ	₃ɪɛŋ ₍siaŋ siaŋ	₃ɪɛŋ ₂ʑeiŋ	₃ɪɛŋ ₂ʑeiŋ	₃ɪɛŋ ₂ʑeiŋ	k'ɪɛŋ, k'iaŋ, ₍kin,	'ɪɛŋ, ₍iaŋ ₍eŋ,	'ɪɛŋ, ₍ʑei, ₍iaŋ	jiɛŋ ₍ʑei, ₍iaŋ	jiɛŋ ₍ʑeiŋ ₍iaŋ ₍iaŋ,	ᶜpɪɛŋ ᶜpiaŋ ᶜpiaŋ,
₍siaŋ {₍siaŋ {₍ciaŋ {₍c'iaŋ	siaŋ siaŋ siaŋ	₂siaŋ ₂ʑeiŋ	₂siaŋ ₂ʑeiŋ	₂siaŋ ₂ʑeiŋ	k'iaŋ, {₍kin, {k'iaŋ	ʑei, ₍iaŋ {₍iŋ {₍eŋ	₍ʑei, ₍iaŋ ₍Nei,	₍ʑei, ₍iaŋ	₍ʑeiŋ ₍iaŋ ₍iaŋ,	ᶜpiaŋ ᶜpiaŋ
₍siaŋ {₍siaŋ {₍ciaŋ {₍c'iaŋ	₍siaŋ siaŋ	₂siaŋ ₂ʑeiŋ	₂siaŋ ₂ʑeiŋ	₂siaŋ ₂ʑeiŋ	k'iaŋ, ₍k'in	ʑei, ₍iaŋ ₍eŋ,	₍ʑei, ₍iaŋ ₍Nei,	₍ʑei, ₍iaŋ,	₍ʑeiŋ ₍iaŋ,	ᶜpiaŋ ᶜpiaŋ
₍siaŋ {₍siaŋ {₍ciaŋ {₍c'iaŋ	₍siaŋ ₍siaŋ	₂siaŋ ₂ʑeiŋ	₂siaŋ ₂ʑeiŋ	₂siaŋ ₂ʑeiŋ	k'iaŋ, ₍k'in	ʑei, ₍iaŋ ₍iŋ,	₍ʑei, ₍iaŋ ₍Nei,	₍ʑei, ₍iaŋ,	₍ʑeiŋ ₍iaŋ ₍Nei,	ᶜpiaŋ ᶜpiaŋ
₍seŋ ₍siaŋ	₍siaŋ	₍seŋ	₍seŋ		₍k'iŋ	₍eŋ,	₍eŋ,	₍eŋ,	₍ioŋ ₍iaŋ ₍Nei,	ᶜpiaŋ
₍siŋ ₍siaŋ	₍siŋ ₍siaŋ	₍siŋ	₍siŋ	₍k'iŋ	₍eŋ,	₍eŋ,	₍iŋ,	₍iŋ, ₍iaŋ,	ᶜpiŋ ᶜpiaŋ ₍ʑeiŋ	
仙₍siŋ ꞉siaŋ					福は三等の「罌鳥,櫻」の類推。					海bia

領	嶺	井	請	靖	靜	省又省	逞	整	頸
梗開三	梗開三	梗開四	梗開四	梗開四	梗開四	梗開四	梗開三	梗開三	梗開三
上靜來	上靜來	上靜精	上靜清	上靜從	上靜從	上靜心	上靜徹	上靜章	上靜見
liɛŋ	liɛŋ	tsiɛŋ	tsʰiɛŋ	dziɛŋ	dziɛŋ	siɛŋ	tʰïɛŋ	tʃiɛŋ	kiɛŋ
ꞌliaŋ ꞌniaN	ꞌliaŋ ꞌniaN	ꞌciaŋ ꞌceN	ꞌcʰiaŋ ꞌcʰiaN	ciaŋ꞊	ciaŋ꞊	ꞌsiaŋ	tʰïa꞊	ꞌciaŋ	kiaŋ꞊
ꞌliaŋ ꞌniaN	ꞌliaŋ ꞌniaN	ꞌciaŋ ꞌciN	ꞌcʰiaŋ ꞌcʰiaN	ciaŋ꞊	ciaŋ꞊ ciN꞊	ꞌsiaŋ	tʰïa꞊	ꞌciaŋ	kiaŋ
ꞌliaŋ ꞌniaN	ꞌliaŋ ꞌniaN	ꞌciaŋ ꞌceN	ꞌcʰiaŋ ꞌcʰiaN	ciaŋ꞊	ciaŋ꞊ ceN꞊	ꞌsiaŋ ꞌseN	tʰïa꞊	ꞌciaŋ	kiaŋ꞊
ꞌliaŋ ꞌniaN	ꞌliaŋ ꞌniaN	ꞌciaŋ ꞌciN	ꞌcʰiaŋ ꞌcʰiaN	ciaŋ꞊	ciaŋ꞊ ciN꞊	ꞌsiaŋ	tʰïa꞊	ꞌciaŋ	kiaŋ꞊
ꞌniaN	ꞌniaN	ꞌceŋ ꞌceN	ꞌciaN	ꞌceŋ	ꞌceN	ꞌseN	tʰeŋ꞊	ꞌciaN	keN꞊
ꞌliŋ ꞌliaŋ	ꞌliŋ ꞌliaŋ	ꞌciŋ ꞌcaŋ	ꞌciŋ ꞌcʰiaŋ	ciŋ꞊	ciŋ꞊	ꞌsiŋ		ꞌciŋ	kiŋ꞊

併	聘	令	淨	姓	性	鄭	正義	政	聖
梗用三	梗用三	梗用三	梗用四	梗用四	梗用四	梗用三	梗用三	梗用三	梗用三
去勁帮	去勁滂	去勁来	去勁從	去勁心	去勁心	去勁澄	去勁章	去勁章	去勁書
pïɛŋˀ	pʰïɛŋˀ	lïɛŋˀ	dzïɛŋˀ	sïɛŋˀ	sïɛŋˀ	dïɛŋˀ	tɕïɛŋˀ	tɕïɛŋˀ	ʃïɛŋˀ
piəŋˀ piaŋˀ	pʰiaŋˀ	liaŋˀ	ciaŋˀ	siaŋˀ senˀ	siaŋˀ senˀ	tiaŋˀ tenˀ	ciaŋˀ ciaŋˀ	ciaŋˀ	siaŋˀ siaŋˀ
piəŋˀ piaŋˀ	pʰiaŋˀ	liaŋˀ	ciaŋˀ	siaŋˀ siŋˀ	siaŋˀ siŋˀ	tiaŋˀ tiŋˀ	ciaŋˀ ciaŋˀ	ciaŋˀ	siaŋˀ siaŋˀ
piəŋˀ piaŋˀ	pʰiaŋˀ	liaŋˀ	ciaŋˀ ciaŋˀ	siaŋˀ senˀ	siaŋˀ senˀ	tiaŋˀ tenˀ	ciaŋˀ ciaŋˀ	ciaŋˀ	siaŋˀ siaŋˀ
piəŋˀ piaŋˀ	pʰiaŋˀ	liaŋˀ	ciaŋˀ	siaŋˀ siŋˀ	siaŋˀ siŋˀ	tiaŋˀ tiŋˀ	ciaŋˀ ciaŋˀ	ciaŋˀ	siaŋˀ siaŋˀ
ˀpeŋ piaŋ	pʰeŋˀ pʰiaŋ	ˀleŋ	ˀceŋ	senˀ	senˀ	tenˀ	ciaŋˀ	ceŋˀ	siaŋˀ
piŋˀ piaŋ	pʰiŋˀ	liŋˀ	ciŋˀ ciaŋˀ	siŋˀ sanˀ	siŋˀ sanˀ	tiŋˀ taŋˀ	ciŋˀ ciaŋ	ciŋ	siŋˀ sanˀ
		蕭 liŋˀ		仙 siŋˀ ：sanˀ	仙 siŋˀ ：sanˀ	仙 taŋˀ		蕭 ciŋˀ	

306

盛鹽	勁	壁	僻	癖	闢	借	積	跡	脊
梗開三	梗開三	梗開三	梗開三	梗開三	梗開三	梗開四	梗開四	梗開四	梗開四
去勁禪	去勁見	入昔幫	入昔滂	入昔滂	入昔並	入昔精	入昔精	入昔精	入昔精
ʒiɛŋ	kiɛŋ	pʰiɛk	pʰiɛk	pʰiɛk	biɛk	tsiɛk	tsiɛk	tsiɛk	tsiʔ
siaŋ², siaN²	kiəŋʔ	pʰiak,	pʰiak, pʰiaʔ,	pʰiak, pʰiaʔ,	pit, cioʔ.		ciak,	ciak, (ciaʔ, liaʔ	ciak, ciaʔ,
siaŋ², siaN²	kiəŋʔ	pʰiak,	pʰiak, pʰiaʔ,	pʰiak, pʰiaʔ,	pit, cioʔ		ciak,	ciak, (ciaʔ, liaʔ	cit, ciak, ciaʔ,
siaŋ², siaN²	kiəŋʔ	pʰiak,	pʰiak, pʰiaʔ,	pʰiak, pʰiaʔ,	pit, cioʔ		ciak,	ciak, ciaʔ,	cit, ciaʔ,
siaŋ², siaN²		pʰiak,	pʰiak, pʰiaʔ,	pʰiak, pʰiaʔ,	pit, cioʔ		ciak,		ciaʔ,
ˉseŋ, siaN²	keN²	piaʔ,	pʰiaʔ,	pʰiaʔ,	pʰek, pʰiaʔ,	cieʔ,	ceʔ,	ciaʔ,	cik, ciaʔ,
siŋ²		pik,	pʰiek	pʰik,	pik, cuok,		cik,	cik, ciak,	cik,

闢韻參照。

婿

307

籍	藉	昔	惜	夕	席	擲	隻	尺	伬
梗開四	梗開四	梗開四	梗開四	梗開四	梗開四	梗開三	梗開三	梗開三	梗開三
入昔從	入昔從	入昔心	入昔心	入昔邪	入昔邪	入昔澄	入昔章	入昔昌	入昔昌
dziɛk	dziɛk	siɛk	siɛk	ziɛk	ziɛk	dˇiɛk	tʃiɛk	tʃʻiɛk	tʃʻiɛk
ciak₂		siak₂ sioʔ₂	siak₂	siak₂	siak₂ cʻioʔ₂	tiak₂	ciak₂ ciaʔ₂	cʻiak₂ cʻioʔ₂	tʻiak₂
ciak₂		siak₂ sioʔ₂	siak₂	siak₂	siak₂ siaʔ₂ cʻioʔ₂	tiak₂	ciak₂ ciaʔ₂	cʻiak₂ cʻioʔ₂	tʻiak₂
ciak₂	ciak₂	siak₂ sioʔ₂	siak₂	siak₂	siak₂ siaʔ₂ cʻioʔ₂	tiak₂	ciak₂ ciaʔ₂	cʻiak₂ cʻioʔ₂	tʻiak₂
ciak₂		siak₂ sioʔ₂	siak₂	siak₂	siak₂ siaʔ₂ cʻioʔ₂	tiak₂	ciak₂ ciaʔ₂	cʻiak₂ cʻioʔ₂	tʻiak₂
				sek₂					cʻek₂
	(ʻcia)	sieʔ₂			cʻieʔ₂	(ʻtaŋ)	ciaʔ₂	cʻieʔ₂	
cik₂		sik₂	sik₂	sik₂	sik₂ cʻuok₂		cik₂ ciak₂	cʻik₂ cʻuok₂	
	禡韻と参照				莆 cʻiau₂				閩南は「集韻」の「恥格切」にかなう。

赤	射	適	釈	石	碩	益	亦	易	錫	訳
梗開三	梗開三	梗開三	梗開三	梗開三	梗開三	梗開三	梗開四	梗開四	梗開四	梗開四
入昔昌	入昔船	入昔書	入昔書	入昔禪	入昔禪	入昔影	入昔以	入昔以	入昔以	入昔以
tʃ'iɛk	dʒiɛk	siɛk	ʃiɛk	ʒiɛk	ʒiɛk	'iɛk	jiɛk	jiɛk	jiɛk	jiɛk
c'iak, / c'ia?,	co?,	siak,	siak,	siak, / cio?,	siak,	iak, / ia?,	iak, / ia?,	iak, / ia?,	iak,	iak,
c'iak, / c'ia?,	co?,	siak,	siak,	siak, / cio?,	siak,	iak, / ia?,	iak, / ia?,	iak, / ia?,	iak,	iak,
c'iak, / c'ia?,	siak, / co?,	siak,	siak,	siak, / cio?,	siak,	iak, / ia?,	iak, / ia?,	iak, / ia?,	iak,	iak,
c'iak, / c'ia?,	siak, / co?,	siak,	siak,	siak, / cio?,	siak,	iak, / ia?,	iak, / ia?,	iak, / ia?,	iak,	iak,
c'ia?,		sek,	sek,	cie?,	sek,	ia?,	(ia^2)	ek, / ia?,	ek,	ek,
c'ik, / c'iak,		sik,	sik,	sik, / suok,	sik,	ik, / iak,	ik,	ik,	ik,	ik,
禱韻と参照。				蕭 siau?		仙 i?,				

液	腋	姘	屏	瓶	萍	冥	銘	丁	釘
梗開四	梗開四	梗開四	梗開四	梗開四	梗開四	梗開四	梗開四	梗開四	梗開四
入昔以	入昔以	平青滂	平青並	平青並	平青並	平青明	平青明	平青端	平青端
jiɛk	jiɛk	pʰeŋ	beŋ	beŋ	beŋ	meŋ	meŋ	teŋ	teŋ
iak	iak	pʰiaŋ	piaŋ / pin	pin / pan	pʰiaŋ	biaŋ / men	biaŋ	tiaŋ	tiaŋ
iak	iak	pʰiaŋ	piaŋ / pin	pin / pan	pʰiaŋ	biaŋ / min	biaŋ	tiaŋ	tiaŋ
iak	iak		pin	pin / pan	pʰiaŋ	biaŋ / men	biaŋ	tiaŋ	tiaŋ
iak	iak		pin	pin / pan	pʰiaŋ	biaŋ / min	biaŋ	tiaŋ	tiaŋ
ek	ek	pʰeŋ / pʰiŋ		pʰeŋ / pan	(pʰie)	beŋ	men	teŋ	teŋ
ik	ik	pʰiŋ	piŋ	piŋ	piŋ	miŋ	miŋ	tiŋ	tiŋ
								海 deŋ	

疗	聽聰	厅	汀	亭	停	廷	庭	蜓	寧
梗開四	梗開四	梗開四	梗開四	梗開四	梗開四	梗開四	梗開四	梗開四	梗開四
平青端	平青透	平青透	平青透	平青定	平青定	平青定	平青定	平青定	平青泥
teŋ	t'eŋ	t'eŋ	t'eŋ	deŋ	deŋ	deŋ	deŋ	deŋ	neŋ
tiaŋ	t'iaŋ / t'iaN	t'iaŋ / t'iaN	t'iaŋ	tiaŋ / tiaN	t'iaŋ	tiaŋ	tiaŋ / tiaN	tiaŋ	liaŋ
tiaŋ	t'iaŋ / t'iaN	t'iaŋ / t'iaN	t'iaŋ	tiaŋ / tan	t'iaŋ	tiaŋ	tiaŋ / tiaN	tiaŋ	liaŋ
tiaŋ	t'iaŋ / t'iaN	t'iaŋ / t'iaN	t'iaŋ	tiaŋ	t'iaŋ	tiaŋ	tiaŋ / tiaN	tiaŋ	liaŋ
tiaŋ	t'iaŋ / t'iaN	t'iaŋ / t'iaN	t'iaŋ	tiaŋ / tan	t'iaŋ	tiaŋ	tiaŋ / tiaN	tiaŋ	liaŋ
teŋ	/ t'iaN	/ t'iaN		teŋ	teŋ	t'eŋ	t'eŋ	t'eŋ	t'eŋ	leŋ
tiŋ	t'iŋ / t'iŋ	/ t'iŋ		t'iŋ	tiŋ	tiŋ	tiŋ	tiŋ	tiŋ	niŋ
							海 heŋ : dia 莆 tia		

伶	鈴	零	靈	翎	青	星	腥	経	馨
梗開四 平青来	梗開四 平青来	梗開四 平青来	梗開四 平青来	梗開四 平青来	梗開四 平青清	梗開四 平青心	梗開四 平青心	梗開四 平青見	梗開四 平青曉
leŋ	leŋ	leŋ	leŋ	leŋ	tsʻeŋ	seŋ	seŋ	keŋ	heŋ
ˬliaŋ	ˬliaŋ	ˬliaŋ ˬlan	ˬliaŋ	ˬliaŋ	cʻiaŋ ˬceN	siaŋ cʻeN ˬsan	ˬsiaŋ ˬceN	ˬkiaŋ ˬkeN	ˬhiaŋ
ˬliaŋ	ˬliaŋ	ˬliaŋ ˬlan	ˬliaŋ	ˬliaŋ	cʻiaŋ ˬciN	siaŋ cʻiN ˬsan	ˬsiaŋ ˬciN	ˬkiaŋ ˬkiN	ˬhiaŋ
ˬliaŋ	ˬliaŋ	ˬliaŋ ˬlan	ˬliaŋ	ˬliaŋ	cʻiaŋ ˬceN	ˬsiaŋ ˬceN	ˬsiaŋ ˬceN	ˬkiaŋ ˬkeN	ˬhiaN
ˬliaŋ	ˬliaŋ	ˬliaŋ ˬlan	ˬliaŋ	ˬliaŋ	cʻiaŋ ˬciN	ˬsiaŋ ˬciN	ˬsiaŋ	ˬkiaŋ ˬkiN	ˬhiaN
ˬleŋ	ˬleŋ	ˬleŋ ˬlaŋ	ˬleŋ	ˬleŋ	cʻeN	ˬceN		ˬseŋ	ˬkeŋ	ˬheŋ
ˬliŋ	ˬliŋ	ˬliŋ	ˬliŋ	ˬliŋ	cʻiŋ ˬcaŋ	ˬsiŋ	ˬsiŋ	ˬkiŋ	ˬhiŋ
					仙 cʻiŋ ꞉ˬcaN	莆 ˬsiŋ		仙 ˬkiŋ	
伶	鈴	零	靈	翎	青	星	腥	経	馨

形	型	刑	並	頂	鼎	挺	艇	醒	釘錠
梗開四	梗開四	梗開四	梗開四	梗開四	梗開四	梗開四	梗開四	梗開四	梗開四
平青匣	平青匣	平青匣	上迥並	上迥端	上迥端	上迥定	上迥定	上迥心	去徑端
heŋ	heŋ	heŋ	beŋ	teŋ	teŋ	deŋ	deŋ	seŋ	teŋ
ˌhiaŋ	ˌhiaŋ	ˌhiaŋ	piaŋ² pʰiaŋ²	ˈtiaŋ	ˈtiaŋ ˈtiaN	ˈtʰiaŋ	ˈtʰiaŋ	ˈsiaŋ ˈcʻeN	tiaŋ²
ˌhiaŋ	ˌhiaŋ	ˌhiaŋ	piaŋ² pʰiaŋ²	ˈtiaŋ	ˈtiaŋ ˈtiaN	ˈtʰiaŋ	ˈtʰiaŋ	ˈsiaŋ ˈcʻiN	tiaŋ²
ˌhiaŋ	ˌhiaŋ	ˌhiaŋ	piaŋ²	ˈtiaŋ	ˈtiaŋ ˈtiaN	ˈtʰiaŋ	ˈtʰiaŋ	ˈsiaŋ ˈcʻeN	tiaŋ²
ˌhiaŋ	ˌhiaŋ	ˌhiaŋ	piaŋ²	ˈtiaŋ	ˈtiaŋ ˈtiaN	ˈtʰiaŋ	ˈtʰiaŋ	ˈsiaŋ ˈcʻiN	tiaŋ²
ˌheŋ	ˌheŋ	ˌheŋ	ˈpeŋ	ˈteŋ	ˈtiaN	ˈtʰeŋ	ˈtʰeŋ	ˈcʻeN	teŋ²
ˌhiŋ	ˌhiŋ	ˌhiŋ	piŋ²	ˈtiŋ	ˈtiŋ ˈtiaŋ	ˈtʰiŋ	ˈtʰiŋ	ˈsiŋ	tiŋ²
			海 beŋ²	海 ˈdeŋ 平 ˈtiaN					

訂	聽聰	定	錠	安	另	徑	磬	壁	甓
梗開四	梗開四	梗開四	梗開四	梗開四	梗開四	梗開四	梗開四	梗開四	梗開四
去徑端	去徑透	去徑定	去徑定	去徑泥	去徑来	去徑見	去徑溪	入錫幫	入錫滂
teŋ	t'eŋ	deŋ	deŋ	neŋ	leŋ	keŋ	k'eŋ	pek,	p'ek,
tiaŋ'	t'iaŋ'	tiaŋ² / tiaŋ² / niaN²	tiaŋ² / tiaN²	liN²	liaŋ²	kiaŋ' / keN'	k'iaŋ'	p'iak, / pia?,	p'iak,
tiaŋ'	t'iaŋ'	tiaŋ² / tiaN²	tiaŋ² / tiaN²	liN²	liaŋ²	kiaŋ' / kiN'	k'iaŋ'	p'iak, / pia?,	p'iak,
tiaŋ'	t'iaŋ'	tiaŋ² / tiaN²	tiaŋ² / tiaN²	liaŋ'	liaŋ²	kiaŋ' / keN'	k'iaŋ'	piak, / pia?,	p'iak,
tiaŋ'	t'iaŋ'	tiaŋ² / tiaN²	tiaŋ² / tiaN²		liaŋ²	kiaŋ' / kiN'	k'iaŋ'	pia?,	p'iak,
teŋ'	t'eŋ'	⁼teŋ / tiaN²	⁼leŋ	leŋ²			k'eŋ' / keN'	pia?,	p'ek,
tiŋ'		tiŋ² / tiaN²	tiŋ² / t'iaŋ²		liŋ²	kiŋ'		pik, / piak,	p'ik,
		仙 teŋ² / :tiaN²						海 bia?,	

霹	覓	的	滴	嫡	踢	剔	笛	狄	敵
梗開四	梗開四	梗開四	梗開四	梗開四	梗開四	梗開四	梗開四	梗開四	梗開四
入錫滂	入錫明	入錫端	入錫端	入錫端	入錫透	入錫透	入錫定	入錫定	入錫定
pʻek	mek	tek	tek	tek	tʻek	tʻek	dek	dek	dek
pʻiak$_2$	biak$_2$	tiak$_2$	tiak$_2$ ti?$_2$	tiak$_2$	tʻiak$_2$ tʻat$_2$	tʻiak$_2$ tʻak$_2$	tiak$_2$ tat$_2$	tiak$_2$	tiak$_2$
pʻiak$_2$	biak$_2$	tiak$_2$	tiak$_2$ ti?$_2$	tiak$_2$	tʻiak$_2$ tʻat$_2$	tʻiak$_2$ tʻak$_2$	tiak$_2$ tat$_2$	tiak$_2$	tiak$_2$
pʻiək$_2$	biək$_2$	tiak$_2$	tiak$_2$ ti?$_2$	tiak$_2$	tʻiak$_2$ tʻat$_2$	tʻiak$_2$ tʻak$_2$	tiak$_2$ tat$_2$	tiak$_2$	tiak$_2$
pʻiək$_2$	biək$_2$	tiak$_2$	tiak$_2$ ti?$_2$	tiak$_2$	tʻiak$_2$ tʻat$_2$	tʻiak$_2$ tʻak$_2$	tiak$_2$ tat$_2$	tiak$_2$	tiak$_2$
pʻek$_2$	mik$_2$	tek$_2$ ti?$_2$		tek$_2$	tʻak$_2$	tʻek$_2$	tek$_2$	tek$_2$	tek$_2$
	mik$_2$	tik$_2$	tik$_2$	tik$_2$	tʻik$_2$	tʻik$_2$	tik$_2$	tik$_2$	tik$_2$
			平 ti?$_2$						海 dek$_2$

315

糶	溺	歷	曆	績	戚	寂	錫	析	激
梗開四	梗開四	梗開四	梗開四	梗開四	梗開四	梗開四	梗開四	梗開四	梗開四
入錫定	入錫泥	入錫來	入錫來	入錫精	入錫清	入錫從	入錫心	入錫心	入錫見
dek	nek	lek	lek	tsek	ts'ek	dzek	sek	sek	kek
tiak$_2$ tia?$_2$	liak$_2$	liak$_2$	liak$_2$ la?$_2$	ciak$_3$	c'iak$_3$	ciak$_2$	siak$_3$ sia?$_3$	siak$_3$ sia?$_3$	kiak$_3$
tiak$_2$ tia?$_2$	liak$_2$	liak$_2$	liak$_2$ la?$_2$	ciak$_3$ ce?$_3$	c'iak$_3$	ciak$_2$	siak$_3$ sia?$_3$	siak$_3$	kiak$_3$
tiak$_2$ tia?$_2$	liak$_2$	liak$_2$	liak$_2$	ciak$_3$ ce?$_3$	c'iak$_3$	ciak$_2$	siak$_3$ sia?$_3$	siak$_3$	kiak$_3$
tiak$_2$ tia?$_2$	liak$_2$	liak$_2$	liak$_2$	ciak$_3$	c'iak$_3$	ciak$_2$	siak$_3$ sia?$_3$	siak$_3$	kiak$_3$
tia?$_2$	nek$_2$	le?$_2$	le?$_2$	ce?$_3$	c'ek$_3$	sok$_3$	sia?$_3$	sek$_3$	kek$_3$
tik$_2$	nik$_2$	lik$_2$	lik$_2$		c'ik$_3$		sik$_3$	sik$_3$	kik$_3$
						潮は「叔」の類推			

316

擊	喫	橫	虢	轟	宏	獲	劃	兄	榮
梗開四	梗開四	梗合二	梗合二	梗合二	梗合二	梗合二	梗合二	梗合三	梗合三
入錫見	入錫溪	平庚匣	入陌見	平耕曉	平耕匣	入麥匣	入麥匣	平庚曉	平庚云
kek	kʻek	huɐiŋ	kuɐk	huɐŋ	huɐŋ	huɐk	huɐk	hiuɐŋ	hiuɐŋ
kiak˒	kʻiak˒	˪hiaŋ ˪huaiN	kʻiak˒	˪ieʔ	˪hoŋ	hiak˒	iak˒ ueʔ˪kei ˪hiaN	˪hiaŋ	˪ieʔ
kiak˒	kʻiak˒	˪hiaŋ ˪huaiN	kʻiak˒	˪ieŋ	˪hoŋ	hiak˒	iak˒ uiʔ˪iu ˪hiaN	˪hiaŋ	˪ieŋ
kiak˒	kʻiak˒	˪hiaŋ ˪huaŋ	kʻiak˒	˪ieŋ	˪hoŋ	hiak˒	iak˒ ueʔ˪kei ˪hiaN	˪hiaŋ	˪ieŋ
kiak˒	kʻiak˒	˪hiaŋ ˪haiN	kʻiak˒	˪ieʔ	˪hoŋ	hiak˒	iak˒ ˪hiaN	˪hiaŋ	˪ieŋ
kʻek˒	(ŋ+k) ˪huen		kʻiek˒	˪hoŋ	˪hoŋ	uak˒	ueʔ˪kei ˪hiaN		˪ioŋ
kik˒		˪huaŋ		˪eŋ	˪heŋ	hek˒	hek˒	˪hiŋ ˪hiaŋ	˪iŋ
莆 kʻiʔ˒		莆 ˪hua 仙 ˪heŋ : ˪huaN						莆 ˪hia	

317

永	泳	詠	傾	瓊	營	塋	頃	穎	役
梗合三	梗合三	梗合三	梗合三	梗合三	梗合四	梗合四	梗合四	梗合四	梗合四
上梗云	去映云	去映云	平清溪	平清群	平清以	平清以	上静溪	上静以	入昔以
hiuəŋ	hiuəŋ	hiuəŋ	kʻiuɛŋ	giuɛŋ	jiuɛŋ	jiuɛŋ	kʻiuɛŋ	jiuɛŋ	jiuɛk
ˈiəŋ	iəŋ²	iəŋ²	ˌkʻiəŋ	ˌkʻiəŋ	ˌiəŋ / ˌiaN	ˌiəŋ	ˈkʻiəŋ	ˈiəŋ	iak̚ / ia?̚
ˈiəŋ	iəŋ²	iəŋ²	ˌkʻiəŋ	ˌkʻiəŋ	ˌiəŋ / ˌiaN	ˌiəŋ	ˈkʻiəŋ	ˈiəŋ	iak̚ / ia?̚
ˈiəŋ	iəŋ²	iəŋ²	ˌkʻiəŋ	ˌkʻiəŋ	ˌiəŋ / ˌiaN	ˌiəŋ	ˈkʻiəŋ	ˈiəŋ	iak̚ / ia?̚
ˈiəŋ	iəŋ²	iəŋ²	ˌkʻiəŋ	ˌkʻiəŋ	ˌiəŋ / ˌiaN	ˌiəŋ	ˈkʻiəŋ	ˈiəŋ	iak̚ / ia?̚
ˈioŋ	ioŋ²	ioŋ²	ˌkuaŋ	ˌkʻuaŋ	ˌiaN	ˌioŋ	ˈkuaŋ	ˈeŋ	ia?̚
ˈiŋ	iŋ²	iŋ²	ˌkʻiŋ	ˌkʻiŋ	ˌiŋ / ˌiaŋ	ˌiŋ	ˈkʻiŋ	ˈiŋ	ik̚

疫	螢	迥	蓬	蓬	蒙	東	通	同	桐
梗合四	梗合四	梗合四	通合一	通合一	通合一	通合一	通合一	通合一	通合一
入昔以	平青匣	上迥匣	平東並	平東並	平東明	平東端	平東透	平東定	平東定
jiuɛt	hueŋ	hueŋ	buŋ	buŋ	muŋ	tuŋ	t'uŋ	duŋ	duŋ
iak̚	ˌeŋ	ˈkiaŋ	ˌp'oŋ	ˌhoŋ	ˌboŋ	ˌtoŋ	ˌt'oŋ	ˌtoŋ	ˌtoŋ
			ˌp'aŋ			ˌtaŋ	ˌt'aŋ	ˌtaŋ	ˌtaŋ
iak̚	ˌeŋ	ˈkiaŋ	ˌp'oŋ	ˌhoŋ	ˌboŋ	ˌtoŋ	ˌt'oŋ	ˌtoŋ	ˌtoŋ
ia?̚			ˌp'aŋ			ˌtaŋ	ˌt'aŋ	ˌtaŋ	ˌtaŋ
iak̚	ˌeŋ		ˌp'oŋ	ˌhoŋ	ˌboŋ	ˌtoŋ	ˌt'oŋ	ˌtoŋ	ˌtoŋ
			ˌp'aŋ			ˌtaŋ	ˌt'aŋ	ˌtaŋ	ˌtaŋ
iak̚	ˌeŋ		ˌp'oŋ	ˌhoŋ	ˌboŋ	ˌtoŋ	ˌt'oŋ	ˌtoŋ	ˌtoŋ
			ˌp'aŋ			ˌtaŋ	ˌt'aŋ	ˌtaŋ	ˌtaŋ
	ˌioŋ	ˈkuaŋ	ˌp'oŋ	ˌp'oŋ	ˌmoŋ	ˌtoŋ	ˌt'oŋ	ˌt'oŋ	ˌt'oŋ
(mok̚)			ˌp'aŋ			ˌtaŋ		ˌtaŋ	ˌtaŋ
ik̚	ˌiŋ		ˌp'uŋ	ˌp'uŋ	ˌmuŋ	ˌtuŋ	ˌt'uŋ	ˌtuŋ	ˌtuŋ
						ˌtœŋ	ˌt'œŋ	ˌtœŋ	ˌtœŋ
						海ˌdoŋ		海ˌhoŋ	
						仙ˌtoŋ		ˌdaŋ	

銅	筒	童	瞳	籠	聾	棇	鬆	聰	忽
通合一	通合一	通合一	通合一	通合一	通合一	通合一	通合一	通合一	通合一
平東定	平東定	平東定	平東定	平東來	平東來	平東精	平東精	平東清	平東清
duŋ	duŋ	duŋ	duŋ	luŋ	luŋ	tsuŋ	tsuŋ	tsʻuŋ	tsʻuŋ
꜀toŋ	꜀toŋ	꜀toŋ	꜀toŋ	꜀loŋ	꜀loŋ	꜀coŋ	꜀coŋ	꜀cʻoŋ	꜀cʻoŋ
꜀taŋ	꜀taŋ	꜀taŋ		꜀laŋ	꜀laŋ	꜀caŋ	꜀caŋ		
꜀toŋ	꜀toŋ	꜀toŋ	꜀toŋ	꜀loŋ	꜀loŋ	꜀coŋ	꜀coŋ	꜀cʻoŋ	꜀cʻoŋ
꜀taŋ	꜀taŋ	꜀taŋ		꜀laŋ	꜀laŋ	꜀caŋ	꜀caŋ	꜀cʻaŋ	
꜀toŋ	꜀toŋ	꜀toŋ	꜀toŋ	꜀loŋ	꜀loŋ	꜀coŋ	꜀coŋ	꜀cʻoŋ	꜀cʻoŋ
꜀taŋ	꜀taŋ	꜀taŋ		꜀laŋ	꜀laŋ	꜀caŋ	꜀caŋ	꜀cʻaŋ	
꜀toŋ	꜀toŋ	꜀toŋ	꜀toŋ	꜀loŋ	꜀loŋ	꜀coŋ	꜀coŋ	꜀cʻoŋ	꜀cʻoŋ
꜀taŋ	꜀taŋ	꜀taŋ		꜀laŋ	꜀laŋ	꜀caŋ	꜀caŋ	꜀cʻaŋ	
	꜀toŋ	꜀tʻoŋ	꜀tʻoŋ					꜀cʻoŋ	꜀cʻoŋ
꜀taŋ	꜀taŋ			꜀laŋ	꜀laŋ	꜀caŋ	꜀caŋ		
	꜀tuŋ	꜀tuŋ	꜀tuŋ			꜀cuŋ	꜀cuŋ	꜀cʻuŋ	
꜀tœŋ				꜀lœŋ	꜀lœŋ	꜀cœŋ	꜀cœŋ		
海 ꜀hoŋ ：ɗaŋ		平 ꜀taŋ							

蔥	叢	公	蚣	工	功	攻	空空虛	烘	洪
通合一	通合一	通合一	通合一	通合一	通合一	通合一	通合一	通合一	通合一
平東清	平東從	平東見	平東見	平東見	平東見	平東見	平東溪	平東曉	平東匣
tsʻuŋ	dzuŋ	kuŋ	kuŋ	kuŋ	kuŋ	kuŋ	kʻuŋ	huŋ	huŋ
ˏcʻoŋ	ˏcoŋ	ˏkoŋ	ˏkoŋ	{ ˏkoŋ / ˏkaŋ }	ˏkoŋ	ˏkoŋ	ˏkʻoŋ	ˏhoŋ	ˏhoŋ
ˏcʻaŋ	ˏcaŋ	ˏkaŋ	ˏkaŋ	{ ˏkʻaŋ }			ˏkʻaŋ	ˏhaŋ	ˏaŋ
ˏcʻoŋ	ˏcoŋ	ˏkoŋ	ˏkoŋ	{ ˏkoŋ / ˏkaŋ }	ˏkoŋ	ˏkoŋ	ˏkʻoŋ	ˏhoŋ	ˏhoŋ
ˏcʻaŋ	ˏcaŋ	ˏkaŋ	ˏkaŋ	{ ˏkʻaŋ }			ˏkʻaŋ	ˏhaŋ	ˏaŋ
ˏcʻoŋ	ˏcoŋ	ˏkoŋ	ˏkoŋ	ˏkoŋ	ˏkoŋ	ˏkoŋ	ˏkʻoŋ	ˏhoŋ	ˏhoŋ
ˏcʻaŋ	ˏcaŋ	ˏkaŋ	ˏkaŋ	ˏkaŋ			ˏkʻaŋ	ˏhaŋ	ˏaŋ
ˏcʻoŋ	ˏcoŋ	ˏkoŋ	ˏkoŋ	ˏkoŋ	ˏkoŋ	ˏkoŋ	ˏkʻoŋ	ˏhoŋ	ˏhoŋ
ˏcʻaŋ	ˏcaŋ	ˏkaŋ	ˏkaŋ	ˏkaŋ			ˏkʻaŋ	ˏhaŋ	ˏaŋ
		ˏkoŋ	ˏkoŋ	ˏkoŋ	ˏkoŋ	ˏkoŋ	ˏkʻoŋ	ˏhoŋ	ˏhoŋ
ˏcʻaŋ	ˏcaŋ			ˏkaŋ			ˏkʻaŋ	ˏhaŋ	ˏaŋ
	ˏcuŋ	ˏkuŋ	ˏkuŋ	ˏkuŋ	ˏkuŋ	ˏkuŋ	ˏkʻuŋ		ˏhuŋ
ˏcʻœŋ		ˏkœŋ		ˏkœŋ			ˏkœŋ	ˏhœŋ	
		仙ˏkoŋ		仙ˏkoŋ			仙ˏkoŋ	苗ˏhaŋ	
		:ˏkaŋ		:ˏkaŋ					

紅	虹	鴻	翁	蠓	董	懂	桶	動	攏
通合一	通合一	通合一	通合一	通合一	通合一	通合一	通合一	通合一	通合一
平東匣	平東匣	平東匣	平東影	上董明	上董端	上董端	上董透	上董定	上董来
huŋ	huŋ	huŋ	ʼuŋ	muŋ	tuŋ	tuŋ	tʼuŋ	duŋ	luŋ
˳hoŋ ˳aŋ	˳hoŋ	˳hoŋ	˳oŋ ˳aŋ	ˊboŋ ˊbaŋ	ˊtoŋ ˊtaŋ	ˊtoŋ	ˊtʼoŋ ˊtʼaŋ	toŋ taŋ	ˊloŋ ˊlaŋ
˳hoŋ ˳aŋ	˳hoŋ	˳hoŋ	˳oŋ ˳aŋ	ˊboŋ ˊbaŋ	ˊtoŋ ˊtaŋ	ˊtoŋ	ˊtʼoŋ ˊtʼaŋ	toŋ taŋ	ˊloŋ ˊlaŋ
˳hoŋ ˳aŋ	˳hoŋ	˳hoŋ	˳oŋ ˳aŋ	ˊbaŋ	ˊtoŋ ˊtaŋ	ˊtoŋ	ˊtʼoŋ ˊtʼaŋ	toŋ taŋ	ˊloŋ ˊlaŋ
˳hoŋ ˳aŋ	˳hoŋ	˳hoŋ	˳oŋ ˳aŋ	ˊbaŋ	ˊtoŋ ˊtaŋ	ˊtoŋ	ˊtʼoŋ ˊtʼaŋ	toŋ taŋ	ˊloŋ ˊlaŋ
˳hoŋ ˳aŋ	˳hoŋ	˳hoŋ	˳oŋ ˳aŋ	ˊmaŋ	ˊtoŋ	ˊtoŋ	ˊtʼaŋ	ˊtoŋ ˊtaŋ	ˊloŋ
˳huŋ ˳œŋ	˳huŋ	˳huŋ	˳uŋ	ˊmœŋ	ˊtuŋ	ˊtuŋ	ˊtʼœŋ	tuŋ tœŋ	ˊluŋ
仙˳hoŋ ˳aŋ			平˳aŋ	海ˊdoŋ			莆ˊtʼaŋ	仙toŋ	

522

籠	總	孔	戁	凍	棟	痛	洞	弄	糉
通合一	通合一	通合一	通合一	通合一	通合一	通合一	通合一	通合一	通合一
上董来	上董精	上董溪	上董匣	去送端	去送端	去送透	去送定	去送来	去送精
luŋ	tsuŋ	kʼuŋ	huŋ	tuŋ	tuŋ	tʼuŋ	duŋ	luŋ	tsuŋ
ˈloŋ	ˈcoŋ	ˈkoŋ	goŋˀ	toŋˀ	toŋˀ	tʼoŋˀ	toŋˀ	loŋˀ	coŋˀ
ˈlaŋ	ˈcaŋ		gaŋˀ	taŋˀ		tʼaŋˀ		laŋˀ	caŋˀ
ˈloŋ	ˈcoŋ	ˈkoŋ	goŋˀ	toŋˀ	toŋˀ	tʼoŋˀ	toŋˀ	loŋˀ	coŋˀ
ˈlaŋ	ˈcaŋ		gaŋˀ	taŋˀ	taŋˀ	tʼaŋˀ		laŋˀ	caŋˀ
ˈloŋ	ˈcoŋ	ˈkoŋ	goŋˀ	toŋˀ	toŋˀ	tʼoŋˀ	toŋˀ	loŋˀ	coŋˀ
ˈlaŋ	ˈcaŋ			taŋˀ		tʼaŋˀ	taŋˀ	laŋˀ	caŋˀ
ˈloŋ	ˈcoŋ	ˈkoŋ	goŋˀ	toŋˀ	toŋˀ	tʼoŋˀ	toŋˀ	loŋˀ	coŋˀ
ˈlaŋ	ˈcaŋ		gaŋˀ	taŋˀ		tʼaŋˀ		laŋˀ	caŋˀ
	ˈcoŋ	ˈkoŋ	koŋˀ	toŋˀ	toŋˀ	tʼoŋˀ	toŋˀ²	ˈloŋ	
							taŋˀ		caŋˀ
	ˈcuŋ	ˈkuŋ			tuŋˀ	tuŋˀ	tʼuŋˀ		
							tœŋˀ	lœŋˀ	cœŋˀ
		潮は゛贛 ゛と潤同				仙 toŋˀ			

送	貢	贛	空空缺	控	哄	甕	卜	撲	僕
通合一	通合一	通合一	通合一	通合一	通合一	通合一	通合一	通合一	通合一
去送心	去送見	去送見	去送溪	去送溪	去送匣	去送影	入屋幫	入屋滂	入屋並
suŋ	kuŋ	kuŋ	k'uŋ	k'uŋ	huŋ	'uŋ	puk	p'uk	buk
soŋˀ saŋˀ	koŋˀ	koŋˀ	k'oŋˀ	k'oŋˀ	hoŋˀ	oŋˀ aŋˀ	pokˀ poʔˀ	p'okˀ	pokˀ
soŋˀ saŋˀ	koŋˀ	koŋˀ	k'oŋˀ	k'oŋˀ	hoŋˀ	oŋˀ aŋˀ	pokˀ poʔˀ	p'okˀ	pokˀ
soŋˀ saŋˀ	koŋˀ	koŋˀ	k'oŋˀ	k'oŋˀ	hoŋˀ	oŋˀ aŋˀ	pokˀ poʔˀ	p'okˀ	pokˀ
soŋˀ saŋˀ	koŋˀ	koŋˀ	k'oŋˀ	k'oŋˀ	hoŋˀ	oŋˀ aŋˀ	pokˀ poʔˀ	p'okˀ	pokˀ
saŋˀ	koŋˀ	koŋˀ	k'oŋˀ	k'oŋˀ	ʼhoŋ	aŋˀ	pokˀ	p'okˀ	pokˀ
suŋˀ sœŋˀ	kuŋˀ	kuŋˀ	k'uŋˀ	k'uŋˀ	ʼhuŋ	œŋˀ	pukˀ poʔˀ	p'ukˀ p'œkˀ	pukˀ
仙soŋˀ :saŋˀ	蕭koŋˀ					用韻母參照。			

324

曝	瀑	木	秃	独	瀆	読	犢	鹿	禄
通合一 入屋並	通合一 入屋並	通合一 入屋明	通合一 入屋透	通合一 入屋定	通合一 入屋定	通合一 入屋定	通合一 入屋定	通合一 入屋来	通合一 入屋来
buk	buk	muk	t'uk	duk	duk	duk	duk	luk	luk
p'ok$_2$ p'ak$_2$	p'ok$_2$	bok$_2$ bak$_2$	t'ut$_2$	tok$_2$ tak$_2$	tok$_2$	t'ok$_2$ t'ak$_2$	tok$_2$	lok$_2$	lok$_2$
p'ok$_2$ p'ak$_2$	p'ok$_2$	bok$_2$ bak$_2$	t'ut$_2$	tok$_2$ tak$_2$	tok$_2$	t'ok$_2$ t'ak$_2$	tok$_2$	lok$_2$	lok$_2$
p'ok$_2$ p'ak$_2$	p'ok$_2$	bok$_2$ bak$_2$	t'ut$_2$	tok$_2$	t'ok$_2$	t'ok$_2$ t'ak$_2$	tok$_2$	lok$_2$	lok$_2$
p'ok$_2$ p'ak$_2$	p'ok$_2$	bok$_2$ bak$_2$	t'ut$_2$	tok$_2$ tak$_2$	tok$_2$	t'ok$_2$ t'ak$_2$	tok$_2$	lok$_2$	lok$_2$
p'ak$_2$	p'ak$_2$	bak$_2$ bak$_2$	t'et$_2$	tok$_2$	tok$_2$	t'ak$_2$	tok$_2$	lok$_2$	lok$_2$
puk$_2$	puk$_2$	muk$_2$ mœk$_2$	t'uk$_2$	tuk$_2$	tuk$_2$	t'uk$_2$ t'œk$_2$	tuk$_2$	lyk$_2$ lœk$_2$	lyk$_2$
			海dok$_2$			仙toʔ$_2$:t'aʔ$_2$			

族	速	谷	穀	哭	斛	屋	冬	農	儂
通合一	通合一	通合一	通合一	通合一	通合一	通合一	通合一	通合一	通合一
入屋從	入屋心	入屋見	入屋見	入屋溪	入屋匣	入屋影	平冬端	平冬泥	平冬泥
dzuk̚	suk̚	kuk̚	kuk̚	kʻuk̚	huk̚	'uk	ˏtoŋ	ˏnoŋ	ˏnoŋ
cok̚	sok̚	kok̚	kok̚	kʻok̚		ok̚	ˏtoŋ	ˏloŋ	ˏloŋ
cak̚	suʔ				hak̚		ˏtaŋ		ˏlaŋ
cok̚	sok̚	kok̚	kok̚	kʻok̚		ok̚	ˏtoŋ	ˏloŋ	ˏloŋ
cak̚	suʔ				hak̚		ˏtaŋ		ˏlaŋ
cok̚	sok̚	kok̚	kok̚	kʻok̚		ok̚	ˏtoŋ	ˏloŋ	ˏloŋ
					hak̚		ˏtaŋ		ˏlaŋ
cok̚	sok̚	kok̚	kok̚	kʻok̚		ok̚	ˏtoŋ	ˏloŋ	ˏloŋ
					hak̚		ˏtaŋ		ˏlaŋ
cok̚	sok̚	kok̚	kok̚	kʻok̚	hok̚	ok̚		ˏloŋ	ˏloŋ
							ˏtaŋ		ˏlaŋ
cuk̚	suk̚	kuk̚	kuk̚	kʻuk̚		uk̚	ˏtuŋ	ˏnuŋ	
							ˏtœŋ		
						仙 o2,	莆ˏnoŋ	莆ˏnaŋ	
								平ˏlaŋ	

農	宗	鬆	統	宋	篤	督	毒	酷	沃
通合一	通合一	通合一	通合一	通合一	通合一	通合一	通合一	通合一	通合一
平冬泥	平冬精	平冬心	去宋透	去宋心	入沃端	入沃端	入沃定	入沃溪	入沃影
noŋ	tsoŋ	soŋ	toŋ	soŋ	tok	tok	dok	kʻok	ˀok
₍loŋ ₍laŋ	꜀coŋ	꜀soŋ ꜀saŋ	꜀toŋ	soŋˎ	tokˎ	tokˎ	tokˎ takˎ	kʻokˎ	akˎ
₍loŋ ₍laŋ	꜀coŋ	꜀soŋ ꜀saŋ	꜀toŋ	soŋˎ	tokˎ	tokˎ	tokˎ takˎ	kʻokˎ	akˎ
₍loŋ ₍laŋ	꜀coŋ	꜀soŋ ꜀saŋ	꜀toŋ	soŋˎ	tokˎ	tokˎ	˙tokˎ takˎ	kʻokˎ	akˎ
₍loŋ ₍laŋ	꜀coŋ	꜀soŋ ꜀saŋ	꜀toŋ	soŋˎ	tokˎ	tokˎ	tokˎ takˎ	kʻokˎ	akˎ
₍laŋ	꜀coŋ	꜀soŋ ꜀saŋ	꜀toŋ	soŋˎ	tokˎ	tokˎ	takˎ	kʻokˎ	okˎ
₍luŋ ₍nœŋ	꜀cuŋ	꜀sœŋ	꜀tuŋ	suŋˎ	tukˎ	tukˎ	tukˎ tœkˎ	kʻukˎ	ukˎ
			『韻會』の「吐札切」、『正韻』の「他總切」にかなう。	甫 soŋˎ	海 dokˎ		仙 toʔˎ		

風	楓	瘋	豐	馮	隆	嵩	中齣	忠	虫
通合三	通合三	通合三	通合三	通合三	通合三	通合四	通合三	通合三	通合三
平東非	平東非	平東非	平東敷	平東奉	平東來	平東心	平東知	平東知	平東澄
pïuŋ	pïuŋ	pïuŋ	pʻïuŋ	bïuŋ	lïuŋ	siuŋ	tïuŋ	tïuŋ	tʻïuŋ
ˌhoŋ	ˌhoŋ	ˌhoŋ	ˌhoŋ	ˌpoŋ / ˌpaŋ	ˌlioŋ	sioŋ	ˌtioŋ	ˌtioŋ	ˌtʻioŋ / ˌtʻaŋ
ˌhoŋ / ˌpaŋ	ˌhoŋ	ˌhoŋ	ˌhoŋ	ˌpoŋ / ˌpaŋ	ˌlioŋ	sioŋ	ˌtioŋ	ˌtioŋ	ˌtʻioŋ / ˌtʻaŋ
ˌhoŋ / puiN	ˌhoŋ / puiN	ˌhoŋ	ˌhoŋ	ˌpoŋ / ˌpaŋ	ˌlioŋ	sioŋ	ˌtioŋ	ˌtioŋ	tʻioŋ / ˌtʻaŋ
ˌhoŋ / ˌpaŋ	ˌhoŋ	ˌhoŋ	ˌhoŋ	ˌpoŋ / ˌpaŋ	ˌlioŋ	sioŋ	ˌtioŋ	ˌtioŋ	ˌtʻioŋ / ˌtʻaŋ
ˌhuaŋ	ˌhuaŋ	ˌhuaŋ	ˌhoŋ / ˌpaŋ		ˌloŋ	ˌsoŋ	ˌtoŋ / ˌtaŋ	ˌtoŋ	ˌtʻaŋ
ˌhuŋ	ˌhuŋ	ˌhuŋ	ˌhuŋ	ˌhuŋ	ˌlyŋ	ˌsuŋ	ˌtyŋ / ˌtoŋ	ˌtyŋ	ˌtʻyŋ / ˌtʻœŋ
	仙 ˌhoŋ			海 ˌfoŋ ：ˌbaŋ			海 ˌtoŋ 仙 ˌtoŋ ：ˌtœŋ		

崇	終	充	冲	戎	絨	弓	躬	宮	穹
通合二	通合三	通合三	通合三	通合三	通合三	通合三	通合三	通合三	通合三
平東崇	平東章	平東昌	平東昌	平東日	平東日	平東見	平東見	平東見	平東溪
dẓiuŋ	tʃʲiuŋ	tʃʰiuŋ	tʃʰiuŋ	řiuŋ	řiuŋ	kǐuŋ	kǐuŋ	kǐuŋ	kǐuŋ
ˌcoŋ	ˌcioŋ	ˌcʰioŋ	ˌcʰioŋ	ˌlioŋ	ˌlioŋ	ˌkioŋ ˌkiəŋ	ˌkioŋ	ˌkioŋ ˌkiəŋ	ˌkioŋ
ˌcoŋ	ˌcioŋ	ˌcʰioŋ	ˌcʰioŋ	ˌlioŋ	ˌlioŋ	ˌkioŋ ˌkiəŋ	ˌkioŋ	ˌkioŋ ˌkiəŋ	ˌkioŋ
ˌcoŋ	ˌcioŋ	ˌcʰioŋ	ˌcʰioŋ	ˌzioŋ	ˌzioŋ	ˌkioŋ ˌkiəŋ	ˌkioŋ	ˌkioŋ ˌkiəŋ	kʰioŋ
ˌcoŋ	ˌcioŋ	ˌcʰioŋ	ˌcʰioŋ	ˌlioŋ	ˌlioŋ	ˌkioŋ ˌkiəŋ	ˌkioŋ	ˌkioŋ ˌkiəŋ	
ˌcʰoŋ	ˌcoŋ	ˌcʰoŋ	ˌcʰoŋ	ˌzoʒ	ˌzoŋ	ˌkion ˌkeŋ	ˌkioŋ	ˌkioŋ ˌkeŋ	ˌkioŋ
ˌcuŋ	ˌcyŋ	ˌcʰyŋ	ˌcʰyŋ	ˌyŋ	ˌyŋ	kʰyŋ	kʰyŋ	kʰyŋ	kʰyŋ
								tiʒtoŋ	

窮	熊	雄	融	諷	鳳	夢	中衶	仲	眾
通合三	通合三	通合三	通合四	通合三	通合三	通合三	通合三	通合三	通合三
平東群	平東云	平東云	平東以	去送非	去送奉	去送明	去送知	去送澄	去送章
giuŋ	hiuŋ	hiuŋ	jiuŋ	piuŋ	biuŋ	miuŋ	tiuŋ	diuŋ	tʃiuŋ
ˌkioŋ	ˌhioŋ	ˌhioŋ	ˌhioŋ	ʻhoŋ	hoŋ²	boŋ²	tioŋˈ	tioŋˈ	cioŋˈ
ˌkiaŋ	ˌhim	ˌhiaŋ				baŋ²	tiaŋˈ		ciaŋˈ
ˌkioŋ	ˌhioŋ	ˌhioŋ	ˌhioŋ / ioŋˈ	ʻhoŋ	hoŋ²	boŋ²	tioŋˈ	tioŋˈ	cioŋˈ
ˌkiaŋ	ˌhim	ˌhiaŋ				baŋ²	tiaŋˈ		ciaŋˈ
ˌkioŋ	ˌhioŋ	ˌhioŋ	ˌioŋˈ	ʻhoŋ	hoŋ²	boŋ²	tioŋˈ	tioŋˈ	cioŋˈ
ˌkiaŋ	ˌhim	ˌhiaŋ				baŋ²	tiaŋˈ		ciaŋˈ
ˌkioŋ	ˌhioŋ	ˌhioŋ			hoŋ²	boŋ²	tioŋˈ	tioŋˈ	cioŋˈ
ˌkiaŋ	ˌhim	ˌhiaŋ				baŋ²	tiaŋˈ		ciaŋˈ
ˌkʻioŋ	ˌhioŋ	ˌhioŋ	ioŋˈ	hoŋˈ	ʻhoŋ		toŋˈ	ʻtoŋ	cioŋ
	ˌhim					maŋ²	teŋˈ		ceŋˈ
ˌkyŋ	ˌhyŋ	ˌhyŋ	ˌyŋ	huŋˈ	huŋ²	muŋ²	tyŋˈ	tyŋ²	cyŋˈ
						moeŋ²			
									莆 ʻcoeŋ

銃	福	幅	蝠	複	腹	覆	服	伏	復復原
通合三	通合三	通合三	通合三	通合三	通合三	通合三	通合三	通合三	通合三
去送昌	入屋非	入屋非	入屋非	入屋非	入屋非	入屋敷	入屋奉	入屋奉	入屋奉
tɕʻiuŋ	pïuk	pïuk	pïuk	pïuk	pïuk	pʻïuk	bïuk	bïuk	bïuk
cʻioŋ cʻiaŋ	hok	hok pak	hok	hok	{hok pak bak	hok pʻak	hok	hok	hok
cʻioŋ cʻiaŋ	hok	hok pak	hok	hok	hok pak	hok pʻak	hok	hok	hok
cʻioŋ cʻiaŋ	hok	hok pak	hok	hok	hok pak	hok pʻak	hok	hok	hok
cʻioŋ cʻiaŋ	hok	hok pak	hok	hok	hok pak	hok pʻak	hok	hok	hok
cʻeŋ	hok pak		hok	hok	hok pak	hok	hok	hok	hok
cʻyŋ	huk	huk	huk	huk	huk puk	huk	huk	huk	huk
莆 cʻœŋ	海 fok :bak				仙 hoʔ :poʔ	仙 hoʔ			莆 hoʔ

目	牧	穆	六	陸	戮	夙	宿	肅	竹
通合三	通合三	通合三	通合三	通合三	通合三	通合四	通合四	通合四	通合三
入屋明	入屋明	入屋明	入屋来	入屋来	入屋来	入屋心	入屋心	入屋心	入屋知
mïuk	mïuk	mïuk	lïuk	lïuk	lïuk	siuk	siuk	siuk	tïuk
bok$_2$ bak$_2$	bok$_2$	bok$_2$	liok$_2$ lak$_2$	liok$_2$	liok$_2$	siok$_2$	siok$_2$	siok$_2$	tiok$_2$ tiak$_2$
bok$_2$ bak$_2$	bok$_2$	bok$_2$	liok$_2$ lak$_2$	liok$_2$ liak$_2$	liok$_2$	siok$_2$	siok$_2$	siok$_2$ sok$_2$	tiok$_2$ tiak$_2$
bok$_2$ bak$_2$	bok$_2$	bok$_2$	liok$_2$ lak$_2$	liok$_2$ liak$_2$	liok$_2$	siok$_2$	siok$_2$	siok$_2$	tiok$_2$ tiak$_2$
bok$_2$ bak$_2$	bok$_2$	bok$_2$	liok$_2$ lak$_2$	liok$_2$ liak$_2$	liok$_2$	siok$_2$	siok$_2$	siok$_2$	tiok$_2$ tiak$_2$
mok$_2$ mak$_2$	mok$_2$	mok$_2$	lak$_2$	lek$_2$	lok$_2$	sok$_2$	sok$_2$	sok$_2$	tek$_2$
muk$_2$ mœk$_2$	muk$_2$	muk$_2$	lyk$_2$ lœk$_2$	lyk$_2$	lyk$_2$	syk$_2$	syk$_2$	syk$_2$	tyk$_2$
仙po? ：ma?$_2$									海cok$_2$ ：diok$_2$

332

築	畜雞	逐	軸	縮	祝	粥	叔	熟	淑
通合三	通合三	通合三	通合三	通合三	通合三	通合三	通合三	通合三	通合三
入屋知	入屋徹	入屋澄	入屋澄	入屋生	入屋章	入屋章	入屋書	入屋禪	入屋禪
tʼiuk	tʼiuk	dʼiuk	dʼiuk	sïuk	tʃɪuk	tʃɪuk	ʃɪuk	ʒɪuk	ʒɪuk
tiok$_2$	tʼiok$_2$	tiok$_2$ / tak$_2$	tiok$_2$ / tiak$_2$	siok$_2$	ciok$_2$	ciok$_2$	siok$_2$ / ciak$_2$	siok$_2$ / siak$_2$	siok$_2$
tiok$_2$ / tʼiak$_2$	tʼiok$_2$	tiok$_2$ / tak$_2$	tiok$_2$ / tiak$_2$	siok$_2$	ciok$_2$	ciok$_2$	siok$_2$ / ciak$_2$	siok$_2$ / siak$_2$	siok$_2$
tiok$_2$ / tʼiak$_2$	tʼiok$_2$	tiok$_2$ / tak$_2$	tiok$_2$ / tiak$_2$	siok$_2$	ciok$_2$	ciok$_2$	siok$_2$ / ciak$_2$	siok$_2$ / siak$_2$	siok$_2$
tiok$_2$ / tʼiak$_2$	tʼiok$_2$	tiok$_2$ / tak$_2$	tiok$_2$ / tiak$_2$	siok$_2$	ciok$_2$	ciok$_2$	siok$_2$ / ciak$_2$	siok$_2$ / siak$_2$	siok$_2$
tok$_2$ / tʼek$_2$	tʼiok$_2$	tok$_2$	cok$_2$ / tek$_2$	sok$_2$	cok$_2$	cok$_2$	sok$_2$ / cek$_2$	sek$_2$	sok$_2$
tyk$_2$		tyk$_2$	tyk$_2$	sok$_2$	cyk$_2$	cyk$_2$	syk$_2$	syk$_2$	syk$_2$
							平 ce?$_2$		

肉	菊	掬	麴	畜敕	郁	育	封	峯	蜂
通合三	通合三	通合三	通合三	通合三	通合三	通合四	通合三	通合三	通合三
入屋日	入屋見	入屋見	入屋溪	入屋曉	入屋影	入屋以	平鍾非	平鍾敷	平鍾敷
řıuk	kïuk	kïuk	kʻïuk	hïuk	ʼïuk	jiuk	₍pïoŋ	₍pʻïoŋ	₍pʻïoŋ
liok₂	kiok₂ kiak₂	kiok₂	kʻiok₂	hiok₂	hiok₂	iok₂	₍hoŋ	₍hoŋ	₍hoŋ ₍pʻaŋ
liok₂ kiak₂	kiok₂	kiok₂	{kʻiok₂ kiok₂ kʻak₂}	hiok₂	hiok₂	iok₂	₍hoŋ	₍hoŋ	₍hoŋ ₍pʻaŋ
ziok₂ kiak₂	kiok₂	kiok₂	kʻiok₂ kʻak₂	hiok₂	hiok₂	iok₂	₍hoŋ	₍hoŋ	₍hoŋ ₍pʻaŋ
liok₂ kiak₂	kiok₂	kiok₂	kʻiok₂	hiok₂	hiok₂	iok₂	₍hoŋ	₍hoŋ	₍hoŋ ₍pʻaŋ
nek₂	kiok₂ kek₂	kiok₂	kʻiok₂ kʻak₂		hiok₂	iok₂	₍hoŋ	₍hoŋ	₍hoŋ ₍pʻaŋ
nyk₂	kyk₂	kyk₂	kʻyk₂	hyk₂	yk₂	yk₂	₍huŋ	₍huŋ	₍pʻuŋ
仙 ny?							蕭 ₍hoŋ		

鋒	逢	縫縫衣	濃	龍	蹤	縱縱積	從從容	從服從	松
通合三	通合三	通合三	通合三	通合三	通合四	通合四	通合四	通合四	通合四
平鍾敷	平鍾奉	平鍾奉	平鍾泥	平鍾來	平鍾精	平鍾精	平鍾清	平鍾從	平鍾邪
p'ioŋ	bïoŋ	bïoŋ	nioŋ	lioŋ	tsioŋ	tsioŋ	ts'ioŋ	dzioŋ	zioŋ
₌hoŋ	₌hoŋ	₌hoŋ / ₌paŋ	₌loŋ	{₌lioŋ / ₌liaŋ / ₌giaŋ}	₌coŋ	₌cioŋ	₌c'ioŋ	₌cioŋ / ₌ciaŋ	₌sioŋ / ₌ciaŋ
₌hoŋ	₌hoŋ	₌hoŋ / ₌paŋ	₌loŋ	{₌lioŋ / ₌liaŋ / ₌giaŋ}	₌coŋ	₌cioŋ	₌c'ioŋ	₌cioŋ	₌sioŋ / ₌ciaŋ
₌hoŋ	₌hoŋ	₌hoŋ / ₌paŋ	₌loŋ	₌lioŋ / ₌liaŋ	₌coŋ	₌coŋ	₌c'ioŋ	₌cioŋ	₌sioŋ / ₌ciaŋ
₌hoŋ	₌hoŋ	₌hoŋ / ₌paŋ	₌loŋ	₌lioŋ / ₌liaŋ	₌coŋ	₌cioŋ	₌c'ioŋ	₌cioŋ	₌sioŋ / ₌ciaŋ
₌hoŋ	₌hoŋ	₌hoŋ / ₌paŋ	₌loŋ	₌leŋ	₌coŋ	₌coŋ	₌c'oŋ	₌c'oŋ	₌soŋ
₌huŋ	₌huŋ	₌puŋ / ₌huŋ	₌nuŋ	₌lyŋ	₌cuŋ			₌c'yŋ	₌syŋ
			『集韻』の「尼冬切」にかなう。						蕭 ₌cœŋ

335

重饞	鐘	鐘	衝	舂	茸	恭	供供給	凶	兇
通合三	通合三	通合三	通合三	通合三	通合三	通合三	通合三	通合三	通合三
平鐘澄	平鐘章	平鐘章	平鐘昌	平鐘書	平鐘日	平鐘見	平鐘見	平鐘曉	平鐘曉
ḍioŋ	tʃⁱioŋ	tʃⁱioŋ	tʃⁱioŋ	ʃioŋ	řioŋ	kⁱioŋ	kⁱioŋ	hⁱioŋ	hⁱioŋ
ˌtioŋ	ˌcioŋ	ˌcioŋ	cⁱioŋ	ˌcioŋ	ˌlioŋ	ˌkioŋ	ˌkioŋ	ˌhioŋ	ˌhioŋ
ˌtiaŋ	ˌciaŋ	ˌciaŋ		ˌciaŋ			ˌkiaŋ		
ˌtioŋ	ˌcioŋ	ˌcioŋ	cⁱioŋ	ˌcioŋ	ˌlioŋ	ˌkioŋ	ˌkioŋ	ˌhioŋ	ˌhioŋ
ˌtiaŋ	ˌciaŋ	ˌciaŋ		ˌciaŋ			ˌkiaŋ		
ˌtioŋ	ˌcioŋ	ˌcioŋ	cⁱioŋ	ˌcioŋ	zioŋˍ	ˌkioŋ	ˌkioŋ	ˌhioŋ	ˌhioŋ
ˌtiaŋ	ˌciaŋ	ˌciaŋ		ˌciaŋ			ˌkiaŋ		
ˌtioŋ	ˌcioŋ	ˌcioŋ	cⁱioŋ	ˌcioŋ	ˌlioŋ	ˌkioŋ	ˌkioŋ	ˌhioŋ	ˌhioŋ
ˌtiaŋ	ˌciaŋ	ˌciaŋ		ˌciaŋ			ˌkiaŋ		
ˌcoŋ			ˌcoŋ		zoŋˍ	ˌkioŋ		ˌhioŋ	ˌhioŋ
ˌteŋ	ˌceŋ	ˌceŋ		ˌceŋ			ˌkeŋ		
tⁱyŋˍ	ˌcyŋ	ˌcyŋ	cⁱyŋˍ	ˌcyŋ	ˌyŋ	ˌkyŋ	ˌkyŋ	ˌhyŋ	ˌhyŋ
	蕭ˌcœŋ								

胸	雍	容	蓉	鎔	庸	捧	奉	隴	壠
通合三 平鍾曉	通合三 平鍾影	通合四 平鍾以	通合四 平鍾以	通合四 平鍾以	通合四 平鍾以	通合三 上腫敷	通合三 上腫奉	通合三 上腫来	通合三 上腫来
hïoŋ	'ïoŋ	jioŋ	jioŋ	jioŋ	jioŋ	p'ïoŋ	bïoŋ	lïoŋ	lïoŋ
꜀hioŋ ꜀hiəŋ	꜀ioŋ	꜁ioŋ	꜁ioŋ	꜁ioŋ	꜁ioŋ	꜂hoŋ ꜂p'oŋ	hoŋ²	꜂loŋ	꜂loŋ
꜀hioŋ ꜀hiəŋ	꜀ioŋ	꜁ioŋ	꜁ioŋ	꜁ioŋ	꜁ioŋ	꜂hoŋ ꜂p'oŋ	hoŋ²	꜂loŋ	{꜂lioŋ ꜂loŋ}
꜀hioŋ ꜀hiəŋ	꜀ioŋ	꜁ioŋ	꜁ioŋ	꜁ioŋ	꜁ioŋ	꜂hoŋ ꜂p'oŋ	hoŋ²	{꜂lioŋ ꜂loŋ}	{꜂lioŋ ꜂loŋ}
꜀hioŋ ꜀hiəŋ	꜀ioŋ	꜁ioŋ	꜁ioŋ	꜁ioŋ	꜁ioŋ	꜂hoŋ ꜂p'oŋ	hoŋ²		
꜀heŋ	꜀ioŋ	꜁ioŋ	꜁ioŋ	꜁ioŋ	꜁ioŋ	꜂p'oŋ	꜃hoŋ	꜂loŋ ꜂leŋ	꜂loŋ
꜀hyŋ	꜀yŋ	꜁yŋ	꜁yŋ	꜁yŋ	꜁yŋ	꜂p'uŋ	huŋ²	꜂lyŋ	꜂lyŋ
								直音の形は『正韻』の「力董切」にかなう。	

慫	冢	寵	重輕重	種種顆	腫	冗	拱	鞏	恐
通合四	通合三	通合三	通合三	通合三	通合三	通合三	通合三	通合三	通合三
上腫心	上腫知	上腫徹	上腫澄	上腫章	上腫章	上腫日	上腫見	上腫見	上腫溪
sioŋ	tⁱioŋ	tʰioŋ	dⁱioŋ	tʃioŋ	tʃioŋ	ʒioŋ	kioŋ	kioŋ	kʰioŋ
ꞌcꞌioŋ	tꞌioŋ	tꞌioŋ	tioŋ²	ꞌcioŋ	ꞌcioŋ	ꞌlioŋ	ꞌkioŋ	ꞌkioŋ	ꞌkʰioŋ
			taŋ²	ꞌciaŋ	ꞌciaŋ				
ꞌcꞌioŋ	tꞌioŋ	ꞌtꞌioŋ	tioŋ²	ꞌcioŋ	ꞌcioŋ	ꞌlioŋ	kioŋ	ꞌkioŋ	ꞌkʰioŋ
			taŋ²	ꞌciaŋ	ꞌciaŋ				
	ꞌtꞌioŋ	tꞌioŋ	tioŋ²	ꞌcioŋ	ꞌcioŋ	ʒioŋ	ꞌkioŋ	ꞌkioŋ	kʰioŋ
			taŋ²	ꞌciaŋ	ꞌciaŋ		ꞌkiaŋ		
	ꞌtꞌioŋ	ꞌtꞌioŋ	tioŋ²	ꞌcioŋ	ꞌcioŋ	ꞌlioŋ	ꞌkioŋ	ꞌkioŋ	ꞌkʰioŋ
			taŋ²	ꞌciaŋ	ꞌciaŋ				
ꞌsoŋ	ꞌtꞌoŋ	ꞌtꞌoŋ	ꞌtoŋ²			ʒoŋ	kioŋ	ꞌkꞌioŋ	kʰioŋ
			taŋ²	ꞌceŋ	ꞌceŋ				
	ꞌtꞌyŋ	ꞌtꞌyŋ	tyŋ²	ꞌcyŋ	ꞌcyŋ		ꞌkyŋ	ꞌkyŋ	ꞌkʰyŋ
			tœŋ²						
			海coŋ² :daŋ²						仙kꞌoŋ

338

擁	甬	勇	湧	俸	縫-條縫	縱放縱	訟	誦	頌
通合三	通合四	通合四	通合四	通合三	通合三	通合四	通合四	通合四	通合四
上腫影	上腫以	上腫以	上腫以	去用奉	去用奉	去用精	去用邪	去用邪	去用邪
ˀioŋ	jioŋ	jioŋ	jioŋ	bïoŋ	bïoŋ	tsioŋ	zioŋ	zioŋ	zioŋ
ˀioŋ	ˀioŋ	ˀioŋ	ˀioŋ	hoŋ²	hoŋ² ˌpʰaŋ²	ᶜioŋ² ᶜiaŋ²	sioŋ²	sioŋ²	sioŋ²
ˀioŋ	ˀioŋ	ˀioŋ	ᶜioŋ ᶜiaŋ	hoŋ²	hoŋ² pʰaŋ²	ᶜioŋ²	sioŋ²	sioŋ²	sioŋ²
ˀioŋ	ˀioŋ	ˀioŋ	ᶜioŋ	hoŋ²	hoŋ² pʰaŋ²	ᶜioŋ²	sioŋ²	sioŋ²	sioŋ²
ˀioŋ	ˀioŋ	ˀioŋ	ᶜioŋ	hoŋ²	hoŋ² pʰaŋ²	ᶜioŋ²	sioŋ²	sioŋ²	sioŋ²
ioŋ²	ˀioŋ	ˀioŋ	ioŋ²	ᶜhoŋ pʰaŋ²		ᶜioŋ²	ᶜsoŋ²	ᶜsoŋ²	ᶜsoŋ²
ˀyŋ	ᶜyŋ	ᶜyŋ	yŋ²	huŋ²			syŋ²	syŋ²	syŋ²

339

種種樹	供供養	共	甕	甕	用	綠	錄	足	促
通合三	通合三	通合三	通合三	通合三	通合四	通合三	通合三	通合四	通合四
去用章	去用見	去用群	去用影	去用影	去用以	入燭来	入燭来	入燭精	入燭清
tʃioŋ	kioŋ	gioŋ	ʼioŋ	ʼioŋ	jioŋ	lïok	lïok	tsiok	tsiok
cioŋ˒	kioŋˈ	kioŋ˭ (kiaŋ˭)	ioŋˈ	ioŋˈ	ioŋ²	liok˒	liok˒	ciok˒	cʻiok˒
ciəŋˈ	kiəŋˈ	kaŋ˭	iəŋˈ	iəŋˈ	iəŋ²	liək˒	liək˒		
cioŋˈ	kioŋˈ	kioŋ˭	ioŋˈ	ioŋˈ	ioŋ²	liok˒	liok˒	ciok˒	cʻiok˒
ciəŋˈ	kiəŋˈ	kaŋ˭	iəŋˈ	iəŋˈ	iəŋ²	liək˒	liək˒		
cioŋˈ	kioŋˈ	kioŋ˭	ioŋˈ	ioŋˈ	ioŋ²	liok˒	liok˒	ciok˒	cʻiok˒
ciəŋˈ	kiəŋˈ	kaŋ˭	iəŋˈ	iəŋˈ	iəŋ²	liək˒	liək˒		
cioŋˈ	kioŋˈ	kioŋ˭	ioŋˈ	ioŋˈ	ioŋ²	liok˒	liok˒	ciok˒	cʻiok˒
ciəŋˈ	kiəŋˈ	kaŋ˭	iəŋˈ	iəŋˈ	iəŋ²	liək˒	liək˒		
			ioŋˈ				lok˒	cok˒	cʻok˒
ceŋˈ	keŋˈ	kaŋ˭			eŋ²	lek˒			
cyŋˈ	kyŋˈ	kyŋ˭			yŋ²	lyk˒	lyk˒	cyk˒	cʻyk˒
			送韻を参照。						

340

粟	俗	続	燭	嘱	觸	贖	束	蜀	属
通合四	通合四	通合四	通合三	通合三	通合三	通合三	通合三	通合三	通合三
入燭心	入燭邪	入燭邪	入燭章	入燭章	入燭昌	入燭船	入燭書	入燭禪	入燭禪
$siok$	$ziok$	$ziok$	$tʃiok$	$tʃiok$	$tʃʻiok$	$dʒiok$	$ʃiok$	$ʒiok$	$ʒiok$
$siok_7$ $cʻiak_7$	$siok_8$	$siok_8$	$ciok_7$ $ciak_7$	$ciok_7$	$\begin{cases}ciok_7\\ cʻiak_7\\ tak_8\end{cases}$	$siok_8$	sok_7	$siok_8$	$siok_8$
$siok_7$ $cʻiak_7$	$siok_8$	$siok_8$	$ciok_7$ $ciak_7$	$ciok_7$	$\begin{cases}cʻiok_7\\ cʻiak_7\\ tak_8\end{cases}$	$siok_8$	sok_7	$siok_8$	$siok_8$
$siok_7$ $cʻiak_7$	$siok_8$	$siok_8$	$ciok_7$ $ciak_7$	$ciok_7$	$cʻiok_7$ tak_8	$siok_8$	sok	$siok_8$	$siok_8$
$siok_7$ $cʻiak_7$	$siok_8$	$siok_8$	$ciok_7$ $ciak_7$	$ciok_7$	$cʻiok_7$ $tʻak_8$	$siok_8$	sok	$siok_8$	$siok_8$
sok_7 $cʻek_7$	sok_8	sok_8		cok_7 cek_8	$cʻok_7$	sok_8	sok_7	$cuak_8$	sok_8
syk_7	syk_8	syk_8	$cuok_7$	cyk_7	$cʻyk_7$	syk_8	suk_7	syk_8	syk_8
								潮は濁 ′の類推	

辱	褥	曲	局	玉	獄	旭	欲	浴
通合三	通合三	通合三	通合三	通合三	通合三	通合三	通合四	通合四
入燭日	入燭日	入燭溪	入燭群	入燭疑	入燭疑	入燭曉	入燭以	入燭以
řiok	řiok	k'iok	giok	ŋiok	ŋiok	hiok	jiok	jiok
$liok_2$	$liok_2$	$k'iok_2$ $k'iak_2$	$kiok_2$ $kiak_2$	$giok_2$ $giak_2$	$giok_2$ $giak_2$	$hiok_2$	iok_2	iok_2 iak_2
$liok_2$	$liok_2$	$k'iok_2$ $k'iak_2$	$kiok_2$ $kiak_2$	$giok_2$ $giak_2$	$giok_2$ $giak_2$	$hiok_2$	iok_2	iok_2 iak_2
$ziok_2$	$ziok_2$	$k'iok_2$ $k'iak_2$	$kiok_2$ $kiak_2$	$giok_2$	$giok_2$ $giak_2$	$hiok_2$	iok_2	iok_2 iak_2
$liok_2$	$liok_2$	$k'iok_2$ $k'iak_2$	$kiok_2$ $kiak_2$	$giok_2$ $giak_2$	$giok_2$ $giak_2$	$hiok_2$	iok_2	iok_2 iak_2
zok_2	zok_2	$k'iok_2$ $k'ek_2$	kek_2	gek_2	gek_2	$hiok_2$	iok_2	iok_2 ek_2
yk_2	yk_2	$k'yk_2$	kyk_2	$ŋyk_2$	$ŋyk_2$	hyk_2	yk_2	yk_2

中古音與台南方言聲母對照表

古聲　台聲	幫
	p
p	a：巴$_1$ 把 飽$_2$ 霸爸豹$_3$ a?：百$_4$ ai：擺$_2$ 拜$_3$ au：包胞$_1$ 飽$_2$ an：班斑頒$_1$ 板版$_2$ 扮$_7$ at：八$_4$ aŋ：幫邦崩$_1$ 綁$_2$ ak：剝北$_4$ aiN：擺$_4$ e：把$_2$ 蔽$_3$ e?：八百伯柏擘$_4$ eN：柄$_3$ O：補$_2$ 布佈$_3$ o?：卜$_4$ oŋ：榜$_2$ 謗$_3$ ok：北駁卜$_4$ 爆$_8$ ə：褒$_1$ 保堡寶$_2$ 播簸報$_3$ əŋ：幫$_1$ 榜$_2$ i：卑碑悲$_1$ 彼此閉臂泌秘庇痺$_3$ 俾$_7$ i?：鼈$_4$ ia?：壁$_4$ io：標$_1$ 表$_2$ iu：彪$_1$ iau：表$_2$ in：彬賓檳$_1$ 稟$_2$ 殯鬢$_3$ it：筆必畢$_4$ ian：鞭邊蝙扁匾貶$_2$ 變徧遍$_3$ iat：別鼈$_4$ iəŋ：崩冰兵$_1$ 丙秉餅$_2$ 迸柄併$_3$ iək：逼百伯柏迫$_4$ iN：鞭邊$_1$ 扁$_2$ 變$_3$ iaN：丙餅$_2$ 併$_3$ ua：簸$_3$ ua?：鉢撥$_4$ ue：杯$_1$ 貝背輩$_3$ un：檳$_1$ 本$_2$ ut：不$_4$ uan：般搬$_1$ 半絆$_3$ uat：鉢撥$_4$ uaN：般搬$_1$ 半絆$_3$ uat：鉢撥$_4$ uaN：般搬$_1$ 半絆$_3$
p'	o：譜$_2$ ok：博$_4$ ə：波$_1$ i：鄙$_2$ iau：臕標飊$_1$ ian：編$_1$ iək：檗擘碧壁璧$_4$ un：奔$_1$
b	at：別$_4$ ak：腹$_4$
h	

中古音與台南方言聲母對照表（續）

古聲　　台聲	滂 p'
p	o：怖$_3$ oŋ：滂$_5$ ə：玻$_1$
p'	a：抛$_1$ aʔ：拍$_4$ ai：派沛$_3$ au：抛泡$_1$ 炮泡$_3$ an：扳攀$_1$ 盼$_3$ aŋ：胮$_3$ aN：怕$_3$ eN：偏$_1$ o：鋪$_1$ 普浦剖$_2$ 鋪$_3$ oʔ：粕朴$_4$ oŋ：胮$_3$ ok：粕朴樸撲$_4$ ə：坡頗$_1$ 破$_3$ i：批披丕$_1$ 譬屁$_3$ iaʔ：僻癖$_4$ io：票漂$_3$ iau：飄$_1$ 票漂$_3$ in：品$_2$ it：匹$_4$ ian：篇偏$_1$ 騙片$_3$ iat：撇$_4$ iəŋ：烹姘$_1$ 聘$_3$ iə k：拍魄僻癖劈霹$_4$ iN：篇$_1$ 片$_3$ ua：破$_3$ uaʔ：潑$_4$ ue：胚坯批$_1$ 配$_3$ ui：屁$_3$ un：噴$_3$ uan：潘$_1$ 判$_3$ uat：潑$_3$ uaN：潘$_1$ 判$_3$
b	
h	

中古音與台南方言聲母對照表（續）

古聲 / 台聲	並
	b
p	a：爬琶$_5$ 罷$_7$ ai：排牌筏$_5$ 稗敗$_7$ au：鮑袍跑鉋$_5$ an：便瓶$_5$ 瓣辦$_7$ at：別$_8$ aŋ：龐$_5$ 蚌棒$_7$ e：敝幣$_3$ 爬芭$_5$ 弊斃陛$_7$ e?：白帛$_8$ eN：棚平$_5$ 病$_7$ o：葡蒲$_5$ 部步捕埠$_7$ o?：薄$_8$ oŋ：傍$_2$ 旁$_5$ ok：泊薄僕縛$_8$ ə：婆$_5$ 暴$_7$ əŋ：傍$_7$ i：脾琶枇$_5$ 被婢避備鼻$_7$ io：鰾$_7$ iau：鰾$_7$ in：貧頻瓶憑屏$_5$ 牝$_7$ it：弼鵯$_8$ ian：骿$_5$ 辦便辨辯汴辮$_7$ iat：別$_8$ iəŋ：朋棚坪屏$_5$ 病並$_7$ iək：白帛$_8$ iN：辮$_7$ iaN：平坪$_5$ ua?：拔鈸$_8$ ue：培陪賠$_5$ 倍佩背焙$_7$ ue?：拔$_8$ un：笨$_7$ ut：勃$_8$ uan：盤$_5$ 拌叛$_7$ uat：拔鈸$_8$ uaN：盤$_5$ 拌$_7$
p'	au：跑$_2$ 袍$_3$ 抱$_7$ au?：雹$_8$ aŋ：篷$_5$ ak：曝$_8$ e：稗$_7$ eN：彭平坪$_5$ o：菩$_5$ 簿$_7$ oŋ：篷$_5$ ok：曝瀑$_8$ ɔ：葡$_5$ 抱部$_7$ i：皮疲$_5$ io：瓢$_5$ iau：瓢嫖$_7$ iəŋ：鵬彭膨評萍$_5$ 並$_7$ iN：鼻$_7$ ue：被$_7$ un：盆$_5$ uan：盤$_5$ 伴$_7$ uaN：伴$_7$
b	oŋ：篷$_5$
h	

中古音與台南方言聲母對照表（續）

古聲〱台聲	明	微
	m	ŋ
b	a：麻貓$_5$ ai：埋眉$_5$ au：卯$_2$貿$_7$ an：蠻饅閩$_5$ 慢漫幔$_7$ at：密$_8$ aŋ：蠓$_2$忙$_5$夢$_7$ ak：墨木目$_8$ e：馬買$_2$迷$_5$賣謎$_2$ e?$_2$：麥$_8$ o：姥牡某畝$_2$模摸謀$_5$募慕墓暮幕戊貿$_7$ o?$_2$：莫$_8$ oŋ：摸$_1$莽蟒$_2$忙芒茫蒙$_5$夢墓$_7$ ok：寞膜木目牧穆$_8$ ə：母$_2$毛$_5$磨帽$_7$ i?$_2$：篾$_8$ io：描$_5$廟$_7$ iu：謬$_2$ iau：秒渺藐$_2$貓苗描$_5$廟妙$_7$ i：米靡美$_2$糜彌黴迷$_5$謎寐$_7$ in：憫敏抿$_2$閩民眠明$_5$面$_7$ it：密蜜$_8$ ian：免勉娩緬$_2$綿眠$_5$麵面$_7$ iat：滅篾$_8$ iəŋ：猛皿$_2$盲萌明鳴盟名冥銘$_5$孟命$_7$ iək：默墨陌麥脈覓$_8$ u：母$_2$ ua：磨$_5$ ua?：抹$_4$末$_8$ un：門$_5$悶$_7$ ut：沒$_8$ uan：滿$_2$瞞$_5$ uat：抹$_4$末沬$_8$	an：挽$_2$萬$_7$ aŋ：網望$_7$ oŋ：罔網亡忘$_5$望妄$_7$ i：尾$_2$微$_5$未味$_7$ u：武侮舞$_2$巫誣無毋$_5$務霧$_7$ ue：尾$_2$未$_7$ ue?$_2$：襪$_8$ ui：微$_1$ un：吻刎$_2$文紋聞$_5$問$_7$ ut：勿物$_8$ uan：晚挽$_2$ uat：襪$_8$
m	a：馬媽$_2$麻麻$_5$罵$_7$ ai：買$_2$賣邁$_7$ au：茅矛$_5$貌$_7$ aN：滿$_2$ e：罵$_7$ eN：猛$_2$盲明冥$_5$ eN?$_2$脈$_8$ o：磨魔毛$_5$冒茂$_7$ əŋ：毛眠門$_5$ i：彌$_5$媚$_7$ iN：綿$_5$麵$_7$ iaN：名$_5$命$_7$ ua：麻$_5$ ue：每$_2$枚煤梅$_5$妹昧$_7$ uai：糜$_5$ uaN：滿$_2$	əŋ：晚$_2$問$_7$ i：尾$_7$ iN?$_2$：物$_8$
n	iau：貓$_1$	
,	m：梅$_5$	
h	m：媒茅$_5$	

中古音與台南方言聲母對照表（續）

古聲　台聲	非	敷	奉
p	aŋ：枋$_1$放$_3$ ak：幅腹$_4$ o：夫$_1$肺斧$_2$傳$_3$ əŋ：方$_1$ u：富$_3$ ue：飛$_1$ ui：痱$_3$ un：分糞$_3$		aŋ：房馮縫$_5$ ak：縛$_8$ oŋ：房馮$_5$ ok：縛$_8$ əŋ：飯$_7$ u：婦$_7$ ui：肥$_5$吠$_7$ ut：佛$_8$
p'	uaᴺ：藩$_1$	aŋ：芳蜂$_1$紡$_2$ ak：覆$_4$ oŋ：捧$_2$ ui：費$_3$ ut：拂$_4$	aŋ：縫$_7$ o：扶$_5$ u：芙浮$_5$
h	o：否$_2$ oŋ：方枋風楓瘋封$_1$倣諷$_2$放$_3$ ok：福幅蝠複腹$_4$ əŋ：方$_1$ u：夫膚府俯腑甫脯斧$_2$傳付賦富$_3$ ue：廢$_1$ ui：非飛$_1$匪$_2$痱$_3$ un：分粉$_1$奮糞$_3$ ut：弗$_4$ uaᴺ：藩$_1$反$_2$販$_3$ uat：法發髮$_4$	an：番$_1$ oŋ：肪芳豐峯蜂鋒$_1$仿彷紡訪捧$_2$妨$_5$ ok：覆$_4$ i：肺$_3$ u：敷俘$_1$撫$_2$赴訃副$_3$ ui：妃$_1$肺費$_3$ un：芬紛$_1$忿$_2$ ut：拂彿$_4$ uan：番翻$_1$泛$_3$	oŋ：防縫逢$_5$鳳奉俸縫$_7$ ok：服伏復$_8$ iu：復$_3$ u：釜$_2$扶芙符浮$_5$父腐輔附負婦$_7$ ui：翡$_3$肥$_5$吠$_7$ un：憤$_2$焚墳$_5$份$_7$ ut：佛$_8$ uan：帆梵煩礬繁$_5$凡犯范範飯$_7$ uat：乏伐罰$_8$
b	ak：腹$_4$		
g			uan：範$_7$

中古音與台南方言聲母對照表（續）

古聲 台聲	泥
l	ai：內$_7$ au：撓$_2$ am：南男$_5$ ap：納$_8$ an：難$_5$ 難$_7$ at：捺$_4$ aŋ：儂膿$_5$ e：奶$_2$ o：努$_2$ 奴$_5$ 怒$_7$ oŋ：曩$_2$ 囊農儂膿濃$_5$ ok：諾$_8$ ə：惱腦$_2$ 糯 i：尼$_5$ 膩$_7$ io：尿$_7$ iu：扭紐$_2$ iau：尿$_7$ im：賃$_7$ iam：拈$_1$ 黏鮎$_5$ 念$_7$ iap：聶捏$_4$ iɴ：佞$_7$ ian：撚撋$_2$ 年$_5$ ioŋ：娘$_5$ 釀$_7$ iəŋ：能寧$_5$ 匿溺$_8$ u：女$_2$ ue：內$_7$ un：嫩$_7$
t	ian：碾$_2$
n	a：拿$_2$ 鐃$_5$ ai：乃奶$_2$ 耐奈$_7$ au：惱腦$_2$ 鬧$_7$ e：奶$_2$ o：挪$_5$ i：你$_2$ 泥尼$_5$ iɴ：拈$_1$ 年$_5$ iaɴ：娘$_5$ ioɴ：娘$_5$
h	
g	

中古音與台南方言聲母對照表（續）

古聲 台聲	來
l	a?：蠟臘獵曆$_8$ ai：來梨$_5$ 利$_7$ au：老$_2$ 漏$_3$ 樓流留劉$_5$ 老漏$_7$ au?：落$_8$ am：覽攬欖$_2$ 藍籃淋$_5$ 濫$_7$ ap：拉臘$_8$ an：懶$_2$ 欄攔蘭鱗零$_5$ 爛瀾屧$_7$ at：辣栗力$_8$ aŋ：攏籠$_2$ 籠聾$_5$ 弄$_7$ ak：落$_4$ 六$_8$ e：禮倛$_2$ 梨犁黎螺璃$_5$ 例厲勵麗隸淚$_7$ e?：笠$_8$ o：魯滷虜$_2$ 盧爐蘆樓$_5$ 路賂露陋漏$_7$ o?：落$_8$ oŋ：朗攏籠隴壟$_2$ 郎狼廊籠聾$_5$ 浪弄$_7$ ok：烙洛絡酪落樂鹿祿駱$_8$ ə：老$_2$ 羅籮螺勞牢$_5$ i：履李里理裏鯉$_2$ 離籬狸釐璃簾$_5$ 離利痢吏$_7$ i?：裂$_8$ io：撩$_5$ io?：略$_8$ iu：柳$_2$ 流琉留榴劉$_5$ 餾$_7$ iau：了瞭$_2$ 燎撩療聊遼寥$_5$ im：林淋臨$_5$ ip：立笠粒$_8$ iam：歛$_2$ 簾廉淋臨$_5$ 殮$_7$ iap：蠟獵拉粒$_8$ in：憐燐鄰鱗$_5$ 吝屧$_7$ ian：輦攆$_2$ 連聯蓮憐$_5$ 煉練鍊$_7$ iat：列烈裂$_8$ iaŋ：涼$_5$ 亮量$_7$ ioŋ：兩$_2$ 良涼量糧梁梁隆龍$_5$ 亮諒輛量$_7$ iok：略掠六陸戮綠錄$_8$ iəŋ：冷領嶺$_2$ 楞凌陵菱伶鈴靈零翎龍$_5$ 令另$_7$ iək：栗$_4$ 肋勒力歷曆綠錄$_8$ u：旅縷屢$_2$ 鑢$_3$ 驢$_5$ 呂盧鑢$_7$ ua：籮$_5$ 賴$_7$ ua?：辣挊$_8$ ui：倛累壘$_2$ 雷$_5$ 累類$_7$ un：崙倫淪輪$_5$ 論$_7$ ut：律率$_8$ uan：鸞戀$_5$ 卵亂$_7$ uat：挊劣$_8$
t	
n	ai：賴$_7$ aN：欖$_2$ 藍籃林$_5$ əN：郎$_5$ 卵浪兩$_7$ iN：簾連$_5$ iaN：領嶺$_2$ ioN：涼量糧梁$_5$ 量$_7$ uaN：欄攔$_5$ 爛瀾懶$_7$
h	
g	iəŋ：龍$_5$

中古音與台南方言聲母對照表（續）

古聲／台聲	日
l	i：汝₂ 而兒₅ 二餌₇ ia：惹₂ ioʔ：弱₈ iu：柔₅ iau：擾繞₂ 饒₅ im：忍₂ 壬₅ 任妊孕靭認₇ ip：入₈ iam：冉染₂ in：人仁₅ 認₇ it：日₈ ian：然燃₅ iat：熱₈ iaŋ：嚷₂ ioŋ：嚷壤攘冗₂ 瓤戎絨茸₅ 讓₇ iok：若弱肉辱褥₈ iəŋ：仍扔₅ u：汝乳₂ 如儒₅ uaʔ：熱₈ ue：芮₇ ui：蕊₂ un：忍₂ 閏潤₇ uan：軟₂
t	
n	əŋ：軟₂ i：爾耳₂ iᴺ：染₂ ioᴺ：讓₇
h	iᴺ耳₇
g	

中古音與台南方言聲母對照表（續）

古聲　台聲	端
t	a?：答搭$_4$ ai：猷$_1$ 帶戴$_3$ au：兜$_1$ 倒斗抖$_2$ 到鬥$_3$ am：耽擔$_1$ 膽$_2$ 擔$_3$ ap：答搭$_4$ an：丹軍$_1$ 等$_2$ 旦$_3$ əŋ：當東冬$_1$ 董$_2$ 凍$_3$ aN：擔$_1$ 打膽$_2$ 擔$_3$ e：低$_1$ 底抵$_2$ 帝戴$_3$ o：都$_1$ 肚堵賭斗抖$_2$ 妒鬥$_3$ oŋ：當東多$_1$ 黨董僅$_2$ 當擋凍棟$_3$ ok：篤督$_4$ ə：多刀都$_1$ 朵島倒禱$_2$ 到倒$_3$ əŋ：當$_1$ 頓當$_3$ i：底抵$_2$ 戴$_3$ i?滴$_4$ io：釣$_3$ iu：丟$_1$ iau：刁貂雕$_1$ 弔釣$_3$ iam：點$_2$ 店墊$_3$ it：得$_4$ ian：顛$_1$ 典$_2$ iəŋ：登丁燈釘疔$_1$ 等頂鼎$_2$ 凳釘訂$_3$ iək：得德滴嫡$_4$ 的$_8$ iaN：鼎$_2$ u：都$_1$ ua：帶$_3$ ui：堆$_1$ 對$_3$ un：敦墩$_1$ uan：端$_1$ 短$_2$ 斷$_1$ uat：掇$_4$ uaN：單端$_1$ 旦$_3$
t'	e：堤$_5$ iəŋ：等$_2$ uan：鍛$_3$
l	
n	iau：鳥$_2$
c	iau：鳥$_2$
c'	

中古音與台南方言聲母對照表（續）

古聲／台聲	透
t	a？：踏$_8$ ai：貸$_7$ ap：踏$_8$ ə：掏$_5$
t'	a？：塔$_4$ ai：胎$_1$ 態太泰$_3$ au：偷$_1$ 透$_3$ am：貪$_1$ 毯$_2$ 探$_3$ ap：塔塌$_4$ an：攤灘$_1$ 坦毯$_2$ 炭歎$_3$ at：獺踢$_4$ aŋ：通$_1$ 桶$_2$ 痛$_3$ ak：剔$_4$ aN：他$_1$ e：梯$_1$ 胎推$_1$ 體$_2$ 替剃退$_3$ o：偷$_1$ 土吐$_2$ 吐兎透$_3$ oŋ：湯通$_1$ 倘躺桶統$_2$ 燙$_3$ ok：托託$_4$ ə：拖滔$_1$ 妥討$_2$ 唾套$_3$ əŋ：湯$_1$ 褪燙$_3$ i：剃$_3$ i？：鐵$_4$ io：挑$_1$ 糶 iau：挑$_1$ 跳糶$_3$ iam：添$_1$ 忝$_2$ iap：帖貼$_4$ ian：天$_1$ iat：鐵$_4$ iəŋ：聽廳汀$_1$ 聽$_3$ iək：踢剔$_1$ iN：天添$_1$ iaN：聽廳$_1$ ua：拖$_1$ ua？：獺脫$_4$ ue：退$_4$ ui：推$_1$ 腿$_2$ un：吞$_1$ 褪$_3$ ut：禿$_4$ uaN：攤灘$_1$ 坦$_2$ 炭$_3$
l	
n	
c	
c'	ui：推$_1$

中古音與台南方言聲母對照表（續）

古聲／台聲	定
t	ai：台$_5$怠殆代袋大第$_7$ au：投$_5$豆$_7$ am：譚談$_5$淡$_7$ an：蛋$_3$彈壇檀$_5$誕但蛋彈憚$_7$ at：達笛$_8$ əŋ：棠同銅筒童$_5$動洞$_7$ ak：獨毒$_8$ e：蹄題$_5$代袋弟第遞地$_7$ o：徒途塗屠圖投$_5$杜肚度渡豆逗$_7$ oŋ：堂棠唐塘同桐銅筒童瞳$_5$蕩宕動洞$_7$ ok：鐸獨牘犢毒$_8$ ə：駝逃淘萄陶濤$_5$舵惰道稻盜導$_7$ əŋ：堂唐塘$_5$斷$_7$ i：弟地$_7$ iʔ：碟$_8$ iaʔ：籮$_8$ iau：條調$_5$掉調$_7$ iam：甜$_5$簟$_7$ iap：疊碟牒蝶諜$_8$ in：藤$_5$ ian：田$_5$電殿奠佃塡$_7$ iat：迭跌$_8$ iaŋ：藤亭停廷庭蜓$_5$鄧定錠$_7$ iək：特笛狄敵籮$_8$ iɴ：甜$_5$塡$_7$ iaɴ：庭$_5$定錠$_7$ uʔ：突$_8$ ua：舵大$_7$ ue：兌$_7$ ui：隊$_7$ un：盾囤$_2$屯豚臀$_5$沌鈍遁$_7$ ut：突$_8$ uan：斷段緞$_7$ uat：奪$_8$ uaɴ：彈壇檀團$_5$彈憚段$_7$
t'	ai：苔$_1$待$_7$ au：頭$_5$ am：潭痰$_5$ aŋ：桐$_5$ ak：讀$_8$ e：提啼$_5$ o：塗頭$_5$ oŋ：糖$_5$ ok：讀$_8$ ə：桃$_5$ əŋ：糖$_5$ i：苔$_5$ iap：疊$_8$ ian：塡$_5$ iaŋ：挺艇$_2$停騰謄$_5$ un：豚$_5$ uan：團$_5$
l	iau：條$_5$
n	iaɴ：定$_7$
c	
c'	an：田$_5$

中古音與台南方言聲母對照表（續）

古聲＼台聲	知	徹
t	a：罩$_3$ au：罩晝$_3$ au$ʔ$：啄$_4$ o$ʔ$：卓桌$_4$ ok：卓桌啄涿琢$_4$ əŋ：轉$_2$ i：知蜘豬$_1$ 智致置$_3$ ia：爹$_1$ ia$ʔ$：摘$_4$ io$ʔ$：着$_4$ iu：肘$_2$ 晝$_3$ iau：朝$_1$ iam：霑$_1$ in：珍$_1$ 鎮$_1$ ian：展$_2$ iat：哲$_4$ ioŋ：張中忠$_1$ 長$_2$ 帳漲賬中$_3$ iok：着竹築$_4$ iəŋ：徵$_1$ 中$_3$ iək：摘竹$_4$ u：豬株蛛誅$_1$ 著$_3$ ui：追$_1$ un：屯$_1$ ioN：張$_1$ 長$_2$ 帳漲$_3$	ioŋ：悵$_3$
t‘	ioŋ：塚$_2$	an：蟶$_1$ 趁$_3$ eN：掌$_3$ i：恥$_2$ ia$ʔ$：拆$_4$ iu：抽$_1$ 丑$_2$ in：趁$_3$ iat：徹撤$_4$ ioŋ：寵$_2$ 暢$_3$ iok：畜$_4$ iəŋ：撐$_1$ 逞$_2$ 掌$_3$ iək：飭拆$_4$ un：椿$_1$
c	oŋ：：椿$_1$ iəŋ：貞$_1$ iək：窒$_4$ u：註駐$_3$ ue：綴$_3$ uan：轉$_2$	iəŋ：偵$_1$
c‘		ok：戳$_4$ i：癡$_1$ iau：超$_1$ iəŋ：蟶$_1$

中古音與台南方言聲母對照表（續）

古聲 台聲	澄		
t	an：陳$_5$ at：值$_8$ aŋ：重$_7$ ak：濁逐$_8$ e：茶$_5$ 苧$_7$ eɴ：鄭$_7$ oŋ：撞$_7$ əŋ：長腸$_5$ 丈撞$_7$ i：池馳遲持$_5$ 滯雉稚痔治箸$_7$ io：潮趙$_7$ ioʔ：着$_8$ iu：稠綢籌$_5$ 紂宙$_7$ iau：召$_3$ 朝潮$_5$ 兆趙$_7$ im：沉朕$_7$ iam：沉$_5$ in：陳塵$_5$ 陣$_7$ it：姪直值$_8$ ian：纏$_5$ iat：轍秩$_8$ ioŋ：長場腸重$_5$ 丈仗杖仲重$_7$ iok：着逐軸$_8$ iəŋ：澄橙懲呈程重$_5$ 鄭$_7$ iək：澤擇擲軸$_8$ iɴ：纏$_5$ iaɴ：呈$_5$ ioɴ：場$_5$ 丈$_7$ u：除厨$_5$ 箸住$_7$ ui：槌$_5$ 墜$_7$ uan：篆傳$_7$		
t'	aŋ：蟲$_5$ e：蛇$_7$ eʔ：宅$_8$ im：鴆$_3$ in：陳$_5$ ioŋ：蟲$_5$ iəŋ：程$_5$ iək：宅$_8$ iaɴ：程$_5$ u：苧$_2$ 儲$_5$ ui：槌$_5$ uan：傳橡$_5$		
c	am：賺站$_7$ ok：濁$_8$ ip：蟄$_4$ u：柱住$_7$ ut：朮$_8$		
c'	a：茶$_5$ i：持$_5$ ian：腸$_5$		

中古音與台南方言聲母對照表（續）

古聲 台聲	精	莊
t	in：津$_1$	
l	i：子$_2$ ia2：迹$_4$	iau：爪$_2$ 抓$_3$
c	a：早$_2$ ai：災栽$_1$ 再載$_3$ au：糟$_1$ 蚤走$_2$ 灶奏$_3$ am：簪$_1$ an：曾 贊潰$_3$ at：節$_4$ aŋ：棲鬃$_1$ 總$_2$ 粽$_3$ ai N：宰載$_3$ e：擠姐$_2$ 祭際濟$_3$ e2：節$_4$ eN：井$_2$ o：租組$_1$ 祖走$_2$ 奏$_3$ o2：作$_4$ oŋ：臟臧棲鬃宗蹤$_1$ 總$_2$ 葬粽$_3$ ok：作$_4$ ə：遭糟$_1$ 左蚤棗$_2$ 佐做灶$_3$ əŋ：臟$_1$ 鑽$_3$ i：紫姊子$_2$ i2：接$_4$ ia：姐$_2$ 借$_3$ ia2即跡脊$_4$ io：蕉椒$_1$ 醮$_3$ io2：借$_4$ im：浸$_3$ iam：尖$_1$ iap：接$_4$ in：進晉$_3$ 儘 it：即鯽$_4$ ian：煎箋$_1$ 剪$_2$ 箭濺薦$_3$ iat：節$_4$ iaŋ：將$_3$ ioŋ：將漿縱$_1$ 蔣獎槳$_2$ 將醬$_3$ iok：爵足$_4$ iəŋ：曾增憎精睛晶$_1$ 井$_2$ iək：則即鯽積跡脊績$_4$ iN：精晶$_1$ 箭$_3$ iaN：精$_1$ ioN：漿$_1$ 蔣槳$_2$ 醬$_3$ u：資姿咨茲滋$_1$ 紫子梓$_2$ ue：最$_3$ ui：嘴$_2$ 醉$_3$ un：尊遵$_1$ 俊$_3$ ut：卒$_4$ uan：鑽$_1$ 鑽$_3$ uaN：煎$_1$ 潰$_3$ 濺$_7$	a：查渣$_1$ 詐炸$_3$ ai：齋 淬$_2$ 債$_3$ am：斬$_2$ 蘸$_3$ an：盞$_2$ at：札 柴$_3$ aN：詐炸$_3$ e：渣齋$_1$ 債$_3$ e2：仄$_4$ eN：爭$_1$ o：鄒$_1$ 阻$_2$ oŋ：莊裝$_1$ 壯$_3$ əŋ：莊裝$_1$ iam：簪$_1$ in：榛$_1$ iəŋ：爭睜箏$_1$ iək：仄窄責$_4$ u：輜$_1$ uaN：盞$_2$
c'	ə：挫$_3$ iu：揪$_5$ iam：殲$_1$ 僭$_3$ ioŋ：縱$_3$ iok：雀$_1$ iəŋ：縱$_3$ uan：纂$_3$	iu：皺縐$_3$ iap：眨$_4$ iək：側$_4$
s	iəŋ：旌$_1$	
k		

中古音與台南方言聲母對照表（續）

古聲 台聲	章
t	in：振$_2$ u：注$_3$ un：諄$_1$
l	ia：遮$_1$
c	aiɴ：指$_2$ e：制製$_3$ əŋ：磚$_1$ i：支枝肢梔脂之芝$_1$ 只紙旨指止址趾$_2$ 至志痣誌$_3$ i?摺$_4$ ia：遮者$_1$ 者$_2$ 炙蔗$_3$ ia?：隻$_4$ io：招$_1$ 照$_3$ iu：州洲舟周珠$_1$ 帚$_2$ 咒蛀$_3$ iau：昭招$_1$ 沼$_2$ 照詔$_3$ im：針斟$_1$ 枕$_2$ 枕$_3$ ip：執$_4$ iam：占詹瞻針$_1$ 佔$_3$ iap：摺汁$_4$ in：眞$_1$ 疹診振拯$_2$ 震$_3$ it：質職織$_4$ ian：氈$_1$ 戰顫$_2$ iat：折浙$_4$ iaŋ：掌$_2$ ioŋ：章樟終鐘鍾$_1$ 掌種腫$_2$ 障瘴衆種$_3$ iok：勺妁酌祝粥燭囑$_4$ iəŋ：蒸正征鐘鍾$_1$ 整種腫$_2$ 症證正政衆種$_3$ iək：隻燭$_4$ iɴ：氈$_1$ ioɴ：章樟$_1$ 掌$_2$ u：諸朱珠$_1$ 煮主$_2$ 注蛀鑄$_3$ ua：紙 ue：贅$_3$ ui：錐$_1$ un：准準$_2$ uan：專傳$_1$ uat：拙$_4$
c'	
s	
k	i：枝$_1$指$_2$ iɴ：梔$_1$

中古音與台南方言聲母對照表（續）

古聲 台聲	清	初	昌
t			ak：觸$_4$
t'		e：釵$_1$	iək：斥$_4$ un：蠢$_2$
c	un：竣$_3$	o：芻搊$_1$	
c'	ai：猜$_1$ 彩採$_2$ 菜蔡$_3$ au：操$_1$ 草$_2$ 湊$_3$ am：參$_1$ 慘$_2$ an：餐$_1$ 燦$_3$ at：擦漆$_4$ aŋ：蔥$_1$ e：妻$_1$ 切脆$_3$ eN：青$_1$ o：粗$_1$ 措錯醋湊$_3$ oŋ：倉蒼聰忽蔥$_1$ ok：錯$_4$ ə：搓操$_1$ 草$_2$ 錯糙$_3$ əŋ：村倉$_1$ i：刺$_3$ io：秋$_1$ iu：秋$_1$ iau：鍬$_1$ 悄$_2$ im：侵$_1$ 寢$_2$ ip：緝$_1$ iam：簽籤$_1$ iap：妾$_4$ in：親$_1$ it：七漆$_4$ ian：遷千$_1$ 淺$_2$ iat：切$_4$ io：鵲促$_4$ ŋ：槍從$_1$ 搶$_2$ iok：鵲促$_4$ iə: ŋ：清青千$_1$ 請$_2$ iək：戚$_4$ iN：淺$_2$ iaN：且請$_2$ ioN：槍$_1$ 搶$_2$ u：蛆趨雌$_1$ 此取$_2$ 趣娶次$_3$ ua：蔡$_3$ ua?：擦$_4$ ui：催$_1$ 啐脆翠$_3$ un：村$_1$ 忖$_2$ 寸$_3$ uan：詮竄$_3$ uat：撮$_4$	a：叉差$_1$ 吵炒$_2$ a?：插$_4$ ai：釵$_1$ au：抄鈔$_1$ 吵炒$_2$ am：懺$_3$ 攙$_5$ ap：插$_4$ at：察$_4$ e：又初差$_1$ 厠 e?：册$_1$ o：初楚礎$_1$ oŋ：瘡窗創$_1$ ə：楚$_2$ əŋ：瘡$_1$ i：差$_1$ in：襯$_3$ iə：k：測册策$_4$ u：差$_1$ ui：揣$_2$ uan：篡$_3$	au：臭$_3$ e：扯$_2$ əŋ：穿$_1$ 串$_3$ i：喔$_1$ 侈齒$_2$ ia：車$_1$ 扯$_2$ ia?：赤$_4$ io：唱$_1$ io?：尺$_4$ iu：醜$_1$ in：秤$_3$ iaŋ：倡$_3$ ioŋ：昌菖倡充冲衝$_1$ 廠$_2$ 唱倡銃$_3$ iok：綽$_4$ iəŋ：稱$_1$ 稱秤銃$_3$ iək：尺赤觸$_4$ ioN：菖$_1$ 廠$_2$ u：樞處杵$_2$ 處$_3$ ue：吹炊$_1$ ui：吹炊$_1$ un：春$_1$ 喘舛蠢$_2$ ut：出$_4$ uan：川穿$_1$ 喘$_2$ 串$_3$
s		an：鏟$_2$	
k'			i：齒$_2$
h			iu：奧$_3$

中古音與台南方言聲母對照表（續）

古聲 台聲	從
t	
t'	
l	i字₇ u：字₇
c	a：昨₇ ai：才材財裁臍₅ 在₇ ap：雜₈ an：殘層₅ aŋ：叢₅ aN：昨₇ e：劑₁齊₂齊臍₅ 坐罪₇ e2截絕₈ o2昨₈ oŋ：藏叢₅藏臟₇ ok：族₈ ə：曹槽₅ 坐座自造₇ əŋ：全₅ ia：藉₇ iu：就₇ iau：樵瞧₅ ip：集輯₈ iam：潛₅ 暫漸₇ iap：捷₈ in：秦₅盡₇ it：疾₈ ian：餞₂濺₃前₅踐賤₇ iat：捷截₈ ioŋ：從₅ iok：嚼₄ iəŋ：曾層情晴前從₅ 贈靖靜淨₇ iək：賊籍寂₈ iN：錢前晴₅ iaN：情₅ u：瓷慈₅聚自₇ ue：罪₇ un：蹲₁存₅ uan：全泉₅ uat：絕₈ uaN：泉₅
c'	ai：才裁₅ 在₇ am：蚕慚₅ an：殘₅ at：賊₈ ak：鑿₈ ok：鑿₈ ian：錢₅ ioŋ：牆₅ 匠₇ ioN：牆₅ 匠₇ u：疵₅ un：存₅ e：坐₇
s	
k'	
g	
'	

中古音與台南方言聲母對照表（續）

古聲／台聲	崇	船
t	ok：鐲$_8$ i：鋤$_5$	un：唇$_2$
t'	u：鋤$_5$	
l		
c	a：乍$_7$ au：巢$_5$ aN：乍$_7$ e：寨$_7$ o：助驟$_7$ oŋ：崇$_5$ 狀$_7$ əŋ：狀$_7$ ioŋ：狀$_7$	at：實$_8$ o?：射$_8$ i：舐$_7$ i?：舌$_8$ ia?：食$_8$ in：繩$_5$ iN：舐$_7$ un：船$_5$ 順$_7$ ua：蛇$_5$
c'	a：查柴$_5$ ai：豺柴$_5$ am：讒饞$_5$ oŋ：牀$_5$ əŋ：牀$_5$ u：雛$_1$	
s	a?：煤$_8$ ai：事$_7$ u：士仕俟事$_7$	i：示$_7$ ia：蛇$_5$ 射$_7$ in：神$_5$ it：食蝕實$_8$ iat：舌$_8$ iok：贖$_8$ iəŋ：乘繩$_5$ 剩$_7$ un：順$_7$ ut：述術$_8$ uan：船$_5$
k'	i：柿$_7$	
g	im：岑$_5$	
,	iap：煤$_8$	

中古音與台南方言聲母對照表（續）

古聲　台聲	心
l	
c	e：歲$_3$ iəŋ：僧$_1$
c'	eN：星腥$_1$ 醒$_2$ ə：臊$_1$ i：腮$_1$ io：笑$_3$ iu：鬚$_1$ iau：笑$_3$ iam：纖$_1$ ioŋ：慫$_2$ iək：膝粟$_4$ iN：鮮$_1$ ue：髓$_2$ ui：髓$_2$ 碎粹$_3$
s	ai：西犀私司$_1$ 賽塞婿$_3$ au：掃嗽$_3$ am：三$_1$ an：珊星$_1$ 散$_2$ 散傘$_3$ at：撒薩塞$_4$ əŋ：鬆$_1$ 送$_2$ aN：三$_1$ e：西樓犀$_1$ 洗$_2$ 賽細婿$_3$ e2：雪$_4$ eN：姓性$_3$ o：酥蘇$_1$ 叟$_2$ 素訴塑嗽$_3$ o2：索$_4$ oŋ：桑喪鬆$_1$ 嗓$_2$ 喪宋送$_3$ ok：速$_4$ ə：梭騷$_1$ 鎖嫂$_2$ 掃$_3$ əŋ：酸孫桑喪$_1$ 損$_2$ 算蒜$_3$ i：西撕私司思絲$_1$ 死四$_3$ i2：薛$_4$ ia：些$_1$ 寫$_2$ 卸瀉$_3$ ia2：錫析$_4$ io：霄相$_1$ 小io2：惜$_4$ iu：修羞$_1$ 秀繡宿$_3$ iau：宵消銷硝霄蕭簫$_1$ 小$_2$ 笑$_3$ im：心$_1$ iam：暹$_7$ in：辛新薪先$_1$ 信訊迅$_3$ it：息熄$_4$ ian：鮮仙先$_1$ 洗鮮癬$_2$ 線$_3$ iat：薛泄屑$_4$ iəŋ：相$_1$ ioŋ：相廂湘箱襄鑲嵩$_1$ 想$_2$ 相$_3$ iok：削夙宿肅粟$_4$ iəŋ：星腥先$_1$ 省醒$_2$ 姓性$_3$ iək：悉索塞息熄媳昔惜錫析$_4$ ioN：相廂箱鑲$_1$ 想$_2$ 相$_3$ u：胥須鬚需腮斯撕私司思絲$_1$ 徙璽死$_2$ 絮賜四肆思$_3$ 伺$_7$ ua：徙$_2$ ua2：撒$_4$ u2：速$_4$ ue：歲$_3$ ui：雖綏$_1$ 損筍榫$_2$ 遂$_3$ 荀詢$_5$ ut：戌恤$_4$ uan：酸宣$_1$ 選$_2$ 算蒜$_3$ uat：雪$_4$ uaN：散$_2$ 散傘線$_3$
k	ue：歲$_3$

中古音與台南方言聲母對照表（續）

古聲＼台聲	邪	生
l		
c	əŋ：旋$_7$ ia：謝$_7$ uan：鏇$_7$	
c'	i：徐$_5$ 飼$_7$ ioʔ：席$_8$ iə ŋ：松$_5$ ioN：象像$_7$	iau：搜$_1$
s	ai：似祀$_7$ i：辭$_5$ 寺$_7$ ia：邪斜$_5$ 謝$_5$ iu：囚泅$_5$ 袖$_7$ im：尋$_5$ ip：習襲$_8$ ian：涎$_5$ 羨$_7$ iaŋ：詳$_5$ 像$_7$ ioŋ：祥詳松$_5$ 象像橡訟誦頌$_7$ iok：俗續$_8$ iək：夕席$_8$ u：徐祠詞辭$_5$ 序敍緒巳似祀飼嗣$_7$ ui：隨$_5$ 遂穗$_7$ un：旬循巡殉$_5$ uan：旋$_5$ 旋鏇$_7$	a：沙紗$_1$ 傻灑$_2$ 曬$_3$ ai：篩師獅$_1$ 使駛$_2$ 使$_3$ au：梢$_3$ am：杉衫參$_1$ an：山刪$_1$ 產$_2$ 疝$_3$ at：殺虱$_4$ aN：衫$_1$ e：紗梳疏蔬$_1$ eN：生牲$_1$ o：梳疏蔬捜蒐$_1$ 所瘦$_2$ 疏數漱$_3$ oŋ：霜孀雙$_1$ 爽$_2$ ok：朔$_4$ əŋ：閂霜$_1$ iau：潲$_7$ im：森參$_1$ 滲$_3$ ip：澀$_4$ iam：滲$_3$ iap：澀$_4$ it：穡$_4$ iaŋ：雙$_1$ iok：縮$_4$ iəŋ：生牲甥$_1$ 省$_2$ iək：瑟虱色穡嗇$_4$ 師獅$_1$ 史使駛$_2$ 使$_3$ ua：沙$_1$ uaʔ：殺$_4$ ue：衰帥$_3$ ui：衰$_1$ ut：率蟀$_4$ uan：閂$_1$ uat：刷$_1$ uaN：山$_1$ 產$_2$
k		

中古音與台南方言聲母對照表（續）

古聲／台聲	書	禪
l	iap：攝	
c	io：少$_2$ iu：守$_2$ im：嬸$_2$ in：升$_1$ ian：羶$_1$ ioŋ：春$_1$ iəŋ：春$_1$ iək：叔$_4$ u：書$_1$	ap：十$_8$ i?：折$_8$ io?：石$_8$ iat：折$_8$ iok：芍$_4$ iaN：成$_5$ ioN：裳$_5$上$_7$ u：薯$_5$ ua：逝誓$_7$
c'	i：翅試$_3$ iu：手首$_2$ ia：奢$_1$ im：深$_1$ u：舒$_1$鼠$_2$	i：市$_7$ iu：樹$_7$ iaŋ：常$_5$ iaN：成$_5$ ioN：上$_7$
s	ai：屎$_2$ e：黍$_2$世勢$_3$ e?：說$_4$ ok：束$_4$ i：施屍詩$_1$豕矢屎$_2$世勢試$_3$ ia：賒$_1$舍拾赦$_3$ io：燒$_1$ iu：收$_1$守手首$_2$獸$_3$ iau：燒$_1$少$_2$少$_3$ im：沈審嬸$_2$ ip：濕$_4$ iam：陝閃$_2$ in：身申伸娠$_1$ it：失$_4$ ian：扇$_3$ iat：設$_4$ iaŋ：傷$_1$ ioŋ：商傷$_1$賞$_2$ iok：叔$_4$ iəŋ：升勝聲身$_1$勝聖$_3$ iək：室式識飾適釋$_4$ iN：扇$_3$ iaN：聲$_1$聖$_3$ ioN賞$_3$ u：舒書輸$_1$暑黍$_3$恕庶戌$_3$輸$_7$ ue：稅$_3$ ue?：說$_4$ ui：水$_2$ un：舜瞬$_3$ uat：說$_4$	e：垂$_5$逝誓$_7$ i：匙時$_5$氏是豉視嗜恃恃侍仇酬售$_5$受授壽$_7$ ia：社$_1$ iu：紹郡$_7$ im：甚$_7$ ip：十拾 iam：蟾$_5$ iap：涉$_8$ in：辰晨臣承$_5$腎慎$_7$ it：植殖$_8$ ian：蟬禪$_5$善軍禪擅$_7$ ioŋ：上$_2$常裳嘗償$_5$尚上$_7$ iok：熟淑蜀屬$_8$ iəŋ：丞承成城誠盛$_5$盛$_7$ iək：石碩熟$_8$ iN：豉$_7$ iaN：成城$_5$盛$_7$ ioN：常$_5$尚$_7$ u：署$_2$殊$_5$暑豎樹$_7$ ue：垂$_5$ ui：垂誰$_5$睡瑞$_7$ un：純醇$_5$
k	iaŋ：餉$_3$ ioŋ：餉$_3$	

中古音與台南方言聲母對照表（續）

古聲 台聲	見		
k	a：加家嘉佳交鉸膠₁ 賈假絞₂ 假架駕嫁稼價教窖₃ aʔ：鴿合甲胛₈ ai：皆該階₁ 解改₂ 蓋丐介疥界戒屆₃ au：膠交郊鉸高勾鈎溝₁ 狡絞狗九₂ 教校較窖酵夠₃ auʔ：餃₄ am：甘柑監₁ 感敢橄₂ 監鑑₃ 鴿蛤甲胛閤合₄ an：干肝竿乾艱間奸姦₁ 桿趕揀簡裥₂ 幹諫間₃ at：割葛結₄ aŋ：江扛岡公工蚣₁ 講港₂ 降₃ ak：角覺₄ aN：監₁ 敢橄₂ 酵 ̄ e：雞稽圭閨加家階街₁ 假解放₂ 計繼假架嫁價疥₃ eʔ：格隔₄ eN：更庚羹經₁ 哽₂ 逕₃ o：姑孤辜勾鈎溝膏₁ 古估股鼓狗苟₂ 故固雇顧構購夠₃ oʔ：各閣擱胳₄ oŋ：岡崗剛綱缸鋼光公工功蚣攻₁ 廣管講₂ 逛貢贛₃ ok：各閣擱胳郭國谷穀₄ ə：哥歌戈鍋高膏篙羔糕₁ 果稿₂ 個過告₃ əŋ：缸光扛₁ 管捲廣₂ 貫卷鋼₃ i：羈飢肌基幾機譏饑車₁ 己紀几幾舉矩₂ 寄冀記既計₃ ia：寄₃ io：叫₃ ioʔ：腳₄ iu：ㄐ鳩₁ 九韭糾九₂ 究救灸₃ iau：嬌驕₁ 攪矯繳₂ 呌₃ im：今金₁ 錦₂ 禁₃ ip：急級給₄ iam：兼₁ 減檢₂ 劍₃ iap：夾袂劫莢₄ in：根跟巾斤筋均釣今₁ 緊謹₂ 絹₃ ip：揭結潔吉橘₄ ion：僵薑疆姜弓躬宮恭供₁ 拱鞏₂ 供₃ iok：腳菊掬₄ iəŋ：兢更庚羹耕京荊驚經間肩弓供宮₁ 哽梗耿境景警揀裥繭₂ 亘更敬競鏡勁徑供₃ 頸₇ iək：棘格革隔戟激擊菊₄ iN：見₃ iaN：京驚₁ 囝₂ 鏡₃ ioN：薑₁ u：居車龜₁ 舉矩久韭₂ 據鋸句灸₃ 俱₇ ua：瓜歌₁ 卦掛過蓋₃ uaʔ：割葛₄ ue：瓜 果₂ 會劊檜鱖過界怪₃ ueʔ：郭₄ ui：規龜歸₁ 軌鬼幾₂ 桂癸季貴₃ uai：乖₁ 柺₂ 怪₃ un：君軍₁ 滾棍₂ uᵗ：骨₄ uan：官棺觀冠鰥關₁ 管館捲₂ 貫灌罐觀冠慣眷卷絹₃
k'	ai：溉概₃ au：鬮₁ aŋ：工₁ o：箍₁ iu：鬮₁ im：襟₁ iat：子₄ iək：虢₄ u：拘駒₁ ua：掛₃ ui：愧₃ un：昆崑₁ uat：厥₄
g	it：訖₄
ŋ	eNʔ：夾莢₄
h	ai：懈₇ iau：僥₁
l	iam：臉₂

中古音與台南方言聲母對照表（續）

古聲 台聲	溪
k'	a：畸跂$_1$ 巧$_2$ ai：開揩$_1$ 凱楷$_2$ 慨咳$_3$ au：敲$_1$ 巧口$_2$ 叩扣$_3$ am：堪嵌$_1$ 坎$_2$ 勘嵌$_3$ ap：磕恰掐$_4$ an：看刊牽$_1$ 看$_3$ at：渴克$_4$ aŋ：空$_1$ 炕$_3$ ak：確殼$_4$ e：溪奎$_1$ 啓$_2$ 契$_4$ e2：客$_4$ eN：坑$_1$ o：苦口可$_2$ 庫褲叩扣寇$_3$ oŋ：康糠匡筐空$_1$ 慷孔$_2$ 抗炕曠壙空控$_3$ ok：廓擴哭酷$_4$ ə：科$_1$ 可考$_2$ 攷顆課靠犒$_3$ əŋ：康糠$_1$ 勸困$_3$ i：崎畸愾欺$_1$ 起豈$_2$ 去企器棄氣$_3$ i2：缺$_4$ ia：畸$_4$ ia2：隙$_4$ io2：卻$_4$ iu：丘$_1$ iau：巧$_2$ 竅$_3$ im：欽$_1$ ip：泣$_4$ iam：謙$_1$ 欠$_3$ iap：怯$_4$ in：輕$_1$ it：乞$_4$ ian：牽$_1$ 遣犬$_2$ iat：詰$_4$ ioŋ：羌腔$_1$ 恐$_2$ iok：卻麴曲$_4$ iəŋ：坑傾卿筐$_1$ 肯頃$_2$ 慶磬$_3$ iək：刻克客隙喫$_4$ ioN：腔$_1$ u：區驅丘$_1$ ua：誇$_1$ 跨$_3$ ua2：闊渴$_4$ ue：恢盔魁科$_1$ 課$_3$ ue2：缺$_4$ ui：虧窺開$_1$ 氣$_3$ uai：塊快$_3$ un：坤$_1$ 墾懇綑$_2$ 困$_3$ ut：窟屈$_4$ uan：寬$_1$ 款$_2$ 勸券$_3$ 圈$_5$ uat：闊闕缺$_4$ uaN：寬$_1$ 看$_3$
k	au：口$_2$ o：枯$_1$ ia：崎$_7$ ioŋ：穹$_1$

中古音與台南方言聲母對照表（續）

古聲 台聲	群		
k	a：茄癆₅ əŋ：共₇ oŋ：狂₅ i：妓₁ 奇祁岐其棋期旗祈₅ 筍妓技忌₇ iaʔ：屐₈ io：茄橋₅ 轎₇ iu：求球₅ 臼舅咎舊 柩₇ iau：喬僑橋₅ 轎₇ im：妗₇ ip：及₈ in：僅近₇ ian： 件鍵健腱₇ iat：傑₈ ioŋ：強₂ 強窮₅ 共₇ iok：劇局₈ iə ŋ：鯨₁ 窮₅ 競共₇ iək：極屐局₈ iaN：件健₇ u：渠₅ 巨拒 距具舅舊₇ ui：逵葵₅ 跪櫃₇ un：裙群拳₅ 郡₇ ut：掘倔₈ uan：拳權顴₅ 倦₇		
k'	ia：騎₅ 徛₇ iu：球₅ im：矜₁ 琴禽擒₅ iam：鉗₅ 儉₇ in：勤芹₅ ian：乾虔₅ iəŋ：擎瓊₅ iN：鉗₅ u：懼臼柩₇ ue：瘸₅ un：窘菌₂ uat：橛₄		
g			
ŋ			
h			
'			

中古音與台南方言聲母對照表（續）

古聲　台聲	疑
k	a：咬e2：逆8 iəŋ：硬7
k'	
g	a：牙芽衙5 ai：崖涯5 礙艾7 am：巖5 an：眼2 顏5 岸雁諺7 ak：岳獄樂8 e：倪牙芽衙5 芸毅7 o：吳梧5 悟誤五午7 oŋ：昂5 ok：鄂鰐8 ə：熬鵝5 傲餓7 i：蟻擬2 宜儀疑5 誼義議7 ia：迎5 ia2：額8 iu：牛5 iau：堯5 im：吟5 iam：儼2 嚴嚴釅5 驗7 iap：業8 in：銀凝5 ian：研2 言5 iat：孽8 ioŋ：仰2 iok：虐瘧玉獄8 iəŋ：眼妍2 凝迎5 iək：額逆玉獄8 u：語2 娛虞愚牛5 御禦寓遇7 ua：我2 外7 ue：外7 ue2：月8 ui：危5 偽魏7 uan：玩阮2 頑原源元5 願7 uat：月8
ŋ	a：雅2 ai：艾刈7 au：咬2 藕7 eN：硬7 o：我五伍午偶藕2 訛吳吾俄鵝梧5 俄臥悟7
h	i：魚5 ia：蟻7 ia2：額8 ian：硯7 iN：硯7 u：魚5 uaN：岸7
，	əŋ：阮2 ua：瓦2

中古音與台南方言聲母對照表（續）

古聲 台聲	曉
k	
k'	o：呼$_1$ 許$_2$ ip：吸$_4$
g	it：迄$_4$
ŋ	
h	a：孝$_3$ ai：海$_2$ au：吼$_2$ 孝$_3$ am：蚶$_1$ 喊$_2$ an：骬罕喊$_2$ 漢$_3$ at：喝瞎豁$_4$ aŋ：烘$_1$ aN：喊$_2$ o：呼$_1$ 虎滸吼$_2$ oŋ：荒慌烘$_1$ 謊恍$_2$ 況$_3$ ok：壑霍$_4$ oN：火夥好$_2$ 貨好耗$_3$ ə：蒿薅$_1$ 好$_2$ əŋ：昏荒$_1$ i：犧嬉熙希稀虛$_1$ 喜$_2$ 戲$_3$ ia：靴$_1$ iu：休$_1$ 朽$_2$ iau：楬囂$_1$ 曉$_2$ im：欣$_1$ iam：𦥊$_1$ 險$_2$ iap：脅$_8$ in：興$_1$ 釁$_2$ ian：掀軒$_1$ 顯$_2$ 獻憲$_3$ iat：歇血$_4$ iaŋ：香$_1$ 響$_2$ 向$_1$ ioŋ：香鄉凶兇胸$_1$ 享響$_2$ 向$_3$ iok：蓄旭$_4$ iəŋ：興亨馨兄胸$_1$ 興$_3$ iək：黑赫嚇$_4$ iaN：兄$_1$ 向$_3$ iaN?：嚇$_4$ ioN：香鄉$_1$ 向$_3$ u：虛$_1$ 許$_2$ ua：花$_1$ 化$_3$ ua2：喝$_4$ ue：灰花$_1$ 賄悔火夥$_2$ 晦誨貨$_3$ ue2：血$_4$ ui：麾揮輝徽$_1$ 毀$_2$ 諱$_3$ un：婚熏勳薰葷$_1$ 訓$_3$ ut：忽$_4$ uan：歡$_1$ 喚煥$_3$ uaN：歡$_1$ 骬$_5$
'	iau：楬$_1$ iəŋ：薨轟$_1$ uai：歪$_1$
p'	
l	

中古音與台南方言聲母對照表（續）

古聲 台聲	匣
k	au：猴$_5$ 厚$_7$ am：銜$_5$ aN：含$_5$ e：下$_7$ o：糊$_5$ iam：鹹$_5$ iap：峽俠$_4$ iəŋ：莖$_1$ 迥$_2$ iaN：行$_5$ uai：壞$_7$ uan：懸$_5$ 縣$_7$ ut：滑猾$_8$ uaN：寒$_5$ 汗$_7$
k'	uan：環$_5$
g	aŋ：戇$_7$ oŋ：戇$_7$ uan：玄$_5$
ŋ	au：肴淆$_5$ eN?：挾$_8$
h	a：蝦霞$_5$ 下厦夏暇$_7$ a?：合$_8$ ai：駭$_2$ 孩諧鞋$_5$ 亥害械蟹$_7$ au：侯$_5$ 效校後候$_7$ am：酣含函咸鹹銜$_5$ 憾陷餡$_7$ ap： 合$_8$ an：寒韓閑$_5$ 旱汗翰限$_7$ at：轄$_4$ əŋ：降行杭航$_5$ 項 巷$_7$ ak：學斛$_8$ e：兮奚携蝦$_5$ 系係繫下暇蟹$_7$ o：乎湖鬍 狐壺糊侯喉猴胡$_5$ 戶互護後后厚候$_7$ o?：鶴$_8$ oŋ：晃$_2$ 黃 皇蝗弘宏洪紅虹鴻$_5$ 哄$_7$ ok：鶴$_8$ ə：何河荷禾和豪壕毫$_5$ 賀禍浩號$_7$ iam：嫌$_5$ iap：狹洽挾協$_8$ in：眩$_5$ 恨$_7$ ian： 賢弦玄眩懸$_5$ 莧現縣$_7$ iat：穴$_8$ iəŋ：恒行衡形刑型橫還$_5$ 杏行幸莧$_7$ iək：或惑核獲$_8$ ua：華$_5$ 畫話$_7$ ue：回和$_5$ 滙 潰會繪$_7$ ui：惠慧$_7$ uai：槐淮懷$_5$ 壞$_7$ un：很$_2$ 痕魂渾$_5$ 恨混渾$_7$ ut：核$_8$ uan：桓還環$_5$ 換幻患宦$_7$ uat：活$_8$ uai N：橫$_5$
,	a?：盒匣$_8$ au：後$_7$ 喉$_5$ am：頷$_7$ ap：盒盍匣$_8$ an：限$_7$ at：曷$_4$ aŋ：洪紅$_5$ aN：餡$_7$ e：鞋$_5$ 禍下厦會$_7$ o：胡湖 壺$_5$ o?：學$_8$ əŋ：黃$_5$ iəŋ：螢閑$_5$ iək：劃$_8$ ua：何$_5$ ua?：活$_8$ ue：畫話$_7$ ue?：劃$_8$ uan：皖$_2$ 丸完$_5$ uan：緩$_7$
p'	əŋ：航$_5$
l	am：艦$_7$

中古音與台南方言聲母對照表（續）

古聲 台聲	影
l	
c	
s	
k	
g	
h	iok：郁$_4$
'	鴉阿$_1$ 啞$_2$ 亞$_3$：a?：押鴨$_4$ ai：哀埃挨$_1$ 藹矮$_2$ 愛隘$_3$ au：漚歐甌$_1$ 嘔$_1$ 懊$_3$ am：庵$_1$ 暗$_3$ ap：押鴨壓$_4$ an：安鞍$_1$ 案按晏$_3$ at：軋$_4$ əŋ：汪翁$_1$ 甕$_3$ ak：握沃$_4$ e：挨$_1$ 啞矮$_2$ 縊$_3$ e?：厄$_4$ eN：英嬰$_1$ o：烏$_1$ 嘔毆$_2$ 惡$_3$ o?：惡$_4$ oŋ：汪翁$_1$ 枉$_2$ 甕$_3$ ok：惡屋$_4$ oN：惡$_3$ ə：阿窩$_1$ 襖$_2$ 奧懊澳$_3$ əŋ：央秧$_1$ 椀影$_2$ i：伊醫衣依$_1$ 倚椅$_2$ 意$_3$ ia?：益$_4$ io：腰么$_1$ io?：約$_4$ iu：憂優幽$_1$ 幼$_3$ iau：妖要腰邀么$_1$ 夭$_2$ 要$_3$ im：音陰$_1$ 飲$_2$ 蔭$_3$ ip：邑揖$_4$ iam：淹閹醃$_1$ 掩$_2$ 厭$_3$ in：恩因姻$_1$ 印應$_3$ it：乙一憶$_4$ ian：焉煙淵$_1$ 堰燕宴$_3$ iat：謁$_4$ ioŋ：央秧殃鴦雍$_1$ 擁$_2$ 映壅甕$_3$ iok：約$_4$ iəŋ：應鷹英鶯鸚櫻嬰纓$_1$ 影$_2$ 應壅甕$_3$ iək：億憶抑厄扼軛益$_4$ iN：燕$_3$ iaN：纓$_1$ 影$_2$ 映$_3$ ioN：鴦$_1$ u：於污迂$_1$ ua：蛙$_1$ ue：煨窩$_1$ 穢$_3$ ui：威衣$_1$ 委$_2$ 畏慰$_3$ un：殷溫瘟$_1$ 隱穩$_2$ ut：熨鬱$_4$ uan：剜剜彎灣冤$_1$ 碗腕宛椀$_2$ 怨$_3$ 灣$_5$ uat：挖$_4$ uaN：安鞍$_1$ 碗腕$_2$ 晏桉$_3$
b	iau：杳$_2$

中古音與台南方言聲母對照表（續）

古聲／台聲	云	以
l	ui：彙$_7$	u：愈$_2$愉楡逾$_5$ 裕喻$_7$ ue：銳$_2$
c		ioN：癢$_7$
s		iam：簷$_5$ in：蠅$_5$ it：翼$_8$ iəŋ：蠅$_5$
k		uan：捐$_1$
g	uan：員$_5$	iam：閻$_5$
h	o：雨$_7$ əŋ：園$_5$ 遠$_7$ im：熊$_5$ ioŋ：熊雄$_5$ i əŋ：雄$_5$ iək：域$_8$ un：雲$_5$ uan：垣$_5$	ioŋ：融$_5$
，	o：芋$_7$ oŋ：往$_2$ 王$_5$ 旺$_7$ əŋ：暈$_7$ i：矣$_2$ iu：有友$_5$ 尤郵$_5$ 又右祐宥$_7$ iam：炎$_7$ ian：院$_7$ iəŋ：永$_2$ 榮$_5$ 泳詠$_7$ iN：円$_5$ 院$_7$ u：于$_1$ 宇羽禹雨$_2$ 盂$_5$ 芋有$_7$ ue：衛$_7$ ui：萎偉葦$_2$ 爲違圍$_5$ 爲位胃蝟謂緯$_7$ un：云$_5$ 運韻暈$_7$ uan：遠$_2$ 員円袁猿轅圓$_5$ 援$_7$ uat：曰越粵$_8$	i：已以$_2$ 移夷姨飴惟維唯余$_5$ 肄$_7$ ia：也野$_2$ 耶爺$_5$ 夜$_7$ ia?：亦易役$_8$ io：搖窰姚$_5$ io?：藥鑰$_8$ iu：西誘$_2$ 由油游悠猶$_5$ 柚釉$_7$ iau：舀$_2$ 搖窰遙謠姚$_5$ 耀$_7$ im：淫$_5$ iam：鹽閻$_5$ 炎焰豔$_7$ iap：葉頁煤$_8$ in：引允$_2$ 寅$_5$ 孕$_7$ ian：演裒$_2$ 延筵沿鉛捐緣$_5$ iat：悅閱$_8$ iaŋ：揚$_5$ ioŋ：養甬勇湧$_2$ 羊洋烊楊揚陽瘍容蓉鎔庸$_5$ 癢樣恙用$_7$ iok：藥躍鑰育欲浴$_8$ iəŋ：穎湧$_2$ 盈贏營塋$_5$ 用$_7$ iək：逸翼亦易譯液腋役疫浴$_8$ iN：易異$_7$ iaN：贏營$_5$ ioN：養$_2$ 羊洋烊楊陽$_5$ 樣$_7$ u：與$_2$ 余餘$_5$ 與譽豫預$_7$ ui：遺$_5$ un：允尹$_2$ 勻$_5$
b		

中古音與台南方言聲調對照表

聲調＼古調　清濁	平・清	平・濁	上・清	上・濁次	上・濁全	去・清	去・濁	入・清	入・濁
陰平	十	于酣蹲摸秸　雛拈莝貓甜　苔矜鯨微捐	組者		妓		劑		
陽平	堤攙詢灣　掏圈滂　揪荀妨	十	唯		鮑		鉋醨殉　療梵　售戀		
上	萎軒蝠	媽研研　拿　撬跑	十	十	芋薺盾窘強挺　釜皖囿菌晃艇　駁很慣上迥	藹腕統振　悔振訪　瘦諷	屢傍　餞　玩署		
陰去	嵌鋼　竣	袍	顆叩叩　企簒			十	敝召棧漏　幣復蛋　翡鴆鑴棧		
陽去	俱崎　暹	炎凡便	俾儘頸	呂五耳蟻卵癀　卵午尾藕懶　雨老有兩遠網	十	貸淵濺　懈扮	伺　十		昨幕
陰入								十	峽螯轄　俠捺抹勺抹　磊曷嚼淑栗落
陽入								踏的　脅　爆踏	十

台南方言同音字表

	陰平 a	上 a	陰去 a	陰入 a?	陽平 a	陽去 a	陽入 a?
p	巴	把飽	霸爸豹	百	爬琶	罷	
p'	抛			拍			
b		馬媽			猫貓貍貓		
m	馬媽		罵		廐㾓	罵	踏
t			罩	答搭			
t'				塔			
l	拿	拿					臘蠟蠟曆
n					鎔		
c	查山查渣	早	詐炸			乍昨	
c'	差差別,出差叉	吵炒		插	茶查調查柴		
s	沙紗	傻灑	曬	插			煠
k	加家嘉佳鉸交 交易膠	假賈假絞	假放駕架嫁稼 價教罟	鴿甲胛合我 合敆	茄瘸	咬	
k'	畸 一畸楠膠	巧					
g		雅			牙芽衙		
ŋ							
h			孝		霞蝦	下夏夏眼	合同 合同
,	鴉阿	啞	亞	押鴨			盒匣 盒匣

ai

聲母	陰平 丁	上 乀	陰去 丄	陽平 八	陽去 丨
p		擺	拜	排牌筏	稗敗
p'			派沛		
b		買		埋眉	
m					
t	獃		戴帶	台	大代袋怠殆貸賃第第先
t'	胎苔		太泰態		待
l				來梨	內利
n	乃奶				耐賴奈
c	栽災齋	宰	再載載重債	才材裁財臍	在
c'	猜釵	彩採		柴財才裁	在
s	篩西屎私卥奇師獅	屎使駛	塞邊塞賽婿使大使		
k	皆階該	改解	介疥界戒屆蓋丐		
k'	揩開	凱楷	慨慨慨咳		崖涯
g					礙艾
ŋ					艾刈
h	海駭			孩鞋諧	害蟹亥懈械
ʔ	哀挨埃	矮藹	愛隘		

韻母：au

聲母	陰平 ˥	上 ˋ	陰去 ˩	陰入 ˩	陽平 ／	陽去 ˧	陽入 ˥
p	包胞	飽	炮泡泡豹苞		鮑袍跑鉋	抱	
pʻ	泡拋	跑				貿	雹
b		卯				貌	
m				啄	茅矛	豆	
t	兜	倒斗抖	罩到到底畫鬥		投		
tʻ	偷		透		頭		落
l		撓老老二惱瑙	漏漏風		樓流留劉	老漏留漏水漏	
n					巢	鬧	
c	糟	蚤走	灶奏				
cʻ	抄鈔操	吵炒草	湊臭				
s	梢		稍掃嗽				
k	交郊膠鉸高篙 勾鉤溝	狡絞狗口齩口九	教校狡較窖酵 餃		猴	厚	
kʻ	敲鍫	巧口口入口	扣叩				
g		咬				藕	
ŋ		吼	孝		侯姓	校事校效候後後 後生	
h			懊		喉	後前後	
ʼ	漚歐甌	嘔					

| | 陰平 ˧ | 上 ˥ | 陰去 ˩ | 陰入 ˧ | 陽平 ˦ | 陽去 ˨ | 陽入 ˩ |
	(am)	(am)	(am)	(ap)	(am)	(am)	(ap)
p							
pʻ							
b							
m							
t	擔擔任扰	膽	擔挑擔	搭答	談譚	淡	踏
tʻ	貪	毯	探	塌塔	潭毿		
l		覽攬擥			男南藍籃淋	濫艦	納拉臘
n							
c		斬	蘸	插	蚕蟳誠饞塊	賺站	雜十
cʻ	參	慘	懺				
s	三杉衫參人參						
k	甘柑藍監監牟	感敢橄	監國子監鑑	鴿甲胛蛤閤 / 合合集	銜		
kʻ	堪嵌	坎	崁勘	恰拾磕			
g					嚴		
ŋ							
h	蚶蚶	喊		押胛壓	含函銜鹹鹹	陷餡銜憾	合合同
ʼ	庵		暗			頷	盒匣蓋

	陰平 ㄱ	上 丶	陰去 ㄑ	陰入 ㄐ	陽平 ㄑ	陽去 ㄒ	陽入 ㄱ
	an	an	an	at	an	an	at
p	班斑頒	板版		八	便便宜瓶	扮瓣辦	別別人
p'	扳攀		盼				
b		挽		別 讀也	蠻饅閩	慢漫慢萬	密
m							
t	丹單	等等候	旦蛋	擱陽	檀壇彈彈琴	但蛋彈子彈子彈誕	達值值信
t'	攤攤癱	坦敨	炭歎趁				
l	懶	懶		捺	難難易攔蘭鱗 零零星	難患難爛瀾爛	捺栗力
n							
c	曾姓	盞	贊讚棧	札杸節	殘層		實
c'	餐		燦	擦察漆	殘層		眽
s	山刪删星零星	鏟產散肯散	傘散分散汕	撒薩殺虱塞			
k	干肝竿乾乾燥慣幹 間空間奸姦	桿趕揀簡捆	幹諫間間斷	割葛結			
k'	刊看看守牽	眼	看看見	渴克克苦	顏	岸雁諺	
g		眼					
ŋ							
h	番蕃薯	罕罕啵	漢	喝嘅轄餄	寒韓閑	旱汗翰限	瞎
'	安鞍		案按晏	遏軋		限	

聲母	陰平 ┐ (aŋ)	上 ˇ (aŋ)	陰去 ┘ (aŋ)	陰入 ┘ (ak)	陽平 ∥ (aŋ)	陽去 ┤ (aŋ)	陽入 ┐ (ak)
p	幫邦柀剛	綁	放	剝北幅腹破腹	龐房馮姓縫縫衫	棒胖	縛
p'	芳蜂	紡蠓	胖	覆	航航空篷	縫一條縫	曝
b		蠓		腹腹肚	忙	網望夢	墨木目
m							
t	當東冬	董	凍	觸	同銅筒董	動重輕重	濁獨毒逐
t'	通	桶	痛	剝	蟲桐	丈	讀六
l		攏籠竹籠		落	儂膿籠蝶籠甕	丈	
n							
c	椶鬃	總	粽		叢		鑿
c'	聰葱						
s	鬆						
k	江扛岡工公釭也	講港	降下降	角覺		共	
k'	工工課空空爐		炕空空缺	確殼			
g					行杭航降	應	岳嶽樂音樂
ŋ							
h	烘			握沃		項巷	學斛
'	汪翁		甕		紅洪		

aᴺ

聲母	陰平 ˥	上 ˋ	陰去 ˩	陽平 ˊ	陽去 ˧
p					
pʻ			怕		
b					
m	擔擔任	滿滿是，彌月也	擔挑擔		
t		打膽			
tʻ	他				
l					
n		攬		藍籃林	
c			詐炸	藍籃林	乍昨
cʻ					
s	三衫				
k	監監半	敢橄	醉		
kʻ					
g					
ŋ					
h		喊嚇也			
ʼ					餡

aiᴺ

	陰平 ˥	上 ˥˩	陰去 ˩	陽平 ˊ	陽去 ˧
p		擺次也			
pʻ					
b					
m					
t					
tʻ					
l					
n		宰載年載指指頭也			
c					
cʻ					
s					
k					
kʻ					
g					
ŋ					
h					
ʼ					

	陰平 ｜	上 ∨	陰去 ｜	陰入 ｜ e²	陽平 ／	陽去 ｜ e	陽入 ｜ e²
p		把	蔽藪襒	八百乇姓伯柏擘	爬琶	斃弊陛	白帛
pʻ			帕			稗	
b		馬買			迷	謎賣罵	麥
m							
t	低	底下底抵	帝戴姓		蹄蹹茶	弟第遞地字代袋	宅
tʻ	梯胎鈙推	體	替剃退		提娗啼	蛇	笠
l		禮妳奶妮儡 奶			梨犁黎螺璃	例勵隸麗淚	
n							
c	削渣蹉嗟	姊薺姐	祭際制製濟債 歲度歲，滿一歲也	節年節冗	齊臍	嫁坐罪	歡絕
cʻ	妻叉蹉出差初		切一切脆脆	冊		坐	
s	西棲犀紗梳疏 疏	洗婿	世勢細婿壻	雪記說謝	垂頷垂	誓近	
k	街雞稽圭閨加 家階	假真假改解	計繼假放假架髻 價垢	格隔		下低也	逆
kʻ	溪奎	啓	契	客	倪牙芽衙		
g						藝藝	
ŋ							
h		啞矮	繪	嗐呃	奚兮携蝦魚蝦	系係繫下顧顧眼 蟹	
ʔ	挨				鞋	禍下面夏會會曉	挾

	陰平 ˥	上 ˥ (eN)	陰去 ˩	陰入 ˩ (eN?)	陽平 ˥	陽去 ˧ (eN)	陽入 ˥ (eN?)
p	偏		柄		棚不形容詞	病	
pʻ					彭不動詞坪		
b							
m		猛	夢		盲明明年冥		脈
t						鄭	
tʻ		醒					
l							
n							
c	爭	井	姓性				
cʻ	青星腥	醒					
s	生		姓性				
k	更五更庚羹經	哽	徑				
kʻ	坑						
g				莢莢			
ŋ						硬	挾
h							
ʔ	英嬰						

	陰平 ˥	上 ˥	陰去 ˩	陰入 o?˩	陽平 o?˦	陽去 o˩	陽入 o?˥
p	夫	補脯斧	布佈怖傅		葡蒲	部步捕哺	瀑
pʻ	鋪鋪歕	譜普鋪剖	鋪店鋪	朴粕	菩扶	簿	
b	姥牡某歟				模模謀	募墓慕戊募賀	莫
m					磨劘刀魔毛	冒茂	
t	都	肚魚肚賭斗訐	妒妬	卓桌	徒途塗苦圖投	杜肚賭土度渡豆逗	
tʻ	偷	土吐吐棯	吐唾土兎透		頭塗土地		
l	努魯擼臑癆	努魯攎癆			奴盧爐盧樓	怒路胳露胳漏	落
n					挪		
c	租組孴鄒觸躅	祖組走	奏	作		助驟	昨
cʻ	粗初	楚礎	措錯楚錯醋湊				
s	酥蘇梳疏蔬疏揣搜	所受瘦	素訴塑疏沚瀟數嫩嗽	索			
k	姑孤箍古勾鉤講	古估股鈸狗苟	故固雇顧構購夠	各閣擱胳	糊		
kʻ	箍呼	苦口可擧可苦	庫褲叩扣寇				
g		我五伍午偶藕			吳梧	悟梧五午	
ŋ					訛吳吾唔俄鵝	餓臥悟	
h	虎滸唬否	虎滸唬否			呼湖猢鰗狐壺猴候猴胡	互護戶後后厚候雨	鶴
'	烏	嫗毆	惡觸惡	惡蠖也		芋	學

	陰平　ㄱ	上　ㄑ	陰去　ㄐ	陰入　ok　ㄐ	陽平　ㄑ	陽去　oŋ　ㄧ	陽入　ok　ㄱ
p		榜傍	謗	北駁卜			泊洴僕爆鏷
pʻ		捧	肨	博粕朴撲襆	篷		曝瀑
b	摸	網罔莽蟒蠎				妄望夢墓	莫望膜木目牧 穆
m							
t	當噹當東冬	黨董懂	當貴當症凍凍	卓桌啄琢琢篤督	堂棠唐塘同桐銅筒 童憧	瑒宕蕩動洞	鐸鐲躅躑犢毒
tʻ	湯通	倘躺桶統	燙痛	托託	糖	浪羨	讚
l	囊朗瓤瓤籠籠竹籠				儂郎狼廊籠礱農穠 膿濃	浪	諾烙洛絡酪烙 樂快樂鹿廘
n							
c	臧臧莊莊椿椿鬃鬃宗 蹤	總	葬壯粽	作	藏臧藏叢崇	藏西藏臟狀	濁族
cʻ	倉蒼窗聰怱葱		創	錯戳戳	牀		鑿
s	桑喪霜孀孀雙雙	嗓爽	喪去喪送宋	朔速束	抹		
k	岡岡剛綱缸鋼光公 功工虹攻	廣管講講	逛貢贛	各閣擱胳郭國 谷穀	狂		
kʻ	康糠匡筐空空壙	懭孔	抗炕曠礦控空空缺	廓擴哭酷			
g							
ŋ						戇	鄂鶚
h	荒慌方坊防烘風 楓瀜灃封率峰鋒	謊恍晃放仿仿紡舫 謊髒	放況	霍霍福幅蝠蝠復 腹覆	黃皇煌防防弘宏蓬 洪缸虹鴻蓬縫縫杉	哄鳳奉俸縫一線縫	鶴服伏狀復
,	汪翁	枉往	甕	惡善惡屋	王	旺	

	陰平 ˥	上 ˩ (ON)	陰去 ˩ (ON)	陰入 ˩ (ON²)	陽平 ˩ (ON)	陽去 ˩ (ON)	陽入 ˥ (ON²)
p							
pʻ							
b							
m							膜
t							
tʻ							
l							
n							
c							
cʻ							
s							
k							
kʻ							
g							
ŋ	火夥好好壞		貨好喜好耗				
h							
'			惡可惡				

ə	陰平 ˥	上 ˩	陰去 ˩	陽平 ˩	陽去 ˩
p	玻菠褒	保堡寶	播玻報	婆	暴
p'	波坡頗		破	葡	部一部薄抱
b		母		毛無也	
m					磨石磨帽
t	多刀都嘟是	朵島打倒擣	到倒倒水	駝陶萄匋逃燾	舵情道稻盜導
t'	拖滔	妥討	唾套	桃	糯
l		惱腦老		羅籮螺勞牢	
n					
c	遭糟	左早蚤棗	佐做灶	曹槽	坐座自造
c'	搓操操	草楚慘楚	挫粗錯錯誤		
s	梭艘	鎖嫂	掃		
k	哥歌戈鍋膏膏膏羔羔燕	果稿	個過告		
k'	科	可考攷	顆課靠稿		
g				熬鵝	傲餓
ŋ	蒿薅				
h		好		何河荷禾和豪壕毫	賀禍浩號
'	阿屙	懊	奧懊澳		

əŋ

	陰平 ㄱ	上 ˋ	陰去 ˩	陽平 ˧	陽去 ˩
p	幫方姓	榜			飯傍
pʻ					
b					
m	當當當	晚		毛頭毛眠眠昧門	問
t	當當當店	轉	頓當當店	堂唐塘長長盲腸	斷斷絕丈一丈撞
tʻ	場		褪褪	糖	
l		軟			
n				郎	卵浪兩兩個
c	傳賺莊裝		鑽	全	旋藏臟狀告狀
cʻ	穿村倉槍		串	牀	
s	酸門孫桑喪襄霜	損	算蒜		
k	缸光扛	管胕管捲廣	貫崔鋼		
kʻ	康姓糠	管胕管捲廣	勸因放置也		
g					
ŋ					
h	昏荒方藥方			園	遠
,	央秧	阮宛影樹影		黃	暈

m

	陰平┐	上乁	陰去┘	陽平乀	陽去┤
p					
pʻ					
b					
m					
t					
tʻ					
l					
n					
c					
cʻ					
s					
k					
kʻ					
g					
ŋ					
h			媒茅 梅		
ʼ					

	陰平 ˥	上 ˥ (i)	陰去 ˩ (i)	陰入 ˩ (i2)	陽平 ˩ (i)	陽去 ˥ (i)	陽入 ˥ (i2)
p	卑睥悲	彼比	閉髀泌秘妣陴渒	鱉	睥耗枇	俾袐睥避備彙	癟
p'	披批丕	鄙	譬屁		皮疲	疲	
b		米瀰美尾			麋獼眉瓕微迷	瞇未味謎 媚尾	羃
m					麼		
t	知蜘豬	底拄	智致置戴戴帽	滴	池弛遲箎持	滯稚稚治迨箸弟地 土地公	喋
t'		恥	剃	鐵	苔呤		
l		履李里裏裹籬汝子秖子 爾你耳		裂	離籬別籬璃呂理螺 而尼籬 泥尼	離釐賦利刺二吏 餌字	裂
n							舌折折手
c	支枝肢稍脂之芝	只紙帋旨指止址趾 榩子秖子	至志恣誌	接摺		胝	
c'	差參蹉瘥縒瘳	侈齒	刺翅試		持徐	市詷	
s	施尸詩西瓜撕私 家私司思絲	家始失屎死	試世勢四	薛	匙持辭	氏是示視嗜持寺 侍	
k	驕飢肌基幾機譏謎 車車馬地鼓攺	已紀几幾幾個舉矩 指指向	寄冀記妓計	骹缺缺	合妓祈棋期碕丽	俗妓技忌	
k'	崎騎敧欹	起豈齒	去器棄器企		騎	柿	
g		蟻嶷			宜儀疑	誼義讓	
ŋ							
h	犧曦熙希稀噓	喜	戲肺		魚	杮	
·	伊醫衣依	倚裿矣以	意		移夷姨飴維維余	肄	

	陰平 ˥	ia 上 ˥˩	陰去 ˩	ia? 陰入 ˩	陽平 ˧	ia 陽去 ˩	ia? 陽入 ˥
p				壁			
p'				僻癖			
b							
m.	多						雜
t	遮			摘			
t'				拆			
l		惹		跡蹟跡			
n							
c	遮者此處	姐者	借炙蔗	即佮脊隻跡		藉謝榭	食
c'	車奢	扯		赤			
s	此賒	寫捨	卸瀉舍赦	錫析削也	邪斜蛇	社謝射	
k			寄	隙		崎	屐
k'	掎奇數				騎	徛立也	
g					迎		額數額
ŋ						蟻	
h	靴	也野		益更加地	耶爺	夜	額額頭
'							亦易易經役

	io 陰平 ˥	io 上 ˅	io 陰去 ˩	io² 陰入 ˩	io 陽平 ˊ	io 陽去 ˧	io² 陽入 ˥
p	標摽標	表	票剽			鰾	
p'					瓢		
b					描	廟	
m							
t	挑		釣	著着線	潮	趙	著勢地
t'							
l			糶		撩	尿	略弱
n							
c	蕉椒招	少	醮照	借			石
c'	秋鞦鰍	小	笑唱	尺借			席
s	宵翛相			腳却			
k			叫		茄橋	轎	
k'							
g							
ŋ							
h							
ʔ	腰夭			約	搖謠姚		藥鑰

	陰平 ˥	上 ˇ	陰去 ˩	陽平 ˧	陽去 ˩
			iu		
p	彪				
p‘					
b					謬
m					
t	丟	肘	晝	綢稠籌	紂宙
t‘	抽	丑			
l		扭紐柳		流琉榴餾劉柔	餾
n					
c	州洲舟周洀	酒帚守	呪咮		就
c‘	秋鬚	醜手首	皺縐	揪愁	樹
s	修羞收	守手首	秀繡宿星宿獸	囚泅仇酬售	受袖授壽
k	刂鳩	九韭紏久	究救灸	求球	臼舅咎舊柩
k‘	丘			球璆球	
g				牛	
ŋ					
h	休	朽	復再也臭香臭		
’	憂優幽	有友酉誘	幼	尤郵由油游遊悠猶	又右祐宥柚釉

iau

聲母	陰平 ˥	上 ˥	陰去 ˩	陽平 八	陽去 ㄧ
p	膘慓飈飆飄	表			鰾
pʻ			票漂	瓢嫖	
b		秒渺藐杳		苗描貓	廟妙
m					
t	朝今朝刁貂雕		召甲釣	朝朝代潮條調調和	兆趙掉召調肇調
tʻ	挑		跳糶		
l		擾繞了瞭爪	抓	燎饒療聊撩寥遼條	尿料廖
n	貓	鳥			
c	焦蕉椒昭招	沼鳥	醮照詔	樵瞧	
cʻ	鍬超搜	悄	笑		
s	宵消硝霄燒蕭簫	小少	俏少年笑見笑	韶	紹邵
k	嬌驕	矯繳攪	叫	喬僑橋	轎
kʻ		巧	竅	蹺	
g					
ŋ					
h	梟囂僥	曉			
ʼ	妖要求腰邀幺枵飢也	夭舀	要重要	搖謠遙窯姚	耀

	im 陰平 ˥	im 上 ˥˩	im 陰去 ˩	ip 陰入 ˩	im 陽平 ˧	im 陽去 ˧˩	ip 陽入 ˥
p							
pʻ							
b							
m							
t			鴆		沉	朕	
tʻ							
l		忍			林淋臨王	賃任妊刃軔認	立笠粒入
n							
c	針斟	枕嬸	浸枕動詞	蟄執			集輯
cʻ	侵深	寢		緝			
s	心森參人參	沈審嬸	滲	澀濕	尋	甚	習襲十拾
k	今金	錦	禁	急級給	琴禽擒	妗	及
kʻ	襟欽矜			泣吸			
g					岑吟		
ŋ					熊		
h	欣	飲	蔭		淫		
，	音陰			邑揖			

	iam 陰平 ˥	iam 上 ˇ	iam 陰去 ˩	iap 陰入 ˩	iam 陽平 ∧	iam 陽去 ˧	iap 陽入 ˥
p							
pʼ							
b							
m							
t	霑	點	店墊		甜沾	簟	疊喋蝶諜
tʼ	添	忝		帖貼			曡
l	拈	欿冉染膁		聶攝捏	黏廉簾鮎拈雨淋　澹臨臨時	殮念	拉蠟蠟粒
n							
c	尖占詹瞻簪針		佔	接摺汁	潛	暫漸	捷
cʼ	礦簽簽簽纖	陝閃	僭	貶妾	蟾蟾		
s	兼	減檢	滲	垺	鹹	邏	涉
k			劍	夾狹峽劫夾　俠			
kʼ	謙		欠	怯	針	儉	
g		儼			嚴釀嚴閹	驗	業
ŋ							
h	醃	險	厭		鹽閹	炎焰豔	洽狹脅挾協
ʼ	淹閹醃	掩					葉頁煠

聲母	陰平 ㄧ	上	陰去	陰入 it ㄐ	陽平	陽去 in	陽入 it ㄅ
p	彬賓檳	稟	殯鬢	筆必畢	貧頻憑瓶屏	牝	弼閩
p'		品		匹			
b		憫敏抿			閩民眠明	面	密蜜
m							
t	津珍	振振動	鎮	得	陳塵塵	陣	姪直值
t'			趁		陳酳也		
l					憐嶙鄰鱗人仁	吝蕃認	日
n							
c	榛真升一升米	疹診振拯	進晉震	質職織即此節也	秦繩	儘盡	疾
c'	親		襯秤	七漆			
s	辛新薪身申伸娠先生		信訊訊	失息熄媳	神辰晨臣承繩	腎慎	實食蝕植殖
k	根跟巾斤筋均鈞今	緊謹	緝			僅近	
k'	輕			乞	勤芹		
g				訖迄	銀凝瞪目也		
ŋ						恨	
h	興興旺				眩	恨	
'	恩因姻	引允	印應答	乙一億	寅	孕	翼

	ian 陰平 ˥	ian 上 ˥	ian 陰去 ˩	iat 陰入 ˩	ian 陽平 ˧	ian 陽去 ˩	iat 陽入 ˥
p	鞭邊	蝙扁匾匾貶	變遍遍	別分別覕	駢	辦更辨辯辯汴辮	別離別
pʻ	編偏偏	免勉勉緬	騙片	撇		面麵	
b					綿眠		滅蔑
m							
t	顛	碾展典		哲	纏田	電殿奠佃塡沒澱也	轍迭跌秩
tʻ	天			徹撤轍			
l		輦撚撞			連聯然燃年運憐	煉鍊鍊	列烈裂熱
n							
c	煎氈氈搢箋	剪餞	棧箭淺戰顫顫鷹	折折斷浙節	前	賤棧	折弄折了輒捷
cʻ	遷千	淺		切切開	錢腸煙腸	踐棧	
s	鮮新鮮仙先	鮮鮮少癬洗	線扇	薛泄設肩	涎蟬禪禪宗	善羨單牲禪禪讓擅	舌
k	肩堅	囝繭筧	建見	揭結潔吉橘	乾乾坤度	件鍵健健	傑
kʻ	牽	遣犬		孑拮	言		挈
g		研					
ŋ							
h	掀軒	顯	獻憲	歇血	賢舷玄眩懸	莧硯現縣	穴
ʼ	焉燕淵	演兗	堰燕宴	謁	延沿鉛捐緣	院	悅閱

iaŋ

聲母	陰平┐	上\	陰去┘	陽平八	陽去┤
p					
pʻ					
b					
m					
t					
tʻ		嚷		涼	亮量
l					
n					
c		掌	障將	常	
cʻ			倡	詳	
s	傷雙		相		像
k					
kʻ					
g					
ŋ		響	餉向		
h	香			楊	
ʔ					

	ioŋ 陰平 ˥	ioŋ 上 ˋ	ioŋ 陰去 ˩	iok 陰入 ˩	ioŋ 陽平 ˊ	ioŋ 陽去 ˥	iok 陽入 ˥
p							
p'							
b							
m							
t	張中當中忠	長生長	帳漲賬帳中射中	著着衣竹築	長長短場腸重重複	丈杖杖仲重輕重	著付着逐軸
t'		冢寵	暢	畜畜生	蟲		
l		兩嚷攘冗			娘良涼量量糧梁梁瓤隆龍戎絨茸狼狼須	釀亮諒輛量數量讓	略掠若弱六陸戮肉綠錄辱褥
n					從服從	狀狀元	
c	將將來獎章樟終蹤縱縱榴鍾鐘舂	蔣獎槳掌種種顫腫癰	將大將醬障廣眾種鍾癀	爵嚼勺灼酌勻粥足祝燭囑			

	ioŋ			iok	ioŋ		iok
	陰平 ㄅ	上 ㄧ	陰去 ㄌ	陰入 ㄐ	陽平 ㄈ	陽去 ㄒ	陽入 ㄅ
c'	槍昌菖倡娼倀充冲從從容匡	搶厰憯	倡提倡唱銃縱放縱	雀鵲綽捉促觸	牆	匠	
s	相互相附湘箱襄鑲商傷菖	想賞上上山	相相貌	削屑宿鱐縮叔淑粟	祥詳常嘗甞償松	象像橡上上下尚 訟誦頌	熱俗續贖蜀 屬
k	僵薑疆姜弓躬宮穹恭供供給	強勉強拱鞏	供供養	脚菊掬	強強蜣窮	共	局劇
k'	羌腔	恐		却麯曲			
g		仰					
ŋ							唐糖王獄
h	香鄉凶兇胸	享響	餉向	蓄畜牧郁旭	熊雄融		
'	央秧殃鴦雍	養擁甬勇湧	映雍甕	約	羊洋佯揚陽陽 瘍容容鎔庸	攘樣恙用	藥躍鑰籥育飲 浴

	陰平 ㄐ	上 ㄗ	陰去 ㄗ	陰入 ㄐ	陽平 ㄏ	陽去 ㄏ	陽入 ㄏ
	ieŋ	ieŋ	ieŋ	iek	ieŋ	ieŋ	iek
p	崩冰兵	丙秉餅	迸柄拼	逼百伯柏迫	朋棚平坪屏	病並 並	白帛
pʻ	烹抨		聘	拍魄擘碧璧僻癖壁勞霹	膨膨膨評莘		
b		猛皿			盲萌明鳴盟名冥銘	孟命	默墨陌麥脈覓
m							
t	登燈戳釘鑠釘丁打	等頂屏	戳釘釘住訂中中意	得德滴嫡嫡竹	藤橙燈懲呈程亭廷庭筵停重	鄭奠定錠	特擇擇擲笛耿敵擲軸宅
tʻ	撐聽聽見廳汀	逞挺艇等	撐聽聽任	飭拆斥踢剔	騰滕程庭		
l		冷領嶺		慄	能楞凌陵麥仍扔擎伶鈴零靈翎籠	令另	助勤匿力溺歷曆綠錄
n							
c	曾姓增曾曾曾蒸爭睜等精睛晶貞偵征正月鐘鐘舂	症證正正義改眾種種蒸	莖則嗣仄穽責積跡隻績拯燭	曾曾經層情前從自從		贈靖靖靜淨	賊籍寂

	iaŋ 陰平	iaŋ 上	陰去	iak 陰入	ieŋ 陽平	ieŋ 陽去	iak 陽入
c'	稱稱胖清蟶菁千 旌聲星腥	請	稱稱秤秤銃綻	滕側測冊策 尺赤感粟觸	松		夕席石碩熟
s	升勝勝牲生甥 旌聲星腥	省醒	勝勝敗姓廷性聖	悉瑟虱塞栗 塞息熄色識 嗇穡式識飾 昔惜適釋錫 析	乘繩丞承蠅成 城誠盛盛瀰	剩盛興盛	
k	羹更五更庚薑耕 莖京荊驚鯨鏡 間肩弓宮供口供	哽梗耿境景警 迥揀稠繭	更更加敬竟寬 勁徑供供養	棘格革鬲鬲載 激擊菊	窮	硬頸頸共	極屐局
k'	坑卿輕傾筐	肯頃	慶磬	克刻客隙喫 鈗曲	擎瓊		
g		眼龍眼研			凝迎龍龍眼		
ŋ							額逆玉獄
h	興興哼罄兄胸		興高興	黑赫嚇 扼	恒行行為衡形型 刑橫還雄	杏行品行幸莧覓	或惑域核核 准獲
ʔ	嬰應應當鷹鶯鸚 櫻英嬰纓罌轟	影永穎勇	應應答甕甕壅罋	億憶抑扼軛 扼益	盈贏榮營塋螢 閑	泳詠用	逸翼易易 亦譯液腋劃 役疫洽

	陰平 ˥ (in)	上 ˇ	陰去 ˩	陰入 ˩ (iN²)	陽平 ∥	陽去 ꜔ (in)	陽入 ˥ (iN²)
p	鞭邊	扁	變			辯	
p'	篇		片			鼻	
b							物
m					綿	麵	
t	甜				纏	墘水墘	
t'	添天						
l							
n	拈	染			簾籬前連年		
c	氊目精妖精		箭		錢前簾前晴	舐	
c'	鮮鮮魚	淺					
s			扇			豉	
k	栀		見				
k'					鉗		
g							
ŋ							
h					円	耳哯	
'			燕			易離易異院	

| | iaN | | | iaN? | iaN | | iaN? |
	陰平 ┐	上 ┤	陰去 ┘	陰入]	陽平 ┤	陽去 ┤	陽入]
p		丙餅	併		平平仄		
pʻ					坏海坏		
b							
m					名	命	
t		鼎			呈庭	定錠	
tʻ	聽聽				程		
l							
n		領嶺			娘母也		
c	精精肉正正月	且請	正歪正		情戍貟也	定而已	
cʻ					成成就		
s	聲		聖		成著-成城	盛姓	
k	京驚	囝	鏡		行行路	伴健	
kʻ							
g							
ŋ							
h	兄		向仰身也	嚇			
ʼ	纓	影電影	映		贏營		

ioN

	陰平 ˥	上 ˋ	陰去 ˩	陽平 ˊ	陽去 ˩
p					
pʻ					
b					
m					丈丈人
t	張	長長局長	帳漲	場	
tʻ					
l					
n		兩錢兩		娘姑娘凉凉樑量量重糧梁	量秤之大者讓
c	漿章樟	蔣槳掌	醬		
cʻ	鎗昌	搶廠		裳	攘上上山
s	相相想箱廂箱鑲傷	想思想賞	相相貌	牆牆	象像相像匠上生也
k	薑			常常	向
kʻ	腔				
g					
ŋ					
h	香燒香鄉		向向平,那邊也		
ʼ	鴦	養		羊洋佯楊陽	樣

	陰平 ㄇ	上 ㄒ	陰去 ㄐ	陰入 ㄥ（u²）	陽平 ㄅ	陽去（u）	陽入 ㄱ（u²）
p			富			婦	
pʻ							
b		武梅舞侮			芙浮 毋無巫誣	務霧	
m							
t	豬株蛛誅都	字	著駐書注		除厨 儲勤	箸住	突
tʻ							
l		女旅汝縷乳愈屢	鑢		驢如儒檽檽邌	呂慮鑢絡字	
n						聚住住自	
c	諸朱珠咨姿資 兹滋輜書	煮主紫子梓	註駐注柱籲		薯瓷慈		
cʻ	姐趨雛樞雌舒 蹉參差	處杵廁所趣娶此	處處所趣娶次		疵		
s	胥舒書須績鬚 輸艫騙撕撕私 師獅司思絲	暑黍鼠煮死史 使鼠駛署	絮恕庶成賜四 肆思使使者	速	徐敍絡詞辭	序敍絡署譽輸 運艫樹已似祀士 仕俟伺飼嗣事	
k	居車馬駒炮龜	舉矩久矩	據鋸句灸		渠	巨拒距俱員箸	
kʻ	拘駒區驅丘					懼臼柜	
g		語			娛虞愚牛	御禦萬遇	
ŋ							
h	虛夫膚敷烀 斧撫荃				魚扶夫符浮	父附輔附負婦	
ʼ	污於迂于				余餘盂	與參譽預擧字雨	

	ua 陰平 ˥	ua 上 ˇ	ua 陰去 ˩	ua? 陰入 ˩	ua 陽平 ˊ	ua 陽去 ˩	ua? 陽入 ˥
p			簸	鉢撥			拔扳桶鈑
pʻ			破	潑			
b				抹	磨（磨刀）麻		末
m							
t			帶			舵大	
tʻ	拖			獺脫			
l					鑼	賴	辣熱拎
n							
c		紙			蛇	逝誓	
cʻ			蔡	察			
s	沙	徙		撒殺			
k	瓜歌		卦掛捼罪過蓋	割葛			
kʻ	誇		跨掛	渴闊			
g		我				外	
ŋ							
h	花		化	喝	華	話畫	
，	蛙	瓦			何		活

	ue 陰平	ue 上	ue 陰去	ue? 陰入	陽平	ue 陽去	ue? 陽入
p	杯飛		背斖貝		培陪賠	倍佩背背謠焙	拔拔刀
pʻ	胚坯批		配		皮	被紩被	
b		尾				未	襪
m		每			枚媒梅	妹眛	
t			退			允	
tʻ							
l						內芮銳	
n							
c			最綴贅			罪	
cʻ	吹炊	髓					
s	衰		稅帥	說	垂		
k	瓜	果	會會計會檜膾過界徑	郭			
kʻ	炊盔魁科		課	缺欠缺	瘸		
g						外	月
ŋ							
h	灰花	賄悔火夥	晦誨廢賄歲		回和和尙	匯潰會開會繪	
ʔ	煨窩		穢	血		衛畫話	劃

	陰平 ˥	上 ˥	陰去 ˩	陽平 ˥	陽去 ˥
ui					
p			痹	肥	吠
pʻ			屁糞		
b	微				
m					
t	堆追	腿	對	槌	隊墜
tʻ	推			搥	
l		呆 呆積蕊 偬 壘壘		雷	呆 壘呆 類號
n					
c	錐	嘴水	醉		
cʻ	吹炊推催催	髓揣	碎碎脆翠粹	隨垂誰	睡瑞遂穗
s	雖綏衰	水		遂葵	脆櫃
k	規龜歸	軌鬼幾幾幾圇	桂癸季貴		跪櫃
kʻ	斷窺開		愧氣		
g				危	偽魏
ŋ					
h	麾非飛妃揮輝幘徽	毀匪	肺沸費翡諱	肥	吠惠慧
'	威衣隈衣	委委偉葦	畏慰	為作為遺違圍	為嫣向位胃蝟謂緯

uai

	陰平 ˥	上 ˅	陰去 ˩	陽平 ˀ	陽去 ˧
p					
pʻ					
b					
m				埋	
t					
tʻ					
l					
n					
c					
cʻ					
s					
k	乖	拐	怪		壞
kʻ			塊快		
g					
ŋ					
h				塊准懷	壞
ʔ	歪				

聲母	陰平 ㄱ	上 ˥ (un)	陰去 ˩ (un)	陰入 ㄱ (ut)	陽平 ˊ (un)	陽去 ˩ (un)	陽入 ㄱ (ut)
p	檳分	本	糞	不	盆	笨	勃佛
pʻ	奔		噴	拂			
b		吻刎			門文紋聞	悶問	沒勿物
m							
t	敦墩屯諄	盾囤	頓		屯豚臀脣	沌鈍遁	突
tʻ	吞椿	蠢	褪		豚		
l		忍		禿	崙論淪輪	嫩論尾潤	律率效率
n							
c	尊蹲遵	准準	竣俊	卒	存船	順	朮
cʻ	村春	喘舛忖蠢	寸	出	存		
s	孫	損筍榫	遜舜	戌恤率絀率蟀	荀詢旬循巡純醇殉	順	述術
k	君軍	滾	棍	骨		郡	
kʻ	昆崑坤	墾懇綑窘菌	困	窟屈	裙群拳		淈淈掘倔
g							
ŋ							
h	昏婚分芬紛薰 勳薰葷	很粉忿憤	奮糞訓	忽弗彿佛	渾魂運焚墳雲	混運汾恨	核核佛
ʔ	殷溫瘟	隱穩尹允		駛鬱	勻云	運韻暈	

	uan 陰平 ˥	uan 上 ˥˩	uan 陰去 ˩	uat 陰入 ˩	uan 陽平 ˩˥	uan 陽去 ˧	uat 陽入 ˥
p	般搬		半絆	鉢潑	盤	拌扳	拔鈸
pʻ	潘		判	潑	盤瞞	伴	未沫襪
b		滿晚挽		抹	瞞		
m							
t	端	短	斷決斷	掇		斷斷傳段緞篆傳 傳記	奪
tʻ			鍛	脫	團傳傳達椽		
l		暖軟			戀戀	卵亂	捋劣
n							
c	鑽動詞專傳	轉轉送	鑽名詞	拙	全泉	撰	絕
cʻ	詮川穿	喘	篡簒簒串	撮			
s	酸門宣	選	算蒜	刷雪說	旋船	旋旋毛鏇	
k	官棺觀參觀冠衣 冠鰥關捐	管館捲	貫灌罐觀寺觀冠 冠軍慣眷卷絹	括刮決訣	拳權顴懸	倦懸	
kʻ	寬	款	勸券	闊缺闕缺	圈環		月
g		玩阮			頑元原源員員外 玄玄孫	願範	
ŋ							
h	歡潘翻番	反	泛喚煥販	法發髮	帆梵桓還環煩 攀繁垣	犯范範換幻患 宦飯凡	乏活伐罰
ʼ	豌剜彎彎碗冤	睕碗腕宛椀遠	怨	挖蔽	丸完員円袁猿 緩園灣台灣	緩緩	曰越粵

uaN

	陰平 ┐	上 ㄟ	陰去 ⌐	陽平 ㄇ	陽去 ┤
p	般搬		半絆	盤	拌
pʻ	潘潘		判		伴
b		滿		瞞	
m					
t	單端端	擔	旦	彈彈壇檀圍	彈擊也彈段
tʻ	攤灘		炭		
l					
n		盞		欄攔	襴爛瀾
c	煎煎蔘		濺	殘吟殘渌	濺賤
cʻ					
s	山	散胃散產	散分散線		
k	肝竿乾官棺冠	寡揀	觀寺觀	寒	
kʻ	寬		看看見		汗
g					
ŋ					
h	歡	碗脘	案晏	鼾	岸
,	安鞍				旱換

uaiN

	陰平 ˥	上 ˥˩	陰去 ˩	陽平 ˊ	陽去 ˥
p					
pʻ					
b					
m					
t					
tʻ					
l					
n					
c					
cʻ					
s					
k	關關門	拐			
kʻ					
g					
ŋ					
h				橫橫直, 蠻橫	
ʔ					

解題—王育德博士的學問

／平山久雄(東京大學文學院教授)

一

　　這本書是故王育德博士的學位論文「閩音系研究」的公開出版。另外也把博士晚年寫的「台灣語的記述研究進展到甚麼情形」收錄進去(編按：這篇論文在台灣版的〔王育德全集〕收於第8卷《台灣語研究卷》內)，而改題為「台灣語音的歷史研究」作書名問世。

　　如同服部四郎教授在序文所說的，王博士的「閩音系研究」是昭和43年(1968年)12月，作為請求博士學位的論文向東京大學提出，以服部四郎教授為主審組成了審查委員會，翌44年3月，在大學院(研究所)的人文科學研究委員會審查報告之後，獲得頒授文學博士的學位。

　　又如附載「年譜」可知，王育德博士於台北高校畢業後，在昭和18年(1943年)進入東京帝國大學文學院支那哲學文學科求學，因戰爭劇烈而引起疏散的關係，回去故鄉台灣。戰後在台南一中執教的同時，藉由撰寫劇本和導演等演劇活動，燃起了建設新文化的熱情。然而，到了1948年二二八事件慘案發生時，隻身逃往香港，於1949年再次東渡日本。順便說一下，他的令兄

王育霖氏在二二八事件時喪亡。王育霖氏是東京帝大法學院畢
業，在戰前即是著名的法律專家，是一位有代表性的台灣的智識
份子。卻說再度到了日本以後的王博士，再度進入東京大學求
學，跟隨當時的倉石武四郎教授、藤堂明保講師學習。畢業論文
是「台灣語表現形態試論」，從這一點可以看出他很早就有志於
研究台語了。倉石、藤堂兩位老師都非常重視方言的研究，這對
王博士必定是很大的援軍。昭和 28 年(1953 年)，他從進入新制
大學院(研究所)成爲第一屆研究生以後，出席了語言學系的服部
四郎教授的授課，學習記述語言學(descriptive linguistics)的
方法；如何精密地觀察活的語言，從而找出體系來，並且體會到
了站在這個基礎上重新構成語言的「歷史」的手法。

二

　　1957 年，他自費出版的「台灣語常用語彙」便是將這種語
言記述方法適用到自己的眞正母語台南方言的精心著作。對於常
用語彙的五千個詞，記明詞類、意義以及用例，可以說是言簡意
賅的記述。卷首並有長達 50 幾頁的「台灣語概說」，涉及到台
語的歷史、羅馬字、音韻體系、詞彙、文法，也都做了廣泛而詳
細的解說，這些都是研究史上值得注目的貢獻。這一本書，由於
服部四郎教授所寫的等於論文的一篇長篇序文也令人驚訝！這篇
序文也再被輯錄於服部老師的著書「語言學的方法」(岩波書店，
1960 年)。同書裡也有倉石武四郎老師寫的情理兼具的序文，無
論怎樣，還是要抄錄其中的一節如下。

　　王君很快地整理了這項業績，自有他的道理。中國各方

言的研究，在其本國也才就緒不久，那是幾乎沒法依靠的。
而要在我國進行的話，必須給他適當的 informant(發音
人)。即使在語言方面是適當的，而他對這個工作要有興
趣，並且對工作能夠從容撥出時間，否則也是不行的。(中
略)然而，以王君來說，他的母語是台語，在東京大學學習
以後，獲得了研究語言的方法，可以說是一身兼備研究者和
informant 的好條件。並且，幫助他的王君的夫人也是台灣
人，又同樣是台南出身，聽說在夫妻團聚之下採集了詞彙。
王君的著述很快地問世，實在是因為有這樣的理由。

　　雖然這麼說，即使是母語，要把它整理成一個體系，畢
竟不是那麼容易的事。尤其是戰後僑居日本，擁有家庭，一
邊跟生活的艱難搏鬥，而對於這樣踏實質樸而又完全得不到
回報的研究投入數年的時日，終於完成至這樣的情景，對於
這些，平時就在關注的我，從內心裡祝福他的成功，並且要
慰撫他的辛勞。

倉石老師在這裡所說的有關王博士在研究上的「好條件」，
以及跟生活的艱難搏鬥，大概也同樣適用在其後王博士的所有著
作活動。附帶提一下，王博士就任了基本生活大致可以安定的專
任教職，是在 43 歲的時候。

三

　　一方面，王博士以故鄉台灣的政治獨立為目標，於 1960
年，跟同志組成了台灣青年社，擔任第一屆委員長，發行機關誌
「台灣青年」，從第 1 期到第 38 期連載了「台灣語講座」。因

爲，他認爲熟悉自己的語言而有愛惜之情，那是確認民族 identity(同一性)的基礎。無疑的，對自己的學問有助於同胞而感到很高興。然而，必須特別說明的是，從語言學的觀點，台語跟中國大陸的各方言有兄弟關係，尤其跟福建南部的閩南語是親近的關係，同樣是從古代的中國語分離出來的分枝之一，對這個事實，他一點也沒輕視。毋寧說，他認爲要辨別跟大陸中國語的關係，乃是要把台語的根源(root)弄清楚，以便使之對台語的愛心更加鞏固。「台灣青年」創刊發行同年所發表的「從語言年代學試探中國五大方言的分裂年代」，對於基礎詞彙內有幾％是來自同源詞，由調查它們的比率(共同殘存率)，來測定方言或同系統的語言甚麼時候從共同的祖先分裂出來，把這樣的語言年代學的方法適用在中國語上面。採用北京、蘇州、廣州、梅縣、廈門分別代表官話、吳語、粵語、客家語、閩語的所謂五大方言區，測定了它們之間的分裂年代。測定出來的結果，是相對於北京、蘇州之間的分裂年代最新，而北京、廈門之間的分裂年代最舊。圍繞廈門的具體年代值被引用在本書「閩音系研究」的 866 頁。雖說要把這些分裂的年代理解成絕對的意義還是有問題，但是，作爲它的基礎的共同殘存率，對於提升方言間的相對性親疏關係的指標(數值愈大關係愈近)是有用的，把它計算出來是王博士的功績。五個代表地點之間的數值，也記載在「閩音系研究」的 61 頁，請參照。

日耳曼祖語的子孫英語和德語之間的共同殘存率是 58％，日語的東京方言和沖繩首里方言之間是 65％，相比起來，這些數值對於中國語內部方言差的大小，給我們提供了大約的概念。

由於廈門方言跟台語極其近似，所以不妨把有關廈門所涉及的數值改讀爲有關台語的數值。這項研究對王博士來說，是研究台語的 root(根源)的一部分。

四

在「台灣語常用語彙」的自序裡，王博士敍述了該書是詞彙、音韻、語法三本著作中的一本。關於音韻，不知道當時他所構想的是怎麼樣的著作，可以想像的，當初考慮要做共時論的研究，描寫現在的台語的發音，亦即台語音系。但是後來他把視野擴大到對岸福建省和廣東省的閩方言，而加上了透過對這些的比較，究明台語音系的淵源、由來，這樣的歷史研究的構想，也許他傾注將近十年的努力寫成的，就是構成本書主體的博士論文「閩音系研究」吧。

關於這部精心著作的構成和內容，在服部老師的序文以及王博士自己的「論文要旨」所敍述之外，沒有必要再多說甚麼。不過，作爲主要材料，王博士所採用的閩語六種方言的第一種方言是著者的母語台南方言，儘管是當然的，卻成爲這本著作很大的特色。關於文言音跟口語音區別的實際情況，根據著者在台南時代的體驗，所做的解說很有趣又有好處。在 II 本論第 6 章、第 7 章有關跟中古音做比較時，首先把焦點對準在如何從中古音導向台南的音形上面，這才產生了獨特的細致的論述。一方面，使用複數方言作材料有利的地方也被充分活用了。這正如在「論文要旨」裡對於『一次處理複數的方言，一邊各自分別跟中古音比較，一邊更互相比較，採用這樣的方法』的好處所說的。只是使

用在探討這部分的論理雖是高深而專門的，又對音聲學和音聲符號不很熟悉的一般讀者，也許未必容易接近，但相信王博士的心意必能充分傳達給讀者。

在 III、第 10 章裡，在再構成「閩祖語」的同時，驅使以前的中國的各種文獻資料，隨同漢民族的南下，成立了閩語，亦即福建語，進而產生內部的分化。把這個過程一邊跟語言的材料進行對質，一邊縱橫論述，這又可以說是著者一個人專擅的地方。這部分的內容於 1967 年秋天，以獨立的論文「福建的開發與福建語的成立」發表在學會的會誌。

閩語所屬的各方言，在詞彙和音韻方面具有共同的特徵，同時它們之間的差異有的相當大(例如台南跟福州)，而且不拘哪個方言，跟中古音的音韻對應關係也都是非常複雜的。這是因爲福建所處的地理和歷史的環境所導致的結果。王博士對這些錯綜複雜的糾葛從正面去挑戰，雖然已經取得了如同服部老師在序文裡所說的成果，同時也留下了大大小小各種問題，還有重新考慮的餘地，王博士本身對這一點深深有所感覺。從獲得學位後不久，就開始着手進行修改論文的作業，也對晚輩的我等人徵詢意見，虛心坦懷地絞盡腦汁以期儘可能逼近眞實，那種情形，令人想起來印象深刻。後來，由於敎務繁忙，以及全力投入社會活動的關係，這項作業着過手而沒完成，眞是令人惋惜。惟在王博士手邊的「閩音系研究」的原稿裡，處處有用筆寫的部分，想來那些可能是準備改訂時要用到的札記。這次影印時，要把這些札記放進去，經判斷在技術上有困難，決定另外複製影印起來，很可惜要從原稿拿掉。

五

　　從進入 1970 年代起，國際上也出現了閩語各方言的比較研究的機運。研究的代表選手是美國的 Jerry Norman 博士。他透過一系列的論文，涉及到聲母、韻母、聲調各方面，試行重建閩祖語(proto-Min)，並且處理了跟王博士同樣意義的 stratification(分層理論)，很有意思。他的 stratification 的結論在「Chronological Strata in the Min Dialects」(「方言」，1979年第 4 期，中國社會科學出版社，北京)一文裡做了簡要的敘述。他設立了三個層作爲歷史上構成閩語的主要的層，就韻母來說，這三個層大致相當於王博士的 B 層、C 層、E 層。不過，Norman 博士將相當於王博士的 C 層的部分看成是六朝末期，乃至唐初引進的借用語的層，這項見解跟王博士不同。還有，關於中古音的全濁塞音聲母(並母 b- 等)在閩語各方言顯示無聲不送氣音(p-等)、無聲送氣音(pʻ- 等)兩種對應，王博士把這些都放在聲母四個層中的 C 層裡頭，Norman 博士則在「Tonal Development in Min」(Journal of Chinese Linguistics, Vol. 1, No.2, 1973)一文裡，基於這兩種對應，推定閩祖語的聲母裡有聲不送氣子音(b-等)、有聲送氣子音(bh- 等)的對立情形。如果王博士能夠有點時間，再次着手改訂「閩音系研究」的話，對這些看法將做如何的評價，是饒有興趣的，但可嘆，這又是辦不到的。

　　關於作爲閩語研究材料的方言資料，在「閩音系研究」執筆以後，在社會上究竟出現過些甚麼，台語方面由本書附錄的「台語的記述研究進展到甚麼情形」可以知道，但是對音系的比較則

沒有出現有影響的材料。關於大陸的閩方言，閩江上游的建陽、
建甌等所謂閩北語的出現是大的事件。這些已知是非常有特色的
「與眾不同」的方言。福建省內的方言由從來的閩北、閩南兩大
方言而大別分向閩東（從來的閩北的改稱）、莆仙、閩南、閩中、
閩北五個區的方向進展（李如龍、陳章太「論閩方言內部的主要差異」
《中國語言學報》第二期，商務印書館，北京，1985）。Norman 博士
的閩祖語之重建，也把建陽等新發現的材料穿插進去，這一點很
有魅力。不過我不認為，因為這一點，王博士的精心著作就變成
陳舊了。上述李、陳氏的論文裡，認為閩東、莆仙、閩南三區，
閩北、閩中兩區各形成親近性的 group（集團），王博士將之做為
對象的是相當於前一個 group。對受惠於資料的這個 group，首
先進行精密的考察，可以說是鞏固基本，是研究步驟所必要的，
從這個意義來說，王博士的研究，其價值今後仍不會稍減。

六

王博士對文學的造詣也很深，有「文學革命對台灣的影響」
(1959)、「戰後台灣文學略說」等論文。他對自己回去不了的鄉
土所展開的文學事業，經常用高度的關心在追隨，其熱誠令人感
動。

王博士除了在明治大學講授中國語和中國情況之外，也被聘
為東京大學、埼玉大學、東京教育大學、東京外國語大學、東京
都立大學等校講師，講授台語和中國方言。他的教法嚴格是有名
的。在執教期間，編著了「台語入門」和「台語初級」兩本書，
裡邊凝聚了一併傳佈台灣的語言和文化的趣向，是苦心而得意之

作。東京敎育大學和東京外國語大學的受業生中，因受王博士的
薰陶而培育出專攻閩語的硏究人員。

　　以上所述介紹王博士的工作，作爲簡略素描也嫌不夠，應該
說而沒說到的部分還有。這方面請就「著作目錄」做補充。

<h1>七</h1>

　　王博士於 1985 年 9 月 9 日，因心臟病遽然逝世，這對認識
博士的人來說是難以忘記的衝擊。「台灣青年」以同年 10 月號
作爲追悼王博士的專刊追思他的業績。台灣基金會設置王育德
獎，第一次頒獎典禮於 1986 年 8 月在美國召開的世界台灣同鄉
會時，在王雪梅夫人出席主持之下，盛大地舉行。

　　關於未公開出版的遺著「閩音系硏究」，今春服部四郎老師
曾經給王夫人勸說是否考慮出版，早先就懷抱這種宿願的王夫人
和令媛近藤明理女士受到了鼓勵，跟黃昭堂博士商量，因服部老
師的介紹，能夠由第一書房用這樣的方式影印出版，忝爲王博士
的相識，我也不勝快慰。這當中，夫人、令媛以及黃博士的苦
心，還有仰慕王博士遺德的台灣同鄉各位鼎力支援，須要特別提
到。服部老師對這項企畫從頭到尾不惜提出意見，在百忙中撥出
時間惠賜懇切的序文，對此，王雪梅夫人以及有關人士一同衷心
表示謝意。又謹向承擔出版像這麼一本高度學術性書籍的第一書
房村口一雄社長、擔任綿密實務工作的同社編輯部各位先生，表
示深深的謝意。在這次出版事業作中心當指揮的黃有仁博士的勸
說之下，晚輩的我羅列了一些蕪雜的詞句，隨着撰寫的進行，對
王博士人格景慕的心情不禁愈加高昂起來。透過王博士給我的三

十年交情，在為人方面，我也受教良多。勉強要說的話，我想可以概括為「仁」的精神。實踐自己所相信的，也可以說因而縮短了壽命的王博士，祝願他的靈能夠藉由這本書的出版，獲得些許的安慰。

　　一九八七年七月二十五日

（許極燉譯）

監譯後記

╱許極燉

　　台灣話語學界的泰斗王育德博士病逝東京將近 17 年了。前衛出版社所企劃的中文版王育德全集(15 卷)即將出版問世，眞是值得慶賀的喜事。

　　如所周知，王博士著作等身，學識淵博，所涉獵的領域橫跨語學、史學、文學與政治評論等。其中跟我的學習比較有關連的是語學和史學，尤其是語學。而這些廣泛的許多著作，有一項共同的特色就是直接間接莫不跟台灣有關。這又是我所以尊敬和努力追隨的。

　　就以語學的研究來說，台語的學術研究不但是王博士整個學問的核心，更是燃燒生命，全力付出，數十年如一日。因爲台語是他的母語，他痛感生不逢時，百年來台語一再被外來統治者長期摧殘。他大聲抗議說，台灣人在主張講自己的母語的權利之前，已被強迫先後履行學習外來的日語和北京語的所謂「國語」的義務。在憂慮台灣人罹患母語的失語症，台語瀕於絕滅的命運之餘，於是奮起研究台語。從 1949 年東渡日本進入東京大學深造，到 1969 榮獲東京大學的文學博士，其間長達 20 年的歲月，他所撰寫的三種學位的論文分別是：學士論文是「台語表現形態試論」，碩士論文是「拉丁化新文字的台語初級課本草案」，博

士論文是「閩音系研究」(出版時改題爲「台灣語音的歷史研究」)。由是可見他畢生治學主題即是圍繞着台語。

　　台語是福建語的一個支流,福建語主要分爲閩北的建甌語、閩東的福州語、閩南的厦門語和閩西的汀州語(客家話)。代表閩南的厦門是漳泉的混淆語。台語雖然亦是漳泉混淆的不漳不泉,但旣非厦門的翻版,其幅員之大尤非蕞爾港埠的厦門所能比。更何況,台灣之地數百年來所容納的閩南移民更不限漳泉兩地。世上旣有福建語、閩南語又有厦門語之稱,豈可以無台語之稱?!王博士從科學的語言學立場縱論「閩祖語」到「台語」,橫述福州、泉州、「十五音」(漳州)、厦門、潮州以至於台南。不論是通時論的研究或是共時論的研究,台語固然與漳泉、潮厦即使可以相通,畢竟存在着語音,尤其是詞彙上的許多差異。這種台語特有而閩南所無的語言現象,不但戰後出版的「台灣省通志稿人民志語言篇」(1954)有所指摘,謂台灣方言已經沒能保持大陸時的純粹性。其實,早在 1873 年,杜嘉德(C. Douglas)編著的「厦門白話字典」即已指出,台語已經是「不厦不漳不泉」的語言了。

　　台灣的閩南語旣然跟福建的閩南語的同質性早已變化喪失許多,而日本統治以後,台灣話(日語 Taiwango)這個名稱一直適用下來而約定俗成。但是時至今日,有一些人卻忌諱「台灣」而必拘泥於「閩南」、「福建」或「漢語」。

　　王育德博士本着對母語愛的熱情,懷抱救台語的使命感投入台語的科學研究。在東京大學接受一流學者的指導,驅使實證研究法,於 1954 年在東大工學院研究所協助下利用錄波器(oscillograph）檢測台語的聲調是七種。在博士論文裡亦指出閩音系除了潮州因有陽上調(6聲)而有八種聲調以外，都是七聲。但是坊間卻常出現六聲或八聲的書籍。

王博士的恩師，日本語言學界的泰斗服部四郎教授曾經肯定王博士的治學態度說，他(王)是具備嚴肅的學術精神和輕鬆的實用精神，兩立而融和(「台灣青年」278 期 20 頁)。其具體的顯現，是走出學問的象牙之塔去服務社會。所以他在日本的名門大學(國立東京外國語大學，東京都立大學等)開設日本政府公認的「台灣話」課程，編印台語詞彙、台語教材、課本，爲提高台語在國際上的學術地位請命。

雖然我不是王教授的門生，但是他的著作，尤其是台語方面的，對我的教益，使我受惠匪淺，這種學恩又何異於師恩？所以，他突然因心臟病逝之後，我隨即撰寫了一篇近兩萬字的「王育德先生研究台灣話的貢獻」(刊於「台灣公論報」後收錄於拙著「台灣話流浪記」)，在稿內，我曾表示有意要將他的遺著編譯出版。無奈事多與願違，到前年秋天獲悉前衛出版社要出版王博士遺著中文版全集，不僅樂觀其成，更應從旁支助。蓋前衛出版過三本分量多的拙著(台語詞典、台語概論、台灣近代發展史)，而王博士恩賜的學恩，我拜讀他的著作，有不少論文抽印本都是他送我的。所以對這項企畫聊盡棉薄正是回報的好機會。

2000 年 9 月，前衛來函希望我擔任這部博士論文中文譯稿的監譯，我滿口承諾，而負責初譯的何君亦來信又來電談妥作法。嗣後首批譯稿寄來，經我比對原著，發現日、中文都有欠妥部分，乃遵照王博士治學「是是非非」的原則，一字一句不苟且

地修改，可能因此傷到了何君的「自尊心」，因此，其後譯稿一直到二校後臨近付印之前都不再寄來。今年三月，我應邀回國爲台語師資訓練班講課。林文欽社長來電說是譯稿怪怪要我過目，我無理由拒絕。他派人送來稿件，又親自到外雙溪我的寓所洽談。我的意見是，由譯稿筆法可知譯者是當初的何氏，經我初步審稿發現似乎沒經過「監譯」依照現況絕對不能原樣付印。但是國家文化藝術基金會的補助結案期限是三月底，除非申請延期，否則修改來不及。後來經過交涉獲准延到六月底。所以我將初譯稿帶回東京，開始對照原著逐字逐句核對，日以繼夜地作業，修改後的譯稿已經改頭換面。祇是只要不是誤譯，儘量保留原貌（字或句），因而難免有若干部分文脈凝滯，雖忖度諒無傷大雅，但是，我還是很介意，算是美中之不足。

2002年6月21日東京

王育德年譜

1924年	1月	30日出生於台灣台南市本町2–65
30年	4月	台南市末廣公學校入學
34年	12月	生母毛月見女史逝世
36年	4月	台南州立台南第一中學校入學
40年	4月	4年修了，台北高等學校文科甲類入學。
42年	9月	同校畢業，到東京。
43年	10月	東京帝國大學文學部支那哲文學科入學
44年	5月	疎開歸台
	11月	嘉義市役所庶務課勤務
45年	8月	終戰
	10月	台灣省立台南第一中學(舊州立台南二中)教員。開始演劇運動。處女作「新生之朝」於延平戲院公演。
47年	1月	與林雪梅女史結婚
48年	9月	長女曙芬出生
49年	8月	經香港亡命日本
50年	4月	東京大學文學部中國文學語學科再入學
	12月	妻子移住日本
53年	4月	東京大學大學院中國語學科專攻課程進學
	6月	尊父王汝禎翁逝世
54年	4月	次女明理出生
55年	3月	東京大學文學修士。博士課程進學。

57年12月	『台灣語常用語彙』自費出版
58年 4月	明治大學商學部非常勤講師
60年 2月	台灣青年社創設，第一任委員長（到63年5月）。
3月	東京大學大學院博士課程修了
4月	『台灣青年』發行人（到64年4月）
67年 4月	明治大學商學部專任講師
	埼玉大學外國人講師兼任（到84年3月）
68年 4月	東京大學外國人講師兼任（前期）
69年 3月	東京大學文學博士授與
4月	昇任明治大學商學部助教授
	東京外國語大學外國人講師兼任（→）
70年 1月	台灣獨立聯盟總本部中央委員（→）
	『台灣青年』發行人（→）
71年 5月	NHK福建語廣播審查委員
73年 2月	在日台灣同鄉會副會長（到84年2月）
4月	東京教育大學外國人講師兼任（到77年3月）
74年 4月	昇任明治大學商學部教授（→）
75年 2月	「台灣人元日本兵士補償問題思考會」事務局長（→）
77年 6月	美國留學（到9月）
10月	台灣獨立聯盟日本本部資金部長（到79年12月）
79年 1月	次女明理與近藤泰兒氏結婚
10月	外孫女近藤綾出生
80年 1月	台灣獨立聯盟日本本部國際部長（→）
81年12月	外孫近藤浩人出生

82年 1月　　長女曙芬病死

　　　　　　台灣人公共事務會(FAPA)委員(→)

84年 1月　　「王育德博士還曆祝賀會」於東京國際文化會館舉行

　　　4月　　東京都立大學非常勤講師兼任(→)

85年 4月　　狹心症初發作

　　　7月　　受日本本部委員長表彰「台灣獨立聯盟功勞者」

　　　8月　　最後劇作「僑領」於世界台灣同鄉會聯合會年會上演，
　　　　　　親自監督演出事宜。

　　　9月　　八日午後七時三〇分，狹心症發作，九日午後六時四
　　　　　　二分心肌梗塞逝世。

王育德著作目録

（行末●爲〔王育徳全集〕所収册目）

黄昭堂編

1 著書

1 『台湾語常用語彙』東京・永和語学社，1957年。 ❻

2 『台湾——苦悶するその歴史』東京・弘文堂，1964年。 ❶

3 『台湾語入門』東京・風林書房，1972年。東京・日中出 ❹
　版，1982年。

4 『台湾——苦悶的歴史』東京・台湾青年社，1979年。 ❶

5 『台湾海峡』東京・日中出版，1983年。 ❷

6 『台湾語初級』東京・日中出版，1983年。 ❺

2 編集

1 『台湾人元日本兵士の訴え』補償要求訴訟資料第一集，東
　京・台湾人元日本兵士の補償問題を考える会，1978年。

2 『台湾人戦死傷，5人の証言』補償要求訴訟資料第二集，
　同上考える会，1980年。

3 『非常の判決を乗り越えて』補償請求訴訟資料第三集，同
　上考える会，1982年。

4 『補償法の早期制定を訴える』同上考える会，1982年。

5 『国会における論議』補償請求訴訟資料第四集，同上考え
　る会，1983年。

6 『控訴審における闘い』補償請求訴訟資料第五集，同上考

える会，1985年。

7 『二審判決"国は救済策を急げ"』補償請求訴訟資料速報，
　同上考える会，1985年。

3　共譯書

1 『現代中国文学全集』15人民文学篇，東京・河出書
　房，1956年。

4　學術論文

1 「台湾演劇の今昔」，『翔風』22号，1941年7月9日。

2 「台湾の家族制度」，『翔風』24号，1942年9月20日。

3 「台湾語表現形態試論」(東京大学文学部卒業論文)，1952
　年。

4 「ラテン化新文字による台湾語初級教本草案」(東京大学
　文学修士論文)，1954年。

5 「台湾語の研究」，『台湾民声』1号，1954年2月。　　　　❽

6 「台湾語の声調」，『中国語学』41号，中国語学研究　　　❽
　会，1955年8月。

7 「福建語の教会ローマ字について」，『中国語学』60　　　❾
　号，1957年3月。

8 「文学革命の台湾に及ぼせる影響」，『日本中国学会報』11　❷
　集，日本中国学会，1959年10月。

9 「中国五大方言の分裂年代の言語年代学的試探」，『言語　❾
　研究』38号，日本言語学会，1960年9月。

10 「福建語放送のむずかしさ」，『中国語学』111号，1961年7　❾
　月。

11 「台湾語講座」，『台湾青年』1〜38号連載，台湾青年社，　❸

1960年4月～1964年1月。

12 「匪寇列伝」,『台湾青年』1～4号連載, 1960年4月～11月。　⓮

13 「拓殖列伝」,『台湾青年』5, 7～9号連載, 1960年12　⓮
　　月, 61年4月, 6～8月。

14 「能吏列伝」,『台湾青年』12, 18, 20, 23号連載, 1961年　⓮
　　11月, 62年5, 7, 10月。

15 "A Formosan View of the Formosan Independence
　　Movement," *The China Quarterly,* July-September,
　　1963.

16 「胡適」,『中国語と中国文化』光生館, 1965年, 所収。

17 「中国の方言」,『中国文化叢書』言語, 大修館, 1967年所　❾
　　収。

18 「十五音について」,『国際東方学者会議紀要』13集, 東方　❾
　　学会, 1968年。

19 「閩音系研究」(東京大学文学博士学位論文), 1969年。　❼

20 「福建語における『著』の語法について」,『中国語学』192　❾
　　号, 1969年7月。

21 「三字集講釈(上)」,『台湾』台湾独立聯盟, 1969年11月。　❽
　　「三字集講釈(中・下)」,『台湾青年』115, 119号連載, 台
　　湾独立聯盟, 1970年6月, 10月。

22 「福建の開発と福建語の成立」,『日本中国学会報』21集,　❾
　　1969年12月。

23 「泉州方言の音韻体系」,『明治大学人文科学研究所紀要』　❾
　　8・9合併号, 明治大学人文研究所, 1970年。

24 「客家語の言語年代学的考察」,『現代言語学』東京・三省　❾

堂，1972年所収。

25　「中国語の『指し表わし表出する』形式」，『中国の言語と　❾
　　文化』，天理大学，1972年所収。

26　「福建語研修について」，『ア・ア通信』17号，1972年12　❾
　　月。

27　「台湾語表記上の問題点」，『台湾同郷新聞』24号，在日台　❽
　　湾同郷会，1973年2月1日付け。

28　「戦後台湾文学略説」，『明治大学教養論集』通巻126号，　❷
　　人文科学，1979年。

29　「郷土文学作家と政治」，『明治大学教養論集』通巻152号，　❷
　　人文科学，1982年。

30　「台湾語の記述的研究はどこまで進んだか」，『明治大学　❽
　　教養論集』通巻184号，人文科学，1985年。

5　事典項目執筆

1　平凡社『世界名著事典』1970年，「十韻彙編」「切韻考」な
　　ど，約10項目。

2　『世界なぞなぞ事典』大修館書店，1984年，「台湾」のこと
　　わざを執筆。

6　學會發表

1　「日本における福建語研究の現状」1955年5月，第1回国際
　　東方学者会議。

2　「福建語の教会ローマ字について」1956年10月25日，中国　❾
　　語学研究会第7回大会。

3　「文学革命の台湾に及ぼせる影響」1958年10月，日本中国　❷
　　学会第10回大会。

9　論文（各誌）

14 「台湾独立運動の真相」，国民政治研究会講演録，1962年 ⑫
6月8日。

15 「日本の台湾政策に望む」，『潮』1964年新春特別号。 ⑫

16 「日本の隣国を見直そう」，『高一コース』1964年6月号。 ⑫

17 「台湾独立への胎動」，『新時代』1964年7月号 ⑫

18 「台湾の独立運動強まる」，『全東京新聞』1442号，1964年 ⑫
2月19日。

19 「ライバルの宿命をもつ日中両国」，『評』1965年4月号。 ⑫

20 「日本・中国ライバル論」，『自由』，1965年7月号。

21 「反面教師」，『日本及日本人』1970年陽春号。

22 「ひとつの台湾」，『経済往来』1971年2月号。

23 「台湾人の見た日中問題」，『評論』1971年5月15日号。

24 座談会「ある独立運動の原点」，『東洋公論』1971年8月。

25 「台湾は愁訴する——島民の苦悩と独立運動の将来」，日 ⑫
本政治文化研究所，政治資料，102号，1971年9月。

26 「中華民国から『台湾共和国』に」，『新勢力』1971年11月
号。

27 「台湾人は中国人と違う——民族を分ける4世紀の歴史」，
『台湾』台湾独立後援会，4号，1973年1月15日。

28 「台湾は台湾人のもの」，『自由』1973年2月号。 ⑫

29 「日中正常化後の在日華僑」，『電子経済』1973年3月号。

30 座談会「台湾人の独立は可能か」，『東洋公論』1973年5月
号。

31 「台湾人元日本兵の補償問題」，『台湾同郷会新聞』1981年 ⑫
3月1日号。

國家圖書館出版品預行編目資料

閩音系研究／王育德著, 何欣泰譯, 許極燉監譯.
初版. 台北市：前衛, 2002 ［民91］
1152面；15×21公分.

ISBN 957 - 801 - 349 - 3（精裝）

1.台語－語音

802.5232   91004250

閩音系研究

日文原著／王育德

中文翻譯／何欣泰

中文監譯／許極燉

責任編輯／陳衍吟・林文欽

前衛出版社

地址：106台北市信義路二段34號6樓

電話：02-23560301 傳眞：02-23964553

郵撥：05625551 前衛出版社

E-mail：a4791@ms15.hinet.net

Internet：http://www.avanguard.com.tw

社　　長／林文欽

法律顧問／南國春秋法律事務所・林峰正律師

旭昇圖書公司

地址：台北縣中和市中山路二段352號2樓

電話：02-22451480 傳眞：02-22451479

獎助出版／ 財團法人|國家文化藝術|基金會
National Culture and Arts Foundation

贊助出版／海內外【王育德全集】助印戶

出版日期／2002年7月初版第一刷

定價／2000元